Lexikon der Arzneipflanzen und Drogen
1

Karl Hiller/Matthias F. Melzig

Lexikon der Arzneipflanzen und Drogen

in zwei Bänden

Erster Band

A bis K

Spektrum Akademischer Verlag Heidelberg · Berlin

Bibliografische Information Der Deutschen Bibliothek
Die Deutsche Bibliothek verzeichnet dieses Produkt in der Deutschen Nationalbibliografie; detaillierte bibliografische Daten sind im Internet über http://dnb.ddb.de abrufbar.

ISBN 3-8274-1465-2

Wie jede Wissenschaft sind die Medizin und die Pharmazie ständigen Entwicklungen unterworfen. Forschung und klinische Erfahrung erweitern unsere Erkenntnisse, insbesondere, was die medikamentöse Therapie anbelangt. Soweit in diesem Werk eine Dosierung oder eine Applikation erwähnt wird, dürfen die Leser zwar darauf vertrauen, daß die Autoren und der Verlag große Sorgfalt darauf verwendet haben, daß diese Angabe dem Wissensstand bei Fertigstellung des Werkes entspricht. Für Angaben über Dosierung und Applikationsformen kann vom Verlag jedoch keine Gewähr übernommen werden. Jede Dosierung oder Applikation erfolgt auf eigene Gefahr der Benutzer.

Die Wiedergabe von Warenbezeichnungen, Handelsnamen, Gebrauchsnamen usw. in diesem Buch berechtigt auch ohne besondere Kennzeichnung nicht zu der Annahme, daß diese von jedermann frei benutzt werden dürfen.

Redaktion: Ruth Karcher
Produktion: Daniela Brandt, Detlef Mädje
Umschlaggestaltung: WSP Design, Heidelberg
Satz und Graphik: Graphik & Text Studio, Wolfgang Zettlmeier, Barbing
Druck und Verarbeitung: Graphischer Betrieb Konrad Triltsch, Ochsenfurt-Hohestadt

Vorwort

Seit dem Altertum sind Arzneipflanzen und Drogen ein untrennbarer Bestandteil der Schulmedizin wie auch der Volksheilkunde. Die Beschreibung ihrer Eigenschaften und Anwendung ist seit dieser Zeit immer wieder Gegenstand von schriftlichen Darstellungen gewesen, wie dem Papyrus Ebers (ca. 1550 v. Chr. in Ägypten), der Arzneimittellehre des Dioskurides (etwa 78 n. Chr. in Griechenland) oder der prächtigen Kräuterbücher von Otto Brunfels, Leonhard Fuchs und Hieronymus Bock aus dem 16. Jh. in Deutschland. Auch heute zählen Arzneipflanzen und Drogen zum unverzichtbaren Arzneischatz, insbesondere nachdem durch wissenschaftliche Untersuchungen in den letzten Jahrzehnten vielfältige Erkenntnisse über ihre Inhaltsstoffe, Wirkungsmechanismen und therapeutischen Prinzipien gewonnen wurden und nicht selten auch Erfahrungen der Volksmedizin ihre Bestätigung fanden.

Trotz der enormen Fortschritte auf dem Gebiet der Synthese von Arzneimitteln hat das Interesse an Naturstoffen, somit an Drogen und daraus hergestellten Arzneimitteln, besonders an den sog. Phytopharmaka, stetig zugenommen. Es war unser Anliegen, mit dem vorliegenden Lexikon dem Interessenten eine umfassende Information sowohl über die pflanzlichen und tierischen Drogen als auch über arzneilich verwendete Produkte aus Mikroorganismen zu ermöglichen. In 2 Bänden wurden auf 900 Seiten etwa 16000 Stichwörter aufgeführt, davon über 13000 reine Verweisstichwörter und ca. 2400 Artikel. Großen Wert haben wir auf die Wiedergabe der literaturmäßig erfaßbaren Synonyme gelegt, um dem Benutzer das Auffinden der jeweils gesuchten Droge zu gewährleisten.

Bei den Angaben zur Anwendung der betreffenden Droge haben wir zusätzlich auch die Nutzung in der Volksheilkunde berücksichtigt. In diesen Fällen beruhen die Angaben lediglich auf empirischen Erfahrungen und sind nach heutiger Kenntnis wissenschaftlich nicht belegt. Bei den üblichen Teedrogen werden Hinweise zur Dosierung gegeben. Soweit erforderlich und möglich werden auch Angaben zur Toxizität und zu Gegenanzeigen gemacht.Um dem gestiegenen Interesse vieler Menschen an der Homöopathie zu entsprechen, haben wir auch die homöopathisch genutzten Drogen aufgeführt. Besonders hierbei findet der Leser manche Pflanze, die ihm ausschließlich als Giftpflanze bekannt sein könnte, jedoch in homöopathischen Dosen ohne Bedenken arzneilich genutzt werden kann. Auch dabei werden – soweit dies vertretbar ist – Anwendungsgebiete angegeben. Eine Vielzahl von Arzneipflanzen und Drogen sind auf etwa 400 Farbphotos abgebildet, weitere liegen als schwarz-weiß Abbildungen vor. Wo es sinnvoll erschien, wurden Stichwörter durch Tabellen ergänzt. Zahlreiche Naturstoffe, die wegen ihrer therapeutischen oder toxikologischen Bedeutung einer besonderen Besprechung bedürfen, z. B. Aconitin, Morphin, Nicotin oder Produkte aus Mikroorganismen, z.B. Bacitracine oder Tetracycline werden als eigene Stichwörter geführt. Wir waren schießlich bemüht, soweit dies möglich war, Hinweise zur Etymologie und Geschichte zu geben, um dem Benutzer historische Zusammenhänge von Namensprägung, Morphologie und Nutzung als Heilpflanzen zu vermitteln, auch wenn diese z.T. mit mystischen Vorstellungen verbunden waren.

Eine Bereicherung hat das Lexikon zweifellos durch zahlreiche Essays, bearbeitet von namhaften Autoren der betreffenden Gebiete, erfahren. Es sind dies

- Aromatherapie,
- Drogen der chinesischen Medizin,
- Drogen und Pfeilgifte der Indianermedizin,
- Halluzinogene biogenen Ursprungs,
- Homöopathische Arzneimittel aus dem Pflanzen- und Tierreich,
- Industriedrogen,
- Marine Drogen,
- Mikroorganismen als Quelle biogener Drogen,
- Sucht und Suchtdrogen biogenen Ursprungs,
- Züchtung und Anbau von Arzneipflanzen.

Das Lexikon ist besonders als Nachschlagewerk für Pharmazeuten in ihrer Beratungsfunktion in der Apotheke gedacht. Es wendet sich aber ebenso an Mediziner, Biologen, Lehrer sowie an alle in Heilberufen, im Drogenhandel und den entsprechenden analytischen Labors sowie in der pharmazeutischen Industrie Tätigen.

Frau Felizitas Theuser danken wir für ihre gewissenhafte technische Mitarbeit. Ebenso danken wir der Verlagsleitung für ihr stetes Interesse an der Erarbeitung des Lexikons. Unser besonderer Dank gilt Frau Dipl.-Chem. Ruth Karcher, die mit hohem Engagement an der Koordination des Gesamtwerkes beteiligt war.

Prof. Dr. Karl Hiller *Prof. Dr. Matthias F. Melzig*

Mitarbeiterverzeichnis

Autoren:
Prof. Dr. Karl Hiller, Berlin
Prof. Dr. Matthias F. Melzig, Berlin

Essay-Autoren:
PD Dr. Gerd Bader, Berlin
Prof. Dr. Rudolf Bauer, Düsseldorf
Prof. Dr. Gerhard Buchbauer, Wien
Prof. Dr. Chlodwig Franz, Wien
Prof. Dr. Götz Harnischfeger, Salzgitter
Prof. Dr. Ulrike Lindequist, Greifswald
Prof. Dr. Matthias F. Melzig, Berlin
Dr. Markus Wiesenauer, Weinstadt
Dr. Bruno Wolters, Braunschweig

Farbabbildungen:
Prof. Dr. Karl Hiller, Berlin (1, 2, 3, 4, 9, 10, 11, 12, 13, 14, 18, 19, 20, 21, 22, 23, 24, 28, 31, 32, 33, 36, 40, 45, 46, 50, 51, 55, 56, 58, 59, 63, 64, 65, 66, 68, 69, 72, 73, 74, 75, 76, 77, 79, 80, 81, 82, 86, 87, 88, 89, 90, 91, 92, 93, 96, 97, 98, 100, 101, 105, 106, 107, 110, 112, 113, 114, 116, 117, 118, 119, 121, 122, 123, 124, 125, 126, 127, 128, 129, 130, 131, 132, 134, 135, 137, 139, 140, 143, 144, 148, 150, 151, 154, 155, 156, 157, 160, 161, 163, 165, 166, 168, 169, 170, 171, 172, 173, 174, 175, 178, 179, 180, 181, 182, 183, 184, 185, 186, 187, 190)
Prof. Dr. Hanns Kreisel, Greifswald (26)
Prof. Dr. Ulrike Lindequist, Greifswald (25, 44, 145, 146)
Dr. Udo Maid, Pohlheim (176)
Prof. Dr. Matthias F. Melzig, Berlin (5, 39, 47, 70, 83, 85, 104, 133, 153, 159, 167)
PD Dr. Thomas Schöpke, Greifswald (7, 15, 16, 17, 30, 37, 38, 41, 42, 49, 52, 53, 62, 67, 71, 94, 102, 109, 120, 162)
Prof. Dr. Eberhard Teuscher, Triebis (6, 8, 27, 29, 34, 35, 43, 48, 54, 57, 60, 61, 78, 84, 95, 99, 103, 108, 111, 115, 136, 138, 141, 142, 147, 149, 152, 158, 164, 177, 188, 189, 191, 192)

Redaktion:
Ruth Karcher

Hinweise für den Benutzer

Die Stichworteinträge sind im Lexikon nach dem Alphabet sortiert. Dabei wurden Lücken und Bindestriche sowie x in botanischen Namen ignoriert. Anacyclus x officinarum ist demnach wie Anacyclusofficinarum eingeordnet, Umlaute (ä, ö und ü) sowie Buchstaben mit Akzenten (é) wurden wie die Grundvokale (a, o, u, e) behandelt.
Präfixe der chemischen Nomenklatur blieben bei der alphabetischen Sortierung unberücksichtigt. So steht beispielsweise D-Apiose unter A und β-Sitosterol unter S. Aus mehreren Wörtern bestehende Begriffe – meist deutsche Pflanzennamen – wurden in ihrer natürlichen Reihenfolge aufgeführt, so heißt es z. B. Wollige Ballote und nicht Ballote, Wollige.

Bei Fachbegriffen wurde die in neueren deutschen Lehrbüchern am häufigsten gefundene Schreibweise verwendet, mit der Tendenz, vor allem chemische Begriffe der internationalen Schreibweise anzupassen, d. h. c anstelle von z oder k zu verwenden. So ist beispielsweise Lacton, Citronensäure und Nucleotid jeweils mit c geschrieben. Begriffe aus der Medizin, bei denen die c-Schreibweise unüblich ist, wurden mit z bzw. k geschrieben, wie Zytostatikum, Expektorans oder Bakterizid. Bei Stichwörtern, die unter C nicht aufgefunden werden, empfielt es sich daher, unter Z oder K zu suchen und umgekehrt.

Das Lexikon enthält zahlreiche Verweisstichwörter, die in den meisten Fällen deutsche und lateinische Synonyme von Pflanzenarten sind. Auch in den Artikeln finden sich Verweise, die es dem Leser ermöglichen, noch weitere in diesem Zusammenhang interessante Informationen aufzufinden. Auf sehr häufig vorkommende Pflanzeninhaltsstoffe, wie z.B. Flavonoide, wurde jedoch der Übersichtlichkeit halber nicht bei jeder Erwähnung verwiesen.

Eine Droge wird in der Regel als giftig bezeichnet, wenn die mittlere letale Dosis weniger als 1500 mg pro kg Körpergewicht beträgt.

Aufbau der Artikel
Die Artikel des Lexikons sind mit einem schwarzen Quadrat vor dem fettgedruckten Stichwort gekennzeichnet und durch eine Leerzeile vom vorangehenden und nachfolgenden Stichwort abgesetzt. Die meisten dieser Artikel beschreiben pharmakologisch bedeutsame Pflanzenarten und sind einheitlich nach einem der folgenden Schemata gegliedert:

■ **Stichwort**
- **Familie**
- **Vorkommen**
- **Drogen**
  - ***Droge 1***
    - *Inh.*
    - *Anw.*
  - ***Droge 2***
    - *Inh.*
    - *Anw.*
- **Hom.**
  - ***Hom. 1***
    - *Anw.-Geb.*
  - ***Hom. 2***
    - *Anw.-Geb.*
- **Historisches**

■ **Stichwort**
- ● **Familie**
- ● **Art 1**
  - **Vorkommen**
  - **Drogen**
    - ***Droge 1***
      - *Inh.*
      - *Anw.*
    - ***Droge 2***
      - *Inh.*
      - *Anw.*
  - **Hom.**
    - *Hom. 1*
      - *Anw.-Geb.*
    - ***Hom. 2***
      - *Anw.-Geb.*
- ● **Art 2**
  - **Vorkommen**
  - **Drogen**
    - ***Droge 1***
      - *Inh.*
      - *Anw.*
    - ***Droge 2***
      - *Inh.*
      - *Anw.*
  - **Hom.**
    - ***Hom. 1***
      - *Anw.-Geb.*
    - ***Hom. 2***
      - *Anw.-Geb.*
- ● **Historisches**

Abkürzungen

Abb.	Abbildung
Anw.	Anwendung
Anw.-Geb.	Anwendungsgebiete
äther.	ätherisch
Bedeut.	Bedeutung
bes.	besonders
bzw.	beziehungsweise
ca.	circa
dt.	deutsch
Eig.	Eigenschaften
evtl.	eventuell
Fam.	Familie
Geg.	Gegenanzeigen
griech.	griechisch
HAB	Homöopathisches Arzneibuch
Heim.	Heimat
Herk.	Herkunft
Histor.	Historisches
Hom.	Homöopathie
homöop.	homöopathisch
i. d. R.	in der Regel
i. v.	intravenös
Inh.	Inhaltsstoffe
insbes.	insbesondere
Jh.	Jahrhundert
lat.	lateinisch
LD	letale Dosis
min	Minute
M_r	relative Molekülmasse
p. o.	per os
pl.	Plural
s. o.	siehe oben
sog.	sogenannt
s. u.	siehe unten
syn.	Synonym
Tab.	Tabelle
TD	Tagesdosis
Tox.	Toxikologie
trop.	tropisch
u. a.	unter anderem/und andere
v. a.	vor allem
Vork.	Vorkommen
Wirk.	Wirkung
zahlr.	zahlreich
z. B.	zum Beispiel
ZNS	Zentralnervensystem
z. T.	zum Teil

A

Aal ↗ Anguilla vulgaris.
Aalhorn ↗ Sambucus nigra.
Aalöl ↗ Anguilla vulgaris.
Abacateiro ↗ Persea americana.
Abata Kola ↗ Cola-Arten.

■ **Abelmoschus moschatus** Medik. (syn. *Hibiscus abelmoschus*).
Fam.: Malvaceae.
Heim.: Indien, in zahlr. Tropengebieten eingebürgert und kultiviert.
Drogen: *1. Semen Abelmoschi*; Ambrettekörner (syn. Bisamkörner, Moschuskörner), die reifen Samen. Inh.: äther. Öl (0,2–0,6 %, u. a. Farnesol und Ambrettolid, das den Moschusgeruch bedingt, sowie Fettsäuren enthaltend), ferner Schleimstoffe, Harze und fettes Öl. Anw.: früher als Aphrodisiakum, als Duftmittel sowie als Stimulans in der Volksheilkunde. *2. Oleum Abelmoschi seminis*; Moschuskernöl; das äther. Öl der Samen. Anw.: in der Parfümerie.
Hom.: *Abelmoschus moschatus* HAB34; Abelmoschus (syn. Bisamkörner), die getrockneten Samen. Anw.-Geb.: Beklemmungsgefühle im Brustkorb.

Abendländische Platane ↗ Platanus-Arten.
Abendländischer Lebensbaum ↗ Thuja occidentalis.
Abessinischer Tee ↗ Catha edulis.
Abführender Tee ↗ Species laxantes.
Abführgras ↗ Linum catharticum.
Abführkraut ↗ Linum catharticum.
Abies alba ↗ Picea mariana, ↗ Abies-Arten.
Abies americana ↗ Picea mariana.
Abies arctica ↗ Picea mariana.

■ **Abies-Arten**
● **Fam.:** Pinaceae.
● **Abies alba** Mill. (syn. *Abies argentea, A. candicans, A. excelsa, A. nobilis, A. pectinata, A. picea, A. taxifolia, A. vulgare, Picea pectinata, Pinus abies, P. pectinata, P. picea*); Edeltanne (syn. Silbertanne, Weißtanne).
Heim.: Mittel- und Südeuropa.
Drogen: *1. Abietis albae aetheroleum* (syn. *Oleum Abietis albae, Oleum Abietis pectinatae, Oleum Pini piceae*); Edeltannenöl (syn. Silbertannenöl, Weißtannenöl), das aus den frischen Nadeln gewonnene äther. Öl. Inh.: Monoterpene, insbes. Bornylacetat, Limonen, α- und β-Pinen, β-Phellandren und Camphen. Wirk.: hautreizend, v. a. hyperämisierende sowie expektorierende Effekte. Anw.: in Form von Fertigarzneimitteln in Einreibungen, als Badezusätze, Erkältungsbalsam, Inhalationsmittel bei Erkrankungen der Atmungsorgane oder als Zusatz zu Franzbranntwein. Geg.: Keuchhusten, Bronchialasthma. *2. Oleum Templini* (syn. *Abietis fructuum aetheroleum*); Edeltannenzapfenöl (syn. *Abies-alba*-Zapfenöl, Templinöl), das aus den Fruchtzapfen gewonnene äther. Öl. Inh.: Limonen als Hauptkomponente, ferner u. a. Borneol. Anw.: zu Duftessenzen in der Kosmetik und Seifenproduktion. *3. Piceae turiones recentes* (syn. *Turiones Pini*); Tannenzweigspitzen (syn. *Abies-alba*-Sprossen), die frischen, ca. 10 cm langen Triebe. Inh.: äther. Öl in ähnlicher Zusammensetzung wie Abietis albae aetheroleum. Anw.: innerlich bei Katarrhen der Luftwege; äußerlich bei leichten Muskel- und Nervenschmerzen. *4. Terebinthina alsatica* (syn. *Terebinthina argentoratensis*); Straßburger Terpentin (syn. Kontinentales Terpentin), der in kleinen Harzblasen am unverletzten Baum enthaltene Balsam. Inh.: äther. Öl, Resene, Bernsteinsäure, Bitterstoffe, Harzsäuren. Anw.: innerlich und äußerlich bei Erkrankungen der Bronchien mit starker Sekretion sowie bei rheumatischen und neuralgischen Beschwerden.
Hom.: *Abies alba spag. Zimpel* HAB1, die frischen, jungen, noch unverholzten Zweigspitzen mit Blättern und unreifen Zapfen. Anw.-Geb.: bei Erkrankungen der Atemwege in der spagyrischen Therapierichtung.
● **Abies balsamea** (L.) Mill. (syn. *Abies aromatica, A. balsamifera, A. minor, Picea balsamea, Pinus balsamea*); Balsamtanne (syn. Hemlocktanne, Schierlingstanne).
Vork.: Kanada, Nordamerika.
Drogen: *1. Abietis balsameae aetheroleum* (syn. *Oleum abietis balsameae*); Balsamtannenöl (syn. *Abies-balsameae*-Nadelöl), das aus Nadeln und Zweigspitzen gewonnene äther. Öl. Zur Herstellung der Droge werden auch *Abies fraseri* und ↗ Tsuga canadensis herangezogen. Inh.: v. a.

β-Pinen, *α*-Pinen, Camphen, Limonen, *β*-Phellandren, Bornylacetat. Anw.: s. *Abietis albae aetheroleum*. **2.** ***Balsamum canadense*** (syn. *Terebinthina canadensis*); Kanadabalsam (syn. Kanadisches Terpentin), der durch Aufstechen der Harzanschwellungen in der Rinde gewonnene Balsam. Inh.: äther. Öl (16–27 %), Harz (70–80 % mit Harzsäuren komplexer Zusammensetzung), Bitterstoffe, Bernsteinsäure, Essigsäure, Ameisensäure. Anw.: s. *Terebinthina alsatica*. In der Kosmetik als Fixativ und in der Industrie als Kitt für optische Apparate, zum Kitten von Linsen und zum Einbetten mikroskopischer Präparate.

● **Abies cephalonica** Loudon (syn. *Abies luscombeana, Abies peloponnensiaca, Abies reginae amaliae, Picea cephalonica, Pinus cephalonica*); Griechische Tanne.

Vork.: Griechenland.

Droge: ***Abietis cephalonicae aetheroleum*** (syn. *Oleum abietis cephalonicae*); *Abies-cephalonica*-Nadelöl, das aus den Nadeln und Zweigspitzen gewonnene äther. Öl. Inh.: v. a. *β*-Pinen, *α*-Pinen, Camphen, Limonen. Anw.: s. *Abietis albae aetheroleum*.

● **Abies sibirica** Ledeb. (syn. *Abies heterophylla, A. pichta, A. semenovii, Picea pichta, Pinus pichta, P. sibirica*); Sibirische Tanne (syn. Sibirische Edeltanne).

Vork.: Nordrußland, Zentralasien, Kamtschatka.

Droge: ***Picae aetheroleum*** (syn. *Oleum Abietis sibiricum, Oleum Pini sibiricum*); Sibirisches Edeltannenöl, aus Nadeln und jungen Zweigspitzen gewonnenes äther. Öl; farblose bis schwach gelbl.-grüne Flüssigkeit. Inh.: insbes. Bornylacetat (30–40 %) und Camphen (ca. 10 %), ferner u. a. Santen, *α*- und *β*-Pinen, *α*-Phellandren und Dipenten. Anw.: in Form von Einreibungen, ferner in der Kosmetik sowie für Desinfektionszwecke, techn. für Lacke.

Abies canadensis ↗ Tsuga canadensis.
Abies denticulata ↗ Picea mariana.
Abies excelsa ↗ Picea abies, ↗ Abies-Arten.
Abies larix ↗ Larix decidua.
Abies marylandia ↗ Picea mariana.
Abies menziesii ↗ Pseudotsuga taxifolia.
Abies nigra ↗ Picea mariana.
Abies picea ↗ Picea abies, ↗ Abies-Arten.
Abies rubra ↗ Picea abies.
Abies taxifolia ↗ Pseudotsuga taxifolia.
Abietinsäure ↗ Harze.
Abietis albae aetheroleum ↗ Abies-Arten.
Abietis balsameae aetheroleum ↗ Abies-Arten.
Abietis cephalonicae aetheroleum ↗ Abies-Arten.
Abietis fructuum aetheroleum ↗ Abies-Arten.
Abrahamstrauch ↗ Vitex agnus-castus.
Abrin ↗ Abrus precatorius.

■ **Abroma augusta** (L.) L. f.

Fam.: Sterculiaceae.

Vork.: Indien, Philippinen.

Droge: das fette Öl der Samen. Inh: Triglyceride, als Fettsäuren hauptsächlich Linol-, Palmitin- und Ölsäure. Anw.: als Speiseöl. Auch zur Fasergewinnung wird die Pflanze in Afrika kultiviert.

■ **Abrus precatorius** L.

Paternostererbse, Kletterpflanze der Tropen.

Fam.: Fabaceae.

Vork.: in den Unterarten *A. precatorius L. ssp. precatorius* und *A. precatorius ssp. africanus*.

Die auffallend blutrot gefärbten Samen (*Semen Jequiritii*, s. Farbtafel S. 137, Bild 1) weisen einen schwarzen Nabelfleck auf. Inh.: toxische Lectine, bes. das hochgiftige Abrin. Die einst als *Semen Jequiritii* bekannte Droge wird in den Heimatländern mitunter für Schmuckketten oder auch als Gebetsperlen für Rosenkränze genutzt, worauf auch der Name *abros* (griech.) zart, zierlich und *precatorius* (lat.) beten zurückzuführen ist.

Hom.: ***Abrus precatorius*** HAB; die getrockneten, reifen Samen.

■ **Abscisinsäure**

ein zur Gruppe der Sesquiterpene gehörendes Phytohormon. Im Pflanzenreich insbes. als *cis*-Isomeres weit verbreitet. Wirk.: Es inhibiert die pflanzlichen Wuchsstoffe (Auxine, Gibberelline und Cytokine), die das Zellteilungs- und Streckungs-

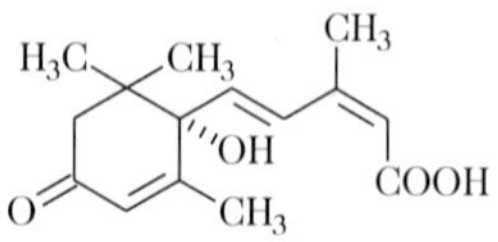

Abscisinsäure

wachstum stimulieren. A. hemmt alle diese Vorgänge, einschl. die der Samenkeimung, des Austreibens der Knospen und aktiviert den Frucht- und Laubfall (Abscission). Die Bildung von A. erfolgt insbes. im Herbst.

Absinth ↗ Artemisia absinthium.
Absinthii herba ↗ Artemisia absinthium.
Absinthin ↗ Artemisia absinthium.
Absinthium majus ↗ Artemisia absinthium.
Absinthium officinale ↗ Artemisia absinthium.
Absinthium vulgare ↗ Artemisia absinthium.

■ **Abutilon graveolens** W. et A.
Fam.: Malvaceae.
Vork.: Rußland, China, tropische und subtropische Gebiete.
Droge: der Samen. Inh: fettes Öl (6–17 %). Anw.: Speiseöl.

Acacia angustiloba ↗ Anadenanthera peregrina.
Acacia anthelminthica ↗ Albizia anthelmintica.

■ **Acacia-Arten**
Die Gattung Acacia umfaßt etwa 900 Arten, die in die Untergattungen *Acaia, Aculeiferum* und *Heterophyllum* unterteilt werden. Gattungsmerkmale: Bäume, Sträucher, selten Kräuter, teilweise Ausbildung von Dornen, Blätter doppelt gefiedert. Inh.: insbes. Polysaccharide und Gerbstoffe.
● **Fam.:** Mimosaceae.
Vork.: tropische und subtropische Gebiete der Erde, bes. Afrika und Australien.
● **Acacia catechu** Willd. (syn. *A. catechuoides* Wall., *A. polyacantha, A. Wallachiana, Mimosa catechuoides, M. sundra*); Gerberakazie.
Vork. und Herk.: Indien, Malaysia und östliches tropisches Afrika.
Droge: ***Catechu*** (syn. Katechu, Pegu-Catechu); der aus dem Kernholz bereitete, getrocknete Extrakt (s. Farbtafel S. 137, Bild 2). Die Droge ist geruchlos, von adstringierendem, bitteren, zuletzt süßlichem Geschmack. Sie bildet großmuschelig brechende, aus der Bruchstelle gleichmäßig dunkelbraune, mitunter porig-löchrige Stücke. Sie löst sich teilweise in kaltem, vollständig in siedendem Wasser sowie in Ethanol. Inh.: Flavanoide mit Catechinen (2–12 %), und zwar (+)- und (–)-Catechin sowie (+)- und (–)-Epicatechin, ferner kondensierte Catechingerbstoffe (20–60 %). Weitere Bestandteile sind Quercetin, Quercitrin und Fisetin. Anw.: Adstringens und Antiseptikum, u. a. bei chronischen Katarrhen der Schleimhäute, äußerlich in Mund- und Gurgelwässern, meist in Form der Tinktur (20 Tropfen auf ein Glas Wasser oder unverdünnt als Pinselung), technisch zum Gerben in der Lederindustrie.
Hom.: ***Catechu*** HAB34, durch Auskochen des Kernholzes und anschließendes Eindicken gewonnener Extrakt.

Acacia catechu. Blühender Sproß.

● **Acacia farnesiana** (L.) Willd. (syn. *Farnesiana odora, Mimosa farnesiana, Vachellia farnesiana*); Cassiestrauch.
Vork.: Westindien.
Drogen: ***1. Flores Acaciae farnesianae***; Cassieblüten (syn. *Acaciae-farnesiana*-Blüten, Akazienblüten). Inh.: äther. Öl. Anw.: volkstümlich als krampflösender Teeaufguß und Aphrodisiakum. ***2. Oleum Acaciae farnesianae; Acaciae farnesiana*-Blütenöl.** Inh.: terpenoide Verbindungen, Salicylsäuremethylester sowie aromati-

sche Aldehyde, u. a. Anisaldehyd und Benzaldehyd. *Anw.*: volkstümlich in Form von Einreibungen als Kopfschmerzmittel, in der Kosmetik (meist in Kombination mit anderen Duftstoffen), in Körperpflegemitteln.

● **Acacia senegal** (L.) Willd. (syn. *A. rupestris, Mimosa senegal, M. senegalensis*); Verek-Akazie.

Herk.: Sudan (Kordofan), Senegal, Gambia.

Droge: *Acaciae gummi* (syn. *Gummi Acaciae, Gummi arabicum*); Arabisches Gummi (syn. Akazien-Gummi, Senegalgummi, Kordofan-Gummi, Mimosen-Gummi), s. Farbtafel S. 137, Bild 3. Die Arzneidroge stellt die an der Luft erhärtete gummiartige Ausscheidung von *A. senegal* oder anderer afrikanischer *Acacia*-Arten dar, die auf natürliche Weise oder nach Einschnitten des Stammes und der Zweige austritt. Sie ist geruch- und geschmacklos und löst sich langsam fast vollständig in der doppelten Menge Wasser. Sprühgetrocknetes Arabisches Gummi, das zugleich frei von Oxidasen und Peroxidasen ist, zeichnet sich durch bessere Wasserlöslichkeit aus. *Inh.*: Gemisch von Polysacchariden (80–90 %) und Proteinen (10–15 %). Den Hauptanteil bilden Arabinogalactane, die stark verzweigte, saure Polysaccharide vom Arabintyp darstellen. Diese liegen meist als Calcium-, z. T. auch als Kalium- oder Magnesiumsalze vor. *Anw.*: Als Hilfsstoff in der pharmazeutischen Technologie, u. a. zur Bereitung von Emulsionen, als Bindemittel bei der Tablettierung, als reizlindernde Mittel für einhüllende Zubereitungen, z. B. Mucilago Gummi arabici, bei Katarrhen, als Bestandteil von Hustenbonbons sowie bei Diarrhöen. Industriell als Verdickungsmittel.

Acaciae-farnesiana-Blüten ↗ Acacia-Arten.
Acaciae gummi ↗ Acacia-Arten.
Acacia microphylla ↗ Anadenanthera peregrina.
Acacia niopa ↗ Anadenanthera peregrina.
Acacia paniculata ↗ Anadenanthera peregrina.
Acacia peregrina ↗ Anadenanthera peregrina.

■ **Acaena pinnatifida** Ruiz. et Pav.

Fam.: Rosaceae.

Vork.: Chile, Andengebiete.

Droge: die ganze Pflanze bzw. die Wurzel. *Anw.*: in der indianischen Volksheilkunde als Adstringens und Diuretikum.

Acajou-Nüsse ↗ Anacardium occidentale.

Acajuba occidentalis ↗ Anacardium occidentale.
Acajubaum ↗ Anacardium occidentale.

■ **Acalypha indica** L.
(syn. *Cupamensis indica, Ricinocarpus indica*).

Fam.: Euphorbiaceae.

Vork.: Indien, Sri Lanka, China.

Droge: ***Herba Acalyphae indicae***; Indisches Brennkraut. *Inh.*: Alkaloide, u. a. Acalyphin, ein cyanogenes Glykoalkaloid, ferner äther. Öl, phenolische Substanzen (Acalyphamid) und Harze. *Anw.*: Expektorans und Diuretikum, heute obsolet.

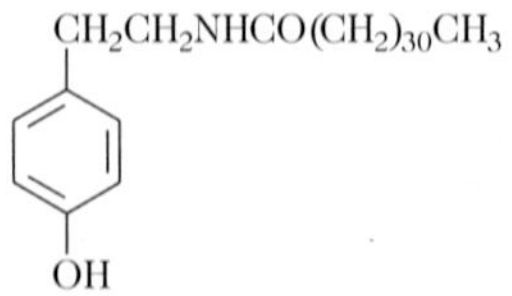

Acalyphamid

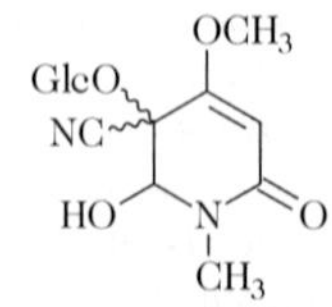

Acalyphin

Hom.: ***Acalypha indica*** HAB34; Brennkraut, das frische, blühende Kraut. *Anw.-Geb.*: u. a. bei Krampfhusten und Gerinnungsstörungen.

Histor.: *Acalypha* ist der von ↗ Hippokrates für die Nessel gebrauchte Name. Wegen der nesselähnlichen Blätter wurde dieser auch in die deutsche Bezeichnung übernommen.

Acanthopanacis senticosi radix ↗ Eleutherococcus senticosus.
Acanthopanax senticosus ↗ Eleutherococcus senticosus.

■ **Acanthopanax sessiliflora**.

Fam.: Araliaceae.

Vork.: Sibirien.

Droge: die ganze Pflanze. *Inh*: äther. Öl, Saponine, in Spuren Alkaloide. *Anw.*: in der Volksheilkunde als Stimulans und möglicher Ginsengersatz.

■ **Acanthophyllum glandulosum** Bge.

Fam.: Caryophyllaceae.

Vork.: Zentralasien, Steppengebiete.

Droge: ***Radix Acanthophylli***; Turkestanische Seifenwurzel, die getrocknete Wurzel. *Inh*: Saponine. *Anw.*: in der Volksheilkunde als Expektorans, in der Veterinärmedizin bei Erkrankungen der Pferde sowie als Waschmittel.

■ **Acanthosicyos horridus** Welw. ex Hook f.
Fam.: Cucurbitaceae.
Vork.: Südwestafrika.
Droge: Die Samen reifer Früchte. *Inh:* fettes Öl, in den Früchten auch Cucurbitacine, Eiweiß, Zucker. *Anw.*: das aus den Samen gewonnene Öl als Speiseöl, das dem Mandelöl vergleichbar ist. Die gekochten Samen werden in der Kapregion Südafrikas als „Butter Pits" wie Nüsse gegessen und zu Backwaren verwendet.

■ **Acanthosicyos naudiniana** (Sonders) C. Jeffrey (syn. Citrullus naudinianus, Cucumis naudinianus, Colocynthis naudinianus).
Fam.: Cucurbitaceae.
Vork.: Süd- und ostafrikanische Steppengebiete.
Droge: die Wurzel. *Inh:* Cucurbitacine (bis zu 1,4 %), dabei sowohl Vertreter der B- und der E-Serie als Glykoside. *Anw.*: Die Eingeborenen benutzen einen eingedickten Wurzelextrakt als Pfeilgift.

Acanthum edule ↗ Blepharis edulis.
Acanthum spicatum ↗ Blepharis edulis.

■ **Acanthus mollis** L.
Fam.: Acanthaceae.
Vork.: Südeuropa.
Droge: ***Herba Acanthae*** (syn. *Herba Acanthi, Herba Brancae ursinae*); Acanthusblätter (syn. Bärenklau). *Inh.*: Schleim. *Anw.*: Mucilaginosum.
Hom.: ***Acanthus mollis*** HAB34; Bärenklau, die frische, blühende Pflanze. *Anw.-Geb.:* Überfunktion der Talgdrüsen der Kopfhaut.
Histor.: Der Gattungsname *Acanthus* ist vom griechischen *akanthos* = Stachel, Distel abgeleitet, da die meisten Arten der Gattung dornige Blätter besitzen. Der Artname (lat.: *mollis* = weich) weist dabei auf die Ausnahme hin. Das Acantusblatt spielte im Altertum bes. in der Ornamentik eine bedeutende Rolle, z. B. in stilisierter Form an den korinthischen sowie an den späteren römischen Säulen.

■ **Acarbose**
ein stickstoffhaltiges Pseudotetrasaccharid, das von *Actinomycetes*-Arten (u. a. der Gattung Actinoplanes) produziert wird. *Wirk.:* Es wird als Antidiabetikum therapeutisch eingesetzt, da A. als Hemmer der α-Glykosidase die Spaltung von ↗ Stärke, Disacchariden (↗ Saccharose) und

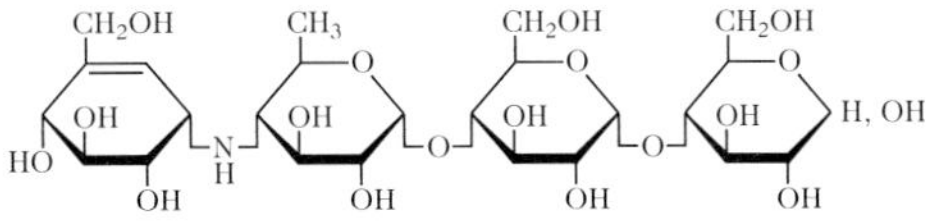

Acarbose

↗ Dextrinen verhindert. Damit kommt es zur verzögerten Resorption von Glucose aus der Nahrung.

Acca sellowiana ↗ Feijoa sellowiana.
Accoromba tricolor ↗ Galega officinalis.

■ **Acer negundo** L.
(syn. *Negundo aceroides, N. fraxinifolium*); Eschenblättriger Ahorn.
Fam.: Aceraceae.
Vork.: Nordamerika, in Europa eingebürgert.
Inh.: Blätter und Rinde enthalten Saponine, die antitumoral wirken, ferner phenolische Verbindungen, u. a. Flavonoide.
Hom.: ***Acer negundo*** HAB34; Eschenblättriger Ahorn, die frische Stamm- und Zweigrinde.

Acerolakirsche ↗ Malpighia punicifolia.
Acer saccharophorum ↗ Acer saccharum.

■ **Acer saccharum** Marsh.
(syn. *A. saccharophorum*); Zuckerahorn.
Fam.: Aceraceae.
Vork.: Bäume Nordamerikas, bes. Kanada.
Droge: ***Ahornsirup***. *Inh.:* Der Blutungssaft enthält bis zu 8 % Saccharose (Trockengewicht: 98 % Zucker, fast ausschließlich Saccharose, ferner 0,4 % Proteine und 0,3 % organische Säuren). *Anw.*: volkstümlich für Frühjahrskuren; Wirksamkeit nicht belegt. Verwendung ferner zum Süßen von Speisen und Getränken in der Süßwarenindustrie sowie nach Kristallisation zur Gewinnung von Ahornzucker.

■ **Acetobacter aceti**
Essigsäurebakterium.
Fam.: Bacteroidaceae.
Bedeut.: Gramnegative, aerobe Stäbchenbakterien, die zur Gewinnung von Essig genutzt werden.

■ **Acetobacter suboxidans**
(syn. *Acetomonas suboxydans*).
Fam.: Bacteroidaceae.
Bedeut.: Stäbchenbakterien, die zur Herstellung von ↗ Ascorbinsäure genutzt werden.

■ **Acetogenine**
Stoffklasse von langkettigen Polyketiden mit sehr komplexer Struktur (u. a. Actinorhodin), die in Pflanzen der Familie Annonaceae vorkommen.

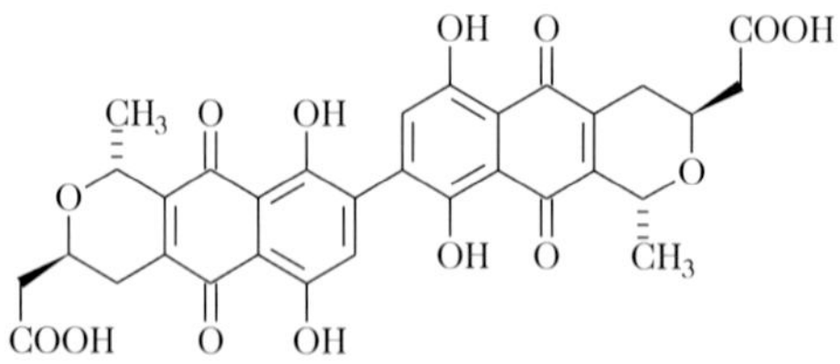

Actinorhodin

Wirk.: Acetogenine zeichnen sich durch antitumorale Eigenschaften aus, indem sie die erhöhte mitochondriale Atemaktivität von Krebszellen hemmen und das Zellwachstum zum Stillstand bringen.

Acetomonas suboxydans ↗ Acetobacter suboxidans.
Acetosella vulgaris ↗ Rumex acetosella.
Acetum Sabadillae ↗ Schoenocaulon officinale.

■ **Acetylandromedol**
(Andromedotoxin, Asebotoxin, Grayanotoxin I, Rhodotoxin). Toxische diterpenoide Verbindung, die in verschiedenen ↗ *Rhododendron-*, *Oxydendron-* und *Andromeda-*Arten sowie im Bienenhonig aus den Blüten dieser Pflanzen vorkommt. *Wirk.:* A. induziert rauschartige Zustände, die mit Krämpfen und Herzlähmung einher gehen.

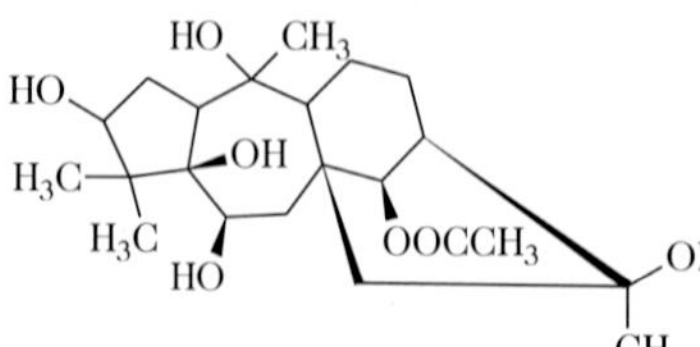

Acetylandromedol

In geringer Dosierung werden positiv inotrope Effekte und eine langanhaltende Blutdrucksenkung beobachtet.

Acevaltrat ↗ Valeriana officinalis.
Achelblätter ↗ Arctostaphylos uva-ursi.
Achelkraut ↗ Arctostaphylos uva-ursi.

■ **Achillea-Arten**
● **Fam.:** Asteraceae (Compositae).

● **Achillea erba-rotta** All. *ssp. moschata* (Wulf) I.B.K. Rich. (syn. *Achillea moschata, A. genipi, A. livia, Ptarmica moschata*); Moschusschafgarbe (syn. Bisamgarbe, Bisamschafgarbe).

Vork.: Europäische Hochgebirge, bes. Silikatalpen.

Drogen: ***1. Herba Ivae moschatae*** (syn. *Herba Achilleae moschatae, Herba Genippi veri, Ivae moschatae herba*); Moschusschafgarbenkraut (syn. Bisamkraut, Genippkraut). *Inh.:* äther. Öl (0,3–0,6 %, u. a. Cineol und L-Campher enthaltend) sowie Bitterstoffe, u. a. Achillin. *Anw.:* Amarum aromaticum. Das äther. Öl (*Oleum Ivae moschatae*, Ivaöl) dient ferner in der Likörindustrie zur Herstellung des Ivalikörs. ***2. Flores Achilleae moschatae*** (syn. *Flores Ivae moschatae*); Ivablüten (syn. Moschusblüten). Inhaltsstoffe und Anwendung s. *Herba Ivae moschatae*.

● **Achillea millefolium** *L.* (syn. *Achillea asplenifolia, A. collina, A. distans, A. sudetica, A. pannonica, A. roseo-alba, A. setacea*); Gemeine Schafgarbe (syn. Achilleskraut, Bauchwehkraut, Bertramsgarbe, Blutstillkraut, Gachelkraut, Gänsezungen, Grützblume, Kachel, Katzenschwanz, Schafrippe, Schafzunge, Tausendblatt, Zangeblume, Feldgarbenkraut, Garbenkraut, Katzenkraut, Grundheil), s. Farbtafel S. 137, Bild 4. Sammelart, die morphologische, zytogenetische und chemische Unterschiede aufweist und deren Sippen von den jeweiligen Bearbeitern als Varietäten, Unterarten oder Kleinarten beschrieben werden. Sie sind meist diploid, z. T. aber auch tetraploid, hexaploid oder octaploid.

Drogen: ***1. Millefolii herba*** (syn. *Herba Millefolii*); Schafgarbenkraut, die zur Blütezeit gesammelten und getrockneten Triebspitzen der Pflanze. *Inh.:* äther. Öl (0,2–1,0 %) mit im allg. 6–19 % Azulen (Ausnahmen bilden die meist tetraploiden, azulenfreien Sippen) sowie monoterpenoiden Bestandteilen, u. a. 1,8-Cineol, Sabinen, Campher, Linalool, mitunter auch Ascaridol. In Abhängigkeit von Herkunft und Taxon variiert die Zusammensetzung erheblich, so daß auch Sesquiterpene vorherrschen können, u. a. Germacren D und β-Caryophyllen. Weitere terpenoide Verbindungen sind Sesquiterpenlactone, v. a. Guaianolide sowie Germacranolide, u. a. Achillifolin, und Eudesmanolide, u. a. Dihydroreynosin. Zu den mehr als 30 identifizierten Verbindungen gehören die Proazulene 7(12),6-Lactone ↗ Achillicin (8α-Angeloyloxy- und 8α-Tigloyloxy-Verbindungen) sowie Rupicolin A und B, ferner das 7(12),8-Lacton 4α-Hydroxy-6α-angelicoyloxy-9α-acetoxyguai-1(20),2-dienolid und sein 6α-Tigloyloxy-Analoges. Als nicht azulenogene Guaianolide kommen ↗ Achillin und Leucodin (Desacetoxymatricarin) vor. Weitere Guaianolide besitzen 1,4-Endoperoxidstruktur, u. a. α-Peroxyachifolid (0,25–0,60 % in den Blüten von *A. millefolium*) oder 3-Oxa-achillicin (8-Acetylegeloid) und 8α-Angelicoyl-3-oxa-artabsin, die eine 3-Oxa-Struktur aufweisen. Sesquiterpenoide mit antitumoralen Eigenschaften sind die Achimillsäuremethylester A, B und C. Neben den terpenoiden Verbindungen enthält die Droge ein breites Flavonoidspektrum mit Flavon-7-*O*-Glucosiden und 7-*O*-Malonylglykosiden des Apigenins und des Luteolins. Weitere Flavonoide sind Flavonolglykoside (u. a. Rutin), C-Glykosylflavone (u. a. Vitexin, Schaftosid und Orientin, einschließlich ihrer Isoverbindungen) sowie methylierte und methoxylierte Flavonoidaglyka (u. a. Casticin). Bestandteile der Droge sind ferner Cumarine, Phenolcarbonsäuren, Betaine und die Polyine Ponticaepoxid sowie *cis*- und *trans*-Matricariaester. Anw.: Zubereitungen der Droge zeichnen sich insbes. durch entzündungshemmende (antiphlogistische) und krampflösende (spasmolytische) Wirkungen aus. Für die antiphlogistischen Eigenschaften kommt den terpenoiden Stoffen bes. Bedeutung zu, während für die spasmolytischen Effekte v. a. die Flavonoide verantwortlich sind. Die Indikationen entsprechen weitgehend denen der Kamille, d. h. die Hauptanwendungsgebiete sind Magen- und Darmbeschwerden, Appetitlosigkeit sowie Förderung der Gallensekretion. Äußerlich werden Auszüge der Droge in Form von Spülungen, Umschlägen und Bädern bei entzündlichen Haut- und Schleimhauterkrankungen sowie als Wundheilmittel genutzt. Die Droge ist Bestandteil von Teepräparaten (Magen-Darm- und Leber-Gallentee) sowie von zahlreichen Phytopharmaka. Zur ↗ Teezubereitung verwendet man als Einzelgabe etwa 2 g bzw. als Tagesdosis etwa 4,5 g fein geschnittenes Schafgarbenkraut. *Geg.:* allgem. Überempfindlichkeiten gegenüber Korbblütlern. *2. **Millefolii flos*** (syn. *Flores Millefolii*); *Inh.* und *Anw.* entsprechen *Millefolii herba*.

Hom.: ***1. Achillea millefolium ferm 33d. 2. Achillea millefolium***, das frische, blühende Kraut. *Anw.-Geb.:* u. a. bei Blutungen und Krampfadern. ***3. Achillea millefolium spag. Zimpel***, das frische blühende Kraut der ganzen Pflanze.

Histor.: Der Gattungsname Achillea geht auf Achilles, den sagenhaften Helden des trojanischen Krieges, zurück, der die Pflanze als Droge entdeckt und zur Wundheilung verwendet haben soll, während der Artname millefolium die vielen fein zerteilten Blätter zum Ausdruck bringt. Seit Dioskurides ist die Anwendung von Achillea, dem „Soldatenkraut mit den vielen Blättern", zur Wundheilung dokumentiert. Die deutsche Bezeichnung Schafgarbe weist darauf hin, daß die Pflanze gern von Schafen gefressen wird.

● **Achillea ptarmica** (syn. *Ptarmica vulgaris*); Wiesenbertram.

Vork.: Europa.

Drogen: ***Herba*** und ***Rhizoma Ptarmicae***. *Inh.:* äther. Öl und phenolische Verbindungen, u. a. Gerbstoffe. *Anw.:* als Tonikum und Adstringens in der Volksheilkunde.

Achilleskraut ↗ Achillea-Arten.

■ Achillicin

Sesquiterpen (Proazulen vom Guaianolidtyp) im ätherischen Öl von ↗ *Achillea*-Arten mit antiphlogistischen Eigenschaften.

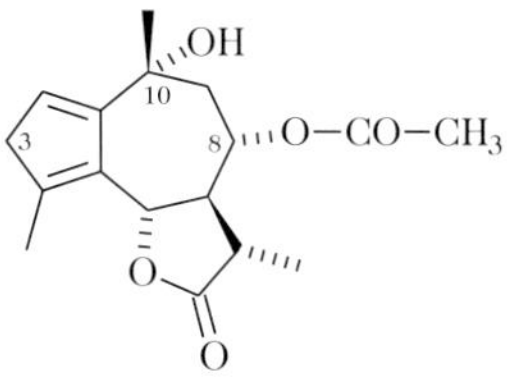

Achillicin

■ Achillin

Sesquiterpenbitterstoff (nicht-azulenogenes Guaianolid) im ätherischen Öl von ↗ *Achillea*-Arten.

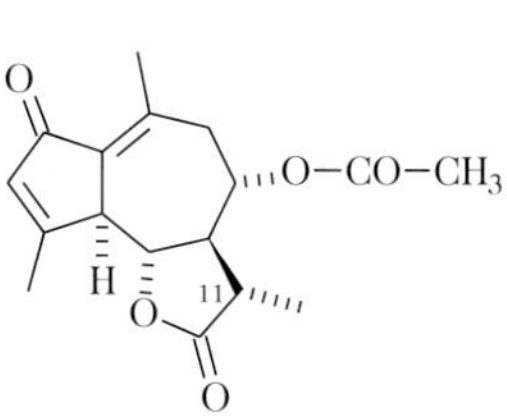

Achillin

Achotesaat ↗ Bixa orellana.
Achras zapota ↗ Manilkara zapota.

■ **Achyranthes aspera** L.
(syn. *Cyathula prostata*).
Fam.: Amaranthaceae.
Vork.: Afrika, Ostindien, Australien.
Droge: die ganze Pflanze. Inh: Oleanolsäure, Glucose, Galactose, Xylose, Rhamnose, in den Samen Hentriacontan und Sapogenine, in der Wurzel Betain. Anw.: in der Volksheilkunde als Diuretikum.

■ **Achyrocline saturoides** DC.
Fam.: Asteraceae (Compositae).
Vork.: Brasilien.
Droge: *Macella*, die Blüte. Inh: äther. Öl, Flavonoide, wie Isognaphaliin. Anw.: in der Volksheilkunde als Tonikum, Amarum und gegen Durchfälle.

■ **Achyropsis leptostachya** Kook. f.
Fam.: Amaranthaceae.
Vork.: Afrika.
Droge: die ganze Pflanze. Anw.: in der Heilkunde der Eingeborenen als Fiebermittel, Brechmittel und als Expektorans.

Acidophilus-Bakterien ↗ Lactobacillus acidophilus.
Ackerbohne ↗ Vicia faba.
Ackerdistel ↗ Cirsium arvense.
Ackerdurchwachs ↗ Bupleurum-Arten.
Ackergauchheil ↗ Anagallis arvensis.
Ackergoldschirm ↗ Bupleurum-Arten.
Ackergras ↗ Agropyron repens.
Ackergraswurzel ↗ Agropyron repens.
Ackergrindkraut ↗ Knautia arvensis.
Ackerhellerkraut ↗ Thlaspi arvense.
Ackerholderbeeren ↗ Sambucus ebulus.
Ackerhonigklee ↗ Melilotus officinalis.
Ackerklee ↗ Trifolium pratense.
Acker-Knautie ↗ Knautia arvensis.
Ackerlattich ↗ Tussilago farfara.
Ackerlein ↗ Linaria vulgaris.
Ackermennig ↗ Agrimonia eupatoria.
Ackerminze ↗ Mentha-Arten.
Ackerraute ↗ Fumaria officinalis.
Ackerrittersporn ↗ Delphinium consolida.
Acker-Scabiose ↗ Knautia arvensis.
Ackerschachtelhalm ↗ Equisetum-Arten.
Ackerschelle ↗ Pulsatilla-Arten.
Ackerveilchen ↗ Viola-Arten.
Ackervergißmeinnicht ↗ Myosotis arvensis .
Ackerwachtelweizen ↗ Melampyrum arvense.
Ackerwinde ↗ Convolvulus-Arten.
Acker-Witwenblume ↗ Knautia arvensis.
Ackerzichorie ↗ Taraxacum officinale.

■ **Aclarubicin**
(Aclacinomycin), Anthracyclinantibiotikum, produziert von *Streptomyces galilaeus*. A. ist ein Glykosid des Aclavoninons, das als Zytostatikum bei akuter myeloischer Leukämie eingesetzt wird (Formel s. unten).

Acmella brasiliensis ↗ Spilanthes oleracea.

■ **Acokanthera-Arten**
● **Fam.:** Apocynaceae.
● **Acokanthera oppositifolia** (Lam.) Codd. (syn. *A. longiflora*).
Vork.: mittleres bis südliches Afrika als Bäume oder Sträucher. In Verbreitungsgebieten auch kultiviert.
Droge: *Lignum Acokantherae* (syn. *Acokantherae lignum*). Inh.: Cardenolidglykoside (↗ Herzwirksame Glykoside), u. a. Acovenosid A bzw. Venenatin (Acovenosigenin-α-1-acovenosid) und Acolongifloridis K (Ouabagenin-6-desoxy-L-talose).

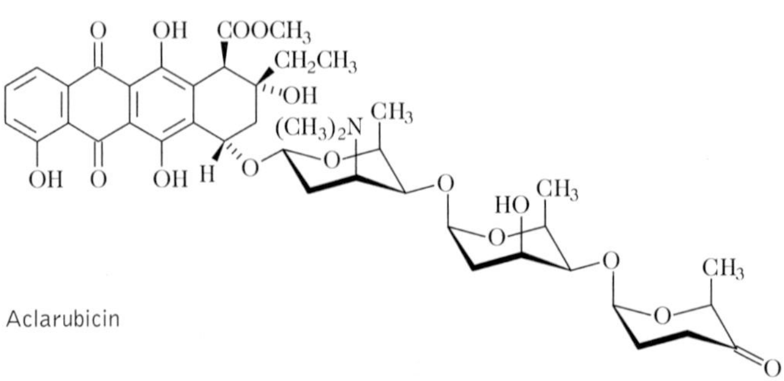

Aclarubicin

● **Acokanthera schimperi** (A.DC.) Scheinf.

Droge: ***Semen Akocantherae venenatae*** (syn. *Acokantherae venenatae semen*). Inh.: Gemisch von Cardenolidglykosiden, insbes. Acovenosid A (58 %) und Ouabain (26 %). Verw.: Beide Drogen zur Gewinnung der herzwirksamen Glykoside. Infolge geringer therapeutischer Breite kaum medizinische Bedeutung. Nutzung in Heimatgebieten als Pfeilgifte.

Acokantherae lignum ↗ Acokanthera-Arten.
Acokantherae venenatae semen ↗ Acokanthera-Arten.
Aconiti herba ↗ Aconitum-Arten.

■ Aconitin

(Akonitin, Acetylbenzoylaconin), Diterpenesteralkaloid in ↗ *Aconitum*-Arten. Wirk.: Aconitin zählt zu den am stärksten wirksamen pflanzlichen Alkaloiden, es wird rasch über die Schleimhäute und die intakte Haut resorbiert, passiert die Blut-Hirn-Schranke und verändert die Erregbarkeit von Nervenzellen (Verzögerung der Repolarisation). Dadurch wirkt es zunächst erregend, dann lähmend auf sensible und motorische Nerven sowie auf das ZNS. Der Tod tritt nach etwa 2–5 mg p. o. durch Atemlähmung oder Herzversagen ein. (Formel ↗ *Aconitum*-Arten).

Aconiti radix lateralis praeparata ↗ Aconitum-Arten.
Aconiti tuber ↗ Aconitum-Arten.

■ Aconitum-Arten

● **Fam.:** Ranunculaceae.

● **Aconitum napellus** L. ssp. *napellus*; Blauer oder Echter Eisenhut (syn. Blaue Mönchskappe, Sturmhut, Teufelskappe), s. Farbtafel S. 137, Bild 5.

Vork.: Bergregionen in Europa, Asien und Amerika.

Drogen: ***1. Tubera Aconiti*** (syn. *Aconiti tuber*); Eisenhutknollen. Inh.: Diterpenalkaloide (0,2–1 %, ↗ Aconitin, Mesoaconitin, Hypaconitin) neben geringen Mengen an Aconitsäure und Neopellin. Anw.: Extrakte werden innerlich und äußerlich aufgrund ihrer analgetischen Wirkung zur Behandlung von Neuralgien, bes. Trigeminusneuralgie sowie bei Gicht und Rheuma eingesetzt. Da die therapeutische Breite von Aconitum-Zubereitungen relativ gering ist, wird die Anwendung heute abgelehnt. ***2. Aconiti herba*** (syn. *Herba Aconiti*);

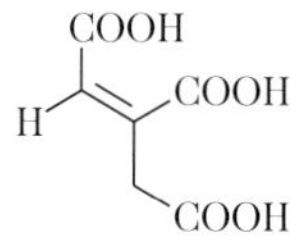

(*Z*)-Aconitsäure

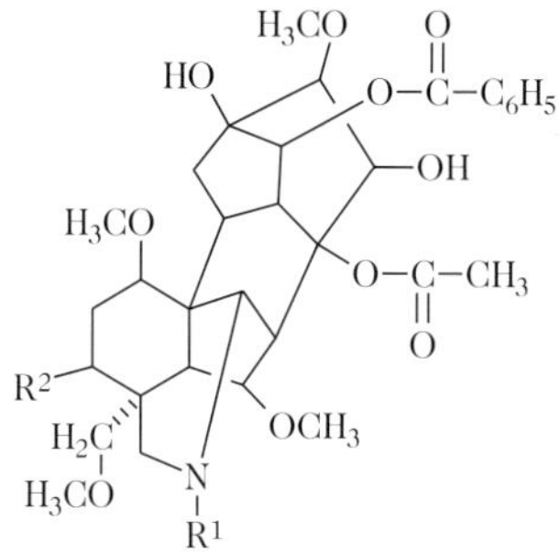

	R^1	R^2
Aconitin	C_2H_5	OH
Mesaconitin	CH_3	OH
Hypaconitin	CH_3	H
Benzaconin = Desacetylaconitin		
Aconln = Desacetyldesbenzoylaconitin		

Eisenhutkraut (syn. Apollonienkraut. Inh. und Anw.: s. *Aconiti tuber*.

Hom.: ***1. Aconitum napellus*** (syn. *Aconitum*) HAB1 und ***2. A. napellus Rh*** (syn. *Aconitum Rh*) HAB1, die ganzen, frischen Pflanzen. ***3. A. napellus e radice*** HAB34, die frischen Wurzelknollen mit den daran hängenden Wurzeln. *Anw.-Geb.:* zur Behandlung entzündlicher Prozesse des Nervensystems, des Herzens, des arteriellen Gefäßsystems sowie der weiblichen Geschlechtsorgane. *A. napellus Rh* findet Anwendung in der anthroposophischen Therapie.

● **Aconitum anthora** L.; Gelber Sturmhut. (syn. Feinblättriger Sturmhut, Giftheit, Giftheil-Eisenhut).

Droge: die Wurzelknollen. Inh.: etwa 2 % Diterpenalkaloide, v. a. Atisin (Anthorin).

Hom.: ***Aconitum anthora*** HAB34, die frische, blühende Pflanze.

● **Aconitum x cammarum** L. emend. Fries (syn. *A. napellus x A. variegatum, A. x intermedium, A. x stoerkianum*); Blauer Sturmhut (syn. Blaue Wolfswurz, Stoerks Eisenhut).

Droge: die Wurzelknollen. Inh.: 0,5 % Gesamtalkaloide, die denen von *A. napellus* ähneln.

Hom.: ***Aconitum cammarum*** HAB34, die frischen, unterirdischen Teile der Pflanze. *Anw.-Geb.:* bei Neuralgien und Empfindungsstörungen.

● **Aconitum carmichaelii** Debeaux (syn. *A. bodinieri, A. fisheri, A. fisheri var. wilsonii, A. kusnezoffii var. bodinieri, A. wilsonii*); Carmichaels Eisenhut.

Droge: ***Aconiti radix lateralis praeparata*** (vorbehandelte Eisenhutseitenwurzel, Kusauzuknollen) *Inh.:* Diterpenalkaloide (0,3–1,6 %) vom Aconitin-Typ, Salsolinol, Magnoflorin, Catecholamine und Glycane. *Anw.:* In der chinesischen Medizin zur Behandlung von Herz-Kreislauf-Erkrankungen sowie in der traditionellen chinesischen Medizin u. a. bei Impotenz, Unfruchtbarkeit und neuralgischen Schmerzen.

● **Aconitum ferox** Wall. ex Seringe; Wilder Sturmhut.

Droge: die Wurzelknollen. *Inh.:* etwa 1 % Gesamtalkaloide in den Wurzeln, v. a. Pseudoaconitin, Indaconitin, Bikhaconitin und Chasmaconitin.

Hom.: ***Aconitum ferox*** HAB34, die frischen, unterirdischen Teile. *Anw.-Geb.:* Angina pectoris und Neuralgien.

● **Aconitum vulparia** Rchb. (syn. *A. lycoctonum*); Gelber Eisenhut (syn. Fuchseisenhut, Gelbe Gelstern, Helmehrut, Hundstod, Wolfs-Eisenhut, Wolfswurz), s. Farbtafel S. 137, Bild 6.

Droge: die Wurzelknollen. *Inh.:* Die Droge enthält Diterpenalkaloide (ca. 1 %), hauptsächlich Lycaconitin und Lycoctonin, weiterhin Magnoflorin (Isochinolinalkaloid).

Hom.: ***Aconitum lycoctonum*** HAB34, das frische, zur Zeit der beginnenden Blüte gesammelte Kraut. *Anw.-Geb.:* bei Lymphdrüsenentzündungen.

● **Histor.:** Die Giftigkeit des Eisenhuts war bereits in der Antike bekannt und Extrakte daraus wurden zu Giftmorden benutzt.

Aconitum paradalianches ↗ Paris quadrifolia.
Aconitum salutiferum ↗ Paris quadrifolia.
Acoron ↗ Acorus calamus.
Acorus aromaticus ↗ Acorus calamus.
Acorus asiaticus ↗ Acorus calamus.
Acorus benageri ↗ Acorus calamus.

■ **Acorus calamus** L.
(syn. *A. aromaticus, A. asiaticus, A. benageri, A. casia, A. griffithii, A. commersonii, A. commutatus, A. odoratus, A. spurius, A. terrestris, A. triqueter, A. vernus, A. vulgans, A. vulagis, Calamus aromaticus, Oronthium cochinchinensis*); Kalmus (syn. Chalmis, Dt. Ingwer, Dt. Zitwer, Echter Kalmus, Gewürzkalmus, Karmswuttel, Kolmas, Magenwurz, Schwanenbrot, Sigge), s. Farbtafel S. 138, Bild 7.

Fam.: Araceae.

Vork.: gemäßigte Klimazone der nördlichen Hemisphäre.

Drogen: *1.* ***Calami aetheroleum*** (syn. *Oleum Calami*) Kalmusöl. *Inh.:* s. *Calami rhizoma*. *Anw.:* Zur Mundhygiene wird Kalmusöl Mund- und Gurgelwässern zugesetzt. In der Likörindustrie wird die Droge zur Aromatisierung und als Stomachikum verwendet. *2.* ***Calami rhizoma*** (syn. *Rhizoma Calami, Rhizoma Acori*); Kalmuswurzelstock. *Inh.:* äther. Öl (bis zu 7 %) komplexer Zusammensetzung mit Phenylpropanderivaten, bes. β-Asaron und Terpenen, u. a. β-Farnesen, Geranylacetat, Isoeugenolmethylether, Acoragermacron und Acoron sowie außerdem Acorin, ein bitteres Glykosid, Cholin, Methylamine, Gerbstoffe, Stärke, Zucker und Schleimstoffe. *Anw.:* Die Droge wird in Form von Extrakten innerlich als Stomachikum (Amarum aromaticum) bei Appetitlosigkeit, Verdauungsbeschwerden, Flatulenz, aber auch bei rheumatischen Erkrankungen sowie bei Husten eingesetzt. Da die langzeitliche Anwendung von Kalmusöl im Tierversuch Tumore induzieren kann, gilt β-Asaron als carcinogen und chromosomenschädigend. Nur Drogen mit einem β-Asaron-Gehalt von <0,5 % dürfen zum Einsatz kommen. Der Dauergebrauch der Droge ist nicht zu empfehlen, das gilt auch für Magenliköre, die Kalmusextrakte enthalten. Zur ↗ Teezubereitung werden etwa 1,5 g der fein geschnittenen oder grob gepulverten Droge verwendet. Äußerlich angewendet dient Kalmuswurzelstock als Badedroge zur Hautreiztherapie bei Arthritis und Neuralgien sowie zur Verbesserung der Durchblutung. Die Kri-Indianer im Nordwesten Kanadas kauen den Wurzelstock um halluzinogene, LSD-ähnliche Rauschzustände zu erzeugen. Die Wirkung soll auf strukturellen Gemeinsamkeiten von β-Asaron mit ↗ Mescalin beruhen.

Hom.: ***Acorus calamus*** HAB1; *Anw.-Geb.:* bei Magen-Darm-Erkrankungen.

Histor.: Im Orient wurde Kalmus bereits im Altertum (Erwähnung in der Bibel: 2. Mose 30,23) als Gewürz und Heilmittel geschätzt.

Nach Europa kam er erst im 16. Jh. aus Südindien über Rußland und Siebenbürgen, wohin ihn die Tataren mitgebracht hatten.

Acorus casia ↗ Acorus calamus.
Acorus commersonii ↗ Acorus calamus.
Acorus commutatus ↗ Acorus calamus.
Acorus griffithii ↗ Acorus calamus.
Acorus odoratus ↗ Acorus calamus.
Acorus spurius ↗ Acorus calamus.
Acorus terrestris ↗ Acorus calamus.
Acorus triqueter ↗ Acorus calamus.
Acorus vernus ↗ Acorus calamus.
Acorus vulagis ↗ Acorus calamus.
Acorus vulgans ↗ Acorus calamus.
Acremonium fusioides ↗ Fusidium coccineum.

■ **Acridocarpus alopecurus** Sprague.
Fam.: Malpighiaceae.
Vork.: Afrika. Anw.: in der afrikanischen Volksheilkunde bei Herzstörungen.

■ **Acrocephalus capitatus** Bth.
Fam.: Lamiaceae (Labiatae).
Vork.: Indochina.
Droge: die ganze Pflanze. Inh: äther. Öl, Saponine, Glykoside. Anw.: in der Volksheilkunde bei Gelbsucht, zum Auswaschen von Wunden, als Diuretikum und Anthelmitikum.

■ **Acrocomia sclerocarpa** Mart.
(syn. *Cocos aculeata*).
Fam.: Palmae.
Vork.: Südamerika, besonders Brasilien, Amazonasgebiet.
Droge: *Mocayaöl* (syn. Mocayabutter, Macauba-Öl, Hacuja-Öl), das fette Öl aus der Fruchtpulpe und den Kernen. Inh: Fett (ca. 60 %), mit Ölsäure (ca. 74 %) und Linolsäure (ca. 8 %) als Fettsäuren. Anw.: Speisefett, Margarinegrundstoff, Ausgangspunkt für die Seifenherstellung. Fruchtfleisch und Kerne werden ebenfalls als Laxans und Wurmmittel eingesetzt.

Acrodiclidium puchury-major ↗ Ocotea puchury-major.

■ **Acronychia baueri** Schott.
(syn. *Bauerella australiana*).
Fam.: Rutaceae.
Vork.: tropisches Asien, Australien.
Drogen: Rinde und Blätter. Inh: Triterpene, wie Lupeol, Bauerenol; Alkaloide, wie Melicopin, Acronycin, Acronycidin, Normelicopidin, Kokusaginin. Anw.: Acronycin besitzt cancerostatische Wirkungen.

■ **Acronycin**
Acridonalkaloid.
Vork.: in Pflanzen der Familie Rutaceae. Wirk.: Onkolytisch. Induziert Apoptose von Krebszellen. Stärkere Wirkung besitzen die Acronycin-Epoxide.

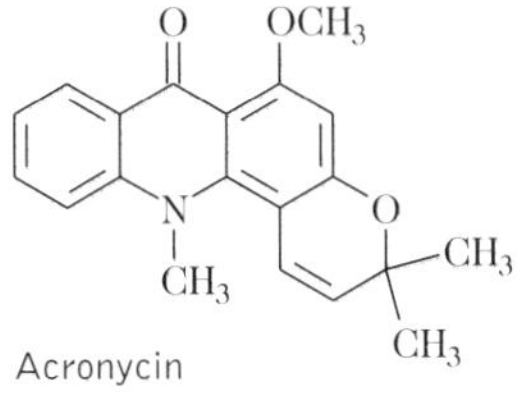

Acronycin

Actaea corymbosa ↗ Actaea spicata.
Actaea gyrostachya ↗ Cimicifuga racemosa.
Actaea monogyna ↗ Cimicifuga racemosa.
Actaea nigra ↗ Actaea spicata.
Actaea orthostachya ↗ Cimicifuga racemosa.
Actaea racemosa ↗ Cimicifuga racemosa.

■ **Actaea spicata** L.
(syn. *Actaea corymbosa, A. nigra, Christophoriana spicata*); Christophskraut, s. Farbtafel S. 138, Bild 8.
Vork.: Mittel- und Nordeuropa.
Inh.: Alkaloide, u. a. Magnoflorin, Saponine, Flavonoide.
Hom.: *Actaea spicata* HAB1; Christophskraut, die frischen, nach dem Austrieb der Sprosse, aber vor der Blüte gesammelten unterirdischen Teile. Anw.-Geb.: rheumatische Beschwerden.

Actein ↗ Cimicifuga racemosa.

■ **Actinidia chinensis** Planch.
Kiwi (syn. Chinesischer Strahlengriffel).
Fam.: Actinidiaceae.
Vork.: auf Neuseeland kultiviert.
Inh.: Die Frucht enthält Ascorbinsäure (ca. 0,1 %), Vitamine und eine Protease. Anw.: Vitamin-C-Spender, zur Bereitung des Taraweins.

■ **Actinidia kolomikta** (Maxim. et Rupr.) Maxim.
Fam.: Actinidiaceae.

Vork.: Amurgebiete, Sachalin, Ostasien.
Drogen: die Früchte. Inh: Vitamin C, Gerbstoffe. Anw.: Die getrockneten Früchte werden in der Volksheilkunde bei Skorbut und als Anthelmintikum benutzt.

Actinobacterium bifidum ↗ Bifidobacterium-Arten.

■ **Actinomeris helianthoides** Nutt.
Fam.: Asteraceae (Compositae).
Vork.: Nordamerika.
Droge: die Wurzel. Inh.: äther. Öl. Anw.: bei Blasen und Nierenleiden.

Actinomyces antibioticus ↗ Actinomycine.
Actinomyces bifidus ↗ Bifidobacterium-Arten.

■ **Actinomycine**
Peptidlactonantibiotika, die von verschiedenen ↗ *Streptomyces*-Arten sowie von *Actinomyces antibioticus* gebildet werden. Actinomycine wirken

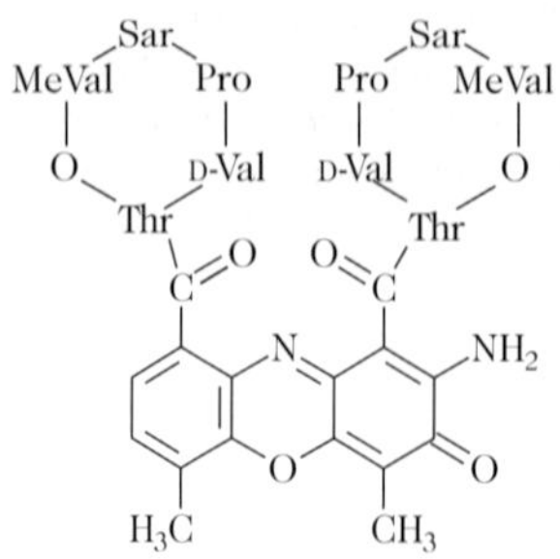

Actinomycin C

antibiotisch gegenüber grampositiven Bakterien, allerdings wird diese Wirksamkeit wegen ihrer hohen Toxizität therapeutisch nicht genutzt. Verwendet werden dagegen ↗ Cactinomycin (Actinomycin C bzw. C_3) und ↗ Dactinomycin (Actinomycin D bzw. C_1) als Zytostatika zur Behandlung von Tumoren bei Kindern sowie bei Leukämien und Keimdrüsentumoren. Ihre Wirkung beruht auf der Interkalation zwischen das Basenpaar Guanin-Cytosin im DNA-Strang.

Actinoplanes teichomyceticus ↗ Teicoplanin.

■ **Actinostemum lanceolatum** Sald.
Fam.: Verbenaceae.
Vork.: Brasilien.
Drogen: die Samen. Inh: fettes Öl (6–11 %), äther. Öl mit Geraniol. Anw.: in der brasilianischen Volksheilkunde als Stimulans und Fiebermittel.

Adamsblätter ↗ Hedera helix.

■ **Adansonia digitata** L.
Affenbrotbaum.
Fam.: Bombacaceae.
Vork.: tropisches Afrika, Westindien.
Droge: ***Baobaböl*** (syn. Affenbrotbaumfett), das Fett der Samen. Inh: nicht trocknendes fettes Öl (25–60 %), mit Ölsäure (ca. 57 %), Palmitinsäure (ca. 10 %) und Stearinsäure (ca. 23 %) als Fettsäuren. Anw.: Speiseöl und als Grundstoff für kosmetische Produkte.

■ **Adaptogene**
Stoffe, die in der Lage sind, die Anpassungsfähigkeit des Organismus bei außergewöhnlichen Belastungen zu verbessern und die Widerstandskraft gegen neuerliche Belastungen, gleichgültig welcher Art, zu erhöhen. Das gilt insbes. gegenüber Streß unterschiedlicher Herkunft. Grundlage für die Wirkung von Adaptogenen ist das biologische Prinzip der Adaptation oder Anpassungsfähigkeit, das sich auf alle Lebewesen und alle Ebenen biologischer Betrachtungen (strukturell, funktionell, biochemisch) erstreckt. Adaptogene sollten weitgehend untoxisch sein, eine unspezifische Wirkung gegenüber den verschiedensten Noxen induzieren und je nach Ausgangslage des Organismus stimulierend oder dämpfend wirken. Folgende Drogen besitzen adaptogene Eigenschaften: ↗ *Panax ginseng*, ↗ *Eleutherococcus senticosus* und *Aralia mandschurica* (↗ *Aralia*-Arten). Wahrscheinlich besitzen auch viele flavonoidhaltige Drogen eine adaptogene Wirkung.

■ **Adenanthera pavonina** L.
Indischer Korallenbaum (syn. Roter Sandelholzbaum).
Fam.: Fabaceae (Leguminosae).
Vork.: tropisches Indien, Madagaskar, Afrika, Südamerika, häufig auch kultiviert.
Drogen: ***1. Korallenbaumöl***, das fette Öl der Samen. Inh: Triglyceride. Anw.: Brennöl. ***2. Folia Adenantherae***, die Blätter. Inh: Physostig-

min-ähnliche Alkaloide. Anw.: in der indischen Volksheilkunde bei Rheuma.

Adenanthera tetraptera ↗ Tetrapleura tetraptera.
Adenes canadensis ↗ Helianthus tuberosus.

■ **Adenia digitata** Engl.
Fam.: Passifloraceae.
Vork.: Afrika, bes. in Trockengebieten.
Droge: die Wurzel (kann bis zu mehreren Metern Länge aufweisen). Die Droge ist stark giftig! Inh: Modeccin (Toxalbumin), cyanogene Glykoside. Anw.: Abkochungen dienen in der Volksheilkunde zur Behandlung der Lepra und von Geschwüren.

■ **Adenia lobata** (Jacq.) Engl.
(syn. *Modecca lobata, M. diversifolia, M. tenuifolia, M. carixcifolia, Adenia mildbraedii*).
Fam.: Passifloraceae.
Vork.: Senegal, Ostafrika, Angola.
Drogen: die Wurzeln. Die Droge ist stark giftig! Inh: cyanogene Glykoside, wie Gynocardin und Deidamin; Saponine, Gerbstoffe. Anw.: in der Volksheilkunde bei Gelbsucht, Geschlechtskrankheiten, Ohnmacht, Fieber, Kopfschmerzen, Magenbeschwerden, Rheuma. Auch als Bestandteil von Jagdgiften wird die Droge verwendet.

Adenia mildbraedii ↗ Adenia lobata.

■ **Adenia volkensii** Harms.
Fam.: Passifloraceae.
Vork.: Afrika, besonders Uganda, Kenia, Tansania.
Droge: die Wurzel. Inh: cyanogene Glykoside, wie Tetraphyllin B und epi-Tetraphyllin B, das toxische Protein Volkensin, Cyanlipide. Anw.: in der Volksheilkunde wird ein Pulver aus der gegrillten Wurzel mit Milch gemischt bei Magenbeschwerden und inneren Geschwülsten eingesetzt. Auch als Bestandteil von Jagdgiften wird die Droge verwendet.

■ **Adenium-Arten**
● **Fam.:** Apocynaceae. Alle Arten der Gattung sind stark giftig!
● **Adenium obesum** (Forssk.) Roem. et Schult. (syn. *Adenium honghel, A. coetanum, A. speciosum, A. arabicum, A. somalense, A. micranthum, A. arboreum, A. socornum, A. tricholepis*).
Vork.: Afrika, u. a. Somalia, Äthiopien, Sudan Uganda, Kenia, Tansania.
Drogen: das Holz, die Rinde, die Wurzeln und Blätter. Inh: herzwirksame Glykoside, wie Hongheloside und Honghelin mit Digitogenin als Aglykon und D-Thevetose als Zuckerkomponente, weiterhin Somalin; Flavonoide. Anw.: in der Volksheilkunde äußerlich zur Behandlung von Geschwüren und Wunden. Größere Bedeutung besitzt die Droge bei den Eingeborenen zur Gewinnung von Pfeilgiften für die Jagd, wobei ein Extrakt aus den frischen Zweigen der Pflanze bereitet wird.
● **Adenium multiflorum** Klotzsch.
Vork.: Afrika, südlich des 14. Breitengrades.
Drogen: Stammrinde, Wurzelstock. Inh: herzwirksame Glykoside, wie 16-Desacetylanhydrohonghelosid A (0,62 %), 16-Anhydrostrospesid (0,085 %) und Strospesid (0,042 %). Anw.: als Pfeilgift und Fischgift sowie zur Behandlung von Durchfällen und Augenkrankheiten bei Geflügel.
● **Adenium boehmianum** Schinz.
Vork.: Namibia, Süd-Angola.
Drogen: der Milchsaft und die Wurzeln. Inh: herzwirksame Glykoside, wie Somalin (0,033 %), Abobiosid, Echujin (0,11 %). Anw.: als Jagdgift, dabei werden die Pfeile mit dem Latex der Pflanze bestrichen. Der Tod tritt nach kurzer Zeit durch Herzlähmung und Krämpfe ein.
● **Adenium oleifolium** Stapf (syn. *Adenium lugardii*).
Vork.: Südafrika, Transvaal, Südost-Namibia, Botswana.
Droge: die ganze Pflanze. Inh: herzwirksame Glykoside ähnlicher Zusammensetzung wie *Adenium boehmianum*. Anw.: früher als Pfeilgift der Buschmänner. In der Volksheilkunde wird eine Salbe aus der Droge zur Behandlung von Schlangen- und Skorpionbissen verwendet, ein Wurzelaufguß wird bei Fieber und Magenverstimmung eingesetzt.

■ **Adenophora liliifolia** (L.) Bess.
Fam.: Campanulaceae.
Vork.: Rußland, Wolgagebiet.
Drogen: die Wurzel. Inh: Invertzucker (35–48 %), Eiweiß, Fett. Anw.: als Gemüse.

■ **Adenosin**
Adenin-[D-ribofuranosid]-9, Purinnucleosid mit weiter Verbreitung in allen Organismen (Baustein der RNA). Wirk.: Adenosin hemmt die Blut-

Plättchenaggregation und wirkt vasodilatorisch durch Wechselwirkung mit purinergen Rezeptoren.

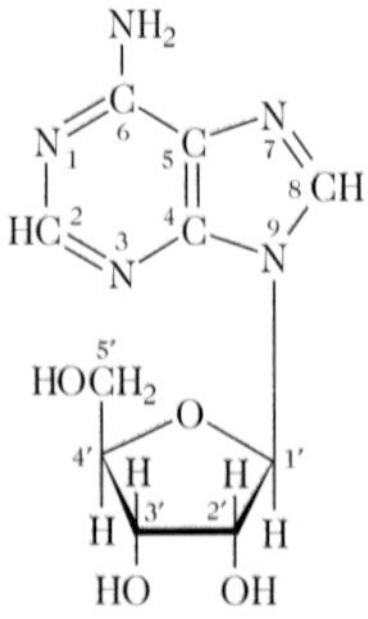

Adenosin

Adeps canis ↗ Canis Familiaris.
Adeps Lanae ↗ Wollwachs.
Adeps Lanae anhydricus ↗ Ovis aries.
Adeps Marmotae ↗ Marmota marmota.
Adeps Nusticae ↗ Myristica fragrans.
Adeps Suillus ↗ Schweineschmalz.
Adhatoda vasica ↗ Justicia adhatoda.
Adhatoda zeylanica ↗ Justicia adhatoda.

■ **Adiantum capillus-veneris** L.
Frauenhaar (syn. Frauenfarn, Lappenfarn, Venushaar).

Fam.: Pteridaceae.

Vork.: tropische und subtropische Gebiete Europas, Nordamerikas und Asiens.

Drogen: ***1. Capilli Veneris herba*** (syn. *Capilli Veneris herba cum radice, Herba Capilli veneris*). *Inh.:* Flavanon- und Flavonolglykoside (Naringin, Astragalin, Isoquercitrin, Rutosid), Proanthocyanidine, Chinasäure, Shikimisäure, Hydroxyzimtsäureester, Triterpene (Adianton, Adiantoxid), Carotinoide. *Anw.:* Früher wurde die Droge in Form von Brusttees bei Erkrankungen der Luftwege und hartem Husten bzw. als Bestandteil von Haarwasser zur Förderung des Haarwachstums (Name!) angewendet. In der Volksmedizin wird ein Fluidextrakt auch bei Diabetes zur Senkung des Blutzuckerspiegels eingesetzt. ***2. Folia Adianti*** (syn. *Folia Capilli*). Inhaltsstoffe und Anwendung s. *Capilli Veneris herba*.

Hom.: ***Adiantum capillus veneris*** HAB34, die frische Pflanze.

■ **Adina cordifolia** Benth. et Hook fil.

Fam.: Rubiaceae.

Vork.: Indien, Burma, Indochina.

Droge: ***Cortex Adinae cordifoliae***, die Rinde. *Inh.:* iridoide Carbolinglucoside, wie Cordifolin, 10-Desoxycordifolin; Farbstoffe, wie Adinin, Flavonoide. *Anw.:* als Antiseptikum, Fiebermittel sowie als Adstringens bei Diarrhoe und Dysenterie.

■ **Adipera jahnii** Britton et Rose
(syn. *Cassia jahnii*).

Fam.: Fabaceae (Leguminosae).

Vork.: Venezuela, Andengebiete.

Drogen: ***Urumaco***, die Blüten. *Inh.:* Anthrachinonderivate. *Anw.:* in der Volksheilkunde als Laxans.

Adlerblume ↗ Aquilegia vulgaris.
Adlerfarn ↗ Pteridium aquilinum.
Adlerholz ↗ Aquilaria agallocha.
Adlumia cirrhosa ↗ Adlumia fungosa.

■ **Adlumia fungosa** (Ait.) Greene
(syn. *Adlumia cirrhosa, Fumaria fungosa*); Erdrauch.

Fam.: Papaveraceae.

Vork.: Nordamerika.

Inh.: Alkaloide, u. a. Adlumin, Adlumidin, Bicucin, Bicucullin und Protopin.

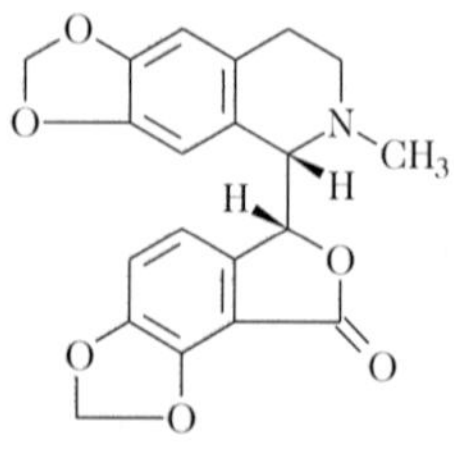

(+)-Bicucullin

Hom.: ***Adlumia fungosa*** HAB1, die frischen, oberirdischen Teile blühender Pflanzen. *Anw.-Geb.:* Erkrankungen der Leber, Galle und Bauchspeicheldrüse sowie des Stütz- und Bewegungsappartes.

Adonanthe vernalis ↗ Adonis-Arten.
Adonastrium vernale ↗ Adonis-Arten.
Adonidis herba ↗ Adonis-Arten .

■ **Adonis-Arten**

● **Fam.:** Ranunculaceae.

● **Adonis vernalis** L. (syn. *Adonanthe vernalis, Adonastrium vernale, Adonis apennina, A. davurica, A. helleborus, A. ircutiana, A. parviflora*); Frühlings-Adonisröschen (syn. Adonisröschen, Blutauge, Frühlings-Teufelsauge, Teufelsauge, falsche oder böhmische Nieswurz), s. Farbtafel S. 138, Bild 9.

Vork.: Ost-, Zentral- und Südeuropa.

Droge: ***Adonidis herba***; Adoniskraut. Inh.: herzwirksame Glykoside (0,2–0,8 %) vom Cardenolidtyp, einem komplexen Spektrum aus 28 Vertretern, v. a. Cymarin und Adonitoxin. Alle bisher identifizierten Glykoside leiten sich von 5 Aglyka ab (Strophanthidin, Adonitoxigenin, Strophanthidol, Adonitoxoligenin, Strophadogenin), als Zuckerkomponenten treten neben D-Glucose auch 6-Desoxyzucker (D-Fucose, D-Digitalose, D-Rhamnose) und die Pentose D-Xylose auf. Weiter enthält die Droge etwa 1 % des Flavonol-C-Glykosyls Adonivernith. *Anw.:* Aufgrund der positiv inotropen und venentonisierenden Wirkung wird die Droge (ein auf 0,2 % Cymarin eingestelltes Adonispulver) bei leichter Herzinsuffizienz mit nervöser Begleitsymptomatik angewendet. In der Volksmedizin erweitert sich die Indikation auf Wassersucht, Fieber und Menstruationsbeschwerden.

Hom.: ***1. Adonis vernalis*** HAB1; die frische, zur Blütezeit geerntete Pflanze (ohne Wurzeln). *Anw.-Geb.:* bei Herzschwäche. ***2. Adonis vernalis ferm. 33d*** HAB1 wird mit gleicher Indikation in der anthroposophischen Medizin verwendet.

Histor.: Der Name Adonis geht unter anderem auf den römischen Mythus (Ovids Metamorphosen) zurück. Danach verwandelte Venus ihren Liebling „Adonis", der auf der Jagd durch einen vom eifersüchtigen Mars geschickten Eber getötet wurde, in eine blutrote Blume. Der Artname (lat.: *vernalis*) weist auf die Blütezeit im Frühling hin. Bereits in den Kräuterbüchern des 16. und 17. Jh. wurde die Droge bei Harnbeschwerden, Wassersucht und Steinleiden empfohlen. Im 18. Jh. wurden alljährlich große Mengen an Wurzeln aus Thüringen in Europa versandt, was zur Dezimierung der heimischen Vorkommen führte.

● **Adonis amurensis** Regel et Radde,
● **Adonis sibirica** Patrin,
● **Adonis villosa** Ledeb. und
● **Adonis wolgensis** Stev. sind ausdauernde Pflanzen, die ein ähnliches Inhaltsstoff-Spektrum wie *A. vernalis* aufweisen, jedoch nicht als Drogen eingesetzt werden. Das gilt auch für die folgenden einjährigen Adonis-Arten:
● **Adonis aestivalis** L.

Hom.: ***Adonis aestivalis*** HAB; die zur Blütezeit gesammelten, frischen, oberiridischen Pflanzenteile.,

● **Adonis allepica** Boiss.,
● **Adonis annua** L. (syn. *A. autumnalis* L.),
● **Adonis flammea** Jacq. und
● **Adonis microcarpa** DC.

Adoniskraut ↗ Adonis-Arten.
Adonisröschen ↗ Adonis-Arten .
Adonitoxin ↗ Adonis-Arten.

■ **Adoxa moschatellina** L.
Moschuskraut.

Fam.: Adoxaceae.

Vork.: Europa, Asien, Nordamerika, Chile.

Drogen: ***Gemeines Moschuskraut***, das getrocknete Kraut. *Inh:* Glykoside, Flavonoide. *Anw.:* Volksheilmittel bei Dystonie und Fieber.

Adriamycin ↗ Doxorubicin.
Advokaten-Birne ↗ Persea americana.
Aebern ↗ Solanum-Arten.

■ **Aegle marmelos** (L.) Correa
Belbaum (syn. Bälbaum, Modjobaum).

Fam.: Rutaceae.

Vork.: in Indien, Sri Lanka und Südostasien kultiviert.

Droge: ***Fructus Belae indicae*** (syn. Marmelosfrüchte); Belafrüchte. *Inh.:* Furanocumarine, u. a. Imperatorin, ferner Dictamnin sowie Gerbstoffe (ca. 20 %). *Anw.:* Adstringens bei Diarrhoe. In den Heimatgebieten wird frisches Fruchtmus roh gegessen und dient auch zur Herstellung von Getränken. Auch junge Blätter und Triebe werden gegessen bzw. als Gewürz genutzt. Ein in der Fruchtschale enthaltener Farbstoff dient zum Färben von Seide.

Aegopodii podagrariae herba ↗ Aegopodium podagraria.
Aegopodium angelicaefolium ↗ Aegopodium podagraria.
Aegopodium carum ↗ Carum carvi.
Aegopodium latifolium ↗ Aegopodium podagraria.

■ **Aegopodium podagraria**
(syn. *Aegopodium angelicaefolium, A. latifolium, A. ternatum, Apium biternatum, Apium podagraria, Carum podagraria, Ligusticum podagraria, Pimpinella angelicaefolia, Pimpinella podagraria, Podagraria aegopodium, Podagraria erratica, Selinum podagraria, Seseli aegopodium, Sison podagraria, Sium podagraria, Sinum vulgare, Tragoselinum angelica*); Giersch (syn. Dreiblatt, Dreifuß, Geißfuß, Hinfuß, Podagrariakraut, Zipperleinkraut).

Fam.: Apiaceae (Umbelliferae).

Vork.: Europa.

Droge: ***Aegopodii podagrariae herba*** (syn. *Herba Aegopodii podagrariae, Herba Podagrariae*). Inh.: äther. Öl mit noch nicht definierten Komponenten, Flavonolglykoside (Hyperosid, Isoquercitrin), Phenolcarbonsäuren (Kaffeesäure, Chlorogensäure), Ascorbinsäure, Cumarine. In der Wurzel kommen weiterhin Polyine (Falcarindiol) und ein Lektin vor. Anw.: Ein Tee wird vorzugsweise in der Volksheilkunde bei Rheuma und Gicht (Name: lat. *podagra* = Gicht der großen Zehe) getrunken sowie äußerlich in Form von Umschlägen und als Badedroge bei Hämorrhoiden verwendet.

Hom.: ***Aegopodium podagraria*** HAB34, die frische, blühende Pflanze. Anw.-Geb.: bei Rheuma und Gicht.

Histor.: In alten Kräuterbüchern wird die Droge auch als *Herba Sancti Gerhardi* bezeichnet und als Bestandteil von Frühjahresgerichten (Frühjahreskur) empfohlen. Die jungen Blätter, Blattstiele und Stengel besitzen einen schwachen Möhrengeruch und werden wie Spinat bzw. als Salat zubereitet. Der Gattungsname *Aegopodium* stammt aus dem griechischen *aix, aigos* (Ziege) und *podion* (Füßchen), wegen der eingeschlagenen, einem Ziegenfuß ähnelnden Kronblätter. Aus *pous* (Fuß) und *agra* (Fessel) wurde der Artname *podagrarius* (fußgichtheilend) geprägt.

Aegopodium ternatum ↗ Aegopodium podagraria.
Aesandra butyracea ↗ Diploknema-Arten.
Aeschenwurz ↗ Dictamnus albus.
Aeschrion excelsa ↗ Picrasma excelsa.
Aescin ↗ Aesculus hippocastanum.
Aesculetin ↗ Aesculus hippocastanum.
Aesculin ↗ Aesculus hippocastanum.

■ **Aesculinum HAB1**
enthält Aesculin und wird in der anthroposophischen Therapie eingesetzt.

Aesculus castanea ↗ Aesculus hippocastanum.
Aesculus flava ↗ Aesculus octandra.

■ **Aesculus glabra** Willd.
(syn. *A. pallida, A. watsonia, Pavia glabra, P. ohioensis, P. pallida, P. watsonia*); Kahle Kastanie.

Fam.: Hippocastanaceae.

Vork.: Kontinentales Nordamerika.

Inh.: Estersaponine vom Triterpentyp mit Barringtogenol C und R_1-Barrigenol als Sapogeningrundkörper.

Hom.: ***Aesculus glabra*** HAB34; die frischen geschälten Samen. Anw.-Geb.: u. a. schmerzhafte Hämorrhoiden.

■ **Aesculus hippocastanum** L.
(syn. *Aesculus castanea, A. procera, Castanea equina, Hippocastanum vulgare*); Gemeine Roßkastanie (syn. Weiße Roßkastanie, Judenkest, Pferdekastanie, Roßkastanie, Wilde Kastanie). Sommergrüner Baum, erreicht ein Alter bis zu 200 Jahren.

Fam.: Hippocastanaceae.

Vork.: Europa, von Griechenland bis Skandinavien.

Drogen: ***1. Hippocastani folium*** (syn. *Folium Hippocastani*); Roßkastanienblätter, die getrockneten Blätter. Inh.: Saponine, Cumarine (u. a. Aesculin und Aesculetin), Flavonoide (u. a. Quercetin) und Kaffeesäurederivate. Anw.: In der Volksheikunde bei Varizen, zur Unterstützung des venösen Ulcus, bei Venenentzündung und Beinvenenthrombose sowie bei Hämorrhoiden. ***2. Hippocastani oleum*** (syn. *Oleum Hippocastani*); Roßkastanienöl, das bei der Extraktion der geschälten Samen anfallende Öl (4–6 %). Inh.: Triglyceride mit Ölsäure (ca. 65 %) und Linolsäure (ca. 21 %) als Hauptkomponenten. Anw.: Nutzung als Speiseöl möglich, meist jedoch in der Seifenfabrikation oder als Schmiermittel. ***3. Hippocastani semen*** (syn. *Semen Castanieae equinae, Semen Hippocastani*); Roßkastaniensamen, die getrockneten, reifen Samen, s. Farbtafel S.138, Bild 10. Herk.: meist osteuropäische Länder. Inh.: Triterpensaponinkomplex (3–5 %) mit Esterstruktur. Der handelsübliche Saponinkomplex Aescin besteht überwiegend aus diacylierten Glykosiden

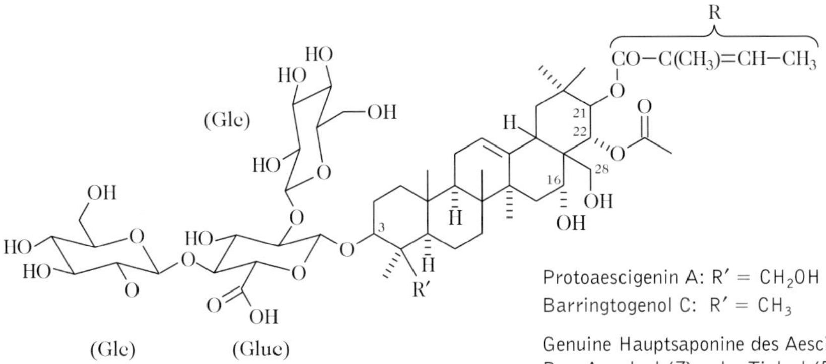

Protoaescigenin A: R′ = CH_2OH
Barringtogenol C: R′ = CH_3

Genuine Hauptsaponine des Aescins:
R = Angeloyl-(*Z*)- oder Tigloyl-(*E*)-Rest
Glc = *β*-D-Glucose
Gluc = *β*-D-Glucuronsäure

mit Barringtogenol C und Protoaescigenin A als Triterpengrundkörpern. Dominierende Komponenten sind die beiden isomeren Formen des Aescins, das hämolytisch aktive *β*-Aescin und das hämolytisch inaktive Kryptoaescin,. *Wirk.*: Aescin besitzt antiphlogistische und antiödematöse Effekte bei entzündungsbedingten Ödemen, getestet am Modell des Rattenpfotenödems. *Anw.*: In zahlreichen Phytopharmaka in Form des Aescins oder des eingestellten Roßkastanienextraktes bei chronischer Veneninsuffizienz, bes. Ödeme sowie Schwere- und Spannungsgefühl im Beinbereich, ferner posttraumatische und postoperative Weichteilschwellungen. *Dos.*: Mittlere Tagesdosis entsprechend 30–150 mg Aescin bzw. 1 mg Aescin/kg KG. In Kombinationspräparaten kann Aescin die Wirkung von Antikoagulantien verstärken. In der Volksheilkunde, oft auch in Kombinationspräparaten, bei schmerzhaften Verletzungen/Verstauchungen, Blutergüssen und Ödemen. *Gegenanzeigen und toxikologische Daten*: Bei i. v. Applikation sind anaphylaktische Reaktionen möglich, bei Einnahme können in seltenen Fällen Schleimhautreizungen im Magen-Darm-Bereich auftreten. ***4. Hippocastani cortex*** (syn. *Cortex Castaneae equinae*); Roßkastanienrinde. *Inh.:* Aesculin und Aesculetin, Fraxin, Scopolin, Flavonoidglykoside, Aescin, Gerbstoffe, Harz. *Anw.:* als Adstringens, in der Technik als Gerbmittel. ***5. Flores Hippocastani***, Roßkastanienblüten; s. Farbtafel S. 138, Bild 11. *Inh.:* Flavonoide, Aescin, Purine, Gerbstoffe. *Anw.:* als Adstringens und Tonikum, in der Volksheilkunde auch bei Gicht und Rheuma.

Hom.: ***1. Aesculus hippocastanum*** (syn. *Aesculus*) HAB1, die frischen geschälten Samen. *Anw.-Geb.:* bes. venöse Stauungsbeschwerden mit Folgeerkrankungen, u. a. Hämorrhoiden, Lenden- und Kreuzbeinschmerz. ***2. Aesculus hippocastanum e cortice, äthanol. Decoctum*** (syn. *Aesculus Cortex äthanol. Decoctum*) HAB1, die entweder im Frühjahr oder im Herbst von 3- bis 5jährigen Zweigen gesammelte, getrocknete Rinde. ***3. Aesculus hippocastanum e floribus*** HAB34, die weißen, frischen Blüten.

Histor.: Der Name *Aesculus* wurde von Linné nach einer von römischen Schriftstellern als *aesculus* bezeichneten Eichenart geprägt. Die Herkunft des deutschen Namens „Roßkastanie" wird unterschiedlich beurteilt. In einer Version soll die Frucht mit dieser Bezeichnung gegenüber der echten Kastanie (↗ Castanea sativa), der Marone, als minderwertiger unterschieden werden. Nach einer zweiten Version haben bes. türkische Soldaten während ihrer Besetzung in Südosteuropa ihre erkrankten Pferde mit Kastanien, gewissermaßen als Expektorans, gefüttert, wodurch es zur deutschen Namensgebung gekommen sein soll.

■ **Aesculus octandra** Marsh.
(syn. *Aesculus flava, A. flava var. purpurescens*).
Hom.: ***Aesculus hippocastanum e floribus*** (syn. *Flores hippocastani rubri*) HAB34; Roßkastanienblüten, die roten, frischen Blüten.

Aesculus pallida ↗ Aesculus glabra.
Aesculus procera ↗ Aesculus hippocastanum.

Aesculus watsonia ↗ Aesculus glabra.
Aetherolea ↗ ätherische Öle.
Aetheroleum Anisi ↗ Illicium verum.
Aetheroleum Carvi ↗ Carum carvi.
Aetheroleum Caryophylli ↗ Syzygium-Arten.
Aetheroleum Chamomillae ↗ Chamomilla recutita.
Aetheroleum Chamomillae romanae ↗ Chamaemelum nobile.
Aetheroleum Chenopodii ↗ Chenopodium-Arten.
Aetheroleum Cinnamomi ↗ Cinnamomum-Arten.
Aetheroleum Citronellae ↗ Cymbopogon-Arten.
Aetheroleum Copaivae ↗ Copaifera-Arten.
Aetheroleum Cumini ↗ Cuminum cyminum.
Aetheroleum Hyssopi ↗ Hyssopus officinalis.
Aetheroleum Juniperi ↗ Juniperus communis.
Aetheroleum Lavandulae ↗ Lavandula angustifolia.
Aetheroleum Lavandulae hybridae ↗ Lavandula hybrida.
Aetheroleum Majoranae ↗ Origanum majorana.
Aetheroleum Melissae ↗ Melissa officinalis.
Aetheroleum Menthae arvensis ↗ Mentha-Arten.
Aetheroleum Menthae crispae ↗ Mentha-Arten.
Aetheroleum Menthae piperitae ↗ Mentha-Arten.
Aetheroleum Myristicae ↗ Myristica fragrans.
Aetheroleum Origani ↗ Origanum vulgare.
Aetheroleum Pulegii ↗ Mentha-Arten.
Aetheroleum Rosmarini ↗ Rosmarinus officinalis.
Aetheroleum Sabinae ↗ Juniperus sabina.
Aetheroleum Santali ↗ Santalum album.
Aetheroleum Serpylli ↗ Thymus-Arten.
Aetheroleum Spicae ↗ Lavandula latifolia.
Aetheroleum Tanaceti ↗ Chrysanthemum-Arten.
Aetheroleum Thymi ↗ Thymus-Arten.
Aethiops vegetabilis ↗ Fucus-Arten.
Aethusa cicuta ↗ Aethusa cynapium.

■ Aethusa cynapium

(syn. *Aethusa cicuta, A. cynica, A. micrantha, A. petroselini folio, A. tenuifolia, A. toxicaria, Cicuta cynapium, Coriandrum cynapium, Cynapium vulgare, Selinum cynapium*); Gemeine Hundspetersilie (syn. Faule Grete, Gartenschierling, Glanzpeterlein, Glanzpetersilie, Gleiße, Hundsdill, Hundsdolde, Hundspetersilie, Kleiner Schierling, Wilde Petersilie), s. Farbtafel S. 138, Bild 12.

Fam.: Apiaceae (Umbelliferae)

Vork.: Europa, Nordamerika, Nordafrika, Vorderasien.

Droge: ***Herba Aethusae*** (syn. *Aethusa-cynapium*-Frischpflanze, *Aethusa-cynapium*-Kraut). Inh.: äther. Öl, Polyine (Aethusin, Aethusanol A und B), Flavonoide, u. a. Narcissin und Rutosid sowie ein noch nicht genau charakterisiertes, coniinähnliches Alkaloid (Cynapin). *Anw.:* keine offizinelle Droge, Anwendung in der Volksheilkunde zur Schmerzbehandlung (frischer Pflanzensaft wird als Kataplasma eingesetzt), bei gastrointestinalen Beschwerden, Durchfällen sowie bei Krämpfen.

Aethusin; $C_{13}H_{14}$

Hom.: ***Aethusa cynapium*** HAB1, die ganze, frische, blühende Pflanze mit den unreifen Früchten. *Anw.-Geb.:* bei akutem Brechdurchfall und Magenpförtnerkrämpfen, Milchunverträglichkeiten des Kindes sowie bei Konzentrationsschwäche.

Histor.: Aus Funden von Früchten, insbes. bei Pfahlbauten, wurde die Hundspetersilie in Württemberg und in der Schweiz bereits in prähistorischer Zeit nachgewiesen. Wurzel und Kraut von *A. cynapium* wurden im Mittelalter als *Radix et Herba Cynapi* s. *Cicutae minoris* offizinell als beruhigendes und auflösendes Mittel gebraucht. Der Saft diente zur Auflösung von Harngrieß und zu Kataplasmen.

Aethusa cynica ↗ Aethusa cynapium.
Aethusa micrantha ↗ Aethusa cynapium.
Aethusa petroselini folio ↗ Aethusa cynapium.
Aethusa tenuifolia ↗ Aethusa cynapium.
Aethusa toxicaria ↗ Aethusa cynapium.
Affenbrotbaum ↗ Adansonia digitata.
Affenbrotbaumfett ↗ Adansonia digitata.
Affenpenis ↗ Amorphophallus dracontioides.
Affodill ↗ Asphodelus albus.
Affolter ↗ Viscum album.

■ Aflatoxine

hochgiftige und cancerogene (teratogene) Stoffwechselprodukte (Polyketide) von Schimmelpilzen (↗ Mykotoxine) der Gattungen Aspergillus und Penicillium. Vergiftungen sind möglich durch verschimmelte Nahrungsmittel, bes. fetthaltige Nüsse, Pistazien und Erdnüsse, Getreideprodukte oder Milch von Kühen, die aflatoxinhaltiges Futter aufgenommen haben. Auch verschimmelte Arzneidrogen können A. enthalten. *Wirk.:* Die toxische Wirkung der A. reicht von lokalen Reizungen bis hin zu schweren Organschäden, wie Leberkrebs. Sie ist auf die Umwandlung der A. in der Leber zu hochreaktiven Epoxiden zurückzuführen, die mit Makromolekülen der Zellen reagieren. Insbes. mit den Guaninbasen der DNA werden Addukte gebildet, die zu Schäden am Erbmaterial führen. Entsprechend ihrer chemischen Struktur unterteilt man die A. in: B_1, B_2, G_1, G_2, M_1 und M_2. Sie sind hitzestabil bis 250 °C, daher sind die A. aus kontaminierten Lebensmitteln und Drogen nicht vollständig entfernbar.

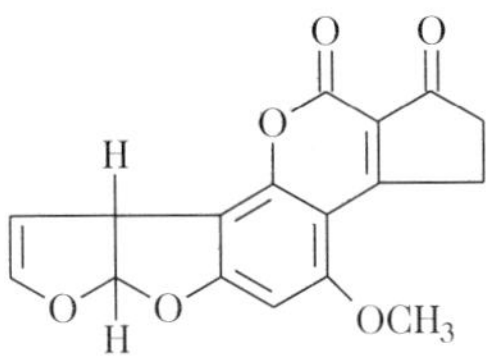

Aflatoxin B_1

■ **Afraegle paniculata** (Schum. et Thonn.) Engl.
Fam.: Rutaceae.
Vork.: Afrika, bes. Liberia, Nigeria, Togo.
Droge: das durch Pressung oder Extraktion gewonnene Öl der Samen. Inh: Triglyceride mit Palmitinsäure als Hauptfettsäure. Anw.: wertvolles Speisefett.

■ **Aframomum-Arten**
Fam.: Zingiberaceae.
Vork.: tropisches Westafrika, Ceylon.
Etwa 50 Aframomum-Arten sind in Afrika beheimatet, von denen hauptsächlich *Aframomum melegueta* K. Schum. genutzt wird.
Droge: ***Semen Paradisi*** (syn. *Grana paradisi*); Paradieskörner (syn. Meleguetapfeffer). Inh.: äther. Öl (0,3–0,75 %), Scharfstoffe (Paradol). Anw.: als Gewürz zur Herstellung von scharfen Likören, als Stimulans sowie in der Parfümindustrie.

Afrikanische Juckbohne ↗ Mucuna pruriens.
Afrikanische Malve ↗ Hibiscus sabdariffa.
Afrikanische Mutterblätter ↗ Cassia-Arten.
Afrikanische Ölpalme ↗ Elaeis guineensis.
Afrikanischer Copaivabalsam ↗ Paradaniella oliveri.
Afrikanische Ringelblume ↗ Tagetes patula.
Afrikanischer Sonnentau ↗ Drosera-Arten.
Afrikanisches Arrowroot ↗ Canna-Arten.
Afrikanisches Drachenblut ↗ Dracaena draco.
Afrikanisches Mahagoni ↗ Afzelia africana.
Afrikanisches Sandelholzöl ↗ Osyris tenuifolia.
Afrikanische Teufelskrallenwurzel ↗ Harpagophytum procumbens.

■ **Afrolicania elaeosperma** Mildbr.
Niconußbaum.
Fam.: Chrysobalanaceae.
Vork.: tropisches Westafrika, Küste von Liberia bis Süd-Nigeria.
Drogen: ***Nicoöl*** (syn. Po-Yoaköl), das Öl der Samenkerne. Inh: stark trocknendes Öl mit Lican- und Elaeostearinsäure als Fettsäurekomponenten. Anw.: Grundstoff für die Lack- und Farbenindustrie.

Afrormosia laxiflora ↗ Pericopis laxiflora.
Aftersimse ↗ Luzula pilosa.

■ **Afzelia africana** Smith.
Afrikanisches Mahagoni.
Fam.: Fabaceae (Leguminosae).
Vork.: Afrika, besonders Senegal bis Kongo; tropisches Asien.
Droge: ***Afzelin***, das in den Kernrissen des Holzes befindliche Pulver. Inh: Flavonoide mit Kämpferol-3-rhamnosid (Hauptbestandteil). Anw.: in der Volksheilkunde.

Afzelin ↗ Afzelia africana.

■ **Agapanthus africanus** Hoffmgg.
(syn. *Agapanthus umbellatus*).
Fam.: Liliaceae.
Vork.: Südafrika.
Droge: die Zwiebel. Inh: Saponine mit Yuccagenin, Agapanthagenin als Sapogenine. Anw.: in der Volksheilkunde zur Erleichterung der Geburt und bei Unterleibserkrankungen.

Agapanthus umbellatus ↗ Agapanthus africanus.
Agar ↗ Gelidium-Arten, ↗ Rhodophyta.
Agara ↗ Galbulimima belgraveana.
Agar-Agar ↗ Gelidium-Arten.
Agaricum officinale ↗ Fomes officinalis.
Agaricus albus ↗ Fomes officinalis.
Agaricus bulbosus vernus ↗ Amanita verna.
Agaricus emeticus ↗ Russula emetica.
Agaricus muscarius ↗ Amanita muscaria.
Agaricus semilanceolatus ↗ Psilocybe-Arten.
Agartang ↗ Gelidium-Arten.

■ **Agastache rugosa** (Fisch. Et Mey.) O. Ktze. (syn. *Lophantus rugosus, Lysimachia sikokiana*).

Fam.: Lamiaceae (Labiatae).

Vork.: Indien, Ostasien, China, dort auch kultiviert.

Droge: die ganze Pflanze. Inh: äther. Öl mit Methylchavicol (80 %), Anisaldehyd (3 %), *p*-Methoxyzimtaldehyd (2 %), Limonen (5 %) und etwa 10 % Sesquiterpenen. Anw.: in der chinesischen Heilkunde als Carminativum, Stomachikum und als Aromatisierungsmittel.

■ **Agathis-Arten**

● **Fam.:** Araucariaceae.

● **Agathis australis** Salisb. (syn. *Dammara australis, Podocarpus zamiaefolius*); Kaurifichte.

Vork.: Neuseeland, Australien.

Droge: ***Kauricopal*** (syn. Weißer Dammar, Neuseeländischer Dammar, Agathisharz, Kauricopalöl, Kaurifichtenöl). Inh.: Die Blätter enthalten wenig äther. Öl, das u. a. *α*-Pinen, Limonen, Campher, Citronellol, Borneol, Cineol und Kauren enthält. Genutzt als Droge wird aber Kauricopal, ein fossiles und rezentes Harz, das zwischen den Wurzeln der Bäume oder durch Anzapfen (Harzung) lebender Bäume gewonnen wird. Die 10 Handelssorten enthalten je nach Typ unterschiedliche Mengen an Sandaracopimarsäure, Sandaracopimardienol, Abientiensäure, *trans*-Communsäure, *trans*-Communol, Agathinsäure sowie deren Monomethylester. Anw.: Kauricopal wird in der Industrie und Technik zur Herstellung von witterungsbeständigen Lacken mit hoher Elastizität und starkem Glanz verwendet. Kauricopaöl ist das durch Wasserdampfdestillation gewonnene äther. Öl aus gepulvertem Kauricopal. Es enthält v. a. Terpene und wird in der Parfümindustrie eingesetzt. Kaurifichtenöl wird durch Wasserdampfdestillation aus den frischen Blättern und Zweigspitzen gewonnen; es enthält ein breites Spektrum an Terpenen und wird ebenfalls in der Parfümindustrie und Kosmetik eingesetzt.

● **Agathis dammara** (Lamb.) L.C. Rich. (syn. *Agathis alba, A. loranthifolia, A. regia, Dammara orientalis, Dammara alba, Pinus dammara*); Dammarabaum.

Vork.: Indonesien, Molukken, Java, Neuguinea.

Droge: ***Manilacopal*** (syn. *Resina Copal, Gummi Copal*); Asiatischer Copal z. T. mit Herkunftsbezeichnung (z. B. Manilakopal, Molukken-Copal), Manilacopalöl. Inh.: rasch polymerisierende Labdatriensäuren (Diterpensäuren): Sandaracopimarsäure, 15-Methylagatat, Agatholsäure, Agathalsäure, äther. Öl, Bitterstoffe. Anw.: Manilacopal wird medizinisch in geringem Umfang zu Pflastern und als Bestandteil von Abdruckmaterialien in der Zahnheilkunde genutzt. Technisch setzt man ihn zur Herstellung von hochwertigen Öllacken, Firnissen sowie von Linoleum ein. Manilacopalöl wird durch Destillation aus Manilacopal gewonnen und in der Parfümindustrie eingesetzt.

Agathisharz ↗ Agathis-Arten.
Agathodes chirata ↗ Swertia chirata.
Agathophyllum bonus henricus ↗ Chenopodium-Arten.

■ **Agathosma apiculata** G.F.W. Mey.

Fam.: Rutaceae.

Vork.: Süd- und Ostafrika.

Drogen: die Blätter. Inh: äther. Öl mit 1-*β*-Pinen (ca. 25 %) und Butyl-1-pentenyldisulfid. Anw.: in der Volksheilkunde als Stomachikum und Febrifugum.

Agathosma betulina ↗ Barosma-Arten.

■ **Agathotes chereyta** D. Don.
Indian Bitter.

Fam.: Gentianaceae.

Vork.: Birma.

Drogen: die Rinde. Inh: Chiratin, Chiratogenin, Harz, Gerbstoffe. Anw.: in Südostasien als Fiebermittel, als Tonikum und Aperitivum (als Ersatz für die Chinarinde; vgl. ↗ Cinchona-Arten).

■ **Agauria salicifolia** Hook. f.

Fam.: Ericaceae.

Vork.: Afrika, Madagaskar.

Droge: die ganze Pflanze. Inh: Triterpene, wie Agauriol; Agauriolsäure, Gerbstoffe, Alkaloide. Anw.: in der Volksheilkunde bei Rheuma, als Insektizid sowie als Antidot bei Pfeilgiftverletzungen.

Agave ↗ Agava americana.

■ **Agave americana** L.
Agave (Hundertjährige Aloe, Jahrhundertpflanze), s. Farbtafel S. 139, Bild 13.

Fam.: Agavaceae.
Heim.: tropisches Mittel- und Südamerika, im Mittelmeergebiet eingebürgert, in Mitteleuropa als Topfpflanze.
Droge: Blätter. Inh.: Steroidsaponine, u. a. Agavoside A, B, C und Agavesaponin D, E und H, ferner geringe Mengen äther. Öl sowie Zucker. *Anw.*: zuckerhaltiger Saft dient zur Bereitung berauschender Getränke, z. B. Pulque, Mescal, Agavenwein sowie Agavenschnaps (Tequila). Frische Blätter werden zudem als Nahrungsmittel genutzt und liefern die Pitahanffasern.
Hom.: ***Agave americana*** HAB34; die frischen Blätter. *Anw.-Geb.*: u. a. Mundfäule und Blutarmut.
Histor.: Die Bezeichnung *Agave* leitet sich vom griechischen *augauo* (bewundern) bzw. *agauos* (bewundernswert) ab.

Agavenblätter ↗ Agave sisalana.

■ **Agave sisalana** Perr.
Sisalagave.
Fam.: Agavaceae.
Heim.: Mittelamerika; in tropischen und subtropischen Gebieten kultiviert.
Droge: ***Folia Agavae***; Agavenblätter (syn. Sisalblätter). *Inh.*: Steroidsapogenine, u. a. Gitogenin, Hecogenin und Tigogenin, außerdem Pektine und Wachs (5–6 %). *Anw.*: technisch zur Fasergewinnung (Sisalfaser), ferner zur Isolierung der Steroidsapogenine, die zur Partialsynthese, u. a. für Steroidhormone, genutzt werden, sowie zur Gewinnung von Sisalwachs, das ähnlich dem Carnaubawachs angewandt wird. In Mexiko nutzt man den Agavensaft auch für berauschende Getränke (↗ *Agave americana*).

■ **Ageratum conyzoides** L.
Leberbalsam.
Fam.: Asteraceae (Compositae).
Vork.: tropisches Amerika, Asien.
Droge: das Kraut. *Inh:* äther. Öl mit Ageratochromen (wird zu Ethylvanillin oxidiert); cyanogene Glykoside, Alkaloide. *Anw.*: in der Volksheilkunde bei Rheuma, als Tonikum sowie äußerlich zur Wundbehandlung.

Agialida abyssinica ↗ Balanites aegyptiaca.
Agialida aegyptica ↗ Balanites aegyptiaca.
Agialida barteri ↗ Balanites aegyptiaca.
Agialida nigra ↗ Balanites aegyptiaca.
Agialida schimperi ↗ Balanites aegyptiaca.
Agialida senegalensis ↗ Balanites aegyptiaca.
Agialida tombouctensis ↗ Balanites aegyptiaca.
Agkistrodon rhodostoma ↗ Ancrod.
Aglykon ↗ Glykoside.
Agni casti fructus ↗ Vitex agnus-castus.
Agnus-castus vulgaris ↗ Vitex agnus-castus.
Agnusid ↗ Vitex agnus-castus.

■ **Agonandra brasiliensis** Benth. et Hook.
Fam.: Opiliaceae.
Vork.: tropisches Amerika, besonders von Mexiko bis Brasilien.
Droge: ***Elfenbeinholzsamenöl*** (syn. Agonandrasamenöl, Marfimöl), das Fett der Früchte und Samen. *Inh:* die Früchte und Samen enthalten u. a. fettes Öl (35–65 %), äther. Öl (2–3,8 %). *Anw.*: das äther. Öl in der brasilianischen Volksheilkunde bei Bronchitis, das fette Öl als Brennöl. Das harte, elfenbeinartige Holz der Pflanze wird zu Drechselarbeiten genutzt.

Agonandrasamenöl ↗ Agonandra brasiliensis.
Agraphis nutans ↗ Hyacinthoides non-scripta.
Agrimonia adherens ↗ Agrimonia eupatoria.
Agrimonia adscendens ↗ Agrimonia eupatoria.
Agrimoniae herba ↗ Agrimonia eupatoria.
Agrimonia elata ↗ Agrimonia eupatoria.

■ **Agrimonia eupatoria** L.
(syn. *Agrimonia adherens, A. adscendens, A. elata, A. lanata, A. nepalensis, A. officinalis, A. officinarum, A. parviflora, A. sororia, A. vulgaris, Amonia agrimonoides, Aremonia agrimonoides*); Kleiner Odermennig (syn. Ackermennig, Heil aller Welt), s. Farbtafel S. 139, Bild 14.
Fam.: Rosaceae.
Vork.: Europa, Nordafrika, Mittel- und Kleinasien.
Droge: ***Agrimoniae herba*** (syn. *Herba Agrimoniae, Herba Eupatoriae, Herba Lappulae hepaticae*); Odermennigkraut. *Inh.*: Catechingerbstoffe (4–10 %, ↗ Gerbstoffe), ↗ Flavonoide (Luteolin, Apigenin, Quercetin, Kämpferol), Phenolcarbonsäuren und ↗ Triterpene (Ursolsäure). *Anw.*: Innerlich bei leichten, unspezifischen, akuten Durchfallerkrankungen als Stopfmittel. Die adstringierende Wirkung der Droge wird auch zur Behandlung von Entzündungen der Mund- und Rachenschleimhaut genutzt. Äußer-

lich wird ein Dekokt zu Umschlägen bei oberflächlichen Entzündungen der Haut eingesetzt. Volkstümlich dient die Droge zur Behandlung von Bettnässen, Nieren- und Blasenentzündungen sowie bei Diabetes zur unterstützenden Senkung des Blutzuckerspiegels. Die Wirksamkeit bei diesen Indikationen ist nicht belegt. Zur ↗ Teezubereitung verwendet man als Einzelgabe etwa 1½ Teelöffel (ca. 1,5 g) fein zerschnittenes Odermennigkraut.

Hom.: ***Agrimonia eupatoria*** HAB; das frische, blühende Kraut. *Anw.-Geb.*: zur Behandlung der Bronchitis.

Histor.: *A. eupatoria* ist eine altberühmte Heilpflanze, die im antiken Griechenland der Pallas Athene geweiht war. Bereits ↗ Plinius, Galen und Avicenna erwähnen ihre Heilkraft. ↗ Dioskurides setzte die Droge (Eupatorion) zur Heilung von Geschwüren, Dysentherien und Schlangenbissen ein. Im Mittelalter diente sie zur Behandlung von Leber- und Milzerkrankungen, Ruhr, Hundebissen, gegen Würmer und Hauterkrankungen. Der Gattungsname *Agrimonia* leitet sich wahrscheinlich vom griechischen *agros* (Feld) und *moné* (Wohnort), bezugnehmend auf den Standort der Pflanze, oder vom lateinischen *argemonia,* dem Namen einer Mohnart bei ↗ Dioskurides und ↗ Plinius ab. Der Artname *eupatoria* wird dem König von Pontus, Mithridates-Eupator, zugeschrieben. Die deutsche Bezeichnung Odermennig ist eine Umbildung aus dem lateinischen *Agrimonia.*

Agrimonia lanata ↗ Agrimonia eupatoria.
Agrimonia nepalensis ↗ Agrimonia eupatoria.
Agrimonia officinalis ↗ Agrimonia eupatoria.
Agrimonia officinarum ↗ Agrimonia eupatoria.
Agrimonia parviflora ↗ Agrimonia eupatoria.
Agrimonia sororia ↗ Agrimonia eupatoria.
Agrimonia vulgaris ↗ Agrimonia eupatoria.
Agrimoniin (Gallotannin), ↗ Gerbstoff aus 4 Hexahydroxydiphensäure-Einheiten.
Agropyri repentis rhizoma ↗ Agropyron repens.
Agropyron caesium ↗ Agropyron repens.

■ **Agropyron repens** (L.) P. Beauv.
(syn. *Agropyron caesium, Bromus glaber, Elymus dumetorium, Elymus repens, Elytrigia repens, Triticum arundinaceum, Triticum repens, Triticum sepium*); Gemeine Quecke (syn. Ackergras, Knotengras, Kriechweizen, Kriechende Quecke, Laufquecke, Saatgras, Schoßhalm, Schnürgras, Spitzgras, Zweckgras). Ausdauernde Pflanze mit meist unterirdisch weit kriechender Grundachse.

Fam.: Poaceae (Gramineae).

Droge: ***Agropyri repentis rhizoma*** (syn. *Graminis rhizoma, Radix Agropyri, Radix Cynagrostis, Radix Graminis albi, Radix Graminis repentis, Radix Tritici repentis, Rhizoma Agropyri, Rhizoma graminis, Tritici rhizoma, Stolones graminis*); Queckenwurzelstock (syn. Ackergraswurzel, Kriechweizenwurzel, Queckenwurzel), der getrocknete, im Frühling vor der Entwicklung der Halme oder im Herbst gesammelte Wurzelstock. *Inh.*: wasserlösliche Polysaccharide mit dem Polyfructosan Triticin als Hauptkomponente, Schleimstoffe (bis 10 %), Zuckeralkohole, u. a. Mannitol und Inositol, lösliche Kieselsäure und Silicate, äther. Öl in Spuren sowie *p*-Hydroxyzimtsäurealkylester. *Anw.*: zur Durchspülungstherapie bei entzündlichen Erkrankungen der ableitenden Harnwege und als Vorbeugung gegen Nierengrieß. Ferner als reizmilderndes Mittel bei Erkrankungen der Atemwege. Zur ↗ Teezubereitung werden als Tagesdosis etwa 5–10 g (1 Teelföffel = ca. 1,5 g) fein zerschnittene Droge vorzugsweise mit Wasser kalt angesetzt und zum Sieden erhitzt. Etwa 4 Tassen Tee werden, verteilt auf den Tag, getrunken.

Hom.: ***Agropyrum repens*** HAB1, die frischen unterirdischen Teile. *Anw.-Geb.*: insbes. Harnwegsentzündungen und Erkrankungen der Niere.

Histor.: Vermutlich handelte es sich bei der Wurzel eines Grases, die bereits bei Dioskurides als Wundheilmittel, aber auch bei Blasenleiden beschrieben wurde, um die Queckenwurzel. Auch in einigen Kräuterbüchern, u. a. im Kräuterbuch von Pancovius, wird die Queckenwurzel als harntreibendes, unter anderen auch steintreibendes, Mittel genannt.

Agrostemmae semen ↗ Agrostemma githago.

■ **Agrostemma githago** L.
(syn. *Agrostemma nicaeense, Githago segetum, Lychnis githago*); Kornnelke (syn. Kornrade, Rade), s. Farbtafel S. 139, Bild 15.

Fam.: Caryophyllaceae.

Vork.: früher weitverbreitetes Ackerunkraut auf allen Kontinenten, heute in weiten Teilen ausgestorben.

Droge: ***Agrostemmae semen***; Kornradesamen. *Inh.:* aromatische Aminosäure Orcylalanin (0,4 %),

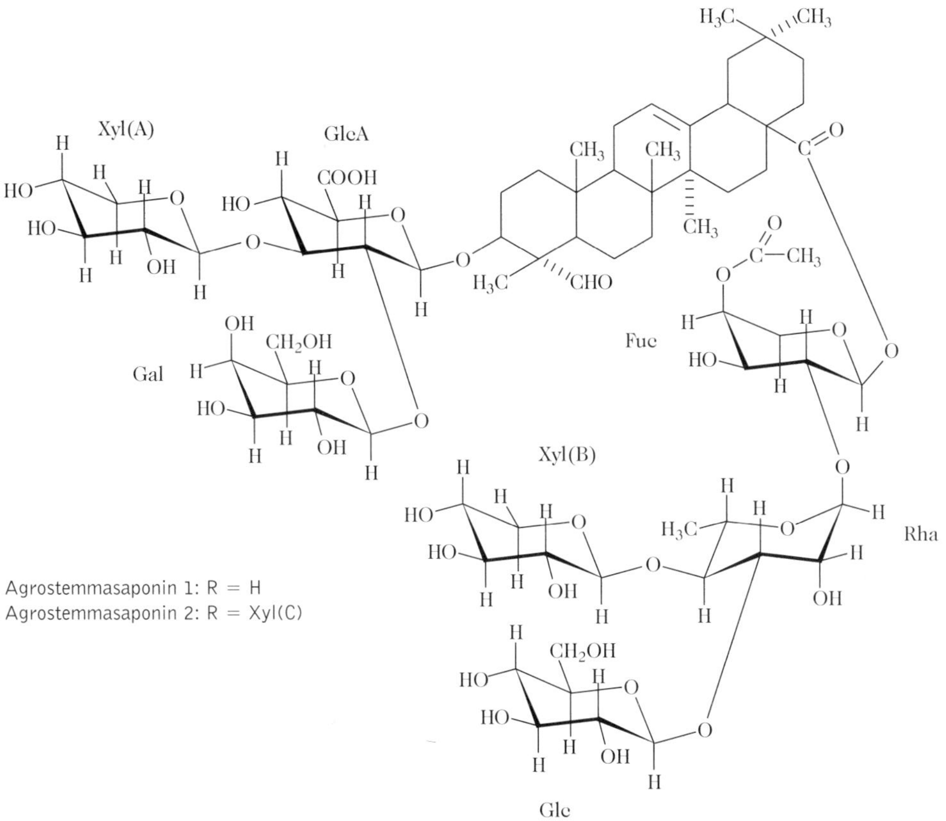

Agrostemmasaponin 1: R = H
Agrostemmasaponin 2: R = Xyl(C)

Triterpensaponine (Githagosid, Agrostemmasaponin 1 und 2), das Ribosomen-inaktivierende Protein Agrostin, fettes Öl. Anw.: Früher wurde die Droge in der Volksheilkunde bei Hautunreinheiten, Gastritis, Husten, gegen Würmer und zur Entwässerung eingesetzt. Die Wirksamkeit bei diesen Indikationen ist nicht belegt. Kornradesamen sind stark giftig! Das giftige Prinzip wird gegenwärtig den Saponinen und dem Protein Agrostin zugeschrieben, der Mechanismus ist noch nicht vollständig aufgeklärt.

Hom.: ***Agrostemma githago*** HAB34, die getrockneten, reifen Samen. Anw.-Geb.: bei Magenschleimhautentzündungen.

Histor.: Seit dem Mittelalter wurde die Droge zur Behandlung von Geschwüren, Fisteln und Hämorrhagien genutzt. Ob sie mit der bereits im Altertum als Melanthium bekannten Droge identisch ist, wird allerdings bezweifelt. Gegen Ende des 18. Jh. ist die Droge aus dem Arzneischatz weitgehend verschwunden. *A. githago* hat in früheren Zeiten das Brotgetreide verunreinigt und damit bes. im Mittelalter zu Massenvergiftungen beigetragen, wobei erwähnt werden muß, daß auch Mutterkorn (↗ Claviceps purpurea) hieran beteiligt war.

Agrostemma nicaeense ↗ Agrostemma githago.
Ägyptischer Kümmel ↗ Cuminum cyminum.
Ägyptischer Sennesstrauch ↗ Cassia-Arten.
Ägyptisches Bilsenkraut ↗ Hyoscyamus muticus .
Ägyptisches Färbekraut ↗ Lawsonia inermis.
Ahlbeerblätter ↗ Ribes nigrum.
Ahlbeere ↗ Ribes nigrum.
Ahlkirschenrinde ↗ Prunus-Arten.
Ahornblättrige Platane ↗ Platanus-Arten.
Ahornblättriger Amberbaum ↗ Liquidambar-Arten.
Ahornsirup ↗ Acer saccharum.

Ahornzucker ↗ Acer saccharum.
Ährenlilie ↗ Narthecium ossifragum.
Ährenminze ↗ Mentha-Arten.
Ailanthi cortex ↗ Ailanthus altissima.

■ **Ailanthus altissima** (Miller) Swingle
(syn. *Ailanthus glandulosa, A. procera, Pongelion glandulosum, Rhus cacodendrum, Toxicodendron altissimum*); Chinesischer Götterbaum (syn. Chinesischer Sumach).

Fam.: Simaroubaceae.

Vork.: ursprünglich nur in China beheimatet, angepflanzt und verwildert in Ostasien, Europa und Nordamerika.

Droge: ***Ailanthi cortex*** (syn. *Cortex Ailanthi*); Götterbaumrinde. *Inh.:* Bitterstoffe (Quassinoide oder Simaroubolide = Decanortriterpene vom Quassintyp), wie Picrasan-16-on, Ailanthron, Amarolid, in den Blättern sind Indolalkaloide (*β*-Carboline, Cathin-6-one), ↗ Flavonoide, Phenolcarbonsäuren und Gerbstoffe enthalten. *Anw.:* In der chinesichen Medizin wird die Droge bei Durchfallerkrankungen, Ruhr und abnormalen Uterusblutungen eingesetzt. In Afrika dient die Droge darüber hinaus zur Behandlung von Krämpfen, Asthma, Herzrasen, Gonorrhoe sowie Bandwürmern. Die Wirksamkeit der Droge ist für diese Indikationen nicht belegt. In hohen Dosen wirkt die Droge abführend und kann durch Atemlähmung zum Tod führen.

Hom.: ***Ailanthus altissima*** HAB1; Götterbaum, etwa 2 Teile frische, blühende Triebe und 1 Teil frische Stamm- und Astrinde bilden eine Schnittdroge. *Anw.-Geb.:* bei schweren Infektionskrankheiten (Diphtherie, Scharlach, Typhus, Cholera, Ruhr).

Histor.: Die Pflanze wurde erstmalig 1751 in London eingeführt und dann in Europa verbreitet. Der Name Ailanthus stammt von „Ailanto", d. h. Baum des Himmels, ab, nach seiner Bezeichnung auf den Molukken, (*altissima* (lat.) = sehr hoch, *syn.* glandulosa (lat.) = drüsig). Die deutsche Bezeichnung Götterbaum entspricht der Namensherkunft.

Ailanthus glandulosa ↗ Ailanthus altissima.
Ailanthus procera ↗ Ailanthus altissima.
Ajmalicin ↗ Rauvolfia serpentina.
Ajmalin ↗ Rauvolfia serpentina.
Ajoen ↗ Allium-Arten.
Ajowan ↗ Trachyspermum ammi.
Ajowani fructus ↗ Trachyspermum ammi.
Ajuga repens ↗ Ajuga reptans.

■ **Ajuga reptans** L.
(syn. *Ajuga repens, Bugula desiflora, Teucrium reptans*); Kriechender Günsel (syn. Gurgelkraut), s. Farbtafel S. 139, Bild 16.

Fam.: Lamiaceae (Labiatae).

Vork.: Europa bis Vorderasien.

Droge: ***Ajuga-reptans-Kraut*** (syn. *Herba Ajugae, Herba Bungulae, Herba Consolidae mediae*). *Inh.:* Iridoidglykoside (↗ Iridoide) vom Typ des Harpagids und Ajugol, ↗ Phytoecdysone (Ajugalacton, Cyasteron), Rosmarinsäure. *Anw.:* Die Droge wird volkstümlich innerlich als Adstringens bei Mund- und Kehlkopfentzündungen sowie bei Gallenbeschwerden angewendet, äußerlich dient sie zur Wundbehandlung.

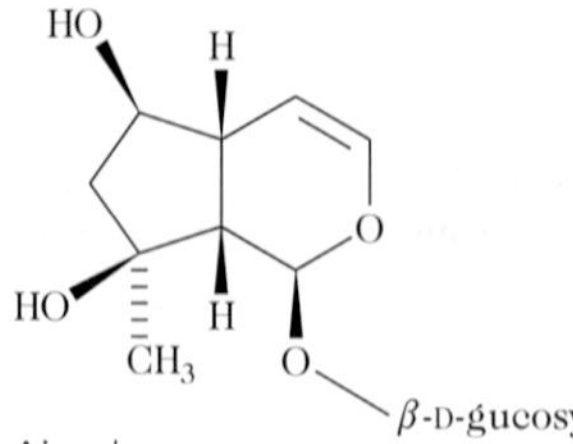

Ajugol

Hom.: ***Ajuga reptans*** HAB34, die zur Zeit der beginnenden Blüte gesammelte, ganze Pflanze. *Anw.-Geb.:* bei Stoffwechselerkrankungen.

Histor.: *A. reptans* wird seit alter Zeit als Heilpflanze zur Wundbehandlung genutzt, das Kraut sollte nach alten Quellen vor Sonnenaufgang bei Neumond Ende Mai bis Juni gepflückt werden.

Akazienblüten ↗ Acacia-Arten.
Akazien-Gummi ↗ Acacia-Arten.
Akeepflaume ↗ Blighia sapida.
Akelei ↗Aquilegia vulgaris.
Akipflaume ↗ Blighia sapida.
Akram ↗ Fagus sylvatica.

■ **Alafia grandis** Stapf.

Fam.: Apocynaceae.

Vork.: Zentralafrika, besonders Nigeria, Kamerun, Zaire, Uganda.

Drogen: die Samen und die Wurzelrinde. *Inh:* Pyrrolizidinalkaloide, wie Alafin. *Anw.:* durch die Ureinwohner Zentralafrikas als Jagdgift benutzt.

■ **Alangium lamarckii** Thw.
(syn. *Alangium salviifolium*).
Fam.: Alangiaceae.
Vork.: Indien, Pakistan, Thailand, Philippinen.
Drogen: Wurzelrinde und Stammrinde. Inh: Alkaloide, wie Alamarckin, Emetin, Cephaelin, Psychotrin, Marckin; Harz, fettes Öl, Gerbstoffe. Anw.: in der indischen Volksheilkunde als Purgans und Emetikum, bei Lepra und Hauterkrankungen.

Alangium salviifolium ↗ Alangium lamarckii.
Alant ↗ Inula helenium.
Alantwurzel ↗ Inula helenium.

■ **Alaria esculenta** (L.) Grev.
Fam.: Alariaceae.
Vork.: kältere Küstengebiete des nördlichen Atlantik, Japanische Küsten.
Droge: die frische oder getrocknete Alge. Inh: Alginsäure (30–35 %), Xylose, Mannitol, Methylpentose, Niacin, Vitamine A, E und B_2. Anw.: als Nahrungsmittel, Zusatz zu Futtermitteln, Ausgangspunkt für die Gewinnung von Alginsäure und Alginaten.

Alaunwurzel ↗ Geranium maculatum.

■ **Albizia anthelmintica** (A. Rich.) Brongn.
(syn. *Acacia anthelminthica*).
Fam.: Fabaceae (Leguminosae).
Vork.: Ostafrika, Angola, Südafrika, Asien.
Droge: ***Cortex musenae***; Omuama, die Rinde. Inh: Saponine, wie Musennin; Gerbstoffe, Gummi, Kosotoxin, Phloroglucin. Anw.: Wurmmittel gegen Bandwürmer, Ascariden und Oxyuren, auch als Insektizid gegen Termiten einsetzbar.

Alchemillae herba ↗ Alchemilla xanthochlora.
Alchemilla pratensis ↗ Alchemilla xanthochlora.
Alchemilla vulgaris ↗ Alchemilla xanthochlora.

■ **Alchemilla xanthochlora** Rothm.
(syn. *Alchemilla vulgaris*, *A. pratensis*); Gemeiner Frauenmantel (syn. Echter Sinau, Taublatt, Tauschüsselchen).
Fam.: Rosaceae.
Vork.: auf der gesamten Nordhalbkugel, auch kultiviert (Polen, Bulgarien, Ungarn).
Droge: ***Alchemillae herba*** (syn. *Herba Alchemillae*); Frauenmantelkraut (syn. Marienmantel). Inh.: 6–8 % ↗ Gerbstoffe, hauptsächlich Ellagitannine (↗ Agrimoniin, Laevigatin F, Pedunculagin) und ↗ Flavonoide (Quercetinglykoside, Leukocyanidin). Anw.: Die Droge (Tee) wird innerlich bei Durchfallerkrankungen, als Adstringens bei Blutungen sowie zur Wundbehandlung eingesetzt. In der Volksmedizin dient sie zur Behandlung von klimakterischen Beschwerden und Dysmenorrhoe (Name „Frauenmantel"), aber auch zum Gurgeln bei Entzündungen des Mund- und Rachenraumes sowie als Badedroge bei Hauterkrankungen. Zur ↗ Teezubereitung werden als Einzeldosis etwa 2 Teelöffel (ca. 2 g) eingesetzt.
Hom.: ***1. Alchemilla vulgaris*** (syn. *Alchemilla*), die frischen, oberirdischen Teile. Anw.-Geb.: bei chronischem Durchfall infolge von Lebererkrankungen sowie bei Weißfluß. ***2. Alchemilla vulgaris ex herba siccata*** HAB1, die getrockneten, oberirdischen Teile der blühenden Pflanze. Anw.-Geb.: in der anthroposophischen Therapierichtung verwendet.
Histor.: Schon die alten Germanen schätzten diese Heilpflanze, die der Fruchtbarkeitsgöttin Frigga gewidmet war. Nach der Christianisierung wurde die Pflanze auch als „Marienmantel" bezeichnet. Die Heilige Hildegard empfahl die Droge bei Frauenleiden sowie gegen Kehlkopfgeschwüre. Der Name Alchemilla bezieht sich darauf, daß die in den Laubblättern von der Pflanze gesammelten Tautropfen von den Alchemisten des Mittelalters als „himmlisches" Wasser zur Bereitung des „Steines der Weisen" gebraucht wurde.

■ **Alchornea floribunda** Muell. Arg.
Niandostrauch.
Fam.: Euphorbiaceae.
Vork.: Afrika.
Drogen: die Wurzeln. Inh: Alkaloide (0,6–1,2 %), wie Alchornein, Isoalchornein; Pyrimidin- und Imidazolderivate; Anthranilsäure, Gentisinsäure. Anw.: in der afrikanischen Volksheilkunde als Aphrodisiakum und mit Palmwein gemischt für rituelle Tänze und halluzinogene Erlebnisse.

Alchornea vanioti ↗ Croton tiglium.
Alcornoccorinde ↗ Bowdichia virgilioides.

■ **Alepidae amatymbica** E. et Z.
Fam.: Apiaceae (Umbelliferae).

Vork.: Afrika, besonders in Hochgebirgsregionen und in Südafrika.

Drogen: die Wurzeln. *Inh:* Bitterstoffe, Harz. *Anw.:* in der Volksheilkunde bei Erkältungen, Magenschmerzen, in größerer Dosierung auch als Purgans; äußerlich zur Blutstillung.

Aleppoföhre ↗ Pinus-Arten.
Aleppogallen ↗ Quercus-Arten.
Aleppokiefer ↗ Pinus-Arten.
Aleppo-Nüsse ↗ Pistacia vera.
Alethwurzel ↗ Inula helenium.
Aletris alba ↗ Aletris farinosa.

■ Aletris farinosa L.

(syn. *Aletris alba*); Mehlige Aletris.

Fam.: Melanthiaceae (früher Liliaceae).

Vork.: östl. Nordamerika.

Droge: ***Aletris-farinosa-Rhizom*** (syn. Leuchtsternwurzel, Runzelwurzel, Sternwurzel). *Inh.:* Saponine mit Diosgenin als Aglykon, äther. Öl, Bitterstoffe. *Anw.:* In der amerikanischen Volksheilkunde bei Frauenleiden (Dysmenorrhoe, Amenorrhoe), Appetitlosigkeit, dyspeptischen Beschwerden und chronischer Bronchitis.

Hom.: ***Aletris farinosa*** HAB1; Sternwurzel, die frischen, unterirdischen Teile. *Anw.-Geb.:* bei Gebärmuttersenkung und Erkrankungen des Magen-Darm-Traktes.

Histor.: Bereits von den Indianern als Heilmittel geschätzt, wurde die Droge 1864 in die Homöopathie eingeführt. Der Name *Aletris* stammt aus dem Griechischen (*aletris*= Getreide mahlend) und deutet auf das bestäubte Aussehen der Pflanze hin, ebenso farinosa = mehlig (lat.: farina = Mehl).

Aleuritenöl ↗ Aleurites fordii.

■ Aleurites fordii Hemsl.

(syn. *Vernicia fordii*); Tungölbaum (syn. Holzölbaum).

Fam.: Euphorbiaceae.

Vork.: Mittelasien, West- und Mittel-China, kultiviert in USA, Brasilien, Argentinien, Indien, Australien, Neuseeland, Afrika, Südrußland.

Droge: ***Oleum Dryandrae***; Tungöl (syn. Holzöl, Aleuritenöl), das fette Öl der Samen. *Inh:* Triglyceride, die zu 75–80 % α-Elaeosterinsäure als Fettsäure besitzen, daneben Öl-, Palmitin- und Stearinsäure. *Anw.:* in der Volksheilkunde als Laxans, bei Geschwüren und Verbrennungen. Technisch wird die Droge zur Herstellung von Lacken und Firnissen benutzt, da diese Anstriche besonders widerstandsfähig sind. Der bei der unvollständigen Verbrennung des Öls entstehende Ruß ist ein Grundstoff für die Chinesische Tusche und andere Druckfarben.

Alexandriner-Sennesfrüchte ↗ Cassia-Arten.
Alexitoxicum vincetoxicum ↗ Vincetoxicum hirundinaria.
Alfalfa ↗ Medicago sativa.
Alfalfagras ↗ Phleum pratense.
Algarroba ↗ Caesalpinia-Arten.
Algarrobilla ↗ Caesalpinia-Arten.

■ Alginsäure

(Acidum alginicum) ist ein Polyuronid mit einer relativen Molekülmasse von 48–186 kD, es besteht ähnlich wie die ↗ Pektine aus einer Kette von 1,4-β-glykosidisch verknüpften Mannuronsäure- und Guluronsäureresten. A. ist bis zu 40 %

Alginsäure

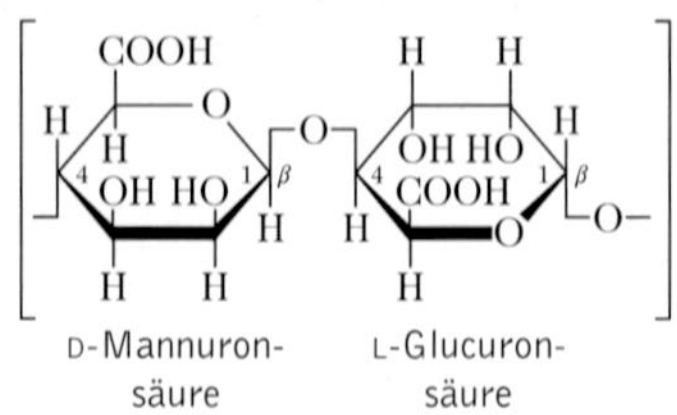

in bestimmten Braunalgen, bes. in ↗ *Fucus-*, *Ascophyllum-* und ↗ *Laminaria-*Arten, enthalten. Selbst unlöslich in Wasser, werden sie und ihre Salze (Alginate) als viskositätserhöhende Stoffe und als Stabilisatoren für Emulsionen und Suspensionen, zur Retardierung der Arzneistoffliberation aus Peroralia sowie zur Granulation und Herstellung fettfreier Salbengrundlagen eingesetzt. Auch in der Lebensmittelindustrie sowie Kosmetik werden Alginsäure und Alginate verwendet.

Alhagi camelorum ↗ Alhagi pseudoalhagi.

■ Alhagi pseudoalhagi (M. B.) Desv. Ex B.A. Keller et Schaparenko

(syn. *Alhagi camelorum*); Kameldorn.

Fam.: Fabaceae (Leguminosae).

Vork.: Südrußland, Westsibirien, Vorder- bis Zentralasien (Steppenpflanze).

Droge: die ganze Pflanze. Inh: Zucker, Vitamin C, Tannine. Anw.: in der Volksheilkunde als Adstringens und Antidysenterikum. An heißen Tagen scheiden die Pflanzen (und verwandte Arten) einen honigartigen Saft ab, der in der Nacht erstarrt und als Persisches Manna von der Bevölkerung gesammelt und gegessen bzw. als Volksheilmittel genutzt wird.

Alhandal ↗ Citrullus colocynthis.
Alippische Senna ↗ Cassia-Arten.
Alisma plantago ↗ Alisma plantago-aquatica.

■ **Alisma plantago-aquatica** L.
(syn. *Alisma plantago*); Gemeiner Froschlöffel (syn. Wegerich-Froschlöffel, Wasserwegerich), s. Farbtafel S. 139, Bild 17.

Fam.: Alismataceae.

Vork.: Europa, Asien und Nordamerika, bes. im Ufer- und Flachwasserbereich verbreitet.

Droge: ***Radix Alismae*** (syn. *Radix Plantaginis aquaticae*); Froschlöffelwurzel. Inh.: scharf schmeckendes Harz, äther. Öl, Gerbstoffe. Anw.: in der asiatischen Volksheilkunde wird die Droge wegen ihrer harntreibenden Wirkung als Mittel gegen Diabetes und bei Nierenerkrankungen verwendet. Die Wurzelknollen werden in Asien auch wie Kartoffeln zubereitet und gegessen.

Hom.: ***Alisma plantago*** HAB34; Froschlöffel, die frischen Wurzeln.

Alizarin ↗ Rubia tinctorum.
Alkabir ↗ Datisca cannabina.

■ **Alkaloide**
stickstoffhaltige, meist basisch reagierende und vorwiegend heterocyclische Naturstoffe (s. Abb.).

Sie sind meist pflanzlichen Ursprungs und besitzen oft charakteristische Wirkungen auf den tierischen und menschlichen Organismus. Ihre biogenetischen Vorstufen sind überwiegend Aminosäuren, wobei cyclische Aminosäuren (Phenylalanin, Tyrosin und Tryptophan) dominieren. Gegenüber den sog. „echten Alkaloiden" werden mitunter Verbindungen, deren N-Atom nicht in einen Heterocyclus integriert ist, z. B. Ephedrin,

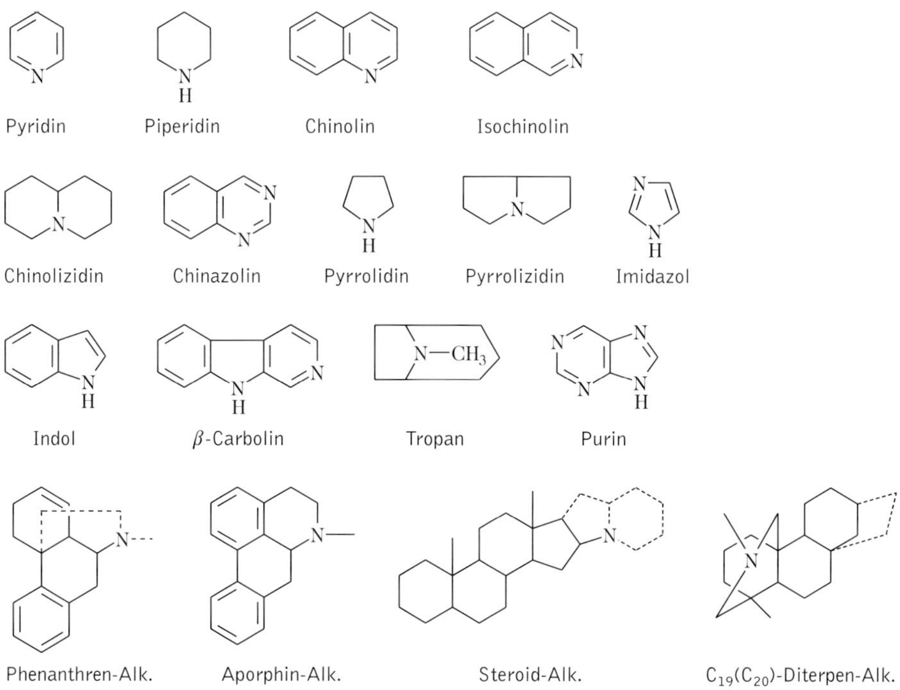

Alkaloide. Heterocyclische Grundkörper der Alkaloide.

als Protoalkaloide, und diejenigen, die nicht aus Aminosäuren hervorgegangen sind, z. B. Terpen- und Steroidalkaloide, als Pseudoalkaloide bezeichnet. Viele A. tragen Trivialnamen. Sie enden stets auf der Endung „in" und wurden oft nach ihrer botanischen Herkunft, z. B. Atropin (*Atropa belladonna*), und Chelidonin (*Chelidonium majus*), z. T. nach ihrer Wirkung, z. B. Emetin (Emetikum) und in Ausnahmefällen auch nach bedeutenden Alkaloidchemikern, z. B. Pelletierin (Apotheker P. J. Pelletier, 1788–1842) benannt. In der Pflanze liegen die A. meist als Gemische vor. Fast immer dominiert eine Verbindung; diese bezeichnet man als Hauptalkaloid, die übrigen als Nebenalkaloide. Letztere sind meist Variationen des Hauptalkaloids, die sich in Art, Stellung oder Zahl der Substituenten, mitunter auch durch die Lage der Doppelbindung unterscheiden. Sie werden oft durch Anhängen eines Suffixes vom Hauptalkaloid unterschieden, z. B. Hydrastin → Hydrastinin, durch Voranstellen eines Präfixes, z. B. Berberin → Protoberberin oder durch vom Hauptalkaloid abweichende Buchstabenmodifikationen, z. B. Narcotin → Cotarnin. Isomere A. bezeichnet man oft mit Präfixen, u. a. Iso-, Pseudo- und Epi- oder durch Symbole, wie α-, β-, γ- usw. Verbindungen, denen die *N*-Methylgruppe fehlt, wird das Präfix „Nor" vorangestellt, z. B. Ephedrin → Nor-Ephedrin. A. sind fast ausnahmslos lipophile Verbindungen. Sie bilden mit Säuren Salze, die meist wasserlöslich sind. Auch in der Pflanze liegen sie gewöhnlich als Salze organischer Pflanzensäuren, u. a. Essig-, Äpfel- oder Weinsäure, vor. Sowohl die Basen als auch die Salze sind meist farblos und fest. Ausnahmen bilden hierbei u. a. das gelbgefärbte Berberin und das Protopin. A. bestehen i. d. R. aus den Elementen C, H, N und O. Nur wenige A. sind sauerstofffrei; diese sind alle flüssig, z. B. Coniin, Nicotin und Spartein. Die Einteilung der A. erfolgt nach ihrem heterocyclischen Ringsystem. Aufgrund ihrer oft starken physiologischen Wirkung, ihrer Wechselwirkungen mit post- und praesynaptischen Rezeptoren, Enzymen und Ionenkanälen, stellen viele A. wichtige biogene Arzneistoffe, z. T. auch gefährliche Giftstoffe, dar. Ihre Besprechung erfolgt an den gesonderten Stellen bei den Einzelverbindungen.

Histor.: Den Namen Alkaloid prägte im Jahre 1819 der Apotheker W. Meissner in Halle im Zusammenhang mit der Entdeckung des Veratrins. Meissner forderte, die bekannten alkalischen Pflanzenstoffe nicht mit den Namen Alkalien zu belegen, da sie von diesen in ihren Eigenschaften abweichen.

Alkanna bracteolata ↗ Alkanna tinctoria.
Alkannae radix ↗ Alkanna tinctoria.
Alkanna matthioli ↗ Alkanna tinctoria.

■ **Alkanna tinctoria** (L.) Tausch
(syn. *Alkanna bracteolata, A. matthioli, A. tuberculata, Lithospermum tinctorium*).

Fam.: Boraginaceae.

Vork.: Mittelmeergebiet, Türkei, Ungarn.

Droge: ***Alkannae radix*** (syn. *Radix Anchusae, Radix Anchusae tinctoriae, Radix Alkannae spuriae*); Alkannawurzel (syn. Schminkwurzel, Alkermeswurzel, Färberkrautwurzel, Rotfärbewurzel, Rote Ochsenzungewurzel), s. Farbtafel S. 139, Bild 18. *Inh.:* Pyrrolizidinalkaloide (Dihydroxytriangularin, 7-Angeloylretronecin, Triangularin), Naphtochinone (Alkannin-Derivate), ↗ Gerbstoffe.

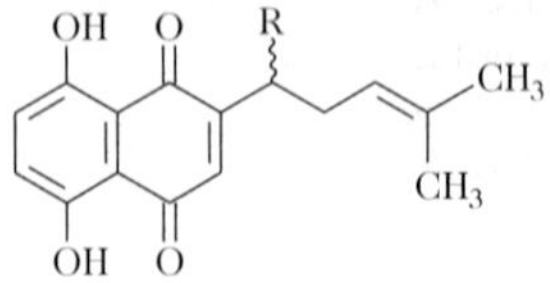

R = ◄ OH: Alkannin
R = ⋯ OH: Shikonin

Anw.: Volkstümlich wird die Droge als Adstringens zur Behandlung von Hautkrankheiten sowie bei Durchfallerkrankungen eingesetzt. Bedeutsamer ist der Einsatz von Alkannin-Derivaten als roter Farbstoff in der Kosmetik und Lebensmittelindustrie. Aufgrund der carcinogenen, mutagenen, teratogenen und leberschädigenden Eigenschaften der Pyrrolizidinalkaloide ist die Verwendung als Lebensmittelfarbstoff in Deutschland verboten. Auch der Gebrauch der Droge wird wegen der toxischen Pyrrolizidinalkaloide nicht empfohlen.

Hom.: ***Alkanna tuberculata*** HAB, die getrockneten, unterirdischen Teile.

Histor.: Die Droge wurde bereits im Altertum von den Griechen als Wundheilmittel verwendet. Die Römer benutzten die geriebene Alkannawurzel zur Herstellung roter Schminköle und -pasten.

Alkanna tuberculata ↗ Alkanna tinctoria.

Alkannawurzel ↗ Alkanna tinctoria.
Alkannin ↗ Alkanna tinctoria.
Alkermesbeeren ↗ Phytolacca americana.
Alkermeskörner ↗ Dactylopius coccus.
Alkermeswurzel ↗ Alkanna tinctoria.
Allanblackiafett ↗ Allanblackia stuhlmannii.

■ **Allanblackia stuhlmannii** Engl., Talgbaum.
Fam.: Guttiferae.
Vork.: tropisches Ostafrika.
Drogen: ***Talgbaumkernfett*** (syn. Fettbaumkernfett, Allanblackiafett, Mkanifett), das Fett der Samenkerne. *Inh:* Triglyceride, mit Stearinsäure (52 %), Ölsäure (43 %) und Laurinsäure (0,5 %) als Fettsäurekomponenten. *Anw.*: als Speisefett der Eingeborenen; in der Technik zur Kerzen- und Seifenherstellung verwendet sowie für kosmetische Präparate genutzt.

■ **Allantoin**
(Glyoxylsäurediureid), in Tieren (nicht beim Menschen) und Pflanzen vorkommendes Abbauprodukt der Harnsäure bzw. Endprodukt des Purinabbaus. Pflanzen nutzen A. und die daraus abgeleitete Allantoinsäure als Stickstoffreservoir. A. wird als Inhaltstoff verschiedener Drogen (↗ *Pulmonaria officinalis*, ↗ *Symphytum officinale*) zur Wundbehandlung eingesetzt. Es entfernt nekrotisches Gewebe, fördert die Zellproliferation und Epithelisierung. Vielfach wird Allantoin Hautcremes, Sonnenschutzmitteln, Rasier- und Gesichtswässern zugesetzt.

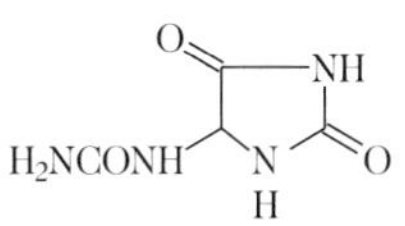

Allantoin

Allermannsharnisch ↗ Gladiolus palustris.
Allheilkraut ↗ Panax ginseng.
Alliaria alliaceae ↗ Alliaria petiolata.
Alliaria alliaria ↗ Alliaria petiolata.
Alliaria officinalis ↗ Alliaria petiolata.

■ **Alliaria petiolata** (M. B.) Cavara et Grande (syn. *Alliaria alliaceae, A. alliaria, A. officinalis, Arabis petiolata, Crucifera alliaria, Erysimum alliaceum, Erysimum alliaria, Hesperis alliaria, Sisymbrium alliaria*); Knoblauchsrauke (syn. Lauchhederich, Lauchkraut, Knoblauchshederich, Knoblauchskraut, Knofelkraut, Knoblichskraut, Wilder Chnobloch, Hasekehl, Bloderkraut, Blatterkraut, Falscher Waldmeister), s. Farbtafel S. 140, Bild 19. Zweijährige oder ausdauernde Art, deren verschiedene Formen sich in der Größe der Pflanze und in der Größe der Blätter unterscheiden.
Fam.: Brassicaceae (Cruciferae).
Droge: ***Alliaria-petiolata-Frischpflanze*** (syn. *Herba Alliariae, Herba Alliariae officinalis*), die frische, blühende Pflanze mit Wurzel. *Inh.:* Vitamine, u. a. Vitamin A (abhängig vom Erntezeitpunkt: 8 600–19 000 i.E./100 g Frischgewicht) und Vitamin C (190–400 mg/100 g Frischgewicht), ferner Glucosinolate (Senfölglykoside), bes. Sinigrin und geringe Mengen Glucotropaeolin. *Anw.:* volkstümlich bei Erkältungskrankheiten sowie bei rheumatischen Beschwerden und Gicht, äußerlich als frisch zerquetschtes Kraut bei schlecht heilenden Wunden und Geschwüren; im Haushalt, meist mit anderen Kräutern, als Küchengewürz.

Allicin ↗ Allium-Arten.
Alligator-Birne ↗ Persea americana.
Allii ascalonici bulbus ↗ Allium-Arten.
Allii cepae bulbus ↗ Allium-Arten.
Allii chinensis bulbus ↗ Allium-Arten.
Allii sativi aetheroleum ↗ Allium-Arten.
Allii sativi bulbus ↗ Allium-Arten.
Allii sativi bulbus siccatus ↗ Allium-Arten.
Allii ursini bulbus ↗ Allium-Arten.
Allii ursini herba ↗ Allium-Arten.

■ **Allium-Arten**
● **Fam.:** Alliaceae (früher Liliaceae).
● **Allium ascalonicum** Strand (syn. *Allium cepa var. aggregatum, A. cepa var. ascalonicum, A. cepa var. multiplicans, A. cepa var. solanina, Porrum ascalonicum*); Schalotte (syn. Aschlauch, Charlotte, Eschlauch, Eßlauch, Levante-Lauch, Schalottlauch, Schlotte, Schlutte, Syrische Zwiebel, Askalonische Zwiebel).
Heim.: Mittelmeergebiet, Vorderasien, Orient, heute in ganz Europa angebaut.
Droge: ***Allii ascalonici bulbus***, verwendet wird die frische Zwiebel. *Inh.:* s. *Allium cepa*. *Anw.:* in der Volksheilkunde bei Verdauungsbeschwerden, als Küchengewürz für Saucen und Salate bzw. als Pickles eingelegt.
● **Allium cepa** L. (syn. *Allium esculentum, Cepa esculenta, Cepa vulgaris, Kepa esculenta, Por-*

rum cepa); Zwiebel (syn. Bolle, Hauszwiebel, Küchenzwiebel, Sommerzwiebel, Speisezwiebel, Zipolle, Zippel).

Vork.: weltweit in zahlreichen Varietäten kultiviert, beheimatet in Mittelasien.

Droge: ***Allii cepae bulbus*** (syn. *Bulbus Allii cepae, Bulbus Cepae*). Inh.: Alkylcysteinsulfoxide (Alliin und seine Derivate, u. a. Cycloalliin, Cepaen), γ-Glutamylpeptide (schwefelhaltige und -freie), Zwiebel-Alliinase (ein Enzym, das aus Vorstufen die tränenreizende Verbindung (*Z*)-Thiopropanal-*S*-oxid bildet), Flavonoide, Phenole, Vitamine, Kohlenhydrate, wasserdampfflüchtige Bestandteile (äther. Zwiebelöl). Anw.: bei Appetitlosigkeit, zur Prophylaxe von altersbedingten Gefäßveränderungen. In der Volksheilkunde wird Zwiebelsaft (Sirupus Cepae) innerlich erfolgreich zur Behandlung von Husten, Keuchhusten, Bronchitis und Asthma sowie zur Anregung der Verdauung eingesetzt. Auch zur Therapie bei Wurmbefall, zur Einleitung der Menstruation, bei Bluthochdruck und Arteriosklerose und unterstützend bei Diabetes kommt die Droge zum Einsatz. Äußerlich verwendet man die Droge bei Insektenstichen, Wunden, Furunkeln und zur Nachbehandlung von Blutergüssen. Außerdem wird die Zwiebel weltweit als Nahrungsmittel, Gewürz oder Gemüse eingesetzt.

Hom.: ***1. Allium cepa*** HAB1, die frische Zwiebelknolle. Anw.-Geb.: aktuter Schnupfen, Entzündungen der Luftwege, Blähungskoliken, Neuralgien, Phantomschmerz. ***2. Allium cepa ferm. 34a*** HAB1, die reifen, frischen Zwiebeln. Anw.-Geb.: anthroposophische Therapierichtung.

● **Allium chinense** G. Don. (syn. *Allium bakeri,. A. exsertum, A. rakk'joo, A. splendens, A. triquetum, Caloscordum exsertum*).

Vork.: China, Japan, Kalifornien.

Droge: ***Allii chinensis bulbus***. Inh.: s. *Allium cepa*, außerdem Phenolcarbonsäuren, Chinenosid (Furostanglykosid). Anw.: in der traditionellen chinesischen Medizin wie Allium sativum, im Haushalt zur Herstellung von Pickles.

● **Allium porrum** L. (syn. *Allium ampeloprasum, A. laetum, A. porrum var. maximum, Porrum commune, Porrum sativum, Porrum sectile*); Porree (syn. Breitlauch, Lauch, Spanischer Lauch, Suppenlauch, Welschlauch, Winterlauch).

Droge: *Allium-porrum-Ganzpflanze*. Inh.: ähnlich wie bei anderen Allium-Arten. Anw.: in der Volksheilkunde bei Wurmbefall sowie im Haushalt als Gemüse, Suppengewürz und für Salate.

● **Allium sativum** L. (syn. *Porrum sativum*); Knoblauch (syn. Gartenknoblauch, Knobloch, Knopfel).

Vork.: weltweit kultiviert.

Drogen: ***1. Allii sativi aetheroleum*** (syn. *Oleum Allii sativi*); Ätherisches Knoblauchöl (syn. Knoblauchdestillat, Knoblauchöldestillat). Inh.: wasserdampfflüchtige Umsetzungsprodukte des Alliins (homologe Di-, Tri- und Oligosulfide), Limonen und andere nicht definierte Stoffe. Anw.: zur unterstützenden Therapie bei erhöhten Blutfettwerten und Prophylaxe der Arteriosklerose. ***2. Allii sativi bulbus*** (syn. *Bulbus Allii sativi*); Knoblauchzwiebel, s. Farbtafel S. 140, Bild 20. Inh.: γ-Glutamyl-*S*-alkylcysteine (0,5–1 %), *S*-Alkyl-L-cysteinsulfoxide (z. B. Alliin, mind. 0,3 %),

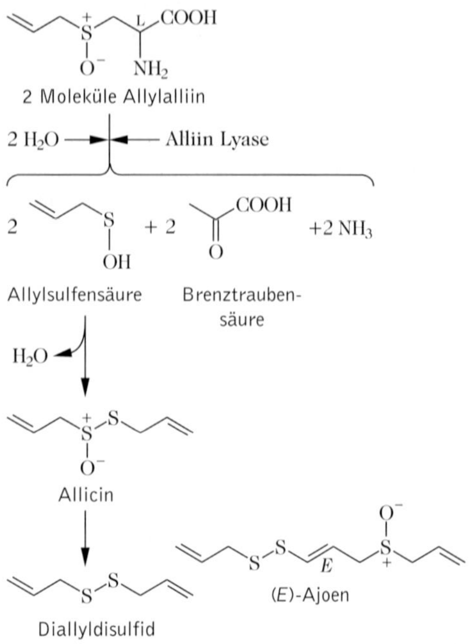

Allium-Arten. Das in der Droge vorliegende Alliin wird nach der Zerstörung von Zellen durch die Alliinase (Alliin Lyase) zunächst hydrolytisch in Brenztraubensäure und Alkylsulfensäure gespalten, letztere wird dann zu Allicin umgewandelt. Daraus können weiterhin Diallylsulfid und Ajoen gebildet werden.

Alliinase (ein Enzym, das verantwortlich ist für die Bildung von Allicin, Di- und Oligosulfide, Ajoene, Vinyldithiine), Allithiamin, Adenosin, Aminosäuren, Fructane, Flavonoide und äther. Öl.

Wirk.: antibakteriell, antimykotisch, lipidsenkend, Hemmung der Plättchenaggregation, Verlängerung der Blutungs- und Gerinnungszeit, Steigerung der Fibrinolyse, antiviral, lokal reizend. Anw.: zur Unterstützung diätetischer Maßnahmen bei erhöhten Blutfettwerten und zur Prophylaxe altersbedingter Gefäßveränderungen. In der Volksheilkunde wird die Droge bei Arteriosklerose, Hypertonie, Erkrankungen des Respirationstraktes und Magen-Darm-Kanals (Verdauungsbeschwerden, Koliken), als Wurmmittel (Oxyuren) und klimakterischen Schmerzen eingesetzt. Auch zur Unterstützung bei Diabetes und als Tonikum kommt die Droge zur Anwendung. Äußerlich wird sie bei Hühneraugen, Warzen, Schwielen, Haarflechten, Ohrenentzündung, Muskelschmerzen, Neuralgien und Rheuma verwendet. Außerdem ist die Knoblauchzwiebel weltweit ein beliebtes Küchengewürz. ***3. Allii sativi bulbus siccatus***; Getrocknete Knoblauchzwiebel (als Pulverdroge). Inh.: s. Allii sativi bulbus, ohne äther. Öl. Alliingehalt mind. 1 %. Wirk. und Anw.: s. Allii sativi bulbus.

Hom.: ***Allium sativum*** HAB1, die frische Zwiebel. Anw.-Geb.: Entzündungen der unteren Luftwege, Verdauungsstörungen, Muskelrheumatismus im Lendenbereich.

● **Allium schoenoprasum** L. (syn. *Allium tenuifolium, Cepa schoenoprasum, Porrum schoenoprasum, Schoenoprasum vulgare*); Schnittlauch (syn. Binsenlauch, Graslauch, Pankokenkraut, Preseloak, Prieslauch, Schnittling, Schnittzwiebel, Suppenkraut, Suppenlauch).

Heim.: Mittelmeergebiet, in Eurasien und Nordamerika kultiviert.

Droge: ***Allium-schoenoprasum-Blätter***; Schnittlauchblätter. Inh.: γ-Glutamylpeptide (nichtflüchtige, schwefelhaltige Verbindungen.), verschiedene Alkylsulfide und weitere noch nicht definierte Stoffe. Anw.: in der Volksheilkunde bei Wurmbefall. Die Droge wird als Küchengemüse und -gewürz, bes. im Frühjahr genutzt.

● **Allium tuberosum** Rottler ex Spreng. (syn. Allium angulosum, A. argyi, A. chinense, A. Clarkei, A. odorum, A. roxburghii, A. senescens, A. sinicum, A. tuberosum, A. uliginosum, A. yesoense). Anw.: s. A. ursinum.

● **Allium ursinum** L. (syn. *Allium latifolium, A. nemorale, Ophioscorodon ursinum*); Bärlauch (syn. Bärenlauch, Ramsell, Waldknoblauch, Waldlauch, Wilder Knoblauch, Zigeunerlauch), s. Farbtafel S. 140, Bild 21.

Vork.: Nord- und Mitteleuropa.

Drogen: ***1. Allii ursini bulbus*** (syn. *Bulbus Allii ursini*). Bärlauchzwiebel. Inh.: abhängig von der Verarbeitungsweise, u. a. Cysteinsulfoxide (z. B. Alliin), Thiosulfinate, Dithiine und Ajoen, wasserdampfflüchtige Bestandteile (ca. 12 % in der frischen Droge) und freie Aminosäuren. Anw.: In der Volksheilkunde wird die Droge roh gegessen oder der Preßsaft bei Arteriosklerose sowie Hypertonie angewendet. Außerdem dient die Droge als Gewürz. ***2. Allii ursini herba*** (syn. *Herba Allii ursini*); Bärlauchkraut (syn. Zigeunerlauchkraut). Inh.: s. Allii ursini bulbus. Anw.: in der Volksheilkunde ähnlich wie *Allium sativum* bei Verdauungsbeschwerden, gegen Arteriosklerose und bei Hypertonie. Äußerlich bei Hautausschlägen.

Hom.: ***Allium ursinum*** HAB1, die ganzen, frischen, zu Beginn der Blütezeit gesammelten Pflanzen. Anw.-Geb.: Verdauungsschwäche.

Allosites arvense ↗ Equisetum-Arten.
Alni cortex ↗ Alnus-Arten.

■ Alnus-Arten

● **Fam.:** Betulaceae.

● **Alnus glutinosa** (L.) Gaertn. (syn. *Betula alnus var. glutinosa*); Schwarzerle.

Vork.: nördliche Erdhalbkugel.

Droge: ***Alni cortex*** (syn. *Cortex Alni*); *Alnus-glutinosa*-Rinde (syn. Erlenrinde). Inh.: Gerbstoffe (bis zu 20 %), Flavonolglykoside, v. a. Hyperosid, Steroide, u. a. Sitosterol, Triterpene. Anw.: in der Volksheilkunde als Dekokt zum Gurgeln bei Angina und Pharyngitis, als Klysma bei Darmblutungen.

● **Alnus incana** (L.) Moench. (syn. *Betula alnus var. incana*); Grauerle (syn. Weißerle).

Vork.: nördliche Erdhalbkugel.

Droge: ***Alnus-incana-Rinde***. Inh.: ähnlich wie *Alnus glutinosa*. Anw.: s. *Alnus glutinosa*, bes. bei Entzündungen im Mund- und Rachenraum.

● **Alnus japonica** (Thunb.) Steud. (syn. *Betula japonica*).

Vork.: nördliche Erdhalbkugel.

Droge: ***Alnus-incana-Rinde***. Inh.: ähnlich wie

Alnus glutinosa. Anw.: s. *Alnus glutinosa*, bes. bei Entzündungen im Mund- und Rachenraum.

● **Alnus serrulata** Willd.; Glatte Erle.

Hom.: ***Alnus serrulata*** HAB34, die frische Rinde. *Anw.-Geb.:* Hauteiterungen und Ekzeme.

Aloe ↗ Aloe-Arten.

■ Aloe-Arten

● **Fam.:** Asphodelaceae (Liliaceae).

Vork.: tropische und subtropische Gebiete, bes. Afrika, Arabische Halbinsel und Mittelamerika.

● **Aloe arborescens** Mill. (syn. *Aloe arborea, A. fructicosa, A. perfoliata var. arborescens, Catevala arborescens*); Baumartige Aloe, s. Farbtafel S. 140, Bild 22. Anbau u. a. in Süd-Japan.

Droge: ***Aloe-arborescens-Blätter***. Inh.: Anthron-10-C-glykosyle, u. a. Aloine A und B (0,4 %, Bestimmung durch HPLC). Anw.: Der aus den frischen Blättern gewonnene und eingetrocknete Saft sowie das Gel aus dem wasserspeichernden Gewebe getrockneter Blätter werden insbes. in Japan verwendet, äußerlich bei Wunden, Verbrennungen, Insektenstichen und Fußpilz sowie zuweilen innerlich bei gastrointestinalen Beschwerden. In der Kosmetik als Bestandteile von Cremes und Lotionen.

● **Aloe barbadensis** Mill. (syn. *Aloe chinensis, A. elongata, A. indica, A. officinalis, A. perfoliata, A. vera, A. vulgaris*).

Vork.: bes. Nordafrika, Mittelmeerraum, Kanaren, Madeira und Indien. Anbaugebiete v. a. Küstenregionen von Venezuela sowie subtropische Gebiete der USA und Mexikos.

Drogen: ***1. Curacao-Aloe*** (syn. *Aloe barbadensis, Aloe hepatica*), der zur Trockene eingedickte Saft der Blätter. Inh.: Anthron-C-glykosyle (35–38 % Aloine A und B, ferner etwa 3 % 7-Hydroxyaloine A und B, 1,8-Dihydroxyanthrachinone (0,05–0,5 %) sowie die bitteren, bicyclischen Polyketide Aloeresine. Anw.: In Form des eingestellten Extraktes als Laxans. Die Droge steigert direkt die Motilität und beschleunigt damit die Darmpassage, steigert die Sekretion von Elektrolyten und Wasser in das Darmvolumen und hemmt die Rückresorption aus dem Dünndarm. Füllungsdruck bedingt zusätzliche Anregung der Darmperistaltik. Die laxierende Wirkung setzt nach 8–12 Stunden ein. Dos.: TD der pulverisierten Droge 0,05–0,2 g, entsprechend

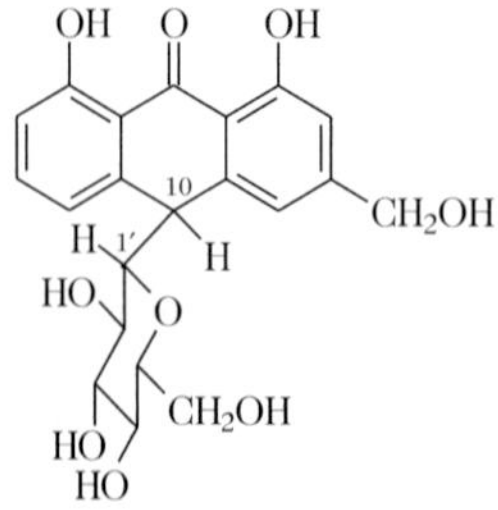

Aloine A und B

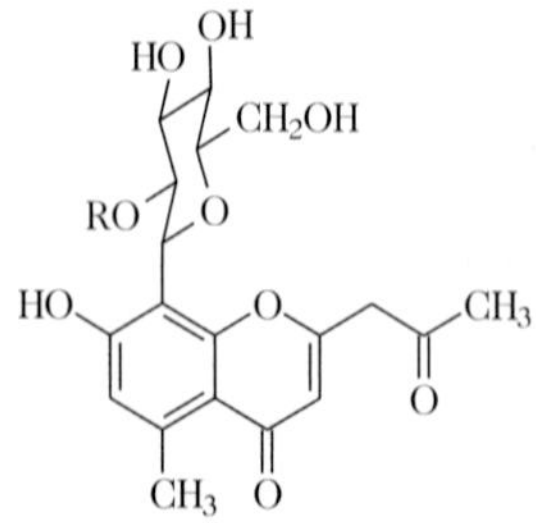

Aloeresin A (R = 4-Cumaroyl) und B (R = H)

10–40 mg Hydroxyanthracen-Derivate; ED 0,05 g, abends. ***2. Aloe-vera-Gel*** (syn. *Aloe vera, Aloe-Extrakt*). Die Droge besteht aus dem Schleim der Blätter und wird durch Auspressen oder Extraktion, meist mit heißem Wasser, gewonnen. Da das genuine Produkt instabil ist, sind die Handelsgele stabilisierte und konzentrierte, oft lyophilisierte Extrakte. Inh.: insbes. Gemische von Heteropolysacchariden unterschiedlicher Kettenlänge, meist mit Mannose als dominierendem Grundbaustein. Die Zuckereinheiten sind meist linear 1,4-verknüpft und teilweise acetyliert. Der mögliche Gehalt an Anthron-C-glykosylen ist abhängig vom Herstellungsverfahren. Neuere, meist patentierte Verfahren ermöglichen anthranoidfreie Gelprodukte. *Wirk.:* Zahlreiche Testungen ergaben bes. antiphlogistische und immunstimulierende Eigenschaften sowie die Beeinflussung der dermalen Ischämie mit Zubereitungen der Drogen. *Anw.:* In der Volksheilkunde legt man die der Länge nach geteilten Blätter mit der Innenseite, gegebenfalls nach Befestigung auf die erkrankten Hautpartien. Oft werden auch die nach Abschälen der äußeren, grünen Blattpartien erhaltenen Gelfilets angewendet. Die Droge kann ferner zur Stabilisierung von Öl-in-Wasser Emulsionen herangezogen werden. Sie dient in der Kosmetik als „feuchtigkeitsspendender“ sowie „weichmachender“ Bestandteil von Cremes, Körperlotionen, Shampoos, Zahnpasten, Antitranspirantien und Sonnenschutzpräparaten.

● **Aloe ferox** Mill. (syn. *Aloe horrida, A. perfoliata, A. pseudoferox, A. socotorina, A. supralaevis, Pachidendron ferox, P. supralaeve*), Bitterschopf, Gefährliche Aloe.

Vork.: Südafrika, dort auch kultiviert.

Droge: ***Aloe capensis*** (syn. Kap-Aloe). Die Droge wird aus *Aloe ferox* und Hybriden dieser Arten durch Eindampfen des nach Abschneiden der Blätter bei Normaldruck ausgetretenen Saftes (*Aloe lucida*) gewonnen. Sie stellt dunkelbraune Stücke mit grünlichem Schimmer dar, oft mit gelblichem Puder bedeckt, und intensiv bitterem Geschmack. Inh.: Anthron-C-glykosyle ca. 18–22 % (Aloine A und B). Anw.: Analog *Aloe barbadensis* als Laxans, wobei im mitteleuropäischen Raum *Aloe capensis* der *A. barbadensis* traditionell vorgezogen wird.

Hom.: ***Aloe*** HAB1; der zur Trockene eingedickte Saft der Blätter einiger Arten der Gattung *Aloe*, Handelsbezeichnung *Kap-Aloe* HAB1. Stammpflanzen sind einige Arten der Gattung *Aloe*, insbes. *A. ferox* Mill. Nicht verwendet werden darf *Barbados-Aloe* von *A. barbadensis*. Anw.-Geb.: bei Magen-Darm-Störungen, Stuhlinkontinenz und Hämorrhoiden.

● **Aloe saponaria** (Ait.) Haw. (syn. *Aloe disticha, A. latifolia, A. leptophylla, A. perfoliata var. saponaria, A. saponaria var. latifolia, A. umbellata*).

Vork.: Südafrika, Swasiland, Zimbabwe.

Droge: die frischen Blätter. Inh.: bes. Dihydroxyanthrachinone (frei und *O*-glykosidisch) und Heteropolysaccaride, u. a. teilacetylierte Glucomannane. Anw.: in der traditionellen Medizin der Heimatgebiete als Wundheilmittel.

● **Aloe succotrina** Lam. (syn. *Aloe purpurascens, A. soccotrina, A. vera*); Sokotra-Aloe (syn. Socotra-Aloe, Aloe Sokotrina). Stammpflanzen vermutlich *Aloe perryi* Bak. und *A. rabaiensis* Rendle (Kenia-*Aloe*).

Droge: der eingetrocknete Saft der Blätter.

Hom.: ***Aloe socotrina*** HAB34; der eingetrocknete Saft der Blätter. Anw.-Geb.: Magen-Darm-Störungen, Stuhlinkontinenz, Hämorrhoiden.

● **Histor.:** Der Name Aloe kommt vermutlich von *Alloeh*, dem arabischen Namen der Pflanze, her, während sich der Artname *ferox* vom Lateinischen (*ferox* = wild) ableitet.

Aloeemodin ↗ Anthracenderivate.
Aloeholz ↗ Aquilaria agallocha.
Aloexylon agallochum ↗ Aquilaria agallocha.
Aloin ↗ Aloe-Arten.
Aloysiae folium ↗ Aloysia triphylla.

■ **Aloysia triphylla** (L'Herit) Britt.
(syn. *Lippia citriodora, L. triphylla*), Zitronenstrauch,

Fam.: Verbenaceae.

Vork.: Südamerika (Uruguay, Argentinien, Chile) und Mittelmeergebiet.

Droge: ***Herba(Folia) Verbenae odoratae*** (syn. *Aloysiae folium, Herba Lippiae, Lippiae triphyllae folium, Lippiae citriodorae folium*); Echtes Verbenenkraut (syn. Zitronenkraut). Inh.: äther. Öl (0,2–0,4 %) mit etwa 20–40 % monoterpenoiden Carbonylverbindungen, bes. Geranial und Neral (berechnet als Citral), ferner u. a. Iridoidglykoside, phenolische Verbindungen und Schleimstoffe. Anw.: Bei Verdauungs- und Schlafstörungen sowie zur Gewinnung des äther. Öles.

Alpen-Fetthenne ↗ Sedum alpestre.
Alpen-Mauerpfeffer ↗ Sedum alpestre.
Alpenrosenblätter ↗ Rhododendron-Arten.
Alpensalamander ↗ Salamandra maculosa.
Alpen-Sede ↗ Sedum alpestre.
Alpenveilchen ↗ Cyclamen purpurascens.

■ **Alphita**
Drogenliste der Schule von Salerno aus dem 13. Jh. Die A. stellt eine umfassende Übersicht über die spätmittelalterliche Drogenkunde dar und ist neben der römischen Heilkunde bes. stark geprägt von der Medizin der arabischen, griechischen und jüdischen Kulturkreise. Das Verzeichnis enthält sämtliche damals gebräuchliche pflanzlichen und tierischen Drogen sowie arzneilich genutzte Chemikalien. Außerdem werden Krankheiten sowie medizinische Fachausdrücke beschrieben.

Alpinia cardamomum ↗ Elettaria cardamomum.

■ **Alpinia galanga** (L.) Willd.
(syn. *Maranta galanga*); Großer Galgant. Gelbe

und rote Varietät. Im europäischen Handel ausschließlich rote Varietät.

Fam.: Zingiberaceae.

Herk.: Südostasien.

Droge: ***Galangae majoris rhizoma*** (syn. *Rhizoma Galangae majoris, Galanga major*); Großer Galgant. Inh.: äther. Öl (1,5–5 %, ca. 25 % Eugenol enthaltend), ferner Diarylheptanoide sowie Flavonderivate, u. a. Galangin und dessen Methylether. Anw.: in Zubereitungen als Tonikum, Aromatikum, volkstümlich auch bei rheumatischen Beschwerden sowie bei Erkrankungen der Atemwege, in den Heimatländern auch als Aphrodisiakum.

■ **Alpinia officinarum** Hance
Galgant (syn. Echter Galgant).

Fam.: Zingiberaceae (Ingwergewächse).

Herk.: Südostasien.

Droge: ***Galangae rhizoma*** (syn. *Rhizoma Galangae*) Galgantwurzelstock (syn. Fieberwurzel), der getrocknete Wurzelstock von Alpinia officinarum; s. Farbtafel S. 140, Bild 23. Inh.: äther. Öl (0,5–1 %, Sesquiterpene, 1,8-Cineol und Eugenol enthaltend), ferner harzartige Scharfstoffe (Diarylheptanoide) sowie Gingerole (Phenylalkanonole) und Flavonderivate, bes. Galangin (3,5,7-Trihydroxyflavon). Wirk.: spasmolytisch, antiphlogistisch und antibakteriell. Anw.: als Stomachikum (Amarum-acrium) zur Anregung der Magensaftsekretion, bei dyspeptischen Beschwerden, z. B. subacider Gastritis. Bestandteil entsprechender Fertigarzneimittel. Zur ↗ Teezubereitung beträgt die Tagesdosis 2–4 g Droge.

Hom.: ***Alpinia officinarum*** (Galanga) HAB1, der geschnittene, getrocknete Wurzelstock (mind. 0,4 % äther. Öl). Anw.-Geb.: Erkrankungen der Atemwege.

Alpranke ↗ Solanum-Arten.
Alraun ↗ Mandragora officinarum.
Alraune ↗ Mandragora officinarum.
Alsem ↗ Artemisia absinthium.

■ **Alsidium helminthochorton** Ktzg.
Korsikanisches Wurmmoos (syn. Wurmtang).

Fam.: Rhodomelaceae.

Vork.: Mittelmeer, Korsika, Sizilien.

Droge: ***Helminthochorton*** (syn. *Muscus corsicanus*). Inh.: Floridosid (alkaloide Verbindung), Aminosäuren, Mineralien. Anw.: Vermifugum (Wurmmittel), bes. gegen Spulwürmer (heute obsolet).

Hom.: ***Helminthochorton***, die getrocknete Alge.

Alsine media ↗ Stellaria media.

■ **Alstonia-Arten**

● **Fam.:** Apocynaceae.

● **Alstonia constricta** F. v. Muell.; Fieberbaum (syn. Zitronen-Mahagoni).

Vork.: Australien (Queensland, Neusüdwales), tropisches Afrika.

Droge: ***Cortex Alstoniae constrictae***; Fieberbaumrinde (syn. Australische Bitterrinde). Inh.: Alkaloide, u. a. Alstonin, Alstonidin, Reserpin und Echitomin. Anw.: als Fiebermittel und Stimulans.

Hom.: ***Alstonia constricta*** HAB34, die getrocknete Rinde. Anw.-Geb.: Diarrhoe, Malaria.

● **Alstonia scholaris** (L.) R. Br. (syn. *Alstonia cuneata, Echites malabarica, Echites scholaris*).

Vork.: Südostasien, Australien.

Droge: ***Cortex Alstoniae scholaris*** (syn. *Cortex Alstoniae scolaris, Cortex Ditae, Cortex Tabernaemonantanae*); Puele-Rinde (syn. Australische Fieberrinde). Inh.: Alkaloide, u. a. Alstonin, Tetrahydroalstonin, Ditain und Echitin. Anw.: Fiebermittel und Laxans, technisch als „Korkholz".

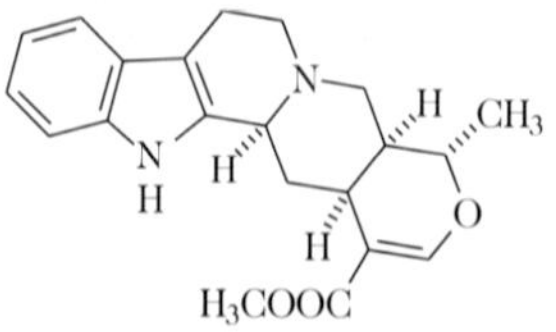

Tetrahydroalstonin

Hom.: ***Alstonia scholaris*** HAB, die getrocknete Rinde. Anw.-Geb.: u. a. zur Regeneration nach Infektionen und wie *Alstonia constricta*.

Alstonia costulata ↗ Dyera costulata.
Alternanthera nodiflora ↗ Alternanthera sessilis.

■ **Alternanthera sessilis** (L.) R. Br.
(syn. *Alternanthera nodiflora, Telanthera amoena*).

Fam.: Amaranthaceae.

Vork.: Indien, Nepal, China, Neuguinea, Ostafrika.

Drogen: Kraut und Wurzeln. *Inh:* cyanogene Glykoside. *Anw.:* alte Arzneipflanzen in der Ayurveda- und Unani-Medizin, die noch heute in China und Taiwan volksheilkundlich eingesetzt werden.

Alter-Thee-Wurzel ↗ Althaea officinalis.
Alte Weiber ↗ Anemone nemorosa.
Althaeae flos ↗ Althaea officinalis.
Althaeae folium ↗ Althaea officinalis.
Althaeae radix ↗ Althaea officinalis.

■ **Althaea officinalis** L.
Eibisch (syn. Heilwurz, Sammetpappel, Ibischwurz), s. Farbtafel S. 140, Bild 24. Ausdauernde, 0,6–1,5 m hohe Pflanze, die in allen Teilen Schleimstoffe, meist saure Polysaccharide, enthält.

Fam.: Malvaceae.

Vork.: überwiegend Kulturen südosteuropäischer Länder.

Drogen: ***1. Althaeae flos*** (syn. *Flores Althaeae, Flores Hibisci, Flores Bismalvae*); Eibischblüten (syn. Altheeblüten), die zur Blütezeit im Juli bis August gesammelten, fleischfarbenen, getrockneten Blüten. *Inh.:* Schleimstoffe (5–9 %), überwiegend aus Galactose, Rhamnose, Galacturonsäure, Arabinose und Glucose bestehend. *Anw.:* als Tee bei Erkrankungen der Atmungsorgane sowie zum Gurgeln als reizlinderndes Mittel bei entzündlichen Prozessen im Mund- und Rachenraum. ***2. Althaeae folium*** (syn. *Folia Althaeae, Folia Bismalvae, Folia Hibisci, Folium Althaeae, Herba Bismalvae, Herba Malvae Visci*); Eibischblätter (syn. Altheeblätter), die vor oder während der Blüte gesammelten und getrockneten Laubblätter. *Inh.:* Schleimstoffe (6–10 %), im wesentlichen aus Galacturonorhamnanen und Arabinogalactanen bestehend. *Anw.:* Katarrhe der Atemwege, trockener Reizhusten sowie bei Schleimhautreizungen im Mund- und Rachenraum. TG: 3–5 g Droge. ***3. Althaeae radix*** (syn. *Radix Althaeae, Radix Bismalvae, Radix Doronicae, Radix Hibisci*); Eibischwurzel (syn. Bismalvawurzel, Altheewurzel, Heilwurzel, Ibischwurzel, Weißwurzel, Schleimwurzel, Weiße Süßholzwurzel, Alter Thee-Wurzel, Driantenwurzel, Heimischwurzel, Weiße Malvenwurzel). *Inh.:* Schleimstoffe (10–20 %, bes. Galacturonorhamnane, hochverzweigte Arabinane, Glucane und Arabinogalactane). *Anw.:* Zur Reizlinderung bei leichten Entzündungen der Magenschleimhaut, bei Entzündungen im Mund- und Rachenraum und damit verbundenem Reizhusten. Volkstümlich bei Katarrhen der Atemwege, des Magen-Darm-Traktes und der Harnwege. Ferner bei Geschwüren, Abszessen und Verbrennungen der Haut. Als Tagesdosis gelten etwa 5 g Droge.

Altheeblätter ↗ Althaea officinalis.
Altheeblüten ↗ Althaea officinalis.
Altheewurzel ↗ Althaea officinalis.
Altweibergras ↗ Anemone nemorosa.
Altwurzel ↗ Inula helenium.
Alypi folium ↗ Globularia alypum.
Alypum salicifolium ↗ Globularia alypum.
Alyssum nemorosum ↗ Draba nemorosa.
Alyssum sativum ↗ Camelina sativa.

■ **Amanita citrina** (Schff.) S.F. Gray
(syn. *Amanita mappa*); Gelber Wulstling (syn. Gelber Knollenblätterpilz).

Fam.: Amanitaceae.

Inh.: ↗ Bufotenin (Indolalkaloid). *Wirk.:* oral aufgenommen keine psychotropen Effekte, *A. citrina* ist kein tödlicher Giftpilz, kann aber mit anderen hochtoxischen Amanita-Arten leicht verwechselt werden.

Amanita mappa ↗ Amanita citrina.

■ **Amanita muscaria** (L. ex Fr.) Hooker
Fliegenpilz (syn. Roter Fliegenpilz); s. Farbtafel S. 141, Bild 25.

Fam.: Amanitaceae.

Inh.: Ibotensäure (je nach Standort 0,03–0,1 %), Muscimol, Muscazon sowie in Spuren Muscarin. Für die auffällige Farbe der Fliegenpilze sind stickstoffhaltige Betalaine, wie Muscaflavin (gelb), Muscaaurine (orangegelb) und Muscapurpurine (rotviolett) verantwortlich. *Wirk.:* In den USA und in Sibirien werden Fliegenpilze als Rauschdroge verwendet, da Muscimol (Decarboxylierungsprodukt der Ibotensäure) Schläfrigkeit, Euphorie, Halluzinationen und Erregungszustände auslöst, gefolgt von vorübergehenden motorischen Lähmungen. Todesfälle wurden selten beobachtet. *A. muscaria* soll mit dem altindischen „Soma“ identisch sein und damit zu den ältesten Rauschdrogen zählen. Muscarin hat bei diesem Pilz aufgrund seiner geringen Konzentration keine toxikologische Bedeutung. Muscazon, das nur im frischen Pilz enthalten ist, soll eine fliegenabtötende Wirkung entfalten.

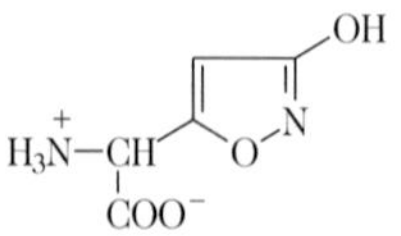

Ibotensäure

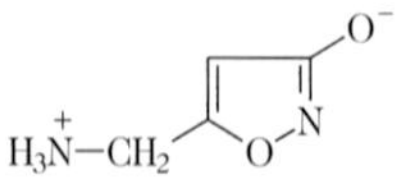

Muscimol

Hom.: ***Amanita muscaria*** (Agaricus) HAB1, der frische Fruchtkörper. Anw.-Geb.: bei choreatischen und eleptiformen Zuständen, Blasenlähmung, Lidkrämpfen, klimakterischen Beschwerden sowie Paraesthesien.

■ Amanita pantherina (DC. Ex Fr.) Secr.

Pantherpilz.

Fam.: Amanitaceae.

Inh.: Ibotensäure, Muscimol, Stizolob- und Stizolobinsäure (Aminosäuren) sowie noch nicht

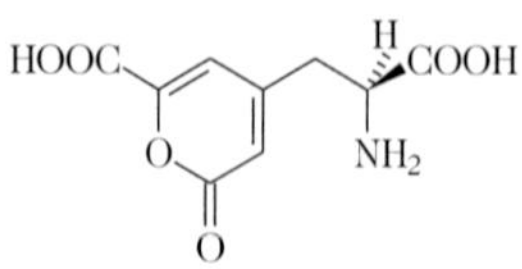

Stizolobsäure

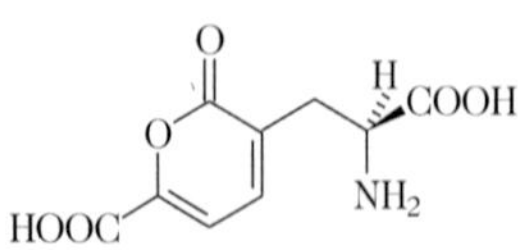

Stizolobinsäure

identifizierte Toxine. *Anw.*: Wird ähnlich wie ↗ *Amanita muscaria* auch als Rauschdroge (Muscimol) genutzt, insbes. werden die getrockneten Huthäute bzw. Pilzkörper geraucht. Große Bedeutung als Giftpilz. Vergiftungserscheinungen treten nach etwa 30 min auf, Bauchschmerzen, Erbrechen, Durchfälle, Herz-Kreislauf-Beschwerden, Benommenheit, Unruhe, Erregung, Rausch und Delirium, Muskelkrämpfe und Lähmungen. In schweren Fällen Übergang ins Koma, Tod durch Atemlähmung und Kreislaufversagen. Die Letalität liegt zwischen 1 und 2 %.

■ Amanita phalloides (Vaill.) Secr.

Grüner Knollenblätterpilz (syn. Grüner Giftwulstling); s. Farbtafel S. 141, Bild 26.

Fam.: Amanitaceae.

Inh.: Amatoxine (α-, β- und γ-Amanitin; bicyclische Octapeptide), Phallotoxine, u. a. Phalloidin, Phallacidin und Phallisacin; bicyclische Heptapeptide mit Indol-Thioether-Brücke sowie

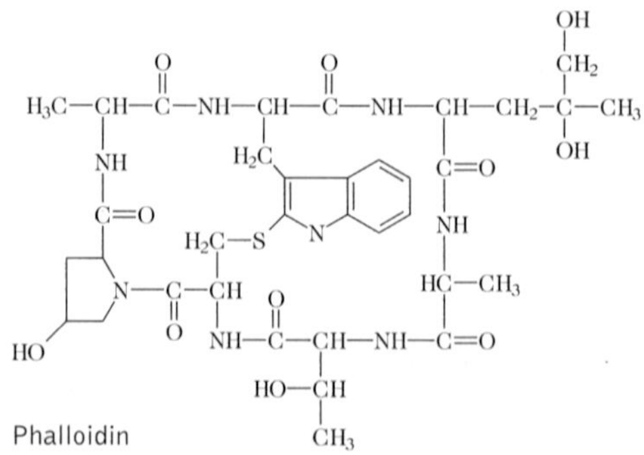

Phalloidin

Phallolysine (thermolabile Proteine), Antamanid (ein antitoxisches Cyclodecapeptid) und Cycloamanide (kleine cyclische Peptide). *Bedeut.*: Die Toxizität der Amatoxine beruht auf der Hemmung der RNA-Polymerase eukaryotischer Zellen, bereits 5–7 mg Amatoxine wirken tödlich. Phallotoxine werden aus dem Gastrointestinaltrakt nicht resorbiert. *A. phalloides* ist der gefährlichste Giftpilz, Mortalität >30 % bei einer Aufnahme von etwa 50 g Frischgewicht. Erste Vergiftungserscheinungen treten nach 6–24 Stunden auf, verbunden mit Brechdurchfall über 1–2 Tage. Bei schweren Vergiftungen tritt etwa 7 Tage nach der Giftaufnahme der Tod durch Leber- und Nierenversagen ein. Zur Leberschutztherapie bei Knollenblätterpilzvergiftungen wird ↗ Silybin angewendet, das die Aufnahme von Amatoxinen durch die Leberzellen verhindert.

Hom.: ***Amanita phalloides*** HAB, der frische Fruchtkörper (syn. *Agaricus phalloides, Agaricus bulbosus*). Anw.-Geb.: Durchfallerkrankungen.

■ Amanita verna (Bull. ex Fr.) Pers. ex Vitt.

(syn. *Agaricus bulbosus vernus* Bull.); Frühlings-Knollenblätterpilz (syn. Weißer Knollenblätterpilz).

Fam.: Amanitaceae.

Inh.: Amatoxine und Phallotoxine in ähnlicher Zusammensetzung wie bei ↗ *Amanita phalloides*. Tödlich giftig!

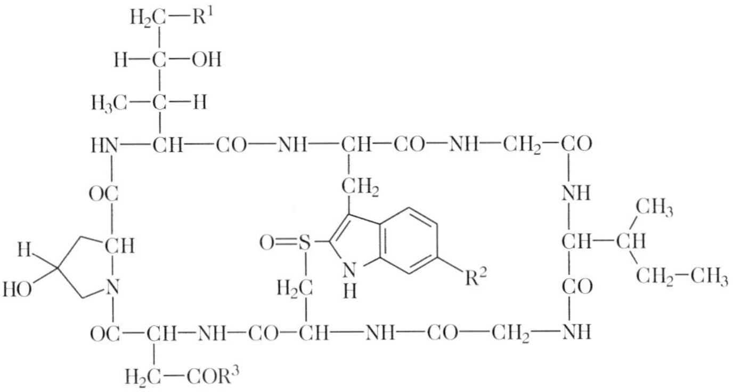

Amatoxin	R^1	R^2	R^3
α-Amanitin	OH	OH	NH_2
β-Amanitin	OH	OH	OH
γ-Amanitin	H	OH	NH_2
Amanin	OH	H	OH

■ **Amanita virosa** Lam. ex Seer.
Kegelhütiger oder Spitzhütiger Knollenblätterpilz (syn. Spitzhütiger Giftwulstling).

Fam.: Amanitaceae.

Inh.: Amatoxine und Phallotoxine (abhängig von der geographischen Herkunft der Pilze) ↗ *Amanita phalloides*, Virotoxine (die Alkylsulfonyltryptophan enthaltende monocyclische Heptapeptide darstellen mit ähnlichen toxischen Effekten wie Phallotoxine infolge Bindung an das Aktingerüst der Zellen). Tödlich giftig!

■ **Amanitine**
toxische, bicyclische Octapeptide aus der Gruppe der Amatoxine, die eine Indol-Sulfoxid-Brücke aufweisen und in *Amanita*-Arten vorkommen. A. hemmen die RNA-Polymerase B aller eukaryotischen Zellen und schädigen damit vorzugsweise die Leber. Sie werden nach oraler Aufnahme resorbiert und zeigen eine relative Stabilität gegenüber den Verdauungsenzymen (Formel s. oben).

Amaracus majorana ↗ Origanum majorana.
Amaracus vulgaris ↗ Origanum majorana.

■ **Amaranthus-Arten**
- **Fam.:** Amaranthaceae.
  Heim.: tropisches Amerika.
- **Amaranthus dubius** Mart. ex Thell.; Zweifelhafter Fuchsschwanz.
  Droge: ***Amaranthus-dubius-Blätter***. Anw.: volkstümlich in Yuccatan bei Gelbfieber und Blutsturz sowie als Tonikum; im Haushalt als Gemüse.
- **Amaranthus spinosus** L.; Dorniger Fuchsschwanz (syn. Malabarspinat).
  Droge: ***Amaranthus-spinosus-Kraut***. Inh.: u. a. Phytosterole. Anw.: volkstümlich in Mexiko bei Nierenleiden als Emmenagogum sowie bei Dyspepsien.

Amarogentin ↗ Gentianaceenbitterstoffe.
Amaropanin ↗ Gentianaceenbitterstoffe.

■ **Amarum**
(*pl.* Amara), Bittermittel: meist Drogen, die bitter schmeckende Substanzen enthalten, jedoch über die Bitterwirkung und die damit im Zusammenhang stehenden Effekte keine weiteren pharmakologischen Wirkungen aufweisen ↗ Bitterstoffdrogen.

Amaryllis disticha ↗ Boöphone disticha.
Amaryllis vittata ↗ Hippeastrum vittatum.
Ambarum ↗ Ambra.
Amber ↗ Ambra.
Amberbaumharz ↗ Liquidambar-Arten.

■ **Amberboa divaricata** Kuntze
(syn. *Volutarella divaricata*).

Fam.: Asteraceae (Compositae).

Vork.: Indien, Afghanistan. Inh: Alkaloide, Sterole, Flavone, wie Jaceosidin; Cynaropicrin, Triacontane. Anw.: in der Volksheilkunde als Tonikum, Aperitivum und Laxans; Mittel zur Schlangenbekämpfung.

Amberkraut ↗ Teucrium-Arten.
Amboina-Kino ↗ Pterocarpus-Arten.

■ **Ambra**
(syn. Amber, Ambarum, Ambra ambrosiaca, Ambra grisea, Graue Ambra). Fettartige, un-

durchsichtige Masse von wachsartiger Konsistenz, die als pathologische Bildung des Pottwals (↗ *Physeter macrocephalus*) anzusehen ist. Dabei kommt es in Verbindung mit Verdauungsstörungen des Wales zur krankhaften Sekretion der A., die auf dem Meer schwimmend, eingesammelt wird. Inh.: Ambrein (24–85 %), Benzoesäure, Epicoprosterol, Pristan, Coprosterol sowie flüchtige Bestandteile mit spezifischem Geruch. Anw.: als Stimulans bei Hysterie, in der ostasiatischen Volksheilkunde als Aphrodisiakum, in der Parfümerie als Fixateur.

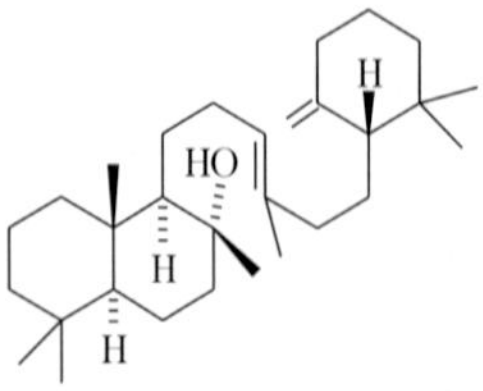

Ambrein

Hom.: ***Ambra grisea*** HAB34. Anw.-Geb.: Neurasthenie, Nervosität, Schlafstörungen.

Ambraholz ↗ Santalum album.
Ambrettekörner ↗ Abelmoschus moschatus.

■ **Ambrosia artemisiifolia** L.
(syn. *Ambrosia elatior*); Beifussblättriges Traubenkraut (syn. Ragweed, Hohes Traubenkraut).

Fam.: Asteraceae (Compositae).

Vork.: Europa, Mexiko, Brasilien.

Droge: ***Ambrosiae herba*** (syn. *Herba Ambrosiae*). Ambrosienkraut (syn. Beifußtraubenkraut), das getrocknete Kraut. Inh.: Sesquiterpenlactone, u. a. Dihydroparthenin, Sesquiterpene, u. a. Artemisiifolin, ferner u. a. Cumanin und Dihydrocumanin. Anw.: infolge hoher allergischer Potenz durch die sensibilisierend wirkenden Sesquiterpenlactone als Droge heute obsolet.

Hom.: ***Ambrosia artemisiifolia*** HAB34, die frischen Blütenköpfe und jungen Schösslinge. Anw.-Geb.: Heuschnupfen, Sommerdurchfälle.

Histor.: Der Name geht auf die griechische Mythologie zurück (*ambrosia* = Götterspeise; Speise, die den Göttern Unsterblichkeit verleiht).

Ambrosiae herba ↗ Ambrosia artemisiifolia.

Ambrosia elatior ↗ Ambrosia artemisiifolia.
Ambrosienkraut ↗ Ambrosia artemisiifolia.
Ameisen ↗ Formica rufa.
Ameisenbaum ↗ Cecropia hololeuca.
Ameiseneier ↗ Formica rufa.
Ameisenpuppen ↗ Formica rufa.
Ameisenspiritus ↗ Formica rufa.

■ **Amentoflavon**
Biflavonoid aus ↗ Gingko biloba mit Radikalfängereigenschaften.

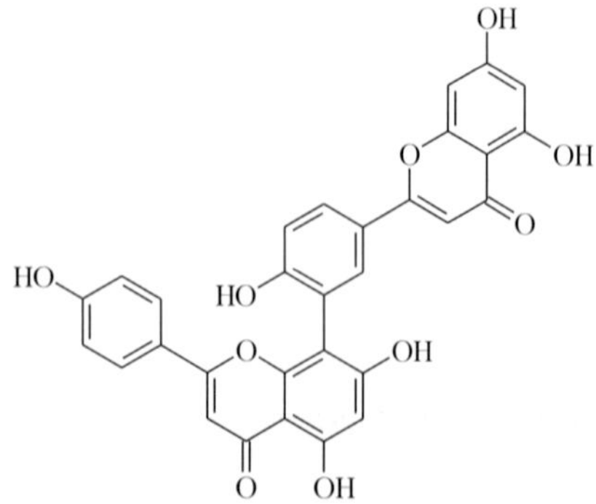

Amentoflavon

Amerikanische Baumwollpflanze ↗ Gossypium-Arten.
Amerikanische Colombowurzel ↗ Frasera carolinensis.
Amerikanische Esche ↗ Fraxinus-Arten.
Amerikanische Faulbaumrinde ↗ Rhamnus purshianus.
Amerikanische Iriswurzel ↗ Iris versicolor.
Amerikanische Mistel ↗ Phoradendron flavescens.
Amerikanische Nachtschattenwurzel ↗ Phytolacca americana.
Amerikanische Narde ↗ Aralia-Arten.
Amerikanische Nieswurz ↗ Veratrum viride.
Amerikanische Platane ↗ Platanus-Arten.
Amerikanische Poley ↗ Hedeoma pulegioides.
Amerikanischer Biber ↗ Castor fiber.
Amerikanischer Copal ↗ Hymenaea courbaril.
Amerikanischer Faulbaum ↗ Rhamnus purshianus.
Amerikanischer Frauenschuh ↗ Cypripedium calceolus var. pubescens.
Amerikanischer Ginseng ↗ Panax quinquefolius.
Amerikanischer Hanf ↗ Apocynum cannabinum.
Amerikanischer Hornstrauch ↗ Cornus-Arten.

Amerikanischer Kartoffelkäfer ↗ Doryphora decemlineata.
Amerikanischer Kreuzdorn ↗ Rhamnus purshianus.
Amerikanischer Lebensbaum ↗ Thuja occidentalis.
Amerikanischer Lorbeer ↗ Kalmia latifolia.
Amerikanischer Moschus ↗ Ondatra zibetica.
Amerikanischer Nachtschatten ↗ Phytolacca americana.
Amerikanischer Pfefferbaum ↗ Schinus-Arten.
Amerikanischer Schneeballbaum ↗ Viburnum-Arten.
Amerikanischer Styrax ↗ Liquidambar-Arten.
Amerikanischer Sumach ↗ Rhus-Arten.
Amerikanische Schwertlilie ↗ Iris versicolor.
Amerikanisches Elemi ↗ Bursera-Arten.
Amerikanisches Immergrün ↗ Gaultheria procumbens.
Amerikanisches Nußöl ↗ Carya ovata.
Amerikanisches Wurmkraut ↗ Chenopodium-Arten.
Amerikanisches Wurmsamenöl ↗ Chenopodium-Arten.

■ **Amianthium muscaetoxicum** (Walt.) Gray
(syn. *Zygadenus muscaetoxicus*).
Fam.: Liliaceae.
Vork.: atlantisches Nordamerika.
Inh: Alkaloide (ca. 0,1 %), u. a. Jervin, Amianthin und weitere toxische Esteralkaloide. Anw.: altes Indianermittel bei Krätze.

Ammeifrüchte ↗ Ammi visnaga.
Ammeos visnagae fructus ↗ Ammi visnaga.
Ammi dilatum ↗ Ammi visnaga.
Ammi majoris fructus ↗ Ammi majus.

■ **Ammi majus** L.
(syn. *Apium ammi, Sison maior*); Große Knorpelmöhre (syn. Knorpelmöhre).
Fam.: Apiaceae (Umbelliferae).
Vork.: Südeuropa, Nordafrika, bes. Ägypten, sowie westliches Asien.
Droge: ***Ammi majoris fructus*** (syn. *Fructus Ammi majoris*); Große Ammeifrüchte, die getrockneten Früchte. Inh.: Furanocumarine, u. a. Methoxsalen (Ammoidin, Xanthotoxin, 8-MOP), Imperatorin und Bergapten sowie Flavonoide. Anw.: insbes. bei Pigmentanomalien. Heute zur Gewinnung von Methoxsalen, das zur Photochemotherapie (PUVA-Therapie) genutzt wird.

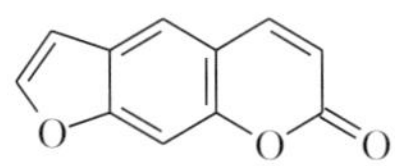

Psoralen

Bergapten: 5-Methoxypsoralen
Methoxsalen (Ammoidin, Xanthotoxin): 8-Methoxypsopralen, 8-MOP
Imperatorin: 8-(3-Methyl-2-butenyloxy)psoralen

■ **Ammi visnaga** (L.) Lam.
(syn. *Daucus visnaga, Apium visnaga, Visnaga daucoides, Sium visnaga, Selinum visnaga, Visnaga vera, Ammi dilatum*); Bischofskraut (syn. Zahnstocherkraut, Khellakraut, Zahnstocherammei); s. Farbtafel S. 141, Bild 27.
Fam.: Apiaceae (Umbelliferae).
Vork.: Mittelmeergebiete, bes. Ägypten (Nildelta).
Droge: ***Ammeos visnagae fructus*** (syn. *Fructus Ammi visnagae*); *Ammi-visnaga*-Früchte (syn. Khellafrüchte, Ammeifrüchte), die getrockneten Früchte. Inh.: Furanochromone (1–1,6 %), u. a. Khellin und Khellol; Pyranocumarine (0,2–0,5 %) u. a. Visnadin, Samidin und Dihydrosamidin sowie Flavonoide und geringe Mengen äther. Öl. Wirk.: Auszüge der Droge wirken spasmolytisch, insbes. im Bereich der Bronchialmuskulatur, der Koronargefäße und im Urogenitaltrakt. Von den Pyranocumarinen wirkt bes. das Visnadin dilatorisch auf die Koronargefäße ohne das periphere System zu beeinflussen. Es

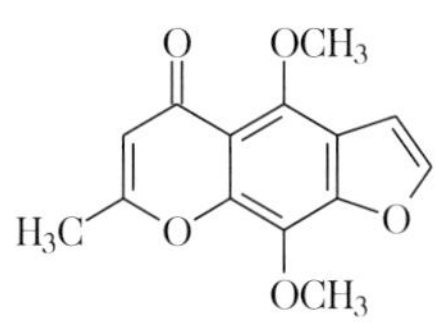

Khellin

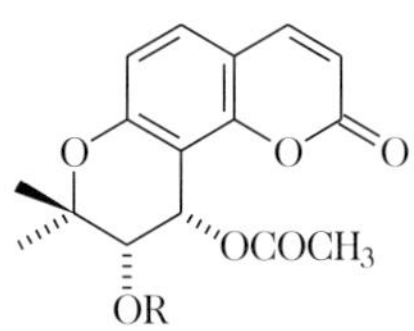

Visnadin: R = $CO-CH(CH_3)CH_2-CH_3$
Samidin: R = $CO-CH=C(CH_3)_2$
Dihydrosamidin: R = $CO-CH_2-CH(CH_3)_2$

zeigt außerdem einen positiv inotropen Effekt. Anw.: Auszüge der Droge kommen vereinzelt in Kombinationspräparaten zur Behandlung leichter Stenocardien und von Asthma bronchiale zur Anwendung. Visnadin wird mitunter in Reinsubstanz gegen Angina pectoris bei Koronarinsuffizienz sowie zur Vorbeugung, Behandlung und Nachbehandlung des Herzinfarkts eingesetzt.

Hom.: ***Ammi visnaga*** HAB1, die reifen, getrockneten Früchte. Anw.-Geb.: Koliken und Krämpfe der glatten Muskulatur, Durchblutungsstörungen des Herzmuskels, Netzhautreizung bei grünem Star.

Histor.: Die Droge fand bereits im alten Ägypten als krampflösendes Mittel Anwendung. Das in der Mitte des 20. Jh. als Mittel gegen Angina pectoris eingesetzte Khellin hat inzwischen wegen beobachteter Nebenwirkungen, wie Übelkeit, Appetitlosigkeit und Diarrhoe, keine therapeutische Bedeutung mehr. Der Name Ammi stammt aus dem Griechischen (ammos = Sand) und wurde offenbar von Dioskurides wegen des Standortes der Pflanze gewählt. Von den doppelt spitzen Doldenstrahlen leitet sich die deutsche Bezeichnung Zahnstocherkraut ab.

Ammocallis rosea ↗ Catharanthus roseus.

■ Ammoidin

(Methoxsalen, Xanthotoxin, 8-Methoxypsoralen). Furocumarin, das bevorzugt in verschiedenen Apiaceen-Drogen vorkommt (z. B. ↗ *Ammi majus*, ↗ *Angelica archangelica*, ↗ *Pastinaca sativa*). Wirk.: Durch Anlagerung an die DNA kommt es mit nachfolgender UV-Bestrahlung zur Vernetzung der Doppelhelix und damit zur Hemmung der Zellteilung. Auch Sauerstoffradikale werden bei diesem Prozeß gebildet und sind an der Zerstörung von Zellmembranen beteiligt. Anw.: zur Photochemotherapie (PUVA) bei Psoriasis, Vitiligo, atopischem Ekzem und anderen Hauterkrankungen.

Ammoniacum ↗ Dorema ammoniacum.

■ Ammoniacum HAB1

(syn. Ammoniakgummi), das Gummiharz aus ↗ *Dorema ammoniacum*. Anw.-Geb.: Erkrankungen der unteren Luftwege.

Ammoniakgummi ↗ Dorema ammoniacum.

Amokia ↗ Psilocybe-Arten.
Amomi cardamomi fructus ↗ Amomum-Arten.
Amomi fructus rotundus ↗ Amomum-Arten.
Amomi rotundus fructus ↗ Amomum-Arten.
Amomi semen ↗ Amomum-Arten.
Amomi tsaoko fructus ↗ Amomum-Arten.
Amomi villosi fructus ↗ Amomum-Arten.

■ Amomum-Arten

● Fam.: Zingiberaceae.

● Amomum aromaticum Roxb. (syn. *Amomum medium, A. tsao-ko*).

Vork.: Ost-Himalaja, Nepal, Assam.

Drogen: ***1. Amomi tsaoko fructus*** (syn. *Fructus Amomi tsaoko, Tsaoko fructus*); *Amomum-aromaticum*-Früchte (syn. *Amomum-tsaokum*-Früchte, Nepal-Kardamomen). Inh.: äther. Öl (Monoterpene, u. a. Borneol, Bornylacetat, Campher, 1,8-Cineol, Linalool; Sesquiterpene). Anw.: in der traditionellen chinesichen Medizin bei Völlegefühl, Verdauungsstörungen, Malaria mit Fieber und Fröstelanfällen. ***2. Amomi semen*** (syn. *Semen Amomi*); Amomum (syn. Bengal-Kardamomen, Nepal-Kardamomen). Inh.: äther. Öl (u. a. 1,8-Cineol, Limonen, Myrcen, Pinen, Terpinen, Terpineol, Sabinen), Polyphenole (Glucoside des Petunidins und Leukocyanidins, Cardamonin). Anw.: in der traditionellen indischen Medizin bei Appetitlosigkeit, Verdauungsbeschwerden, zur Linderung bei Augenentzündungen, zur Steigerung des Galleflusses, zum Gurgeln bei Halsentzündungen. Die Verwendung als Antidot gegen Schlangenbisse und Skorpionstiche ist widersprüchlich. Die Droge ist außerdem ein beliebtes Küchengewürz.

● Amomum compactum Soland. ex Maton (syn. *Amomum cardamomum, A. kepulaga, Cardamomum minus, Zingiber minus*).

Vork.: Südasien, bes. kultiviert auf Java, Sumatra, malaiisches Archipel.

Droge: ***Amomi cardamomi fructus*** (syn. *Amomum verum, Cardamomum in racemis, Cardamomum racemosum, Cardamomi rotundus fructus, Fructus Amomi cardamomi, Fructus Cardamomi rotundus*); Siam-Kardamomen (syn. Runde Kardamomen, Traubenkardamomen). Inh.: äther. Öl (ca. 2,4 %, mit Cineol, Campher und Borneol sowie Sesquiterpenen, u. a. β-Bisabolen, Humulen und Caryophyllen). Anw.: in der traditionellen asiatischen Medizin bei Verdauungsbeschwerden, Brechdurchfall, Schwangerschaftserbrechen, Magenschmerzen, Appetitlosigkeit. Die Früchte sind auch ein beliebtes Küchengewürz.

● **Amomum krervanh** Pierre ex Gagnep. (syn. *Amomum Kravanh, A. racemosum, A. spurium, A. verum*).

Vork.: Südostasien, v. a. Thailand, Kambodscha.

Droge: ***Amomi rotundus fructus*** (syn. *Amomi fructus rotundus, Fructus Amomi cardamomi, Fructus Amomi rotundi*); Indochina-Kardamomen. *Inh.:* äther. Öl mit 1,8-Cineol (ca. 60–80 %), daneben Camphen, *p*-Cymen, *α*-Humulen, Limonen, *α*-Pinen, Terpinen und *α*-Terpineol. *Anw.:* bei Appetitlosigkeit und Verdauungsbeschwerden, in der traditionellen chinesischen Medizin bei Beklemmung, Spannungsgefühlen und Schmerzen in der Brust und im Unterleib, Völlegefühl und Erbrechen. Im Haushalt werden die Früchte als Gewürz verwendet, sie sind Bestandteil von Curry.

● **Amomum longiligulare** T.L. Wu.

Vork.: kultiviert in Südchina.

Droge: ***Amomi villosi fructus*** (syn. *Fructus Amomi, Fructus Amomi villosi*); *Amomum-villosum*-Früchte. *Inh.:* äther. Öl, u. a. mit Bornylacetat, Campher, Borneol, Camphen, Limonen, Pinen und Myrcen. *Anw.:* in der traditionellen chinesischen Medizin bei Diarrhoe, Erbrechen, Völlegefühl, Verdauungsstörungen, Brechreiz, z. B. in der Schwangerschaft, bei drohendem Abort bzw. Frühgeburt.

● **Amomum maximum** Roxb. (syn. *Amomum dealbatum, Cardamomum dealbatum*); Java-Kardamomen.

Vork.: kultiviert auf Java.

Droge: ***Java-Kardamomen***; Runde Kardamomen. *Inh.:* äther. Öl. *Anw.:* als Gewürz und gekocht als Gemüse, das Fruchtmus wird von der einheimischen Bevölkerung als Würzmittel geschätzt.

● **Amomum subulatum** Roxb. (syn. *Cardamomum dubulatum*); Nepal-Kardamom.

Vork.: Indien, Osthimalaja.

Droge: ***Amomum***, s. *Amomum aromaticum*.

● **Amomum villosum** Blume ex Lour. (syn. Amomum echinosphaera).

Vork.: Molukken, Sundainseln, kultiviert in Südchina.

Droge: ***Amomi villosi fructus***, s. *Amomum longiligulare*.

● **Amomum xanthioides** Wall. (syn. *Amomum villosum var. xanthioides*).

Vork.: Südostasien, Hinterindien, kultiviert in Indien und China.

Droge: ***Amomi semen***; Amomumsamen (syn. Bastard-Kardamomen, Stachelige Kardamomen, Wilde Kardamomen). *Inh.:* äther. Öl. (1,7–3 %, u. a. D-Campher, Camphen, Bornylacetat, Limonen, Myrcen, Pinene). *Anw.:* in der asiatischen Volksheilkunde bei Darmkoliken, schmerzhaftem Stuhldrang, Durchfall, Dysenterie sowie als Stomachikum und Carminativum. Außerdem wird die Droge in China als Gewürz eingesetzt.

Amomum cardamomum ↗ Elettaria cardamomum.
Amomum curcuma ↗ Curcuma-Arten.
Amomum latifolium ↗ Curcuma-Arten.
Amomum racemosum ↗ Elettaria cardamomum.
Amomum repens ↗ Elettaria cardamomum.
Amomumsamen ↗ Amomum-Arten.
Amomum-villosum-Früchte ↗ Amomum-Arten.
Amomum zedoaria ↗ Curcuma-Arten.
Amomum zerumbeth ↗ Curcuma-Arten.
Amomum zingiber ↗ Zingiber officinale.
Amonia agrimonoides ↗ Agrimonia eupatoria.

■ **Amorpha fruticosa** L.
Bastardindigo.

Fam.: Fabaceae (Leguminosae).

Vork.: Nordamerika, Mexiko, Südrußland, Ukraine, Balkanländer.

Drogen: Wurzel, Blätter und Früchte. *Inh:* Glykoside, Amorphin; Gerbstoffe, äther. Öl. *Anw.:* in der russischen Volksheilkunde als Tonikum, Anthelmintikum und Haemostatikum. Das äther. Öl der Früchte wird als Grundstoff und Fixateur in der Parfümerie genutzt.

Amorphophallus difformis ↗ Anchomanes difformis.

■ **Amorphophallus dracontioides** (Engl.) N.E. Brown
Affenpenis (syn. Hundepenis).

Fam.: Araceae.

Vork.: Afrika, besonders Ghana, Togo, Benin, Nigeria.

Drogen: die Rhizomknollen. *Anw.:* in der nigerianischen Volksheilkunde bei asthmatischen Erkrankungen, akutem Rheuma und Hexenschuß sowie gegen Schlangenbisse. In Nordnigeria wird eine Drogenzubereitung als Zusatz für Pfeilgifte verwendet. Nach 1–2 Tagen eines Kochprozesses werden die Knollen als Gemüse auch gegessen.

Ampelopsis quinquefolia ↗ Parthenocissus quinquefolia.
Ampfergrindwurzel ↗ Rumex crispus.

■ **Amphiachyris dracunculoides** (DC.) Nutt.
Fam.: Asteraceae (Compositae).
Vork.: USA, besonders in den Südstaaten.
Droge: die ganze Pflanze. Inh: äther. Öl mit α-Pinen, 1-β-Pinen, Limonen, Cadinen, Flavone. Anw.: bei Husten und Erkältungskrankheiten.

Amphiraphis leiocarpa ↗ Solidago-Arten.
Amphiraphis pubescens ↗ Solidago-Arten.

■ **Amphotericin B**
Polyenantibiotikum (Octaen) aus der Gruppe der Makrolide, das von *Streptomyces nodosus* gebildet wird. Wirk.: Polyenantibiotika bilden mit Membranbestandteilen von Pilzen Poren, die die Membranpermeabilität erhöhen und damit relativ spezifisch auf diese Organismen toxisch wirken. Anw.: als Antimykotikum mit breitem Einsatzspektrum. Wegen der hohen Toxizität wird es zumeist lokal angewendet (Formel s. unten).

Amselbaum ↗ Rhamnus frangula.
Amselbeeren ↗ Rhamnus catharticus.
Amygdalae amarae ↗ Prunus-Arten.
Amygdalae dulces ↗ Prunus-Arten.
Amygdalae oleum ↗ Prunus-Arten.
Amygdalae virides ↗ Pistacia vera.
Amygdalae viridis ↗ Pistacia vera.
Amygdalin ↗ Prunus-Arten.
Amygdalus communis ↗ Prunus-Arten.
Amygdalus persica ↗ Prunus-Arten.
Amygdalus pumila ↗ Prunus-Arten.

■ **Amylasen**
Gruppe weitverbreiteter Enzyme, die Oligosaccharide mit mehr als drei Monosaccharidbausteinen und Polysaccharide an ihren α-1,4-glykosidischen Bindungen hydrolytisch spalten. Die im Tier- und Pflanzenreich vorkommenden α-Amylasen spalten im Inneren des Moleküls (Endo-Amylasen). Spaltprodukte sind Dextrine, die über die entsprechenden Disaccharide bis zu Monosacchariden gespalten werden. A. werden als Arzneistoffe bei Verdauungsbeschwerden eingesetzt. Als Droge wird ↗ Pankreatin verwendet. Die nur in Pflanzen vorkommende β-Amylase (z. B. keimende Samen) spaltet das Substrat schrittweise vom nichtreduzierenden Ende her in Di- bzw. Monosacharide (Exoamylase).

Amylopektin ↗ Stärke.
Amylum ↗ Stärke.
Amylum Cannae ↗ Canna-Arten.
Amylum Colocasiae ↗ Colocasia esculenta.
Amylum Hordei ↗ Hordeum vulgare.
Amylum Lentis ↗ Lens culinaris.
Amylum Manihot ↗ Manihot esculenta.
Amylum Marantae ↗ Maranta arundinacea.
Amylum Maydis ↗ Zea mays.
Amylum Oryzae ↗ Oryza sativa.
Amylum Secalis ↗ Secale cereale, ↗ Stärke.
Amylum Solani ↗ Solanum-Arten.
Amylum Tritici ↗ Triticum aestivum.

■ **Amyris balsamifera** L.
Balsambaum.
Fam.: Rutaceae.
Vork.: tropisches Amerika, besonders Venezuela, Brasilien, Mexiko, Westindien.
Droge: ***Oleum Santali indicum occidentale***; Sandelholzöl, das äther. Öl des Holzes. Inh: Harz, Amyrol (42 %), Amyrolin, Cadinen, Caryophyl-

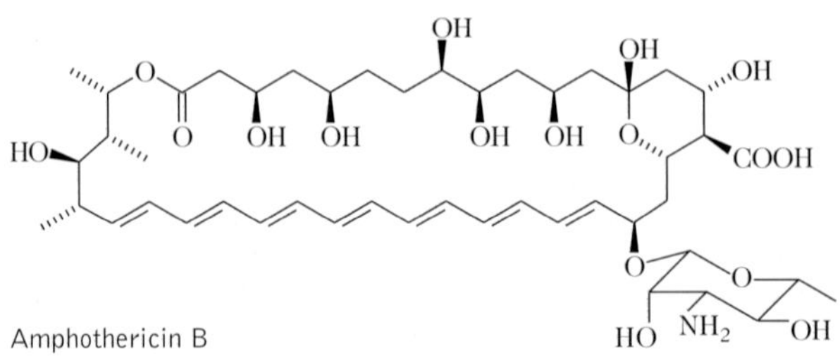

Amphothericin B

len. <u>*Anw.*</u>: in der Parfümerie, Seifenherstellung und Kosmetikindustrie.

Amyris gileadensis ↗ Commiphora-Arten.
Amyris kafal ↗ Commiphora-Arten.
Amyris ventricosa ↗ Bursera-Arten.

■ **Anabasin**
Pyridinalkaloid aus ↗ *Nicotiana tabacum* und *Anabasis aphylla* (Asiatischer Gänsefuß) mit nicotinähnlicher Wirkung (Ganglienblocker). Auch in marinen Schnurwürmern und in den Giftdrüsen amerikanischer Ameisen wurde A. nachgewiesen. <u>*Anw.*</u>: als Insektizid.

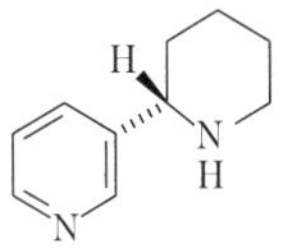

Anabasin

■ **Anabasis aphylla** L.
Asiatischer Gänsefuß.
Fam.: Chenopodiaceae.
Vork.: Rußland, Vorder- und Mittelasien, auch kultiviert.
Droge: die ganze Pflanze. <u>*Inh:*</u> Alkaloide, wie Anabasin, Aphyllin, Lupunin. <u>*Anw.*</u>: früher zur Gewinnung von Nicotinsäure und ihren Derivaten sowie zur Sodaherstellung und als Insektizid.

Anacampseros vulgaris ↗ Sedum telephium.

■ **Anacamptis pyramidalis** (L.) L.C. Rich.
Hundswurz (syn. Spitzorchis).
Fam.: Orchidaceae.
Vork.: Europa, Nordafrika. Eine der Stammpflanzen für *Tubera Salep* (↗ *Orchis*-Arten).

Anacardia orientalia ↗ Semecarpus anacardium.
Anacardii occidentalis cortex ↗ Anacardium occidentale.
Anacardii occidentalis fructus ↗ Anacardium occidentale.
Anacardium ↗ Semecarpus anacardium.

■ **Anacardium occidentale** L.
(syn. *Acajuba occidentalis, Anacardium subcordatum, Cassuvium pomiferum, Cassuvium reniforme, Semenocarpus anacardium*); Acajou-Baum (syn. Acajubaum, Cachunußbaum, Elefantenlaus-Baum, Kaschu-Baum, Nierenbaum).
Fam.: Anacardiaceae.
Heim.: Westindien, im tropischen Amerika verbreitet, kultiviert in allen tropischen Gebieten, bes. Afrika und Indien.
Drogen: ***1. Anacardii occidentalis cortex*** (syn. *Cajueiro Brasil*), die kleingeschnittene Rinde. <u>*Inh.*</u>: Gummi, mit Galactose als dominierendem Monosaccharidbaustein, Flavonoide, bes. 3-Galloylglucosylquercetin, Phytosterole, u. a. β-Sitosterol sowie langkettige Phenole, bes. Anacardsäure und Cardol. <u>*Anw.*</u>: ausschließlich

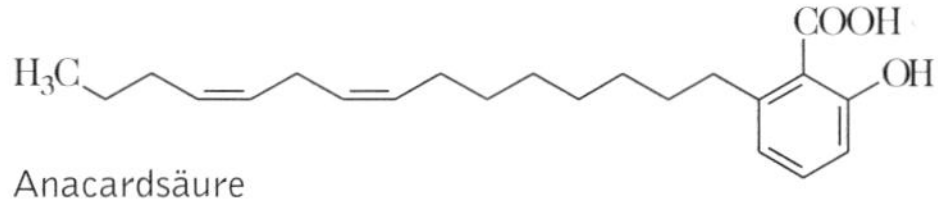

Anacardsäure

traditionell und mit stark abweichenden Indikationen in den verschiedenen Gebieten, u. a. bei Entzündungen des Zahnfleisches, bei Aphthen, Hautausschlägen, als Fieber-, Abführ- und Wurmmittel. ***2. Anacardii occidentalis fructus*** (syn. *Fructus Anacardii occidentalis, Nuces Acajou*); Kaschunuß (syn. Acajou-Nüsse, Tintennüsse, Westindische Elefantenläuse), die getrockneten, vom Fruchtstiel losgelösten Steinfrüchte, s. Farbtafel S. 141, Bild 28. <u>*Inh.*</u>: fettes Öl (Acajouöl), mit Ölsäure als dominierender Fettsäure, ferner phenolische Verbindungen mit Anacardsäure als Hauptkomponente. <u>*Anw.*</u>: In der Volksheilkunde wird die Droge, jedoch vorzugsweise die Fruchtschalen oder das Fruchtschalenöl, als Hautreizmittel und Ätzmittel, u. a. zur Entfernung von Hühneraugen und Warzen, eingesetzt. ***3. Ancardium-occidentale-Blätter***, die frischen Blätter. <u>*Inh.*</u>: Flavonoide, z. T. mit Gallussäure verestert, Phenolcarbonsäuren, u. a. Gallussäure, *p*-Cumarsäure und Ferulasäure sowie Tannine und äther. Öl. <u>*Anw.*</u>: in der Volksheilkunde der Heimatgebiete u. a. bei Durchfall, Hämorrhoiden sowie bei Hauterkrankungen. ***4. Anacardium-occidentale-Schalenöl*** (syn. Kaschuschalenöl), die Flüssigkeit aus den Schalen der Früchte. <u>*Inh.*</u>: Anacardsäure sowie eine Mischung von C_{15}-Alkylsalicylsäuren, deren Seitenketten gesättigt, mono-, di- oder triolefinisch sind, als Hauptkomponente, ferner Cardol und Methylcardol sowie Gallussäure. <u>*Anw.*</u>: volkstümlich, z. B. in Indien, als Hautreizmittel, bei Psoriasis und Ringelflechte sowie zur Behandlung von Warzen und Hühneraugen.

Hom.: ***Anacardium occidentale*** HAB34, die reifen, getrockneten Früchte. *Anw.-Geb.:* mit starkem Jucken verbundener Bläschenausschlag, Gesichtsrose.

Histor.: Der Name Anacardium setzt sich aus lat. *ana* (nach oben) und lat. *kardia* (Herz) zusammen und deutet auf die vertrockneten, einem Herzen ähnlich aussehenden Früchte hin.

Anacardium subcordatum ↗ Anacardium occidentale.

■ Anacardsäure
o-Pentadecadienylsalicylsäure, Inhaltsstoff aus ↗ *Anacardium occidentale*.

Anacyclus depressus ↗ Anacyclus pyrethrum.

■ Anacyclus x officinarum Hayne
(syn. *Anacyclus pulcher*); Bertramwurzel (syn. Deutscher Bertram, Ringblume). Einjähriges, bis 30 cm hohes Kraut mit doppeltfiederteiligen Laubblättern.

Fam.: Asteraceae (Compositae).

Droge: ***Pyrethri germanici radix*** (syn. *Radix Dentariae, Radix Pyrethri germanici, Radix Pyrethri germanici sive communis*); Deutsche Bertramwurzel (syn. Pyrethrumwurzel, Speicherwurzel, Zahnschmerzwurzel, Zahnwurzel). *Inh.:* Harz (mit etwa 0,5 % Pyrethrin, s. Pyrethri radix), ferner Spuren von ätherischem Öl und größere Mengen an Inulin (bis 50 %). *Anw.:* volkstümlich lokal u. a. bei Zahnschmerzen, Munderkrankungen sowie bei rheumatischen Beschwerden.

Hom.: ***Pyrethrum*** HAB34, die getrockneten unterirdischen Teile.

Anacyclus pseudopyrethrum ↗ Anacyclus pyrethrum.

Anacyclus pulcher ↗ Anacyclus x officinarum.

■ Anacyclus pyrethrum (L.) Link
(syn. *Anacyclus depressus, A. pseudopyrethrum, Anthemis pyrethrum, Matricaria pyrethrum*); Römischer Bertram (syn. Spanischer Bertram).

Fam.: Asteraceae (Compositae).

Heim.: Nordafrika, dort auch kultiviert, bes. Algerien.

Droge: ***Pyrethri radix*** (syn. *Pyrethri romani radix, Radix Pyrethri, Radix Pyrethri romani*); Bertramwurzel (syn. Franzosenwurzel, Römische Bertramwurzel, Speichelwurzel, Zahnwurzel), die getrocknete Wurzel. *Inh.:* Alkamide, ursprünglich als „Pyrethrin", später als „Pellitorin" bezeichnet und schließlich als Komplex von Isobutylamiden ungesättigter C_{10}-, C_{12}- und C_{14}-Säuren mit Decadienisobutylamid als Hauptbe-

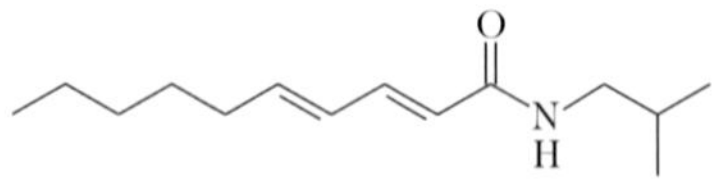

Deca-2*E*,4*E*-diensäure-isobutylamid

standteil erkannt. *Anw.:* volkstümlich bei Zahnschmerzen, Erkrankungen des Mundes, bei Trockenheit des Mundes als Kaumittel zur Anregung des Speichelflusses, innerlich als Tonikum, Aphrodisiakum sowie bei rheumatischen Beschwerden.

■ Anadenanthera peregrina (L.) Spegazz.
(syn. *Acacia angustiloba, A. microphylla, A. niopa, A. niopo, A. paniculata, A. peregrina, Inga niopa, Mimosa acacioides, M. niopo, M. peregrina, Piptadenia falcata, P. niopo, P. peregrina*); Cohoba (syn. Yopo).

Fam.: Fabaceae (Leguminosae).

Vork.: Brasilien, Westindien, Karibikinseln.

Drogen: Samen, Früchte und die Rinde. *Inh:* *β*-Carboline, *N,N*-Dimethyltryptamin (Hordein), 5-Methoxy-*N*-methyltryptamin, Bufotenin. *Anw.:*

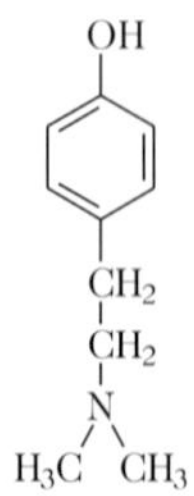

Hordenin

in der Volksheilkunde wird ein Rindendekokt zur Behandlung von Dysenterie und Gonorrhoe verordnet. Größere Bedeutung hat die Droge allerdings für rituelle Zwecke, wobei Früchte und Samen zu einem feinen Pulver zerrieben werden und als Schnupfpulver dienen. Der Gehalt an *β*-Carbolinen und Trypaminderivaten induziert Visionen und Halluzinationen, die sowohl für schamanische Zeremonien als auch für Stammesfeste ausgenutzt werden.

Histor.: Der Gebrauch der Droge seit dem präkolumbianischen Altertum ist durch archäologische Ausgrabungen sicher nachweisbar. Die ersten schriftlichen Zeugnisse über die Pflanze und die Nutzung eines Schnupfpulvers für halluzinogene Zwecke stammt aus dem frühen 16. Jh. Zur Applikation nutzten die Indianer ein spezielles Gerät aus Kautschuk, das die Anwendung erleichterte. Die Bezeichnung der Insel Kuba soll auf den Pflanzennamen *Cohoba* zurückgehen.

Anagallidis arvensis herba ↗ Anagallis arvensis.
Anagallidis herba ↗ Anagallis arvensis.

■ **Anagallis arvensis** L.
(syn. *Anagallis parviflora, A. phoenicera, A. platyphylla*); Ackergauchheil (Bluetströpfli, Corallenblümchen, Faule Magd, Faules Liesl, Gänskritche, Gauchheil, Gewitterblume, Grundheil, Heil alle Welt, Hühneraug, Hühnermyrthe, Kopfwehkraut, Nebelpflanze, Neunerle, Rote Miere, Roter Gauchheil, Roter Hühnerdarm, Rotes Grundheil, Sperlingskraut, Vernunft-und-Verstand, Weinbergstern, Wetterblume, Wetterkraut, Wutkraut, Zeisigkraut), s. Farbtafel S. 141, Bild 29.

Fam.: Primulaceae.

Vork.: Kosmopolit.

Droge: ***Anagallidis herba*** (syn. *Anagallidis arvensis herba, Anagallis herba, Herba Anagallidis arvensis, Herba Anagallis arvensis*); Gauchheilkraut; das getrocknete blühende Kraut. Inh.: Triterpensaponine, u. a. die Anagalloside A und B als Hauptkomponenten, außerdem die Cucurbitacine E, B, D, I, L und R, die teilweise glykosidiert vorliegen, sowie Flavonoide und Gerbstoffe. *Wirk.:* Saponine der Droge besitzen antimikrobielle Eigenschaften insbes. gegenüber Pilzen sowie antivirale Effekte bei HSV-1, Poliovirus-2 (2,5–10 µg/ml) und in vivo bei Herpes-simplex-Keratitis. *Anw.:* In Form des Tees zur unterstützenden Behandlung von Leber- und Nierenerkrankungen. Volkstümlich innerlich und äußerlich in Form von Umschlägen bei Gelenkschmerzen.

Hom.: ***Anagallis arvensis Hom.*** HAB1, die frischen, oberirdischen Teile blühender Pflanzen mit anhängenden Wurzelteilen. *Anw.-Geb.:* bes. Hautausschläge; Warzen; Harnröhrenentzündungen.

Histor.: Die Herkunft des Namens Anagallis wird unterschiedlich interpretiert. Linné leitete ihn vom griechischen anagelao, d. h. ich lache, ab, da man im Altertum der Pflanze die Kraft zusprach, Melancholie zu vertreiben und Heiterkeit zu erzeugen. Der Name Gauchheil (Gauch = Narr, Tor) wird mit der Anwendung des Krautes gegen Geisteskrankheiten in Zusammenhang gebracht.

Anagallis herba ↗ Anagallis arvensis.
Anagallis parviflora ↗ Anagallis arvensis.
Anagallis phoenicera ↗ Anagallis arvensis.
Anagallis platyphylla ↗ Anagallis arvensis.

■ **Anagyris foetida** L.
Stinkstrauch.

Fam.: Fabaceae.

Vork.: Mittelmeergebiet.

Drogen: ***1. Herba Anagyris***. *Inh.:* Alkaloide, u. a. Anagyrin, Cytisin, Methylcytisin, Retamin und Spartein. *Anw.:* als Brech- und Abführmittel. ***2. Semen Anagyris***. *Inh.:* Alkaloide (u. a. Cytisin und Anagyrin), Anagyrinsäure, Schleimstoffe, fettes Öl, Farbstoffe. *Anw.:* als Brech- und Abführmittel.

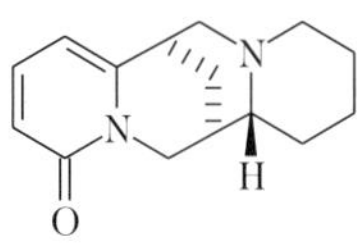

Anagyrin

Anamirta baueriana ↗ Anamirta cocculus.

■ **Anamirta cocculus** (L.) Wight et Arn.
(syn. *Anamirta baueriana, A. jucunda, A. paniculata, A. populifolia, A. toxifera, Cissampelos cocculus, Cocculus lacunosus, C. populifolius, C. suberosus, Menispermum cocculus, M. heteroclitum, M. lacunosum*); Indische Scheinmyrte (syn. Kokkelskörnerstrauch, Kokkelspflanze).

Fam.: Menispermaceae.

Heim.: Südostasien, holzige, ausdauernde Liane.

Droge: ***Anamirta-cocculus-Früchte*** (syn. *Cocculi indici, C. levantici, C. picatorii, Fructus Cocculi, Fructus Cocculi indicae, Crana Cocculi, Nuces Cocculi, Semen Cocculi*); Fischkörner (syn. Kokkelsamen, Kokkelskörner), die reifen, getrockneten Früchte. *Inh.:* Picrotoxin (1–1,5 %), ein Sesquiterpenbitterstoffgemisch, das aus Picrotoxinin und Picrotin im Verhältnis 1:1 besteht und ausschließlich in den Samen lokalisiert ist. *Wirk.*: Picrotoxinin wirkt in kleinen Do-

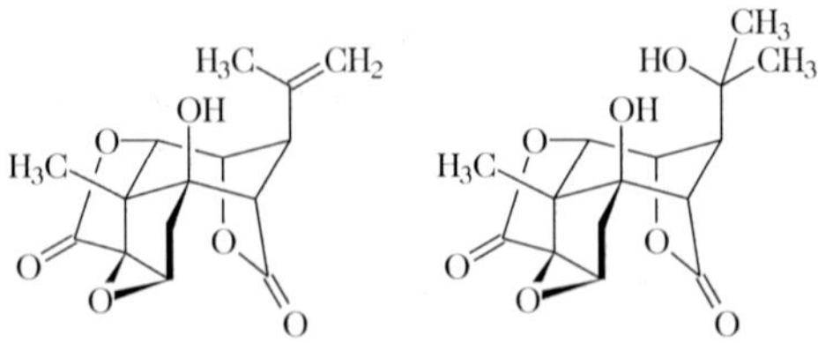

Picrotoxinin Picrotin

sen analog dem Strychnin analeptisch, indem es präsynaptische Hemmechanismen lähmt. In höheren Dosen ist es ein Krampfgift. Das Hydratationsprodukt Picrotin ist dagegen wirkungslos. *Anw.*: volkstümlich in den Heimatgebieten in Salbenform oder als Kataplasma gegen Hautparasiten. Als letale Dosis für den Menschen gilt die Einnahme von 2–3 g Kokkelskörnern. Verboten ist die Verwendung der Droge zum Fischfang.

Hom.: ***Anamirta cocculus*** HAB1, die reifen, getrockneten Früchte. *Anw-Geb.*: u. a. bei Reisekrankheit, Krämpfen und Lähmungen.

Histor.: Der Gattungsname *Anamirtus* soll indischer Herkunft sein und den Namen einiger Menispermaceen entsprechen, während *coccus* = Beere auf die beerenähnliche Frucht hinweist.

Anamirta jucunda ↗ Anamirta cocculus.
Anamirta paniculata ↗ Anamirta cocculus.
Anamirta populifolia ↗ Anamirta cocculus.
Anamirta toxifera ↗ Anamirta cocculus.
Ananas ↗ Ananas comosus.

■ **Ananas comosus** (L.) Merr.
(syn. *Ananas sativus, Ananassa sativa, Bromelia ananas, Bromelia comosa*); Ananas, s. Farbtafel S. 141, Bild 30.

Fam.: Bromeliaceae.

Droge: ***Bromelainum crudum***; Rohbromelain (syn. Ananase, Bromelin), das aus dem Preßsaft der Infloreszenzachsen (Mutterstümpfe) durch Aceton gewonnene Gemisch proteolytischer Enzyme. *Anw.*: Bromelaine sind Endopeptidasen (M_r 18 000–28 000, pH-Optimum zwischen 4,5 und 5), die Proteine spalten und, oft in Kombination mit anderen Bestandteilen, als Fertigarzneimittel bei Verdauungsschwäche im Rahmen von Pankreaserkrankungen zum Einsatz kommen. Sie werden auch als Antiphlogistika angewendet, um die Wundheilung bei akuten posttraumatischen oder postoperativen Schwellungszuständen, z. B. der Nase und Nasennebenhöhle (TD: 80–240 mg, entsprechend 200–600 FIP-Einheiten, p. o.) zu fördern. Als Wirkungsmechanismus wird u. a. die Hemmung der Kallikrein-induzierten Bildung von Bradikininen diskutiert. Bromelain beeinflußt auch die Blutgerinnung, u. a. durch Verlängerung der Prothrombin- und Blutungszeit sowie Hemmung der Thrombozytenaggregation. Unerwünschte Nebenwirkungen können gelegentlich Magenbeschwerden oder Durchfall sein. *Geg.*: Blutungsneigung, Schwangerschaft sowie eingeschränkte Leber- und Nierenfunktion.

Ananase ↗ Ananas comosus.
Ananaskümmel ↗ Nigella damascena.
Ananassa sativa ↗ Ananas comosus.
Ananas sativus ↗ Ananas comosus.

■ **Anaphalis margaritacea** (L.) Benth. et Hook. f.
(syn. *Gnaphalium margaritaceum, Antennaria margaritacea*); Silberimmortelle.

Fam.: Asteraceae (Compositae).

Vork.: Nordamerika, Nordasien, in Europa eingebürgert.

Droge: ***Herba Anaphalidis***, das Kraut. *Inh:* Polyine, Flavonoide. *Anw.*: in der Volksheilkunde als Expektorans, Adstringens; in Indien auch bei Schnittwunden und Tumoren.

Hom.: ***Antennaria margaritacea*** (syn. *Anaphalis margaritacea*) HAB34, die frische, blühende Pflanze.

Anatherum muricatum ↗ Vetiveria zizanioides.

■ **Anchietea salutaris** St. Hil.
(syn. *Noisettia pirifolia*).

Fam.: Violaceae.

Vork.: Brasilien, Andengebiete.

Drogen: ***Cortex Anchieteae salutaris radicis***; Cipó Suma, die Wurzelrinde. *Inh:* Alkaloide, wie Anchietin; äther. Öl mit Methylsalicylat. *Anw.*: in Brasilien in galenischen Präparaten als Purgans.

■ **Anchomanes difformis** Engl.
(syn. *Anchomanes dubius, A. obtusus, Amorphophallus difformis*).

Fam.: Araceae.
Vork.: Afrika, besonders Senegal, Angola, Mosambik.
Drogen: die Wurzelknollen. Inh: Gerbstoffe, Flavonoide, Aminosäuren. *Anw.:* in der Volksheilkunde als Laxans und Diuretikum, allerdings gilt die Droge bei den Ureinwohnern als stark giftig. Auch über eine Verwendung bei Geschlechtskrankheiten, Leistenbruch, Entzündungen, Nierenleiden und bei Diabetes wird berichtet. Darüber hinaus wird die Droge für die Bereitung von Pfeilgiften und Fischfang-Giften genutzt.

Anchomanes dubius ↗ Anchomanes difformis.
Anchomanes obtusus ↗ Anchomanes difformis.
Anchusa arvalis ↗ Anchusa officinalis.
Anchusae flos ↗ Anchusa officinalis.
Anchusae herba ↗ Anchusa officinalis.
Anchusae radix ↗ Anchusa officinalis.

■ **Anchusa officinalis** L.
(syn. *Anchusa arvalis*); Echte Ochsenzunge (syn. Blutwurz, Gemeine Ochsenzunge, Liebäugel), s. Farbtafel S. 142, Bild 31.
Fam.: Boraginaceae.
Vork.: im gesamten europäischen Raum auf trockenen Flächen, Brachen und Ruderalplätzen.
Drogen: ***1. Anchusae flos***; Ochsenzungenblüten, die getrockneten Blüten. *Inh.:* Flavonoide und Schleimstoffe. *Anw.:* in der Volksheilkunde bei Erkältungskrankheiten und Bronchitis. ***2. Anchusae herba*** (syn. *Herba Anchusae, Herba Buglossi*); Ochsenzungenkraut, die getrockneten, zerkleinerten, oberirdischen Pflanzenteile. *Inh.:* Triterpensaponine (sog. Anchusoside), Flavonoide, Schleimstoffe und Pyrrolizidinalkaloide, u. a. Lycopsamin. *Anw.:* in der Volksheilkunde u. a. bei Nierenbeschwerden, Bronchitis, Magengeschwüren und rheumatischen Beschwerden. Wegen der toxischen Eigenschaften der vorhandenen Pyrrolizidinalkaloide ist die therapeutische Nutzung der Droge bedenklich. ***3. Anchusae radix*** (syn. *Radix Anchusae, Radix Buglossi*); Ochsenzungenwurzel, die getrocknete und zerkleinerte Wurzel. *Inh.:* Schleimstoffe, Allantoin, Gerbstoffe, Pyrrolizidinalkaloide. *Anw.:* analog *Anchusae herba*. Wegen der enthaltenen Pyrrolizidinalkaloide ist die therapeutische Nutzung bedenklich.

■ **Ancistrodon piscivorus** Lac.
Wassermokassinschlange (syn. Wasserotter).
Fam.: Crotalidae.
Vork.: Nordamerika, an Seen, Sümpfen und Flüssen.
Drogen: das Schlangengift. *Inh.:* Proteine, wie Hämolysine und Hämorrhagine; Enzyme. *Anw.:* zur Blutstillung.

■ **Ancrod**
thrombinähnlich wirkende Protease aus dem Gift der in Südostasien vorkommenden Malaiischen Grubenotter (syn. *Callosellasma rhostoma, Agkistrodon rhodostoma*). *Wirk.:* Dieses Enzym (M_r ca. 35 400), das auch als Fibrin-Koagulase bezeichnet wird, spaltet Fibrinogen das Fibropeptid A ab und ermöglicht dadurch die Bildung fibrinähnlicher Gerinnungsprodukte, die allerdings nicht quervernetzt sind und rasch durch das retikoendotheliale System absorbiert werden. Dadurch kommt es zu einer Verarmung des Blutes an Fibrinogen und therapeutisch gewollt zur Verminderung seiner Gerinnungsfähigkeit. *Anw.:* Eingesetzt wird Ancrod bei chronischen peripheren arteriellen Durchblutungsstörungen durch subkutane Injektion.

Anderbrume ↗ Ballota nigra.

■ **Andira-Arten**
● **Fam.:** Fabaceae.
Vork.: Brasilien.
● **Andira araroba** Aguiar (syn. *Vouacapoua araroba, Vateireopsis araroba*); Goa-Baum.
Droge: ***Chrysarobin*** (syn. *Araroba depurata*); Goa-Pulver, die durch Umkristallisation aus Benzol gewonnene Ausscheidung aus dem Kernholz des Baumes. *Inh.:* Gemisch verschiedener Anthronderivate, insbes. Chrysophanolanthron. *Anw.:* Die Droge ist ein starkes Reduktionsmittel, bedingt durch die autoxidablen Anthrone und Anthranole, und sehr schleimhautreizend, daher auch bes. gefährlich für die Augen. Sie kam zur Behandlung der Psoriasis zum Einsatz. Da Chrysarobin die Glucose-6-phosphat-Dehydrogenase hemmt, die in der psoriatischen Haut erhöhte Werte aufweist, könnte hierauf der Wirkungsmechanismus beruhen. In Salbenform kam die Droge außerdem bei Dermatomykosen und weiteren Hautleiden zum Einsatz. *Geg.:* Bei topischer Anwendung wurden Brennen und Rötung

der Haut beobachtet. Auch führt die leichte Absorption durch die Haut leicht zu Nierenreizungen und Albuminurie. Die früher praktizierte innerliche Anwendung war meist mit heftigen Gastroenteriden verbunden.

Histor.: Die frühere Bezeichnung Goa-Pulver geht auf die irrtümliche Annahme zurück, daß die Droge aus Goa stammt, das damals portugiesische Kolonie war.

Hom.: ***Araroba*** (syn. *Chrysarobinum*).

● **Andira inermis** (W. Wright) H.B.K. ex DC. (syn. *Andira jamaicensis, Geoffraea inermis, Geoffraea jamaicensis, Geoffraea retusa*).

Droge: ***Cortes Andirae inermis*** (syn. *Cortex Geoffroyae*); Jamaika-Wurmrinde (syn. Geoffroyrinde). *Inh.:* Alkaloide (u. a. Berberin), Andirin (*N*-Methyltyrosin), Harze. *Anw.:* volkstümlich als Wurmmittel.

Hom.: ***Andira inermis***, die getrocknete Rinde.

Andirobaöl ↗ Carapa guianensis.
Andornkraut ↗ Marrubium vulgare.

■ **Androctonus australis** L.
(syn. *Androctonus funestus, Buthus australis, Scorpio australis, Priomurus australis*); Dickschwanz-Skorpion.

Fam.: Buthidae.

Drogen: das Gift des Skorpions. *Inh.*: Proteine, Neurotoxine.

Hom.: ***Buthus Australis***, das Skorpiongift.

Androctonus funestus ↗ Androctonus australis.
Andrographiskraut ↗ Andrographis paniculata.

■ **Andrographis paniculata** Nees.
(syn. *Justicia paniculata*); Andrographiskraut.

Fam.: Acanthaceae.

Vork.: Ostindien, Ceylon, Java.

Droge: ***Herba Andrographidis***; Andrographiskraut. *Inh.:* die Bitterstoffe Andrographin und Andrographolid (Diterpenlacton) sowie Paniculin. *Anw.:* als Stomachikum und Tonikum; in der indischen Volksheilkunde auch bei Dysenterie und Fieber, insbes. ein frisch gepreßter Saft aus der Droge.

Andromeda arborea ↗ Oxydendrum arboreum.
Andromeda calyculata ↗ Chamaedaphne calyculata.
Andromeda japonica ↗ Pieris japonica.
Andromedotoxin ↗ Acetylandromedol.
Andropogon-Arten ↗ Vetiveria zizanioides.
Andropogon ceriferus ↗ Cymbopogon-Arten.
Andropogon citratus ↗ Cymbopogon-Arten.
Andropogon citriodorum ↗ Cymbopogon-Arten.
Andropogon martinii ↗ Cymbopogon-Arten.
Andropogon muricatus ↗ Vetiveria zizanioides.
Andropogon nardus ↗ Cymbopogon-Arten.
Andropogon roxburghii ↗ Cymbopogon-Arten.
Andropogon schoenanthus ↗ Cymbopogon-Arten.
Andropogon sorgum ↗ Sorghum bicolor.
Andropogon squarrosus ↗ Vetiveria zizanioides.
Androsace aquatica ↗ Hottonia palustris.
Aneis ↗ Pimpinella-Arten.

■ **Anemarrhena asphodeloides** Bge.

Fam.: Liliaceae.

Vork.: China.

Drogen: ***Rhizoma Anemarrhenae***, die getrockneten Rhizome. *Inh:* Magniferin, Isomagniferin, Saponine (6 %), Gerbstoffe. *Anw.:* in der traditionellen chinesischen Medizin als Fiebermittel.

Anemone acutipetala ↗ Pulsatilla-Arten.
Anemone alba ↗ Anemone nemorosa.
Anemone bogenhardiana ↗ Pulsatilla-Arten.
Anemone collina ↗ Pulsatilla-Arten.
Anemone hepatica ↗ Hepatica nobilis.
Anemone intermedia ↗ Pulsatilla-Arten.
Anemone janczewskii ↗ Pulsatilla-Arten.

■ **Anemone nemorosa** L.
(syn. *Anemone alba, A. pedata, A. quinquefolia, Pulsatilla nemorosa*); Buschwindröschen (syn. Alte Weiber, Altweibergras, Aprilblume, Augenblume, Bettbrunzer, Bettseicher, Blitzblümchen, Buschblume, Buschröschen, Buttermilchblume, Echtes Windröschen, Fettblume, Fleischblume, Geißblume, Gewitterblume, Giftblume, Hasenblume, Herrgottsblümchen, Hexenblume, Kaffeeblume, Käsblume, Krähenblume, Kuckucksblume, Kühhunger, Märzenblume, Osterblümchen, Osterchen, Osterstern, Quarkblume, Schafblümchen, Schlangenblume, Schneegacke, Schneegalle, Speckblume, Waldröschen, Weiße Osterblume, Weißes Hundsveilchen, Wolfsblume).

Fam.: Ranunculaceae, Hahnenfußgewächse.

Droge: ***Anemone-nemorosa-Kraut*** (syn. *Anemonis nemorosae herba, Herba Anemonis nemo-*

rosae, Herba Ranunculae albi, Herba Ranunculi nemorosi). Inh.: vermutlich Protoanemonin. Anw.: ausschließlich in der Volksheilkunde bei Schmerzen im Magenbereich, bei Gicht und rheumatischen Beschwerden.

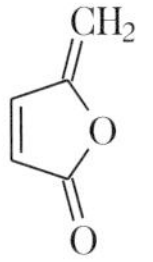

Protoanemonin

Hom.: ***Anemone nemorosa*** HAB34, die frischen, vor Entfaltung der Blüte gesammelten Pflanzen. Anw.-Geb.: u. a. bei Hauterkrankungen, z. B. Ekzemen.

Histor.: Der Name Anemone stammt vom griechischen *anemos* = Wind ab und gilt als Hinweis auf die bald abfallenden Blütenblätter. Die Bezeichnung *nemorosa* = hainbewohnend, die erstmalig von Theophrast gebraucht wurde, weist auf den bevorzugten Standort der Pflanze hin. Der deutsche Name Buschwindröschen wurde in Anlehnung an die bestehenden Bezeichnungen geprägt.

Anemone patens ↗ Pulsatilla-Arten.
Anemone pedata ↗ Anemone nemorosa.
Anemone praecox ↗ Pulsatilla-Arten.
Anemone pratensis ↗ Pulsatilla-Arten.
Anemone pulsatilla ↗ Pulsatilla-Arten.
Anemone punica ↗ Pulsatilla-Arten.
Anemone quinquefolia ↗ Anemone nemorosa.
Anemone wolfgangiana ↗ Pulsatilla-Arten.
Anemonin ↗ Ranunculus-Arten.
Anemonis nemorosae herba ↗ Anemone nemorosa.

■ **Anemopsis californica** (Nutt.) Hook. et Arn.

Fam.: Saururaceae.

Vork.: Südwesten der USA bis Nordmexiko.

Drogen: das äther. Öl der Rhizome und Wurzeln. Inh: u. a. Methyleugenol als Hauptbestandteil, Thymol, Piperiton. Anw.: in der Volksheilkunde als Spasmolytikum. In der Bezeichnung *Yerba mansa* ist die Droge ein altes Indianerheilmittel. (siehe auch ↗ Houttuynia californica)

Änes ↗ Pimpinella-Arten.
Anethi fructus ↗ Anethum graveolens.
Anethi herba ↗ Anethum graveolens.

■ **Anethol**

(Anetholum), *p*-Methoxypropenylbenzol, Phenylpropankörper mit charakteristischem Geruch. A. ist Bestandteil des äther. Öls verschiedener Drogen z. B. von *Pimpinella anisum* (↗ Pimpinella-Arten), ↗ *Illicium verum* und ↗ *Foeniculum vulgare*. Anw.: als Antitussivum und Expektorans.

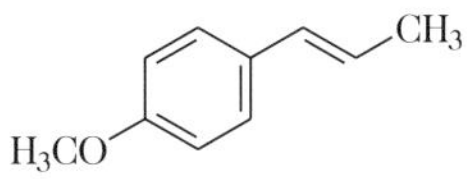

trans-Anethol

Anethum arvense ↗ Anethum graveolens.
Anethum benevolens ↗ Anethum graveolens.
Anethum faeniculum ↗ Foeniculum vulgare.
Anethum foeniculum ↗ Foeniculum vulgare.

■ **Anethum graveolens** L.

(syn. *Pastinaca graveolens, Ferula graveolens, Angelica graveolens, Peucedanum graveolens, Selinum anethum, Pastinaca anethum, Peucedanum anethum, Anethum arvense, Selinum pastinaca, Anethum sowa, Peucedanum sowa, Anethum benevolens*); Gemeiner Dill (syn. Gurkenkraut, Teufelsdill, Dill, Dillfenchel, Bergkümmel).

Fam.: Apiaceae (Umbelliferae).

Heim.: Mittelmeerraum, Kulturen im gemäßigten Klima, u. a. in Mitteleuropa.

Drogen: *1.* ***Anethi fructus*** (syn. *Fructus Anethi*); Dillfrüchte, die getrockneten Früchte. Inh.: äther. Öl (bis 4 %, mit 30–60 % D-Carvon als Hauptkomponente), Cumarine (u. a. Aesculetin, Umbelliferon und Scopoletin), Furanocumarine (u. a. Bergapten) sowie Kaffeesäurederivate. Wirk.: Anregung der Magensaftsekretion, karminativ, spasmolytisch an der Muskulatur des Magen-Darm-Traktes. Anw.: Carminativum, mildes Stomachikum, Diuretikum sowie Lactagogum, Bestandteil von Teekombinationen. *2.* ***Anethi herba*** (syn. *Herba Anethi*); Dillkraut. Inh.: äther. Öl (*Oleum Anethi*; 0,5–1,5 %, u. a. D-Carvon und Phellandren enthaltend), ferner Cumarine und Kaffeesäurederivate. Anw.: Carminativum und mildes Stomachikum sowie als Gewürz (frisches und getrocknetes Kraut).

Hom.: ***Anethum graveolens*** HAB1, die ganze frische blühende Pflanze. Anw.-Geb.: Herz- und Kreislauferkrankungen.

Histor.: Der Dill ist eine uralte Arznei- und Küchenpflanze, die bereits im ↗ Papyrus Ebers gegen Kopfschmerzen und zur Erweichung der Blutgefäße erwähnt wird. Nach ↗ Dioskurides regen Abkochungen der Früchte die Milchsekretion an, sie sind harntreibend sowie wirksam bei Leibschmerzen und Blähungen. Auch im ↗ Capitulare Karls des Großen ist Dill aufgeführt.

Anethum rupestre ↗ Foeniculum vulgare.
Anethum sowa ↗ Anethum graveolens.

■ **Angelica archangelica** L.
(syn. *Angelica major, A. officinalis, A. sativa, Selinum archangelica*); Engelwurz (syn. Angelik, Engelbrustwurz, Erzengelwurz, Erzengelwurzel, Gartenangelik, Giftwürze, Heiligenbitter, Heiliggeistwurzel, Heiligengeistwurzel, Theriakwurzel), s. Farbtafel S. 142, Bild 32. Zwei- bis vierjährige, nach einmaligem Blühen und Fruchten absterbende Pflanze.

Fam.: Apiaceae (Umbelliferae).

Vork.: nördliche Gebiete Europas und Asiens, Kulturen in Mitteleuropa und Skandinavien.

Drogen: ***1. Angelicae folium*** (syn. *Folium Angelicae*); Angelikablätter, die getrockneten Blätter. *Inh.:* äther. Öl, ca. 0,1 % mit β-Phellandren (33,8 %), α-Pinen (27 %) und β-Pinen (23,9 %) als Hauptkomponenten; außerdem Furanocumarine, u. a. Angelicin, Bergapten, Imperatorin und Oxypseudanin, jedoch kein Osthol. *Anw.:* volkstümlich bei Verdauungsschwäche sowie Brust-

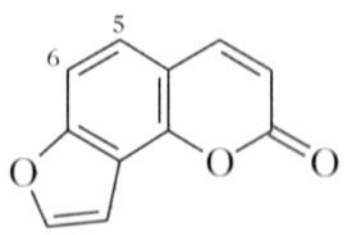

Angelicin

fellentzündung in Form von Kompressen mit den Blättern. Zur ↗ Teezubereitung werden als Tagesdosis im allgemeinen etwa 4,5 g Droge empfohlen. ***2. Angelicae fructus*** (syn. *Fructus Angelicae, Semen Angelicae*); Angelikafrüchte (syn. Angelikasamen, Engelwurzsamen), die getrockneten Früchte. *Inh.:* äther. Öl (ca. 1,5 %, s. Angelica-archangelica-Fruchtöl), Cumarine und Furanocumarine, u. a. Angelicin, Apterin, Bergapten und Xanthotoxin. *Anw.:* volkstümlich bei Verdauungsstörungen, Nieren- und rheumatischen Beschwerden. Industrielle Nutzung zur Gewinnung des äther. Öls, das u. a. in der Likörindustrie (z. B. Benediktiner) genutzt wird. ***3. Angelica-archangelica-Fruchtöl*** (syn. *Oleum Angelicae fructus*); Angelicasamenöl, das durch Wasserdampfdestillation aus den frischen Früchten gewonnene ätherische Öl. *Inh.:* terpenoide Verbindungen, u. a. α-Pinen (11,4 %) und β-Phellandren sowie β-Caryophyllen als Hauptkomponenten. Außerdem Cumarinderivate. *Anw.:* früher mißbräuchlich als Abortivum, heutzutage in der Kosmetik als Duftstoff sowie in der Genußmittelindustrie (Benediktiner, Chartreuse und Gin). ***4. Angelicae herba*** (syn. *Herba Angelicae*); Angelikakraut (syn. Engelwurzelkraut), die oberirdischen Teile der Pflanze. *Inh.:* äther. Öl (0,015–0,1 %) mit Myrcen, α-Phellandren und α-Pinen als Hauptkomponenten. Außerdem Cumarine und Furanocumarine, u. a. Osthol, Osthenol, Umbelliferon und Angelicin. *Anw.:* volkstümlich als harntreibendes Mittel. ***5. Angelicae radix*** (syn. *Radix Angelicae, Radix Angelica sativae, Radix Syriaca*); Angelikawurzel (syn. Brustwurz, Engelwurz, Gartenangelika, Heiligenbitter, Theriakwurzel, Waldbrustwurz), die unterirdischen, ganzen, unterhalb 40 °C getrockneten Teile der Pflanze. *Inh.:* äther. Öl (0,35–1 %, überwiegend aus Monoterpenen, kleinen Mengen an Sesquiterpenen sowie den geruchsbestimmenden makrocyclischen Lactonen bestehend, s. *Oleum Angelicae*), ferner umfangreiches Spektrum an Cumarinen, z. B. Osthenol, Furanocumarinen, u. a. Angelicin und Heraclenol und Dihydrofuranocumarinen, u. a. Archangelicin, Archangelin. Weitere Bestandteile sind Pflanzensäuren, u. a. Angelica- und Fumar-

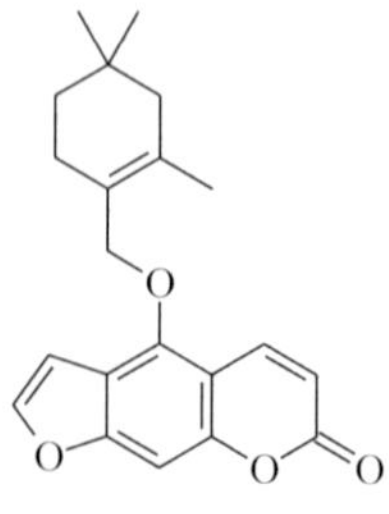

Archangelin

säure, die Phenolcarbonsäuren Chlorogen- und Kaffesäure sowie Harze und Flavanone. *Anw.:* bei Appetitlosigkeit, als Carminativum bei Völlege-

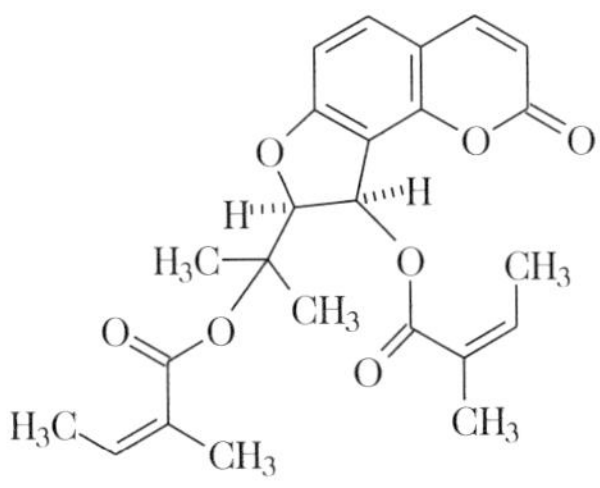

Archangelicin

fühl, Blähungen und leichten krampfartigen Magen-Darm-Beschwerden (z. B. unzureichender Magensaftsekretion). Die Droge und daraus hergestellte Extrakte sind Bestandteil zahlreicher Fertigarzneimittel. ***6. Oleum Angelicae*** (syn. *Angelicae aetheroleum*); Angelikaöl, das aus den Wurzeln durch Wasserdampfdestillation gewonnene ätherische Öl. Inh.: Die getrocknete Wurzel enthält 0,35–1 % äther. Öl, bestehend aus ca. 80–90 % Terpenen mit β-Phellandren (13–28 %), α-Phelladren (2–14 %) und α-Pinen (14–31 %) als Hauptkomponenten. Weitere Bestandteile: u. a. Camphen, Δ-Caren, 1,8-Cineol, Limonen sowie kleine Anteile an Sesquiterpenen, z. B. Humulen und β-Caryophyllen, ferner makrocyclische Lactone, die den typischen Geruch des Öles bilden, u. a. 15-Oxopentadecenlacton. Anw.: in der Kosmetik als Duftstoff, Zusatz zu Mundwässern sowie zur Likörbereitung.

Hom.: ***1. Angelica archangelica, äthanol. Decoctum.*** HAB1 (syn. *Archangelica äthanol. Decoctum* HAB1), die frische Wurzel. ***2. Angelica archangelica var. archangelica spag. Zimpel*** HAB1 (syn. *Angelica archangelica* spag. Zimpel), die ganze, frische, blühende Pflanze. Anw.-Geb.: in der anthroposophischen Therapie.

Histor.: Griechen und Römer kannten die Engelwurz nicht, da sie aus dem Norden (Skandinavien, Island, Grönland) nach Mitteleuropa gelangte. In Nordeuropa wurde die Pflanze seit dem 12. Jh. als Gemüse gegessen. Die Kräuterbücher des 16. Jh. weisen auf ihren Einsatz gegen die Pest hin, indem z. B. das Riechen an einer mit Essig getränkten Wurzel vor dieser Erkrankung schützen sollte. Auch gegen Zauberei und böse Geister wurde die Pflanze (Heiligengeistwurzel) eingesetzt. Der Gattungsname „Angelica“ ist lateinischen (angelus = Engel) bzw. griechischen (angelos = Engel) Ursprungs. Nach der Sage soll die heilkräftige Pflanze den Menschen von einem Engel gezeigt worden sein. Auch der Artname „archangelica“ ist danach geprägt.

Angelicae aetheroleum ↗ Angelica archangelica.
Angelicae folium ↗ Angelica archangelica.
Angelicae fructus ↗ Angelica archangelica.
Angelicae herba ↗ Angelica archangelica.
Angelicae radix ↗ Angelica archangelica.
Angelica graveolens ↗ Anethum graveolens.
Angelica levisticum ↗ Levisticum officinale.
Angelica major ↗ Angelica archangelica.
Angelica officinalis ↗ Angelica archangelica.
Angelica paludapifolia ↗ Levisticum officinale.
Angelica sativa ↗ Angelica archangelica.

■ Angelicasäure

cis-2,3-Dimethylacrylsäure. Geht in wäßriger Lösung leicht in die stabilere Tiglinsäure über. Kommt zusammen mit Tiglinsäure verestert im äther. Öl von ↗ *Angelica archangelica* und ↗ *Chamaemelum nobile* vor.

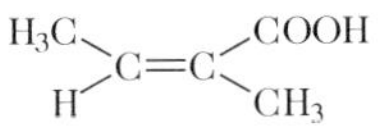

Angelicasäure

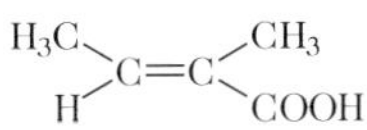

Tiglinsäure

Angelicin ↗ Furanocumarine.
Angelik ↗ Angelica archangelica.
Angelika ↗ Angelica archangelica.
Angelikawurzel ↗ Angelica archangelica.

■ Angophora lanceolata Cav.

Fam.: Myrtaceae.

Vork.: Australien.

Drogen: ***Succus Angophorae***; Flüssiges Kino, der Rindensaft. Inh: Gerbstoffe, wie Tannin, Phlobaphene, Catechine. Anw.: in der Gerberei.

Hom.: ***Angophora lanceolata*** HAB34, der eingetrocknete Rindensaft.

Angostura-Baum ↗ Galipea officinalis.
Angostura cusparia ↗ Galipea officinalis.
Angosturae cortex ↗ Galipea officinalis.
Angostura trifoliata ↗ Galipea officinalis.
Angostura vera ↗ Galipea officinalis.

■ Angraecum fragrans Thouars

(syn. *Jumella fragrans*).

Fam.: Orchidaceae.

Vork.: indisch-malaysischer Raum, u. a. Mauritius.

Droge: ***Folia Faham***; Fahamtee (syn. Bourbontee). *Inh.:* bes. Cumarin. *Anw.:* in der Volksheilkunde der Heimatländer bei Lungenleiden und als Haustee.

Anguilla anguilla ↗ Anguilla vulgaris.
Anguilla fluviatilis ↗ Anguilla vulgaris.

■ **Anguilla vulgaris** Turt.
(syn. *Anguilla anguilla, A. fluviatilis*); Aal (syn. Flußaal).

Fam.: Anguillidae.

Vork.: in den Flüssen Europas, Nordafrikas und Vorderasiens.

Drogen: ***Aalöl***, das fette Öl der Fisches. *Inh.:* Triglyceride mit mehrfach ungesättigten Fettsäuren. *Anw.* als Diätetikum, zur Arteriosklerose-prophylaxe.

Hom.: ***Serum anguillae***, das frische Serum. *Anw.-Geb.:* Herzschwäche, Nierenentzündungen.

Anguraté ↗ Mentzelia cordifolia.
Angustura-Baum ↗ Galipea officinalis.
Angusturarinde ↗ Galipea officinalis.
Anhalonium lewinii ↗ Lophophora williamsii.
Anhalonium williamsii ↗ Lophophora williamsii.

■ **Aniba coto** (Rushby) Kosterm.
(syn. *Nectandra coto*).

Fam.: Lauraceae.

Vork.: Bolivien, Brasilien.

Droge: ***Cortex Coto verus*** (syn. *Cortex Coto*); Cotorinde (syn. Echte Kotorinde). *Inh.:* Cotoin (1,5 %), Paracotoin Hydrocotoin und Derivate, Parostemin und Parosteminin (Alkaloide), Gerbstoffe, äther. Öl, Harz. *Anw.:* bei Diarrhoe und Nachtschweiß, da Cotoin auf die glatte Muskulatur erschlaffend wirkt und die Drüsensekretion hemmt.

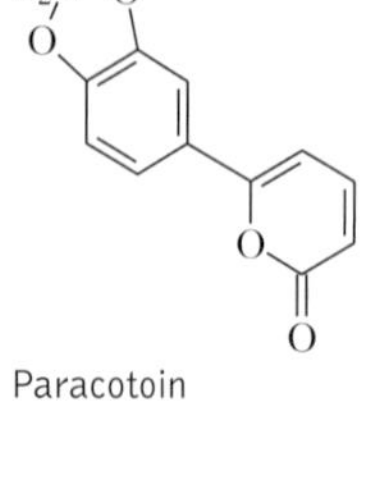

Paracotoin

■ **Aniba pseudocoto** (Rushby) Kosterm.

Fam.: Lauraceae.

Vork.: Bolivien.

Droge: ***Cortex Paracoto***; Parakotorinde. *Inh.:* Paracotoin und Cotoin-Derivate. *Anw.:* s. *Aniba coto*.

Anis ↗ Pimpinella-Arten.

■ **Anisatin**
stark toxisches Sesquiterpenlacton (Krampfgift) aus dem Japanischen Sternanis (↗ Illicium verum).

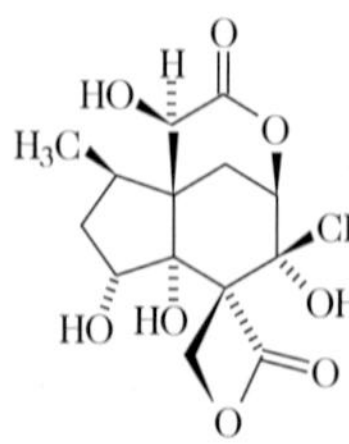

Anisatin

Anisdolde ↗ Myrrhis odorata.
Anisfrüchte ↗ Pimpinella-Arten.

■ **Anisi aetheroleum**
Anisöl, das aus den reifen, zerkleinerten Anisfrüchten (↗ *Pimpinella*-Arten) oder aus Sternanis (↗ *Illicium verum*) durch Destillation mit Wasserdampf gewonnene ätherische Öl. *Inh.:* Phenylpropanderivate mit *trans*-Anethol (80–95 %) als Hauptkomponente. Weitere Bestandteile sind *cis*-Anethol (höchstens 0,5 %), Anisaldehyd (0,1–3,5 %), Estragol sowie Linalool und *α*-Terpineol (je 0,1–1,5 %). *Eig.:* Anethol besitzt eine Schmelztemperatur von +21,1 °C, wodurch die Kristallisation beim Abkühlen bedingt ist, die zugleich ein Qualitätsmerkmal darstellt. *Wirk.:* expektorierend, spasmolytisch, schwach antibakteriell und antifungal sowie Insekten abwehrend. *Anw.:* Katarrhe der Atemwege und bei dyspeptischen Beschwerden in Form von Arznei-Fertigpräparaten.

Anisi fructus ↗ Pimpinella-Arten.
Anisi oleum ↗ Illicium verum.
Anisi stellati fructus ↗ Illicium verum.
Anisium ↗ Pimpinella-Arten.
Aniskerbel ↗ Myrrhis odorata.

Anisöl ↗ Anisi aetheroleum, ↗ Illicium verum.

■ **Anisomeles indica** Ktz.
(syn. *Anisomeles ovata*).
Fam.: Lamiaceae (Labiatae).
Vork.: Indien, Vietnam, Sri Lanka, Philippinen.
Droge: die ganze Pflanze. Inh: Ovatodiolid (Diterpendilacton), Salvin, Emnein; Sterole, Fettsäuren. Anw.: Blätter, Rinde und Wurzeln als Stomachikum, Carminativum, Adstringens und Fiebermittel; das Öl bei Uterusbeschwerden.

■ **Anisomeles malabarica** (L.) R. Br.
Fam.: Lamiaceae (Labiatae).
Vork.: Indien.
Drogen: die ganze Pflanze. Inh: in den Blättern sind Betulinsäure (0,1 %), β-Sitosterol und äther. Öl (ca. 0,025 %) mit Citral enthalten; die Blüten enthalten ca. 0,07 % äther. Öl. Anw.: in der Volksheilkunde wird der Saft der Pflanzen bei Fieber und Ruhr benutzt, das äther. Öl dient als Antirheumatikum.

Anisomeles ovata ↗ Anisomeles indica.

■ **Anisosperma passiflora** Manso.
Fam.: Cucurbitaceae.
Vork.: Brasilien.
Drogen: die Samen. Inh: u. a. Anisospermin (0,46 %), fettes Öl (ca. 20 %). Anw.: in der Volksheilkunde als Stomachikum und Laxans bei Dyspepsie sowie vorbeugend gegen zahlreiche Erkrankungen.

Anisum ↗ Pimpinella-Arten.
Anisum badium ↗ Illicium verum.
Anisum officinarum ↗ Pimpinella-Arten.
Anisum stellatum ↗ Illicium verum.
Anisum vulgare ↗ Pimpinella-Arten.
Annatostrauch ↗ Bixa orellana.
Annattosaat ↗ Bixa orellana.
Anneslea spinosa ↗ Euryale ferox.

■ **Annickia polycarpa** (DC.) Van Setten et Maas (syn. *Enantia polycarpa, Unona polycarpa, Xylopia polycarpa*).
Fam.: Annonaceae.
Vork.: Westafrika, besonders Kamerun, Gabun, Sierra Leone.
Droge: die Stammrinde. Inh: Isochinolin-Alkaloide, wie Palmatin, Columbamin, Jatrorrhizin, Berberin, Oxypalmatin, Polycarpin, Aporphine; Chinolin-Alkaloide, wie Chinidin und Dihydrochinidin. Anw.: in der Volksheilkunde zur Behandlung von Wunden, Geschwüren, Lepra, Rheuma, Magen- und Galle-Beschwerden sowie bei Augenleiden und zur Anregung der Uteruskontraktion. Außerdem ist die Droge ein Bestandteil zahlreicher Pfeilgifte Westafrikas.

■ **Annona-Arten**
● **Fam.** Annonaceae.
● **Annona cherimola** Mill. (syn. *Annona tripetale*); Cherimoya.
Vork.: Südamerika, Mittelamerika; in den Mittelmeerländern und Indien auch kultiviert.
Drogen: ***Oleum Annonae***; Cherimoyafett, das fette Öl der Samen. Inh: äther. Öl, fettes Öl, insektizid wirkende Stoffe. Anw.: in der Volksheilkunde als Einreibemittel.
● **Annona reticulata** L. (syn. *Annona asiatica, A. longifolia*); Ochsenherz (syn. Netzannone).
Vork.: tropisches Amerika, Afrika, Asien, vorwiegend kultiviert.
Drogen: die Früchte. Inh: in den Samen fettes Öl (ca. 40 %). Anw.: als Tafelobst angebaut.
● **Annone muricata** L.; Sauersack (syn. Stachelannone).
Vork.: tropisches Amerika und Westafrika.
Drogen: Früchte, Blätter, Wurzeln und Samen. Inh: die bis zu 2 kg schweren Früchte enthalten Fruchtsäuren, Zucker, Pektin; in den Blättern, Wurzeln und Samen sind Alkaloide, wie Muricin und Muricinin (Apophine); Tannin und Annonain enthalten. Anw.: die Früchte als Tafelobst; Blätter, Wurzeln und Samen als Adstringens, Anthelmintikum sowie als Insektizid.
● **Annona senegalensis** Pers. (syn. *Annona arenaria, A. chrysophylla, A. porpetac*); Zimtapfel.
Vork.: tropisches Afrika, Südafrika.
Drogen: die Wurzeln. Inh: Aporphin-Alkaloide, Diterpene, Flavonoide, Sesquiterpene, Gerbstoffe, Saponine. Anw.: in der afrikanischen Volksheilkunde vielfältig genutzt, z. B. bei Durchfällen, Magen-Darm-Erkrankungen, Gelenkserkrankungen, Sterilität, zur Wundbehandlung, bei Schlangenbissen, Eingeweidewürmern, Geschlechtskrankheiten und Lepra. Auch als Bestandteil von Pfeilgiften und magischen Heilmitteln wird die Droge verwendet.

● **Annona squamosa** L. (syn. *Annona cinerea*); Rahmapfel (syn. Süßsack, Zuckerapfel).

Vork.: Brasilien, Südafrika, Indien.

Drogen: die Früchte. Inh: Zucker, Fruchtsäuren, Aminosäuren. Anw.: als Tafelobst; unreife Früchte und Samen als Anthelmintikum und Insektizid.

Annona odorata ↗ Cananga odorata.
Annona triloba ↗ Asimina triloba.
Anonymos sempervirens ↗ Gelsemium sempervirens.

■ **Anredera leptostachys**

Fam.: Bacellaceae.

Vork.: tropisches Amerika.

Droge: die Knollen. Inh.: Steroide, Phenole, Terpenoide und Saponine. Anw.: in den Heimatgebieten, bes. El Salvador, Haiti und Dominikanische Republik bei Knochenbrüchen und als Wundheilmittel.

■ **Ansamycine**

Macrolidantibiotika (Ansamakrolide), die einen aromatischen Ring oder ein aromatisches Ringsystem in den Makrocyclus integriert haben. Die Biogenese erfolgt vermutlich aus Aminobezoesäurederivaten, Acetat- und Propionatresten. Therapeutische Bedeutung haben die ↗ Rifamycine und das ↗ Rifabutin.

Anserinae herba ↗ Potentilla anserina.

■ **Antelaea azadirachta** (L.) Adelbert (syn. *Antelaea javanica, Azadirachta indica, Melia azadirachta, Melia indica*); Niembaum (syn. Nimbaum, Neembaum).

Fam.: Meliaceae.

Vork.: Indien, Südostasien.

Drogen: *1. Cortex Azadirachtae* (syn. *Cortex Margosae*); Indische Fieberrinde (syn. Zedachrinde, Nimrinde). Inh.: Alkaloide, Gerbstoffe, etwas äther. Öl, Nortriterpene, wie Azadirachtin. Anw.: in den Heimatgebieten, insbes. Indien, als Fieber- und Wurmmittel. *2. Oleum Azadirachtae* (syn. *Oleum Margosae*); Margosaöl (syn. Nimöl), das fette Öl der Samen. Anw.: volkstümlich gegen Hauterkrankungen und als Wurmmittel, technisch in der Seifenfabrikation. *3. Antelaea-Blätter*, sie enthalten das Alkaloid Paraisin. Anw.: Insektenvertilgungsmittel.

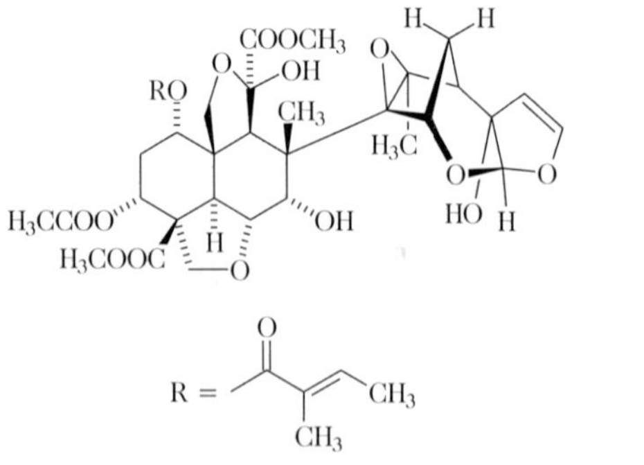

Azadirachtin

Hom.: *Antelea azadirachta* (syn. *Azadirachta indica*) HAB; die frische, junge Rinde. Anw.-Geb.: bei Rheumatismus und Fieberzuständen.

Histor: Der Niembaum ist einer der wichtigsten Bäume Indiens und gilt als heiliger Baum der Hindu.

Antelaea javanica ↗ Antelaea azadirachta.

■ **Antennaria dioica** (L.) Gaertn. (syn. *Cyttorium dioicum, Gnaphalium dioicum*); Gemeines Katzenpfötchen (syn. Immortelle, Ruhrkraut, Strohblume, Sandstrohblume). Kleine, zweihäusige, 20–30 cm Höhe erreichende Pflanze.

Fam.: Asteraceae (Compositae).

Vork.: Bevorzugt auf Magerrasen der gemäßigten und kalten Gebiete Europas, Asiens und Nordamerikas.

Droge: *Antennariae dioicae flos* (syn. *Flores Antennariae dioicae, Flores Gnaphalii albi (rubri), Flores Pedis Cati, Flores Pilosellae albi, Pedis Cati Flos*); Katzenpfötchenblüten (syn. Ruhrkrautblüten, weiße oder rote Immortellen) , die getrockneten Blütenköpfchen. Inh.: insbes. Flavonoide, u. a. Isosalipurposid, ein Chalcon, das die gelbe Farbe der Hüllkelchblätter bedingt, außerdem Naringin, Helichrysin A und B, Kämpferolglykoside, Apigenin und 7-*O*-β-D-Glucosylapigenin, 7-*O*-β-D-Glucosylluteolin und 4′-*O*-β-D-Glucosylluteolin sowie 3,5-Dihydroxy-6,7,8-trimethoxflavon. Ferner geringe Mengen an ätherischem Öl (0,05 %), an Cumarinen und die gelb gefärbten Pyranonderivate Arenol und Homoarenol. Anw.: bei dyspeptischen Beschwerden sowie in Leber -und Gallentees. Oft nur als Schmuckdroge.

Antennariae dioicae flos ↗ Antennaria dioica.
Antennaria margaritacea ↗ Anaphalis margaritacea.
Anthadenia sesamoides ↗ Sesamum indicum.
Anthemidis flores↗ Chamaemelum nobile.
Anthemidis flos ↗ Chamaemelum nobile.
Anthemis abyssinica ↗ Anthemis cotula.
Anthemis chamomilla-romana ↗ Chamaemelum nobile.
Anthemis colala ↗ Chrysanthemum-Arten.

■ **Anthemis cotula** L.
(syn. *Anthemis foetida, A. ramosa, A. psorosperma, A. heterophylla, A. abyssinica, Chamaemelum cotula, Chamaemelum foetidum, Maruta cotula, Maruta foetida, Maruta vulgaris*); Hundskamille (syn. Stinkende Hundskamille, Stinkkamille, Kuhdille).

Fam.: Asteraceae (Compositae).

Droge: die zur Blütezeit gesammelten und getrockneten oberirdischen Teile. Inh.: Sesquiterpenlactone, bes. Anthecotulid, ferner äther. Öl (0,01 %) mit Calaren, Farnesen und Farnesol als Hauptkomponenten. Anw.: ausschließlich volkstümlich als Tonikum, Emmenagogum, Antispasmodikum und Emetikum. Allergische Nebenwirkungen. Heute obsolet.

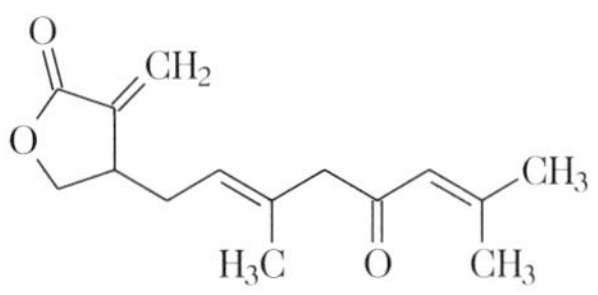

Anthecotulid

Anthemis foetida ↗ Anthemis cotula.
Anthemis heterophylla ↗ Anthemis cotula.
Anthemis nobilis ↗ Chamaemelum nobile.
Anthemis odorata ↗ Chamaemelum nobile.
Anthemis psorosperma ↗ Anthemis cotula.
Anthemis pyrethrum ↗ Anacyclus pyrethrum.
Anthemis ramosa ↗ Anthemis cotula.
Anthericum ossifragum ↗ Narthecium ossifragum.

■ **Anthericum ramosum** L.
(syn. *Phalangium ramosum*); Erdspinnenkraut (syn. Ästige Zaunblume).

Fam.: Liliaceae.

Vork.: Mitteleuropa bis zum Kaukasus.

Drogen: ***Semen Phalangii ramosi***; die Samen. Inh: Saponine und Hämolysine. Anw.: in der Volksheilkunde als Diuretikum. Die Wurzeln (***Radix Brusci***) galten früher als ein Gegengift beim Biß giftiger Spinnen und Skorpione.

■ **Anthocephalus cadamba** (Roxb.) Miq.
Kaddam.

Fam.: Rubiaceae.

Vork.: Indien, Pakistan.

Droge: das Kraut. Inh: äther. Öl. Anw.: in der Parfümerie, die Wurzel wird als Antiseptikum in der Volksheilkunde genutzt.

■ **Anthocleista vogelii** Planch.

Fam.: Loganiaceae.

Vork.: tropisches Afrika, Kamerun, Gabun.

Drogen: Blätter und Wurzeln. Inh: Secoiridoide, wie Swerosid, Vogelosid; Xanthone. Anw.: in der Volksheilkunde bei Verdauungsbeschwerden und Magenleiden.

■ **Anthocyane**
weitverbreitete, zu den Flavonoiden gehörende, rote, blaue und violette Farbstoffe mit Flavyliumkation-Grundstruktur. Chemisch stellen sie Glykoside dar, die mit den gelben Flavon- bzw. Flavonol-Farbstoffen der Blüten verwandt sind. Nach Glykosidspaltung fallen die wasserunlöslichen Aglyka (Anthocyanidine) aus. A. kommen v. a. als lösliche Bestandteile des Zytoplasmas und der Vakuole in Pflanzenzellen vor, deren Far-

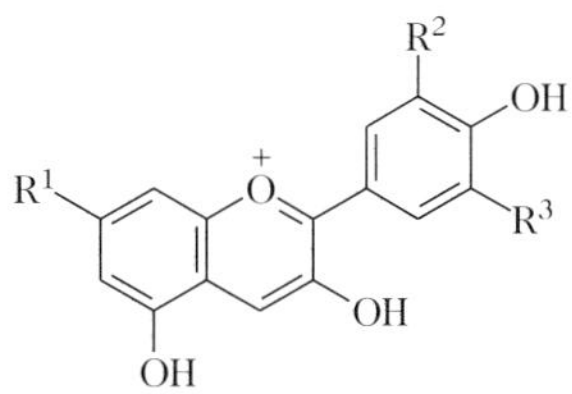

Anthocyanidine	R^1	R^2	R^3
Pelargonidin	OH	H	H
Cyanidin	OH	OH	H
Delphinidin	OH	OH	OH
Päonidin	OH	OCH_3	H
Petunidin	OH	OCH_3	OH
Malvidin	OH	OCH_3	OCH_3
Hirsutidin	OCH_3	OCH_3	OCH_3

be bzw. Intensität von der Gegenwart chelatbildender Kationen und vom pH-Wert beeinflußt werden. Im sauren Bereich überwiegen Rottöne, im alkalischen Bereich schlägt die Farbe in Violett- und Blautöne um.

Anthophylli ↗ Syzygium-Arten.
Anthostyrax tonkinensis ↗ Styrax-Arten.

■ Anthoxanthum odoratum L.

Wohlriechendes Ruchgras.

Fam.: Gramineae (Poaceae).

Vork.: Mitteleuropa, Asien.

Drogen: *1. Radix Anthoxanthi odorati*; Ruchgraswurzel. Inh.: Cumaringlykosid. *Anw.:* in der Volksheilkunde, zur Schnupftabakbereitung. *2. Herba Anthoxanthi odorati*; Ruchgras (syn. Wohlriechendes Ruchgras). Inh.: Cumaringlykosid (spaltet beim Welken Cumarin ab), Kieselsäure. *Anw.:* in der Volksheilkunde zu Kräuterkissen, als Zusatz zum Futterheu der Tiere zur Verbesserung der Verdauung.

Hom.: *Anthoxanthum odoratum* HAB; die frische, blühende Pflanze bzw. als Bestandteil der *Flores Graminis* (↗ Heublumen). *Anw.-Geb.:* Heuschnupfen.

■ Anthracenderivate

(Anthranoide) Naturstoffe, die sich vom Anthracen ableiten. Es gehören hierzu die meist glykosidisch gebundenen Anthrone, Anthranole, Anthrachinone und die Dianthrone sowie die nichtglykosidisch vorkommenden Naphthodianthrone. Ihre Biogenese erfolgt über Chorismat (Gattung Rubia) oder über den Polyketidweg (Gattungen *Aloe, Cassia, Rhamnus* und *Rheum*) ausgehend von 8 Molekülen Malonyl-CoA, die als Acetatreste eingebaut werden. Der unterschiedliche Biogeneseweg führt auch zu abweichenden Substitutionsmustern, nämlich dem Chrysophanol- und dem Rubiadin-Typ.

Von pharmazeutischer Bedeutung sind insbes. die in 1,8-Stellung hydroxylierten Chrysophanolderivate, die zudem glykosidiert vorliegen. Die betreffenden Glykoside wirken laxierend, wobei mehrere Monosaccharide am Molekül eine besonders starke Wirkung bedingen. Sie stellen jedoch zunächst Prodrugs dar. Nach unveränderter Absorption im Dünndarm erfolgt durch die Mikroflora des Dickdarms die Glykosidspaltung und anschließend die Reduktion der freien Anthrachinone zu den Anthronen, den eigentlichen Wirkformen. Im Dickdarm wird insbes. die Colonmotilität verstärkt, d. h. die stationären Kontraktionen werden gehemmt und die forttreibenden (propulsiven) werden stimuliert. Zusätzlich erfolgt eine Beeinträchtigung der Absorption und Rückabsorption von Elektrolyten, bes.

Name	R^1	R^2	R^3	R^4	R^6	R^8
Anthracenderivate vom Chrsophanol-Typ						
Emodin	OH	H	CH_3	H	OH	OH
Physcion	OH	H	CH_3	H	OCH_3	OH
Chrysophanol	OH	H	CH_3	H	H	OH
Aloeemodin	OH	H	CH_2OH	H	H	OH
Rhein	OH	H	COOH	H	H	OH
Citreorosein	OH	H	CH_2OH	H	OH	OH
Anthracenderivate vom Rubiadin-Typ						
Alizarin	OH	OH	H	H	H	H
Lucidin	OH	CH_2OH	OH	H	H	H
Purpurin	OH	H	OH	OH	H	H
Pseudopurpurin	OH	COOH	OH	OH	H	H
Rubiadin	OH	CH3	OH	H	H	H

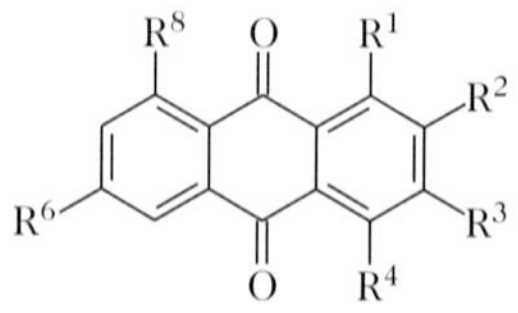

Anthracenderivate. Chrysophanol- und Rubiadin-Typ.

von Chlorid, und nachfolgend von Wasser, so daß verstärkt Flüssigkeit ins Darmlumen gelangt. Es resultiert daraus eine beschleunigte Darmpassage, wobei die Wirkung ca. 6–8 Stunden nach der Einnahme erfolgt. Für die sekretagoge Wirkung wird u. a. eine Stimulierung der PGE_2-Bildung, ein Angriff auf die Enterozyten durch Hemmung ihrer Na^+/K^+-ATPase sowie die Entkopplung ihrer Atmung diskutiert. Als verantwortlich für die Beeinflussung der Motilität wird die Anregung der Freisetzung von Histamin und Serotonin vermutet. Die Dosierungen betragen für Aloe 0,1 g und für die übrigen Drogen 0,5–2 g. Dem entsprechen 20–30 mg Hydroxyanthrachinonderivate pro Tag. Weitere Einzelheiten finden sich in den Artikeln zu den Einzeldrogen der o. g. Gattungen.

Derivate vom Chrysophanoltyp kommen auch in anderen Gattungen, oft jedoch ohne Glykosilierung, vor. Bedeutsam unter diesen ist das Naphthodianthron ↗ Hypericin, das in ↗ *Hypericum perforatum* vorkommt, sowie die Anthronabkömmlinge in der Droge Chrysarobin aus *Andira araroba* (↗ *Andira*-Arten). Das Vorkommen von Verbindungen des Rubiadin-Typs beschränkt sich im wesentlichen auf die Familie Rubiaceae, bes. ↗ *Rubia tinctorum*.

Anthrachinone ↗ Anthracenderivate.
Anthranoide ↗ Anthracenderivate.
Anthranole ↗ Anthracenderivate.

■ **Anthrarobin**
(Anthrarobinum), 3,4-Dihydroxyanthranol. *Anw.:* äußerlich bei Hauterkrankungen, Ekzemen und Pilzinfektionen.

■ **Anthriscus cerefolium** (L.) Hoffm.
(syn. *Chaerefolium cerefolium*); Gartenkerbel (syn. Kerbel).

Fam.: Apiaceae (Umbelliferae).

Heim.: Südeuropa, in West- und Mitteleuropa seit dem 16. Jh. kultiviert.

Droge: ***Cerefolii herba*** (syn. *Herba Cerefolii, Herba Cerefolii germanici*); Kerbelkraut, das frische Kraut. *Inh.:* äther. Öl mit Methylchavicol (Estragol), ferner Flavonoide. *Anw.:* in der Volksheilkunde als harntreibendes Mittel, die Droge oder der Preßsaft für sog. Frühjahrskuren, ferner bei Skrofulose und chronischen Ekzemen, die frischen Blätter heutzutage insbes. als Suppen- und Salatgewürz.

Anthrone ↗ Anthracenderivate.
Anthyllidis vulnerariae flos ↗ Anthyllis vulneraria.

■ **Anthyllis vulneraria** L.
(syn. *Vulneraria heterophylla*); Wundklee (syn. Apothekerklee, Bärenklee, Bartklee, Frauenkäppeln, Gelber Klee, Goldknopf, Hasenklee, Kretzenkraut, Russischer Klee, Schafszähn, Sommerklee, Tannenklee, Watteblume, Wollklee, Wundkraut), s. Farbtafel S. 142, Bild 33.

Fam.: Fabaceae.

Drogen.: ***1. Anthyllis-vulneria-Blüten*** (syn. *Anthyllidis vulnerariae flos, Flores Anthyllidis vulnerariae, Flores vulnerariae, Flores vulnerariae cum calice*); Wundkleeblüten, die getrockneten Blüten. *Inh.:* Gerbstoffe (0,6 %), vermutlich vom Catechin-Typ. *Anw.:* lediglich volkstümlich zur Geschwür- und Wundbehandlung. ***2. Anthyllis-vulneraria-Kraut***; Wundkleekraut. *Inh.:* Flavonoide, Isoflavonoide und Gerbstoffe. *Anw.:* volkstümlich als Wundheilmittel.

■ **Antiaris toxicaria** (Pers.) Lesch.
Upasbaum.

Fam.: Moraceae.

Vork.: tropisches Asien, besonders auf Java, Nordborneo, Indo-Malaiische Gebiete.

Droge: ***Upasbaumsaft***, der Milchsaft. *Inh:* herzwirksame Glykoside, wie Convallosid, Cymarin, Cymarol, Strophanthidin, Periplogenin. *Anw.:* in der Volksheilkunde als Herzmittel; die Ureinwohner der malaiischen Gebiete bereiten aus dem Milchsaft das Pfeilgift „Pohon Upas“ oder „Ipo“, das als starkes Krampfgift wirkt.

■ **Antibiotika**
Stoffwechselprodukte von Mikroorganismen, die in geringen Konzentrationen das Wachstum von anderen Mikroorganismen hemmen oder sie abtöten. Zu den A. werden heute auch chemisch oder biochemisch modifizierte Derivate von Mikroorganismen bzw. antibiotisch wirksame sekundäre Stoffwechselprodukte aus höheren Pflanzen und Tieren (Phytoalexine) gerechnet. Sie werden i. d. R. von Actinomyceten, Streptomyces-Arten, anderen Bakterien und Pilzen gebildet. Bisher wurden ca. 8000 A. isoliert, davon sind etwa 100 in der Medizin anwendbar.

■ **Antidesma bunius** (L.) Spreng.
(syn. *Stilago bunius*).

Cys–Asn–Cys–Lys–Ala–Pro–Glu–Thr–Ala–Leu–Cys–Ala–Arg–Arg–Cys–Gln–Gln–His–NH_2

Apamin

Fam.: Euphorbiaceae.

Vork.: Indonesien, China, Ostasien, auch kultiviert.

Drogen: ***Folia Antidesmae***; Daoen hoeni, die Blätter. Inh: Triterpene, wie Friedelin. Anw.: in der Volksheilkunde als Diaphoretikum. Die Früchte der Pflanze sind eßbar.

■ **Antihidrotika**

(syn. Antihydrotika). Mittel gegen übermäßige Schweißabsonderung. Als Drogen wurden Salbeiblätter, Lärchenschwamm sowie Belladonnablätter, d. h. Parasympatholytika, mitunter auch Gerbstoffe genutzt.

■ **Antipathes subpinnata** Ell. et Sol.

Dörnchenkoralle (syn. Schwarze Koralle).

Fam.: Antipatharia.

Vork.: in tropischen und subtropischen Gewässern.

Drogen: ***Corallium nigrum***, die ganzen Tiere. Inh.: Calciumcarbonat, Proteine, Iod (ca. 6 %). Anw.: in der orientalischen Volksheilkunde bei Augenerkrankungen.

■ **Antiphlogistika**

Stoffe, die entzündungshemmend wirken. Sie finden Anwendung bei akuten und chronischen Entzündungen (z. B. Rheuma, Artritis, Psoriasis). Der Wirkungsmechanismus vieler A. beruht auf der Hemmung von Enzymen des Prostaglandinstoffwechsels (Cyclooxygenase, Phospholipasen).

Antirrhinum linaria ↗ Linaria vulgaris.
Antonskraut ↗ Epilobium-Arten.
Aouaraöl ↗ Astrocaryum-Arten.

■ **Apama siliquosa** Lamb.

(syn. *Bragantia wallichii*).

Fam.: Aristolochiaceae.

Vork.: Indien, Sumatra, Java.

Drogen: die Wurzeln. Inh: äther. Öl (ca. 0,05 %), Aristolochiasäure (ca. 1,75 %), Chakranin, fettes Öl (ca. 0,5 %). Anw.: in der Volksheilkunde gegen Krätze und Schlangenbisse.

■ **Apamin**

basisches Peptid aus 18 Aminosäuren, das durch zwei Disulfidbrücken stabilisiert wird. A. wirkt als spezifischer Blocker von Ca^{2+}-abhängigen Kaliumkanälen und wird als Modellsubstanz in der experimentellen Pharmakologie eingesetzt. Es ist in geringer Konzentration im Bienengift enthalten (Formel s. oben).

Aperna ↗ Solanum-Arten.
Apfel ↗ Malus domestica.
Apfelbaum ↗ Malus domestica.
Apfelschalen ↗ Malus domestica.
Apfelsine ↗ Citrus-Arten.

■ **Aphis chenopodii glauci HAB**

die auf *Chenopodium glaucum* L. lebenden Blattläuse. Anw.-Geb.: chronische Lebererkrankungen, Rippenfellreizung.

Aphis sinensis ↗ Rhus-Arten.
Apigenin ↗ Flavonoide.
Apii fructus ↗ Apium graveolens.
Apii herba ↗ Apium graveolens.
Apii radix ↗ Apium graveolens.

■ **Apiol**

(Apiolum), Petersilienkampfer. Dieses Phenylpropanderivat ist Hauptbestandteil des äther. Öls der Petersilienfrüchte (↗ *Petroselinum crispum*). Anw.: als Diuretikum (starke Nierenreizung, Vorsicht!), Emmenagogum und Abortivum. In höherer Dosierung toxische Kreislaufschäden, Leberschäden und zentrale Lähmungen. ↗ ätherische Öle.

■ **D-Apiose**

Tetrahydroxyisovaleraldehyd, ein Zucker (Pentose), der als Baustein von Glykosiden auftritt.

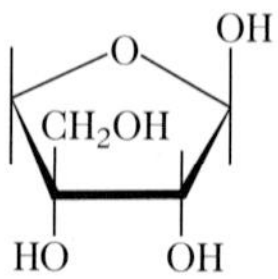

β-D-Apiose

Apisinum ↗ Apis mellifera.

■ **Apis mellifera** L.
(syn. *Apis mellifica*); Honigbiene.

Fam.: Apidae.

Vork.: in der ganzen Welt verbreitete Insekten, die sich in Weibchen (Königin, Weisel), Männchen (Drohnen) und Arbeitsbienen unterteilen.

Drogen: *1. Bienengift* (syn. Apisinum). Inh.: pro Biene etwa 0,3 mg Frischgift, bestehend aus Peptidtoxinen (↗ Melittin, ↗ Apamin und mast cell degranulating peptide/MCD), Histamin, Dopamin, Noradrenalin sowie Enzyme (Hyaluronidase, Phospholipase). Anw.: Bienengift wird percutan, in Kombination mit hyperämisierenden Wirkstoffen, oder intracutan bei rheumatischen Erkrankungen, Neuralgien und Myalgien appliziert. *2. Cera flava* (↗ Wachse). *3.* ↗ *Gelée royale* (syn. Weiselzellfuttersaft). *4.* ↗ *Honig* (syn. Mel). *5. Propolis* (syn. Bienenkittharz). Inh.: Die grüne bis rotbraune, klebrige Masse zeichnet sich durch einen hohen Anteil an Flavonoiden, Benzolcarbonsäuren, Phenylacrylsäuren, Benzylalkoholen, Phenylalkylalkoholen sowie deren Estern aus. Propolis wird von der Honigbiene aus Pflanzenexkreten gebildet, und dient zum Befestigen der Waben, Auskleiden und Abdichten des Bienenstockes sowie zum Mumifizieren von getöteten Eindringlingen des Bienenstockes. Anw.: Propolis wird dermatologisch in Salben zur Behandlung von Geschwüren und Ekzemen sowie in Lutschtabletten bei Mund- und Rachenschleimhautentzündungen verwendet. Auch bei Magengeschwüren und Gastroenteritiden kommt es zum Einsatz.

Hom.: *1. Apis mellifica* HAB1; die lebende Honigbiene. Anw.-Geb.: Entzündungen der Haut und Schleimhaut, Ödeme, Rötung, Juckreiz. *2. Apisinum* HAB1; das Gift der Honigbiene. Anw.-Geb.: Entzündungen und Erkrankungen mit Flüssigkeitsansammlungen in Geweben und Körperhöhlen, Allergien. *3. Propolis* HAB; das Kittharz der Honigbienen. Anw.-Geb.: nichteitrige Schleimhautentzündungen der Atemwege und ableitenden Harnwege, Hauterkrankungen.

Apis mellifica ↗ Apis mellifera.
Apium ammi ↗ Ammi majus.
Apium anisum ↗ Pimpinella-Arten.
Apium biternatum ↗ Aegopodium podagraria.
Apium carvi ↗ Carum carvi.
Apium celleri ↗ Apium graveolens.
Apium decumbens ↗ Apium graveolens.

■ **Apium graveolens** L.
(syn. *Apium celleri, A. decumbens, A. lobatum, A. maritium, A. vulgare, Celeri graveolens, Selinum graveolens, Seseli graveolens, Sison ruta, Sium apium, Sium graveolens, Smyrnium laterale*); Echter Sellerie (syn. Epf, Eppich, Geilwurz, Gemeiner Eppich, Sällerie, Schoppenkrud, Sellerie, Zelderie, Zeller, Zellerich, Zellerie).

Fam.: Apiaceae (Umbelliferae).

Drogen: *1. Apii fructus* (syn. *Fructus Apii graveolentis, Semen Apii*); Selleriefrüchte, die reifen, getrockneten Früchte. Inh.: äther. Öl (1,9–3 %, *Oleum Apii aetheroleum e fructibus* mit Butyl- und Butylidenphthaliden als Hauptträger des Aromas), Flavonoide, bes. Gravaeobiosid A und B (Luteolin-7-apiosylglucosid, ca. 1–2 % bzw. Chrysoeryol-7-apiosylglucosid, 0,1–0,7 %), außerdem u. a. Apiin und Isoquercitrin, ferner Furanocumarine (u. a. Bergapten), Isoimperatorin, das Furanocumaringlykosid Apiumosid so-

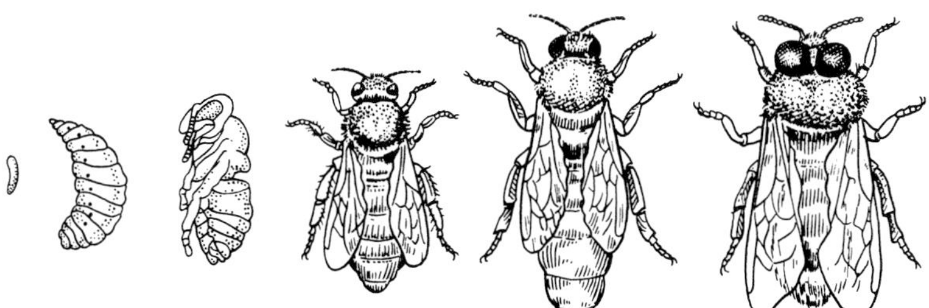

a b c d e f

Apis mellifera. *a* Ei, *b* Larve, *c* Puppe, *d* Arbeiterin, *e* Königin, *f* Drohne.

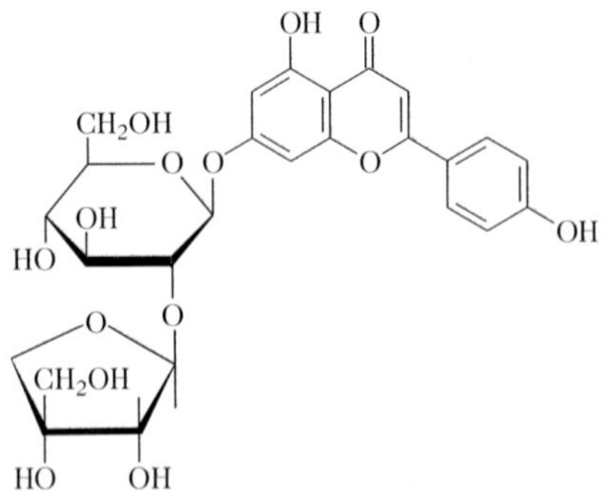

Apiin

wie fettes Öl mit Petroselinsäure als Hauptfettsäure (40–60 %). Anw.: volkstümlich als Diuretikum bei Blasen- und Nierenleiden sowie als Adjuvans bei rheumatischen Beschwerden. *2.* ***Apii herba*** (syn. *Herba Apii*); Selleriekraut, das getrocknete Kraut von *Apium graveolens*. Inh.: äther. Öl, Flavonoide und Furanocumarine (s. *Apii fructus*), außerdem Phenolcarbonsäurederivate, u. a. Ferula- und Chlorogensäure sowie Steroide, u. a. Stigmasterol und Sitosterol. Anw.: in der Volksheilkunde als Diuretikum zur Steigerung der Harnausscheidung, mitunter bei Magen-Darm-Beschwerden oder als appetitanregendes Mittel. Weitere Verwendung als Küchengewürz. ***3. Apii radix*** (syn. *Radix Apii graveolentis*); Selleriewurzel, die getrockneten Knollen und Wurzeln von Apium graveolens. Inh.: äther. Öl (0,01–0,15 %), Flavonoide und Furanocumarine, ferner Phenolcarbonsäurederivate, Polyine, u. a. Falcarinon, sowie organische Säuren. Anw.: volkstümlich als Carminativum bei Verdauungsstörungen und Blähungen, ferner als Diuretikum sowie mit Zucker eingekochter Wurzelsaft als Hustenmittel. Die Knollen gelten ferner seit altersher als Aphrodisiakum. Ein Preßsaft aus frischen Blättern und Wurzeln dient als Fertigarzneimittel zur Anregung der Nierentätigkeit und zur Linderung rheumatischer Beschwerden. Geg.: Bei Einnahme von Selleriezubereitungen sind Allergien und Photosensibilisierungen nicht auszuschließen. Bei bestehender Nierenentzündung sind Selleriedrogen kontraindiziert.

Hom.: ***Apium graveolens*** HAB34, die reifen Samen. Anw.-Geb.: Eierstockentzündungen und Rheumatismus.

Histor.: Der Sellerie war schon den alten Griechen und Römern bekannt. Bereits ↗ Dioskurides beschreibt ihn als „ein gutes Mittel gegen erhitzten Magen, Verhärtungen in den Brüsten und wirkt roh oder gekocht harntreibend". Auch ↗ Theophrast nennt ihn harntreibend und als Mittel gegen Wassersucht. Da die Pflanze angeblich auch als Mittel gegen Melancholie wirksam sein soll, nannte sie Petrus de Crescentiis auch die „Sellerie des Lachens". Veleslavin (1596) empfiehlt Wöchnerinnen, nicht zuviel davon zu essen, da sie die Milchsekretion einschränkt. Der Name Apium ist nach Horaz und Plinius der einer Doldenpflanze, die zur Herstellung von Kränzen genutzt wurde. Möglicherweise leitet sich Apium auch vom griechischen *apion* oder vom lateinischen *apex* = Haupt ab, da die antiken Triumphatoren mit der Pflanze bekränzt wurden. Das deutsche Wort Sellerie wurde erst im 17. Jh. gebraucht und ist aus dem französischen célerie entstanden.

Apium hortense ↗ Petroselinum crispum.
Apium laetum ↗ Petroselinum crispum.
Apium lobatum ↗ Apium graveolens.
Apium maritium ↗ Apium graveolens.
Apium petroselinum ↗ Petroselinum crispum.
Apium pimpinella ↗ Pimpinella-Arten.
Apium podagraria ↗ Aegopodium podagraria.
Apium romanum ↗ Petroselinum crispum.
Apium tragoselinum ↗ Pimpinella-Arten.
Apium visnaga ↗ Ammi visnaga.
Apium vulgare ↗ Apium graveolens, ↗ Petroselinum crispum.
Aplopappus baylahuen ↗ Haplopappus baylahuen.

■ **Aplysia depilans** L.
Seehase.
Fam.: Aplysiaceae.
Vork.: Mittelmeergebiete.
Droge: die ganze Schnecke. Inh.: ein giftiges Sekret mit dem bromhaltigen Aplysiatoxin. Das Toxin wird nicht von der Schnecke selbst produziert, sondern mit giftigen Algen aufgenommen und nur in den Verdauungsorganen gespeichert. Anw.: im Altertum wurde aus der Schnecke ein Gift und Zaubermittel bereitet sowie ein Enthaarungsmittel hergestellt.

Apocyni cannabini radix ↗ Apocynum cannabinum.
Apocynum alternifolium ↗ Gymnema sylvestre.

■ **Apocynum cannabinum** L.
(syn. *Apocynum hypericifolium, A. platyphyllum, A. pubescens, A. sybericum, A. suksdorfi*); Amerikanischer Hanf (syn. Fliegenfänger, Hanfartiger Hundswürger, Indianischer Hanf, Kanadischer Hanf, Venetianischer Hundstod); s. Farbtafel S. 142, Bild 34.

Fam.: Apocynaceae.

Heim.: östliches Nordamerika. Kultiviert auch in Europa.

Droge: ***Apocyni cannabini radix*** (syn. *Radix Apocyni)*; Amerikanische oder Kanadische Hanfwurzel (syn. Hanfwurzel, Hanfartiger Hundswürger, Hanfhundsgift, Indianerhanf), die im Herbst gesammelten und getrockneten Wurzeln und Wurzelstöcke. *Inh.:* Cardenolidglykoside (0,2–0,4 %), u. a. Cymarin (Strophanthidin + D-Cymarose), k-Strophanthosid (Strophanthidin + D-Cymarose + β-Glucose + α-Glucose) sowie die Cannogeninglykoside Apocannosid (Cannogenin + D-Cymarose) und Cynocannosid (Cannogenin + L-Oleandrose). *Wirk.:* In kleineren Dosen Bradykardie und Erhöhung der Kontraktionsleistung des Herzens, ferner Steigerung der Diurese. *Anw.:* Bestandteil einiger als Kardiaka genutzter Arzneifertigpräparate. Volkstümlich, bes. in den Heimatgebieten, bei Herzmuskelschwäche infolge Pneumonie, beim Altersherz, bei rheumatischen Beschwerden; in Form des frischen Pflanzensaftes bei Kondylomatose und Warzen.

Hom.: ***Apocynum cannabinum*** HAB1; der frische Wurzelstock. *Anw.-Geb.:* bei Herzschwäche mit Wassersucht, chronischer Nierenentzündung mit Wassersucht sowie Brechdurchfall.

Histor.: Die Droge wurde ursprünglich von nordamerikanischen Ärzten in Form von Abkochugen als Emetikum und Diuretikum verordnet. Der Name, den bereits Dioskurides gebrauchte, leitet sich aus dem griechischen *apo* = fort und *kyon* =Hund ab, da man annahm, daß die Pflanze für Hunde giftig ist. Mit dem Artnamen *cannabinum* = hanfartig ergibt sich die deutsche Bezeichnung Hanfartiger Hundswürger.

Apocynum hypericifolium ↗ Apocynum cannabinum.

Apocynum lancifolium ↗ Trachomitum lancifolium.

Apocynum platyphyllum ↗ Apocynum cannabinum.

Apocynum pubescens ↗ Apocynum cannabinum.

Apocynum suksdorfi ↗ Apocynum cannabinum.

Apocynum sybericum ↗ Apocynum cannabinum.

Apocynum syriacum ↗ Asclepias-Arten.

■ **Apodanthera smilacifolia** Coqn.

Fam.: Cucurbitaceae.

Vork.: Brasilien.

Drogen: ***Radix Apodantherae***, die Wurzeln. *Inh:* Alkaloide, wie Apodantherin; Glykoside, wie Apodanthin; Säuren, Harz, Wachs, fettes Öl. *Anw.:* in der brasilianischen Volksheilkunde als Entschlackungsmittel.

Apollonienkraut ↗ Aconitum-Arten.

Apothekerklee ↗ Anthyllis vulneraria.

Apothekerrinde ↗ Cinchona-Arten.

Aprikose ↗ Prunus-Arten.

Aprikosenkernöl ↗ Prunus-Arten.

Aprilblume ↗ Anemone nemorosa.

Aqua Hamamelidis ↗ Hamamelis virginiana.

■ **Aquilaria agallocha** (Lour.) Roxb.
(syn. *Aloexylon agallochum*).

Fam.: Thymelaeaceae.

Vork.: Ostindien, China.

Drogen: ***Lignum Aloes***; Aloeholz (syn. Adlerholz), das Kernholz. *Inh:* wohlriechendes äther. Öl mit Furanverbindungen. *Anw.:* in Asien für rituelle Zeremonien als Räuchermittel.

Aquilegia cornuta ↗ Aquilegia vulgaris.

Aquilegiae herba ↗ Aquilegia vulgaris.

Aquilegia elegans ↗ Aquilegia vulgaris.

Aquilegia versicolor ↗ Aquilegia vulgaris.

■ **Aquilegia vulgaris** L.
(syn. *Aquilegia cornuta, A. elegans, A. versicolor*); Gemeine Akelei (syn. Adlerblume, Glokkenblume, Handschuh, Harlekinsblume, Narrenkappen, Schlotterhose, Weiberkappen).

Fam.: Ranunculaceae.

Vork.: gemäßigte Zonen der nördlichen Hemisphäre.

Droge: ***Aquilegiae herba*** (syn. *Herba Aquilegiae*); Akeleikraut, das getrocknete Kraut. *Inh.:* Isochinolinalkaloide, u. a. Magnoflorin, Flavonoide sowie Spuren von cyanogenen Glykosiden. *Anw.:* volkstümlich bei Magen- und Darmbeschwerden sowie bei Leber- und Gallenleiden.

Hom.: ***Aquilegia vulgaris*** HAB1, die frische,

blühende, ganze Pflanze. Anw.-Geb.: nervöse Beschwerden, Menstruationsstörungen.

Histor.: Der Name *Aquilegia* = die Wassersammlerin (lat. *aquam legere*) wurde vermutlich wegen der füllhornartigen Form der Blütenhülle gewählt. In einer anderen Version wird der Name mit *aquila* = Adler, d. h. der gekrümmte Sporn der Blüte mit der Adlerklaue, in Verbindung gebracht. Der deutsche Name Akelei dürfte etymologisch aus *Aquilegia* abgeleitet sein.

Arabica-Kaffee ↗ Coffea-Arten.
Arabidaea chica ↗ Bignonia chica.
Arabinogalactane ↗ Acacia-Arten.
Arabisches Gummi ↗ Acacia-Arten.
Arabis petiolata ↗ Alliaria petiolata.
Arachidis oleum ↗ Arachis hypogaea.
Arachidis oleum hydrogenatum ↗ Arachis hypogaea.

■ Arachidonsäure

Eicosatetraensäure 20:4(5,8,11,14), ungesättigte, essentielle Fettsäure, Ausgangspunkt für die Synthese der Prostaglandine, Thromboxane und Leukotriene (Eicosanoide).

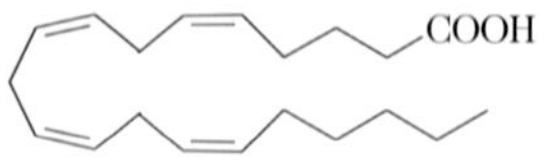

5,8,11,14-Eicosatetraensäure
(Arachidonsäure)

■ Arachis hypogaea L.

(syn. *Arachnida hypogaea*); Erdnuß; s. Farbtafel S. 142, Bild 35.

Fam.: Fabaceae (Leguminosae).

Heim.: tropisches Südamerika, Anbau heute in sämtlichen tropischen und subtropischen Gebieten außerhalb des immerfeuchten Regenwaldes.

Drogen: *1. Arachidis oleum* (syn. *Oleum Arachidis*); Erdnußöl (syn. Arachisöl), das aus den geschälten Samen gewonnene, raffinierte Öl. *Inh.:* Die Zusammensetzung des Fettsäureanteils der Triglyceride ist sehr von der Herkunft abhängig. So liegt z. B. im südamerikanischen Öl ein niedrigerer Ölsäuregehalt vor (37 % gegenüber 55 % bei afrikanischer Herkunft), dagegen ein höherer Linolsäuregehalt (41 % gegenüber 25 % bei afrikanischer Herkunft). Charakteristisch sind ferner geringe Mengen von Arachin-, Behen- und Lignocerinsäure. Das Unverseifbare enthält u. a. Tocopherole (0,02–0,06 %) sowie Sterole (0,2–0,3 %). *Anw.:* als Klistier bei Stuhlverhalten, in der Dermatologie gegen trockene Haut (u. a. in der Säuglingspflege), als Badezusatz bei subakuten und chronischem Ekzem, bei atopischem Ekzem und Ichthyosis. Ferner in der pharmazeutischen Technologie als Vehikel für Arzneistoffe zu äußerlichem, enteralem oder parenteralem Gebrauch. In der Kosmetik für Haut-, Sonnenschutz- und Massageöle. Die Hauptmenge des erzeugten Erdnußöles dient als Speiseöl. *2. Arachidis oleum hydrogenatum*; Gehärtetes Ernußöl, das durch teilweise Hydrierung von Erdnußöl gewonnene Fett. *Anw.:* als Salbengrundlage.

Arachisöl ↗ Arachis hypogaea.
Arachnida hypogaea ↗ Arachis hypogaea.

■ Aralia-Arten

● **Fam.:** Araliaceae.

● **Aralia mandshurica** Rupr. et Maxim. (syn. *Aralia chinensis*); Mandschurische Aralie.

Vork.: Nordchina, Japan, Korea und fernöstliche Gebiete Rußlands.

Droge: die frische oder getrocknete Wurzel. *Inh.:* Triterpensaponine (u. a. Araloside A, B und C), Polyine (u. a. Falcarinon und Falcarinolon) sowie Spuren von äther. Öl. *Anw.:* in der traditionellen chinesischen und russischen Heilkunde als Tonikum und Stimulans, mitunter als Ersatz für Ginseng.

● **Aralia racemosa** L. (syn. *Aralia arizonica, A. bicrenata*); Amerikanische Narde (syn. Wilde Sarsaparilla, Amerikanische Narde).

Vork.: Nordamerika.

Droge: *Aralia-racemosa-Wurzel*, die im Sommer und Herbst geernteten, in Stücke geschnittenen frischen oder auch getrockneten Rhizome und Wurzeln. *Inh.:* äther. Öl (0,34 %) mit Mono- und Sesquiterpenen, ferner Diterpene, u. a. (–)-Kauren, Polyine und Triterpensaponine mit Sapogeninen der Oleanan- und Dammaran-Reihen. *Anw.:* vorwiegend in der Volksheilkunde bei Erkrankungen der Atmungsorgane, zuweilen auch bei Hautleiden.

Hom.: *Aralia racemosa* HAB1, frische unterirdische Teile. *Anw.-Geb.:* u. a. Schnupfen, bes. allergische Erkrankungen der Atmungsorgane.

Aralia canadiensis ↗ Panax quinquefolius.

Aralia ginseng ↗ Panax ginseng.
Aralia papyrifera ↗ Tetrapanax papyriferum.
Aralie ↗ Aralia-Arten.
Aralie quinquefolia ↗ Panax quinquefolius.
Aranea avicularis ↗ Avicularia avicularia.
Aranea diadema ↗ Araneus diadematus.
Aranea gemma ↗ Araneus diadematus.
Aranea ixobola ↗ Araneus ixobolus.
Aranea limaci ↗ Araneus diadematus.

■ **Araneus diadematus** Clerck
(syn. *Aranea diadema, A. gemma, A. limaci, Epeira diatema, Epeira diademata*); Diademspinne (syn. Gartenkreuzspinne, Kreuzanker, Kreuzspinne, Kugelspinne, Papstkreuzspinne).
Fam.: Argiopidae.
Vork.: Europa, Nordafrika, Asien, Amerika.
Inh.: Das Spinnengift enthält u. a. Neurotoxine (Aranin), Proteasen und Hyaluronidase. In der intakten Spinne sind weiterhin Arachnolysin, Epeiralysin und Arachnotoxin vorhanden.
Hom.: ***Aranea diadema*** HAB, ethanolische Tinktur aus der ganzen Spinne. *Anw.-Geb.:* Asthma, Rheuma, Neuralgien, Migräne sowie bei Ulcus- und Carcinomschmerzen.

■ **Araneus ixobolus**
(syn. *Aranea ixobola, Epeira umbratica, Larinoides ixobolus*); Schwarze Nachtspinne.
Fam.: Argiopidae.
Vork.: Osteuropa.
Inh.: Im Spinnengift ist ein Neurotoxin, im Blut ein Arachnolysin nachgewiesen worden.
Hom.: ***Aranin*** HAB, reines, fermentfreies Spinnengift. *Anw.-Geb.:* neuralgische und vasomotorische Kopfschmerzen, essentielle Hypertonie, Arteriosklerose.

Araribarinde ↗ Sickingia rubra.
Arariba-Rinde ↗ Arariba rubra.

■ **Arariba rubra** Mart.
(syn. *Pinkneya rubescens, Sickingia rubra, Simira rubra*).
Fam.: Rubiaceae.
Vork.: Brasilien.
Droge: ***Arariba-Rinde*** (syn. Cantagallo-Chinarinde), die Rinde. *Inh:* u. a. β-Carbolinalkaloide und Harman. *Anw.:* in der Volksheilkunde als Fiebermittel sowie zur Bereitung von ↗ Ayahuasca.

Araroba depurata ↗ Andira-Arten.

■ **Araucaria araucana** (Mol.) K. Koch
(syn. *Araucaria imbricata*); Chilenische Araukarie.
Fam.: Araucariaceae.
Vork.: Chile, Argentinien, in Europa auch kultiviert.
Droge: Harz. *Inh:* äther. Öle mit Limonen, Sesquiterpenen; Diterpene, saure Polysaccharide. *Anw.:* in der Volksheilkunde als Diuretikum, als Pflaster bei Geschwüren und Narben.

Araucaria imbricata ↗ Araucaria araucana.
Arbor albo minor ↗ Melaleuca-Arten.
Arbuse ↗ Citrullus vulgaris.
Arbuti folium ↗ Arbutus unedo.

■ **Arbutin**
(Arbutinum), Hydrochinon-β-D-glucosid, das besonders in den Blättern verschiedener Ericaceae (u. a. ↗ *Arctostaphylos uva-ursi*) und Rosaceae (↗ *Pyrus communis*) vorhanden ist. Durch die Wirkung des Enzyms Emulsin wird es in Glucose und Hydrochinon gespalten, das für die herbstliche Schwarzfärbung von Birnbäumen verantwortlich ist. *Anw.:* A. wird als Diuretikum bei Nierenleiden und Blasenkatarrhen eingesetzt, dabei wirkt das freigesetzte Hydrochinon desinfizierend.

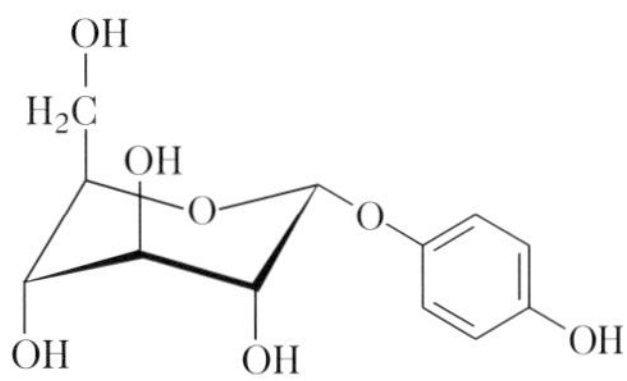

Arbutin

Arbutus crispa ↗ Arbutus unedo.
Arbutus salicifolia ↗ Arbutus unedo.
Arbutus serratifolia ↗ Arbutus unedo.

■ **Arbutus unedo** L.
(syn. *A. crispa, A. salicifolia, A. serratifolia, Unedo edulis*); Erdbeerbaum (syn. Landbeere, Sandbeere). Immergrüner Strauch oder Baum.
Fam.: Ericaceae.
Vork.: tropische Gebiete, Irland.
Droge: ***Arbuti folium*** (syn. *Folia Arbuti, Folia Arbuti unedinis*), die getrockneten Blätter. *Inh.:*

Phenolglykoside (ca. 6 %), u. a. ↗ Arbutin, außerdem Flavonolglykoside und Iridoidglykoside, u. a. Unedosid. Anw.: volkstümlich bei Infektionen der ableitenden Harnwege, Miktionsbeschwerden bei Reizblase und benigner Prostatahyperplasie. Dos.: 1–2 g als Einzeldosis; s. ↗ Teezubereitung.

Arbutus uva-ursi ↗ Arctostaphylos uva-ursi.

■ **Arcangelisia flava** Merr.
(syn. *Arcangelisia lemniscata*).
Fam.: Menispermaceae.
Vork.: Philippinen, Indonesien.
Drogen: die Blätter. Inh: Alkaloide, u. a. Berberin, Columbamin, Jatrorrhizin, Palmatin. Anw.: in der Volksheilkunde bei Kopfschmerzen.

Arcangelisia lemniscata ↗ Arcangelisia flava.

■ **Arceuthobium oxycedri** (DC.) Bieb.
(syn. *Viscum cruciatum*); Wacholdermistel.
Fam.: Loranthaceae.
Vork.: Mittelmeergebiete bis zum westlichen Himalaja.
Droge: die ganze Pflanze. Inh: Flavonoide, wie Delphinidin, Cyanidin, Myricetin, Quercetin, Kaffeesäure, *p*-Cumarsäure. Anw.: in gleicher Weise wie ↗ *Viscum album*.

■ **Arctiin**
Lignanglykosid aus der Wurzel verschiedener ↗ *Arctium-Arten*. Das Aglykon Arctigenin besitzt Anti-HIV-Aktivität u. a. durch Hemmung der Topoisomerase II.

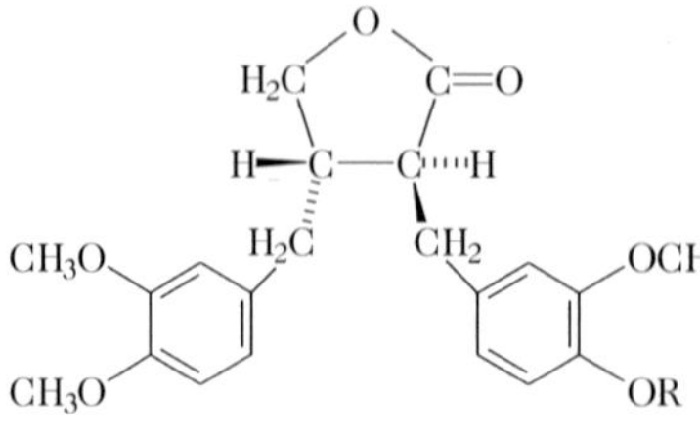

(+)-Arctigenin: R = H
Arctiin: R = Glucose-Rest

■ **Arctium-Arten**
● **Fam.:** Asteraceae (Compositae).
● **Arctium lappa** L. (syn. *Arctium majus, Lappa communis, Lappa major, Lappa officinalis, Lappa vulgaris*); Große Klette (syn. Rossklettenwurz).
● **Arctium tomentosum** Mill. (syn. *Arctium bardana, Lappa arctium, Lappa tomentosa*); Filz-Klette, Filzige Klette.
● **Arctium minus** (Hill) Bernh.; Kleine Klette.
Droge: ***Bardanae radix*** (syn. *Radix Bardanae, Radix Arctii, Radix Lappae*); Klettenwurzel, die im Herbst des ersten oder im Frühjahr des zweiten Jahres gesammelten, getrockneten, ganzen oder zerkleinerten Wurzeln. Droge stammt meist aus Kulturen von *A. lappa*. Inh.: Lignane, u. a. ↗ Arctiin, Inulin (*A. lappa* 45–70 %, *A. minus* 20–27 %, *A. tomentosum* bis 19 %), Schleimstoffe, geringe Mengen an ätherischem Öl (0,06–0,18 %), Polyine, Kaffeesäurederivate und Sesquiterpenlactone. Anw.: in der Volksheilkunde bei Beschwerden im Magen-Darm-Bereich, bei Rheuma und äußerlich bei schlecht heilenden Wunden, unreiner Haut sowie Psoriasis. Als Klettenwurzelöl äußerlich bei trockener Seborrhoe der Kopfhaut.
Hom.: ***Arctium lappa*** HAB34, die frische, von einjährigen Pflanzen gesammelte Wurzel. Anw.-Geb.: Hautausschläge, bes. nässende; Gebärmuttersenkung und rheumatische Beschwerden.
Histor.: Der Gattungsname, der sich bereits bei ↗ Dioskurides findet, leitet sich vermutlich vom griechischen *árcteion*, der Bär, ab; möglicherweise wegen der wolligen Beschaffenheit der Blütenköpfchen. Der Artname *lappa* wird bei ↗ Plinius als weiterer Gattungsname genannt und ist aus dem griechischen *labein* = ergreifen, festhalten abgeleitet, womit auf die an den Kleidern festhaftenden Früchte hingewiesen wird. Der mittelalterliche Name *bardana* wird mit dem italienischen Namen *„bard“* (=Pferdedecke) in Verbindung gebracht, offenbar im Hinblick auf die großen Blätter der Pflanze. Mit dem deutschen Namen Klette wird ebenfalls der Begriff des Klebrigen, Anhaftenden zum Ausdruck gebracht.

Arctium majus ↗ Arctium-Arten.
Arctostaphylos media ↗ Arctostaphylos uva-ursi.
Arctostaphylos officinalis ↗ Arctostaphylos uva-ursi.
Arctostaphylos procumbens ↗ Arctostaphylos uva-ursi.

■ **Arctostaphylos uva-ursi** (L.) Sprengel
(syn. *Arbutus uva-ursi, Arctostaphylos media,*

Arctostaphylos officinalis, Arctostaphylos procumbens, Mairania uva-ursi, Uva-ursi buxifolia, Uva-ursi procumbens); Bärentraube (syn. Mehlbeere, Moosbeere, Sandbeere, Wilder Buchsbaum, Wolfstraube). Niederliegender, bis 1,5 m langer, kriechender Strauch.

Fam.: Ericaceae.

Droge: ***Uvae-ursi folium*** (syn. *Folia Arctostaphyli, Folia Garjubae, Folia Uvae ursi, Folia Vaccinii ursi, Herba Garjubae*); Bärentraubenblätter (syn. Achelblätter, Achelkraut, Bärenkraut, Moosbeerenblätter, Sandblätter, Steinbeerenblätter, Wolfsbeerenblätter), die getrockneten Laubblätter. *Inh.:* Phenolglykoside (5–12 %), insbes. Arbutin und Methylarbutin, ferner Flavonoide (0,8–1,5 %, bes. Flavonolglykoside), Gerbstoffe, die vorwiegend als Gallotannine und Ellagitannine vorliegen, außerdem Phenolcarbonsäuren (u. a. Gallussäure), Triterpene (u. a. Ursolsäure) sowie das Iridoidglykosid Monotropein. *Anw.:* bei entzündlichen Erkrankungen der

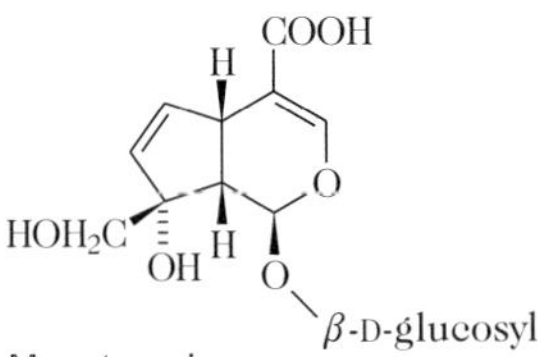

Monotropein

ableitenden Harnwege; zur Unterstützung der Therapie bei Blasen- und Nierenbeckenkatarrhen. Die Nutzung von Bärentraubenblätterzubereitungen soll bei alkalisch reagierendem Harn erfolgen, da das bakterizid reagierenden Hydochinon bevorzugt unter diesen Bedingungen freigesetzt wird. Die Alkalisierung des Harns ist durch Gabe von Natriumhydrogencarbonat (6–8 g/d) oder durch reichlich pflanzliche Kost zu erreichen. Da Abkochungen einen hohen Gerbstoffgehalt aufweisen, der zu Unverträglichkeit infolge Magenreizung führen kann, wird das Kaltmazerat empfohlen. Hierzu werden 1–2 Teelöffel fein geschnitten oder grob gepulverte Droge in einer Tasse Wasser kalt angesetzt, mehrere Stunden unter gelegentlichem Umrühren stehen gelassen, danach kurz erhitzt und abgeseiht. Die mittlere TD beträgt 10 g Droge. Die Anwendung sollte nicht länger als 7 Tage und nicht an Kinder unter 12 Jahren erfolgen.

Hom.: ***Arctostaphylos uva-ursi*** HAB1; Bärentraube, die frischen Blätter oder die frischen Blätter und jungen Zweigspitzen. *Anw.-Geb.:* Erkrankungen der Nieren und ableitenden Harnwege.

■ **Arctotis grandis** Thunb.

Fam.: Asteraceae (Compositae).

Vork.: Südafrika.

Droge: die ganze Pflanze. *Inh:* Sesquiterpenlactone, Guaianolide, wie Arctolid. *Anw.:* in der Volksheilkunde zur Behandlung von Brustschmerzen und Gebärmutterkrebs.

Ardisia humilis ↗ Ardisia solanacea.

■ **Ardisia japonica** (Thunb.) Blume (syn. *Bladhia japonica*).

Fam.: Myrsinaceae.

Vork.: Japan, China, Taiwan, pazifische Inseln.

Drogen: die Blätter. *Inh:* Triterpene, wie Ilexol; Flavonoide, u. a. Quercetin, Myricetin, Bergenin; Ardisinol I und II. *Anw.:* in der traditionellen chinesischen Medizin bei Erkältungskrankheiten und Tuberkulose.

■ **Ardisia solanacea** Roxb. (syn. *Ardisia humilis*).

Fam.: Myrsinaceae.

Vork.: Indien.

Drogen: die Wurzeln. *Inh:* Triterpen-Alkohole, u. a. Bauerenol, α- und β-Amyrin. *Anw.:* in der indischen Volksheilkunde als Fiebermittel, Antidiarrhoikum und Antirheumatikum, in Burma auch bei Menstruationsstörungen.

■ **Areca catechu** L.

Arekapalme (syn. Betelnußpalme). 10–20 m hohe Fächerpalme mit eigroßer, roter Beerenfrucht.

Fam.: Arecaceae (Palmae).

Vork.: tropisches Asien.

Droge: ***Arecae semen*** (syn. *Semen Arecae, Nuces Arecae*); Arekasamen (syn. Betelnuß, Arekanuß); s. Farbtafel S. 142, Bild 36. *Inh.:* Alkaloide, u. a. Arecolin (0,1–0,4 %) sowie Gerbstoffe. *Anw.:* als Anthelmintikum in der Veterinärmedi-

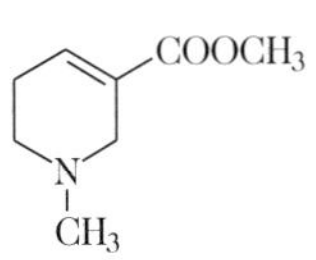

Arecolin

zin. Wirkung beruht auf Auslösung von Muskelkrämpfen in der Muskulatur der Eingeweidewürmer verbunden mit Erregung des Vagus zu peristaltischen Bewegungen, die zu einer beschleunigten Darmentleerung führen. Das muscarinartig wirkende Arecolin ist als direktes Parasympathomimetikum in 1%iger Lösung als Miotikum nutzbar. Die miotische Wirkung hält nur etwa 30 min an und läßt sich im Gegensatz zum Pilocarpin bereits durch ein Spur Atropin aufheben. Arekasamen dienen ferner als Genußmittel zum Betelkauen. Hierzu wird aus Scheiben frischer Arekasamen, Blättern von Piper betle, Kalk und Gambir sowie aromatisierenden Ingredienzien der sog. „Betelbissen" bereitet. *Geg.*: in höheren Dosen, z. B. 8–10 g Arekasamen, sind tödliche Vergiftungen infolge Atemlähmung möglich. Als Gegenmittel dient Atropin.

Arecae semen ↗ Areca catechu.
Arecolin ↗ Areca catechu.
Arekanuß ↗ Areca catechu.
Arekapalme ↗ Areca catechu.
Arekasamen ↗ Areca catechu.
Aremonia agrimonoides ↗ Agrimonia eupatoria.
Arenariae rubrae herba ↗ Spergularia rubra.
Arenaria rubra ↗ Spergularia rubra.
Arganiaöl ↗ Argania sideroxylon.

■ **Argania sideroxylon** Roem. et Schult.
(syn. *Argania spinosa*); Eisenholzbaum.
Fam.: Sapotaceae.
Vork.: Marokko.
Droge: ***Oleum Arganiae***; Eisenholzsamenöl (syn. Arganiaöl), das fette Öl der Samen. *Inh.*: fettes Öl (60 %). *Anw.*: als Speiseöl, Ersatz für Olivenöl. Der Ölkuchen dient als wertvolles Viehfutter.

Argania spinosa ↗ Argania sideroxylon.
Argemone leiocarpa ↗ Argemone mexicana.

■ **Argemone mexicana** L.
(syn. *Argemone leiocarpa, A. mucronata, A. ochroleuca, A. spinosa, A. sulphurea, A. versicolor, Ectrus mexicanus, Papaver spinosum*); Mexikanischer Stachelmohn.
Fam.: Papaveraceae.
Vork.: Zentralamerika, Brasilien, Indien, tropisches Afrika.
Drogen: *1.* ***Oleum Argemonis***; Argemonöl (syn. Stachelmohnöl), das fette Öl der Samen. *Inh:* Trigylceride mit Palmitin-, Myristin- und Linolsäure als Fettsäurekomponenten. *Anw.*: in der brasilianischen Volksheilkunde als Purgans, in Ostindien als Speiseöl, sonst als Brenn- und Schmieröl. ***2. Cardo mariano*** (syn. *Cardo santo*), Blätter und Samen. *Inh:* Alkaloide, wie Argemonin, Argonin, Berberin (0,125 %), Norargemonin, Sanguinarin, Protopin; Gerbstoffe. *Anw.*: in der Volksheilkunde als Sedativum und Brechmittel. ***3. Stachelmohnsaft***, der aus der Pflanze gewonnene Milchsaft. *Inh:* Berberin, Protopin sowie weitere Isochinolinalkaloide. *Anw.*: in der Volksheilkunde bei Augenleiden, Nierenschmerzen, Galleleiden, Harnverhaltung, Muskelschmerzen sowie zur Entfernmung von Warzen, bei Schlafstörungen und Asthma.
Histor.: Der Stachelmohn war den Azteken als „Nahrung der Toten" bekannt; daran sollten sich die Seelen im Totenreich und regenreichen Paradies laben. Um 1597 wurde die Pflanze bereits in Europa beschrieben. Zu Beginn dieses Jahrhunderts sollen die Chinesen aus dem Stachelmohn eine Art Opium gewonnen und als Ersatz für das aus *Papaver somniferum* gewonnene, genutzt haben. Heute wird die Pflanze als Marihuanaersatz und Aphrodisiakum geraucht, in Indien dient sie zur Erzeugung halluzinogener Zustände.

Argemone mucronata ↗ Argemone mexicana.
Argemone ochroleuca ↗ Argemone mexicana.
Argemone spinosa ↗ Argemone mexicana.
Argemone sulphurea ↗ Argemone mexicana.
Argemone versicolor ↗ Argemone mexicana.
Argemonöl ↗ Argemone mexicana.
Argentina anserina ↗ Potentilla anserina.
Argentina vulgaris ↗ Potentilla anserina.

■ **Argyreia nervosa** (Burm. f.) Bojer
(syn. *Argyreia speciosa, Convolvulus speciosus*); Silberkraut (syn. Hawaiianische Holzrose).
Fam.: Convolvulaceae.
Vork.: Indien, Australien, Afrika, häufig als Zierpflanze angebaut.
Drogen: *1.* ***Semen Argyreiae***, die Samen. *Inh:* Mutterkornalkaloide (ca. 0,3 %), u. a. Agroclavin, Ergin, Isoergin, Chanoclavine, Elymoclavin, Lysergen und Lysergol, Ergimetrin sowie Lysergsäure-α-hydroxyethylamid. *Wirk.*: Der Zu-

stand nach dem Genuß von 4–8 Samen wird von den Konsumenten als stark LSD-ähnlich bezeichnet (↗ Halluzinogene biogenen Ursprungs), d. h. es werden farbige Visionen induziert, die etwa 6–8 Stunden anhalten. Verbunden mit einem euphorischen Zustand wird ein „angenehmes Kribbeln" über Stunden erzeugt, das die sexuelle Phantasie und Aktivität anregt. Nebenwirkungen sind Übelkeit, Erschöpfung sowie Obstipation. *Anw.*: als Rauschmittel in den USA und Australien, als Aphrodisiakum für sexualmagische Rituale. ***2. Radix Argyreiae***, die Wurzeln. *Inh:* s. *Semen Argyreiae*. *Anw.*: in der ayurvedischen Medizin Indiens als Tonikum für Nerven und Gehirn, als Aphrodisiakum, zur Steigerung der Intelligenz, aber auch bei Husten, Bronchitis, Ejakulationsstörungen, Tuberkulose, Syphilis und Diabetes.

Histor.: Die Pflanze stammt aus Indien, wo sie seit Jahrtausenden medizinisch genutzt wird. Allerdings muß sie bereits sehr früh nach Hawaii eingebürgert worden sein, da die Pazifikinseln heute als ihre Heimat angesehen werden. Über eine traditionelle Anwendung in den Naturreligionen der Herkunftgebiete liegen keine Angaben vor. Die Möglichkeit, daß die Droge mit dem mythischen Rankengewächs ↗ Soma identisch ist, wird diskutiert.

Argyreia speciosa ↗ Argyreia nervosa.
Ari dracunculi folium ↗ Dracunculus vulgaris.
Ari dracunculi rhizoma ↗ Dracunculus vulgaris.
Arillus Myristicae ↗ Myristica fragrans.
Arillus Myristicae Papua ↗ Myristica argentea.
Ari maculati rhizoma ↗ Arum maculatum.

■ Ariocarpus-Arten

- **Fam.:** Cactaceae.
- **Ariocarpus fissuratus** und
- **Ariocarpus retusus**. *Inh.:* Phenylethylamin-Alkaloide. *Anw.:* Von den mexikanischen Huichol-Indianern werden diese Kakteen („Falsche Peyote") frisch gegessen und als Rauschdroge für magische Zeremonien verwendet.

Ariocarpus williamsii ↗ Lophophora williamsii.
Arion ater ↗ Arion empiricorum.

■ Arion empiricorum Ferussac

Nacktschnecke (syn. Waldschnecke, Braune Wegschnecke, Schwarze Wegschnecke).

Fam.: Arionidae.

Vork.: weltweit zwei Varianten: *Arion rufus* (von roter Farbe) in wärmeren Gebieten; *Arion ater* (von brauner bis schwarzer Farbe) in kälteren Gebieten.

Inh.: v. a. Schleim und Enzyme (Proteasen, Amylase, Lichenase, Lipase). *Anw.:* früher bei Bronchialerkrankungen als Schneckensirup (*Sirupus limax*).

Arion empiricorum. Große Wegschnecke (Arion ater).

Hom.: ***Limax ater***, ethanolische Tinktur aus den zerquetschten, mit Ethanol getöteten Tieren. *Anw.-Geb.:* Husten und Bronchialverschleimung.

Arion rufus ↗ Arion empiricorum.

■ Arisaema-Arten

- **Fam.:** Araceae.
- **Arisaema amurense** Maxim.

Droge.: ***Arisaema amurense-Rhizom*** (syn. *Rhizoma Arisaematis*), das getrocknete Rhizom. *Anw.:* volkstümlich u. a. bei Erkrankungen der Atmungsorgane.

- **Arisaema atrorubens** (Ait.) Blume (syn. *Arisaema polymorphum, A. stewardsonii, A. triphyllum, Arum atrorubens, Arum triphyllum*); Dreiblättriger Aron (syn. Schwarzroter Aronstab, Zehrwurzel).

Vork.: China, östliches Nordamerika.

Hom.: ***Arisaema triphyllum*** HAB1, die frischen unterirdischen Teile, die vor der Entwicklung der Blätter geerntet wurden. *Anw.-Geb.:* entzündliche Erkrankungen im Mund-Rachen-Raum, Heiserkeit.

- **Arisaema dracontium** (L.) Schott; Drachenwurzel (syn. Grüner Drachen).

Vork.: Nordamerika.

Droge: ***Arisaema dracontium-Rhizom***, das getrocknete Rhizom. *Anw.:* in der Volksheilkunde bestimmter Indianerstämme für rituelle Zwecke und als Gynäkologikum.

Hom.: ***Arum dracontium*** HAB34, die frischen, vor der Blüte oder nach dem Reifen der Früchte geernteten Wurzelstöcke mit Wurzeln. *Anw.-Geb.:* Erkrankungen der oberen Luftwege.

● **Arisaema heterophyllum** Blume (syn. *Arisaema thunbergii, Arum dracontium*). Die Pflanze wird in China in der traditionellen Medizin verwendet.

■ Aristolochia-Arten

● **Fam.:** Aristolochiaceae.

● **Aristolochia clematis** L. (syn. *Aristolochia infesta, A. sarracenia*); Osterluzei (syn. Aristolochia), s. Farbtafel S. 143, Bild 37.

Heim.: Mittelmeergebiet, Südeuropa.

Droge: ***Aristolochiae herba*** (syn. *Herba Clematitis*); Osterluzeikraut, das getrocknete Kraut. Inh.: äther. Öl (0,02–0,2 %, mit α-Pinen und α-Terpineol als Hauptkomponenten), Aristolochiasäuren mit Aristolochiasäure I (0,2 %, einer 3,4-Methylendioxy-8-methoxy-10-nitrophenanthren-carbonsäure und Aristolochiasäure II (0,1 %) im Trockengewicht als Hauptkomponenten, ferner phenolische Stoffe, u. a. Chlorogen-,

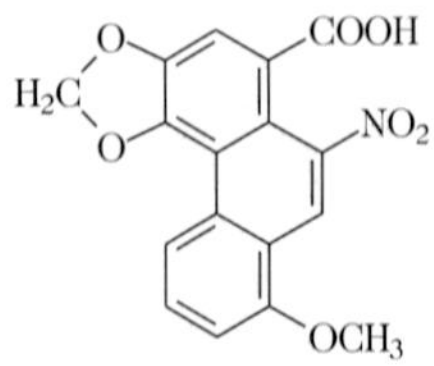

Aristolochiasäure I

p-Cumar- und Sinapinsäure. Wirk.: beruht auf der Aristolochiasäure, die insbes. eine Erhöhung der Phagozytoseaktivität der Leukozyten bewirkt, jedoch in höheren Dosen (bis 10 mg/kg) carcinogene Effekte auslösen kann. Anw.: in der Volksheilkunde seit Jahrhunderten als Wundheilmittel, praktisch Vorläufer der späteren pflanzlichen Immunstimulantien. Inzwischen ist die Anwendung der Droge auf die Homöopathie beschränkt.

Hom.: ***Aristolochia clematidis*** HAB1, die frischen oberirdischen Teile. Anw.-Geb.: u. a. Menstruationsbeschwerden und Erkrankungen des venösen Systems.

● **Aristolochia cymbifera** Mart. et Zucc. (syn. *Aristolochia grandiflora, Howardia brasiliensis*).

Heim.: Süd- und Zentralbrasilien.

Droge: ***Aristolochiae cymbiferae radix***; Wurzel und Stengel. Inh.: u. a. äther. Öl, Allantoin (0,003 %) und Carotinoide. Anw.: volkstümlich als Stimulans bei Ermüdungserscheinungen, ferner bei Menstruationsbeschwerden, Schlangenbissen, Asthma, Diarrhoe und Blasenbeschwerden.

Hom.: ***Aristolochia milhomens e radice*** HAB34, die frischen Wurzeln.

● **Aristolochia rotunda** L., Runde Osterluzei.

Heim.: Mittelmeergebiet.

Droge: ***Radix Aristolochiae rotundae***, das getrocknete Rhizom. Inh.: u. a. Aristolactam, Aristolochiasäuren I, II und C sowie β-Sitosterol. Anw.: ausschließlich volkstümlich, bes. bei Menstruationsbeschwerden, als Wundheilmittel und Bittermittel. Im Hinblick auf die carcinogenen Eigenschaften der Aristolochiasäure ist die therapeutische Nutzung nicht vertretbar.

Hom.: ***Aristolochia rotunda*** HAB34, die getrockneten Wurzelstöcke.

● **Aristolochia serpentaria** L. (syn. *Aristolochia hastata, A. officinalis, A. sagittata*); Virginische Schlangenwurzel.

Vork.: Nordamerika (Florida bis Mississippi).

Droge: ***Aristolochia-serpentaria-Wurzel*** (syn. *Radix colubrina viperina, Radix Contrayverae virginiae, Radix Viperinae virginiae, Rhizoma Serpentariae, Serpentariae radix*); Virginische Schlangenwurz (syn. Virginische Vipernwurz), die getrockneten Wurzelstöcke mit Wurzeln. Inh.: äther. Öl (1–2 %), Aristolochiasäure I und Aristolactam, Aristorot, β-Sitosterol und β-Sitosterol-D-glucosid. Anw.: volkstümlich als Bittermittel bei dyspeptischen und krampfartigen Beschwerden, nervöser Erschöpfung, zur Wundheilung und bei den nordamerikanischen Indianern auch gegen Schlangenbisse. Die nicht belegte Wirkung der Droge und die carcinogenen Eigenschaften der darin enthaltenen Aristolochiasäure stehen der therapeutischen Nutzung der Droge entgegen.

Hom.: ***Serpentaria*** HAB34, die getrocknete Wurzel.

● **Histor.:** Aristolochia gehört zu den uralten Heilpflanzen. Im Altägyptischen bedeutet der Name „schlangenwidrig". Die einzelnen Aristolochia-Arten dienten bei allen berühmtem Ärzten des griechischen und römischen Altertums als Mittel gegen Schlangenbiß. Völlig unabhängig wurde die „Aristolochia" auch von den nordamerikanischen Indianern mit der gleichen Indikation genutzt. Die spätere Indikation war besonders die als Wundheilmittel sowie bei Menstruationsbeschwerden. In katholischen Gegenden ist die Osterluzei Bestandteil des sog. Wurzwisches, eines aus verschiedenen Arzneipflanzen bestehenden Straußes, der an Mariä

Himmelfahrt in der Kirche geweiht wird. Der Ursprung des Gattungsnamens „Aristolochia" geht auf die griechischen Worte *aristos* (sehr gut, der Beste) und *lóckeia* (Niederkunft, Geburt) zurück und weist damit auf die Geburt förderndeNutzung der Pflanze hin, während der Artname *clematitis* vom griechischen *klema* (Ranke) abgeleitet ist und die Ähnlichlkeit mit der Gattung *Clematis* zum Ausdruck bringen soll. Der deutsche Name Osterluzei wird mit Ostern in Verbindung gebracht.

Aristolochiae cymbiferae radix ↗ Aristolochia-Arten.
Aristolochiae herba ↗ Aristolochia-Arten.
Armeniaca communis ↗ Prunus-Arten.
Armeniaca vulgaris ↗ Prunus-Arten.
Armenisches Gummi ↗ Dorema ammoniacum.

■ **Armeria maritima** (Mill.) Willd.
(syn. *Armeria vulgaris, Statice armeria*); Strandgrasnelke.
Fam.: Plumbaginaceae.
Vork.: Küstengebiete der nördlichen Hemisphäre, Chile.
Droge: ***Herba Armeriae maritimae***; Strandgrasnelkenkraut, das getrocknete Kraut. *Inh:* Naphthochinonderivate, Plumbagin, Mineralien, Halogenide, in der Asche Natriumchlorid (20–25 %). *Anw.:* in der Volksheilkunde gegen Fettsucht sowie als Diuretikum.

Armeria vulgaris ↗ Armeria maritima.
Armillaria edodes ↗ Lentinula edodes.

Armillariella mellea (Vahl. in Fl. Dan. ex Fr.) Karst. s. l.
Hallimasch.
Fam.: Tricholomataceae.
Inh.: u. a. Melleolid (antibiotisch wirksames Sesquiterpen), Armillylorselinat. *Anw.:* Speisepilz, der roh gegessen zu Unverträglichkeitserscheinungen (Völlegefühl, Meteorismus, Brechdurchfälle) führen kann. Falls der Pilz für den Verzehr zubereitet wird, sollte das Kochwasser vor dem Essen abgegossen werden.

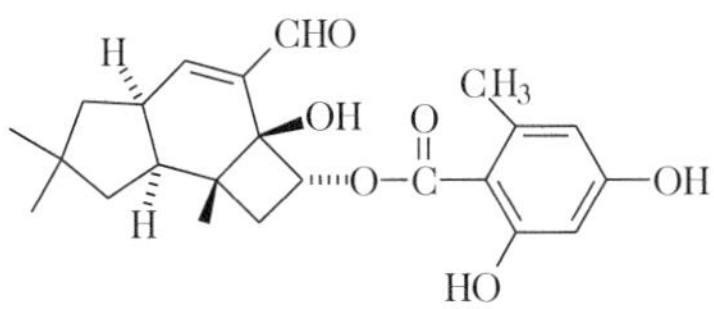

Melleolid

Armillariella mellea. Hallimasch.

Armoraciae radix ↗ Armoracia rusticana.
Armoraciae radix recens ↗ Armoracia rusticana.
Armoraciae rusticanae radix ↗ Armoracia rusticana.

■ **Armoracia rusticana** Ph. Gärtn.
(syn. *Armoracia sativa, Cardamine armoracia, Cochlearia armoracia, Cochlearia rusticana, Cochlearia sisymbrioides, Nasturtium armoracia, Raphanis magna, Roripa armoracia, Roripa rusticana*); Meerrettich (syn. Kren).
Fam.: Brassicaceae (Cruciferae).
Heim.: im Wolga-Don-Gebiet, in Europa vielfach verwildert, Kulturen innerhalb der gemäßigten Zonen.
Droge: ***Armoraciae radix*** (syn. *Armoraciae radix recens, Armoraciae rusticanae radix, Radix Armoraciae, Radix Armoraciae recens*); Meerrettichwurzel (syn. Kren, Krenwurzel, Pfefferwurzel), die frische oder getrocknete, im Frühling oder Herbst geerntete Wurzel. *Inh.:* Frische Wurzel enthält bis zu 0,32 % die Glucosinolate Gluconasturtiin und Sinigrin, aus denen beim Trocknungsprozeß durch enzymatische Spaltung ein äther. Öl (0,6–0,8 %) gebildet wird, das bis zu 90 % aus Allylsenföl und bis zu 15 % aus Phenylethylsenföl bestehen kann. Weitere Bestandteile sind Ascorbinsäure (ca. 0,6 %) und Vitamin

$$CH_2{=}CH{-}CH_2{-}N{=}C{=}S$$

Allylsenföl

B_1 (500 µg/100 g). *Anw.*: innerlich als Bestandteil entsprechender Phytopharmaka bei grippalen Infekten, bes. Katarrhen der Atemwege und bei Infekten der ableitenden Harnwege. Äußerlich bei leichten Muskelschmerzen sowie bei Bronchitiden. Kontraindiziert ist die Einnahme bei Magen oder Darmgeschwüren sowie bei Nierenleiden. Zur Einahme werden für die Droge als Tagesdosis etwa 20 g frische Wurzel empfohlen.

Hom.: ***Armoracia-Meerrettich*** HAB34; der frische Wurzelstock. *Anw.-Geb.*: Augenentzündungen, Entzündungen der oberen Luftwege sowie Oberbauchkoliken.

Histor.: Die wissenschaftliche Bezeichnung ist lateinischen Ursprungs. So geht der Gattungsname *Armoracia* auf armoracius, d. h. am Meere wachsend, zurück, was auch im deutschen Namen Meerrettich beibehalten wird, während der Artname *rusticus* das ländliche, einfache ausdrückt. Die Pflanze gelangte im frühen Mittelalter aus Südosteuropa nach Mitteleuropa, fand auch bei Hildegard von Bingen und in den späteren Kräuterbüchern Erwähnung und diente sowohl als Küchengewürz wie auch als Mittel gegen Skorbut, Gelbsucht und Erkrankungen der Atmungsorgane. Vorsichtig ins Ohr geträufelter Saft der Droge wurde gegen Geschwüre im Ohr empfohlen.

Armoracia sativa ↗ Armoracia rusticana.

■ Arnebia euchroma

Fam.: Boraginaceae.

Vork.: China, Tibet.

Droge: die Wurzel. *Inh*: Shikoninderivate. *Anw.*: zur Behandlung von Hepatitis. In Tibet wird der gelbrote Farbstoff der Wurzel zu kultischen Zwecken und zum Färben der Butter benutzt.

■ Arnica-Arten

● **Fam.:** Asteraceae (Compositae).

● **Arnica chamissonis** Less. *ssp. foliosa* (Nutt.); Nordamerikanische Wiesenarnika, s. Farbtafel S. 143, Bild 38.

Heim.: Nordamerika, Kulturen in Mitteleuropa.

Droge: ***Arnicae flos*** (syn. *Arnicae-chamissonis-ssp.-foliosa*-Blüten); Arnikablüten, die getrockneten, ganzen oder teilweise zerfallenen Blütenstände. *Inh.*: Sesquiterpenlactone (0,2–1,5 %), v. a. Pseudoguaianolide mit Helenalin- und 11α,13-Dihydrohelenalinester („Helenaline") sowie zusätzlich deren 2,3-Dihydro-2α-hydroxyderivate („Arnifoline") und 2,3-Dihydro-2α,4α-dihydroxyderivate („Chamissonolide"). Flavonoide (0,4–0,6 %), bes. 6-methoxylierte Flavone und Flavonole, äther. Öl (0,15–0,28 %), Terpenkohlenwasserstoffe, Thymol, Fettsäuren und *n*-Alkane enthaltend. Phenolcarbonsäuren mit Chlorogen-, 1,5-Dicaffeoylchina-, und 1,4,5-Tricaffeoylchinasäure. Außerdem Cumarinderivate, Polyine und Spuren von Pyrrolizidinalkaloiden (Tussilagin und Isotussilagin). *Anw.*: s. *Arnica-montana*-Blüten (Arnicae flos).

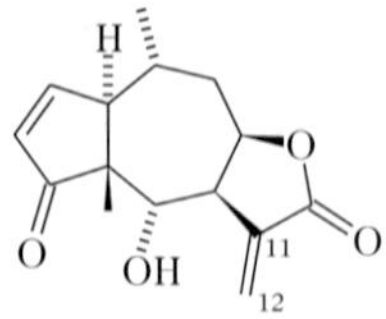

Helenalin

● **Arnica montana** L. (syn. *Doronicum arnica, D. montanum*); Arnika (syn. Bergdotterblume, Bergwohlverleih, Fallkraut, Johannisblume, Kraftrose, Kraftwurz, St.-Luzianskraut, Stichwurzel, Schnupftabaksblume, Tabakblume, Verfangkraut, Wohlverleih, Wundkraut), s. Farbtafel S. 143, Bild 39.

Vork.: auf Gebirgswiesen in ganz Europa.

Drogen: *1.* ***Arnica-montana-Blüten*** (syn. *Arnicae flos, Flores Arnicae, Flores Calendulae alpinae, Flores Plantagines montanae, Flores Ptarmicae, Flores Alismae, Flos Arnicae*); Arnikablüten (syn. Bergwurzblumen, Bergwurzelblumen, Blutblumen, Engelblumen, Engelkraut, Gamsblumen, Fallkrautblumen, Wohlverleihblüten, Wolfsblüten), die getrockneten, ganzen oder teilweise zerfallenen Blütenstände bzw. Bütenkörbchen. *Inh.*: wie bei *Arnica chamissonis*, allerdings fehlen bei *A. montana* die Arnifoline und Chamissonolide. *Anw.*: Zubereitungen der Droge, meist in Salbenform oder als Tinktur, wirken antimikrobiell (bakteriostatisch und fungistatisch), antiphlogistisch und analgetisch. Sie kommen daher äußerlich bei Verletzungen, z. B. Hämatomen, Prellungen, Quetschungen, rheumatischen Muskel- und Gelenkbeschwerden sowie bei Entzündungen, z. B. als Folge von Insektenstichen, zur Anwendung. Hauptwirkstoffe sind die Sesquiterpenlactone, die als Sulfhydrilgruppen-Blocker bestimmte essentielle Enzyme hemmen und membranstabilisierende Effekte ausüben können. Die innerliche Anwendung von

Zubereitungen der Droge führt zu kardiotonischen, atemanaleptischen und vasomotorischen Effekten, geht jedoch auch mit toxischen Wirkungen einher, die zu Schweißausbrüchen, Gastroenteritis, Tachykardie, Dyspnoe bis zum Kollaps, bedingt durch die enthaltenen Sesquiterpene, führen können, und sollte daher nicht genutzt werden. ***2. Arnicae herba*** (syn. *Arnicae folium, Folia Arnicae, Herba Arnicae, Herba Doronicae germanici*); Arnikakraut (syn. Arnikablätter, Engelskraut, Fallkraut, Gamskraut, Wohlverleihkraut), im Mai vor der Blüte gesammelte, getrocknete grundständige Blätter, die fast stengelfrei in den Handel kommen. *Inh.:* Sesqiterpenlactone vom Pseudoguaianolid-Typ, 11α,13-Dihydrohelenalin sowie dessen Essig-, Isovalerian-, Isobutter-, Methacryl- und Tiglinsäureester, Tetrahydrohelenalin, Arnifolin, das Flavon Pectolinarigenin und äther. Öl (0,2–0,5 %, s. *Arnica-montana*-Blüten). *Anw.:* in der Volksheilkunde als Wundheilmittel, früher gegen Fieber. ***3. Arnicae radix*** (syn. *Arnicae rhizoma, Radix Arnicae, Radix Doronici germanici, Rhizoma Arnicae*); Arnikawurzel (syn. Bergwohlverleihwurzel, Mutterwurz, Stichwurz, Wohlverleihwurzel), der getrocknete Wurzelstock mit den Wurzeln. *Inh.:* äther. Öl (Rhizome: 2,70–6,31 %, Wurzeln: 1,75–3,74 %) mit Thymolderivaten als Hauptkomponenten, außerdem Polyine mit Tridec-1-en-penta-3,5,7,9,11-in als Hauptkomponente sowie Phenolcarbonsäurederivate. *Anw.:* volkstümlich als Anregungsmittel für Herz und Kreislauf, bei Erschöpfungszuständen und rheumatischen Beschwerden, äußerlich bei Verletzungen, Prellungen und Blutergüssen.

Hom.: ***1. Arnica montana*** HAB1, der getrocknete unterirdische Teil. *Anw.-Geb.:* Blutungen aller Art, Myalgie nach Überlastung, Erkrankungen des arteriellen und venösen Systems. ***2. Arnica montana e floribus H 10 %*** HAB 1, die getrockneten Blütenstände. *Anw.-Geb.:* anthroposophische Therapierichtung. ***3. Arnica montana e planta tota,*** HAB1, die ganze, frische, blühende Pflanze. *Anw.-Geb.:* s. *Arnica montana*. ***4. Arnica montana e planta tota Rh,*** HAB1, die ganze, frische, blühende Pflanze. *Anw.-Geb.:* anthroposophische Therapierichtung. ***5. Arnica montana ex herba*** HAB; frische, zur Zeit der Blüte geerntete, oberirdische Pflanzenteile. *Anw.-Geb.:* Muskelschmerzen, stumpfe Verletzungen.

● **Histor.:** Die Arnika hat überraschenderweise bei den antiken Schriftstellern der Drogenkunde keine Erwähnung gefunden. Ihr hohes Ansehen erlangte die Droge erst im späten Mittelalter, bes. im 17. und 18. Jh. als Mittel bei Verletzungen. Im Heilmittelschatz, z. B. des berühmten Berliner Arztes Hufeland (1762–1836), wird die Arnika als wichtige Droge genannt, die er bes. bei Überanstrengungen und Entzündungen als resorptionsförderndes und fäulniswidriges Mittel anwandte. Arnika war das letzte Heilmittel, das man dem sterbenden Goethe reichte.

Arnicae-chamissonis-ssp.-foliosa-Blüten ↗ Arnica-Arten.
Arnicae flos ↗ Arnica-Arten.
Arnicae folium ↗ Arnica-Arten.
Arnicae herba ↗ Arnica-Arten.
Arnicae radix ↗ Arnica-Arten.
Arnicae rhizoma ↗ Arnica-Arten.
Arnika ↗ Arnica-Arten.
Arnikablüten ↗ Arnica-Arten.
Arnoglossum incanum ↗ Plantago-Arten.
Arnoglossum lanceolatum ↗ Plantago-Arten.
Aroeiraharz ↗ Schinus-Arten.
Aroides aethiopicum ↗ Zantedischia aethiopica.

Aromatherapie

Gerhard Buchbauer

Der Begriff Aromatherapie (AT) geht auf die Arbeiten des französischen Kosmetikchemikers *R.M. Gattefossé* [1] um 1930 zurück, der vor allem die guten antiseptischen Eigenschaften der ätherischen Öle und ihr gutes Hautpenetrationsvermögen hervorhob. Nachdem später die Verwendung von ätherischen Ölen zu Heilzwecken eher in Vergessenheit geriet, war es *R.B. Tisse-*

rand [2] in den achtziger Jahren, der der AT zu einer Renaissance verhalf.

Definition

Um den Begriff Aromatherapie zu definieren, seien zunächst die beiden Worte betrachtet, aus denen sich der Begriff zusammensetzt:

Aroma ist:

- der olfaktorische Gesamteindruck flüchtiger Stoffe in einer Probe [3],
- fragrance, sweet smell, a subtle quality [4],
- odeur agréable de certaines essence naturelles, principe odorant [5],
- émanation odorant qui s'exhale de certaines substances naturelles [6].

Da man in England und besonders in Frankreich das Wort Aroma eher schlampig verwendet und auch Aroma*stoff* oder gar *Essenz* damit meint, erschien es im Sinne einer genauen Begriffsabgrenzung nützlich, hier eigens auf die Definition von Aroma in fremdsprachlichen Standardwörterbüchern hinzuweisen. Betrachtet man nun diese Definitionen, so ist eine wesentliche Anforderung an eine allgemeingültige Definition schon gegeben: Eine Substanz hat dann ein Aroma, wenn sie flüchtig ist und den Geruchssinn anspricht, also ein Duftstoff ist. Aroma ist somit eine *Eigenschaft*.

Duftstoffe – wenn man nur die Einzelmoleküle betrachtet (ätherische Öle sind natürlich vorkommende, von Pflanzen produzierte Mischungen von Duftstoffen) – können auf zweifache Weise auf den menschlichen Körper einwirken: Zum einen wird der älteste Sinn angesprochen, nämlich der Geruchssinn, und dies führt zu einer Sinneswahrnehmung mit all den damit verbundenen Nebeneffekten, wie Gefühlseindruck, Erinnerung, reflektorische Beeinflussung verschiedener Körperfunktionen, etc. Zum anderen werden die eingeatmeten Moleküle durch die Nasenschleimhaut und/oder Bronchienschleimhaut resorbiert und gelangen so mit dem Blutstrom zu den Effektororganen. Vor allem wegen der hohen Lipophilie dieser kleinen Moleküle und der damit verbundenen leichteren Blut-Hirn-Schranken-Passage, besteht auch eine hohe Affinität zum ZNS.

Der zweite Wortteil des Begriffes AT ist die „Therapie", was laut *Pschyrembel* (Klinisches Wörterbuch [7]) als Behandlung von Krankheiten, also als ein Heilverfahren zu verstehen ist.

Aromatherapie ist folglich [8–10]:

Die therapeutische Verwendung von Duftstoffen zur Heilung, Linderung oder Verhinderung von Krankheiten, Infektionen, Beschwerden und Unwohlsein, wobei die Duftstoffe lediglich durch Inhalation in den Körper gelangen.

Im Zuge des allgemeinen Trends zum vermehrten Einsatz von Naturstoffen ist in den letzten Jahren eine wahre Flut an pseudowissenschaftlichen, z. T. esoterischen Artikeln zum Thema Aromatherapie erschienen. Teilweise wurden Aussagen auf Grund von Einzelfallstudien gemacht. Vieles ist in diesem Zusammenhang als Aromatherapie bezeichnet worden, was gemäß einer seriösen, naturwissenschaftlichen Betrachtung nicht als solche anzusehen ist. Daher sei hier ausdrücklich darauf hingewiesen, daß folgende Anwendungen, die oft fälschlich zur AT gezählt werden, nach obiger Definition eindeutig ausgeschlossen sind: die Anwendung von Medikamenten via Aerosole, die Applikation von Duftstoffen und ätherischen Ölen auf anderen Wegen als durch Einatmen, Kosmetik oder der kosmetische Gebrauch von Massageölen oder Parfüminhaltsstoffen, die Anwendung von Massagen, Schwitzpackungen, etc., die Anwendung von Heilkräutern, z. B. in Form von Tees, Umschlägen, Homöopathie oder anthroposophische Medizin, die Kombination mit kosmischen, magnetischen oder astrologischen Phänomenen oder auch nur mit philosophischem Gedankengut.

Ursprünge der Aromatherapie

Die therapeutische Anwendung von Duftstoffen und ätherischen Ölen ist seit uralten Zeiten bekannt. So beschreibt das *Gilgamesch*-Epos die „Fumigation" von kranken Menschen. Wenn auch dieses „dem duftenden Rauch-Aussetzen" vornehmlich in religiösen Riten angewandt wurde, so sollte man aus der Sicht des heutigen Wissenstandes nicht vergessen, daß damit auch eine Desinfektion und Reinigung der den Patienten umgebenden Luft verbunden war. Der römische Geschichtsschreiber *Plinius* berichtet, daß man frische Pfefferminzblätter an den Wänden des Krankenzimmers anbringen sollte, um die Raumluft zu verbessern, zu „erfrischen", – eigentlich ein sehr moderner Gedanke. Die als Einschlafhilfen verwendeten ätherischen Öle, bzw. die entsprechenden Pflanzenteile, wie z. B. Lavendelblüten, waren ebenso bekannt (die ägyptische Königin Kleopatra pflegte auf mit Rosenblütenblättern gefüllten Kopfkissen einzuschlafen), wie die desinfizierende Wirkung dieser Naturprodukte. Wir kennen im Mittelalter das Bild vom „Schnabeldoktor", d. h. einen Arzt mit einer Art Schutzanzug mit einem schnabelförmigen Gebilde vor der Nase, in dem sich ein mit Duftstoffen getränkter Schwamm befand, so daß er bei jedem Atemzug desinfizierte und „wohlriechende" Luft einatmen konnte. Oder sein Spazierstock enthielt im Knauf eine ähnliche Vorrichtung, so daß der Arzt nach einem Krankenbesuch durch Reiben der Handinnenflächen an diesem „duftenden Knauf" sich die Hände reinigen konnte. Auch der Pomander, eine Kurzform von *pomme d'ambre* , ein perforiertes, innen mit Duftstoffen gefülltes Bällchen, das wie ein Schmuckstück um den Hals getragen wurde, diente demselben Zweck, nämlich die einzuatmende Luft möglichst keimfrei zu halten (Literaturangaben zu diesem Thema, siehe [9]).

Wirkung und Anwendung

Allein dieser kurze Ausflug in die Geschichte läßt bereits ein wesentliches Anwendungsgebiet der Duftstoffe erkennen. Ihre zum Großteil ausgezeichneten antibakteriellen Eigenschaften ermöglichen eine inhalative Therapie von Infektionen im Bereich des Nasen-Rachen-Raumes. Die antiphlogistische und spasmolytische Wirkung vieler ätherischer Öle (und somit auch vieler Einzelduftstoffe) konnte vor einigen Jahren durch die Arbeiten von *Teuscher* et al. erklärt werden [11]: Duftstoffe reagieren vermöge ihrer Lipophilie mit den Lipiden der Zellmembranen und wirken so auf molekularer Basis als Calciumionen-Kanal-Modulatoren.

Obzwar man über die auf peroralem oder parenteralem Weg erzielten pharmakologischen und toxikologischen Wirkungen von Terpenen – als Hauptbestandteile der meisten ätherischen Öle – schon einigermaßen Bescheid weiß (siehe vor allem die Arbeiten von *Opdyke* et al. [12]), so sind in der wissenschaftlichen Literatur nur spärlich Arbeiten zur wissenschaftlichen AT zu finden – also über die Wirkungen dieser kleinen Moleküle nach deren *inhalativer* Aufnahme. Eine der ersten Studien in dieser Hinsicht befaßte sich mit der einschlaffördernden Wirkung des in der Volksmedizin schon lange bekannten Hopfenkissens. *Hänsel* und Mitarb. konnten durch Headspace-Chromatographie in der diesem Schlafkissen umgebenden Luft einige niedermolekulare, flüchtige Stoffe identifizieren, darunter den tertiären Alkohol Dimethylvinylcarbinol, der sich später in pharmakologischen Testungen als sedativ wirksam erwies [13]. Pionierarbeit leisteten *Kovar* und *Ammon*. Sie untersuchten die Wirksamkeit des ätherischen Rosmarinöles und seines Hauptinhaltsstoffes, des 1,8-Cineols (auch als Eucalyptol bekannt) [14]. In Tierversuchen mit Mäusen konnten sie nach Inhalation dieses Duftstoffes eine deutliche, konzentrationsabhängige Motilitätssteigerung der Tiere im Lichtschrankenkäfig feststellen. Ähnliche Studien stammen aus dem Arbeitskreis des Autors. Insgesamt wurden 44 Duftstoffe und Duftstoffmischungen, darunter 9 ätherische Öle, an Mäusen unter alleiniger inhalatorischer Applikation untersucht [15,16]. Als besonders erniedrigend auf die Motilität der Versuchstiere erwiesen sich: Lavendelöl, Linalool, Linalylacetat, Neroliöl, Citronellal, 2-Phenylethylacetat, α-Terpineol, Benzaldehyd und ostindisches Sandelholzöl. Diese Ergebnisse konnten sowohl durch Kontrolltestungen an durch Coffein übererregten Tieren als auch im Humanversuch (Schlafdauer und Schlafqualität von Altersheimbewohnern nach Exposition von ätherischem Lavendelöl [17]) bestätigt werden. Außerdem gelang es, im Blut der Tiere die jeweils entsprechenden Duftstoffe, bzw. ihre Hauptkomponenten nachzuweisen. Diese Befunde lassen sich gut vergleichen mit Ergebnissen von EEG-Messungen im Humanexperiment, wobei die CNV-Methode (Contingent Negative Variation) zur Anwendung kam, z. B. im Fall des ätherischen Lavendelöls (Herabsetzung der CNV-Amplitude) [18,19].

Ammon bewies im Tierexperiment den Einfluß des bicyclischen Ethers 1,8-Cineol auf die motorischen Zentren in der Gehirnrinde und somit dessen Kausalität für die Steigerung der motorischen Aktivität [20]. Dem Team des Autors gelang der Beweis der Wirksamkeit dieses campherig riechenden Duftstoffes im Inhalationsexperiment mit freiwilligen Probanden durch Messung des cerebralen Blutflusses (CBF) durch Xe-CT. In allen 8 Fällen, darunter eine Anosmikerin, wurde der CBF signifikant erhöht [21], durch Blutspiegelmessungen abgesichert [22], und somit eindeutig bewiesen, daß Duftstoffe sehr wohl eine direkte, physiologische Wirkung im Menschen hervorrufen. Wenn also sogar bei einer anosmischen Person, die nach Einatmen eines Duftstoffes kein Gefühl des „Wohlbefindens" entwickeln kann, dieselbe signifikante Erhöhung des CBF beobachtet wurde, dann ist diese Wirkung sicher nicht auf einen reflektorischen Effekt zurückzuführen. Die Duftstoffmoleküle wurden also wie Pharmaka resorbiert und mit dem Blut zu den entsprechenden Rezeptorstellen transportiert. Weitere Methoden zur Erforschung der Wirkungen von Düften auf den menschlichen bzw. tierischen Organismus werden in Lit. [23] angeführt.

Einschränkend muß allerdings gesagt werden, daß bei vielen dieser mit eindeutig naturwissenschaftlichen Untersuchungsmethoden erarbeiteten Ergebnissen bislang nicht geklärt werden konnte, auf welchem Mechanismus solche beobachtbare Effekte basieren. Nach *Jellinek* [24] kann so eine Wirkung nämlich auf dreierlei Art und Weise zustandekommen: pharmakologisch (der Autor bezeichnet diesen Weg als „quasipharmakologisch", da die aufgenommenen Duftstoffmengen so gering sind), semantisch und hedonisch und schließlich placebomäßig. Bis auf die zuerst genannte Weise sind die anderen Wege fast ausschließlich psychisch beeinflußt. So konnte man z. B. zeigen, daß ein bestimmter Duftstoff, den man drei verschiedenen Gruppen von Testpersonen verabreichte, verschiedene Effekte hervorrief, je nachdem man diesen Geruch als heilsam, als neutral oder als potentiell schädlich bezeichnet hatte, oder daß der beobachtete Effekt von der Kraft der Überzeugung abhing („... if you manage to convince me, then it will work!"). Eine Lösung dieses Problems – echte, physiologische Wirkung der Duftstoffe durch Wechselwirkungen der Duftstoffmoleküle mit entsprechenden Rezeptorsystemen, oder eingebildete, eingeredete, vorgespielte oder schließlich reflektorische Wirkung nach Reizung des Sinnesorgans – kann nur dann erreicht werden, wenn solche Wirkungsstudien mit Anosmikern durchgeführt werden, wie dies mit dem den cerebralen Blutfluß steigernden Riechstoff 1,8-Cineol gezeigt werden konnte [21]. Duftstoffmoleküle werden tatsächlich resorbiert, gelangen ins Blut und können vermöge dieser „materiellen" Aufnahme in den Organismus (und nicht durch bloße Reizung der Geruchsrezeptoren) ihre pharmakologische Wirksamkeit unter Beweis stellen. Verwendet man also Duftstoffe im therapeutischen Sinn, dann könnte man sie auch als *Aromatherapeutika* bezeichnen. Folglich sind ätherische Öle – naturwissenschaftlich betrachtet – sowohl Phytotherapeutika als auch Aromatherapeutika.

Zusammenfassend kann daher gesagt werden: Die AT ist eine ernstzunehmende und auf naturwissenschaftlicher Basis begründbare, ergänzende Heilmethode, die sich von der Manipulation der Gefühle (die Wechselwirkungen von Geruch und Gefühl zu ergründen, ist Thema der sogenannten *Aromachologie* [25]) und von einer auf Placebowirkungen beruhenden Behandlungsmethode deutlich unterscheidet.

Literatur:

[1] Gattefossé, R.M.: *Aromatherapie*. Parf. moderne, 1936; 511–529.

[2] Tisserand, R.B.: *Aromatherapie. Heilung durch Duftstoffe*, Hermann Bauer Verlag, Freiburg im Breisgau, 1980.

[3] Albrecht-Neumüller, O.: *Römpp's Chemie Lexikon*, Band 1, 8. Auflage, Seite 272, Frankh'sche Verlagsbuchhandlung, Stuttgart 1979.

[4] The Oxford Handy Dictionary: *The Concise Oxford Dictionary*.

[5] Le Robert: *Dictionaire d'aujourd'hui*, Paris 1991.

[6] Le Petit Larousse: *Dictionaire Moderne*, Paris 1992.

[7] Pschyrembel, *Klinisches Wörterbuch*, 257. Auflage, W. de Gruyter, Berlin, 1994.

[8] Buchbauer, G.: *Aromatherapy: do essential oils have therapeutic properties?* Proceedings of the IFEAT-Conference on Essential oils, Flavours and Fragrances, Beijing, October 1988, p. 350–355, Mapledon Press, London 1989.

[9] Buchbauer, G.: *Aromatherapie, die Anwendung von Duftstoffen in der Heilkunde*, Österr. Apoth.-Ztg. 1989; **43**: 65–68.

[10] Buchbauer, G.: *Aromatherapy. Do essential oils have therapeutic properties?* Perfumer Flavorist & 1990; **15**: 47–50.

[11] Teuscher, E., Melzig, M., Villmann, E. und Möritz, K.U.: *Untersuchungen zum Wirkungs-*

mechanismus ätherischer Öle, Zeitschr. Phytotherapie 1990; **11**: 87–92.

[12] Opdyke, D.L.J.: Monographs on Fragrance Raw Materials. Serie von Berichten in: *Food and Cosmetics Toxicology*, Pergamon Press, Oxford/London/New York.

[13] Wohlfart, R., Hänsel R. und Schmidt H.: *Nachweis sedativ-hypnotischer Wirkstoffe im Hopfen*, 4. Mitt. Planta Med. 1983. **48**; 120–123.

[14] Kovar. K.A., Gropper, B., Friess, D. und Ammon, H.P.T.: *Blood Levels of 1,8-Cineol and Locomotor Activity of Mice after Inhalation and Oral Administration of Rosemary Oil*, Planta Med. 1987; **53**: 315–318.

[15] Buchbauer, G., Jirovetz, L., Jäger, W., Dietrich, H., Plank, Ch. und Karamat, E.: Aromatherapy: *Evidence of the Sedative Effects of the Essential Oil of Lavender*, Zeitschr. Naturforsch. 1991; **46c**: 1067–1072.

[16] Buchbauer, G., Jirovetz, L., Jäger, W., Plank, Ch. und Dietrich, H.: *Fragrance Compounds and Essential Oils with Sedative Effects upon Inhalation*, J. Pharm. Sci. 1993; **82**: 660–664.

[17] Hardy, M., Kirk-Smith, M. D. und Strech, D. D.: *Replacement of Drug Treatment for Insomnia by Ambient Odour*, Lancet 1995; **346**: 701.

[18] Torii, S., Fukuda, H., Kanemoto, H., Miyanchi, R., Hamauzu, Y. und Kawasaki, M.: *Contingent negative variation (CNV) and the psychological effects of odour*, in: Perfumery. The psychology and biology of fragrance. Herausg.: van Toller, S. und Dodd, G.H., Seiten 107–120, Verlag Chapman & Hall, London/New York, 1988.

[19] Kubota, M., Ikemoto, T., Komaki, R. und Inui, M.: *Odor and Emotion – effects of essential oils on contingent negative variation.* Proceedings of the 12th Intern. Congr. Flav. Fragr. Essent. Oils, 4.–8. Oktober 1992, Wien, Herausg.: Woidich, H. und Buchbauer G., Austrian Assoc. Flav. Fragr. Ind., Vienna, 1992, Seite 456–461.

[20] Ammon, H.P.T.: *Phytotherapeutika in der Kneipp-Therapie*, Therapiewoche 1989; **39**: 117–127.

[21] Našel, Ch., Našel, B., Samec, P., Schindler, E. und Buchbauer, G.: *Functional imaging of effects of fragrances on the human brain after prolonged inhalation*, Chemical Senses 1994; **19**: 359–364.

[22] Stimpfl, T., Našel, B., Našel, Ch., Binder, R., Vycudilik, W. und Buchbauer, G.: *Concentration of 1,8-cineol in Human Blood During Prolonged Inhalation*, Chemical Senses 1995; **20**: 349–350.

[23] Buchbauer, G.: *Aromatherapie – Methoden ihrer Erforschung*, Dtsche. Apoth.-Ztg. 1996; **136**: 2939–2944.

[24] Jellinek, J.S.: *Psychodynamic Odor Effects and Their Mechanisms*, Cosmet. & Toiletr. 1997; **112**: 61–71.

[25] Jellinek, J.S.: *Aromachology – A Status Review*, Cosmet. &. Toiletr. 1994; **109**: 83–101.

Aromatischer Sumach ↗ Rhus-Arten.
Aron ↗ Arum maculatum.
Aronsblume ↗ Arum maculatum.
Aronskelch ↗ Arum maculatum.
Aronskraut ↗ Arum maculatum.
Aronstab ↗ Arum maculatum.

■ Arrak

aus vergorenem Reis, zuweilen auch aus vergorenem Palmensaft (Palmwein), durch Destillation gewonnener Branntwein (Alkoholgehalt ca. 50 %).

Arrostia paniculata ↗ Gypsophila paniculata.

Arrowroot ↗ Canna-Arten.
Arschkratzerl ↗ Rosa canina.

■ Artabin

Sesquiterpenbitterstoff aus der Gruppe der Germacranolide, Inhaltsstoff des Wermuts (↗ *Artemisia absinthium*).

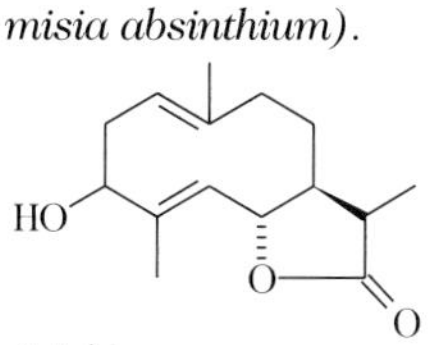

Artabin

■ Artabsin

Sesquiterpenbitterstoff aus der Gruppe der Guaiaolide, Inhaltsstoff des Wermuts (↗ *Artemisia absinthium*).

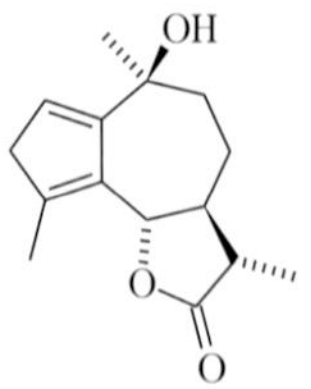

Artabsin

Artanthe elongata ↗ Piper angustifolium.
Arteannuin ↗ Artemisia annua.
Artemisia abrotanifolium ↗ Artemisia abrotanum.

■ Artemisia abrotanum L.

(syn. *Artemisia abrotanifolium, A. angustifolia, A. paniculata, A. procera*); Eberraute. Halbstrauch.

Fam.: Asteraceae (Compositae).

Vork.: Ost- und Südosteuropa.

Droge: ***Herba Artemisiae*** (syn. *Herba Abrotani*), die getrockneten oberirdischen Pflanzenteile. Inh.: äther. Öl mit 1,8-Cineol als Hauptkomponente, ferner u. a. Fenchen, Sabinen, Caryophyllen und Humulen. Außerdem Flavonoide, Cumarine und Kaffeesäurederivate. Anw.: in der Volksheilkunde als appetitanregendes und die Verdauung förderndes Mittel;. früher auch bei Menstruationsbeschwerden sowie bei parasitischen Würmern im Verdauungstrakt bei Kindern.

Hom.: ***Artemisia abrotanum*** HAB1. Anw.-Geb.: u. a. bei Abmagerung und Entwicklungsstörungen bei Kindern, chronischen Entzündungen, Hauterkrankungen, Rheumatismus und Gicht.

■ Artemisia absinthium L.

(syn. *Absinthium majus, A. officinale, A. vulgare*); Wermut (syn. Absinth, Alsem, Bitterer Beifuß, Wurmkraut), s. Farbtafel S. 143, Bild 40. Halbstrauch, in Mittel- und Nordeuropa bis zum Boden abfrierend.

Fam.: Asteraceae (Compositae).

Droge: ***Absinthii herba***; Wermutkraut (syn. Eltzkraut, Magenkraut), die zur Blütezeit gesammelten und getrockneten Laubblätter und blütentragenden Zweigspitzen. Inh.: äther. Öl (*Oleum Absinthii*; 0,2–1,5 %), je nach Herkunft variiert dessen Zusammensetzung, dominierend sind allg. (+)-Thujon, *cis*-Epoxyocimen, *trans*-Sabinylacetat und Chysanthenylacetat, ferner wurden Sesquiterpene identifiziert, u. a. α-Bisabolol, β-Curcumen sowie Spathulenol. Weitere Bestandteile sind Sesquiterpenlacton-Bitterstoffe, bes. das dimere Guajanolid Absinthin (0,20–0,28 %), ferner Anabsinthin, ↗ Artabsin, ↗ Artabin und Matricin sowie Flavonolglykoside. Anw.: appetitanregendes Bittermittel

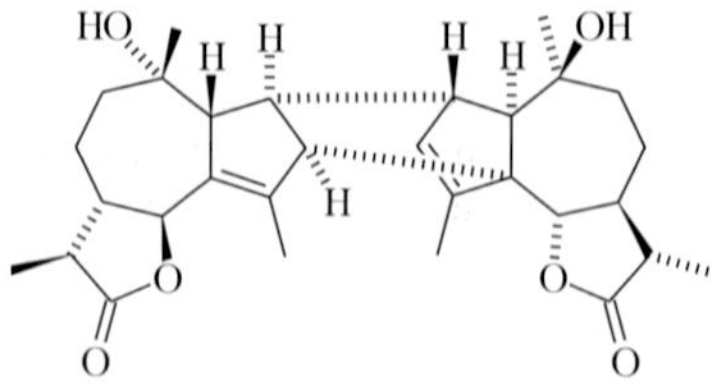

Absinthin

(Amarum aromaticum). Es regt ferner bei dyspeptischen Beschwerden die Magensaftsekretion an und kommt bei Dyskinesien der Gallenwege zum Einsatz. Die Droge ist mitunter Bestandteil von Magen- sowie Leber- und Gallentees, ebenso von Arzneifertigpräparaten der Indikationsgruppen Cholagoga, Stomachika und Roborantia. Zur ↗ Teezubereitung verwendet man ca.1–1,5 g (= 1 Teelöffel) fein zerschnittene Droge. Die mittlere Tagesdosis soll 2–3 g Droge nicht überschreiten. Auch der Anwendungszeitraum sollte nicht länger als eine Woche betragen. Geg.: Bei bestimmungsgemäßem Gebrauch sind keine unerwünschten Wirkungen zu erwarten. Die Anwendung über lange Zeit und in hohen Dosen kann allerdings zu Intoxikationen führen, die mit Erbrechen und Benommenheit verbunden sind. Ursache hierfür ist das enthaltene äther. Öl und dessen Gehalt an Thujon. Aus diesem Grunde darf auch das äther. Öl therapeutisch nicht verwendet werden, da in höheren Dosen Thujon zu klonischen Krämpfen, Parästhesien und Bewußtseinsstörungen führen kann. Auch Destillate der Droge, z. B. zur Herstellung von Absinthschnaps, sind verboten. Der Mißbrauch entsprechender Zubereitungen führt zum sog. „Absinthismus", einer chronischen Absinth-Vergiftung, die durch das in den Zubereitungen enthaltene ↗ Thujon ausgelöst wird und mit Abbauerscheinungen des Zentralnervensystems (motorische und sensible Ausfälle, Übelkeit, Erbrechen, Stupor) verbunden ist.

Hom.: ***Artemisia absinthium*** HAB1; die frischen, oberen Sproßteile, Blätter und Blüten. *Anw.-Geb.:* Erregungszustände und Krampfleiden sowie Entzündung der Magenschleimhaut.

Histor.: zu *Artemisia* siehe *A. vulgaris*. Die Herkunft des Artnamens *absinthium* ist unklar. Nach ↗ Dioskurides stammt er von *apsinthos* (unerfreulich) oder von *apinthos* (untrinkbar) ab. Ebenso ist die Herkunft des deutschen Namens Wermut nicht gesichert. Möglicherweise sollten mit der Bezeichnung wurmwidrige Eigenschaften der Droge zum Ausdruck gebracht werden. Nach ↗ Dioskurides haben bereits die alten Ägypter den Wermut als *Somi* gekannt, der in der Form *Saam* im Papyrus Ebers vorkommt. Bei den latinischen Festen erhielt der Sieger im Wettrennen mit Stiergespannen auf dem Kapitol einen Wermuttrank. Bedeutung hat der Wermut über die Jahrtausende bis in die Gegenwart sowohl als Arznei- als auch als Genußmittel behalten, wie unter anderen aus dem bergischen Spruch hervorgeht „Wermot ist för alles got".

Artemisia altaica ↗ Artemisia pontica.
Artemisia angustifolia ↗ Artemisia abrotanum.

■ **Artemisia annua** L.
(syn. *Artemisia chamomilla*); Einjähriger Beifuß.

Fam.: Asteraceae (Compositae).

Vork.: gemäßigtes Asien von Japan bis Südosteuropa.

Droge: ***Artemisia-annua-Kraut*** (syn. *Herba Artemisiae Annuae*), die getrockneten, oberirdischen Teile. *Inh.:* äther. Öl mit Artemisiaketon als Hauptkomponente sowie Monoterpenen (u. a. α- und β-Pinen, Camphen und Myrcen) und Sesquiterpenen (u. a. β-Caryophyllen, Germacran D und β-Cadinen); außerdem Bitterstoffe bes. das Sesquiterpenlacton-Peroxid Artemisinin (Qinghaosu), das nur in den grünen Teilen der Pflanze vorkommt. Weitere Sesquiterpenderivate der Droge sind u. a. das Arteannuin B. *Anw.:* in der chinesischen Volksheilkunde wird die Droge bereits um 168 v. Chr. beschrieben und um 340 n. Chr. bereits als Anti-Malaria-Mittel eingesetzt.

Artemisia balsamita ↗ Artemisia pontica.
Artemisia chamomilla ↗ Artemisia annua.

■ **Artemisia cina** O.C. Berg et C.F. Schmidt
(syn. *Artemisia mogoltavica*); Wurmsamen (syn. Zitwerbeifuß, Zitwersamen). Immergrüner, ausdauernder Halbstrauch von 30–60 cm Höhe.

Fam.: Asteraceae (Compositae).

Vork.: Mittelasien, bes. Kasachstan.

Droge: ***Cinae flos*** (syn. *Flores Cinae, Cinae anthodia, Santonici semen*); Zitwerblüten, fälschlich als Zitwersamen oder Wurmsamen bezeichnet; die geschlossenen, noch nicht aufgeblühten Blütenknospen. *Inh.:* Sesquiterpenlactone mit α-Santonin als Hauptkomponente sowie Artemisin

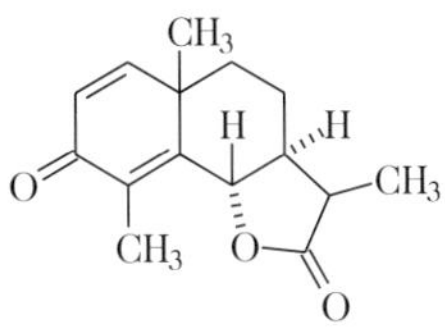

α-Santonin

und β-Santonin. Der Gehalt an Sesquiterpenlactonen schwankt zwischen 1 und 7 %. Weitere Bestandteile sind äther. Öl mit 1,8-Cineol als vorherrschender Komponente. *Anw.:* früher als Anthelmintikum gegen Spulwürmer (Dosierung altersentsprechend 0,5–4 g; 2 Tage nacheinander, danach ein salinisches Abführmittel). Die Nachteile der Anwendung bestanden auch darin, daß bereits in therapeutischen Dosen Intoxikationen nicht auszuschließen waren. Erste Symptome waren hierbei Anomalien der Farbwahrnehmung (Gelbsehen, sog. Xanthopsie). Werden größere Mengen an Santonin absorbiert kommt es zu Muskelzittern und Krämpfen, verbunden mit starker Erniedrigung der Körpertemperatur. Bei fortschreitender Vergiftung ist selbst die Lähmung des Atmungszentrums und somit der Exitus nicht auszuschließen.

Hom.: ***Artemisia cina*** HAB34, die getrockneten, kurz vor dem Aufblühen gesammelten Blütenköpfe. *Anw.-Geb.:* u. a. Fieberanfälle, Wurmbeschwerden, Krampfneigung.

Histor.: Zum Gattungsnamen siehe *Artemisia vulgaris*. Die Herkunft des Namens *cina* wird verschieden interpretiert. Da man die ursprüngliche Heimat der Pflanze für China hielt, könnte hier ein Zusammenhang bestehen. Während die deutsche Bezeichnung Wurmsamen auf die wurmtreibenden Eigenschaften der Samen hinweist, wird Zitwer mit *Zedoaria* wegen der Ähnlichkeit in Geruch und Geschmack mit dieser Pflanze in Verbindung gebracht. ↗ Valerus Cordus nannte die Droge *Semen contra vermes* und kürzte sie mit *Semen contra* ab. Obwohl die griechischen und römischen Ärzte der Antike wurmtreibende Eigenschaften von *Artemisia*-Arten nutzten, handelte es sich dabei nicht um *A. cina,* die erst etwa im 12. Jh. in den europäischen Drogenhandel gelangte.

■ **Artemisia dracunculus** L.
(syn. *Artemisia inodora, A. redowskyi, Oligosporus condimentarius*); Estragon (syn. Dragon, Escadronkraut).
Fam.: Asteraceae (Compositae).
Heim.: östliches Rußland, Mongolei, kultiviert und verbreitet in Europa.
Droge: ***Artemisia-dracunculus-Kraut*** (syn. *Dracunculi herba, Herba Dracunculi*); Estragonkraut (syn. Dragonkraut), das zur Blütezeit gesammelte, vorsichtig getrocknete Kraut. *Inh.:* äther. Öl (0,25–3,1 %, sehr komplex, enthält meist Monoterpene, Zusammensetzung sehr von der Herkunft abhängig). Ferner Flavonolglykoside, das lipophile Flavon 5,3′-Dihydro-7,4′-dimethoxyflavon sowie Cumarine, u. a. Herniarin und Scopoletin sowie Isocumarine, u. a. Artemidin, Artemidinal und Artemidinol. *Anw.:* volkstümlich als appetitanregendes Mittel. Im Haushalt als Gewürz, u. a. zur Herstellung von Kräuteressig.

Artemisiae herba ↗ Artemisia vulgaris.
Artemisia inodora ↗ Artemisia dracunculus.
Artemisia lactiflora ↗ Artemisia vulgaris.

■ **Artemisia mexicana** Willd. et Spreng.
Mexikanischer Wermut.
Fam.: Asteraceae (Compositae).
Vork.: Mexiko, Süd-USA.
Droge: das Kraut ohne Wurzeln. *Inh:* äther. Öl, u. a. mit Borneol, Limonen, Alcafor, α- und β-Phellandren; Santonin, Sesquiterpene, Cumarine, Flavonoide. *Anw.:* in der mexikanischen Volksheilkunde als Antispasmodikum, bei Magenleiden und Verdauungsschwäche, als Anthelmintikum, bei Epilepsie, Rheuma und Menstruationsbeschwerden. Geraucht induziert die Droge eine milde, angenehme Stimulation, die je nach Dosis bis zur Euphorie führen soll.
Histor.: Die Pflanze wurde bereits zu präkolumbianischer Zeit von den Azteken und anderen Indianervölkern Mittelamerikas rituell und medizinisch genutzt. In Mexiko wird das Kraut auch als Marihuanaersatz geraucht. In Europa wurde die Droge durch den spanischen Franziskaner Diego de Lana im 16. Jh. bekannt.

Artemisia mogoltavica ↗ Artemisia cina.

■ **Artemisia moxa** DC.
Fam.: Asteraceae (Compositae).
Heim.: Ostasien.
Anw.: ausschließlich in den Heimatgebieten zur Moxibustion, einer in Ostasien und Indien üblichen traditionellen Heilmethode. Hierzu stellt man aus den Blättern kegelförmige Gebilde her, die man auf bestimmten Körperstellen entzündet. Diese Standorte entsprechen etwa denen, die bei der Akupunktur genutzt werden.

Artemisia paniculata ↗ Artemisia abrotanum.

■ **Artemisia pontica** L.
(syn. A. balsamita, A. altaica); Pontischer Beifuß (syn. Römischer Wermut, Pontischer Absinth, Pontischer Wermut).
Fam.: Asteraceae (Compositae).
Heim.: Mittel-, Süd- und Osteuropa bis Westsibirien und Nord-Kasachstan. In Südeuropa, USA und Süd-Kanada als Heil- und Gewürzpflanze kultiviert. *Inh.* und *Anw.:* s. *Artemisia dracunculus.*

Artemisia procera ↗ Artemisia abrotanum.
Artemisia redowskyi ↗ Artemisia dracunculus.
Artemisia samamisica ↗ Artemisia vulgaris.

■ **Artemisia vulgaris** L.
(syn. *Artemisia lactiflora, A. samamisica*); Gemeiner Beifuß (syn. Gewürzbeifuß). Staude.
Fam.: Asteraceae (Compositae).
Vork.: in ganz Europa.
Droge: ***Artemisiae herba*** (syn. *Herba Artemisiae*); Beifußkraut (syn. Jungfernkraut, Johanniskraut, Weibergürtelkraut, Fliegenkraut, Gänsekraut, Johannishaupt), die vorsichtig getrockneten, während der Blütezeit gesammelten Zweigspitzen. *Inh.:* äther. Öl (0,03–0,2 %, das u. a. Cineol, Terpinen-4-ol, (+)- und (–)-Borneol, Thujon, β-Pinen und Myrcen enthält), ferner Sesquiterpenlactone vom Eudesmantyp, u. a. Psilostachin, lipophile Flavonolderivate wie 5,3′-Dihydroxy-3,7,4′-trimethoxyflavon sowie 7,8-Methylendioxy-9-methoxycumarin. *Anw.:* in der

Volksheilkunde bei Erkrankungen der Verdauungsorgane, u. a. Appetitlosigkeit und Magenbeschwerden. Darüber hinaus wird die Droge als Gewürz, z. B. für Gänsebraten, genutzt. Dos.: 0,5–2 g Droge als Aufguß dreimal täglich.

Hom.: ***Artemisia vulgaris*** HAB1, die frischen, zu Beginn des Winters geernteten, unterirdischen Teile. Anw.-Geb.: u. a. bei Krampfleiden und Wurmbeschwerden.

Histor.: Der Name *Artemisia* wird bei ↗ Dioskurides und ↗ Plinius für *Artemisia vulgaris* und verwandete Arten verwendet. Er soll von der Göttin Artemis, die oft gleichgesetzt wird mit Ilithia, der Göttin der Geburt, abgeleitet sein. So sprechen auch die Schriftsteller der alten Griechen und Römer von einer Artemisia als einem gynäkologischen Mittel. Über die deutsche Bezeichnung Beifuß gibt es verschiedene Auslegungen. Nach einem alten Aberglauben soll die Pflanze, um den Fuß gebunden, vor Müdigkeit schützen.

■ **Artemisinin**

(Quinghaosu), Sesquiterpenlacton-Endoperoxid vom Secocadinantyp, das in ↗ *Artemisia annua* enthalten ist. Anw.: A. besitzt Antimalaria-Aktivität. Es wirkt schnell und direkt auf die Blut-

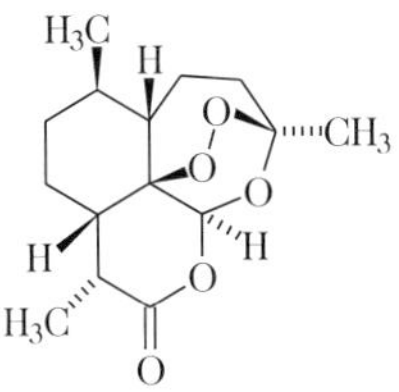

Artemisinin

schizonten der Malariaerreger, auch gegen chloroquinresistente Plasmodien. Therapeutisch eingesetzt werden insbes. partialsynthetisch abgewandelte Produkte wie das Dihydroartemisinin.

Artischocke ↗ Cynara scolymus.
Arum atrorubens ↗ Arisaema-Arten.
Arum dracontium ↗ Arisaema-Arten.
Arum dracunculus ↗ Dracunculus vulgaris.
Arum esculentum ↗ Colocasia esculenta.
Arum guttatum ↗ Dracunculus vulgaris.
Arum immaculatum ↗ Arum maculatum.

■ **Arum italicum** Mill.

Fam.: Araceae.

Vork.: Südeuropa.

Hom.: ***Arum italicum*** HAB, die frischen, vor der Entwicklung der Blätter gesammelten, unterirdischen Pflanzenteile. Anw.-Geb.: Durchfallerkrankungen, Hautjucken. ↗ Arum maculatum

■ **Arum maculatum** L.

(syn. *Arum immaculatum, A. italicum, A. malyi, A. orientale, A. pyrenaeum, A. trapezuntium, A. vulgara, A. zelebori*); Aronstab (syn. Aron, Aronsblume, Aronskelch, Aronskraut, Entenschnabel, Eselsohren, Fieberwurz, Freßwurz, Frostwurz, Deutscher wilder Ingwer, Johannishaupt, Kalbsfuß, Kuhwurz, Papenkind, Pfaffenblut, Pfaffenpint, Pfingstblume, Skarnitzelblume, Poperagrothwurz, Veronikenwurz, Zahnkraut, Zahnwurz, Zehrwurz), s. Farbtafel S. 143, Bild 41.

Fam.: Araceae (Aronstabgewächse).

Vork.: feuchte Laubwälder in Mittel- und Südeuropa.

Droge: ***Ari maculati rhizoma*** (syn. *Rhizoma Aronis, Radix Ari, Tubera Ari*); Aronknollen (syn. Aronwurzel, Zehrwurzel), der Wurzelstock mit den Wurzeln. Inh.: Aroin, ein Gemisch von Scharfstoffen, Stärke (ca. 70 %), Bassorin (18 %), Lectinen und Lipiden. Anw.: volkstümlich als Stomachikum und Tonikum; äußerlich bei schlecht heilenden Wunden und Geschwüren.

Hom.: ***Arum maculatum*** HAB1, die frischen, vor der Entwicklung der Blätter gesammelten unterirdischen Teile. Anw.-Geb.: Erkrankungen der Atemwege sowie Kehlkopfkatarrh.

Histor: Die durch Kochen entgifteten stärkereichen Knollen dienten in Notzeiten als Nahrungsmittel. Der Name *Arum* ist vermutlich ägyptischen Ursprungs, abgeleitet von *aron*, wobei auch ein Zusammenhang mit dem Hohepriester Aron des Alten Testaments bestehen könnte. Damit verbindet sich auch die deutsche Sage „Als Josua und Kaleb ins gelobte Land geschickt wurden, nahmen sie einen Stab und trugen an ihm die große Weintraube und die anderen Früchte jenes Landes. Nachdem sie dieselben abgeladen, steckten sie den Stab in die Erde und an dieser Stelle wuchs nachher die Aronswurzel".

Arum malyi ↗ Arum maculatum.
Arum orientale ↗ Arum maculatum.

Arum pyrenaeum ↗ Arum maculatum.
Arum seguine ↗ Dieffenbachia seguine.
Arum seguinum ↗ Dieffenbachia seguine.
Arum trapezuntium ↗ Arum maculatum.
Arum triphyllum ↗ Arisaema-Arten.
Arum vulgara ↗ Arum maculatum.
Arum zelebori ↗ Arum maculatum.

■ Aruncus dioicus (Walt.) Fern.

(syn. *Aruncus sylvestris, A. vulgaris, Spiraea aruncus*); Waldgeißbart.

Fam.: Rosaceae.

Vork.: Europa, Asien.

Drogen: ***Herba Barbae caprae***; Waldgeißbartkraut, das getrocknete Kraut. Inh: Saponine, cyanogene Glykoside. Anw.: in der Volksheilkunde als Tonikum, Adstringens und Fiebermittel.

Aruncus sylvestris ↗ Aruncus dioicus.
Aruncus vulgaris ↗ Aruncus dioicus.
Arundo calamagrostis ↗ Calamagrostis lanceolata.

■ Arundo donax L.

(syn. *A. scriptoria, Cynodon donax, Donax arundinaceus*); Pfahlrohr (syn. Riesenschilf, Klarinettenrohr, Spanisches Rohr, Wasserrohr).

Fam.: Poaceae (Gramineae).

Heim.: Mittelmeergebiet, in Südeuropa seit dem Altertum kultiviert, eingeführt auch in Südafrika und Südamerika.

Droge: ***Rhizoma Arundonis donacis*** (syn. *Rhizoma Cannae hispanicae*); Rohrwurzel (syn. Donaxwurzel). Inh.: die Indolalkylamine Gramin und Bufotenin. Anw.: als harntreibende Droge sowie als Uterusstimulans. Die Halme der Pflanze finden technisch Anwendung bes. für Flechtwerk, Matten, Angelruten, Rohre für Holzblasinstrumente und neuerdings auch zur Gewinnung von Cellulose und zur Papierherstellung.

Hom.: ***Arundo donax*** HAB; die frischen Rhizomsprosse. Anw.-Geb.: Heuschnupfen, Durchfall.

Arundo scriptoria ↗ Arundo donax.
Arzneibaldrian ↗ Valeriana officinalis.
Arzneibuch ↗ Pharmakopöe.
Arznei-Ehrenpreis ↗ Veronica officinalis.

■ Arzneiform

therapeutisch geeignete Applikationsform eines Wirkstoffes. A. sind z. B. Dragees, Tabletten, Tropfen oder Salben.

arzneiliche Öle ↗ Olea medicata.
Arzneilungenkraut ↗ Pulmonaria officinalis.
Arznei-Mohn ↗ Papaver bracteatum.
Arznei-Primel ↗ Primula-Arten.
Asa dulcis ↗ Styrax-Arten.
Asa foetida ↗ Ferula assa-foetida, ↗ Ferula foetida.
Asam ↗ Ferula foetida.
Asant ↗ Ferula foetida.
Asa odorata ↗ Styrax-Arten.
Asari rhizoma ↗ Asarum europaeum.
Asari rhizoma cum herba ↗ Asarum europaeum.

■ Asaron

(Asarin, Asarumkampfer), Phenylpropanderivat mit charakteristischem Geruch, das im äther. Öl von ↗ *Asarum europaeum* und ↗ *Acorus calamus* vorkommt. Unterschieden werden die beiden stereoisomeren Formen α-Asaron (*trans*-Asaron) und β-Asaron (*cis*-Asaron), das als carcinogen gilt.

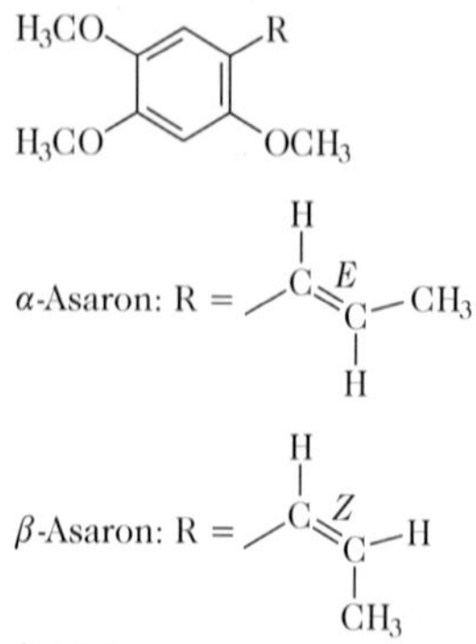

Asarone

■ Asarum canadense L.

Kanadische Haselwurz (syn. Kanadische Schlangenwurz, Wilder Ingwer). Niedrige Staude mit 5–6 mm dickem und ca. 10–20 cm langem Rhizom.

Fam.: Aristolochiaceae.

Heim.: atlantisches Nordamerika.

Droge: ***Radix Asari canadensis*** (syn. *Rhizoma Asari canadensis*); Kanadische Haselwurzel (syn. Kanadisches Haselwurz). Inh.: äther. Öl (3,5–4 %, mit Phenylpropanderivaten der Allylbenzolreihe und α-Terpineol als Hauptkomponenten). Anw.: volkstümlich bei Magenbeschwerden, das äther. Öl in der Kosmetik.

Hom.: ***Asarum canadense*** HAB; die frischen, unterirdischen Pflanzenteile.

■ **Asarum europaeum** L.
(syn. *Asarum officinale*); Europäische Haselwurz (syn. Brechwurz, Haselwurz, Hasenöhrlein, Kampferwurz, Schwarzwurz, Teufelsklaue), s. Farbtafel S. 143, Bild 42.

Fam.: Aristolochiaceae.

Vork.: Mitteleuropa und nördliches Südeuropa in 4 chemischen Rassen (*A. europaeum* chemovar. *trans*-Isoasaron, -*trans*-Isomethyleugenol, -*trans*-Isoelemicin, -Eudesmol).

Drogen: *1.* ***Asari rhizoma*** (syn. *Radix Asari, Radix Nardi rusticae, Rhizoma Asari*); Haselwurzwurzel (syn. Brechwurz, Haselwurzwurzelstock, Scherbelkrautwurzel, Wilde Nardenwurzel), der getrocknete, im August gesammelte Wurzelstock mit den Wurzeln. Inh.: äther. Öl (0,7–4,1 %, je nach Herkunft) mit unterschiedlicher Zusammensetzung je nach chemischer Rasse. Hauptkomponenten können *trans*-Isoasaron (α-Asaron, 0,5–70 %), *trans*-Isomethyleugenol (0,5–45 %) bzw. *trans*-Isoelemicin mit 0,5–45 % sein. Weitere Komponenten sind Mono- und Sesquiterpenderivate sowie Flavonoide und Phenolcarbonsäureverbindungen. *Anw.*: in Form des standardisierten Extraktes als Bestandteil von Fertigarzneimitteln (standardisiert auf *trans*-Isoasaron und *trans*-Isomethyleugenol, 5 mg) bei entzündlichen Erkrankungen der unteren Atemwege, Bronchospasmen verschiedener Genese und Asthma bronchiale. Früher volkstümlich auch als Brechmittel genutzt. *2.* ***Asari rhizoma cum herba*** (syn. *Herba Asari cum radicibus, Rhizoma Asari cum herba*); Haselwurz. *Inh. und Anw.*: s. *Asari rhizoma*.

Hom.: ***Asarum europaeum*** HAB1, die frischen unterirdischen Teile. *Anw.-Geb.*: bei geistiger Erschöpfung, Durchfällen und Schleimhautreizung.

Histor.: Der Name *Asarum* ist vom griechischen *asaron* abgeleitet und bedeutet bei ↗ Dioskurides Ekel, Unbehagen, womit die brecherregenden Eigenschaften der Pflanze ausgedrückt werden. Die deutsche Bezeichnung Haselwurz weist auf das oft gemeinsame Vorkommen mit der Haselnuß hin.

Asarum officinale ↗ Asarum europaeum.
Ascaridol ↗ Chenopodium-Arten.
Asch ↗ Fraxinus-Arten.
Aschantipfeffer ↗ Piper guineense.
Aschblättrige Wucherblume ↗ Chrysanthemum-Arten.
Aschenkraut ↗ Senecio-Arten.
Aschlauch ↗ Allium-Arten.
Aschwurz ↗ Dictamnus albus.
Asclepiadis cornuti rhizoma ↗ Asclepias-Arten.
Asclepiadis curassivicae herba ↗ Asclepias-Arten.
Asclepiadis tuberosae rhizoma ↗ Asclepias-Arten.
Asclepias alba ↗ Vincetoxicum hirundinaria.

■ **Asclepias-Arten**

● **Fam.:** Asclepiadaceae (Seidenpflanzengewächse, Schwalbenwurzgewächse).

● **Asclepias curassavica** L.; Seidenpflanze (syn. Indische Seidenpflanze). Halbstrauch.

Heim.: tropisches Amerika, Indien.

Droge: ***Asclepias-curassavica-Kraut*** (syn. *Asclepiadis curassivicae herba, Herba Asclepiadis curassivicae*), die oberirdischen Pflanzenteile. *Inh.*: Glykoside der Cardenolidreihe (0,2–6 %) sowie Bitterstoffe und Flavonoide. *Anw.*: in der Volksheilkunde als Hämostyptikum und bei Erkrankungen der Atmungsorgane.

Hom.: ***Asclepias curassiva*** HAB34, das frische blühende Kraut. *Anw.-Geb.*: Expectorans, Stypticum.

● **Asclepias incarnata** L.; Fleischfarbene Schwalbenwurz.

Hom.: ***Asclepias incarnata*** HAB34, der frische Wurzelstock.

● **Asclepias fruticosa** L. (syn. *Gomphocarpus fruticosus*); Uzarawurzel ↗ Xysmalobium undulatum.

Hom.: ***Gomphocarpus fruticosus*** HAB; die getrockneten, oberirdischen Pflanzenteile. *Anw.-Geb.*: Heuschnupfen.

● **Asclepias syriaca** L. (syn. *Asclepias cornuti, Apocynum syriacum*); Echte Seidenpflanze (syn. Syrische Seidenwurz, Syrische Seidenpflanze).

Heim.: Nordamerika, Südeuropa.

Droge: ***Asclepias-syriaca-Wurzel*** (syn. *Asclepiadis cornuti rhizoma*); Syrische Seidenpflanzenwurzel. *Inh.*: Cardenolide, u. a. Syriosid, Bitterstoffe, Phytosterole und Kautschuk (1–1,5 % im Milchsaft). *Anw.*: volkstümlich bei Lungenentzündung.

Hom.: ***Asclepias syriaca*** HAB34, der frische Wurzelstock. *Anw.-Geb.*: Ödeme, cardialer Hydrops, Dysmenorrhoe.

● **Asclepias tuberosa** L.; Knollige Schwalbenwurz (syn. Knollige Seidenpflanze).

Heim.: Nordamerika.

Droge: ***Asclepiadis tuberosae rhizoma***; Knollige Schwalbenwurzel. *Inh.:* Cadenolide, u. a. Glucofrugosid und Frugosid, Harz und geringe Mengen äther. Öl. *Anw.:* in der Volksheilkunde der Heimatgebiete u. a. als Kardiakum, Diaphoretikum und Emetikum.

Hom.: ***Asclepias tuberosa*** HAB34, der frische Wurzelstock. *Anw.-Geb.:* u. a. bei Rippenfellentzündung und rheumatischen Beschwerden im Brustbereich.

● **Histor.:** Der von ↗ Dioskurides geprägte Gattungsname Asclepias ist vermutlich nach dem Gotte Asclepios (Aesculapius) gewählt worden. Die Wurzel wurde ursprünglich als expektorierendes und schweißtreibendes Mittel empfohlen.

Asclepias daemia ↗ Pergularia daemia.
Asclepias geminata ↗ Gymnema sylvestre.
Asclepias gigantea ↗ Calotropis-Arten.
Asclepias procera ↗ Calotropis-Arten.
Asclepias undulata ↗ Xysmalobium undulatum.
Asclepias vincetoxicum ↗ Vincetoxicum hirundinaria.

■ **Ascophyllum nodosum** Le Jolis
(syn. *Fucus nodosus, Fucus scorphioides*); Knotentang.

Fam.: Fucaceae.

Vork.: Felsenküsten des Nordatlantiks.

Inh.: Mineralstoffe (17–20 %), Spurenelemente, Alginsäure, Fucoidan, Mannitol, Laminarin, Proteine und Aminosäuren; Vitamine, Gerbstoffe, Sterole und antibiotische Substanzen sowie ein Gesamtiodgehalt von 0,03–0,1 % (z. T. proteingebunden). *Anw.:* wirtschaftlich bedeutsamer Rohstoff zur Gewinnung von Algenmehl als Futtermittelzusatz; Bestandteil von Schlankheitsmitteln bzw. Entfettungskurpackungen. Extrakte werden auch bei chronischer Bronchitis, Emphysem, Katarrhen und rheumatischen Erkrankungen eingesetzt.

■ **Ascorbinsäure**
(Acidum ascorbicum, Vitamin C, L-(+)-2-Oxogulonsäure-γ-lacton), Bestandteil vieler Früchte, z. B. der Hagebutte (↗ *Rosa canina*), und Gemüse (Kartoffel, ↗ *Solanum tuberosum*). A. spielt als Cofaktor bei zahlreichen enzymatischen Prozessen (z. B. Hydroxylierungen) eine wichtige Rolle, sie fördert die Resorption von Ei-

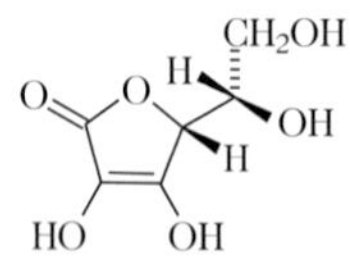

L-Ascorbinsäure

senionen aus dem Magen-Darm-Trakt und aktiviert das Immunsystem (Interferonproduktion, Komplementaktivierung). Der Tagesbedarf liegt bei ca. 1 mg/kg Körpergewicht. A. wird heute biotechnologisch mit Hilfe von ↗ *Acetobacter suboxidans* hergestellt.

Asiaticosid ↗ Centella asiatica.
Asiatischer Copal ↗ Agathis-Arten.
Asiatischer Gänsefuß ↗ Anabasis aphylla.
Asiatische Ruhrsamen ↗ Brucea amarissima.
Asiatischer Wassernabel ↗ Centella asiatica.
Asiatische Scammoniumwurzel ↗ Convolvulus-Arten.

Ascophyllum nodosum.

■ **Asimina triloba** (L.) Dunal.
(syn. *Annona triloba*); Papau.
Fam.: Annonaceae.
Vork.: Nordamerika.
Drogen: ***Semen Asiminae trilobae***; Pawpaw, die reifen Samen. Inh: Annonine (Ditetrahydrofuranfettsäure-γ-lactone), wie Asimin; fettes, halbtrocknendes Öl (ca. 35 %). Anw.: als Brechmittel sowie zur Ölgewinnung.
Hom.: ***Asimina triloba*** HAB34, die reifen Samen.

Askalonische Zwiebel ↗ Allium-Arten.

■ **Asklepios**
(griech.), Aesculapius (lat.), meist als Äsculap bezeichnet. Griechischer Gott der Heilkunst, von Kentaur in Heilkunst unterrichtet, später von Zeus wegen seines Versuches, Tote zum Leben zu erwecken, in die Unterwelt verdammt.

Äskulap ↗ Asklepios.
Aspalathi herba ↗ Aspalathus linearis.
Aspalathus cedarbergensis ↗ Aspalathus linearis.
Aspalathus cognata ↗ Aspalathus linearis.
Aspalathus contaminata ↗ Aspalathus linearis.
Aspalathus corymbosa ↗ Aspalathus linearis.

■ **Aspalathus linearis** (Burm. f.) Dahlg.
(syn. *Aspalathus contaminata, A. cognata, A. corymbosa, A. pinifolia, A. tenuifolia, A. cedarbergensis, Borbonia pinifolia, Lebeckia linearis, Psoralea linearis*); Rotbusch.
Fam.: Fabaceae.
Heim.: Südafrika, Kulturen in Gebirgsgebieten Kaplands.
Droge: ***Aspalathi herba*** (syn. *Herba Aspalathi*); Rotbusch-Tee (syn. Massaitee, Red Bush Tea, Rooibos-Tee), die fermentierten Blatt- und Zweigstückchen. Inh.: Gerbsoffe, bes. Gallotannine, Flavonoide, Mineralsalze, geringe Mengen Ascorbinsäure und äther. Öl. Anw.: ein dem Schwarzen Tee ähnliches, jedoch coffeinfreies Genußmittel.

Aspalathus pinifolia ↗ Aspalathus linearis.
Aspalathus tenuifolia ↗ Aspalathus linearis.

■ **L-Asparaginase**
(Aspase, Colaspase). L-Asparagin-amidohydrolase (EC 3.5.1.1), Enzym, das die Hydrolyse von Asparagin zu Asparaginsäure und Ammoniak katalysiert. Anw.: Da bestimmte Tumorzellen kein oder nur minimale Mengen an Asparagin synthetisieren können, wird das Enzym zur Behandlung bösartiger Tumoren und Leukämien eingesetzt. Gewonnen wird L-A. aus *Escherichia coli*.

Asparagi radix ↗ Asparagus officinalis.
Asparagi rhizoma ↗ Asparagus officinalis.
Asparagus altilis ↗ Asparagus officinalis.
Asparagus hortensis ↗ Asparagus officinalis.

■ **Asparagus officinalis** L.
(syn. *Asparagus altilis, A. hortensis*); Spargel, s. Farbtafel S.144, Bild 43.
Fam.: Asparagaceae.
Vork.: Europa, Nordafrika, Nordamerika.
Droge: ***Asparagi rhizoma*** bzw. ***radix*** (syn. *Radix* bzw. *Rhizoma Asparagi*), der Wurzelstock mit den Wurzeln. Inh.: insbes. Asparagin, Arginin und Steroidsaponine. Anw.: Bestandteil von

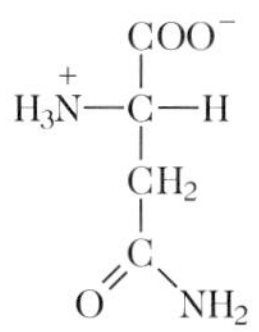
Asparagin

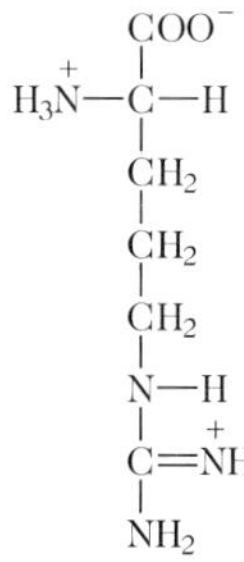
Arginin

Blasen- und Nierentees bei entzündlichen Erkrankungen der ableitenden Harnwege, als Prophylaktikum gegen Nierengrieß, Bestandteil entsprechender Phytopharmaka. TD: 45–80 g Droge. Die jungen Sprosse der Pflanze dienen als Gemüse. Geg.: entzündliche Nierenerkrankungen.
Hom.: ***Asparagus officinalis*** HAB1. Anw.-Geb.: als Diuretikum und bei Herzerkrankungen.
Histor.: Der Gattungsname *Asparagus* leitet sich vom griechischen *aspáragos* ab, dagegen ist der deutsche Name Spargel auf dessen Eigenschaft, aus der Erde zu sprossen (spargáo = ich sprosse), zurückzuführen.

■ **Aspergillus-Arten** (Micheli ex Fries)
Gießkannenschimmel, Kolbenschimmel.

● **Fam.:** Aspergillaceae (Eurotiaceae).
Weltweit sind etwa 150 Arten verbreitet, die pflanzliche und tierische Produkte zersetzen und dabei ein breites Spektrum an Sekundärstoffen bilden. Sie werden eingesetzt zur Gewinnung von Enzymen, zur Biomasseproduktion aus Stärke, Cellulose und Chitin sowie zur Biotransformation von Carotinoiden und Steroiden. Ihre pathologische Bedeutung liegt in der Produktion von Mykotoxinen, die mutagene, hepatotoxische und carcinogene Wirkungen aufweisen.
● **Aspergillus flavus** (s. Farbtafel S. 144, Bild 44) bildet auf fetthaltigen Früchten (Nüsse, Erdnüsse) stark hepatotoxische und cancerogene Aflatoxine, gleichzeitig wird er zur Gewinnung von Aspergillsäure herangezogen.
● **Aspergillus fumigatus** bildet neben dem antibiotisch wirksamen Fumigacin auch Ergolin-Alkaloide.
● **Aspergillus niger** dient der biotechnologischen Produktion von Glucoamylase, Gluconsäure sowie Zitronensäure.
● **Aspergillus ochraceus** bildet die Pilzprotease Ocrase, die in ähnlicher Weise wie Plasmin fibrinolytisch wirksam ist und bei Thrombosen und Herzinfarkt eingesetzt wird.
● **Aspergillus oryzae** wird zur biotechnologischen Gewinnung von Enzymen, wie Glucoamylase, Pektinasen, Proteinasen (Pilzproteasen, wie die fibrinolytisch wirksame Brinase) eingesetzt und dient seit Jahren in Ostasien der Fermentierung von Kohlenhydraten und Proteinen zu Würzmitteln wie Sojasauce, Miso oder Sake.
● **Aspergillus saito** wird ebenfalls zur Gewinnung von Pilzproteasen herangezogen, die ein Enzymgemisch mit breitem pH-Optimum und unterschiedlichen Angriffsmöglichkeiten in Proteinen darstellen und in der Lebensmittelindustrie eingesetzt werden.
● **Aspergillus wentii** ist wie *A. niger* in erster Linie ein Produktionsstamm zur Herstellung von Citronensäure aus Rohrzucker.

Asperulae odoratae herba ↗ Galium odoratum.
Asperula matrisylva ↗ Galium odoratum.
Asperula odorata ↗ Galium odoratum.
Asphodeli-bulbus-Wurzel ↗ Asphodelus albus.

■ **Asphodelus albus** Mill.
(syn. *Asphodelus macrocarpus, A. ramosus*); Asphodill (syn. Weißer Affodill).

Fam.: Asphodelaceae.
Vork.: Südeuropa.
Droge: ***Asphodeli-bulbus-Wurzel*** (syn. *Bulbus Asphodeli, Radix Asphodeli albi*), die getrocknete, fleischig verdickte Wurzel. *Inh.:* Hydroxyanthracenderivate (ca. 0,2 %, Herbstdroge bis 1 %), u. a. Aloeemodiin und Asphodelin, ein 1,1′,8,8′-Tetrahydroxy-3,3′-dimethyl-2-7′-bisanthrachinon, als Aglyka. Ferner Phytosterole, Triterpene, Fructane, Lipide und Schleimstoffe. *Anw.:* in der Volksheilkunde als harntreibendes Mittel sowie bei Hautleiden. Industrielle Nutzung der Wurzeln zur Alkoholgewinnung und zur Herstellung von Klebstoff.

Asphodelus macrocarpus ↗ Asphodelus albus.
Asphodelus ramosus ↗ Asphodelus albus.
Asphodill ↗ Asphodelus albus.
Aspidium filix-mas ↗ Dryopteris filix-mas.
Aspidosperma chakensis ↗ Aspidosperma quebracho-blanco.
Aspidosperma crotalorum ↗ Aspidosperma quebracho-blanco.
Aspidosperma quebracho ↗ Aspidosperma quebracho-blanco.
Aspidosperma quebracho-alba ↗ Aspidosperma quebracho-blanco.

■ **Aspidosperma quebracho-blanco** Schlecht.
(syn. *Aspidosperma chakensis, A. crotalorum, A. quebracho, A. quebracho-alba, Macaglia quebracho, Macaglia quebracho-blanco*); Weißer Quebracho (syn. Quebrachobaum).
Fam.: Apocynaceae.
Vork.: Argentinien, Bolivien, Chile.
Droge: ***Quebracho cortex*** (syn. *Cortex Quebracho, Lignum Quebracho*); Quebrachorinde. *Inh.:* Indolalkaloide (0,3–1,5 %), u. a. ↗ Aspidospermin und Quebrachin (↗ Yohimbin) sowie Gerbstoffe. *Wirk.* und *Anw.:* Alkaloide bewirken Erregung des Atmungszentrums und besitzen expektorierende Eigenschaften. Die Droge ist daher, meist in Kombination mit anderen Drogenauszügen, Bestandteil einiger Asthmapräparate und Expektorantien. Holz und Rinde werden ferner in der Gerberei genutzt.
Hom.: ***Quebracho*** HAB34; die getrocknete Rinde der Stämme und Zweige. *Anw.-Geb.:* Herzschwäche und chronische Atemwegserkrankungen.

■ **Aspidospermin**
monoterpenoides Indolalkaloid mit analeptischer Wirksamkeit aus ↗ *Aspidosperma quebracho-blanco*.

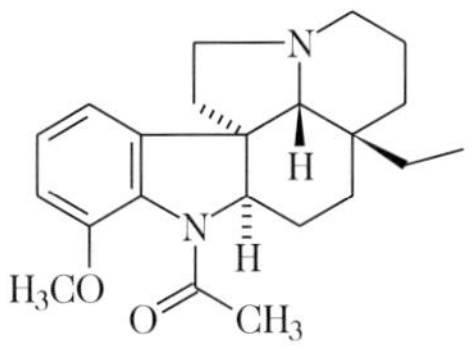

Aspidospermin

Asplenium filix-femina ↗ Athyrium filix-femina.
Assam-Tee ↗ Camellia sinensis.
Asselkaktus ↗ Pelecyphora aselliformis.

■ **Astacus fluviatilis** Fabr.
(syn. *Potamobius astacus, Potamobius fluviatilis, Cancer astacus*); Flußkrebs.

Fam.: Astacidae.

Vork.: in Flüssen und Bächen Europas.

Inh.: Astaxanthin (tierisches Carotinoid), Biopterin.

Hom.: ***Cancer fluviatilis***, ethanolischer Extrakt aus dem Ganztier. *Anw.-Geb.*: gastrisch-nervöse Erkrankungen, akute Infektionskrankheiten, Urticaria, Hautjucken, Lebererkrankungen.

Aster helenium ↗ Inula helenium.
Asterias anthion rubens ↗ Asterias rubens.
Asterias lutea ↗ Gentiana-Arten.

■ **Asterias rubens** L.
(syn. *Asterias anthion rubens, Asterias violacea*); Gemeiner Seestern (syn. Meerstern).

Fam.: Asteriidae.

Vork.: östl. Atlantik bis Nordkap und bis zum weißen Meer, in Tiefen bis zu 2 000 m.

Inh.: Astaxanthin (tierisches Carotinoid), β-Carotin, Xanthophyll, Protoporphyrin, 6–8 % fettes Öl, Sterole, Taurin und Glykokoll. In den Greifzangen wurden toxische Proteine und Enzyme gefunden.

Asterias rubens. Seestern.

Anw.: Seesternmehl wird als Futterzusatz in der Schweinemast und als Bestandteil von Torfdünger verwendet.

Hom.: ***Asterias rubens*** HAB1, ethanolische Tinktur des gesamten Organismus. *Anw.-Geb.*: Erkrankungens des Herzens, des arteriellen Gefäßsystems, der Haut und der weiblichen Geschlechtsorgane.

Asterias violacea ↗ Asterias rubens.
Aster officinalis ↗ Inula helenium.
Asthmakraut ↗ Datura-Arten.
Ästige Zaunblume ↗ Anthericum ramosum.

■ **Astilbe rivularis** Buch.-Ham. ex D.

Fam.: Saxifragaceae.

Vork.: Indien.

Drogen: die Blätter. *Inh:* Leucoanthocyane, Quercetin, Kaempferol, Azaleatin. *Anw.*: in der indischen Volksheilkunde bei Zahnschmerzen und als Blutreinigungsmittel verordnet.

■ **Astragalin**
3-*O*-Glucosylkämpferol. Flavonolglykosid in verschiedenen Drogen, z. B. Lindenblüten (*Tilia cordata, Tilia platyphyllos;* ↗ Tilia-Arten), Holunderblüten (↗ *Sambucus nigra*) oder Goldrutenkraut (*Solidago virgaurea;* ↗ Solidago-Arten).

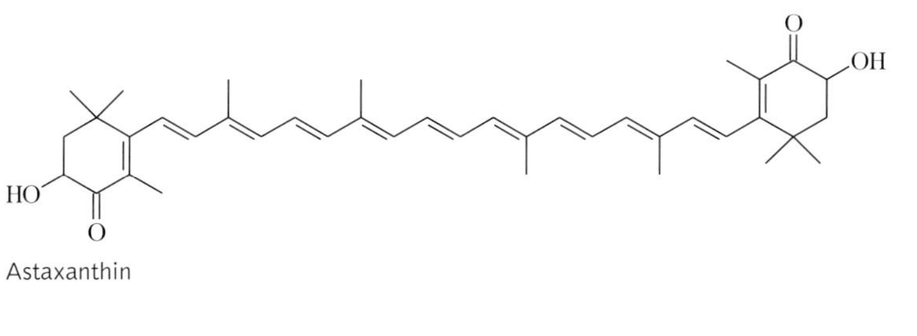

Astaxanthin

■ **Astragalus-Arten**

Fam.: Fabaceae.

Drogenliefernde Arten: *A. brachycentrus*, *A. echidinaeformis*, *A. elymaiticus*, *A. gossypinus*, *A. gummifer*, *A. kurdicus* und *A. microcephalus*.

Vork.: Vorderasien bis Iran (Hauptproduzent) in Höhen von 1 500–2 000 m.

Droge: ***Tragant*** (syn. *Tragacantha*), die an der Luft erhärtete, gummiartige Ausscheidung, die natürlich oder nach Einschneiden aus Stamm und Ästen von *Astragalus*-Arten, bes. von *A. gummifer*, ausfließt; s. Farbtafel S. 144 Bild 45. *Inh.:* Polysaccharide aus einem Gemisch saurer und neutraler Verbindungen, die einen wasserlöslichen und einen wasserunlöslichen Anteil bilden. Der etwa ein Drittel der Droge darstellende wasserlösliche Anteil, Tragacanthin, enthält Tragacanthsäure, ein verzweigtes Galacturonan, als Hauptkomponente sowie ein Arabinogalactan-Protein. Der restliche Anteil besteht aus dem wasserunlöslichen Bassorin, das den stark quellfähigen Komplex der Droge darstellt. *Anw.:* Mucilaginosum; Bassorin dient als Quellmittel in Arzneifertigpräparaten, die als Laxantien zum Einsatz kommen. Die Droge wird ferner als Gleitmittel, z. B. für Katheter, als Haftmittel für Zahnprothesen, als Bindemittel zur Tablettierung, als Dickungsmittel zur Stabilisierung von Suspensionen und Emulsionen verwendet; in ähnlicher Weise wird sie auch in der Lebensmittelindustrie und in der Kosmetik genutzt. In der Technik dient sie als Appretur.

Astragalus gummifer. Blühender Sproß mit Balttdornen.

Astragalus glaucoides ↗ Coronilla-Arten.
Astrantia diapensia ↗ Sanicula europaea.
Astrantiae herba ↗ Astrantia major.

■ **Astrantia major** L.

Sterndolde (syn. Astrenze, Schwarzer Sanikel, Schwarze Stränze, Sternblume, Stränze, Talstern), s. Farbtafel S. 144, Bild 46.

Fam.: Apiaceae (Umbelliferae).

Vork.: Bergwiesen der europäischen Mittelgebirge, in krautreichen Wäldern.

Droge: ***Astrantiae herba*** (syn. *Herba Astrantiae*); Sterndoldenkraut. *Inh.:* Hydroxyzimtsäurederivate, u. a. Rosmarinsäure; Flavonoide, u. a. C-Glykosylflavone bes. 6-C-β-D-Glucosylluteolin (Isoorientin); ferner Flavonolglykoside mit Kämpferol und Quercetin als Aglyka; außerdem Triterpensaponine (0,1–0,2 %) mit Hederasaponin C, das an der acylglykosidisch gebundenen Rhamnose partiell acetyliert vorliegt, als Hauptkomponente. *Anw.:* In der Volksheilkunde bei Erkrankungen der Atmungsorgane, Blutungen im Magen-Darm-Trakt sowie als Wundheilmittel, mitunter äußerlich in Form der Abkochung als Umschläge. Zur ↗ Teezubereitung verwendet man etwa 1,5–2 g fein zerschnittene Droge für ca 150 ml Wasser. Die Tagesdosis sollte bei 2–3 Tassen liegen.

Histor.: Die Krautdroge steht in einigen Regionen Mitteleuropas seit Jahrhunderten in hohem Ansehen bes. bei entzündlichen Prozessen der Verdauungsorgane sowie äußerlich als Wundheilmittel. Allerdings erfolgt dies meist in der falschen Annahme, daß es sich dabei um Sanikel (↗ *Sanicula europaea*) handelt, wozu vermutlich die Bezeichnung Schwarzer Sanikel Anlaß gibt.

Astrenze ↗ Astrantia major.

■ **Astrephia chaerophylloides** (SM.) DC.

(syn. *Valeriana laciniata, Boerhavia chaerophylloides*).

Fam.: Valerianaceae.

Vork.: Indochina, Südamerika.

Drogen: die Wurzeln. *Inh:* Valtrat (0,05–0,1 %), Spuren von Acevaltrat und Didrovaltrat. *Anw.:* in der Volksheilkunde als Diuretikum und Diaphoretikum.

■ **Astrocaryum-Arten**

Sternnußpalmen.

● **Fam.:** Palmae.

- **Astrocaryum jauary** Mart.
  Vork.: Brasilien.
  Droge: ***Awarrapalmfett***, das Kernfett der Samen. Inh: feste Triglyceride, die dem Palmfett ähnlich sind. *Anw.*: als Speisefett sowie zur Seifenherstellung.
- **Astrocaryum murumuru** Mart.
  Vork.: tropisches Südamerika.
  Droge: ***Murumurufett***, das Kernfett. *Inh:* feste Triglyceride, die nach Moschus riechen. *Anw.*: in der Seifenherstellung.
- **Astrocaryum vulgare** Mart.
  Vork.: Äquatorialbrasilien.
  Droge: ***Aouaraöl*** (syn. Tucumfett), das Fett der Kerne und des Fruchtfleisches. *Inh:* feste Triglyceride, dem Palmkernfett ähnlich. *Anw.*: als Speisefett, zur Magarine- sowie Seifenherstellung.

■ **Astronia fraxinifolia** Schott.
Fam.: Anacardiaceae.
Vork.: Brasilien, Venezuela.
Droge: ***Cortex Astroniae***; Astroniumrinde, die Rinde der Zweige und Stämme. *Inh:* Tannin (12–13 %), Balsam. *Anw.*: in der brasilianischen Volksheilkunde bei Dysentherie; technisch zur Gerberei. Alle *Astronia*-Arten liefern wertvolle Nutzhölzer.

Astroniumrinde ↗ Astronia fraxinifolia.

■ **Atalantia monophylla**
Fam.: Rutaceae.
Vork.: Ostindien, Korea, Indochina, Malaysia.
Droge: die Wurzelrinde. *Inh:* Oxycumarin, Bitterstoffe, wie Atalantin; Acridone, wie Atalaphyllin und *N*-Methylatalaphyllin. *Anw.*: in der Volksheilkunde bei Erkältungskrankheiten, als Antispasmodikum, Stimulans und Amarum eingesetzt.

Athamanta meum ↗ Meum athamanticum.

■ **ätherische Öle**
(syn. *Aetherolea, Olea aetherea*), heterogenes Gemisch bei Zimmertemperatur flüssiger, leicht flüchtiger, lipophiler Sekundärstoffe aus Pflanzen mit charakteristischem Geruch und zumeist aromatischem, bitterem oder scharfem Geschmack. Bestandteile ä. Ö. sind v. a. Terpene und Derivate von Phenylpropankörpern (Monoterpene, Sesquiterpene und Kohlenwasserstoffe, deren Alkohole, Aldehyde, Phenole, Ketone, Ester und Lactone; Abb. 1–5). Sie sind immer auch Begleitstoffe von Balsamen und Harzen. Ihr

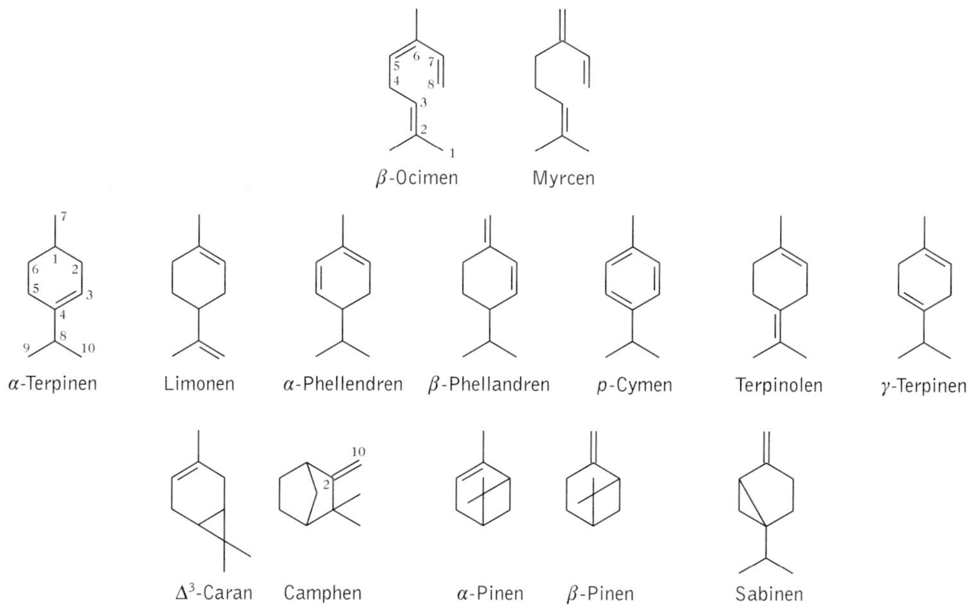

ätherische Öle. Abb. 1: Strukturformeln von Monoterpenkohlenwasserstoffen.

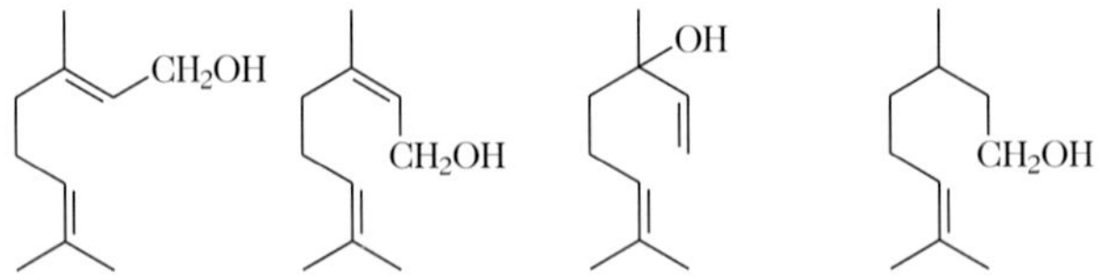

Geraniol Nerol Linalool Citronellol

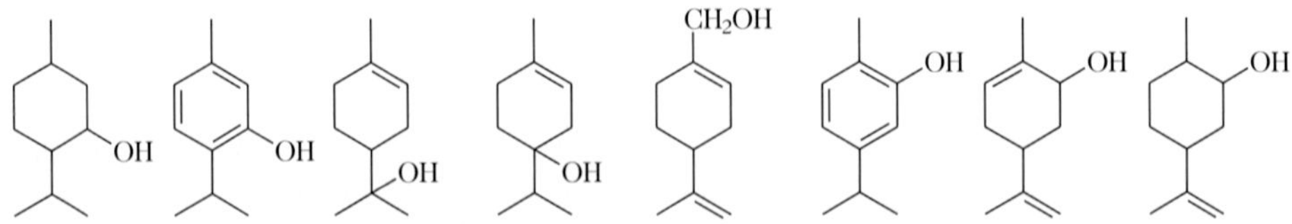

Menthol Thymol α-Terpineol Terpineol-4 Dihydro-cuminol Carvacrol Carveol Dihydro-carveol

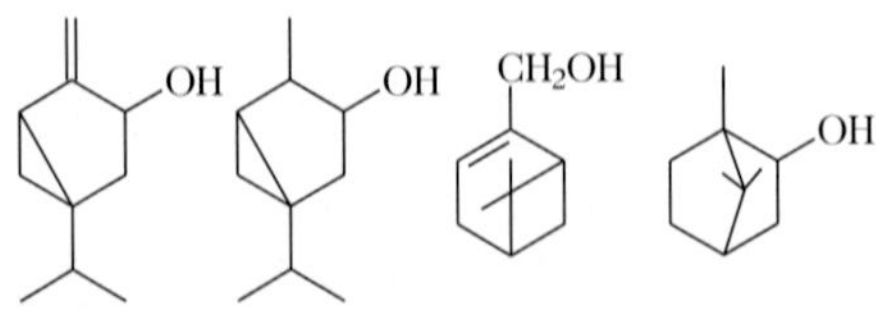

Sabinol Thujol Myrtenol Borneol

ätherische Öle. Abb. 2: Strukturformeln von Monoterpenalkoholen.

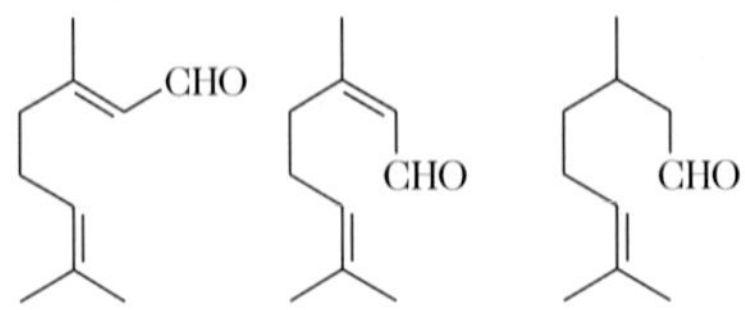

Citral a Geranial (*trans*-Form) Citral b Neral (*cis*-Form) Citronellal

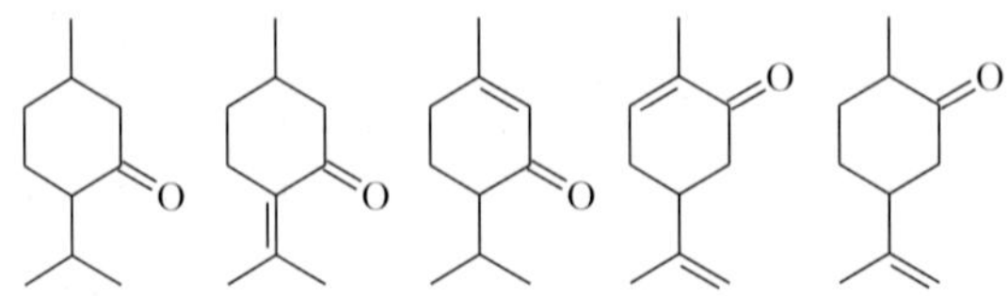

Menthon Pulegon Piperiton Carvon Dihydro-carvon

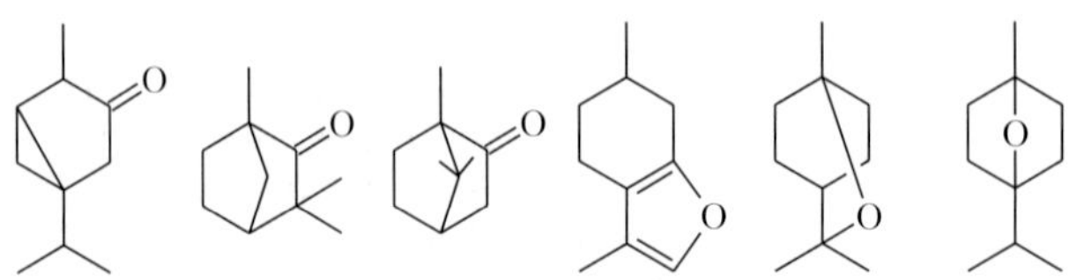

Thujon Fenchon Campher Mentho-furan 1,8-Cineol (Eucalyptol) 1,4-Cineol

ätherische Öle. Abb. 3: Strukturformeln von Monoterpenaldehyden, -ketonen und -epoxiden.

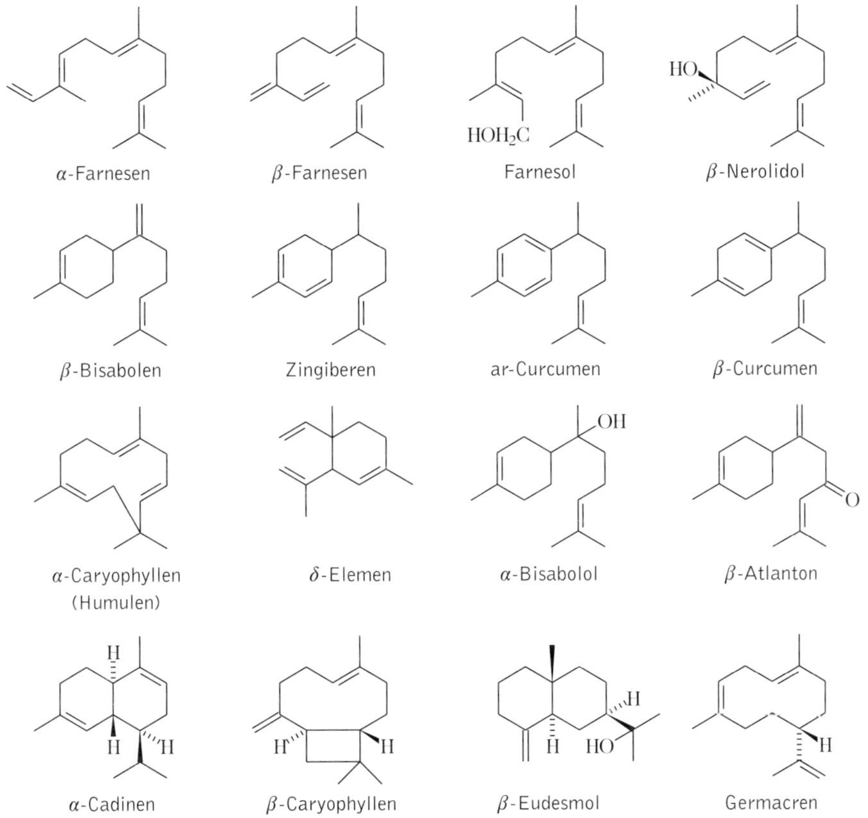

ätherische Öle. Abb. 4: Strukturformeln von Sesquiterpenderivaten.

Vorkommen ist weit verbreitet unter den höheren Pflanzen, v. a. in Apiaceae, Asteraceae, Cupressaceae, Lamiaceae, Lauraceae, Myrtaceae, Pinaceae, Poaceae, Rutaceae und Zingiberaceae.

Gewinnung: Die einfachste Art der Ölgewinnung ist die Destillation der frischen Droge mit Wasser. Empfindlichere ä. Ö. werden durch Wasserdampfdestillation gewonnen. Aber auch Pressverfahren und Extraktionsmethoden werden zu ihrer Isolation herangezogen. *Wirk.*: Je nach Zusammensetzung besitzen die ä. Ö. antimikrobielle Wirksamkeit gegenüber Bakterien und Pilzen; sie reizen die Haut sowie die Schleimhäute des Atem- und Verdauungstraktes und fördern damit Sekretionsprozesse; sie besitzen milde spasmolytische Aktivität sowie Insekten-vertreibende Aktivität (Repellent). *Anw.*: als Sekretolytika bei Atemwegserkrankungen, zur Appetitanregung (Gewürze), als Carminativa, zur Verdauungsförderung, als Repellentien. Besondere Bedeutung besitzen sie als Riechstoffe zum Aromatisieren in der Nahrungsmittelindustrie und Kosmetik.

Ätherisches Bittermandelöl ↗ Prunus-Arten.
Ätherisches Citronellöl ↗ Cymbopogon-Arten.
Ätherisches Fenchelöl ↗ Foeniculum vulgare.
Ätherisches Muskatnußöl ↗ Myristica fragrans.
Ätherisches Pfefferminzöl ↗ Mentha-Arten.
Ätherisches Tieröl ↗ Oleum animale aethereum.
Ätherisches Wacholderöl ↗ Juniperus communis.
Ätherisches Zimtöl ↗ Cinnamomum-Arten.

■ **Atherosperma moschatum** Labill.
Fam.: Monimiaceae.

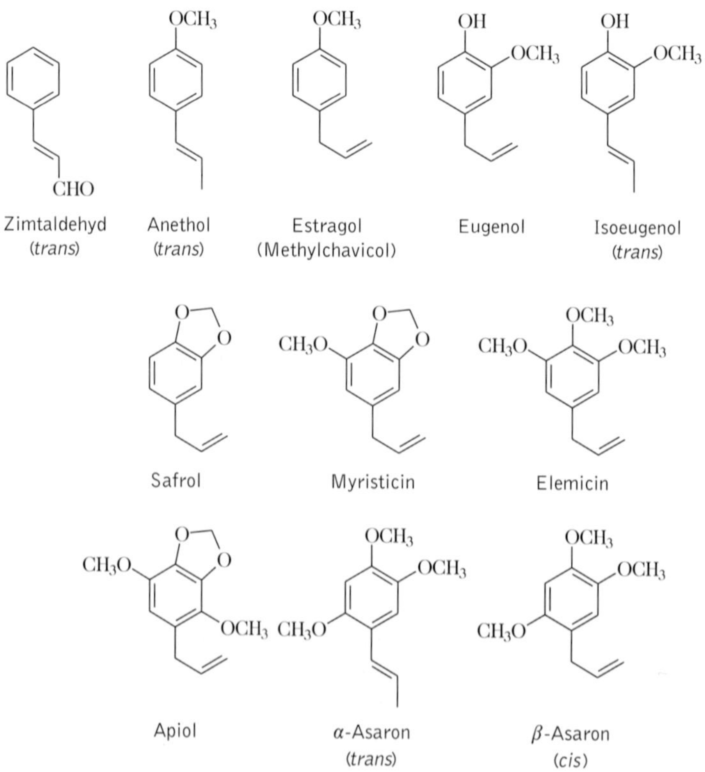

ätherische Öle. Abb. 5: Strukturformeln von Phenylpropanderivaten.

Vork.: Australien, besonders Tasmanien.

Droge: ***Cortex Atherospermae***; Australische Sassafrasrinde (syn. Pflaumen-Muskatnußrinde), die Stammrinde. *Inh:* Alkaloide, wie Atherospermidin, Berbamin, Isotetrandin, Isocorydin, Spermatherin; äther. Öl. *Anw.:* in der Volksheilkunde bei Rheuma und Bronchitis, als Aromatikum.

■ **Athyrium filix-femina** (L.) Roth.
(syn. *Polypodium filix-femina, Asplenium filix-femina*); Waldfrauenfarn.

Fam.: Polypodiaceae.

Vork.: Mitteleuropa, Südamerika.

Droge: das Rhizom. *Inh:* Filixsäuren, Phloroglucine, Gerbstoffe (ca. 8 %). *Anw.:* in der Volksheilkunde als Vermifugum.

Atlantischer Lachs ↗ Salmo salar.
Atlaszeder ↗ Cedrus-Arten.

■ **Atractylis gummifera** L.
(syn. *Carlina gummifera*); Mastixdistel.

Fam.: Asteraceae (Compositae).

Vork.: Mittelmeergebiet.

Droge: ***Radix Carlinae gummiferae***; Mastixdistelwurzel. *Inh.:* Atractylin, Atractyligenin, Atractylosid (Norditerpenglykosidester) Gummiferin, Harz, Kautschuk, Proteine. *Anw.:* in der Volksheilkunde bei Hydrops, Harnbeschwerden, Schlangenbissen. Die Pflanze ist stark giftig, Atractylo-

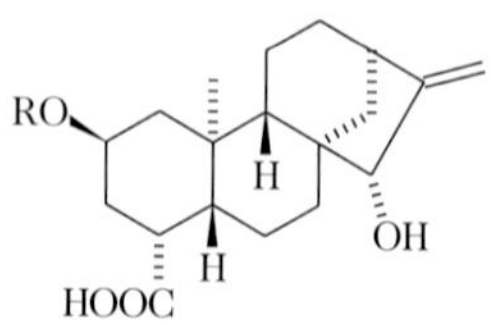

Atractyligenin: R = H
Atractylosid: R = 2-(3-Methylbutyryl)-3,4-di-O-sulfo-β-D-glucopyranosyl

sid hemmt die oxidative Phosphorylierung und kann über den hypoglykämischen Schock zum Tode führen.

Atractylosid ↗ Atractylis gummifera.
Atriplex acuminata ↗ Atriplex hortensis.
Atriplex benghalensis ↗ Atriplex hortensis.
Atriplex heterantha ↗ Atriplex hortensis.

■ **Atriplex hortensis** L.
(syn. *Atriplex acuminata, A. benghalensis, A. heterantha, A. microtheca, A. ruberrima, A. rubra, A. spectabilis, A. virgata*); Gartenmelde (syn. Maimoos, Mehlkraut, Mehlmus, Melde, Mellenkohl, Spanischer Spinat, Wilder Spinat).

Fam.: Chenopodiaceae.

Vork.: Mittelasien, Europa.

Droge: ***Herba Atriplicis*** (syn. *Atriplex-hortensis*-Kraut); Mehlkraut (syn. Meldenkraut). *Inh.:* Saponine (Oleanolsäure als Aglykon), Betalaine (Amaranthin, Betaxanthin), Flavonole (Quercetin, Kämpferol), Proteine, Spurenelemente (Eisen, Kupfer, Mangan, Zink), Oxalsäure (bis 10,3 %). *Anw.:* in der Volksheilunde zur Blutreinigung, bei Blasen- und Nierenleiden, zur Behandlung von Lungenleiden und als Mittel gegen Blutungen. Die Pflanze wird mitunter auch als Gemüse genutzt.

Atriplex microtheca ↗ Atriplex hortensis.
Atriplex ruberrima ↗ Atriplex hortensis.
Atriplex rubra ↗ Atriplex hortensis.
Atriplex spectabilis ↗ Atriplex hortensis.
Atriplex virgata ↗ Atriplex hortensis.

■ **Atropa belladonna** L.
(syn. *Atropa lethalis, A. lutescens, A. pallida, Belladonna baccifera, Belladonna trichotoma*); Tollkirsche (syn. Judenkernlein, Judenkirsche, Rasewurz, Schlafkirsche, Schwarzber, Teufelsauge, Teufelsberi, Teufelskirsche, Tintenbeer, Todeskraut, Tollbere, Tollkraut, Waldnachtschatten, Wolfsbeere, Wolfskirsche), s. Farbtafel S. 144, Bild 47.

Fam.: Solanaceae.

Vork.: Eurasien, kultiviert auf dem Balkan, Indien, Pakistan, USA, Brasilien.

Drogen: ***1. Belladonnae folium*** (syn. *Belladonnae herba, Folia Belladonnae, Herba Belladonnae*); Belladonnablätter (syn. Tollkirschen-

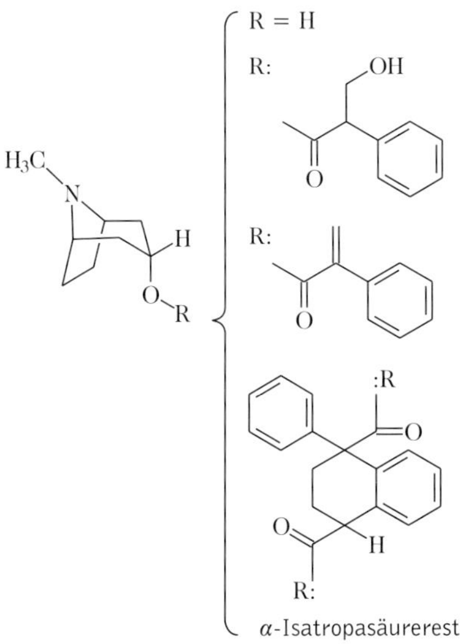

Tropin
(*S*)-(–)-Hyoscyamin
Atropin: R = racem. Tropasäurerest
Atropamin
Belladonnin

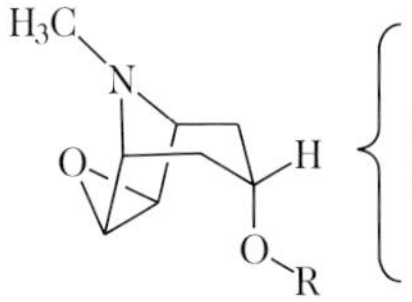

R = H: Scopin
R = (*S*)-Tropasäurerest: (*S*)-(–)-Scopolamin

blätter, Tollkrautblätter, Waldnachtschattenblätter, Wolfsbeerenblätter, Wolfskirschenblätter, Tollkirschenkraut, Tollkraut). Inh.: Tropanalkaloide: Atropin (Racemat aus *S*-(–)- und *R*-(+)-Tropasäureester des Tropins) und (–)-Hyoscyamin als Hauptalkaloide, daneben geringe Mengen an Apoatropin, Belladonnin und (–)-Scopolamin (Formel s. S. 91); Flavonoide, Cumarine, Gerbstoffe. Anw.: Durch die parasympathikolytische Wirkung der Tropanalkaloide werden die Drogen zur Spasmolyse im Gastrointestinaltrakt, der Gallenwege, der Harnblase und der Bronchiolen eingesetzt. Außerdem führt Atropin zur Mydriasis und Akkomodationslähmung, es hemmt die Sekretion exokriner Drüsen (Speichel-, Magensaft-, Pankreassaft- und Schweißsekretion) und führt zur Unterdrückung von Übelkeit und Erbrechen. In Dosen ab 3 mg (–)-Hyoscyamin kommt es zur Stimulation des ZNS, ab 10 mg zu zentralen Lähmungen. ***2. Belladonnae radix*** (syn. *Radix Belladonnae*); Belladonnawurzel. Inh.: Tropanalkaloide (0,3–1,2 %), u. a. Hyoscyamin, Apoatropin, Tropin, Cuskhydrin, Scopolamin. Anw.: s. *Belladonnae folium*. Darüber hinaus diente die Droge zur sogenannten Bulgarischen Kur, benannt nach dem bulgarischen Wunderheiler Ivan Raeff aus Schipka, die zur Therapie der chronischer Encephalitis genutzt wurde. Diese Anwendung ist heute obsolet.

Hom.: ***1. Atropa belladonna*** (syn. *Belladonna*) HAB1, am Ende der Blütezeit gesammelte, ganze, frische Pflanze ohne verholzte Stengelteile. Anw.-Geb.: Entzündungen der Mandeln, der Atemorgane, des Magen-Darm-Kanals, der Harn- und Geschlechtsorgane, der Hirnhäute, der Haut und der Gelenke. ***2. Atropa belladonna Rh*** HAB1, am Ende der Blütezeit gesammelte, ganze, frische Pflanze ohne verholzte Stengelteile.

Histor: Die Gattung ist nach Atropos, der griechischen Parze benannt, die den Lebensfaden durchschnitt. Im 16. Jh. wurde die Tollkirsche als Kosmetikum zur Erzeugung großer Pupillen eingesetzt, daher rührt der Name „belladonna". Die Tollkirsche spielte im Mittelalter als Bestandteil von Hexentränken und -salben eine große Rolle, die mit der ZNS-Wirksamkeit der Tropanalkaloide in Verbindung steht (↗ Halluzinogene biogenen Ursprungs). Die Tollkirsche wurde auch als Mordgift benutzt, so z. B. im Krieg der Schotten gegen die skandinavische Armee unter dem Norwegerkönig Sven Knut (etwa 1035). Damals vergifteten die Schotten die Nahrungsmittel der Skandinavier mit Tollkirsche und vernichteten damit die norwegischen Truppen.

Atropa lethalis ↗ Atropa belladonna.
Atropa lutescens ↗ Atropa belladonna.
Atropa pallida ↗ Atropa belladonna.
Atropa physaloides ↗ Nicandra physaloides.

■ Atropin

(Atropinum, DL-Hyoscyamin), der Tropasäureester des Tropins, ein Tropanalkaloid verschiedener Solanaceen, z. B. ↗ *Atropa belladonna*, *Datura stramonium* (↗ *Datura*-Arten), ↗ *Hyoscyamus niger*). Es stellt das Racemat aus D- und L-Hyoscyamin dar. Wirk.: Infolge Bindung an muscarinergen Acetylcholinrezeptoren zeigt A.

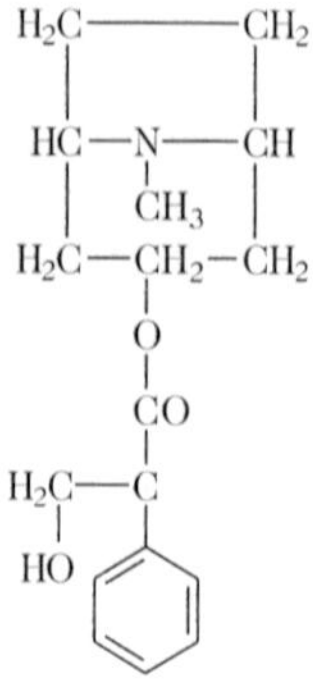

Atropin

parasympathikolytische Effekte ohne selbst intrinsische Aktivität zu besitzen. A. führt zur Spasmolyse der glatten Muskulatur, zu Mydriasis und Akkomodationslähmung am Auge sowie zur Einschränkung der Sekretion exokriner Drüsen. Gleichzeitig kommt es zur Tachykardie sowie zur Unterdrückung von Übelkeit und Erbrechen. In höherer Dosierung (ab 3 mg) kommt es zur zentralnervösen Stimulation, die bei Dosissteigerung zu tödlichen ZNS-Lähmungen führt. Anw.: Spasmolytikum u. a. bei Krämpfen des Magen-Darm-Traktes, Asthma, Obstipation, Keuchhusten, Gefäßspasmen, Koliken; bei Epilepsie und Chorea; als Mydriatikum in der Ophthalmologie; als Gegengift bei verschiedenen Vergiftungen, z. B. durch Digitalisglykoside, ↗ Muscarin, Pilocarpin, ↗ Physostigmin, Kampfstoffe mit parasympatikomimetischer Wirkung.

■ **Attalea excelsa** Mart.
(syn. Scheelea martiana); Urikuripalme.

Fam.: Palmae.

Vork.: Brasilien.

Drogen: *1. Urikurinußöl* (syn. Urikurifett), das Kernfett der Samen. Inh.: Triglyceride (ca. 75 %, dem Cocosfett ähnlich). Anw.: gutes Speisefett, wie Cososfett angewendet. *2. Urikuriwachs*. Inh.: raffiniertes Wachs mit Myristin-Cerotin-Ester (ca. 59 %), freie Wachssäuren (ca. 10 %), verseifbares Harz (ca. 11 %), Kohlenwasserstoffe, Mineralien. Anw.: in der Technik zur Herstellung von Bohnerwachs, Schuhputzmittel, Farbbandmassen, Kohlepapier.

Attelea speciosa ↗ Orbignya speciosa.
Attich ↗ Sambucus ebulus.
Attichwurzel ↗ Carlina acaulis.
Aubergine ↗ Solanum-Arten.

■ **Aucuba japonica** Thunbg.
Aukube (syn. Japanische Goldorange).

Fam.: Cornaceae.

Heim.: Ostasien, dort als Heil- und Zierpflanze kultiviert.

Droge: frische oder getrocknete Blätter. Inh.: Iridoidglykoside, bes. Aucubin (1–3 %). Anw.: u. a. Erkrankungen der Atmungsorgane. Das schwarzbraune Holz nutzt man in Japan zu Drechslerarbeiten.

■ **Aucubin**
Iridoidglykosid aus *Plantago lanceolata* (↗ Plantago-Arten), das durch β-Glykosidasen in Glucose und das antibiotisch wirksame Aucubigenin gespalten wird.

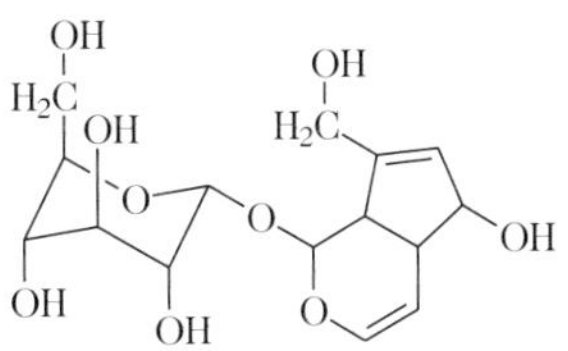

Aucubin

Aucuparia silvestris ↗ Sorbus aucuparia.

■ **Aufbereitungsmonographien**
Monographien, die im Bereich der pharmazeutischen Biologie Drogen sowie auch Arzneimittel der sog. besonderen Therapierichtungen, wie anthroposophische, homöopathische und phytotherapeutische Präparate betreffen. Zielstellung war die Aufbereitung des wissenschaftlichen Erkenntnismaterials über Arzneimittel, die nicht der Verschreibungspflicht unterliegen. Die Erarbeitung der A. erfolgte durch Sachverständigenkommissionen im Auftrage des Bundesinstituts für Arzneimittel und Medizinprodukte (BfArM) auf der Grundlage des zweiten Arzneimittelgesetzes (AMG 76). Für die „Homöopathische Therapierichtung und Stoffgruppe" war die Kommission D, für die „Phytotherapeutische Therapierichtung und Stoffgruppe" die Kommission E tätig. Die Ergebnisse wurden nach und nach im Bundesanzeiger (BAnz.) als Bekanntmachung über die Zulassung und Registrierung von Arzneimitteln (Aufbereitungsmonographien für den humanmedizinischen Bereich) veröffentlicht. Von der Kommission E wurden hierbei insgesamt 378 Drogen und Drogenzubereitungen bearbeitet und damit von einem kompetenten Arbeitskreis eine umfassende Einschätzung der in Deutschland verwendeten Drogen erbracht.

Aufgeblasene Lobelie ↗ Lobelia inflata.
Aufguß (Infus) ↗ Teezubereitung.
Aufrechtes Fingerkraut ↗ Potentilla erecta.
Aufrechte Waldrebe ↗ Clematis-Arten.
Augenblume ↗ Anemone nemorosa.
Augentrostkraut ↗ Euphrasia rostkoviana.
Augenwurzel ↗ Valeriana officinalis.
Aukube ↗ Aucuba japonica.
Aurantii amari flavedo ↗ Citrus-Arten.
Aurantii flos ↗ Citrus-Arten.
Aurantii flos aetheroleum ↗ Citrus-Arten.
Aurantii folium ↗ Citrus-Arten.
Aurantii immaturi fructus ↗ Citrus-Arten.
Aurantii pericarpium ↗ Citrus-Arten.

■ **Aurelia aurita** L
(syn. *Medusa*); Nesseltier (syn. Lappenqualle, Ohrenqualle, Meduse).

Fam.: Ulmariidae.

Vork.: Europäische Meere, besonders in Ost- und Nordsee.

Droge: das ganze Tier. Inh.: Proteine, toxische Polypeptide, wie Thalassin und Congestin. Anw.: im Mittelalter wurde die Droge bei einer Vielzahl von Erkrankungen eingesetzt.

Hom.: *Medusa* HAB34, die frischen Quallen. Anw.-Geb.: bei Urticaria und allergischen Zuständen.

Aureliana canadiensis ↗ Panax quinquefolius.

■ **Auricularia auricula-judae**
(syn. *Hirneola auricula-judae*); Judasohren.
Fam.: Auriculariaceae.
Vork.: Europa.
Drogen: ***Fungus Sambuci***; Holunderschwamm, der an lebenden Stämmen von ↗ *Sambucus nigra* wachsende Schwamm. Inh: Schleimstoffe. Anw.: früher in der Volksheilkunde in frischem Zustand bei Augenentzündungen eingesetzt.

Aurikeln ↗ Primula-Arten.
Ausdauerndes Bingelkraut ↗ Mercurialis-Arten.
Auster ↗ Ostrea edulis.
Austernschalenpulver ↗ Ostrea edulis.
Australische Arrowroot ↗ Canna-Arten.
Australische Bitterrinde ↗ Alstonia-Arten.
Australische Fieberrinde ↗ Alstonia-Arten.
Australische Kastanie ↗ Castanospermum australe.
Australische Sassafrasrinde ↗ Atherosperma moschatum.
Australisches Wild-Fenchelöl ↗ Foeniculum vulgare.
Avellanae mexicanae ↗ Theobroma cacao.
Avena cinerea ↗ Avena sativa.
Avena dispermis ↗ Avena sativa.
Avenae fructus ↗ Avena sativa.
Avenae fructus excorticatus ↗ Avena sativa.
Avenae herba ↗ Avena sativa.
Avenae stramentum ↗ Avena sativa.
Avena fatua ↗ Avena sativa.
Avena flava ↗ Avena sativa.
Avena orientalis ↗ Avena sativa.

■ **Avena sativa** L.
(syn. *Avena cinerea, A. dispermis, A. fatua, A. flava, A. orientalis*); Hafer (syn. Biwen, Gemeiner Hafer, Habern, Hauwe, Rispenhafer, Saathafer). Einjährige Pflanze.
Fam.: Poaceae (Gramineae).
Vork.: Ruderalpflanze auf Schuttplätzen und an Wegrändern, Kulturen bes. in Mitteleuropa zwischen dem 45. und 65. Breitengrad.
Drogen: *1.* ***Avenae fructus***; Haferfrüchte, die reifen, getrockneten von Deck- und Vorspelzen umgebenen Früchte. Inh.: Kohlenhydrate, u. a. Stärke (50–60 %), Haferstärke; lösliche Polysaccharide, die aus β-Glucanen sowie aus Arabinoxylanen und Lichenin bestehen. Eiweiß (7–23 %), aus Gliadin, Avenin und Avenalin bestehend, ferner Sterole, u. a. β-Sitosterol sowie Steroidsaponine, u. a. Avenacosid und Avenosid (Abb.). Anw.: dient zur Herstellung von *Farinae Avenae* (Hafermehl); volkstümlich bei Erkrankungen und Beschwerden der Verdauungsorgane, ferner bei nervöser und körperlicher Erschöpfung, als harntreibendes Mittel, bei Gicht und Rheuma, als Nahrungsmittel bei Diabetes mellitus sowie bei erhöhtem Cholesterolspiegel. *2.* ***Avenae fructus excorticatus*** (syn. *Fructus Avenae decorticatus, Fructus Avenae excorticatus*); Haferfrucht, entspelzt (syn. Entspelzte Haferfrucht, Rollhafer). Inh.: s. Avenae fructus. Anw.: als diätetisches Mittel zur Senkung von Cholesterolspiegel und zu hohem Blutfettspiegel, ferner bei Beschwerden im Magen-Darm-Bereich, bei Zuckerkrankheit sowie als Nahrungsmittel und in der Kosmetik für Naturkosmetika. *3.* ***Avenae herba*** (syn. *Herba Avenae, Herba Avenae sativae*); Haferkraut (syn. Saathaferkraut), die grünen, kurz vor der Vollblüte geernteten, schnell getrockneten oberirdischen Teile. Inh.: Kohlenhydrate, u. a. β-Glucane, Kestose und Neokestose, Steroidsaponine, u. a Avenacoside A und B, Flavonglykoside und Mineralstoffe, u. a. Kieselsäure. Anw.: In der Volksheilkunde, u. a. bei nervösen Erschöpfungszuständen, urologischen Beschwerden, als Aufbau- und Kräftigungsmittel, bei erhöhten Cholesterolwerten und rheumatischen Beschwerden. In der Kosmetik als Zusatz zu Naturkosmetika. *4.* ***Avenae stramentum*** (syn. *Stramentum Avenae*); Haferstroh, die getrockneten, gedroschenen Laubblätter und Stengel von A. sativa. Inh.: s. *Avenae herba*. Anw.: Bei entzündlichen Hauterkrankungen sowie seborrhoischen Hautleiden,

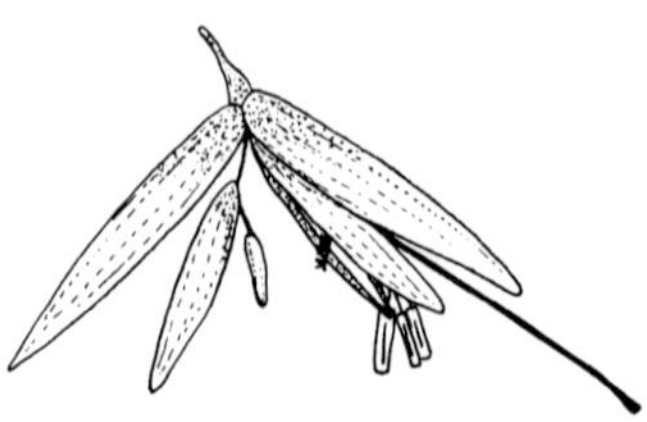

Avena sativa. Teil der Blüte.

speziell mit Juckreiz. Meist als Voll- oder Teilbad. Für ein Vollbad z. B. kocht man 100 g zerkleinerte Droge mit 3 l Wasser ca. 20 min und setzt den Absud dem Bade zu. Volkstümlich dient die Droge auch bei rheumatischen Beschwerden sowie Stoffwechselerkrankungen.

Hom.: ***1. Avenae sativa ferm 33c*** HAB1; die ganze, frische Pflanze zur Zeit der Milchreife der Früchte. *Anw.-Geb.:* in der anthroposophischen Therapie. ***2. Avena sativa*** HAB1; frische, zur Blütezeit geerntete oberirdische Teile. *Anw.-Geb.:* bei Erschöpfungszuständen und Schlaflosigkeit.

Histor.: *Avena* ist der Name des Kulturhafers bei den Römern. Obwohl die Etymologie nicht ganz sicher ist, leitet sich die Bezeichnung vermutlich von sanskritischen *avi* = Schaf ab, somit als Schafgras bezeichnet. Nach Grimm hat sich der Name des Hafers in fast allen europäischen Sprachen mit dem des Bockes berührt und wurde als Futter des Ziegenbockes bezeichnet. In Deutschland war der Hafer früher ein Hauptnahrungsmittel und wurde im 16. Jh. auch zur Bierbrauerei verwendet.

■ **Averrhoa-Arten**

● **Fam.:** Oxalidaceae.

● **Averrhoa bilimbi** L.; Gurkenbaum.

Vork.: Indien, Malaysia.

Inh.: Die Früchte enthalten Ascorbinsäure, Oxalate und Farbstoffe. *Anw.:* Die Früchte werden zu Erfrischungsgetränken, Marmeladen und Fruchtkonserven verarbeitet. In der traditionellen Medizin werden die Blätter bei Schwellungen angewandt.

● **Averrhoa carambola** L.; Karambolabaum.

Vork.: Indien, China, Brasilien.

Inh.: s. *Averrhoa bilimbi*. *Anw.:* Die Früchte werden zu Erfrischungsgetränken verarbeitet sowie bei Scorbut, Fieber und als Diuretikum eingesetzt. In der Volksheilkunde werden auch die Blätter wegen ihres hohen Anteils an Leukoanthocyanen vielseitig verwendet.

■ **Avicenna**

lat. Form des arabischen Namens Abu Ali Ibn Sina (980–1037), einer der bedeutendsten Universalgelehrten („Fürst des Wissens") des arabisch-islamischen Mittelalters. Für die Medizin erlangte sein „Kanon der Heilkunst" große Bedeutung. Das in fünf Büchern die gesamte Medizin seiner Zeit umfassende Werk war für Jahrhunderte das grundlegende Lehrbuch der Heilkunst im mittelalterlichen Europa und wurde erst durch Paracelsus verdrängt.

■ **Avicularia avicularia** L.

(syn. *Aranea avicularia, Avicularia vulpina, Mygale avicularis, Mygale hirsutissima*); Vogelspinne (syn. Buschspinne, Riesenspinne).

Fam.: Aviculariidae.

Vork.: tropisches Mittel- und Südamerika.

Inh.: Neurotoxine, Glutaminsäure, γ-Aminobuttersäure, Polyamine. Insgesamt noch nicht vollständig untersucht.

Hom.: ***Aranea avicularis*** (syn. *Mygale avicularis*), ethanolische Tinktur aus der ganzen Spinne gewonnen. *Anw.-Geb.:* Magen-Darm-Erkrankungen, Fieber, Neuralgien. *Anm.:* Der Biß der Vogelspinne ist sehr schmerzhaft, seine Gefährlichkeit für den Menschen ist umstritten.

Avicularia vulpina ↗ Avicularia avicularia.

■ **Avicularin**

3-*O*-Arabinoderivat des Quercetins (Flavonoidglykosid). *A.* kommt bes. in ↗ *Polygonum aviculare* (Vogelknöterich) vor.

Avocadobaum ↗ Persea americana.
Avocadobirne ↗ Persea americana.
Avocadoöl ↗ Persea americana.
Avocado oleum ↗ Persea americana.
Avocato-Birne ↗ Persea americana.
Awarrapalmfett ↗ Astrocaryum-Arten.
Axungia porci ↗ Schweineschmalz.

■ **Ayahuasca**

auch bezeichnet als „Ranke der Seele", „Todes-Strick", Caapi, Yajé, Yagé, Dapa, Mihi, Kahi, Natéma, Pinde, Nape oder Bejuco de oro, spielt in den Riten und Mythen der südamerikanischen Ureinwohner eine bedeutsame Rolle. Aus einer Mischung von mehreren, alkaloidhaltigen „göttlichen Pflanzen" (*Banisteriopsis caapi, B. longialata, Psychotria viridis, P. carthaginensis, Brugmansia suaveolens, Brunfelsia chiricaspi, B. grandiflora, Nicotiana*-Arten, *Datura*-Arten, *Mascagna glandulifera, M. psilophylla, Tabernaemontana*-Arten, *Tetrapteris methystika* sowie *T. mucronata*) wird ein braunes, bitteres Getränk erhalten, das in kleinen Dosen vor allem in der

Stille der Nacht eingenommen wird und Träume induzieren soll. Frauen sind von diesen Ritualen ausgenommen. Je nach Dosis werden 20–30 min nach der Einnahme Halluzinationen ausgelöst, die etwa 2 Stunden anhalten. Dabei werden vielfältige Visionen in der Verknüpfung von Wirklichkeit und Phantasie ausgelöst, die sowohl mit gesteigerter Aggressivität als auch ausgeprägter Gelassenheit verbunden sein können. Der Rauschzustand endet in einem traumerfüllten Tiefschlaf. ↗ Banisteria-Arten

■ **Ayurveda**
traditionelle Heilkunst Indiens. Beruht auf der Auffassung, daß die belebte wie auch die unbelebte Natur, d. h. auch der Mensch, aus den Elementen Erde (Prithvi), Wasser (Jala), Feuer (Tejac), Luft (Vaju) und Raum (Akasa) besteht und Krankheiten durch Ungleichgewichte dieser Elemente bedingt sind. Die Behandlungsmethoden zielen auf die Wiederherstellung des gestörten Gleichgewichtes hin. Zur Anwendung kommen dabei bes.: Abführen durch Einläufe, Aderlaß, Erbrechen, Schwitzkuren sowie Arzneimittel pflanzlichen oder tierischen Ursprungs.

Azadirachta indica ↗ Antelaea azadirachta.
Azaroldorn ↗ Crataegus-Arten.
Azarolus crataegoides ↗ Crataegus-Arten.

■ **Azulene**
zumeist blau gefärbte Kohlenwasserstoffe (nichtbenzoide Aromaten) mit einem elektronenarmen 7-Ring und einem elektronenreichen 5-Ring, die über 5 konjugierte Doppelbindungen stabilisiert sind. Sie kommen in äther. Ölen vor, werden aus Proazulenen gebildet und besitzen antiphlogistische Wirkung.

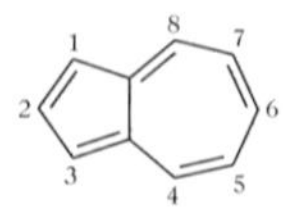

Azulen

B

Babassufett ↗ Orbignya speciosa.
Babenkern ↗ Cucurbita pepo.
Baccae Agni casti ↗ Vitex agnus-castus.
Baccae Alkekengi ↗ Physalis alkekengi.
Baccae Berberidis vulgaris ↗ Berberis vulgaris.
Baccae Juniperi ↗ Juniperus communis.
Baccae Lauri ↗ Laurus nobilis.
Baccae Mezerei ↗ Daphne mezereum.
Baccae Mori ↗ Morus-Arten.
Baccae Myrtilli ↗ Vaccinium-Arten.
Baccae Myrtillorum ↗ Vaccinium-Arten.
Baccae Ribiae nigri ↗ Ribes nigrum.
Baccae Sambuci ↗ Sambucus nigra.
Baccae Solani racemosi ↗ Phytolacca americana.
Baccae Sorbi ↗ Sorbus aucuparia.
Baccae Spinae cervinae ↗ Rhamnus catharticus.
Baccae Vitis ideae ↗ Vaccinium-Arten.

■ **Baccharis genistelloides** Pers.
(syn. *Baccharis trimera, Molina trimera, M. reticulata, Caccalia decurrens*).
Fam.: Asteraceae (Compositae).
Vork.: Nord- und Südamerika, besonders Brasilien.
Droge: ***Herba Baccharis genistelloides***, die blühende Pflanze. *Inh.:* äther. Öl (Carqueja-Öl), Saponine, Baccharonin. *Anw.:* in der brasilianischen Volksheilkunde als Fiebermittel, bei Dyspepsie, Durchfall und Leberleiden.

Baccharis trimera ↗ Baccharis genistelloides.
Bachblume ↗ Caltha palustris.
Bachbunge ↗ Veronica beccabunga.
Bachbungenehrenpreis ↗ Veronica beccabunga.
Bachkresse ↗ Nasturtium officinale.
Bachnelkenwurz ↗ Geum-Arten.
Bacillus acidophilus ↗ Lactobacillus acidophilus.

■ **Bacillus-Arten**
● **Fam.:** Bacillaceae. Grampositive Stäbchenbakterien, die Dauersporen bilden und sowohl begeißelte als auch unbegeißelte Formen aufwei-

sen. Sie besitzen pathologische Bedeutung (z. B. *Bacillus anthracis*, Milzbranderreger) und werden zur Gewinnung von Antibiotika und anderer pharmazeutisch nutzbarer Stoffe eingesetzt.

● **Bacillus brevis** produziert Tyrothricin, ein Gemisch linearer und cyclischer Peptidantibiotika, das zu 80 % aus basischen Tyrocidinen und zu 20 % aus den neutralen Gramicidinen besteht, die hauptsächlich für den antibiotischen Effekt verantwortlich sind.

● **Bacillus lichiformis** bildet die Gruppe der Bacitracine (heteromere Peptidantibiotika) mit membrantoxischer Wirkung.

● **Bacillus polymyxa var. colistinus** produziert die Acylpeptidantibiotika Polymyxine und Colistine, basische Decapeptide mit Ringstruktur, die insbes. auf gramnegative Stäbchen bakterizid wirken.

● **Bacillus subtilis** dient zur Gewinnung von Penicillinase (Penicillinamidohydrolase), einem Enzym, das durch Abbau von Penicillin zur sofortigen Unterbrechung der Penicillinwirkung bei Penicillin-Allergien genutzt wird. Darüber hinaus produziert *Bacillus subtilis* auch Bacitracine.

Bacillus bifidus ↗ Bifidobacterium-Arten.
Bacillus brevis ↗ Bacillus-Arten.
Bacillus lichiformis ↗ Bacillus-Arten.
Bacillus polymyxa ↗ Bacillus-Arten.
Bacillus subtilis ↗ Bacillus-Arten.

■ Bacitracine

Polypeptidantibiotika, die von *Bacillus licheniformis* und *Bacillus subtilis* gebildet werden. Man unterscheidet verschiedene B. (A bis E, F_1 bis F_3), am wirksamsten ist B. A (s. Formel), das zu 70 % im Handelsprodukt enthalten ist. Wirk.: Es hemmt die Membranbiosynthese von grampositiven und gramnegativen Kokken (z. B. *Haemophilus*- und *Brucella*-Arten). Die systemisch hochtoxischen B. binden sich auch an Polyprenyldiphosphate eukaryotischer Zellen. Anw.: als Lokalantibiotika zur Therapie von Haut und Augeninfektionen meist in Kombination mit anderen Antibiotika. Bacitracin-Zink wird als Bestandteil von Wundpudern eingesetzt. Darüber hinaus sind B. Inhibitoren für Metalloendopeptidasen (z. B. Prolin-Endopeptidase).

Bäckerhefe ↗ medizinische Hefe.

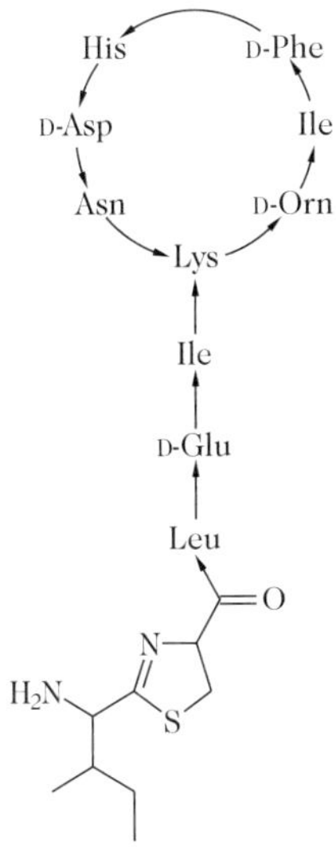

Bacitracin A

Bäckerschabe ↗ Blatta orientalis.
Backhefe ↗ medizinische Hefe.
Backpflaumen ↗ Prunus-Arten.

■ Bacopa monnieri (L.) Wettst.

(syn. *Gratiola monniera, Herpestis monniera, Monniera cuneifolia*).
Fam.: Scrophulariaceae.
Vork.: Feuchtgebiete in Indien.
Droge: das Kraut. Inh.: Alkaloide, wie Bramhin (0,01–0,02 %); Stigmasterin, Bacosid A und B, Monnierin. Anw.: in der indischen Volksheilkunde als Tonikum, Laxans und Diuretikum.

Bacopa monnieria ↗ Herpestis mnnieria.
Bacterium bifidum ↗ Bifidobacterium-Arten.
Bacterium coli commune ↗ Escherichia coli.
Bacteroides bifidus ↗ Bifidobacterium-Arten.
Bactyrilobium fistula ↗ Cassia-Arten.
Badan ↗ Bergenia crassifolia.
Badekraut ↗ Levisticum officinale.
Badeschwamm ↗ Euspongia officinalis.
Badiaga ↗ Ephydatia mülleri.
Badian ↗ Illicium verum.
Baerpudel ↗ Meum athamanticum.
Baeumerta nasturtium ↗ Nasturtium officinale.

■ Baileya multiradiata Harv. et Gray.

Fam.: Asteraceae (Compositae)
Vork.: Mexiko.

Droge: die ganze Pflanze. Inh.: Sesquiterpene und Sesquiterpenlactone mit antibiotischen und tumorhemmenden Eigenschaften. Anw.: in der mexikanischen Volksheilkunde zu schmerzstillenden Umschlägen.

Bakana ↗ Coryphanta compacta, ↗ Scirpus atrovirens.

■ **Balaenoptera musculus** L.
Blauwal (syn. Bartenwal).
Fam.: Physeteridae.
Vork.: nördliche und südliche Weltmeere.
Droge: *Walöl*, je nach Herkunft unterscheidet man Speecköl, Fleischöl, Knochenöl und Kopföl. Inh.: Triglyceride, deren Zusammensetzung der anderer Speiseöle weitgehend entspricht. Anw.: in der Galenik und Kosmetik als Salbengrundlage, Rohstoff für die Magarine- und Hartfettherstellung; in der Seifen-, Leder- und Linoleumindustrie. Durch die Schutzbestimmungen bezüglich des Walfangs sind die Walölmengen zur Zeit relativ begrenzt.

■ **Balanites aegyptiaca** Del.
(syn. *Balanites latifolia, B. roxburghii, B. zizyphoides, Agialida aegyptica, A. schimperi, A. senegalensis, A. tombouctensis, A. abyssinica, A. barteri, A. nigra, Ximenia aegyptiaca*); Zahnbaum.
Fam.: Zygophyllaceae.
Vork.: tropisches Afrika, Asien.
Drogen: Blätter, Früchte, Samen und die Rinde. Inh.: in den Früchten sind neben Zucker auch Saponine (ca. 7 %), in den Samenkernen Diosgenin, Yamogenin, fettes Öl (Zahnbaumsamenöl) enthalten. Anw.: in Afrika wird die Pflanze als Brechmittel, Laxans und Anthelmintikum genutzt. Die Früchte und das fette Öl der Samen sind Nahrungsmittel. Die Pflanze dient auch zur Bereitung eines Pfeilgiftes in Kombination mit ↗ Strophanthus-Arten bzw. als Fischgift für den Fischfang.

Balanites latifolia ↗ Balanites aegyptiaca.
Balanites roxburghii ↗ Balanites aegyptiaca.
Balanites zizyphoides ↗ Balanites aegyptiaca.

■ **Balanophora elongata** Bl.
(syn. *Langsdorffia indica*).
Fam.: Balanophoraceae.
Vork.: tropisches Asien, bes. Java, Australien.
Droge: *Balanophorenwachs*, das Wachs der Stengel-Parenchymzellen. Inh.: Gemisch aus Glyceriden mit Balanophorin, Harz und Kautschuk. Anw.: zur Kerzenherstellung.

Balanophorenwachs ↗ Balanophora elongata.
Balasa-Kino ↗ Butea monosperma.

■ **Balata**
der eingetrocknete Milchsaft von *Mimusops globosa* bzw. *Mimusops balata*. B. wird als Ersatz für Guttapercha genutzt und besteht aus Poly-2-methylbutadien, es ist härter und zäher als Kautschuk sowie vulkanisierbar. Anw.: Zahnkitt, Pflastergrundlage.

Bälbaum ↗ Aegle marmelos.
Balderbackenwurzel ↗ Valeriana officinalis.
Balderbracken ↗ Valeriana officinalis.
Balderjan ↗ Valeriana officinalis.
Baldrian ↗ Valeriana officinalis.
Baldrianöl ↗ Valeriana officinalis.

■ **Baldrinal**
monoterpenoide Verbindung, Abbauprodukt der Valepotriate aus dem Echten Baldrian (↗ *Valeriana officinalis*).

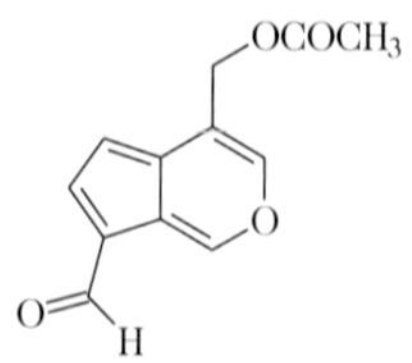

Baldrinal

Baliospermum axillare ↗ Baliospermum montanum.

■ **Baliospermum montanum** (Wild.) Müll.-Arg.
(syn. *Baliospermum axillare*).
Fam.: Euphorbiaceae.
Vork.: Indien, Nepal, Indonesien.
Droge: die Wurzeln. Inh.: Phorbolester und Derivate. Anw.: in der asiatischen Volksheilkunde bei Krebserkrankungen, bei Bauchschmerzen sowie als Purgans.

Ballonblume ↗ Platycodon grandiflorum.
Ballonpflanze ↗ Cardiospermum halicacabum.

Ballonrebe ↗ Cardiospermum halicacabum.
Ballota alba ↗ Ballota nigra.
Ballota aristata ↗ Ballota nigra.
Ballota borealis ↗ Ballota nigra.
Ballotae herba ↗ Ballota nigra.
Ballotae nigrae herba ↗ Ballota nigra.
Ballota foetida ↗ Ballota nigra.
Ballota lanata ↗ Leonurus lanatus.

■ **Ballota nigra** L.
(syn. *Ballota alba, B. aristata, B. borealis , B. foetida, B. ruderalis, B. sepium, B. silvestris, B. vulgaris, Marrubium nigrum*); Schwarzer Andorn (syn. Anderbrume, Gottvergeß, Schwarznessel, Stinkandorn), s. Farbtafel S. 144, Bild 48.

Fam.: Lamiaceae (Labiatae).

Vork.: weltweit verbreitet.

Droge: ***Ballotae nigrae herba*** (syn. *Herba Ballotae nigrae, Ballotae herba, Marrubii nigri herba*). *Inh.:* Diterpene (Marrubiin, 7-Acetoxymarrubiin), Bitterstoffe (Ballotinon, Ballotenol, Ballonigrin), Flavonoide, v. a. Apigeninderivate, unangenehm riechendes äther. Öl, Phenolcarbonsäuren, Saponine. *Anw.:* in der Volksheilkunde in Form eines Extraktes oder Tees als Sedativum bei Hysterie und zur Behandlung nervöser Beschwerden, als Spasmolytikum bei krampfartigen Magenbeschwerden, bei Keuchhusten sowie zur Steigerung des Gallenflusses. Äußerlich wird die Droge bei Gicht genutzt.

Hom.: ***Ballota foetida***, die frischen oberirdischen Teile der blühenden Pflanze. *Anw.-Geb.:* Husten und nervöse Beschwerden von Erwachsenen und Kindern, bes. Schlafstörungen.

Ballota ruderalis ↗ Ballota nigra.
Ballota sepium ↗ Ballota nigra.
Ballota silvestris ↗ Ballota nigra.
Ballota vulgaris ↗ Ballota nigra.
Balsaholz ↗ Ochroma lagopus.
Balsamapfel ↗ Momordica-Arten.
Balsamaria onophyllum ↗ Calophyllum inophyllum.
Balsambaum ↗ Amyris balsamifera.
Balsambirne ↗ Momordica-Arten.

■ **Balsame**
(syn. Oleoresine), halbflüssige bis sirupöse, häufig wohlriechende, physiologische oder pathologische Sekundärprodukte von Pflanzen, die Lösungen von ↗ Harzen in ↗ ätherischen Ölen darstellen. Sie werden, soweit sie nicht von selbst durch die Pflanze exkretiert werden, durch Verletzung zum Austreten gebracht bzw. durch Auskochen der entsprechenden Pflanzenteile gewonnen. Beim Trocknen an der Luft verdunsten die äther. Öle und eine feste, z. T. glasartige Masse aus nichtflüchtigen, polymerisierten Diterpenen (Harzsäuren) bleibt zurück. Arzneizubereitungen die als B. bezeichnet werden, sind i. d. R. Mischungen aus äther. Ölen mit anderen Arzneistoffen, die eine balsamartige Konsistenz aufweisen.

Balsamgurke ↗ Momordica-Arten.
Balsamitae herba ↗ Chrysanthemum-Arten.
Balsamita major ↗ Chrysanthemum-Arten.
Balsamita suaveolens ↗ Chrysanthemum-Arten.
Balsamita vulgaris ↗ Chrysanthemum-Arten.
Balsamite ↗ Chrysanthemum-Arten.
Balsamkraut ↗ Chrysanthemum-Arten.
Balsamocarpon brevifolium ↗ Caesalpinia-Arten.
Balsamodendron abyssinica ↗ Commiphora-Arten.
Balsamodendron africanum ↗ Commiphora-Arten.
Balsamodendron ehrenbergianum ↗ Commiphora-Arten.
Balsamodendron kafal ↗ Commiphora-Arten.
Balsamodendron meccanensisi ↗ Commiphora-Arten.
Balsamodendron mukul ↗ Commiphora-Arten.
Balsamodendron myrrha ↗ Commiphora-Arten.
Balsamodendron opobalsamum ↗ Commiphora-Arten.
Balsamodendron roxburghii ↗ Commiphora-Arten.
Balsamodendrum gileadense ↗ Commiphora-Arten.
Balsampappel ↗ Populus-Arten.
Balsamstrauch ↗ Commiphora-Arten.
Balsamtanne ↗ Abies-Arten.
Balsamum brasiliense ↗ Copaifera-Arten.
Balsamum canadense ↗ Abies-Arten, ↗ Kanadabalsam.
Balsamum Capivi ↗ Dipterocarpus-Arten.
Balsamum Caraipae ↗ Caraipa psidifolia.
Balsamum Cativo ↗ Prioria copaifera.
Balsamum Copaivae ↗ Copaifera-Arten.
Balsamum Copaivae africanum ↗ Paradaniella oliveri.
Balsamum de Mecca ↗ Commiphora-Arten.
Balsamum Gurjunae ↗ Dipterocarpus-Arten.

Balsamum Hardwickiae ↗ Hardwickia pinnata.
Balsamum Indicum album ↗ Liquidambar-Arten.
Balsamum Indicum nigrum ↗ Myroxylon balsamum.
Balsamum Mariae ↗ Calophyllum inophyllum.
Balsamum Nisticae ↗ Myristica fragrans.
Balsamum Peruvianum ↗ Myroxylon balsamum.
Balsamum Pseudotsugae ↗ Pseudotsuga taxifolia.
Balsamum Styracinum ↗ Liquidambar-Arten, ↗ Styrax-Arten.
Balsamum Styrax liquidum ↗ Liquidambar-Arten.
Balsamum Terebinthina ↗ Terebinthina.
Balsamum Terebinthinae veneta ↗ Larix decidua.
Balsamum Tolutanum ↗ Myroxylon balsamum.
Banane ↗ Musa paradisiaca.
Bananenstärke ↗ Musa paradisiaca.
Banda-Macis ↗ Myristica fragrans.
Bandwisch ↗ Equisetum-Arten.
Bandwurmkraut ↗ Dryopteris filix-mas.
Bangenkraut ↗ Conium maculatum.

■ **Banisteria-Arten**

● **Fam.:** Malpighiaceae.

● **Banisteria caapi** (Spruce ex Griseb.) Morton (syn. *Banisteria quitensis, Banisteriopsis caapi, B. quitensis*).

Vork.: westl. Amazonasgebiet, bes. Brasilien, Bolivien, Kolumbien, Ecuador, Peru.

Droge: ***Banisteriae cortex***, die Stammrinde. Inh.: Die Rinde enthält Indolalkaloide vom β-Carbolintyp (Harmanalkaloide), u. a. Harmin, Harmol, Harmin-N-oxid, Harmalin und Tetrahydroharmin, 6-Methoxytryptamin und einige Pyrrolidinbasen. *Anw.:* In der traditionellen Medizin der südamerikanischen Ureinwohner wird die Droge zur Herstellung von Ayahuasca (Yagé, Yajé), einem berauschenden Getränk genutzt, das für religiöse Zeremonien zur Auslösung von Halluzinationen (↗ Halluzinogene biogenen Ursprungs) zwecks Kontaktaufnahme mit Göttern und Verstorbenen eingesetzt wird. Die Droge verfügt über eine beträchtliche Toxizität, die durch zentralnervöse Störungen (Übelkeit, Erbrechen, Tremor) und durch eine Beeinträchtigung der Herz-Kreislauf-Funktionen (Bradykardie, Blutdruckabfall) gekennzeichnet ist.

● **Banisteria inebrians** Morton. Inh. und *Anw.:* s. *Banisteria caapi*, verwendet wird die Rinde.

● **Banisteria rusbyana** (Niedenzu) Morton. Inh. und *Anw.* s. *Banisteria caapi*. Verwendet werden die Blätter.

Banisteriae cortex ↗ Banisteria-Arten
Banisteriopsis-Arten ↗ Banisterea-Arten.
Banisteriopsis caapi ↗ Banisteria-Arten.
Banisteriopsis inebrians ↗ Banisterea-Arten.
Banisteriopsis quitensis äva Banisteria-Arten.
Bankesia abyssinica ↗ Hagenia abyssinica.
Baobaböl ↗ Adansonia digitata.

■ **Baphia nitida** Lodd.

Fam.:. Fabaceae (Leguminosae).

Vork.: Westküste Afrikas, besonders Sierra Leone, Liberia.

Droge: ***Camholz*** (syn. Gabanholz), das Stammholz. Inh.: Baphiin, Baphiasäure, Baphiniton, Pterocarpin und weitere rote Farbstoffe. *Anw.:* Grundstoff für die Stoffärberei, wertvolles Nutzholz.

Baptisiae tinctoriae radix ↗ Baptisia tinctoria.
Baptisia gibbesii ↗ Baptisia tinctoria.

■ **Baptisia tinctoria** (L.) Vent.
(syn. *Baptisia gibbesii, Podalyria tinctoria, Sophora tinctoria*); Wilder Indigo (syn. Baptisie, Färberhülse).

Fam.: Fabaceae.

Vork.: Nordamerika und südl. Kanada.

Droge: ***Baptisiae tinctoriae radix*** (syn. *Radix Baptisiae tinctoriae*); Baptisiawurzel (syn. Wilde Indigowurzel). Inh.: Isoflavone (Baptigenin, Pseudobaptigenin) und deren Glykoside (Baptisin, Pseudobaptisin, Trifolirhizin), Chinolizidinalkaloide, Cumarine sowie Polysaccharide und Glykoproteine. *Anw.:* heute wird die Droge als Bestandteil von Immunstimulantien zur Verbesserung des Immunstatus häufig genutzt. In der amerikanischen Volksheilkunde dient die Droge zur Behandlung von Fieber, Scharlach, Typhus und Rachenentzündungen sowie in Salben zur Behandlung von Geschwüren und entzündeten Wunden. Auch bei Grippe, Erkältungen, Mandelentzündungen, Schnupfen sowie bei Lymphknotenentzündungen findet die Droge Verwendung.

Hom.: ***Baptisia tinctoria*** HAB34, die frische Wurzel mit Rinde. *Anw.-Geb.:* schwere fiebrige Infektionen, allgemeine Blutvergiftung, Verwirrtheitszustände.

Histor.: Sowohl der Gattungsname *Baptisia*, abgeleitet vom griechischen *bápto* (färben), als auch der Artname *tinctoria* (lat. *tingere*, färben) bringen die Nutzung der Droge als Indigofarbstoff zum Ausdruck. In ihrer Heimat werden die jungen Sprosse der Pflanze auch wie Spargel gegessen.

Baptisiawurzel ↗ Baptisia tinctoria.
Baptisie ↗ Baptisia tinctoria.
Barabangfrüchte ↗ Embelia ribes.
Barbados cherry ↗ Malpighia glabra.
Barbarawurzel ↗ Rheum-Arten.
Barbasco ↗ Lonchocarpus nicou.
Barbasco-Wurzel ↗ Lonchocarpus nicou.
Barbatimaorinde ↗ Stryphnodendron barbatimao.
Bardanae radix ↗ Arctium-Arten.
Barekümmel ↗ Meum athamanticum.
Bärendill ↗ Meum athamanticum.
Bärenfenchel ↗ Meum athamanticum.
Bärenfuß ↗ Helleborus-Arten.
Bärenklau ↗ Acanthus mollis.
Bärenklaufrüchte ↗ Heracleum sphondylium.
Bärenklee ↗ Anthyllis vulneraria.
Bärenkraut ↗ Arctostaphylos uva-ursi.
Bärenlauch ↗ Allium-Arten.
Bärenschweif ↗ Leonurus cardiaca.
Bärentraube ↗ Arctostaphylos uva-ursi.
Bärkümmel ↗ Meum athamanticum.
Bärlappkraut ↗ Lycopodium clavatum.
Bärlappsporen ↗ Lycopodium clavatum.
Bärlauch ↗ Allium-Arten.
Bärmutter ↗ Levisticum officinale.
Bärmutterkrut ↗ Meum athamanticum.
Bärnzotten ↗ Meum athamanticum.

■ Barosma-Arten

● **Fam.:** Rutaceae.

● **Barosma betulina** (Thunb.) Bartl. et Wendl. (syn. *Agathosma betulina, Diosma betulinum, Diosma crenatum, Hartogia betulina, Parapentalifera betulina*); Bucco (syn. Buccostrauch, Bukko).

Vork.: Südafrika, Kapland.

Droge: ***Barosmae folium*** (syn. *Folia Barosmae, Folia Bucco, Folia Bucco rotunda, Folia Buchu, Folia Diosmae, Folia Diosmae lata, Folia Diosmae rotunda, Folium bucco*); Buccoblätter (syn. Breite Buccoblätter, Buchublätter, Bukkoblätter). *Inh.:* 1,5–2,5 % äther. Öl komplexer Zusammensetzung (riecht intensiv nach Cassis) und Flavonoide, u. a. Diosmin und Rutin. *Anw.:* zur Durchspülungstherapie bei Entzündungen der Nieren und Harnwege, bei Reizblase sowie zur Entwässerung. In der Volksheilkunde wird die Droge als Tinktur bei Nieren- und Harnwegsinfektionen sowie äußerlich bei Hautverletzungen und Rheuma genutzt. Zur ↗ Teezubereitung verwendet man als Einzeldosis etwa 1 g (= 1 Teelöffel) Droge.

Hom.: ***Bucco*** HAB34 (syn. Barosma), Buccoblätter, die getrockneten Blätter. *Anw.-Geb.:* Erkrankungen der Harnwege.

● **Barosma crenulata** (L.) Hook. (syn. *Barosma crenatum, B. crenulatum*).

Vork.: Südafrika.

Droge: ***Folia Barosmae*** (syn. *Folia Bucco, Folia Bucco rotunda, Folia Buchu, Folia Diosmae, Folia Diosmae lata, Folia Diosmae rotunda, Folium bucco*); *Barosma-crenulata*-Blätter (syn. Breite Buccoblätter, Buchublätter, Buccoblätter). *Inh.:* s. *Barosma betulina*. Die für das typische Cassis-Aroma verantwortlichen Bestandteile sind in dieser Droge nur in Spuren vorhanden. *Anw.:* s. Barosma betulina.

Hom.: ***Barosma crenata***, die getrockneten Blätter. *Anw.-Geb.:* Erkrankungen der Harnwege.

● **Barosma serratifolia** (Curt.) Willd. (syn. *Barosma serratifolium, Diosma serratifolia*); Gesägtblättriger Bukkostrauch.

Vork.: Südafrika.

Droge: ***Folia Bucco longa***; *Barosma-serratifolia*-Blätter (syn. Lange Buccoblätter, Schmale Buccoblätter). *Inh.* und *Anw.* s. *Barosma betulina*.

Hom.: ***Barosma serratifolia***, die getrockneten Blätter. *Anw.-Geb.:* Erkrankungen der Harnwege.

● **Histor.:** Der Gattungsname *Barosma* leitet sich von griech. *barys* (schwer) und *osme* (Duft) ab, womit auf die stark duftenden Inhaltsstoffe der Pflanze bezug genommen wird. Der Artname *betulina* drückt das birkenähnliche Aussehen des Strauches aus. Die Pflanze wurde ursprünglich bei den Hottentotten Südafrikas als Droge genutzt und wurde um 1821 zunächst in England, später im übrigen Europa eingeführt.

Barosmae folium ↗ Barosma-Arten.
Barras ↗ Fichtenharz.

Barringtogenol ↗ Saponine.

■ **Barringtonia racemosa** Roxb.
Fam.: Lecythidaceae.
Vork.: Afrika, Madagaskar, Indien, Indonesien, Philippinen, Nordamerika.
Drogen: Wurzeln, Rinde und Früchte. *Inh.*: Gerbstoffe, in den Früchten Saponine (ca. 15 %), die nach der Hydrolyse Barringtogenol und Barringtogensäure ergeben; in den Samen neutrale Sapogenine, fettes Öl. *Anw.*: in der Volksheilkunde die Wurzeln und Rinde als Stomachikum sowie bei Hautleiden und als Gerbmaterial; die Samen bei Eingeweidewürmern und zur Gewinnung von Brennöl. Die Ureinwohner in den Herkunftsgebieten nutzen die Pflanze auch zur Bereitung eines Fischgiftes für den Fischfang.

Bartenwal ↗ Balaenoptera musculus.
Bartflechten ↗ Usnea-Arten.
Bartklee ↗ Anthyllis vulneraria.

■ **Bartsia odonites** Huds.
Fam.: Scrophulariaceae.
Vork.: Eurasien, Nordafrika.
Droge: das Kraut. *Inh.*: Iridoidglykoside, Mannit. *Anw.*: in der Volksheilkunde bei Zahnschmerzen sowie bei zu starker Menstruation.

Bärwurz ↗ Meum athamanticum.
Bärwurzel ↗ Meum athamanticum.
Baryosma tongo ↗ Dipteryx odorata.
Basilie ↗ Ocimum basilicum.
Basilienkraut ↗ Ocimum basilicum.
Basilikum ↗ Ocimum basilicum.
Bassia butyracea ↗ Diploknema-Arten.
Bassia latifolia ↗ Diploknema-Arten.
Bassia malabrorum ↗ Diploknema-Arten.
Bassiaöl ↗ Diploknema-Arten.
Bassia parkii ↗ Butyrospermum parkii.
Bassorin ↗ Astragalus-Arten.
Bastardindigo ↗ Amorpha fruticosa.
Bastard-Kardamomen ↗ Amomum-Arten.
Bastardplatane ↗ Platanus-Arten.
Bastard-Teak ↗ Pterocarpus-Arten.
Bästling ↗ Cannabis sativa.
Bathengel ↗ Teucrium-Arten.

■ **Batroxobin**
(syn. Hämokoagulase, Reptilase). Protease aus dem Gift der südamerikanischen Lanzenotter (↗ *Bothrops atrox*). Das auch als Fibrin-Koagulase bezeichnete Enzym spaltet vom Fibrinogen das Fibropeptid A ab und führt dadurch zur Bildung von fibrinähnlichen Gerinnungsprodukten, die nicht quervernetzt sind und durch das retikoendotheliale System resorbiert werden können. Dadurch kommt es zu einer Verringerung der Fibrinogenkonzentration im Blut, die zur Hemmung der Blutungsneigung führt. *Anw.*: B. wird bei peripheren arteriellen Durchblutungsstörungen zur Gerinnungshemmung vor Operationen, bei Hämorrhagien, Geschwüren sowie auch lokal zur Prophylaxe und Therapie von Blutungen eingesetzt.

Bauchwehbusch ↗ Jatropha gossypifolia.
Bauchwehkraut ↗ Achillea-Arten.
Bauchwehwurz ↗ Potentilla erecta.
Bauerella australiana ↗ Acronychia baueri.
Bauernrhabarber ↗ Euphorbia-Arten.
Bauernrosenblüten ↗ Paeonia officinalis.
Bauernsenf ↗ Capsella bursa-pastoris, ↗ Iberis amara.

■ **Bauhinia malabarica** Roxb.
Fam.: Fabaceae (Leguminosae).
Vork.: Indien, Philippinen.
Droge: ***Bauhiniarinde***, die Stammrinde. *Inh.*: Gerbstoffe (ca. 23 %). *Anw.*: als Gerbmaterial.

Bauhiniarinde ↗ Bauhinia malabarica.
Baumartige Aloe ↗ Aloe-Arten.
Baumflechte ↗ Lobaria pulmonaria.
Baummelone ↗ Carica papaya.
Baummoos ↗ Lobaria pulmonaria.
Baumöl ↗ Olea europaea.
Baumtod ↗ Hedera helix.
Baumwacholder ↗ Juniperus oxycedrus.

■ **Baumwachs**
(syn. *Cera arborea*), variable Mischung aus Erdwachs, ↗ Harzen, Kolophonium (↗ Pinus-Arten), ↗ Terpentin, Rüböl und anderen Bestandteilen. *Anw.*: zur Erhöhung der Erfolgsrate beim Okulieren.

Baumwolle ↗ Gossypium-Arten.
Baumwollsaatöl ↗ Gossypium-Arten.
Baumwollsamen ↗ Gossypium-Arten.
Baumwollsamenöl ↗ Gossypium-Arten.
Baumwollstrauch ↗ Gossypium-Arten.

Baumwollwatte ↗ Gossypium-Arten.
Baumwollwurzelrinde ↗ Gossypium-Arten.

■ Baunscheidtöl
(syn. *Oleum Baunscheidtii*), ursprünglich eine Mischung aus Olivenöl und Crotonöl, das im Rahmen eines der Paramedizin zugehörigen Verfahrens („Baunscheidtieren") unter Einsatz eines Stichels („Lebenswecker") zur lokalen Hautreizung bei Rheumatismus und anderen Erkrankungen eingesetzt wurde. B. wird heute selten, zusammen mit der Akupunktur, in der Naturheilkunde eingesetzt.

Baylahuenkraut ↗ Haplopappus baylahuen.
Bayogenin ↗ Saponine.
Bayöl ↗ Pimenta-Arten.
Bayrumbaum ↗ Pimenta-Arten.
Bdellium ↗ Commiphora-Arten.
Beauveria nivea ↗ Ciclosporine.
Beccabungae herba ↗ Veronica beccabunga.
Becherblume ↗ Sanguisorba officinalis.
Becherprimel ↗ Primula-Arten.
Becherstrauch-Wurzelrinde ↗ Sarcopoterium spinosum.
Behaarte Birke ↗ Betula-Arten.
Behaarter Knorpelbaum ↗ Chondodendron tementosum.
Behennuß ↗ Moringa-Arten.
Behennußbaum ↗ Moringa-Arten.
Behenöl ↗ Moringa-Arten.
Behenwurzel ↗ Moringa-Arten.
Beifuß ↗ Artemisia annua, ↗ Artemisia absinthium, ↗ Artemisia pontica, ↗ Artemisia vulgaris.
Beifußblättriges Traubenkraut ↗ Ambrosia artemisiifolia.
Beifußtraubenkraut ↗ Ambrosia artemisiifolia.
Beinbrech ↗ Narthecium ossifragum.
Beinheil ↗ Symphytum officinale.
Beinwell ↗ Symphytum officinale.
Beisbeere ↗ Capsicum-Arten.
Belafrüchte ↗ Aegle marmelos.

■ Belamcanda chinensis (L.) DC.
(syn. *Belamcanda punctata, Pardanthus chinensis, Gemmingia chinensis*).
Fam.: Iridaceae.
Vork.: China.
Droge: ***Radix Belamcandae chinensis***, die Wurzel. *Inh.*: Glykoside, wie Shekanin (1,5 %). *Anw.*: in der chinesischen Volksheilkunde bei Rheuma, Schilddrüsenerkrankungen sowie als Ersatzdroge für Ginseng.

Belamcanda punctata ↗ Belamcanda chinensis.
Belbaum ↗ Aegle marmelos.
Belladonna baccifera ↗ Atropa belladonna.
Belladonnablätter ↗ Atropa belladonna.
Belladonnae folium ↗ Atropa belladonna.
Belladonnae herba ↗ Atropa belladonna.
Belladonnae radix ↗ Atropa belladonna.
Belladonnalilie ↗ Amaryllis belladonna.
Belladonna trichotoma ↗ Atropa belladonna.
Belladonnawurzel ↗ Atropa belladonna.

■ Belladonnin
Tropanalkaloid aus ↗ *Atropa belladonna* mit schwacher parasympathikolytischer Aktivität.

Bellenknospen ↗ Populus-Arten.
Bellidis flos ↗ Bellis perennis.
Bellidis herba ↗ Bellis perennis.

■ Bellis perennis L.
Mehrjähriges Gänseblümchen (syn. Maßliebchen, Tausendschön, Marlinen, Möppelchen, Himmelblume, Katzenblume, Bleichblume, Märzresel, Peterblümchen), s. Farbtafel S. 145, Bild 49.
Fam.: Asteraceae (Compositae).
Vork.: gesamtes Europa, von der Ebene bis in alpine Regionen.
Drogen: ***1. Bellidis flos*** (syn. *Flores Bellidis*); Gänseblümchenblüten, die während der Blütezeit gesammelten Infloreszenzen sowie ***2. Bellidis herba*** (syn. *Herba Bellidis*); Gänseblümchenkraut. *Inh.*: Triterpensaponine bisdesmosidischer Struktur mit Bayogenin und Polygalasäure als Sapogeninen und D-Glucose, D-Fucose, L-Rhamnose und D-Xylose als Monosaccharidbausteinen, ferner Flavonoide, u. a. 7-*O*-β-D-Glucopyranosylapigenin und 3-*O*-β-D-Glucopyranosylkämpferol sowie Inulin, Bitterstoffe und geringe Mengen äther. Öl. *Anw.*: volkstümlich innerlich und äußerlich bei Dermatopathien, u. a. Furunkulose, Eiterungen, schwer heilenden Exanthemen, ferner bei Erkrankungen der Atmungsorgane sowie bei Dysmenorrhoe und Amenorrhoe.
Hom.: ***Bellis perennis*** HAB1, die frische, ganze blühende Pflanze. *Anw.-Geb.*: Blutungen, Blutergüsse, Muskelschmerzen nach Verletzungen und Überanstrengungen, rheumatische Beschwerden, Hauterkrankungen.

Histor.: Der wissenschaftliche Name ist vom lateinischen geprägt, nämlich *bellus* (hübsch, schön) und *perennis* (ausdauernd) und bezieht sich darauf, daß die Pflanze über das ganze Jahr blüht. Der deutsche Name Gänseblümchen weist auf einen bevorzugten Standort der Pflanze hin, nämlich die Weideplätze von Gänsen. In der nordischen Mythologie war das Gänseblümchen der Göttin des Frühlings und der Auferstehung, der Ostara, geweiht und im späteren christlichen Zeitalter der Jungfrau Maria, aus deren Tränen es auf der Flucht nach Ägypten entstanden sein soll. Im Mittelalter war die Droge ein geschätztes Heilmittel. So empfiehlt, z. B. ↗ Fuchs (1543) in seinem Kräuterbuch das „kleine Maßliebchen" als Wundheilmittel, bei Gicht, Hüftweh und Kropf.

Belosepia sepioides ↗ Sepia officinalis.
Benediktenkraut ↗ Cnicus benedictus, ↗ Geum-Arten.
Benediktenwurzel ↗ Cnicus benedictus, ↗ Geum-Arten.
Benediktinerdistel ↗ Cnicus benedictus.
Bengalisches Kino ↗ Butea monosperma.
Bengal-Kardamomen ↗ Amomum-Arten.
Bengalpfeffer ↗ Piper longum.
Benthamidia florida ↗ Cornus-Arten.
Benzoe ↗ Styrax-Arten.
Benzoe siamensis ↗ Styrax-Arten.
Benzoe-Storaxbaum ↗ Styrax-Arten.
Benzoe Sumatra ↗ Styrax-Arten.
Benzoetinktur ↗ Styrax-Arten.
Benzoe tonkinensis ↗ Styrax-Arten.
Benzoin officinale ↗ Styrax-Arten.
Benzoin strychnifolium ↗ Lindera strychnifolia.
Benzoinum ↗ Styrax-Arten.
Benzylsenföl ↗ Glucosinolate.
Berberidis fructus ↗ Berberis vulgaris.
Berberidis radicis cortex ↗ Berberis vulgaris.
Berberidis radix ↗ Berberis vulgaris.

■ Berberin

Isochinolinalkaloid vom Protoberberintyp, u. a. in der Mahoniarinde (↗ *Mahonia aquifolium*) und Berberitzenwurzel (↗ *Berberis vulgaris*) enthalten. *Wirk.:* hämostyptische, antipyretische, blutdrucksenkende, bakteriostatische und fungizide Effekte, hemmt die Entwicklung von Protozoen (Leishmanien) und Tumorzellen.

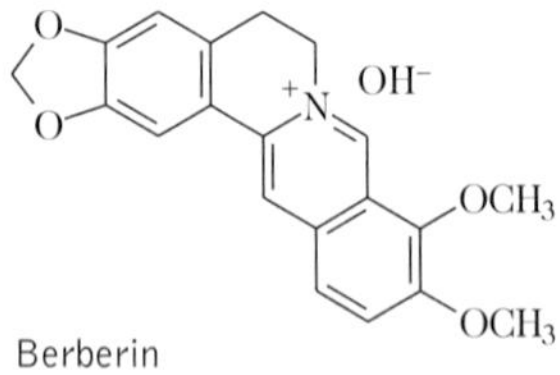

Berberin

Berberis aquifolium ↗ Mahonia aquifolium.
Berberis canadensis dumetorum ↗ Berberis vulgaris.
Berberis chinensis ↗ Berberis vulgaris.
Berberis irritabalis ↗ Berberis vulgaris.
Berberis pisifera ↗ Berberis vulgaris.
Berberis serrulata ↗ Berberis vulgaris.

■ Berberis vulgaris L.

(syn. *Berberis canadensis dumetorum, Berberis chinensis, Berberis irritabalis, Berberis pisifera, Berberis serrulata*); Berberitze (syn. Essigbeere, Gemeine Berberitze, Sauerdorn), s. Farbtafel S. 145, Bild 50.

Fam.: Berberidaceae.

Vork.: Europa, Nordamerika, Mittelasien.

Drogen: ***1. Berberidis fructus*** (syn. *Baccae Berberidis vulgaris*); Berberitzenfrüchte (syn. Sauerdornfrüchte, Berberitzenbeeren, Erbselbeeren, Essigbeeren, Reißbeeren, Sauerdornbeeren, Saurachbeeren). *Inh.:* Anthocyane, Chlorogensäure, organische Säuren (Äpfelsäure), Triterpensäuren (Ursolsäure); unreife Früchte enthalten Spuren von Berberin. *Anw.:* in der Volksheilkunde bei Lungen-, Leber- und Milzleiden, die frischen Beeren als Kompott, Konfitüre, Marmelade oder auch bei Verstopfung und zur Appetitanregung. Aufgrund der gegenwärtigen Informationen kann eine therapeutische Anwendung nicht empfohlen werden. ***2. Berberidis radicis cortex*** (syn. *Cortex Berberidis radicis*); *Berberis-vulgaris*-Rinde (syn. Berberitzenrinde, Berberitzenwurzelrinde, Sauerdornwurzelrinde). *Inh.:* Isochinolinalkaloide (5–6 % Protoberberine, z. B. ↗ Berberin, Columbamin, Palmatin), Bisbenzylisochinolinalkaloide (4,8–5,4 %, u. a. Berbamin, Oxyacanthin, Magniflorin). *Anw.:* in der Volksheilkunde bei Leberfunktionsstörungen, Galleleiden, Gelbsucht, Milzleiden; bei Verdauungsbeschwerden, Diarrhoe; bei Hämorrhoiden, Nierensteinen, Gicht, Rheuma, Arthritis, Malaria, Leishmaniose. ***3. Berberidis radix*** (syn. *Radix Berberidis*); Berberitzenwurzel (syn. Sauerdornwurzel). Inh. und Anw.: s. *Berberidis radicis cortex*. Außerdem ist die Droge Ausgangsmaterial für die industrielle Gewinnung von Berberin und Berbamin. In der Technik wird die Droge weiterhin zum Färben von Wolle, Seide, Baumwolle, Holz und Leder eingesetzt.

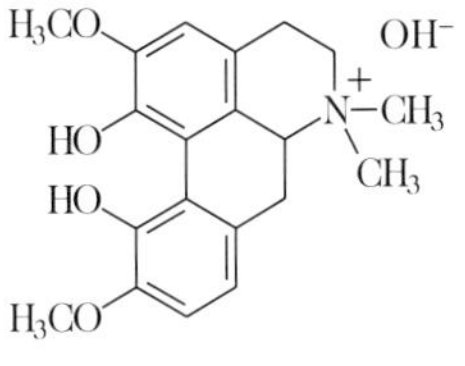

Magnoflorin

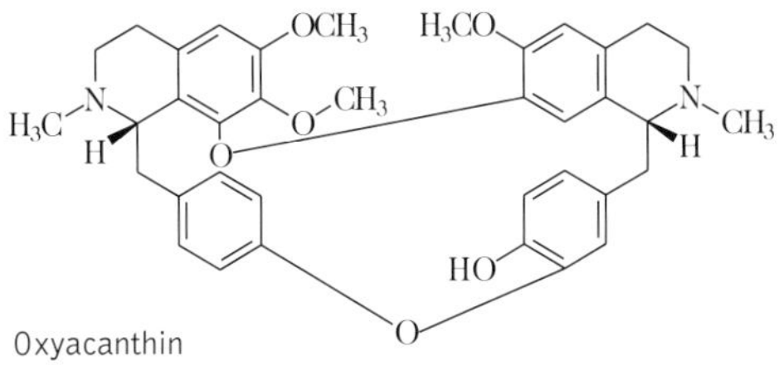

Oxyacanthin

Hom.: ***1. Berberis vulgaris*** HAB1, die getrocknete Rinde der ober- und unterirdischen Teile. Anw.-Geb.: Nieren- und Harnwegserkrankungen, Gicht, Rheumatismus, Erkrankungen der Leber und Galle, trockene Hautkrankheiten, Fisteln. ***2. Berberis*** HAB34 (syn. Berberitze, Sauerdorn), die getrocknete Wurzelrinde. Anw.-Geb.: s. *Berberis vulgaris* HAB1. ***3. Berberis vulgaris e fructibus*** HAB1, die von den Fruchtstielen gerebelten, frischen, vollausgereiften Beeren.

Histor.: Der Name *Berberis* stammt vermutlich aus dem Arabischen und bedeutet Muschel, offenbar wegen der muschelartigen Form der Blätter. Der deutsche Name Sauerdorn bezieht sich auf die dornigen Zweige und den sauren Geschmack sowohl der Blätter als auch der Beeren.

Berberitze ↗ Berberis vulgaris.
Berberitzenrinde ↗ Berberis vulgaris.
Bergamotte ↗ Citrus-Arten.
Bergamottöl ↗ Citrus-Arten.
Bergapten ↗ Furanocumarine.
Bergbärwurz ↗ Meum athamanticum.
Bergdotterblume ↗ Arnica-Arten.
Bergenia bifolia ↗ Bergenia crassifolia.
Bergenia cordifolia ↗ Bergenia crassifolia.

■ **Bergenia crassifolia** (L.) Fritsch (syn. *Bergenia bifolia, B. cordifolia, Megasea crassifolia, Saxifraga crassifolia, Saxifraga cuneifolia, Saxifraga sibirica*); Wickelwurz (syn. Badan, Bodan, Dickblättrige Bergenie).

Fam.: Saxifragaceae.

Vork.: Zentral- und Nordasien, in West- und Ostsibirien kultiviert.

Drogen: ***1. Bergeniae folium*** (syn. *Folia Bergeniae*); Bergeniablatt (syn. Wickelwurzblatt, Tschagorischer Tee). Inh.: Gerbstoffe (17–18 %), Gallussäure, Catechin-3-gallat, Phenolglykoside (8–12 % Arbutin), Hydrochinon, Bergenin. Anw.: als Adstringens und lokales Hämostyptikum, bei Hautleishmaniose; in der Volksheilkunde bei Diarrhoe und Darmerkrankungen, bei Fieber, Lungenentzündung, Tuberkulose und bei Rheuma. In der Veterinärmedizin bei Verdauungbeschwerden des Hornviehs. ***2. Bergeniae rhizoma*** (syn. *Rhizoma Bergeniae*); Bergeniawurzelstock (syn. Wickelwurzel). Inh.: Gerbstoffe (bis 28 %), Arbutin (1,8–2,3 %), Bergenin (6,7–10 %). Anw.: s. *Bergeniae folium*.

Bergeniae folium ↗ Bergenia crassifolia.
Bergeniae rhizoma ↗ Bergenia crassifolia.
Bergföhre ↗ Pinus-Arten.
Berg-Gamander ↗ Teucrium-Arten.
Bergholunder ↗ Sambucus racemosa.
Berg-Kiefer ↗ Pinus-Arten.
Bergkümmel ↗ Anethum graveolens.
Berglein ↗ Linum catharticum.
Bergliebstöckel ↗ Levisticum officinale.
Berglorbeer ↗ Kalmia latifolia.
Bergmelisse ↗ Calamintha officinalis.
Bergpudel ↗ Meum athamanticum.
Bergsalbei ↗ Teucrium-Arten.
Bergulme ↗ Ulmus-Arten.
Bergwohlverleih ↗ Arnica-Arten.
Bergwurzblumen ↗ Arnica-Arten.
Bergwurzelblumen ↗ Arnica-Arten.
Bernstein ↗ Harze.

■ **Bertholletia excelsa** Humb. et Bonpl.; Paranußbaum (syn. Brasilkastanie, Brasilnußbaum).

Fam.: Lecythidaceae (Topffruchtbaumgewächse).

Vork.: tropisches Südamerika.

Droge: ***Oleum Bertholletiae;*** Brasilnußöl (syn. Brasilöl, Paranußöl). Inh.: fettes Öl mit 1,8 %

Myristin-, 13,5 % Palmitin-, 2,5 % Stearin-, 55,6 % Öl- und 21,6 % Linolensäure als Fettsäurekomponenten. _Anw.:_ empfindliches Speiseöl, in der Technik zur Seifenherstellung. Die Früchte (Paranüsse) sind ein beliebtes Genußmittel, die neben 70 % fettem Öl etwa 20 % Eiweiß enthalten.

Bertram ↗ Chrysanthemum-Arten.
Bertramsgarbe ↗ Achillea-Arten.
Bertramwurzel ↗ Anacyclus x officinarum, ↗ Anacyclus pyrethrum.
Berufkraut ↗ Sideritis-Arten, Conyza canadensis.
Beruhigungstee ↗ Species sedativae.
Beschreikraut ↗ Sideritis-Arten.
Besenbirke ↗ Betula-Arten.
Besenginster ↗ Cytisus scoparius, ↗ Spartium junceum.
Besenginsterkraut ↗ Cytisus scoparius.
Besenheide ↗ Calluna vulgaris.
Besenheidekraut ↗ Calluna vulgaris.
Besenhirse ↗ Sorghum bicolor.
Besenpfriem ↗ Cytisus scoparius.
Besenstrauch ↗ Cytisus scoparius.
Betalaine ↗ Beta vulgaris.

■ **Beta vulgaris** L.
Fam.: Chenopodiaceae.
Herk.: Mittelmeergebiet, Vorderasien, Mittel- und Südamerika.
● **Beta vulgaris** *var. altissima* Döll.; Zuckerrübe. _Inh.:_ Saccharose (bis zu 27 %), Coniferin, Galactinol, Vanillin, L-Arabinose, Maltose, Aminosäuren, Saponine, Allantoin, Fett. _Anw.:_ zur Gewinnung von Rübenzucker (↗ Saccharose).
● **Beta vulgaris var. vulgaris**, Rote Rübe (Rote Bete, Salatrübe). _Inh.:_ Betalaine, wie Betanin, Betanidin, Praebetanin, Betacyane, Betaxanthine (Chromoalkaloide), Allantoin, Aminosäuren,

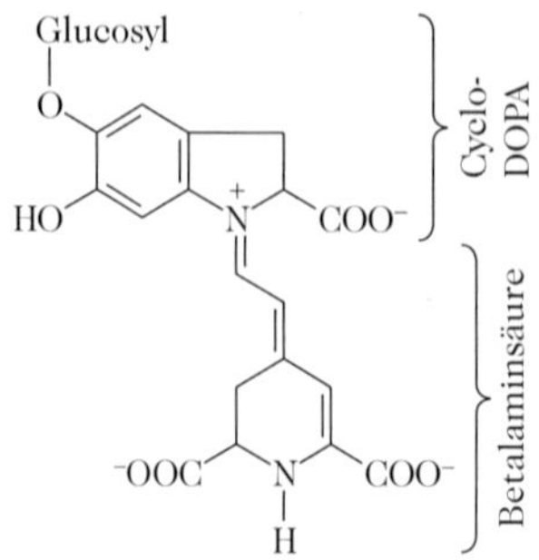

Betanin

Spuren von äther. Öl. _Anw.:_ als Roborans, bei Leber- und Nierenleiden, zur unterstützenden Therapie bei der Tumorbehandlung. Die Rüben werden auch als Gemüse und Salate gegessen.

Betelblätter ↗ Piper betle.
Betelkauen ↗ Areca catechu.
Betelnuß ↗ Areca catechu.
Betelnußpalme ↗ Areca catechu.
Betelpfeffer ↗ Piper betle.
Betonicae herba ↗ Stachys officinalis.
Betonica officinalis ↗ Stachys officinalis.
Betonie ↗ Stachys officinalis.
Betonienkraut ↗ Stachys officinalis.
Bettbrunzer ↗ Anemone nemorosa.
Bettseicher ↗ Anemone nemorosa.
Bettwanze ↗ Cimex lectularius.
Betula alnus var. glutinosa ↗ Alnus-Arten.
Betula alnus var. incana ↗ Alnus-Arten.

■ **Betula-Arten**
● **Fam.:** Betulaceae.
● **Betula pendula** Roth.(syn. *Betula alba, B. lobulata, B. odorata, B. rhombifolia, B. verrucosa*); Gewöhnliche Birke (syn. Hängebirke, Harzbirke, Rauhbirke, Sandbirke, Weißbirke), s. Farbtafel S. 145, Bild 51.
Vork.: Der bis 30 m hohe Baum mit weißer Rinde und überhängenden Zweigen, ist in ganz Europa und gemäßigtem Asien bis etwa 65° nördlicher Breite zu finden.
Drogen: ***1. Betulae cortex*** (syn. *Cortex Betulae*); Birkenrinde. _Inh.:_ Gerbstoffe (4–15 % Proanthocyanidine), Leucoanthocyanidine, Triterpene (u. a. Betulin, Betulinsäure, Lupeol), Phenolcarbonsäuren, Spuren äther. Öls sowie Betulosid (bis 0,3 %). _Anw.:_ Die Droge wird zur Herstellung von Birkenteer (s. *Betulae pix*) eingesetzt. In der Volksheilkunde werden Dekokte innerlich bei Hautkrankheiten und Wassersucht verwendet; äußerlich wird die Droge zu Bädern gegen Fußschweiß und Hautausschlägen bzw. für Umschläge bei Abszessen genutzt. ***2. Betulae folium*** (syn. *Folia Betulae, Folium Betulae*); Birkenblätter. _Inh.:_ Flavonoide (2–3 %, bes. Hyperosid, Quercitrin), Proanthocyanidine, Triterpene (Dammaranderivate), Monoterpenglucoside, Phenolcarbonsäuren, u. a. Kaffee- und Chlorogensäure, wenig äther. Öl, Ascorbinsäure (bis 0,5 %) und mineralische Bestandteile (Kaliumtartrat, Calciumoxalat). _Anw.:_ Die Droge wird als Tee

zur Durchspülungstherapie (aquaratische Wirksamkeit) bei bakteriellen und entzündlichen Infektionen der ableitenden Harnwege und bei Nierengrieß eingesetzt. In der Volksheilkunde dienen Birkenblätter auch zur Frühjahrskur bei Gicht und Rheuma sowie zur Blutreinigung. Als Badedroge werden sie auch bei Arthritis genutzt. Zur ↗ Teezubereitung verwendet man als mittlere Tagesdosis etwa 2–3 g Droge. ***3. Betulae pix*** (syn. *Oleum Betulae empyreumaticum, Oleum Betulae pyroligneum, Oleum betulinum, Oleum moscoviticum, Oleum Rusci, Pix Betulae, Pix betulina, Pyroleum Betulae*); Birkenteer (syn. Birkenöl, Birkenrindenteer, Birkenrindenteeröl, Juchtenöl, Litauischer Balsam, Russischer Balsam). Inh.: aliphatische und aromatische Kohlenwasserstoffe (u. a. Guajacol, Kresol, Brenzcatechin, Phenol), Behensäure, Pyrogalloldimethylether-Derivate. Anw.: Zubereitungen aus Birkenteer werden insbes. in der Volksheilkunde zur Behandlung von Ekzemen, Psoriasis und anderen chronischen Hauterkrankungen genutzt. In Salben verarbeitet dient Birkenteer auch zur Therapie bei Parasitenbefall sowie von trockenen Flechten und Dermatosen. Birkenteerpräparate können auf der Haut auch unerwünschte Reizungen hervorrufen!

Hom.: ***1. Betula pendula e cortice***, äthanol. Decoctum HAB1, die getrocknete Rinde nur der weißen Ast- und Stammteile. ***2. Betula pendula e foliis*** HAB1, die frischen, jungen Blätter. ***3. Betula pendula ferm.*** *34e* HAB1, die frischen, jungen Blätter. Anw.-Geb.: anthroposophisch orientierte Therapierichtung. ***4. Carbo vegetabilis*** HAB1, die gut ausgeglühte Kohle von Birkenholz (syn. *Carbo Betulae*). Anw.-Geb.: Krampfaderleiden, Entzündungen der Atemwege, Verdauungschwäche sowie Herz-Kreislauf-Schwäche.

● **Betula pubescens** Ehrh. (syn. *Betula alba, B. odorata, B. tomentosa*); Behaarte Birke (syn. Besenbirke, Haarbirke, Moorbirke).

Vork.: Der aufrechte, bis 30 m hohe Baum oder Strauch ist in Mittel- und Nordeuropa bis 71° nördlicher Breite heimisch, wird aber auch in Nordasien gefunden, nicht jedoch in Nordamerika.

Drogen: ***Betulae cortex***, ***Betulae folium***, ***Betulae pix***, ***Carbo vegetabilis***. Inh. und Anw.: s. *Betula pendula*.

● **Histor.:** Der Name *Betula* wurde bei den Römern für Birke gebraucht, ist jedoch möglicherweise gallischen Ursprungs, da ↗ Plinius von der Birke als „*gallica arbor*" schreibt. Der Name Birke ist vermutlich aus dem Altindischen abgeleitet (*bhargás*, strahlender Glanz und *bhrag*, glänzen, hell), da der Baum nach seiner weißen leuchtenden Rinde benannt ist. Die Birke ist vermutlich bereits in der Urheimat der Indogermanen vorgekommen, zumal sich der Name sowohl im Sanskrit als auch bei den germanischen und slawischen Völkern findet.

Betulae cortex ↗ Betula-Arten.
Betulae folium ↗ Betula-Arten.
Betulae pix ↗ Betula-Arten.
Betula japonica ↗ Alnus-Arten.

■ **Betulin** (syn. Birkencampher). Triterpenderivat, das u. a. in ↗ Betula-Arten vorkommt.

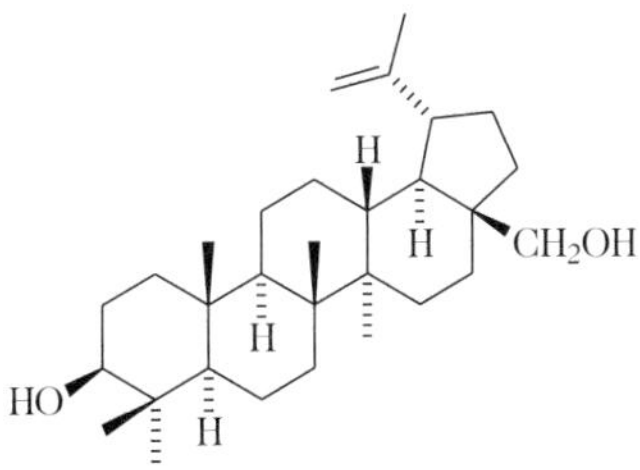

Betulin

Beulenbrand ↗ Ustilago maydis.
Beutelschneiderkraut ↗ Capsella bursa-pastoris.
Biauricula amara ↗ Iberis amara.
Bibergeil ↗ Castor fiber.
Biberklee ↗ Menyanthes trifoliata.
Bibernell ↗ Pimpinella-Arten, ↗ Sanguisorba officinalis.
Bibernelle ↗Pimpinella-Arten.
Bibernellwurzel ↗ Pimpinella-Arten.
Bickbeere ↗ Vaccinium-Arten.
Bicuculla canadense ↗ Dicentra canadensis.
Bidens cannabina ↗ Bidens tripartitus.

■ **Bidens tripartitus** L.
(syn. *Bidens cannabina*); Sumpfzweizahn (syn. Dreiteiliger Wasserdost).

Fam.: Asteraceae (Compositae).

Vork.: Sumpfgebiete Europas, Rußland.

Droge: ***Herba Bidentis tripartitae***, das getrocknete Kraut. Inh.: äther. Öl, Gerbstoffe, Bitterstoffe, Polyine, Carotin, Vitamin C. Anw.: in der Volksheilkunde als Diuretikum, gegen Nieren- und Gallensteine, bei Hämorrhoiden sowie zur Wundbehandlung.

Bienengift ↗ Apis mellifera.
Bienenkittharz ↗ Apis mellifera.
Bienenköniginnenfuttersaft ↗ Gelée royale.
Bienensaug ↗ Lamium album.
Bienensaugblüten ↗ Lamium album.
Bierhefe ↗ medizinische Hefe.

■ **Bifidobacterium-Arten**
● **Fam.:** Actinomycetaceae.
Vork.: weltweit im Magen-Darm-Trakt von Vögeln und Säugetieren.
● **Bifidobacterium bifidum** (Tissier) Orla-Jensen (syn. *Actinobacterium bifidum, Actinomyces bifidus, Bacillus bifidus, Bacterium bifidum, Bacteroides bifidus, Cohnistreptothrix bifidus, Corynebacterium bifidum, Lactobacillus bifidus, Lactobacillus parabifidus, Lactobacterium bifidum, Nocardia bifida, Tissieria bifida*); Bifidum-Bakterium (syn. Bifidus-Bakterium).
Droge: ***Bifidobacterium-bifidum-Bakterien*** (syn. *Bifidobacterium-bifidum*-Kultur, *Lactobacillus-bifidus*-Kultur). Anw.: Eingesetzt werden angereicherte Bakterienkonzentrate in Kombination mit Lactulose zur Therapie und Prophylaxe der hepatischen Enzephalopathie bei Leberinsuffizienz und Coma hepaticum sowie bei chronischer Verstopfung. Weiterhin erfolgt eine Verwendung bei Leberzirrhose, Darmfloraschädigung nach Strahlen- bzw. Chemotherapie. Dabei kommt es durch die starke Milchsäuregärung zu einer Normalisierung der Darmflora sowie zur Verdrängung pathologischer Keime. In der Lebensmittelindustrie werden B. in Kombination mit anderen Milchsäurebildnern als Starterkulturen für die Joghurtherstellung verwendet.
● **Bifidobacterium infantis** Reuter.
Droge: ***Bifidobacterium-infantis-Bakterien***. Anw.: Das angereicherte Bakterienkonzentrat aus lebenden Keimen wird in der traditionellen Medizin Österreichs bzw. der Schweiz zur Behandlung von akuten, unspezifischen Enterokolitiden sowie bei Verdauungsstörungen bei künstlich ernährten Säuglingen eingesetzt. Auch zur Prophylaxe antibiotikabedingter Veränderungen der Darmflora findet die Droge Anwendung.
● **Bifidobacterium longum** Reuter.
Droge: ***Bifidobacterium-longum-Bakterien***. Anw.: Das angereicherte Bakterienkonzentrat aus lebenden Keimen wird als Nahrungsergänzungsmittel bei unspezifischen Darmerkrankungen, Verdauungsstörungen, Appetitlosigkeit sowie intestinal bedingten Allergien und Dermatitiden eingesetzt.

Bifidum-Bakterium ↗ Bifidobacterium-Arten.
Bigarade ↗ Citrus-Arten.
Bigaradeschalen ↗ Citrus-Arten.
Bignonia caroba ↗ Jacaranda procera.
Bignonia catalpa ↗ Catalpa bignonioides.

■ **Bignonia chica** Humb. Et Bonpl.
(syn. *Bignonia triphylla, Arabidaea chica*).
Fam.: Bignoniaceae.
Vork.: Nördliches Südamerika, besonders Venezuela, Brasilien.
Droge: ***Vermillon americanum***; Chika (syn. Chikarot, Carneru), der aus den Blättern gewonnene Farbstoff. Inh.: Farbstoffpigmente, wie Carajurin und Carajuron. Anw.: in der indianischen Volksheilkunde als Diuretikum; zum Rot- und Gelbfärben von Baumwollgeweben. Die Indianer bemalten ihren Körper mit Chika, vermutlich zum Schutz gegen Insektenstiche.

Bignonia frutescens ↗ Tecoma stans.
Bignonia heptaphylla ↗ Tabebuia impetiginosa.
Bignonia incisa ↗ Tecoma stans.
Bignonia procera ↗ Jacaranda procera.
Bignonia sempervirens ↗ Gelsemium sempervirens.
Bignonia stans ↗ Tecoma stans.
Bignonia triphylla ↗ Bignonia chica.

■ **Bilobalid,**
trilactonisches Sesquiterpen aus ↗ *Ginkgo biloba* mit neuroprotektiver Wirkung.

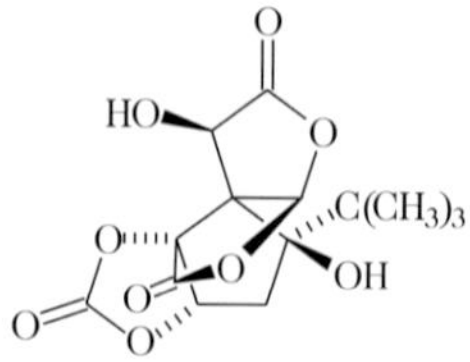

Bilobalid

■ **Bilobetin,**
nicht glykosiliertes Biflavonoid aus ↗ *Ginkgo biloba* mit antiödematöser und gefäßerweiternder Wirkung.

Bilsenkraut ↗ Hyoscyamus niger.
Bilsenkrautblätter ↗ Hyoscyamus niger.
Bilsenkrautöl ↗ Hyoscyamus niger.
Bingelkraut ↗ Mercurialis-Arten.
Binsenlauch ↗ Allium-Arten.

■ biogene Arzneimittel

Arzneimittel pflanzlichen, tierischen oder mikrobiellen Ursprungs. Sie weisen das gleiche Therapieprinzip auf wie die aus synthetisch hergestellten Arzneistoffen. Die pflanzlichen Arzneimittel werden meist als Phytopharmaka bezeichnet. Diese bestehen ausschließlich aus Pflanzen, Pflanzenteilen, Pflanzeninhaltsstoffen oder deren galenischen Zubereitungen.

■ Biota orientalis (L.) Endl.

(syn. *Thuja orientalis*).
Fam.: Cupressaceae.
Vork.: Ostasien, Osttranskaukasien.
Droge: Holz und beblätterte Zweige. *Inh.:* Tropolone, wie Thujasäuren; Thujopsen, Cuparen, Cedrol, Taxifolin, Flavone; Estolidwachs mit Junipersäure. *Anw.:* in der traditionellen chinesischen Medizin als bitteres Stomachikum, als Adstringens, Diuretikum, Tonikum und Fiebermittel.

■ Biotin

(syn. Biotinum, Vitamin H), cyclisches Harnstoffderivat mit Thiophenring. B. wirkt als Coenzym für Carboxylierungsreaktionen, exogene Quellen sind v. a. Lebertran (s. Oleum Jecoris, ↗ Ga-

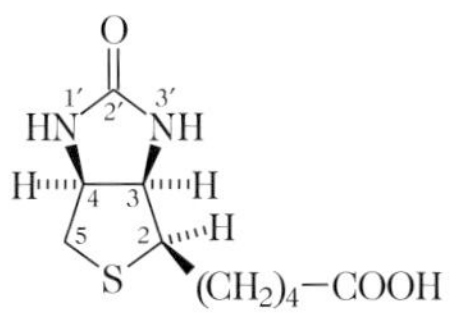

Biotin

dus morrhua), Eigelb, Gemüse, Hefe, Hafer, Molke, Leber, Niere und Gehirn. Der tägl. Bedarf liegt bei ca. 150–300 µg, auch die Darmflora trägt zur Bereitstellung bei. *Anw.:* bei Seborrhoe, brüchigen Fingernägeln, Haarausfall und zusammen mit Vitamin B_{12} bei megaloblastärer Anämie.

Birkencampher ↗ Betulin.
Birkenrinde ↗ Betula-Arten.
Birkenrindenteer ↗ Betula-Arten.
Birkenteer ↗ Betula-Arten.
Birkwurz ↗ Potentilla erecta.
Birnbaum ↗ Pyrus communis.
Birnenblätter ↗ Pyrus communis.
Birnentang ↗ Phaeophyta.

■ Bisaboloide,

Stoffwechselprodukte des ↗ (–)-α-Bisabolols, die als Bisabololoxid A, B und C bezeichnet werden und Bestandteil des äther. Öls bes. der Kamillenblüten (↗ *Chamomilla recutita*) sind.

■ (–)-α-Bisabolol

monocyclisches Sesquiterpen mit antiphlogistischer Wirkung. α-B. wird aus dem äther. Öl der Kamillenblüten (↗ *Chamomilla recutita*) gewonnen.

Bisam ↗ Moschus moschiferus.
Bisamgarbe ↗ Achillea-Arten.
Bisamkörner ↗ Abelmoschus moschatus.
Bisamkraut ↗ Achillea-Arten.
Bisamkürbis ↗ Cucurbita pepo.
Bisamschafgarbe ↗ Achillea-Arten.
Bischofskraut ↗ Ammi visnaga.
Bismalvawurzel ↗ Althaea officinalis.
Bissynuß ↗ Cola-Arten.
Bistortae rhizoma ↗ Polygonum bistorta.
Bistorta major ↗ Polygonum bistorta.
Bitterbaum ↗ Picrasma excelsa.
Bitterblatt ↗ Polygonum hydropiper.
Bitterdistel ↗ Cnicus benedictus.
Bittere Kreuzkrautwurzel ↗ Polygala-Arten.
Bitterer Bauernsenf ↗ Iberis amara.
Bitterer Beifuß ↗ Artemisia absinthium.
Bitterer Enzian ↗ Gentianella amarella.
Bitterer Fenchel ↗ Foeniculum vulgare.
Bitteres Kreuzblumenkraut ↗ Polygala-Arten.
Bitterfenchel ↗ Foeniculum vulgare.
Bitterfenchelöl ↗ Foeniculum vulgare.
Bitterholz ↗ Quassia amara.
Bitterklee ↗ Menyanthes trifoliata.
Bitterkraut ↗ Centaurium chilensis, ↗ Centaurium minus.
Bitterkresse ↗ Cochlearia officinalis.
Bitterkrut ↗ Polygonum hydropiper.
Bittermandel ↗ Prunus-Arten.
Bittermandelbaum ↗ Prunus-Arten.
Bittermandelöl ↗ Prunus-Arten.
Bittermittel ↗ Amarum.

Bitterorange ↗ Citrus-Arten.
Bitterrinde ↗ Alstonia-Arten.
Bitterschopf ↗ Aloe-Arten
Bittersilche ↗ Petroselinum crispum.
Bitterstiele ↗ Solanum-Arten.

■ Bitterstoffdrogen

bitterstoffhaltige Drogen, die ausschließlich aufgrund ihres bitteren Geschmacks therapeutisch genutzt werden. Bitterschmeckende Drogen, bei denen andere pharmakologische Wirkungen im Vordergrund stehen, z. B. Chinarinde oder Aloe, sind keine B. im engeren Sinne, obwohl in geeigneter Verdünnung auch solche Drogen als B. in entsprechenden Zubereitungen genutzt werden. Da bei B. der bittere Geschmack durch Begleitstoffe der jeweiligen Drogen modifiziert werden kann, unterteilt man die B. in: Amara pura (z. B. *Centaurii herba*), Amara mucilaginosa (z. B. *Lichen islandicus*) und Amara aromatica (z. B. *Aurantii pericarpii*). In chemischer Hinsicht sind Bitterstoffe meist stickstofffreie terpenoide Verbindungen, die bes. häufig Lactonstruktur aufweisen, z. B. Absinthin und Marrubiin. Sie kommen z. T. glykosidiert vor, z. B. Gentiopicrosid und Swerosid. Als nichtterpenoide Bitterstoffe haben v. a. die in Citrusarten vorkommenden Flavanonglykoside Naringin und Neohesperidin sowie die Phloroglucinderivate des Hopfens, Humulon und Lupulon, pharmazeutische Bedeutung.

Die durch Bitterstoffe ausgelöste Geschmacksempfindung „bitter" wird durch die Erregung der sog. Bitterrezeptoren in den Geschmacksknospen des Zungengrundes ausgelöst. Die Geschmacksknospen beim Menschen erneuern sich etwa alle 6–8 Tage. Ihre Zahl ist altersabhängig und nimmt mit steigendem Alter ab. Menschen zwischen 30 und 40 Jahren verfügen über etwa 2 000 Geschmacksknospen. Abgesehen von Alter können Abweichungen in der Geschmacksempfindlichkeit auch genetisch oder durch äußere Einflüsse, z. B. Streß, Nicotin- oder Medikamentenabusus bedingt sein. Für die Geschmackserregung ist offenbar die Bindung des Bitterstoffes an die Bitterrezeptoren entscheidend, wobei der eigentliche Rezeptor ein Glykoproteid darstellt. Weitergeleitet wird die Geschmacksempfindung v. a. über den Nervus glossopharyngeus, verbunden mit einer zusätzlichen Beeinflussung des Nervus vagus. Schließlich wird die unmittelbare Empfindung „bitter" im Wahrnehmungszentrum der Großhirnrinde ausgelöst.

Tabelle: Ausgewählte Bitterstoffdrogen.

Droge	Pflanze	Bitterwert (ÖAB)	Strukturtyp
			Monoterpene
Gentianae radix	*Gentiana lutea*	10 000	Gentiopikrin u. a.
Centaurii herba	*Centaurium minus*	2 000	Gentapikrin u. a.
Menyanthidis folium	*Menyanthes trifoliata*	4 000	Foliamenthin u. a.
			Sesquiterpene
Cnici benedicti herba	*Cnicus benedictus*	800	Cnicin u. a.
Absinthii herba	*Artemisia absinthium*	10 000	Absinthin u. a.
			Diterpene
Marrubii herba	*Marrubium vulgare*	3 000	Marrubiin
Salviae folium	*Salvia officinalis*	-	Carnosol u. a.
Colombo radix	*Jateorhiza palmata*	-	Columbin u. a.
			Triterpene
Aurantii pericarpium	*Citrus aurantium ssp. aurant.*	600	Limonin u. a.
Quassiae lignum	*Quassia amara*	40 000	Quassin

In pharmakologischer Hinsicht regen die Bitterstoffe reflektorisch über den Nervus vagus die Speichel- und Magensaftsekretion an, die mit Salzsäure- und Pepsinsekretion im Magen verbunden ist und als encephalische Phase bezeichnet wird. Es folgt die sog. humorale Phase, die mit der Ausschüttung von Gastrin verbunden ist und sowohl die Motorik von Magen und Dünndarm als auch die Sekretion im Pankreas steigert. Bitterstoffe ermöglichen somit eine Sekretionssteigerung und letztlich eine verbesserte Nahrungsausnutzung.

Wichtig für die Wirkung der Bitterstoffe ist die Einnahme etwa eine halbe Stunde vor Nahrungsaufnahme. Im allg. ist dabei eine Sekretionszunahme von 25–30 % erreichbar. Die Heterogenität der Strukturen der bekannten Bitterstoffe emöglichen lediglich eine Wertbestimmung auf physiologischem Wege, d. h. durch Geschmacksprüfung (sensorische Analyse). Ermittelt wird der sog. ↗ Bitterwert. Zur Anwendung gelangen bitterstoffhaltige Drogen bei Appetitlosigkeit, u. a. in der Rekonvaleszenz, bei Völlegefühl und Blähungen sowie als Cholagoga. Bitterstoffe kommen inbes. in den Pflanzenfamilien Asclepiadaceae, Asteraceae, Gentianaceae, Lamiaceae, Menyanthaceae und Rutaceae vor. Die Tabelle enthält eine Zusammenstellung ausgewählter Bitterstoffdrogen. Ihre Besprechung erfolgt bei den jeweiligen Einzeldrogen.

Bittersüßer Nachtschatten ↗ Solanum-Arten.
Bittersüßer Rißpilz ↗ Inocybe-Arten.
Bittersüßstengel ↗ Solanum-Arten.
Bittertee ↗ Species americantes.

■ Bitterwert,
der Bitterwert ist der reziproke Wert derjenigen Drogenkonzentration, die gerade noch bitter schmeckt. Um die Abhängigkeit vom subjektiven Empfinden zu minimieren, wurde als Bezugsgröße ein Bitterwert von 200 000 festgelegt.

Bitterwurzel ↗ Gentiana-Arten.
Biwen ↗ Avena sativa.
Bixa americana ↗ Bixa orellana.

■ Bixa orellana L.
(syn. *Bixa americana, B. platycarpa*), Annatostrauch (syn. Orleansstrauch, Rukustrauch), s. Farbtafel S. 145, Bild 52.

Fam.: Bixaceae.
Vork.: tropischen Amerika und Afrika sowie Asien, häufig kultiviert.
Droge: ***Semen Orleanae*** (syn. *Semen Achiotti, Terra orellana*); Orleansaat (syn. Achotesaat, Annattosaat, Ruku-Samen, Roucon-Samen). Inh.: roter Farbstoff Bixin (bis zu 6 %), Crocetin u. a. Carotinoide, Bitterstoffe. Anw.: v. a. in der Lebensmittelindustrie zum Färben von Butter, Margarine, Käse, Teigwaren, Puddings, Eiscremes, Konserven etc.

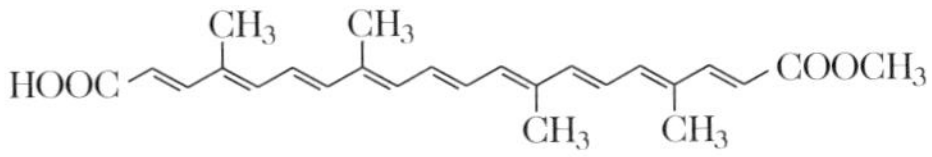

Bixin

Bixa platycarpa ↗ Bixa orellana.
Bixin ↗ Bixa orellana.
Black Bean ↗ Castanospermum australe.
Black cherry ↗ Prunus-Arten.

■ Blackstonia perfoliata (L.) Huds.
(syn. *Chlora perfoliata*); Gelber Wiesenenzian.
Fam.: Gentianaceae.
Vork.: Mitteleuropa, Mittelmeergebiete.
Droge: ***Herba Centaurii lutei***, das Kraut. Inh.: Bitterstoffe, wie Gentiopicrin; Gentiogenal, das Pseudoalkaloid Gentianin (0,01 %). Anw.: als Stomachikum und Bittertonikum.

Bladhia japonica ↗ Ardisia japonica.
Blafendel ↗ Lavandula angustifolia.
Blankenheimer Tee ↗ Galeopsis segetum.
Blasenkäfer ↗ Lytta vesicatoria.
Blasenkirsche ↗ Physalis alkekengi.
Blasentang ↗ Fucus-Arten, ↗ Tang.
Blasen- und Nierentee ↗ Species urologicae.
Blasse Kegelblume ↗ Echinacea-Arten.
Blasser Igelkopf ↗ Echinacea-Arten.
Blasser Sonnenhut ↗ Echinacea-Arten.
Blaßfarbene schmalblättrige Kegelblumenwurzel ↗ Echinacea-Arten.

■ Blatta orientalis L.
(syn. *Periplaneta orientalis*); Küchenschabe (syn. Bäckerschabe, Brotschabe, Gemeine Küchenschabe, Große Küchenschabe, Kakerlake, Orientalische Schabe).
Fam.: Blattidae.
Vork.: Europa, Nordafrika, bes. in warmer und feuchter Umgebung.

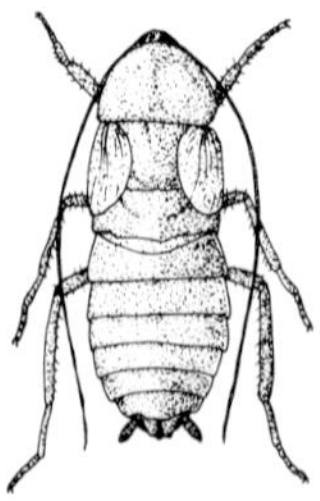

Blatta orientalis. Küchenschabe.

Inh.: Blattasäure, Periplanetin, Protocatechusäurederivate. *Anw.:* früher als Diuretikum und Diaphoretikum, in der russischen Volksheilkunde bei Wassersucht.

Hom.: ***Blatta orientalis***, Tinktur aus den ganzen Tieren. *Anw.-Geb.:* Bronchialasthma, Bronchitis, spastische Diathese.

Blätterflechte ↗ Cetraria islandica.
Blatterkraut ↗ Alliaria petiolata.
Blättrige Wolfsmilch ↗ Euphorbia-Arten.
Blaualgen ↗ Cyanophyta.
Blaubeeren ↗ Vaccinium-Arten.
Blaublume ↗ Hepatica nobilis.
Blauchrut ↗ Centaurea cyanus.
Blaue Dünendistel ↗ Eryngium-Arten.
Blaue Herzblume ↗ Hepatica nobilis.
Blaue Kardinalsblume ↗ Lobelia siphilitica.
Blaue Kronblume ↗ Centaurea cyanus.
Blaue Lilie ↗ Iris germanica.
Blaue Mönchskappe ↗ Aconitum-Arten.
Blaue Pappelblumen ↗ Malva-Arten.
Blauer Eisenhut ↗ Aconitum-Arten.
Blauer Hahnenfuß ↗ Caulophyllum thalictroides.
Blauer Sturmhut ↗ Aconitum-Arten.
Blaue Schlüsselblume ↗ Hepatica nobilis, ↗ Pulmonaria officinalis.
Blaues Fettkraut ↗ Pinguicula vulgaris
Blaue Verbene ↗ Verbena hastata.
Blaue Wasserlilie ↗ Nymphaea ampla.
Blaue Windblume ↗ Hepatica nobilis.
Blaue Wolfswurz ↗ Aconitum-Arten.
Blaugrüne Magnolie ↗ Magnolia virginiana.
Blaugummibaum ↗ Eucalyptus-Arten.
Blauhai ↗ Prionoce glauca.
Blauholz ↗ Haematoxylum campechianum.
Blaumützen ↗ Centaurea cyanus.
Blauwal ↗ Balaenoptera musculus.
Blauwetterkühl ↗ Eupatorium-Arten.
Bleichblume ↗ Bellis perennis.
Bleicher Schöterich ↗ Erysimum crepidifolium.
Bleiwurz ↗ Plumbago europaea.
Bleiwurzkraut ↗ Plumbago europaea.

■ Bleomycine

Glykopeptidantibiotika, die von *Streptomyces verticillus* gebildet werden. Grundstruktur dieser Antibiotika ist die Bleomycinsäure (Nonapeptid), die über einen Histidyl-Rest mit einem Disaccharid verknüpft ist. Die verschiedenen B. unterscheiden sich durch das an der Carboxylseite der Bleomycinsäure gebundene Amin.

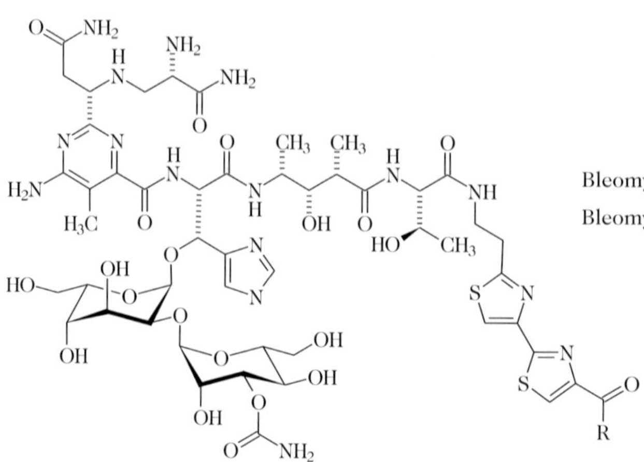

Bleomycin A_2: $R = NH{-}(CH_2)_3{-}\overset{+}{S}(CH_3)_2$

Bleomycin B_2: $R = NH{-}(CH_2)_4{-}NH{-}C({=}NH){-}\overset{+}{N}H_3$

Bleomycine

Wirk.: biotransformatorisch aktiviert können B. DNA-Stränge durch Eliminierung von Thymin spalten und damit die Translation bzw. Transkription unterbrechen; sie bilden Sauerstoffradikalionen, die DNA-Reparaturenzyme, wie die RNA-Polymerase, hemmen. *Anw.*: antineoplastisches Antibiotikum in der Tumortherapie, z. B. von Plattenepithelcarzinomen, Hodencarzinomen und malignen Lymphomen.

■ **Blepharis edulis** Pers.
(syn. *Acanthum edule, A. spicatum*).
Fam.: Acanthaceae.
Vork.: Indien.
Droge: die Samen. *Inh.*: Isocumarin-Glykoside, wie Blepharin; Allantoin, fettes Öl. *Anw.*: in der Volksheilkunde als Mucilaginosum, Diuretikum, Aphrodisiakum.

■ **Blighia sapida** C. König
Akeepflaume (syn. Akipflaume).
Fam.: Sapindaceae.
Vork.: Westindien
Inh.: In den unreifen Früchten sind neben der Aminosäure Hypoglycin A auch Naphthochinone

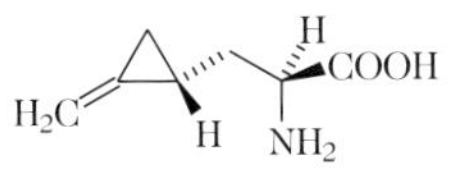

Hypoglycin A

(Blighinon), Stigmasterol, Saponine und Zucker enthalten. *Wirk.*: Hypoglycin A wirkt in geringer Dosierung blutzuckersenkend, aufgrund seiner hohen Toxizität wird es jedoch nicht therapeutisch eingesetzt.

Blitum bonus henricus ↗ Chenopodium-Arten.
Blitzblümchen ↗ Anemone nemorosa.
Blockzitwer ↗ Curcuma-Arten.
Bloderkraut ↗ Alliaria petiolata.
Blondes Psyllium ↗ Plantago-Arten.
Bluetströpfli ↗ Anagallis arvensis.

■ **Blumea balsamifera** (L.) DC.
(syn. *Pluchea balsamifera, Conyza balsamifera*).
Fam.: Asteraceae (Compositae).
Vork.: Indien, Indochina, Philippinen, auch kultiviert.
Droge: ***Folia Blumeae***, die Blätter. *Inh.*: äther. Öl (0,1–0,4 %), u. a. mit Cineol, Phloracetophenondimethylether, Limonen, Borneol, Campher. *Anw.*: in der Volksheilkunde der Verbreitungsgebiete als Expektorans und Diaphoretikum. Der aus der Droge gewonnene Campher (Blumeacampher, Ngaicampher) wird als Riechstoff sowie zur Herstellung von Ruß und Tusche eingesetzt.

Blumeacampher ↗ Blumea balsamifera.
Blumenesche ↗ Fraxinus-Arten.
Blumenhartriegel ↗ Cornus-Arten.
Blumenkresse ↗ Tropaeolum majus.
Blumennessel ↗ Lamium album.
Blumenrohr ↗ Canna-Arten.
Blutauge ↗ Adonis-Arten.
Blutaugenkraut ↗ Comarum palustre.
Blutblumen ↗ Arnica-Arten.
Blutegel ↗ Hirudo medicinalis.
Blutholz ↗ Haematoxylon campechianum.
Blutknopf ↗ Sanguisorba officinalis.
Blutkoralle ↗ Corallium rubrum.
Blutkraut ↗ Capsella bursa-pastoris, ↗ Chelidonium majus, ↗ Geranium robertianum, ↗ Geranium sanguineum, ↗ Hypericum perforatum, ↗ Polygonum aviculare, ↗ Sanguisorba officinalis.
Blutkrautwurzel ↗ Hydrastis canadensis.
Blutroter Hartriegel ↗ Cornus-Arten.
Blutroter Storchschnabel ↗ Geranium sanguineum.
Blutrute ↗ Cornus-Arten.
Blutschierling ↗ Conium maculatum.
Blutschwamm ↗ Fomes fomentarius.
Blutstillkraut ↗ Achillea-Arten.
Blutströpfchen ↗ Geum-Arten.
Blutweiderich ↗ Lythrum salicaria.
Blutwurz ↗ Anchusa officinalis, ↗ Potentilla erecta.
Blutwurzel ↗ Potentilla erecta.
Boas-Oppler'sche Stäbchen ↗ Lactobacillus acidophilus.
Bobaum ↗ Ficus religiosa.
Boccawurzel ↗ Tabernanthe iboga.

■ **Bock, Hieronymus**
*Heidesbach, 1498, †Hornbach, 21.02.1554, Botaniker, Arzt und Theologe. Heilsheim, Hornbach. Sein „Kreüterbuch", 1. Auflage 1539, in deutsch, gehörte zu den besten jener Zeit. Beschrieben wurden hierin bes. die einheimischen Pflanzen mit Angaben über Fundort und therapeutische Anwendung.

Bockkraut ↗ Geranium robertianum.

Bocksbeerblätter ↗ Ribes nigrum.
Bocksfutter ↗ Viscum album.
Bockshödlein ↗ Orchis-Arten.
Bockshorn ↗ Claviceps purpurea.
Bockshornbaum ↗ Ceratonia siliqua.
Bockshörndl ↗ Ceratonia siliqua.
Bockshornklee ↗ Trigonella foenum-graecum.
Bockshornsamen ↗ Trigonella foenum-graecum.
Bockskraut ↗ Galega officinalis, ↗ Geranium robertianum, ↗ Pimpinella-Arten.
Bocksmelde ↗ Chenopodium-Arten.
Bocks-Peterlein ↗ Pimpinella-Arten.
Bockspetersilie ↗ Pimpinella-Arten.
Bockwurz ↗ Pimpinella-Arten.
Bockwurzel ↗ Pimpinella-Arten.
Bodan ↗ Bergenia crassifolia.

■ **Boehmeria nivea** (L.) Gaudich.
(syn. *Boehmeria tenacissima, Urtica nivea, U. tenacissima, U. utilis*).
Fam.: Urticaceae.
Vork.: Ostasien, China, in Europa, Nordamerika, Nordafrika und Brasilien auch kultiviert.
Droge: Kraut und Wurzeln. Inh.: Leucoanthocyane, Rhoifolin (0,7 %), Chlorogensäure. Anw.: in der traditionellen chinesischen Medizin als Diuretikum, Expektorans und Tonikum. Die Pflanzen (und andere Boehmeria-Arten) sind außerdem eine wichtige Quelle von Pflanzenfasern, die als Ramiefasern bezeichnet werden und in der Technik breiten Einsatz finden.

Boehmeria tenacissima ↗ Boehmeria nivea.
Boerhaavia caribaea ↗ Boerhaavia hirsuta.
Boerhaavia coccinea ↗ Boerhaavia hirsuta.

■ **Boerhaavia hirsuta** Willd.
(syn. *Boerhaavia coccinea, B. caribaea*).
Fam.: Nyctaginaceae.
Vork.: Brasilien.
Droge: ***Erva tostao***, die Wurzel. Inh.: Glykoside, wie Boerhavin, Harz, organische Säuren, Stärke. Anw.: in galenischen Zubereitungen als Diuretikum.

Boerhavia chaerophylloides ↗ Astrephia chaerophylloides.

■ **Boesenbergia pandurata** (Roxb.) Schlechter
(syn. *Boesenbergia rotunda, Gastrochilus panduratus, Kaempferia pandurata*).
Fam.: Zingiberaceae.
Vork: Asien, China, Philippinen, auch kultiviert.
Droge: die Rhizome. Inh.: äther. Öl (0,06–0,32 %) mit Cineol (ca.25 %), Methylcinnamat (ca.4 %), Campher. Anw.: in der asiatischen Volksheilkunde als Carminativum, Stomachikum, Tonikum. Die Droge wird in gemahlenem Zustand als Gewürz für Reisgerichte und Würzmischungen verwendet.

Boesenbergia rotunda ↗ Boesenbergia pandurata.
Böhmische Nieswurz ↗ Adonis-Arten.
Böhmischer Tee ↗ Lithospermum officinale.
Bohnenbaum ↗ Castanospermum australe, ↗ Laburnum anagyroides.
Bohnenbaumstärke ↗ Castanospermum australe.
Bohnenhülsen ↗ Phaseolus vulgaris.
Bohnenkraut ↗ Satureja hortensis.
Bohnenschalen ↗ Phaseolus vulgaris.
Bohnenstärke ↗ Phaseolus vulgaris.
Boldo ↗ Peumus boldus.
Boldoblätter ↗ Peumus boldus.
Boldo folium ↗ Peumus boldus.
Boletus ↗ Fomes officinalis.
Boletus cervinus ↗ Elaphomyces cervinus.
Boletus Chirurgorum ↗ Fomes fomentarius.
Boletus Laricis ↗ Fomes officinalis.

■ **Boletus manicus** Heim.
Nonda.
Fam.: Boletaceae (Röhrenpilze).
Vork.: weltweit verbreitet.
Anw.: In Neuguinea wird der Pilz bei den Kuma in Verbindung mit magischen Zeremonien zu Rauschzwecken genutzt („Pilz-Verrücktheit“). Die rauscherzeugenden Inhaltsstoffe sind unbekannt.

Boletus pinicola ↗ Fomitopsis pinicola.

■ **Boletus satanas** Lenz.
Satanspilz (syn. Satans-Röhrling).
Fam.: Boletaceae (Röhrenpilze).
Vork.: Mittel- und Südeuropa.
Inh.: unbekannte Giftstoffe neben gelben Farbstoffen (Xerocomsäure, Variegatsäure), die enzymatisch nach dem Verletzen des Pilzfleisches in ein tiefes Blau übergehen.
Hom.: ***Boletus satanas***, der frische Fruchtkörper. Anw.-Geb.: Durchfallerkrankungen.

Bolinus brandaris ↗ Murex brandaris.
Bolle ↗ Allium-Arten.

■ **Bombax aquaticum** (Aubl.) K. Schum.
Fam.: Bombacaceae.
Vork.: Südamerika, besonders Brasilien und Guayana.
Droge: ***Mamuranafett***, das fette Öl der Samenkerne. Inh.: Triglyceride, etwa 60 % in den Samenkernen. Anw.: Rohstoff für die Seifenherstellung in den Verbreitungsgebieten.

Bombax ceiba ↗ Bombax malabaricum.
Bombax gossypium ↗ Cochlospermum gossypium.
Bombax heptaphyllum ↗ Bombax malabaricum.

■ **Bombax malabaricum** DC.
(syn. *Bombax ceiba, B. heptaphyllum*).
Fam.: Bombacaceae.
Vork.: Indien, Australien, Sri Lanka.
Droge: ***Indisches Kapoksamenöl*** (syn. Paineiraöl), das fette Öl der Samen. Inh.: Triglyceride, mit ca. 32 % gesättigten Fettsäuren sowie etwa 48 % Öl- und 20 % Linolsäure. Anw.: als Speiseöl sowie für die Seifenherstellung. Die Pflanze liefert außerdem Kapok, weiche Pflanzenhaare, die als Polstermaterial eingesetzt werden.

Bombax pentandrum ↗ Ceiba pentandra.
Bombax pyramidale ↗ Ochroma lagopus.
Bombax religiosum ↗ Cochlospermum gossypium.
Bombay-Macis ↗ Myristica malabarica.
Bombay-Muskatnuß ↗ Myristica malabarica.

■ **Bombyx mori** L.
Echter Seidenspinner (syn. Maulbeerseidenspinner, Maulbeerspinner, Seidenraupe, Seidenwurm).
Fam.: Lepidopterae.
Vork.: beheimatet in China und Japan.
Anw.: Das Drüsensekret der Raupe wird als Naturseide seit dem Altertum genutzt, früher auch als Nahtmaterial in der Chirurgie (*Filum bombycis tortum sterile*) eingesetzt.
Hom.: ***Bombyx mori*** HAB34, die Flügelschuppen des Seidenspinners. *Anw.-Geb.:* Nesselsucht.

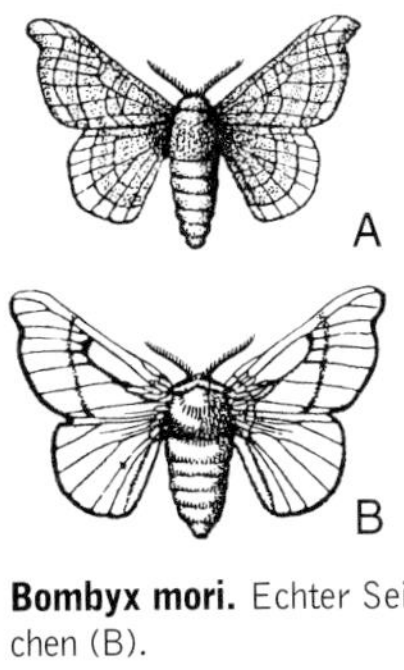

Bombyx mori. Echter Seidenspinner. Männchen (A), Weibchen (B).

■ **Bomelia obtusifolia**
Fam.: Sapotaceae.
Vork.: Küstengebiete Brasiliens.
Droge: ***Sapitiöl*** (syn. Pombehaöl), das fette Öl der Samen. Inh.: Triglyceride, die in Geruch und Geschmack dem Nußöl ähnlich sind. Anw.: im Verbreitungsgebiet ein beliebtes Speiseöl. Die schwarzen, schlehenartigen Früchte der Pflanze werden als Wildobst verwendet. Samen und Rinde sind brasilianische Volksheilmittel.

■ **Bongardia chrysogonum** (L.) Boiss.
(syn. *Bongardia rauwolfii, Leontice chrysogonum*).
Fam.: Berberidaceae.
Vork.: Mittelmeergebiete, Kleinasien.
Droge: die getrockneten Wurzelknollen. *Inh.:* Saponine (12 %), Alkaloide (0,11 %), Leonticin. *Anw.:* In der Volksheilkunde der Mittelmeergebiete wird die Droge bei Tierbissen eingesetzt.

Bongardia rauwolfii ↗ Bongardia chrysogonum.
Bonnania officinalis ↗ Sinapis alba.
Bonplandia angostura ↗ Galipea officinalis.
Bonplandia trifoliata ↗ Galipea officinalis.

■ **Boöphone disticha** (L. f.) Herbert
(syn. *Buphane disticha, B. toxicaria, Brunsvigia toxicaria, Haemanthus toxicarius, H. lemairei, Amaryllis disticha*).
Fam.: Amaryllidaceae.
Vork.: Afrika, bes. Süd- und Mittelafrika.
Droge: die Zwiebeln. *Inh.:* Alkaloide, u. a. Lycorin, Crinin, Nerbowdin, Buphanamin und Buphanidrin; Acetovanillon, Sterole, Chelidonsäure. *Anw.:* in der afrikanischen Volksheilkunde bei Ödemen, zur Wundbehandlung, bei Magen-Darm-Beschwerden, Kreislaufstörungen und als Aphrodisiakum. Auch als Rauschmittel und Halluzinogen wird ein Aufguß der Droge genutzt. Besondere Bedeutung hat die Pflanze zur Bereitung von Pfeilgiften, die von den Buschmännern zum Jagen genutzt werden. Hierbei wird die neurotoxische Wirkung der Alkaloide ausgenutzt.

Bootia nervosa ↗ Saponaria officinalis.
Bootia saponaria ↗ Saponaria officinalis.
Bootia vulgaris ↗ Saponaria officinalis.
Boraginis flos ↗ Borago officinalis.
Boraginis herba ↗ Borago officinalis.

■ **Borago officinalis** L.
Borretsch (syn. Boretsch, Gurkenkraut, Burres, Borgelkraut, Wohlgemutkraut).
Fam.: Boraginaceae.
Vork.: Mittelmeergebiet, Europa, Nordamerika.
Drogen: ***1. Boraginis flos*** (syn. *Flores Boraginis*); Boretschblüten. *Inh.:* Bornesit, Allantoin, Schleimstoffe, Kaliumsalze (bis zu 17 %). *Anw.:* in der Volksheilkunde bei Harnverhaltung, Fieber, Verschleimung der Atemwege, Durchfall sowie ferner bei Entzündungen, Rheumatismus, klimakterischen Beschwerden und zur Blutreinigung. ***2. Boraginis herba*** (syn. *Herba Boraginis*); Boretschkraut (syn. Gurkenkraut). *Inh.:* Gerbstoffe (ca.3 %), Kieselsäure (1,5–2,2 %), Schleimstoffe (bis zu 11 %), Pyrrolizidinalkaloide. *Anw.:* in der Volksheilkunde als einhüllendes und schleimgebendes Mittel bei Husten- und Halserkrankungen, bei Entzündungen der Nieren und der Blase, als Adstringens und bei Rheuma. Achtung! Wegen des Pyrrolizingehaltes sollte die Droge nicht angewendet werden, da diese Verbindungen genotoxisch und cancerogen wirken. Auch bei der Verwendung als Küchengewürz ist Vorsicht angebracht. ***3. Boraginis oleum*** (syn. *Oleum Boraginis*); Borretschsamenöl. *Inh.:* Fettsäureglyceride mit hohem Anteil an ungesättigten Fettsäuren, insbes. γ-Linolensäure. *Anw.:* bei atopischem Ekzem (Neurodermitis).
Hom.: ***Borago officinalis*** HAB34, die frischen Blätter. *Anw.-Geb.:* Erkrankungen der oberen und unteren Luftwege.

Borbonia pinifolia ↗ Aspalathus linearis.
Boretsch ↗ Borago officinalis.
Borgelkraut ↗ Borago officinalis.
Borkhausenia cava ↗ Corydalis-Arten.
Borkhausenia lutea ↗ Corydalis-Arten.
Borkhausenia solida ↗ Corydalis-Arten.
Borneocampher ↗ Dryobalanops aromatica.
Borneotalg ↗ Isoptera borneensis.
Bornylisovalerianat ↗ Valeriana officinalis.
Borrachero ↗ Brugmansia-Arten.

Borretsch ↗ Borago officinalis.
Borstenkraut ↗ Cicuta virosa.
Boscia powelii ↗ Boscia salicifolia.

■ **Boscia salicifolia** Oliver
(syn. *Boscia powelii, Boscia stylosa*).
Fam.: Capparidaceae.
Vork.: Ost- und Südafrika, Senegal, Kamerun.
Droge: die Blätter, Rinde und Wurzeln. *Inh.:* Flavonoide, Terpenketone, wie Boscialin; Sterole, wie Stigmasterol, Taraxasterol und β-Sitosterol. *Anw.:* in der afrikanischen Volksheilkunde als Galactagogum, bei juckenden Hautausschlägen, gegen Abszesse und Furunkel, als Aphrodisiakum und zur Wundbehandlung.

■ **Boscia senegalensis** (Pers.) Lam.
Fam.: Capparidaceae.
Vork.: Afrika, von Mauretanien bis Äthiopien.
Droge: die Blätter und Wurzeln. *Inh.:* Sterole, Triterpene, Saponine, Flavonoide, Glucosinolate. *Anw.:* in der afrikanischen Volksheilkunde bei Koliken, Gallenerkrankungen, Hepatitis, Bilharziose, gegen Hämorrhoiden und Eingeweidewürmer. Die Droge wird auch zur Zubereitung von Pfeilgiften verwendet.

Boscia stylosa ↗ Boscia salicifolia.

■ **Bos taurus** L.
Hausrind (syn. Rind).
Fam.: Bovidae.
Vork.: weltweit verbreitet.
Drogen: ***1. Fel Tauri*** (syn. *Fel Bovis*); Rindergalle (syn. Ochsengalle). *Inh.:* Gallensäuren (Glykocholsäure, Taurocholsäure, Cholsäure, Desoxycholsäure, Lithocholsäure), Phosphatide (u. a. Lecithin), Cholesterol, Fettsäuresalze, Fette, Enzyme, Gallenfarbstoffe. *Anw.:* zur Substitutionstherapie bei Galleninsuffizienz, Ikterus, Leberfunktionsstörungen, Beschwerden nach Gallenoperationen, Obstipation. ***2. Oleum Pedum Tauri***; Rinderklauenöl (syn. Klauenfett, Klauenöl). *Inh.:* Fettsäuren (Öl-, Myristin-, Palmitin-, Stearin-, Arachin-, Tetradecen-, Hexadecen-, Linol- und Linolensäure sowie weitere ungesättigte Fettsäuren) und Glyceride (Palmitodiolein, Hexadecendiolein, Polyolefin, Diolein u. a.). *Anw.:* in der Pharmazie und Kosmetik als Salbengrundlage, aber auch als hochwertiger Schmierstoff in der Feinwerktechnik. ***3. Sebum bovinum*** (syn.

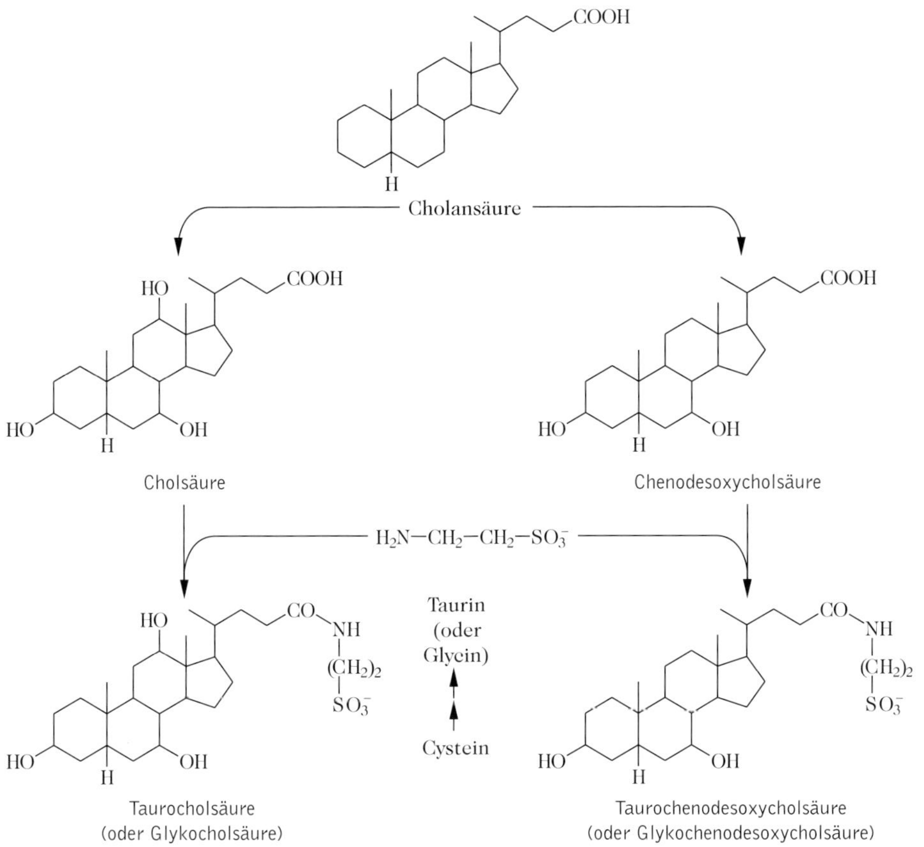

Bos taurus. In der Rindergalle enthaltene Gallensäuren.

Sebum taurinum); Rindertalg. Inh.: Triglyceride (Fette) aus Stearin-, Palmitin- und Ölsäure. Anw.: in der Lebensmittelindustrie zur Herstellung von Margarine eingesetzt sowie zur Seifen- und Kerzenproduktion. ↗ *Oleum animale*, ↗ *Oleum animale aethereum*.

Hom.: ***Fel Tauri*** HAB1, frische Rindergalle. Anw.-Geb.: Leber- und Gallenerkrankungen.

■ Boswellia-Arten

● **Fam.:** Burseraceae.

● **Boswellia sacra** Flueckiger (syn. *Boswellia carteri, B. undulato-crenata*).

Vork.: Südarabien, Nubien, an der Küste des Roten Meeres.

Droge: ***Olibanum*** (syn. *Gummi Olibanum, Gummiresina Olibanum*); Weihrauch, das Gummiharz der Pflanze. Inh.: äther. Öl (5–9 %, u. a. mit Pinen, Dipenten, Phellandren, Terpenalkohole/Olibanol), Harz (60–66 %, bes. ↗ Boswelliasäure, eine Triterpensäure), Gummi (ca. 20 %), Bassorin (6–8 %), Bitterstoffe, Schleimstoffe. Anw.: zu medizinischen Pflastern (selten), als Räuchermittel für kultische Handlungen, die äther. Öle für Parfüms und Kosmetika.

● **Boswellia frereana** Birdw. (syn. *Boswellia freriana*).

Vork.: Somalia.

Droge: ***Olibanum*** und ***Elemi***. Inh. und Anw.: s. *Boswellia sacra*.

● **Boswellia serrata** Roxb. ex Colebr. (syn. *Boswellia glabra, B. thurifera, Libanus thuriferus*).

Vork.: Indien.

Droge: ***Indischer Weihrauch***. Inh.: äther. Öl (8–9 %), Schleim (23 %), Harz mit tetra- und pentacyclischen Triterpensäuren, Serratol (Diterpen). Anw.: in der indischen Volksheilkunde bei Arthritis, Rheuma, Bronchialasthma, als Expektorans, bei Diarrhoe und Dyspepsie. In der traditionellen ayurvedischen Medizin (↗ Ayurveda) bei Blut- und Hauterkrankungen, Diabetes, Fieber, Erkrankungen der Geschlechtsorgane und Hämorrhoiden.

■ Boswelliasäure

eine Triterpencarbonsäure, die im Harz von ↗ *Boswellia*-Arten enthalten ist. Der Wirkungsmechanismus beruht vermutlich auf der Hemmung der 5-Lipoxygenase und damit der Bildung von Leukotrienen.

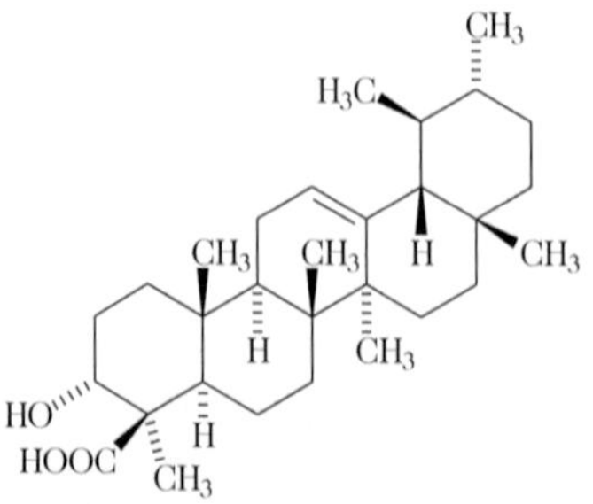

β-Boswelliasäure

■ Bothrops atrox

Lanzenotter.

Fam.: Crotalidae.

Vork.: Gefährliche Giftschlange Mittel- und Südamerikas.

Inh.: Das Gift enthält u. a. Neurotoxine, Proteasen und Hämolysine. Anw.: Das Gift dieser südamerikanischen Schlange enthält u. a. fibrinähnliche Proteasen (↗ Batroxobin), die isoliert und medizinisch bei Gerinnungsstörungen verwendet werden.

■ Bothrops jararaca Both.

(syn. *Lachesis lanceolata*); Gelbe Buschmeister.

Fam.: Crotalidae.

Vork.: Gefährliche Giftschlange Mittelamerikas.

Inh.: Das Gift enthält u. a. Neurotoxine, Proteasen und Hämolysine.

Hom.: ***Bothrops jararaca***, Sekret aus den Giftdrüsen. Anw.-Geb.: entzündliche Prozesse, Störungen des Gerinnungssystems sowie des arteriellen Gefäßsystems.

Bothrops sururucu ↗ Lachesis muta.

Botrophis acteaoides ↗ Cimicifuga racemosa.
Botrophis serpentaria ↗ Cimicifuga racemosa.
Botryopis platyphylla ↗ Chondodendron tomentosum

■ Botulinum-Nosode HAB

Zubereitung aus mit *Clostridium botulinum* infiziertem Schweinefleisch. Anw.-Geb.: Lähmungen und Lähmigkeit.

Boucerosia decaisneana ↗ Caralluma decaisneana.

■ Bougainvillea spectabilis Willd.

Fam.: Nyctaginaceae.

Vork.: tropisches und subtropisches Südamerika, als Zierpflanze auch kultiviert.

Droge: die ganze Pflanze. Inh.: Saponine, Betacyane, Betaxanthine, Polyphenole. Anw.: in der mexikanischen Volksheilkunde bei Husten.

Bourbontee ↗ Angraecum fragrans.
Bovista ↗ Calvatia gigantea.
Bovista gigantea ↗ Calvatia gigantea.

■ Bowdichia virgilioides H.B.K.

Fam.: Fabaceae (Leguminosae).

Vork.: Venezuela, Brasilien, Kolumbien.

Droge: ***Cortex Bowdichiae*** (syn. *Cortex Alcornocco*); Alcornocorinde (syn. Chabarrorinde), die Stammrinde. Inh.: Alcornin, Gerbstoffe. Anw.: in der Volksheilkunde bei Lungenerkrankungen, bei Fieber und rheumatischen Beschwerden.

■ Bowiea volubilis Harv. ex Hook. f.

(syn. *Schizobasopsis volubilis*).

Fam.: Liliaceae.

Vork.: Südostafrika.

Droge: die Zwiebel. Inh.: herzwirksame Glykoside, wie die Bovoside (u. a. Glucobovosid, Bovopurpurosid, Bovogenin). Anw.: in der Heilkunde der Ureinwohner gegen Wassersucht.

Boxkraut ↗ Pulmonaria officinalis.
Brachdistel ↗ Eryngium-Arten.

■ Brachycladus stuckerti Spegazzini

(syn. *Trichocline argentea*).

Fam.: Asteraceae (Compositae).

Vork.: Argentinien, Andengebiete.

Droge: ***Herba et Radix Brachycladii stuckerti***, das Kraut mit Wurzeln. Inh.: Harz, Glykoside. Anw.: in der Volksheilkunde bei Asthma.

■ **Brachyglottis repanda** J. R. et G. Forst. Puka-Puka.

Fam.: Asteraceae (Compositae).

Vork.: Neuseeland.

Inh.: u. a. Pyrrolizidinalkaloide (Necine und ihre *N*-Oxide: Senecionin, Senkirkin).

Hom.: ***Brachyglottis repanda*** HAB (syn. *Brachyglottis repens*); die frischen Blätter und Blüten. *Anw.-Geb.:* Entzündungen der Harnorgane.

Brachystegia-Kino ↗ Brachystegia spicaeformis.

■ **Brachystegia spicaeformis**

Fam.: Fabaceae (Leguminosae).

Vork.: Ostafrika.

Droge: ***Brachystegia-Kino***, der erhärtete, getrocknete Saft der Pflanze. Inh.: Gerbstoffe, Kinorot. Anw.: in der Volksheilkunde als Adstringens; in der Technik als Färbemittel.

Bractium ↗ Papaver bracteatum.
Bragantia wallichii ↗ Apama siliquosa.
Brahea serrulata ↗ Serenoa repens.
Bram ↗ Cytisus scoparius.
Brambeere ↗ Rubus-Arten.
Brämleblätter ↗ Tussilago farfara.
Brancae ursinae herba ↗ Heracleum sphondylium.
Brandkorn ↗ Claviceps purpurea.
Brandkraut ↗ Phlomis pungens.
Brandlattich ↗ Tussilago farfara.
Brasil-Copal ↗ Hymenaea courbaril.
Brasilholz ↗ Caesalpinia-Arten.
Brasilianisch-Arrowroot-Stärke ↗ Manihot esculenta.
Brasilianische Chinarinde ↗ Discaria febrifuga.
Brasilianische Jalapenknollen ↗ Merremia macrocarpa.
Brasilianische Pfeilwurzel ↗ Manihot esculenta.
Brasilianischer Pfeffer ↗ Capsicum-Arten, ↗ Piper longum, ↗ Schinus-Arten.
Brasilianischer Pfefferbaum ↗ Schinus-Arten.
Brasilianisches Rosenholzöl ↗ Physocalymna scaberrimum.
Brasilianisches Rotholz ↗ Caesalpinia-Arten.
Brasilianische Süßholzpflanze ↗ Periandra dulcis.
Brasilkastanie ↗ Bertholletia excelsa.
Brasilnußbaum ↗ Bertholletia excelsa.
Brasilöl ↗ Bertholletia excelsa.
Brassica alba ↗ Sinapis alba.

■ **Brassica-Arten**

● **Fam.:** Cruciferae (Brassicaceae).

● **Brassica juncea** (L.) Czern. (syn. *Brassica besseriana, B. cernua, B. integrifolia, B. japonica, B. lanceolata, B. napiformis, B. rugosa, B. urbania, B. wildenowii, Caulis junceus, Crucifera juncea, Raphanus junceus, Sinapia integrifolia, Sinapis cernuta, S. cuneifolia, S. japonica, S. juncea, S. lanceolata, S. racemosa, S. rugosa, S. patens*); Indischer Senf (syn. Ruten-Kohl, Ruten-Senf, Sarepta-Senf).

Vork.: weltweit verbreitet.

Droge: ***Sinapis nigrae semen***; Schwarzer Senfsamen. *Inh.* und *Anw.:* s. *Brassica nigra*.

● **Brassica napus** L. emend. Metzg. (syn. *Brassica campestris, B. napa, B. sativa, Crucifera napus, Napus campestris, Rapa napus, Raphanus napus, Sinapis napus*); Raps (syn. Kohlsaat, Lewat, Ölraps, Reps), s. Farbtafel S. 145, Bild 53.

Vork.: Europa, West- und Südasien, Nordafrika, Nordamerika.

Droge: ***Rapae oleum***; Rapsöl, s. *Brassica rapa*. *Inh.:* In den Samen sind Glucosinolate (0,5–6 %, u. a. Gluconapin, Progoitrin), Enzyme (Myrosinase, die die Glykoside in Zucker und Aglykon spaltet, woraus sich Senföle bilden), Erucasäure, fettes Öl (bis ca. 40 %), Steroide, Brassine, Phenylpropanderivate (Sinapin), Proteine. *Anw.:* s. *Brassica rapa*.

● **Brassica nigra** (L.) W.D.J. Koch (syn. *Brassica bracteoloata, B. lanceolata, B sinapioides, Crucifera sinapis, Erysimum glabrum, Melanosinapis communis, M. nigra, Mutarda nigra, Raphanus sinapis-officinalis, Sinapis incana, S. nigra, S. tetraedra, Sisymbrium nigrum*); Schwarzer Senf (syn. Brauner Senf, Französischer Senf, Grüner Senf, Holländischer Senf, Roter Senf, Senf-Kraut), s. Farbtafel S. 145, Bild 54.

Vork.: weltweit in gemäßigten Klimazonen.

Drogen: ***1. Oleum Sinapis expressum***, das aus dem Samen gepreßte Öl. *Inh.:* fettes Öl zu 80 % aus ungesättigten Fettsäuren bestehend; bes. Erucasäure, Ölsäure, Linolsäure, Linolensäure. *Anw.:* in der Volksheilkunde äußerlich zur milden Hautreiztherapie. Das Öl wird in Indien auch im Haushalt als Speiseöl verwendet. ***2. Si-***

napis nigrae semen (syn. *Semen Sinapeos, Semen Sinapis, Semen Sinapis viridis, Sinapis nigra, Sinapis semen*); Schwarzer Senfsamen (syn. Senfsame, Brauner Senf, Französischer Senf, Grüner Senf, Holländischer Senf, Roter Senf, Schwarzer Senf). Inh.: Glucosinolate (1–5 %, v. a. Sinigrin), fettes Öl, Phenylpropanderivate, u. a. Sinapin, Flavonoide, Phytin, Proteine, Schleimstoffe.

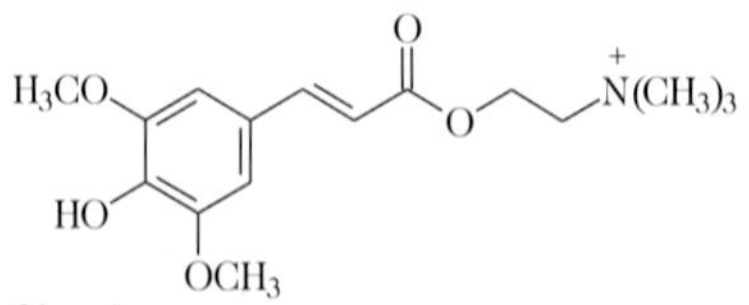

Sinapin
(= Sinapinsäurecholinester)

Anw.: äußerlich als Senfmehl zur Hyperämisierung der Haut durch die Freisetzung des lokal reizenden Allylsenföls in Form von Bädern, Wickeln, Breiumschlägen (Kataplasmen) oder Pflastern. Die interne Aufnahme der Droge bei Obstipation, Bronchitis und Amenorrhoe ist wegen der Toxizität und unerwünschten Wirkungen abzulehnen. Große Mengen der Droge werden zu Speisesenf u. a. Gewürzmischungen verarbeitet.

Hom.: ***Brassica nigra*** HAB34, die reifen Samen. Anw.-Geb.: Reizung der oberen Atemwege und des Magen-Darm-Traktes.

● **Brassica oleracea** L. (syn. *Crucifera brassica, Napus oleracea, Raphanus brassica officinalis*); Kohl (syn. Gartenkohl, Gemüsekohl, Kraut, Küchenkohl).

Vork.: Europa und angrenzende Gebiete.

Droge: ***Weißkohl*** (syn. Kappes, Kappus, Weißkraut), die frischen, festen Krautköpfe. Inh.: Glucosinolate (bis 0,16 %; u. a. Glucobrassicin, Sinigrin, Glucoiberin, Glucoraphanin), Aminosäuren, Proteine, Vitamine. Anw.: frischer Weißkohlsaft in der Volksheilkunde bei Magen- und Zwölffingerdarmgeschwüren, äußerlich werden die gequetschten Kohlblätter zur Heilung von Geschwüren, Wunden und bei Furunkulose aufgelegt.

Hom.: ***1. Brassica oleracea*** HAB34 (syn. Weißkohlkraut), das frische, blühende Kraut. Anw.-Geb.: Schilddrüsenunterfunktion. ***2. Brassica oleraceae e planta non florescente*** HAB1 (syn. Frische Kohlköpfe), die frischen Kohlköpfe. Anw.-Geb.: Stoffwechselerkrankungen, Wirkung nicht ausreichend belegt.

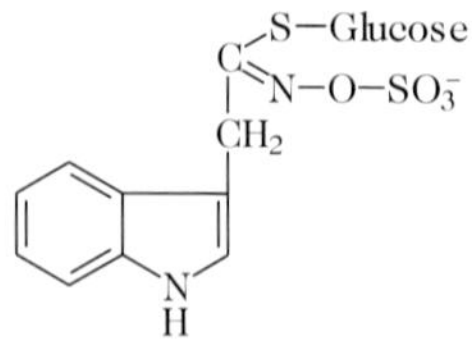

Glucobrassicin

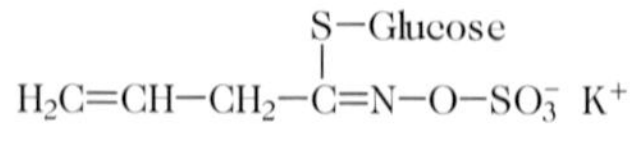

Sinigrin
(Kaliumallylglucosinolat)

● **Brassica rapa** L. emend. Metzg. (syn. *Brassica asperifolia, B. campestris, B. polymorpha, Crucifera rapa, Napus rapa, Sinapis rapa*); Rübsen (syn. Rübenreps, Rübsaat).

Vork.: weltweit.

Droge: ***Rapae oleum*** (syn. *Oleum Rapae*); Rüböl (syn. Colza, Kohlsaatöl, Rapsöl, Repsöl, Rübsaatöl, Rübsamenöl), das aus den Samen kaltgepreßte Öl. Inh.: fettes Öl (90 % Triglyceride mit ungesättigten Fettsäuren: Erucasäure, Ölsäure, Linolsäure, Linolensäure), Sterole (Sitosterol, Campesterol, Brassicasterol). Anw.: in der pharmazeutischen Technologie als Ersatz für Olivenöl zur Herstellung von Salben und Linimenten, im Haushalt als Speiseöl, in der Technik zur Margarineherstellung, als Brennöl, Schmiermittel sowie zur Gewinnung von Hart- und Lederfett.

Brassica eruca ↗ Eruca sativa.
Brassica hirta ↗ Sinapis alba.
Braunalgen ↗ Laminaria-Arten, ↗ Phaeophyceae.
Braune Königsrinde ↗ Cinchona-Arten.
Braunelle ↗ Brunella vulgaris.
Brauner Dost ↗ Origanum vulgare.
Brauneria angustifolia ↗ Echinacea-Arten.
Brauneria pallida ↗ Echinacea-Arten.
Brauneria purpurea ↗ Echinacea-Arten.
Brauner Senf ↗ Brassica-Arten.
Braunes Knabenkraut ↗ Orchis-Arten.
Braune Wegschnecke ↗ Arion empiricorum.
Braunwurz ↗ Scrophularia nodosa.
Braut-in-Haaren ↗ Nigella damascena.
Brautkranz ↗ Lysimachia nummularia.
Braut-Myrte ↗ Myrtus communis.
Brayera anthelmintica ↗ Hagenia abyssinica.

Brayerae flos ↗ Hagenia abyssinica.
Brazil wax ↗ Copernicia prunifera.
Brechnußbaum ↗ Strychnos-Arten.
Brechnußsamen ↗ Strychnos-Arten.
Brechwegdorn ↗ Rhamnus frangula.
Brechwurz ↗ Asarum europaeum.
Brechwurzel ↗ Cephaelis-Arten.
Breiapfelbaum ↗ Manilkara zapota.
Breitblättriger Berglorbeer ↗ Kalmia latifolia.
Breitblättriger Rohrkolben ↗ Typha latifolia.
Breitblättriges Laserkraut ↗ Laserpitium latifolium.
Breiter Wegerich ↗ Plantago-Arten.
Breitlauch ↗ Allium-Arten.
Breitlippenkraut ↗ Lagochilus inebrians.
Breitwegerich ↗ Plantago-Arten.
Brennesselkraut ↗ Urtica-Arten.
Brennesselwurzel ↗ Urtica-Arten.
Bresk ↗ Dyera costulata.

■ **Brickellia veronicaefolia** A. Gray.
(syn. *Bulhostylis veronicaefolia, Eupatorium verum*).
Fam.: Asteraceae (Compositae).
Vork.: Mexiko.
Droge: die Blätter. Inh.: äther. Öl, gelbe Farbstoffe, Bitterstoffe, Gerbstoffe, Flavonoide, Harz. Anw.: in der traditionellen mexikanischen Medizin als Stimulans, Antirheumatikum, bei Gastritis und Dyspepsie.

Brillenschlange ↗ Naja naja.

■ **Brinase**
Proteinase-Gemisch (Pilzproteasen) mit plasminähnlicher Wirkung zur Auflösung von Thromben. B. wird aus *Aspergillus oryzae* gewonnen. Anw.: zur thrombolytischen Therapie bei Thrombosen, Embolien und beim Herzinfarkt.

Brissagobaum ↗ Catalpa bignonioides.
Brocchia dichotoma ↗ Simmondsia chinensis.
Brombeerblätter ↗ Rubus-Arten.
Brombeere ↗ Rubus-Arten.

■ **Bromelain**
Proteolytisches Enzym aus dem Preßsaft der Stengel und Fruchtabfälle der Ananaspflanze (↗ Ananas comosus). B. ist ein Glykoprotein (M_r 33 000, pH-Optimum 4,5–5,0), das in seiner Struktur und seinen Eigenschaften dem ↗ Papain ähnelt. Anw.: zur Substitutionstherapie bei Verdauungsbeschwerden, zur Hemmung der Thrombozytenaggregation und Verlängerung der Blutungszeit, bei traumatischen und postoperativen Schwellungszuständen der Nase und Nasennebenhöhlen. Der Einsatz zur Prophylaxe und Therapie bei malignen Tumoren im Gastrointestinaltrakt ist umstritten, aber Gegenstand vielfältiger Untersuchungen.

Bromelainum crudum ↗ Ananas comosus.
Bromelia ananas ↗ Ananas comosus.
Bromelia comosa ↗ Ananas comosus.
Bromelin ↗ Ananas comosus.
Bromus glaber ↗ Agropyron repens.

■ **Brosimum galactodendron** G. Don.
(syn. *Galactodendron utile*).
Fam.: Moraceae.
Droge: ***Milchbaumwachs*** (syn. Kuhbaumwachs), das Wachs, das durch Kochen aus dem Milchsaft gewonnen wird. Inh.: Kautschuk, Galactin. Anw.: früher in der Galenik, zur Kerzenherstellung. Auch der Milchsaft wurde in der Volkheilkunde genutzt.

Brotschabe ↗ Blatta orientalis.
Brotwurzel ↗ Dioscorea-Arten.

■ **Brucea amarissima**
(syn. *Brucea sumatrana, Gonus amarissimus*).
Fam.: Simaroubaceae.
Vork.: Indien, Australien.
Droge: ***Fructus Brucea*** (syn. *Semen Brucea*); Bruceafrüchte (syn. Macassarkerne, Asiatische Ruhrsamen). Inh.: Brucamarin, Cosamin (Bitterstoffe), Gerbsäure, fettes Öl (ca. 23 %), Brusatol, Brucenol, Bruceolsäure. Anw.: in der asiatischen Medizin bei Dysenterie.

Brucea sumatrana ↗ Brucea amarissima.
Bruchkraut ↗ Herniaria glabra, ↗ Sanicula europaea.
Bruchweide ↗ Salix-Arten.
Brucin ↗ Strychnos-Arten.
Brugmansia arborea ↗ Datura-Arten.

■ **Brugmansia-Arten**
● **Fam.:** Solanaceae.
Vork.: Südamerika, westl. Amazonasgebiet.
● **Brugmansia aurea** Lagerh.

● **Brugmansia sanguinea** (R. et P.) Don.
● **Brugmansia suaveolens** (H. et B. ex Willd.) ercht. et Presl.
● **Brugmansia versicolor** Langerh.
● **Brugmansia vulcanicola** (A. S. Barclay) R. E. Schult.; Floripondio (syn. Borrachero, Huacacachu, Huanto, Tonga).
<u>Inh.</u>: Tropan-Alkaloide, u. a. Scopolamin, Hyoscyamin und Atropin. <u>Anw.</u>: Die pulverisierten Samen, Blätter und Wurzeln werden vergorenen Getränken beigemischt oder als Tee zubereitet von den Indiandern Südamerikas als Halluzinogene zu magisch-kultischen Zeremonien genutzt. Dabei kommt es zu einem intensiven Rausch, der oft von Krämpfen begleitet ist und in einem mehrstündigen, tiefen Schlaf endet.

Brugmansia candida ↗ Datura-Arten.
Bruguiera conjugata ↗ Bruguiera gymnorrhiza.

■ **Bruguiera gymnorrhiza** Lam.
(syn. *Bruguiera conjugata, Rhizophora gymnorrhiza*).
Fam.: Rhizophoraceae.
Droge: ***Rhizophorarinde*** (syn. Mangrovenrinde), die Rinde. <u>Inh.</u>: Gerbstoffe (28–80 %), rote Farbstoffe, Leucocyanidin. <u>Anw.</u>: in der Volksheilkunde als Adstringens, in der Gerberei und Färberei.

Brumbeer ↗ Solanum-Arten.

■ **Brunella vulgaris** Mill.
(syn. Prunella vulgaris); Braunelle.
Fam.: Lamiaceae (Labiatae).
Vork.: Europa, Asien, Amerika.
Droge: ***Herba Brunellae***; Brunellenkraut. das getrocknete Kraut. <u>Inh.</u>: Bitterstoffe, Gerbstoffe (ca. 5 %), Harz, äther. Öl, fettes Öl. <u>Anw.</u>: in der Volksheilkunde zum Gurgeln, bei Lungenerkrankungen, Magen- und Darmerkrankungen.
Hom.: ***Prunella vulgaris*** HAB34, die frische, blühende Pflanze. <u>Anw.-Geb.</u>: Lungenerkrankungen.

Brunellenkraut ↗ Brunella vulgaris.

■ **Brunfels, Otto**
(1488–1534), Arzt und Botaniker. Mainz, Basel, Bern. Verfaßte in 3 Bänden um 1530–1540 sein Kräuterbuch „Herbarium vivae eicones“, das sich durch naturgetreue Illustrationen auszeichnet. Es beeinflußte in hohem Maße die Nutzung der Arzneipflanzen in der Folgezeit.

■ **Brunfelsia grandiflora** D. Don
Chiricaspi.
Fam.: Solanaceae.
Vork.: nördl. Südamerika, westind. Inseln.
<u>Anw.</u>: in der Volksmedizin der Indianerstämme Amazoniens genießt die Pflanze erstrangiges magisch-religiöses Ansehen. Sie enthält Scopoletin, das allerdings keine pschoaktiven Effekte induziert. Oft wird die Droge anderen halluzinogenen Zubereitungen beigefügt, z. B. ↗ *Ayahuasca*, um eine Wirkungsverstärkung zu erreichen. Die Einnahme der Droge bewirkt ein Kältegefühl und Frösteln, was ihr den Namen Chiricaspi („kalter Baum“) eingetragen hat.

Brunfelsia hopeana ↗ Brunfelsia uniflora.

■ **Brunfelsia uniflora** (Pohl) D. Don
(syn. *Brunfelsia hopeana, Franciscea hopeana*).
Fam.: Solanaceae.
Vork.: Brasilien.
Droge: ***Radix Manaceae*** (syn. *Radix Brunfelsia, Franciscea uniflora*); Manacawurzel. <u>Inh.</u>: Manacin (Alkaloid), Manacein, Aesculetin, Gelsemiasäure. <u>Anw.</u>: als Diuretikum und Antirheumatikum, in der traditionellen Heilkunde bei Schlangenbissen.
Hom.: ***Franciscea uniflora*** HAB, die frische Wurzel. <u>Anw.-Geb.</u>: Rheumatismus.

Brunnenkresse ↗ Nasturtium officinale.
Brunnenlebermoos ↗ Marchantia polymorpha.
Brunsvigia toxicaria ↗ Boöphone disticha.
Brustalant ↗ Inula helenium.
Brustbeere ↗ Ziziphus jujuba.
Brustlattich ↗ Tussilago farfara.
Brusttee ↗ Species pectorales.
Brustwurz ↗ Angelica archangelica, ↗ Bupleurum-Arten.
Brymbura ↗ Solanum-Arten.

■ **Bryonia-Arten**
● **Fam.:** Cucurbitaceae.
● **Bryonia alba** L. (syn. *Bryonia monoeca, B. nigra, B. vera, Uva angina, Uva serpentina, Vitis alba, Vitis nigra*); Weiße Zaunrübe (syn.

Schwarzbeerige Zaunrübe, Schwarzfrüchtige Zaunrübe), s. Farbtafel S. 146, Bild 55.

Vork.: Südosteuropa, Westasien.

Droge: ***Bryoniae Radix*** (syn. *Radix Bryoniae*); *Bryonia-alba*-Wurzel (syn. Faselrübe, Faulrübe, Gichtrübe, Heckenrübe, Hundskürbiswurzel, Hundsrübe, Sauwurzel, Tollrübe). Die Droge gilt als stark giftig! Inh.: Curcurbitacine (u. a. Curcurbitacine B, D, E, I, J, K, L und ihre Glykoside), Trihydroxyoctadecadiensäuren, Bryonolsäure (Triterpenhydroxysäure). Wirk.: Die wäßrigen Extrakte der Droge besitzen antitumorale Aktivität in vitro, die aber wegen der starken toxischen Wirkungen therapeutisch nicht genutzt wird

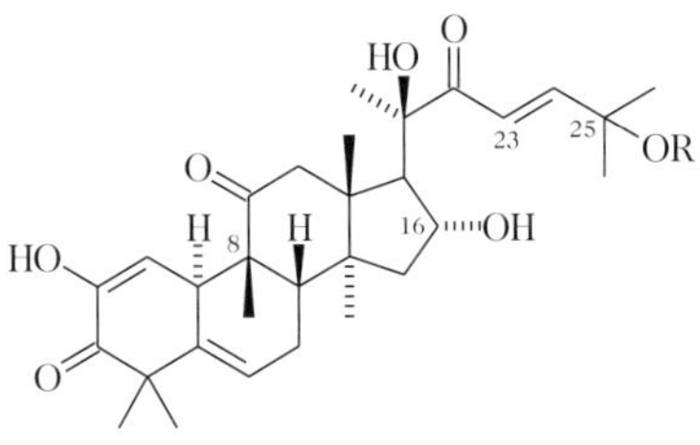

Cucurbitacin I (R = H)
Cucurbitacin E (R = $COCH_3$)

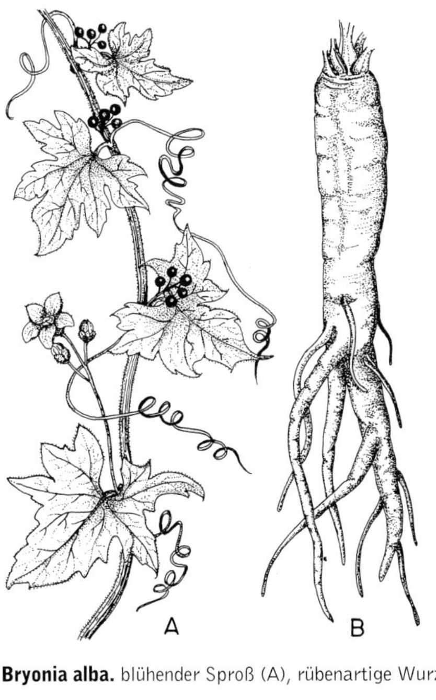

Bryonia alba. blühender Sproß (A), rübenartige Wurzel B).

Anw.: in der Volksheilkunde als Abführmittel, Brechmittel und Diuretikum (obsolet); bei Erkrankungen des Verdauungstraktes, der Atemwege, Rheuma, Stoffwechselstörungen, Lebererkrankungen und Infektionen. Aufgrund der toxischen Risiken ist eine Anwendung der Droge nicht empfehlenswert. Spezielle Extrakte aus der Droge werden wegen ihrer immunstimulierenden Wirkung in einigen Fertigarzneimitteln verwendet, ein toxikologisches Risiko besteht bei diesen Präparaten nicht.

Hom.: ***Bryonia*** (syn. *Bryonia alba*), die frische Wurzel. Anw.-Geb.: Katarrhalische und rheumatische Erkrankungen, zur Beseitigung des Schmerzempfindens.

● **Bryonia cretica** L. (syn. *Bryonia acuta, B. digynia, B. dioica, B. sicula*); Rote Zaunrübe (syn. Falsche Alraune, Gichtrübe, Heckenrübe, Hundskürbis, Hundsrübe, Roßrübe, Rotbeerige Zaunrübe, Rotfrüchtige Zaunrübe, Teufelsrübe), s. Farbtafel S. 146, Bild 56.

Vork.: Mittel- und Südeuropa, Nordafrika.

Droge: ***Radix Bryoniae***; *Bryonia-cretica*-Wurzel (syn. Faselrübe, Faulrübe, Gichtrübe, Heckenrübe, Hundskürbiswurzel, Hundsrübe, Sauwurzel, Tollrübe), die getrockneten, rübenförmigen Wurzeln. Inh.: Curcurbitacine und ihre Glykoside, Bryoamarid, Bryonosid, Bryosid, Bryonolsäure (Triterpensäure), ferner Chrysophansäure, Bryodin-L und Bryodin-R (ribosomeninaktivierende Proteine) und Lectine. Anw.: drastisches Abführmittel, Brechmittel. Andere Anw. und Bewertung s. *Bryonia alba*.

Hom.: ***1. Bryonia cretica*** (syn. *Bryonia*) HAB1, die frische, vor der Blütezeit geerntete Wurzel. Anw.-Geb.: akute Entzündungen der Atemwege, des Rippenfells, des Bauchfells, der Leber; akuter und chronischer Rheumatismus. ***2. Bryonia cretica ferm. 33b*** HAB1 (syn. *Bryonia e radice ferm 33b*), die frischen, vor dem Austreiben geernteten Wurzeln. Anw.-Geb.: anthroposophische Therapierichtung.

● **Histor.:** Die Zaunrübe war bereits den Ärzten des Altertums bekannt. Ihre oft menschenähnliche rübenförmige Wurzel wurde bei den Südslawen häufig als „Alraune" aufbewahrt und galt als starkes Heilmittel bei einer Vielzahl von Erkrankungen. Der Gattungsname *Bryonia* wurde von Plinius für Kletterpflanzen geprägt und ist vom griechischen *bryo* (wachsen), sprossen abgeleitet, da sich die Stengel schnell und zahlreich aus dem Wurzelstock entwickeln. Der Name Zaunrübe weist auf das bevorzugte Vorkommen, nämlich kletternd an Zäunen, sowie auf die rübenartig verdickte Grundachse hin. Als Droge war die Zaunrübe bereits den Ärzten der Antike bekannt. Die Hippokratiker verwandten sie als gynäkolisches Mittel und nach ↗ Dioskurides dienten die Früchte der Weißen Zaunrübe untern anderen als Mittel gegen Epilepsie, Schlaganfälle, Schwindel sowie als Abortivum.

Bryonia cabocla ↗ Cayaponia cabocla.
Bryoniae radix ↗ Bryonia-Arten.
Bryophyllum daigremontianum ↗ Kalanchoe daigremontiana.
Bryophyllum taigremontiana ↗ Kalanchoe daigremontiana.
Buassufett ↗ Orbignya speciosa.
Buccostrauch ↗ Barosma-Arten.
Buceras foenum-graecum ↗ Trigonella foenum-graecum.

■ **Buchanania latifolia** Roxb.
Fam.: Anacardiaceae.
Vork.: Indien, besonders Malabar.
Droge: ***Chirongiöl***, das Fett der Samen. Inh.: die Samen enthalten ca. 40–50 % Triglyceride. Anw.: wohlschmeckendes Speisefett; die Samen werden in Indien wie Mandeln in der Lebensmittelherstellung und Bäckerei genutzt.

Buche ↗ Fagus sylvatica.
Bucheckern ↗ Fagus sylvatica.
Bucheln ↗ Fagus sylvatica.
Buchenteer ↗ Pix Fagi.

■ **Buchholzia coreacea** Engl.
Fam.: Capparidaceae.
Vork.: Afrika, Guinea bis Kamerun, Gabun.
Droge: Blätter, Rinde und Früchte. Inh.: Gerbstoffe, Proanthocyane, Glucosinolate, wie Glucocapparin; Triterpene, wie Lupeol sowie β-Sitosterol. Anw.: in der afrikanischen Volksheilkunde bei Rheuma, Nierenschmerzen, Augenentzündungen, gegen Hauterkrankungen, Würmer und bei Entzündungen. Die Pflanze wird auch zur Zubereitung von Pfeilgiften verwendet.

Buchnüsse ↗ Fagus sylvatica.
Buchsbaum ↗ Buxus sempervirens.
Buchsblätter ↗ Buxus sempervirens.
Buchublätter ↗ Barosma-Arten.
Buchweizenkraut ↗ Fagopyrum esculentum.
Bucida cumintana ↗ Terminalia chebula.
Buddleja australis ↗ Buddleja brasiliensis.

■ **Buddleja brasiliensis** Jacq. f.
(syn. *Buddleja connata, B. neemade, B. thapsioides, B. australis*).
Fam.: Buddlejaceae.
Vork.: Mittelamerika, Brasilien.
Droge: ***Folia Buddlejae***, die Blätter. Inh.: Saponine. Anw.: in der Volksheilkunde als Expektorans, in der Veterinärmedizin gegen Oxyuren. Die Droge ist ein Fischgift.

Buddleja connata ↗ Buddleja brasiliensis.
Buddleja neemade ↗ Buddleja brasiliensis.
Buddleja thapsioides ↗ Buddleja brasiliensis.
Bufadienolide ↗ Herzwirksame Glykoside.

■ **Bufo bufo** L.
(syn. *Bufo vulgaris, B. rana, B. terrestris, Rana bufo*); Erdkröte (syn. Gemeine Kröte, Graue Kröte, Landkröte), s. Farbtafel S. 146, Bild 57.
Fam.: Bufonidae.

Bufo bufo. Gemeine Kröte.

Vork.: Europa, nördl. Asien, Japan, Nordwestafrika.
Inh.: Im Sekret der Hautdrüsen (Krötengift) sind herzwirksame Steroide, wie Bufogenine/Bufodienolide, u. a. Bufotoxin, Bufotalin, Bufotalidin, Bufotalinin und Bufalin zu finden sowie Alkaloide, wie ↗ Bufotenin und Bufotenidin bzw. Catecholamine, wie Adrenalin und Noradrenalin. Anw.: früher zur Anregung der Corticosteroidbildung bei rheumatischer Arthritis, Infektionskrankheiten und Epilepsie, aber auch als Herzmittel bei Herzinsuffizienz.
Hom.: ***Bufo Bufo***, Sekret der Hautdrüsen. Anw.-Geb.: entzündliche Hautreizungen, nervöse Herzbeschwerden, zerebrale Anfallsleiden, Krämpfe, Sexualneurosen.

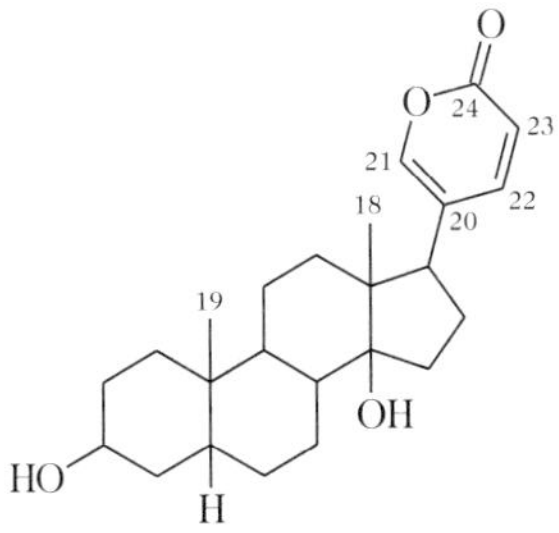

Bufalin

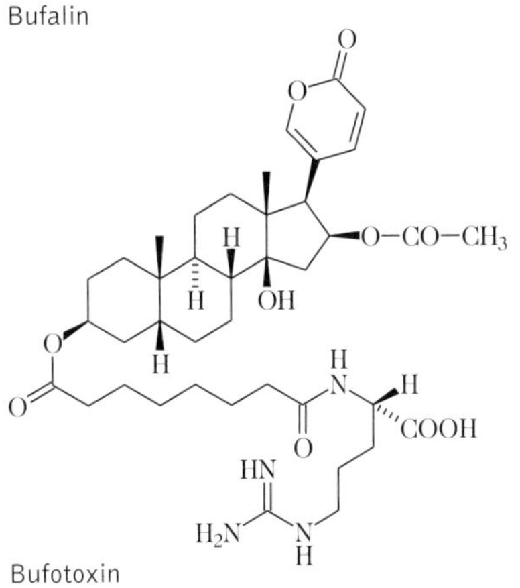

Bufotoxin

Bufo rana ↗ Bufo bufo.

■ Bufotenin

(5-Hydroxy-dimethyltryptamin) vom Serotonin abgeleitetes Indol-Alkaloid, das halluzinogene Effekte auslöst und sowohl in einer Vielzahl pflanzlicher Drogen als auch im Hautsekret der Lurche (Frösche, Kröten, Unken) vorkommt. Anw.: Bestandteil von traditionellen Rauschmitteln (↗ Halluzinogene biogenen Ursprungs) zur Erzeugung psychedelischer Zustände.

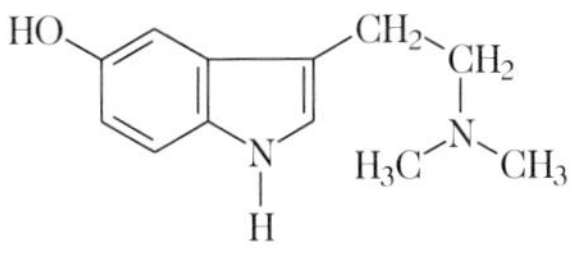

Bufotenin

Bufo terrestris ↗ Bufo bufo.
Bufotoxin ↗ Bufo bufo.
Bufo vulgaris ↗ Bufo bufo.
Bugula desiflora ↗ Ajuga reptans.
Bukkoblätter ↗ Barosma-Arten.
Bulbocapnin ↗ Corydalis-Arten.
Bulbocapnus cavus ↗ Corydalis-Arten.
Bulbuli Trasi ↗ Cyperus esculentus.
Bulbus Allii sativi ↗ Allium-Arten.
Bulbus Allii ursini ↗ Allium-Arten.
Bulbus Asphodeli ↗ Asphodelus albus.
Bulbus Cepae ↗ Allium-Arten.
Bulbus Colchici ↗ Colchicum autumnale.
Bulbus Gladioli ↗ Gladiolus communis, ↗ Gladiolus palustris.
Bulbus Pancratii veri ↗ Urginea maritima.
Bulbus Rusticus ↗ Urginea maritima.
Bulbus Scillae ↗ Urginea maritima.
Bulbus Urgineae ↗ Urginea maritima.
Bulbus Victorialis rotundae ↗ Gladiolus communis, ↗ Gladiolus palustris.
Bulbus Victorialis rotundus ↗ Gladiolus communis.
Bulgarische Kur ↗ Atropa belladonna.
Bulhostylis veronicaefolia ↗ Brickellia veronicaefolia.
Bullerjan ↗ Valeriana officinalis.

■ Bulnesia sarmienti Lorenz.

Fam.: Zygophyllaceae.

Vork.: Südamerika, besonders Brasilien, Paraguay, Argentinien.

Droge: ***Oleum Bulnesiae aethereum*** (syn. *Oleum Ligni Guajaci*); Guajakholzöl, das äther. Öl des Holzes. Inh.: Guajol (42-72 %), Bulnesol, Bulnesen, Guajen, β-Patchoulin. Anw.: in der Parfümerie und Seifenindustrie zur Erzeugung des Teerosenduftes.

Bunium carvi ↗ Carum carvi.
Bunte Kronwicke ↗ Coronilla-Arten.
Bunte Staudenmargerite ↗ Chrysanthemum-Arten.
Buntfarbige Schwertlilie ↗ Iris versicolor.
Buntnessel ↗ Coleus blumei.
Buphane disticha ↗ Boöphone disticha.
Buphane toxicaria ↗ Boöphone disticha.
Buphthalmum oleraceum ↗ Chrysanthemum-Arten.
Bupleuri radix ↗ Bupleurum-Arten.

■ Bupleurum-Arten

- **Fam.:** Apiaceae (Umbelliferae).
- **Bupleurum chinense** DC.; Chinesisches Hasenohr.

Vork.: China.

Droge: ***Bupleuri radix*** (syn. *Radix Bupleuri*);

Chinesische Hasenohrwurzel, die getrockneten Wurzeln. Inh.: neutrale Phytosterole (Stigmasterol, Spinasterol), Fettsäuren, Polyine (Saikodiine A, B, C), Triterpensaponine (Oleanantyp: Saikosaponine = Saikoside). Anw.: in der traditionellen chinesischen Medizin bei fiebrigen Erkältungskrankheiten, Hitzewallungen, Malaria, prämenstruellem Syndrom, Prolapsus uteri und P. ani. Die Droge ist außerdem ein essentieller Bestandteil der traditionellen ostasiatischen Kampo-Medizin.

● **Bupleurum falcatum** L.; Sichelblättriges Hasenohr.

Vork.: Süd- und Mitteleuropa, Ostasien, Japan.

Droge: ***Bupleuri radix***. Inh. und Anw.: s. *Bupleurum chinense*.

● **Bupleurum rotundifolium** L. (syn. *Bupleurum perfoliatum*); Rundblättriges Hasenohr (syn. Akkerdurchwachs, Ackergoldschirm, Durchwachs-Hasenohr, Löffelkraut, Nabelkraut, Stopsloch, Wundkraut).

Vork.: Vorderasien, Europa, Nordamerika, Australien, Neuseeland.

Droge: ***Bupleurum-rotundifolium-Kraut*** (syn. Brustwurz, Durchwachs), die getrockneten oberirdischen Pflanzenteile. Inh.: Flavonoide (Quercetin, Isorhamnetin, Rutin, Isoquercitrin), Triterpene (Rotundioside, Rotundiogenine). Anw.: in der Volksheilkunde bei Schwellungen, Kropf, Hautentzündungen, Magenschmerzen und als Aphrodisiakum. In der traditionellen chinesischen Medizin wird die Droge bei entzündlichen Erkrankungen genutzt.

● **Bupleurum scorzonerifolium** Willd.

Vork.: Ostasien.

Droge: ***Bupleuri radix***. Inh. und Anw.: s. *Bupleurum chinense*.

Bupleurum perfoliatum ↗ Bupleurum-Arten.
Burgunderharz ↗ Pinus-Arten.
Burres ↗ Borago officinalis.
Bursa pastoris ↗ Capsella bursa-pastoris.
Bursa pastoris herba ↗ Capsella bursa-pastoris.

■ Bursera-Arten

● **Fam.:** Burseraceae.

● **Bursera acuminata** Willd. (syn. *Dacryodes hexandra, Pachylobus hexandrus*).

Vork.: tropisches Amerika, westindische Inseln, Australien.

Droge: ***Bursera-acuminata-Ölharz*** (syn. *Gum carana*); Amerikanisches Elemi (syn. Carana, Kopal-Gummi, Tacamahac, Westindisches Elemi). Die Droge ist das aus den Stämmen gewonnene Ölharz. Inh.: Triterpene (Oleanan-, Ursan- und Elephanderivate), Lignane, äther. Öl. Anw.: in der traditionellen Medizin der Sammelgebiete bei Tumoren und Drüsenepithelkrebs. Die Droge wird dort als Pflaster angewendet.

● **Bursera fagaroides** (H.B.K.) Engl. (syn. *Amyris ventricosa, Elaphrium fagaroides*).

Vork.: Mexiko.

Droge: ***Bursera-fagaroides-Ölharz***. Inh.: Lignane (Peltatin-Derivate), äther. Öl, Triterpene. Anw.: in der Volksheilkunde Mexikos bei Tumoren.

● **Bursera graveolens** (H. B. K.) Triana et Planch (syn. *Elaphrium graveolens*).

Vork.: Kolumbien, Peru.

Droge: ***Bursera-graveolens-Ölharz***. Inh.: u. a. äther. Öl (Menthofuranderivat Piperinsäure), Triterpene. Anw.: Ein Extrakt aus dem Harz wird in Kolumbien und Peru gegen Zahnschmerzen, Muskelschwäche sowie bei Hühneraugen angewendet.

● **Bursera penicillata** (Sesse et Moc. ex DC.) Engl. (syn. *Bursera delpechiana, B. penicillata, B. penigillata, Elaphrium penicillatum*); Linaloebaum (syn. Mexikanisches Linaloeholz, Paradiesholz, Zitronenholz).

Vork.: Mexiko.

Droge: ***Oleum Linaloes***; Linaloeöl (syn. Mexikanisches Linaloeöl), die Droge besteht aus dem aus Harz, Rinde, Zweigen und Blättern sowie dem äußeren Pericarp der Früchte gewonnenen Öl. Inh.: äther. Öl komplexer Zusammensetzung mit Linalool als Hauptbestandteil sowie verschiedenen Sesquiterpenen. Anw.: in der Volksheilkunde zur Behandlung von Krebserkrankungen. Auch in der Kosmetik wird das äther. Öl eingesetzt.

● **Bursera simaruba** (L.) Sarg. (syn. *Bursera gummifera, Elaphrium simarubum, Pistacia simaruba*).

Vork.: Mexiko, Antillen, tropisches Amerika.

Droge: ***Bursera-gummifera-Ölharz*** (syn. Amerikanisches Elemi, Carana, Caranna, Gomart-Elemi, Gomart-Harz, Gommart-Elemi, Tacamahac-Elemi), das aus den Stämmen gewonnene Ölharz. Inh.: u. a. äther. Öl, Amyrin, Elemicin, Picropolygamain. Anw.: in der Volksheilkunde Südamerikas und Mexikos bei Tumoren,

u. a. Magenkrebs, bei Gicht, Ruhr, Nieren- und Lungenerkrankungen.

Bursera-gummifera-Ölharz ↗ Bursera-Arten.
Bürzelkohl ↗ Portulacea oleracea.
Burzelkraut ↗ Portulacea oleracea.
Bürzelkraut ↗ Portulacea oleracea.
Buschblume ↗ Anemone nemorosa.
Büschelbohne ↗ Cyamopsis tetragonoloba.
Buschklee ↗ Lespedeza capitata.
Buschmeister ↗ Lachesis muta.
Buschnelkenwurz ↗ Geum-Arten.
Buschröschen ↗ Anemone nemorosa.
Buschspinne ↗ Avicularia avicularia.
Buschwindröschen ↗ Anemone nemorosa.

■ **Bussea occidentalis** Hutch. et Dalziel.
Fam.: Caesalpiniaceae.
Vork.: Westafrika, Liberia.
Drogen: Blätter, Rinde und Samen. Inh.: in den Blättern Saponine, in der Rinde Gerbstoffe, in den Samen Aminosäuren, wie Acetidin-2-carbonsäure, 3-Hydroxyprolin und γ-Methylglutaminsäure; Saponine. Anw.: in der afrikanischen Volksheilkunde gegen Malaria und Hepatitis. Auch als Jagdgift werden die Blätter (Fischfang) und die Rinde genutzt.

Butea frondosa ↗ Butea monosperma.
Butea-Kino ↗ Butea monosperma.

■ **Butea monosperma** (Lam.) O. Ktze.
(syn. *Butea frondosa, Erythrina monosperma*); Malabarischer Lackbaum (syn. Ostindischer Palasabaum).
Fam.: Leguminosae.
Vork.: Pakistan, Ostindien, Birma.
Droge: ***Kino bengalense***; Bengalisches Kino (syn. Balasa-Kino, Butea-Kino), das getrocknete Sekret der Pflanze. Inh.: Gerbstoffe, Protocatechusäure. Anw.: in der Volksheilkunde als Adstringens; zum Färben von Wein sowie als Gerbmaterial. In Südostasien wird die Droge auch als Aphrodisiakum genutzt.

Buthus australis ↗ Androctonus australis.
Butte ↗ Oenanthe aquatica.
Butterbaum ↗ Butyrospermum parkii, ↗ Caryocar niciferum.
Butterblume ↗ Caltha palustris, ↗ Taraxacum officinale.
Butterbohnenfett ↗ Vateria indica.
Butterkraut ↗ Pinguicula vulgaris.
Buttermilchblume ↗ Anemone nemorosa.
Butternußbaum ↗ Juglans cinerea.
Butter Pits ↗ Acanthosicyos horridus.
Butterwecken ↗ Colchicum autumnale.
Butyrospermum paradoxum ↗ Butyrospermum parkii.

■ **Butyrospermum parkii** (G. Don.) Kotschy
(syn. *Bassia parkii, Butyrospermum paradoxum, Illipe parkii, Vitellaria paradoxa*); Butterbaum.
Fam.: Sapotaceae.
Vork.: tropisches Afrika, Brasilien.
Droge: ***Sheabutter*** (syn. Schibutter, Karitébutter, Karitéfett, Galambutter), das Fett der reifen Samen. Inh.: Fettsäuretriglyceride (30–50 %), Wachse, α- und β-Amyrin, Basseol, Parkeol, Lupeol. Anw.: in der Galenik als Salbengrundlage, weiterhin als Ersatz für Butter und zur Margarineherstellung, zur Seifenherstellung, als Leuchtöl. Die Preßrückstände der Samen sind ein wertvolles Viehfutter.

Butyrum Cacao ↗ Theobroma cacao.
Buxblätter ↗ Buxus sempervirens.
Buxblättrige Kreuzblume ↗ Polygala-Arten.
Buxi folium ↗ Buxus sempervirens.
Buxi lignum ↗ Buxus sempervirens.
Buxus chinensis ↗ Simmondsia chinensis.

■ **Buxus sempervirens** L.
Buchsbaum.
Fam.: Buxaceae.
Vork.: Süd- und Mitteleuropa.
Drogen: *1.* ***Buxi folium*** (syn. *Folia Buxi*); Buchsbaumblätter (syn. Buchsblätter, Buxblätter), die getrockneten Blätter. Inh.: u. a. Alkaloide (ca. 70 Steroidalkaloide, v. a. Buxin, Parabuxin, Buxinidin, Cyclobuxin-B und Buxamin E), äther. Öl, Gerbstoffe. Anw.: in der Volksheilkunde als schweißtreibendes Mittel, bei Verstop-

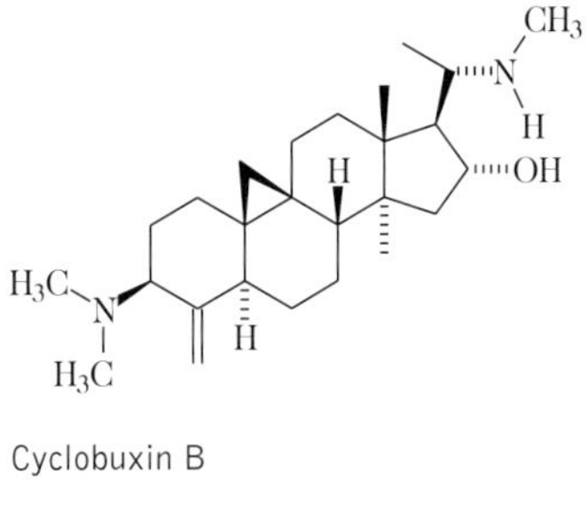

Cyclobuxin B

fung, chronischem Rheumatismus, zur Blutreinigung sowie zur Förderung des Haarwuchses. Die Droge kann allergische Effekte auf der Haut auslösen (Kontaktdermatitis) und besitzt ein teratogenes Potential (Cyclobuxin-D). Die gepulverten Blätter werden in der Veterinärmedizin zur Bekämpfung der Dasselfliegenlarven bei Pferden eingesetzt. ***2. Buxi lignum*** (syn. *Lignum Buxi*); Buchsbaumholz, die verholzten, oberirdischen Teile der Pflanze. *Inh.:* Steroidalkaloide, v. a. Cycloprotobuxin-D. *Anw.:* In der Volksheilkunde wird das Öl der Droge zur Krebsbehandlung, bei Malaria, als Narkotikum, bei Magenbeschwerden, Fieber und bei Eingeweidewürmern eingesetzt. In der Technik wird das Holz zu Schnitzereien, Musikinstrumenten, Druckstöcken sowie für Intarsien verwendet.

Hom.: ***Buxus sempervirens*** HAB34; Buxbaum, die frischen, jungen Sprosse mit den Blättern. *Anw.-Geb.:* fettige, schuppige Kopfhaut mit Haarausfall.

C

Caapi ↗ Ayahuasca.

■ Cabucala madagascariensis Pichon

Fam.: Apocynaceae.
Vork.: Madagaskar.
Drogen: Holz und Blätter. *Inh.:* Alkaloide, wie 10-Methoxyajmalicin. *Anw.:* in der Volksheilkunde als Vermifugum, Stomachikum und Antirheumatikum.

■ Cacalia cordifolia L. fil.

Matwund
Fam.: Asteraceae (Compositae).
Vork.: Ostasien, Nordamerika, Mexiko.
Anw.: In einigen Gegenden Mexikos wird die Pflanze als Aphrodisiakum und Mittel zur Behandlung der weiblichen Sterilität eingesetzt. Obwohl Alkaloide nachgewiesen wurden, besitzt die Droge kein halluzinogenes Potential.

Cacaobutter ↗ Theobroma cacao.
Cacao cortex ↗ Theobroma cacao.
Cacao guianensis ↗ Theobroma cacao.
Cacao minus ↗ Theobroma cacao.
Cacao oleum ↗ Theobroma cacao.
Cacao sativa ↗ Theobroma cacao.
Cacao semen ↗ Theobroma cacao.
Cacao testae ↗ Theobroma cacao.
Caccalia decurrens ↗ Baccharis genistelloides.

■ Caccinia glauca Savi

Fam.: Boraginaceae.
Vork.: Indien, Iran.
Droge: die ganze Pflanze. *Inh.:* Caccinin, Caccinetin, Wachs (1,4 %), Rutin, Saponine (0,2 %). *Anw.:* in der Volksheilkunde als Diuretikum.

■ Cachrys odontalgica Pall.

Fam.: Apiaceae (Umbelliferae).
Vork.: Mittelmeergebiete.
Droge: die Wurzeln. *Inh.:* Cumarine, wie Osthol, Isoimperatorin, Imperatorin, Bergapten. *Anw.:* in der Volksheilkunde bei Zahnschmerzen.

Cachunußbaum ↗ Anacardium occidentale.
Cacti flos ↗ Selenicereus grandiflorus.
Cacti grandiflori flos ↗ Selenicereus grandiflorus.
Cacti grandiflori herba ↗ Selenicereus grandiflorus.

■ Cactinomycin

(syn. Actinomycin C bzw. C_3). Ein Peptidlactonantibiotikum das von *Streptomyces chrysomallus* gebildet wird. *Wirk.:* C. interkaliert zwischen die DNA-Doppelstränge und wirkt daher hemmend auf die Transkription und Replikation von Zellen. *Anw.:* Seine Verwendung als Zytostatikum bei Tumorerkrankungen, wie z. B. Rhabdomyosarkome, Neuroblastome, lymphatischer Leukämie, Osteosarkome und Hodentumore ist trotz der großen Toxizität gerechtfertigt und noch unentbehrlich (Formel S. 129).

Cactus ambiguus ↗ Nyctocereus serpentinus.

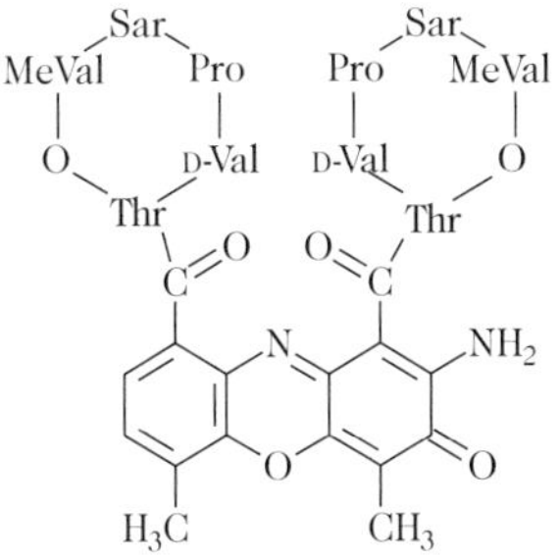

Actinomycin C

Cactus cochenillifera ↗ Opuntia cochenillifera.
Cactus grandiflorus ↗ Selenicereus grandiflorus.
Cactus serpentinus ↗ Nyctocereus serpentinus.
Cactus speciosus ↗ Selenicereus grandiflorus.
Cacumina Sabinae ↗ Juniperus sabina.
Caenotus canadensis ↗ Conyza canadensis.

■ **Caesalpinia-Arten**

● **Fam.:** Caesalpiniaceae.

● **Caesalpinia bonducella** Fleming (syn. *Caesalpinia crista, Guilandina bonducella*); Kugelstrauch.

Vork.: Brasilien, Afrika, Pakistan, Indien, Borneo, Sumatra, Molukken, Neuguinea.

Droge: ***Semen Bonducellae***; Kugelstrauchsamen (syn. Nickersamen). *Inh.:* Bitterstoffe (Bonducin, α-Caesalpin), Alkaloide, Saponine, fettes Öl (20–25 %). *Anw.:* in Brasilien zu Einreibungen bei Rheumatismus, die Samen als Tonikum.

● **Caesalpinia brevifolia** (Clos.) Baill. (syn. *Balsamocarpon brevifolium*).

Vork.: Chile.

Droge: ***Algarroba*** (syn. Algarrobilla), die reifen Früchte. *Inh.:* Gerbstoffe (50–60 %), Ellagsäure, Gallussäure, Phloroglucin, Brevifolin. *Anw.:* in der Technik zum Gerben.

● **Caesalpinia coriaria** Willd.

Vork.: Kolumbien, Zentralamerika, Indien, Birma, Ceylon.

Droge: ***Divi-Divi*** (syn. Libi-dibi, Samak), die Samenhülsen. *Inh.:* Gerbstoffe (40–50 %, v. a. Chebulagsäure, Corilagin). *Anw.* Gerbmaterial, zur Gewinnung von Gallussäure, zur Tintenherstellung sowie zur Farbstoffsynthese.

● **Caesalpinia echinata** Lam. (syn. *Guilandina echinata*); Brasilholz (syn. Fernambukholz, Rotholz).

Vork.: tropisches Amerika, Indien, Ceylon.

Droge: ***Lignum Fernambuci*** (syn. *Lignum brasiliense rubrum*); Rotholz (syn. Brasilholz, Brasilianisches Rotholz, Fernambukholz). *Inh.:* Gerbstoffe (6 %), Farbstoffe (Brasilin/gelb, Brasilein/rot). *Anw.:* als Adstringens, Tonikum; als Farbstofflieferant; zur Herstellung von Lacken, Schminken und Papierfarben.

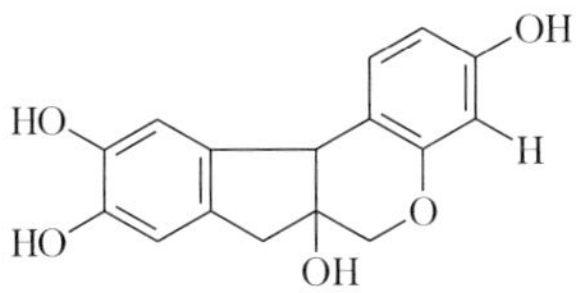

Brasilin

● **Caesalpinia pulcherrima** (L.) Sw. (syn. *Poinciana pulcherrima*).

Vork.: tropisches Südamerika.

Droge: ***Caesalpinia-pulcherrima-Blätter***. *Inh.:* Gummi, Harz, Benzoe- und Gallussäure, Blausäure. *Anw.:* in der Volksheilkunde Südamerikas zur Auflösung von Nierensteinen.

Cainca ↗ Chiococca alba.
Cajeputi aetheroleum ↗ Melaleuca-Arten.
Cajeputöl ↗ Melaleuca-Arten.
Cajueiro Brasil ↗ Anacardium occidentale.
Calabarbohne ↗ Physostigma venenosum.
Calabar semen ↗ Physostigma venenosum.
Caladium esculentum ↗ Colocasia esculenta.
Caladium picta ↗ Dieffenbachia seguine.
Caladium seguinum ↗ Dieffenbachia seguine.

■ **Calamagrostis lanceolata** Roth.
(syn. *Arundo calamagrostis*).

Fam.: Gramineae.

Vork.: Nord- und Mitteleuropa.

Droge: ***Radix Calamagrostis***; Schilfgraswurzel (syn. Riedgraswurzel), die Wurzeln. *Inh.:* Saponine. *Anw.:* in der Volksheilkunde als Diuretikum.

Calament ↗ Calamintha officinalis.
Calami aetheroleum ↗ Acorus calamus.
Calamintha hederacea ↗ Glechoma hederacea.
Calamintha montana ↗ Calamintha officinalis.

■ **Calamintha officinalis** Moench.
(syn. *Calamintha montana, Melissa calamintha, Satureja calamintha*).

Fam.: Lamiaceae (Labiatae).

Vork.: Mittel- und Südeuropa, Asien.

Droge: ***Herba calaminthae***; Waldquendel (syn. Bergmelisse, Calament), das blühende Kraut. Inh.: äther. Öl (ca. 0,35 %) mit Pulegon als Hauptbestandteil sowie weitere Ketone und Terpene. *Anw.*: in der Volksheilkunde als Diuretikum, Stomachikum und als Gewürz.

Calami rhizoma ↗ Aconitum-Arten, ↗ Acorus calamus.
Calamus aromaticus ↗ Acorus calamus.
Calamus draco ↗ Daemonorops draco.

■ **Calandrina discolor** Schrad.

Fam.: Portulacaceae.

Vork.: Südamerika, besonders Chile.

Droge: die ganze Pflanze. Inh.: Betacyanine, Flavonoide, u. a. Quercetin- und Kämpferolglykoside. *Anw.*: in der Volksheilkunde als Zusatz zu Bade- und Massagemitteln bei Rheuma, Kopfschmerzen und zur Wundbehandlung.

Calappa nucifera ↗ Cocos nucifera.
Calcatrippae flos ↗ Delphinium consolida.
Calcitrapa benedicta ↗ Cnicus benedictus.
Calea lobata ↗ Neurolaena lobata.

■ **Calea zacatechichi** Schlecht.
Zacatechichi.

Fam.: Asteraceae (Compositae).

Vork.: tropische Zonen im nördl. Südamerika, Mexiko.

Anw.: Die Chontal-Indianer verwenden die Pflanze als Laxans und Fiebermittel, aus den zerquetschten und danach getrockneten Blättern wird ein Tee bereitet und als Halluzinogen eingenommen. Bisher konnten jedoch noch keine halluzinogenen Stoffe aus der Pflanze isoliert werden.

Calebassen-Curare ↗ Curare.
Calebassenmuskatnuß ↗ Monodora myristica.
Calendulae flos cum calyce ↗ Calendula officinalis.
Calendulae flos sine calyce ↗ Calendula officinalis.
Calendulae herba ↗ Calendula officinalis.

■ **Calendula officinalis** L.
(syn. *Caltha officinalis*); Ringelblume (syn. Feminell, Goldblume, Goldrose, Marienrose, Regenblume, Ringelrose, Sonnenwendblume, Studentenblume, Totenblume, Weckbröselchen), s. Farbtafel S. 146, Bild 58.

Fam.: Asteraceae (Compositae).

Vork.: Europa, Westasien, USA.

Drogen: ***1. Calendulae flos*** (syn. *Flores Calendulae, Flores Calendulae sine calycibus, Calendulae flos sine calyce, Flores Feminell*); Ringelblumenblüten, die völlig entfalteten, vom Blütenstandsboden abgetrennten, getrockneten Zungenblüten. *Inh.*: Triterpensaponine (Glykoside der Oleanolsäure, A-F), Triterpenalkohole, u. a. ψ-Taraxasterol, Taraxasterol, Faradiol, Arnidiol und Heliantriol B_0, Sterole, Carotinoide, Flavonoide, bes. Glykoside des Quercetins und Isorhamnetins, Cumarine (Scopoletin), äther. Öl. *Wirk.*: antimikrobiell, antiphlogistisch, wundheilungsfördernd, immunstimulierend, sedativ und hypotensiv, östrogenartig. *Anw.*: äußerlich bei schlecht heilenden Wunden, Ulcus cruris, bei vergrößerten und entzündeten Lymphknoten, bei Atheromen sowie akuten und chronischen Hautentzündungen; innerlich zur lokalen Behandlung von Entzündungen der Mund- und Rachenschleimhaut, bei Magen- und Darmulcera, als Emmenagogum sowie bei Dysmenorrhoe. In der Volkheilkunde darüber hinaus bei allen entzündlichen Vorgängen, zur Hautpflege, bei Fieber, Krämpfen und als Wurmmittel. ***2. Calendulae flos cum calyce*** (syn. *Flores Calendulae cum calycibus*); Ringelblumenblüten, die getrockneten, grob zerkleinerten Blütenkörbchen. *Inh.* und *Anw.*: s. *Calendulae flos*. ***3. Calendulae herba*** (syn. *Herba Calendulae*); Ringelblumenkraut, die zur Blütezeit gesammelten und getrockneten oberirdischen Pflanzenteile. *Inh.*: äther. Öl, Carotinoide, Saponine, Phytosterol, Loliolid (Bitterstoff). *Anw.*: in der Volksheilkunde als Choleretikum, äußerlich zur Wundbehandlung und bei Flechten sowie als Gurgelwasser. Auch bei Angina, hohem Blutdruck, Husten, Krämpfen und unregelmäßiger Menses wird die Droge traditionell eingesetzt.

Hom.: ***1. Calendula officinalis*** HAB1, die frischen, zur Blütezeit gesammelten oberirdischen Teile. *Anw.-Geb.*: Hauteiterungen, schlecht heilende Wunden, Quetsch-, Riß- und Defektwunden, Erfrierungen und Verbrennungen der Haut. ***2. Calendula officinalis spag. Zimpel*** HAB1, die ganze, frische, blühende Pflanze. *Anw.-Geb.*: in der spagyrischen Therapierichtung bei Hauterkrankungen und Verletzungsfolgen.

Histor.: Die Droge zählt zu den wichtigsten Heilpflanzen, die seit alters her benutzt wurden.

Die Heilige Hildegard von Bingen beschreibt die Pflanze als Ringula oder Ringella in ihren Schriften. Eingesetzt wurde die Droge bei einer Vielzahl von entzündlichen Erkrankungen, aber auch bei Wurmbefall, als Mittel gegen Warzen und Syphilis sowie zur Bereitung von Liebestränken. In der Krebstherapie hat Calendula seit Matthiolus bis zur Mitte des 19. Jh. eine besondere, heute fast vergessene Rolle gespielt. Der Gattungsname *Calendula* ist vom lateinischen *calendae* abgeleitet, dem ersten Tage des Monats, da die Pflanzen in mehreren *calendis* blühen. Nach einer anderen Erklärung soll der Name ausdrücken, daß sich die Blüten mit dem Sonnenaufgang öffnen und mit Sonnenuntergang schließen und somit wie ein Kalender die Bewegung der Sonne angeben. Die deutsche Bezeichnung Ringelblume bezieht sich auf die ringförmig gewundenen Früchte der Pflanze.

Calisaya-Chinarinde ↗ Cinchona-Arten.
Calla aethiopica ↗ Zantedischia aethiopica.
Calla aromatica ↗ Homalomena aromatica.

■ **Calla palustris** L.
Sumpfkalla.
Fam.: Araceae.
Vork.: Europa, Asien.
Droge: ***Radix Callae palustris*** (syn. *Radix Dracunculi palustris*); Schlangenwurzel, das Rhizom. Inh.: Scharfstoffe, Flavonoide. Anw.: früher volkstümlich gegen Schlangenbisse eingesetzt, in der Volksheilkunde als Diaphoretikum.

■ **Calliandra houstoni** Benth.
(syn. *Calliandra inermis*); Pambotano.
Fam.: Leguminosae.
Vork.: Mexiko.
Droge: ***Cortex Calliandrae*** (syn. *Cortex Pambotani*); Kalliandrarinde, die Rinde. Inh.: Gerbstoffe, Harz, Alkaloide, Saponine. Anw.: in der Volksheilkunde als Fiebermittel.
Hom.: ***Pambotano*** (syn. *Calliandra houstoni*) HAB34, die getrocknete Rinde.

Calliandra inermis ↗ Calliandra houstoni.
Callicocca ipecacuanha ↗ Cephaelis-Arten.

■ **Calligonum comosum** L. Henry.
Fam.: Polygonaceae.
Vork.: Ägypten.
Droge: das Kraut. Inh.: Flavonoide, wie Kämpferol, Quercetin, Isoquercitrin; Procyanidine, Carotinoide, wie Violaxanthin und Neoxanthin, Gerbstoffe. Anw.: in der ägyptischen Volksheilkunde als Stimulans und Adstringens.

Callitris articulata ↗ Tetraclinis articulata.
Callitris quadrivalvis ↗ Tetraclinis articulata.
Callosellasma rhodostoma ↗ Ancrod.
Callotropis tricolor ↗ Galega officinalis.
Callunae flos ↗ Calluna vulgaris.
Callunae herba ↗ Calluna vulgaris.
Callunae vulgaris herba ↗ Calluna vulgaris.
Calluna sagittaefolia ↗ Calluna vulgaris.

■ **Calluna vulgaris** (L.) Hull.
(syn. *Calluna sagittaefolia, Erica vulgaris*); Besenheide (syn. Brandheide, Heidekraut, Kuhheide), s. Farbtafel S. 146, Bild 59.
Fam.: Ericaceae.
Vork.: Europa (außer Spanien, Süditalien, Griechenland), Nordamerika.
Drogen: ***1. Callunae flos*** (syn. *Ericae flos, Flores Callunae, Flores Ericae*); Besenheideblüten (syn. Heideblüten), die von den Zweigen gerebelten Blüten. Inh.: Phenolcarbonsäuren (19–28 %, u. a. Chlorogensäure), Flavonoide (Callunin, Catechin, Epicatechin), Procyanidin B-2 und D-1. Anw.: in der Volksheilkunde bei Nierenerkrankungen und Erkrankungen der ableitenden Harnwege, bei Prostatavergrößerung, Verdauungsbeschwerden, bei Koliken und Schlaflosigkeit, bei Gicht und Rheuma, bei Erkältungskrankheiten sowie äußerlich zur Wundbehandlung. ***2. Callunae herba*** (syn. *Callunae vulgaris herba, Herba Callunae, Herba Callunae cum floribus, Herba Ericae, Herba Ericae cum floribus*); Heidekraut (syn. Besenheidekraut, Brandheide), das getrocknete, während der Blütezeit gesammelte Kraut. Inh.: Flavonoide, u. a. Kämpferol, Quercetin, Myricetin, Herbacetin, Taxifolin und Catechine, Gerbstoffe, Phenolcarbonsäuren, Triterpene (Ursolsäure), Steroide (β-Sitosterol). Anw.: s. *Callunae flos*.
Hom.: ***Calluna vulgaris*** HAB1 (syn. *Erica*), die frischen, oberirdischen Teile blühender Pflanzen. Anw.-Geb.: Rheumatismus und Blasenleiden.

Caloncoba dusenii ↗ Caloncoba glauca.

■ **Caloncoba echinata** (Oliver) Gilg.
Fam.: Flacourtiaceae.

Vork.: Afrika, besonders Guinea, Elfenbeinküste, Zentralafrika.

Droge: ***Oleum Caloncobae***; Gorlifett (syn. Gorliöl), das fette Öl der Samen. *Inh.*: Triglyceride mit großer Ähnlichkeit zum Chaulmoograöl (↗ Hydnocarpus-Arten). *Anw.*: in der traditionellen afrikanischen Heilkunde bei Hautleiden. Als Ersatz für Chaulmoograöl verwendet.

■ **Caloncoba glauca** (P. Beauvois) Gilg (syn. *Caloncoba dusenii, Oncoba glauca, Ventenatia glauca*).

Fam.: Flacourtiaceae.

Vork.: Südnigeria, Kamerun, Zentralafrika.

Droge: die Samen. *Inh.*: Gynocardin, Gorlisäure (8 %), Palmitinsäure (7 %), Ölsäure (17 %), Triglyceride (ca. 28 %). *Anw.*: in der afrikanischen Volksheilkunde wird das Samenöl bei Syphilis und Lepra eingesetzt.

Calonyction aculeatum ↗ Calonyction album.

■ **Calonyction album** L. (syn. *Calonyction aculeatum, Calonyction speciosum, Convolvulus duartinus; Convolvulus pulcherrimus, Ipomoea bona-nox*).

Fam.: Convolvulaceae.

Vork.: tropisches Amerika.

Anw.: die Samen als Kaffeesurrogat, die Blätter als Kataplasma. Die Droge wird auch zum Koagulieren des Kautschuk-Milchsaftes eingesetzt.

Hom.: ***Calonyction album*** HAB; die frischen Blüten. *Anw.-Geb.*: Rückenschmerzen.

Calonyction speciosum ↗ Calonyction album.

■ **Calophyllum inophyllum** L. (syn. *Balsamaria onophyllum*).

Fam.: Guttiferae.

Vork.: Ostafrika, Indien, Sri Lanka, Indochina, Polynesien, Südamerika, besonders Amazonasgebiete Brasiliens.

Drogen: ***1. Balsamum Mariae***; Tacamahacharz (syn. Echtes Tacamahac, Mariebalsam), der Balsam. *Inh.*: Harz, äther. Öl, Bitterstoffe, Xanthone, Gerbstoffe. *Anw.*: als Räuchermittel und zur Pflasterherstellung. ***2. Dombaöl*** (syn. Ndiloöl), das Öl der Samen. *Inh.*: Triglyceride mit Palmitin-, Stearin-, Linol- und Ölsäure als Fettsäuren, Harz. *Anw.*: in der indischen Volksheilkunde bei Lepra und Rheuma sowie zur Herstellung von Kerzen, Seife und als Brennöl.

Caloscordum exsertum ↗ Allium-Arten.

■ **Calotropis-Arten**

● **Fam.:** Asclepiadaceae.

● **Calotropis gigantea** (L.) R. Br. (syn. *Asclepias gigantea, Madorius giganteus, Periploca cochinchinensis, Streptocaulon cochinchinensis*).

Vork.: Ostasien, Malaysia.

Droge: ***Calotropis radicis cortex***; Mudarwurzelrinde, Stücke der getrockneten Wurzelrinde. Die Droge ist stark giftig! *Inh.*: Cardenolidglykoside (u. a. Calotropin, Calactin, Uscharidin). *Anw.*: In der Volksheilkunde wird die gepulverte Droge bei Dysenterie verwendet, ähnlich wie Ipecacuanhawurzel (↗ Cephaelis-Arten). In Indien und Afrika dient die Wurzel auch zur Behandlung von Epilepsie, Hysterie, Krämpfen, Warzen, Lepra, Würmern, Fieber, Gicht und Schlangenbissen. In einigen Ländern Afrikas gilt die Rinde als Aphrodisiakum und Tonikum für Männer, wahrscheinlich wegen der Ähnlichkeit des Milchsaftes der Pflanze mit menschlichem Sperma (↗ Signaturenlehre).

Hom.: ***Calotropis gigantea*** (Madar) HAB34, die getrocknete, im April und Mai gesammelte Wurzelrinde. *Anw.-Geb.*: Fettleibigkeit.

● **Calotropis procera** (Ait.) R. Br. (syn. *Asclepias procera, Calotropis hamiltonii, Calotropis heterophylla, Calotropis wallichii, Madorius procerus*); Oscherstrauch.

Vork.: Kleinasien, Indien, Pakistan, Afrika.

Droge: ***Calotropis radicis cortex***, die Wurzelrinde. *Inh.*: Cardenolidglykoside (u. a. Voruscharin, Calotropin, Calactin, Calotoxin, Uscharidin, Uscharin, Calotropagenin). *Anw.*: s. *Calotropis gigantea*.

Calotropis radicis cortex ↗ Calotropis-Arten.
Caltha alpestris ↗ Caltha palustris.
Caltha arctica ↗ Caltha palustris.
Caltha asarifolia ↗ Caltha palustris.
Caltha officinalis ↗ Calendula officinalis.

■ **Caltha palustris** L. (syn. *Caltha arctica, C. asarifolia, C. polypetala, C. alpestris, C. vulgaris, C. silvestris*); Sumpfdotterblume (syn. Sumpfschmirgel, Bachblume, Dotterblume, Eierblume, Schmalzblume, Butterblume, Kuhblume).

Fam.: Ranunculaceae.

Vork.: Europa, Nordasien, Nordamerika.

Droge: ***Caltha-palustris-Kraut*** (syn. *Herba Calthae palustris cum floribus, Folia et Flores Calthae palustris, Herba Populaginis*); Sumpfdotterblumenkraut (syn. Dotterblumenkraut, Schmalzblumenkraut, Butterblumenkraut, Kuhblumenkraut), die getrockneten, oberirdischen Teile der blühenden Pflanze. Die Droge ist giftig! *Inh.:* Triterpensaponine vom Oleanantyp, u. a. Hederageninglykoside, Triterpenlactone (Caltholid, Palustrolid), Aporphinalkaloide, u. a. Corytuberin, Magnoflorin und Protopin, Anemonin, Carotinoide, Flavonoide. *Anw.:* in der Volksheilkunde früher bei Gelbsucht, Leber- und Gallebeschwerden. In der traditionellen Heilkunde Rußlands und Nordamerikas wird die Droge auch zur Wundbehandlung und bei Geschwüren eingesetzt. Bei innerlichem Gebrauch wirkt die Droge abführend und diuretisch. Von der Anwendung wird wegen der toxischen Nebenwirkungen abgeraten.

Hom.: ***Caltha palustris*** HAB1, die frischen, zur Blütezeit geernteten, oberirdischen Teile der Pflanze. *Anw.-Geb.:* Hautausschläge.

Histor.: Der Gattungsname *Caltha* galt bei den Römern für eine gelbe Blume ohne nähere Erklärung. Der lateinische Artname (*palustris*, sumpfig) bezieht sich auf den stets feuchten Standort der Pflanze. Die Bezeichnung Dotterblume bezieht sich auf die glänzend gelbgefärbten Blüten der Pflanze.

Caltha-palustris-Kraut ↗ Caltha palustris.
Caltha polypetala ↗ Caltha palustris ↗
Caltha silvestris ↗ Caltha palustris.
Caltha vulgaris ↗ Caltha palustris.
Calumba ↗ Jateorhiza palmata.
Calvatia bovista ↗ Calvatia gigantea.

■ **Calvatia gigantea** (Batsch ex Pers.) Lloyd (syn. *Bovista gigantea, Calvatia bovista, Eriosphaera fenzlii, Globaria bovista, Globaria gigantea, Langermannia gigantea, Lasiosphaera fenzlii, Lasiosphaera gigantea, Lycoperdon bovista, Lycoperdon giganteum, Lycoperdon maximum, Lycoperdon proteus*); Riesenbovist (syn. Riesen-Stäubling).

Fam.: Lycoperdaceae.

Vork.: Mitteleuropa, Nordamerika, Australien.

Droge: ***Lycoperdon Bovista*** (syn. *Bovista*); Riesenbovist (syn. Weißer Bovist, Hasenbovist, Stäubling). *Inh.:* u. a. Tyrosin und weitere Aminosäuren, Lycoperdin, Enzyme, Xanthine, Kohlenhydrate und Sterole. *Anw.:* in der Volksheilkunde als blutstillendes Mittel.

Hom.: ***Calvatia gigantea***; Bovista, die Sporen des reifen Pilzes. *Anw.-Geb.:* Anämie, Hautleiden, chronische Katarrhe, Dysmenorrhoe.

■ **Calycanthus floridus** L.
Gewürzstrauch.

Fam.: Calycanthaceae.

Vork.: südliches Nordamerika.

Droge: ***Cortex Calycanthi***; Gewürzstrauchrinde, die Rinde der Zweige. *Inh.*: strychninähnliche Alkaloide, wie Calycanthin, Calycanthidin, Folicanthin; Calycanthosid, äther. Öl. *Anw.*: in der Volksheilkunde als Tonikum und Stimulans.

Calycomelia americana ↗ Fraxinus-Arten.

■ **Calystegia-Arten**

● **Fam.:** Convolvulaceae.

● **Calystegia sepium** (L.) R. Br. (syn. *Convolvulus sepium*); Zaunwinde.

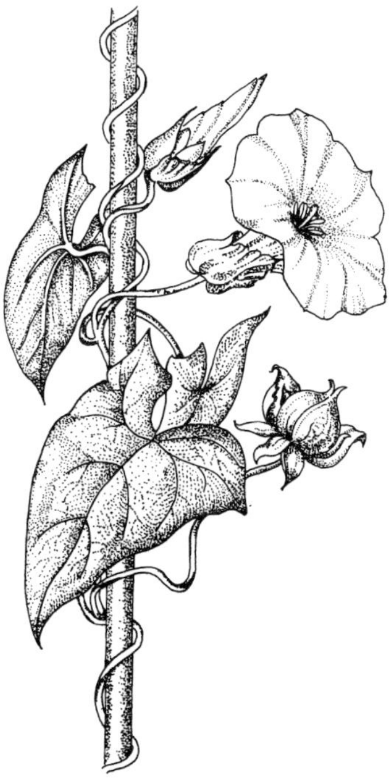

Calystegia sepium, blühender und fruchtender Sproß.

Vork.: Europa.

Droge: ***Resina Convolvuli sepium***, das Harz der Pflanze. Inh.: Harzglykoside (2–7 %), Gerbstoffe (ca. 10 %). Anw.: in der Volksmedizin früher als Laxans.

● **Calystegia soldanella** (L.) R. Br. ex Roem. et Schult. (syn. *Convolvulus soldanella, C. maritimus*); Meerkohl (syn. Meerstrandswinde).

Vork.: Mittelmeergebiet.

Droge: ***1. Herba Calystegiae*** (syn. *Herba Soldanellae*), das getrocknete Kraut. Inh.: Harz (11–12 %, Glykoside). Anw.: früher als Laxans. ***2. Resina Soldanellae***; Soldanellaharz. Inh. und Anw.: s. *Herba Calystegiae*.

Cambogia ↗ Garcinia hanburyi.
Cambogia gutta ↗ Garcinia cambogia.

■ **Camelina sativa** (L.) Crantz.
(syn. *Alyssum sativum, Myagrum sativum*); Leindotter.

Fam.: Cruciferae.

Vork.: Europa, Rußland, auch kultiviert.

Droge: ***Oleum Camelinae***; Leindotteröl (syn. Deutsches Sesamöl, Dotteröl), das fette Öl der Samen. Inh.: Triglyceride mit den Fettsäuren Öl-, Eruca-, Linol- und Palmitinsäure sowie Camelinin, Epoxylinolsäure, Nonacosan, Sitosterine. Anw.: Wegen der engen Verwandschaft zum Leinöl wird die Droge ebenfalls als Ausgangsstoff für die Herstellung von Lacken und Firnissen eingesetzt; in geringerem Maße auch als Speiseöl, Brennöl und zur Seifenherstellung.

Camellia asamica ↗ Camellia sinensis.
Camellia bohea ↗ Camellia sinensis.
Camellia chinensis ↗ Camellia sinensis.
Camellia oleosa ↗ Camellia sinensis.

■ **Camellia sinensis** (L.) O. Kuntze
(syn. *Camellia asamica, C. bohea, C. chinensis, C. oleosa, C. thea, C. viridis, Thea bohea, T. cantonensis, T. chinensis, T. cochinchinensis, T. grandiflora, T. macrophylla, T. oleosa, T. parviflora, T. sinensis, T. stricta, T. viridis, Theaphylla assamica, T. cantonensis, T. lanceolata, T. laxa, T. viridis*); Teestrauch.

Fam.: Theaceae.

Vork:. kein natürliches Vorkommen, nur kultiviert in tropischen und subtropischen Gebieten Ostasiens.

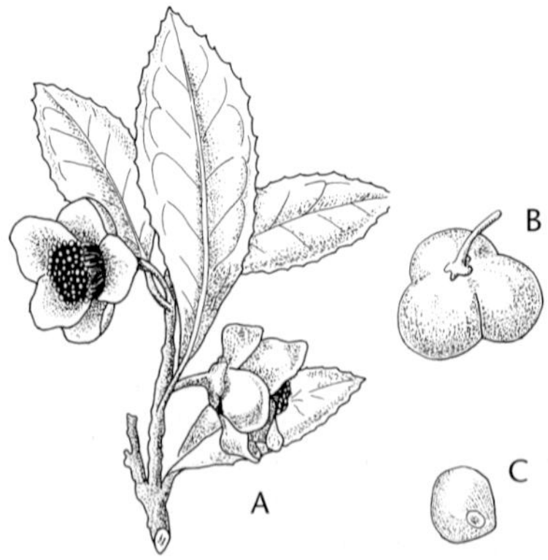

Camellia sinensis, blühender Sproß (A), Frucht (B) und Same (C).

Droge: ***Theae folium*** (syn. *Folia Theae, Folium Theae*); Teeblatt (syn. Tee), die Blätter des Teestrauches, die nach der Ernte einer Spezialbehandlung unterworfen wurden und regional unterschiedliche Produkte liefern. *Sorten:* a) *Grüner Tee* (syn. *Theae viridis folium*). Die frischen Teeblätter werden für einige Minuten erhitzt (Inaktivierung der Enzyme), maschinell gerollt (ca. 30 Minuten), getrocknet, erneut gerollt und an der Sonne getrocknet. Dieser Tee liefert sehr helle, klare, bitter schmeckende Aufgüsse. b) *Schwarzer Tee* (syn. *Theae nigrae folium*, Chinesischer Tee, Orange Pekoe). Die frischen Blätter werden angewelkt und teilweise getrocknet, zur Zerstörung der Zellstrukturen gerollt und einer Autolyse (Fermentation) unterworfen. Dabei bilden sich Farb- und Aromastoffe, der Gehalt an freien Aminosäuren, organischen Säuren und Coffein steigt. Danach wird das Produkt rasch bei hohen Temperaturen getrocknet und der Tee durch Aussieben sortiert. *Von C. sinensis var. assamica*, einem in tropischen Gebieten bevorzugten Strauch, wird der Assam-Tee gewonnen. c) *Oolong-Tee*. Dabei handelt es sich um halbfermentierten Tee, der an der Oberfläche eine schwarze und im Inneren eine grüne Färbung aufweist. Dieses Sorte hat als Droge sowie für den Welthandel kaum Bedeutung. d) *Weißer Tee*, keine gedämpften oder fermentierten, jedoch gerollte und getrocknete Teeblätter. Inh.: Purinalkaloide (↗ Coffein, früher auch als Thein/Tein bezeichnet, Theobromin, Theophyllin), Polyphenole (bis zu 25 % Catechinderivate in unfermentiertem Tee, in Schwarzem Tee v. a. Thearubigenine, Theoflavine), Flavonoide, Phenolcarbonsäuren, Aminosäuren, Carotinoide, Triterpenestersaponine vom Oleanan-Typ, Mineralstoffe, v. a. Fluorid, Aluminium und Mangan sowie äther. Öl. Wirk.: anregend (Adenosinrezeptor-Antagonismus durch die Purinalkaloide), positiv inotrop, vasokonstriktorisch, antiinflammatorisch, diuretisch. Anw.: Die Droge stellt keine offizinelle Droge dar, sondern gilt als Genußmittel und darf deshalb auch nicht von Apotheken abgegeben werden. Hauptsächlich erfolgt die Anwendung bei Ermüdungserscheinungen, bei Migräne (ausgelöst durch Verlust des Tonus der Hirngefäße) sowie bei Durchfallerkrankungen als Stopfmittel.

Hom.: ***Thea sinensis*** HAB34, die getrockneten Zweigspitzen mit den jüngsten Blättern und Blüten. Anw.-Geb.: Magenschwäche, Herz- und Kreislaufstörungen, Kopfschmerzen, Erregungszustände, Verstimmungszustände.

Histor.: In dem altchinesischen Buch „Pentso" wird der Teestrauch 2700 v. Chr. zur Zeit des Kaisers Shen-Nung erwähnt. In der japanischen Literatur wird die Droge erstmals 729 erwähnt, die Ursprünge gehen auf chinesische Lieferungen zurück. Der arabische Reisende Ibn Wahab berichtet 851 aus China von dem dort bereiteten Aufguß aus den Teeblättern. Nach Europa kam die erste Kunde über Venedig um 1550 und in deutschen Apotheken findet man die Droge etwa 50 Jahre später zu fast unerschwinglichen Preisen. Die Holländer führten den Tee mit ihrer Ostindien-Kompanie in größeren Mengen ab 1610 in ganz Europa ein, der Verbrauch als Genußmittel ist seit dem 19. Jh. in ständigem Steigen begriffen.

Camellia thea ↗ Camellia sinensis.
Camellia viridis ↗ Camellia sinensis.
Camholz ↗ Baphia nitida.
Campanula gentianoides ↗ Platycodon grandiflorum.
Campanula glauca ↗ Platycodon grandiflorum.
Campanula grandiflora ↗ Platycodon grandiflorum.
Campecheholz ↗ Haematoxylon campechianum.
Camphen ↗ ätherische Öle.

■ Campher

(syn. Kampfer, 2-Bornanon). Optisch aktives, bicyclisches Monoterpen mit großer Verbreitung im Pflanzenreich, z. B. in äther. Ölen (↗ Cinnamomum-Arten). Anw.: in Dermatika zur Förderung der Durchblutung mit schwacher anästhetischer Wirkung in Salben, Linimenten, Pflastern und Einreibungen, als zentrales Analeptikum (heute obsolet). In der Technik wird C. als Weichmacher für Celluloid, in der Sprengstoffindustrie und zur Mottenbekämpfung eingesetzt.

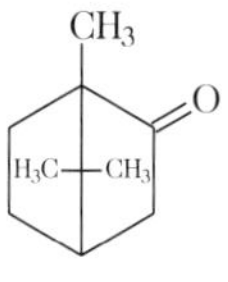

Campher

Hom.: ***Camphora*** HAB1, getrockneter D-Campher aus *Cinnamomum camphora*. Anw.-Geb.: Kollapszustände, Nasenentzündungen, Krampfneigung, initiales Grippestadium.

Histor.: C. ist ein altes chinesisches Heilmittel, die Araber brachten die Substanz im 11. Jh. nach Europa. Die Strukturaufklärung erfolgte 1890 durch Bredt.

Campherbaum ↗ Cinnamomum-Arten.
Campheröl ↗ Cinnamomum-Arten.
Camphora ↗ Campher.
Camphora camphora ↗ Cinnamomum-Arten.
Camphora officinarum ↗ Cinnamomum-Arten.
Camphora sumatrensis ↗ Dryobalanops aromatica.

■ Camphorosma glabrum L.

(syn. *Camphorosma ovatum*); Rauhes Kampferkraut.

Fam.: Chenopodiaceae.

Vork.: Mittelmeergebiete.

Droge: das Kraut. Inh.: äther. Öl mit campherartigem Geruch. Anw.: früher als Diuretikum und Diaphoretikum häufig genutzte Droge in der Volksheilkunde.

Camphorosma ovatum ↗ Camphorosma glabrum.
Campnumoea pilosula ↗ Codonopsis pilosula.

■ Camptotheca acuminata Decne.

Fam.: Nyssaceae.

Vork.: Osttibet, Westchina, Nordamerika, meist kultiviert.

Inh.: in der Rinde, den Früchten und im Holz von *C. acuminata* ist das Alkaloid Camptothecin (neben Hydrocamptothecin und Methoxy-camptothecin) enthalten. Wirk.: Camptothecin hemmt die eukaryotische DNA-Topoisomerase I und damit die Zellproliferation. Anw.: Wegen der antileukämischen und cancerostatischen Wirksamkeit wird Camptothecin neuerdings in der klinischen Therapie von Tumoren eingesetzt.

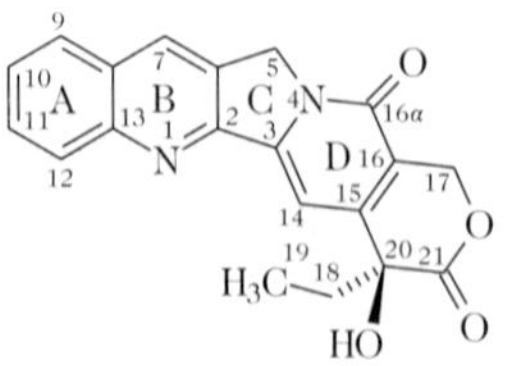

Camptothecin

Canadischer Holunder ↗ Sambucus canadensis.

■ **Cananga odorata** (Lam.) Hook. f. et Thoms. (syn. *Annona odorata*); Ylang-Ylangpflanze (syn. Maccarstrauch).

Fam.: Annonaceae.

Vork.: Malaysia, Philippinen, Madagaskar, Jamaika.

Droge: ***Oleum Annonae*** (syn. *Oleum Canangae*); Ylang-Ylang-Öl (syn. Maccarblütenöl, Ilang-Ilang-Öl, Orchideenöl), das äther. Öl der Blüten (ca. 1,5–2 %). Inh.: u. a. Linalool, Benzoesäuremethylester, *p*-Kresolmethylether, Geranylacetat, Pinen und Caryophyllen. Anw.: bes. in der Parfümerie (Blumendüfte) und zur ↗ Aromatherapie.

Canariensaat ↗ Phalaris canariensis.
Canarisches Drachenblut ↗ Dracaena draco.
Canarium album ↗ Canarium luzonicum.
Canarium carapifolium ↗ Canarium luzonicum.
Canarium commune ↗ Canarium luzonicum.

■ **Canarium luzonicum** (Blume) A. Gray (syn. *Canarium album, C. carapifolium, C. commune, C. obliganthum, C. polyanthum, C. triandrum, Pimela luzonica*).

Fam.: Burseraceae.

Vork.: tropisches Asien, bes. Philippinen, Molukken, Java, Sundainseln, China (auch kultiviert).

Droge: ***Resina Elemi*** (syn. *Gummi Elemi*); Elemi (syn. Manila-Elemi, philippinisches Elemi), das nach Verletzung der Pflanze aus den Wunden austretende, frische, weiche Ölharz (Weich-Elemi) sowie das an den Bäumen angetrocknete Restharz (Hart-Elemi). Inh.: äther. Öl (ca. 20–30 %, u. a. Limonen, α-Phellandren und Elemol enthaltend), Harzalkohole (20–25 %, v. a. α- und β-Amyrin), α-Elemisäure (5–6 %), β-, δ- und γ-Elemisäure (8–10 %), Resene (30–35 %), Bitterstoffe (ca. 1 %) und Triterpenalkohole (Brein, Maniladiol). Anw.: äußerlich zu Pflastern oder für Salben. In der Volksheilkunde Ostasiens wird die Droge auch bei Magenbeschwerden und Husten eingesetzt. In der Technik dient sie zur Herstellung von Lacken, Fackeln und Farben sowie in der Seifenindustrie zum Parfümieren.

Canarium obliganthum ↗ Canarium luzonicum.
Canarium polyanthum ↗ Canarium luzonicum.
Canarium triandrum ↗ Canarium luzonicum.

■ **Canavalia ensiformis** (L.) DC
Schwertbohne (syn. Jackbohne), s. Farbtafel S. 146, Bild 60.

Fam.: Fabaceae.

Vork.: Südasien, Mittelamerika.

Droge: ***Farina Canavalia***; Schwertbohnenmehl (syn. Eselsbohnenmehl), das Mehl des Samens (Bohnenmehl). Die Droge ist giftig! Inh.: Aminosäuren, u. a. Canavanin (bis 4 %), Concanavalin A, ein Glykoprotein mit Lectincharakter, Proteine, Kohlenhydrate und Fett. Anw.: zur Gewinnung von Concanavalin A (ConA), das in der Blutgruppen-Diagnostik und experimentellen Zellforschung eingesetzt wird. In Südasien wird die Droge auch als Nahrungsmittel genutzt.

■ **Canavalia maritima** (Aubl.) Thouars
Frijol de Playa.

Fam.: Leguminosae.

Vork.: tropische Zonen Afrikas und im nördl. Südamerika.

Anw.: Diese Strandpflanze des amerikanischen Kontinents soll nach der Überlieferung in Mexiko als Rauschdroge anstelle von Marihuana geraucht worden sein, obwohl es dafür an eindeutigen Beweisen fehlt. Als Inhaltsstoff ist L-Betonicin isoliert worden, das aber selbst keine halluzinogene Wirkung besitzt.

Cancer astacus ↗ Astacus fluviatilis.
Canchalagua ↗ Centaurium chilensis.

1 Abrus precatorius, *Semen Jequiritii* (vergrößert)

2 Acacia catechu, *Catechu*

3 Acacia senegal, *Acaciae gummi,* Arabisches Gummi

4 Achillea millefolium, Gemeine Schafgarbe

5 Aconitum napellus, Echter Eisenhut

6 Aconitum vulparia, Gelber Eisenhut

7 Acorus calamus, Kalmus

8 Actaea spicata, Christophskraut

9 Adonis vernalis, Frühlings-Adonisröschen

10 Aesculus hippocastanum, *Hippocastani semen*, Roßkastaniensamen

11 Aesculus hippocastanum, *Flores Hippocastani*, Roßkastanienblüten

12 Aethusa cynapium, Gemeine Hundspetersilie

13 Agave americana, Agave

14 Agrimonia eupatoria, Kleiner Odermennig

15 Agrostemma githago, Kornnelke

16 Ajuga reptans, Kriechender Günsel

17 Alisma plantago-aquatica, Gemeiner Froschlöffel

18 Alkanna tinctoria, *Alkannae radix,* Alkannawurzel

19 Alliaria petiolata, Knoblauchsrauke

20 Allium sativum, *Allii sativi bulbus,* Knoblauchzwiebel

21 Allium ursinum, Bärlauch

22 Aloe arborescens, Baumartige Aloe

23 Alpinia officinarum, *Galangae rhizoma,* Galgantwurzelstock

24 Althaea officinalis, Eibisch

25 Amanita muscaria, Fliegenpilz

26 Amanita phalloides, Grüner Knollenblätterpilz

27 Ammi visnaga, Bischofskraut

28 Anacardium occidentale, *Anacardii occidentalis fructus,* Kaschunuß

29 Anagallis arvensis, Ackergauchheil

30 Ananas comosus, Ananas

31 Anchusa officinalis, Echte Ochsenzunge

32 Angelica archangelica, Engelwurz

33 Anthyllis vulneraria, Wundklee

34 Apocynum cannabinum, Amerikanischer Hanf

35 Arachis hypogaea, Erdnuß

36 Areca catechu, *Arecae semen*, Arekasamen

37 Aristolochia clematis, Osterluzei

38 Arnica chamissonis, Nordamerikanische Wiesenarnika

39 Arnica montana, Arnika

40 Artemisia absinthium, Wermut

41 Arum maculatum, Aronstab

42 Asarum europaeum, Europäische Haselwurz

43 Asparagus officinalis, Spargel

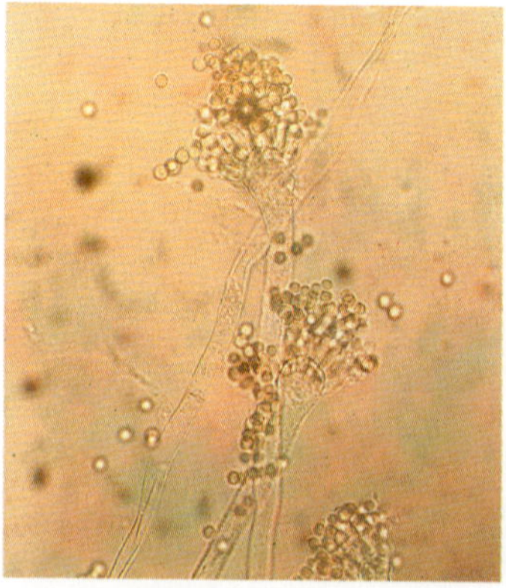

44 Aspergillus flavus

45 Astralagus gummifer, Tragant

46 Astrantia major, Sterndolde

47 Atropa belladonna, Tollkirsche

48 Ballota nigra, Schwarzer Andorn

49 Bellis perennis, Mehrjähriges Gänseblümchen

50 Berberis vulgaris, Berberitze

51 Betula pendula, Gewöhnliche Birke

52 Bixa orellana, Annatostrauch

53 Brassica napus var. napus, Raps

54 Brassica nigra, Schwarzer Senf

55 Bryonia alba, Weiße Zaunrübe

56 Bryonia cretica, Rote Zaunrübe

57 Bufo bufo, Erdkröte

58 Calendula officinalis, Ringelblume

59 Calluna vulgaris, Besenheide

60 Canavalia ensiformis, Schwertbohne

61 Cannabis sativa, Hanf

62 Capparis spinosa, Echter Kapernstrauch

63 Capsella bursa-pastoris, Hirtentäschel

64 Capsicum frutescens, Cayennepfeffer

65 Carica papaya, Melonenbaum

66 Carlina acaulis, Silberdistel

67 Cassia fistula, Purgierkassie

68 Cassia senna, *Sennae folium,* Ägyptische Sennesblätter

69 Cassia senna, *Sennae fructus acutifoliae,* Alexandriner-Sennesfrüchte

70 Catharanthus roseus, Tropisches Immergrün

71 Centaurea cyanus, Kornblume

72 Centaurium minus, Echtes Tausendgüldenkraut

73 Cephaelis ipecacuanha, Brechwurzel

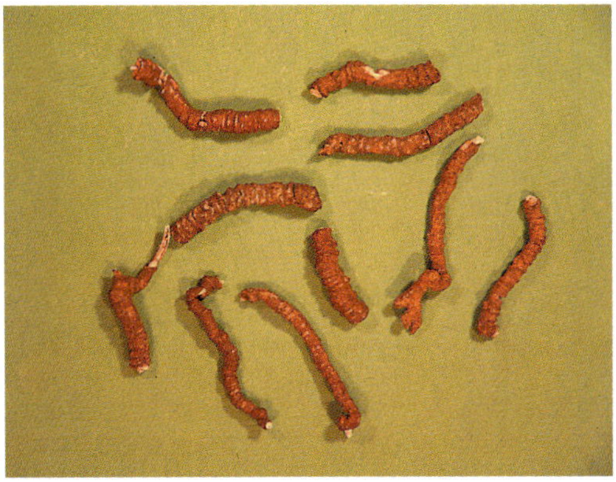

74 Cephaelis ipecacuanha, *Ipecacuanhae radix*, Brechwurzel

75 Ceratonia siliqua, Johannisbrotbaum

76 Ceratonia siliqua, *Ceratoniae fructus*, Johannisbrot

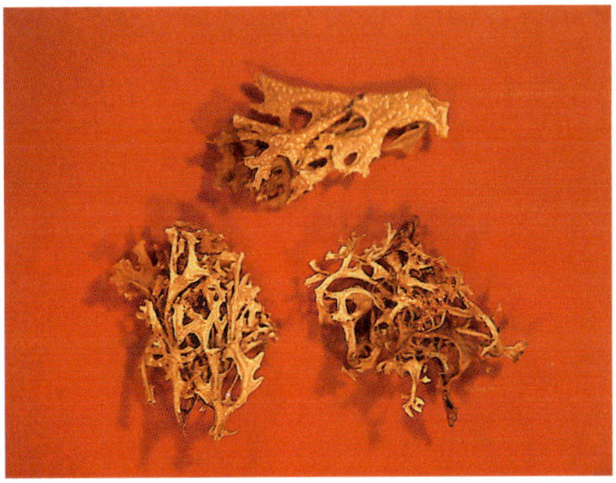

77 Cetraria islandica, Isländisches Moos

78 Chamaemelum nobile, Römische Kamille

79 Chamomilla recutita, Echte Kamille

80 Chelidonium majus, Großes Schöllkraut

81 Chondrus crispus, *Carrageen*

82 Chrysanthemum vulgare, Rainfarn

83 Cichorium intybus, Gewöhnliche Wegwarte

84 Cicuta virosa, Giftiger Wasserschierling

85 Cimicifuga racemosa, Trauben-Silberkerze

86 Cinchona pubescens, *Cinchonae cortex*, Rote Chinarinde

87 Cinnamomum verum, *Cinnamomi cortex*, Zimtrinde

88 Cistus creticus, Zistrose

89 Citrullus colocynthis, *Fructus Colocynthidis*, Koloquinthen

90 Citrus aurantium, Pomeranzenbaum

91 Citrus aurantium, *Aurantii immaturi fructus,* Unreife Pomeranzenfrüchte

92 Claviceps purpurea, Mutterkorn

93 Clematis vitalba, Echte Waldrebe

94 Cnicus benedictus, Kardobenediktenkraut

95 Cochlearia officinalis, Löffelkraut

96 Cola nitada, *Colae semen,* Kolasamen

Canchalanguae herba ↗ Centaurium chilensis.
Candelillawachs ↗ Pedilanthus pavonis.

■ **Candida-Arten**
● **Fam.:** Cryptococcaceae.
● **Candida utilis** (Henneberg) Lodder und Krieger van Rij; Hefe-Candida.
Vork.: nicht-sporenbildender Hefepilz, weltweit verbreitet.
Inh.: 46–54 % Rohprotein mit hohem Gehalt an Lysin und Glutaminsäure, 5–7 % RNA, Gesamtlipoide 4–7 %, Kohlenhydrate 25–35 %, Vitamine der B-Gruppe. *Anw.:* *C. utilis* liefert Wuchs- oder Nährhefe und kann wie Hefe von Saccharomyces cerevisiae (↗ medizinische Hefe) verwendet werden. Sie ist ein Eiweiß- und vitaminreiches Nahrungsergänzungsmittel und dient u. a. zur Gewinnung von Ergosterol, Glutathion und Hefe-Adenylsäure. Therapeutisch wird sie als Trockenhefe oder medizinische Hefe bei Appetitlosigkeit und als Adjuvans bei Akne bzw. Furunkulose eingesetzt.
● **Candida kefyr**; Kefirpilz. *Wirk.:* *C. kefyr* ist in der Lage, Stuten-, Schafs-, Ziegen- bzw. Kuhmilch alkoholisch zu vergären und dabei Kefir zu bilden, der als verdauungsförderndes Milchprodukt vielseitig in der gesunden Ernährung einsetzbar ist. Ursprünglich in den Kaukasusländern heimisch, wird das Produkt heute weltweit genutzt. Kefir enthält etwa 0,8–1,5 % Milchsäure, 0,1–1,0 % Ethanol sowie geringe Mengen Kohlendioxid.

Caneel ↗ Canella winterana.
Canella alba ↗ Canella winterana.
Canella laurifolia ↗ Canella winterana.
Canella obtusifolia ↗ Canella winterana.
Canellarinde ↗ Canella winterana.

■ **Canella winterana** (L.) Gaertn.
(syn. *Canella alba, C. laurifolia, C. obtusifolia, Laurus winterana, Winterana canella, W. alba, W. obtusifolia*); Weißer Caneelbaum (syn. Caneel, Weißer Zimtbaum).
Fam.: Canellaceae.
Vork.: südl. Florida, Antillen, Mittelamerika, nördl. Südamerika.
Droge: ***Cortex Canellae winteranae*** (syn. *Cortex Canellae albae, Cortex Winteranus spurius, Costus corticosus, Costus dulcis*); *Canella-winterana*-Rinde (syn. Canellarinde, Falsche Wintersrinde, Kaneelrinde, Kanellrinde, Weißer Kaneel, Weißer Zimt), die getrocknete Rinde. *Inh.:* äther. Öl (ca. 1 %, u. a. mit Caryophyllen, Cineol, Eugenol und α-Pinen), Sesquiterpene, Salicylsäure, Harz (8 %), Mannit (6–8 %), Stärke (ca. 11 %), Bitterstoffe und Pentosane. *Anw.:* In der Volksheilkunde Mittel- und Südamerikas wird die Droge bei Magenverstimmungen, zur Fiebersenkung und bei Erkrankungen des Mund- und Rachenraumes verwendet. Ein alkoholisches Mazerat wird äußerlich zum Einreiben bei Rheumatismus eingesetzt, auch innerlich ist der Gebrauch als Tonikum verbreitet. Darüber hinaus dient die Droge als Gewürz, zum Aromatisieren von Tabak und Likören.
Hom.: ***Costus dulcis*** HAB34, die getrocknete Rinde.

Canella-winterana-Rinde ↗ Canella winterana.

■ **Canis Familiaris** L.
Haushund.
Fam.: Canidae.
Vork.: weltweit.
Drogen: *1.* ***Adeps canis***; Hundefett, das Fett des Hundes. *Inh.:* Triglyceride, deren Zusammensetzung denen des Schweinefettes ähnelt. *Anw.:* früher in der Volksheilkunde bei Tuberkulose; auch homöopathisch verwendet. *2.* ↗ ***Lac caninum***; frische Hundemilch.

■ **Canna-Arten**
● **Fam.:** Cannaceae.
● **Canna edulis** Ker.-Gawl. (syn. *Canna esculenta, C. rubricaulis*); Blumenrohr (syn. Arrowroot, Australische Arrowroot, Afrikanische Arrowroot, Canna).
Vork.: Mittel- und Südamerika, heute kultiviert in tropischen Gebieten Amerikas, Asiens, Australiens und Afrikas.
Drogen: *1.* ***Canna-edulis-Rhizom***, das fleischige, knollig verdickte und mit schuppenförmigen Niederblättern besetzte Rhizom. *Inh.:* Stärke (15–31 %), Zucker, Proteine. *Anw.:* in der Volksheilkunde zur Diuresesteigerung, bei Cystitis, zu hauterweichenden Kataplasmen. Außerdem dient die Droge zur Stärkegewinnung, als Nahrungsmittel und Viehfutter. *2.* ***Cannae amylum*** (syn. *Amylum Cannae*); Cannastärke (syn. Tolomanstärke), die aus den Rhizomen von Canna-Arten gewonnene Stärke. *Inh.:* Amylose (17 %), Amylopektin (83 %), Phosphor, Calcium. *Anw.:* in der

Galenik als Grundlage für Streupulver, Puder, in der Pillen- und Tablettenherstellung; im Haushalt zur Herstellung von Backwaren; in der Technik zu Gewinnung von Kunsthonig, Stärkezucker, Sago, Glucose, Fructose sowie Appreturmitteln.

● **Canna glauca** L. (syn. *Canna angustifolia, C. elegans, C. lanceolata, C. liturata, C. mexicana, C. schlechtendaliana, C. stricta*); Südamerikanisches Blumenrohr.

Vork.: Südamerika, Westindien.

Droge: ***Canna-glauca-Rhizom***. *Inh.* und *Anw.*: s. *Cannae amylum*.

Hom.: ***Canna glauca*** HAB34, die frische, blühende Pflanze. *Anw.-Geb.*: Nierenerkrankungen.

● **Canna indica** L. (syn. *Canna coccinea, C. crocea, C. ellipticifolia, C. patens, C. roscoeana, C. spectabilis, C. surinamensis, C. tenuiflora, Cannacorus indicus, C. ovatus*); Indisches Blumenrohr.

Vork.: tropisches Amerika, Afrika, Südostasien, Indien, Philippinen.

Drogen: ***1. Canna-indica-Kraut***, die oberirdischen Teile der Pflanze. *Inh.*: u. a. Flavonoide, Saponine, Phytosterole. *Anw.*: in der Volksheilkunde Mexikos bei Frauenleiden und zur Behandlung von Tumoren sowie als Mittel gegen pathogene Schnecken (Biomophalaria alexandrina). ***2. Radix Cannae***; *Canna-indica*-Rhizom (syn. Indische Blumenrohrwurzel). *Inh.*: Stärke (s. *Cannae amylum*), Schleimstoffe, Proteine, Fett, Alkaloide (in Spuren). *Anw.*: in der asiatischen Volksmedizin bei Menstruationsbeschwerden, Gonorrhoe, Amenorrhoe, Fieber, Wassersucht und Dyspepsie. Weitere Anw. s. *Canna-edulis*-Rhizom.

Cannabinoide ↗ Cannabis sativa.
Cannabis americana ↗ Cannabis sativa.
Cannabis chinensis ↗ Cannabis sativa.
Cannabis erratica ↗ Cannabis sativa.
Cannabis foetens ↗ Cannabis sativa.
Cannabis generalis ↗ Cannabis sativa.
Cannabis gigantea ↗ Cannabis sativa.
Cannabis indica ↗ Cannabis sativa.
Cannabis indicae herba ↗ Cannabis sativa.
Cannabis intersita ↗ Cannabis sativa.
Cannabis lupulus ↗ Cannabis sativa, ↗ Humulus lupulus.
Cannabis macrosperma ↗ Cannabis sativa.

■ **Cannabis sativa** L.

(syn. *Cannabis americana, C. chinensis, C. erratica, C. foetens, C. generalis, C. gigantea, C. indica, C. intersita, C. lupulus, C. macrosperma*); Hanf (syn. Bästling, Indischer Hanf, Femel, Fimel, Henne, Mäsch, Mastel, Samenhanf), s. Farbtafel S. 147, Bild 61.

Fam.: Cannabaceae.

Heim.: wahrscheinlich Vorder- und Mittelasien.

Vork.: weltweit in gemäßigten und trop. Zonen.

Drogen: ***1. Cannabis indicae herba*** (syn. *Herba Cannabis indicae, Summitates Cannabis*); Indischer Hanf (syn. Haschisch, Haschischkraut, Kif, Kief, Kiffi, Ganja, Marihuana, Rauschhanf), die getrockneten blühenden oder mit Früchten versehenen Zweigspitzen der weiblichen Pflanzen. *Inh.*: Cannabinoide (mehr als 60 Verbindungen, u. a. Δ^9-Tetrahydrocannabinol/THC und Derivate), äther. Öl, Phenole (u. a. Spiroindane,

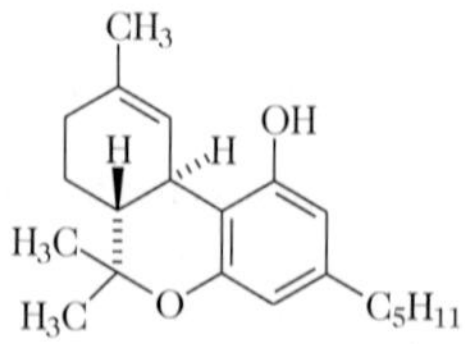

(–)-Δ^9-*trans*-Tetrahydrocannabinol

Dihydrostilbene), Harze und Flavonoide. *Wirk.*: psychotrope Wirkungen (↗ Rauschdrogen) mit psychischer Abhängigkeit, antiemetische, antikonvulsive und analgetische Effekte. Die Droge senkt die Körpertemperatur, sie wirkt antiasthmatisch und appetitanregend und senkt den Augeninnendruck (antiglaukomatös). *Anw.*: Die Droge ist gegenwärtig nicht als offizinelle Arzneidroge zugelassen; der Verkehr, Besitz und ihre Nutzung ist strafbar (Betäubungsmittelgesetz). Lediglich ein industriell hergestelltes Präparat aus Drogenextrakten ist zur ergänzenden Behandlung von HIV- und Tumorpatienten zur Appetitanregung und Analgesie zugelassen. Die Droge wird aber in allen Kulturkreisen als Rauschmittel genutzt. In der Volksheilkunde wurde die Droge umfangreich, v. a. zur Herabsetzung des Schmerzempfindens bei Neuralgien, Migräne sowie bei Anfallsleiden eingesetzt. ***2. Cannabis sativae fructus*** (syn. *Fructus Cannabis, Semen Cannabis*); Hanffrüchte (syn. Hanfkörner, Hanfsamen), die reifen Früchte (Nüßchen). *Inh.*: fettes Öl (20–35 %, u. a. mit Linol-, Linolen- und Ölsäure), Proteine (ca. 25 %), Cholin, Trigonellin, Isoleucin. *Anw.*: in der Volksheilkunde v. a. bei Gicht, Rheuma, als Expektorans bei Bronchitis sowie bei Beschwerden des Urogenitaltraktes, des Magen-Darm-Kanals und der Gallenwege. Die Anwendung der Droge ist heute obsolet, sie unterliegt aber keinen gesetzlichen Beschränkungen. In der Landwirtschaft wird sie als Viehfutter eingesetzt, das aus den Samen gepreßte fette Öl dient technischen Zwecken.

Hom.: ***1. Cannabis*** HAB34; Hanf, die frischen, blühenden Stengelspitzen mit Blättern und Blüten von männlichen und weiblichen Pflanzen. *Anw.-Geb.:* Cystitis, Pyelitis, Nephritis, asthmatische Beschwerden. Die homöop. Drogenzubereitung unterliegt den gesetzlichen Bestimmungen des Betäubungsmittelgesetzes und ist daher nicht verkehrsfähig. ***2. Cannabis indica*** HAB 34; Indischer Hanf, die getrockneten Krautspitzen (Haschisch). *Anw.-Geb.:* s. *Cannabis* HAB34, nicht verkehrsfähig.

Histor.: Die erste schriftliche Erwähnung findet der Hanf in einem Arzneibuch 2700 v. Chr. zur Zeit des chinesischen Kaisers Shen-Nungs. Dort wird die Droge (Cannabisharz) als Heilmittel bei Beriberi, Verstopfung, Frauenkrankheiten, Gicht, Malaria, Rheuma und Geisteskrankheiten empfohlen. Auch die psychotropen Wirkungen wurden erwähnt. In China und Indien gehörte die Droge zum normalen Arzneischatz und wird in der Volksheilkunde bis heute entsprechend den typischen Indikationen, u. a. nervöse Verstimmungen, Schlaflosigkeit, Erbrechen und Husten, verwendet. Herodot erwähnt die Droge ebenfalls, Bedeutung hatte sie aber im Abendland bis zu Paracelsus fast ausschließlich als Faserpflanze bzw. als Lieferant der ölreichen Samen. Die Nutzung als Heilmittel mit euphorisierender Wirkung beginnt in Europa erst im 19. Jh., so z. B. bei Schlaflosigkeit, Neuralgien, Rheumatismus, schmerzhaften Magen- und Darmerkrankungen, Tetanus, Cholera und Asthma. Der Extrakt der Triebspitzen diente als Sedativum und leichtes Schlafmittel. Bedingt durch die Einstufung als nichtverkehrsfähiges Betäubungsmittel besitzt die Droge heute keine praktische Bedeutung (Ausnahme: Hanffrüchte).

Cannabis sativae fructus ↗ Cannabis sativa.
Cannacorus indicus ↗ Canna-Arten.
Cannacorus ovatus ↗ Canna-Arten.
Cannae amylum ↗ Canna-Arten.
Cannastärke ↗ Canna-Arten.

■ **Canscora decussata** Röm. et Sch.
Fam.: Gentianaceae.
Vork.: Indien, Indochina.
Droge: die Blätter. *Inh.:* Xanthone, wie Mangiferin; Bitterstoffe. *Anw.:* in der indischen Volksheilkunde bei Geisteskrankheiten (Depressionen), bei Nierenleiden sowie als Tonikum und Bittermittel.

Cantagallo-Chinarinde ↗ Arariba rubra.
Cantharides ↗ Lytta vesicatoria.
Cantharides chinenses ↗ Mylabris cichorii.
Cantharidin ↗ Lytta vesicatoria.
Cantharis ↗ Lytta vesicatoria.
Cantharis chinensis ↗ Mylabris cichorii.
Cantharis hispanica ↗ Lytta vesicatoria.
Cantharis vesicatoria ↗ Lytta vesicatoria.
Canulilawachs ↗ Pedilanthus pavonis.
Capilli Veneris herba ↗ Adianthum capillus-veneris.
Capilli Veneris herba cum radice ↗ Adianthum capillus-veneris
Capita Papaveris immaturi ↗ Papaver somniferum.

■ **Capitulare de villis**
Landgüterordnung Karls des Großen, erlassen im Jahre 795. Diese verfügte den Anbau von 72 Nutzpflanzen, darunter 24 Heilkräutern, in den königlichen Gärten. Sie enthielt auch Hinweise zum Anbau, Sammeln und Aufbewahren von Kräutern. Das C. d. v. wurde für alle Klöster und Krongüter verbindlich und trug in hohem Maße zur Entwicklung des Arznei- und Gewürzpflanzenanbaus in Mitteleuropa bei.

Capnoides cava ↗ Corydalis-Arten.
Capnoides solida ↗ Corydalis-Arten.
Capnorchis canadense ↗ Dicentra canadensis.
Capparis alexandrae ↗ Capparis tomentosa.
Capparisa puberla ↗ Capparis tomentosa.
Capparis biloba ↗ Capparis tomentosa.
Capparis corymbosa ↗ Capparis tomentosa.
Capparis persicifolia ↗ Capparis tomentosa.
Capparis polymorpha ↗ Capparis tomentosa.

■ **Capparis spinosa** L.
Echter Kapernstrauch, s. Farbtafel S. 147, Bild 62.
Fam.: Capparaceae.

Vork.: Mittelmeergebiet, Südeuropa, Pakistan.
Droge: ***Flores Capparidis*** (syn. *Flores Capparis, Gemmae Capparidis*); Kapern, die Blütenknospen der Pflanze. Inh.: Flavonoide (u. a. Rutin), Senföle (Glucosinolate), Saponine. Anw.: Die in Essig eingelegte Droge wird hauptsächlich als Gewürz für Saucen und Salate verwendet.

■ **Capparis tomentosa** Lam.
(syn. *Capparis verdickii, C. polymorpha, C. biloba, C. corymbosa, C. persicifolia, C. volkensii, C. alexandrae, Capparisa puberla*).
Vork.: Afrika.
Droge: Blätter und Wurzeln. Inh.: Gerbstoffe, Alkaloide, wie Stachydrin; Indolderivate, Saponine. Anw.: In der afrikanischen Volksheilkunde werden die Wurzeln zur Behandlung von Tripper und Syphilis sowie äußerlich bei progressiven Geschwüren eingesetzt, weiterhin bei Malaria, Hepatitis, chronischen Erkältungen, Gonorrhoe sowie gegen Schlangenbisse. Die Droge ist auch Bestandteil von Pfeilgiften.

Capparis verdickii ↗ Capparis tomentosa.
Capparis volkensii ↗ Capparis tomentosa.
Capraria integerrima ↗ Sesamum indicum.
Caprificus insectifera ↗ Ficus carica.

■ **Capsaicin**
(Vanillylamid der 8-Methyl-6-nonensäure). Scharfschmeckender Wirkstoff von *Fructus Capsici* (↗ *Capsicum*-Arten). Wirk.: C. greift an spezifischen nociceptiven sensorischen Neuronen an und führt dadurch zur Ausschüttung des Neuropeptids Substanz P verbunden mit der Erregung der C-Fasern. Auf der Haut kommt es dadurch zum schmerzhaften Brennen und zur Hyperämisierung. Innerlich induziert C. reflektorisch die Magensaftsekretion und fördert die Verdauung. Anw.: äußerlich zur Hautreiztherapie (Capsicum-Pflaster) bei rheumatischen Beschwerden, Neuralgien, Muskelspasmen und lokalen Kälteschäden.

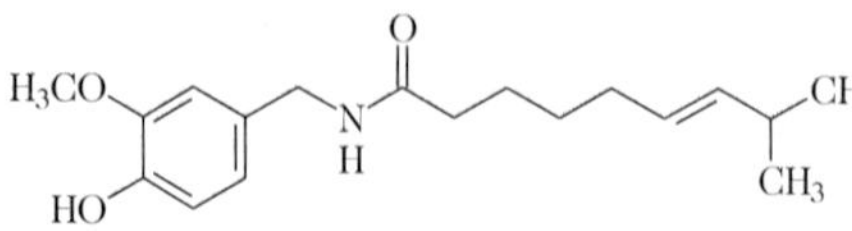

Capsaicin

■ **Capsella bursa-pastoris** (L.) Medik.
(syn. *Bursa pastoris, Capsella polymorpha, Iberis bursa-pastoris, Lepidium bursa-pastoris, Nasturtium bursa-pastoris, Rodschiedia bursa-pastoris, Thlaspi bursa-pastoris, Thlaspi polymorphum*); Hirtentäschel (syn. Bauernsenf, Echtes Hirtentäschelkraut, Gänsekresse, Täschelkraut, Taschenknieper), s. Farbtafel S. 147, Bild 63.
Fam.: Cruciferae (Brassicaceae).
Vork.: weltweit.
Droge: ***Bursae pastoris herba*** (syn. *Herba Bursae pastoris, Herba Sanguinaria*); Hirtentäschelkraut (syn. Beutelschneiderkraut, Blutkraut, Herzelkraut, Säckelkraut, Täschelkraut), die getrockneten, zur Blütezeit gesammelten oberirdischen Pflanzenteile. Inh.: Aminosäuren und Proteine (ca. 32 %), Flavonoide (u. a. Kämpferol, Luteolin, Diosmetin, Quercetin, Rutin, Diosmin), Phenolcarbonsäuren, K- und Ca-Salze, Vitamin C, terpenoide Verbindungen. Anw.: innerlich zur symptomatischen Behandlung von Menorrhagien und Metorrhagien, zur lokalen Anwendung bei Nasenbluten; äußerlich bei oberflächlichen, blutenden Hautverletzungen. In der Volksheilkunde diente die Droge lange Zeit als Mutterkornersatz bei Gebärmutterblutungen und als sonstiges blutstillendes Mittel. Zur ↗ Teezubereitung verwendet man als Einzeldosis 2–4 g (= 1–2 Teelöffel) Droge.
Hom.: ***1. Capsella bursa-pastoris*** HAB1 (syn. *Thlaspi bursa pastoris*), die frischen oberirdischen Teile blühender Pflanzen. Anw.-Geb.: Steinleiden, Gebärmutterblutungen, Schleimhautblutungen. ***2. Capsella bursa-pastoris***, äthanol. Infusum HAB1 (syn. *Capsella*, äthanol. Infusum), die zur Blütezeit gesammelten, getrockneten oberirdischen Teile.
Histor.: Der deutsche Name Hirtentäschel ist die Übersetzung des lateinischen Namens, nämlich capsella von *capsula* (Kapsel) und *pastor* (Hirt), womit auf die Form der Früchte, der Schötchen, hingewiesen wird. Verwendet wurden von den alten griechischen und römischen Ärzten offenbar bevorzugt die Samen. Die Indikation war vielseitig, u. a. bei Ischias, auch als Abortivum. Hippokrates z. B. führt *Bursa pastoris* als Uterusmittel an, im Mittelalter wird die Droge bes. als Hämostyptikum geschätzt.

Capsella polymorpha ↗ Capsella bursa-pastoris.
Capsici annui fructus ↗ Capsicum-Arten.
Capsici fructus ↗ Capsicum-Arten.
Capsici fructus acer ↗ Capsicum-Arten.

Capsici frutescentis fructus ↗ Capsicum-Arten.

■ **Capsicum-Arten**

● **Fam.:** Solanaceae.

● **Capsicum annuum** L. (syn. *Capsicum longum, C. annuum longum, C. hispidum, C. minimum*); Paprika (syn. Beisbeere, Cayenne-Pfeffer, Gemeine Beisbeere, Gemeiner Paprika, Indischer Pfeffer, Türkischer Pfeffer, Mexikanischer Paprika, Roter Pfeffer, Schoten-Pfeffer, Spanischer Pfeffer).

Heim.: Mexiko und Gebiete in Mittelamerika.

Vork.: weltweit in allen warmen Gebieten kultiviert.

Droge: ***Capsici fructus*** (syn. *Capsici annui fructus, Fructus Capsici, Fructus Capsici annui*); Cayennepfeffer (syn. Brasilianischer Pfeffer, Indischer Pfeffer, Türkischer Pfeffer, Schotenpfeffer, Spanischer Pfeffer, Taschenpfeffer), die reifen, getrockneten Früchte. Inh.: Scharfstoffe, v. a. Capsaicinoide, wie ↗ Capsaicin, Dihydrocapsaicin und Homocapsaicin, Saponine, Farbstoffe (u. a. Carotinoide 0,3–0,8 %: α-Carotin, Violaxanthin) und Flavonoide. In den frischen Früchten auch Vitamin C (bis 0,21 %). Anw.: verschiedene Zubereitungen (Tinktur, Pflaster, Extrakt, Oleoresin) werden bei schmerzhaftem Muskelhartspann im Schulter-Arm-Bereich sowie im Bereich der Wirbelsäule äußerlich angewendet (Hyperämisierung). In der Volksheilkunde wird die Droge auch innerlich bei Verdauungsstörungen, Magen- und Darmleiden sowie zur Entwässerung und als Herz- Kreislauf-Mittel angewendet. Darüber hinaus ist die Droge ein beliebtes Küchengewürz bzw. Frischgemüse.

Hom.: ***Capsicum annuum*** HAB1 (syn. Capsicum), die reifen, getrockneten Früchte. Anw.-Geb.: Blinddarmentzündung, Mittelohrvereiterung, Schleimhautentzündungen des Mund- und Rachen-Raumes, Magen-Darm-Entzündungen, Harnblasen- und Harnwegskatarrhe.

● **Capsicum frutescens** L. (syn. *Capsicum chacoense, C. conicum, C. fastigiatum*); Cayennepfeffer, s. Farbtafel S. 147, Bild 64.

Heim.: tropisches Südamerika.

Vork.: weltweit in Gebieten mit tropischem und subtropischem Klima kultiviert.

Droge: ***Capsici fructus acer*** (syn. *Capsici fructus, Capsici frutescentis fructus, Fructus Capsici, Fructus Capsici acer, Fructus Piperis cayennense*); Cayennepfeffer (syn. Chayenne, Chilies, Chili, Spanischer Pfeffer), die getrockneten, reifen, meist vom Kelch befreiten Früchte. Inh.: Capsaicinoide (0,3–1 %, u. a. ↗ Capsaicin, Dihydrocapsaicin, Nordihydrocapsaicin, Homodihydrocapsaicin), fettes Öl, Carotinoide, Ascorbinsäure sowie weitere flüchtige Stoffe in geringer Konzentration. Anw.: s. *Capsici fructus* von *Capsicum annuum*. Darüber hinaus wird die Droge in der Volksmedizin auch zur Behandlung des Alkoholismus, bei Fieber aller Art, prophylaktisch gegen Arteriosklerose, Schlaganfall und Herzerkrankungen sowie zur Libido- und Potenzsteigerung (Aphrodisiakum) eingesetzt.

● **Histor.:** Bereits kurz nach der Entdeckung Amerikas durch die Spanier 1514 berichtete Fernandez über die von den Indianern als Gewürz verwendete Droge. Die Spanier brachten die Pflanze auch schnell nach Europa, wo sie allgemein als „Spanischer Pfeffer" bezeichnet und rasch verbreitet wurde. Der Name *Capsicum* leitet sich vom griechischen *kapto* (aufschnappen, beißen) und dem lateinischen *capsicus* (kapselförmig) ab und bezieht sich damit auf die Form der Frucht und deren scharfen Geschmack. Der Bezeichnung Pfeffer liegen das griechische *peperi und das römische* piper, das aus dem Sanskrit *pippali* hervorgegangen ist, zugrunde.

Capsicum jamaicum ↗ Pimenta-Arten.
Capsulae Papaveris ↗ Papaver somniferum.
Caraipabalsam ↗ Caraipa psidifolia.
Caraipa piscidi formis ↗ Caraipa psidifolia.

■ **Caraipa psidifolia**
(syn. *Caraipa piscidi formis*).

Fam.: Guttiferae.

Vork.: Brasilien, Venezuela, Kolumbien.

Droge: ***Balsamum Caraipae***; Caraipabalsam, der Balsam. Inh.: äther. Öl, Harz. Anw.: in der Volksheilkunde bei Hauterkrankungen.

■ **Caralluma decaisneana** (Lemaire) N.E. Brown (syn. *Caralluma vevenosa, Stapelia decaisneana, Boucerosia decaisneana*).

Fam.: Asclepiadaceae.

Vork.: Afrika, besonders Mauretanien, Senegal, Mali, Sudan, Äthiopien, Somalia.

Droge: die ganze Pflanze. Inh.: Gerbstoffe, Saponine, Alkaloide, Flavonoide, herzwirksame Steroide (Cardenolide). Anw.: in der afrikanischen Volksheilkunde zur Behandlung von Epilepsie, Zahnkrankheiten, zur Wundbehandlung und bei Pocken. Auch als Zusatz zu Fischgiften für den Fischfang wird die Droge verwendet.

Caralluma vevenosa ↗ Caralluma decaisneana.
Carana ↗ Bursera-Arten.
Caranna ↗ Bursera-Arten.
Carapafett ↗ Carapa guianensis.

■ **Carapa guianensis** Aubl.
Fam.: Meliaceae.
Vork.: Südamerika, besonders im Amazonasgebiet.
Droge: ***Carapafett*** (syn. Tulucunafett, Andirobaöl), das Fett der Samenkerne. Inh.: Triglyceride mit den Fettsäuren Ölsäure (ca.50 %), Stearinsäure (ca. 40 %) und Palmitinsäure (ca. 10 %); Andirobin. *Anw.*: in Brasilien bei Geschwüren und rheumatischen Erkrankungen; als Brennöl und zur Seifenherstellung.

Carbenia benedicta ↗ Cnicus benedictus.

■ **Carbo animalis HAB1**
Tierkohle. Hergestellt aus Rindskernleder, das im Kohlenfeuer zum Glühen gebracht und dann rasch erstickt worden ist. Nach dem Erkalten im Mörser fein verrieben. *Anw.-Geb.:* Erkrankungen des lymphatischen Systems, des Herzens, des arteriellen und venösen Gefäßsystems, der oberen und unteren Luftwege, des Magen-Darm-Traktes, der Haut sowie bei entzündlichen und destruktiven Prozessen.

Carbo Betulae ↗ Betula-Arten.
Carbo Coffeae ↗ Coffea-Arten.
Carbo ligni ↗ Picea abies.

■ **Carbo vegetabilis HAB1**
Holzkohle. Hergestellt aus gut ausgeglühter Kohle von Rotbuchen- oder Birkenholz (↗ Betula-Arten). *Anw.-Geb.:* ↗ Carbo animalis.

Carcadeeh ↗ Hibiscus sabdariffa.
Cardamine armoracia ↗ Armoracia rusticana.
Cardamine fontana ↗ Nasturtium officinale.

■ **Cardamine pratensis** L.
Wiesenschaumkraut.
Fam.: Brassicaceae.
Vork.: Europa.
Droge: ***Herba Cardamine pratensis***, Wiesenschaumkraut. *Inh.:* Senfölglykoside, bes. Glykocochlearin, Butylsenföl sowie Vitamin C. *Anw.:* in der Volksheilkunde zur Blutreinigung.
Hom.: ***Cardamine pratensis*** HAB; die frischen, zur Blütezeit geernteten, oberiridischen Pflanzenteile. *Anw.-Geb.:* als Zusatzmittel bei Diabetes.
Histor.: Der Name *Cardamine* stammt aus dem griechischen *kárdamon*, dem Namen der orientalischen Kresse, während *pratensis* (auf Wiesen wachsend) auf den Standort hinweist. Die Bildung des deutschen Namens Wiesenschaumkraut ist darauf zurückzuführen, daß die Pflanze oft die schaumartigen Ausscheidungen der Schaumzikadenlarven trägt.

Cardaminum nasturtium ↗ Nasturtium officinale.
Cardamomenöl ↗ Elettaria cardamomum.
Cardamomi aetheroleum ↗ Elettaria cardamomum.
Cardamomi fructus ↗ Elettaria cardamomum.
Cardamomi rotundus fructus ↗ Amomum-Arten.
Cardamompflanze ↗ Elettaria cardamomum.
Cardamom sativum ↗ Lepidium sativum.
Cardamomum dealbatum ↗ Amomum-Arten.
Cardamomum dubulatum ↗ Amomum-Arten.
Cardamomum in racemis ↗ Amomum-Arten.
Cardamomum minus ↗Amomum-Arten.
Cardamomum racemosum ↗ Amomum-Arten.
Cardenolide ↗ Herzwirksame Glykoside.
Cardiaca trilobata ↗ Leonurus cardiaca.
Cardiaca vulgaris ↗ Leonurus cardiaca.
Cardiospermum corindum ↗ Cardiospermum halicacabum.
Cardiospermum glabrum ↗ Cardiospermum halicacabum.

■ **Cardiospermum halicacabum** L.
(syn. *Cardiospermum corindum, C. glabrum, C. inflatum, C. truncatum, C. villosum*); Ballonpfanze (syn. Ballonrebe, Herzerbse, Herzsame, Wundererbse).
Fam.: Sapindaceae.
Vork.: weltweit in tropischen und subtropischen Gebieten, v. a. Indien.
Inh.: Die Droge ist unzureichend untersucht, nachgewiesen wurden Flavonoide, Gerbstoffe, Saponine, Alkaloide.
Hom.: ***Cardiospermum halicacabum*** HAB1 (syn. *Cardiospermum*), Cardiospermumkraut, die frischen, oberirdischen Teile der blühenden Pflanze. *Anw.-Geb.:* innerlich bei Entzündungen der Atemwege und der Haut sowie bei Rheumatismus.

Cardiospermum inflatum ↗ Cardiospermum halicacabum.
Cardiospermum truncatum ↗ Cardiospermum halicacabum.
Cardiospermum villosum ↗ Cardiospermum halicacabum.

■ **Cardol**
(Pentadecadienylresorcinol), stark hautreizendes Phenolderivat, z. B. enthalten in ↗ *Anacardium occidentale*, ↗ *Semecarpus anacardium* oder *Rhus toxicodendron* (↗ Rhus-Arten).

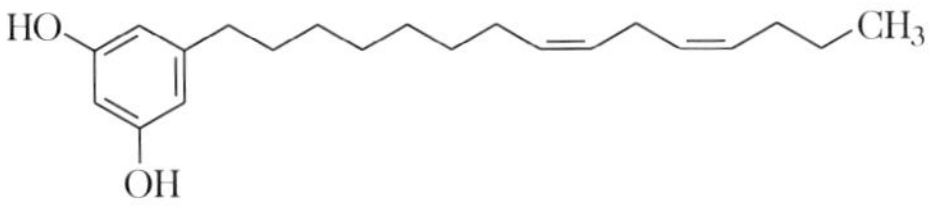

Cardol

Cardo mariano ↗ Argemone mexicana.
Cardo santo ↗ Argemone mexicana.
Cardui benedicti herba ↗ Cnicus benedictus.
Cardui mariae fructus ↗ Silybum marianum.
Cardui mariae herba ↗ Silybum marianum.
Carduus arvensis ↗ Cirsium arvense.
Carduus benedictus ↗ Cnicus benedictus.
Carduus eriophorus ↗ Cirsium eriophorum.
Carduus marianus ↗ Silybum marianum.
Carduus oleraceus ↗ Cirsium oleraceum.

■ **Carex arenaria** L.
(syn. *Vignea arenaria*); Riedgras (syn. Deutsche Sarsaparilla, Rote Quecke, Sandriedgras, Sandsegge, Seegras, Segge).

Fam.: Cyperaceae.

Vork.: Europa, Nordamerika. Häufig zur Befestigung von Dünen und Deichen an Nord- und Osteeküste angebaut.

Droge: ***Caricis rhizoma*** (syn. *Radix Arenariae, Radix Caricis, Radix Caricis arenariae, Radix Graminis majoris, Radix Graminis rubrae, Radix Sarsaparillae germanicae, Rhizoma Caricis, Rhizoma Caricis arenariae*); Sandriedgraswurzelstock (syn. Deutsche Sarsaparilla, Riedgraswurzel, Rote Queckenwurzel, Sandriedgraswurzel, Seegraswurzel, Seggenwurzel), der getrocknete, im Frühjahr gesammelte Wurzelstock. *Inh.:* Saponine (Vorkommen in europäischen Arten ist strittig), äther. Öl, Flavone (Tricin), Gerbstoffe (8–10 %). *Anw.:* in der Volksheilkunde bei Geschlechtskrankheiten und chronischen Hautkrankheiten anstelle von Sarsaparillawurzel (↗ *Smilax-Arten*) sowie zur Blutreinigung. Zubereitungen aus der Droge werden weiterhin zur Vorbeugung gegen Gicht, Rheuma, Arthrosen und Hautleiden verwendet. In der Veterinärmedizin diente die Droge früher als desinfizierendes Waschmittel bei Maul- und Klauenseuche.

Histor.: Der Gattungsname *Carex* leitet sich vermutlich vom lateinischen *carere* (kratzen) oder vom griechischen *cheiro* (schneiden) ab, womit auf die scharfen, kieselsäurehaltigen Blattränder der Pflanze verwiesen wird, während *arenaria* (auf Sand wachsend) den Standort beschreibt. Der Sandriedgraswurzelstock ist seit 1754 in Mitteleuropa als Droge bekannt und wurde in der Folgezeit, oft zusammen mit anderen Drogen, z. B. Hauhechelwurzel, als Ersatz für die teure ausländische Sarsaparillwurzel zur Behandlung der Syphilis genutzt.

■ **Careya arborea** Roxb.

Fam.: Lecythidaceae.

Vork.: Indien, Burma, Indochina.

Droge: die Blätter und Rinde. *Inh.:* Gerbstoffe (ca. 19 %), Triterpene, wie Lupeol, Betulin, Betulinsäure; β-Sitosterol. *Anw.:* in der Volksheilkunde bei Geschwüren, Schlangenbissen sowie als Fiebermittel.

Carica ↗ Ficus carica.
Caricae ↗ Ficus carica.
Caricae fructus ↗ Ficus carica.
Caricae papayae succus ↗ Carica papaya.
Caricae pingues ↗ Ficus carica.
Carica hermaphrodita ↗ Carica papaya.
Carica mammaya ↗ Carica papaya.

■ **Carica papaya** L.
(syn. *Carica hermaphrodita, C. mammaya, C. quinqueloba, Papaya carica, Papaya communis, Papaya cucumerina, Papaya vulgaris*); Melonenbaum (syn. Baummelone, Kressenfeige, Papaya), s. Farbtafel S. 147, Bild 65.

Fam.: Caricaceae.

Vork.: kultiviert in Südamerika, Indien, Afrika, Indonesien.

Drogen: ***1. Folia Caricae papayae;*** Melonenbaumblätter. *Inh.:* proteolytische Enzyme, u. a. Papain; Pyridinalkaloide, u. a. Capain und Saponine. *Anw.:* in den Heimatgebieten als Anthelmintikum und Abführmittel. ***2. Caricae papayae***

succus (syn. *Papainum crudum*); *Carica-papaya*-Saft (syn. Rohpapain), der enzymhaltige Milchsaft der Früchte kurz vor der Reife. *Inh.:* Enzymgemisch aus Esterasen, Proteasen (↗ Papain, Chymopapain) und Glucanasen, Kautschuk. *Wirk.:* antimikrobiell, anthelmintisch, antiödematös. *Anw.:* in der Volksheilkunde als Anthelmintikum, bei Diphtherie, Warzen sowie Verdauungsstörungen. In der Lebensmittelindustrie wird der Kautschuk auch zu Kaugummi verarbeitet.

Hom.: ***Carica papaya*** HAB34, die frischen Blätter. *Anw.-Geb.:* Harnröhrenreizung.

Carica-papaya-Saft ↗ Carica papaya.
Carica quinqueloba ↗ Carica papaya.
Caricis rhizoma ↗ Carex arenaria.

■ **Carissa carandas** L.
Fam.: Apocanaceae.
Vork.: Indien.
Droge: die Wurzeln. *Inh.:* herzwirksame Glykoside, wie Odorosid H, Carisson, Digitalisglykoside. *Anw.:* in der Volksheilkunde als Stomachikum und Anthelmintikum.

■ **Carissa ovata** R. Br. var. *stolinifera* F.M. Bailey.
Fam.: Apocanaceae.
Vork.: Australien.
Droge: die Wurzeln. *Inh.:* herzwirksame Glykoside, wie Odorosid. *Anw.:* früher zur Herstellung von Pfeilgiften.

■ **Carlina acaulis** L.
(syn. *Carlina alpina, C. caulescens, C. chamaeleon, C. grandiflora, C. subacaulis*); Silberdistel (syn. Jägerdistel, Stengellose Eberwurz, Wetterdistel), s. Farbtafel S. 147, Bild 66.
Fam.: Asteraceae (Compositae).
Vork.: Mitteleuropa, von Spanien, Italien, Balkan bis Mittelrußland.
Droge: ***Carlinae radix*** (syn. *Radix Apri, Radix Cardopatiae, Radix Carlinae, Radix Chamaeleontis albae*); Eberwurzel (syn. Attichwurzel, Jägerbrotwurzel, Karlsdistel, Rohrwurzel, Silberdistelwurz, Stengellose Eberwurz, Weiße Roßwurzel, Wetterdistelwurzel, Wurzel der wilden Artischocke, Zwergdistelwurzel), die getrockneten, im Herbst gesammelten Wurzeln. *Inh.:* Inulin (18–20 %), äther. Öl (bis 2 %, u. a. mit ↗ Carlinaoxid und Carlinen), Gerbstoffe, Harz, Enzyme. Das reine äther. Öl gilt wegen des hohen Gehaltes an Carlinaoxid als stark toxisch. *Anw.:* in der Volksheilkunde innerlich bei Gastritis, Erkältungen und fiebrigen Erkrankungen, äußerlich zu Waschungen bei Dermatosen, Wunden, Geschwüren sowie als lindernde Mundspülung bei Zungenkrebs.

Histor.: Die Kräuterbücher des 16. und 17. Jh. beschreiben die Droge als schweiß- und harntreibendes Mittel, ferner als Mittel gegen Steine, Fieber, Eingeweidewürmer und Pest. Möglicherweise beruhte die damalige Wertschätzung auf einer falschen Übersetzung von einer bei ↗ Dioskurides gerühmten Arzneipflanze, bei der es sich um *Carlina gummifera* gehandelt haben könnte.

Carlina alpina ↗ Carlina acaulis.
Carlina caulescens ↗ Carlina acaulis.
Carlina chamaeleon ↗ Carlina acaulis.
Carlinae radix ↗ Carlina acaulis.
Carlina grandiflora ↗ Carlina acaulis.
Carlina gummifera ↗ Atractylis gummifera.

■ **Carlinaoxid**
(Benzyl-2-furylacetylen), die erste 1906 aus Pflanzen isolierte Acetylenverbindung (↗ Polyine), die im äther. Öl von ↗ *Carlina acaulis* enthalten ist. *Wirk.:* antibiotisch, relativ toxisch.

Carlinaoxid

Carlina subacaulis ↗ Carlina acaulis.
Carmichaels Eisenhut ↗ Aconitum-Arten.

■ **Carminativum**
blähungstreibendes Mittel mit z. T. spasmolytischen, antiphlogistischen und die Peristaltik beruhigenden Eigenschaften. Als C. werden häufig Drogen mit äther. Ölen verwendet.

■ Carminsäure

(syn. Karminsäure). Anthrachinonderivat, ursprünglich isoliert aus den getrockneten, weiblichen Kochenilleläusen (↗ *Dactylopius coccus*), das in einer Mischung mit Aluminium, Kalk und

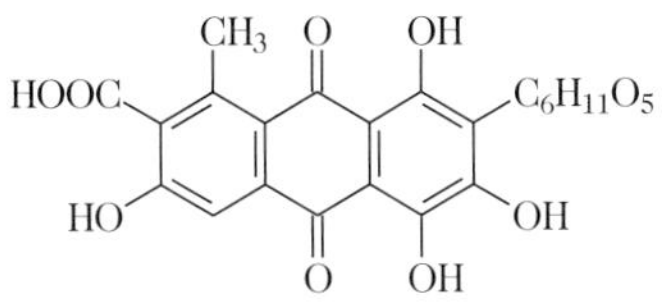

Carminsäure

Eiweiß als feuerroter Farbstoff in der Mikroskopie, Lebensmittelindustrie sowie Kosmetik (Lippenstifte) eingesetzt wird.

Carnaubapalme ↗ Copernicia prunifera.
Carnaubawachs ↗ Copernicia prunifera.
Carnauba-Wachspalme ↗ Copernicia prunifera.

■ Carnegiea gigantea (Engelm.) Britt. et Rose

(syn. *Cereus giganteus*); Riesenkaktus (syn. Saguaro).

Fam.: Cactaceae.

Vork.: südwestl. Nordamerika, Mexiko.

Inh.: Alkaloide, u. a. Carnegin, 5-Hydroxycarnegin, Norcarnegin, 3-Methoxytyramin und Arizonin. *Anw.:* Die Pflanze gilt bei den Seri-Indianern als wichtiges Heilmittel. Die Früchte werden als Nahrungsmittel oder zur Weinbereitung genutzt bzw. bei Rheumatismus verwendet.

Carneru ↗ Bignonia chica.

■ Carnosol

(syn. Picrosalvin), ein diterpenoider Bitterstoff (Abietan-Typ) aus Salbeiblättern (↗ Salvia-Arten), der bei der Lagerung in Carnosolsäure übergeht. *Wirk.:* antioxidativ, antibiotisch.

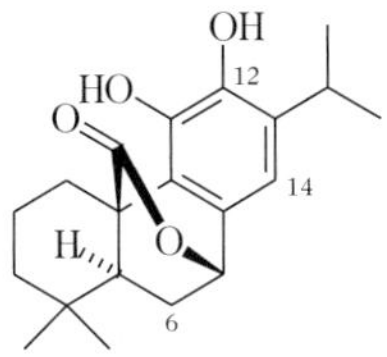

Carnosol

Caroba ↗ Jacaranda procera.
Carobae folium ↗ Jacaranda procera.
Caroben ↗ Ceratonia siliqua.
Caroben-Gummi ↗ Ceratonia siliqua.
Caroben-Kaffee ↗ Ceratonia siliqua.
Carobensamen ↗ Ceratonia siliqua.
Caronyrinde ↗ Galipea officinalis.

■ Carotine

(α-, β- und γ-Carotin, Provitamin A), zu den Carotinoiden gehörende Tetraterpene mit endständigem Ionon-Ring. *Anw.:* in der Lebensmittelindustrie zur Färbung sowie zur Anreicherung mit Provitamin A (bes. Butter, Margarine, u. ä.).

■ Carotinoide

tetraterpenoide (40 C-Atome), aus 8 Isopreneinheiten aufgebaute Polyene mit zahlreichen konjugierten, trans-konfigurierten Doppelbindungen. Sie stellen lipophile, fast wasserunlösli-

α-Carotin
((6'R)-β,ε-Carotin)
violette Kristalle

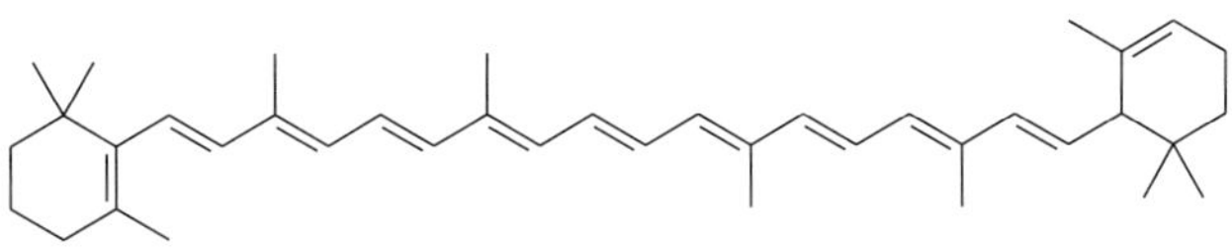

β-Carorin
(β,β-Carotin)
rote Kristalle

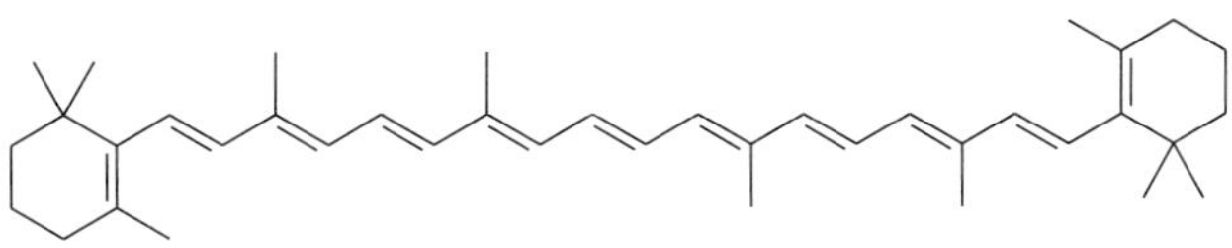

γ-Carotin
(β,ψ-Carotin)
dunkelrote Kristalle

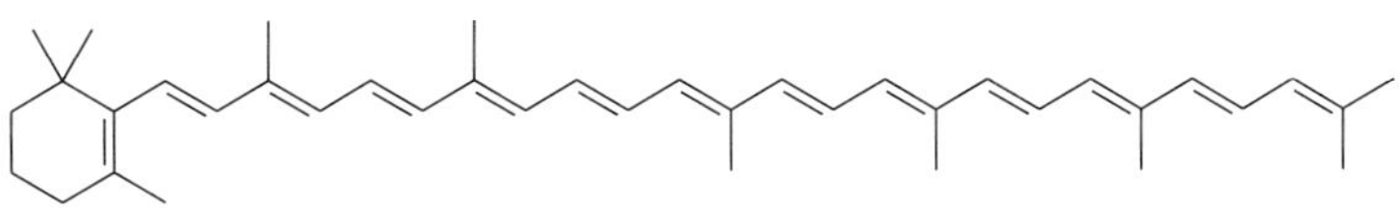

che Verbindungen dar, die zumeist gelbe, braune, rote oder rot-violette Färbungen aufweisen und in Gegenwart von Licht und Sauerstoff rasch abgebaut werden. C. sind Stoffwechselprodukte von Mikroorganismen, Pilzen und Pflanzen (hauptsächlich in den Chloroplasten als akzessorische Pigmente zur Photosynthese). Höhere Tiere, auch der Mensch, speichern die C. im Fettgewebe. Eingeteilt werden die C. in Carotine (reine Kohlenwasserstoffe ohne Sauerstoff) und Xanthophylle (sauerstoffhaltige Verbindungen mit gelber Farbe). *Wirk.:* Radikalfänger, antiatherogene Wirksamkeit, Provitamin für Vitamin A.

■ **Carpesium abrotanoides** L.
(syn. *Carpesium thunbergianum*).
Fam.: Asteraceae (Compositae).
Vork.: Indien, China, Japan, Taiwan, Indochina.
Drogen: Kraut, Früchte und Samen. *Inh.:* äther. Öl, Inulin, Carpesialacton, Bitterstoffe. *Anw.:* in der ostasiatischen Volksheilkunde häufig eingesetzt als Adstringens, Diuretikum, Wurmmittel, Expektorans und Antiphlogistikum; der frische Pflanzensaft dient zur Behandlung von Insektenstichen und -bissen.

Carpesium thunbergianum ↗ Carpesium abrotanoides.

■ **Carpinus betulus** L.
Hainbuche (syn. Weißbuche).
Fam.: Betulaceae.
Vork.: Mitteleuropa bis Vorderasien.
Droge: die Rinde und Fruchtbecher. *Inh.:* Gerbstoffe, Triterpene, wie Betulin (0,04 %); gelbe Farbstoffe. *Anw.:* im Mittelalter wurden die Fruchtbecher als Diuretikum benutzt, die Rinde diente zur Gelbfärbung von Wolle.

■ **Carpotroche brasiliensis** Endl.
Fam.: Flacourtiaceae.
Vork.: Brasilien.
Droge: ***Oleum Carpotroche***; Carpotrochefett, das Fett der Samen. *Inh.*: ein schmalzartiges Gemisch von Triglyceriden mit Carpotrochin, Chaulmoograsäure, Gorlisäure; in der Zusammensetzung dem Chaulmoograöl sehr ähnlich (↗ Hydnocarpus-Arten). *Anw.*: in der Volksheilkunde bei Hauterkrankungen sowie als Ersatz für Chaulmoograöl.

Carpotrochefett ↗ Carpotroche brasiliensis.
Carqueja-Öl ↗ Baccharis genistelloides.

■ **Carrageen**
(syn. *Fucus crispus, Fucus irlandicus*); Irländische Alge (syn. Irländisches Moos, Perlmoos, Felsenmoos), die in der Sonne gebleichten und getrockneten Thalli von ↗ *Gigartina stellata* sowie ↗ *Chondrus crispus* (s. Farbtafel S. 150, Bild 81). *Inh.:* Schleimstoffe (50–70 %) vom Galactantyp (↗ Carrageenan), Proteine, Mineralien (u. a. Iod, Brom), Farbstoffe (Chlorophyll, Fucoerythrin). *Anw.:* als Mucilaginosum (reizmilderndes Schleimmittel) in Hustensäften, bei Durchfallerkrankungen zum Stopfen, zur Herstellung fettfreier Salbengrundlagen, in der Galenik als Emulgator, in der Lebensmittelindustrie als Verdickungsmittel.

■ **Carrageenan**
(syn. Carrageenin), Gemisch aus Polysacchariden (mit Schwefelsäure veresterte Galactane), das durch Heißwasserextraktion aus bestimmten Rotalgen (↗ Carrageen) isoliert wird. C. löst sich bereits teilweise in kaltem Wasser und ist in heißem Wasser vollständig gelöst. Bei Konzentrationen über 3 % bilden die hochviskösen Sole beim Abkühlen Gele, die bereits bei geringer Temperaturerhöhung wieder verflüssigt werden können. C. besitzt ein Rückgrat aus β-(1,3)- und α-(1,4)-verbundenen D-Galactose-Resten, die mit Schwefelsäure verestert sind. Hauptfraktionen sind $\varkappa$-C. (löslich in heißem Wasser) und λ-C. (löslich in kaltem Wasser), der Sulfatgehalt liegt zwischen ca. 25 und 40 %, als Kationen treten Natrium-, Kalium-, Calcium- und Magnesium-Ionen auf. *Anw.:* in der Galenik, Kosmetik und Lebensmittelindustrie als Gelbildner und Verdickungsmittel sowie als Pseudoemulgator.

Cartagena-Ipecacuanha ↗ Cephaelis-Arten.
Carteria lacca ↗ Kerria lacca.
Carthamus maculatus ↗ Silybum marianum.

■ **Carthamus tinctorius** L.
Färberdistel (syn. Saflor, Wilder Safran).
Fam.: Asteraceae (Compositae).
Vork.: Europa, Nordafrika, Kleinasien, Ostasien, Australien, Nord- und Südamerika.
Drogen: ***1. Flores Carthami***; Färberdistelblüten (syn. Wilder Safran, Saflor), die getrockneten

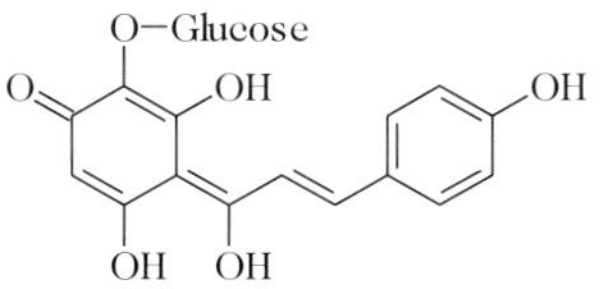

Carthamin

Blüten. <u>*Inh.*</u>: Farbstoffe (Carthamin, 2–6 %; post mortem gebildet aus Saflorrot, einem Flavanonglykosid sowie Neocarthamin und Carthamon), Kämpferolglykoside, Polyine. <u>*Anw.*</u>: in der Volksheilkunde bei Verdauungsbeschwerden; zum Färben von Lebensmitteln und Kosmetika; früher als Färbemittel für Textilien. Eine gewisse Bedeutung hatte die gemahlene Droge als Surrogat für den wesentlich teureren Safran (↗ Crocus sativus), der seit dem Altertum als Gewürz und Heilmittel verwendet wurde. ***2. Oleum Carthami***; Safloröl (syn. Kardyöl, Distelöl), das fette Öl der Samen. <u>*Inh.*</u>: fettes, trocknendes Öl (bis 50 %, u. a. mit Ölsäure, Linolsäure, Linolensäure als Estersäuren), Carotinoide. <u>*Anw.*</u>: als Speiseöl sowie als Diätetikum zur Senkung des Cholesterolspiegels im Blut; in der Technik als Brennöl, Firnisgrundstoff und Schmiermittel.

Cartholinum pratense ↗ Linum catharticum.

■ Cartilago articularis HAB

hergestellt aus Gelenkknorpeln von Schlachttieren. <u>*Anw.-Geb.*</u>: Begleittherapie bei Gelenkserkrankungen.

Carum ajowan ↗ Trachyspermum ammi.
Carum anisum ↗ Pimpinella-Arten.
Carum aromaticum ↗ Carum carvi.

■ Carum carvi L.

(syn. *Apium carvi, Seseli carvi, Ligisticum carvi, Sium carvi, Bunium carvi, Foeniculum carvi, Pimpinella carvi, Selinum carvi, Karos carvi, Seseli carum, Sium carum, Aegopodium carum, Carum decussatum, Carum aromaticum, Carum officinale, Carvi careum, Lagoecia cuminoides*); Kümmel (syn. Echter Kümmel, Feldkümmel, Garbe, Gemeiner Kümmel, Gewöhnlicher Kümmel, Karbensamen, Karve, Kramkümmel, Wiesenkümmel).

Fam.: Apiaceae (Umbelliferae).

Vork.: in fast ganz Europa als meist zweijährige, bis 1 m hohe Pflanze.

Drogen: ***1. Carvi fructus*** (syn. *Fructus Carvi*); Kümmelfrüchte, die getrockneten, reifen Früchte. <u>*Inh.*</u>: äther. Öl (3–7 %) mit ↗ D-(+)-Carvon (50–65 %) und weiteren Terpenen, bes. D-(+)-Limonen (30–40 %), Cumarine, u. a. Herniarin und Umbelliferon sowie fettes Öl (10–18 %). <u>*Anw.*</u>: dyspeptische Beschwerden im Magen- und Darmbereich, Blähungen, Völlegefühl, nervöse Herz-Magen-Beschwerden, Verdauungsstörungen bei Säuglingen sowie in großen Mengen als Gewürz und in der Likörbereitung. Volkstümlich auch als milchförderndes Mittel (Lactagogum). Zur ↗ Teezubereitung verwendet man als Einzelgabe ca. 1,8 g (= ½ Teelöffel) frisch angestoßene Droge. ***2. Carvi aetheroleum*** (syn. *Oleum Carvi, Aetheroleum carvi, Oleum Carvi aethereum, Oleum Carui, Oleum Cari*); Kümmelöl, das aus den reifen Früchten gewonnene äther. Öl. <u>*Inh.*</u>: s. o. <u>*Anw.*</u>: analog *Carvi fructus* als Spasmolytikum bei leichten krampfartigen Beschwerden im Magen-Darm-Bereich; Bestandteil entsprechender Arzneifertigpräparate.

Hom.: ***1. Carum carvi*** HAB1, die getrockneten, reifen Früchte (mind. 3 % äther. Öl). ***2. Carum carvi, äthanol. Decoctum*** HAB1 (mind.4 % äther. Öl).

Histor.: Der Gattungsname *Carum* ist vom arabischen *karwija* bzw. altdeutsch *karvey* abgeleitet. Er entspricht auch dem italienischen und französischen Namen für Kümmel. Dagegen ist das Wort Kümmel dem lateinischen *cuminum* entlehnt, das wiederum aus dem hebräischen *kammon* stammen soll.

Carum copticum ↗ Trachyspermum ammi.
Carum decussatum ↗ Carum carvi.
Carum magnum ↗ Pimpinella-Arten.
Carum officinale ↗ Carum carvi.
Carum petroselinum ↗ Petroselinum crispum.
Carum podagraria ↗ Aegopodium podagraria.
Carum vulgare ↗ Petroselinum crispum.

■ Carvacrol

2-Hydroxy-4-isopropyltoluol (Monoterpen). Charakteristisch riechende (thymolähnlich) Flüssigkeit, die Bestandteil vieler äther. Öle (z. B. ↗ *Origanum majorana*, ↗ *Origanum vulgare*, *Thymus vulgaris*, ↗ *Thymus*-Arten) ist. (Formel S. 164)

Carvi aetheroleum ↗ Carum carvi.
Carvi careum ↗ Carum carvi.

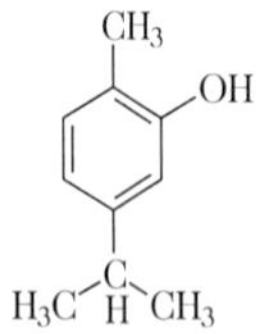

Carvacrol

Carvi fructus ↗ Carum carvi.

■ **Carvon**
p-Mentha-6,8-dien-2-on (Monoterpen). Bestandteil äther. Öle, v. a. im Kümmel (↗ *Carum carvi*). C. kommt in zwei Stereoisomeren, (+)- und (–)-Carvon, vor. Anw.: zum Aromatisieren von Likören, zur Parfümierung von Kosmetika.

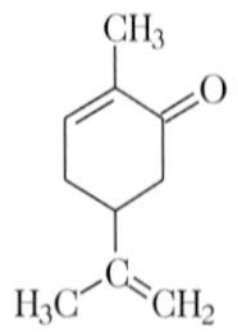

Carvon

Carya alba ↗ Carya ovata.

■ **Carya ovata** (Mill.) K. Koch
(syn. *Carya alba, C. squamosa, Juglans compressa, Juglans alba*); Schuppenrindenhickory.
Fam.: Juglandaceae.
Vork.: Nordamerika.
Droge: ***Oleum Caryae***; Amerikanisches Nußöl, das fette Öl der Nußkerne (syn. Hickory-Nüsse). Inh.: Triglyceride (ca. 78 %, u. a. mit Ölsäure, Linolsäure, Palmitinsäure), Phytosterole, Lecithin. Anw.: als Speise- und Brennöl sowie in der Homöopathie.

Carya squamosa ↗ Carya ovata.

■ **Caryocar niciferum** L.
Butterbaum.
Fam.: Caryocaraceae.
Vork.: tropisches Amerika, besonders Nordbrasilien und Guayana.
Droge: ***Butterbaumsamenfett*** (Pekeanußfett), das Fett der Samen. Inh.: festes, geruch- und geschmackloses Fett mit Glyceriden der Palmitin- und Ölsäure. Anw.: Speisefett; die Samenkerne werden als Obst gegessen, die Rinde des Baumes dient als Fiebermittel und Diuretikum.

■ **Caryodendron orinocense**
Fam.: Euphorbiaceae.
Vork.: tropisches Amerika.
Droge: das fette Öl der Samen. Inh.: Triglyceride, die zu 30 % aus Linolsäure und ca. 10 % aus Linolensäure bestehen, und frei von Hydroxyfettsäuren sowie Bitterstoffen sind. Anw.: wertvolles Speiseöl.

Caryophyllata aquatica ↗ Geum-Arten.
Caryophyllatae aquaticae rhizoma ↗ Geum-Arten.
Caryophyllatae herba ↗ Geum-Arten.
Caryophyllatae rhizoma ↗ Geum-Arten.
Caryophyllata officinalis ↗ Geum-Arten.
Caryophyllata rivalis ↗ Geum-Arten.
Caryophyllata urbana ↗ Geum-Arten.
Caryophyllata vulgaris ↗ Geum-Arten.

■ **Caryophyllene**
Sesquiterpene, die in äther. Ölen (z. B. Nelkenöl, ↗ *Syzygium*-Arten) enthalten sind und in mehreren Isomeren (α-, β-, γ-C.) auftreten. Anw.: in der Parfümherstellung.

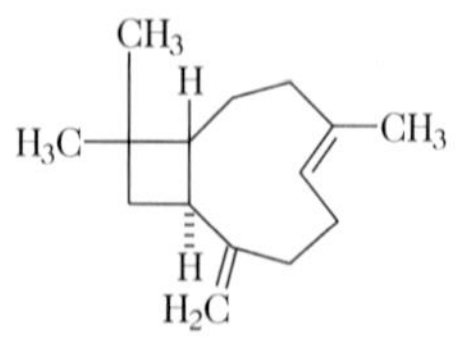

β-Caryophyllen

Caryophylli aetheroleum ↗ Syzygium-Arten.
Caryophylli floris aetheroleum ↗ Syzygium-Arten.
Caryophylli flos ↗ Syzygium-Arten.
Caryophylli fructus ↗ Syzygium-Arten.
Caryophyllus aromaticus ↗ Syzygium-Arten.
Cascararinde ↗ Rhamnus purshianus.
Cascara sagrada ↗ Rhamnus purshianus.
Cascarilla clutia ↗ Croton elutaria.
Cascarillae aetheroleum ↗ Croton elutaria.
Cascarillae cortex ↗ Croton elutaria.
Cascarillarinde ↗ Croton elutaria.
Cascarillöl ↗ Croton elutaria.
Cascarillrinde ↗ Croton elutaria.
Cascaroside ↗ Rhamnus purshianus.

■ **Casearia sylvestris** Sw.

Fam.: Flacourtiaceae.

Vork.: Brasilien.

Droge: ***Folia Caseariae***, die Blätter. Inh.: äther. Öl, Saponine, Alkaloide. Anw.: in der brasilianischen Volksheilkunde bei Hauterkrankungen.

■ **Casimiroa edulis** Llave et Lex. (syn. *Zanthoxylon araliaceum*); Sapote.

Fam.: Rutaceae.

Vork.: Zentralamerika, Mexiko, Süd- und Ostafrika.

Droge: ***Fructus Casimiroae***; Weiße Sapoten, die Früchte. Inh.: Alkaloidglykosid (Casimirin, 0,9 %). Anw.: als Obst, die Früchte sollen eine einschläfernde Wirkung aufweisen.

Cassandra calyculata ↗ Chamaedaphne calyculata.

Cassavastärke ↗ Manihot esculenta.

Cassavawurzel ↗ Manihot esculenta.

■ **Cassia-Arten**

● **Fam.:** Caesalpiniaceae. Bäume, Sträucher oder Kräuter mit stets paarig gefiederten Blättern.

● **Cassia alata** L. (syn. *Cassis bracteata, Herpetica alata, Senna alata*); Flügelkassie.

Vork.: tropisches Amerika und andere tropische Gebiete.

Droge: ***Cassia-alata-Blätter***, die getrockneten Fiederblättchen. Inh.: Anthracenderivate, u. a. Rhein, Aloeemodin und deren Glykoside sowie Flavonoide, u. a. Kämpferol, Kämpferol-3-*O*-sophorosid und geringe Mengen äther. Öl. Anw.: volkstümlich in den Herkunftsgebieten bei Verstopfung, zur Blutreinigung und äußerlich – meist in Form der zerriebenen frischen Blätter oder deren Preßsaftes bei parasitären Hautkrankheiten, bes. bei der in den Tropen verbreiteten, als „Ringwurm" bezeichneten Pilzinfektion.

● **Cassia angustifolia** Vahl. (syn. *Cassia lanceolata, C. ligustrina, C. medica, C. medicinalis, Senna alexandrina, Senna officinalis, Senna angustifolia*); Tinnevelly-Senna (syn. Indische Cassie, Indische Senna).

Herk.: Indien (Tinnevelly).

Drogen: ***1. Sennae folium*** (syn. *Cassiae folium, Folia Sennae, Folium Sennae*); Tinnevelly-Sennesblätter (syn. Indische Sennesblätter), die getrockneten Fiederblätter. Inh.: Hydroxyanthracenderivate (etwa 3 %), die genuin als Anthronglykoside, v. a. Rheinmonoglucosid, vorliegen und beim Trocknungsprozess bes. die Sennoside A, A_1 und B als Hauptglykoside (75–80 %) mit D-Glucose als Monosaccharidbaustein bilden. Die als Sennidine bezeichneten Aglyka unterscheiden sich konfigurativ. In den A-Formen haben die C-Atome 10 und 10′ jeweils gleiche Konfiguration; Sennosid A ist die (+)- und A_1 die (–)-Form. Sennosid B stellt die Mesoform mit entgegengesetzten Konfigurationen der Chiralitätszentren dar; der Drehwert ist null. Die Sennoside C und D bilden ein Diastereomerenpaar des Diglucosids von Aloeemodin-rheindianthron.

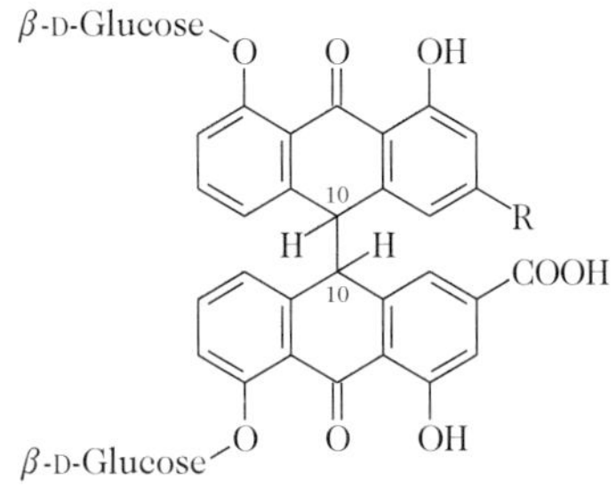

R = COOH:
Sennosid A (10,10′-*trans*)
Sennosid B (10,10′-*meso*)

R = CH_2OH
Sennosid A (10,10′-*trans*)
Sennosid B (10,10′-*meso*)

Weitere Bestandteile sind u. a. verschiedene Heterodianthrone, Rhein, Aloeemodin und deren Anthrone in teilweise glykosidierter Form sowie Flavonoide und Schleimstoffe. Wirk.: Sennoside werden erst im Kolon zu Sennidinen hydrolysiert. Diese werden durch die mikrobielle Flora zu Anthronen reduziert, die letztlich für den hydragogen Effekt und den damit verbundenen Füllungsdruck sowie die Anregung der Darmperistaltik verantwortlich sind. Anw.: bei akuter Obstipation als mittelkräftiges Laxans. *Dos.*: mittl. TG 20–60 mg Hydroxyanthracenderivate bzw. als Tee 1–1,5 g Schnittdroge auf ca. 150 ml Wasser. In den Herkunftsgebieten der Droge kommt diese volkstümlich auch bei Appetitlosigkeit, Leber- und Galleleiden, Gelbsucht sowie bei Bronchitis zur Anwendung. Zur ↗ Teezubereitung verwendet man ½–1 gestrichenen Teelöffel fein zerschnittener Droge, wobei der Tee sowohl als Heißwasseraufguß als auch als Kaltauszug bei längerem Stehen vor der Anwendung hergestellt werden kann. *2. Sennae fructus angustifoliae* (syn. *Folliculi Sennae, Fructus Sennae angustifoliae*); Tinnevelly-Sennesfrüchte (syn. Indische Mutterblätter, Indische Sennesbälge, Indische Sennesschoten), die getrockneten Früchte. Inh.: Hydroxyanthracenderivate (mind. 2,2 %). Die Zusammensetzung entspricht der Blattdroge, lediglich Aloeemodinderivate sind in geringerer Menge enthalten als in den Blättern. *Anw.*: s. *Sennae folium*.

Hom.: *Senna* HAB34, die getrockneten Fiederblätter. *Anw.-Geb.*: Erkrankungen des Magen-Darm-Traktes.

Histor.: Sennesblätter kamen im 9. Jh. durch arabische Ärzte nach Europa.

Cassia angustifolia, blühender Sproß und Hülse.

● **Cassia auriculata** L. (syn. *Senna auriculata*).

Vork.: Burma, Indien, Sri Lanka.

Drogen: *1. Cassia-auriculata-Blätter*, die getrockneten Fiederblättchen. Inh.: Gerbstoffe (ca. 20 %), geringe Mengen Anthracenderivate. *Anw.*: volkstümlich in den Heimatgebieten als Wurmmittel, bei Obstipation sowie äußerlich bei Hauterkrankungen, vereinzelt auch als Substitut für Schwarzen Tee. *2. Cassia-auriculata-Rinde*, die getrocknete Rinde. Inh.: Gerbstoffe (7–25 %). *Anw.*: volkstümlich in den Heimatgebieten bei rheumatischen Beschwerden, Augenerkrankungen sowie als Adstringens zum Gurgeln. In der Technik zum Gerben und Schwarzfärben. *3. Cassiae-auriculata-Samen*, die getrockneten reifen Samen. Inh.: Galactomannane, β-Sitosterol und Pyrrolizidinalkaloide (0,004 %). *Anw.*: volkstümlich in Sri Lanka sowie in der indischen Ayurveda-Medizin innerlich bei Diabetes, Durchfall und äußerlich bei Augenerkrankungen. Bei eitrigen Augenerkrankungen oder schmerzhaften Hornhautentzündungen werden die fein gemahlenen Samen in die Augen geblasen oder mit Cocosöl zu einer Paste verarbeitet, die auf die schmerzenden Augen gebracht wird.

● **Cassia fistula** L. (syn. *Bactyrilobium fistula, Cassia bonplandiana, C. excelsa, C. fistuloides, C. rhombifolia, Cathartocarpus excelsus, Cathartocarpus fistula*); Purgierkassie (syn. Röhrenkassie), s. Farbtafel S. 148, Bild 67.

Vork.: Indien.

Droge: *Cassiae fistulae fructus* (syn. *Cassiae fructus, Fructus Cassiae fistulae*), die getrockneten reifen Früchte. Inh.: Zucker (ca. 60 %), Pektine, Hydroxyanthracenderivate, u. a. Sennoside A und B. *Anw.*: Das mit Wasser extrahierte und eingeengte Fruchtmus (*Pulpa Cassiae*) dient als mildes Abführmittel.

● **Cassia italica** (Mill.) Lam ex Steud. (syn. *Cassia aschrek, C. burmanni, C. obovata, C. obtusata, Senna obovata, Senna obtusa*); Alippische Senna (syn. Italienische Sennespflanze, Syrische Senna).

Vork.: u. a. Westafrika, Ägypten bis Pakistan, Anbau Südeuropa.

Droge: *Cassia-italica-Blätter* (syn. *Cassia-obovata*-Blätter); Sudan-Sennesblätter, die getrockneten Fiederblättchen. Inh.: Hydroxyanthracenderivate (ca. 2,5–3,5 %) mit gleicher Zusammensetzung wie *Sennae folium*. *Anw.*: Verstopfung, mitunter als Substitut für Sennesblätter, volkstümlich zur Blutreinigung, industriell zur Gewinnung von Sennosiden.

● **Cassia occidentalis** L. (syn. *Cassia foetida, Senna occidentalis*).

Vork.: südöstliche USA, tropisches Amerika, Anbau heute in verschiedenen tropischen Gebieten.

Drogen: *1. Cassia-occidentalis-Blätter*, die getrockneten Fiederblättchen. Inh.: Hydroxyanthracenderivate (ca. 2,1 %), u. a. Chrysophanol, Emodin und Physcion sowie dessen Glucoside, ferner Flavonoide. *Anw.*: volkstümlich in den einzelnen Gebieten sehr unterschiedlich. In Indonesien bei Zahn- und Kieferschmerzen, in Haiti bei Asthma und Kopfschmerzen, an der Elfenbeinküste bei Fieber, Gelbsucht Verstopfung, Nierenerkrankungen und grauem Star. ***2. Cassia-occidentalis-Samen***, die getrockneten Samen. Inh.: Hydroxyanthracenderivate, frei und als Glucoside (ca. 2,5 %). Anw.: volkstümlich, z. B. in Indien bei Fieber, Husten, Verstopfung und äußerlich bei Hauterkrankungen.

● **Cassia senna** L. (syn. *Cassia acutifolia, C. lanceolata, Senna acutifolia, S. alexandrina*); Ägyptische Cassia (syn. Ägyptischer Sennesstrauch, Sennencassie).

Vork.: Ägypten, Sudan, Eritrea.

Drogen: ***1. Sennae folium*** (syn. *Cassiae folium, Folia Sennae, Folium Sennae*); Ägyptische Sennesblätter, (syn. Alexandriner Sennesblätter, Alexandrinische Sennesblätter), die getrockneten Fiederblätter, s. Farbtafel S. 148, Bild 68. Inh. und Anw. entsprechen denen von *C. angustifolium*. ***2. Sennae fructus acutifoliae*** (syn. *Folliculi Sennae, Fructus Sennae acutifoliae*); Alexandriner-Sennesfrüchte (syn. Afrikanische Mutterblätter, Alexandriner-Sennesfrüchte, Sennesbälge, Sennesschoten), die getrockneten Früchte, s. Farbtafel S. 148, Bild 69. Inh. Hydroxyanthracenderivate (mind. 3,4 %, nach Ph. Eur.). Anw.: entspricht der von *C. angustifolia*.

● **Histor.:** Die medizinische Nutzung der Droge war den griechischen und römischen Ärzten der Antike unbekannt geblieben. Sie geht auf arbische Ärzte des 9. und 10 Jh. zurück, wobei zunächst die Früchte genutzt wurden. Die Kräuterbücher des 16. und 17. Jh. beschreiben die Droge als gebräuchlichstes Abführmittel, das auch bei Hauterkrankungen, Melancholie, Epilepsie, Seh- und Hörschwäche empfohlen wurde.

Cassiae fistulae fructus ↗ Cassia-Arten.
Cassiae flos ↗ Cinnamomum-Arten.
Cassiae folium ↗ Cassia-Arten.
Cassiae fructus ↗ Cassia-Arten.
Cassia jahnii ↗ Adipera jahnii.
Cassia lignea ↗ Cinnamomum-Arten.
Cassia-Öl ↗ Cinnamomum-Arten.
Cassiestrauch ↗ Acacia-Arten.
Cassis bracteata ↗ Cassia-Arten.
Cassuvium reniforme ↗ Anacardium occidentale.
Castanea castanea ↗ Castanea sativa.
Castaneae folium ↗ Castanea sativa.
Castanea equina ↗ Aesculus hippocastanum.

■ **Castanea sativa** Mill.
(syn. *Castanea castanea, C. sylvestris, C. vesca, C. vulgaris, Fagus castanea*); Echte Kastanie (syn. Edelkastanie, Eßkastanie, Maronenbaum).

Fam.: Fagaceae.

Vork.: Südeuropa, in Nordamerika, Indien und Japan kultiviert.

Droge: ***Castaneae folium*** (syn. *Folia Castaneae*); Edelkastanienblätter (syn. Eßkastanienblätter, Maronenbaumblätter), die im September bis Oktober gesammelten, getrockneten Laubblätter. Inh.: Gerbstoffe (6–8 %, v. a. Ellagitannine), Flavonoide (Quercetin und Myricetin sowie deren Glykoside), Ascorbinsäure, β-Sitosterolglucosid, Gallussäure, Chinasäurederivate. Anw.: in der Volksheilkunde bei Erkrankungen der Atemwege, Beinbeschwerden, Durchblutungsstörungen, bei Diarrhoe, als Gurgelmittel bei Halsentzündungen. Die Früchte (Maronen) sind ein geschätztes Nahrungs- und Genußmittel, das einen hohen Stärke- und Zuckergehalt aufweist.

Hom.: ***Castanea vesca*** HAB34; Kastanie, die frischen Blätter. Anw.-Geb.: Krampfhusten, Enddarmentzündungen.

Histor.: Der Gattungsname *Castanea* stammt von griechischen *kástanon* ab. Seinen Namen erhielt der Baum nach Kastana, einer Stadt im Pontus, wo er schon sehr früh kultiviert (*sativa*, angepflanzt) wurde. Kastanie ist ein Lehnwort aus dem gleichbedeutenden lateinischen *castanea*.

Castanea sylvestris ↗ Castanea sativa.
Castanea vesca ↗ Castanea sativa.
Castanea vulgaris ↗ Castanea sativa.

■ **Castanospermum australe** A. Cunn. et Fras. ex Hook.
Bohnenbaum (syn. Australische Kastanie).

Fam.: Fabaceae.

Vork.: Ostaustralien, Neukaledonien.

Droge: verwendet werden die Samen (Black Bean). Inh.: Stärke (Bohnenbaumstärke), Triterpensaponine, Polyhydroxyalkaloide, u. a. Castanospermin, ein 1,6,7,8-Tetrahydroxyindolizidin, und Australin, ein Pyrrolizidin-Alkaloid. Wirk.: Castanospermin besitzt insektizide und antivirale Eigenschaften, u. a. gegen HIV. Australin hemmt bestimmte Glykosidasen und gehört in die sog. Gruppe der Alkaloidal Glykosidase Inhibi-

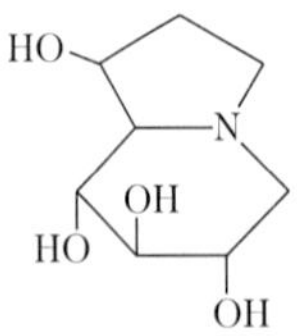

Castanospermin

bitors (AGI). Anw.: Die gerösteten, kastanienartigen Samen werden von den australischen Ureinwohnern gegessen. Eine therapeutische Nutzung ist nicht bekannt.

■ **Castela erecta**
(syn. *Castela nicholsoni*).
Fam.: Simaroubaceae.
Vork.: tropisches Amerika.
Droge: die ganze Pflanze. Inh.: Bitterstoffe, wie Chaparrin; Castelamarin, Castelin, Amarolid. Anw.: in der Volksheilkunde gegen Amöben.

Castela nicholsoni ↗ Castela erecta.
Castiglionia lobata ↗ Jatropha curcas.
Castilla costaricana ↗ Castilla elastica.
Castilla daguensis ↗ Castilla elastica.

■ **Castilla elastica** Cerv.
(syn. *Castilloa elastica, C. daguensis, C. panamensis, C. costaricana*); Castilloa-Kautschukbaum (syn. Hulebaum, Panamakautschukbaum).
Fam.: Moraceae.
Vork.: Mittelamerika, heute auch in Westindien und Südasien angebaut.
Droge: ***Castilla-elastica-Samen***, die getrockneten Samen. *Inh.:* herzwirksame Glykoside (Cardenolide): u. a. Cymarin, k-Strophanthin, Helveticosid, Cheirotoxin. *Anw.:* in der Volksmedizin Mittelamerikas bei Ödemen und Herzinsuffizienz. Die Industrie nutzt den Latex von *C. elastica* zur Kautschukgewinnung.

Castilla panamensis ↗ Castilla elastica.
Castilloa elastica ↗ Castilla elastica.
Castilloa-Kautschukbaum ↗ Castilla elastica.
Castor americanus ↗ Castor fiber.
Castor canadensis ↗ Castor fiber.

■ **Castor equi HAB**
der getrocknete, schwärzliche Auswuchs an den inneren Seiten der Vorder- und Hinterfüße des Pferdes. *Anw.-Geb.:* bei entzündlichen Prozessen und Erkrankungen der Haut sowie des Stütz-und Bewegungsapparates, z. B. Brustdrüsenentzündungen, Steißbeinschmerz, Knochenhautreizung, Knochenhautentzündung.

Castoreum ↗ Castor fiber.
Castoreum americanum ↗ Castor fiber.
Castoreum canadense ↗ Castor fiber.
Castoreum sibiricum ↗ Castor fiber L. var. sibirica.

■ **Castor fiber** Kuhl
(syn. *Castor canadensis, Castor fiber L. var. americanus, C. fiber L. var. canadensis*); Amerikanischer Biber (syn. Kanadischer Biber).
Fam.: Castoridae.
Vork.: Nordamerika.
Droge: ***Castoreum*** (syn. *Castoreum canadense, Castoreum americanum*); Bibergeil (syn. Kanadisches Bibergeil). *Inh.:* Die sekrethaltigen Drüsen der Biber („Castorbeutel"), die den Tieren zur Wegmarkierung („Duftmarken") dienen, enthalten u. a. äther. Öl mit Benzoesäure, Harz, Fett, Calciumsalze, Phenol, Salicylsäurederivate, Hydroxyzimtsäure und Derivate sowie Castorin, ein Gemisch aus Cholesterol und Dihydrocholesterol. *Anw.:* früher als Tinktur zur Spasmolyse und als Nervenmittel, bei Erschöpfungszuständen und Lungenerkrankungen. In der Parfümerie als Fixateur.
Hom.: ***Castoreum*** HAB1, das aus den Sammelbeuteln entnommene, getrocknete Bauchdrüsensekret. *Anw.-Geb.:* nervöse Verstimmungen, Erschöpfungszustände, Krämpfe des Magen-Darm-Kanals, Menstruationsbeschwerden.

■ **Castor fiber** L. **var. sibirica**
Sibirischer Biber.
Fam.: Castoridae.
Vork.: Sibirien, an Lena und Yenessei.
Droge: ***Castoreum sibiricum***; Sibirisches oder Russisches Bibergeil. *Inh.:* äther. Öl, Castorin und Harz in gleicher Qualität, aber in wesentlich größeren Mengen als Castoreum canadense (↗ Castor fiber). *Anw.:* wie bei *Castor fiber*.
Hom.: ***Castoreum sibiricum***, Bibergeil, die getrockneten Drüsensäcke des Bibers. *Anw.-Geb.:* Nervosität, Hysterie.

Castoröl ↗ Ricinus communis.
Castorsamen ↗ Ricinus communis.

Castorwachs ↗ Ricinus communis.

■ **Casuarina equisetifolia** J. R. et G. Forst.
Känguruhbaum (syn. Keulenbaum).

Fam.: Casuarinaceae.

Vork.: Australien, Indien, Westafrika, häufig auch kultiviert.

Droge: ***Casuarinarinde*** (syn. Keulenbaumrinde), die Stammrinde. *Inh.*: Gerbstoffe. *Anw.*: in der Volksheilkunde bei Ruhr, technisch als Gerbmaterial.

Casuarinarinde ↗ Casuarina equisetifolia.
Casuvium pomiferum ↗ Anacardium occidentale.
Catalpa arborea ↗ Catalpa bignonioides.

■ **Catalpa bignonioides** Walt.
(syn. *Bignonia catalpa, Catalpa arborea, C. catalpa, C. communis, C. cordifolia, C. ternifolia, C. syringaefolia, Catalpium amena*); Trompetenbaum (syn. Brissagobaum, Gemeiner Trompetenbaum).

Fam.: Bignoniaceae.

Vork.: Nordamerika, in der ganzen Welt als Zierbaum kultiviert.

Droge: ***Siliqua Bignoniae***; *Catalpa-bignonioides-*Früchte, die im Herbst geernteten reifen Früchte. *Inh.*: Iridoide (0,2–0,8 %, v. a. Catalpol, Catalposid), Polyphenole, Eiweiß, fettes Öl (mit ungesättigten Fettsäuren). *Anw.*: in der Volksheilkunde bei Lungenleiden, Asthma und Keuchhusten.

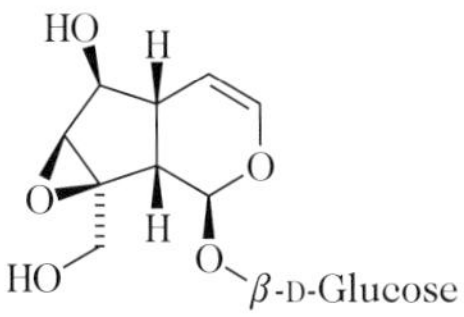

Catalpol

Hom.: ***Bignonia Catalpa*** HAB34, die frische Wurzel. *Anw.-Geb.*: Augenentzündungen.
Catalpa catalpa ↗ Catalpa bignonioides.
Catalpa communis ↗ Catalpa bignonioides.
Catalpa cordifolia ↗ Catalpa bignonioides.
Catalpa syringaefolia ↗ Catalpa bignonioides.
Catalpa ternifolia ↗ Catalpa bignonioides.
Catalpium amena ↗ Catalpa bignonioides.

■ **Catechine**
(Flavan-3-ol-Derivate). Bausteine der nicht hydrolysierbaren ↗ Gerbstoffe und ↗ Phlobaphene.

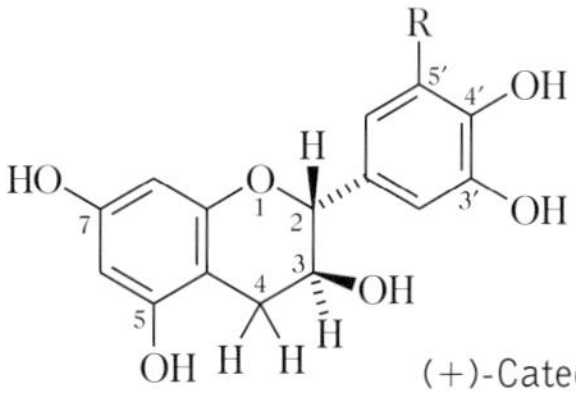

(+)-Catechin (R = H)
(+)-Gallocatechin (R = OH)

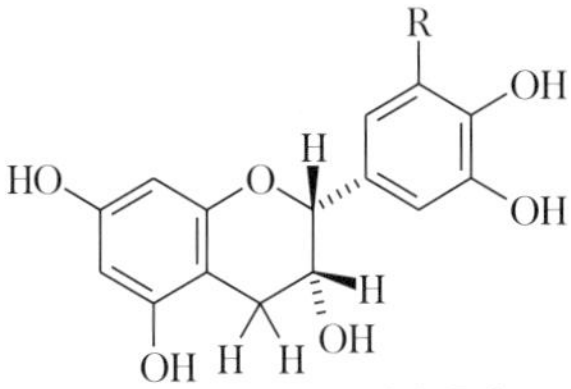

(–)-Epicatechin (R = H)
(–)-Epigallocatechin (R = OH)

Catechingerbstoffe ↗ Gerbstoffe.
Catechu ↗ Acacia-Arten, ↗ Uncaria gambir.
Catechu pallidum ↗ Uncaria gambir.
Catevala arborescens ↗ Aloe-Arten.

■ **Catgut**
chirurgisches Nahtmaterial, das aus den Dünndärmen von Säugetieren (Schafe, Rinder) hergestellt wird und das nach etwa 8–15 Tagen durch körpereigene Enzyme abgebaut wird (resorbierbares Nahtmaterial). Es besteht zum größten Teil aus nativem Kollagen. Verwendet werden Steriles Catgut (*Chorda resorbilis sterilis*), Steriles Catgut im Fadenspender (*Chorda resorbilis sterilis in receptaculo*) sowie sterile, resorbierbare Kollagenfäden (*Fila collagenis resorbilia sterilia*) in der Chirurgie für Operationsnähte.

■ **Catha edulis** Forsk.
(syn. *Catha forskalii, C. inermis, Celastrus edulis, Dillonia abyssinica, Trigonotheca serrata*); Khat (syn. Abessinischer Tee, Kath, Kathstrauch, Khatstrauch).

Fam.: Celastraceae.

Vork.: Äthiopien, Arabische Halbinsel, v. a. Nordjemen, Kenia.

Droge: ***Catha-edulis-Blätter***, die frischen Blätter oder Triebspitzen. *Inh.*: Alkaloide, u. a. die Phenylpropylamine *S*-(–)-Cathinon, *S,S*-(–)-Norpseudoephedrin (Cathin), und *R,S*-(–)-Norephedrin. Ferner Sesquiterpenesteralkaloide, Flavonoide, Catechin-Gerbstoffe sowie Triterpene. Wirk.: indirekt sympathomimetisch; Psychostimulans, zur Gruppe der Anorektika gehörend. Anw.: In bestimmten Teilen Ostafrikas und Arabiens, bes. Äthiopiens, in Kenia und im Jemen als Psychostimulans, gegen Depressionen und Melancholie. Khat wird gekaut, als Tee getrunken oder mit Honig vergoren. In der Volksheilkunde ferner bei grippalen Infekten sowie zur Überwindung von Müdigkeit. Geg.: Norpseudoephedrin steht strukturell dem Amphetamin nahe und gehört zu den Substanzen, die zur Sucht führen können, zumal bei längerer Anwendung – ähnlich dem Ephedrin – immer höhere Dosen erforderlich sind. Die Folge können u. a. Unregelmäßigkeiten am Herzen (Tachykardie, Extrasystolen) sein.

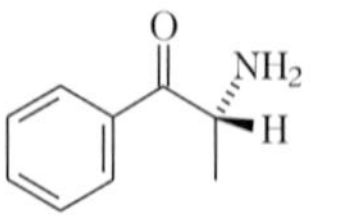

(–)-Cathinon

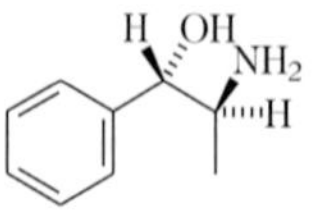

(+)-Norpseudoephedrin (Cathin)

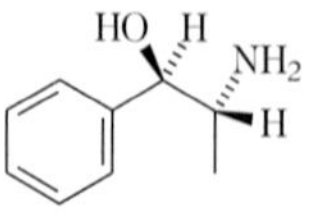

(–)-Norephedrin

Histor.: In islamischen Kulturkreisen ist Khat Teil des religiösen und gesellschaftlichen Lebens. Es wird seit Jahrhunderten traditionell verwendet und vom Koran toleriert.

Catha forskalii ↗ Catha edulis.
Catha inermis ↗ Catha edulis.

■ **Catharanthus roseus** (L.) G. Don (syn. *Ammocallis rosea, Lochnera rosea, Vinca rosea*); Tropisches Immergrün (syn. Madagaskar-Immergrün), s. Farbtafel S. 148, Bild 70.

Fam.: Apocynaceae.

Heim.: Madagaskar, in Tropen und Subtropen, z. T. als Zierpflanze, verbreitet.

Drogen: ***1. Vincae rosae herba*** (syn. *Herba Vincae roseae*); Tropisches Immergrünkraut und ***2. Vincae roseae radix*** (syn. *Radix Vincae roseae*); Tropische Immergrünwurzel. Inh.: Alkaloide (mehr als 90), bes. Vincaleucoblastin (Vinblastin, VLB und Vincristin (Leurocristin, LC), welche dimere Indol-Indolin-Alkaloide darstellen. Anw.: Die Droge ist ausschließlich Industriedroge und dient zur Gewinnung von Vinblastin und Vincristin, die Mitosehemmstoffe sind und als Zy-

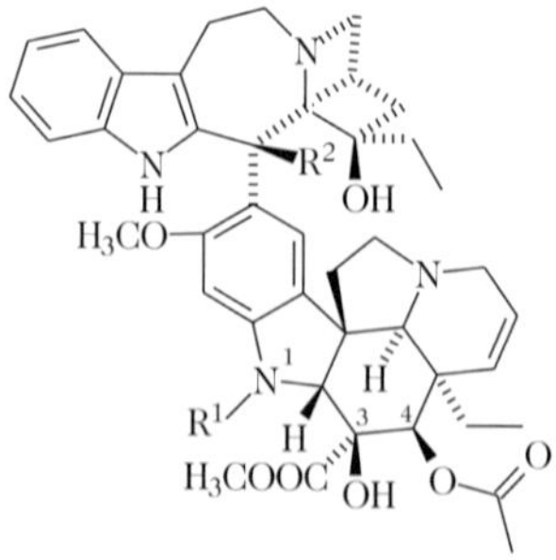

Name	R^1	R^2
Vinblastin	CH_3	$COOCH_3$
Vincristin	CHO	$COOCH_3$

tostatika in der Klinik zur Anwendung gelangen. Vinblastin wird bes. bei Morbus Hodgkin sowie metastasierendem Hoden- und Mammacarcinom eingesetzt, Vincristin bei akuten lymphatischen Leukämien. Infolge erheblicher Nebenwirkungen ist ihre therapeutische Nutzung eingeschränkt. Begrenzender Faktor ist bei VLB neben Übelkeit, Haarausfall, Magen-Darm-Störungen und Beeinträchtigung der Hämatopoese, v. a. die Leukopenie. Die dosislimitierenden Nebenwirkungen beim Vincristin sind bes. Harnsäurenephropathie, Obstipation, Haarausfall und ausgeprägte Neurotoxizität.

Histor.: Die Blattdroge von *C. roseus* wird seit langer Zeit in den Verbreitungsgebieten, u. a. auf Jamaika, als Tee gegen Diabetes genutzt. Die systematische Suche nach dem antidiabetischen Prinzip führte dabei zufällig zur Auffindung der leukopenischen Wirkung einiger Alkaloide und zu deren Entwicklung als Therapeutika. Bei der Vielzahl der untersuchten Alkaloide der Pflanze konnte bei einigen Nebenalkaloiden, u. a. Leurosin, Lochnerin, Vindolin und Vindolinin, eine hypoglykämische Wirkung festgestellt werden, die jedoch keine therapeutische Bedeutung erlangt hat.

Catharticum aureum ↗ Garcinia hanburyi.

Cathartocarpus excelsus ↗ Cassia-Arten.
Cathartocarpus fistula ↗ Cassia-Arten.

■ **Cathinon**
Alkaloid vom Phenylalkylamin-Typ (2-Aminophenylpropan-Derivat) aus ↗ *Catha edulis*. Wirk.: Durch Freisetzung von Neurotransmittern im ZNS (Dopamin, Serotonin, Noradrenalin) wird eine zentral anregende Wirkung ausgelöst.

Cativobalsam ↗ Prioria copaifera.
Catodon macrocephalus ↗ Physeter macrocephalus.

■ **Caucalis anthriscus** Huds.
(syn. *Torilis anthriscus, T. japonica*).
Fam.: Apiaceae (Umbelliferae).
Vork.: Indien, China, Korea, Japan.
Droge: die Früchte. *Inh.:* äther. Öl mit Benzylalkohol, Benzymacetat, *p*-Methoxybenzylacetat, Pinocarveol, Cadinen, Torilin; fettes Öl. *Anw.:* in der asiatischen Volksheilkunde als Adstringens, Fiebermittel, Expektorans und bei Dysenterie.

Caucalis sanicula ↗ Sanicula europaea.
Caule dulcamarae ↗ Solanum-Arten.
Caulis junceus ↗ Brassica-Arten.
Caulophylli radix ↗ Caulophyllum thalictroides.

■ **Caulophyllum thalictroides** (L.) Michx.
(syn. *Leontice thalictroides*); Löwenblatt (syn. Blauer Hahnenfuß, Frauenwurz, Stengelblatt).
Fam.: Berberidaceae.
Vork.: Nordamerika.
Droge: ***Caulophylli radix*** (syn. *Radix Caulophylli*); *Caulophyllum-thalictroides*-Rhizom und -Wurzeln (syn. Löwenblattwurzel, Blauer Hahnenfuß), die getrockneten Rhizome und Wurzeln. *Inh.:* geringe Mengen Chinolizidin-Alkaloide (–)-Anagyrin und (–)-Methylcytisin sowie (–)-Baptifolin, (+)-Magnoflorin; Triterpensaponine (Caulosaponin, Caulophyllosaponin). *Anw.:* in der traditionellen Heilkunde der nordamerikanischen Indianer bei Frauenleiden genutzt, bis ins 20. Jh. in Amerika und Großbritannien bei Amenorrhoe, Dysmenorrhoe, drohendem Abort und bei rheumatischen Beschwerden eingesetzt.
Hom.: ***Caulophyllum thalictroides*** HAB34, der frische Wurzelstock mit den daran hängenden Wurzeln. *Anw.-Geb.:* Menstruations-, Gebärmutter- und Geburtsstörungen, Rheumatismus der Finger- und Zehengelenke.
Histor.: Der Gattungsname *Caulophyllum* ist vom griechischen *kaulos* (Stengel) und *phyllon* (Blatt) abgeleitet, da der Stengel das einzige, große Blatt trägt. Der Artname *thalictroides* weist auf die Ähnlichkeit mit der Wiesenraute (*Thalictrum*) hin.

Causalis capitata ↗ Sanicula europaea.
Cautschuc ↗ Hevea brasiliensis.
Cavallium urens ↗ Sterculia-Arten.
Cawe ↗ Pachycereus pecten-aboriginum.

■ **Cayaponia cabocla** (Vell.) Mart.
(syn. *Cayaponia globosa, Bryonia cabocla*).
Fam.: Cucurbitaceae.
Vork.: Brasilien.
Droge: ***Oleum Cayaponiae***; Cayaponiaöl, das Öl der Früchte. *Inh.:* Triglyceride. *Anw.:* in der Volksheilkunde als Laxans.

Cayaponia globosa ↗ Cayaponia cabocla.
Cayaponiaöl ↗ Cayaponia cabocla.
Cayennepfeffer ↗ Capsicum-Arten.
Ceanothi folium ↗ Ceanothus americanus.
Ceanothi radicis cortex ↗ Ceanothus americanus.

■ **Ceanothus americanus** L.
(syn. *Ceanothus ellipticus, C. intermedius, C. officinalis, C. perennis, C. tardiflorus, C. trinervus, C. virgatus*); Amerikanische Säckelblume (syn. Säckelblume, Seckelblume, Seckelstrauch, Wilder Schneeball).
Fam.: Rhamnaceae.
Vork.: östliches und zentrales Nordamerika.
Drogen: ***1. Ceanothi folium*** (syn. *Folia Ceanothi*); Seckelblumenblätter, die getrockneten Blätter. *Inh.:* Flavonoide, Ceanothen- und Ceanothsäure. *Anw.:* volkstümlich u. a. gegen Aphthen, Dysenterie und bei Angina. ***2. Ceanothi radicis cortex*** (syn. *Cortex Ceanothi radicis*), die getrocknete Wurzelrinde. *Inh.:* Cyclpeptidalkaloide (ca. 0,16 %), u. a. Ceanothin-B, Ceanothin-C und Frangulanin, Zimtsäurederivate und Gerbstoffe. *Anw.:* volkstümlich zur Blutstillung, gegen Fieber und bei Gonorrhoe.
Hom.: ***Ceanothus americanus*** HAB1, die getrockneten Blätter. *Anw.-Geb.:* u. a. Milzvergrößerung.

Histor.: Der Gattungsname stammt vom griechischen *keanóthys* ab, einem von Theophrast für eine dornige Pflanze gebrauchten Namen, der allerdings nicht mit der heutigen Gattung *Ceanothus* übereinstimmt. Seckelblumenblätter wurden während der Kriegsjahre in Nordamerika auch als Teeersatz verwendet, daher der Name „New Jersey tea".

Ceanothus ellipticus ↗ Ceanothus americanus.
Ceanothus intermedius ↗ Ceanothus americanus.
Ceanothus officinalis ↗ Ceanothus americanus.
Ceanothus perennis ↗ Ceanothus americanus.
Ceanothus reclinatus ↗ Colubrina reclinata.
Ceanothus tardiflorus ↗ Ceanothus americanus.
Ceanothus trinervus ↗ Ceanothus americanus.
Ceanothus virgatus ↗ Ceanothus americanus.
Cearawachs ↗ Copernicia prunifera.
Cebolleta ↗ Oncidium cebolleta.

■ **Cecropia hololeuca** Miq.
Ameisenbaum.
Fam.: Moraceae.
Vork.: Brasilien.
Droge: die Stammrinde. Inh.: Gerbstoffe. Anw.: in der brasilianischen Volksheilkunde als Diuretikum und Antidiarrhoikum.

Cedernholzöl ↗ Juniperus virginiana.
Cedri folium ↗ Cedrus-Arten.
Cedri lignum ↗ Cedrus-Arten.
Cedron ↗ Simaba cedron.

■ **Cedrus-Arten**
● **Fam.:** Pinaceae.
● **Cedrus atlantica** (Endl.) Manetti ex Carr.; Atlaszeder.
Vork.: Algerien, Atlasgebirge.
Droge: ***Cedri lignum*** (syn. *Lignum Cedri*); Zedernholz. Inh.: äther. Öl (3–5 %), u. a. α-Cadinen, α- und γ-Atlanton enthaltend. Anw.: Bronchitis, Hautleiden.
● **Cedrus deodara** (D. Don) G. Don; Himalajazeder.
Droge, Inh. und Anw.: s. *C. atlantica*.
● **Cedrus libani** A. Rich. (syn. *C. libanotica, C. brevifolia*); Libanonzeder.
Drogen: ***Cedri folium*** (syn. *Folia Cedri*); Zedernblätter und *Cedri lignum* (syn. *Lignum Cedri*); Zedernholz. Inh.: äther. Öl, *u. a.* Borneol enthaltend. Anw.: Expektorans. Das äther. Öl ist auch Bestandteil von Arzneifertigpräparaten, die bei Erkrankungen der Atmungsorgane zur Anwendung kommen.

■ **Ceiba pentandra** (L.) Gaertn.
(syn. *Bombax pentandrum, Eriodendron anfractuosum*); Kapokbaum (syn. Wollbaum).
Fam.: Bombacaceae.
Vork.: tropisches Afrika, in Südasien und Südamerika auch kultiviert.
Droge: ***Oleum Ceibae***; Kapoksamenöl, das fette Öl der Samenkerne. Inh.: Triglyceride mit Anteilen an Ölsäure (43 %), Linolsäure (31 %), Palmitinsäure (10 %) und Stearinsäure (8 %); β-Sitosterol, Phospholipide. Anw.: als Speiseöl sowie als Brennöl und zur Seifenherstellung.

Celasteröl ↗ Celastrus paniculata.
Celastrus dependens ↗ Celastrus paniculata.
Celastrus edulis ↗ Catha edulis.

■ **Celastrus paniculata** Willd.
(syn. *Celastrus dependens*).
Fam.: Celastraceae.
Vork.: Ostindien, Sri Lanka, Philippinen, Sundainseln.
Droge: ***Duduköl*** (syn. Celasteröl), das fette Öl der Samen. Inh.: Triglyceride. Anw.: als Brennöl für kultische Handlungen; in der traditionellen Heilkunde der Herkunftsgebiete auch als Nervenheilmittel.

Celeri graveolens ↗ Apium graveolens.
Cellulase ↗ Trichoderma viride.

■ **Cellulose**
wasserunlösliches Homopolysaccharid, das aus 500 bis 5 000 unverzweigten 4-β-Glucoseeinheiten aufgebaut und wesentlicher Bestandteil der Gerüstsubstanz von pflanzlichen Zellwänden ist. Fast reine Cellulose stellt die Baumwolle dar, die aus den bis 4 cm langen und bis 40 µm dicken, röhrenförmigen Samenhaaren der Gattung *Gossypium* (↗ Gossypium-Arten) besteht. Anw.: als Watte, Binden, Mull, Nahtmaterial oder Verbandmaterial in der medizinischem Praxis; in der Galenik als Hilfsstoff bei der Tablettierung, Dragierung, als Füllmittel bei der Herstellung von Diätetika sowie als Pudergrundlage. Eine Verbandwatte aus Viskose (*Lanugo cellulosi ab-*

sorbens) besteht aus frischen, gebleichten Fasern regenerierter Cellulose, die nach dem Viskoseverfahren hergestellt wurde.

Centaurea benedictus ↗ Cnicus benedictus.

■ **Centaurea cyanus** L.
(syn. *Cyanus arvensis, C. segetum, C. vulgaris*); Kornblume (syn. Blauchrut, Blaue Kronblume, Blaumützen, Hunger, Kaiserblume, Kornmutter, Kornbeißer, Kornfresser, Kreuzblume, Schannelke, Trämpsen, Tremisse), s. Farbtafel S. 148, Bild 71.

Fam.: Asteraceae (Compositae).

Heim.: Mittelmeergebiet, inzwischen über die gesamte Erde verbreitet.

Droge: ***Cyani flos*** (syn. *Flores Cyani, Flores Cyani coerulei*), die rasch getrockneten Strahlenblüten. Inh.: Anthocyane, u. a. Centaurocyanin sowie Flavonglykoside, u. a. Apigenin-4′-*O*-(6-*O*-malonyl-β-D-glucosyl)-7-β-D-glucuronid. Anw.: heutzutage als „Schmuckdroge"; früher, u. a. bei Fieber, als schleimlösendes und harntreibendes Mittel sowie zur Anregung des Appetits und der Funktion von Leber und Galle. Meist in Teekombinationen.

Centaureum centaurium ↗ Centaurium minus.
Centaureum erythraea ↗ Centaurium minus.
Centaureum umbellatum ↗ Centaurium minus.
Centaurii herba ↗ Centaurium minus.

■ **Centaurium chilensis** (Pers.)
(syn. *Chironia chilensis, Erythraea chilensis, Gentiana peruviana*); Bitterkraut.

Fam.: Gentianaceae.

Vork.: Küstenregion Chiles.

Droge: ***Herba Canchalaguae*** (syn. *Canchalaguae herba*), das getrocknete Kraut. *Inh.:* glykosidische Bitterstoffe, Xanthonderivate, Triterpene. *Anw.:* als Tonikum und Fiebermittel.

Hom.: ***Canchalagua*** HAB34, das getrocknete, während der Blüte gesammelte Kraut. *Anw.-Geb.:* grippaler Infekt.

Centaurium erythraea ↗ Centaurium minus.

■ **Centaurium minus** Moench
(syn. *Centaurium centaurium, C. erythraea, C. umbellatum, Erythraea centaurium*); Echtes Tausendgüldenkraut, s. Farbtafel S. 148, Bild 72.

Fam.: Gentianaceae.

Vork.: gesamtes Europa.

Droge: ***Centaurii herba*** (syn. *Herba Centaurii, Herba Chironiae, Herba Erythraeae centaurii, Herba Felis terrae, Summitates Centaurii*); Tausendgüldenkraut (syn. Bitterkraut, Erdgallenkraut, Fieberkraut, Roter Aurin, Tausendguldenkraut), die getrockneten, oberirdischen Teile blühender Pflanzen. Inh.: Bitterstoffe, v. a. Secoiridoidglykoside, bes. Swertiamarin, ferner Xanthone, Flavonoide, Triterpene und Phenolcarbonsäurederivate, u. a. Protocatechu-, Syringa-, Kaffee- und Ferulasäure. Anw.: Appetitlosigkeit, dyspeptische Beschwerden, Bestandteil von Magentees zur Anregung der Magensaftproduktion. In der Volksheilkunde auch bei Leber- und Galleleiden sowie früher bei Fieber. Geg.: Magen- und Darmgeschwüre. Zur ↗ Teezubereitung verwendet man 1–2 g (= 1 Teelöffel) fein zerschnittene Droge.

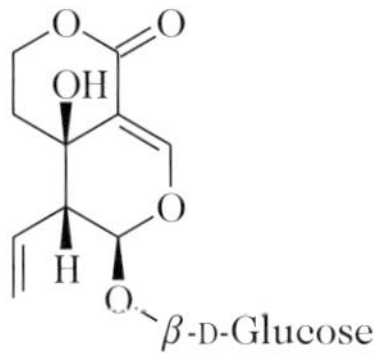

Swertiamarin

Hom.: ***Centaurium erythraea*** HAB; die ganze, frische Pflanze. *Anw.-Geb.:* Magenbeschwerden.

Histor.: Die antiken Ärzte, u. a. Hippokrates, kannten die Pflanze und unterschieden ein großes und ein kleines *Centaurium* (*kentaurion to mikron*), wobei letzteres unserem Centaurium minus entsprechen sollte. Nach ↗ Plinius hat das Centaurion den Namen von dem Centauren Chiron erhalten, der damit die Wunden, die ihm ein auf den Fuß getroffener Pfeil zugefügt hatte, geheilt haben soll. Die Droge hat ihre Bedeutung, bes. als Magenmittel, nie verloren. Ihre Wertschätzung kommt auch im deutschen Namen Tausendgüldenkraut, der aus „tausend Gulden wert" abgeleitet ist, zum Ausdruck. ↗ Bock drückt z. B. in seinem Kräuterbuch die Wertschätzung für die Droge wie folgt aus „ist köstlich im Leib und auch eusserlich zu brauchen". In einigen europäischen Regionen, z. B. in der Ukraine, wird ein Branntweinaufguß aus Tausendgüldenkraut und Johanniskraut hochgeschätzt.

■ **Centella asiatica** (L.) Urb.
(syn. *Centella cordifolia, C. coriacea, C. dusenii, C. floridana, C. hirtella, C. repanda, C. triflora, C. uniflora, Centenella erecta, Hydrocotyle asiatica*); Wassernabel (syn. Asiatischer Wassernabel, Indischer Wassernabel).

Fam.: Apiaceae (Unterfam. Hydrocotyledoneae).

Vork.: Südostasien, Madagaskar, Südosten der USA sowie östliches Südamerika; an Gewässern und sumpfigen Stellen.

Droge: ***Centellae asiaticae herba*** (syn. *Centellae herba, Herba Centellae, Herba Centellae asiaticae, Herba Hydrocotylae asiaticae*); Wassernabel-Kraut (syn. Indisches Wassernabel-Kraut), die getrockneten oberirdischen Teile. Inh.: Triterpensaponine, insbes. Asiaticosid, ferner freie Triterpene, äther. Öl (ca. 0,1 %, u. a. Germacren D,

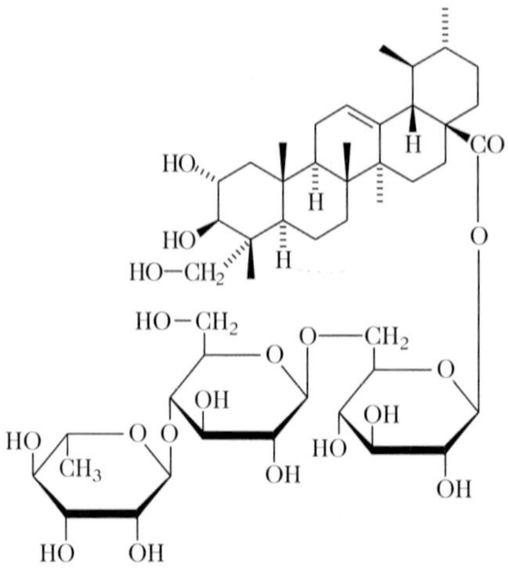

Asiaticosid

β- Caryophyllen, *p*-Cymen und α-Pinen enthaltend) sowie Flavonolglykoside. Wirk.: Extrakte der Droge wirken wundheilend, antiphlogistisch und antibakteriell. Anw.: Hauptanwendungsgebiet ist die Leprabehandlung, in der Volksheilkunde Südostasiens ferner bei rheumatischen Beschwerden, zur Entwässerung und in der Ayurvedischen Medizin bei Psychosen und Epilepsie. Das aus der Droge gewonnene Asiaticosid dient ebenfalls als Lepramittel und wird darüber hinaus in der Wundbehandlung eingesetzt.

Hom.: ***Centella asiatica*** HAB1, die getrockneten, oberirdischen Teile. Anw.-Geb.: Gebärmutterentzündung, Hauterkrankungen mit Verdikkungen und Juckreiz.

Centella cordifolia ↗ Centella asiatica.
Centella coriacea ↗ Centella asiatica.
Centella dusenii ↗ Centella asiatica.
Centellae asiaticae herba ↗ Centella asiatica.
Centellae herba ↗ Centella asiatica.
Centella erecta ↗ Centella asiatica.
Centella floridana ↗ Centella asiatica.
Centella hirtella ↗ Centella asiatica.
Centella repanda ↗ Centella asiatica.
Centella triflora ↗ Centella asiatica.
Centella uniflora ↗ Centella asiatica.

■ **Centranthus ruber** (L.) DC.
(syn. *Valeriana rubra, Kentranthus ruber*); Spornblume.

Fam.: Valerianaceae.

Vork.: Südeuropa, besonders Italien und Frankreich, auch kultiviert.

Droge: ***Radix Centranthi***; Roter Baldrian, die Wurzeln. Inh.: Isovaleriansäure (1–3 %), β-Sitosterin, Saccharose, Valepotriate, Isovalerylester. Anw.: als Sedativum, gegen Krämpfe sowie in der Homöopathie.

Cepa esculenta ↗ Allium-Arten.
Cepa marina ↗ Urginea maritima.
Cepa schoenoprasum ↗ Allium-Arten.
Cepa vulgaris ↗ Allium-Arten.

■ **Cephaelin**
Monoterpen-Bis-Isochinolinalkaloid vom Emetin-Typ aus ↗ *Cephaelis*-Arten. Wirk.: sekretolytisch (refektorisch) und emetisch wirkende Verbindung durch starke Reizwirkung auf die Magenschleimhaut.

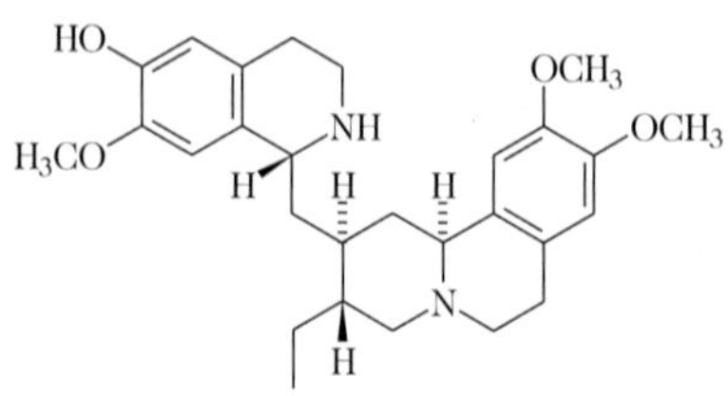

(–)-Cephaelin

■ **Cephaelis-Arten**
● **Fam.:** Rubiaceae.

● **Cephaelis acuminata** (Bent.) Karst. (syn. *Uragoga acuminata, Uragoga granatensis, Psychotria acuminata*); Cartagena-Ipecacuanha.

Vork.: Mexiko, Mittelamerika.

Droge: ***Ipecacuanhae radix***. Inh. und Anw.: s. *Cephaelis ipecacuanha*.

● **Cephaelis barcellana** (Muell. Arg.) Standley (syn. *Psychotria barcellana*); Rio-Ipecacuanha.

Vork.: Peru, Kolumbien, Brasilien, Venezuela.

Droge: ***Cephaelis-barcellana-Blatt***. Inh.: Alkaloide vom Emetin-Typ. Anw.: in der Volksheilkunde werden die gekochten Blätter als Breiumschlag bei Verbrennungen aufgelegt.

● **Cephaelis blepharophora** Stabdley.

Vork.: Kolumbien, Venezuela.

Droge: ***Cephaelis-blepharophora-Blatt***. Inh.: Alkaloide vom Emetin-Typ. Anw.: s. *Cephaelis barcellana*.

● **Cephaelis elata** Sw. (syn. *Cephaelis chiriquiensis, C. costaricensis, C. punicea, Evea elata, Tapogomea alata, Uragoga punicea*).

Vork.: Panama.

Droge: ***Cephaelis-elata-Sproß***. Inh.: Alkaloide vom Emetin-Typ. Anw.: in der Volksheilkunde bei verschiedenen Geisteskrankheiten.

● **Cephaelis emetica** (Mutis) Pers. (syn. *Psychotria emetica, Ronabea emetica*); Schwarze Ipecacunhawurzel.

Vork.: Bolivien bis Guatemala.

Droge: ***Ipecacuanhae nigrae radix*** (syn. *Ipecacuanhae radix striata major, Radix Ipecacuanha glycyphloae, Radix Ipecacuanha nigra striata*); Schwarze Ipecacuanhawurzel. Inh.: Alkaloide vom Emetin-Typ. Anw.: als mildes Expektorans.

● **Cephaelis humboldtiana** Cham. (syn. *Psychotria humboldtiana*).

Vork.: Kolumbien, Brasilien, Venezuela.

Droge: ***Cephaelis-humboldtiana-Blatt***. Inh.: Alkaloide vom Emetin-Typ. Anw.: In der traditionellen indianischen Medizin werden die gekochten Blätter als Breiumschlag bei geschwollenen Füßen eingesetzt.

● **Cephaelis ipecacuanha** (Brot.) A. Rich. (syn. *Callicocca ipecacuanha, Cephaelis emetica, Evea ipecacuanha, Hipecacuanha brasiliensis, H. dysenteria, Ipecacuanha fusca, I. officinalis, Ouragoga ipecacuanha, Psychotria emetica, P. ipecacuanha, Uragoga emetica, U. ipecacuanha*); Brechwurzel (syn. Kopfbeere, Ruhrwurzel, Speiwurzel), s. Farbtafel S, 149, Bild 73.

Vork.: Brasilien, kultiviert in Südasien.

Droge: ***Ipecacuanhae radix*** (syn. *Radix Ipecacuanhae, Radix Uragogae ipecacuanhae*); Brechwurzel (syn. Ipecacwurzel, Ruhrwurzel, Speiwurzel), s. Farbtafel S. 149, Bild 74. Inh.: Alkaloide vom Emetin-Typ (1,8–4 %, v. a. Emetin, ↗ Cephaelin, *O*-Methylpsychotrin, Psychotrin), Stärke

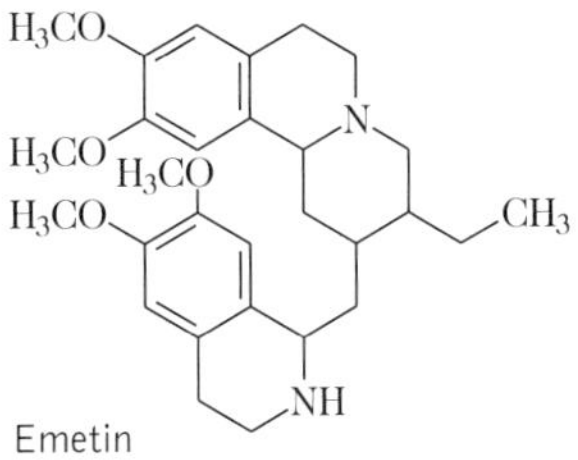

Emetin

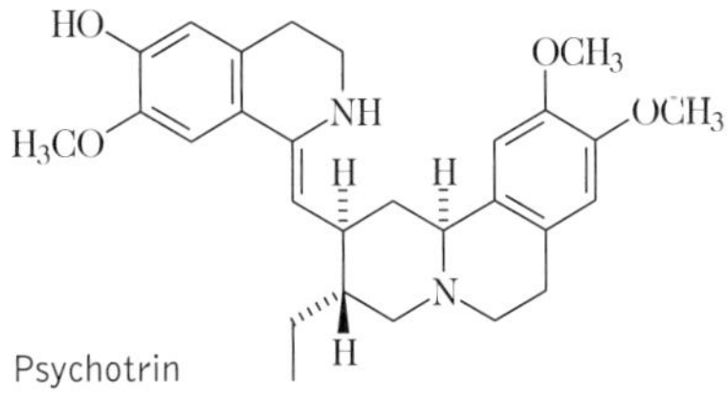

Psychotrin

(30–40 %), saure Saponine (3–4 %). Wirk.: expektorierend (reflektorisch über lokale Reizwirkung an der Magenschleimhaut), emetisch, amöbozid. Anw.: als Expektorans bei chronischer Bronchitis, trockenem Husten, als Emetikum bei Vergiftungen. In der Volksheilkunde auch bei Amöbenruhr. Wegen der notwendigen exakten Dosierung ist die Droge als Teedroge nicht geeignet, sondern nur in Form standardisierter Präparate einsetzbar. 0,5–2 g Droge wirken bereits brecherregend.

Hom.: ***Cephaelis ipecacuanha*** HAB1 (syn. *Ipecacuanha*), die getrockneten unterirdischen Organe. Anw.-Geb.: Bronchitis, Bronchialasthma, Keuchhusten, Magen-Darm-Entzündungen, Schleimhautblutung, Kreislaufstörungen.

Histor.: Die erste Nachricht über diese Droge kam 1590 von dem portugiesischen Mönch Michael Tristam. 1672 wurde die Droge zuerst in einer Pariser Apotheke vertrieben, wobei sie von dem bekannten Arzt Helvetius angewandt und propagiert wurde. In Deutschland befürwortete insbes. Leibniz die Droge, die seit Beginn des 18. Jh. allgemeine Anerkennung und Eingang in die Arzneibücher fand. Der Name *Ipecauanha* stammt aus der Tupisprache und galt ursprünglich für einige brecherrengende, am Wege stehende Menispermaceen (Mondsamengewächse). Wegen der Ähnlichkeit der Wurzel mit der echten Brechwurzel wurde er später von den Brasilianern auf diese übertragen.

● **Cephaelis tomentosa** (Aubl.) Vahl. (syn. *Evea tomentosa, Psychotria poeppigiana, Tapogomea tomentosa*).

Vork.: Panama, Trinidad.

Droge: ***Ipecacuanha-tomentosa-Wurzel***. Inh.: Emetin (0,1 %). Anw.: In der Volksheilkunde wird ein Dekokt bei Verwirrtheit und Halluzinationen sowie bei Röteln verabreicht.

Cephaelis emetica ↗ Cephaelis-Arten.
Cephalandra indica ↗ Coccinia grandis.

■ Cephalosporine

Gruppe von β-Lactamantibiotika, die sich von der 7-Amino-ceph-3-em-4-carbonsäure (7-Aminocephalosporansäure) ableiten. Gebildet werden die C. u. a. von *Acremonium-* (*Cephalosporium-*) und *Emericellopsis*-Arten. Ihre antibiotische Wirksamkeit ist mit der des Penicillins vergleichbar, erfaßt aber auch penicillinresistente Erreger. In der klinischen Praxis werden nur partialsynthetische Derivate bei Atem- und Harnwegs-

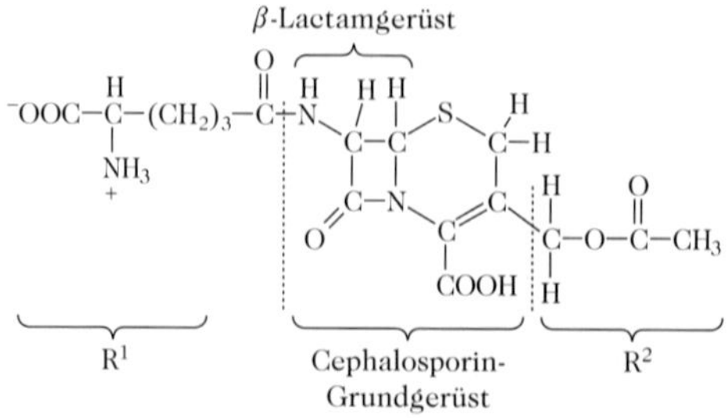

Cephalosporine. Beispiel Cephalosporin C. Die einzelnen Cephalosporinderivate unterscheiden sich in den Resten R^1 und R^2.

infektionen, Infektionen der Geschlechtsorgane, der Haut, Knochen und Gelenke eingesetzt. Einige C. erfassen als Breitbandantibiotika auch gramnegative Erreger.

■ Cephamycine

Gruppe von β-Lactamantibiotika, die sich von der 7-Amino-7-methoxy-ceph-3-em-4-carbonsäure (Cepham) ableiten. Sie sind β-lactamasestabil. Für die Produktion der C. werden *Streptomyces clavuligerus* oder *Streptomyces lipmanii* eingesetzt. Ihr Einsatz erfolgt ähnlich wie bei den ↗ Cephalosporinen.

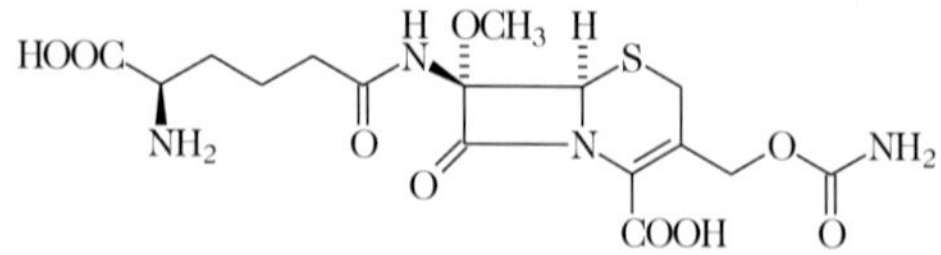

Cephamycin C

Cera alba ↗ Wachse.
Cera arborea ↗ Baumwachs.
Cera Candelilla ↗ Pedilanthus pavonis.
Cera Carnauba ↗ Copernicia prunifera.
Cera chinensis ↗ Wachse.
Cera Coperniciae ↗ Copernicia prunifera, ↗ Wachse.
Cera flava ↗ Apis mellifera, ↗ Wachse.
Cera foliorum ↗ Copernicia prunifera.
Cera japonicae ↗ Wachse.
Cera Lanae ↗ Wachse, ↗ Ovis aries.
Cera Palmarum ↗ Copernicia prunifera, ↗ Wachse.
Cera Simmondsiae liquida ↗ Simmondsia chinensis.
Cerasus avium ↗ Prunus-Arten.
Cerasus laurocerasus ↗ Prunus-Arten.
Cerasus mahaleb ↗ Prunus-Arten.
Cerasus padus ↗ Prunus-Arten.
Cerasus virginiana ↗ Prunus-Arten.
Cerasus vulgaris ↗ Prunus-Arten.
Ceratonia ↗ Ceratonia siliqua.
Ceratonia coriacea ↗ Ceratonia siliqua.
Ceratoniae fructus ↗ Ceratonia siliqua.
Ceratoniae semen ↗ Ceratonia siliqua.
Ceratonia inermis ↗ Ceratonia siliqua.

■ Ceratonia siliqua L.

(syn. *Ceratonia coriacea, C. inermis*); Johannisbrotbaum (syn. Bockshornbaum, Karobenbaum), s. Farbtafel S. 149, Bild 75.

Fam.: Caesalpiniaceae.

Vork.: Mittelmeerküsten.

Drogen: ***1. Ceratonia***; Caroben-Gummi (syn. Johannisbrotkernmehl), das aus den Samen der Früchte gewonnene Endosperm. Inh.: Galactomannane (Carubin) mind. 73 %, Proteine (10–14 %), ferner Samenschalenbestandteile, u. a. Cellulose, Pektin und Lignin. Wirk.: Caroben-Gummi trägt als unverdauliches, gelbildendes

Polysaccharid bei gleichzeitiger Glucosegabe zu einem verzögerten Anstieg sowie zu einem langsameren Abfall des Serum-Glucosespiegels bei. Durch Verdauungsenzyme wird C. nicht angegriffen. Anw.: zur Reduktion des postprandialen Glucoseanstiegs bei Diabetes mellitus, bei Hypercholesterolämie, Durchfall und Erbrechen bes. bei Säuglingen, für kalorienarme Schlankheitskost, als Klebemasse für Kolostomie-Beutel, Bindemittel bei der Tablettenherstellung, als Emulsionsstabilisator sowie zur Stabilisierung der Konsistenz von Lebensmitteln. ***2. Ceratoniae fructus*** (syn. *Fructus Carobae, Fructus Ceratoniae, Siliqua dulcis*); Johannisbrot (syn. Karoben, Caroben, Bockshörndl, Sodbrot), die getrockneten, reifen Früchte, s. Farbtafel S. 149, Bild 76. Inh.: s. *Ceratonia*, zusätzlich Mono- und Disaccharide bes. Fructose (bis 8 %) und Saccharose (25–40 %) sowie Ballaststoffe, u. a. Lignin. Anw.: volkstümlich bei Diarrhoe, Enteritiden bei Kindern (2–5 % Pulver gerösteter Carobenfrüchte in Milch) sowie bei Erkrankungen der Atmungsorgane. ***3. Ceratoniae semen*** (syn. *Semen Carobae, Semen Ceratoniae*); Carobensamen (syn. Johannisbrotkerne, Karobensamen), die Samen der reifen Früchte. Inh.: s. *Ceratonia* und *Ceratoniae fructus*. Anw.: Geröstete Samen dienen mitunter als Kaffeeersatz (Caroben-Kaffee) sowie zur Brotbereitung.

Cerbera manghas ↗ Cerbera odollam.

■ **Cerbera odollam** Gaertn.
(syn. *Cerbera manghas*).
Fam.: Apocynaceae.
Vork.: Madagaskar, Ostindien, Australien.
Droge: der Samen. Die Droge ist stark giftig! Inh.: herzwirksame Glykoside, wie Thevetin, Cerberin, Theviridosid, fettes Öl (43–57 %). Anw.: in therapeutischen Dosen bei Herzinsuffizienz; das fette Öl der Droge wird als Brennöl und Wurmmittel eingesetzt.

Cerbera thevetia ↗ Thevetia peruviana.
Cerbera venenifera ↗ Tanghinia venenifera.

■ **Cercis siliquastrum** L.
Judasbaum.
Fam.: Leguminosae.
Vork.: Mittelmeergebiete, Krim, Vorderasien, häufig als Zierbaum kultiviert.
Droge: die Blütenknospen. Inh.: Flavonoide, wie Myricetin-3-rhamnosid. Anw.: als Küchengewürz wie Kapern eingesetzt.

Cerefolii herba ↗ Anthriscus cerefolium.
Cereus ambiguus ↗ Nyctocereus serpentinus.
Cereus balansaei ↗ Eriocereus bonplandii.
Cereus bonplandii ↗ Eriocereus bonplandii.
Cereus geometrizans ↗ Myrtillocactus geometrizans.
Cereus giganteus ↗ Carnegiea gigantea, ↗ Trichocereus pachanoi.
Cereus grandiflorus ↗ Selenicereus grandiflorus.
Cereus peruvianus ↗ Trichocereus pachanoi.
Cereus scandens ↗ Selenicereus grandiflorus.
Cereus serpentinus albispinus ↗ Nyctocereus serpentinus.
Cereus serpentinus stellatus ↗ Nyctocereus serpentinus.
Cereus splendens ↗ Nyctocereus serpentinus.
Cerinthe alpina ↗ Cerinthe glabra.
Cerinthe aspera ↗ Cerinthe glabra.

■ **Cerinthe glabra** Mill.
(syn. *Cerinthe alpina, C. aspera*); Wachsblume.
Fam.: Boraginaceae.
Vork.: Europa, Kleinasien.
Droge: die Blätter und Wurzeln. Inh.: Schleimstoffe, Zucker, Fructane, Kieselsäure. Anw.: in der Volksheilkunde als Zusatz zu Wundsalben.

Cervispina cathartica ↗ Rhamnus catharticus.

■ **Cervus asiaticus**
Maralhirsch (syn. Isjubrhirsch).
Fam.: *Cervidae.*
Vork.: Sibirien, Kasachstan, Altaigebiete, Mandschurei.
Droge: die Bastgeweihe oder Panten (noch nicht verknöcherte Geweihe), Schwanz, Penis, Föten und Sehen. Inh.: Hormone. Anw.: in der chinesischen traditionellen Medizin als Stimulans bei Altersschwäche, Tonikum sowie zur Stimulation der Wundheilung. Das aus den Panten gewonnene Pantokrin zählt in China zu den stärksten tonisierenden Mitteln. Aus den harten Geweihstangen wird in China ein Mittel gegen Hautleiden und Geschwüre hergestellt.

■ **Cervus elaphus**
Hirsch.

Fam.: *Cervidae.*
Vork.: Europa.
Droge: ***Cornu Cervi***; Hirschhornspäne, das geraspelte Hirschhorn. Inh.: Leim, Calciumphosphate, Calciumcarbonat. Anw.: zur Herstellung von Gallerten in der Volksheilkunde, als Blumendünger.

■ **Cestrum laevigatum** Schlecht.
Tintenbeerpflanze.
Fam.: Solanaceae.
Vork.: Mittel- und Südamerika, Westindische Inseln.
Droge: ***Herba Cestri*** (syn. *Folia Cestri*). Inh.: äther. Öl. Anw.: in der brasilianischen Volksheilkunde als Antiseptikum, Sedativum, Emolliens und Leberstimulans. Anw.: Die Blätter werden als Ersatz für Marihuana in einigen Gegenden Brasiliens geraucht. Ob eine halluzinogene Wirkung induziert wird, ist nicht ausreichend untersucht. Die Früchte der Pflanze (Beeren) enthalten Saponine, die bei Rindern zu Vergiftungen führen können (Chase-Vally-Krankheit).

Cetaceum ↗ Physeter macrocephalus.

■ **Cetraria islandica** (L.) Acharius
(syn. *Lichen islandicus, Lobaria islandica*); Isländisches Moos (syn. Blätterflechte, Fieberflechte, Fiebermoos, Heideflechte, Hirschhornflechte, Isländische Flechte, Lungenflechte, Lungenmoos, Purgiermoos, Tartschenflechte), s. Farbtafel S. 149, Bild 77.
Fam.: Parmeliaceae (Lichenes).
Vork.: arktische Gebiete der nördlichen Hemisphäre sowie stellenweise in den Mittel- und Hochgebirgen der gemäßigten Zonen.
Droge: ***Lichen islandicus***; Isländisches Moos (syn. Kramperltee), die getrockneten Thalli. Inh.: die wasserlöslichen Polysaccharide Lichenin

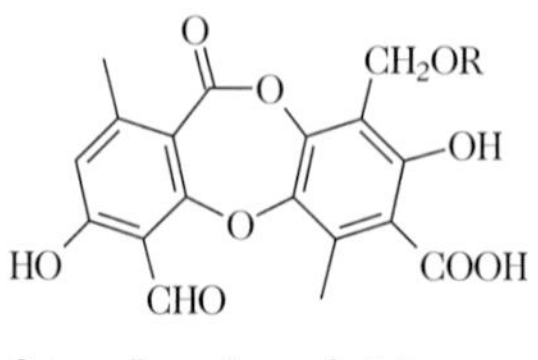

Cetrarsäure: R = $-C_2H_5$)
Fumarprotocetrarsäure:
R = $-CO-CH\underset{E}{=}CH-COOH$

und Isolichenin (50 %), Flechtensäuren von bitterem Geschmack, inbes. Fumarprotocetrarsäure (2–3 %) sowie Protocetrar- und Cetrarsäure Anw.: Reizhusten, Schleimhautreizungen im Mund- und Rachenraum, als sog. Amarum mucilaginosum auch Bestandteil von Magentees sowie von Phytopharmaka. Zur ↗ Teezubereitung verwendet man als Einzeldosis etwa 1 Teelöffel (ca.1,3 g) Droge.
Hom.: ***Cetraria islandica*** HAB1, der getrocknete Thallus. Anw.-Geb.: Bronchitis.
Histor.: Die Droge hat ihren Namen aus alter Zeit, als man unter Moosen alle blattähnlich ausgebildeten Kryptogamen zusammenfaßte. Auch die Bezeichnung „Isländisches" bezieht sich keineswegs auf das bevorzugte Vorkommen, sondern lediglich darauf, daß die Isländer die Droge zuerst anwandten.

Cetrarsäure ↗ Cetraria islandica.
Ceylonischer Zimtbaum ↗ Cinnamomum-Arten.
Ceylon-Jasmin ↗ Ervatamia coronaria.
Ceylonöl ↗ Cocos nucifera.
Ceylon-Zimt ↗ Cinnamomum-Arten.
Ceylonzimtöl ↗ Cinnamomum-Arten.
Ceylonzimtrinde ↗ Cinnamomum-Arten.
Chabarrorinde ↗ Bowdichia virgilioides.

■ **Chaenomeles sinensis** Koch
(syn. *Cydonia sinensis, Pirus sinensis, Pseudocydonia sinensis*); Chinesische Quitte.
Fam.: Rosaceae.
Vork.: Kleinasien, Indien, China, auch kultiviert.
Droge: die Früchte. Inh.: Vitamin C, Fruchtsäuren, wie Malein-, Wein- und Citronensäure; Procyanidine, Gerbstoffe. Anw.: in der chinesischen Volksheilkunde als Adstringens bei Diarrhoe sowie zur Schmerzstillung.

Chaerefolium cerefolium ↗ Anthriscus cerefolium.
Chaerophyllum cicutaria ↗ Myrrhis odorata.
Chaerophyllum odoratum ↗ Myrrhis odorata.

■ **Chaerophyllum temulentum** L.
(syn. *Bellia temulente, Chaerophyllum geniculatum, C. hirsutum, C. temulum, Myrrhis temula, M. temulenta, Scandix nutans, S. temula, Selinum temulum*); Hecken-Kälberkropf (syn. Tau-

melkerbel, Betäubender Kälberkropf, Eselskerbel).

Fam.: Apiaceae (Umbelliferae).

Vork.: Zentraleuropa.

Die Pflanze gilt als schwach giftig. *Inh.:* äther. Öl, v. a. Sesquiterpene, wie Germacren D, Flavonoide, u. a. Quercetin, Luteolin, Kaempferol und deren Glykoside, Polyine, v. a. Falcarinol in den Wurzeln. Der verifizierte Nachweis eines flüchtigen, coniinartigen Alkaloids steht noch aus.

Hom.: ***Chaerophyllum*** HAB34, die frische, blühende Pflanze.

Chagualgummi ↗ Puya chilensis.
Chailletia toxicaria ↗ Dichapetalum toxicarium.
Chalmis ↗ Acorus calamus.
Chamaeclema hederacea ↗ Glechoma hederacea.

■ **Chamaedaphne calyculata** (L.) Moench.
(syn. *Andromeda calyculata. Cassandra calyculata, Lyonia calyculata*); Torfgränke.

Fam.: Ericaceae.

Vork.: nördliche Hemisphäre.

Droge: die ganze Pflanze. Die Droge ist giftig! *Inh.*: u. a. Andromedotoxin. *Anw.*: in der Volksheilkunde als Diaphoretikum.

Chamaedryos aquaticae herba ↗ Teucrium-Arten.
Chamaedrys officinalis ↗ Teucrium-Arten.
Chamaedrys scordium ↗ Teucrium-Arten.
Chamaelirium carolinianum ↗ Chamaelirium luteum.

■ **Chamaelirium luteum** (L.) A. Gray
(syn. *Chamaelirium carolinianum, Helonias bullata, Helonias dioica, Veratrum luteum*); Falsches Einkorn.

Fam.: Liliaceae.

Vork.: Kanada, atlantisches Nordamerika.

Droge: ***Rhizoma Helonias*** (syn. *Chamaelirium, Chamaelirium-luteum*-Rhizom, *Helonias dioicae rhizoma*); Teufelsbiß (syn. Falsche Einkornwurzel, Heloniaswurzel), die getrockneten Wurzeln und Rhizome. *Inh.:* v. a. Steroidsaponine (bis 9,5 %, bes. Chamaelirin = Diosgeninglykosid). *Anw.:* in der Volksheilkunde bei Menstruationsstörungen, Fluor albus und drohender Fehlgeburt sowie bei Fieber, Wurmbefall und zur Aquarese.

Hom.: ***Chamaelirium luteum*** HAB1 (syn. *Helonias dioica*), die frischen unterirdischen Teile. *Anw.-Geb.:* Nierenentzündungen, Gebärmuttersenkung, Erschöpfungs- und Verstimmungszustände.

Chamaemelum cotula ↗ Anthemis cotula.
Chamaemelum foetidum ↗ Anthemis cotula.

■ **Chamaemelum nobile** (L.) All.
(syn. *Anthemis chamomilla-romana, A. nobilis, A. odorata, Chamaemelum odoratum, Chamomilla nobilis, Leucanthemum odoratum, Lyonnetia abrotanifolia, Matricaria nobilis, Ormenis aurea, O. nobilis*); Römische Kamille (syn. Römische Hundskamille, Edel-Kamille, Gartenkamille, Doppelte Kamille, Große Kamille, Dickköpfe, Welsche Kamille, Dicke Granille, Gaadekamille, Krampf-Kamille) s. Farbtafel S. 149, Bild 78.

Fam.: Asteraceae (Compositae).

Vork.: West- und Südeuropa, Nordafrika.

Drogen: ***1. Chamomillae romanae flos*** (syn. *Anthemidis flores, Anthemidis flos, Flores Chamomillae hortensis, -nobilis, -odorati, Chamomillae romanae flores, Flores Anthemidis, Flores Chamomillae romanae, Flos Anthemidis*); Römische Kamillen, die getrockneten Blütenköpfchen der kultivierten, gefülltblütigen Varietät. *Inh.*: äther. Öl (0,6–2,4 %) mit Estern der Angelica- und Tiglinsäure als Hauptkomponenten sowie Methacryl- und Isobuttersäure, die jeweils mit C_3–C_6-Alkoholen verestert sind, außerdem in geringer Menge Terpenkohlenwasserstoffe, u. a. α- und β-Pinen, α- und β-Caryophyllen , Bisabolen und ↗ Chamazulen, schließlich Nobilin, ein Sesquiterpenlacton vom Germacranolid-Typ, Hydroperoxide, Flavonoide (0,5 %, bes. Apigenin- und Luteolin-7-glucosid), Ester der Kaffee- und Ferula-

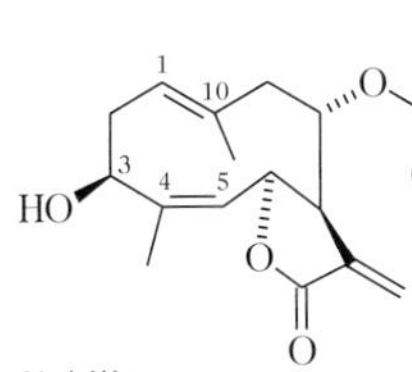

Nobilin

säure sowie Triterpene und Steroide. *Anw.*: Verdauungsbeschwerden, Blähungen, nervöse Störungen, äußerlich als Aufguß zur Wundbehandlung bei entzündlichen Prozessen sowie für Spülungen bei Schleimhhautentzündungen im Mundbereich, ferner zum Aufhellen nachgedunkelter Haare. Zur ↗ Teezubereitung kommen als Einzelgabe 1 Eßlöffel (etwa 2–3 g) fein zerschnittene Droge zum Einsatz. Geg.: Der Gehalt an Germacranoliden mit exocyclischer Methylengruppe macht die römische Kamille zu einem potentiellen Kontaktallergen. Nobilin wirkt zytostatisch. *2. **Chamomillae romanae aetheroleum*** (syn. *Aetheroleum Chamomillae romanae, Oleum Anthemidis, Oleum Chamomillae romanae*); Römisches Kamillenöl, das aus den frischen oder getrockneten, gefüllten oder ungefüllten Blütenköpfchen und den getrockneten oberirdischen Pflanzenteilen gewonnene äther. Öl. Inh.: s. *Chamomillae romanae flos*. Anw.: volkstümlich bei krampfartigen Schmerzen im Magen-Darm-Bereich sowie bei dysmenorrhoischen Beschwerden. Ferner in der Lebensmittelindustrie als Aromastoff sowie in der Kosmetik.

Hom.: ***Chamaemelum nobile*** HAB1, die frischen oberirdischen Teile blühender Pflanzen. *Anw.-Geb.:* Magen-Darm-Beschwerden, nervöse Störungen.

Histor.: Römische Kamille ist seit dem 16. Jh. als Arzneipflanze bekannt. Arzneilich angewendet wurde sie zuerst in England, wo sie, bes. in der Nähe von London, als gemeines Unkraut verbreitet war. Der Name „nobile" (lat., edel) sollte die therapeutische Überlegenheit gegenüber der Gemeinen Kamille andeuten. Chamaemelum ist dagegen der alte Name für Chamomilla, wie er schon von Dioskurides (1. Jh. n. Chr.) gebraucht wurde.

Chamaemelum odoratum ↗ Chamaemelum nobile.
Chamaenerion angustifolium ↗ Epilobium-Arten.
Chamaeplium officinale ↗ Sisymbrium officinale.
Chamaerhododendron ferrugineum ↗ Rhododendron-Arten.
Chamaerops serrulata ↗ Serenoa repens.

■ Chamazulen

vom Cyclopentacyclohepten (Azulen) abgeleitete Verbindung aus dem äther. Öl der Kamille (↗ *Chamomilla recutita*) oder Schafgarbe (↗ *Achillea millefolium*) mit entzündungshemmenden Eigenschaften.

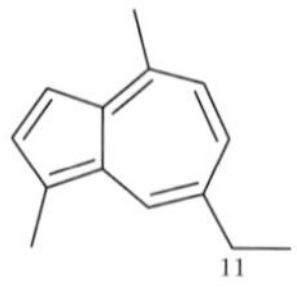

11

Chamazulen

Chamomilla ↗ Chamomilla recutita.
Chamomillae anthodium ↗ Chamomilla recutita.
Chamomillae flos ↗ Chamomilla recutita.
Chamomillae romanae aetheroleum ↗ Chamaemelum nobile.
Chamomillae romanae flores ↗ Chamaemelum nobile.
Chamomillae romanae flos ↗ Chamaemelum nobile.
Chamomilla meridionalis ↗ Chamomilla recutita.
Chamomilla nobilis ↗ Chamaemelum nobile.

■ Chamomilla recutita (L.) Rauschert

(syn. *Chamomilla meridionalis, C. vulgaris, Chrysanthemum suaveolens, Matricaria chamomilla, M. coronata, M. pusilla, M. recutita, M. suaveolens*); Echte Kamille (syn. Deutsche Kamille, Feldkamille, Hermel, Kamille, Kleine Kamille, Mägdeblume), s. Farbtafel S. 150, Bild 79.

Fam.: Asteraceae (Compositae).

Herk.: überwiegend aus Anbau, Haupterzeugerländer bes. Argentinien, Spanien, Ungarn, Tschechien.

Drogen: *1.* **Matricariae flos** (syn. Chamomilla, Chamomillae anthodium, Chamomillae flos, Flores Chamomillae, Flores Chamomillae bulgari, Flos Chamomillae, Flos Chamomillae vulgaris, Matricaria); Kamillenblüten, getrocknete, ganze bzw. teilweise oder vollständig zerfallene Blütenkörbchen und Teile der Blütenstiele. Inh.: äther. Öl (0,3–1,5 %), bestehend aus dem Sesquiterpenalkohol (–)-α-Bisabolol (↗ Bisabolol, INN: Levomenol) mit den Oxidationsprodukten Bisabololoxid A, B und Bisabolonoxid (ca 33 %), β-Farnesen (bis 45 %), Polyinen, den sog. En-in-dicycloethern (bis. 25 %) sowie das nach Wasserdampfdestillation aus dem genuinen Matricin gebildete ↗ Chamazulen (bis 15 %). Weitere Bestandteile der Droge sind Flavonoide, bes. Apigenin- und Luteolin-7-*O*-glucosid, Cumarine, u. a. Herniarin und Umbelliferon, sowie Schleimstoffe (ca. 10 %). *Wirk.*: insbes. antiphlogistisch und spasmolytisch. *Anw.*: innerlich bei entzündlichen Erkrankungen des Magen-Darm-Traktes mit spastischen Beschwerden, bei Leber-und Galleerkrankungen sowie äußerlich bei Haut- und

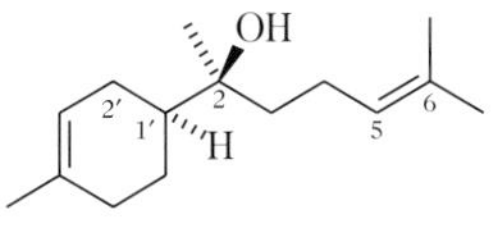

(–)-(1′S,2S)-α-Bisabolol

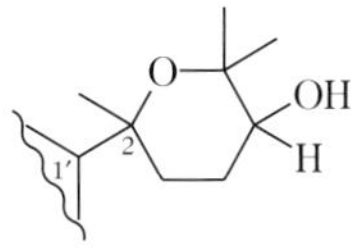

(–)-α-Bisabololoxid A

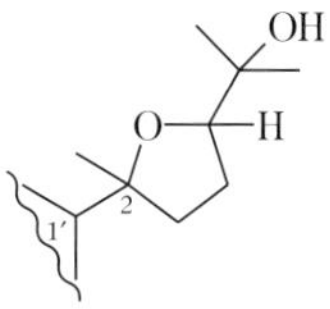

(–)-α-Bisabololoxid B

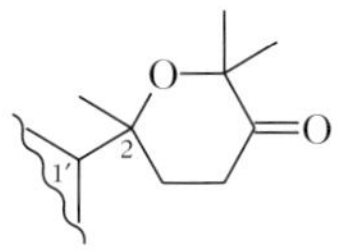

(–)-α-Bisabolonoxid

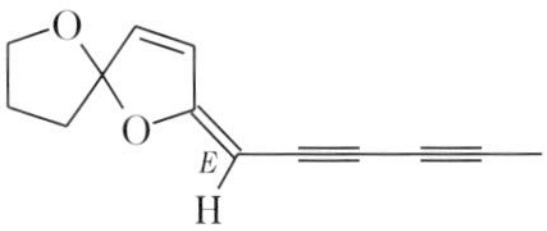

(*E*)-En-in-dicycloether
(C_{13}-(*trans*)-Spiroketalenolether)

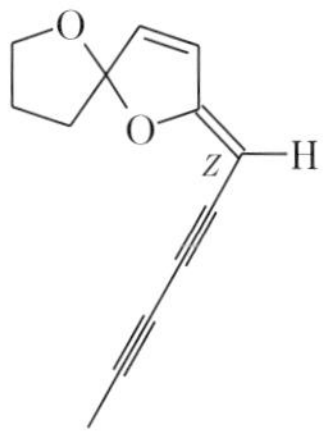

(*Z*)-En-in-dicycloether
(C_{13}-(*cis*)-Spiro-
ketalenolether)

und Schleimhautentzündungen, für Bäder im Anal- und Genitalbereich, für Spülungen sowie Dampfbäder bei Erkältungen. Bestandteil zahlreicher Teekombinationen und Arzneifertigpräparate, bes. auch in der Kinderheilkunde. Zur ↗ Teezubereitung verwendet man einen gehäuften Eßlöffel (ca. 3 g) als Einzeldosis. ***2. Matricariae aetheroleum*** (syn. Aetheroleum Chamomillae,

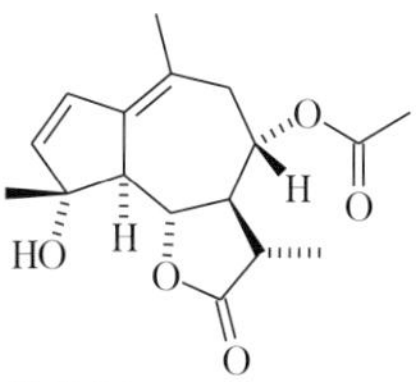

Matricin

Matricariae oleum, Oleum Chamomillae); Kamillenöl (syn. Ätherisches Kamillenöl), das äther. Öl aus den Blütenköpfchen. Inh. und *Anw.*: analog wie *Matricariae flos* sowie für kosmetische Pflegemittel.

Hom.: ***Chamomilla recutita*** HAB1, die frische, ganze, blühende Pflanze. *Anw.-Geb.*: Erkrankungen der Atemwege, Entzündungen und krampfartige Beschwerden der Verdauungsorgane, Dysmenorrhoe sowie reizbare Verstimmungszustände.

Histor.: Für die Pflanze existieren zwei unterschiedliche Gattungsnamen. *Chamomilla* ist aus dem griechischen *chamaimelon*, das aus *chamai* (niedrig) und *melon* (Apfel) geprägt wurde, auf Grund des apfelartigen Geruchs der runden Blütenköpfchen hervorgegangen. Der Gattungsname Matricaria ist vom latainischen *mater* (Mutter) abgeleitet und bringt die Anwendung bei Erkrankungen im Wochenbett zum Ausdruck. Als Heilmittel fand die Kamille sowohl bei den Ärzten der Antike als auch im Mittelalter und der Gegenwart hohe Wertschätzung. Die nordischen Völker verglichen die Kamille ihrer gelben Blütenscheibe wegen mit dem Sonnengott Baldur und sahen sie als heilig an.

■ **Chamomilla suaveolens** (Pursh) Rydb. (syn. *Matricaria matricarioides, Matricaria discoidea, Matricaria suaveolens, Santolina suaveolens*); Strahlenlose Kamille.

Fam.: Asteraceae (Compositae).

Heim.: östliches Nordamerika, in Europa eingebürgert.

Droge: ***Flores Matricariae discoideae***, die getrockneten Blütenköpfchen, Inh.: äther. Öl (ca. 0,5 %), α-Bisabolol und dessen Oxide, Flavonglykoside, aber kein Matricin bzw. Chamazulen enthaltend. *Anw.*: Carminativum, volkstümlich auch als Anthelmintikum.

Chamomilla vulgaris ↗ Chamomilla recutita.
Champacablütenöl ↗ Michelia champaca.
Chandu ↗ Papaver somniferum.
Charlotte ↗ Allium-Arten.
Chasmanthera columba ↗ Jateorhiza palmata.
Chasmanthera palmata ↗ Jateorhiza palmata.
Chaulmoograe oleum ↗ Hydnocarpus-Arten.
Chaulmoogra odorata ↗ Gynocardia odorata.
Chaulmoogra Oil ↗ Hydnocarpus-Arten.
Chaulmoograöl ↗ Hydnocarpus-Arten.
Chavica auriculata ↗ Piper betle.
Chavica betle ↗ Piper betle.
Chavica chuvya ↗ Piper betle.
Chavica densa ↗ Piper betle.
Chavica Roxbhurgii ↗ Piper longum.
Chavica sarmentosa ↗ Piper longum.
Chavica sibirica ↗ Piper betle.
Chayenne ↗ Capsicum-Arten.

Chay-Wurzel ↗ Oldenlandia umbellata.
Cheiranthi cheiri flos ↗ Cheiranthus cheiri.
Cheiranthi cheiri semen ↗ Cheiranthus cheiri.
Cheiranthus alpinus ↗ Erysimum diffusum.
Cheiranthus annuus ↗ Matthiola incana.

■ Cheiranthus cheiri L.

(syn. *Cheiranthus corinthius, C. fruticosus, C. luteus, C. muralis, C. senoneri, Cheiri vulgare, Erysimum cheiri, E. murale*); Goldlack (syn. Gelbe Violen, Gelbveiglein, Lack, Lackviolen).

Fam.: Cruciferae (Brassicaceae).

Heim.: östliches Mittelmeergebiet.

Vork.: kultiviert in Europa, Nordafrika, Westasien, Japan, Neuseeland.

Drogen: ***1. Cheiranthi cheiri flos*** (syn. *Cheiri arabici flos, Cheiri flos, Flores Cheiranthi, Flores Cheiri, Flores Cheiri arabici, Flores Leicoji lutei, Flores Leucoji, Flores Leucoji lutei et vulgaris*); Goldlackblüten, die getrockneten Blüten. *Inh.:* äther. Öl (0,06 %, u. a. mit Linalool, Geraniol, Nerol, Benzylalkohol, Anthranilsäuremethylester), Flavonoide (Isorhamnetin, Quercetin und deren Glykoside), Cheiranthin (herzwirksames Cardenolidglykosid), Myrosinase. *Anw.:* in der Volksheilkunde bei Krämpfen, zur Blutreinigung, bei Obstipation als Laxans, bei Leber- und Herzleiden sowie zur Beschleunigung der Menstruation. ***2. Cheiranthi cheiri semen*** (syn. *Semen Cheiranthi, Semen Cheiri*); Goldlacksamen, die getrockneten, reifen Samen. Die Droge gilt als stark toxisch! *Inh.:* Cardenolidglykoside (0,5 %, u. a. Cheirotoxin, Erysimosid, Erysinotoxin, Allisid, Cheirosid A), Cheirolin (1,6 %, Isothiocyanatderivat), Glucosinolate (bis zu 1,5 % Glucocheirolin), fettes Öl (ca. 22 %, u. a. mit Linolsäure, Erucasäure, Ölsäure, Linolensäure, Palmitinsäure, Lignocerinsäure). *Anw.:* früher als Laxans, bei Herzinsuffizienz sowie zur Beschleunigung der Menstruation eingesetzt, heute obsolet.

Hom.: ***Cheiranthus cheiri*** HAB1, die frischen, oberirdischen Teile der vor der Blüte stehenden Pflanze. *Anw.-Geb.:* Weisheitszahnschmerzen.

Histor.: Der Name *Cheiranthus* kommt vermutlich aus der arabischen Bezeichnung *kairi* und dem griechischen *anthos* (Blüte). Der deutsche Name bezieht sich auf die goldglänzende Lackfarbe der Blüten. Nach den Schriften des Hippokrates und Dioskurides war der Goldlack bereits im Altertum eine beliebte Heilpflanze und kam besonders bei Gebärmutterentzündungen und zur Förderung der Menstruation zum Einsatz. Daneben wurde die Pflanze auch als Schmuck für die Altäre und zur Umkränzung von Weinfässern bei festlichen Gelegenheiten genutzt.

Cheiranthus corinthius ↗ Cheiranthus cheiri.
Cheiranthus fenestralis ↗ Matthiola incana.
Cheiranthus fruticosus ↗ Cheiranthus cheiri.
Cheiranthus hortensis ↗ Matthiola incana.
Cheiranthus incanus ↗ Matthiola incana.
Cheiranthus luteus ↗ Cheiranthus cheiri.
Cheiranthus muralis ↗ Cheiranthus cheiri.
Cheiranthus senoneri ↗ Cheiranthus cheiri.
Cheiri arabici flos ↗ Cheiranthus cheiri.
Cheiri flos ↗ Cheiranthus cheiri.
Cheiri vulgare ↗ Cheiranthus cheiri.
Chekenblätter ↗ Eugenia chequen.
Chelafrüchte ↗ Randia braudis.
Chelapa ↗ Ipomoea purga.

■ Chelerythrin

quartäres Benzophenanthridinalkaloid aus dem Schöllkraut (↗ Chelidonium majus). *Wirk.:* Durch Reaktion mit nucleophilen bzw. anionischen Gruppen von Proteinen (Enzyme) und Nucleinsäuren kommt es zur Hemmung der Na^+/K^+-ATPase oder zur Interkalation in die DNA, verbunden mit der Hemmung der Zellteilung. Daraus resultieren zytostatische, antibakterielle und entzündungshemmende Wirksamkeiten.

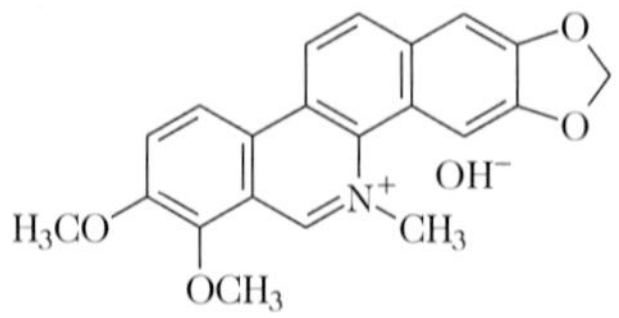

Chelerythrin

Chelidonii herba ↗ Chelidonium majus.
Chelidonii radix ↗ Chelidonium majus.
Chelidonii rhizoma ↗ Chelidonium majus.
Chelidonium corniculatum ↗ Glaucium corniculatum.
Chelidonium glaucium ↗ Glaucium flavum.
Chelidonium grandiflorum ↗ Chelidonium majus.
Chelidonium haematodes ↗ Chelidonium majus.

Chelidonium japonicum ↗ Chelidonium majus.
Chelidonium laciniatum ↗ Chelidonium majus.
Chelidonium luteum ↗ Chelidonium majus.
Chelidonium maius ↗ Chelidonium majus.

■ **Chelidonium majus** L.
(syn. *Chelidonium grandiflorum, C. haematodes, C. japonicum, C. laciniatum, C. luteum, C. maius, C. murale, C. ruderale, C. umbelliferum*); Großes Schöllkraut (syn. Blutkraut, Gelbes Millkraut, Gemeines Schöllkraut, Gewöhnliches Schöllkraut, Goldwurz, Goldkraut, Schällkraut, Schellkraut, Schillkraut, Schindkraut, Schöllkraut, Schwalbenwurz, Schwinnwart, Tüfelsmilch, Warzenkraut, Wulstkraut), s. Farbtafel S. 150, Bild 80.

Fam.: Papaveraceae.

Vork.: gemäßigte und subtropische Zonen Europas und Asiens.

Drogen: *1. Chelidonii herba* (syn. *Herba Chelidonii, Herba Chelidonii majoris*), die zur Blütezeit gesammelten, getrockneten oberirdischen Teile. Inh.: Alkaloide (0,5–1,5 %), die bevorzugt dem Benzophenanthridin-, Protoberberin- und Protopin-Typ angehören. Hauptalkaloid ist Coptisin, gefolgt von Chelidonin, ↗ Chelerythrin, Protopin, Sanguinarin, Stylopin und Berberin. Die Alkaloide liegen im gelbgefärbten Milchsaft

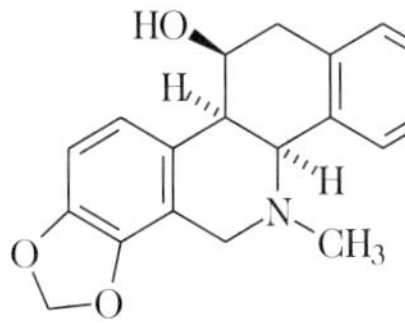
Chelidonin

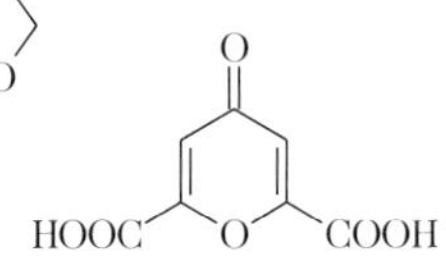
Chelidonsäure

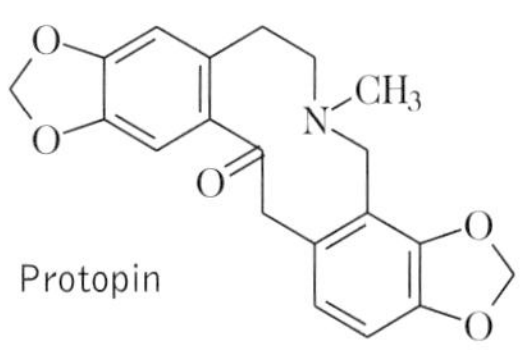
Protopin

der Pflanze als Salze, z. T. der Chelidonsäure, vor. Für die Gelbfärbung sind einige Alkaloidsalze, u. a. die des Sanguinarins, verantwortlich. Wirk.: sehr komplex; u. a. wirken Chelidonin und Protopin spasmolytisch, Berberin cholokinetisch, Chelerythrin zentrallähmend und schleimhautreizend und Sanguinarin als ein Cholinesterasehemmstoff. Anw.: Bestandteil von Leber- und Galletees sowie in Extrakten von diesbezüglichen Phytotherapeutika. Volkstümlich dient der frische Milchsaft zur Behandlung von Warzen, Hornhaut und Hühneraugen. *2. Chelidonii radix* (syn. *Chelidonii rhizoma, Radix Chelidonii, Rhizoma Chelidonii*); Schöllkrautwurzel, die getrocknete, im Spätsommer und Herbst gesammelte Wurzel. Inh.: Alkaloide (1–2 %) ähnlicher Zusammensetzung wie die Krautdroge, allerdings mit Chelidonin als Hauptalkaloid und Magnoflorin, einem Aporphinalkaloid, als zusätzlichem Alkaloid. Anw.: volkstümlich wie *Chelidonii herba*.

Hom.: *1. Chelidonium majus* HAB1, der frische Wurzelstock mit anhängenden Wurzeln. Anw.-Geb.: Entzündungen, Steinbildungen und chronische Störungen des Leber-Galle-Systems; Entzündungen der Atemorgane und des Rippenfells; Rheumatismus. *2. Chelidonium majus e floribus, äthanol. Digestio* HAB1, Vergärung der Wurzel nach Kalt-Warm-Rhythmus.

Histor.: Der Name *Chelidonium* kommt vom griechischen *chelidon* (Schwalbe). Vermutlich soll der Name zum Ausdruck bringen, daß die Pflanze zur Zeit des Eintreffens der Schwalben zu blühen beginnt und bei ihrem Wegzug verblüht. Der deutsche Name Schöllkraut ist vermutlich dem griechisch-lateinischen *chelidonium* entlehnt. Dem Schöllkraut wurden bereits im Altertum bedeutende Heilkräfte zugeschrieben. Dazu schreibt unter anderen ↗ Dioskurides „Die Wurzel mit Anis und Weißwein getrunken heilt die Gelbsucht und mit Wein als Umschlag den Bläschausschlag". Die berühmte Drogenschule von Salerno schreibt „Schellkraut ist den Augen gesundt, das wird uns von den Schwalben kundt".

Chelidonium maximum canadense ↗ Sanguinaria canadensis.
Chelidonium murale ↗ Chelidonium majus.
Chelidonium ruderale ↗ Chelidonium majus.
Chelidonium umbelliferum ↗ Chelidonium majus.
Chelone ↗ Chelonia mydas.
Chelone alba ↗ Chelone glabra.

■ **Chelone glabra** L.
(syn. *Chelone alba, Chelone obliqua, Pentstemon auctus*); Kahle Schildblume.

Fam.: Scrophulariaceae.

Vork.: Nordamerika, Kanada bis Texas.

Droge: *Herba Chelone glabra*; Kahles Schildblumenkraut. Inh.: u. a. ein bitteres Harz. Anw.: in der Volksheilkunde als Tonikum bei Leberleiden, als Laxans und bei Hauterkrankungen.

Hom.: *Chelone glabra* HAB; die frischen, oberirdischen Pflanzenteile. Anw.-Geb.: chronische Leberkrankheiten.

Chelone obliqua ↗ Chelone glabra.

■ Chelonia mydas L.

Suppenschildkröte (syn. Chelone).

Fam.: Cheloniidae.

Vork.: Amerika, Kalifornien bis Peru, Galapagosinseln.

Droge: *Oleum Cheloniae*; Schildkrötenöl, das fette Öl der Schildkröte. Inh.: Triglyceride, die zu 60 % aus ungesättigten Fettsäuren (v. a. Linolsäure) bestehen, Vitamine A und D. Anw.: in der Kosmetik, zur Herstellung von Seife und als Speiseöl. Im Mittelalter diente die Droge zur Behandlung der Lepra. In Indien wird der Schildkröten-Lebertran als Nähr- und Heilmittel bei Skrophulose, Rachitis, Anämie und Lungekrankheiten verwendet.

■ Chemotaxonomie

Wissenschaftszweig der Biologie, der Taxonomie und Phytochemie, einschließlich der Biogenesewege der Naturstoffe nutzt, um systematische Aussagen zu ihrer natürlichen Verwandtschaft und Evolution zu machen.

Chenopodii aetheroleum ↗ Chenopodium-Arten.
Chenopodii ambrosioides herba ↗ Chenopodium-Arten.

■ Chenopodium-Arten

- **Fam.:** Chenopodiaceae.
- **Chenopodium album** L.; Weißer Gänsefuß.

Vork.: Kosmopolit;

Heim.: vermutlich Himalajagebiet, bes. in Indien als Blattgemüse und als Arzneipflanze kultiviert.

- **Chenopodium ambrosioides** L. **var. ambrosioides**; Mexikanisches Traubenkraut (syn. Mexikanisches Teekraut, Wohlriechender Gänsefuß).

Vork.: Mexiko, Brasilien, Chile. Kulturen in Nordamerika, z. T. in Europa.

Droge: *Chenopodii ambrosioides herba* (syn. *Herba Chenopodii ambrosioides*); Mexikanisches Traubenkraut (syn. Gänsefußkraut, Wohlriechender Gänsefuß, Jesuitentee, Karthäuser Tee), die getrockneten, während der Blütezeit gesammelten, oberirdischen Teile der Pflanze. Inh.: äther. Öl (0,25–0,3 %) mit Ascaridol (40 %) und

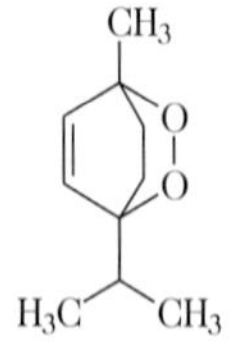

Ascaridol

L-Pinocarvon (60 %) als Hauptkomponenten. Anw.: traditionell, bes. in den Heimatgebieten, als Wurmmittel, mitunter auch bei Magen- und Darmbeschwerden.

Hom.: *Chenopodium ambrosioides var. ambrosioides* HAB1, die frischen, oberirdischen Teile blühender Pflanzen.

Histor.: Der Name *Chenopodium* ist aus den griechischen Worten *chen* (Gans) und *pus, podos* (Fuß) entstanden, währen der Artname *ambrosioides* bezug auf den angenehm aromatischen Geruch der Blätter nimmt. Abkochungen der Droge dienten, nach Überlieferung, bereits vor Columbus bei den amerikanischen Indianern als Wurmmittel.

- **Chenopodium ambrosioides var. anthelminticum** (L.) A. Gray (syn. *Chrysanthemum anthelminticum* L.); Wurmkraut (syn. Amerikanisches Wurmkraut, Wurmsamen).

Droge: *Chenopodii aetheroleum* (syn. *Aetheroleum Chenopodii, Oleum Chenopodii anthelmintici*); Amerikanisches Wurmsamenöl (syn. Wurmkrautsamenöl), das durch Wasserdampfdestillation gewonnene äther. Öl des Krautes. Inh.: u. a. Ascaridol (60–80 %), 20–40 % *p*-Cymen, *α*-Terpinen, L-Limonen, D-Campher. Anw.: Anthelmintikum. Spezifikum gegen Hakenwurm (Ankylostemum duodenale) und gegen Spulwürmer (Askariden). Wegen Vergiftungsgefahr als Wurmmittel heute weitgehend außer Gebrauch. In der Veterinärmedizin zuweilen gegen Lungenegel. In den Heimatgebieten, u. a. Brasilien, äußerlich in Mischung mit fettem Öl gegen Krätze sowie als Schutzmittel gegen die Dasselfliege.

Hom.: *Chenopodium anthelminticum* HAB34, das frische blühende Kraut. Anw.-Geb.: Durchblutungsstörungen des Innenohrs und des Gehirns, Lebererkrankungen.

● **Chenopodium bonus-henricus** L. (syn. *Agathophyllum bonus henricus, Blitum bonus henricus*); Guter Heinrich.

Heim.: östliches Mittelmeergebiet, heute in ganz Europa verbreitet.

Inh.: Flavonoide, Kaffeesäurederivate, Saponine. *Anw.*: früher volkstümlich bei Entzündungen und Geschwüren sowie als wichtiges Blattgemüse, deren Nutzung sich bis ins Altertum zurückverfolgen läßt und erst durch den Spinat später verdrängt wurde.

● **Chenopodium vulvaria** (syn. *Chenopodium olidum*); Stinkmelde (syn. Bocksmelde).

Vork.: Europa.

Droge: ***Herba Vulvariae***, das getrocknete Kraut. *Inh.*: Trimethylamin, Betain, Gerbstoffe. *Anw.*: in der Volksheilkunde als Spasmolytikum und Emmenagogum.

Hom.: ***Chenopodium vulvaria*** HAB; die ganze, frische, zur Blütezeit geerntete Pflanze. *Anw.-Geb.*: Rückenschmerzen, Bettnässen.

Histor.: Der als Synonym gebrauchte Artname *olidum* (riechend, stinkend) nimmt bezug auf den unangenehmen Geruch der Pflanze. Als „stinkende Hundsmilte“ wird die Droge in den Kräuterbüchern, u. a. bei ↗ Bock, Matthiolus und Lonicerus bezeichnet, die in dem Rufe stand, aus faulen Wunden des Viehs die Würmer zu vertreiben.

Cherimoya ↗ Annona-Arten.
Chicle ↗ Manilkara zapota.
Chiclegummi ↗ Manilkara zapota.
Chicorée ↗ Cichorium intybus.
Chika ↗ Bignonia chica.
Chikarot ↗ Bignonia chica.
Chilenische Araukarie ↗ Araucaria araucana.
Chilenische Muskatnuß ↗ Laurelia sempervirens.
Chili ↗ Capsicum-Arten.
Chilies ↗ Capsicum-Arten.
Chilmoria pentandra ↗ Hydnocarpus-Arten.
Chimaphila ↗ Chimaphila umbellata.
Chimaphila corymbosa ↗ Chimaphila umbellata.
Chimaphilae herba ↗ Chimaphila umbellata.

■ **Chimaphila umbellata** (L.) Nutt.
(syn. *Chimaphila corymbosa, Pirola umbellata, Pyrola corymbosa*); Doldiges Wintergrün (syn. Doldiges Winterlieb, Gichtkraut, Harnkraut, Nabelkraut, Walddolde, Waldmangold, Winterlieb).

Fam.: Pyrolaceae.

Vork.: Europa, Zentralasien, Japan, Amerika (Kanada bis Mexiko).

Droge: ***Chimaphilae herba*** (syn. *Chimaphila, Herba Chimaphilae, Herba Pirolae, Herba Pyrolae umbellatae*); Doldenförmiges Wintergrünkraut (syn. Waldmannskraut), die getrockneten, nur zuweilen mit Zweigstücken und Blüten vermischten Blätter. *Inh.*: Chinone (0,2 %, v. a. Chimaphillin), Phenole (7,3–7,6 %, v. a. Arbutin, daneben Isohomoarbutin, Renifolin), Flavonoide (Kämpferol, Quercetin, Hyperosid, Avicularin), Triterpene (0,25 %, u. a. β-Amyrin, Taraxerol und Urolsäure), β-Sitosterol, Gerbstoffe (4–5 %, bes. Tannine und Epicatecholgallat). *Anw.*: in der traditionellen Heilkunde der nordamerikanischen Indianer als Drogenabsud bei Nieren- und Blasenleiden, zur Regulation der Menstruation, zur Geburtshilfe sowie bei Rheuma, Magenverstimmungen und Hautkrankheiten. Heute noch in den USA bei Blasenkatarrhen und bei Cystitis verwendet.

Hom.: ***Chimaphila umbellata*** HAB1, die frischen, oberirdischen Teile blühender Pflanzen. *Anw.-Geb.*: chronische Entzündungen der ableitenden Harnwege, der Vorsteherdrüse und der Brustdrüse.

Chinae cortex ↗ Cinchona-Arten.
China fusca ↗ Cinchona-Arten.
Chinaöl ↗ Myroxylon balsamum.
Chinarinde ↗ Cinchona-Arten.

■ **Chinasäure** (syn. Acidum chinicum, 1,3,4,5-Tetrahydroxy-cylohexan-1-carbonsäure), Inhaltsstoff u. a. der Chinarinde (↗ *Cinchona*-Arten).

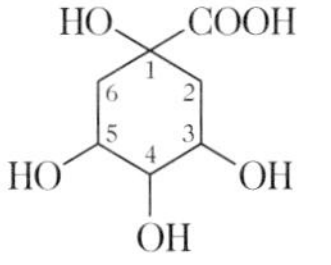

Chinasäure

Chinawurzel ↗ Smilax-Arten.
Chinazimtbaum ↗ Cinnamomum-Arten.
Chinesische Ackerminze ↗ Mentha-Arten.
Chinesische Canthariden ↗ Mylabris cichorii.
Chinesische Gelbbeere ↗ Sophora japonica, ↗ Gardenia jasminoides.

Chinesische Gelbschoten ↗ Gardenia jasminoides.
Chinesische Kantharide ↗ Mylabris cichorii.
Chinesische Limonenblätter ↗ Schisandra chinensis.
Chinesische Nelke ↗ Dianthus chinensis.
Chinesische Quitte ↗ Chaenomeles sinensis.
Chinesischer Canelobaum ↗ Drimys winteri.
Chinesischer Götterbaum ↗ Ailanthus altissima.
Chinesischer Hartriegel ↗ Cornus-Arten.
Chinesischer Rhabarber ↗ Rheum-Arten.
Chinesischer Sternanis ↗ Illicium verum.
Chinesischer Sumach ↗ Ailanthus altissima.
Chinesischer Talg ↗ Sapium sebiferum.
Chinesischer Tee ↗ Camellia sinensis.
Chinesischer Zimt ↗ Cinnamomum-Arten.
Chinesischer Zimtstrauch ↗ Cinnamomum-Arten.
Chinesisches Hasenohr ↗ Bupleurum-Arten.
Chinesische Tusche ↗ Aleurites fordii.

■ Chinidin

(syn. Chinidinum), Chinolin-Alkaloid aus der Chinarinde (↗ *Cinchona*-Arten). Wirk.: Hemmung des Na^+-Einstroms in die Zelle und Verlangsamung der Depolarisierung. C. induziert am Herzen eine antiarrhytmische Wirkung (Antiarrhythmikum Klasse Ia). Die Verbindung weist außerdem parasympatikolytische Eigenschaften auf.

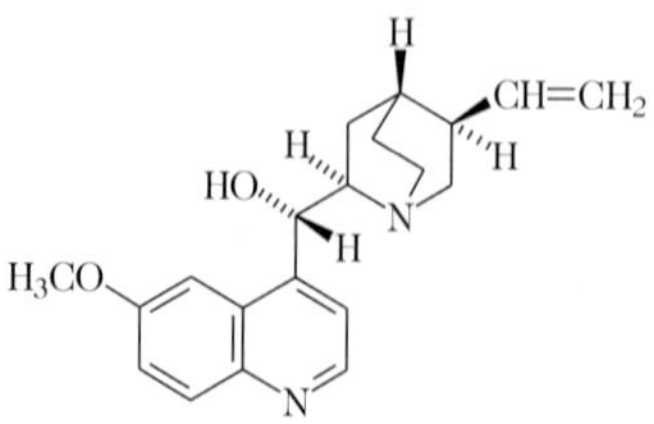

Chinidin

■ Chinin

(syn. Chininum), Chinolin-Alkaloid aus der Chinarinde (↗ *Cinchona*-Arten) mit extrem bitterem Geschmack (Vergleichssubstanz für die Prüfung des ↗ Bitterwertes). Wirk.: Durch Angriff am ZNS geringe analgetische und fiebersenkende Wirkung. In höherer Konzentration wird die glatte Muskulatur dilatiert, die gestreifte Muskulatur relaxiert und die Empfindlichkeit des Uterus gegenüber Oxytocin bzw. Histamin erhöht. Außerdem kommt es nach Anreicherung in den

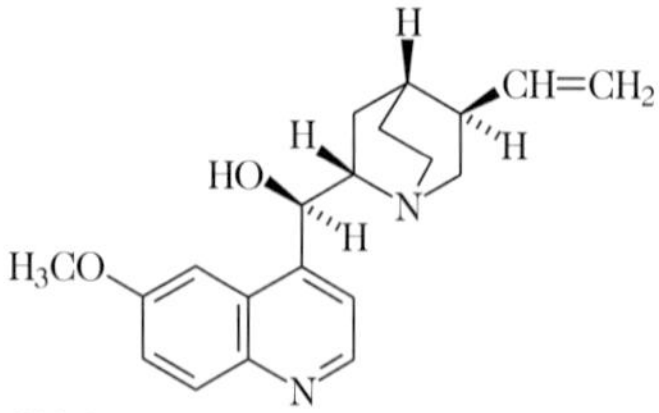

Chinin

Erythrozyten von Malariainfizierten zur Störung des Energie- und Nucleinsäurehaushaltes der Erreger (Plasmodium-Arten) und damit zur Abtötung dieser Protozoen. Anw.: Chinin ist heute trotz synthetischer Antimalariamittel ein wichtiges Arzneimittel zur Prophylaxe und Therapie der Malaria. Außerdem werden chininhaltige Getränke (z. B. Tonic water, ca. 40 mg/l) bzw. Tinkturen, Weine oder Extrakte als Amara bei Appetitlosigkeit oder Dyspepsien eingesetzt.

■ Chinolizidin-Alkaloide

vom Norlupinan-Typ abgeleitete Alkaloide in Pflanzen und Schwämmen. Pharmazeutische Bedeutung besitzen Spartein und Cytisin aus dem Goldregen (↗ *Laburnum anagyroides*) und Besenginster (↗ *Cytisus scoparius*).

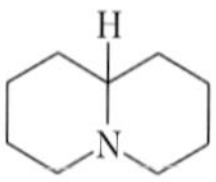

Chinolizidin

■ Chiococca alba (L.) Hitchc.

(syn. *Chiococca racemosa*); Schneebeerenbaum.
Fam.: Rubiaceae.
Vork.: Mittel- und Südamerika.
Droge: ***Radix Caincae*** (syn. *Cainca*); Schneebeerenwurzel. Inh.: Caincin (Caincinbitter), Caincinsäure (Saponin), Kaffeegerbsäure, Harz. Anw.: in der Volksheilkunde als Diuretikum und Laxans sowie gegen Schlangenbisse.
Hom.: ***Chiococca*** (syn. Cainca), die getrocknete Wurzelrinde. Anw.-Geb.: zur Unterstützung bei chronischer Nierenentzündung und Ödemen.

Chiococca racemosa ↗ Chiococca alba.
Chionanthus latifolia ↗ Chionanthus virginicus.
Chionanthus trifidia ↗ Chionanthus virginicus.
Chionanthus triflora ↗ Chionanthus virginicus.
Chionanthus vernalis ↗ Chionanthus virginicus.

■ **Chionanthus virginicus** L.
(syn. *Chionanthus latifolia, C. trifidia, C. triflora, C. vernalis*); Giftesche (syn. Schneeflockenbaum, Schneeflockenstrauch).

Fam.: Oleaceae.

Vork.: Südosten der USA.

Droge: ***Cortex Chionanthi virginici radicis*** (syn. *Cortex Chionanthi virginicae radicis*); *Chionanthus-virginicus*-Wurzelrinde (syn. Chionanthus-Wurzelrinde), die getrocknete Wurzelrinde. *Inh.:* u. a. Saponine (1,1–2 %, v. a. Chionanthin = Phillyrin). *Anw.:* in der Volksheilkunde als Leber- und Gallemittel bei Gelbsucht, Gallensteinen, beginnender Leberzirrhose und -entzündung, bei Fieber sowie zum Entwässern.

Hom.: ***Chionanthus virginicus*** HAB1, die frische Wurzelrinde mit anhängenden Seitenwurzeln. *Anw.-Geb.:* Migräne und andere Formen von Kopfschmerzen, Erkrankungen des Leber-Galle-Systems und der Bauchspeicheldrüse sowie bei allgemeinen depressiven Verstimmungszuständen.

Chios-Harz ↗ Pistacia terebinthinus.
Chios-Mastix ↗ Pistacia lentiscus.
Chios-Terpentin ↗ Pistacia terebinthinus.
Chirata ↗ Swertia chirata.
Chirata indica ↗ Swertia chirata.
Chirayita ↗ Swertia chirata.
Chirayta ↗ Swertia chirata.
Chirettakraut ↗ Swertia chirata.
Chirongiöl ↗ Buchanania latifolia.
Chironia chilensis ↗ Centaurium chilensis.

■ **Chitin**
stickstoffhaltiges lineares Polysaccharid aus β-1,4-glykosidisch verknüpftem *N*-Acetylglucosamin. C. bildet das Außenskelett vieler Insekten und Mollusken und stellt die Gerüstsubstanz in Bakterien, Würmern, Pilzen und Flechten dar.

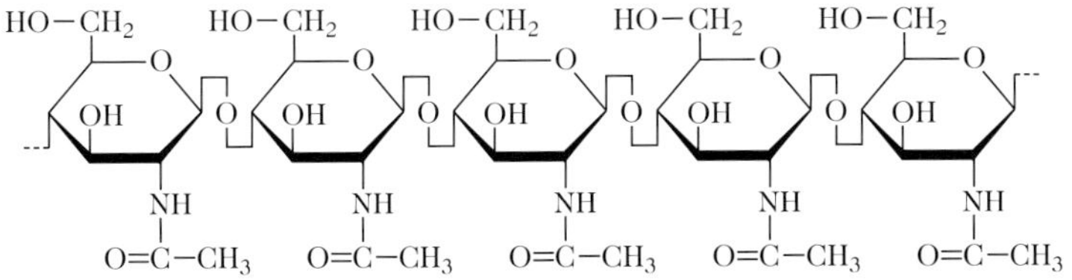
Chitin (Ausschnitt aus der Strukturformel)

■ **Chloramphenicol**
(syn. Chloramphenicolum, Laevomycetin). Antibiotikum, das ursprünglich aus *Streptomyces venezuelae* gewonnen wurde; heute wird dieses

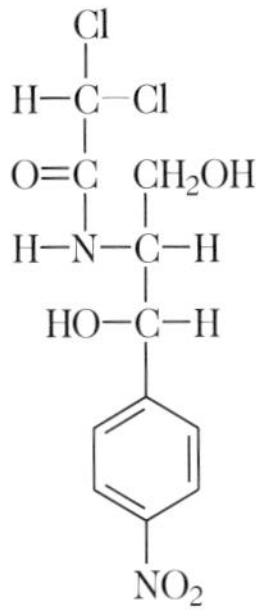
Chloramphenicol

Antibiotikum synthetisch hergestellt. *Wirk.* und *Anw.:* Als Breitbandantibiotikum mit bakteriostatischer Wirkung (Angriff an den 70S-Ribosomen) wird es bei Infektionen mit einigen gramnegativen (Proteus, Salmonellen, Shigellen) und einigen grampositiven (Rickettsien) Keimen sowie einzelnen größeren Viren eingesetzt. Hauptanwendungsgebiete sind heute schwere Salmonelleninfektionen, wie Typhus, Paratyphus; Meningitis, Sepsis, Fleckfieber und Infektionen im Auge. C. besitzt schwere Nebenwirkungen, v. a. Knochenmarksveränderungen und aplastische Anämie bei systemischer Verwendung. Gegen den Einsatz in lokal wirkenden Arzneimitteln (Salben etc.) bestehen keine Bedenken.

Chlora perfoliata ↗ Blackstonia perfoliata.

■ **Chlorogensäure**
Depsid (Phenylacrylsäureester) aus Kaffeesäure und Chinasäure, das in vielen höheren Pflanzen vorkommt und Gerbstoffcharakter aufweist. *Wirk.:* antioxidativ, entzündungshemmend, verdauungsfördernd (Anregung der Magensaftsekretion).

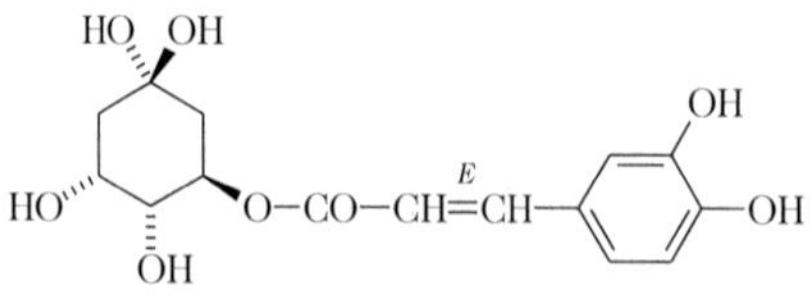

Chlorogensäure

■ Chlorophora tinctoria (L.) Gaudich. ex Benth. et Hook f.

(syn. *Maclura tinctoria, Morus tinctoria*); Färbermaulbeerbaum (syn. Tatajuba).

Fam.: Moraceae.

Vork.: Süd- und Mittelamerika, Indien, Kuba.

Droge: ***Lignum citrinum***; Gelbholz (syn. Fustikholz, Gelbes Brasilholz, Zitronenholz). Inh.: Morin (Flavonol), Maclurin (Petaoxybenzophenon-Derivat). Anw.: als Beizenfarbstoff zum Gelbfärben bzw. zur Herstellung von Mischfarben, in der Kunsttischlerei.

■ Chlorophyll

(syn. Blattgrün), Sammelbezeichnung für grüne, photosynthetische Pigmente der Pflanzen, Algen und Bakterien. Als Porphyrinderivate bestehen sie aus 4 miteinander verbrückten Pyrrolsystemen, die in ihrem Zentrum Magnesium komplex gebunden haben. Die verschiedenen Chlorophylle unterscheiden sich besonders durch die langen, lipophilen Phytol-Seitenketten, die für die Verankerung in den Membranen verantwortlich sind.

Chlorostemma odoratum ↗ Galium odoratum.

■ Cholagoga

galletreibende Mittel, die in Choleretika (gallebildende Stoffe infolge Leistungssteigerung der Leber) und Cholekinetika (Stoffe, die die Entleerung der Gallenblase fördern) eingeteilt werden können.

■ Cholesterol

(syn. Cholesterolum, Cholesterin). Ungesättigter, einwertiger Alkohol mit Steroidgrundkörper. C. ist der Ausgangspunkt für die Synthese der anderen Steroide im Tier (Vitamine der D-Gruppe, Gallensäuren, Sexualhormone, Nebennierenrindenhormone) und in der Pflanze (herzwirksame Steroide). Es wird mit Ausnahme einiger Mikroorganismen, Weichtiere, Krebse und Insekten in allen Organismen gebildet und ist ein essentieller Membranbaustein.

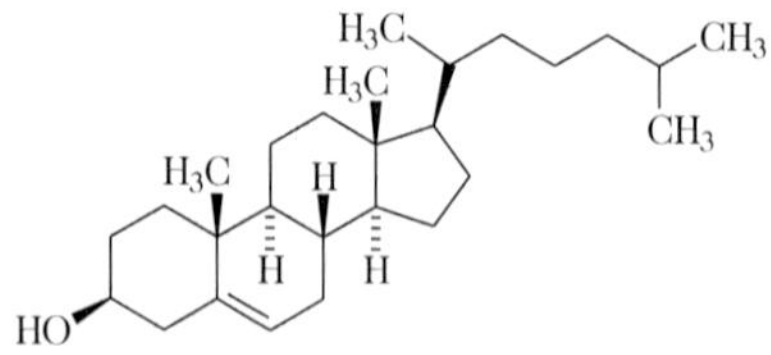

Cholesterol

■ Cholsäure

(syn. Acidum cholicum, $3\alpha,7\alpha,12\alpha$-Trihydroxy-5β-cholansäure). Eine Gallensäure, die von der Leber aus Cholesterol gebildet wird und für die Fettverdauung bedeutsam ist. Anw.: zur Substitutionstherapie bei Verdauungbeschwerden sowie nach Gallenblasenoperationen.

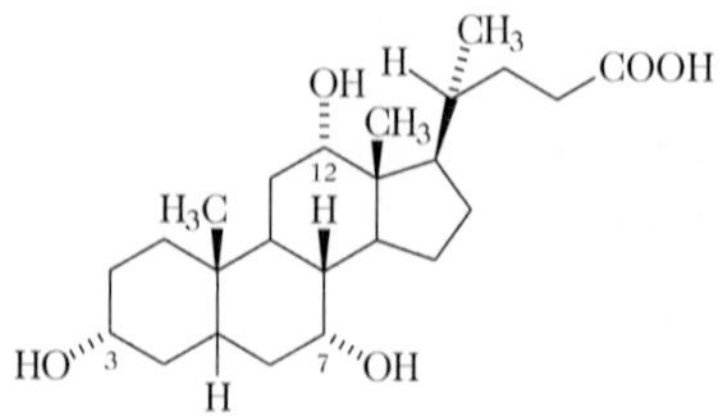

Cholsäure

Chondodendron-Arten ↗ Curare.

■ Chondodendron tomentosum Ruiz. et. Pav.

(syn. *Botryopis platyphylla*); Grieswurzel (syn. Behaarter Knorpelbaum).

Fam.: Menispermaceae.

Vork.: Südamerika, v. a. Nordbrasilien und Peru.

Droge: ***Radix Pareirae bravae***; Pareirawurzel (syn. Grieswurzel), die getrockneten Wurzeln. Inh.: Alkaloide (0,5–3 %, u. a. Pelosin, Tubocurarin, Curin, Chondocurin, Isobeerin), Gerbstoffe, Pelonin (Bitterstoff), Chondocurin. Anw.: in der amerikanischen Volksheilkunde zur Diurese bei Wassersucht und bei Nervenkrankheiten, in Europa früher bei Nierensteinen eingesetzt. Der aus den Zweigen und der Rinde gewonnene, wässrige Extrakt stellt ein ↗ Curare dar, das als „Serpa" bezeichnet wird und als Pfeilgift für die Jagd in Südamerika eingesetzt wurde.

Hom.: ***Pareira brava***; die getrocknete Wurzel. Anw.-Geb.: Nierenerkrankungen mit Harndrang.

■ **Chondrilla juncea** L.
Knorpellattich.
Fam.: Asteraceae (Compositae).
Vork.: Europa, Zentralasien.
Droge: die Wurzeln. Inh.: Kautschuk, Triterpene. Anw.: in der Volksheilkunde bei Durchfall eingesetzt.

■ **Chondrus crispus** (L.) Stackh.
Gewöhnlicher Knorpeltang.
Fam.: Gigartinaceae.
Vork.: Küsten des Nordatlantiks, der Nord- und Ostsee.
Droge: ↗ Carrageen (s. Farbtafel 150, Bild 81).

Chorda resorbilis sterilis ↗ Catgut.
Chorda resorbilis sterilis in receptaculo ↗ Catgut.
Chresta lanceolota ↗ Vanillosmepsis erythropappa.
Christdorn ↗ Ilex aquifolium.
Christophoriana spicata ↗ Actaea spicata.
Christophskraut ↗ Actaea spicata.
Christrose ↗ Helleborus-Arten.
Christusdorn ↗ Euphorbia-Arten.
Christuskrone ↗ Potentilla erecta.
Christuspalme ↗ Ricinus communis.
Chrysanthemi aetheroleum ↗ Chrysanthemum-Arten.
Chrysanthemi cinerariifolii flos ↗ Chrysanthemum-Arten.
Chrysanthemi herba ↗ Chrysanthemum-Arten.
Chrysanthemi parthenii folium ↗ Chrysanthemum-Arten.
Chrysanthemi parthenii herba ↗ Chrysanthemum-Arten.
Chrysanthemi vulgaris flos ↗ Chrysanthemum-Arten.
Chrysanthemum anthelminticum ↗ Chenopodium-Arten.

■ **Chrysanthemum-Arten**
● **Fam.:** Asteraceae (Compositae).
● **Chrysanthemum balsamita** (L.) (syn. *Balsamita major, B. suaveolens, B. vulgaris, Chrysanthemum balsamita, C. majus, C. tanacetum, Pyrethrum balsamita, P. tanacetum, Tanacetum balsamita*); Balsamkraut (syn. Balsamite, Frauenblatt, Frauenminze, Frauensalve, Garten-Rainfarn, Gottesstroh, Marienbalsam, Marien-Bettstroh, Marienblatt, Marienkraut, Marienwurzel, Minzenartiger Rainfarn, Pfannkuchenkraut, Pfefferblatt, Römischer Balsam, Schmeckblatt, Türkische Minze).
Vork.: Südeuropa bis nördlicher Iran.
Droge: ***Balsamitae herba*** (syn. *Herba Balsamitae, Herba Tanaceti balsamitae*); Balsamkraut (syn. Marienblatt, Salvesblätter), das zur Blütezeit gesammelte, gut getrocknete Kraut. Inh.: äther. Öl (ca. 1 %) mit Campher (72–83 %) als Hauptkomponente, neben Borneol, Isoborneol, Camphen, Limonen und α-Pinen (Campher-Typ) bzw. (ca. 0,9 %) mit ↗ L-Carvon (ca. 55–60 %) und ↗ Thujon als Hauptkomponenten (Thujon-Typ). Außerdem Sesquiterpenlactone und Kaffeesäurederivate. Anw.: volkstümlich bei Blähungen, Leber- und Galle- sowie Menstruationsbeschwerden, als Wurm- und Wundheilmittel. Im Haushalt als Gewürz, zur Insektenbekämpfung, in der Lebensmittelbranche als aromatisierender Zusatz für alkoholische Getränke.
Hom.: ***Tanacetum balsamita*** HAB34, das frische, blühende Kraut.
● **Chrysanthemum cinerariifolium** (Trev.) Vis. (syn. *Chrysanthemum cinerariifolium, C. rigidum, C. turreyanum, Pyrethrum cinerariifolium, P. turreyanum, P. willemotii, Tanacetum cinerarii folium*); Dalmatinische Insektenblume (syn. Aschblättrige Wucherblume, Insektenblume, Zinerarienblättrige Wucherblume).
Vork.: Dalmatien und östliches Mittelmeergebiet, Hauptanbaugebiet Kenia.
Droge: ***Chrysanthemi cinerariifolii flos*** (syn. *Pyrethri flos, Flores Pyrethri, Flores Chrysanthemii cinariifolii*), die getrockneten Blütenkörbchen. Inh.: Pyrethrine I und II als Hauptkompo-

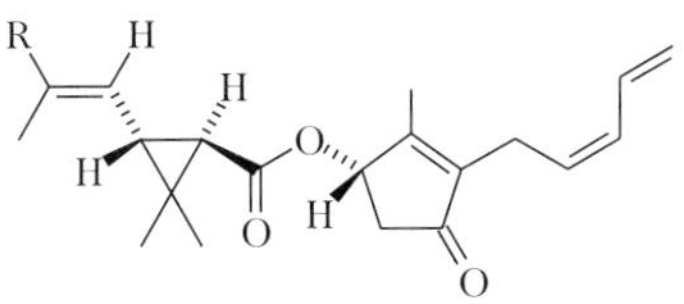

Pyrethrin I: R = CH_3
Pyrethrin II: R = $COOCH_3$

nenten, die ein Gemisch insektizid wirksamer Ester der Chysanthemum- und Pyrethrinsäure mit Ketoalkoholen, u. a. Pyrethrolon und Cinerolon, darstellen. Wirk.: Pyrethrine üben neurotoxische Wirkung am Natriumkanal von Insekten aus, so daß diese letztlich bewegungslos zu Boden fallen („knock-down-Effekt"). Für den Säugetierorganismus sind Pyrethrine relativ untoxisch. Anw.: früher als Anthelmintikum gegen Oxyuren, bes. in der Hundepraxis, ferner äußerlich als Antiskabiosum; heutzutage lediglich in Form konfektionierter Zubereitungen als Insektizid.

● **Chrysanthemum coccineum** Willd. (syn. *Chrysanthemum carneum, Chrysanthemum coccineum, Chrysanthemum coronopifolium, Chrysanthemum marschallii, Chrysanthemum roseum, Pyrethrum carneum, P. coronopifolium, P. roseum, Tanacetum carneum, T. coccineum, T. roseum*); Bunte Staudenmargerite (syn. Flohkraut, Kaukasische Insektenblüten, Persische Insektenblüten, Rosenrote Wucherblume).

Vork.: Kaukasus bis Iran.

Droge: ***Flores Chrysanthemi persici***, Persische oder Kaukasische Insektenblüten. Inh. und Anw. s. *C. cinerariifolium*.

Hom.: ***Pyrethrum roseum e floribus*** HAB34, die getrockneten Blüten.

● **Chrysanthemum coronarium** L. (syn. *Buphthalmum oleraceum, Chrysanthemum roxburghii, C. segetum, C. spatiosum, C. oleracea, Matricaria coronaria, Pinardia coronaria*); Goldblume (Kronen-Wucherblume, Kuh-Dillen, Streichblume).

Vork.: Mittelmeergebiet, in Asien kultiviert.

Droge: ***Chrysanthemum-coronarium-Kraut***, die getrockneten oberirdischen Pflanzenteile. Inh.: Flavonoide (u. a. 7-Glykoside von Luteolin, Kämpferol und Quercetin), Alkamide, Thiophenderivate (Chrycorin, Chrycolid), Sesquiterpenlactone (u. a. Cumambrin A). Anw.: in der Volksheilkunde bei Verdauungsbeschwerden, Magenschmerzen, Husten. Die Blüten sollen bei Magen- und Darmbeschwerden wirksam und als Ersatz für die Römische Kamille einsetzbar sein. Nähere Angaben dazu fehlen. Früher wurden die Pflanzen in Italien als Gemüse verzehrt, zu diesem Zweck werden sie in Asien heute noch kultiviert.

● **Chrysanthemum parthenium** (L.) Bernh. (syn. *Anthemis colala, Chrysanthemum parthenium, Leucanthemum odoratum, L. parthenium, Matricaria capensis, M. eximia, M. latifolium, M. odorata, M. parthenium, M. parthenioides, Pyrethrum parthenium, Tanacetum parthenium*); Mutterkraut (syn. Bertram, Falsche Kamille, Feverfew, Fieberkraut, Goldfederich, Jungfernkraut, Knopfkamille, Mägdeblumenkraut, Matram, Matronenkraut, Metra, Metram, Mettram, Mutterkamille, Römische Kamille, Sonnenauge).

Vork.: östliches Mittelmeergebiet.

Drogen: ***1. Chrysanthemi parthenii folium*** (syn. *Folia Chrysanthemi parthenii*); Mutterkrautblätter bzw. ***2. Chrysanthemi parthenii herba*** (syn. *Parthenii herba, Herba Parthenii*); Mutterkraut. Inh.: äther. Öl (0,75 %) mit Campher und Chrysanthenylacetat als Hauptkomponenten, ferner Sesquiterpenlactone, u. a. Germacranolide, mit Parthenolid als Hauptkomponente, ferner Eudesmanoliden und Guajanoliden sowie Flavonoiden, insbes. Apigenin- und Luteolinderivaten. Anw.: früher bei Dysmenorrhoe, Wehenschwäche, drohender Fehlgeburt, rheumatischen Beschwerden sowie als Wurmmittel.

● **Chrysanthemum vulgare** (L.) Bernh. (syn. *Chrysanthemum tanacetum, Pyrethrum tanacetum, P. vulgare, Tanacetum officinarum, T. vulgare, T. audibertii*); Rainfarn (syn. Dannebloom, Knöpfchen, Raingerte, Wurmkraut, Wurmtod), s. Farbtafel S. 150, Bild 82.

Heim.: Europa, weltweit eingebürgert.

Drogen: ***1. Tanaceti flos*** (syn. *Chrysanthemi vulgaris flos, Flores Athanasiae, Flores Tanaceti*), die getrockneten Trugdolden. Inh.: äther. Öl (bis 1,5 %) s. *Chrysanthemi aetheroleum*, ferner Sesquiterpenlactone vom Germacranolid- (bes. Crispolid), Eudesmanolid- und Guajanolidtyp, Sesquiterpenalkohole Tanacetol A und B, Monoterpenglykoside, Flavonoide, Cumarine, Kaffeesäurederivate und Thiophene. Anw.: früher als Wurmmittel, in der Volksheilkunde zudem bei Verdauungsstörungen sowie mißbräuchlich als Abortivum. ***2. Chrysanthemi herba*** (syn. *Herba Athanasiae, Herba Chrysanthemi, Herba Tanaceti, Tanaceti herba*); Rainfarnkraut (syn. Wurmfarnkraut, Wurmkraut), die vorsichtig getrockneten, während der Blütezeit (Juli bis Oktober) gesammelten oberirdischen Teile. Inh. und Anw.: s. *Tanaceti flos*. ***3. Chrysanthemi aetheroleum*** (syn. *Aetheroleum Tanaceti, Oleum Tanaceti*), das äther. Öl des frischen, blühenden Rainfarnkrautes. Inh.: Zusammenstzung vom jeweiligen Chemotyp abhängig, bes. Monoterpenderivate, u. a. Borneol, Campher, α- und β-Thujon, Artemisiaketon und Terpinen-4-ol, ferner Sesquiterpene, u. a. die Ketone (+)-Vulgaron A

(7,6 %) und (+)-Vulgaron B (11,9 %). Anw.: analog *Tanaceti flos*.

Hom.: ***Chrysanthemum vulgare*** HAB1, die frischen, oberirdischen Teile blühender Pflanzen ohne die verholzten Stengel. Anw.-Geb.: nervöse Erschöpfung, Spasmen der Muskulatur und der Hohlorgane.

Chrysanthemum suaveolens ↗ Chamomilla recutita.
Chrysarobin ↗ Andira-Arten.
Chryseis californica ↗ Eschscholzia californica.
Chrysin ↗ Flavonoide.

■ Chrysoplenium alternifolium L.

Steinkresse.

Fam.: Saxifragaceae.

Vork.: Europa, Asien, Nordamerika.

Droge: das Kraut. Inh.: Leucodelphinidin, Leucocyanidin, Arbutin (0,56 %), Sedoheptulose. Anw.: früher als Expektorans und Diuretikum.

■ Cibotium barometz Link

Vegetabilisches Lamm.

Fam.: Dicksoniaceae.

Vork.: Ostindien, China, Japan.

Droge: ***Paleae haemostypticae*** (syn. *Paleae stypticae*); Farnhaare. Anw.: früher als Hämostyptikum eingesetzt, in der Technik als Polstermaterial verwendet.

■ Cicer arietinum L.

Kichererbse.

Fam.: Leguminosae.

Vork.: Mittelmeerländer, Indien, auch kultiviert.

Droge: Kraut und Samen. Inh.: im Kraut u. a. Flavonoide, wie Kämpferol, Quercetin, Isorhamnetin; Enzyme; in den Samen u. a. Proteine, Fett (4–5 %), Vitamine A, B, C, D und E; Kohlenhydrate (ca. 62 %). Anw.: das Kraut in der indischen Volksheilkunde als Adstringens und Diuretikum; die Samen sind ein hochwertiges Nahrungs- und Futtermittel.

Cichorienblätter ↗ Cichorium intybus.
Cichorienkäfer ↗ Mylabris cichorii.
Cichorien-Reizkäfer ↗ Mylabris cichorii.
Cichorii folia et radix ↗ Cichorium intybus.
Cichorii radix ↗ Cichorium intybus.

■ Cichorium endivia L.

Winterendivie.

Fam.: Asteraceae (Compositae).

Vork.: Mittelmeergebiet, in Europa als Salat- und Gemüsepflanze kultiviert.

Inh.: Zimtsäurederivate, u. a. D-(+)-Dicaffeoylweinsäure (Cichoriensäure), ferner Flavonoide, bes. Kämpferolglykoside, und Sesquiterpenlactone.

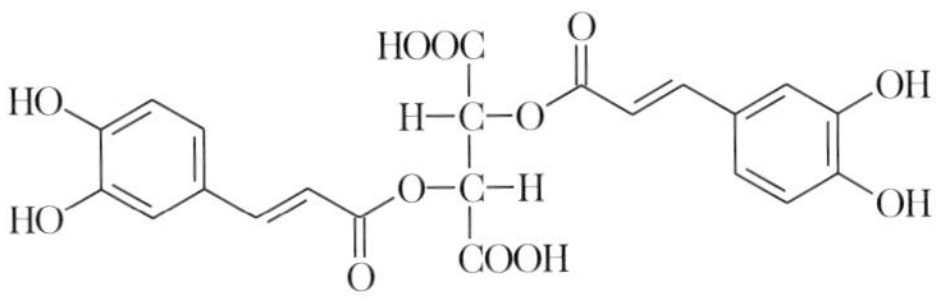

Cichoriensäure
(Cichoriumsäure)

Hom.: ***Cichorium endivia*** HAB1, die ganze, vor der Blüte geerntete Frischpflanze.

■ Cichorium intybus L.

Gewöhnliche Wegwarte (syn. Wilde Zichorie, Zichorie), s. Farbtafel S. 150, Bild 83.

Fam.: Asteraceae (Compositae).

Vork.: gemäßigte Zonen in Europa, Asien und Amerika in drei Varietäten *foliosum* (syn. Salatzichorie, Chicoree); *intybus*, Wilde Zichorie und *sativum*, Wurzelzichorie (syn. Kaffeezichorie).

Drogen: ***1. Cichorii folia et radix*** (syn. *Folia et Radix Cichorii, Folia et Radix Intybi*); Cichorienblätter und Wurzeln (syn. Gemeine Wegwartenblätter und Wurzeln, Wegwartenblätter und Wurzeln, Zichorienblätter und Wurzeln). Inh.: s. *C. endivia*. Anw.: Appetitlosigkeit, dyspeptische Beschwerden. ***2. Cichorii radix*** (syn. *Intybi radix, Radix Cichorii, Radix Intybi*); Wegwartenwurzel (syn. Zichorienwurzel), die im Herbst gesammelte, getrocknete Wurzel von *C. intybus var. sativum*. Inh.: Inulin (ca. 50–60 %), Sesquiterpenbitterstoffe, u. a. Lactucopicrin, Kaffeesäurederivate, insbes. Cichoriensäure (s. *Cichorium endivia*), Gerbstoffe und Phytosterole. Anw.: Amarum und Cholagogum. Bestandteil entsprechender Teemischungen und Phytopharmaka. Volkstümlich bei Lebererkrankungen, Gelbsucht und als mildes Laxans, ferner als Kaffeesurrogat.

Hom.: ***1. Cichorium intybus***, die frischen, unterirdischen Teile. Anw.-Geb.: Erkrankungen der Leber, der Galle und der Bauchspeicheldrüse.

2. ***Cichorium intybus ethanol. Decoctum*** HAB1, die ganze, zur Blütezeit gesammelte, getrocknete Pflanze. <u>*Anw.-Geb.*</u>: anthroposophische Therapierichtung. ***3. Cichorium intybus Rh.*** HAB1, die ganzen, zur Blütezeit gesammelten frischen Pflanzen. <u>*Anw.-Geb.*</u>: anthroposophische Therapierichtung.

Histor.: *Cichorium* ist bei Horaz der Name, der sich von *kio* (gehe) und *chorion* (Feld) ableitet, somit in Verbindung mit dem bevorzugten Standort der Pflanze steht. Der Artname *intybus* wird teils auf das griechische *éntomos* (eingeschnitten) im Hinblick auf die Form der Laubblätter, teils vom lateinischen *in* (in) und *tubus* (Röhre) zur Kennzeichnung des hohlen Stengels abgeleitet. Auch der deutsche Name Wegwarte weist auf den bevorzugten Standort der Pflanze, nämlich am Wege stehend, hin. Die Pflanze war bereits im Altertum bekannt und nach ↗ Dioskurides und ↗ Plinius bereits vonden Ägyptern als magenstärkendes Gemüse kultiviert.

■ Ciclosporine

(syn. Ciclosporin, Ciclosporinum). Gruppe von Undeca-Peptiden mit immunsuppressiver Wirkung, gebildet von *Tolypocladium inflatum* (syn. *Beauveria nivea, Trichoderma polysporum*) und *Cylindrocarpum lucidum*. Die Gruppe umfaßt die C. A bis H, die chemisch eng verwandt sind. Wichtigster Vertreter ist Ciclosporin A, eingesetzt wird daneben noch Ciclosporin C. Sie wirken wachstumshemmend auf eine Reihe von Pilzen und Protozoen.

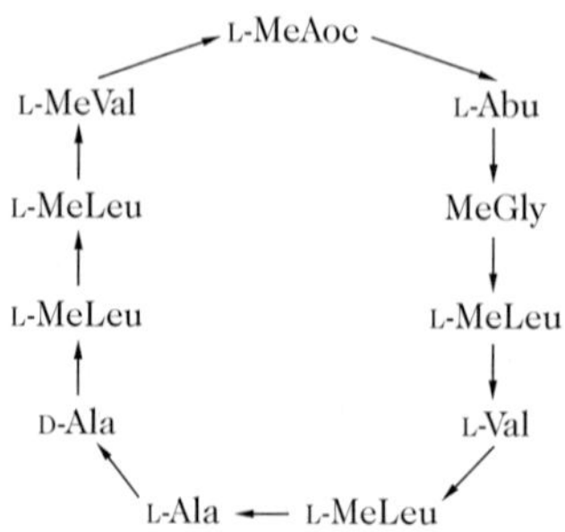

Ciclosporin A

<u>*Wirk.*</u>: Ciclosporin A unterdrückt die zelluläre Immunantwort u. a. durch Hemmung der Bildung von Interleukin I. <u>*Anw.*</u>: zur Verhinderung der Abstoßung von Herz-, Nieren-, Pankreas-, Leber- und Knochenmarkstransplantaten sowie bei schweren Autoimmunerkrankungen, wie z. B. rheumatischer Arthritis, Morbus Crohn oder Colitis ulcerosa. Die Therapie ist mit beträchtlichen Nebenwirkungen verbunden und bedarf einer strengen Indikation sowie ständiger ärztlicher Überwachung.

Cicöl ↗ Licania rigida.
Cicuta angustifolia ↗ Cicuta virosa.
Cicuta aquatica ↗ Cicuta virosa.
Cicuta cellulosa ↗ Cicuta virosa.
Cicuta cynapium ↗ Aethusa cynapium.
Cicutae virosae rhizoma ↗ Cicuta virosa.
Cicuta mackenzieana ↗ Cicuta virosa.
Cicuta maculata ↗ Conium maculatum.
Cicuta major ↗ Conium maculatum.
Cicuta officinalis ↗ Conium maculatum.
Cicuta orientalis ↗ Cicuta virosa.
Cicuta pumila ↗ Cicuta virosa.
Cicutaria aquatica ↗ Cicuta virosa.
Cicutaria virosa ↗ Cicuta virosa.
Cicuta sachalinensis ↗ Cicuta virosa.
Cicuta tenuifolia ↗ Cicuta virosa.

■ Cicuta virosa L.

(syn. *Cicuta angustifolia, C. aquatica, C. cellulosa, C. mackenzieana, C. orientalis, C. pumila, C. sachalinensis, C. tenuifolia, Cicutaria aquatica, C. virosa, Coriandrum cicuta, Selinum virosum, Sium alterum, S. cicuta*); Giftiger Wasserschierling (syn. Borstenkraut, Giftiger Wassermerk, Giftwüterich, Parzenkraut, Tollkraut, Tollrübe, Wüterich), s. Farbtafel S. 150, Bild 84.

Fam.: Apiaceae (Umbelliferae).

Vork.: Europa, Zentral- und Ostasien, Kanada, Alaska.

Droge: ***Cicutae virosae rhizoma*** (syn. *Radix Cicutae virosae, Rhizoma Cicutae virosae*); Wasserschierlingsrhizom (syn. Wasserschierlingswurzel), die frischen unterirdischen Teile. Die Droge ist sehr stark giftig! <u>*Inh.*</u>: Polyine (ca. 0,2 %, v. a.

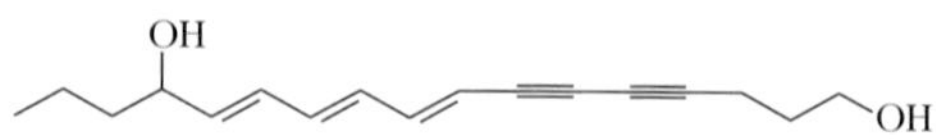

Cicutoxin

Cicutoxin, Cicutol, Falcarindiol), äther. Öl (0,1–0,35 %). <u>*Wirk.*</u>: Cicutoxin ist ein starkes, zentral angreifendes Krampfgift, das nach anfänglicher Erregung zur Lähmung lebenswichtiger Zentren im ZNS führt. Der Tod tritt durch Atemlähmung ein. Anw.: In der Volksheilkunde Sibiriens wird die antibakterielle Wirksamkeit der Droge in Form von Extrakten und Salben bei Infektionen der Haut ausgenutzt.

Hom.: ***Cicuta virosa*** HAB34; Wasserschierling (syn. Wütherich Hahnemann), der frische, zur Zeit der beginnenden Blüte gesammelte Wurzelstock mit den anhängenden Wurzeln. Anw.-Geb.: Eiterflechten der Haut oder Schleimhaut, bei Krampfleiden und zerebralen Anfallserkrankungen (Epilepsie).

Cicutoxin ↗ Cicuta virosa.

■ **Cimex lectularius** L.
Bettwanze.

Fam.: Hemipteroidea.

Vork.: weltweit.

Inh.: Cimicin (Geruchsstoff).

Hom.: ***Cimex lectularius*** HAB; die lebende Bettwanze. Anw.-Geb.: Fieberanfälle, Schnupfen, Muskelsteifigkeit.

Cimicifugae racemosae rhizoma ↗ Cimicifuga racemosa.

■ **Cimicifuga racemosa** (L.) Nutt.
(syn. *Actaea gyrostachya, A. orthostachya, A. monogyna, A. racemosa, Botrophis acteaoides, Botrophis serpentaria, Cimicifuga serpentaria, Macrotis octroides, M. racemosa, M. serpentaria*); Trauben-Silberkerze (syn. Frauenwurzel, Langtraubiges Christophskraut, Nordamerikanische Schlangenwurzel, Schwarze Schlangenwurzel, Wanzenkraut), s. Farbtafel S. 151, Bild 85.

Fam.: Ranunculaceae.

Vork.: USA, Kanada, Europa, gemäßigte und arktische Zonen Asiens.

Droge: ***Cimicifugae racemosae rhizoma*** (syn. *Radix (Rhizoma) Actaeae racemosae, Radix Christophorianae americanae, Radix Cimicifugae racemosae, Radix Serpentariae racemosae, Rhizoma Cimicifugae*); Cimicifuga-Wurzelstock (syn. Frauenwurzel, Nordamerikanische Schlangenwurzel, Traubensilberkerzen-Wurzelstock, Wanzenkrautwurzel), der getrocknete, nach der Fruchtreife gesammelte Wurzelstock mit den Wurzeln. Inh.: Triterpenglykoside vom Cyclartenoltyp (u. a. Actein) und Cimicifugosid, Harzfraktion Cimicifugin, ferner die Alkaloide Cytisin und Methylcytisin, Flavonoide (u. a. das Isoflavon Formononetin). Wirk.: Die Droge besitzt östrogenähnliche Eigenschaften. Als Wirkungsmechanismus wird ein Effekt auf das adrenerge System und die LHRH-Sekretion, so u. a. eine Hemmwirkung auf die Sekretion des Lutropins, vermutet. Anw.: Auszüge der Droge sind Bestandteil von Arzneifertigpräparaten, die als Stimulans bei Funktionsstörungen der weiblichen Geschlechtsorgene bes. bei dysmenorrhoischen sowie klimakterisch bedingten neurovegetativen Beschwerden zur Anwendung kommen.

Hom.: ***Cimicifuga racemosa*** HAB1, der frische Wurzelstock mit den anhängenden Wurzeln. Anw.-Geb.: rheumatischer und wirbelsäulenbedingter Muskelschmerz, Krampfschmerz des Herzens, des Magen-Darm-Traktes, der Gallenblase und im Bereich der weiblichen Geschlechtsorgane, bes. Wechseljahresbeschwerden, nervöse Erregungs- und depressive Verstimmungszustände.

Histor.: Der Gattungsname *Cimicifuga* ist aus dem lateinischen *cimex* (Wanze) und *fuga* (Flucht) zusammengesetzt, während racemosa (lat. *racemosus*, Traube) auf dem traubigen Blütenstand hinweist. Die Pflanze wurde schon seit langer Zeit von den Einheimischen Nordamerikas als Mittel gegen Schlangenbiß und zur Erleichterung der Geburt genutzt.

Cimicifuga serpentaria ↗ Cimicifuga racemosa.
Cimicifuga-Wurzelstock ↗ Cimicifuga racemosa.
Cinae anthodia ↗ Artemisia cina.
Cinae flos ↗ Artemisia cina.

■ **Cinchona-Arten**

● **Fam.:** Rubiaceae.

● **Vork.:** tropisches Amerika, bes. Osthänge der Anden. Kulturen u. a. in Indonesien und Westafrika (Kongogebiet).

● **Cinchona officinalis** L. (syn. *Cinchona calisaya, C. ledgeriana*); Gelber Chinarindenbaum.

Droge: ***Cinchonae calisayae cortex*** (syn. *Cortex Chinae calisayae,*); Gelbe Chinarinde (syn. Calisaya-Chinarinde, Gelbe Königsrinde, Königschinarinde), die getrocknete Stamm- und Wurzelrinde. Inh.: Alkaloide (4–8 %) mit 50 % Chininanteil. Anw.: insbes. als Industriedroge zur Gewinnung von Chinin.

Hom.: ***China fusca***, die getrocknete Rinde.

● **Cinchona pubescens** Vahl (syn. *Cinchona cordifolia, C. succirubra, C. tucuyensis*); Roter Chinarindenbaum.

Droge: ***Cinchonae cortex*** (syn. *Chinae cortex, Cinchona, Cortex Chinae, Cortex Cinchonae*); Rote Chinarinde (syn. Fieberrinde, Apothekerrinde), die getrocknete Rinde, s. Farbtafel S. 151, Bild 86. Inh.: Alkaloide (5–15 %), gebunden an Säuren oder Gerbstoffe mit Chinin (30–60 %, s. Formel) als Hauptalkaloid sowie u. a. Chinidin, Cinchonin und Cinchonidin als Nebenalkaloide. Außerdem Phenylpropanderivate, Flavonoide, Phenylpropansubstituierte Epicatechine, Gerbstoffe und Phlobaphene. Anw.: Die Droge und galenische Zubereitungen kommen bei Appetitlosigkeit als sog. Tonika bei dyspeptischen Beschwerden zum Einsatz sowie volkstümlich bei grippalen Infekten, Malaria und Muskelkrämpfen. Das Reinalkaloid Chinin wirkt als Malariamittel auf die erythrozytären Formen der Erreger, d. h. als Schizontenmittel. Es wirkt antipyretisch, analgetisch und muskelrelaxierend; am Uterus steigert es die Erregbarkeit der Muskulatur gegenüber Oxytocin-artig wirkenden Verbindungen und am Herzen hemmt es die Reizleitung, Erregbarkeit und Kontraktilität. Chinin ist jedoch ein Zell- und Protoplasmagift. Es hemmt verschiedene enzymatische Prozesse und kann durch Komplexbildung mit DNA zur Blockierung der Nucleinsäuresynthese führen. Chinidin, das partialsynthetisch durch Isomerisierung aus Chinin gewonnen werden kann, wird bes. bei Reizleitungsstörungen des Herzens therapeutisch genutzt.

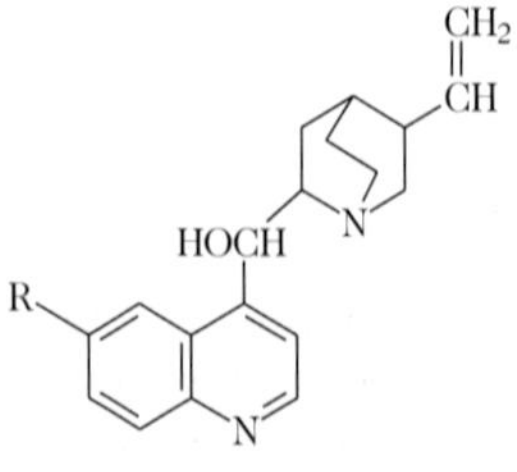

Chinaalkaloide
R = OCH_3: (–)-Chinin, (+)-Chinidin,
R = H: (+)-Cinchonin, (–)-Cinchonidin

Hom.: ***Cinchona succirubra*** HAB1, die getrocknete Rinde jüngerer Stämme und älterer Zweige. Anw.-Geb.: u. a. Fieberanfälle, Entzündungen der Atemwege, akute Durchfälle, Verdauungsschwäche, Gallenkoliken, allgemeine Entkräftung.

● **Histor.:** Der Gattungsname *Cinchona* soll nach der Gräfin von Chinchon, der spanischen Vizekönigin, geprägt worden sein. Aus *quina*, der Bezeichnung der südamerikanischen Indianer für Rinde, ist die Bezeichnung Chinarinde abgeleitet, die mit China in keinem Zusammenhang steht. Die Entdeckung der Wirkung der Chinarinde, die zunächst durch ihren bitteren Geschmack auffiel, erfolgte nach der Eroberung Südamerikas durch die Europäer.

Cinchonae calisayae cortex ↗ Cinchona-Arten.
Cinchonae cortex ↗ Cinchona-Arten.
Cinchona kattu-kambar ↗ Uncaria gambir.

■ Cineol

(syn. 1,8-Cineol, Eucalyptol); campherähnlich riechendes bicyclisches Monoterpen, häufiger Bestandteil von äther. Ölen.

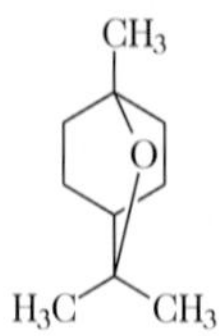

Cineol

Cineraria-Kreuzkraut ↗ Senecio-Arten.
Cineraria maritima ↗ Senecio-Arten.
Cinnamomi aetheroleum ↗ Cinnamomum-Arten.
Cinnamomi burmanii cortex ↗ Cinnamomum-Arten.
Cinnamomi camphorae aetheroleum ↗ Cinnamomum-Arten.
Cinnamomi cassiae aetheroleum ↗ Cinnamomum-Arten.
Cinnamomi cassiae cortex ↗ Cinnamomum-Arten.
Cinnamomi ceylanici cortex ↗ Cinnamomum-Arten.
Cinnamomi chinensis cortex ↗ Cinnamomum-Arten.
Cinnamomi cortex ↗ Cinnamomum-Arten.
Cinnamomi flos ↗ Cinnamomum-Arten.
Cinnamomi loureirii cortex ↗ Cinnamomum-Arten.

■ Cinnamomum-Arten

● **Fam.:** Lauraceae.

● **Vork.:** tropische und subtropische Gebiete, außer Afrika.

● **Cinnamomum aromaticum** Nees (syn. *Cinnamomum cassia, C. obtusifolium, Laurus cassia, L. cinnamomum*); Zimtbaum (syn. Chinazimtbaum, Chinesischer Zimtbaum, Chinesischer Zimtstrauch, Kassie, Zimtkassie).

Drogen: ***1. Cassiae flos*** (syn. *Cinnamomi flos, Clavellis Cassiae, Flores Cassiae, Flores Cassiae deflorati, Flores Cinnamomi*); Zimtblüten (syn. Kanelblüten, Kassiablüten, Zimtfrüchte, Zimtkelche, Zimtnägelein, Zimtnagerl), die nach dem Verblühen gesammelten, getrockneten Blüten, bei denen es sich botanisch eigentlich um ein junges Fruchtstadium handelt. *Inh.:* äther. Öl (ca. 1,9 %, mit Zimtaldehyd als Hauptkomponente). *Anw.:* als Geruchs- und Geschmackskorrigenz. In der Volksheilkunde wird die Droge auch zur Blutreinigung sowie in Kombination mit anderen Drogen bei Entzündungen eingesetzt. ***2. Cinnamomi cassiae aetheroleum*** (syn. *Oleum Cassiae, Oleum Cinnamomi cassiae*); Cassia-Öl (syn. Chinesisches Zimtöl, Kassiaöl, Kassiazimtöl), das aus den Blättern, jungen Zweigen und Rindenabfällen gewonnene äther. Öl. *Inh.:* Zimtaldehyd (ca. 90 %), *o*-Methoxyzimtaldehyd, Cumarin. *Anw.:* bei Appetitlosigkeit, dyspeptischen Beschwerden, Völlegefühl und Blähungen. Außerdem zur symptomatischen Behandlung von Verdauungsbeschwerden, Erschöpfungszuständen und zur Förderung der Gewichtszunahme. ***3. Cinnamomi chinensis cortex*** (syn. *Cinnamomi cassiae cortex, Cinnamomi cortex, Cortex Cassiae, Cortex Cinnamomi, Cortex Cinnamomi cassiae, Cortex Cinnamomi chinensis*); Chinesischer Zimt (syn. Chinesische Zimtrinde, Englischer Zimt, Gemeiner Zimt, Indischer Zimt, Kanel, Mutterzimt, Zimtkassia), die ganz oder teilweise geschälte, getrocknete Rinde dünner Zweige. *Inh.:* äther. Öl (1–4 %, v. a. mit Zimtaldehyd, Zimtsäure, Cinnamylacetat, Zimtalkohol, Cumarin, *o*-Methoxyzimtaldehyd), Diterpene (Cinnzeylanole, Cinncassiole), Gerbstoffe, Phenolcarbonsäuren, Lignane, Schleim. *Anw.:* Appetitlosigkeit, dyspeptische Beschwerden, Blähungen sowie zur symptomatischen Behandlung von Verdauungsstörungen.

Histor.: Zimt wird bereits im ersten chinesischen Kräuterbuch des Kaisers Shen Nung (ca. 2700 v. Chr.) erwähnt und zählt zu den ältesten Gewürzen. Im Mittelmeerraum wurde der Chinesische Zimt als Räuchermittel und Arzneimittel genutzt. Aufgrund der langen Handelswege besaß die Droge bis ins Mittelalter hinein einen sehr hohen Wert und wurde als fürstliches Geschenk immer besonders erwähnt. Um 1500 wurde erstmals in Europa Zimtöl hergestellt.

● **Cinnamomum burmanii** (Nees) Bl. (syn. *Cinnamomum dulce, C. kiamis, C. mindanaense, Laurus burmani, L. dulcis, Persea dulcis*).

Droge: ***Cinnamomi burmanii cortex*** (syn. *Cassia lignea, Cortex Cinnamomi burmanii*); Padang-Zimt (syn. Fagot-Cassie, Holzkassie, Holzzimt, Java-Cassie, Mutterzimt, Padang-Kaneel, Padang-Kassie, Zimt), die getrocknete Stammrinde. *Inh.:* äther. Öl (1,5–3,5 %, v. a. mit Zimtaldehyd und Cumarin). *Anw.:* in der Volksheilkunde bei Diarrhoe und Magenkrämpfen sowie als Gewürz im Haushalt.

● **Cinnamomum camphora** (L.) J. S. Presl. (syn. *Camphora camphora, C. officinarum, Cinnamomum camphoriferum, Laurus camphora, L. camphorifera, Persea camfora*); Kampferbaum (syn. Campherbaum, Kampferlorbeer).

Droge: ***Cinnamomi camphorae aetheroleum*** (syn. *Oleum Camphorae, Oleum Cinnamomi camphorae*); Kampferbaumöl (syn. Campheröl, Kampferöl), das äther. Öl aus dem Holz. *Inh.:* v. a. Cineol, daneben Borneol, Carvacrol, Eugenol, Limonen, Phellandren, α-Pinen und Safrol. *Anw.:* als Bestandteil von externen Rheumamitteln. Die Droge wird häufig in der Kosmetik (Pafüms, Seifen, Deodorants) und in der Technik zur Herstellung von Vanille- und Pfefferminzaromen verwendet.

● **Cinnamomum culilawan** (L.) Bl. (syn. *Cinnamomum caryophylloides rubrum, C. culiban, C. culilaban, C. culitlawan, C. rubrum, Laurus culitlawan*).

Droge: ***Culilabani cortex*** (syn. *Cortex Culilabani, Cortex Caryophylloides ruber*); Lawang-Rinde (syn. Bittere Zimtrinde, Culilawanrinde), die getrocknete Rinde von Stämmen und Ästen. *Inh.:* äther. Öl (5–6 %, u. a. mit Eugenol und Safrol in variablen Mischungen). *Anw.:* früher bei Verdauungsbeschwerden und Darmstörungen. Im Haushalt wird die Droge als Gewürz verwendet.

● **Cinnamomum loureirii** Nees.

Droge: ***Cinnamomi loureirii cortex*** (syn. *Cortex Cinnamomi loureirii*); Saigon-Zimt (syn. Japanzimt), die getrocknete Rinde. *Inh.*: äther. Öl

(2–6 %, v. a. Zimtaldehyd und Eugenol enthaltend). Anw.: in der Volksheilkunde bei Verdauungsbeschwerden.

● **Cinnamomum verum** J.S. Presl. (syn. *Cinnamomum ceylanicum, C. zeylanicum, Laurus cassia, L. cinnamifera, L. cinnamomea*); Zimtbaum (syn. Ceylonischer Zimtbaum, Ceylon-Zimt, Zeylonzimt, Kaneelbaum).

Drogen: ***1. Cinnamomi aetheroleum*** (syn. *Aetheroleum Cinnamomi, Oleum Cinnamomi, Oleum Cinnamomi ceylanici*); Zimtöl (syn. Ätherisches Zimtöl, Ceylonzimtöl), das äther. Öl aus der Rinde. Inh.: v. a. Zimtaldehyd (65–76 %) und Eugenol (4–10 %) sowie in geringen Mengen Zimtalkohol, Zimtsäure, Cinnamylacetat und *o*-Methoxyzimtaldehyd. Anw.: bei Appetitlosigkeit, dyspeptischen Beschwerden, Völlegefühl, Blähungen sowie als Geruchs- und Geschmackskorrigenz. In der Volksheilkunde dient die Droge zur Behandlung der Dysmenorrhoe und zur Blutstillung. ***2. Cinnamomi cortex*** (syn. *Cinnamomi ceylanici cortex, Cortex Cinnamomi, Cortex Cinnamomi ceylanici, Cortex Cinnamomi zeylanici*); Zimtrinde (syn. Ceylonzimtrinde, Echter Kanel, Echter Zimt, Java-Zimt, Malabar-Zimt), die getrockneten, vom äußeren Kork und darunter liegendem Parenchym befreite Rinde junger Schößlinge, s. Farbtafel S. 151, Bild 87. Inh.: äther. Öl (0,5–4 %, v. a. mit Zimtaldehyd und Eugenol), Procyanidine, Diterpene (Cinnzeylanol, Cinnzeylanin), Phenolcarbonsäuren, Zucker (Mannit, Arabinose, Xylose), Schleim. Anw.: bei Appetitlosigkeit (Zimttinktur) und dyspeptischen Beschwerden, in der Volksheilkunde auch bei Diarrhoe, Erkältungen, Grippe und Wurmbefall. Zimtrinde ist ein häufig verwendetes Gewürz in fast allen Kulturkreisen.

Hom.: ***Cinnamomum zeylanicum*** (syn. *Cinnamomum*) HAB1, die von den äußeren Teilen befreite Rinde junger Schößlinge. Anw.-Geb.: nervöse Störungen, Gebärmutterblutungen.

Histor.: Ceylonzimt wurde im 14. Jh. in Europa erstmals erwähnt, seine Verwendung nahm insbes. nach 1498 (Entdeckung des Seeweges nach Indien durch Vasco da Gama) und der Besitznahme der Insel Ceylon durch die Portugiesen zu. Anfangs wurden in Ceylon nur wilde Bäume zur Drogengewinnung genutzt, und eine besondere Kaste, die Chalias, war mit dem Sammeln und Schälen des Zimtes beauftragt. Seit Ende des 18. Jh. wird die Droge aus Kulturen gewonnen, bis 1840 war Zimt der Hauptausfuhrartikel von Ceylon, dem heutigen Sri Lanka.

Cinnamomum magelannicum ↗ Drimys winteri.

■ **Cinnamosa fragrans** Baillon.

Fam.: Canellaceae.

Vork.: Madagaskar.

Droge: die Rinde. Inh.: äther. Öl mit α- und β-Pinen, 1,4-Cineol, Linalool, Pulegon, β-Caryophyllen; Sesquiterpene, wie Cinnamolid; Anthocyanidine, β-Sitosterol. Anw.: in der Volksheilkunde als schleimlösendes Mittel bei Erkrankungen der Atemwege, gegen Entzündungen des Darmes sowie als Bandwurmmittel.

Cipó Suma ↗ Anchietea salutaris.

■ **Cirsium arvense** (L.) Scop.
(syn. *Carduus arvensis, Cnicus arvensis*); Akkerdistel.

Fam.: Asteraceae (Compositae)

Vork.: Europa, Asien, Nordamerika, Südafrika.

Droge: das Kraut. Inh.: Glykoside, wie Tiliacin; äther. Öl, Alkaloide, Harz, Inulin, Gerbstoffe, Flavonoide, Cumarine, Carotinoide, Allantoin. Anw.: in der Volksheilkunde als Tonikum, Diuretikum und Wundheilmittel.

■ **Cirsium eriophorum** (L.) Scop.
(syn. *Carduus eriophorus, Cnicus eriophorus*); Wollkratzdistel.

Fam.: Asteraceae (Compositae)

Vork.: Mitteleuropa, Südeuropa.

Droge: die ganze Pflanze. Inh.: äther. Öl mit Polyinen, Flavonoide. Anw.: in der Volksheilkunde als Diaphoretikum, Diuretikum und bei Hautkrankheiten.

Cirsium maculatum ↗ Silybum marianum.

■ **Cirsium oleraceum** (L.) Scop.
(syn. *Carduus oleraceus, Cnicus oleraceus*); Kohldistel.

Fam.: Asteraceae (Compositae)

Vork.: Mitteleuropa bis Sibirien.

Droge: ***Herba Cirsii***; Wiesenkohl, das Kraut. Inh.: Gerbstoffe, Alkaloide, äther. Öl, Harz, Fett, Flavonoide, Polyine. Anw.: in der Volksheilkunde als Tonikum; Wiesenkohl wird auch als Salat gegessen.

Cissampelos cocculus ↗ Anamirta cocculus.

■ **Cissampelos pareira** L.
Fam.: Menispermaceae.
Vork.: tropische und subtropische Gebiete, bes. Brasilien, Indien, Sri Lanka.
Droge: ***Radix Pareirae***; Falsche Paraeirawurzel. Inh.: Alkaloide, wie Menismin, Cissamin, Pareirin, Curine; äther. Öl, Quercit, Harz. Anw.: in der Volksheilkunde bei Fieber, Durchfällen, Dyspepsie sowie äußerlich bei Geschwüren.

■ **Cistus-Arten**
● **Fam.:** Cistaceae.
● **Cistus creticus** L. (syn. *Cistus incanus, C. villosus, C. polymorphus*); Zistrose, s. Farbtafel S. 151, Bild 88.
Vork.: Mittelmeer- und Schwarzmeergebiet.
● **Cistus ladanifer** L.
Vork.: westliches Mittelmeergebiet, Iberische Halbinsel, Marokko, Algerien.
● **Cistus laurifolius** L. (syn. *Cistus cyprius*).
Vork.: Cypern, Mittelmeergebiete.
Droge: ***Ladanum*** (syn. *Labdanum, Gummi Ladanum, Resina Ladanum*), das von den Zistrosen ausgeschiedene Harz. Inh.: (alle drei Arten) Harz, äther. Öl, Ester- und Sesquiterpene. Anw.: kosmetische Industrie, Ausgangsmaterial für Essenzen und zu Räucherzwecken.

Cistus canadensis ↗ Helianthemum canadense.
Citrinholz ↗ Santalum album.
Citri pericarpium ↗ Citrus-Arten.
Citronellae aetheroleum ↗ Cymbopogon-Arten.
Citronelle ↗ Melissa officinalis.
Citronellgras ↗ Cymbopogon-Arten.
Citronenöl ↗ Citrus-Arten.

■ **Citronensäure**
dreibasige Hydroxycarbonsäure (Tricarbonsäure). Als freie Säure und in Form ihrer Salze (Citrate) gehört sie zu den verbreitetsten Pflanzensäuren.

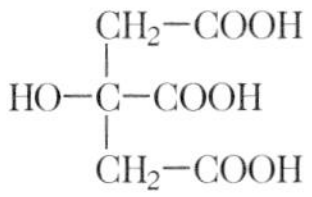

Citronensäure

■ **Citrullus colocynthis** (L.) Schrad.
(syn. *Citrullus officinalis, Colocynthis vulgaris, Cucumis colocynthis*); Koloquinthe (syn. Pomaquinte, Alhandal, Koloquintenkürbis, Puriergurke, Teufelsapfel).
Fam.: Cucurbitaceae.
Vork.: Wüsten und Steppen des tropischen Nordafrika, Vorderasien, Arabien, Indien, Pakistan.
Droge: ***Fructus Colocynthidis*** (syn. *Colocynthidis fructus, Colocynthis*); Koloquinthen (syn. Koloquinthenäpfel), die von der äußeren harten Fruchtschale befreiten reifen Früchte, s. Farbtafel S. 151, Bild 89. Die Droge ist giftig! Inh.: Cucurbitacine (0,6–2 %, tetracyclische Triterpene und ihre Glykoside, u. a. Citrullol, Cucurbitacin E, I und B), Phytosterole, Fette, Fruchtsäuren. Anw.: früher als drastisches Laxans, u. a. auch bei Ödemen und Hydrops, seltener bei Gicht, Rheuma und Neuralgien. Die Droge führt bei Überdosierung zu Entzündungen des Magen-Darm-Traktes, der Niere und Blase. Extrakte der Droge wurden zur Wanzen- und Mottenbekämpfung eingesetzt.
Hom.: ***Citrullus colocynthis*** (syn. *Colocynthis*), die geschälten, entkernten Früchte. Anw.-Geb.: Magen-, Darm- und Gallen-Koliken, Dysmenorrhoe, Neuralgien.
Histor.: Die Frucht der im Mittelmeerraum wild wachsenden Pflanze war den antiken Ärzten bekannt, ↗ Plinius und ↗ Dioskurides erwähnen sie in ihren Schriften. Bei den Arabern war die Droge sehr gebräuchlich, und sie haben sie im Mittelmeergebiet auch verbreitet. Der Gattungsname *Citrullus* wurde wegen der den Orangen ähnlichen Früchte geprägt. *Colocynthidis* war der bereits im klassischen Altertum gebäuchliche Name für die Pflanze. Die getrockneten Früchte gehören zu den uralten Abführmitteln, ihre Nennung erfolgte bereits im Alten Testament.

Citrullus lunatus ↗ Citrullus vulgaris.
Citrullus naudinianus ↗ Acanthosicyos naudiniana.
Citrullus officinalis ↗ Citrullus colocynthis.

■ **Citrullus vulgaris** Schrad.
(syn. *Citrullus lunatus*); Wassermelone (syn. Arbuse, Melone).
Fam.: Cucurbitaceae.
Heim.: tropisches Afrika.
Vork.: kultiviert im südlichen Europa, Rußland, Nordamerika.

Inh.: im Fruchtfleisch: Zucker (7 %), Citrullin, Carotine. In den Samen: fettes Öl (20–40 %), Cucurbitol, Cucurbitocitrin. *Anw.:* hauptsächlich als Nahrungsmittel und Viehfutter.

■ Citrus-Arten

● **Fam.:** Rutaceae.

● **Citrus aurantiifolia** (Christm. et Panz.) Swingle (syn. *Citrus lima, C. medica*); Saure Limette (syn. Limonelle).

Vork.: Südostasien, Kulturen in Mexiko, Florida, Westindische Inseln.

Droge: ***Oleum Limettae***; Limettöl, gewonnen aus den Fruchtschalen, enthält u. a. Citral (6–9 %), 1-α-Terpineol, Bisabolen und Anthanilsäuremethylester. *Anw.*: Kosmetik, Getränkeindustrie. Auch die saure, saftreiche Frucht dient zur Herstellung von Erfrischungsgetränken, für Marmeladen und zur Gewinnung von Citronensäure sowie als Gewürz.

● **Citrus aurantium** L. *ssp. aurantium* (syn. *Citrus vulgaris, C. bigaradia*); Pomeranzenbaum (syn. Bitterorange, Bigarade), s. Farbtafel S. 151, Bild 90.

Heim.: Ostasien, Kulturen in Mittelmeerländern, Florida.

Drogen: ***1. Aurantii flos*** (syn. *Flores Aurantii., Flores Naphae*); Pomeranzenblüten (syn. Orangenblüten, Neroliblüten, Bigaradeblüten), die getrockneten Blüten. Im Handel werden „offene Blüten" und „geschlossene Blüten" unterschieden. *Inh.*: äther. Öl (ca. 1 %), Bitterstoffe, Hesperidin. *Anw.*: Bestandteil von Teegemischen, insbes. von Beruhigungs- und Hustentees. Ferner als Geruchs- und Geschmackskorrigens sowie zur Gewinnung des äther. Öles. ***2. Aurantii flos aetheroleum*** (syn. *Oleum Aurantii floris, Oleum Neroli*); Pomeranzenblütenöl (syn. Orangenblütenöl, Neroliöl), das aus den frischen Blüten gewonnene äther. Öl. *Inh.*: u. a. Anthranilsäuremethylester (0,6 %), Linalool (ca 30 %), Linalylacetat (ca. 7 %), Nerol, Nerolidol, Nerylacetat, Geraniol und Jasmon. *Anw.*: Kosmetik. ***3. Aurantii pericarpium*** (syn. *Pericarpium Aurantii amari, Flavedo Aurantii amari, Aurantii amari flavedo*); Pomeranzenschale (syn. Bittere Orangenschale, Bigaradeschale, Orangenschale), die getrocknete, in Längsvierteln abgezogene, vom Albedo zum größten Teil befreite, äußere Schicht. *Inh.*: äther. Öl (ca. 1–3 %), Bitterstoffe, u. a. Neohesperidin, Naringin und Limonin. *Anw.*: Geschmackskorrigens, in appetitanregenden und verdauungsfördernden Zubereitungen. ***4. Oleum Aurantii fructus amari*** (syn. *Oleum Aurantii Pericarpii*); Pomeranzenschalenöl, das aus den Schalen gepreßte äther. Öl. *Anw.*: Aromatikum, in der Likör- und Getränkeindustrie. ***5. Aurantii folium*** (syn. *Folia Aurantii*); Bitterorangenblätter (syn. Orangenblätter), *Inh.*: äther. Öl (ca. 0,3 %), Hesperidin, Bitterstoffe. *Anw.*: Amarum, zur Anregung der Magensaftsekretion, Aromatikum. ***6. Aurantii immaturi fructus*** (syn. *Fructus Aurantii immaturi*); Unreife Pomeranzenfrüchte, die getrockneten, unreifen Früchte, s. Farbtafel 152, Bild 91. *Inh.*: Hesperidin, Neohesperidin als Bitterstoff, äther. Öl (1–2,5 %), organische Säuren, u. a. Citronen- und Äpfelsäure. *Anw.*: zur Herstellung von appetitanregenden und verdauungsfördernden Zubereitungen. ***7. Oleum Petitgrain***; Petitgrainöl, das äther. Öl der Blätter, Zweige und unreifen Früchte. *Inh.*: Linalylacetat (30–60 %), ferner Citral, Camphen, Nerol, Furfural, Pyrrol, Geraniol, Geranylacetat, Sesquiterpene u. a. *Anw.*: Aromatikum, bes. in Likörindustrie und Kosmetik.

Hom.: ***Citrus aurantium*** HAB; die frische Schale der reifen Früchte. *Anw.-Geb.*: Zahnfleischbluten, auszehrende Krankheiten.

● **Citrus bergamia ssp. bergamia** Risso et Poit. (syn. *Citrus aurantium ssp. bergamia*); Bergamotte.

Droge: ***Oleum Bergamottae***; Bergamottöl, das aus den frischen Fruchtschalen durch Auspressen gewonnene äther. Öl. *Inh.*: Linalylacetat (30–45 %), L-Linalool, Limonen (ca. 50 %), Dihydrocuminalkohol, Dipenten, Camphen, Nerol, Terpineol, Bergapten (ca 5 %) u. a. *Anw.*: Aromatikum in der Nahrungs- und Genußmittelindustrie, in der Kosmetik. *Geg.*: Bergapten, z. B. in kosmetischen Präparaten, kann phototoxische Hautreaktionen hervorrufen.

● **Citrus deliciosa** Ten. (syn. *Citrus reticulata, C. nobilis var. deliciosa*); Mandarine.

Droge: ***Oleum Mandarinae***; Mandarinenöl, das durch Auspressen der Füchte bzw. der Fruchtschalen gewonnene äther. Öl. *Inh.*: u. a. D-Limonen, Terpineol, Dipenten und Methylanthranilsäuremethylester (Geruchsträger). *Anw.*: Aromatikum.

● **Citrus limon** (L.) Burm. f. (syn. *Citrus limonum, C. medica var. limon, C. medica var. limonum*); Zitrone (syn. Sauerzitrone, Limone).

Vork.: bes. Mittelmeergebiete, Indien, Florida.

Drogen: ***1. Pericarpium Citri*** (syn. *Citri pericarpium, Cortex Citri fructus, Cortex Limonis, Flavedo Citri*); Zitronenschale (syn. Limonenschale), die getrockneten Schalen voll entwikkelter jedoch noch nicht ausgereifter Früchte. Inh.: äther. Öl (0,2–0,6 %) mit (+)-Limonen als Hauptkomponente sowie Citral und weiteren Monoterpenen als typische Geruchsträger. Außerdem Flavonoide, v. a. Neohesperidoside und Rutinoside des Hesperetins und Naringenins, Carotinoide, organische Säuren (u. a. Citronensäure), Cumarinderivate und größere Mengen Pektine. Anw.: Aromatikum und Stomachikum; mitunter Bestandteil von Früchteteemischungen. ***2. Limonis aetheroleum*** (syn. *Oleum Citri, Oleum Limonis*); Citronenöl (syn. Limonenöl, Zitronenöl), das aus der frischen Zitronenschale durch geeignete Verfahren ohne Anwendung von Wärme gewonnene äther. Öl. Inh.: D-Limonen (ca. 90 %), monoterpenoide Carbonylverbindunge (2,2–4,5 %, ber. als Citral), ferner u. a. Geranylacetat, α-Terpineol, Phellandren und Anthanilsäuremethylester sowie Cumarinderivate. Anw.: Geruchs- und Geschmackskorrigens.

Hom.: ***Citrus limon*** HAB; die frischen, reifen Früchte. *Anw.-Geb.:* Zahnfleischbluten, auszehrende Krankheiten.

● **Citrus maxima** (Burm.) Merr. (syn. *Citrus aurantium var. grandis, C. decumana, C. grandis*); Riesenorange (syn. Pampelmuse). *Anw.:* Obst und Diätetikum.

● **Citrus medica** L. (syn. *Citrus medica var. vulgaris*); Zitronatzitrone, liefert als kandierte Fruchtschalen das Zitronat (syn. Succade). Anw.: Backwarenherstellung.

● **Citrus x paradisi** Macfad. (syn. *Citrus decuma, C. decuma var. racemosa, C. racemosa*); Grapefruit.). *Anw.:* Obst und Diätetikum.

● **Citrus reticulata** Blanco (syn. *Citrus nobilis, C. madurensis*); Santaro-Orange, als Frucht gegessen.

● **Citrus sinensis** (L.) Osbeck (syn. *Citrus aurantium var. sinensis, C. aurantium ssp. sinensis*); Apfelsine (syn. Orange).

Drogen: ***1. Pericarpium Aurantii dulcis*** (syn. *Cortex Aurantii fructus dulcis*); Apfelsinenschale. Inh.: u. a. äther. Öl, wenige Bitterstoffe, Hesperidin. ***2. Oleum Aurantii dulcis***; Apfelsinenschalenöl. Inh.: u. a. D-Limonen, D-Linalool, D-Terpineol und Anthranilsäuremethylester. Anw.: Aromatika in Lebens- und Genußmittelindustrie sowie in der Kosmetik.

● **Histor.:** Die Herkunft des Gattungsnamens *Citrus* ist unsicher. Nach ↗ Tschirch ist ein Zusammenhang mit dem indischen *chitra* (buntgefleckt, wundervoll), das aus dem chinesischen *kü-kiuh* abzuleiten ist, denkbar. Die am Südhang des Himalaja heimischen, heute im Mittelmeerraum und anderen Gebieten kultivierten *Citrus*-Arten wurden erstmals von ↗ Avicenna in Form des Saftes als Arznei angewandt. Im 11. und 12. Jh. kam der Strauch nach Europa. Destillate der Blüten, wie das bittere Orangenblüten- und Neroliöl, benannt nach der Fürstin Neroli, standen in den folgenden Jahrhunderten in hohem Ansehen, bes. als Aromatika.

Citrus japonica ↗ Fortunella japonica.
Cladium germanicum ↗ Cladium mariscus.

■ **Cladium mariscus** (L.) R. Br.
(syn. *Cladium germanicum*); Schneide.

Fam.: Cyperaceae.

Vork.: Europa, Amerika, Australien, vorwiegend in kalkreichen Mooren und Sümpfen.

Droge: die ganze Pflanze. *Inh.:* Gerbstoffe, in den Samen fettes Öl. Anw.: in der Volksheilkunde als Antidiarrhoikum.

Clavaria clavus ↗ Claviceps purpurea.
Clavellis Cassiae ↗ Cinnamomum-Arten.

■ **Claviceps purpurea** (Fries) Tulasne
(syn. *Clavaria clavus, Clavis secalinus, Cordyceps purpurea, Fusarium heterosporum*); Mutterkorn (syn. Bockshorn, Brandkorn, Giftkorn, Hahnensporn, Hungerkorn, Kornmuhme, Kornmutter, Kornzapfen, Krähenkopf, Mehlmutter, Mutterkornpilz, Mutterzapfen, Rockenmutter, Roggenbrand, Roter Keulenkopf, Schwarzkopf, Tollkorn, Wolfszahn, Zapfenkorn), s. Farbtafel S. 152, Bild 92.

Fam.: Clavicipitaceae (Pilz aus der Klasse der Ascomycetes/Schlauchpilze).

Vork.: *C. purpurea* ist ein ständiger Begleiter des Roggens in all seinen Anbaugebieten. Außerdem kommt er auch auf Wildgräsern kosmopolitisch vor.

Droge: ***Secale cornutum***; Mutterkorn, das auf der Roggenpflanze gewachsene, bei leichter Wärme getrocknete Sklerotium des Pilzes. Die

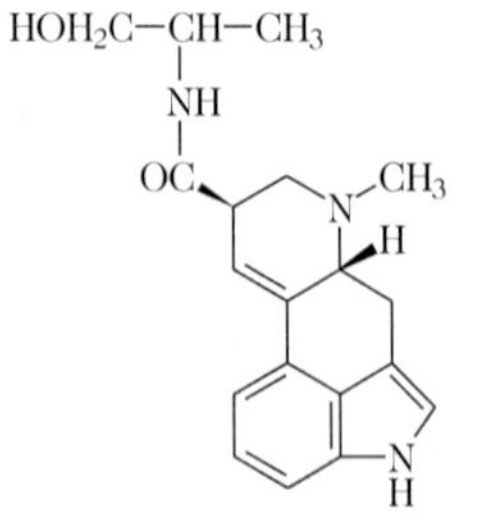

Ergometrin

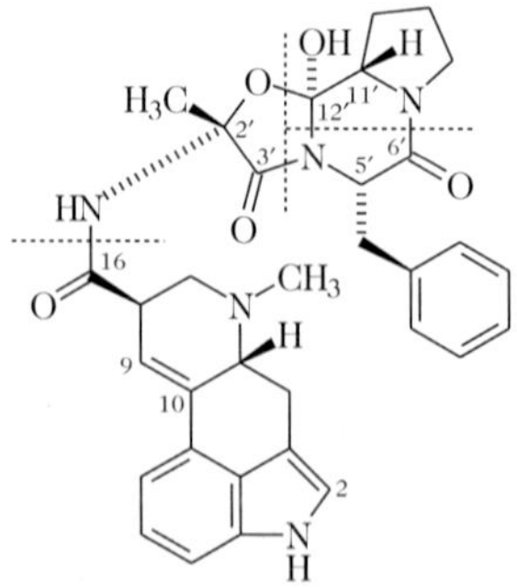

Ergotamin

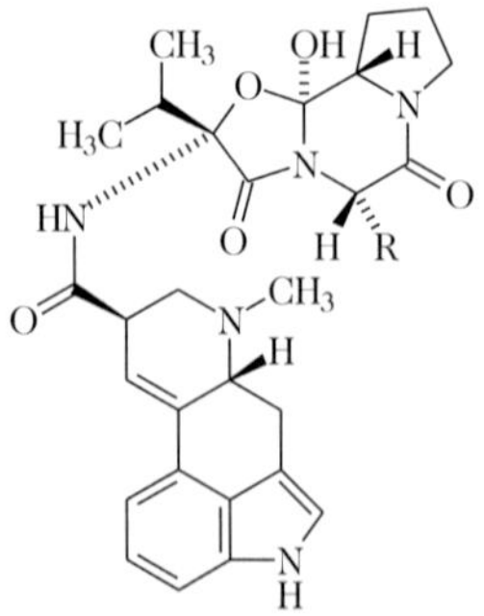

Ergotoxin-Alkaloide

Ergocristin:	R = CH_2— 
α-Ergocryptin:	R = CH_2—$CH(CH_3)_2$
β-Ergocryptin:	R = $CH(CH_3)$—CH_2—CH_3
Ergocornin:	R = $CH(CH_3)_2$

Droge gilt als hochgiftig! *Inh.:* Ergolin-Alkaloide (Indolalkaloide der Clavin-Serie/↗ Clavinalkaloide: Agroclavin, Elymoclavin, Festuclavin; Indolalkaloide der Ergolen-Serie/Lysergsäurederivate: Ergometrine, Ergotamine, Ergotoxine), Ergochrome (Xanthonderivate), Anthrachinone (Clavorubin, Endocrocin), Amine, fettes Öl. *Wirk.:* Nur die Indolalkaloide der Ergolen-Serie, insbes. Ergometrin und seine halbsynthetischen Derivate, sind von therapeutischem Interesse. Aufgrund der gemeinsamen Strukturmerkmale mit Neurotransmittern (Noradrenalin, Dopamin, Serotonin) treten die Mutterkornalkaloide mit adrenergen, serotonergen und dopaminergen Rezeptoren in Wechselwirkung und beeinflussen das ZNS (Sedierung) bzw. wirken gefäßkonstriktorisch. Ergometrin führt zu rhythmischen Kontraktionen des graviden Uterus, in höherer Dosierung zur Dauerkontraktion. *Anw.:* als Droge oder Zubereitung aus der Droge heute obsolet, da keine exakte Standardisierung der Inhaltsstoffe möglich ist. Große Bedeutung hat die Droge dagegen als Rohstoff für die industrielle Gewinnung der Mutterkornalkaloide. Volksheilkundlich früher in der Geburtshilfe zur Einleitung der Geburt eingesetzt (Name: Mutterkorn!) bzw. bei Migräne und neurovegetativen Störungen verwendet.

Hom.: ***Secale cornutum*** HAB1, das auf Roggen gewachsene, bei nicht mehr als 40 °C getrocknete Sklerotium. *Anw.-Geb.:* Gebärmutterkrämpfe, Muskelkrämpfe, Lähmungen, Krampfleiden, Durchblutungsstörungen, Blutungsneigung.

Histor.: Das früher oft im Brotgetreide enthaltene und aus Unkenntnis nicht ausgelesene Mutterkorn hat im Mittelalter wiederholt schreckliche Epidemien unter der armen Bevölkerung Europas ausgelöst, während die antiken Völker, die sich hauptsächlich von Weizen ernährten, verschont blieben. Die erste Beschreibung einer Mutterkornepidemie (Ergotismus) finden sich in den Annalen des Klosters Xanten aus dem Jahre 857. Bis ins 20. Jh. hinein traten in Europa immer wieder durch Mutterkorn ausgelöste Massenerkrankungen (dt. Kribbelkrankheit) auf. Diese Massenvergiftungen waren durch das Abfallen der Gliedmaßen (Gangräne) infolge der Gefäßkonstriktion in der Peripherie gekennzeichnet und als „Antoniusfeuer" gefürchtet. Die mittelalterlichen Städte waren durch zahlreiche Krüppel bevölkert, die ihre Gliedmaßen durch Mutterkornvergiftungen verloren hatten. Für medizinische Zwecke scheinen die Chinesen die Droge bereits im Altertum verwendet zu haben, 1582 gab Lonicerus in seinem Kräuterbuch eine derartige Verwendung an. Im 17. Jh. wurde die Droge in Deutschland in die gynäkologische Praxis eingeführt, v. a. zur Blutstillung nach der Geburt. Die Natur des Mutterkorns als Sklerotium eines schmarotzenden Pilzes wurde erst 1853 durch Tulasne aufgeklärt. Bis dahin glaubte man, daß Mutterkorn eine mißgebildete Frucht des Roggens wäre.

■ **Clavinalkaloide,**
therapeutisch wenig genutzte Ergolin-Derivate aus ↗ *Claviceps purpurea*, obwohl antibiotische und zytostatische Effekte nachgewiesen wurden.

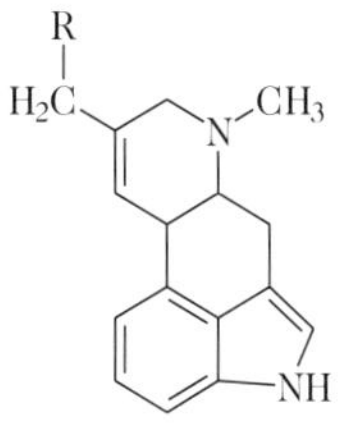

Agroclavin: R = H
Elymoclavin: R = OH

Clavine ↗ Claviceps purpurea.
Clavis secalinus ↗ Claviceps purpurea.

■ **Clavulansäure**
β-Lactamase-Hemmer, der von *Streptomyces clavuligerus* gebildet wird. Wirk.: Ohne selbst nennenswerte antibakterielle Eigenschaften aufzuweisen, kommt es durch Hemmung der *β*-Lactamase und bei ursprünglich resistenten Keimen zur Verstärkung der Wirkung von Penicillinen und Cephalosporinen. Anw.: in Kombination mit *β*-Lactam-Antibiotika zur Therapie von Harnwegsinfektionen.

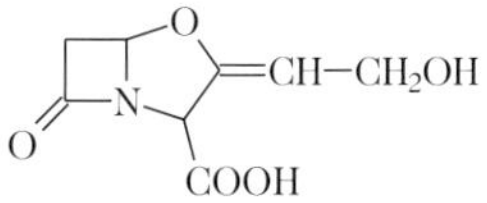

Clavulansäure

■ **Cleistopholis glauca** Pierre ex Engl. et Diels (syn. *Cleistopholis grandiflora*).
Fam.: Annonaceae.
Vork.: Afrika, besonders Kamerun und Zaire.
Droge: Rinde und Wurzeln. Inh.: Sesquiterpene, *β*-Sitosterol, Rhamnoside, Alkaloide. Anw.: in der afrikanischen Volksheilkunde wird ein Rindensaft bei Tuberkulose und Bronchitis getrunken, auch zur äußeren Wundbehandlung und als Mittel gegen Krätze bzw. Würmer findet die Droge Anwendung.

Cleistopholis grandiflora ↗ Cleistopholis glauca.

■ **Clematis-Arten**
● **Fam.:** Ranunculaceae.
● **Clematis recta** L. (syn. *Clematis erecta*); Aufrechte Waldrebe (syn. Steife Waldrebe).
Vork.: Mittel- und Südeuropa.
Droge: ***Herba Clematidis***; Waldrebenkraut. Inh.: Anemonin, Protoanemonin, Triterpensaponine, Stigmasterolglykoside. Anw.: volkstümlich bei Hauterkrankungen, u. a. Ekzemen, rheumatischen Beschwerden und Gicht.
Hom.: ***Clematis recta*** HAB1, das frische, blühende Kraut. Anw.-Geb.: Hautausschläge, Lymphdrüsenschwellung, Lid- und Bindehautentzündung, Entzündung der Harnblase, der Harnröhre, der Hoden, der Brustdrüse.
● **Clematis vitalba** L.; Echte Waldrebe (syn. Gemeine Waldrebe, Waldrebe), s. Farbtafel S. 152, Bild 93. Vork., Inh. und Anw.: s. *Clematis recta*.
Hom.: ***Clematis vitalba*** HAB; die frischen Blätter. Anw.-Geb.: oberflächliche Krampfadergeschwüre.

Clerodendron infortunatum ↗ Clerodendrum infortunatum.

■ **Clerodendrum capitatum** (Wild.) Schum. et Thonn.
Fam.: Verbenaceae.
Vork.: Afrika, Senegal bis Simbabwe.
Droge: die Blätter und Wurzeln. Inh.: Alkaloide, Saponine, Bitterstoffe, wie Clerodin (Diterpen). Anw.: in der afrikanischen Volksheilkunde zur Wundbehandlung, Magenbeschwerden, Rheuma und gegen Bandwürmer. Die Droge ist auch Bestandteil von Pfeilgiften und wird zum Fischfang genutzt.

■ **Clerodendrum infortunatum** Gaertn. (syn. *Clerodendron infortunatum*).
Fam.: Verbenaceae.
Vork.: Pakistan, Sri Lanka, Molukken.
Droge: die ganze Pflanze. Inh.: Steroidglykoside, Lupeol, Clerodolon, Clerodon, Clerosterol, Bitterstoffe. Anw.: in der Volksheilkunde bei Ruhr, Koliken und Eingeweidewürmern sowie als Fiebermittel.

■ **Clindamycin**
(7′-Desoxy-7-chloro-lincomycin). Antibiotikum aus der Gruppe der Lincomycine (Derivate des

1-Methyl-4-propyl-L-prolins). Es besitzt den gleichen Wirkungsmechanismus wie ↗ Chloramphenicol. Anw.: Einsatz bei Infektionen mit anaeroben Bakterien und therapieresistenten Staphylokokken, z. B. bei Osteomyelitiden.

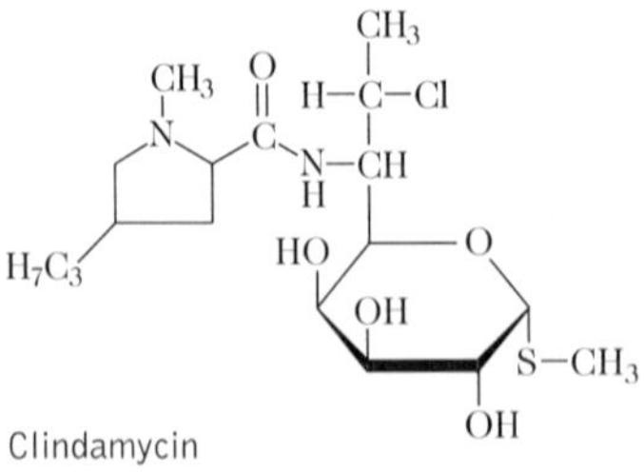

Clindamycin

Clinopodium hortense ↗ Satureja hortensis.

■ **Clitoria ternatea** L.
(syn. *Clitoria vulgaris*).

Fam.: Leguminosae.

Vork.: Pakistan, Bengalen.

Droge: die Blätter und Wurzeln. Inh.: Lactone, wie Aparajitin; Taraxerin, Taraxeron, Gerbstoffe, Glucoside, Proteine. Anw.: in der Volksheilkunde als Laxans, Diuretikum sowie bei Hauterkrankungen.

Clitoria vulgaris ↗ Clitoria ternatea.
Cluytia eluteria ↗ Croton elutaria.
Cnici benedicti herba ↗ Cnicus benedictus.
Cnicin ↗ Cnicus benedictus.
Cnicus arvensis ↗ Cirsium arvense.

■ **Cnicus benedictus** L.
(syn. *Calcitrapa benedicta, Carbenia benedicta, Carduus benedictus, Centaurea benedictus*); Kardobenediktenkraut (syn. Benediktenkraut, Benediktenwurzel, Benediktinerdistel, Bitterdistel, Kardobenedikte), s. Farbtafel S. 152, Bild 94.

Fam.: Asteraceae (Compositae).

Vork.: europäisches Mittelmeergebiet, heute auch in Südafrika und Mittelamerika eingeschleppt.

Droge: ***Cnici benedicti herba*** (syn. *Cardui benedicti herba, Herba Cardui benedicti, Herba Cnici benedicti*); Benediktenkraut (syn. Benediktinerkraut, Bitterdistelkraut, Distelkraut, Kardobenediktenkraut, Spinnendistelkraut), die getrockneten Blätter und krautigen Zweigspitzen mit den Blüten. Inh.: äther. Öl (0,03 %), Bitterstoffe (0,2–0,7 %, bes. Cnicin, ein ungesättigtes Sesquiterpenlacton, sowie Artemisiifolin, Salonitenolid und Arctigenin), Triterpene (α-Amyrin und

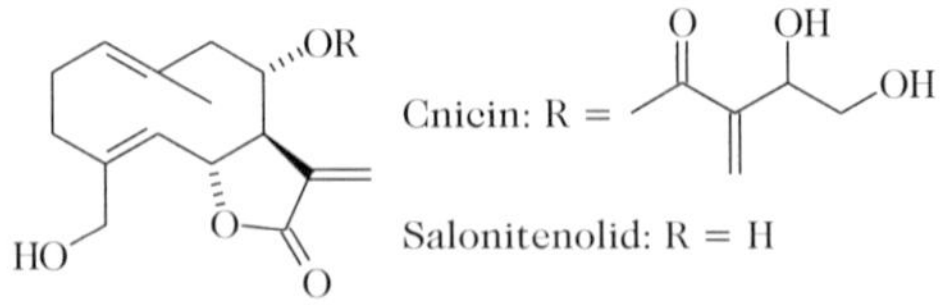

Derivate), Flavonoide, Mineralien. Anw.: innerlich bei Appetitlosigkeit und dyspeptischen Beschwerden. In der Volksheilkunde als Amarum bei Leber- und Gallenleiden sowie bei Herzfunktionsstörungen und Fieber; äußerlich als lokales Wundheilmittel bei Geschwüren und Frostbeulen.

Hom.: ***1. Cnicus benedictus*** HAB1, die frischen, oberirdischen Teile blühender Pflanzen. ***2. Cnicus benedictus***, äthanol. Decoctum HAB1, die frischen, oberirdischen Teile blühender Pflanzen. ***3. Cnicus benedictus spag. Zimbel*** HAB1, die ganze, frische blühende Pflanze. Anw.-Geb.: chronische Lebererkrankungen.

Histor.: Der Gattungsname *Cnicus* geht – Bezug nehmend auf die stacheligen Hüllkelchblätter – auf das griechische *knizein* (quälen) zurück, während *benedictus* unterschiedlich gedeutet wird. Da *benedictus (lat*, gesegnet) einerseits auf die der Pflanze nachgesagte Heilkraft hinweist, könnte andererseits auch ein Zusammenhang mit dem heiligen Benediktus bzw. den die Pflanze anbauenden Benediktinermönchen bestehen. Bei den Schriftstellern der Antike findet die Pflanze keine Erwähnung, wohl aber in nahezu überschwenglicher Weise in den Kräuterbüchern des späten Mittelalters.

Cnicus eriophorus ↗ Cirsium eriophorum.
Cnicus oleraceus ↗ Cirsium oleraceum.

■ **Cnidium dubium** (Schkuhr.) Thell.

Fam.: Apiaceae (Umbelliferae).

Vork.: Eurasien, Mittel- und Nordeuropa.

Droge: die Früchte. Inh.: Cumarine, wie Cnidin, Cnicidin, Cnidilin. Anw.: als Spasmolytikum.

■ **Cnidium officinale** Mak.

Fam.: Apiaceae (Umbelliferae).

Vork.: China, Japan, auch kultiviert.

Droge: die Rhizome. Inh.: äther. Öl (ca. 1,5 %) mit Cnidiumlacton; Phthalide, wie Ligustilid;

Sedanonsäureanhydrid. Anw.: in der ostasiatischen traditionellen Heilkunde bei Nervenleiden und Frauenkrankheiten.

Cnidosculus urens ↗ Jatropha curcas.
Cobra ↗ Naja naja.
Cocablätter ↗ Erythroxylum coca.
Cocae folium ↗ Erythroxylum coca.
Coca folium ↗ Erythroxylum coca.

■ **Cocain**
Benzoesäureester des Methylecgonins aus ↗ *Erythroxylum coca*. Wirk.: Hemmung der Rückspeicherung von Noradrenalin, Dopamin und Serotonin in synaptische Vesikel. Dadurch kommt es zur starken zentralnervösen Stimulation. In der Peripherie führt die Rückspeicherungshemmung zur Konstriktion der Gefäße, Tachykardie, Hyperthermie, Mydriasis, Hyperglykämie und verstärkter Krampfneigung. An der Schleimhaut bewirkt C. eine Hemmung des Na^{+}-Einstromes und damit der Erregungsleitung. Anw.: in der medizinischen Praxis als sicher wirkendes Schleimhaut-(Oberflächen)-anästhetikum. C. wird als Rauschmittel mißbraucht und unterliegt dem Suchtmittelgesetz.

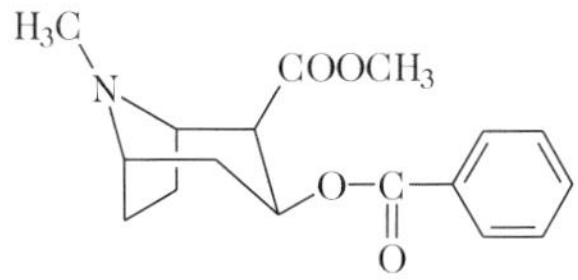

Cocain

■ **Cocainismus**
Cocain-Mißbrauch (↗ Sucht und Suchtdrogen biogenen Ursprungs, ↗ *Erythroxylum coca*), der zur Abhängigkeit (Drogensucht) führt und schwerste gesundheitliche Schäden induziert. Cocain zählt dabei zu den stärksten und gefährlichsten Suchtdrogen.

■ **Cocaismus**
die Gewohnheit, frische Kokablätter (↗ *Erythroxylum coca*) zu kauen. Besonders verbreitet unter den Bewohnern der Andenregion zur Leistungsstimulation und Hungerunterdrückung. Es liegt aber keine Abhängigkeit (Drogensucht) vor.

Coca peruvianae folium ↗ Erythroxylum coca.

Cocastrauch ↗ Erythroxylum coca.
Cocca Gnidii ↗ Daphne mezereum.

■ **Coccinella septempunctata** L.
Siebenpunktiger Marienkäfer (syn. Sonnenkäfer).
Fam.: Coccinellidae
Vork.: Europa.
Inh.: im Abwehrsekret ist Coccinellin (Alkaloid) enthalten.
Hom.: ***Coccinella septempunctata*** HAB; die lebenden, im Frühsommer gesammelten Siebenpunktigen Marienkäfer. Anw.-Geb.: Zahnschmerzen, Gesichtsschmerzen, Kopfschmerzen.

Coccinia cordifolia ↗ Coccinia grandis.

■ **Coccinia grandis** (L.) Voigt.
(syn. *Coccinia cordifolia, C. indica, Cephalandra indica*).
Fam.: Cucurbitaceae.
Vork.: Indien, Pakistan.
Droge: die Wurzeln, das Kraut (syn. *Herba Cephalandrae*) und Früchte. Inh.: im Kraut und Wurzeln Alkaloide, wie Cephalandrine; Cephalandrol, Tritriacontan, β-Sitosterin, Kaffeesäurederivate; in den Früchten Bitterstoffglykoside. Anw.: in der indischen Volksheilkunde das Kraut als Laxans und Antidiabetikum; die Wurzeln als Antidiabetikum, die Früchte bei Gallenbeschwerden, Fieber und äußerlich bei Geschwüren sowie Hauterkrankungen.

Coccinia indica ↗ Coccinia grandis.
Coccionella ↗ Dactylopius coccus.
Coccolobarinde ↗ Coccoloba uvifera.

■ **Coccoloba uvifera** (L.) L.
Seetraube.
Fam.: Polygonaceae.
Vork.: Südafrika, Antillen, Südamerika.
Droge: ***Coccolobarinde*** (syn. Seetraubenbaumrinde), die Rinde. Inh.: Gerbstoffe. Anw.: zur Gerberei.

Cocculi indici ↗ Anamirta cocculus.
Cocculi levantici ↗ Anamirta cocculus.
Cocculi picatorii ↗ Anamirta cocculus.
Cocculus fibraurea ↗ Fibraurea tinctoria.
Cocculus glaber ↗ Cocculus leaeba.
Cocculus lacunosus ↗ Anamirta cocculus.

■ **Cocculus laurifolius** (Roxb.) DC.
Fam.: Menispermaceae.
Vork.: Indien, Südchina, Japan.
Droge: die Blätter. Inh.: Alkaloide, wie Coclaurin, Laurifolin, Magniflorin; Quercit, Flavonoide, wie Diosmin. Anw.: in der chinesischen und japanischen Volksheilkunde bei Tuberkulose, Lepra, Keuchhusten und Rheuma.

■ **Cocculus leaeba** (Del.) DC.
(syn. *Cocculus pendulus, C. glaber*).
Fam.: Menispermaceae.
Vork.: Steppengebiete in Nordafrika, Arabien, Vorderindien.
Droge: die Wurzeln. Inh.: Alkaloide, wie Oxyacanthin, Palmatin, Colombin (0,13 %), Sangolin (ca. 3 %), Pelosin (ca. 2 %); Schleimstoffe, Sterole. Anw.: in der Volksheilkunde als Diuretikum, Fiebermittel sowie in Indien als Tonikum.

Cocculus palmatus ↗ Jateorhiza palmata.
Cocculus pendulus ↗ Cocculus leaeba.
Cocculus populifolius ↗ Anamirta cocculus.
Cocculus suberosus ↗ Anamirta cocculus.
Coccus cacti ↗ Dactylopius coccus.
Coccus lacca ↗ Kerria lacca.
Cochenille ↗ Dactylopius coccus.
Cochenille-Laus ↗ Dactylopius coccus.
Cochenille-Schildlaus ↗ Dactylopius coccus.
Cochin-Kino ↗ Pterocarpus-Arten
Cochinöl ↗ Cocos nucifera.
Cochlearia armoracia ↗ Armoracia rusticana.
Cochleariae herba ↗ Cochlearia officinalis.
Cochlearia linnaei ↗ Cochlearia officinalis.

■ **Cochlearia officinalis** L.
(syn. *Cochlearia linnaei, Crucifera cochlearia*); Löffelkraut (syn. Bitterkresse, Echtes Löffelkraut, Löffelkresse, Lungenkresse, Quellenkraut, Scharbocksheilkraut, Scharbockskraut, Skorbutkraut), s. Farbtafel S. 152, Bild 95.
Fam.: Brassicaceae (Cruciferae).
Vork.: Mittel- und Nordeuropa, Asien und Nordamerika.
Droge: ***Cochleariae herba*** (syn. *Herba Cochleariae*), die getrockneten, im ersten Jahr geernteten grundständigen Blätter oder die im zweiten Jahr kurz vor oder während der Blüte geernteten oberirdischen Teile der Pflanze. Inh.: Glucosinolate (Senfölglucoside), u. a. mit Glucocochlearin, einem sekundären Butylsenfölglucosid, als Hauptkomponente und geringen Mengen an Glucotropaeolin (Benzylsenfölglucosid) und Allylglucosinolat, ferner äther. Öl mit sekundärem Butylsenföl (87–98 %) als Hauptkomponente, geringen Mengen an Benzylsenföl, anderen Isothiocyanaten und (+)-Limonen sowie Flavonoiden und reichlich Vitamin C. Anw.: volkstümlich innerlich als natürlicher Vitamin C-Träger bei Skorbut sowie als harntreibendes Mittel, bei Gicht, Rheuma und Magenbeschwerden. Äußerlich in Form von Umschlägen mit dem zerquetschten Kraut bei Geschwüren und in Form von *Spiritus Cochleariae* als Hautreizmittel, für Mundspülungen bei Erkrankungen des Zahnfleisches.
Hom.: ***1. Cochlearia officinalis*** HAB1 und ***2. Cochlearia officinalis spag. Krauss*** HAB1, frische, zu Beginn der Blütezeit gesammelte, oberirdische Teile. *Anw.-Geb.:* Magenverstimmungen, Augenentzündungen.
Histor.: Der Gattungsname *Cochlearia* leitet sich von lat. *cochlear* (Löffel) unter Hinweis auf die Form der Grundblätter ab. Als antiskorbutisches Mittel war das Löffelkraut seit Jahrhunderten bekannt, unter anderem auch den Seefahrern, die die Droge über die ganze Welt verbreiteten.

Cochlearia rusticana ↗ Armoracia rusticana.
Cochlearia sisymbrioides ↗ Armoracia rusticana.

■ **Cochlospermum angolense** Welw.
Fam.: Cochlospermaceae.
Vork.: südwestliches Afrika.
Droge: Wurzel. *Inh.:* s. ↗ *Cochlospermum tinctorium. Anw.:* in der afrikanischen Volksheilkunde, bes. in Angola unter der Bezeichnung „Buruthutu" zur Behandlung von Ikterus und Hepatitis sowie in Kombinationen auch zur Malariaprophylaxe.

■ **Cochlospermum gossypium** (L.) DC.
(syn. *Bombax gossypium, B. religiosum, Cochlospermum religiosum, Maximiliana gossypium, Wittelsbachia gossypium*).
Fam.: Cochlospermaceae.
Vork.: Indien, Südostasien.
Droge: ***Cochlospermum-Gummi*** (syn. Kutira-Gummi), die unregelmäßig geformten Klümpchen aus dem Exsudat der Rinde. Inh.: Schleimstoffe (ca. 75 %), bestehend aus partiell acetylier-

ten Polysacchariden mit D-Galacturonsäure (ca. 40 %), D-Galactose (ca. 15 %) und L-Rhamnose (ca. 15 %) als dominierenden Grundbausteinen. Anw.: volkstümlich als Abführ- und Verdickungsmittel, Ersatz für Karaya-Gummi und Tragant.

Cochlospermum-Gummi ↗ Cochlospermum gossypium.
Cochlospermum niloticum ↗ Cochlospermum tinctorium.
Cochlospermum religiosum ↗ Cochlospermum gossypium.

■ **Cochlospermum tinctorium** A. Rich.
(syn. *Cochlospermum niloticum*).
Fam.: Cochlospermaceae.
Vork.: südwestliches tropischen Afrika, besonders Guinea, Senegal und Nigeria.
Droge: der getrocknete Wurzelstock. Inh.: Polyphenole, Carotinoide, Triterpene, u. a. Arjunolsäure. Anw.: in der afrikanischen Volksheilkunde bei Lebererkrankungen sowie bei gastrointestinalen Beschwerden.

Cocillianarinde ↗ Guarea rusbyi.
Coco de mono ↗ Lecythis ollaria.
Cocos aculeata ↗ Acrocomia sclerocarpa.
Cocos mamillaris ↗ Cocos nucifera.
Cocos nana ↗ Cocos nucifera.

■ **Cocos nucifera** L.
(syn. *Calappa nucifera, Cocos mamillaris, C. nana*); Kokospalme (syn. Cocospalme).
Fam.: Arecaceae.
Vork.: pantropisch.
Droge: ***Oleum Cocos***; Ceylonöl (syn. Cochinöl, Kalappaöl, Kalappusöl, Kokosbutter, Kokosfett, Kokosöl, Manilaöl), das durch Auspressen aus dem getrockneten festen Teil des Endosperms der Kokosnuß, der sog. Kopra, gewonnene Fett (60–70 %). Inh.: insbes. Triglyceride mittelkettiger Fettsäuren, u. a. Laurin- (ca. 45–50 %), Myristin- (ca. 20 %), Capryl- (ca. 9,5 %) und Caprinsäure (ca. 10 %). Außerdem hoher Gehalt an freien Fettsäuren (ca. 3–5 %). Ferner δ-Lactone von 5-Hydroxyfettsäuren, bes. δ-Octalacton, die das charakteristische Kokosaroma bedingen. Anw.: Salbengrundlage, Ausgangsmaterial zur Gewinnung der sog. Mittelkettigen Partialglyceride, ferner als Speisefett, in der Süßwarenindustrie (Kühleffekt) sowie in der Kosmetik.

Cocospalme ↗ Cocos nucifera.

■ **Codein**
(syn. Codeinum, Morphin-3-methylether). Morphinalkaloid aus ↗ *Papaver somniferum* mit stark antitussiver Wirksamkeit und geringem Suchtpotential. Anw.: als Antitussivum mit schwach atemdepressiver Wirkung.

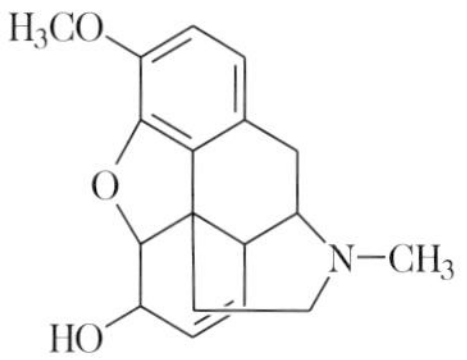

Codein

Codia ↗ Papaver somniferum.

■ **Codonopsis clematidea** Clarke
(syn. *Codonopsis ovata*).
Fam.: Campanulaceae.
Vork.: China.
Droge: die Wurzel. Inh.: Pyrrolidin-Alkaloide, wie Codonopsin, das hypotensive Eigenschaften besitzt. Anw.: in der traditionellen chinesischen Medizin als Tonikum.

Codonopsis ovata ↗ Codonopsis clematidea.

■ **Codonopsis pilosula** (Franch.) Nannf.
(syn. *Codonopsis tangshen, C. silvestris, Campnumoea pilosula*); Tang Seng.
Fam.: Campanulaceae.
Vork.: China.
Droge: die Wurzel. Inh.: Saponine, Taraxerylacetat, Friedelin, Taraxerol, δ-Spinasterol, Stigmasterol. Anw.: in der traditionellen chinesischen Medizin als Tonikum und Stärkungsmittel bei Anämie, Gastritis, Diabetes mellitus und Nephritis. Auch zur Verbesserung des Immunsystems wird die Droge eingesetzt, sie gilt als Ginseng-Ersatzdroge.

Codonopsis silvestris ↗ Codonopsis pilosula.
Codonopsis tangshen ↗ Codonopsis pilosula.
Coelanthe asclepiadea ↗ Gentiana-Arten.

■ **Coffea-Arten**
● **Fam.:** Rubiaceae.

● **Coffea arabica** L. (syn. *Coffea laurifolia, C. mauritiana, C. vulgaris, Jasminum arabicum laurifolia*); Kaffee (syn. Arabica-Kaffee, Kaffeebaum, Kaffeepflanze, Kaffeestrauch).

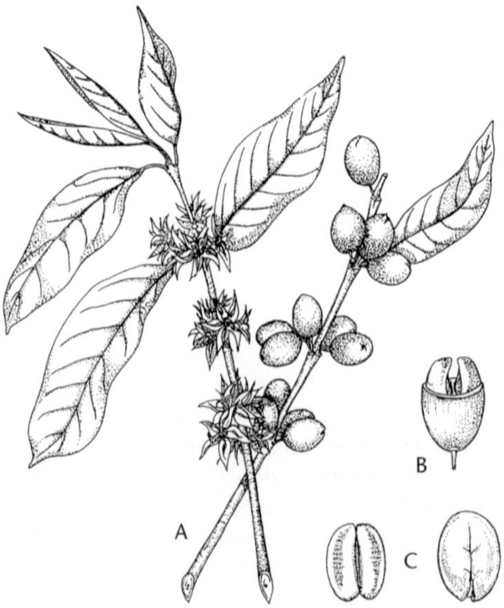

Coffea arabica, blühender bzw. fruchtender Sproß (A), Steinfrucht (B) und Same (C).

Heim.: in den südwestlichen Bergen Äthiopiens.
Vork.: in allen tropischen und subtropischen Gebieten innerhalb der beiden Wendekreise.
Drogen: *1. Coffeae carbo* (syn. *Carbo Coffeae, Coffeae tostae carbo*); Kaffeekohle, die gemahlenen, bis zur Schwarzbräunung und Verkohlung der äußeren Samenpartien gerösteten, grünen, getrockneten Samen. Inh.: ↗ Coffein (0,8–1 %), stark reduzierend wirkende Karamelisierungsprodukte. *Anw.*: bei unspezifischen, akuten Durchfallerkrankungen und zur lokalen Therapie bei leichten Entzündungen der Mund- und Rachenschleimhaut. In der Volksheilkunde wird die Droge auch bei Entzündungen und zur Wundbehandlung verwendet. *2. Coffeae semen* (syn. *Semen Coffeae, Semina Coffeae*); Kaffeebohnen (syn. Grüner Kaffee, Kaffee), die getrockneten, von der Samenhaut befreiten Samen. *Inh.:* Purinalkaloide (v. a. 0,6–1,7 % Coffein, in geringen Mengen Theophyllin, Theobromin), Chlorogensäure (5,5–7,6 %), Atractyligenin (Diterpen) und seine Glykoside, Diterpenalkohole, fettes Öl (ca. 15 %). *Anw.:* als Extrakt bei geistiger und körperlicher Ermüdung, Schwächezuständen. Kaffee zählt zu den verbreitetsten Genußmitteln weltweit und wird u. a. wegen seines anregenden Charakters getrunken.
Hom.: *1. Coffea arabica* HAB1, die von der Samenschale befreiten, reifen, getrockneten, ungerösteten Samen. *Anw.-Geb.:* Schlafstörungen, Neuralgien. *2. Coffea arabica tosta* HAB1, die getrockneten, stark gerösteten Samen. *Anw.-Geb.:* Schlafstörungen und Neuralgien.

● **Coffea canephora** Pierre ex Froehn. (syn. *Coffea bukobensis, C. kouilouensis, C. laurentii, C. maclaudii, C. robusta, C. ugandae, C. welwitschii*); Robustakaffee (syn. Kongokaffee, Robusta).
Vork.: ursprünglich in den feuchten Tiefland-Regenwäldern Afrikas von Guinea bis Uganda und Angola, vereinzelt in Brasilien.
Drogen: *1. Coffeae carbo* (syn. Kaffeekohle). *2. Coffeae semen* (syn. Kaffeebohnen). *Inh.* und *Anw.*: s. *Coffea arabica*.

● **Histor.:** Der Gebrauch des Kaffees ist in Nordostafrika seit dem Altertum belegt, seine Verbreitung war allerdings beschränkt. Die Kreuzfahrer kannten die Droge noch nicht. Die Araber brachten den Kaffee nach Arabien, seit dem 16. Jh. wurde er als Genußmittel beliebt und im Jemen erstmals kultiviert. Die Bezeichnung „Mokka" geht auf den gleichnamigen Hafenplatz am Roten Meer zurück, der damals die Kaffee-Ernte Jemens ausführte. Der Gebrauch des Kaffees verbreitete sich von Arabien nach Westen, 1554 finden sich erste Kaffeehäuser in Konstantinopel, 1671 in Marseille. Die Holländer kultivierten 1683 erste Kaffeepflanzen auf Java und markieren damit den Beginn der Kaffeekultur in den Tropen. Über den Botanischen Garten in Amsterdam ist dann die erste Kaffepflanze nach Amerika gebracht worden.

Coffeae carbo ↗ Coffea-Arten.
Coffeae semen ↗ Coffea-Arten.
Coffeae tostae carbo ↗ Coffea-Arten.

■ Coffein

(syn. Coffeinum, Thein). Purinalkaloid (1,3,7-Trimethylxanthin). *Wirk.:* Antagonist der purinergen Rezeptoren. C. wirkt erregend auf das ZNS, atemanaleptisch und fördert die Kontraktionskraft des Herzens sowie die Durchblutung der Nierengefäße. *Anw.*: als Analeptikum, zentrales Stimulans sowie als Kombinationspartner von Analgetika zu deren Wirkungsverstärkung.

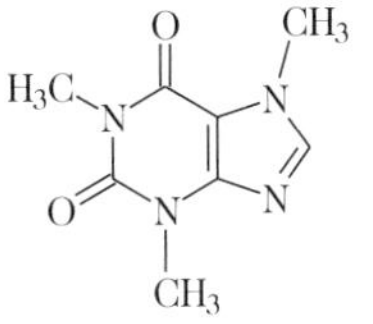

Coffein

Cohnistreptothrix bifidus ↗ Bifidobacterium-Arten.
Cohoba ↗ Anadenanthera peregrina.

■ Coix lacryma-jobi L.

Tränengras.

Fam.: Gramineae.

Vork.: tropische Gebiete in Asien, China, Afrika; Brasilien, Mittelmeergebiete.

Droge: *Semen Coix-Lacrymae (syn. Fructus Coix-Lacrymae)*; Hiobstränen (syn. Tränengrassamen), die Samen. *Inh.*: Stärke (50–60 %), Proteine (ca. 18 %), fettes Öl (5–10 %). *Anw.*: in der Volksheilkunde bei katarrhalischen Erkrankungen, Entzündungen der Harnwege, bei Rheuma und Eingeweidewürmern. Das Mehl aus den Samen ist ein wertvolles Nahrungsmittel und wird zum Brotbacken verwendet. Die Droge wird zu Halsketten aufgefädelt bzw. zur Herstellung von Rosenkränzen genutzt.

■ Cola-Arten

● **Fam.:** Sterculiaceae.

● **Cola acuminata** (P. Beauv.) Schott et Endl. (syn. *Sterculia acuminata, Cola pseudoacuminata*); Kola (syn. Abata Kola, Kolabaum).

Vork.: pantropisch verbreitet, bes. in Nigeria, Togo, Westindien kultiviert.

Droge: *Colae Semen*. *Inh.* und *Anw.*: s. *Cola nitida*.

● **Cola nitida** (Vent.) Schott et Endl. (syn. *Cola vera, Sterculia nitida*); Kola (syn. Gbanja-Kola, Kolabaum).

Heim.: im Regenwald des tropischen Afrikas.

Vork.: in Nigeria, Ghana, Kamerun, Elfenbeinküste und Jamaica kultiviert.

Droge: *Colae Semen* (syn. *Cotyledones colae, Embryo colae, Nuces Sterculiae, Nux Colae, Semen colae*); Kolasamen (syn. Bissynuß, Colasamen, Gurunuß, Kolanuß, Ombenennuß), der von der Samenschale befreite getrocknete Samenkern, s. Farbtafel S. 152, Bild 96. *Inh.*: Purinalkaloide (v. a. 0,6–3,7 % ↗ Coffein, 0,1 % ↗ Theobromin), Polyphenole (Catechin, Epicatechin, Procyanidine, Gerbstoffe), Stärke (34–45 %), Zucker (3 %), Eiweiß (7 %), Fette und Mineralstoffe. *Anw.*: geistige und körperliche Erschöpfung. In den Ursprungsländern wird die Droge volksheilkundlich bei Müdigkeit, zur Dämpfung des Hungers, aber auch zur Anregung der Verdauung vor den Mahlzeiten eingenommen.

Hom.: *Cola* (syn. Kola) HAB; reife, von der Samenschale befreite, getrocknete Samen verschiedener coffeinhaltiger Cola-Arten.

● **Histor.:** In ganz Afrika besitzt die Droge eine große kultische und soziale Bedeutung: Cola gilt als Symbol der Freundschaft, Gäste erhalten zur Begrüßung eine Kolanuß, Verlobungs-, Hochzeits-, Geburts- und Einweihungsrituale werden mit dem gemeinsamen Essen von Kolanüssen beschlossen. In Europa wurde die Droge mit den Entdeckungsfahrten der Portugiesen nach Westafrika bekannt. Die erste gezeichnete Abbildung der Kolanuß stammt von Clusius 1591, erst im 19. Jh. wurde die Droge bekannter und ab 1885 allgemein genutzt. Besonders Reiseschilderungen lenkten die Aufmerksamkeit auf die Kolanuß, deren Genuß die Strapazen von Expeditionen und Erkundungen erleichterte.

Colae Semen ↗ Cola-Arten.
Cola quinqueloba ↗ Sterculia-Arten.
Colasamen ↗ Cola-Arten.

■ Colchicin

(syn. Colchicinum). Tropolonalkaloid aus der Herbstzeitlose (↗ *Colchicum autumnale*). *Wirk.*: Bindung an die Tubulindimere und damit Hemmung aller Prozesse, an denen Mikrotubuli beteiligt sind, wie z. B. Zellteilung, Sekretionsprozesse, Motilität. *Anw.*: früher als Zytostatikum bei

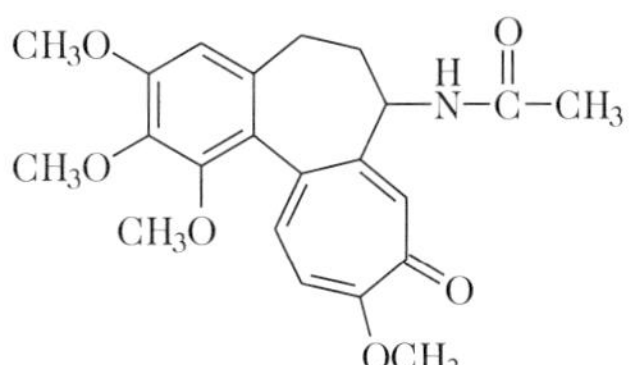

Colchicin

Leukämie. Heute in der Diagnostik zur Arretierung von teilenden Zellen in der Metaphase zur Chromosomenanalyse. Seltener als Gichtmittel sowie als Antiphlogistikum. Starke Nebenwirkungen!

Colchici semen ↗ Colchicum autumnale.

■ Colchicum autumnale L.

(syn. *Colchicum commune, C. crociflorum, C. multiflorum*); Herbstzeitlose (syn. Butterwecken, Henne, Hennegift, Giftblume, Herbstblume, Herbstlilie, Hundsblume, Hundshode, Hundsknofel, Kuckucksweck, Kühe, Kuheuter, Läuseblume, Leichenblume, Michelwurz, Mönchskappen, Nackte Hure, Nackte Jungfer, Ochsen, Ochsenpinsel, Spindelblume, Spinnblume, Teufelsbrot, Teufelswurz, Wiesenlilie, Wiesensafran, Wildsafran, Winterhaube, Winterhauch), s. Farbtafel S. 297, Bild 97.

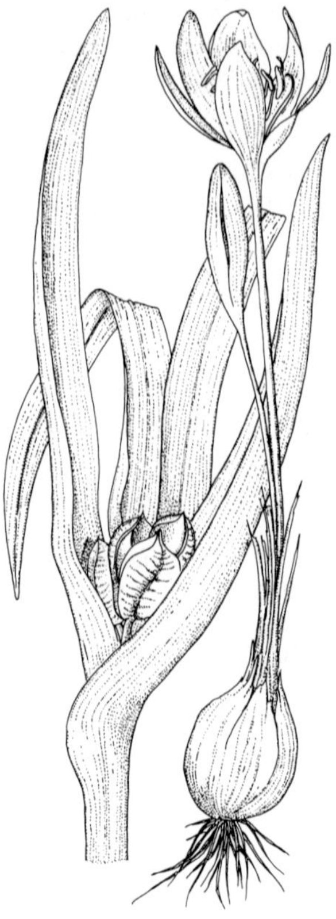

Colchicum autumnale.

Fam.: Colchicaceae.
Vork.: Mittel- und Südeuropa bis Mittelasien.
Drogen: ***1. Colchici semen*** (syn. *Semen Colchici*); Herbstzeitlosensamen (syn. Zeitlosensamen), die reifen, getrockneten Samen. Inh.: Alkaloide (0,5–1,2 %) mit Tropolonringstruktur und ↗ Colchicin, einem nichtbasischen Alkaloid als Hauptkomponente, begleitet vom basischen

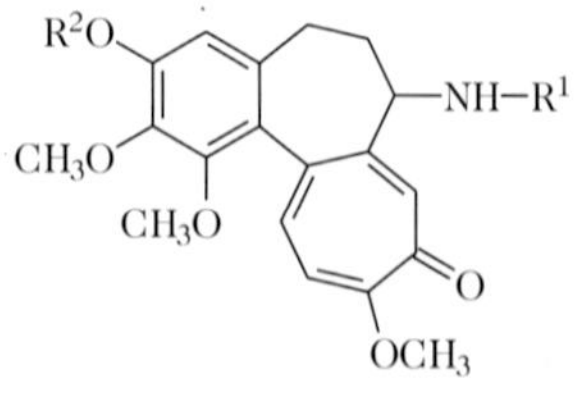

Colchicumalkaloide
Demecolcin: $R^1 = CH_3$, $R^2 = CH_3$
Colchicin: $R^1 = COCH_3$, $R^2 = CH_3$
Colchicosid: $R^1 = COCH_3$, R^2 = Glucose

Demecolcin. Wirk.: Colchicin hemmt in der Metaphase die Ausbildung des Spindelapparates durch Bindung an die Strukturelemente der Mikrotubuli und wirkt daher als Mitosehemmstoff. Es ist ferner ein Antichemotaxikum. Es hemmt die Phagozytoseaktivität der Granulozyten und Monozyten und stoppt die zur Auslösung des akuten Gichtanfalls ablaufende Reaktionskette, während es weder den Harnsäurestoffwechsel beeinflußt noch analgetische Wirkungen besitzt. *Anw.*: Die Droge und deren Zubereitungen dienten seit altersher als Gichtmittel und wurden bereits im Altertum unter der Bezeichnung „Colchicon" als Mittel gegen Gelenkschmerzen verwendet. Colchicin wirkt zuverlässig beim akuten Gichtanfall. Hierbei kommen Dosierungen von 1 mg (Initialdosis) und nachfolgend in mehrstündlichen Abständen 0,5 mg zum Einsatz. Eine Wiederholung der Behandlung darf erst nach mehrtägiger Unterbrechung erfolgen. Die Droge kommt ferner bei Dermatosen, die durch Ansammlung neutrophiler Granulozyten gekennzeichnet sind, zur Anwendung. Es dient ferner in der Pflanzenzucht zur Erzeugung polyploider Rassen und stellt außerdem eine wichtige Modellsubstanz zur weiteren Erforschung der Mitose auf molekularbiologischer Grundlage dar. Geg.: bei Überdosierung ist die Droge ein Kapillargift. Toxische Dosen wirken zentrallähmend. Der Tod erfolgt durch Atemlähmung oder

Kreislaufversagen. *2. Bulbus Cochici* (syn. *Tubera Cochici, Cornus* Colchici); Herbstzeitlosen-Knollen, die getrockneten Knollen. Inh.: Alkaloide, u. a. Colchicin. Anw.: früher bei Gicht und rheumatischen Beschwerden.

Hom.: *1. Colchicum autumnale* HAB1, die frischen, im Frühjahr gesammelten Knollen. Anw.-Geb.: u. a. akute und chronische Gelenkerkrankungen, Sehnenscheidenentzündung und Entzündung des Magen-Darm-Traktes. *2. Colchicum autumnale e seminibus* HAB; die reifen, getrockneten Samen. Anw.-Geb.: akute und chronische Gicht, akuter Gelenkrheumatismus, Sehnenscheidenentzündungen, Ergüsse in Körperhöhlen.

Histor.: Der Gattungsname *Colchicum* geht auf Colchis, eine Landschaft an der Ostküste des Schwarzen Meeres, zurück, die in der griechischen Mythologie die Heimat der Giftmischerin Medea, Tochter des Königs Aietes, darstellt. Der Artname wie auch die deutsche Bezeichnung weisen auf die Blütezeit im Herbst hin. Als „Colchicon" (s. o.) war die Droge bereits den Ärzten in der Antike bekannt, ebenso auch ihre hohe Toxizität. Dennoch wurde sie bereits damals als hochgeschätztes Mittel bei Gicht und Gelenkschmerzen in der notwendigen Dosierung – wie aus überlieferten Rezepturen bekannt ist – eingesetzt.

Colchicum commune ↗ Colchicum autumnale.
Colchicum crociflorum ↗ Colchicum autumnale.
Colchicum multiflorum ↗ Colchicum autumnale.

■ **Coleus blumei** Benth.
Buntnessel (syn. El Nene, „Das Kind").

Fam.: Lamiaceae (Labiatae).

Vork.: tropische Gebiete in Afrika und Asien.

Anw.: Die zu Pulver zerriebenen Samen werden mit Wein gemischt als Aphrodisiakum sowie zur Berauschung bei religiösen Zeremonien in Ostindien genutzt. Die Wirkung erscheint zweifelhaft, da bisher noch keine halluzinogene Substanz aus Coleus-Arten isoliert worden ist.

■ **Coleus forskohlii** (Poir.) Briq.

Fam.: Lamiaceae (Labiatae).

Vork.: Afrika, Indien.

Inh.: u. a. Forskolin (Diterpen). Wirk.: Forskolin ist ein starker Aktivator der Adenylatcyclase, besitzt spasmolytische, cardiotone und hypotensive Wirksamkeit sowie antiaggregatorische Effekte. Anw.: zur Isolation von Forskolin, das als Modellsubstanz in der experimentellen Pharmakologie eingesetzt wird. In der indischen Volksheilkunde wird die Droge bei Herz-Kreislauf-Erkrankungen und Bluthochdruck verwendet.

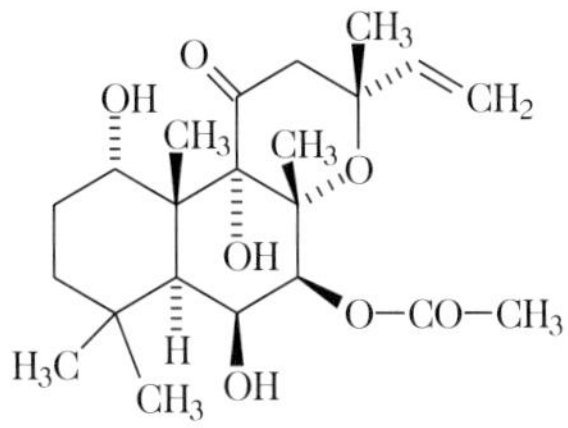

Forskolin

Coli-Bakterien ↗ Escherichia coli.
Colistine ↗ Polymyxine.
Colla piscium ↗ Ichthyocolla.

■ **Collinsonia canadensis** L.
(syn. *Collinsonia cuneata, C. decussata, C. punctata, C. serotina, C. urticifolia*); Steinwurz (syn. Kanadische Collinsonie).

Fam.: Lamiaceae (Labiatae).

Heim.: atlantisches Nordamerika und Kanada.

Vork.: in Süddeutschland kultiviert.

Droge: *Radix Collinsoniae* (syn. *Rhizoma Collinsoniae canadensis*); *Collinsonia-canadensis*-Wurzel (syn. Collinsoniawurzel, Grieswurzel, Kanadische Grieswurzel, Steinwurzel), die im Herbst gesammelten, getrockneten Wurzeln und Wurzelstöcke. Inh.: äther. Öl (u. a. mit Caryophyllen, Germacren D, Limonen und Pinenen), Rosmarinsäure (ca. 1,3 %) sowie nicht näher charakterisierte Alkaloide, Saponine, Harz, Tannine, organische Säuren. Anw.: in der Volksheilkunde bei Steinleiden, Nierensteinen, Harngrieß, Blasenentzündungen, Wassersucht und gastrointestinalen Beschwerden.

Hom.: *Collinsonia canadensis* HAB1, die frischen unterirdischen Teile. Anw.-Geb.: Hämorrhoiden, Stuhlverstopfung.

Histor.: Die Gattung wurde nach dem englischen Naturforscher Peter Collinson benannt, der sie um 1735 nach England brachte. Der deutsche Name Grieswurzel weist auf die pharmazeutische Nutzung, nämlich bei Harn- und Nierengrieß hin.

Collinsonia cuneata ↗ Collinsonia canadensis.

Collinsonia decussata ↗ Collinsonia canadensis.
Collinsonia punctata ↗ Collinsonia canadensis.
Collinsonia serotina ↗ Collinsonia canadensis.
Collinsonia urticifolia ↗ Collinsonia canadensis.
Collinsoniawurzel ↗ Collinsonia canadensis.
Collybia shiitake ↗ Lentinula edodes.
Colocasia aethiopica ↗ Zantedischia aethiopica.
Colocasia antiquorum ↗ Colocasia esculenta.

■ **Colocasia esculenta** (L.) Schott.
(syn. *Arum esculentum, Caladium esculentum, Colocasia antiquorum*).
Fam.: Araceae.
Vork.: Indien, Sri Lanka, China, Japan, Afrika, Madagaskar, Westindien, Brasilien, in zahlreichen Varietäten auch kultiviert.
Droge: *1. Amylum Colocasiae*; Colocasiastärke (syn. Portland-Arrowroot), die Stärke der Knollen. Inh.: Amylose (28 %), Amylopektin (72 %). Die Stärke ähnelt stark der Kartoffelstärke (↗ Solanum-Arten). Anw.: wichtiges Nahrungsmittel; *2.* die Knollen. Inh.: neben der Stärke auch Saponine, Schleime, Calciumoxalat, Alkaloide, Sterole und Proteine. Anw.: in der Volksheilkunde bei Phlegmonen und als Anthelmintikum sowie als Breiumschlag bei Rheuma und Schlangenbissen. Darüber hinaus dient die Droge zur Bereitung von Pfeilgiften.

Colocasiastärke ↗ Colocasia esculenta.
Colocynthidis fructus ↗ Citrullus colocynthis.
Colocynthis ↗ Citrullus colocynthis.
Colocynthis naudinianus ↗ Acanthosicyos naudiniana.
Colocynthis vulgaris ↗ Citrullus colocynthis.
Colombo radix ↗ Jateorhiza palmata.
Colombowurzel ↗ Jateorhiza palmata.
Colophonium ↗ Pinus-Arten.
Coloquinthen ↗ Citrullus colocynthis.
Coloradokäfer ↗ Doryphora decemlineata.
Colorines ↗ Erythrina americana, ↗ Sophora secundiflora.

■ **Colubrina reclinata** (l'Herit.) Brongn.
(syn. *Ceanothus reclinatus, Rhamnus venenosus*).
Fam.: Rhamnaceae.
Vork.: südliches Nordamerika, Mittelamerika, Venezuela.
Droge: die Rinde. Inh.: Alkaloide, wie Colubrinin. Anw.: in der Volksheilkunde als Stomachikum, gegen Fieber und bei Dysenterie.

Columbianischer Pfeilfrosch ↗ Phyllobates bicolor.
Columbianischer Pfeilgiftfrosch ↗ Phyllobates aurotaenia.
Colza ↗ Brassica-Arten.

■ **Comarum palustre** L.
(syn. *Comarum potentilla, Potentilla palustris*).
Fam.: Rosaceae.
Vork.: Europa, Asien.
Droge: *Blutaugenkraut*, das Kraut. Inh.: Gerbstoffe, äther. Öl, Isobuttersäure und Isovaleriansäure. Anw.: in der russischen Volksheilkunde bei rheumatischen Erkrankungen, als blutstillendes und wundheilungsförderndes Mittel.

Comarum potentilla ↗ Comarum palustre.
Combretum altum ↗ Combretum micranthum.
Combretumblätter ↗ Combretum micranthum.
Combretum etessei ↗ Combretum glutinosum.

■ **Combretum glutinosum** Perrotet ex DC
(syn. *Combretum leonense, C. passargei, C. etessei*).
Fam.: Combretaceae.
Vork.: Afrika, Senegal bis Sudan.
Droge: Blätter. Inh.: Alkaloide, Saponine, Triterpene, Chinone. Anw.: in der afrikanischen Volksheilkunde als Diuretikum und Cholagogum, bei Bronchitis, Husten, Schupfen, Hepatitis und zur Wundbehandlung. Die Droge ist auch Bestandteil von Pfeilgiften.

Combretum leonense ↗ Combretum glutinosum.

■ **Combretum micranthum** G. Don.
(syn. *Combretum raimbaultii, Combretum altum*).
Fam.: Combretaceae.
Vork.: Afrika, besonders Kamerun, Sudan, Senegal.
Droge: *Folia Combreti*; Combretumblätter. Inh.: Gerbstoffe (15–23 %), organische Säuren, Alkaloide, wie Combretin, Bentonicin, Cholin. Anw.: in der Volksheilkunde gegen Schwarzwasserfieber und zu Morphinentziehungskuren sowie bei Koliken, Leber- und Gallenerkrankungen.

Combretum passargei ↗ Combretum glutinosum.
Combretum raimbaultii ↗ Combretum micranthum.
Comfrey ↗ Symphytum officinale.

■ **Commiphora-Arten**

● **Fam.:** Burseracea.

● **Commiphora abyssinica** Engl. (syn. *Amyris kafal, Balsamodendron abyssinica, B. kafal, Commiphora madagascariensis*).

Vork.: Äthiopien, Eritrea, arabische Westküste.

Droge: ***Myrrha***, s. *C. molmol*.

● **Commiphora africanum** (A. Rich.) Engl. (syn. *Balsamodendron africanum, Commiphora pillosa, Heudelotia africana*).

Droge: ***Bdellium*** (syn. Falsche Myrrhe). Anw.: Ersatz für Myrrhe.

● **Commiphora molmol** Engl. (syn. *Balsamodendron myrrha, Commiphora myrrha*); Myrrhenbaum.

Vork.:. Somalia.

Droge: ***Myrrha*** (syn. *Gummi Myrrha, Gummiresina Myrrha*); Myrrhe (syn. Echte Myrrhe, Somali-Myrrhe), das aus der Rinde ausgetretene, an der Luft getrocknete Gummiharz; s. Farbtafel 297, Bild 98. Es kann auch von anderen *C.*-Arten abstammen, wenn es in der chemischen Zusammensetzung vergleichbar ist. Inh.: äther. Öl (2–10 %) mit Sesquiterpenen (u. a. Sesquiterpenkohlenwasserstoffen, bes. δ-Elemen, 28,8 %) und Furanosesquiterpenen (Germacren-, Eudesmen- Elemen- und Guajen-Typ, wie Commiferin und 5-Aceto-2-methoxy-4,5-dihydrofuranodien-6-on als Geruchsträger) als Hauptkomponenten. Nebenbestandteile sind einige Monoterpene, z. B. Limonen, α- und β-Pinen und Phenylpropanderivate, u. a. Zimt- und Cuminaldehyd. Darüber hinaus ist eine Harzfraktion enthalten. Sie besteht aus einem etherlöslichen, einem etherunlöslichen, einem chloroformlöslichen und einem aus Schleimstoffen und Proteinen zusammengesetzten polaren Teil, der etwa 60 % des Harzes umfaßt.

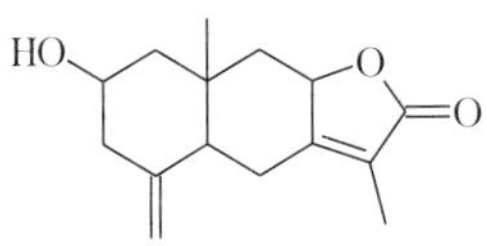

Commiferin

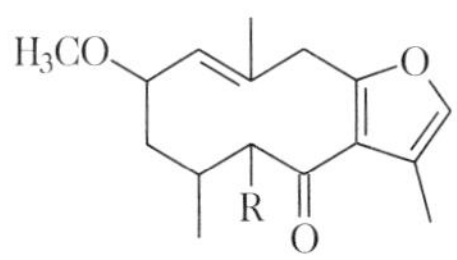

R = OCO−CH_3
5-Acetoxy-2-methoxy-4,5-dihydrofuranodien-6-on

Anw.: lokale Behandlung leichter Entzündungen der Mundschleimhaut sowie des Zahnfleisches, meist in Form der Myrrhentinktur. Auch in Salbenform, z. B. zur Verhinderung von Prothesedruckstellen.

● **Commiphora mukul** (Hook. ex Stocks) Engl. (syn. *Balsamodendron mukul, B. roxburghii, Commiphora roxburghii*).

Vork.: Indien.

Droge: ***Bdellium*** (syn. Falsche Myrrhe), s. *C. africana*.

● **Commiphora opobalsamum** (Le Moine) Engl. (syn. *Amyris gileadensis, Balsamodendron ehrenbergianum, B. gileadense, B. meccanensisi, B. opobalsamum*); Balsamstrauch (syn. Mekka-Balsambaum, Opo-Balsambaum).

Droge: ***Balsamum de Mecca***; Mekkabalsam.

Hom.: ***Amyris gileadensis*** HAB34.

● **Commiphora schimperi** Engl.

Vork.: bes. südliches Arabien.

Droge: ähnlich *Bdellium* s. o.

Hom.: ***Myrrha*** HAB1, das Gummiharz von *C. molmol* und anderen chemisch vergleichbaren *C.*-Arten.

● **Histor.:** Myrrhe gehört neben Weihrauch zu den ältesten Drogen und Kostbarkeiten. Die Droge begegnet uns sowohl bereits im Alten Testament wie auch in den Kulturkreisen des Nahen und Mittleren Ostens, so bei den Assyrern, Persern, Hebräern und Phönikiern, v. a. für Räucherungen in Tempeln. Der Name Myrrhe geht auf den bitteren Geschmack zurück (bitter: arabisch „murr", assyrisch-babylonisch „murru" und somalisch „molmol" bedeutet sehr bitter).

Comoclade ↗ Comocladia dentata.

■ **Comocladia dentata** Jacq.

Comoclade.

Fam.: Anacardiaceae.

Vork.: Westindien, Südamerika.

Droge: ***Cortex Comocladiae*** (syn. *Guao*); Comocladiarinde. *Inh.:* nicht charakterisiert. *Anw.:* in der traditionellen Heilkunde Indiens als Hypnotikum und Niesmittel.

Hom.: ***Comocladia dentata*** HAB, die frische Rinde. *Anw.-Geb.:* bei nässenden Hauterkrankungen, Reizzuständen des Auges, Kreuzschmerzen und Muskelrheumatismus.

Comocladiarinde ↗ Comocladia dentata.

■ **Comptonia peregrina** (L.) J.M. Coult. **var. aspleniifolia**
(syn. *Myrica aspleniifolia, Liquidambar peregrina*).
Fam.: Myricaceae.
Vork.: Nordamerika.
Droge: die Blätter. Inh.: Gerbstoffe (ca. 9 %), äther. Öl (ca. 1 %) mit Mono- und Sesquiterpenen, wie 1,8-Cineol, γ-Terpinen, β-Myrcen, β-Caryophyllen, Linalool, α-Pinen. Anw.: in der Volksheilkunde als Adstringens und blutstillendes Mittel.

Concanavalin A ↗ Canavalia ensiformis.
Conchae praeparatae ↗ Ostrea edulis.
Condurangi cortex ↗ Marsdenia condurango.
Condurangin ↗ Marsdenia condurango.
Condurangobast ↗ Marsdenia condurango.
Condurango cortex ↗ Marsdenia condurango.
Condurangorinde ↗ Marsdenia condurango.
Conessirinde ↗ Holarrhena pubescens.

■ **Coniferylalkohol**
(4-Hydroxy-3-methoxyzimtalkohol), eine der monomeren Vorstufen für die Biosynthese des Lignins. U. a. auch im *Benzoe* (↗ *Styrax*-Arten) enthalten. C. kann zu Vanillin oxidiert und durch Mineralsäuren in ↗ Harze überführt werden.

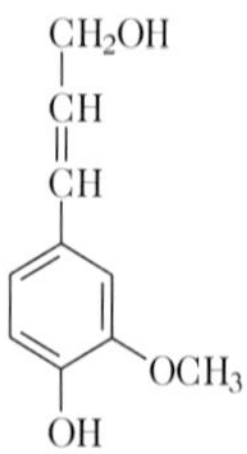

Coniferylalkohol

Conii herba ↗ Conium maculatum.

■ **Coniin**
(2-Propylpiperidin), stark giftiges Alkaloid aus dem Gefleckten Schierling (↗ *Conium maculatum*). *Wirk.:* Nicotin- und Curare-ähnliche Wirkung mit aufsteigender Lähmung der motorischen Rückenmarkszentren bis zur Medulla oblongata. Tod durch Atemlähmung bei vollem Bewußtsein. *Anw.:* als Reinstoff heute obsolet, früher zu schmerzstillenden Einreibungen verwendet.

Histor.: Coniin wurde als erstes Pflanzenalkaloid 1886 synthetisch hergestellt.

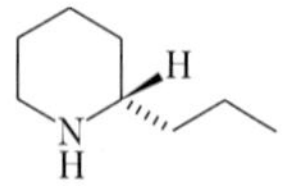

(+)-Coniin

Conium cicuta ↗ Conium maculatum.

■ **Conium maculatum** L.
(syn. *Cicuta maculata, C. major, C. officinalis, Conium cicuta, C. maculosum, Coriandrum cicuta officinalis, C. maculatum, Selinum conium, Sium conium*); Gefleckter Schierling (syn. Bangenkraut, Blutschierling, Erdschierling, Fleckenschierling, Giftpetersilie, Krottenpetersilie, Mäuseschierling, Stinkender Schierling, Tollkerbel, Tollkraut, Vogeltod, Wütrich, Ziegendill), s. Farbtafel S. 297, Bild 99.
Fam.: Apiaceae (Umbelliferae).
Vork.: Europa, Nordafrika, Asien, Nordamerika.
Drogen: ***1. Conii herba*** (syn. *Herba Conii, Herba Conii maculati, Herba Cicutae maioris, Herba Cicutae terrestris*); Schierlingskraut (syn. Bangenkraut, Blutschierlingskraut, Fleckenschierlingskraut, Mäuseschierlingskraut, Tollkraut, Ziegenkraut), die getrockneten, im zweiten Jahr von Juni bis September gesammelten Blätter und blühenden Zweigspitzen. Die Droge ist sehr stark giftig! *Inh.:* Polyketid-Alkaloide (↗ (*S*)-Coniin, *N*-Methylconiin, γ-Conicein und Nebenalkaloide in Spuren), Polyine (u. a. Falcarinon, Falcarinolon), Furanocumarine (Bergapten, Xanthotoxin), Flavonoide (u. a. Diosmin, Luteo-

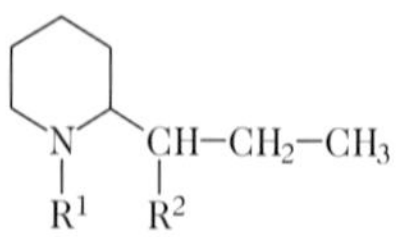

Coniumalkaloide

Coniin:	$R^1 = R^2 = H$
Methylconiin:	$R^1 = CH_3$, $R^2 = H$
Conhydrin:	$R^1 = H$, $R^2 = OH$

lin). *Anw.:* in der Volksheilkunde früher zur Beruhigung, bei Neuralgien, Genickstarre, Krämpfen, Spasmen sowie bei Asthma, Keuchhusten und Pylorusspasmus. Dabei wurde die Droge sowohl innerlich als auch äußerlich angewendet. Auch als Antaphrodisiakum wurde die Droge genutzt. Wegen der möglichen Vergiftungsgefahren ist der Gebrauch der Droge heute abzulehnen. ***2. Fructus Conii***; Schierlingsfrüchte. Inh.: Alkaloide, ähnlich *Herba Conii*, unreife Früchte ca. 2 %, reife Früchte ca. 0,43 %. *Anw.*: s. *Herba Conii*.

Hom.: ***Conium*** HAB1; Schierling, das frische, blühende Kraut. *Anw.-Geb.*: Verkalkung der Hirngefäße, Lähmungen, Drüsenschwellungen, Tumore, Verstimmungszustände.

Histor.: Konion kommt als Bezeichnung eines giftigen Doldenblütengewächses in den Schriften von Theophrast, Dioskurides und Alexander Trallianus vor. Ob diese Pflanze mit der von Plinius genannten Cicuta übereinstimmt, ist nicht sicher. Die deutsche Benennung Schierling findet sich bereits bei Hildegard von Bingen. Die Droge wurde seit 1760 als Heilmittel in verschiedenen Arzneibüchern geführt. Im Altertum wurde frischer Schierlingssaft, oft gemischt mit Opium, zur Vollstreckung von Todesurteilen (Schierlingsbecher des Sokrates, 399 v. Chr.) oder als Mord- und Selbstmordgift genutzt.

Conium maculosum ↗ Conium maculatum.

■ **Conocybe siligineoides** Heim;
Teonanacatl.

Fam.: Agaricaceae.

Vork.: weltweit verbreitet.

Anw.: *C. siligineoides* gilt als einer der heiligen Rauschpilze Mexikos, die seit Urzeiten zu religiösen Zeremonien und zur Erzeugung halluzinogener Rauschzustände (↗ Halluzinogene biogenen Ursprungs) verwendet werden. Hauptinhaltsstoff dieser Art ist Baeocystin, ein Monomethyl-Analogon des ↗ Psilocybins.

Conopharyngia crassa ↗ Tabernaemontana crassa.
Conopharyngia durissima ↗ Tabernaemontana crassa.
Conopharyngia jollyana ↗ Tabernaemontana crassa.
Consolidae radix ↗ Symphytum officinale.
Consolida regalis ↗ Delphinium consolida.
Convallaria ↗ Convallaria majalis.
Convallariae flos ↗ Convallaria majalis.
Convallariae herba ↗ Convallaria majalis.
Convallariae radix ↗ Convallaria majalis.
Convallariae rhizoma ↗ Convallaria majalis.
Convallaria fragrans ↗ Convallaria majalis.
Convallaria latifolia ↗ Convallaria majalis.

■ **Convallaria majalis** L.
(syn. *Convallaria fragrans, C. latifolia, C. mappii, C. scaposa, Polygonatum majale*); Maiglöckchen (syn. Faltrianblume, Maiblume, Maililie, Marienglöckchen, Niesekraut, Springauf, Talblume), s. Farbtafel S. 297, Bild 100.

Fam.: Convallariaceae.

Vork.: Europa.

Drogen: ***1. Convallariae flos*** (syn. *Flores Liliorum convallium, Flores Sternutatorii, Flores Convallariae, Flos Convallariae*); Maiglöckchenblüten (syn. Maiblumen, Maililienblumen), die getrockneten Blüten. *Inh.*: herzwirksame Glykoside (0,4–1 % Cardenolide, v. a. Convallatoxin neben Convallosid und Lokundjosid), Flavonoide (Quercetin- und Isorhamnetinglykoside), äther. Öl (0,058 %, mit Farnesol). *Anw.*: s. *Convallariae herba*. ***2. Convallariae herba*** (syn. *Herba Convallariae, Herba Liliorum convallium*); Maiglöckchenkraut (syn. Maiblumenkraut, Maiglöckchenblätter), die getrockneten, während der Blütezeit gesammelten, oberirdischen Teile. Die Droge ist sehr stark giftig! *Inh.*: herzwirksame Glykoside (0,1–0,5 %, ca. 40 identifizierte Cardenolide, die sich von 7 Geninen ableiten. U. a. Convallatoxin, Convallosid, Convallatoxol, Desglucocheirotoxol, Lokundjosid, Desglucochei-

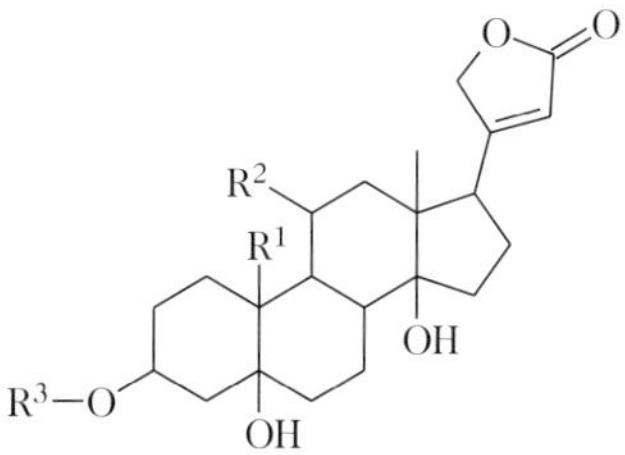

Grundgerüst der Convallariaglycoside

Name	R^1	R^2	R^3
Convallatoxin	CHO	H	Rhamnose
Convallosid	CHO	H	Rhamnose-glucose
Convallatoxol	CH_2OH	H	Rhamnose
Convallatoxolosid	CH_2OH	H	Rhamnose-glucose
Lokundjosid	CH_3	OH	Rhamnose

rotoxin), Flavonoide (u. a. Apigenin, Chrysoeriol, Isorhamnetin, Kämpferol, Luteolin, Quercetin und ihre Glykoside), Chelidonsäure, Cholin, Azetidin-2-carbonsäure (toxische Aminosäure). Anw.: leichte Belastungsinsuffizienz, Altersherz und chronisches Cor pulmonale. Für eine rationale Therapie der chronischen Herzinsuffizienz sind *Convallaria*-Extrakte nach heutiger Auffassung ungeeignet. In der Volksheilkunde wurde die Droge bei Wehenschwäche, Epilepsie, Wassersucht, Schlaganfällen und Lähmungen eingesetzt. Hauptindikationsgebiet war jedoch die Verwendung als Kardiakum und Kardiotonikum bei Herzschwäche. Wegen seiner Giftigkeit wird die Droge heute nicht mehr in der Volksheilkunde eingesetzt. ***3. Convallariae radix/rhizoma*** (syn. *Convallaria, Radix Convallariae, Rhizoma Convallariae*); Maiglöckchenwurzel (syn. Maiblumenwurzel), der getrocknete Wurzelstock mit den Wurzeln. Inh.: herzwirksame Glykoside (0,1–0,4 % Cardenolide, in ähnlicher Zusammensetzung wie bei *Convallariae herba*), Steroidsaponine, Azetidin-2-carbonsäure. Anw.: s. *Convallariae herba*.

Hom.: ***Convallaria majalis*** HAB1, die blühenden oberirdischen Teile. Anw.-Geb.: Herzrhythmusstörungen, Herzschwäche.

Histor.: In Kräuterbüchern des 16. Jh., u. a. bei ↗ Bock wird das Maiglöckchen als *lilium convallum* („Lilie der Täler“) bezeichnet. Der Artname wie auch der deutsche Name weisen auf die Blütezeit im Mai hin. In den Schriften der Antike findet die Pflanze noch keine Erwähnung, was mit dem seltenen Vorkommen im griechischen Raum erklärbar ist. Die Droge wurde v. a. von der russischen Landbevölkerung seit dem Mittelalter bei verschiedenen Erkrankungen des Herzens, Wassersucht u. a. angewandt. Die Digitalis-ähnliche Wirkung der Glykoside wurde in der 2. Hälfte des 19. Jh. erkannt und führte zur Aufnahme von Drogenzubereitungen in die europäischen Arzneibücher.

Convallaria mappii ↗ Convallaria majalis.
Convallaria multiflora ↗ Polygonatum multiflorum.
Convallaria polygonatum ↗ Polygonatum odoratum.
Convallaria scaposa ↗ Convallaria majalis.

■ Convallosid

Strophanthidin-3-(D-gluco)-α-L-rhamnosid, herzwirksames Glykosid (Cardenolid) aus ↗ *Convallaria majalis*.

■ Convallotoxin

Strophanthidin-3-α-L-rhamnosid, herzwirksames Steroid (Cardenolid) aus ↗ *Convallaria majalis*.

Convolvuli herba ↗ Convolvulus-Arten.

■ Convolvulus-Arten

● **Fam.:** Convolvulaceae.

● **Convolvulus arvensis** L. (syn. *Convolvulus minor*); Ackerwinde (syn. Feldwinde).

Vork.: Europa.

Droge: ***Convolvuli herba*** (syn. *Herba Convolvuli*); Ackerwindenkraut. Inh.: Harze, u. a. sog. Glykoretine enthaltend, ferner Gerbstoffe und Flavonoide. Anw.: drastisch wirkendes Laxans, heute obsolet.

Hom.: ***Convolvulus arvensis***, das frische blühende Kraut. Anw.-Geb.: Rückenschmerzen.

● **Convolvulus scammonia** L.; Purgierwinde.

Vork.: Südosteuropa, östliches Mittelmeergebiet, Kleinasien.

Drogen: ***1. Scammoniae radix*** (syn. *Radix Scammoniae, Radix Scammoniae asiaticae*); Asiatische Scammoniumwurzel (syn. Purgierwindenwurzel). Inh.: Harz (3–13 %), Gummi, Gerbstoffe u. a. Anw.: früher als Laxans. ***2. Resina Scammoniae*** (syn. *Gummiresina Scammoniae*); Skammoniumharz, das aus der Wurzel gewonnene Harz. Inh.: insbes. Esterglykosidgemische (Glykoretine), die nach alkalischer Hydrolyse sog. Glykosidsäuren und kurzkettige flüchtige Säuren ergeben und bei saurer Hydrolyse langkettige Mono- und Dihydroxyfettsäuren, Zucker und flüchtige Säuren, u. a. Valerian-, Tiglin- und Buttersäure, liefern. Anw.: früher als Laxans. ***3. Scammonium***, der eingetrocknete, von lebenden Wurzeln gewonnene Milchsaft. Inh.: Harze, s. o. Anw.: früher als Laxans wie *Resina Scammoniae*.

● **Histor.:** Der Gattungsname *Convolvulus*, der sich bereits bei ↗ Plinius findet, leitet sich vom lateinischen *convolvere* (zusammenwickeln) ab, wegen der sich zusammenfaltenden Blüten. Die deutsche Namensgebung bezieht sich auf den windenden Stengel.

Convolvulus corymbosa ↗ Turbina corymbosa.
Convolvulus duartinus ↗ Calonyction album
Convolvulus jalapa ↗ Ipomoea purga.
Convolvulus macrocarpus ↗ Merremia macrocarpa.
Convolvulus maritimus ↗ Calystegia-Arten.

Convolvulus operculatus ↗ Merremia macrocarpa.
Convolvulus orizabensis ↗ Ipomoea orizabensis.
Convolvulus pulcherrimus ↗ Calonyction album.
Convolvulus purga ↗ Ipomoea purga.
Convolvulus sepium ↗ Calystegia-Arten.
Convolvulus sidaefolia ↗ Turbina corymbosa.
Convolvulus soldanella ↗ Calystegia-Arten.
Convolvulus speciosus ↗ Argyreia nervosa.
Convolvulus triqueter ↗ Operculina turpethum.
Convolvulus turpethum ↗ Operculina turpethum.
Convulvulus anceps ↗ Operculina turpethum.
Conyza balsamifera ↗ Blumea balsamifera.

■ **Conyza canadensis** (L.) Cronq.
(syn. *Caenotus canadensisi, Erigeron canadensis, E. paniculatus, E. pusillus, E. strictum, Leptilon canadensis, Senecio ciliatus*); Berufkraut (syn. Franzosenkraut, Franzosenstengel, Greisenblume, Hexenkraut, Kanadisches Berufkraut, Kanadische Dürrwurz, Kanadischer Katzenschweif, Wilder Hanf), s. Farbtafel S. 297, Bild 101.

Fam.: Asteraceae (Compositae).

Vork.: ursprünglich Nordamerika, inzwischen auch in Europa und Asien weit verbreitet.

Droge: ***Conyza canadensis-Kraut*** (syn. *Herba Erigeronis, Herba Erigeronis canadensis*); Berufkraut (syn. Kanadisches Berufkraut), die getrockneten, oberirdischen Teile (meist blühender) Pflanzen. *Inh.*: äther. Öl (0,3–0,6 %) mit Limonen als Hauptkomponente und Sesquiterpenen, u. a. β-Cubeben und β-trans-Farnesen sowie C_{10}-Acetylenen vom Matricariaester-Typ als weiteren Bestandteilen. Außerdem Gerbstoffe, Flavonoide und Cholin. *Anw.*: volkstümlich bei Durchfallerkrankungen, bei Blasen- und Bronchialkatarrh und als Wurmmittel.

Hom.: ***Conyza canadensis*** (syn. *Erigeron canadensis*) HAB1, die frischen, oberirdischen Teile blühender Pflanzen. *Anw.-Geb.*: Gebärmutterblutungen, Blutungen bei Hämorrhoiden sowie der Harnblase, Entzündungen des Magens, der Leber und der Gallenblase.

Conyza lobata ↗ Neurolaena lobata.
Conyza pyrifolia ↗ Microglossa pyrifolia.

■ **Copaifera-Arten**
- **Fam.:** Caesalpiniaceae.
- **Copaifera reticulata** Ducke.

Vork.: tropisches Südamerika, bes. Brasilien.

Drogen: ***1. Balsamum Copaivae*** (syn. *Copaivae balsamum, Balsamum brasiliense, Terebinthina Copaiferae*); Copaivabalsam (syn. Jesuiterbalsam, Kopaivabalsam), der durch das Anbohren der Bäume gewonnene Balsam. *Inh.*: äther. Öl (40–90 %, u. a. β-Bisabolen, β-Caryophyllen, α-Copaen und γ-Humulen enthaltend) und Harz (20–60 %, insbes. Diterpensäuren mit (–)-Kauran- und (–)-Labdangrundgerüsten aufweisend). *Anw.*: volkstümlich als Carminativum bei Blähungen und als Antiseptikum bei Blasenentzündung. Äußerlich bei Hauterkrankungen, u. a. Ekzemen. ***2. Copaivae aetheroleum*** (syn. *Aetheroleum Copaivae, Oleum Copaivae*); Copaivabalsamöl (syn. Copaivaöl), das aus dem Copaivabalsam destillierte äther. Öl. *Inh.*: s. *Balsamum Copaivae*. *Anw.*: analog Copaivabalsam innerlich als Carminativum bei Verdauungsbeschwerden sowie chronischer Blasenentzündung. Technisch in der Porzellanmalerei, zu Gemäldefirnissen und Künstlerfarben. Weitere drogenliefernde Arten, die bes. in Brasilien und den benachbarten Gebieten vorkommen, sind:

- **Copaifera coriacea** Mart.;
- **Copaifera guayanensis** (Desf.) Benth.;
- **Copaifera langsdorfii** Desf. und
- **Copaifera officinalis** (Jacq.) L. (syn. *C. jacquini*).

Hom.: ***Balsamum copaivae*** HAB34, der aus den Stämmen gewonnene Balsam. *Anw.-Geb.*: Entzündungen der Atmungsorgane, der Harn- und Geschlechtsorgane sowie bei Verdauungsschwäche.

- **Histor.:** Die Bezeichnung *Copaiva* wird von *copa* abgeleitet, das in der Tupisprache Harzsaft bedeutet.

Copaivabalsam ↗ Copaifera-Arten.
Copaivabalsamöl ↗ Copaifera-Arten.
Copaivae aetheroleum ↗ Copaifera-Arten.
Copaivae balsamum ↗ Copaifera-Arten.
Copaivaöl ↗ Copaifera-Arten.

■ **Copal**
(syn. *Resina Copal*); Gummi Copal, Kopalharz, das Harz von Bäumen aus verschiedenen Familien, z. B. Trachylobium- (↗ *Trachylobium verrucosum*), *Dammara*- und ↗ *Agathis*-Arten. *Inh.*: Resinolsäuren, Resen, äther. Öl, Bitterstoffe. *Anw.*: nur noch technisch zur Herstellung von Lacken und Firnissen.

Copalchibaum ↗ Croton niveus.
Copalchi cortex ↗ Croton niveus.
Copalchirinde ↗ Coutarea hexandra.
Copeifera coriacea ↗ Copaifera-Arten.
Copeifera jacquinii ↗ Copaifera-Arten.

■ **Copelandia cyanescens** (Berk. et Br.) Singer
Copelandia.

Fam.: Coprinaceae.

Vork.: warme Klimazonen beider Hemisphären.

Anw.: Der glockenförmige Pilz wird in Bali auf Kuh- und Büffelmist kultiviert und bei Festlichkeiten zur Stimmungsverbesserung gegessen. Auch als Rauschpilz findet er Verwendung. Als Inhaltsstoffe konnte man bis zu 1,2 % Psilocin und 0,6 % Psilocybin (Tryptamin-Derivate) nachweisen.

Copernicia cerifera ↗ Copernicia prunifera.

■ **Copernicia prunifera** (Mill.) H. E. Moore
(syn. *Copernicia cerifera, Corypha cerifera*); Carnaubapalme (syn. Carnauba-Wachspalme, Wachspalme).

Fam.: Palmae.

Vork.: Brasilien.

Droge: ***Cera Carnauba*** (syn. *Cera Coperniciae, Cera foliorum, Cera Palmarum*); Carnaubawachs (syn. Cearawachs, Brasil wax, Karnaubawachs), das aus dem Wachsüberzug der Blattoberfläche gewonnene und gereinigte Wachs. *Inh.:* Ester aliphatischer unverzweigter C_{20}- bis C_{30}-Säuren mit C_{30}- bis C_{34}-Alkoholen (unverzweigt, aliphatisch). Ester von Hydroxycarbonsäuren und Zimtsäure, freie Wachsalkohole, Kohlenwasserstoffe. *Anw.:* in der Galenik als Poliermittel für Dragees, in der Zahnmedizin als Bestandteil von Abdruckmassen, in kosmetischen Produkten (Lippenstifte, Schminkstifte). Technisch wird die Droge in Polituren, Bohnermitteln, Lederpflegemitteln, Schuhcremes, Wachstuch, Kerzen und Firnis eingesetzt.

Histor.: Diese südamerikanische Droge kam erst in der Mitte des 19. Jh. nach Europa.

Coprin ↗ Coprinus atramentarius.

■ **Coprinus atramentarius** (Bull. ex Fr.) Fr.
Falten-Tintling.

Fam.: Coprinaceae.

Vork.: Europa und weitere gemäßigte Klimazonen.

Wirk.: Der Falten-Tintling enthält als toxische Substanz Coprin (N^5-(1-Hydroxycyclopropyl)-L-glutamin), das im Organismus zu 1-Aminocyclopropanol umgewandelt wird und das Enzym Acetaldehyddehydrogenase hemmt. Da dieses Enzym in den Alkoholmetabolismus eingeschlos-

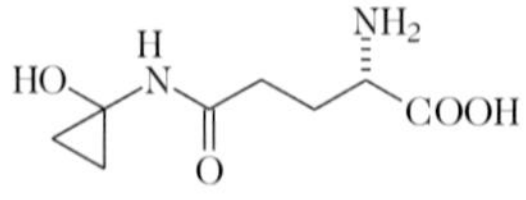

Coprin

sen ist, kommt es bei gleichzeitigem Genuß von Alkohol mit diesen Pilzen zu Unverträglichkeitserscheinungen (u. a. Übelkeit, Erbrechen, Atemnot, Krämpfe, Schock). Neben einer Blutdrucksenkung und Somnolenz wurden in Tierversuchen auch Schäden an den Keimzellen festgestellt. Von einer Verwendung als Speisepilz wird daher abgeraten.

■ **Coptisin**
Isochinolinalkaloid vom Protopin-Typ, das zu den Hauptalkaloiden des Schöllkrautes (↗ *Chelidonium majus*) zählt. Es besitzt zytostatische, antimikrobielle und antiphlogistische Effekte.

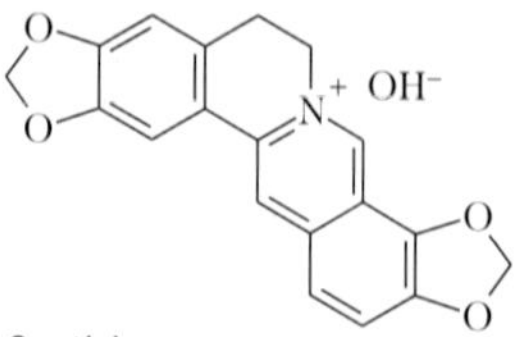

Coptisin

■ **Coptis trifolia** (L.) Salisb.
(syn. *Helleborus trifolius*); Goldfaden.

Fam.: Ranunculaceae.

Vork.: Nordamerika, Asien, Nordeuropa.

Droge: ***Radix Coptidis trifoliae***. *Inh.:* u. a. Alkaloide (Berberin, Coptin), Harz. *Anw.:* als Bittermittel und Tonikum, v. a. in den USA. In Europa nicht gebräuchlich.

Corallenblümchen ↗ Anagallis arvensis.
Corallium nigrum ↗ Antipathes subpinnata.

■ **Corallium rubrum** Lam.
(syn. *Isis nobilis, Madrepora rubra*); Blutkoralle (syn. Edelkoralle, Rote Koralle).

Fam.: Coralliidae.
Vork.: Mittelmeer, bei den kanarischen Inseln, Rotes Meer, Indischer Ozean, japan. Küstengewässer.

Corallium rubrum. Blutkoralle.

Inh.: Calciumcarbonat, Magnesiumcarbonat, Calciumsulfat, Natriumchlorid sowie Spuren von Iod-, Brom- und Eisenverbindungen. Der rote Farbstoff wird als Lipochrom bezeichnet. Anw.: Bestandteil von Zahnpulvern.

Hom.: ***Corallium rubrum***, die pulverisierte Koralle. Anw.-Geb.: Erkrankungen der Luftwege, Hauterkrankungen, z. B. Psoriasis der Handflächen.

Corandrum cicuta officinalis ↗ Conium maculatum.
Corchori capsularis folium ↗ Corchorus-Arten.
Corchori capsularis semen ↗ Corchorus-Arten.
Corchori olitorius herba ↗ Corchorus-Arten.
Corchori olitorius semen ↗ Corchorus-Arten.

■ Corchorus-Arten

● **Fam.:** Tiliaceae.

● **Corchorus capsularis** L. (syn. *Corchorus cordifolius, C. marua, Rhizanota cannabina*); Indischer Flachs (syn. Jute, Rundkapseljute).

Vork.: Indien, China.

Drogen: ***1. Corchori capsularis folium***; Corchorus, die getrockneten Laubblätter. Inh.: herzwirksame Glykoside (Cardenolide: Corchorosid A, B und Olitorisid), Saponine, Sterole. Anw.: in der indischen Volksheilkunde bei Fieber, Leberstörungen, Obstipation, Spasmen des Verdauungstraktes sowie zur Behandlung von Wurmerkrankungen. ***2. Corchori capsularis semen***; Jutesamen, die keilförmigen, braunen glatten Samen. Inh.: Cardenolide, Diterpensäuren. Anw.: in der Volksheilkunde bei Lebererkrankungen und Ödemen sowie bei Appetitlosigkeit, Verstopfungen und Blähungen. Das fette Öl der Samen (Jutesamenöl) dient als Speise- und Brennöl.

● **Corchorus olitorius** L. (syn. *Corchorus catharicus, C. decemangularis, C. lobatus, C. quinquelocularis*); Gemüsejute (syn. Kolmarkraut, Nußkraut, Naltajute, Langkapseljute).

Vork.: Südasien, Südamerika, Afrika.

Drogen: ***1. Corchori olitorius herba***; *Corchorus-olitorius*-Kraut, das getrocknete Kraut. Inh.: Cardenolidglykoside (ca. 0,1 %), Flavonole, Triterpene, Sterole. Anw.: in der Volksheilkunde als Kräftigungsmittel und Lactagogum sowie bei Brust- und Leibschmerzen. Die frischen Blätter werden in großen Mengen als Salat verwendet und zur Vorbeugung von Folsäuremangelerscheinungen empfohlen. ***2. Corchori olitorius semen***; *Corchorus-olitorius*-Samen, die getrockneten Samen. Inh.: u. a. Cardenolide komplexer Zusammensetzung (ca. 0,4 %). Anw.: in der Volksheilkunde dienen die Samen als Abführmittel bei Obstipation. Die gerösteten Samen werden gemischt mit Butter oder Palmöl bei Kopfläusen verwendet.

■ Cordus, Valerius

(1515–1544), Botaniker, Arzt, Apothekentätigkeit in Leipzig, Studium in Wittenberg (1531). Das Manuskript seines Dispensatoriums war Grundlage des sog. Nürnberger Dispensatoriums (1546–1666), das 417 Vorschriften galenischer Arzneimischungen in 45 verschiedenen Zubereitungen enthielt und das erste offiziell in Deutschland eingeführte Arzneibuch darstellte. Es beeinflußte wesentlich die weitere Entwicklung der Pharmazie in Deutschland und Mitteleuropa.

Cordyceps purpurea ↗ Claviceps purpurea.
Coriandri aetheroleum ↗ Coriandrum sativum.
Coriandri fructus ↗ Coriandrum sativum.
Coriandrum cicuta ↗ Cicuta virosa.
Coriandrum cynapium ↗ Aethusa cynapium.
Coriandrum diversifolium ↗ Coriandrum sativum.
Coriandrum globosum ↗ Coriandrum sativum.
Coriandrum maculatum ↗ Conium maculatum.
Coriandrum maius ↗ Coriandrum sativum.

■ **Coriandrum sativum** L.
(syn. *Coriandrum maius, C. diversifolium, C. globosum, Cuminum cyminum, Selenium coriandrum*); Gartenkoriander (syn. Klanner, Koriander, Schwindelkraut, Stinkdill, Wanzendill), s. Farbtafel S. 297, Bild 102.

Fam.: Apiaceae (Umbelliferae).

Vork.: weltweit, bes. Mittelmeergebiete.

Drogen: ***1. Coriandri fructus*** (syn. *Fructus Coriandri*); Korianderfrüchte (syn. Koriandersamen, Schwindelkörner, Schwindelkrautsamen, Stinkdillsamen, Wanzendillsamen), die getrockneten reifen Früchte. *Inh.*: äther. Öl (0,4–1 %) mit Linalool (60–75 %) als Hauptkomponente sowie u. a. Borneol, *p*-Cymen, Campher, Limonen und *α*-Pinen. Die Zusammensetzung ist stark von der Herkunft abhängig. Weitere Bestandteile sind die Cumarine Scopoletin und Umbelliferon, Kaffeesäurederivate, u. a. Chlorogensäure, sowie in geringer Menge der Triterpenalkohol Coriandrinondiol. *Wirk.*: schwach spasmolytisch, blähungstreibend und verdauungsfördernd. *Anw.*: zur unterstützenden Behandlung von Oberbauchbeschwerden, u. a. Völlegefühl, Blähungen und leichten krampfartigen Magen-Darm-Störungen. Ferner als Gewürz. ***2. Coriandri aetheroleum*** (syn. *Oleum Coriandri*); Korianderöl, das durch Wasserdampfdestillation aus den reifen Früchten erhaltene Öl. *Inh.*: s. *Coriandri fructus*. *Anw.*: analog *Coriandri fructus*, Bestandteil einiger diesbezüglicher Arzneifertigpräparate; volkstümlich in Verdünnungen äußerlich bei Neuralgien und Gelenkschmerzen.

■ **Coriaria myrtifolia** L.
Myrtensumach (syn. Französischer Sumach; Provencialischer Sumach).

Fam.: Coriariaceae.

Vork.: Südwesteuropa, Westafrika.

Droge: ***Folia Coriariae***; Gerbstrauchblätter, die getrockneten Blätter. *Inh.*: Gerbstoffe (10–20 %), Ellagsäure, Gallussäure, Coriarin (Alkaloid), Coriamyrtin (Glykosid), äther. Öl. *Anw.*: in der Gerberei und zum Schwarzfärben von Leder.

Hom.: ***Coriaria myrtifolia*** HAB; die frischen Blätter. *Anw.-Geb.*: Krampfleiden.

■ **Coriaria thymifolia** HBK. ex Willd.
Shanshi.

Fam.: Coriariaceae.

Vork.: Südeuropa, Nordafrika, Asien, Neuseeland, Mexiko bis Chile.

Inh.: in den Samen Tutin, Ellagsäure, Gallussäure, Quercetin, fettes Öl. *Anw.*: Der rote Saft, der an der Luft schwarz wird, liefert eine unauslöschliche Tinte (Chami). Die Früchte werden von ecuadorianischen Bauern als Rauschdroge gegessen, um ein Gefühl des Fliegens zu erzielen. Die für diese Anwendung relevanten Inhaltsstoffe der Droge sind noch nicht genau bekannt.

Corni fructus ↗ Cornus-Arten.
Cornu Cervi ↗ Cervus elaphus.

■ **Cornus-Arten**

● **Fam.:** Cornaceae.

Vork.: Bäume und Sträucher der nördlichen, extratropischen Gebiete Asiens, Europas und Amerikas.

● **Cornus amomum** Mill. (syn. *Cornus coerulea, C. cyanocarpus, C. ignorata, C. lanuginosa, C. obliqua, C. sericea*); Sumpf-Kornel.

Hom.: ***Cornus sericea*** HAB 34, die frische Rinde.

● **Cornus florida** L. (syn. *Benthamidia florida, Cornus nuttallii*); Amerikanischer Hornstrauch (syn. Blumenhartriegel, Großblütiger Kornel, Großblütiger Hartriegel, Virginische Kornelkirsche).

Droge: ***Cornus-florida-Rinde*** (syn. *Cortex Corni floridae*); Hartriegelrinde (syn. Hornstrauchrinde), die getrocknete Rinde. *Inh.*: Steroidsaponine, Iridoidglykoside, Triterpene, u. a. Betulinsäure, phenolische Verbindungen. *Anw.*: volkstümlich in den Heimatgebieten Nordamerikas bei Fieber, Durchfall und äußerlich zur Wundbehandlung.

Hom.: ***Cornus florida*** HAB34, die frische Rinde. *Anw.-Geb.*: chronische Fieberanfälle, Kopf- und Nervenschmerzen, Verdauungsschwäche.

● **Cornus mas** L. (syn. *Cornus mascula*); Kornelkirsche (syn. Dirlitze, Gelber Hartriegel, Gelber Hornstrauch, Hartriegel), (Bild S. 219).

Droge: ***Cornus mas-Früchte***; Kornelle, die reifen Früchte. *Inh.*: u. a. Anthocyanglykoside, Invertzucker, Vitamin C. *Anw.*: volkstümlich früher bei chronischem Darmkatarrh und bei Fieber. Im Haushalt zur Herstellung von Fruchtsäften und Marmeladen.

● **Cornus officinalis** Sieb. et Zucc. (syn. *Macrocarpium officinale*); Chinesischer Hartriegel.

Vork.: Japan, Korea, China.

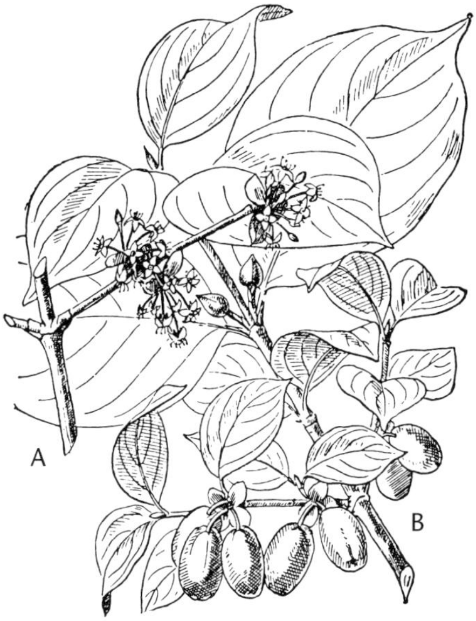

Cornus mas, blühender (A) und fruchtender Sproß.

Droge: *Cornus officinalis-Früchte* (syn. *Corni fructus, Fructus Corni*), das getrocknete Fruchtfleisch. Inh.: Iridoidglykoside, u. a. Loganin, Secoiridoide, u. a. Cornusid, ein Secologanolgalloylester, Anthocyane, Gerbstoffe und Triterpene. Anw.: traditionell in der ostasiatischen Medizin u. a. als Tonikum bei Schwächezuständen, bei Lebererkrankungen, Bettnässen und Harndrang infolge neurovegetativer Störungen sowie bei gynäkologischen Beschwerden.

● **Cornus rugosa** Lam. (syn. *Cornus circinata, C. tomentulosa*); Kanadischer Kornel (syn. Rundblättriger Hartriegel, Rundblättriger Hornstrauch, Rundblättriger Kornel).

Vork.: Atlantisches Nordamerika.

Hom.: ***Cornus circinata*** HAB34, die frische Rinde. Anw.-Geb.: Durchfallerkrankungen bei Leberstörungen.

● **Cornus sanguinea** L. (syn. *Thelycrania sanguinea, Swida sanguinea*); Roter Hartriegel (syn. Blutrute, Blutroter Hartriegel, Hundsbeerstrauch, Roter Hornstrauch).

Vork.: Europa, Mittelmeerraum.

Drogen: ***1. Cornus sanguinea-Blätter***. Inh.: phenolische Verbindungen, u. a. Flavonole, Phenolglucoside, z. B. Cornosid, Phenolcarbonsäuren und Gerbstoffe. Anw.: volkstümlich bei Verdauungsbeschwerden. ***2. Cornus sanguinea-Früchte***; Schietbeere (syn. Totentraube), die reifen Früchte. Inh.: u. a. Vitamin C, Calciummalonat, Anthocyane. Anw.: früher gegen Fieber sowie als Marmelade, hergestellt aus dem Fruchtmark, bei Diarrhoe von Kindern. Im Haushalt aufgrund des Vitamin-C-Gehaltes zur Herstellung von Fruchtsäften und Marmeladen. Geg.: Rohe Früchte sind ungenießbar und führen, bes. bei Kindern, zu gastrointestinalen Beschwerden, die sich mit Bauchschmerzen, Erbrechen und Durchfall äußern können.

■ Coronilla-Arten

● **Fam.:** Leguminosae.

● **Coronilla scorpioides** (L.) W.D.J. Koch; Skorpionskraut (syn. Skorpionswicke).

Vork.:. Mittelmeergebiete bis Iran.

Droge: ***Herba Coronillae scorpioides***; Scorpionwickenkraut. Inh.: Cardenolide, u. a. mit Uzarigenin als Genin, Cumarine, u. a. Scopoletin und Umbelliferon, Furanocumarine, u. a. Psoralen. Anw.: früher als Laxans, Emetikum und Diuretikum.

● **Coronilla varia** L. (syn. *Astragalus glaucoides*); Bunte Kronwicke (syn. Giftwicke).

Vork.: Mittel- und Südeuropa, Kaukasusgebiet.

Droge: das Kraut. Inh.: Cardenolide, Cumarine, Flavonoide, Gerbstoffe, Nitropropionsäurederivate. Anw.: früher volkstümlich als Diuretikum. Infolge Vergiftungsgefahr als Droge nicht mehr genutzt.

■ Cortex

lat. Rinde; definiert als der Teil von Sproßachse und Wurzel zweikeimblättriger Pflanzen mit sekundärem Dickenwachstum, der außerhalb des Kambiums liegt.

Cortex Adinae cordifoliae ↗ Adina cordifolia.
Cortex Adstringens brasiliensis ↗ Stryphnodendron barbatimao.
Cortex Ailanthi ↗ Ailanthus altissima.
Cortex Alcornocco ↗ Bowdichia virgilioides.
Cortex Alni ↗ Alnus-Arten.
Cortex Alstoniae constrictae ↗ Alstonia-Arten.
Cortex Alstoniae scholaris ↗ Alstonia-Arten.
Cortex Alstoniae scolaris ↗ Alstonia-Arten.
Cortex Anchieteae salutaris radicis ↗ Anchietea salutaris.

Cortex Paracoto ↗ Aniba pseudocoto.
Cortex Periplocae graecae ↗ Periploca graeca.
Cortex peruvianus spurius ↗ Croton elutaria.
Cortex Phaseoli ↗ Phaseolus vulgaris.
Cortex Piscidiae erythrinae ↗ Piscidia piscipula.
Cortex Piscidiae radicis ↗ Piscidia piscipula.
Cortex Platani ↗ Platanus-Arten.
Cortex Plumeriae acutifoliae ↗ Plumeria acutifolia.
Cortex Populi ↗ Populus-Arten.
Cortex Pruni padi ↗ Prunus-Arten.
Cortex Pruni virginianae ↗ Prunus-Arten.
Cortex Pseudocinchonae ↗ Pseudocinchona africana.
Cortex Pseudotsugae taxifoliae ↗ Pseudotsuga taxifolia.
Cortex Punicae granati ↗ Punica granatum.
Cortex Pygei africani ↗ Pygeum africanum.
Cortex Quebracho ↗ Aspidosperma quebracho-blanco.
Cortex Quercus ↗ Quercus-Arten.
Cortex Quercus ad usum veterinarium ↗ Quercus-Arten.
Cortex Quercus suber ↗ Quercus-Arten.
Cortex Quillajae ↗ Quillaia saponaria.
Cortex radicis Dictamni ↗ Dictamnus albus.
Cortex radicis Gossypii ↗ Gossypium-Arten.
Cortex radicis Poterii ↗ Sarcopoterium spinosum.
Cortex radicis Poterii spinosi ↗ Sarcopoterium spinosum.
Cortex Rhamni americanae ↗ Rhamnus purshianus.
Cortex Rhamni frangulae ↗ Rhamnus frangula.
Cortex Rhamni purshianae ↗ Rhamnus purshianus.
Cortex Rhamni purshiani ↗ Rhamnus purshianus.
Cortex Rhizophorae ↗ Rhizophora mangle.
Cortex Rhois aromaticae radicis ↗ Rhus-Arten.
Cortex Robiniae pseudacaciae ↗ Robinia pseudoacacia.
Cortex Salicis ↗ Salix-Arten.
Cortex Sambuci ↗ Sambucus nigra.
Cortex Sambuci interior ↗ Sambucus nigra.
Cortex Sambuci nigrae ↗ Sambucus nigra.
Cortex Sassafras ↗ Sassafras albidum.
Cortex Sassafras radicis ↗ Sassafras albidum.
Cortex Sassy ↗ Erythrophleum suaveolens.
Cortex Schini terebinthifolii ↗ Schinus-Arten.
Cortex Simaroubae ↗ Simarouba amara.
Cortex Simaroubae radicis ↗ Simarouba amara.
Cortex Suberis ↗ Quercus-Arten.
Cortex Syzygii cumini ↗ Syzygium-Arten.
Cortex Syzygii jambolani ↗ Syzygium-Arten.
Cortex Tabebuiae ↗ Tabebuia impetiginosa.
Cortex Tabernaemonantanae, ↗ Alstonia-Arten.
Cortex Thymeliaceae ↗ Daphne mezereum.
Cortex Thymeliaceae monspeliaceae ↗ Daphne mezereum.
Cortex Tsugae ↗ Tsuga canadensis.
Cortex Ulmi ↗ Ulmus-Arten.
Cortex Viburni opuli ↗ Viburnum-Arten.
Cortex Viburni prunifolii ↗ Viburnum-Arten.
Cortex Voacangae ↗ Voacanga-Arten.
Cortex Winteranus aromaticus ↗ Drimys winteri.
Cortex Winteranus spurius ↗ Canella winterana.
Cortex Winteranus verus ↗ Drimys winteri.
Cortex Winteri ↗ Drimys winteri.
Cortex Winterianae ↗ Drimys winteri.
Cortex Xanthoxyli ↗ Zanthoxylum-Arten.
Cortex Yohimbe ↗ Pausinystalia johimbe.
Cortex Yohimbehe ↗ Pausinystalia johimbe.
Cortinellus berkeleyanus ↗ Lentinula edodes.
Cortinellus edodes ↗ Lentinula edodes.
Cortinellus shiitake ↗ Lentinula edodes.
Corvisartia helenium ↗ Inula helenium.
Corydalidis rhizoma ↗ Corydalis-Arten.
Corydalis ↗ Dicentra canadensis.

■ Corydalis-Arten

● **Fam.:** Papaveraceae.

● **Corydalis cava** (L.) Schweigg. et Koerte (syn. *Borkhausenia cava, Bulbocapnus cavus, Capnoides cava, Corydalis bulbosa, C. tuberosa, Fumaria bulbosa, Pseudofumaria maior*); Hohler Lerchensporn (syn. Gemeine Hohlwurz, Hohlwurz, Taubenkopf), s. Farbtafel S. 298, Bild 103 und

● **Corydalis solida** (L.) Sw. (syn. *Borkhausenia solida, Capnoides solida, Corydalis bulbosa, Corydalis digitana, C. halleri, C. remota, Fumaria halleri, F. solida*); Gefingerter Lerchensporn.

Vork.: Europa, Nordamerika.

Droge: ***Corydalis tuber*** (syn. *Tuber Corydalis, Corydalidis rhizoma, Rhizoma Corydalidis, Radix Aristolochiae cavae*); Lerchenspornknollen, das knollenartige Rhizom mit Stengelresten. Inh.: Benzylisochinolinalkaloide (bis 6 %), bes. vom Aporphin-Typ, v. a. Bulbocapnin, sowie vom Berberin-Typ, u. a. Corydalin und Tetrahydropalmatin. Wirk.: Extrakte der Droge besitzen eine leicht sedierende, tranquillierende Wirkung, die über das Zentralnervensystem erfolgt. Bulbo-

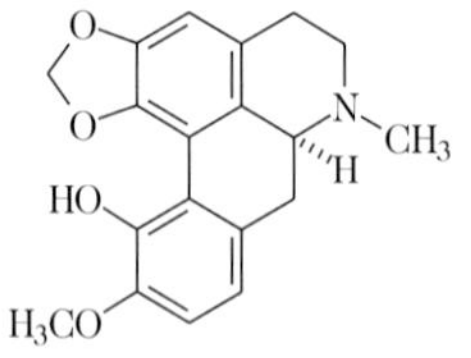

(+)-Bulbocapnin

capnin zeichnet sich zudem durch katatonigene Eigenschschaften aus. Anw.: früher zur Behandlung hyperkinetischer Zustände, heute z. T. noch in Kombinationspräparaten bei leichten Depressionen und Organneurosen. Volkstümlich als Narkotikum, früher auch als wurmtreibendes und menstruationsförderndes Mittel.

Hom.: ***Corydalis cava*** HAB; Hohler Lerchensporn, die vor Beginn der Blütezeit gesammelten frischen, unterirdischen Teile. Anw.-Geb.: Erkrankungen des Nervensystems, der Augen, des Herzens, des Magen-Darm-Traktes sowie des Stütz- und Bewegungsapparates.

● **Corydalis lutea** (L.) DC. (syn. *Borkhausenia lutea, Corydalis capnoides, Fumaria capnoides, F. lutea*); Gelber Lerchensporn.

Vork.: Südfrankreich.

Droge: ***Herba Fumariae luteae***, die getrockneten oberirdischen Organe. Inh.: Isochinolin-Alkaloide. Anw.: in der Volksheilkunde bei Gicht.

● **Histor.:** Der Gattungsname *Corydalis* ist griechischer Herkunft (*korydalis*, Schopflerche), womit Bezug auf den Sporn der Blüte genommen wird, während sich *cava* (lat., hohl) auf die zur Blütezeit hohle Knolle bezieht.

Corydalis canadensis ↗ Dicentra canadensis.
Corydalis cucullaria ↗ Dicentra cucullaria.
Corydalis tuber ↗ Corydalis-Arten.

■ **Corylus avellana** L.
(syn. *Corylus silvestris*); Haselnuß.

Fam.: Betulaceae.

Vork.: Mittel-, Ost- und Südeuropa, Türkei, häufig kultiviert.

Droge: ***1. Folia Coryli avellanae***; Haselnußblätter, die Laubblätter. Inh.: äther. Öl (0,04 %), Palmitinsäure, Paraffin, Myricitrosid, Saccharose, Taraxerol, β-Sitosterin. Anw.: in Teegemischen; als Ersatz für *Folia Hamamelidis* (↗ *Hamamelis virginiana*) bei Krampfadern, Venenentzündungen, Geschwüren und bei Hämorrhagien. ***2. Cortex Coryli avellanae***; Haselnußrinde, die Rinde der Zweige. Inh.: äther. Öl, Gerbstoffe, Phlobaphene, Fett, Harzsäuren, Lignocerylalkohol, Sitosterin, Betulin. Anw.: als Ersatz für *Cortex Hamamelidis* (↗ *Hamamelis virginiana*) bei Krampfadern und Venenentzündungen. ***3. Oleum Coryli avellanae***; Haselnußöl, das Öl der Nüsse. Inh.: fettes Öl mit Triglyceriden, die aus Ölsäure- (85 %), Palmitin- (4 %), Palmitolein- (0,2 %), Stearin- (2,5 %) und Linolsäure (6,5 %)-glycerolestern bestehen; Phytosterine. Anw.: als wertvolles Speiseöl in der Diätetik; in der Kosmetik, zur Seifenherstellung, als Brenn- und Maschinenöl. Die Haselnüsse sind wichtige Trockenfrüchte für die Lebensmittelindustrie bzw. Diätetik.

Corylus silvestris ↗ Corylus avellana.

■ **Corynanthe pachyceras** K. Schum.
(syn. *Pausinystalia pachyceras, Pseudocinchona africana, Pseudocinchona pachyceras*).

Fam.: Rubiaceae.

Vork.: Afrika, Sierra Leone bis Zaire.

Droge: die Rinde. Inh.: Indolalkaloide, wie Corynanthein, α- und β-Yohimbin, Corynoxin; Saponine. Anw.: in der afrikanischen Volksheilkunde bei Husten, Magenbeschwerden und Lepra; auch als Aphrodisiakum, gemischt mit Palmwein, wird die Droge verwendet. Exktrakte der Droge werden auch als Bestandteil von Pfeilgiften für die Affenjagd genutzt.

Corynanthe yohimbe ↗ Pausinystalia johimbe.
Corynebacterium bifidum ↗ Bifidobacterium-Arten.

■ **Corynebacterium simplex**

Fam.: Corynebacteriaceae. Grampositive, nicht sporenbildende Stäbchen. Anw.: *C. simplex* wird zur biotechnologischen Herstellung von Prednisolon und Prednison aus Cortison bzw. Cortisol (mikrobielle Dehydrierung) eingesetzt.

Corypha cerifera ↗ Copernicia prunifera.

■ **Coryphanta compacta** (Engelm.) Britt. et Rose
Bakana (syn. Hikuli, Wichuri).

Fam.: Cactaceae.

Vork.: südwestl. Nordamerika, Mexiko, Kuba. Anw.: Dieser kleine, stachlige Kugelkaktus wird von den mexikanischen Tarahumara-Indianern zu kultischen Zeremonien als Rauschdroge eingesetzt. Die Wirkung dürfte auf die enthaltenen Phenylethylaminderivate Normacromerin und Macromerin zurückzuführen sein.

Corypha repens ↗ Serenoa repens.
Costus corticosus ↗ Canella winterana.
Costus dulcis ↗ Canella winterana.
Costus-Wurzelöl ↗ Saussurea costus.

■ **Cotinus coggygria** Scop.
(syn. *Rhus cotinus*); Perückenstrauch.
Fam.: Anacardiaceae.
Vork.: China, Südosteuropa, Mittelmeergebiete.
Droge: ***1. Folia Cotini coggygriae***; Perückenstrauchblätter (syn. Schmack, Färbersumach, Gerberbaumblätter, Triestiner Sumach, Venezianischer Sumach, Ungarischer Sumach, Tiroler Sumach), die Laubblätter. Inh.: Gerbstoffe (15–29 %), äther. Öl (0,1–0,2 %) mit Myrcen, Pinen, Camphen, Linalool, Terpineol; Flavonoide, wie Myricetin, Quercetin; Galactoside, Glucoside. *Anw.*: als Adstringens; in der russischen Volksheilkunde bei Verbrennungen und Vergiftungen; in der Technik zum Gerben und Schwarzfärben. ***2. Lignum Rhois cotini***; Ungarisches Gelbholz (syn. Fisetholz, Junger Fustik, Fustikholz), das Holz der Pflanze. Inh.: Gerbstoffe, Gerbstoffglykoside, wie Fustin; Flavonoide, wie Fisetin. *Anw.*: früher als Färbemittel für Seide und Wolle; zur Herstellung von Fisetin.

Cotorinde ↗ Aniba coto.
Cottonöl ↗ Gossypium-Arten.

■ **Cotula coronopifolia** L.
Krähenfuß (syn. Laugenblume).
Fam.: Asteraceae (Compositae).
Vork.: Südafrika, in Europa, Nord- und Südamerika, Australien und Neuseeland eingebürgert.
Droge: die Blüten. Inh.: äther. Öl; Polyine, Flavonoide. *Anw.*: in den Ursprungsländern häufig als Ersatz für Kamillen-Blüten (↗ *Chamomilla recutita*).

Cotyledones colae ↗ Cola-Arten.
Cotyledones Quercus empyreumaticae ↗ Quercus-Arten.
Cotyledon pendulina ↗ Umbilicus rupestris.
Cotyledon rupestris ↗ Umbilicus rupestris.
Cotyledon tuberosa ↗ Umbilicus rupestris.
Cotyledon umbilicus ↗ Umbilicus rupestris.
Cotyledon umbilicus-veneris ↗ Umbilicus rupestris.
Coumarouna odorata ↗ Dipteryx odorata.
Cousso flos ↗ Hagenia abyssinica.

■ **Coutarea hexandra** (Jacq.) K. Schum.
Fam.: Rubiaceae.
Vork.: tropisches Amerika, besonders Mexiko und Brasilien.
Droge: ***Cortex Copalchi***; Copalchirinde, die Stammrinde. Inh.: Gerbstoffe, Saponine, Glykoside, Bitterstoffe. *Anw.*: in der Volksheilkunde als Stimulans und Diuretikum.

Covillea glutinosa ↗ Larrea tridentata.
Covillea tridentata ↗ Larrea tridentata.
Cracca vogelii ↗ Tephrosia vogelii
Crana Cocculi ↗ Anamirta cocculus.
Crana Mezerei ↗ Daphne mezereum.
Crataegi flos ↗ Crataegus-Arten.
Crataegi folium cum flore ↗ Crataegus-Arten.
Crataegi fructus ↗ Crataegus-Arten.

■ **Crataegus-Arten**
● **Fam.:** Rosaceae.
● **Crataegus azarolus** L. (syn. *Azarolus crataegoides, Crataegus marokkana, C. maura, C. pontica, Mespilus azarolus*); Azaroldorn (syn. Italienische Mispel, Welsche Mispel).
Vork.:. bes. östliches Mittelmeergebiet.
Drogen: ***1. Crataegi flos*** (syn. *Flores Crataegi, Crataegus-azarolus*-Blüten), die getrockneten Blüten und ***2. Crataegi folium cum flore***; Weißdornblätter mit Blüten. Inh. und *Anw.*: s. *Crataegus laevigata*.
● **Crataegus laevigata** (Poir.) DC. (syn. *Crataegus oxyacantha, Mespilus oxyacantha*); Weißdorn (syn. Hag(e)dorn, Mehlbeerbaum, Mehldorn, Weißheckdorn, Zweigriffeliger Weißdorn). Mittelgroßer Strauch oder hoher Baum.
Drogen s. *Crataegus monogyna;* s. auch Farbtafel S. 298, Bild 104 und 105.
Vork.: in ganz Europa, zusammen mit
● **Crataegus monogyna**, Jacq. emend. Lindm. (syn. *Crataegus apilfolia, Mespilus elegans, M. monogyna, M. moogyna*); Eingriffeliger Weißdorn (syn. Einkern-Weißdorn, Weißdorn). Beide Arten bastardisieren stark und sind nicht immer eindeutig zu unterscheiden.

Drogen: ***1. Crataegi flos*** (syn. *Flores Crataegi*); Weißdornblüten, die getrockneten Blüten. Inh.: Flavonoide (ca. 2,5 %), darunter Flavonole, u. a. Hyperosid (0,7 %) und Flavone u. a. Vitexin-2″-*O*-*α*-L-rhamnosid (0,2 %), außerdem Procyanidine (ca. 3,7 %), die oligomere (ca. 2,5 %) und

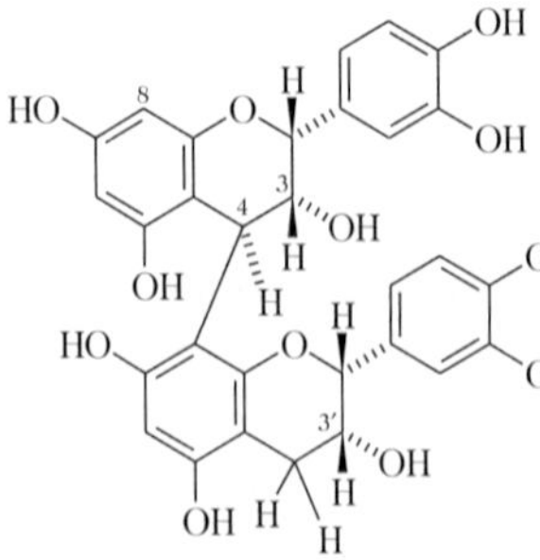

Procyanidin B-2

polymere (ca. 1,1 %) Procyanidine aufweisen. Weitere Bestandteile sind Kaffeesäurederivate, u. a. Chlorogensäure, sowie Triterpensäuren. ***2. Crataegi folium cum flore*** (syn. *Folia Crataegi, Herba Crataegi cum floribus*); Weißdornblätter mit Blüten, die getrockneten bis etwa 7 cm langen, blühenden Zweigspitzen. Inh.: Flavonoide (ca. 1,8 %), Flavonol- und Flavonglykoside (s. o.), oligomere Procyanidine (ca. 2,4 %), u. a. das dimere B-2, ferner Phenolcarbonsäurederivate und Triterpensäuren, u. a. Crataegolsäure (2-*α*-Hydroxyoleanolsäure) und Ursolsäure. Anw.: nachlassende Leistungsfähigkeit des Herzens, leichte Formen von bradikarden Rhythmusstörungen, mangelnde koronare Durchblutung. Bestandteil zahlreicher Arzneifertigpräparate, oft in Kombination mit anderen Drogen oder Substanzen, u. a. auch mit Cardenoliddrogen. Zur ↗ Teezubereitung verwendet man als Einzeldosis ca. 1,8 g (1 Teelöffel) fein zerschnittene Krautdroge. ***3. Crataegi fructus*** (syn. *Fructus Crataegi, Fructus Oxyacanthae, Fructus Spinae albae*); Weißdornfrüchte, die getrockneten Scheinfrüchte. Inh.: Triterpensäuren (ca. 0,45 %) u. a. Crataegol- und Ursolsäure, Procyanidine (ca. 3 %) sowie Flavonglykoside und C-Glykosylflavone. Anw.: s. Anwendung von Blatt- und Blütendrogen.

Hom.: ***Crataegus*** HAB1., die frischen, reifen Früchte. Anw.-Geb.: Herz- und Kreislaufstörungen, Altersherz.

● **Crataegus nigra** Waldst. et Kit. (syn. *Crataegus melanocarpa, Mespilus nigra*); Schwarzdorn (syn. Schwarzfrucht-Weißdorn).

Vork.: Südosteuropa.

Drogen: ***1. Crataegi flos***; Weißdornblüten und ***2. Crataegi folium cum flore***; Weißdornblätter mit Blüten. Inh. und Anw.: s. *C. laevigata*.

Hom.: ***Crataegus*** HAB1., die frischen, reifen Früchte. Anw.: Herz- und Kreislaufstörungen, Altersherz.

● **Histor.:** Der Gattungsname *Crataegus* kommt bereits bei ↗ Dioskurides vor und stammt vermutlich vom griechischen *krataiós* (fest, stark) ab, wohl als Hinweis auf das feste Holz des Strauches. Der deutsche Name Weißdorn ist ein Hinweis auf die weißen Blüten.

Crataeva valanga ↗ Feronia limonia.

■ **Crinum-Arten** Donn.

Fam.: Amaryllidaceae.

Etwa 130 Arten umfassende Gattung, von der ca. 30 in Kultur angebaut werden. Anw.: Die Zwiebeln mehrerer asiatischer *Crinum*-Arten werden in ihren Heimatgebieten in gleicher Weise wie die Meerzwiebel (↗ *Urginea maritima*) zur Herstellung bitterstoffhaltiger Extrakte verwendet. Inh.: Schleime, Amaryllidaceen-Alkaloide (Phenanthridine). Anw.: in der Volksheilkunde als Emetica, Diaphoretica, Tonica, Laxantia, Expectorantia und tumorhemmende Mittel.

■ **Crocin**

(Crocetin-di-*β*-gentiobiosid), tetraterpenoider, gelber Farbstoff des Safrans (↗ *Crocus sativus*).

Croci stigma ↗ Crocus sativus.
Crocus autumnalis ↗ Crocus sativus.
Crocus hispanicus ↗ Crocus sativus.
Crocus officinalis ↗ Crocus sativus.
Crocus orientalis ↗ Crocus sativus.

■ **Crocus sativus** L.

(syn. *Crocus autumnalis, C. officinalis*); Echter Safran (syn. Safran), s. Farbtafel S. 298, Bild 106.

Fam.: Iridaceae.

Heim.: Südeuropa (Griechenland, Kreta), Südwestasien.

Vork.: seit dem Altertum kultiviert im mediteranen Bereich und Vorderasien. Hauptanbaugebiet ist heute Südspanien.

Droge: ***Croci stigma*** (syn. *Crocus, Crocus hispanicus, Crocus orientalis, Flores Croci, Flos Croci, Stigma Croci, Stigmata Croci*); Echter Safran (syn. Gewürzsafran, Krokus, Safran), die meistens durch ein kurzes Griffelstück zusammengehaltenen Narben bzw. Narbenschenkel. Inh.: äther. Öl (0,4–1,3 %, u. a. mit α- und β-Pinen, 1,8-Cineol, Safranal), Terpene (Picrocrocin, Isophorone), Carotinoide (ca. 2 % Crocine, wie Crocetin und Crocin, Carotine, Lycopin, Zeaxanthin), Vitamin B_2, fettes Öl (bis zu 7 %), Hetero-

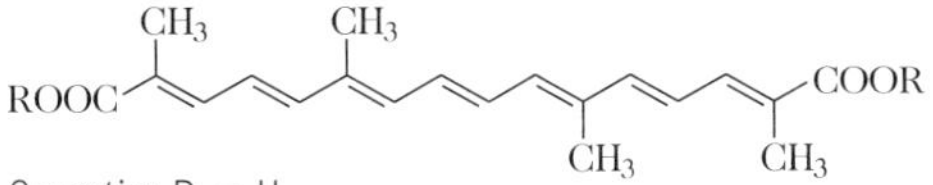

Crocetin: R = H
Crocin: R = β-Gentiobiosid

polysaccharide, Stärke. Anw.: in der Volksheilkunde wird die Droge als Sedativum, bei Krämpfen und Asthma verwendet. Auch über den Einsatz zur Regulation des Menstruationscyclus, zur Beruhigung und Tonisierung des Magen-Darm-Traktes bei Dyspepsie sowie bei Hustenanfällen und Bronchospasmen wird berichtet. Verschiedene patentierte Zubereitungen, die die Droge enthalten, sollen eine vorzeitige Ejakulation verhindern bzw. das Haarwachstum stimulieren. Die Wirksamkeit bei diesen Anwendungsgebieten ist nicht belegt. Hauptsächlich wird die Droge als Gewürz und zum Färben von Lebensmitteln eingesetzt. Unter toxikologischen Gesichtspunkten muß vor der Verwendung der Droge als Abortivum gewarnt werden (Anregung der Uterusmuskulatur), eine Einnahme von Safran und safranhaltigen Zubereitungen während der Schwangerschaft ist daher nicht zu empfehlen.

Hom.: ***Crocus sativus*** HAB1. Crocus, die getrockneten Narbenschenkel. Anw.-Geb.: Blutungen, Neigung zu schmerzhaften Krämpfen, rasch wechselnde Verstimmungszustände.

Histor.: Der Gattungsname *Crocus* ist vermutlich vom hebräischen carcóm, einer bereits von Salomon bezeichneten Pflanze, abgeleitet, während sich *sativus* auf den Anbau bezieht. Der Name Safran kommt vom arabischen *safra* (gelb). Safran wird bereits im ↗ Papyrus Ebers erwähnt, und auch die alten Griechen und Römer (Hippokrates, Theophrast, Dioskurides und Plinius) kannten ihn, wobei sich die medizinische Anwendung meist auf Gebärmutterbeschwerden bezog. Safran ist im Altertum auch als Gewürz und Farbstoff außerordentlich viel benutzt und hoch geschätzt worden. Auch in der Bibel (Hoheslied 4,14) wird die Droge erwähnt. Seinen Höhepunkt bei der Verwendung als Heilmittel erreichte die Droge im Mittelalter durch die Araber. Besonders die deutschen Gebiete waren damals ein Hauptverbraucher für Safran, der Handel über die Alpen wurde sogar durch gesetzliche Bestimmungen geregelt. Ein Anbau im Gebiet um Freiburg i. Br. ist bis zum 15. Jh. nachweisbar, dann verlagerten sich die Anbaugebiete nach Südfrankreich und Spanien. Auch als Farbstoff wurde die Droge im Mittelalter genutzt. So wurde z. B. durch Verfügung der Obrigkeit das Gelb des Safrans zur Farbe des Volkes der Juden, die safrangelbe Hüte tragen mußten, um sich von den Christen zu unterscheiden. Safran ist Bestandteil des indischen Curry. Er war und ist eine sehr teure Droge, die auch als rotes Gold bezeichnet wurde.

■ Crotalus-Arten

● **Fam.:** Crotalidae. Gefährliche Giftschlangen!

● **Crotalus horridus** L. (syn. *Crotalus atrox*); Klapperschlange (syn. Nordamerikanische Klapperschlange, Waldklapperschlange).

Vork.: südwestl. Nordamerika, Mexiko.

Droge: das getrocknete Gift aus den Drüsensäcken (Giftdrüsen) des Oberkiefers. Inh.: wichtigstes Toxin ist das Crotoxin, ein Gemisch aus Crotactin, Crotamin, Phospholipase A, gerinnungshemmenden Enzymen sowie verschiedenen Aminosäuren. Anw.: Das Schlangengift wird bei Durchblutungsstörungen zur Hemmung der Blutgerinnung sowie äußerlich bei Rheuma, Ischias und Gelenksentzündungen eingesetzt.

Hom.: ***Crotalus***, das getrocknete Gift. Anw.-Geb.: Krankheiten, die mit Vergiftungen einhergehen, z. B. Gelbfieber, Scharlach, Diphtherie, Typhus, Ruhr sowie bei Angina pectoris, bei Thrombosen und Gangrän.

● **Crotalus durissus terrificus** Laurenti.; Schauerklapperschlange (syn. Südamerikanische Schreckensklapperschlange).

Vork.: Südamerika, Brasilien, Mexiko.

Droge: das getrocknete Schlangengift. Inh.: Crotoxin, Proteine, Peptide mit Crotoxin-potenzierenden Eigenschaften, Crotalin, Crotapotin. Anw.: siehe *C. horridus*.

Hom.: ***Crotalus Cascavella***, das getrocknete Schlangengift. Anw.-Geb.: Epilepsie, Fieber, Geschwüre, Gelbsucht, hämorrhagische Diathesen, rechtsseitige Migräne.

Crotalus atrox ↗ Crotalus-Arten.
Crotalus mutus ↗ Lachesis muta.
Croton acutus ↗ Croton tiglium.
Croton camaza ↗ Croton tiglium.
Croton cascarilla ↗ Croton niveus.
Croton coccineus ↗ Mallotus philippinensis.

■ **Croton elutaria** Benn.
(syn. *Cascarilla clutia, Cluytia eluteria*); Kaskarillabaum.
Fam.: Euphorbiaceae.
Vork.: Kuba, Bahamas, Haiti, Peru, Paraguay.
Drogen: ***1. Cascarillae cortex*** (syn. *Cortex Cascarillae, Cortex Crotonis, Cortex Elutariae, Cortex peruvianus spurius*); Kaskarillae (syn. Kaskarille, Cascarillarinde, Graue Fieberrinde, Ruhrrinde), die getrocknete Ast- und Stammrinde. Inh.: äther. Öl (1,5–3 %), ferner Cascarillsäure, der Bitterstoff Cascarillin sowie Harz und Gerbstoffe. Anw.: volkstümlich bei dyspeptischen Beschwerden sowie bei grippalen Infekten.; äußerlich zur Mund- und Zahnpflege. Industriell zum Parfümieren von Tabak. ***2. Cascarillae aetheroleum*** (syn. *Oleum Cascarillae*); Cascarillöl, das äther. Öl aus der Rinde. Inh.: u. a. β-Caryophyllen, *p*-Cymen, Dipenten, Eugenol, Limonen und α-Terpineol. Anw.: in der Kosmetik als Duftstoff sowie als Würzkomponente in Lebensmitteln.
Hom.: ***Cascarilla*** HAB 34, die getrocknete Rinde. Anw.-Geb.: Verdauungsstörungen.

Croton glandulosum ↗ Croton tiglium.
Crotonis oleum ↗ Croton tiglium.
Crotonis semen ↗ Croton tiglium.
Croton jamalgota ↗ Croton tiglium.
Croton montanus ↗ Mallotus philippinensis.
Croton muricatus ↗ Croton tiglium.

■ **Croton niveus** Jacq.
(syn. *Croton pseudochina, C. cascarilla, C. suberosus*); Copalchibaum.
Vork.: Mittel- und Südamerika, bes. Mexiko.
Drogen: ***1. Copalchi cortex*** (syn. *Cortex Copalchi*); Copalchirinde (syn. Mexikanische Fieberrinde, Pseudo-Chinarinde). Inh.: äther. Öl (0,15 %), Bitterstoff Copalchin, Quercetinglykoside, ein aromatischer Balsam. Anw.: traditionell als Bittermittel bei Verdauungsstörungen, bei Diarrhoe und Dysenterie; in den Ursprungsländern bei Malaria; äußerlich bei Hämorrhoiden und rheumatischen Beschwerden ***2. Croton-niveus-Blätter***, die Laubblätter. Inh.: u. a. Nivenolid, ein Diterpenlacton, ferner Milchsaft. Anw.: volkstümlich bei chronischer Dysenterie, zur Verstärkung der Menstruation; mißbräuchlich als Abortivum. In den Heimatgebieten ferner zum Baden von Wunden, bei Dermatitis, die durch ↗ *Hippomane mancinella* ausgelöst wurde.

Crotonöl ↗ Croton tiglium.
Croton pavana ↗ Croton tiglium.
Croton philippinensis ↗ Mallotus philippinensis.
Croton pseudochina ↗ Croton niveus.
Croton purgans ↗ Jatropha curcas.
Crotonsamen ↗ Croton tiglium.
Croton spinosus ↗ Ricinus communis.
Croton suberosus ↗ Croton niveus.

■ **Croton tiglium** L.
(syn. *Alchornea vanioti, Croton acutus, C. camaza, C. glandulosum, C. jamalgota, C. muricatus, C. pavana, Tiglium officinale*); Krotonölbaum (syn. Purgierbaum, Tiglibaum).
Vork.: tropisches Asien, bes. Malabarküste.
Drogen: ***1. Crotonis oleum*** (syn. *Oleum Crotonis, Oleum Tiglii, Oleum Tilli*); Krotonöl (syn. Crotonöl), das aus den geschälten Samen gepreßte fette Öl. Inh.: Fettsäureglyceride mit meist ungesättigten Fettsäuren, wobei Ölsäure die Hauptkomponente unter den Neutralfetten bildet, außerdem Harz (ca. 5 %), das Di- und Triester des Diterpenalkohols Phorbol enthält.

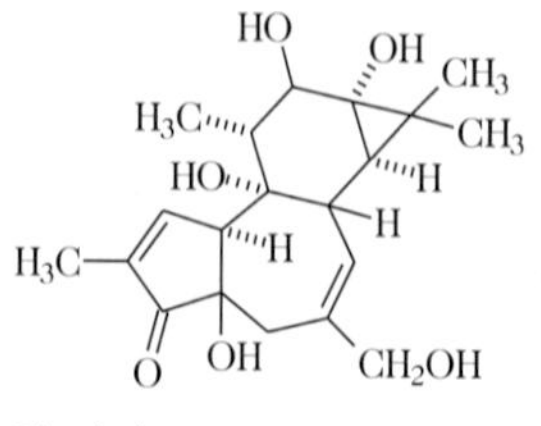

Phorbol

Wirk.: innerlich drastisch abführend, äußerlich bewirken bereits kleine Dosen (1–2 Tropfen) auf der Haut Rötungen, Ödeme und Blasenbildung. Anw.: früher bei sehr hartnäckiger Obstipation in Mischung mit Ricinusöl. Gegenwärtig noch als Bestandteil des sog. Baunscheidtschen Öles als hautreizendes, entzündungserregendes Mittel. Geg.: 10 Tropfen des Öles bewirken bereits heftige Enteritiden, choleraähnliche Durchfälle, Nierenreizungen sowie Kollapserscheinungen. Die letale Dosis liegt bei etwa 20 Tropfen. Die Phorbolester sind zudem Cocarcinogene. ***2. Crotonis semen*** (syn. *Semen Cataputiae minoris, Semen Tiglii, Semen Crotonis*); Crotonsamen (syn. Purgierkörner), die getrockneten reifen Samen, s. Farbtafel S. 298, Bild 107. *Inh.*: fettes Öl s. *C. oleum*, Enzyme, Proteine. *Anw.*: ausschließlich als Drastikum in der Veterinärmedizin.

Hom.: ***Croton tiglium*** HAB1, die reifen, getrockneten Samen. *Anw.-Geb.*: juckende Hauterkrankungen, Gastroenteritis mit wässrigen Durchfällen.

Histor.: Der Gattungsname *Croton* ist griechischer Herkunft (*cróton*, Hundelaus, Holzbock, bezogen auf die Ähnlichkeit der Samen mit diesem Insekt, während der Artname *tiglium von* Tilho, einer damals portugiesischen Molukkeninsel abstammen soll.

Crotoxin ↗ Crotalus-Arten.
Crucifera alliaria ↗ Alliaria petiolata.
Crucifera brassica ↗ Brassica-Arten.
Crucifera cochlearia ↗ Cochlearia officinalis.
Crucifera juncea ↗ Brassica-Arten.
Crucifera lampsana ↗ Sinapis alba.
Crucifera napus ↗ Brassica-Arten.
Crucifera nasturtium ↗ Lepidium sativum.
Crucifera sinapis ↗ Brassica-Arten.

■ **Cryptostegia grandiflora** (Roxb.) R. Brown.

Fam.: Periplocaceae.

Vork.: Madagaskar, Afrika.

Droge: die Blätter. Die Droge ist stark giftig! *Inh.:* herzwirksame Glykoside, wie Cryptograndosid A, B und C mit Oleandrigenin als Aglykon; *Anw.:* in Nigeria zur Herstellung eines Pfeilgiftes, in Madagaskar als Mordgift.

Cuba-Spinne ↗ Eurypelma spinicrus.
Cubebae ↗ Piper cubeba.
Cubebae fructus ↗ Piper cubeba.
Cubeba officinalis ↗ Piper cubeba.
Cubebenpfeffer ↗ Piper cubeba.

■ **Cucumis-Arten**

● **Fam.:** Cucurbitaceae.

● **Cucumis melo** L. (syn. *Cucumis acidus, C. callosus, C. campechianus, C. cicatricosus, C. cubensis, C. deliciosus, C. eriocarpus, C. eu-melo, C. maculatus, C. maderaspatanus, C. melo agrestis, C. moschatus, C. orientalis, C. pedatifidus, C. pubescens, C. reginae, C. sativus, C. umbilicatus, C. vilosus, Cucurbita aspera, Melo agrestis, M. figari, M. orientalis, M. sativus*); Echte Melone (syn. Gartenmelone, Melone, Zuckermelone).

Vork.: tropisches Asien und Afrika, heute auch kultiviert in Südeuropa.

Drogen: ***1. Pediculus Cucumis***; *Cucumis-melo*-Fruchtstiele, die getrockneten Fruchtstiele. *Inh.:* Cucurbitacine B, E, D, Isocucurbitacin B und ein Cucurbitacin-B-Glykosid. *Anw.:* in der chinesischen Volksheilkunde zur Behandlung der chronischen Rhinitis. ***2. Semen cucumeris melonis*** (syn. *Semen melonis*); *Cucumis-melo*-Samen (syn. Zuckermelonensamen), der ganze Same. *Inh.:* Δ^7-Stigmastenol und Derivate, fettes Öl (30–40 %, Gurkensamenöl), Tryptophan, Histidin, β-Pyrazolylalanin, Proteine. *Anw.:* in der Volksheilkunde als Diuretikum und Anthelmintikum. ***3. Oleum Melonis***; Melonensamenöl, das fette Öl der Samen. *Anw.:* Es dient als Speiseöl sowie für kosmetische Präparationen.

● **Cucumis sativus** L. (syn. *Cucumis esculentus, C. hardwickii, C. muricatus, C. sphaerocarpus*); Gurke.

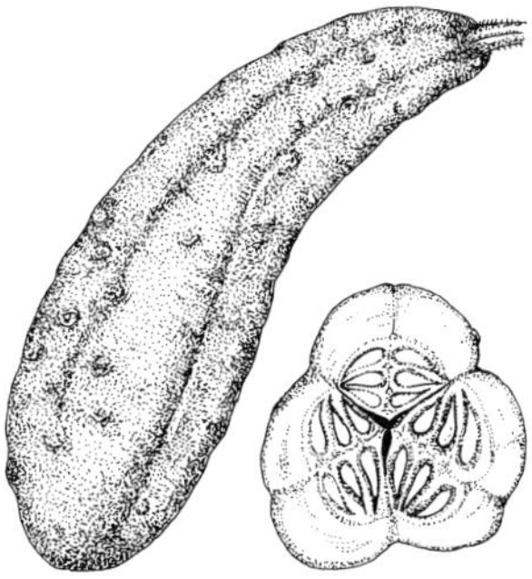

Cucumis sativus, Frucht.

Droge: ***Cucumis-sativus-Früchte***; Gurke (syn. Salatgurke), die unreifen Früchte. *Inh.:* Δ^7-Stigmastenol und Derivate, Aromastoffe, Eiweiß, Fett, Kohlenhydrate, Mineralien, Lectine. *Anw.:* in der Volksheilkunde bei Infektionen der Harnwege sowie zur Behandlung von Pigmentierungsstörungen (*Tinctura Cucumis*). In der Kosmetik und als Nahrungsmittel werden Gurken vielfältig genutzt.

Cucumis colocynthis ↗ Citrullus colocynthis.
Cucumis melo ↗ Cucumis-Arten.
Cucumis naudinianus ↗ Acanthosicyos naudiniana.
Cucumis sativus ↗ Cucumis-Arten.
Cucurbita aspera ↗ Cucumis-Arten.
Cucurbita courgero ↗ Cucurbita pepo.
Cucurbita esculenta ↗ Cucurbita pepo.
Cucurbitae semen ↗ Cucurbita pepo.
Cucurbita fastnosa ↗ Cucurbita pepo.
Cucurbita melopepo ↗ Cucurbita pepo.
Cucurbita ovifera ↗ Cucurbita pepo.

■ **Cucurbita pepo** L.
(syn. *Cucurbita courgero, C. esculenta, C. fastnosa, C. melopepo, C. verrucosa, C. ovifera, C. subverrucosa, Pepo melopepo, P. verrucosus, P. vulgaris*); Gartenkürbis (syn. Feldkürbis, Gemeiner Kürbis, Ölkürbis), s. Farbtafel S. 298, Bild 108.
Fam.: Cucurbitaceae.
Heim.: Mittelamerika, heute weltweit kultiviert und verwildert.

Cucumis sativus, Frucht.

Droge: ***Cucurbitae semen*** (syn. *Semen Cucurbitae*); Kürbissamen (syn. Kürbiskerne, Herkulessamen, Babenkern, Peponensamen), die reifen, getrockneten Samen insbes. von *C. pepo* L. *conv. citrullinina var. styriaca*. Inh.: v. a. Sterole (ca. 1 %, z. B. (24*S*)-Ethyl-5*α*-cholesta-7,25(27)-dien-3*β*-ol) und Sterolglykoside, *β*- und *γ*-Tocopherol, Phosphatide, Carotinoide, trypsininhibierende Proteine, Cucurbitol, Squalen, Lecithin, Mineralstoffe (4–5 %), u. a. Spurenelemente wie Mangan, Zink, Kupfer und bes. Selen (0,03 %) sowie als Reservestoffe fettes Öl, Kohlenhydrate und Proteine. Anw.: Reizblase und Miktionsbeschwerden bei Prostataadenom Stadium I und II. Bestandteil entsprechender Phytopharmaka. Kürbissamen dienen auch zur Gewinnung des sog. Kürbiskernöles, das ein gutes Speiseöl von angenehm nußartigem Geschmack ist. Neben den Samen von *Cucurbita pepo* kommen mitunter auch die Samen von *Cucurbita maxima* Duch., dem Melonen- oder Riesenkürbis, und *Cucurbita moschata* Duch. ex Poir., dem Bisam- oder Moschuskürbis, mit der gleichen therapeutischen Indikation zum Einsatz. Die unmittelbare Anwendung der Droge erfolgt, indem im allgemeinen morgens und abends 1 bis 2 gehäufte Eßlöffel (10–15 g) Kürbissamen, gemahlen oder zerkaut, mit Flüssigkeit eingenommen werden.

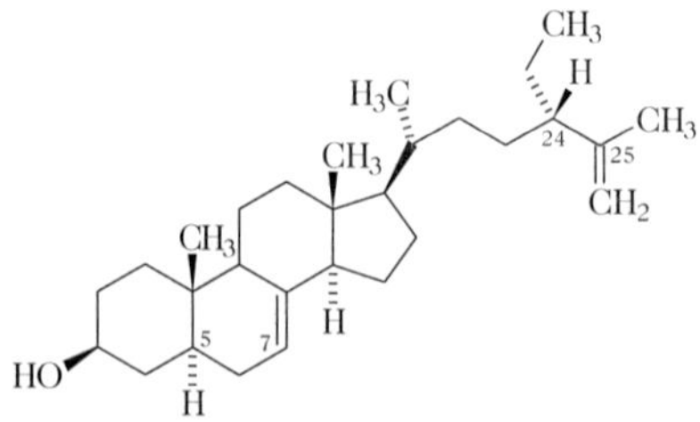

(24*S*)-Ethyl-5*α*-cholesta-7,25(27)-dien-3*β*-ol

Hom.: ***Cucurbita pepo*** HAB34, die frischen Samen. *Anw.- Geb.*: u. a. Erbrechen.
Histor.: Kürbissamen dienten früher als Mittel gegen Band- und Spulwürmer und zuweilen auch als Diuretikum sowie zur Wundbehandlung. Der Gattungsname *Cucurbita* ist vom lateinischen *Cucumis* (Gurke) und *orbis* (Erdkreis) abgeleitet, wohl in bezug auf die Gestalt der Frucht. Die Bezeichnung Kürbis (althochdeutsch Kurbiz) ist ein Lehnwort aus dem lateinischen *cucurbita*. Als *Cucurbita pepo* wurde bereits bei Plinius eine Gurken- und Melonenart bezeichnet. In Europa wurden die echten Kürbisse wahrscheinlich erst im 16. Jh. eingeführt, so daß es nicht sicher ist, ob es sich bei den antiken Angaben um den echten Kürbis handelt.

Cucurbita subverrucosa ↗ Cucurbita pepo.
Cucurbita verrucosa ↗ Cucurbita pepo.

■ **Cudrania tricuspidata** (Carr.) Bur.
(syn. *Cudrania triloba, Maclura tricuspidata*).
Fam.: Moraceae.
Vork.: China, Japan, Korea.
Droge: die Wurzelrinde. *Inh.:* Flavonoide, wie Quercetin, Kaempferol, Myricetin; Cudranin, Cudraflavone A und B; Cudraxanthone A–D.

Anw.: in der chinesischen Volksheilkunde als Galactagogum, bei Amenorrhoe, Malaria und Augenschmerzen.

Cudrania triloba ↗ Cudrania tricuspidata.
Culebra ↗ Methysticodendron amesianum.
Culilabani cortex ↗ Cinnamomum-Arten.
Culilawanrinde ↗ Cinnamomum-Arten.

■ Cumarine

Derivate (Hydroxy- oder Methoxy-Verbindungen) des Cumarins (1,2-Benzopyron), oft in glykosidischer Form vorliegend, die postmortem oder nach Verletzung des Pflanzengewebes enzymatisch freigesetzt werden und sich durch einen charakteristischen Geruch auszeichnen. *Wirk.*: gefäßerweiternd, spasmolytisch, gerinnungshemmend, sedierend, bakterizid.

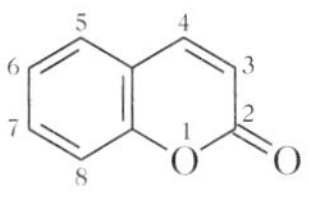

Cumarin

Cumini aetheroleum ↗ Cuminum cyminum.
Cumini fructus ↗ Cuminum cyminum.
Cuminöl ↗ Cuminum cyminum.
Cuminum cyminum ↗ Coriandrum sativum.

■ Cuminum cyminum L.

(syn. *Luerssenia cyminum, Ligusticum cuminum, Selinum cuminum, Kuminum odoratum, Cyminon longeivolucellatum*); Kreuzkümmel (syn. Ägyptischer Kümmel, Italienischer Kümmel, Mutterkümmel, Polnischer Kümmel, Römischer Kümmel, Spanischer Kümmel, Türkischer Kümmel, Welscher Kümmel).

Fam.: Apiaceae (Umbelliferae).

Vork.: Mittelmeergebiete bis Südostasien.

Drogen: ***1. Cumini fructus*** (syn. *Fructus Cumini, Semen Cumini, Semen Cymini, Semen Carvi romani*); Kreuzkümmel (syn. Mutterkümmel, Römischer Kümmel, Italinischer Kümmel, Spanischer Kümmel, Türkischer Kümmel), die getrockneten reifen Früchte. *Inh.*: äther. Öl (2–5 %) mit einem Gehalt an Aldehyden von 35–52 %, darunter Cuminaldehyd (Hauptkomponente, 25–35 %), 1,3-*p*-Menthadien-7-al und 1,4-*p*-Menthadien-7-al als typische Geruchsträger. Weitere Bestandteile sind bes. γ-Terpinen (15–25 %), β-Pinen (10–20 %) und *p*-Cymen (8–12 %), ferner Fla-

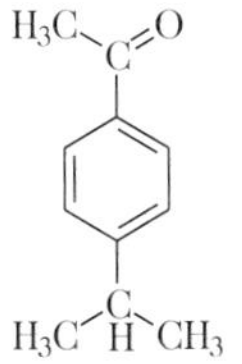

Cuminaldehyd (Cuminal)

vonglykoside des Apigenins und des Luteolins sowie u. a. Salicylate, Cholin und Acetylcholin. *Anw.*: als Carminativum bei Magen-Darmbeschwerden. In den Heimatgebieten mitunter als Abortivum und Emmenagogum. Im Haushalt als Gewürz, ferner Bestandteil zahlreicher Lebensmittel, z. B. Currypulver oder holländischer Käse sowie von Genußmitteln, u. a. Likören. ***2. Cumini aetheroleum*** (*Oleum Cumini, Aetheroleum Cumini*); Kreuzkümmelöl (syn. Cuminöl), das aus reifen Früchten gewonnene äther. Öl. *Inh.* und *Anw.*: s. *Cumini fructus*.

Cupamensis indica ↗ Acalypha indica.

■ Cuphea viscosissima Jacq.

Fam.: Lythraceae.

Vork.: Mittel- und Südamerika.

Hom.: ***Cuphea viscosissima*** HAB; die frischen, oberirdischen Teile der blühenden Pflanze. *Anw.-Geb.*: Durchfallerkrankungen.

■ Cupressus sempervirens L.

Echte Zypresse.

Fam.: Cupressaceae.

Vork.: östl. Mittelmeergebiet, Vorderasien.

Droge: ***Oleum Cupressi***; Zypressenöl, das äther. Öl der Blätter und jungen Zweige. *Inh.*: Furfural, Cymen, α-Pinen, Camphen, Ester der Essig- und Baldriansäure, Cedrol, Harz. *Anw.*: als Expektorans bei Husten und Keuchhusten, in der Parfümerie und Kosmetik (Badeöle).

Hom.: ***Cupressus sempervirens*** HAB; die frischen Früchte und Blätter. *Anw.-Geb.*: Kopf- und Gelenkschmerzen.

Curacao-Aloe ↗ Aloe-Arten.

■ Curanga amara Juss.

(syn. *Gratiola amara*).

Fam.: Scrophulariaceae.

Vork.: Indien, China, Java.

Droge: das Kraut. Inh.: Curangin, ein Glykosid mit digitalisähnlicher Wirkung. Anw.: in der asiatischen Volksheilkunde gegen Fieber und als Tonikum.

■ Curare

Pfeilgift der Indianer Südamerikas, gewonnen durch Heißwasserextraktion von hauptsächlich *Chondodendron-* und *Strychnos*-Arten und nachfolgendes Eindicken des Extraktes. Je nach Gewinnung, Herstellung und Aufbewahrung in Tontöpfen, Bambusröhren oder ausgehöhlten Flaschenkürbissen unterscheidet man Tubo- oder Bambus-C., Topf-C. und Calebassen-C. Inh.: Tubo- und Topf-C. enthalten toxische Alkaloide aus Chondodendron-Arten mit Bis-benzylisochinolin-Struktur, v. a. Tubocurarin und Curarin. Die Al-

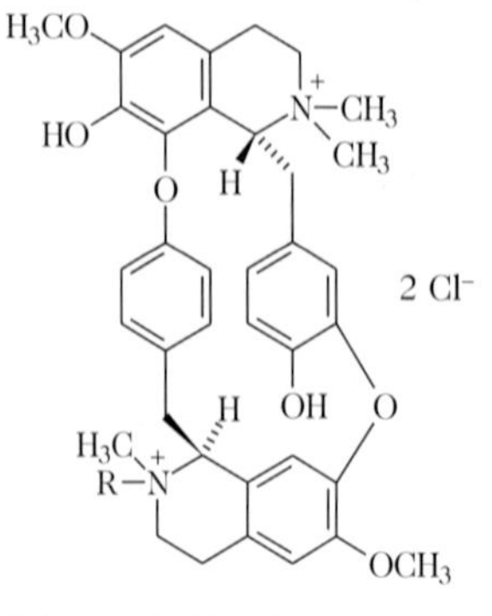

Tubocurarinchlorid: R = H
Chondrocurarinchlorid: R = CH_3

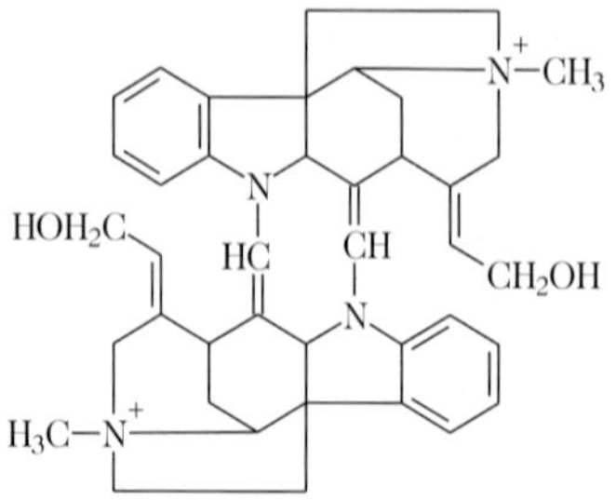

C-Toxiferin

kaloide der Calebassen-C. (gewonnen aus *Strychnos*-Arten) gehören zum Strychnin-Typ (seltener Yohimbin-Typ), dazu zählen u. a. Maracurin, C-Toxiferin, das toxischste Alkaloid aus C. (dosis letalis i. v. 23 µg/kg Maus), C-Dihydroxytoxiferin, C-Curarin und C-Calebassin. Wirk.: alle Vertreter mit zwei quartären Stickstoffatomen im Molekül wirken als kompetitive Antagonisten des Acetylcholins und blockieren damit den Acetylcholinrezeptor an der postsynaptischen Membran. Durch Verhinderung der Depolarisierung ist die quergestreifte Muskulatur blockiert. Es kommt zur Lähmung der Muskeln an den Extremitäten, des Kopfes, Rumpf und Brustkorbes, der Tod tritt durch Atemlähmung ein. Bewußtsein und Schmerzempfinden bleiben bis zum Tode voll erhalten. Anw.: partialsynthetische Derivate des C. werden als Muskelrelaxans zur Operationsvorbereitung genutzt.

Hom.: *Curare* HAB; der aus der Rinde verschiedener *Strychnos*-Arten (v. a. *Strychnos toxifera*) gewonnene Extrakt. Anw.-Geb.: Lähmungen, Lähmigkeit, Krämpfe.

Histor.: Die Bezeichnung Curare stammt aus der Tupisprache der Eingeborenen Mittel- und Südamerikas und kommt von *ur* (kommen) und *ar* (fallen) und bezieht sich auf seine Wirkung als Pfeilgift.

Curcas indica ↗ Jatropha curcas.
Curcasnuß ↗ Jatropha curcas.
Curcasöl ↗ Jatropha curcas.
Curcas purgans ↗ Jatropha curcas.
Curcuma-aromatica-Wurzelstock ↗ Curcuma-Arten.

■ Curcuma-Arten

- **Fam.:** Zingiberaceae.
- **Vork.:** Südostasien.
- **Curcuma aromatica** Salisb.; Blockzitwer.

Droge: *Curcuma-aromatica-Wurzelstock*; Blockzitwerwurzel (syn. Wilde Gelbwurz), die gebrühten und getrockneten Haupt- und Nebenrhizome oder die in Scheiben oder Längsviertel geschnittenen Teile davon. Inh.: Curcuminoidgemisch (0,03–0,3 %) s. *C. domestica*, äther. Öl (ca. 6 %) mit Sesquiterpenen (65 %), die meist Curcumene darstellen, Sesquiterpenalkoholen (22 %) sowie u. a. Camphen, Campher und *p*-Methoxyzimtsäure. Anw.: volkstümlich in den Herkunftsgebieten v. a. äußerlich bei Hautausschlägen und Krätze sowie zur Wundbehandlung. In der Ayurveda-Medizin bei Appetitlosigkeit. In Europa als Ersatz, zuweilen als Verfälschung von *Curcumae longae rhizoma* oder *Ze-*

doariae rhizoma. Ferner zur Gewinnung von Stärke.

● **Curcuma domestica** Val. (syn. *Amomum curcuma, Curcuma longa*); Gelbwurzel (syn. Kurkuma).

Droge: ***Curcumae longae rhizoma*** (syn. *Rhizoma Curcumae, Rhizoma Curcumae longae*); Kurkumawurzelstock (syn. Gelbwurzelstock, Gilbwurzel, Gurkumei), gebrühte und getrocknete Wurzelstöcke. Inh.: äther. Öl (3–5 %) überwiegend Sesquiterpene (60 %), u. a. ar-Turmeron, α-, β-Turmeron, Atlanton und Curlon enthaltend, ferner Zingiberen (25 %), Curcumol und geringe Mengen α-Phellandren, Sabinen, Cineol und Borneol. Weitere Bestandteile sind Curcuminoide (3–5 %), u. a. Curcumin, Mono- und Didesmethoxycurcumin. Anw.: dyspeptische

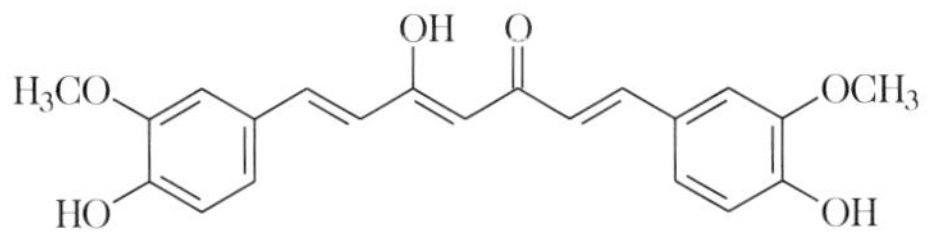

Curcumin

Beschwerden. In den Herkunftsgebieten bei entzündlichen und septischen Haut- sowie Augenerkrankungen. Die Droge dient ferner als Gewürz und ist farbgebender Bestandteil des Currypulvers.

● **Curcuma xanthorrhiza** Roxb. (syn. *Curcuma zanthorrhiza*); Javanische Gelbwurzel (syn. Javanische Kurkuma).

Droge: ***Curcumae xanthorrhizae rhizoma*** (syn. *Curcumae amarae rhizoma, Rhizoma Curcumae javanicae, Rhizoma Curcumae xanthorrhizae*); Javanische Gelbwurz (syn. Temoe Lawak, Javanische Kurkumawurzel), die in Scheiben geschnittenen, getrockneten, knolligen Wurzelstöcke. Inh.: äther. Öl (3–12 %), das vorwiegend aus Sesquiterpenen, v. a. α- und β-Curcumen, Xanthorrhizol, Germacron und Furanodienon, besteht. Weitere Bestandteile sind Curcuminoide (0,8–2 %, hauptsächlich Curcumin und *p*-Cumaroylferuloylmethan) sowie Stärke. Wirk.: Neben den choleretischen Eigenschaften, für die offenbar bes. das äther. Öl verantwortlich ist, und den cholokinetischen Effekten, die den Curcuminoiden zugeschrieben werden, wurden bei letzteren zudem antioxidative, mit Radikalfängereigenschaften korrelierende Wirkungen erkannt, die mit hepatoprotektiven, antihepatoxischen, antiphlogistischen, antimutagenen und tumorhemmenden Eigenschaften in Zusammenhang gebracht werden. Anw.: dyspeptische Beschwerden. Bestandteil von Leber- und Gallentees sowie in Fertigarzneimitteln, die als Cholagoga eingesetzt werden. Zur ↗ Teezubereitung, die als Einzeldroge wenig üblich ist, kommen ca. 0,5–1 g grob gepulverte Droge zum Einsatz.

Hom.: *Curcuma xanthorrhiza* HAB; Javanische Gelbwurzel, die getrockneten, unterirdischen Teile.

Histor.: Der Name *Curcuma* leitet sich vom indischen *kurkum*, dem Namen der Pflanze und *xanthorrhiza* (*xanthos*, goldgelb und *rhiza*, Wurzel) bezugnehmend auf den Querschnitt des gelben Wurzelstockes ab. *Temoe lawak* ist die malaiische Bezeichnung für die Droge.

● **Curcuma zedoaria** (Christm.) Rosc. (syn. *Amomum latifolium, Amomum zedoaria, A. zerumbeth, Curcuma speciosa, C. zerumbeth*); Zitwer (syn. Zedoarie, Zitwerwurzel).

Droge: ***Zedoariae rhizoma*** (syn. *Rhizoma Zedoariae*); Zitwerwurzel, die in Querscheiben oder Längsviertel geschnittenen, getrockneten, knolligen Teile des Wurzelstockes. Inh.: äther. Öl (1–1,5 %) mit Sesquiterpenalkoholen als Hauptkomponenten, daneben Monoterpene, u. a. α-Pinen, Camphen und Cineol sowie darüber hinaus Curcumenol, Curcumol und *p*-Methoxyzimtsäureethylester. Außerdem Curcuminoide, u. a. Curcumin, sowie Stärke. Anw.: Verdauungsschwäche, mitunter auch als Cholagogum. Im Haushalt in kleinen Mengen als Küchengewürz, ferner als Aromadroge in der Likörindustrie.

Curcumae amarae rhizoma ↗ Curcuma-Arten.
Curcumae longae rhizoma ↗ Curcuma-Arten.
Curcumae xanthorrhizae rhizoma ↗ Curcuma-Arten.
Curcumin ↗ Curcuma-Arten.

■ Curcuminoide

(Dicinnamoylmethanderivate), Polyketide aus Zingiberaceen (↗ *Zingiber officinale*, ↗ *Curcuma*-Arten).

■ Curry

scharf-pikante Gewürzmischung, die ursprünglich aus Indien kommt. Wichtige Bestandteile sind u. a. Ingwer, Pfeffer, Paprika, Koriander, Cardamom, Gewürznelken, Gelbwurzelstock und Zimt. Anw.: als Gewürz mit carminativer Wirksamkeit.

■ **Curvularia lunata**

Fam.: Porosporae.

Anw.: Mikroorganismus zur fermentativen (biotechnologischen) Hydroxylierung von Steroiden, z. B. Cortisol.

■ **Cuscuta europaea** L.

(syn. *Cuscuta major, C. vulgaris*); Kleeseide (syn. Hopfenseide, Nesselseide, Teufelszwirn).

Fam.: Convolvulaceae.

Vork.: Europa, Asien, Nordafrika. Die Pflanze lebt als Schmarotzer.

Inh.: Cuscutin, vermutlich Ergolinalkaloide, Gerbstoffe. Anw.: früher volkstümlich als Laxans.

Hom.: ***Cuscuta europaea***, die frische, blühende Pflanze.

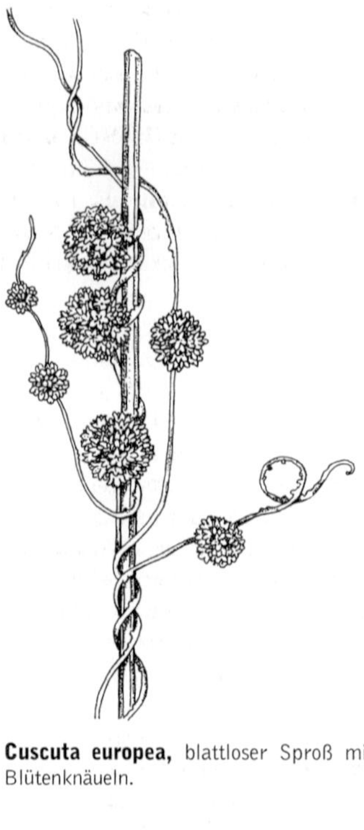

Cuscuta europea, blattloser Sproß mit Haustorien und Blütenknäueln.

Cuscuta major ↗ Cuscuta europaea.
Cuscuta vulgaris ↗ Cuscuta europaea.
Cusparia angustura ↗ Galipea officinalis.
Cusparia febrifuga ↗ Galipea officinalis.
Cusparia officinalis ↗ Galipea officinalis.
Cusparia trifoliata ↗ Galipea officinalis.
Cusso ↗ Hagenia abyssinica.
Cyamopsis psoraloides ↗ Cyamopsis tetragonoloba.

■ **Cyamopsis tetragonoloba** (L.) Taub.

(syn. *Cyanopsis psoraloides, Dolichos fabaeformis, D. psoraloides, Psoralea tetragonoloba, Lupinus trifoliatus*); Büschelbohne (syn. Guar, Indische Büschelbohne).

Fam.: Fabaceae (Leguminosae).

Heim.: Indien, kultiviert v. a. in Kalifornien und Brasilien.

Droge: ***Guar*** (syn Guarmehl, Guargummi), das Endosperm des Samens. Inh.: Guaran, ein Galactomannan (80 %), aufgebaut aus β-1,4-glykosidisch gebundenen Mannoseeinheiten, wobei an jedem zweiten Mannosebaustein Galactose α-1,6-glykosidisch verbunden ist; Protein (ca. 5 %). Wirk.: Guaran besitzt starkes Quellungsvermögen unter Ausbildung eines viskösen Hydrokolloids, das schwer verdaubar ist. Anw.: Füllstoff in Diätarzneimitteln zur Gewichtsreduzierung. Ebenfalls zur unterstützenden Diabetestherapie, indem die Absorption der Nahrungsstoffe verzögert und damit der postprandiale Anstieg der Blutglucosewerte gehemmt wird. Guargabe bedingt zudem eine geringe Senkung des Cholesterolspiegels im Serum und eine Verminderung der Lipoproteine mit geringerer Dichte (LDL). In der Lebensmittelindustrie und Technik ferner als Verdickungsmittel.

Cyanchum cordifolium ↗ Pergularia daemia.
Cyanchum extensum ↗ Pergularia daemia.
Cyani flos ↗ Centaurea cyanus.
Cyanobakterien ↗ Cyanophyta.
Cyanocobalamin ↗ Vitamine.

■ **cyanogene Glycoside**

Verbindungen, die aus einem α-Hydroxynitril (Cyanhydrin) und einem glykosidisch, in der Regel an dessen α-Hydroxygruppe gebundenem Glucoserest aufgebaut sind. Am Glucoserest können weitere Monosaccharide angeknüpft sein. Die cyanogenen Glykoside sind nichtflüchtig, gut wasserlöslich, ungiftig und werden durch verdünnte Säuren zunächst in freie Hydroxynitrile und Zucker gespalten. Die Hydroxynitrile ihrerseits zerfallen leicht in Aldehyde bzw. Ketone und Blausäure (HCN). In der Pflanze sind die cyanogenen Glykoside meist von Enzymgemischen aus β-Glucosidasen und einer Oxynitrilase begleitet, die den Zerfall in Zucker und HCN bzw. Cyanidionen beim Zerstören von Pflanzengewebe

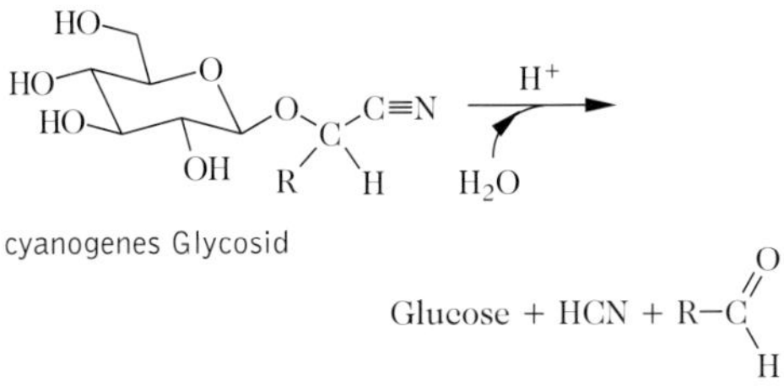

cyanogenes Glycosid

Aldehyd

katalysieren. Die freigesetzte Blausäure kann nach Komplexbildung mit Eisen(III)-Ionen Enzyme der Atmungskette blockieren und dadurch zum Tode durch Atemlähmung führen. Allerdings ist die Entgiftungskapazität des menschlichen Körpers durch Umwandlung in ungiftiges Rhodanid in der Regel so stark, daß es beim Genuß von Drogen mit cyanogenen Glykosiden zu keinen Schäden kommt. Lediglich die Samen von Quitten, Vogelbeeren, Pfirsichen, Pflaumen, Aprikosen, Kirschen sowie bittere Mandeln enthalten soviel Amygdalin (Mandelsäurenitril-β-D-gentiobiosid), daß der Verzehr größerer Mengen davon zu Vergiftungen führen kann. So sollen 60 Stück bittere Mandeln zum Tode führen, Pfirsichkerne wurden im alten Ägypten als Hinrichtungsgift benutzt und auch Aprikosenkerne führen zu toxischen Effekten.

■ Cyanophyta

(syn. Cyanobakterien, Blaualgen). Blaugrüne Mikroorganismen, die wie die Bakterien keinen echten Zellkern besitzen (Procaryoten), aber zur oxygenen Photosynthese befähigt sind, d. h. Sauerstoff freisetzen. Sie sind nahe mit den Eubakterien verwandt. Bisher sind ca. 2 000 Arten bekannt, die ubiquitär vorkommen. Sie bilden oft gallertartige Massen, fädige Überzüge, schleimige Krusten und sind als gefärbte Wasserblüten erkennbar. Zunehmend werden C. als Quelle potentieller Arzneistoffe untersucht. Viele C. induzieren bei Hautkontakt Allergien und toxische Reaktionen.

Cyanus arvensis ↗ Centaurea cyanus.
Cyanus segetum ↗ Centaurea cyanus.
Cyanus vulgaris ↗ Centaurea cyanus.
Cyathula prostata ↗ Achyranthes aspera.
Cyclamen europaeum ↗ Cyclamen purpurascens.

■ Cyclamen purpurascens Mill.

(syn. *Cyclamen europaeum*); Alpenveilchen (syn. Europäisches Alpenveilchen).

Fam.: Primulaceae.

Vork.: südliches Mitteleuropa.

Droge: ***Rhizoma Cyclaminis***; Alpenveilchenknollen (syn. Erdbrot, Saubrot). Inh.: Triterpensaponinkomplex von hoher hämolytischer Aktivität mit der Hauptkomponente Cyclamin (Formel s. u.), einem Monodesmosid mit Cyclamiretin A als Sapogenin und D-Glucose, D-Xylose und L-Arabinose als Monosaccharidbausteinen. Anw.: früher als Drastikum und Emmenagogum sowie bei Gicht und Rheuma. Geg.: Die Droge ist toxisch und kann bereits ab 0,3 g zu Erbrechen und Krämpfen führen.

Hom.: ***Cyclamen europaeum*** HAB1, die frischen, unterirdischen Teile. Anw.-Geb.: Kopfschmerzen, Migräne, verschiedene Regelstörungen, Verdauungsschwäche, Schnupfen, Rheumatismus, Verstimmungszustände.

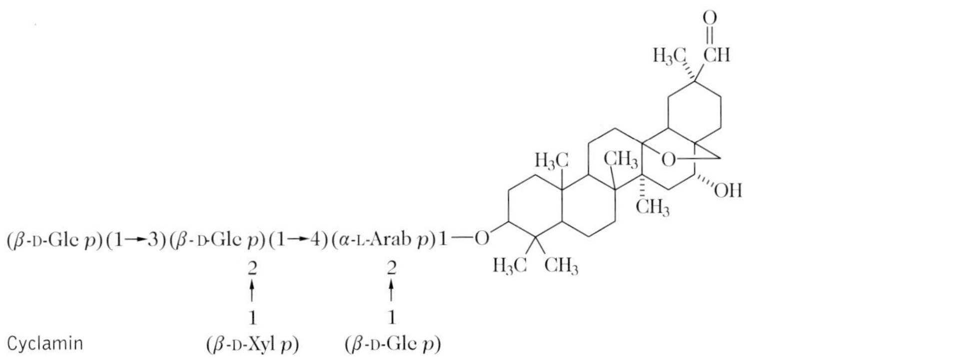

Cyclamin

Histor.: Der Gattungsname *Cyclamen* ist vom griechischen *kylos* (Scheibe) abgeleitet, wohl in Bezug auf die scheibenförmigen Wurzelknollen. Letztere waren bereits bei den alten Griechen und Römern als Heilmittel bekannt. So nennt sie z. B. ↗ Dioskurides als Emmenagogum und Abortivum, gegen Schlangenbiß, Augenkrankheiten, Podagra, Milzleiden und Mastdarmvorfall. Auch in den Kräuterbüchern des Mittelalters wird die Heilwirkung der Droge hervorgehoben und auf die Anwendung der „Alten" verwiesen.

■ **Cyclopia-Arten**

● **Fam.:** Fabaceae (Leguminosae).

● **Vork.:** Südafrika.

● **Cyclopia galioides** DC.

Droge: ***Herba Cyclopiae***; Honigtee, das Kraut. Inh.: äther. Öl, Cyclopin, Oxycyclopin, Flavonoide, Gerbstoffe. *Anw.*: in der traditionellen südafrikanischen Heilkunde bei Brustleiden sowie als Ersatz für Schwarzen Tee (↗ Camellia sinensis).

● **Cyclopia subternata** Vogel (syn. *Cyclopia vogelii*).

Droge, Inhaltsstoffe und Anwendung s. *Cyclopia galioides*.

● **Cyclopia genistoides** (Thunb.) R. Br.

Droge s. *Cyclopia galioides*. Inh.: äther. Öl (0,1 %), Gerbstoffe, Cyclopin, Oxycyclopin. *Anw.*: Ersatz für Schwarzen Tee (↗ Camellia sinensis).

Cydonia communis ↗ Cydonia oblonga.
Cydonia cydonis ↗ Cydonia oblonga.
Cydoniae fructus ↗ Cydonia oblonga.
Cydoniae semen ↗ Cydonia oblonga.
Cydonia lusitanica ↗ Cydonia oblonga.
Cydonia maliformis ↗ Cydonia oblonga.

■ **Cydonia oblonga** Mill.

(syn. *Cydonia communis, C. cydonis, C. lusitanica, C. maliformis, C. sumboshia, C. vulgaris, Pyrus cydonia, Sorbus cydonia)*; Quitte (syn. Quittenbaum).

Fam.: Rosaceae.

Heim.: Südwestasien, Südostarabien, heute kultiviert in Süd- und Mitteleuropa.

Drogen: ***1. Cydoniae fructus*** (syn. *Fructus Cydoniae*); Quittenfrüchte, die frische oder in Scheiben geschnittene getrocknete Frucht. *Inh.:* Kohlenhydrate (10 % Zucker komplexer Zusammensetzung, Pektine, Protopektin, Sorbit), org. Säuren, Vitamine (B_1, B_2, Niacin, C), äther. Öl (u. a. Terpenlactone wie (+)-trans-Marmelolacton und Derivate). *Anw.:* in der Volksheilkunde bei Hals-, Magen- und Lungenleiden, gegen Durchfälle und Blutspeien sowie mangelnde Menstruation. Die Wirksamkeit bei diesen Indikationen ist nicht ausreichend belegt. In der Galenik wird ein Quittenaroma aus den Fruchtschalen zur Aromatisierung von Arzneimitteln verwendet. Im Haushalt wird die Quitte zur Herstellung von Gelee und Kompott eingesetzt. ***2. Cydoniae semen*** (syn. *Semen Cydoniae*); Quittenkerne (syn. Küttenkerne, Quittensamen, Schleimkörner), die reifen getrockneten Samen. *Inh.:* Schleimstoffe (ca. 20 %, u. a. aus Cellulose und Glucuronoxylan mit hohem Anteil an Uronsäuregruppen), Amygdalin (0,4–1,5 %), Gerbstoffe, Proteine, fettes Öl, Vitamin C. *Anw.:* in der Volksheilkunde zur Herstellung eines Schleimes, der bei Husten, zu Umschlägen bei Verbrennungen, bei aufgesprungener und rissiger Haut und wunden Brustwarzen verwendet wird. Früher in der Galenik zur Herstellung von Suspensionen und Cremes. In der Technik seltener als Appreturmittel und in der Zeugdruckerei.

Histor.: Die Quitte war bei den Griechen und Römern sehr geschätzt und spielte wegen ihrer wohlschmeckenden Früchte bei den Schriftstellern der Antike eine Rolle. Durch das Capitulare Karls des Großen nördlich der Alpen verbreitet, war die Pflanze auch der Hildegard v. Bingen bekannt. Die medizinische Verwendung der schleimhaltigen Samen wurde erst durch die Araber in Europa bekannt.

Cydonia sinensis ↗ Chaenomeles sinensis.
Cydonia sumboshia ↗ Cydonia oblonga.
Cydonia vulgaris ↗ Cydonia oblonga.
Cylindrocarpum lucidum ↗ Ciclosporine.
Cymarin ↗ Herzwirksame Glykoside.

■ **Cymbopogon-Arten**

● **Fam.:** Graminaceae.

● **Cymbopogon citratus** (DC.) Stapf (syn. *Andropogon ceriferus, A. citratus, A. citriodorum, A. roxburghii, A. schoenanthus*); Lemongras, s. Farbtafel S. 299, Bild 109.

Vork.: in den Tropen weltweit kultiviert, v. a. Südasien.

Drogen: ***1. Cymbopogon-citratus-Blätter***; Zitronengras (syn. Sereh-Gras), die getrockneten oberirdischen Teile. *Inh.*: äther. Öl (0,2–0,4 %), Triterpene (Cymbopogon, Cymbopogonol), Flavonoide (u. a. Luteolin und seine Glykoside). *Anw.*: in der indischen Volksheilkunde bei Appetitlosigkeit, Magen-Darm-Beschwerden und Flatulenz. In Brasilien auch bei nervöser Unruhe und Fieber. Im Hauhalt wird die Droge in Ostasien als Gewürz für Fleischgerichte genutzt. ***2. Cymbopogonis citrati aetheroleum*** (syn. *Oleum Andropogonis citrati*); Lemongrasöl, das äther. Öl aus dem frischen oder teilweise angetrock-

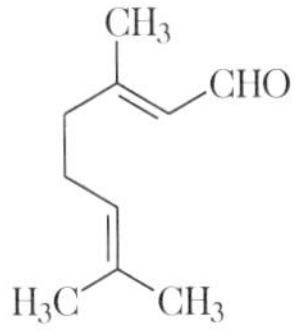

Citral a

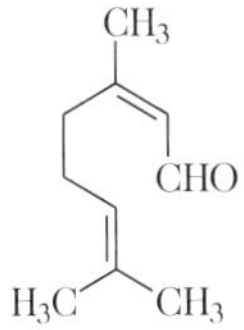

Citral b

neten Kraut. *Inh.*: Citral (65–86 %), Myrcen (12–20 %), Alkohole, Ketone. *Anw.*: in der Volksheilkunde bei krampfartigen Schmerzen im Magen-Darm-Bereich, in Indien auch bei Brechdurchfällen und Cholera. Äußerlich als hyperämisierendes Mittel bei Rheuma, Lumbago, Neuralgien und Verstauchungen.

● **Cymbopogon densiflorus** Stapf; Zitronengras.

Vork.: tropische Zonen Afrikas und Asiens.

Anw.: Die Medizinmänner in Tanganjika rauchen einen Extrakt aus den Blüten zusammen mit Tabak zur Induktion prophetischer Träume. In der traditionellen Medizin werden Blätter und Wurzelstock als Stärkungsmittel und zur Blutstillung eingesetzt. Das äther. Öl besitzt antibakterielle Eigenschaften, bes. gegen *Staphylococcus aureus*.

● **Cymbopogon martinii** (Roxb.) J. F. Wats. (syn. *Andropogon martinii*); Gingergras.

● **Cymbopogon nardus** (L.) Rendle (syn. *Andropogon nardus*).

● **Cymbopogon winterianus** Jowitt.; Citronellgras (syn. Zitronellgras).

Vork.: Sri Lanka, heute überall in den Tropen kultiviert.

Droge: ***Citronellae aetheroleum*** (syn. *Aetheroleum Citronellae, Cymbopogonis winteriani aetheroleum, Oleum Citronellae, Oleum Citronellae javanicum, Oleum Melissae indicum*); Citronellöl (syn. Ätherisches Citronellöl, *Cymbopogon-winterianus*-Krautöl, Ostindisches Melissenöl), das äther. Öl aus den oberirdischen Pflanzenteilen. *Inh.*: abhängig vom Anbaugebiet u. a. Citronellal (32–45 %), Geraniol (12–18 %), Citronellol (11–15 %), Geranylacetat, Citronellylacetat. *Anw.*: bei innerer Unruhe und nervösen Befindlichkeitsstörungen ohne organische Ursache (Aromatherapie). In der Kosmetik ist die Droge ein beliebter Zusatz zu Seifen und wird auch als Insektenabwehrmittel eingesetzt.

Cymbopogonis citrati aetheroleum ↗ Cymbopogon-Arten.

Cymbopogonis winteriani aetheroleum ↗ Cymbopogon-Arten.

Cymbopogon jwarancusa ↗ Vetiveria zizanioides.

Cyminon longeivolucellatum ↗ Cuminum cyminum.

Cynanchum vincetoxicum ↗ Vincetoxicum hirundinaria.

Cynapium vulgare ↗ Aethusa cynapium.

Cynara cardunculus ↗ Cynara scolymus.

Cynarae folium ↗ Cynara scolymus.

■ **Cynara scolymus** L.

(syn. *Cynara cardunculus*); Artischocke (syn. Französische Artischocke, Grüne Artischocke, Kugelartischocke), s. Farbtafel S. 299, Bild 110.

Fam.: Asteraceae (Compositae).

Vork.: heim. vermutlich in Äthiopien, Gemüsekulturen in Mittelmeergebieten, Blattkulturen in Mitteleuropa.

Droge: ***Cynarae folium*** (syn. *Folia Cynarae*); Artischockenblätter, die frischen oder getrockneten Laubblätter. *Inh.*: drei Gruppen. a) Sesquiterpen-Bitterstoffe (0,5–5 %), v. a. das Guajanolid ↗ Cynaropikrin. b) Caffeoylchinasäuren, bes. ↗ Chlorogensäure und Cynarin, eine 1,5-Di-*O*-caf-

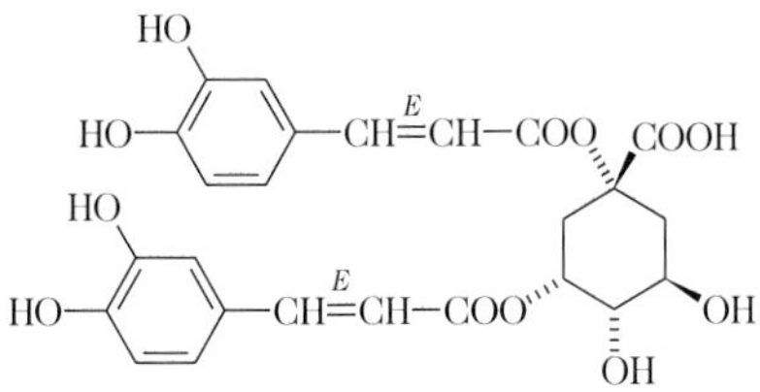

Cynarin

feoyl-D-chinasäure, gebildet als Artefakt bei der Bereitung des wässrigen Extraktes in der Wärme durch Umesterung aus 1,3-Di-*O*-caffeoylchinasäure.

c) Flavonoide vom Luteolin-Typ. Wirk.: Auszüge der Droge wirken cholagog, hepatoprotektiv und lipidsenkend. Anw.: Mono- und Kombinationspräparate der Droge kommen insbes. bei dyspeptischen Beschwerden, bedingt durch verminderte Gallesekretion, zum Einsatz. Geg.: Verschluß der Gallenwege. Von Gemüsekulturen nutzt man die fleischigen Blätter und den Blütenboden als delikates Gemüse.

Hom.: ***Cynara scolymus*** HAB; Artischocke, die frischen, zur Blütezeit geernteten, oberirdischen Pflanzenteile. Anw.-Geb.: chronische Leber-Galle-Störungen.

■ Cynaropikrin

Sesquiterpenlacton (Guajanolidtyp), Bitterstoff aus der Artischocke (↗ *Cynara scolymus*).

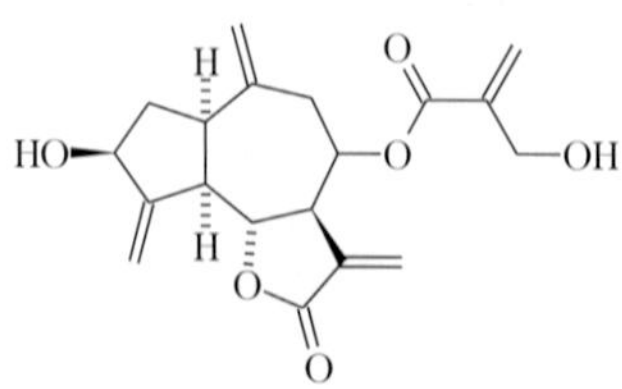

Cynaropikrin

Cynodon donax ↗ Arundo donax.
Cynoglossi radix ↗ Cynoglossum officinale.
Cynoglossum clandestinum ↗ Cynoglossum officinale.

■ Cynoglossum officinale L.

(syn. *Cynoglossum clandestinum*). Hundszunge, s. Farbtafel S. 299, Bild 111.

Fam.: Boraginaceae.

Vork.: gemäßigte Zonen Europas, Asiens und Amerikas.

Droge: ***Cynoglossi radix*** (syn. *Radix Cynoglossi*); Hundszungenwurzel. Inh.: Pyrrolizidinalkaloide (0,7–1,5 %), ferner Cynoglossin, Consolidin und Allantoin, Gerbstoffe sowie Schleimstoffe und Fructane. Anw.: volkstümlich innerlich und äußerlich als Antineuralgikum sowie äußerlich als Wundheilmittel. Geg.: Wegen der Toxizität der enthaltenen Pyrrolizidinalkaloide sollte die Droge therapeutisch nicht genutzt werden.

■ Cynomorium coccineum L.

Fam.: Cynomoriaceae.

Vork.: Mittelmeergebiete, Vorder- und Zentralasien, China, Innere Mongolei.

Droge: die ganze Pflanze. Inh.: Gerbstoffe, Naphthochinone, die Samen fettes Öl und Proteine. Anw.: in der Volksheilkunde bei Koliken, als Tonikum, Purgans, bei Nierenleiden. Früher wurde der rote Saft der Stengel als *Fungus Melitensis* oder „Malteserschwamm" als Adstringens und Blustillungsmittel eingesetzt. In China gilt die Wurzel als Aphrodisiakum für Frauen.

Cynosbati fructus ↗ Rosa canina.
Cynosbati fructus cum semine ↗ Rosa canina.
Cynosbati fructus sine semine ↗ Rosa canina.
Cynosbati semen ↗ Rosa canina.
Cyperus aureus ↗ Cyperus esculentus.
Cyperus comosus ↗ Cyperus rotundus.

■ Cyperus esculentus L.

(syn. *Cyperus aureus*); Erdmandel.

Fam.: Cyperaceae.

Vork.: Mittelmeergebiete, Nordafrika, besonders Ägypten; Asien, Amerika, besonders Mexiko und Brasilien, häufig auch kultiviert.

Droge: ***1. Bulbuli Trasi*** (syn. *Radix Cyperi esculenti)*; Erdmandeln (syn. Tigernüsse, Zulunüsse, Grasmandeln), die Knollen. Inh.: Stärke (25–30 %), Saccharose (12–23 %), fettes Öl (20–29 %), Vitamine A, E und F; Enzyme. Anw.: als Diätetikum, als Mandelersatz in der Nahrungsmittelindustrie, zur Gewinnung des fetten Öls und der Erdmandelmilch. ***2. Oleum Cyperi esculenti***; Erdmandelöl, das fette Öl der Knollen. Inh.: nichttrocknendes Öl, Glyceride der Palmitinsäure (12 %), Stearinsäure (67 %), Linolsäure (15 %), Arachinsäure (0,5 %) und Lignocerinsäure (0,3 %). Anw.: hochwertiges Speiseöl, zur Herstellung von Seifen; Schmiermittel in der Feinmechanik.

Cyperus pertenuis ↗ Cyperus scariosus.

■ Cyperus rotundus L.

(syn. *Cyperus comosus*); Knolliges Zyperngras (syn. Nußgras).

Fam.: Cyperaceae.

Vork.: Mittelmeergebiete, Sudan, Südafrika, Asien.

Droge: die Knollen. Inh.: äther. Öl, Alkaloide, herzwirksame Glykoside, Flavonoide, Polyphenole, Zucker, Stärke, Harz. Anw.: in der Volksheilkunde als Diuretikum, Diaphoretikum und Carminativum.

■ **Cyperus scariosus** R. Br.
(syn. *Cyperus pertenuis*).
Fam.: Cyperaceae.
Vork.: Vorderindien.
Droge: die Rhizome. Inh.: äther. Öl mit Sesquiterpenen; Scariodion, Rotunden, Rotundenol. Anw.: als Aromatikum und Stomachikum. Das äther. Öl dient auch als Ersatz für echtes Patchouliöl (↗ *Pogostemon cablin*).

Cypripedii rhizoma ↗ Cypripedium calceolus var. pubescens.
Cypripedium calceolus ↗ Cypripedium calceolus var. pubescens.

■ **Cypripedium calceolus var. pubescens** L.
(syn. *Cypripedium calceolus, C. luteum*); Amerikanischer Frauenschuh (syn. Frauenschuh).
Fam.: Orchidaceae.
Vork.: Nordamerika. Die Pflanze unterliegt dem Artenschutzabkommen, der Handel ist verboten.
Droge: ***Cypripedii rhizoma*** (syn. *Radix Cypripedii, Rhizoma Cypripedii*); Frauenschuhwurzelstock (syn. Amerikanische Frauenschuhwurzel, Frauenschuhwurzel, Gelbfrauenschuhwurzel, Nervenwurzel), die getrockneten Rhizome und Wurzeln. Inh.: bisher nicht untersucht. Anw.: in der Volksheilkunde bei Schlaflosigkeit, Erregungszuständen und emotionalen Spannungen.
Hom.: ***Cypripedium calceolus var. pubescens*** HAB1, die frischen, im Herbst geernteten unterirdischen Teile. Anw.-Geb.: Schlaflosigkeit.

Cypripedium luteum ↗ Cypripedium calceolus var. pubescens.

■ **Cystein**
(syn. Cysteinum). *β*-Mercaptoalanin, schwefelhaltige, proteinogene Aminosäure mit zentraler Bedeutung im Stoffwechsel (Formel s. rechts oben). C. wird leicht zu Cystin (Cysteindisulfid) oxidiert.

■ **Cytinus hypocystis** L.
Zistrosenwürger.
Fam.: Rafflesiaceae.
Vork.: Mittelmeergebiete, Asien.
Droge: die ganze Pflanze. Inh.: Gerbstoffe, Gallussäure, Isoterchebin (gelber Farbstoff). Anw.: in der Volksheilkunde als Adstringens und Tonikum. Der adstringierende Saft war im Mittelalter als *Succus Hypocystidis* ein bekanntes Arzneimittel gegen Ruhr und Durchfallerkrankungen.

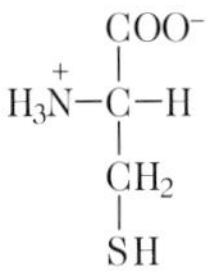

Cystein (zwitterionische Form)

■ **Cytisin**
giftiges Chinolizidinalkaloid aus verschiedenen Fabaceen. Wirk.: C. wirkt ähnlich wie Nicotin als Ganglienblocker. Dabei kommt es zunächst zu einer Erregung, die von einer Lähmung des ZNS gefolgt wird. Vergiftungserscheinungen sind u. a. Erbrechen, Halluzinationen, Krämpfe und Bewußtlosigkeit. Der Tod tritt durch Atemlähmung ein.

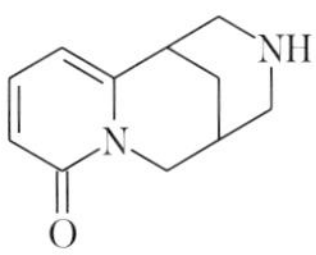

Cytisin

Cytisi scoparii flos ↗ Cytisus scoparius.
Cytisi scoparii herba ↗ Cytisus scoparius.
Cytisi scoparii radix ↗ Cytisus scoparius.
Cytisus attleyanus ↗ Cytisus canariensis.

■ **Cytisus canariensis** (L.) O. Kuntze
(syn. *Cytisus ramosissimus, C. attleyanus*); Kanarischer Ginster (syn. Genista).
Fam.: Fabaceae.
Heim.: Kanarische Inseln.
Vork.: Südeuropa, Nordafrika, Atlantische Inseln, Mexiko.
Inh.: u. a. ↗ Cytisin. Anw.: Die Samen der Pflanze sind ein beliebtes Heilmittel der Yaqui-Medizinmänner in Nordmexiko. In magischen Zeremonien wird die Droge als Halluzinogen genutzt. Die beobachteten Bewußtseinstrübungen sind als Ausdruck der toxischen Effekte des Cytisins zu werten, da die Droge sonst keine halluzinogenen Bestandteile enthält.

Cytisus germanicus ↗ Genista germanica.
Cytisus laburnum ↗ Laburnum anagyroides.
Cytisus ramosissimus ↗ Cytisus canariensis.

■ **Cytisus scoparius** (L.) Link.
(syn. *Genista angulata, G. glabra, G. hirsuta, G. scoparia, G. scoparius, G. vulgaris, Sarothamnus ericetorum, S. obtusatus, S. scoparius, S. vulgaris, Spartium angulosum, S. glabrum, S. scoparium*); Besenginster (syn. Bram, Besenpfriem, Besenstrauch, Pfriemenstrauch), s. Farbtafel 299, Bild 112.

Fam.: Fabaceae.

Vork.: Europa, Nordafrika, Kanaren, eingebürgert in Amerika, Japan, Südafrika.

Drogen: *1.* ***Cytisi scoparii flos*** (syn. Flores Genistae, Flores Genistae scoparii, Flores Spartii scoparii, Flos Genistae scopariae, Sarothamni scoparii flos); Besenginsterblüten (syn. Ginsterblüten, Pfriemenblüten), die getrockneten, abgestreiften Blüten. Inh.: Chinolizidinalkaloide (1–2 %, v. a. (–)-Spartein, 17-Oxospartein, (+)-Lupanin), Tyramin, Scoparin (8-C-Glykosylchryseriol). Anw.: in der Volksheilkunde bei Wasseransammlungen, Rheuma, Gicht, Nierensteinen,

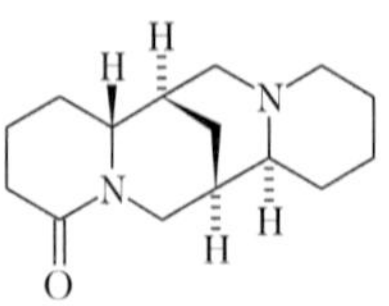
(+)-Lupanin

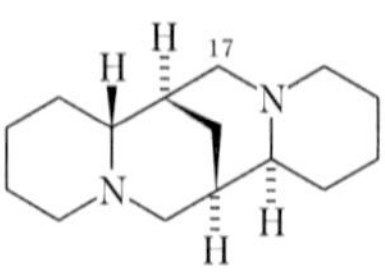
(–)-Spartein

Gelbsucht, Leberleiden und zur Blutreinigung. Da kein gesichertes medizinisches Wissen über die Verwendung der Droge existiert, wird deren alleiniger Gebrauch nicht empfohlen. Als Bestandteil von Kombinationspräparaten ist die Droge in Zubereitung für die Indikationsgebiete Herz-Kreislauf-System und Nierenerkrankungen enthalten. *2.* ***Cytisi scoparii herba*** (syn. *Herba Genistae scopariae, Herba Sarothamni scoparii, Herba Spartii scoparii, Sarothamni scoparii herba, Scoparii cacumina, Scoparium, Summitates Scoparii, Summitates Scoparii Genistae*); Besenginsterkraut (syn. Besenstrauch, Ginsterkraut), die getrockneten, besonders im Frühjahr und Spätherbst gesammelten oberirdischen Teile. Die Droge ist apothekenpflichtig. *Inh.:* Chinolizidinalkaloide (0,5–1,6 %, v. a. (–)-Spartein, 11,12-Dehydrospartein, 17-Oxospartein, Lupanin), Phenylalaninderivate (u. a. Tyrosin, Tyramin, Epinin, Dopamin, Methyloxytyramin), Flavonoide (0,2–0,6 %, u. a. Spiraeosid, Isoquercitrin, Quercetin- und Kämpferolglykoside, C-Glykosyle des Apigenins und Luteolins, Scoparin), Isoflavone (Sarothamnosid, ↗ Genistein). *Anw.:* bei funktionellen Herz- und Kreislaufbeschwerden, zur Unterstützung der Therapie bei Hypotonie und Kreislaufregulationsstörungen. In der Volksheilkunde wird ein Dekokt eingesetzt bei Ödemen, zur Diurese, bei Herzbeschwerden und niedrigem Blutdruck, bei zu starker Menstruation und Blutungen nach der Geburt sowie bei Gicht, Rheuma, Ischias, Gallen- und Harnsteinen, Gelbsucht, Bronchialerkrankungen. *3.* ***Cytisi scoparii radix*** (syn. *Radix Genistae scopariae, Radix Genistae scoparii, Radix Sarothamni scoparii, Radix Spartii scoparii, Sarothamni scoparii radix*); Besenginsterwurzel (syn. Ginsterwurzel), die getrocknete Pfahlwurzel mit Nebenwurzeln. *Inh.:* Chinolozidinalkaloide (0,002 %, u. a. (–)-Spartein, Lupanin, 13-Hydroxylupanin und Nebenalkaloide). *Anw.:* in der Volksheilkunde bei vergrößerter Milz, Gelbsucht, Rheuma und anderen Leiden.

Hom.: ***Cytisus scoparius*** (syn. *Spartium scoparium*) HAB1, die frischen, abgestreiften Blüten zusammen mit den bei der Blütenernte anfallenden Blättern, jedoch ohne Zweigspitzen. *Anw.-Geb.:* Herzinsuffizienz, Herzmuskelschwäche.

Cytisus tinctorius ↗ Genista tinctoria.

■ **Cytokine**
Klasse von Polypeptiden, die Einfluß auf die Funktionen von Immunzellen nehmen. Sie regulieren Dauer und Intensität der Immunantwort, indem sie die Proliferation, Reifung, Motilität, Phagozytoseaktivität und den Differenzierungszustand von Blutzellen sowie deren Vorläuferzellen beeinflussen bzw. die Produktion und Freisetzung biologisch wichtiger Mediatorstoffe steuern. Nach Bindung an spezifische Rezeptoren kommt es zur Hemmung oder Aktivierung der Genexpression bestimmter Proteine in den Zielzellen. Jedes C. besitzt pleiotrope regulatorische Aktivität. Die Mehrzahl der C. interagiert untereinander oder reguliert die Freisetzung anderer C. Zu den C. rechnet man die von Lymphozyten produzierten Lymphokine, die von Monozyten gebildeten Monokine, die Interleukine,

die Interferone und die Kolonie-stimulierenden Faktoren. Sie weisen eine relative Molekülmasse von < 80 000 auf, sind oft glykosyliert (Glykoproteine) und zeigen parakrine bzw. autokrine Wirkungen im Bereich von picomolaren Konzentration.

Cyttorium dioicum ↗ Antennaria dioica.

D

DAB ↗ Deutsches Arzneibuch.
DAC ↗ Deutscher Arzneimittel-Codex.
Dach-Hauswurz ↗ Sempervivum tectorum.
Dacryodes hexandra ↗ Bursera-Arten.

■ **Dactinomycin**
(syn. Actinomycin D oder C_1, Meractinomycin). Heteromeres Peptid aus der Gruppe der Peptidlactonantibiotika. Es wird u. a. von *Actinomyces*

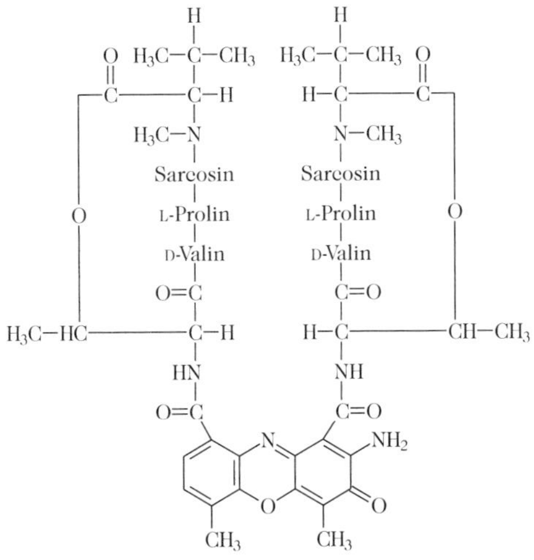

Dactinomycin

antibioticus gebildet und ist in der Lage, im DNA-Doppelstrang zwischen die Basenpaare Guanin-Cytosin zu interkalieren. Anw.: D. wird hauptsächlich als Zytostatikum bei Wilms-Tumoren, Rhabdomyosarkom, Tumore des Hodens und des Uterus eingesetzt. Der Einsatz ist trotz der schweren Nebenwirkungen (u. a. Blutbildveränderungen, Erbrechen, Ekzeme) gerechtfertigt.

Dactyli ↗ Phoenix dactylifera.

■ **Dactylis glomerata** L.
Knaulgras.
Fam.: Gramineae.
Vork.: Mitteleuropa.
Droge: ***Fructus Dactyli***; Knaulgrasfrüchte, die reifen Früchte. Inh.: Stärke, Proteine, fettes Öl. Anw.: Nähr- und Futtermittel.

Dactylophyllum anserina ↗ Potentilla anserina.

■ **Dactylopius coccus** Costa
(syn. *Coccus cacti, Dactylopius tomentosus, Pseudococcus cacti*); Kaktus-Schildlaus (syn. Cochenille-Laus, Cochenille-Schildlaus).
Fam.: Coccidae.
Vork.: heimisch in Zentralamerika, heute auch in Algerien und Spanien gezüchtet.
Droge: das getrocknete weibliche Insekt wird als ***Cochenille*** (syn. Alkermeskörner, Coccionella) bezeichnet. Inh.: ↗ Carminsäure bzw. Carminrot (ca. 10 %) Neocarminsäure, Fett, Fettsäuren, Wachs (Coccerin) und Myristicin. Anw.: in der Nahrungsindustrie als Lebensmittelfarbstoff, in der Kosmetik zur Herstellung von Lippenstiften, Schminken und Mundwässern, in der Textilindustrie zum Färben von Seide und Wolle, in der Farbenindustrie zur Herstellung von Tinten, Lacken und Farben.
Hom.: ***Coccus cacti***; Cochenillelaus, die ganzen weiblichen Tiere. Anw.-Geb.: bei Blasen- und Nierenleiden, bei Reizhusten, Entzündungen des Nasen-Rachen-Raumes und der Atemwege, Gebärmutterblutungen.

Dactylopius tomentosus ↗ Dactylopius coccus.
Dactylorhiza maculata ↗ Orchis-Arten.
Daemia aethiopica ↗ Pergularia daemia.
Daemia angolensis ↗ Pergularia daemia.

Daemia cordifolia ↗ Pergularia daemia.
Daemia extensa ↗ Pergularia daemia.

■ **Daemonorops draco** Bl.
(syn. *Calamus draco*); Drachenblutpalme.
Fam.: Palmae.
Vork.: Ostindien, Sumatra, Borneo, Molukken, Sundaiinseln.
Droge: ***Sanguis draconis*** (syn. *Gummi Sangius draconis, Resina Draconis*); Drachenblut (syn. Rotangharz, Indisches Drachenblut, Palmendrachenblut, Dragons Blood), das Farbharz der Frucht. Die Droge wird in Form von Stangen, Körnern oder zwiebelförmigen Gebilden gehandelt. *Inh.:* rotes Harz mit Benzoesäureester des Dracoresinotannols (Dracoresen 12–15 %, Dracoalban 2–3 %). *Anw.:* zur Herstellung von Pflastern, zum Färben von Kosmetika, in der Technik zur Herstellung von roten Beizen und Lakken (u. a. Geigenlacke, Firnisse, Möbelpolituren).

Dahlia coccinea ↗ Dahlia pinnata.

■ **Dahlia pinnata** Cav.
(syn. *Dahlia variabilis, D. rosea, D. coccinea, Georgina coccinea*); Dahlie.
Fam.: Asteraceae (Compositae).
Vork.: Mittelamerika, fast weltweit als Zierpflanze kultiviert.
Droge: die Wurzelknollen. *Inh.:* Inulin, Trigonellin, Polyine. *Anw.:* zur Gewinnung von ↗ Inulin bzw. in Mexiko als Nahrungsmittel. In der Volkheilkunde wird die ganze Pflanze als Tonikum, Diuretikum und Diaphoretikum eingesetzt.

Dahlia rosea ↗ Dahlia pinnata.
Dahlia variabilis ↗ Dahlia pinnata.
Dahlie ↗ Dahlia pinnata.

■ **Dalbergia arborea**.
Fam.: Fabaceae (Leguminosae).
Vork.: Ostindien, Sri Lanka, Malakka.
Droge: ***Pongamöl*** (syn. Hongayöl), das fette Öl der Samen. *Inh.:* Triglyceride mit Ölsäure (ca. 61 %), Linolsäure (ca. 10 %), Palmitinsäure (ca. 10 %), ferner Myristin-, Stearin- und Arachinsäure als Fettsäurekomponenten. *Anw.:* in Indien als Brennöl bzw. in der Volksheilkunde bei Hauterkrankungen; zur Herstellung von Seifen und Kerzen.

Dalmatiner-Salbei ↗ Salvia-Arten.
Dalmatinische Insektenblume ↗ Chrysanthemum-Arten.
Damaszener Rose ↗ Rosa x damascena.
Damaszener Schwarzkümmel ↗ Nigella damascena.
Damiana ↗Turnera diffusa.
Damianablätter ↗ Turnera diffusa.
Damianiblätter ↗ Turnera diffusa.
Damiani folium ↗ Turnera diffusa.
Dammar ↗ Agathis-Arten.
Dammara ↗ Shorea wiesneri.
Dammara alba ↗ Agathis-Arten.
Dammara australis ↗ Agathis-Arten.
Dammarabaum ↗ Agathis-Arten, ↗ Shorea wiesneri.
Dammara orientalis ↗ Agathis-Arten.
Dammarharz ↗ Shorea wiesneri.

■ **Damnacanthus indicus** Gaertn.
sowie die var. *microphyllus*.
Fam.: Rubiaceae.
Vork.: China.
Droge: die Wurzeln. *Inh.:* Anthrachinone, wie Damnacanthol, Damnacanthal, Juzunol, Juzunal. *Anw.:* in der chinesischen Volksheilkunde zur Behandlung von Rheuma, Hämorrhoiden und Kopfschmerzen.

Daniella oliveri ↗ Paradaniella oliveri.
Daniella thurifera ↗ Paradaniella oliveri.
Dänischer Agar ↗ Furcellaria fastigiata.
Dannebloom ↗ Chrysanthemum-Arten.
Daoen hoeni ↗ Antidesma bunius.
Daphne albiflora ↗ Daphne mezereum.

■ **Daphne cannabina** Lour.
(syn. *Capura purpurata, Daphne indica, D. foetida, Diplomorpha viridiflora, Wikstroemia fosterii, W. indica, W. candolleana, W. ovata, W. purpurata, W. viridiflora*).
Fam.: Thymelaeaceae.
Vork.: China, Philippinen.
Droge: die ganze Pflanze. *Inh.:* Die Rinde enthält Daphnoretin, β-Sitosterol, die Blätter Tarexeron, Flavonoide, Polysaccharide.
Hom.: ***Daphne cannabina*** HAB34; die frische Rinde. *Anw.-Geb.:* Rheumatismus, Magenschmerzen, juckende Hautausschläge.

Daphne florida ↗ Daphne mezereum.

Daphne foetida ↗ Daphne cannabina.
Daphne houtteana ↗ Daphne mezereum.
Daphne indica ↗ Daphne cannabina.
Daphne lateriflora ↗ Daphne mezereum.
Daphne liettardi ↗ Daphne mezereum.

■ **Daphne mezereum** L.
(syn. *Daphne albiflora, D. florida, D. houtteana, D. lateriflora, D. liettardi, Thymelaea praecox, Thymelaea mezereum*); Seidelbast (syn. Kellerhals, Zilander).

Fam.: Thymelaeaceae.

Vork.: *Europa*, Westasien, Kanada.

Drogen: ***1. Mezerei cortex*** (syn. *Cortex Coccognidii, Cortex Mezerei, Cortex Thymeliaceae, Cortex Thymeliaceae monspeliaceae*); Seidelbastrinde (syn. Kellerhalsrinde, Pfefferbaumrinde, Wolfsbast, Zeilandrinde, Zeidelbast), die getrocknete Rinde der Stämme und dickeren Zweige. *Inh.*: Cumarine und Cumaringlykoside (0,65–0,85 %), u. a. Daphnetin, Umbelliferon und Daphnin, ferner Phenolglucoside, u. a. Daphnosid sowie Diterpenester, bes. Daphnetoxin. *Anw.*: früher volkstümlich innerlich bei Verstopfung, Gicht, Keuchhusten und Magenbeschwerden, äußerlich bei rheumatischen Beschwerden, Gicht, Hautleiden sowie als blasenziehendes Mittel. Infolge Vergiftungsgefahr ist die Anwendung heute auf die Homöopathie beschränkt. ***2. Mezerei fructus*** (syn. *Baccae* bzw. *Semen Mezerei, Crana Mezerei, Cocca Gnidii, Fructus* bzw. *Semen Coccognidii, Fructus Mezerei, Grans Gnidii, Piper germanicum*); Seidelbastfrüchte (syn. Deutscher Pfeffer, Kellerhalsbeeren), die meist getrockneten Früchte. *Inh.*: Cumarine, u. a. Daphnoretin und dessen Glucosid Daphnorin sowie Diterpenester, bes. Mezerein (0,04 %, getrocknete Früchte). *Wirk.*: im Test an Mäusen antileukämisch gegen P-388-Leukämie. *Anw.*: früher als Brechmittel, bei Verstopfung sowie äußerlich in Pflastern und Salben bei Gicht, Rheuma und Hautleiden. Im Haushalt ferner als Gewürz, u. a. auch zum Scharfmachen des Essigs. *Geg.*: Vergiftungsgefahr.

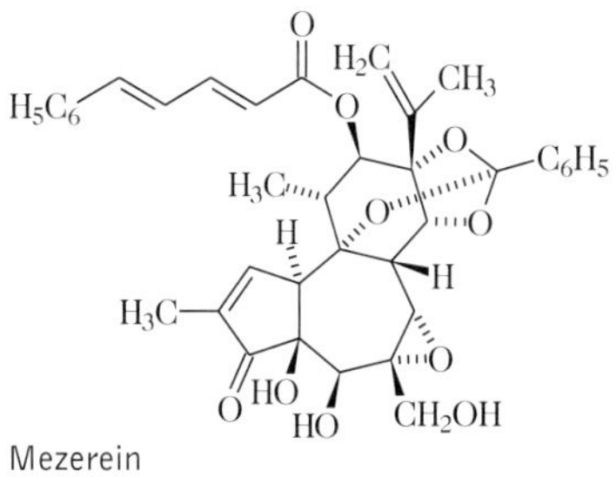

Mezerein

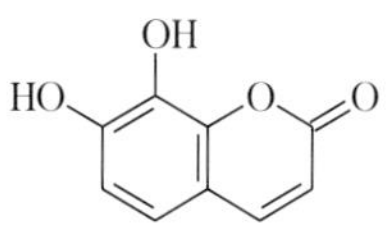

Daphnetin

Hom.: ***Daphne mezereum*** HAB1, die frische, vor Beginn der Blütezeit gesammelte Zweigrinde. *Anw.-Geb.*: Verdauungsstörungen, juckende Hautbeschwerden, u. a. Gürtelrose und Hauteiterungen, rheumatische Schmerzzustände.

Histor.: Den Gattungsnamen *Daphne* gebrauchten die alten Griechen für den Lorbeerbaum, *Laurus nobilis*. Auch in der griechischen Mythologie findet sich der Name als Bezeichnung der Tochter des Flußgottes Peneus, die in einen Lorbeerkranz verwandelt wurde. Wegen der glänzenden Blätter und der Ähnlichkeit mit *Laurus nobilis* übertrug später Linnè den Namen auf den Seidelbast. Seidel ist eine Umbildung aus dem altdeutschen Wort *zidal* für Biene, weil angeblich von Bienen bevorzugt; bast, da die Rinde blasenverursachende Wirkung besitzt. Die Bezeichnung Kälberhals soll damit zusammenhängen, daß man früher in einigen Gebieten die Ruten Kälbern um den Hals gebunden hat, um Läuse zu vertreiben. Der Name *mezereum* ist aus dem Persischen abgeleitet und wird mit „tödlich" in Beziehung gebracht. Die Nutzung als Heilpflanze bereits im Altertum ist auf ihre scharfschmeckenden und hautreizenden Eigenschaften zurückzuführen.

Darmglöckel ↗ Linum catharticum.
Darmwurz ↗ Inula helenium.

■ **Darwinia fascicularis**.

Fam.: Myrtaceae.

Vork.: Asien.

Droge: ***Oleum Darwiniae aethereum***, das äther. Öl der Pflanze. *Inh.:* komplexe Mischung mit Geranylacetat (57–65 %) als Hauptkomponente. *Anw.:* Ausgangsstoff für die Parfümherstellung und Seifenfabrikation.

Dasystephana asclepiadea ↗ Gentiana-Arten.

■ **Datisca cannabina** L.
Scheinhanf (syn. Streichkraut).

Fam.: Datiscaceae.

Vork.: Südfrankreich, Kreta, Kleinasien, Kaschmir, Nepal.

Droge: ***Alkabir***; Gelbe Hanfwurzel, die getrocknete Wurzel. *Inh.:* u. a. Datiscin (gelber Farbstoff) und Abbauprodukt Datiscetin (Tetrahydroxyflavon). *Anw.:* in der Volksheilkunde bei Diabetes und Infektionen. Die Wirksamkeit ist nicht belegt. In der Technik zum Färben von Seide (Indien)

Hom.: ***Datisca cannabina*** HAB1, das frische Kraut. *Anw.-Geb.:* Stoffwechselstörungen.

Dattelkernöl ↗ Phoenix dactylifera.
Datteln ↗ Phoenix dactylifera.
Dattelpalme ↗ Phoenix dactylifera.
Dattelpflaume ↗ Diospyros-Arten.
Datura arborea ↗ Datura-Arten.

■ **Datura-Arten**

● **Fam.:** Solanaceae.

● **Datura arborea** L. (syn. *Brugmansia arborea. Brugmansia candida*); Großer Stechapfel.

Vork.: Südamerika, Indien, USA.

Inh.: Alkaloide (0,2–0,4 %, v. a. Hyoscyamin, Scopolamin, Atropin, Tropin, Pseudotropin), Scopoletin. *Anw.:* in der Volksheilkunde Brasiliens wird das Kraut zu Kataplasmen verwendet, die Eingeborenen in Südamerika bereiten aus der Droge den berauschenden „Tonga"-Trank.

Hom.: ***Datura arborea*** HAB34, die frischen Blüten. *Anw.-Geb.:* Kopfschmerzen.

● **Datura innoxia** Mill (syn. *Datura guayaquilensis, D. meteloides*).

Vork.: Mexiko, Westindien, Südamerika.

Droge: ***Daturae innoxiae herba***, die getrockneten, Blätter und Blüten tragenden Zweigspitzen. *Inh.:* Alkaloide (0,05–0,5 %, v. a. Scopolamin, Hyoscyamin, Tyramin, Meteloidin). *Anw.:* in der asiatischen, südamerikanischen und nordafrikanischen Volksheilkunde bei medizinischen Eingriffen (Narkose) verwendet, bei Husten, Asthma, Schmerzen, Rheuma und psychischen Erkrankungen sowie als Bestandteil von Rauschmitteln für kultische Handlungen.

● **Datura metel** L. (syn. *Datura alba, D. hummatu, D. nilhummatu, Stramonium fastuosa*); Dutra.

Vork.: weltweit in tropischen und subtropischen Gebieten, v. a. in Afrika und Asien. Kultiviert u. a. in Indien, Südamerika und China.

Inh.: Alkaloide (ca. 0,5 %, u. a. Scopolamin, Hyoscyamin, Atropin, Datumetin, Meteloidin), Withanolide (u. a. Daturilin, Withametelin). *Anw.:* zur Isolierung von Scopolamin, in der Volksheilkunde als Narkotikum und Insektizid.

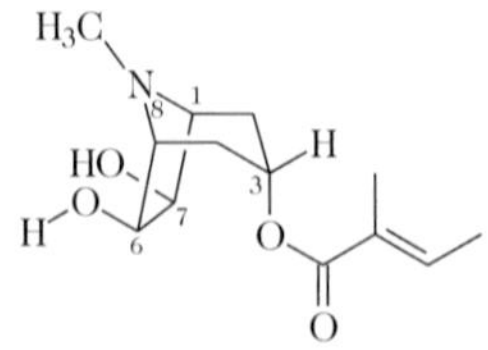

Meteloidin

Hom.: ***Datura metel*** HAB34, die reifen Samen.

● **Datura stramonium** L. (syn. *Datura bernhardii, D. bertolonii, D. lurida, D. parviflora, D. spinosa, Stramonium foetidum, S. spinosum, S. vulgatum*); Gemeiner Stechapfel (syn. Asthmakraut, Kratzkraut, Schwarzkümmel, Stachelnuß, Teufelsapfel, Weißer Stechapfel), s. Farbtafel S. 299, Bild 113.

Vork.: weltweit verbreitet in gemäßigten und subtropischen Gebieten, kultiviert auf dem Balkan und in den USA.

Drogen: ***1. Stramonii folium*** *(syn. Folia Daturae, Folium Daturae stramonii, Folia Stramonii, Folium Stramonii, Herba Stramonii, Stramonii folia, Stramonii herba)*; Stramoniumblätter (syn. Stechapfelblätter, Stechapfelkraut, Stramonium), die getrockneten Blätter oder die getrockneten Blätter mit blühenden Zweigspitzen und gelegentlich Früchten. Die Droge ist stark giftig! *Inh.:* Alkaloide (0,1–0,65 %, v. a. Scopolamin, Hyoscyamin, daneben Apoatropin, Belladonnin, Nicotin, Cuskhygrin), Withanolide (u. a. Withastramonolid), Flavonoide (v. a. Bioside des Quer-

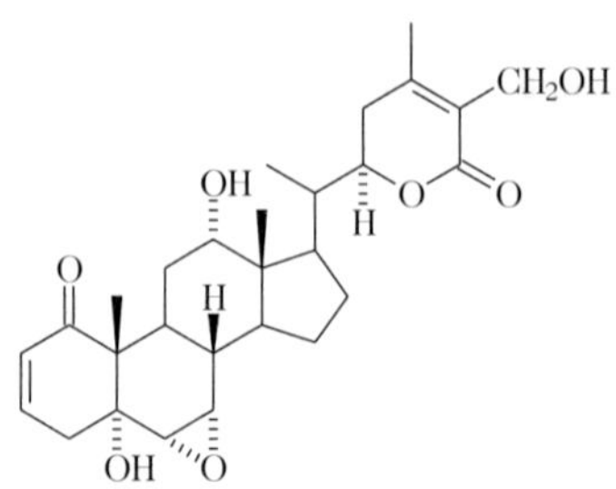

Withastramonolid

cetins und Kämpferols), Cumarine (u. a. Umbelliferon, Scopolin, Scopoletin). *Anw.*: Aufgrund nicht ausreichend belegter Wirksamkeit und dem schwankenden Alkaloidgehalt wird die Anwendung der Droge heute abgelehnt. In der Veterinärmedizin werden Drogenzubereitungen bei Brechreiz verabreicht. In der traditionellen Heilkunde dient die Droge zur Behandlung von Asthma, Krampfhusten, Pertussis und bei inneren Erkrankungen mit vegetativer Verstimmung. Auch auf die Nutzung in rauscherzeugenden Zubereitungen sei hingewiesen. ***2. Stramonii semen*** (syn. *Semen Daturae, Semen Stramonii, Stramonium e seminibus*); Stramoniumsamen (syn. Stechapfelsamen), die reifen Samen. Die Droge ist stark giftig! *Inh.*: Tropanalkaloide (0,4–0,6 %, v. a. Hyoscyamin, Scopolamin), β-Carbolinalkaloide (u. a. Fluorodaturatin), 4-Methylsterole, Lectine, fettes Öl (15–45 %), Proteine (12–25 %). *Anw.*: Aufgrund nicht ausreichend belegter Wirksamkeit und dem schwankenden Alkaloidgehalt wird die Anwendung der Droge heute abgelehnt. In der Volksheilkunde erfolgt die Anwendung in Analogie zu *Stramonii folium*.

Hom.: ***Datura stramonium*** HAB1, die frischen, oberirdischen Teile blühender Pflanzen. *Anw.-Geb.*: hochfieberhafte Infektionen, Krampfzustände, Entzündungen der Augen, psychische Erkrankungen, Schlafstörungen bei Kleinkindern.

● **Histor.:** Die Pflanze kam erst im 16. Jh. nach Europa und Deutschland, verbreitete sich dann aber rasch. In den mittelalterlichen Kräuterbüchern wird nur *Datura metel* abgebildet. Die medizinische Verwendung wurde erst seit ca. 1762 empfohlen, obwohl bereits früher *Datura* in sogenannten Hexentränken und Initiationsritualen verwendet wurde. In Mexiko spielt die Pflanze dagegen seit dem Altertum eine bedeutsame Rolle als Medizin. Die starken betäubenden Eigenschaften waren Ursache für die Nutzung in Drogenzubereitungen für kultische Handlungen und medizinische Eingriffe. Der Gattungsname Datura ist arabischen Ursprungs, während sich *stramonium* aus dem griechischen *strychnon* und *manikon* (Wahnsinn) zusammensetzt. Den deutschen Namen erhielt die Pflanze wegen ihrer stachligen Frucht. Besonders die Samen dienten früher nicht selten für Mord- und Selbstmordversuche. Mitunter benutzten Kriminelle Aufgüsse der Samen zur Betäubung ihrer Opfer.

Daturae innoxiae herba ↗ Datura-Arten.
Datura innoxia ↗ Datura-Arten
Datura metel ↗ Datura-Arten
Datura stramonium ↗ Datura-Arten.
Dauci fructus ↗ Daucus carota.
Dauci radix ↗ Daucus carota.

■ Daucus carota L.

Möhre (syn. Gelbe Rübe, Karotte, Mohrrübe), s. Farbtafel S. 299, Bild 114.

Fam.: Apiaceae (Umbelliferae).

Vork.: Mittel- und Südeuropa, Kulturen in zahlreichen gemäßigten Zonen.

Drogen: ***1. Dauci radix*** (syn. *Radix Dauci*); Mohrrübe (syn. Karotte), die rübenartige Wurzel. *Inh.*: α-, β- und γ-Carotin (Provitamine A; ↗ Carotine), Pektine, äther. Öl mit Terpenen, Phytosterole, Vitamine B_1, B_2 und C sowie in geringer Menge das Polyin Falcarinol. *Anw.*: früher als Wurmmittel, heute als schwaches Diuretikum, als natürlicher Vitaminträger, aufgrund des Pektingehaltes, z. T. in Fertigzubereitungen, bei Ernährungsstörungen von Säuglingen, ferner als β-carotinhaltige Phytopharmaka für dermatologische Indikationen, u. a. Lichtdermatosen, Pigmentanomalien sowie in kosmetischen Präparaten zur „künstlichen Bräunung". ***2. Dauci fructus*** (syn. *Fructus Dauci, Semen Dauci*); Karottenfrüchte, die getrockneten Früchte. *Inh.*: äther. Öl mit Asaron. *Anw.*: Diuretikum, früher als Wurmmittel.

Daucus visnaga ↗ Ammi visnaga.
Daulbaum ↗ Rhamnus frangula.
Daunnessel ↗ Galeopsis segetum.

■ Daunorubicin

Polyketid aus der Gruppe der Anthracyclinantibiotika. D. wird von *Streptomyces peuceticus* und *Streptomyces coeruleo-rubidus* gebildet und inter-

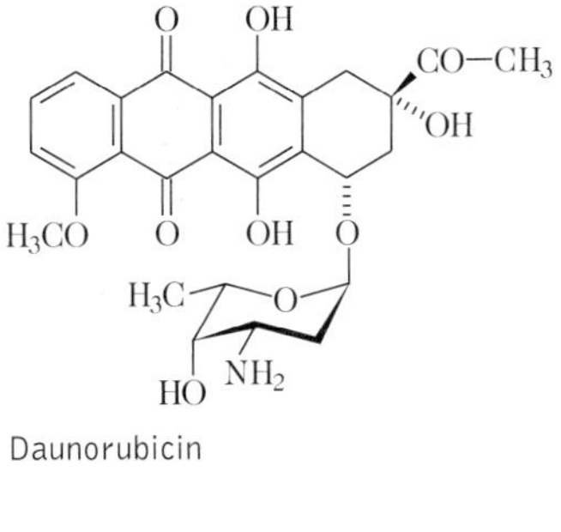

Daunorubicin

kaliert zwischen die Basenpaare in der DNA. Anw.: als Zytostatikum zur Therapie von akuten. Leukämien.

Davilla brasiliana ↗ Davilla rugosa.

■ **Davilla rugosa** Poir.
(syn. *Davilla brasiliana*).
Fam.: Dilleniaceae.
Vork.: Brasilien.
Droge: ***Folia Davillae***, die Laubblätter der Pflanze. Inh.: äther. Öl, Gerbstoffe, Coffein. Anw.: in der Volksheilkunde für medizinische Bäder; die Wurzeln dienen als Purgans.

Dectis decurrens ↗ Solidago-Arten.

■ **Deguela uliginosa**.
Fam.: Fabaceae (Leguminosae).
Vork.: Ostasien.
Droge: die Wurzeln. Inh.: ↗ Rotenon. Anw.: als Insektenvernichtungsmittel.

Deiwelspflanz ↗ Dictamnus albus.
Delphin ↗ Delphinus delphis.

■ **Delphinium ajacis** L.
Gartenrittersporn (syn. Larkspur).
Fam.: Ranunculaceae.
Vork.: Europa, auch als Zierpflanze kultiviert.
Droge: die Samen. Inh.: Alkaloide (1,4–1,8 %), u. a. Ajacin, Ajaconin. Anw.: zur Insektenbekämpfung.

■ **Delphinium consolida** L.
(syn. *Consolida regalis*); Ackerrittersporn (syn. Feldrittersporn, Rittersporn).
Fam.: Ranunculaceae.
Vork.: Europa, Vorderasien.
Droge: ***Calcatrippae flos*** (syn. *Flores Calcatrippae, Flores Delphinii consolidae*); Rittersspornblüten, die getrockneten Blüten. Inh.: Anthocyanglykoside, bes. Delphin, sowie Flavonoide (u. a. Kämpferol). Anw.: früher als Diuretikum, oft als sog. „Schönungsdroge“ in Teemischungen.

■ **Delphinium elatum** L.
(syn. *Delphinium intermedium*); Hoher Rittersporn.
Fam.: Ranunculaceae.
Vork.: Alpengebiete, Nordasien, auch kultiviert.
Droge: die ganze Pflanze. Inh.: Alkaloide (1–1,7 %), u. a. Methylaconitin, Delphelin, Delatin, Elatin, Eldelin, Delsin. Anw.: in der russischen Volksheilkunde bei Hirnschäden, als Insektizid, Diuretikum und Anthelmintikum. Elatin besitzt eine curareähnliche (↗ Curare) Wirkung.

Delphinium intermedium ↗ Delphinium elatum.
Delphinium officinale ↗ Delphinium staphisagria.

■ **Delphinium staphisagria** L.
(syn. *Delphinium officinale, Staphisagria macrocarpa*); Läusesamen (syn. Scharfer Rittersporn, Stefanskraut, Stephanskraut).
Fam.: Ranunculaceae.
Vork.: Mittelmeergebiete.
Droge: ***Staphisagriae semen*** (syn. *Semen Staphisagriae, Semen Pediculariae*); Läusekörner (syn. Stephanskörner), die getrockneten Samen. Inh.: Esteralkaloide (ca. 1,3 %, u. a. Delphinin, Staphisagrin und Delphisin) sowie äther. Öl (ca. 0,02 %). Anw.: früher als schmerzstillendes und krampflösendes Mittel.
Hom.: ***Delphinium staphisagriae*** HAB1, die vorsichtig getrockneten, reifen Samen. Anw.-Geb.: u. a. Hautausschläge, Augenentzündungen, Verdauungsschwäche, Reizzustände an den ableitenden Harnorganen, Verhaltensstörungen und Verstimmungszustände.

Delphintran ↗ Delphinus delphis.

■ **Delphinus delphis** L.
Delphin.
Fam.: Delphininae.
Vork.: in warmen und gemäßigt warmen Meeren. Das Tier steht unter Artenschutz.
Droge: ***Delphintran***, das aus dem Speck der Delphine gewonnene Öl. Inh.: Valeriansäure, Valeriansäuretriglyceride, Triglyceride höherer Fettsäuren. Anw.: die Droge ist dem Waltrat (↗ *Physeter macrocephalus*) sehr ähnlich und wird wie diese zur Herstellung feinster Schmieröle verwendet. Beim Abkühlen setzt sich aus Delphintran ebenfalls Walrat ab und kann wie dieses verarbeitet werden.

Demerara ↗ Hymenaea courbaril.

■ **Dendrobium nobile** Lindl.
Fam.: Orchidaceae.
Vork.: China, Himalajagebiete.
Droge: die ganze Pflanze. Inh.: Alkaloide (0,3 %), Nobilin. Anw.: in der chinesischen Heilkunde als Magenmittel und zur Appetitanregung.

Dentidia nankinensis ↗ Perilla frutescens.

■ **Depside**
Kondensationsprodukte aromatischer Hydroxycarbonsäuren, die durch Veresterung von Carboxylgruppen mit phenolischen Hydroxylgruppen entstehen. D. kommen u. a. in Flechten vor.

Derridis radix ↗ Derris-Arten.

■ **Derris-Arten**
● **Fam.:** Fabaceae (Leguminosae).
● **Derris elliptica** (Sweet) Benth. (syn. *Geguelia elliptica, Pongamia elliptica*); Derriswurzel (syn. Tubawurzel).
Vork.: Südostasien.
Droge: ***Derridis radix*** (syn. *Radix Derridis*); Derriswurzel (syn. Tubawurzel), die getrockneten Wurzeln. Inh.: Rotenoide, u. a. Rotenon (bis 13 %), die ein Gemisch von lipophilen Isoflavono-

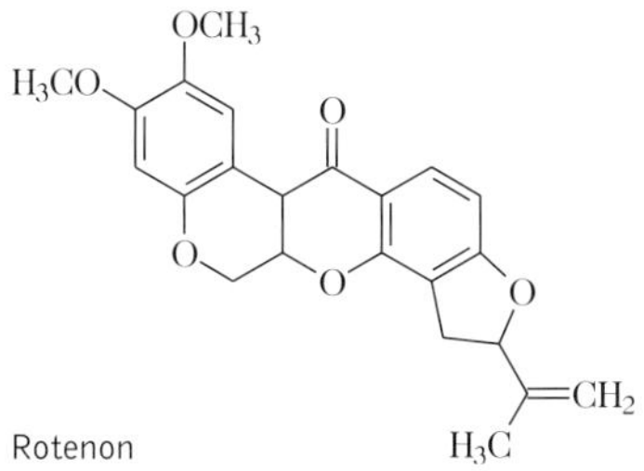

Rotenon

iden als Grundbausteine enthalten. Wirk.: insektizide Eigenschaften, deren Wirkungsmechanismus auf der Blockierung der Atmungskette beruht. Außerdem Fischgift. Anw.: als Mittel gegen Fraßschädlinge und saugende Insekten, bes. Dasselfliegenlarven und Blattläuse, mitunter im Gemisch mit Pyrethroiden.
● **Derris malaccensis** Prain. s. *Derris elliptica*.
● **Histor.:** Der Gattungsname *derris* (Fell) ist griechischer Herkunft und wurde wegen der starken Behaarung der Pflanze geprägt. In den Heimatgebieten Südostasiens werden Auszüge der Pflanze in großem Maße wegen der insektentötenden Eigenschaften bes. zum Besprühen von Tabakpflanzungen sowie aus dem gleichen Grunde auch als Tierwaschmittel genutzt.

Derris urucu ↗ Lonchocarpus urucu.
Derris utilis ↗ Lonchocarpus nicou.
Derriswurzel ↗ Derris-Arten.

■ **Desfontainia spinosa** Ruiz et Pav.
Fam.: Desfontainiaceae.
Vork.: Zentral- und südamerikanisches Hochland.
Bedeut.: Nach Berichten wird die Pflanze als Halluzinogen in Chile (als Taique) und Südkolumbien (als Borrachero) benutzt. Medizinmänner des Kamsá-Stammes trinken einen aus den Blättern der Pflanze bereiteten Tee, um Krankheiten zu erkennen oder Träume hervorzurufen. Über die Inhaltsstoffe ist nichts Genaues bekannt.

Desmodium penduliflorum ↗ Lespedeza thunbergii.

■ **Desoxycholsäure**
3,12-Dihydroxycholansäure, eine Gallensäure (Steroid), die von der Leber gebildet wird und in der Gallenflüssigkeit enthalten ist. Bedeut.: D. hat Bedeutung für die Fettverdauung und wird zur Substitutionstherapie eingesetzt.

Deutsche Kamille ↗ Chamomilla recutita.
Deutsche Kichererbse ↗ Lathyrus sativus.

■ **Deutscher Arzneimittel-Codex**
(DAC) Von der Bundesvereinigung Deutscher Apothekerverbände (ABDA) herausgegebenes Ergänzungswerk zu den Vorschriften des amtlichen Deutschen Arzneibuches. Es entspricht der Weiterführung des vorangegangenen Ergänzungsbandes (EB6) des Deutschen Arzneibuchs 6. Ausgabe. In den enthaltenen Monographien werden die für pharmazeutische Belange notwendigen Arzneistoffe, Arzneizubereitungen, Drogen und Hilfsstoffe beschrieben, die im Deutschen oder im Europäischen Arzneibuch (DAB bzw. Ph. Eur.) nicht enthalten sind. Es enthält ferner eigene Prüfmethoden, die dazu erforderlichen Reagenzien sowie Hilfen für die pharmazeutische Praxis. Obwohl der DAC keine Rechtsgrundlage besitzt, ist die Prüfung der dar-

in aufgeführten Drogen für die pharmazeutische Praxis verbindlich. Angeschlossen ist dem DAC das sog. NRF (Neues Rezeptur-Formularium), das eine Sammlung aktueller Rezepturvorschriften darstellt, deren Bearbeitung durch das Zentrallaboratorium Deutscher Apotheker erfolgt.

Deutscher Bertram ↗ Anacyclus x officinarum.
Deutscher Fenchel ↗ Foeniculum vulgare.
Deutscher Flieder ↗ Sambucus nigra.
Deutscher Ginster ↗ Genista germanica.
Deutscher Ingwer ↗ Acorus calamus.
Deutscher Pfeffer ↗ Daphne mezereum, ↗ Ocimum basilicum.
Deutscher wilder Ingwer ↗ Arum maculatum.
Deutscher Zitwer ↗ Acorus calamus.
Deutsche Sarsaparilla ↗ Carex arenaria.

■ Deutsches Arzneibuch
Sammlung anerkannter pharmazeutischer Regeln über die Qualität, Prüfung, Lagerung, Abgabe und Bezeichnung von Arzneimitteln und den bei ihrer Herstellung verwendeten Stoffen. Die Bekanntmachung erfolgt durch das Bundesministerium nach § 55 Abs.1 des Arzneimittelgesetzes. Die anerkannten pharmazeutischen Regeln berücksichtigen den jeweils gesicherten Stand der wissenschaftlichen Erkenntnisse, die in Monographien und anderen Texten beschrieben werden. Die Regeln des Deutschen Arzneibuchs werden nach § 55 Abs.2 des Arzneimittelgesetzes von der Deutschen Arzneibuchkommission beschlossen und nach § 55 Abs. 7 des Arzneimittelgesetzes im Bundesanzeiger bekanntgegeben. Eine Drogenmonographie des DAB weist folgende Gliederung auf: 1. Haupttitel und Untertitel 2. Kopftext mit Definition 3. Eigenschaften, in Ausnahmefällen Beschreibung 4. Prüfung auf Identität, d. h. deskriptive Angaben zur Droge wie makroskopische und mikroskopische Beschreibung sowie Kennzeichnung des Drogenpulvers. Chemische, meist dünnschichtchromatographische Untersuchung der Droge. 5. Prüfung auf Reinheit 6. Gehaltsbestimmung (Bestimmung des Wirkwertes) 7. Lagerung.

Deutsche Schwertlilie ↗ Iris germanica.
Deutsches Lactucarium ↗ Lactuca virosa.
Deutsches Sesamöl ↗ Camelina sativa.
Deutsches Süßholz ↗ Glycyrrhiza glabra.
Deutsche Tamariske ↗ Myricaria germanica.

■ Dextranase
Enzym (EC 3.2.1.11) aus der Gruppe der Hydrolasen, das die Endohydrolyse von 1,6-α-D-glykosidischen Bindungen in Dextranen katalysiert.

■ Dextrane
verzweigte Polysaccharide, die aus bis zu mehreren tausend Glucose-Einheiten durch 1,6- und 1,4- oder 1,3-glykosidische Verknüpfungen aufgebaut sind. D. sind Reservepolysaccharide von Hefen und Bakterien und werden biotechnisch mit Hilfe von Mikroorganismen, i. d. R. *Leuconostoc*-Arten, unter Nutzung von Saccharose als Glucosyldonator gewonnen. Sie bilden in wässriger Lösung hochviskose Sole. Anw.: als Plasmaersatzmittel und Hilfsstoff in der Galenik, in der Technik als Ausgangsstoff für die Gewinnung von Molekularsieben (Dextrangele = Sephadexe®).

■ Dextrine
Abbauprodukte der Stärke durch D-Amylasen oder durch saure Hydrolyse. Dabei entstehen Moleküle unterschiedlicher Größe, die auf Zugabe von Iodlösung verschiedene Farben liefern: Amylodextrine → blau, Erythrodextrine → rot und Achroodextrine → keine Färbung. Anw.: in der Galenik zur Herstellung von Lutschtabletten und zum Einstellen des Wirkstoffgehaltes von Trockenextrakten.

Diademspinne ↗ Araneus diadematus.
Diallylsulfid ↗ Allium sativum.
Dianthrone ↗ Anthracenderivate.

■ Dianthus caryophyllus L.
Gartennelke.
Fam.: Caryophyllaceae.
Vork.: in Italien wildwachsend, in Mittel- und Südeuropa in zahlreichen Formen als Zierpflanze kultiviert.
Droge: ***Flores Tunicae hortensis*** (syn. *Flores Caryophyllorum*); Nelkenblüten (syn. Gartennelkenblüten), die Blüten. Inh.: Saponine, äther. Öl als Träger des Nelkenduftes mit Benzylbenzoat (ca. 40 %) und Eugenol (ca. 30 %); Pelargonidin- und Cyanidinglucoside. Anw.: in Teegemischen als Geruchskorrigens.

■ Dianthus chinensis L.
(syn. *Dianthus fischeri*); Chinesische Nelke.

Fam.: Caryophyllaceae.
Vork.: Indien, Ostasien.
Droge: die ganze Pflanze. Inh.: Saponine, Flavonoide. Anw.: in der asiatischen Volksheilkunde als Diuretikum und Anthelmintikum.

■ **Dianthus deltoides** L.
(syn. *Dianthus supinus*); Pfingstnelke (syn. Heidenelke).
Fam.: Caryophyllaceae.
Vork.: Europa, Asien, Afrika, Nordamerika.
Droge: die ganze Pflanze bzw. die Wurzeln. Inh.: Triterpensaponine, Dianthoside. Anw.: in der Volksheilkunde wird die Wurzel als Brechmittel eingesetzt.

Dianthus fischeri ↗ Dianthus chinensis.
Dianthus supinus ↗ Dianthus deltoides.
Diatomeae ↗ Diatomeen.

■ **Diatomeen**
(syn. Diatomeae, Kieselalgen). Abteilung von mehr als 100 000 beschriebenen Arten, formenreichste Algengruppe überhaupt. D. sind einzellig, können aber durch Gallertausscheidungen band- oder fadenförmige Zellverbände bilden.
Vork.: in allen Gewässern weltweit verbreitet.
Droge: ***Terra silicea***, Diatomeenerde bzw. Kieselgur (kieselsäurehaltige Zellwände abgestorbener Diatomeen). Inh.: u. a. Kieselsäure, Carotinoide (Fuco-, Diadino- und Diatoxanthine), β-Carotin, Chrysolaminarin (Leukosin), Volutin und fette Öle. Anw.: in der Analytik zur Chromatografie, als Hilfsstoff in der Galenik, als Filtrierhilfsmittel.

Diatomeenerde ↗ Diatomeen.

■ **Dicentra canadensis** (Goldie) Walp.
(syn. *Bicuculla canadense, Capnorchis canadense, Corydalis canadensis, Diclytra canadensis, Dielytra canadensis, D. eximia*).
Fam.: Papaveraceae.
Vork.: Ostasien, Nordamerika, Kalifornien.
Droge: ***Corydalis***; *Dicentra-canadensis*-Knolle (syn. Marienherzwurzel), die getrocknete Wurzelknolle. Inh.: Alkaloide (u. a. Protopin, Bulbocapnin, Corydin, Isocorydin, Cancentrin, Dehydrocancentrin A und B). Anw.: in der Volksheilkunde bei krampfartigen Menstruationsbeschwerden, bei Hautausschlägen, Nierenfunktionsstörungen, früher auch bei syphilitischen Beschwerden.
Hom.: ***Dicentra canadensis*** (syn. *Corydalis formosa*) HAB34, der frische Wurzelstock. Anw.-Geb.: Krustige Gesichtsausschläge, Magenschleimhautentzündung.

■ **Dicentra cucullaria** (L.) Bernh.
(syn. *Corydalis cucullaria, Diclytra cucullaria, Fumaria cucullaria*); Herzblume.
Fam.: Papaveraceae.
Vork.: Nordamerika, Kanada.
Droge: ***Tubera Corydalis***, die Wurzelknollen. Inh.: Alkaloide, wie Cularin, Cularidin, Protopin, Cryptopin, Bicucullin, Corlumin, Ochotensin, Fumarsäure, Harz. Anw.: in der Volksheilkunde früher bei Hautleiden, als Tonikum und Antispasmodikum.

■ **Dichapetalum mombuttense** Thou.
Fam.: Dichapetalaceae.
Vork.: Afrika, Asien. Inh.: Fluoressigsäure.
Hom.: ***Dichapetalum mombuttense*** HAB; die frischen Blätter und Rinde. Anw.-Geb.: Erkrankungen des Stütz- und Bewegungsapparates, v. a. Rheuma, Wirbelsäulenschäden.

Dichapetalum suboblongum ↗ Dichapetalum toxicarium

■ **Dichapetalum toxicarium** (G. Don) Baill.
(syn. *Chailletia toxicaria, C. erecta, Dichapetalum suboblongum*).
Fam.: Dichapetalaceae.
Vork.: tropisches Westafrika, v. a. Guinea, Sierra Leone, Liberia, Elfenbeinküste, Ghana, typische Regenwaldpflanze.
Droge: die reifen Samen. Inh.: ω-Fluorölsäure (18-Fluoro-*cis*-9-octadecensäure, ca. 3,2 %), ω-Fluorpalmitinsäure, ω-Fluorcaprinsäure, ω-Fluormyristinsäure, in Spuren auch Monofluoressigsäure. Wirk.: Die organischen Fluorverbindungen blockieren nach Metabolisierung im Organismus den Citronensäurecyclus und damit die Energieproduktion im Körper. Als Folge kommt es zu Lähmungserscheinungen und Tod durch Atemlähmung. Anw.: in Afrika als Rattengift bzw. zur Bekämpfung von Kopfläusen; die gekochten Blätter der Pflanze dienen in der Volksheilkunde Westafrikas zur Wundbehandlung, auch bei Entzündungen der Harnröhre sowie zur Therapie bei

Malaria und Ruhr. Die Droge ist neben ↗ *Mansonia altissima* Bestandteil eines berüchtigten Pfeilgifts im Südwesten der Elfenbeinküste, das aber auch zum Vergiften von Kleintieren und des Wassers von Feinden eingesetzt wurde.

Histor.: *Dichapetalum toxicarum* ist eine der wirksamsten Giftpflanzen Afrikas, deren Gift seit vielen Jahrhunderten benutzt wurde, deren Identität aber erst 1904 und das toxische Prinzip 1950 erkannt wurde. Daran war Dr. Renner aus Freetown (Sierra Leone) maßgeblich beteiligt, der Vergiftungsfälle mit Lähmungen der Extremitäten untersuchte und herausfand, daß die Samen von *D. toxicarum* dafür verantwortlich waren. Vorher glaubte man, das Hexen-Doktoren für die Vergiftungen verantwortlich seien. Durch Experimente mit der Droge an Hunden und Katzen konnte Dr. Renner das Geheimnis der Lähmungserscheinungen lüften.

■ **Dichroa febrifuga** Lour.

Fam.: Saxifragaceae.

Vork.: tropisches und subtropisches Asien, u. a. China, Indien, Vietnam; Kulturen auch in Rußland.

Drogen: Wurzeln und Blätter. Inh.: Chinazolinalkaloide (ca. 0,1 %), u. a. Febrifugin. Anw.: in den Heimatgebieten, bes. in China, seit etwa 2000 Jahren als Fieber- und Malariamittel.

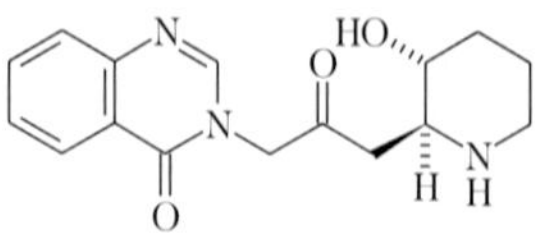

Febrifugin

Dickblättrige Bergenie ↗ Bergenia crassifolia.
Dicke Bohne ↗ Vicia faba.
Dicke Granille ↗ Chamaemelum nobile.
Dickköpfe ↗ Chamaemelum nobile.
Dickschwanz-Skorpion ↗ Androctonus australis
Diclytra canadensis ↗ Dicentra canadensis.
Diclytra cucullaria ↗ Dicentra cucullaria.
Dictamni albi radicis cortex ↗ Dictamnus albus.
Dictamni albi radix ↗ Dictamnus albus.
Dictamni folium ↗ Dictamnus albus.

■ **Dictamnus albus** L. (syn. *Dictamnus fraxinella, Fraxinella dictamnus*); Diptam (syn. Aeschenwurz, Aschwurz, Deiwelspflanz, Eschenwurz, Feuerpflanze, Flammender Busch, Gichtwurz, Hexenkraut, Hirzwurz, Spechtwurz, Springwurz, Spritzessigkraut, Weiße Aschwurz, Weißer Dictam, Weißer Diptam), s. Farbtafel S. 300, Bild 115.

Fam.: Rutaceae.

Vork.: südliches und mittleres Europa bis nach Asien hinein, in Deutschland bes. in Rheinland-Pfalz, Baden-Württemberg und im nördlichen Bayern.

Drogen: ***1. Dictamni folium*** (syn. *Folia Dictamni, Herba Dictamni, Herba Dictamni albi*); Diptamblätter, die getrockneten, z. T. auch frischen Blätter. Inh.: Flavonoide, u. a. Rutin, Isoquercitrin und Diosmin, Furochinolin-Alkaloide, u. a. Dictamnin, Furanocumarine, u. a. Psoralen, Bergapten und Xanthotoxin, einfache Cumarine,

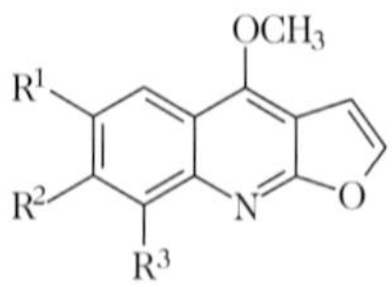

Dictamnin: $R^1 = R^2 = R^3 = H$

u. a. Aesculetin und Umbelliferon, Limonoide, u. a. Limonin und Obacunon, sowie äther. Öl, das bes. aus Monoterpenkohlenwasserstoffen, u. a. *cis*- und *trans*-Ocimen, sowie Sesquiterpenkohlenwasserstoffen mit Germacren D als Hauptkomponente besteht. Anw.: volkstümlich im Mittelalter als Wundheilmittel, zur Förderung der Menstruation, als harntreibendes Mittel und in Kombination mit Mistel und Paeonie bei Epilepsie. Gegen Ende des 19. Jh. auch bei Magenleiden sowie als Einreibung gegen Rheuma. ***2. Dictamni albi radix*** (syn. *Radix Dictamni albi, Radix Fraxinellae*); Weiße Diptamwurzel (syn. Diptamwurzel, Escherwurzel), die getrocknete Wurzel. Inh. u. Anw.: s. *Dictamni folium*. ***3. Dictamni albi radicis cortex*** (syn. *Cortex radicis Dictamni, Cortex Dictamni radicis*); *Dictamnus-albus*-Wurzel, die getrocknete Wurzelrinde. Inh. u. Anw. s. *Dictamni folium*.

Hom.: ***Dictamnus albus*** HAB34, die frischen Blätter. Anw.-Geb.: bes. Gebärmutter- und Menstruationsbeschwerden.

Histor.: Der Gattungsname *Dictamnus* ist vom griechischen *dictamnos*, wie er von Virgil und Aristoteles gebraucht wurde, abgeleitet und setzt sich aus *dicte*, einem Berg auf Kreta, und *thamnos* (Strauch) zusammen. Er wurde später von ↗ Bock auf die Aschwurz übertragen. Auch der Name Diptam ist aus dem lateinisch-griechischen *dictamnos* entlehnt. Die ersten sicheren Nachrichten über die Verwendung des Diptam als Heilpflanze stammen allerdings erst aus dem 12. Jh. von Hildegard von Bingen.

Dictamnus fraxinella ↗ Dictamnus albus.

■ Dicumarol
(syn. Melitoxin) 3,3'-Methylen-bis(4-hydroxycumarin); ein dimeres Cumarin, das durch mikrobielle Gärung aus verschiedenen Kleearten (z. B. ↗ *Melilotus officinalis*) entsteht. *Wirk.*: kompetitiver Hemmer des Vitamin K, verhindert die Bildung von aktivem Prothrombin und hemmt dadurch die Blutgerinnung. *Anw.*: als Antikoagulans bei Thrombosen, auch zur Prophylaxe.

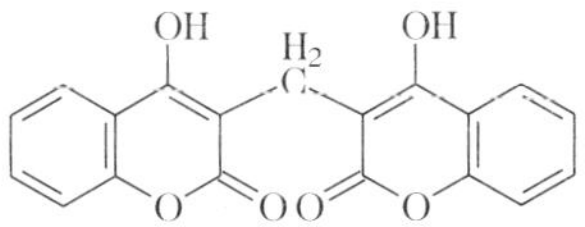

Dicumarol

■ Dicypellium caryophyllatum (Mart.) Nees
(syn. *Persea caryophyllatum*).

Fam.: Lauraceae.

Vork.: Südamerika, besonders Brasilien und Guayana.

Droge: ***Cortex Cassiae caryophyllatae*** (syn. *Cortex Caryophyllatae, Cortex Dicypellii*); Nelkenzimt, die getrocknete Rinde. *Inh.*: äther. Öl (ca. 4 %), u. a. mit Eugenol; hartes Harz (ca. 9 %), weiches Harz (ca. 8 %), Gerbstoffe (ca. 8 %), Gummi (ca. 10 %), Stärke. *Anw.*: in der Volksheilkunde als Stomachikum, als Gewürz sowie zum Aromatisieren von Likören.

Dieffenbachia picta ↗ Dieffenbachia seguine.
Dieffenbachia plumieri ↗ Dieffenbachia seguine.

■ Dieffenbachia seguine (Jacq.) Schott
(syn. *Arum seguine, A. seguinum, Caladium picta, C. seguinum, Dieffenbachia picta, D. plumieri*); Dieffenbachie (syn. Giftaron, Schierlings-Caladium, Schweigrohr).

Fam.: Araceae.

Vork.: tropisches Amerika und Westindien, einige Arten dienen als Zimmer-Zierpflanzen.

Droge: ***Dieffenbachia-seguine-Frischpflanze***; Dieffenbachie, die oberirdischen Teile der frischen Pflanze. *Inh.*: Oxalsäure und ihre Salze (bis zu 0,21 %), Aminosäuren und Proteine (Asparagin; proteolytische Enzyme: Dumbcaine; Proteine mit M_r um 150 bis 4 000), cyanogene Glykoside (Triglochinin) in jungen Blättern. *Anw.*: in der Volksheilkunde als Kontrazeptivum und weibliches Aphrodisiakum gegen Frigidität und Impotenz. Die Droge wird auch bei Angina, Krebs, Coma, Dysmenorrhoe, Ödeme, Geschwüre, Warzen, Wassersucht, Schwindel eingesetzt. In der Landwirtschaft wird die Droge mitunter als Insektizid verwendet. *Geg.*: Da die Droge bei Kontakt mit dem Mund starke Schwellungen der Schleimhaut und der Zunge induziert, Schluckbeschwerden und in schweren Fällen zum Verlust der Sprache führt, ist die Anwendung der Droge nicht vertretbar. Das toxische Prinzip ist noch nicht eindeutig charakterisiert.

Hom.: ***Caladium seguinum*** HAB34; Schweigrohr, der frische Wurzelstock, die Blätter und Stengel. *Anw.-Geb.*: Juckreiz der Genitalorgane.

Dieffenbachie ↗ Dieffenbachia seguine.
Dielytra canadensis ↗ Dicentra canadensis.
Dielytra eximia ↗ Dicentra canadensis.

■ Digenea simplex (Wulf.) C. Agardh.

Fam.: Rhodomelaceae.

Vork.: Mittelmeer, warme Gebiete des Atlantiks und Indischen Ozeans, an den Küsten Japans, der Philippinen und Australiens sowie Florida und im Golf von Mexiko.

Droge: die frische oder getrocknete Alge. *Inh.*: Alginate (10–15 %), *α*-Kainsäure, *α*-Allokainsäure, äther. Öl, Iod. *Anw.*: in Ostasien als Anthelmintikum gegen Ascariden und Oxyuren, da die *α*-Kainsäure etwa 10fach wirksamer ist als Santonin (↗ *Artemisia cina*); als Nahrungsmittel in Asien.

■ Digitalis-Arten

● **Fam.:** Scrophulariaceae.

● **Digitalis lanata** Ehrh. (syn. *Digitalis epiglottidea, D. eriostachya, D. ferruginea, D. nova, D. orientalis, D. winterli*); Wolliger Fingerhut; s. Farbtafel S. 300, Bild 116.

Heim.: Südeuropa.

Vork.: in Mittel-Westeuropa, Indien, Mittelamerika und Afrika kultiviert.

Droge: ***Digitalis lanatae folium*** (syn. *Folia Digitalis lanatae*); *Digitalis-lanata*-Blätter, die getrockneten Laubblätter. Die Droge ist giftig!

Inh.: Cardenolidglykoside (0,5–1,5 %, ca. 80 Vertreter, v. a. Lanatoside A, B, C und Digoxin mit den Aglyka Digitoxigenin, Gitoxigenin und Digoxigenin, als Zuckerkomponenten treten Glucose, Digitoxose und 3-Acetyl-Digitoxose auf), Digitanolglykoside (u. a. Digifolein, Diginin, Digipronin), Steroidsaponine (u. a. Desglucolanatigonin, Gitonin, Lanagitosid I und II, Tigonin.

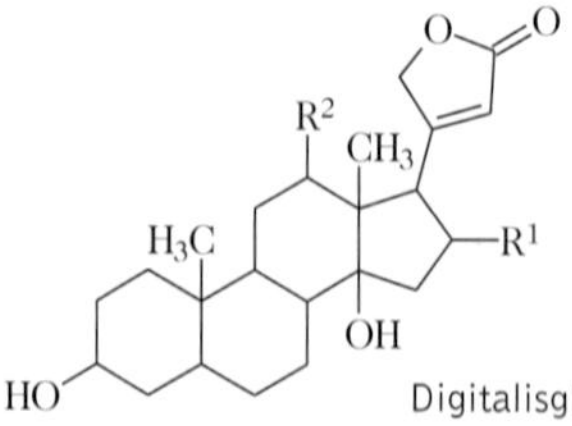

Digitalisglykoside

Aglyka	R^1	R^2
Digitoxigenin	H	H
Gitoxigenin	OH	H
Digoxigenin	H	OH
Gitaloxigenin	OCHO	H

Zuckerkomponenten:

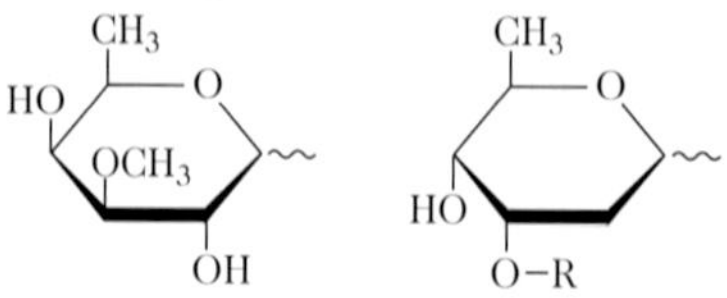

D-Digitalose Digitoxose (Dox): R = H
3-Acetyl-Digitoxose (Dox-Ac): R = Acetyl

Anw.: nur selten in Form des eingestellten *Digitalis-lanata*-Pulvers (*Digitalis lanatae pulvis normatus*) bei Herzinsuffizienz. Der therapeutische Einsatz der Droge ist wegen der Beeinflussung der Wirkung der Cardenolidglykoside durch Begleitsubstanzen und wegen der ungenügenden Reproduzierbarkeit bei der Herstellung der Zubereitungen heute weitgehend obsolet. Es werden die isolierten bzw. partialsynthetisch abgewandelten Cardenolidglykoside bevorzugt eingesetzt. Die Droge dient daher fast ausschließlich der industriellen Gewinnung der Cardenolidglykoside.

● **Digitalis lutea** L.; Kleinblütiger Fingerhut.
Vork.: West- und Mitteleuropa.
Inh.: Cardenolidglykoside (bis 0,1 %, v. a. Lanatoside A, B, C, D, E, Acetyldigitoxin, Digitoxin, Strospesid, Verodoxin, Acetylgitaloxin), Steroidsaponine, Anthrachinonderivate (Digitolutein).

Hom.: ***Digitalis lutea*** HAB34, die frischen Blätter.

● **Digitalis purpurea** L. (syn. *Digitalis speciosa*, *D. thapsi*); Roter Fingerhut (syn. Fingerhut, Fingerkraut, Fuchskraut, Schwulstkraut, Unsererliebenfrauenhandschuh, Waldglöckchen, Waldschelle), s. Farbtafel S. 300, Bild 117.

Vork.: Europa, angebaut u. a. in den USA, Rußland, auf dem Balkan, in Österreich und der Schweiz.

Droge: ***Digitalis purpureae folium*** (syn. *Folia Digitalis purpureae*); *Digitalis-purpurea*-Blätter (syn. Digitalisblätter, Fingerhutblätter), die getrockneten Blätter. Die Droge ist giftig! *Inh.:* Cardenolidglykoside (bis ca. 0,6 %, ca. 30 Vertreter, v. a. Purpureaglykoside A und B, Digitoxin, Gitoxin, Gitaloxin, Verodoxin mit den Aglyka Digitoxigenin, Gitoxigenin und Gitaloxigenin; als Zuckerkomponenten treten Glucose, Digitalose und Digitoxose auf), Digitanolglykoside, u. a. Digipurpurin, Steroidsaponine (ca. 1 %, v. a. Desgalactotigonin, Digatonin, Digitonin, Purpureagitosid und Tigonin). *Anw.:* nur selten in Form des eingestellten *Digitalis-purpurea*-Pulvers (*Digitalis purpureae pulvis normatus*) bei Herzinsuffizienz. Der therapeutische Einsatz der Droge ist wegen der Beeinflussung der Wirkung der Cardenolidglykoside durch Begleitsubstanzen und wegen der ungenügenden Reproduzierbarkeit bei der Herstellung der Zubereitungen heute weitgehend obsolet. Es kommen die entsprechenden Reinglykoside zum Einsatz.

Hom.: ***Digitalis purpurea*** (syn. Digitalis) HAB1, die frischen Blätter einjähriger Pflanzen oder die zu Beginn der Blütezeit gesammelten Blätter zweijähriger Pflanzen. *Anw.-Geb.:* Herzschwäche, Migräne.

● **Histor.:** Die früheste Nachricht über die medizinische Verwendung des Roten Fingerhutes stammt aus irischen Quellen. Irische Mönche haben die Kenntnisse dann über Schottland und England in ganz Mitteleuropa verbreitet. Die Anwendung der Droge geht auf eine Rezeptsammlung zurück, die im Jahre 500 beginnt und bis 1200 weitergeführt wurde. Dabei wurde *Digitalis purpurea* bei Geschwülsten des Unterleibs, bei Geschwüren, Kopfschmerzen, Abszessen und

Lähmungen empfohlen. Die moderne Digitalistherapie bei Herzinsuffizienz geht auf den englischen Arzt ↗ William Withering zurück, der 1786 einen Bericht über die erfolgreiche Behandlung von Wassersucht mit *Digitalis purpurea* publizierte. Der Name *Digitalis* wurde 1542 durch Leonhard Fuchs in die Literatur eingeführt. Die Droge wurde danach volksheilkundlich bei schlecht heilenden Wunden und Geschwüren eingesetzt.

Digitalis glutinosa ↗ Rehmannia glutinosa.
Digitalis lanatae folium ↗ Digitalis-Arten.
Digitalis lanatae pulvis normatus ↗ Digitalis-Arten.
Digitalis purpureae folium ↗ Digitalis-Arten.
Digitalis purpureae pulvis normatus ↗ Digitalis-Arten.

■ **Digitaloide**
(syn. Herzglykoside); Glykoside mit digitalisähnlicher Wirkung, die jedoch nicht von der Gattung Digitalis stammen, wie z. B. Strophanthin, Adonidin, Neriin. ↗ Herzwirksame Glykoside.

Digitoxin ↗ Digitalis-Arten.
Digoxin ↗ Digitalis-Arten.
Dihuang ↗ Rehmannia glutinosa.
Dikabutter ↗ Irvingia gabonensis.
Dikafett ↗ Irvingia gabonensis.
Dill ↗ Anethum graveolens.
Dillblattwurz ↗ Meum athamanticum.
Dillfenchel ↗ Anethum graveolens.
Dillonia abyssinica ↗ Catha edulis.

■ **Dilution**
(lat.)Verdünnung, bereitet mit flüssigen Stoffen, z. B. Wasser oder Alkohol. In der Homöopathie stellt jede aus einer Urtinktur oder einer anderen Zubereitung hergestellte Arznei eine Dilution i. d. R. in Zehnerpotenzen dar, deren Verdünnungsgrad die entsprechende Kurzbezeichnung, z. B. D 4, aufweist ↗ Homöopathie.

Dinkel ↗ Triticum spelta.
Dinkelweizen ↗ Triticum spelta.

■ **Dioclea macrocarpa**.
Fam.: Fabaceae (Leguminosae).
Vork.: Brasilien, bes. im Amazonasgebiet.
Droge: ***Semen Diocleae*** (syn. *Fabae Diocleae*), die reifen Samen. Die Droge ist stark giftig! *Inh.:* Alkaloide, hauptsächlich Physostigmin (bis zu 2,95 %). *Anw.:* zur Gewinnung von ↗ Physostigmin.

Dionaea corymbosa ↗ Dionaea muscipula.

■ **Dionaea muscipula** Ellis
(syn. *Dionaea corymbosa*); Venusfliegenfalle.
Fam.: Droseraceae.
Vork.: eng begrenzt in den küstennahen Regionen (Moore, anmoorige Heide) von Nord- und Südcarolina.
Droge: ***Herba Dionaeae recens;*** *Dionaea-muscipula*-Frischpflanze, Frisches Venusfliegenfallenkraut, die ganze frische Pflanze. Die Pflanze unterliegt in den USA dem Artenschutz! *Inh.:* Naphthochinonderivate (Plumbagin und seine Glykoside, 3-Chlorplumbagin, Droseron), Polyphenole und gerbstoffartige Verbindungen (u. a. Flavonoide, Gallussäurederivate), Enzyme (Proteasen, Phosphatasen, Nucleasen), Fettsäuren u. a. *Anw.:* In der Naturheilkunde wurde bis 1988 für eine Preßsaftzubereitung die Zulassung zur Therapie von bestimmten Tumoren (Morbus Hodgkin, Non-Hodgkin-Lymphom, solide Tumore ohne Ansprechbarkeit auf Chemotherapie, Melanome, Tumore im fortgeschrittenen generalisierten Stadium) erteilt. Da die Wirksamkeit nicht hinreichend belegt werden konnte, wird die Anwendung der Droge bei den genannten Indikationen heute nicht mehr empfohlen.

■ **Dioncophyllum thollonii** Bail.
Fam.: Dioncophyllaceae.
Vork.: Afrika, besonders im Kongogebiet.
Droge: die Wurzeln, Blätter und Rinde. *Inh.:* Alkaloide, β-Sitosterol, Plumbagin, Gerbstoffe, Saponine. *Anw.:* die Blätter gelten in der traditionellen afrikanischen Heilkunde als Aphrodisiakum, die Pulpe der frischen Wurzeln wird bei Lepra benutzt.

■ **Dioscorea-Arten**
● **Fam.:** Dioscoreaceae.
● **Dioscorea bulbifera** L. (syn. *Dioscorea crispata, D. pulchella, D. sativa*); Yamswurzel (syn. Brotwurzel, Kartoffelyam, Wasser-Yam).
Vork.: tropisches und subtropisches Asien, tropisches Afrika. Dort wie auch in Zentral- und Südamerika kultiviert.

Droge: ***Rhizoma Dioscoreae***; Yamwurzel, die getrockneten Knollen. Inh.: Stärke (ca. 80 %), Tannine, Sapogenine, u. a. Diosgenin. *Anw.*: auf Grund des Stärkegehaltes als Nahrungsmittel. In Südostasien wegen des Tanningehaltes auch zum Gerben von Fischnetzen.

● **Dioscorea villosa** L. (syn. *Dioscorea paniculata, D. quinata*); Zottige Yamswurzel.

Vork.: atlantisches Nordamerika.

Droge: ***Rhizoma Dioscoreae villosae***; Yamswurzel (syn. Brotwurzel), der getrocknete Wurzelstock ohne Wurzeln. Inh.: Stärke (ca. 80 %), Saponine, u. a. Dioscin sowie harzartiges Dioscorein. *Anw.*: Expektorans und Rheumamittel; in den Heimat- bzw. Anbaugebieten wegen des Stärkegehaltes nach dem Abkochen als Nahrungsmittel. Zahlreiche *Dioscorea*-Arten enthalten bis zu 10 % Diosgenin (bezogen auf das Trockengewicht), das zur Partialsynthese von Steroidhormonen genutzt wird.

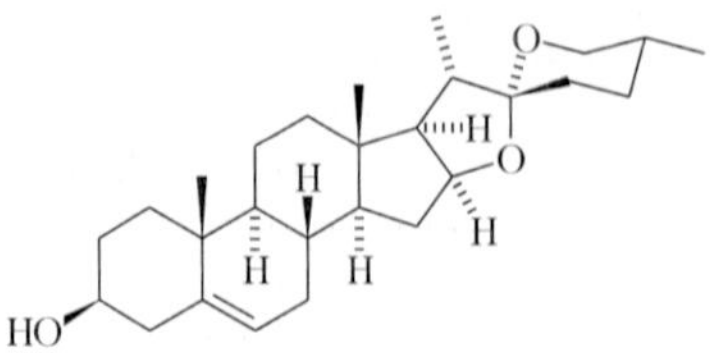

Diosgenin

Hom.: ***Dioscorea villosa*** HAB1, der frische, nach der Blütezeit gesammelte Wurzelstock. *Anw.-Geb.*: Koliken des Magen-Darm-Traktes.

● **Histor.:** Die Gattungsbezeichnung *Dioscorea* erfolgte zu Ehren des griechischen Arztes Dioskurides (40–90 n. Chr.).

■ **Dioscoreophyllum cumminsii** (Stapf.) Diels.

Fam.: Menispermaceae.

Vork.: West- und Zentralafrika.

Inh.: Die Früchte (Serendipity-Beeren) enthalten Monellin, ein Protein M_r um 11 000, das ca. 3 000mal stärker süß schmeckt als Saccharose. *Anw.:* die Früchte als Süßungsmittel, die Knollen, Zweige und Rinde werden in der traditionellen Heilkunde verwendet.

Diosgenin ↗ Dioscorea-Arten.

■ **Dioskurides, Pedanios**

(40–90 n. Chr.), griechischer Arzt, verfaßte in fünf Bänden die „Materia medica", in der etwa 600 der damals verwendeten Arzneipflanzen beschrieben wurden. Eine berühmte Ausgabe dazu erfolgte um 530 als Codex Constantinopolitanus (Windobonensis); Nachdrucke und Kommentare erschienen bes. im 16. Jh. und beinflußten in hohem Maße die bekannten Kräuterbücher des Mittelalters.

Diosma betulinum ↗ Barosma-Arten.
Diosma crenatum ↗ Barosma-Arten.
Diosma serratifolia ↗ Barosma-Arten.
Diosmin ↗ Flavonoide.

■ **Diospyros-Arten**

● **Fam.:** Ebenaceae.

● **Diospyros kaki** L.; Kakipflaume.

Vork.: Mittelmeergebiet, Asien, Kalifornien.

Inh.: Die Früchte enthalten u. a. Zucker, Proteine, Fett, Flavonoide, Glykoside, Vitamin C und Iod, in unreifem Zustand auch Gerbstoffe. Das Holz enthält ein Betulin-Derivat. *Anw.:* Die Früchte werden als Obst gegessen bzw. bei leichten Schilddrüsenerkrankungen infolge Iodmangels eingesetzt.

● **Diospyros lotus** L.; Lotospflaume (syn. Dattelpflaume).

Vork.: Mittelmeergebiet, Asien.

Droge: ***Lignum Guajaci patavini***; Wildes Franzosenholz (syn. Ebenholz), das getrocknete Holz. *Inh.:* Die Früchte enthalten Zucker, Proteine, Fett, Flavonoide, Glykoside und Vitamin C. In den Wurzeln kommen Naphthochinone (u. a. Juglon, Isodiospyrin, Mamegakinon) vor. *Anw.:* Das Holz wird als Ersatz für *Lignum Guaiaci* (↗ *Guaiacum sanctum*) verwendet. Die Früchte werden als Obst gegessen.

● **Diospyros virginiana** L.; Persimone.

Vork.: Nordamerika.

Droge: ***Persimonöl*** (syn. Dattelpflaumenöl), das fette Öl der Samen. *Inh.:* Triglyceride mit den Fettsäuren Öl-, Linol-, Stearin-, Palmitin-, Myristin- und Arachinsäure. Die Droge ist dem Erdnußöl ähnlich. *Anw.:* als Speiseöl. Die Früchte werden als Obst gegessen. Das Holz der Pflanze (syn. Persimonholz, Dogholz) wird in der Volksheilkunde zur Behandlung von Warzen eingesetzt.

Diotis maritimus ↗ Otanthus maritimus.

■ **Diphtherinum-Nosode HAB**

von an Diphtherie erkrankten Personen gewonnene, häutig-fibröse Beläge der Rachenschleimhaut. Anw.-Geb.: Mandelentzündung, Lähmungen nach Diphtherie.

■ **Diploknema-Arten**
● **Fam.:** Sapotaceae.
● **Diploknema butyraceae** (Roxb.) Lam (syn. *Aesandra butyracea, Bassia butyracea, Illipe butyracea, Madhuca butyracea*); Indischer Butterbaum.
Vork.: Indien (Himalajagebiet), Nepal, Tibet.
Droge: ***Kernfett*** (syn. Fulwafett, Gheebutter, Indische Pflanzenbutter), das Fett der Samen. Inh.: Die Samen enthalten ca. 55 % Fett, das hohe Stabilität gegenüber Ranzigwerden besitzt. Anw.: Das durch Auspressen erhaltene Fett wird volkstümlich für Einreibungen genutzt, außerdem zur Herstellung von Kerzen und Seifen. Das Fruchtfleisch sowie der bei der Fettgewinnung anfallende Preßkuchen dienen der Ernährung.
● **Diploknema latifolia** (syn. *Illipe latifolia, Bassia latifolia*).
Vork.: Indien.
Droge: ***Mahwafett*** (syn. Illipefett). Inh.: Kerne enthalten 50–55 % Fett mit den Fettsäuren Myristin-, Palmitin-, Öl- und Linolsäure. Anw.: in den Heimatgebieten zur Behandlung von Hautleiden sowie für Speisezwecke. In raffinierter Form kommt es ferner als Kakaobutterersatz sowie in der Margarineherstellung zur Anwendung.
● **Diploknema malabrorum** (syn. *Illipe malabrorum, Bassia malabrorum*).
Vork.: Indien (Malabar), Sri Lanka, Madagaskar, Westindien.
Droge: ***Mowrahfett*** (syn. Bassiaöl, Illipetalg, Me'öl). Inh.: Die Kerne enthalten 30–50 % Fett. Anw.: in Indien als Me'öl bei Hautleiden, ferner als Speiseöl sowie in der Kerzen- und Seifenfabrikation.

Diplomorpha viridiflora ↗ Daphne cannabina.
Dippels Tieröl ↗ Oleum animale aethereum.
Dipsacus fullonum ↗ Dipsacus silvestris.

■ **Dipsacus sativus** (L.) Scholler
Weberkarde.
Fam.: Dipsaceae.
Vork.:. Südeuropa.
Drogen: ***1. Flores Dipsaci sativi***, die getrockneten Blüten. Inh. und Anw.: s. ↗ *Dipsacus silvestris*. ***2. Radix Dipsaci sativi***, die Wurzeln. Anw. s. ↗ *Dipsacus silvestris*.

■ **Dipsacus silvestris** Huds.
(syn. *Dipsacus fullonum* L. var. *silvester*); Kardendistel (syn. Wilde Distel).
Fam.: Dipsaceae.
Vork.: Europa, Nordafrika.
Droge: die ganze Pflanze. Inh.: Scabiosid (Glykosid), organische Säuren, Glucoside, Saponine. Anw.: in der Volksheilkunde bei Rhagaden und Fissuren.
Hom.: ***Dipsacus silvestris*** HAB34, die frische, blühende Pflanze. Anw.-Geb.: Hauterkrankungen.

Diptam ↗ Dictamnus albus.
Diptamdost ↗ Origanum dictamnus.

■ **Dipterocarpus-Arten**
● **Fam.:** Dipterocarpaceae.
● **Dipterocarpus turbinatus** Gaertn.; Yang.
Vork.: indischer Subkontinent.
Droge: ***Balsamum Gurjunae*** (syn. *Balsamum Capivi, Balsamum Dipterocarpae, Balsamum Garnae*); Gurjunbalsam. Inh.: 50–80 % äther. Öl (Gurjunbalsamöl) komplexer Zusammensetzung, Harz, Bitterstoffe, Guajazulen. Anw.: in der traditionellen Medizin zur Therapie von Leprosen, ähnlich wie Copaivabalsam. In der Technik dient die Droge zur Herstellung von Lacken.
Weitere 21 Arten sind bekannt, deren talgartiges Fett aus den Samen zu Speisezwecken sowie zur Kerzenherstellung verwendet wird.

■ **Dipteryx odorata** (Aubl.) Willd.
(syn. *Coumarouna odorata, Baryosma tongo*); Tonkabohnenbaum (syn. Elbo).
Fam.: Fabaceae.
Vork.: Guayana, Nordbrasilien, Venezuela, Trinidad, Surinam).
Droge: ***Semen Tonca*** (syn. *Fabae Tonca, Fabae de Tonca*); Tonkabohnen, die bearbeiteten, reifen und getrockneten Samen; s. Farbtafel S. 300, Bild 118. Inh.: Cumarin (1–3 %), ferner Phytosterole, geringe Mengen äther. Öl sowie Reservestoffe. Anw.: Geruchskorrigenz, Aromatikum, z. B. für Tabak und Spirituosen.

■ **Dirca palustris** L.
Virginischer Kellerhals.
Fam.: Thymelaeaceae.
Vork.: atlantisches Nordamerika.
Droge: ***Cortex Dircae***; Lederholzrinde, die getrocknete Rinde der Zweige.

Hom.: ***Dirca palustris*** HAB; die frische, innere Rinde der Zweige. Anw.-Geb.: Magen-Darm-Störungen.

Dirlitze ↗ Cornus-Arten.

■ **Discaria febrifuga** Martius
(syn. *Discaria longispina*).

Fam.: Rhamnaceae.

Vork.: Brasilien, Uruguay, Patagonien.

Droge: ***Brasilianische Chinarinde***, die Rinde der Wurzeln. Inh.: Bitterstoffe, Flavonoide, Alkaloide, Schleimstoffe, Saponine, Gerbstoffe. Anw.: in der Volksheilkunde als Fiebermittel.

Discaria longispina ↗ Discaria febrifuga.

■ **Discus intervertebralis cervicalis HAB**
Präparation aus den Hals-Zwischenwirbelscheiben von Säugetieren. Anw.-Geb.: Begleittherapie bei Bandscheibenschäden.

■ **Discus intervertebralis lumbalis HAB**
Präparation aus den Lenden-Zwischenwirbelscheiben von Schlachttieren. Anw.-Geb.: Begleittherapie bei Bandscheibenschäden.

■ **Discus intervertebralis thoracalis HAB**
Präparation aus den Brust-Zwischenwirbelscheiben von Schlachttieren. Anw.-Geb.: Begleittherapie bei Bandscheibenschäden.

Diserneston gummiferum ↗ Dorema ammoniacum.

■ **Distel**
deutscher Name für Arten der Gattung *Carduus*, jedoch allgem. für stachelige, krautige Pflanzen, bes. für Gattungen der Asteraceae, z. B. *Cirsium*, *Onopordum* und *Silybum* sowie *Eryngium* aus der Familie der Apiaceae.

Distelkraut ↗ Cnicus benedictus.
Distelöl ↗ Carthamus tinctorius.

■ **Distylium racemosum** S. et. Z.

Fam.: Hamamelidaceae.

Vork.: Südchina, Japan.

Droge: Blätter und Kernholz. Inh.: in den Blättern Flavonoide, wie Myricetin, Quercetin, Kaempferol, Leukodelphinidin, Leukocyanidin; im Kernholz u. a. Gerbstoffe und Taxifolin. Anw.: typische Gerbstoffdroge, d. h. in der Volksheilkunde bei Durchfällen sowie in der Gerberei.

Divi-Divi ↗ Caesalpinia-Arten.
Djamboeblätter ↗ Psidium guajava.
Djambublätter ↗ Psidium guajava.
Döderleinsche Stäbchen ↗ Lactobacillus acidophilus.
Dogholz ↗ Diospyros-Arten.
Doldenförmiges Wintergrünkraut ↗ Chimaphila umbellata.
Doldiges Wintergrün ↗ Chimaphila umbellata.
Doldiges Winterlieb ↗ Chimaphila umbellata.
Dolichos biflorus ↗ Vigna unguiculata.
Dolichos fabaeformis ↗ Cyamopsis tetragonoloba.
Dolichos pruriens ↗ Mucuna pruriens.
Dolichos psoraloides ↗ Cyamopsis tetragonoloba.
Dolichos soja ↗ Glycine max.
Dombaöl ↗ Calophyllum inophyllum.
Donardistel ↗ Eryngium-Arten.
Donavarwurz ↗ Inula helenium.
Donax arundinaceus ↗ Arundo donax.
Donaxwurzel ↗ Arundo donax.

■ **Dopamin**
4-(2-Aminoethyl)brenzcatechin, Ausgangspunkt für die Synthese von Adrenalin und Noradrenalin. D. wirkt selbst als Neurotransmitter im dopaminergen System.

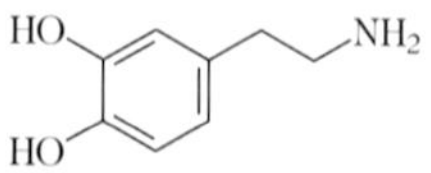

L-Dopamin

Doppelte Kamille ↗ Chamaemelum nobile.
Dorema aitchisonii ↗ Dorema ammoniacum.

■ **Dorema ammoniacum** D. Don
(syn. *Diserneston gummiferum, Dorema aitchisonii, D. aucheri, D. aureum, D. hirsutum, D. paniculatum, Peucedanum ammoniacum*).

Fam.: Apiaceae (Umbelliferae).

Vork.: Iran, Afghanistan, Anliegergebiete des Aralsees.

Droge: ***Gummi Ammoniacum*** (syn. *Ammoniacum, Gummiresina Ammoniacum, Gutta ammoniaca, Resina Ammoniacum*); Ammoniakgummi (syn. Armenisches Gummi), der zum Gummiharz erstarrte, freiwillig ausgetretene Latex; s. Farbtafel S. 300, Bild 119. Gehandelt wird die Droge als *Ammoniacum in lacrimus* (*granis*, *amygdalis*) in Körnerform oder als *Ammoniacum in massis* (*placentis*, *panibus*) in Klumpenform. Inh.: äther. Öl (bis max. 6 %, u. a. (+)-Linalool und Citronellylacetat enthaltend) sowie Sesquiterpene, u. a. Doremon und Doremol, Harz mit Ammoresinol (60–70 %), ein komplexes Cumarinderivat, stickstofffreies Gummi, Salicylsäure und Derivate, Polysaccharide. Anw.: Die Droge wurde früher bei chronischer Bronchitis und Asthma innerlich appliziert, auch bei Glieder- und Ischiasschmerzen sowie bei Leber- und Milzerkrankungen. Ein äußerer Gebrauch erfolgte bei Abszessen und Drüsenschwellungen sowie in der Wundbehandlung. Die Veterinärmedizin nutzte die Droge bei Erkrankungen der Atemwege und verminderter Harnausscheidung. Die Wirksamkeit der Droge bei diesen Indikationen ist nicht belegt. Während der Schwangerschaft sollte die Droge nicht angewendet werden, da eine abortive Wirkung beschrieben wurde. In der Galenik wird Ammoniakgummi zur Herstellung von Pflastern eingesetzt, das extrahierte äther. Öl dient als Antioxidans.

Hom.: ***Ammoniacum*** HAB34, das erstarrte Gummiharz. Anw.-Geb.: Bronchitis.

Histor.: Die Droge diente im Altertum u. a. als Abortivum, der Name *Ammoniacum* findet sich bereits bei Dioskurides und Plinius für ein Harz aus der libyschen Wüste. Scribonius Largus und Alexander Trallianus verordneten die Droge vielfach. Im 10. Jh. wird *Ammoniacum* in deutschen Quellen erwähnt und im Dispensatorium des Valerius Cordus 1546 aufgeführt.

Dorema aucheri ↗ Dorema ammoniacum.
Dorema aureum ↗ Dorema ammoniacum.
Dorema hirsutum ↗ Dorema ammoniacum.
Dorema paniculatum ↗ Dorema ammoniacum.
Doria virgaurea ↗ Solidago-Arten.
Dornapfel ↗ Rosa canina.
Dornapfelschalen ↗ Rosa canina.

■ Dornase

(syn. Desoxyribonuclease, DNAse). Enzym, das die DNA durch Hydrolyse der Phosphodiesterbindung in Oligonucleotide aufspaltet. Therapeutisch eingesetzte D. wird entweder aus Rinderpankreas (Pankreasdornase), aus Kulturfiltraten von *Streptococcus haemolyticus* (Streptodornase) oder gentechnisch aus CHO-Zellen (Dornase alpha) gewonnen. Anw.: Lokal angewendet dient sie zur Beseitigung von Eiteransammlungen bzw. zur Wundreinigung. Bei Mucoviscidose und cystischer Fibrose soll ein Aerosol aus Dornase alpha das Abhusten eitriger Sekrete erleichtern.

Dörnchenkoralle ↗ Antipathes subpinnata.
Dorngleditschie ↗ Gleditsia-Arten.
Dornhaitran ↗ Squalus acanthias.
Dorniger Becherstrauch ↗ Sarcopoterium spinosum.
Dorniger Fuchsschwanz ↗ Amaranthus-Arten.
Dorniger Hauhechel ↗ Ononis spinosa.
Dornige Spitzklette ↗ Xanthium spinosum.
Dorniges Spitzklettenkraut ↗ Xanthium spinosum.
Doronicum arnica ↗ Arnica-Arten.
Doronicum cordatum ↗ Doronicum pardalianches.
Doronicum macrophyllum ↗ Doronicum pardalianches.
Doronicum montanum ↗ Arnica-Arten.

■ Doronicum pardalianches L.

(syn. *Doronicum romanum*, *D. cordatum*, *D. procurrens*, *D. macrophyllum*); Kriechender Gamswurz.

Fam.: Asteraceae (Compositae).

Vork.: in Gebirgswäldern Mittel- und Westeuropas.

Droge: ***Echter Gamswurz***, die Wurzeln und das Kraut. Inh.: Xanthophyll, Terpene. Anw.: in der Volksheilkunde ähnlich wie Arnika ↗ *Arnica*-Arten.

Doronicum procurrens ↗ Doronicum pardalianches.
Doronicum romanum ↗ Doronicum pardalianches.
Dorsch ↗ Gadus morrhua.
Dortmannia inflata ↗ Lobelia inflata.

■ Doryphora decemlineata

(syn. *Leptinotarsa decemlineata*); Amerikanischer Kartoffelkäfer (syn. Coloradokäfer).

Fam.: Chrysomeliadae.

Vork.: Nordamerika, Europa.

Inh.: vermutlich Cantharidin.

Hom.: ***Doryphora decemlineata*** HAB, das gesamte mit Ethanol getötete und extrahierte Tier. Anw.-Geb.: Nierenleiden, Dysurie, Dysenterie.

■ **Doryphora sassafras** Endl.
Fam.: Monimiaceae.
Vork.: Neukaledonien, Ostaustralien.
Droge: Blätter, Rinde und das Holz (syn. Neukaledonisches Sassafrasholz). Inh.: äther. Öl mit Safrol, Piperonal, Pinen, Campher, Eugenol, Methyleugenol; Alkaloide, wie Doryphorin. Anw.: in der Volksheilkunde ähnlich wie ↗ *Sassafras albidum*, bei Hautausschlägen, Katarrhen, rheumatischen Beschwerden und Syphilis.

Dost ↗ Origanum vulgare.
Dostenkraut ↗ Origanum vulgare.
Dostenöl ↗ Origanum vulgare.
Dotterblume ↗ Caltha palustris.
Dotteröl ↗ Camelina sativa.
Douglasienrinde ↗ Pseudotsuga taxifolia.

■ **Doxorubicin**
(syn. Adriamycin, Hydroxydaunorubicin). Anthracyclinantibiotikum (Glykosid des 14-Hydroxydaunomycinons), das von *Streptomyces peuceticus* var. *caesius* gebildet wird. Anw.: Als Anthracyclinantibiotikum interkaliert Doxorubicin zwischen die Basenpaare des DNA-Doppelstranges und hemmt somit die Replikation und Transkription. Auch die Bildung von Radikalen führt zu DNA-Strangbrüchen und damit zur Hemmung der Zellteilung. Anw.: D. dient als Antineoplastikum zur Therapie von Lymphomen, Leukämien und soliden Tumoren. Wegen der starken Nebenwirkungen (Cardiotoxizität und Myelosuppression) ist eine strenge Überwachung der Therapie notwendig.

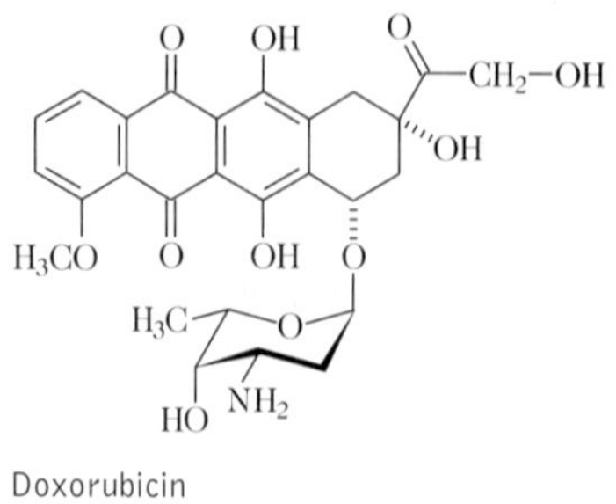

Doxorubicin

Draba nemoralis ↗ Draba nemorosa.

■ **Draba nemorosa** L.
(syn. *Draba nemoralis, Alyssum nemorosum*); Felsenblümchen.
Fam.: Brassicaceae (Cruciferae).
Vork.: Europa, Nordamerika, China, Nordafrika.
Droge: der Samen. Inh.: Senfölglykoside, wie Sinapin, Ammoniumiodid. Anw.: in der Volksheilkunde bei Pleuritis sowie in der traditionellen chinesischen Medizin.

■ **Dracaena draco** (L.) L.
Fam.: Dracaenaceae.
Vork.: Kanarische Inseln, Kapverdische Inseln, Ostindien.

Dracaena draco.

Droge: ***Sanguis draconis***; Canarisches Drachenblut (syn. Afrikanisches Drachenblut), das Harz der Rinde. Inh.: rot gefärbte Gummiharze. Anw.: früher in der Volksheilkunde, heute mitunter als Färbemittel in der Kosmetik, zur Herstellung von roten Lacken und Beizen.

Drachenblut ↗ Daemonorops draco.
Drachenblutbaum ↗ Harungana madagascariensis.
Drachenblutpalme ↗ Daemonorops draco.
Drachenblut von Cartagena ↗ Pterocarpus-Arten.
Drachenkraut ↗ Symplocarpus foetidus.
Drachenwurz ↗ Dracunculus vulgaris ↗ Polygonum bistorta.
Drachenwurzel ↗ Arisaema-Arten.
Drachkopf ↗ Dracocephalum moldavica.
Dracocephali herba ↗ Dracocephalum moldavica.

■ **Dracocephalum moldavica** L.
(syn. *Moldavica punctata, M. suaveolens*); Türkische Melisse (syn. Drachkopf, Türkischer Drachenkopf).

Fam.: Lamiaceae (Labiatae).

Vork.: heimisch in Südsibirien und Mittelasien, eingebürgert in Südosteuropa und der Türkei, Kulturen auch in Mitteleuropa.

Droge: ***Dracocephali herba*** (syn. *Herba Dracocephali*), das zur Blütezeit geerntete und getrocknete Kraut. Inh.: äther. Öl (0,1 %) mit Citral, Geraniol und Geranylacetat als Hauptkomponenten. Wirk.: Auszüge der Droge wirken leicht krampflösend und beruhigend. Anw.: Bestandteil von Beruhigungs-, Leber- und Gallensowie Magentees. Die Droge dient ferner als Gewürz.

Histor.: Die Droge gelangte in der Mitte des 16. Jh. aus dem Orient über Constantinopel nach Europa.

Dracontium foetidum ↗ Symplocarpus foetidus.
Dracunculi herba ↗ Artemisia dracunculus.
Dracunculus dracunculus ↗ Dracunculus vulgaris.
Dracunculus major ↗ Dracunculus vulgaris.
Dracunculus polyphyllus ↗ Dracunculus vulgaris.

■ **Dracunculus vulgaris** Schott.
(syn. *Arum dracunculus, A. guttatum, Dracunculus dracunculus, D. major, D. polyphyllus*); Drachenwurz (syn. Schlangenwurz).

Fam.: Araceae.

Vork.: Südeuropa, bes. östliche Mittelmeergebiete.

Drogen: ***1. Ari dracunculi folium***; *Arum-dracunculus*-Blätter, die frischen Blätter. Inh.: Flavonoide, Scharfstoffe, Calciumoxalate. Anw.: volkstümlich in den Heimatgebieten bei Abszessen oder entzündeten Wunden. ***2. Ari dracunculi rhizoma*** (syn. *Radix Serpentariae majoris*); *Arum-dracunculus*-Wurzelstock, das getrocknete Rhizom mit Wurzeln. Inh.: s. *Ari dracunculi folium*. Anw.: volkstümlich bei Neuralgien und rheumatischen Beschwerden; äußerlich bei Geschwüren und Verletzungen.

Hom.: ***Arum dracunculus*** HAB34, der frische, vor der Entwicklung der Blätter ausgegrabene Wurzelstock. Anw.-Geb.: u. a. Entzündungen der Atemwege.

■ **Dragee**
mit Schutzschicht überzogene Tabletten, die einerseits dem Schutz des Wirkstoffes, u. a. vor Licht, Luft und Magensäure, andererseits der Verbesserung des Aussehens, des Geschmacks und der Schluckbarkeit dient.

Dragon ↗ Artemisia dracunculus.
Dragonkraut ↗ Artemisia dracunculus.
Dragons Blood ↗ Daemonorops draco.

■ **Dregea rubicunda** K. Schum.
(syn. *Marsdenia rubicunda*).

Fam.: Asclepiadaceae.

Vork.: Ost- und Zentralafrika.

Droge: die Samen und Wurzeln. Inh.: herzwirksame Steroide mit Pregnangrundgerüst, wie Dregein; Digitaloide. Anw.: die Samen in der Volksheilkunde bei Herzinsuffizienz, die Wurzeln als Expektorans und Purgans.

■ **Dregea volubilis** (L. f.) Benth. et Hook.
(syn. *Asclepias volubilis, Marsdenia volubilis*).

Fam.: Asclepiadaceae.

Vork.: Indien, Sri Lanka, Java.

Droge: die Samen. Inh.: Pregnanderivate, wie Drevosid A, B und D, Drevogenin B und C. Anw.: in der asiatischen Volksheilkunde als Expektorans und Antiasthmatikum.

Dreiblatt ↗ Aegopodium podagraria, ↗ Menyanthes trifoliata, ↗ Trillium erectum.
Dreiblättriger Aron ↗ Arisaema-Arten.
Dreiblättriger Fieberklee ↗ Menyanthes trifoliata.
Dreifaltigkeitsblume ↗ Viola-Arten.
Dreifarbige Koralle ↗ Ramaria formosa.
Dreifarbiges Veilchen ↗ Viola-Arten.
Dreifuß ↗ Aegopodium podagraria.
Dreilappiger Salbei ↗ Salvia-Arten.
Dreiteiliger Wasserdost ↗ Bidens tripartitus.
Driantenwurzel ↗ Althaea officinalis.
Drimia maritima ↗ Urginea maritima.
Drimys aromatica ↗ Drimys winteri.
Drimys punctata ↗ Drimys winteri.
Drimys winterana ↗ Drimys winteri.

■ **Drimys winteri** J. R. et G. Forst.
(syn. *Drimys aromatica, D. punctata, D. Winterana, Winterana aromatica*); Winters Gewürzrindenbaum (syn. Chilenischer Canelobaum), s. Farbtafel S. 300, Bild 120.

Fam.: Winteraceae.

Vork.: Südamerika, von Zentralchile bis Kap Horn, Argentinien.

Droge: ***Winterianae cortex*** (syn. *Cortex Winteranus verus, Cortex Winteranus aromaticus, Cortex Winterianae, Cortex Winteri, Cortex Magellanicus, Cinnamomum magelannicum*); Echte Wintersrinde (syn. Magalhaesischer Zimt, Magellanischer Zimt), die vom Stamm oder stärkeren Ästen gewonnene, getrocknete Rinde. *Inh.:* äther. Öl (ca. 1 %), u. a. Eugenol, α-Pinen, Caryophyllen und Cineol enthaltend, Harz, Sesquiterpene (Drimenol, Drimenin), Sesquiterpenlacton (Confertifolin), Polygodial und Flavonoide (Quercetin, Kämpferol), ferner Stärke und Mannitol. *Anw.:* in der südamerikanischen Volksheilkunde bei Zahnschmerzen, Magenbeschwerden und Dermatiden. Im Hauhalt dient die Droge als Gewürz und zum Aromatisieren von Likören.

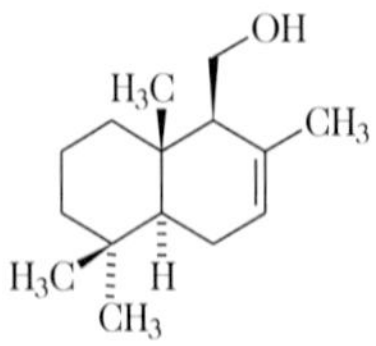

Drimenol

■ Droge

für die Verwendung als Arzneimittel bzw. zur Behandlung von Befindlichkeitsstörungen vorbereitete Pflanzen oder Tiere bzw. Teile von ihnen sowie von Pflanzen und Tieren gewonnene Stoffgemische, wie äther. Öle, Fette oder Harze.

Drogen der chinesischen Medizin

Rudolf Bauer

Einführung

Die traditionelle chinesische Medizin (TCM) kann auf eine mehrere tausend Jahre lange Entwicklung zurückblicken. Viele ihrer Theorien gehen auf Vorstellungen des Taoismus und Konfuzianismus zurück. Seit mehr als 2000 Jahren wird sie in China wissenschaftlich betrieben und an Universitäten gelehrt. Sie ist somit keine Volksmedizin, die von Laien angewandt wird, sondern hat ein Theoriegebäude, kennt diagnostische Verfahren und verfügt über ein kontinuierlich gewachsenes, schriftlich niedergelegtes Erkenntnismaterial. Sie ist heute in der Verfassung der VR China verankert und nimmt neben der westlichen Medizin einen wichtigen Stellenwert im Gesundheitssystem Chinas ein. In den letzten Jahren wird sie zunehmend auch in den westlichen Industrieländern angewendet.

Neben der Akupunktur ist die Anwendung von Arzneidrogen das wichtigste therapeutische Prinzip der TCM. Es werden überwiegend pflanzliche, aber auch tierische und mineralische Drogen verwendet. Die älteste Materia Medica, das legendäre *Shen-nong pen-ts'ao ching*, welche schon in der vorchristlichen Zeit verfaßt wurde, enthält bereits Aufzeichnungen über die Anwendung von 365 Arzneidrogen. In späteren „Arzneibüchern" wurden weitere Drogen hinzugefügt. Die wichtigsten klassischen Werke sind das in der frühen Tang-Epoche (618–906 n. Chr.) von Su-Ching verfaßte *Hsin-hsiu pen-ts'ao* mit 850 Arzneidrogen und das während der Ming-Dynastie (1368–1636 n. Chr.) entstandene *Pen-ts'ao kang mu* von Li Shih-chen, das 1893 verschiedene Drogen beschreibt. Auch im heute gültigen chinesischen Arzneibuch sind noch über 500 Arzneidrogen enthalten.

Berücksichtigt man darüber hinaus alle volksmedizinisch verwendeten Pflanzen, so beläuft sich die Zahl der in China insgesamt arzneilich verwendeten Arten auf ca. 7000. Dies entspricht etwa 20 % der chinesischen Flora. Eine Analyse zeigt eine ungleichmäßige Verteilung auf die einzelnen Taxa. Die nacktsamigen Pflanzen (*Gymnospermae*) besitzen mit 30 % einen überdurchschnittlich hohen Anteil an Arzneipflanzen, was vermutlich auf die enthaltenen Harze und ätherischen Öle zurückzuführen ist. Bei den zweikeimblättrigen Pflanzen (*Magnolia-*

tae) findet man eine Häufung bei den *Magnoliidae*, also den sehr ursprünglichen Pflanzen, die durch Benzylisochinolin-Alkaloide sowie Phenole und Zimtsäurederivate gekennzeichnet sind. Überdurchschnittlich berücksichtigt sind auch die *Caryophyllidae*, die sich ebenfalls durch ätherische Öle und Phenylpropanderivate auszeichnen. Interessanterweise tritt bei den *Asteridae*, den morphologisch mit am höchsten entwickelten Pflanzen, keine Häufung von arzneilich verwendeten Taxa auf.

In einer TCM-Apotheke werden üblicherweise ca. 600 bis 800 Arzneidrogen vorrätig gehalten. Sie werden in der Regel nach klassischem Muster in Mischungen von 4 bis 10 Bestandteilen als Dekokt angewendet. Jede Droge hat dabei ihre besondere Funktion: Ein „Chef" (*jun*) ist für die Hauptwirkung verantwortlich, ein „Adjutant" (*chen*) unterstützt den „Chef" oder deckt einen zweiten Indikationsbereich ab, „Assistenten" (*zuo*) unterstützen ebenfalls den „Chef" oder mildern die sekundären Symptome und die Nebenwirkungen des Hauptwirkstoffes und „Boten" (*shi*) kanalisieren und harmonisieren die Wirkung.

Die Anwendung der Drogen erfolgt nach einer Medizintheorie, die sich grundsätzlich von unserem westlichen medizinischen und pharmakologischen Verständnis unterscheidet. Eine wesentliche Rolle spielen dabei die beiden gegensätzlich ausgerichteten, aber sich ergänzenden Kräftegruppen *„yin"* und *„yang"*, sowie das sog. *„qi"*, welches als Lebensenergie im weiteren Sinne verstanden werden kann. Daneben besitzt der Einfluß auf die *„Fünf Wandlungsphasen"* eine große Bedeutung. Hierbei werden den fünf symbolischen *Elementen Holz, Feuer, Erde, Metall* und *Wasser*, die sich ineinander umwandeln können, die fünf Funktionsbereiche *„Leber"*, *„Herz"*, *„Milz"* und *„Magen"*, *„Lunge"* bzw. *„Niere"* zugeordnet. Es sind darunter jedoch nicht die Organe zu verstehen, sondern eine Funktionalität, die nicht immer mit unseren physiologischen Erkenntnissen übereinstimmen muß. Es wurde daher vorgeschlagen, bei Übersetzungen aus der TCM statt „Organ" den Begriff *„Orbis"* zu gebrauchen, was als „Komplex delokalisierter Funktionen" definiert wird.

Anwendung

Basierend auf diesem traditionellen medizinischen Verständnis und einer entsprechenden Anwendung der Drogen haben sich im Zuge der Koexistenz von westlicher und traditionell chinesischer Medizin mittlerweile aber auch für zahlreiche Arzneidrogen Indikationen nach westlichem Muster herauskristallisiert, die auch in der neueren chinesischen Medizinliteratur ihren Niederschlag gefunden haben. Dies ist sicher auch eine der Ursachen für die zunehmende Anwendung chinesischer Arzneidrogen in westlichen Ländern.

Soweit die Drogen arzneilich verwendet werden, muß gewährleistet sein, daß sie wie alle anderen Arzneidrogen den westlichen Qualitätsanforderungen entsprechen. Neben dem Nachweis von Identität, Reinheit und Gehalt, die nach den Vorschriften des chinesischen Arzneibuches überprüft werden können, muß auch auf ungewöhnliche Verunreinigungen (fremde Bestandteile), wie Schwermetalle, Pflanzenschutzmittel-Rückstände, Aflatoxine und mikrobielle Kontaminationen geachtet werden.

Die Verwendung von Drogen, die dem Washingtoner Artenschutzabkommen unterliegen, wie Orchideen (Bletillae tuber, *Baiji*; Gastrodiae rhizoma, *Tianma*; Dendrobii herba, *Shihu*) und tropische Farne (Cibotii rhizoma, *Gouji*), setzt zwingend voraus, daß die Pflanzen aus Kulturen stammen.

Bei der Identitätsprüfung ist grundsätzlich zu beachten, daß für bestimmte Drogen in verschiedenen Regionen Ostasiens unterschiedliche Stammpflanzen verwendet werden. So wird z. B. die Droge *Pien hsu* in der Volksrepublik China von ↗ *Polygonum aviculare* (*Polygonaceae*) gewonnen, während in Taiwan als Stammpflanze *Euphorbia thymifolia* (*Euphorbiaceae*) und in Hong Kong *Belamcanda chinensis* (*Iridaceae*) verwendet wird. Teilweise werden auch in verschiedenen Landesteilen Chinas unterschiedliche Arten einer Pflanzengattung verwendet, oder es werden unterschiedliche Pflanzenteile eingesetzt. Manchmal gibt es auch Probleme mit sehr ähnlich klingenden Namen. So werden beispielsweise *Fangji* (Radix Stephaniae tetrandrae) und *Guang Fangji* („südliche Fangji" = *Aristolochia fangchi*) gerne verwechselt, ebenso *Chuan mutong* (*Clematis armandii*) und *Guan mutong* (*Aristolochia manshuriensis*), was toxikologische und arzneimittelrechtliche Relevanz besitzt, da aristolochiasäurehaltige Arzneidrogen leber- und nierentoxisch und in Deutschland als Arzneimittel nicht zugelassen sind.

In der TCM existieren von einzelnen Arzneidrogen häufig auch unterschiedliche Zubereitungsformen. Die Drogen werden z. B. gedämpft, gekocht oder geröstet bzw. mit Alkohol, Wein, Salzlösungen oder Honig behandelt. Wichtig ist dies insbesondere bei giftigen Arzneidrogen, wie *Aconiti radix* (↗ *Aconitum*-Arten; *fuzi*). In China kennt man neben den wegen der enthaltenen Diterpenesteralkaloide hochtoxischen, rohen bzw. wenig vorbehandelten Wurzeln *nifuzi* (*ni* = Schlamm, Lehm) und *yanfuzi* (mehrere Tage in Salz eingelegt; *yan* = Salz), zahlreiche vorbehandelte Drogenformen: *heishunpian* (= „schwarzgefärbte Längsscheiben"; in Salzwasser gekocht und gedämpft), *baifupian* (gekocht, gedämpft und mit Schwefeldämpfen geräuchert; weiße Scheiben), *fupian* (*heishunpian* oder *baifupain* direkt verwendet), *danfupian* (*yanfuzi* mit Wasser gewaschen und mit Süßholzwurzel und Sojabohnen so lange gekocht, bis die aufgeschnittene Probe auf der Zunge nicht mehr anaesthesierend wirkt), *panfupian* (*fupian* nach der Tang-Methode geröstet bis sich die Droge aufwölbt und eine leichte Farbvertiefung eintritt). Toxikologische Untersuchungen haben gezeigt, daß durch die Vorbehandlung der Droge die toxischen Esteralkaloide zu Aconin hydrolysiert werden und eine Entgiftung der Droge eintritt. Nur die so vorbehandelte Droge darf gemäß der TCM verwendet werden. Das chinesische Arzneibuch läßt mit Dünnschichtchromatographie auf den Gehalt von ↗ Aconitin prüfen.

Als nützlich für die Identitäts- und Qualitätsbestimmung von chinesischen Drogen können die deutsche Übersetzung des chinesischen Arzneibuches (*Arzneibuch der chinesischen Medizin*), welche Angaben zu ca. 300 Drogen enthält, die Monographien aus der Serie *Chinese Drug Monographs and Analysis* sowie die offizielle englische Ausgabe der *Pharmacopoeia of the People´s Republic of China* empfohlen werden.

Das Potential der chinesischen Heilkräuter

Die Wissenschaft ist dabei, das Potential der chinesischen Arzneidrogen zu evaluieren. Es werden dabei zwei verschiedene Ansätze verfolgt: Zum einen wird versucht, die Wirkungen und die Wirksamkeit von chinesischen Arzneidrogen bzw. von daraus hergestellten Extrakten nachzuweisen, um damit eine rationale Begründung für die traditionelle Anwendung zu liefern. Zum anderen werden chinesische Arzneidrogen als Ausgangsmaterial für die Isolierung von pharmakologisch potenten Reinstoffen verwendet, welche als Leitstrukturen für die Entwicklung neuer Arzneistoffe dienen sollen.

Die Wirksamkeit von chinesischen Arzneidrogen wurde im Mutterland schon in zahlreichen klinischen Studien belegt. Meist erfüllen diese Studien allerdings nicht die heute üblichen Ansprüche. Für die Etablierung entsprechender Drogen und Zubereitungen im westlichen Arzneimittelmarkt sind daher in den meisten Fällen zusätzliche Studien erforderlich. Es haben allerdings in der Vergangenheit schon einige chinesische Drogen Eingang in unseren westlichen Arzneischatz gefunden. Bei uns bereits etablierte, ursprünglich chinesische Arzneipflanzen sind *Ephedra sinica* ↗ *Ephedra*-Arten, ↗ *Panax ginseng*, ↗ *Ginkgo biloba*, *Allium sativum* (↗ *Allium*-Arten) oder *Rheum officinale* (↗ *Rheum*-Arten).

Die Mehrzahl der anderen, bei uns bisher nur wenig bekannten Drogen, bedarf noch einer entsprechenden klinischen und pharmakologischen Evaluierung. Dabei gibt es eine Reihe chinesischer Arzneipflanzen, für die sehr vielversprechende Daten vorliegen und für die bereits interessante Wirkungen nachgewiesen wurden. Beispiele hierfür sind *Tripterygium wilfordii*, *Trichosanthes kirilowii*, *Salvia miltiorhizza*, *Codonopsis pilosula*, *Dichroa febrifuga*, *Pinellia ternata*, *Rehmannia glutinosa* und *Schisandra chinensis*.

Für eine Teemischung (Zemaphyte®), bestehend aus *Ledebouriella seseloides*, *Potentilla chinensis*, *Clematis armandii*, *Rehmannia glutinosa*, *Paeonia lactiflora*, *Lophatherum gracile*, *Dictamnus dasycarpus*, *Tribulus terrestris*, *Glycyrrhiza glabra* und *Schizonepeta tenuifolia*, wurde in England bereits in Doppelblindversuchen die Wirksamkeit in der Behandlung des atopischen Ekzems nachgewiesen.

Ein anderer Ansatz, das Potential der chinesischen Arzneidrogen zu nutzen, ist die Suche nach neuen Wirkstoffen bzw. nach neuen Leitstrukturen. In einigen Fällen sind bereits entsprechende Präparate auf dem Markt.

Artemisinin aus ↗ *Artemisia annua* (*Asteraceae*) bzw. das semisynthetische Artemether (Paluther®, Artenam®) werden zur Behandlung von schweren, Chinin- und Chloroquin-resistenten Malaria-Erkrankungen eingesetzt. Paluther®

wurde hierzu bereits in die entsprechende Arzneimittelliste der WHO aufgenommen.

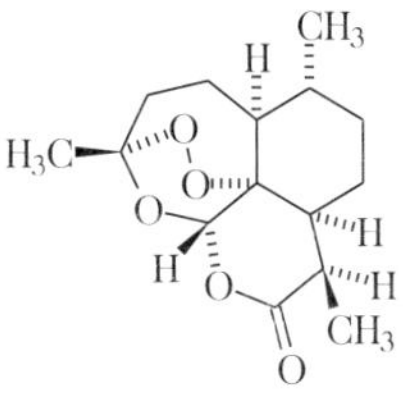

Artemisinin

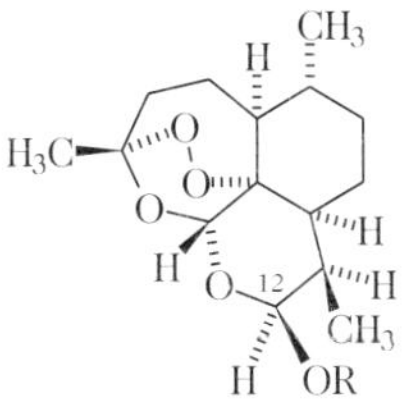

Dihydroartemisinin: R = H
Artemether: R = CH_3
Natriumartesunat: R = $OCOCH_2CH_2COONa$

Camptothecin (CPT), welches aus ↗ *Camptotheca acuminata* (*Nyssaceae*) isoliert wurde, besitzt eine antileukämische Wirkung und hat großes Interesse geweckt, weil es die für die Tumorzellteilung wichtige Topoisomerase I hemmt. Später synthetisierte wasserlösliche Derivate des 10-Hydroxy-camptothecins besitzen eine noch etwas stärkere Wirkung. Hydroxy-CPT ist in China klinisch im Einsatz. Das 9-Methylaminoderivat Topotecan ist mittlerweile in Europa als Hycamtin® zur Behandlung des fortgeschrittenen Ovarialcarcinoms nach Versagen einer Primär- oder Folgetherapie zugelassen. Klinische Studien zum Einsatz beim kleinzelligen Lungencarcinom, beim Brustkrebs und beim Zervixcarcinom sind im Gange. Irinotecan (Campto®) bzw. dessen Metabolit SN-38 (freie 9-OH-Gruppe) ist in Europa zugelassen zur Behandlung des nicht-kleinzelligen Lungentumors, in den USA zur Behandlung von Colorectal-Tumoren und in Japan zur Behandlung bei rezidivierenden ovariellen Tumoren. 9-Aminocamptothecin ist in der klinischen Prüfung bei Ovar-, Colon-, Lungen- und Magentumoren sowie bei Leukämie.

Die Hemmung eines Topoisomerasetyps stimuliert jeweils die Expression des anderen. Daher ist eine alternierende Applikation von Topoisomerase-I- und Topoisomerase-II-Hemmstoffen (Doxorubicin, Etoposid) besonders effektiv. Auch eine Kombination mit Platinverbindungen (Cisplatin) wirkt synergistisch.

Eine weitere vielversprechende Verbindung ist der Cholinesterasehemmstoff Huperzin A aus *Huperzia serrata* (Lycopodiaceae). Er wird mittlerweile auch synthetisch gewonnen. Es handelt sich um einen reversiblen Inhibitor der AChE (KI = 14 nM), wobei der entstehende Komplex sehr langsam dissoziiert. Hinsichtlich der Wirksamkeit in vivo wurden Versuche an Ratten durchgeführt, die zeigten, daß die Lernfähigkeit nach Gabe von Huperzin A deutlich gesteigert war. In USA sind Extrakte von *Huperzia serrata* als „Dietary Supplements" auf dem Markt. In China ist Huperzin als Reinstoff im Handel.

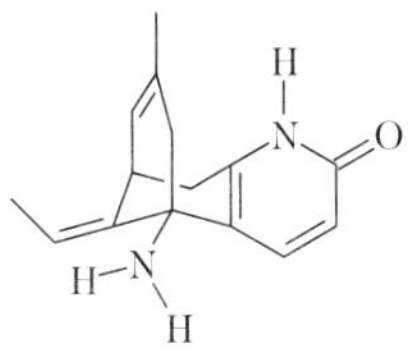

(–)-Huperzin A

Tripterygium wilfordii aus der Familie der *Celastraceae* (Leigongteng) ist eine sehr toxische

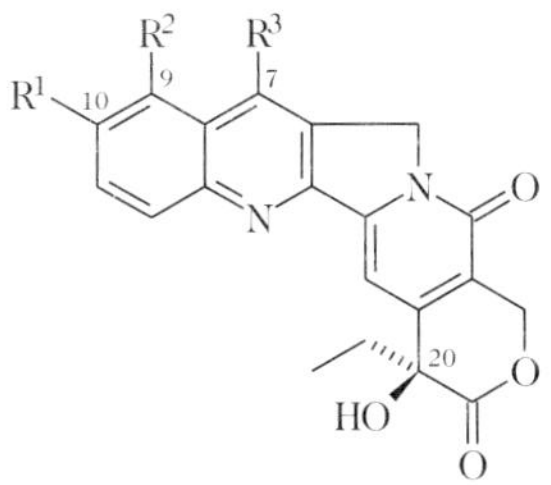

	R^1	R^2	R^3
Camptothecin	H	H	H
Hydroxy-camptothecin	OH	H	H
Topotecan (Hycamtin®)	OH	$CH_2N(CH_3)_2$	H
Irinotecan (Campto®)	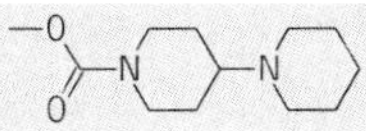	H	C_2H_5
9-Aminocamptothecin	H	NH_2	H

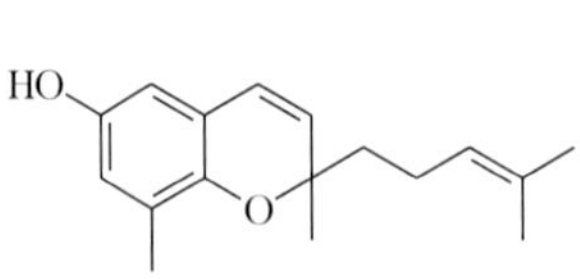

Atractylochromen

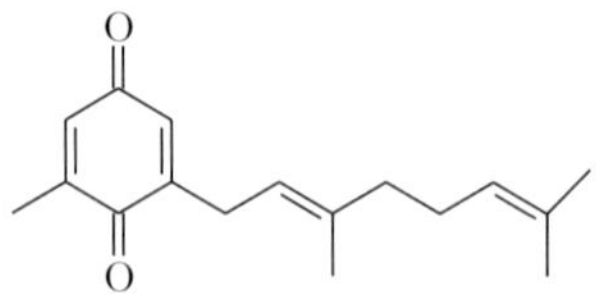

Atractylochinon

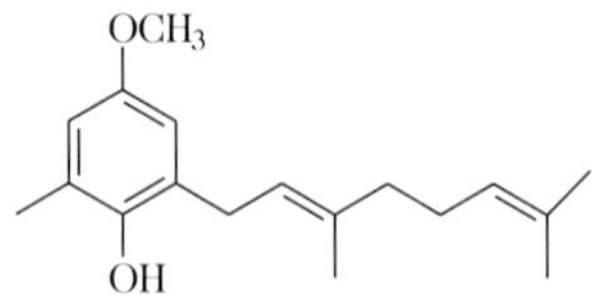

Atractylohydrochinon

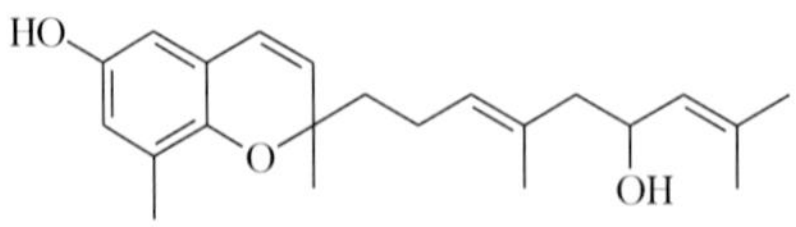

Angelicachromen

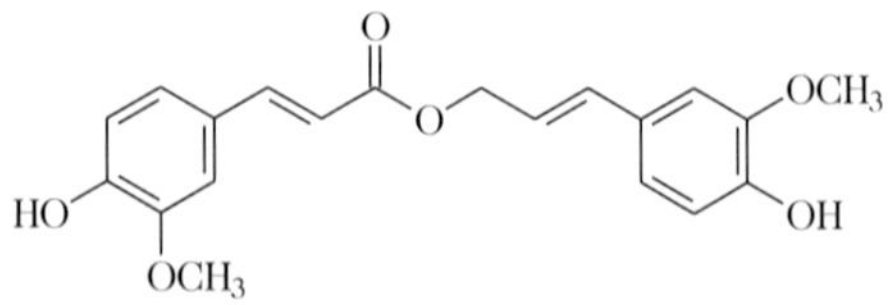

Coniferylferulat

Pflanze. Daher wurde sie in China auch nur wenig verwendet. Die Wurzeln wurden u. a. als Antidot, zur Behandlung von *Herpes zoster* und von rheumatoiden Erkrankungen eingesetzt. Da die toxischen Inhaltsstoffe vor allem in der Wurzelrinde anzutreffen sind, wurden nur geschälte Wurzeln verwendet. Insgesamt wurden bereits mehr als 70 Inhaltsstoffe identifiziert. Hauptsächlich handelt es sich um Diterpene vom Abietan-Typ, pentacyclische Triterpene mit Oleanangrundgerüst und Alkaloide. Für die Wirkung und Toxizität sind im wesentlichen die für Celastraceen typischen Alkaloide (Wilfordin) sowie die Diterpenlactone verantwortlich. Es wurden überwiegend niedrig dosierte Extraktzubereitungen untersucht. In einer randomisierten Doppelblindstudie an Patienten mit rheumatoider Polyarthritis trat nach 12-wöchiger Behandlungsdauer eine Besserung der Symptome auf. Man vermutet, daß Triptolid die verantwortliche Wirksubstanz ist. Triptolid hemmte die LPS-induzierte Prostaglandinsynthese.

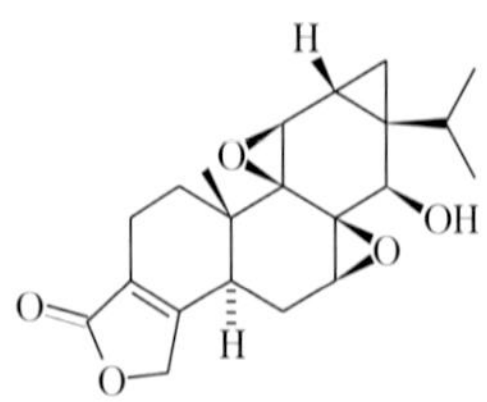

Triptolid

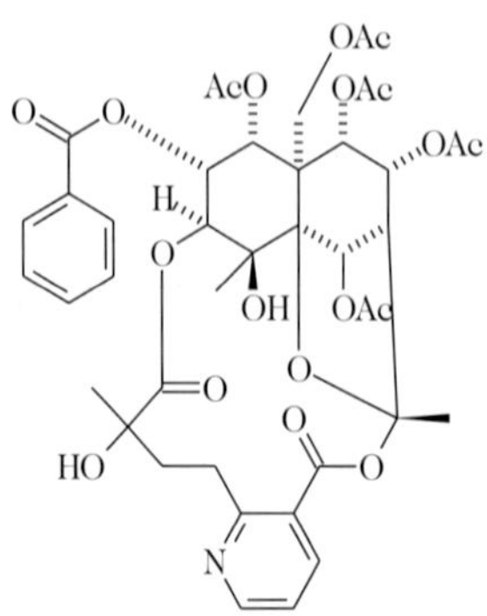

Wilfordin

In eigenen Untersuchungen mit chinesischen Arzneidrogen konnten Inhaltsstoffe gefunden werden, die selektiv die durch die 5-Lipoxygenase (5-LOX) vermittelte Leukotrienbildung und die durch Prostaglandinsynthase (PGHS-1) kontrollierte Prostaglandinsynthese hemmen und sich daher als Entzündungshemmstoffe eignen könnten. Aus den Rhizomen von *Atractylodes lancea* (*Asteraceae*) wurde ein neues Chromen (Atractylochromen) mit einem sehr starken dualen Hemmeffekt auf den 5-LOX- und PGHS-1-Metabolismus sowie ein Hydrochinonderivat und ein Chinon mit einer noch stärkeren, selektiven Hemmwirkung auf die 5-LOX isoliert, aus *Angelica sinensis* (*Apiaceae*) ebenfalls ein Chromenol (Angelicachromen) mit einem sehr starken Hemmeffekt auf die Leukotrien- und Prostaglandinbiosynthese sowie Phenetylferulat mit einer selektiven Wirkung auf die Leukotrienbildung.

Chinesische Heilkräuter und deren Inhaltsstoffe besitzen somit ein sehr interessantes pharmakologisches Potential, und es wird weiterhin eine interessante Aufgabe sein, ihre Wirksamkeit zu evaluieren sowie die Wirksubstanzen und die Wirkmechanismen aufzuklären. Es besteht kein Zweifel, daß sie auf diese Weise eine wichtige Ergänzung für die westliche Medizin darstellen können.

Literatur:

Akarele, O. in: Wagner, H. und Farnsworth N.R. (Hrsg.): *Economic and Medicinal Plant Research*, Vol. 4, Academic Press, London 1990.
Zhou, H.-J., Lu, Y.-R.: *Phytotherapy in China and its prospects*, J. Chin. Pharm. Sci. 1 (1992) 3–12.
Xiao P.G.: *Traditional experience of Chinese herb medicine – Its application in drug research and new drug searching*. In: Beal, J.L., Reinhard, E. (Eds.): Natural Products as Medicinal Agents. Hippokrates-Verlag, Stuttgart 1981, 351–394.
But, P.P.-H., Hu, S.-Y., Kong, Y.C.: *Vascular plants used in Chinese medicine*, Fitoterapia 3 (1980) 245–264.
Porkert, M.: *Lehrbuch der chinesischen Diagnostik*, Verlag für Medizin, Heidelberg 1976.
Bensky, D., Gamble, A.: *Chinese Herbal Medicine – Materia Medica*, Eastland Press Inc., Seattle 1993.
Stöger, E., Friedl, F.: *Arzneibuch der chinesischen Medizin*, Deutscher Apotheker Verlag, Stuttgart 1998.
Wagner, H., Bauer, R. (Hrsg.): *Chinese Drug Monographs and Analysis*, Verlag für Ganzheitliche Medizin Dr. Erich Wühr GmbH, Kötzting 1998.
Pharmacopoeia of the People´s Republic of China (English Edition), Guangdong Science and Technology Press, Ghuangzhou, 1992.
Bauer, R.: *Chinesische Arzneidrogen als Quelle neuer Arzneistoffe für die westliche Medizin*, Pharmazie in unserer Zeit 23 (1994) 291–300.
Tang, W., Eisenbrand, G.: *Chinese Drugs of Plant Origin*, Springer-Verlag, Berlin – Heidelberg 1992.

■ **Drogen in Teemischungen**
Drogen kommen oft in Form von Gemischen (↗ Species) zur Anwendung. Diese enthalten meist 4 bis 5 Einzeldrogen, die sich entsprechend der angestrebten Wirkung durch die Zusammensetzung ihrer Inhaltsstoffe sinnvoll ergänzen. Die nachfolgende Tabelle weist die für die jeweiligen Indikationen gebräuchlichen Teedrogen aus.

Drogenkunde ↗ Pharmakognosie.

Tabelle: Drogen in Teemischungen.

1. Drogen, die oft Bestandteile von Abführtees (↗ Species laxantes) sind:		
Faulbaumrinde	*Frangulae cortex*	↗ *Rhamnus frangula*
Fenchelfrüchte	*Foeniculi fructus*	↗ *Foeniculum vulgare*
Flohsamen	*Psyllii semen*	↗ *Plantago-Arten*
Holunderblüten	*Sambuci flos*	↗ *Sambucus nigra*
Kamillenblüten	*Chamomillae flos*	↗ *Chamomilla recutita*
Leinsamen	*Lini semen*	↗ *Linum usitatissimum*
Pfefferminzblätter	*Menthae piperitae folium*	↗ *Mentha-Arten*
Rhabarberwurzel	*Rhei radix*	↗ *Rheum-Arten*
Sennesblätter	*Sennae folium*	↗ *Cassia-Arten*
Sennesfrüchte	*Sennae fructus*	↗ *Cassia-Arten*
Süßholzwurzel	*Liquiritiae radix*	↗ *Glycyrrhiza glabra*

Tabelle: Drogen in Teemischungen (Fortsetzung).

2. Drogen, die Bestandteile von Beruhigungstees (↗ Species nervinae, ↗ Species sedativae) sind:		
Baldrianwurzel	*Valerianae radix*	↗ *Valeriana-Arten*
Johanniskraut	*Hyperici herba*	↗ *Hypericum perforatum*
Hopfenzapfen	*Strobuli Lupuli*	↗ *Humulus lupulus*
Melissenblätter	*Melissae folium*	↗ *Melissa officinalis*
Lavendelblüten	*Lavandulae flos*	↗ *Lavandula officinalis*
Orangenblüten	*Aurantii flos*	↗ *Citrus -Arten*
Pomeranzenschale	*Pericarpium Auranttii amari*	↗ *Citrus-Arten*
Haferfrüchte	*Avenae fructus*	↗ *Avena sativa*
Passionsblumenkraut	*Passiflorae herba*	↗ *Passiflora incarnata*
Weißdornblüten	*Crataegi flos*	↗ *Crataegus-Arten*

3. Drogen, die in Blasen- und Nierentees (↗ Species urologicae) zur Anwendung kommen:		
Birkenblätter	*Betulae folium*	↗ *Betula-Arten*
Brennesselblätter	*Urticae folium*	↗ *Urtica-Arten*
Bärentraubenblätter	*Uvae ursi folium*	↗ *Arctostaphylos uva-ursi*
Bruchkraut	*Herniariae herba*	↗ *Herniaria-Arten*
Bohnenhülsen	*Phaseoli pericarpium*	↗ *Phaseolus vulgaris*
Goldrutenkraut	*Virgaureae herba*	↗ *Solidago-Arten*
Hagebuttenschalen	*Rosae pseudofructus*	↗ *Rosa canina*
Hauhechelwurzel	*Ononidis radix*	↗ *Ononis spinosa*
Mateblätter	*Mate folium*	↗ *Ilex paraguariensis*
Queckenwurzelstock	*Graminis rhizoma*	↗ *Agropyron repens*
Ringelblumenblüten	*Calendulae flos*	↗ *Calendula officinalis*
Schachtelhalmkraut	*Equiseti herba*	↗ *Equisetum arvense*
Süßholzwurzel	*Liquiritiae radix*	↗ *Glycyrrhiza glabra*
Wacholderbeeren	*Juniperi fructus*	↗ *Juniperus communis*

4. Drogen, die in Brust- und Hustentees (↗ Species pectorales) genutzt werden:		
Anisfrüchte	*Anisi fructus*	↗ *Pimpinella anisum*
Eibischwurzel	*Althaeae radix*	↗ *Althaea officinalis*
Fenchelfrüchte	*Foeniculi fructus*	↗ *Foeniculum vulgare*
Huflattichblätter	*Tussilaginis folium*	↗ *Tussilago farfara*
Lindenblüten	*Tiliae flos*	↗ *Tilia-Arten*
Malvenblätter	*Malvae folium*	↗ *Malva-Arten*

Tabelle: Drogen in Teemischungen (Fortsetzung).

4. Drogen, die in Brust- und Hustentees (↗ Species pectorales) genutzt werden:		
Malvenblüten	*Malvae flos*	↗ *Malva-Arten*
Isländisches Moos	*Lichen islandicus*	↗ *Cetraria islandica*
Schlüsselblumenblüten	*Primulae flos*	↗ *Primula-Arten*
Spitzwegerichkraut	*Plantaginis lanceolatae herba*	↗ *Plantago-Arten*
Süßholzwurzel	*Liquiritiae radix*	↗ *Glycyrrhiza glabra*
Quendelkraut	*Serpylli herba*	↗ *Thymus-Arten*
Thymiankraut	*Thymi herba*	↗ *Thymus-Arten*
Wollblumen	*Verbasci flos*	↗ *Verbascum-Arten*
5. Drogen, die in ↗ Erkältungstees verwendet werden:		
Holunderblüten	*Sambuci flos*	↗ *Sambucus nigra*
Lindenblüten	*Tiliae flos*	↗ *Tilia-Arten*
Mädesüßblüten	*Spriraeae flos*	↗ *Filipendula ulmaria*
Weidenrinde	*Salicis cortex*	↗ *Salix-Arten*
6. Drogen, die als Bestandteil von Leber-und Gallentees (↗ Species cholagogae) genutzt werden:		
Javanische Gelbwurz	*Curcumae rhizoma*	↗ *Curcuma-Arten*
Kamillenblüten	*Chamomillae flos*	↗ *Chamomilla recutita*
Kümmelfrüchte	*Carvi fructus*	↗ *Carum carvi*
Löwenzahnkraut	*Taraxacum officinale*	↗ *Taraxacum officinale*
Mariendistelfrüchte	*Cardui mariae fructus*	↗ *Silybum marianum*
Pfefferminzblätter	*Menthae piperitae folium*	↗ *Mentha-Arten*
Schafgarbenkraut	*Millefolii herba*	↗ *Achillea-Arten*
7. Drogen, die als Bestandteil von Magentees (↗ Species stomachicae) verwendet werden:		
Andornkraut	*Marrubii herba*	↗ *Marrubium vulgare*
Angelikawurzel	*Angelicae radix*	↗ *Angelica archangelica*
Anguaraté	*Mentzeliae herba*	↗ *Mentzelia cordifolia*
Anisfrüchte	*Anisi fructus*	↗ *Pimpinella anisum*
Baldrianwurzel	*Valerianae radix*	↗ *Valeriana-Arten*
Bitterkleeblätter	*Menyanthidis folium*	↗ *Menyanthes trifoliata*
Condurangorinde	*Condurango cortex*	↗ *Marsdenia condurango*
Enzianwurzel	*Gentianae radix*	↗ *Gentiana-Arten*
Hopfenzapfen	*Strobuli Lupuli*	↗ *Humulus lupulus*

Tabelle: Drogen in Teemischungen (Fortsetzung).

7. Drogen, die als Bestandteil von Magentees (↗ Species stomachicae) verwendet werden:		
Isländisches Moos	*Lichen islandicus*	↗ *Cetraria islandica*
Kamillenblüten	*Chamomillae flos*	↗ *Chamomilla recutita*
Kardobenediktenkraut	*Cnici benedicti herba*	↗ *Cnicus benedictus*
Korianderfrüchte	*Coriandri fructus*	↗ *Coriandrum sativum*
Kümmelfrüchte	*Carvi fructus*	↗ *Carum carvi*
Löwenzahnkraut	*Taraxaci radix cum herba*	↗ *Taraxacum officinale*
Pfefferminzblätter	*Menthae piperitae folium*	↗ *Mentha-Arten*
Sanikelkraut	*Saniculae herba*	↗ *Sanicula europaea*
Salbeiblätter	*Salviae folium*	↗ *Salvia-Arten*
Schafgarbenkraut	*Millefolii herba*	↗ *Achillea-Arten*
Tausendgüldenkraut	*Centaurii herba*	↗ *Centaurium minus*
Teufelskrallenwurzel	*Harpagophyti radix*	↗ *Harpagophytum procumbens*
Wermutkraut	*Absinthii herba*	↗ *Artemisia absinthium*
Zimtrinde	*Cinnamomi cortex*	↗ *Cinnamomum-Arten*

Drogen und Pfeilgifte in der Indianermedizin

Bruno Wolters

Einführung

In den Jahren 1976 bis 1985 fand ein vom Anthropologen Tom Dillehay geleitetes Ausgrabungsteam am 12 500 Jahre alten späteiszeitlichen Fundplatz Monte Verde im südlichen Mittelchile Reste von 72 verschiedenen Pflanzenarten bzw. -gattungen, darunter 34 Heilpflanzen. Von 23 konnte die Artzugehörigkeit sicher bestimmt werden, und deren medizinische Hauptindikationen (Schmerzlinderung, Wundheilung und Fieber sowie Tonika und Stimulantien) zählen heute noch zu den Schwerpunkten der Medizin der Mapuche (Araukaner) in Chile. Besonders bemerkenswert war die Auffindung von zerkauten Boldoblättern (↗ *Peumus boldus*), die bis heute auch bei uns als Leber-Galle-Mittel dienen. Auch der Canelo oder Wintersrindenbaum (↗ *Drimys winteri*), das heutige „Allheilmittel" der Mapuche und frühere Antiskorbutikum (*Cortex Winteranus*) auf Segelschiffen, Massen von Bärlappsporen (Lycopodium), die in Chile bei Hautreizungen und Geschwüren als Reizlinderungs- bzw. Austrocknungsmittel verwendet werden, sowie einige Myrtaceen, Drogen mit Gerbstoffen und ätherischem Öl, sind unter diesen ältesten Zeugnissen der indianischen Medizin bereits vertreten.

Indianische Heilpflanzen und ihre Anwendung

Indianische Medizin ist – abgesehen von der Verwendung von Hausmitteln – eine Kombination von Erfahrungsheilkunde und religiösen Ritualen. Für schwere und unerklärliche Krankheitsfälle ist ein Schamane als „Medizinmann" zuständig. Dieser erkennt die magischen Ursachen (Tabuverletzung, Verlust der Seele bei einem Traum, Verhexung u. ä.) gegebenenfalls per Visionssuche mit einer halluzinogenen Droge und behandelt sie rituell. Häufig wird das Leiden durch Heraussaugen der Krankheit oder des hineingehexten Gegenstandes aus dem Körper behandelt, zugleich oder anschließend mit Heilpflanzen.

Besonders in den Hochkulturen Mexikos und Perus war die Medizin hochentwickelt. Die Menschen kannten und verwendeten: Bäder, Schwitzbäder, Inhalationen, Einreibungen, Klistiere, Schienung von Knochenbrüchen, Pasteurisierung von Wundreinigungsmitteln, Operationsinstrumente (Obsidianmesser), Haare für Wundnähte. Narkotisierung mittels Rauschdrogen (Stechapfel; ↗ *Datura*-Arten) vor schmerzhaften Operationen war bei Puebloindianern in den USA und bei Mapuche in Chile noch im 20. Jh. üblich.

Ethnobotaniker haben in Nordamerika über 2 000 indianische Arzneipflanzen registriert, in Mexiko über 3 000, unter 18 000 bzw. 23 000 Pflanzenarten insgesamt in diesen Regionen. Die älteste indianische Heilpflanze aus Nordamerika, die schon im 16. Jh. nach Europa verpflanzt wurde, war der Amerikanische Lebensbaum (↗ *Thuja occidentalis*). Die Huronen am Sankt-Lorenz-Strom in Kanada retteten mit Abkochungen aus grünen Lebensbaumzweigen einem Teil der Schiffsmannschaft des bretonischen Entdeckers Jacques Cartier, die an schwerem Skorbut und Fieber erkrankt war, das Leben. Indianer verwenden die Zweige auch bei Erkältungen, Husten und anderen Infektionen wie auch bei Hautleiden. Diese Anwendungen sind durch die in den Zweigen enthaltenen immunstimulierenden Polysaccharide plausibel, deren Wirkung auch wir bei entsprechenden Infektionen nutzen. Überhaupt sind bei nordamerikanischen Indianern seit altersher immunstimulierend wirkende Pflanzen in Gebrauch bei Atemwegserkrankungen, Mandelentzündung und Fieber: die Sonnenhut-Arten (↗ *Echinacea*-Arten), der Falsche Indigo (↗ *Baptisia tinctoria*), der Durchwachsenblättrige Wasserhanf (*Eupatorium perfoliatum*; ↗ *Eupatorium*-Arten) und die Amerikanische Kermesbeere (↗ Phytolacea americana).

Ein wichtiges Gebiet der Indianermedizin ist die Frauenheilkunde mit insgesamt 462 Pflanzenarten allein bei den Völkern Nordamerikas. Wir haben einige davon übernommen, so die Trauben-Silberkerze (↗ *Cimicifuga racemosa*), die von Indianern bei Menstruationsstörungen und in der Geburtshilfe genutzt wird, die Frauenwurz (↗ *Caulophyllum thalictroides*) und die Schneeball-Art *Viburnum prunifolium* (↗ *Viburnum*-Arten).

An weiteren Pflanzen, deren Heilwirkung von nordamerikanischen Indianern zuerst entdeckt wurde, seien genannt: der Kalifornische Goldmohn oder Schlafmützchen (↗ *Eschscholzia californica*) als Einschlafhilfe, die Blätter des Amerikanischen Berglorbeers (↗ *Kalmia latifolia*) als Rheumamittel, die Senegawurzel von *Polygala senega* (↗ *Polygala*-Arten) als Sekretolytikum bei Bronchitis und Husten, die Virginische Zaubernuß (↗ *Hamamelis virginiana*) bei Venenerkrankungen, Haut- und Schleimhautentzündungen, zur Wundbehandlung und Blutstillung sowie bei Hämorrhoiden.

Die Maya nutzten bereits die Herzwirksamkeit der Königin der Nacht (↗ *Selenicereus grandiflorus*) und die sedative Wirkung der in Yucatan wachsenden Passionsblumen-Arten (wir verwenden die nordamerikanische ↗ *Passiflora incarnata* zum gleichen Zweck). Von peruanischen Indianern wurden die Wirkungen der Ratanhiawurzel (von ↗ *Krameria triandra*) bei Mundschleimhautentzündungen entdeckt, die bei ihnen auch zur Zahnpflege dient, ebenso die antibiotische Aktivität der Kapuzinerkresse (↗ *Tropaeolum majus*), die bei Hautkrankheiten, Bronchitis und anderen Infektionen genutzt wurde, und die Wirksamkeit von Anguraté (↗ *Mentzelia cordifolia*) bei verschiedenen Magenleiden, die bei funktionellen Oberbauchbeschwerden der des synthetischen Metoclopramid® gleichkommt.

Brasilianische Indianer kannten bei der Ipecacuanha-Wurzel (*Cephaelis ipecacuanha*; ↗ *Cephaelis*-Arten) nicht nur deren Brechwirkung – der indianische Name „Ipecaáguéme" bedeutet „kleines Kraut am Wege, das Erbrechen erregt" –, sondern auch ihre antibiotische Aktivität bei Amöbenruhr und ihre Brauchbarkeit in geringer Dosierung als Sekretolytikum bei Bronchitis. Indianer Kolumbiens benutzen Luffaschwämmchen (↗ Luffa-Arten; das faserige Gerüst der kleinen Früchte dieses Kürbisgewächses) zur Erzeugung eines „Heilschnupfens", bei der durch kurzfristige Einführung des Schwämmchens in die Nasenlöcher eine Reinigung der Nasenhöhlen von verhärtetem Sekret, Eiter etc. erzielt wird. Diese Therapie ist auch bei uns eingeführt.

Ein besonderes Kapitel sind die indianischen Schmerz- und Rauschmittel. Medizinmänner und Curanderos verwenden außer relativ harmlosen Schmerzmitteln auch stark wirksame Drogen wie Tabak, Peyote, Stechapfel und Cocablätter. Die bei uns übliche begriffliche Trennung von Arznei- und Rauschmitteln existiert bei Indianern nicht; der Begriff „Medizin" umfaßt bei ihnen weit mehr (vgl. oben).

Ein sehr verbreitetes Schmerzmittel ist der Tabak (↗ *Nicotiana tabacum* und *N. rustica*), bei dem die schmerzlindernde Wirkung des Nicotins vorsichtigerweise nur äußerlich eingesetzt wird; Nicotin dringt allerdings durch die Haut. In Peru werden Tabakblätter bei Ohrenschmerzen in den Gehörgang eingebracht, bei Kopf- und Zahnschmerzen als Umschlag aufgelegt, bei den Maya desgleichen bei Rücken-, Herz- und Unterleibsschmerzen. Kallawaya-Wanderheiler in Bolivien und Peru empfehlen Schnupftabak gegen Migräne. Bei anderen Erkrankungen gibt man Tabak aber auch innerlich, als Tee oder Klistier.

Das Mescalin im Peyote-Kaktus (↗ *Lophophora williamsii*) wirkt halluzinogen, weshalb die oberen Teile dieses Kaktus seit 8 000 Jahren in Mexiko als Visionsdroge dienen. Peyote ist bei mexikanischen und nordamerikanischen Indianern zugleich Heilpflanze und Schmerzmittel bei Rheuma-, Muskel- und Zahnschmerzen. Die Schmerzlinderung ist belegt.

Der Stechapfel (*Datura stramonium* und andere als "Toloache" bezeichnete ↗ *Datura*-Arten) gebrauchen mexikanische Indianer äußerlich bei Kopf-, Ohren-, Muskel- und Rückenschmerzen wie rheumatischen Schmerzen und Neuralgien, innerlich bei Geburtsschmerzen. Die Verwendung als Narkosemittel wurde schon genannt.

Das berühmteste Schmerzmittel südamerikanischer Indianer sind die Cocablätter von ↗ *Erythroxylum coca* und ↗ *Erythroxylum novogranatense*. Bei Indianern der Kordillerenländer sind die cocainhaltigen Blätter nicht nur ein mehrmals täglich genossenes Dopingmittel, sondern als Schmerzmittel so populär wie bei uns das Aspirin, und auch sonst ist diese Droge bei ihnen ein vielfältig genutztes Arzneimittel. Kallawaya-Heiler verordnen Cocablätter heutzutage vorsichtigerweise meist nur äußerlich: Bei Erkältungen, Schüttelfrost, Muskelsteife (Inhalation bzw. Einreibung); bei Verbrennungen Cocablätter als Umschlag; bei geschwollenen und müden Füßen Waschung mit einer Coca-Abkochung; bei Magen-Darm-Störungen einen Coca-Umschlag mit Salz auf dem Unterleib: bei Kopfschmerz Auflegen von leicht zerkauten Cocablättern. Nur bei Koliken, Gastritis sowie anderen Verdauungsproblemen erfolgt eine innerliche Anwendung.

Rauschpilze (vor allem ↗ Psilocybe-Arten) dienten nach dem Bericht von Bernardino de Sahagún (1569) bei den Azteken nicht nur als Visionsdroge. Auch bei Fieber und Gicht wurden sie benutzt. *Psilocybe barrerae* ist bei mexikanischen Indianern Schmerzmittel für Zahn- und Magenschmerzen.

Die als Zierpflanzen bekannten Engelstrompeten (↗ Brugmansia-Arten, früher bei Datura eingeordnet) werden in Tälern der Anden-Ostseite und im kolumbianischen Teil Amazoniens wie der Stechapfel aufgrund der gleichen Tropanalkaloide als Halluzinogene benutzt. Zugleich sind ihre Blattdekokte dort Fieber-, Rheuma- und Schmerzmittel sowie Sedativa.

Entsprechendes gilt auch für die Yakée oder Paricá (↗ Virola-Arten). Der rote getrocknete Saft der inneren Rindenschicht dieser Bäume wird als Visionsdroge geschnupft oder verschluckt. Er wird aber äußerlich bei Hautentzündungen, Erysipel, Krätze, zur Blutstillung und Wundheilung verwendet. Der Saft von *Virola calophylla* und *V. theiodora* wird bei Hautpilzinfektionen während zwei Wochen mit Erfolg auf die infizierte Region aufgetragen.

Pfeilgifte

Die Zahl der indianischen Pfeilgifte ist vor allem im tropischen Südamerika recht groß, wo sie unter den Namen „curare", „urari" oder „wurali" bekannt sind. An einschlägigen Giftpflanzen werden Arten von 27 Pflanzengattungen aus 12 Pflanzenfamilien genannt. Die allermeisten enthalten Alkaloide als Wirkstoffe. Die Tikuna im amazonischen Teil Kolumbiens gebrauchen 25 verschiedene Pflanzenarten für ihre Pfeilgifte. Auch die Kofán an den Quellflüssen des Rio Putumayo im Grenzgebiet von Kolumbien und Ekuador sind Meister der Curare-Herstellung. Sie verwenden außer den im Amazonasgebiet meistbenutzten Lianen-Gattungen *Strychnos* (↗ *Strychnos*-Arten, Fam. Loganiaceae) und Chondodendron (Fam. Menispermaceae) auch Arten der Gattungen *Abuta*, *Curarea* und *Orthomene* (ebenfalls Menispermaceae), *Ocotea venenosa* (Fam. Lauraceae) und *Unonopsis veneficiorum* (Fam. Annonaceae). Bei Indianern Brasiliens sind außerdem der Ritterstern (*Hippeastrum puniceum*, eine der „Amaryllis"-Arten unter unseren Zierpflanzen) und Hülsenfrüchtler (Leguminosen) in Gebrauch; letztere mit Rotenoiden als Wirkstoffen, die zugleich Fischgifte sind. In Nordamerika ist der Gebrauch von Giftpfeilen sehr selten. Die Thompson in Westkanada verwenden giftige Hahnenfußarten (↗ *Ranunculus sceleratus* und andere) mit dem giftigen Protoanemonin, einem Lacton.

Bei der Präparation der Gifte kochen Schamanen wäßrige Auszüge aus zerkleinerten Pflanzenorganen (bei *Strychnos*-Arten der Rinde, bei *Chondodendron* Holz mit Rinde) in 25 Liter fassenden Tongefäßen. Rituelle Gebräuche und begleitende Gesänge gelten als wichtig, wenn die Zubereitung gelingen soll. Das sirupartig konzentrierte Gift wird in Südamerika in kleine Gefäße umgefüllt, für Strychnos-Gifte vorwiegend in Kalebassen („Kalebassen-Curare"), für Chondodendron-Gift oft in Bambusrohre („Tubo-Curare") oder in kleine Tontöpfe („Topf-Curare"). Viele ↗ Curare-Sorten enthalten zusätzlich Gifte von weiteren Pflanzen oder nur andere, was die Curare-Forschung erschwert hat. Der giftige Sirup wird auf Pfeil- oder Speerspitzen gestrichen und getrocknet. Mit dem Blasrohr verschossene Giftpfeile dienen dazu, Vögel und kleinere Baumtiere zu erlegen. Durch Curare gelähmt, fallen die Tiere auf den Boden und können so leicht erbeutet werden.

Das lähmend wirkende Tubocurarin aus *Chondodendron tomentosum* wird bei uns als Muskelrelaxans in der Narkosetechnik genutzt; C-Toxiferin 1 aus *Strychnos toxifera* fand zeitweilig gleichartige Verwendung. Zur Zeit wird ein tierisches Pfeilgift aus dem südamerikanischen Frosch *Epipedobates tricolor*, das Alkaloid Epibatidin, als chemische Leitstruktur zur Synthese neuartiger Schmerzmittel erprobt.

Curare-Gifte sind nur in der Blutbahn hochtoxisch; peroral sind sie wenig giftig. Infolgedessen kann das Fleisch der erbeuteten Tiere unbedenklich verzehrt werden. Und deshalb können manche Pfeilgiftpflanzen von Indianern auch als Arzneipflanzen genutzt werden.

Der Knorpelbaum (↗ *Chondodendron tomentosum*) ist im peruanischen Teil Amazoniens nicht nur Quelle für Curare. Seine Wurzel gilt als harntreibendes Mittel bei Nierensteinen, Ödemen und Hodenentzündung, auch als Fiebermittel. Indianer im kolumbianischen Amazonien verwenden sie bei Wassersucht, Geisteskrankheit und äußerlich bei Quetschungen. Unter der Bezeichnung „Radix Pareirae bravae" wurde die Wurzel in Europa 250 Jahre lang bei Nierensteinen verwendet. Erst 1935 erkannte man, daß man die Wurzel einer Pfeilgiftpflanze benutzt hatte.

Die Blätter von *Unonopsis veneficiorum* sind bei den Puinave in Kolumbien, die die Pfeilgiftwirkung dieser Pflanze nicht kennen, ein Geriatrikum bei Altersdemenz. Sie geben die Blätter in das Essen für alte Menschen, die „vergessen, wie man spricht". Leider sind bei allen Curare-Pflanzen – wie übrigens auch bei einigen Halluzinogenen – nur die Alkaloide erforscht, so daß wir über die indianischen Verwendungen als Heilpflanzen bislang kein Urteil abgeben können.

Obwohl wir eine Anzahl indianischer Arzneipflanzen in unseren Arzneischatz übernommen haben und mancher Wirkstoff als Leitstruktur für die Herstellung halb- und vollsynthetischer Arzneistoffe gedient hat, steckt in der Medizin der Indianer auch heute noch ein Potential für neue Heilpflanzen und Wirkstoffe. Leider ist dieses Potential durch die wachsende Waldzerstörung gefährdet.

Literatur:

Argueta Villamar, A., et al.: *Atlas de las plantas de la medicine tradicional mexicana*, Tom. I–III. Mexico 1994.

Dillehay, T. (Ed.): *Monte Verde. A late Pleistocene settlement in Chile*, 2 Bde., Washington u. London, 1989 und 1997.

Girault, L.: *Guérisseurs itinérants des Andes*, Paris 1984.

Moerman, D. E.: *Medicinal plants of native America*, 2 Bde. Ann Arbor (USA) 1986.

Morton, J.F.: *Atlas of medicinal plants of Middle America*. Bahamas to Yucatan, Springfield/Ill. (USA) 1981.

Schultes, R.E., Raffauf, R.F.: *The healing forest. Medicinal and toxic plants of the Northwest Amazonia*, Portland/Or. (USA) 1990.

Vogel, V.J.: *American Indian Medicine*, Norman (USA) 1990.

Wolters, B.: *Drogen, Pfeilgift und Indianermedizin – Arzneipflanzen aus Südamerika*, Greifenberg 1994.

Wolters, B.: *Agave bis Zaubernuß – Heilpflanzen der Indianer Nord- und Mittelamerikas*, Greifenberg 1996.

■ Drosera-Arten

● **Fam.:** Droseraceae.

● **Drosera angelica** Huds. (syn. *Drosera longifolia*); Langblättriger Sonnentau.

Vork.: Nord- und Mitteleuropa, von Sibirien bis Japan, Kanada. Die Pflanze steht unter Artenschutz!

Droge: ***Droserae herba***. Inh. und Anw.: s. *Drosera rotundifolia*.

● **Drosera intermedia** Hayne; Mittlerer Sonnentau.

Vork.: in den Hochmooren Mittel- und Nordeuropas. Die Pflanze steht unter Artenschutz!

Droge: ***Droserae herba***. Inhaltsstoffe und Anwendung s. *Drosera rotundifolia*.

● **Drosera ramentacea** Burch. ex Harv. et Sond. (syn. *Drosera madagascariensis*); Afrikanischer Sonnentau (syn. Kap-Sonnentau, Madagaskar-Sonnentau).

Vork.: Süd- und Ostafrika, Madagaskar.

Droge: ***Droserae ramentaceae herba*** (syn. *Droserae longifoliae herba*); Afrikanisches Sonnentaukraut (syn. Sonnentaukraut), die getrockneten oberirdischen und unterirdischen Teile. *Inh.*: 1,4-Naphthochinonderivate (0,12–0,22 %, v. a. Ramentaceon, Ramenton, Flavonoide. *Anw.*: s. *Drosera rotundifolia*.

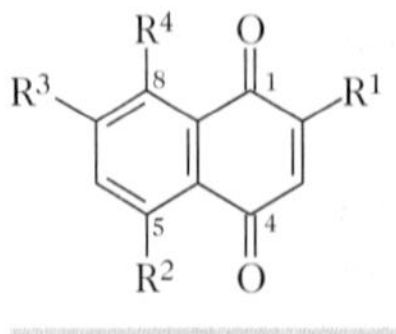

	R^1	R^2	R^3	R^4
7-Methyljuglon (Ramentaceon)	H	OH	CH_3	H
Ramenton	CH_3	OH	H	OH

● **Drosera rotundifolia** L. (syn. *Drosera septentrionales, Rorella rotundifolia, Rossolis septentrionalis*); Rundblättriger Sonnentau (syn. Sonnentau, Himmelstau).

Vork.: von Nord- bis Südeuropa, Asien, Nordamerika, kultiviert in Belgien, Niederlande, Tschechien, Slowakei. Wildvorkommen dieser Pflanze stehen unter Artenschutz!

Droge: ***Droserae herba*** (syn. *Herba Droserae, Herba Rorellae, Herba Roris solis*); Sonnentaukraut (syn. Herrgottslöffel, Sonnenkraut), die getrocknete, während der Blütezeit gesammelte ganze Pflanze. *Inh.*: Naphthochinonderivate (0,5 %, v. a. Ramentaceon, daneben Plumbagin und Plumbagin-5-O-glucosid), Anthocyane, Flavonoide (Quercetin, Myricetin, Kämpferol), proteolytische Enzyme, organische Säuren. *Anw.*: bei Krampf- und Reizhusten. In der Volksheilkunde wird die Droge darüber hinaus äußerlich zur Entfernung von Warzen, Hühneraugen und Sommersprossen eingesetzt. Auch über die interne Applikation bei Krämpfen, Leberleiden und Arteriosklerose sowie als Aphrodisiakum wird berichtet. *Drosera*-Tinktur soll aufgrund ihres Enzymgehaltes als Verdauungsmittel und bei Völlegefühl wirken.

Hom.: ***Drosera*** HAB1, die ganzen, frischen, bei Beginn der Blüte gesammelten Pflanzen. *Anw.-Geb.*: Entzündungen der Atemwege, Keuchhusten.

Droserae herba ↗ Drosera-Arten.
Droserae longifoliae herba ↗ Drosera-Arten.
Droserae ramentaceae herba ↗ Drosera-Arten.
Drosselbeeren ↗ Sorbus aucuparia.
Drudenfuß ↗ Lycopodium clavatum, ↗ Viscum album.
Drupae Juniperi ↗ Juniperus communis.

■ Dryobalanops aromatica Gaertn.

(syn. *Dryobalanops camphora, Shorea camphorifera*); Kapor.

Fam.: Dipterocarpaceae.

Vork.: Südostasien.

Droge: ***Camphora sumatrensis***; Borneocampher (syn. Sumatracampher), der aus dem äther. Öl gewonnene Campher. *Anw.*: analog Campher, meist äußerlich in Einreibungen und Salben bei Gelenkschmerzen. In Ostasien mitunter für Kultzwecke.

Dryobalanops camphora ↗ Dryobalanops aromatica.

■ **Dryopteris filix-mas** (L.) Schott.
(syn. *Aspidium filix-mas, Lastrea filix-mas, Nephrodium filix-mas, Polypodium filix-mas, Polystichum filix-mas*); Wurmfarn (syn. Bandwurmkraut, Farnkraut, Farnmännlein, Federfarn, Flohkraut, Gemeiner Wurmfarn, Johanniswurz, Männliches Farnkraut, Waldfarn, Wanzenkraut), s. Farbtafel S. 301, Bild 121.

Fam.: Aspidiaceae.

Vork.: gemäßigte Zonen Europas, Asiens und Amerikas.

Droge: ***Filicis rhizoma*** (syn. *Rhizoma Filicis, Radix Filicis maris*); Wurmfarn-Rhizom (syn. Teufelsklaue), der im Herbst gesammelte, von den Wurzeln befreite, ungeschälte und unzerschnittene Wurzelstock mit daransitzenden Blattbasen; s. Farbtafel S. 301, Bild 122. *Inh.*: ein als „Rohfilicin" bezeichneter, meist aus Butanonphloroglucіden bestehender Wirkstoffkomplex (Filmaron). Ferner geringe Mengen äther. Öl sowie Gerbstoffe. *Wirk.*: die Phloroglucinderivate bewirken bei verschiedenen Eingeweidewürmern Lähmung der Muskulatur und des Nervensystems. *Anw.*: früher, meist in Form des Etherextraktes (Farnextrakt), als zuverlässiges, infolge Toxizität jedoch nicht unproblematisches Bandwurmmittel. Heute obsolet.

Hom.: ***Dryopteris filix-mas*** (syn. *Aspidium filix-mas, Filix*) HAB1, der frische, im Herbst gesammelte, von Wurzeln befreite Wurzelstock mit den daransitzenden Blattbasen. *Anw.-Geb.*: Sehschwäche infolge Schädigung der Sehnerven.

Histor.: Der Gattungsname ist griechischen Ursprungs und leitet sich von *drys, dryos* (Eiche) und *pteris* (Farn) ab, d. h. ein Farn, der oft auf alten Eichen wächst. Die Bezeichnung Wurmfarn drückt die Verwendung des Rhizoms aus. Der Gebrauch der Farnkrautwurzel als Wurmmittel geht bis ins Altertum zurück. Eine sorgfältige Beschreibung der Pflanze findet man bereits bei ↗ Theophrast, ↗ Dioskurides und ↗ Plinius. Im 18. Jh. war die Droge oft Bestandteil von Geheimmitteln, die Kombinationen mit kräftigen Abführmitteln darstellten und sehr teuer gehandelt wurden. Eine entsprechende Rezeptur stellte auch der Apotheker Daniel Matthieu her, die ihm Friedrich der Große für eine Jahresrente von 200 Talern abkaufte und ihm dazu noch den Titel eines Hofrates verlieh.

■ **Duboisia-Arten**

● **Fam.:** Solanaceae.

● **Duboisia myoporoides** R. Br.

Vork.: Ostküste Australiens, Neukaledonien, Neuguinea, kultiviert in den USA.

Droge: ***Folia Duboisiae*** (syn. *Duboisia*); Duboisiablätter, die getrockneten Laubblätter. *Inh.*: v. a. Alkaloide (ca. 2 %, bes. Scopolamin, daneben u. a. Hyoscyamin, Tigloidin, Valeroidin, Poroidin, Piturin, Isoporoidin und Nicotin). *Anw.*: als Industriedroge zur Gewinnung von Scopolamin. In der Volksheilkunde als Narkotikum.

Hom.: ***Duboisia*** HAB, die frischen Blätter. *Anw.-Geb.*: Entzündungen des Auges und der Atemwege.

● **Duboisia leichhardtii** F. v. Muell.

Vork.: Australien, auch kultiviert.

Droge: ***Folia Duboisiae*** (syn. *Duboisia*); Duboisiablätter, die getrockneten Laubblätter. *Inh.*: v. a. Alkaloide, bes. Hyoscyamin (1,8–3 %), daneben u. a. Norhyoscyamin, Valtropin, Butropin, Tigloidin und Piturin). *Anw.*: zur Gewinnung von Hyoscyamin, in der Volksheilkunde als Spasmolytikum.

● **Duboisia hopwoodii** F. v. Muell.

Vork.: Australien.

Inh.: v. a. Alkaloide, u. a. Hyoscyamin, Scopolamin und Nicotin. *Anw.*: Die australischen Ureinwohner nutzen die Pflanze zur Bereitung von „Pituri" oder „Picherie", einem narkotischen Rauschmittel für magische Rituale, oder kauen die Blätter zur Erzeugung eines leichten narkotischen Zustandes.

Duboisiablätter ↗ Duboisia-Arten.

■ **Ducrosia anethifolia** (D. C.) Boiss.

Fam.: Apiaceae (Umbelliferae).

Vork.: Iran, Irak, Pakistan.

Droge: die Blätter und das Kraut. *Inh.*: äther. Öl, u. a. mit α-Pinen (13 %), Myrcen, Limonen, n-Decanal, n-Dodecanal. *Anw.*: in der iranischen Volksheilkunde zur Behandlung von Katarrhen, Kopf- und Rückenschmerzen sowie die Samen in der Kinderheilkunde bei Koliken.

Duduköl ↗ Celastrus paniculata.

Duftender Oleander ↗ Nerium odorum.
Duftender Sumach ↗ Rhus-Arten.
Duftlabkraut ↗ Galium odoratum.
Duftveilchen ↗ Viola-Arten.

■ **Dulacia inopiflora** (Miers) O. Kuntze (syn. *Dulacia ovata, Liriosma inopiflora, L. micrantha, L. ovata*); Potenzholz.
Fam.: Olacaceae.
Vork.: Südamerika, bes. Brasilien.
Droge: ***Lignum Muira-Puama*** (syn. *Radix Muira-Puama, Muira-Puama*); Potenzholz. Auch ↗ *Ptychopetalum*-Arten sollen nach neuerer Auffassung Stammpflanzen der Droge sein. *Inh.:* Estergemisch (0,4–0,5 %) aus Behensäure mit einem α-Sterol und β-Sitosterol, daneben Alkohole, Fettsäuren und Lupeol. *Anw.:* in der Volksheilkunde als Tonikum und Aphrodisiakum.

Dulacia ovata ↗ Dulacia inopiflora.
Dulcamara ↗ Solanum-Arten.
Dulcamarae stipites ↗ Solanum-Arten.
Dulcamara flexuosa ↗ Solanum-Arten.
Dullkraut ↗ Hyoscyamus niger.
Dunkler Fenchel ↗ Foeniculum vulgare.
Durchwachs-Hasenohr ↗ Bupleurum-Arten.
Durrhaöl ↗ Sorghum bicolor.

■ **Durvillea antarctica** (Chamisso) Hariot (syn. *Durvillea utilis*).
Fam.: Durvilleaceae.
Vork.: Küsten vor Australien, Neuseeland, subantarktische Gebiete, Chile.
Droge: die frischen oder getrockneten Algen. *Inh.:* Alginsäure (ca. 30 %), Alginate. *Anw.:* zur Gewinnung von Alginaten; in der Volksheilkunde auf Neuseeland als Wurmmittel sowie gegen Scabies eingesetzt.

Durvillea utilis ↗ Durvillea antarctica.
Dutra ↗ Datura-Arten.

■ **Dyera costulata** (Miq.) Hook. f. (syn. *Alstonia costulata*).
Fam.: Apocynaceae.
Vork.: Südostasien, Borneo.
Droge: ***Wilder Gummi*** (syn. Bresk, Jelutong, Pontianak), der Latex. *Inh.:* α- und β-Amyrin, Lupeol, Dambonit, Bornesit, Inositol, Harz (ca. 80 %), Gummi (ca. 20 %). *Anw.:* als Grundstoff für die Herstellung von Kaugummi; in der Technik für Isoliermaterialien und wasserfeste Firnisse.

Dysosmon amoenum ↗ Sesamum indicum.

E

Ebenauskraut ↗ Hepatica nobilis.
Ebenholz ↗ Diospyros-Arten
Eberesche ↗ Sorbus aucuparia.
Ebereschenfrüchte ↗ Sorbus aucuparia.
Eberraute ↗ Artemisia abrotanum.
Ebuli folium ↗ Sambucus ebulus.
Ebuli fructus ↗ Sambucus ebulus.
Ebuli radix ↗ Sambucus ebulus.
Ebulum humile ↗ Sambucus ebulus.

■ **Ecballium elaterium** (L.) A. Rich. (syn. *Ecballium officinale, Momordica elaterium*); Spritzgurke (syn. Springgurke, Eselsgurke), s. Farbtafel S. 300, Bild 123.
Fam.: Cucurbitaceae.
Vork.: Mittelmeergebiet, Kleinasien, Schwarzmeerküste, Krim, Kaukasusregion.
Drogen: ***1. Fructus Ecballi*** (syn. *Fructus Elaterii*); Springgurke (syn. Spritzgurke), die reifen Früchte. *Inh.:* Bitterstoffglykoside, Elaterine, Cucurbitacine, Säuren, Elastase, Harz, Phytosterol. *Anw.:* früher als drastisch wirkendes Laxans. ***2. Radix Ecballii elaterii***, die getrockneten Wurzeln. *Inh.:* u. a. Cucurbitacin-Glykoside, Elasterole, Fettsäuren, Allantoin. *Anw.:* in der griechischen Volksheilkunde als Analgetikum, auch bei Schmerzen von Tumorkranken. Die enthaltenen Cucurbitacine hemmen *in vitro* das Wachstum von Tumorzellen.
Hom.: ***Elaterium***, die noch nicht ganz reifen Früchte. *Anw.-Geb.:* bei wässrigen Durchfällen, Koliken, Nesselsucht.

Histor.: Der Gattungsname *Ecballium* leitet sich vom griechischen *ekballein* ab und bezieht sich auf das heftige Ausschleudern der Samen aus der reifen Frucht. Die gleiche Bedeutung hat auch der lateinische Artname *elatereus* (schnellend) sowie die deutschen Bezeichnungen Spritz- bzw. Springgurke. Die medizinische Anwendung der Spritzgurke geht in die Anfänge der Medizin zurück und war bereits bei den Knidiern ein viel gebrauchtes Mittel. ↗ Hippokrates z. B. verschrieb sie als Abführmittel, mahnte aber auch zu Vorsicht bei der Anwendung wegen der drastischen Wirkung.

Ecballium officinale ↗ Ecballium elaterium.
Ecbolium adhatoda ↗ Justicia adhatoda.

■ Echinacea-Arten

● **Fam.:** Asteraceae (Compositae).

● **Echinacea angustifolia** DC. (syn. *Brauneria angustifolia*); Schmalblättriger Sonnenhut (syn. Schmalblättrige Kegelblume, Schmalblättriger Igelkopf).

Vork.: Nordamerika, angebaut auch in der Schweiz und Deutschland.

Droge: ***Echinaceae angustifoliae radix*** (syn. *Radix Echinaceae angustifoliae*); *Echinaceae-angustifolia*-Wurzel (syn. Echinaceawurzel, Schmalblättrige Sonnenhutwurzel), die getrockneten Wurzeln. *Inh.:* äther. Öl (weniger als 0,1 %), Polyine (ca. 0,2 %, v. a. Trideca-1-en-3,5,7,9,11-pentain, Ponticaepoxid), Alkamide (0,01 %), Kaffeesäurederivate (0,3–1,3 %), u. a. Echinacosid und Cynarin, Betainhydrochlorid, Pyrrolizidinalkaloide (in Spuren Tussilagin und Isotussilagin), Polysaccharide. *Anw.:* Extrakte aus der Droge werden zur Prophylaxe und Therapie von Erkältungskrankheiten und grippalen Infekten sowie septischen Prozessen verwendet. Auch für den Einsatz bei entzündlichen und eitrigen Verletzungen, Abszessen, Furunkeln, Ulcus cruris, Herpes simplex, Phlegmonen, Kopfschmerzen und Stoffwechselstörungen sind Präparate auf dem Markt. Die Wirksamkeit bei diesen Anwendungen ist wissenschaftlich noch nicht ausreichend belegt. Allerdings muß bei einem Teil der vorgelegten Untersuchungsergebnisse davon ausgegangen werden, daß es sich bei den geprüften Präparationen um Zubereitungen aus *Echinacea pallida* handelte. In der überlieferten traditionellen Heilkunde der nordamerikanischen Indianerstämme reichen die Indikationen von der äußeren Behandlung von Wunden, Verbrennungen, Mumps, Insektenstichen über das Kauen der Wurzeln bei Zahn- und Halsschmerzen bis zur innerlichen Verwendung bei Schmerzen, Magenkrämpfen, Husten, Erkältungen, Masern und Gonorrhoe. Auch als Antidot bei Schlangenbissen und anderen Vergiftungen soll die Droge eingesetzt worden sein.

Hom.: ***Echinacea angustifolia*** HAB1 (syn. *Echinacea*), die frische, blühende Pflanze mit Wurzel. *Anw.-Geb.:* unterstützende Behandlung schwerer und fieberhafter Infektionen.

● **Echinacea pallida** (Nutt.) Nutt. (syn. *Brauneria pallida, Rudbeckia pallida*); Blasser Sonnenhut (syn. Blasse Kegelblume, Blasser Igelkopf).

Vork.: Nordamerika (Gebiet um die Großen Seen), Kanada. Heute kultiviert in Deutschland, Italien, Schweiz, Jugoslawien, Niederlande, Spanien, USA.

Droge: ***Echinaceae pallidae radix*** (syn. *Radix Echinaceae pallidae*); Sonnenhutwurzel (syn. Blaßfarbene schmalblättrige Kegelblumenwurzel, *Echinaceae-pallida*-Wurzel, Echinaceawurzel), die frischen oder getrockneten, im Herbst gesammelten Wurzeln. *Inh.:* äther. Öl (0,2–2 %), v. a. Pentadeca-9*Z*-en-2-on und Pentadeca-1,8*Z*-dien sowie Pentadecan, Polyine, Alkamide (0,001 %), Kaffeesäurederivate (u. a. ca. 1 % ↗ Echinacosid), Polysaccharide. *Anw.:* zur unterstützenden Therapie bei grippalen Infekten. Weitere Indikationen wie bei *Echinaceae angustifoliae radix*. *Geg.:* nicht indiziert bei progredienten Systemerkrankungen wie Tuberkulose, Leukosen, Kollagenosen, multipler Sklerose, AIDS, HIV-Infektionen und anderen Autoimmunerkrankungen.

● **Echinacea purpurea** (L.) Moench (syn. *Brauneria purpurea, Echinacea intermedia, E. speciosa, Rudbeckia hispida, R. purpurea, R. serotina*); Purpurfarbener Sonnenhut (syn. Purpurfarbene Kegelblume, Purpurfarbener Igelkopf, Rote Sonnenblume), s. Farbtafel S. 301, Bild 124.

Vork.: Nordamerika, in Europa als Zierpflanze. Angebaut wird die Pflanze heute in den USA, Spanien, Südosteuropa, Schweiz, Niederlande und Deutschland.

Drogen: ***1. Echinaceae purpureae herba*** (syn. *Herba Echinaceae purpureae*); Purpursonnenhutkraut (syn. *Echinacea-purpurea*-Kraut), die frischen, zur Blütezeit geernteten oberirdischen Pflanzenteile. *Inh.:* Kaffeesäurederivate (1,2–3,1 %),

v. a. Cichoriensäure und Dicaffeoylweinsäure, Flavonoide, bes. Rutin, Kämpferol- und Quercetinderivate, äther. Öl (0,08–0,32 %), Polyine, Alkamide, Polysaccharide (PS I = 4-O-Methylglucuronarabinoxylan (M_r um 35 000), PS II = ein saures Arabinorhamnogalactan (M_r um 450 000) sowie ein Xyloglucan (M_r um 79 500) und ein pektinartiges Polysaccharid, ferner Glycin-Betain, Vitamin C, Cyanidin-glykoside. *Anw.*: innerlich: zur unterstützenden Behandlung von rezidivierenden Infekten im Bereich der Atemwege und ableitenden Harnwege, äußerlich bei schlecht heilenden, oberflächlichen Wunden. *Geg.*: s. *Echinaceae angustifoliae radix*. ***2. Echinaceae purpureae radix*** (syn. *Radix Echinaceae purpureae*); Purpursonnenhutwurzel (syn. Echinaceawurzel, Sonnenhutwurzel), die im Herbst gesammelten, frischen oder getrockneten Wurzeln. *Inh.*: äther. Öl (maximal 0,2 %), Polyine (s. *Echinacea angustifolia*), Alkamide (0,01–0,04 %), Kaffeesäurederivate (0,6–2,1 %, v. a. Cichoriensäure, Caftarsäure), Polysaccharide, Glykoproteine (M_r um 40 000), Spuren an Tussilagin und Isotussilagin. *Anw.*: s. *Echinaceae angustifoliae radix*.

Hom.: ***Echinacea purpurea*** HAB1, die frischen, oberirdischen Teile blühender Pflanzen. *Anw.-Geb.*: unterstützende Behandlung schwerer und fieberhafter Infektionen.

● **Histor.:** Der Gattungsname stammt vom griechischen *echinos* (Igel), ab, und bezieht sich auf die stachligen Fruchtböden. Die Pflanze wurde bereits von den indianischen Ureinwohnern Nordamerikas als Antiseptikum gegen Entzündungen, Eiterungen und Furunkel genutzt. Die Sioux-Indianer gebrauchten die Pflanze als Gegenmittel bei Schlangenbissen.

Echinaceae angustifoliae radix ↗ Echinacea-Arten.
Echinaceae pallidae radix ↗ Echinacea-Arten.
Echinaceae purpureae herba ↗ Echinacea-Arten.
Echinaceae purpureae radix ↗ Echinacea-Arten.

■ **Echinacosid**
3,4-Dihydroxy-phenylethyl-glucosid mit weiteren Glucosyl-, Rhamnosyl- und Coffeoyl-Resten (Formel s. rechts). Wichtiger Inhaltsstoff von ↗ *Echinacea*-Arten.

Echinocactus lewinii ↗ Lophophora williamsii.
Echinocactus williamsii ↗ Lophophora williamsii.

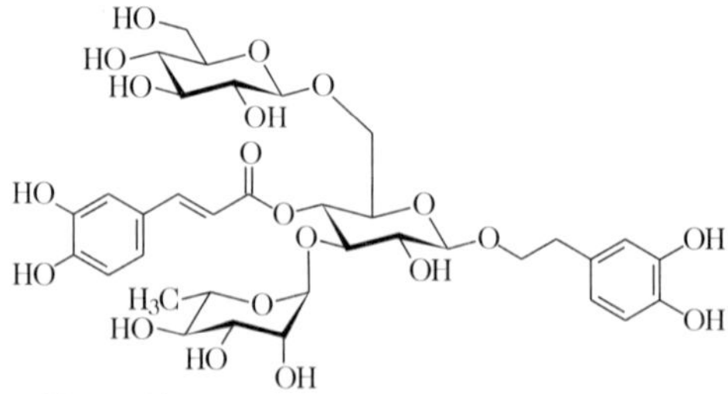

Echinacosid

Echinocereus coccineus ↗ Echinocereus triglochidiatus.
Echinocereus serpentinus ↗ Nyctocereus serpentinus.

■ **Echinocereus triglochidiatus** Engelm.
(syn. *Echinocereus coccineus*); Hikuri (syn. Falsche Peyote).
Fam.: Cactaceae.
Vork.: südwestl. Nordamerika, Mexiko.
Anw.: Dieser Kaktus wird bei einigen Indianerstämmen als Droge, ähnlich wie Peyote (↗ Lophophora williamsii) benutzt. Nachgewiesen wurde bisher ein Tryptamin-Derivat, was für die psychotrope Wirkung verantwortlich sein könnte.

■ **Echinochloa crus-galli** (L.) P. Beauv.
(syn. *Panicum crus-galli*).
Fam.: Poaceae (Gramineae).
Vork.: Asien, Nordamerika, Europa.
Droge: die ganze Pflanze. *Inh.*: im Samenöl Sawamilletin (Methylether des Taraxerols). *Anw.*: in der chinesischen Heilkunde als Tonikum und zur Wundbehandlung.

■ **Echinodontium tinctorium** Ellis et Ev.
Fam.: Polyporaceae.
Vork.: Nordamerika.
Droge: der ganze Pilz. *Inh.*: Triterpene, wie Echinodol. *Anw.*: in der traditionellen Indianer-Heilkunde bei bakteriellen Infektionen eingesetzt.

■ **Echinopanax elatum** Nakai.
Fam.: Araliaceae.
Vork.: fernöstliche Küstengebiete.
Droge: die ganze Pflanze. *Inh.*: äther. Öl, Saponine, Glykoside, Spuren von Alkaloiden. *Anw.*: in der Volksheilkunde als Tonikum bei Nerven-

leiden sowie zur Unterstützungstherapie bei Diabetes mellitus.

Echinopsis pachanoi ↗ Trichocereus pachanoi.

■ **Echinops ritro** L.
Kugeldistel.
Fam.: Asteraceae (Compositae).
Vork.: Südeuropa, Rußland, Mittelasien.
Droge: die Früchte. Inh.: Chinolinalkaloide, wie Echinorin; Echinopsin und Echinopsidin. Anw.: in der Volksheilkunde als Tonikum, Diuretikum und Diaphoretikum.

Echinus philippinensis ↗ Mallotus philippinensis.
Echites malabarica ↗ Alstonia-Arten.
Echites scholaris ↗ Alstonia-Arten.

■ **Echium vulgare** L.
Natternkopf (syn. Blaue Ochsenzunge), s. Farbtafel S. 301, Bild 125.
Fam.: Boraginaceae.
Vork.: Europa bis Vorderasien.
Droge: ***Radix Echii*** (syn. *Radix Buglossi agrestis*); Natternkopfwurzel. Die Droge ist schwach giftig! Inh.: Alkaloide (u. a. Cynoglossin, Consolidin), Cholin, Allantoin (ca. 1,2 %), Bornesit. Anw.: in der Volksheilkunde zur Wundheilung und bei Epilepsie.

Echte Aloe ↗ Aloe-Arten.
Echte Goldrute ↗ Solidago-Arten.
Echte Hauswurz ↗ Sempervivum tectorum.
Echte Jalape ↗ Ipomoea purga.
Echte Kamille ↗ Chamomilla recutita.
Echte Kastanie ↗ Castanea sativa.
Echte Kotorinde ↗ Aniba coto.
Echte Melone ↗ Cucumis-Arten.
Echte Myrrhe ↗ Commiphora-Arten.
Echte Myrte ↗ Myrtus communis.
Echte Nelkenwurz ↗ Geum-Arten.
Echte Ochsenzunge ↗ Anchusa officinalis.
Echte Pfingstrose ↗ Paeonia officinalis.
Echte Pistazie ↗ Pistacia vera.
Echter Alant ↗ Inula helenium.
Echter Augentrost ↗ Euphrasia rostkoviana.
Echter Behennussbaum ↗ Moringa-Arten.
Echter Buchweizen ↗ Fagopyrum esculentum.
Echter Dost ↗ Origanum vulgare.
Echter Ehrenpreis ↗ Veronica officinalis.
Echter Eisenhut ↗ Aconitum-Arten.
Echter Erdrauch ↗ Fumaria officinalis.
Echter Feigenbaum ↗ Ficus carica.
Echter Galgant ↗ Alpinia officinarum.
Echter Gamander ↗ Teucrium-Arten.
Echter Gamswurz ↗ Doronicum pardalianches.
Echter Kalmus ↗ Acorus calamus.
Echter Kanel ↗ Cinnamomum-Arten.
Echter Kapernstrauch ↗ Capparis spinosa.
Echter Kümmel ↗ Carum carvi.
Echter Lavendel ↗ Lavandula angustifolia.
Echter Malabar-Kardamom ↗ Elettaria cardamomum.
Echter Rettich ↗ Raphanus sativus.
Echter Safran ↗ Crocus sativus.
Echter Salbei ↗ Salvia-Arten.
Echter Seidenspinner ↗ Bombyx mori.
Echter Sellerie ↗ Apium graveolens.
Echter Senf ↗ Sinapis alba.
Echter Sinau ↗ Alchemilla xanthochlora.
Echter Skunk ↗ Mephitis putorius.
Echter Speik ↗ Valeriana celtica.
Echter Steinsame ↗ Lithospermum officinale.
Echter Sternanis(baum) ↗ Illicium verum.
Echter Thymian ↗ Thymus-Arten.
Echter Waldmeister ↗ Galium odoratum.
Echter Ziest ↗ Stachys officinalis.
Echter Zimt ↗ Cinnamomum-Arten.
Echter Zunderschwann ↗ Fomes fomentarius.
Echtes Bayöl ↗ Pimenta-Arten.
Echte Seidenpflanze ↗Asclepias-Arten.
Echtes Eisenkraut ↗ Verbena officinalis.
Echtes Herzgespann ↗ Leonurus cardiaca.
Echtes Johanniskraut ↗ Hypericum perforatum.
Echtes Katzenkraut ↗ Nepeta cataria.
Echtes Labkraut ↗ Galium verum.
Echtes Löffelkraut ↗ Cochlearia officinalis.
Echtes Lungenkraut ↗ Pulmonaria officinalis.
Echtes Opopanax ↗ Opopanax chironium.
Echtes Purgierkraut ↗ Gratiola officinalis.
Echtes Seifenkraut ↗ Saponaria officinalis.
Echtes Springkraut ↗ Impatiens noli-tangere.
Echtes Tacamahac ↗ Calophyllum inophyllum.
Echtes Tausendgüldenkraut ↗ Centaurium minus.
Echtes Verbenenkraut ↗ Aloysia triphylla.
Echtes Windröschen ↗ Anemone nemorosa.
Echte Vanille ↗ Vanilla planifolia.
Echte Waldrebe ↗ Clematis-Arten.
Echte Winterrinde ↗ Drymis winteri.
Echte Wintersrinde ↗ Drimys winteri.
Echte Zypresse ↗ Cupressus sempervirens.

■ **Eclipta alba** (L.) Hassk.
(syn. *Eclipta erecta, E. marginata, E. prostrata, E. thermalis*).

Fam.: Asteraceae (Compositae).

Vork.: tropisches Afrika, Pakistan, Indien, Nepal, China, Indochina, Japan.

Droge: das Kraut. Inh.: Nicotin (0,08 %), Wedelolacton, β-Amyrin, Stigmasterol, Lactone. Anw.: in der Volksheilkunde als Adstringens und Hämostyptikum, zur Wundbehandlung, bei Verbrennungen sowie als Antidot. Die Droge gehört auch zur ↗ Ayurveda- bzw. Unani-Medizin, und wird dort als Haarwuchsmittel und zur Erhaltung der schwarzen Haarfarbe eingesetzt.

Eclipta erecta ↗ Eclipta alba.
Eclipta marginata ↗ Eclipta alba.
Eclipta prostrata ↗ Eclipta alba.
Eclipta thermalis ↗ Eclipta alba.
Ectrus mexicanus ↗ Argemone mexicana.
Edelgamander ↗ Teucrium-Arten.
Edelherzwurzel ↗ Inula helenium.
Edel-Kamille ↗ Chamaemelum nobile.
Edelkastanie ↗ Castanea sativa.
Edelkoralle ↗ Corallium rubrum.
Edel-Leberkraut ↗ Hepatica nobilis.
Edelraute ↗ Ruta graveolens.
Edeltanne ↗ Abies-Arten.
Edelweiß ↗ Leontopodium alpinum.
Edelwundkraut ↗ Solidago-Arten.
Edelwurz ↗ Inula helenium.

■ **Edgeworthia papyrifera** Sieb. et Zucc.
(syn. *Edgeworthia tomentosa*).

Fam.: Thymelaeaceae.

Vork.: Südwestchina, Japan, wildwachsend und kultiviert.

Droge: Rinde, Wurzeln und Stammholz. Inh.: Steroide, wie Daphnin, Paraffine, Wachsalkohole, Ethylester ungesättigter Fettsäuren. Anw.: in der chinesischen Heilkunde bei Geschwüren und Augenleiden; in Japan wird aus dem Bast der Pflanze das Mitsumata-Papier hergestellt.

Edgeworthia tomentosa ↗ Edgeworthia papyrifera.
Edler Salbei ↗ Salvia-Arten.
Efeublätter ↗ Hedera helix.
Egelkraut ↗ Lysimachia nummularia.
Ehrenpreiskraut ↗ Veronica officinalis.
Eibe ↗ Taxus baccata.
Eibenblätter ↗ Taxus baccata.
Eibisch ↗ Althaea officinalis.
Eichelkaffee ↗ Quercus-Arten.
Eichenfarnwurzel ↗ Polypodium vulgare.
Eichengallen ↗ Gallen, ↗ Quercus-Arten.
Eichenmistel ↗ Loranthus europaeus.
Eichenmoos ↗ Evernia prunastri.
Eichenrinde ↗ Quercus-Arten.

■ **Eichhornia crassipes** (Mart.) Solms
(syn. *Piaropus crassipes*); Wasserhyazinthe (syn. Tropische Wasserpest).

Fam.: Pontederiaceae.

Vork.: ursprünglich in tropischen Gewässern Südamerikas heimisch, heute in tropischen Gebieten Asiens, Afrikas, Australiens und Nordamerikas verbreitet.

Droge: ***Herba Eichhorniae***. Inh.: Lignin, Mineralien, Proteine (12,9 %), Vitamine, Oxalsäure (8,4 %), Sterole, Anthocyane. Anw.: Im Orinokogebiet Brasiliens wird die Pflanze traditionell zusammen mit der Nahrung bei Blähungen, Appetitlosigkeit und Verdauungsstörungen eingesetzt.

Hom.: ***Eichhornia crassipes*** HAB1; Wasserhyazinthe, die ganze frische Pflanze. Anw.-Geb.: Verdauungsschwäche.

Eidetika ↗ Halluzinogene biogenen Ursprungs.
Eierblume ↗ Caltha palustris, ↗ Oenothera biennis.
Eierfrucht ↗ Solanum-Arten.
Eife ↗ Taxus baccata.
Einbeere ↗ Paris quadrifolia.
Einblütiges Wintergrün ↗ Pyrola uniflora.
Einjähriger Beifuß ↗ Artemisia annua.
Einjähriges Bingelkraut ↗ Mercurialis-Arten.
Einkern-Weißdorn ↗ Crataegus-Arten.
Eisenbart ↗ Verbena officinalis.
Eisenholzbaum ↗ Argania sideroxylon.
Eisenhut ↗ Aconitum napellus.
Eisenhutknolle ↗ Aconitum-Arten.
Eisenkraut ↗ Lithospermum officinale, ↗ Sideritis-Arten, ↗ Verbena officinalis.
Eiternessel ↗ Urtica-Arten.

■ **Elaeagnus angustifolia** L.
(syn. *Elaeagnus hortensis, E. spinosa*); Ölweide.

Fam.: Elaeagnaceae.

Vork.: Mittelmeergebiete, Osteuropa, Pakistan, Asien.

Droge: die Blätter, Früchte, Samen und Stammrinde. *Inh.:* in den Blättern sind Ellagsäure, Quercetin, Kämpferol, *p*-Cumarsäure enthalten; in den Samen fettes Öl (ca.26 %; *Oleum sanctum*, Zachäusöl), Proteine (ca. 42 %); in der Rinde Gerbstoffe, Farbstoffe, Tetrahydroharmol und Derivate; in den Früchten Zucker, Proteine, Gerbstoffe, Schleimstoffe. *Anw.:* in der Volksheilkunde als Antiphlogistikum, die Schleimstoffe werden als Emulgatoren verwendet; die Veterinärmedizin nutzt die Samen bei Diarrhoe.

Hom.: ***Elaeagnus*** HAB34, die reifen Samen.

Elaeagnus hortensis ↗ Elaeagnus angustifolia.
Elaeagnus spinosa ↗ Elaeagnus angustifolia.

■ **Elaeis guineensis** Jacq.
(syn. *Elaeis nigrescens, E. virescens, Palma spinosa*); Afrikanische Ölpalme (syn. Ölpalme).

Fam.: Arecaceae.

Vork.: Afrika, Indien, Indonesien, Sumatra, Java, Brasilien, Ecuador, Costa Rica.

Drogen: ***1. Oleum Palmae***; Palmöl (syn. Palmfett, Palmbutter), das fette Öl des Fruchtfleisches. *Inh.:* Triglyceride der Öl-, Linol-, Myristin-, Stearin- und Lignocerinsäure, freie Fettsäuren (frisch um 12 %, alt bis zu 90 %), Carotin, Tocopherole, Sterole, Triterpenalkohole, Phospholipide. *Anw.:* in der afrikanischen Volksheilkunde als Antidot bei Vergiftungen und äußerlich zusammen mit Kräutern bei Hautkrankheiten. Die Droge wird auch in der Galenik, als Speisefett, zur Margarineherstellung, zur Gewinnung von Seifen und Kerzen, als Brennöl sowie Ausgangspunkt für die Gewinnung von Carotin eingesetzt. Ein fraktioniertes Produkt dient auch als Suppositoriengrundlage. ***2. Palmkernfett*** (syn. Palmkernöl), fettes Öl aus den Palmkernen. *Inh.:* Triglyceride der Laurin-, Myristin-, Palmitin-, Stearin-, Capryl-, Caprin-, Capron- und Ölsäure. *Anw.:* in der afrikanischen Volksheilkunde als Antidot bei Vergiftungen und zur Regulation der Körpertemperatur bei krampfenden Kindern, zusammen mit Kräutern auch als Lotion bei Hautkrankheiten. In der Technik wird die Droge zur Kernseifenproduktion, in gereinigter Form zur Herstellung von Margarine und Speisefetten verwendet.

Hom.: ***Elaeis guineensis*** HAB34, die reifen Früchte. *Anw.-Geb.:* Verdickungen der Unterhaut.

Elaeis nigrescens ↗ Elaeis guineensis.
Elaeis virescens ↗ Elaeis guineensis.

■ **Elaeophorbia drupifera** (Thonn.) Stapf.

Fam.: Euphorbiaceae.

Vork.: Westafrika, besonders Kamerún, Gambia, Ghana.

Droge: der Latex, die Blätter und Wurzeln. *Inh.:* Alkaloide in den Blättern; im Latex Diterpenester, wie Ingenol (0,3–0,4 %); Lectine, Triterpene, wie Euphol, Tirucallol, Euphorbol. *Anw.:* in der afrikanischen Volksheilkunde als Abführmittel sowie zur Behandlung von Warzen, Eingeweidewürmern und Insektenstichen. Die Droge ist auch Bestandteil von afrikanischen Pfeil- und Fischgiften.

Histor.: Der Latex wurde früher als Gottesurteilgift verwendet, wobei dem Delinquenten einige Tropfen in die Augen appliziert wurden. Wenn nach einigen Stunden das Auge unverletzt vorgezeigt werden konnte, galt der Angeschuldigte als unschuldig. Da die Inhaltsstoffe des Latex so stark toxisch bzw. reizend sind, kommt es in jedem Fall zu einer starken Augenschädigung. Auch über eine Nutzung des Latex als Sedativum für die Verschiffung von Sklaven wird berichtet.

■ **Elaeoselinum asclepium** Bertol.
(syn. *Thapsia asclepium*).

Fam.: Apiaceae (Umbelliferae).

Vork.: Südeuropa.

Droge: Früchte und Blätter. *Inh.:* äther. Öl mit α- und β-Pinen, Limonen und *p*-Cymen. *Anw.:* früher in der Volksheilkunde als Wurmmittel eingesetzt.

■ **Elaphomyces cervinus** (Pers.) Schroeter
(syn. *Elaphomyces granulatus, E. officinalis, Lycoperdon cervinum*); Hirschtrüffel.

Fam.: Elaphomycetaceae.

Vork.: Europa.

Droge: ***Fungus cervinus*** (syn. *Boletus cervinus*); Hirschbrunst (syn. Hirschtrüffel), der Fruchtkörper des Pilzes; s. Farbtafel S. 301, Bild 126. *Inh.:* u. a. Mannitol, Kohlenhydrate, Pektine, Farbstoffe. Der eigentliche Wirkstoff ist unbekannt. *Anw.:* Brunstmittel in der Veterinärmedizin bei Rindern und Schweinen.

Elaphomyces granulatus ↗ Elaphomyces cervinus.
Elaphomyces officinalis ↗ Elaphomyces cervinus.

Elaphrium fagaroides ↗ Bursera-Arten.
Elaphrium graveolens ↗ Bursera-Arten.
Elaphrium penicillatum ↗ Bursera-Arten.
Elaphrium simarubum ↗ Bursera-Arten.
Elaps corallinus ↗ Micrurus corallinus.
Elbo ↗ Dipteryx odorata.
Elb-Spitzklette ↗ Xanthium riparium.
Electuarium Mithridaticum ↗ Theriak.
Electuarium Theriaca ↗ Theriak.
Electuarium theriacale ↗ Theriak.
Elefantenlaus-Baum ↗ Anacardium occidentale.
Elefantenohrbaum ↗ Ginkgo biloba.
Elemi ↗ Boswellia-Arten, ↗ Canarium luzonicum.
Elemicin ↗ Myristica fragrans.

■ **Elephantopus scaber** L.
Fam.: Asteraceae (Compositae).
Vork.: Indonesien, Java, Indien, Südamerika.
Droge: ***Folia Elephantopi***, die Blätter. *Inh.:* Terpene, wie Epifriedelinol, Lupeol, Stigmasterol; Triacontan-Derivate. *Anw.:* in der Volksheilkunde als Diuretikum, Tonikum und Anthelmintikum. In ähnlicher Weise wird auch die Wurzel (*Radix Elephantopi*) eingesetzt.

■ **Elettaria cardamomum** (L.) Maton
(syn. *Alpinia cardamomum, Amomum cardamomum, A. racemosum, A. repens*); Kardamompflanze (syn. Cardamompflanze, Malabarkardamome).
Fam.: Zingiberaceae.
Vork.: feuchte Bergwälder im südlichen Teil Westindiens; in Sri Lanka und Guatemala auch kultiviert.
Drogen: ***1. Cardamomi aetheroleum*** (syn. *Oleum Cardamomi*); Kardamomenöl (syn. Cardamomenöl), das aus den Samen destillierte äther. Öl. *Inh.:* u. a. Monoterpene, v. a. 1,8-Cineol und α-Terpinylacetat. *Anw.:* in der Volksheilkunde bei Appetitlosigkeit, im Hauhalt zum Aromatisieren von Likören und Getränken. ***2. Cardamomi fructus*** (syn. *Fructus Cardamomi, Fructus Cardamomi minores*); Kardamomen (syn. Echter Malabar-Kardamom, Kardamomensamen, Kleiner Kardamom, Malabarsamen), die kurz vor der Reife gesammelten Früchte; s. Farbtafel S. 302, Bild 127. *Inh.:* äther. Öl (3–7 %), v. a. 1,8-Cineol und α-Terpinylacetat, weiterhin Linalool, Linalylacetat, Sabinen, α-Pinen, fettes Öl (1–2 %), Farbstoffe, Stärke, Zucker, Gummi, Eiweiße, Mangan und Eisen. *Anw.:* Tinktur (*Tinctura Cardamomi*) bei dyspeptischen Beschwerden. In der Volksheilkunde dient die Droge zur Behandlung der Appeptitlosigkeit, dazu liegen aber keine kontrollierten klinischen Studien vor. Im Hauhalt wird die Droge als Gewürz, v. a. in Arabien zur Aromatisierung des Kaffees, in Europa zur Aromatisierung von Süßspeisen, Gebäck und Kompotten eingesetzt.
Histor.: Schriftliche Hinweise auf die Verwendung der Droge finden sich bei Alexander Trallianus bereits im Altertum, im Mittelalter wird *Cardamomum* zwar verwendet, spielt aber keine große Rolle. Valerius ↗ Cordus beschreibt im 16. Jh. die Herkunft der Droge und stellt fest, daß die beste Sorte von der Malabar-Küste stammt und aus Ceylon eine weniger aromatische Droge geliefert wird.

■ **Eleusine coracana** (L.) Gaertn
Fingerhirse.
Fam.: Zingiberaceae.
Vork.: Zentral- und Ostafrika, Indien, Südostasien, Japan, auch kultiviert.
Droge: die ganze Pflanze und die Samen. *Anw.:* die Samen sind ein wichtiges Getreide zur Brot- und Bierherstellung in Asien; sie dienen auch als Ausgangspunkt für die Arrak-Bereitung sowie als Zusatz zu Diabetiker-Nahrungsmitteln. In der Volksheilkunde wird die Pflanze bei Dysenterie, Brustschmerzen, Magenbeschwerden, als Diuretikum und Wurmmittel eingesetzt.

Eleutherococci radix ↗ Eleutherococcus senticosus.

■ **Eleutherococcus senticosus** (Rupr. et Maxim. ex Maxim) Maxim.
(syn. *Acanthopanax senticosus, Hedera senticosa*); Taigawurzel (syn. Eleutherokokk, Stachelpanax, Teufelsbusch).
Fam.: Araliaceae.
Vork.: Rußland (Ostsibirien, Sachalin, hier auch kultiviert), Japan, Korea, Nordchina.
Droge: ***Eleutherococci radix*** (syn. *Acanthopanacis senticosi radix, Radix Eleutherococci, Rhizoma et Radix Eleutherococci*); Eleutherococcuswurzel (syn. Taigawurzel, Stachelpanaxwurzel, Sibirischer Ginseng), die ganzen oder geschnittenen, getrockneten, unterirdischen Organe. *Inh.:* Lignanverbindungen (Eleutherosid B4 = (–)-Sesamin, Eleutheroside D und E), Phenyl-

propanderivate (Syringin = Eleutherosid B, Coniferin, Chlorogensäure, Kaffeesäure und ihre Ester), Cumarine (Isofraxidin, Isofraxidin-7-*O*-β-D-glucosid = Eleutherosid B1), Sterole (Daucosterol = Eleutherosid A, Sitosterol), Triterpensaponine (0,125 %), u. a. Protoprimulagenin-A-glykoside, Zucker, u. a. Methyl-α-D-galactosid = Eleutherosid C, Polysaccharide (2,3–5,7 %, u. a. Glucane und Heteroxylane), β-Carotin, Vanillin, Vitamin E. Anw.: als Tonikum zur Stärkung und Kräftigung bei Müdigkeits- und Schwächegefühl, nachlassender Leistungs- und Konzentrationsfähigkeit sowie in der Rekonvaleszenz. In der chinesischen Volksheilkunde gelten Niere und Leber als traditionelle Wirkungsgebiete der Droge, obwohl eine Vielzahl von Untersuchungen durchgeführt wurde, gelten diese Indikationsgebiete noch nicht als wissenschaftlich belegt.

Eleutherococcuswurzel ↗ Eleutherococcus senticosus.
Eleutherokokk ↗ Eleutherococcus senticosus
Elfenbeinholzsamenöl ↗ Agonandra brasiliensis.
Elfenbeinpalme ↗ Phytelephas-Arten.
Elfklatte ↗ Viscum album.
Ellagitannine ↗ Gerbstoffe.
Ellend ↗ Eryngium-Arten.
Elmenrinde ↗ Ulmus-Arten.
El Nene („Das Kind") ↗ Coleus blumei.
Eltzkraut ↗ Artemisia absinthium.
Elymus dumetorium ↗ Agropyron repens.
Elymus repens ↗ Agropyron repens.
Elytrigia repens ↗ Agropyron repens.
Embeliafrüchte ↗ Embelia ribes.

■ **Embelia ribes** Burm.
Fam.: Myrsinaceae.
Vork.: Ostindien, Südchina, Madagaskar.
Droge: ***Fructus Embeliae ribis***; Embeliafrüchte (syn. Barabangfrüchte), die reifen Früchte. Die Droge ist giftig! *Inh.*: Embelin (2–3 %), äther. Öl, fettes Öl, Harz, Farbstoffe, Vilangin, Quercit, Embetannin. *Anw.*: in der Volksheilkunde gegen Bandwürmer und als Magenmittel.

Embryo colae ↗ Cola-Arten.
Embryogonia arborea ↗ Terminalia chebula.

■ **Emetin**
Isochinolinalkaloid, u. a. aus *Cephaelis ipecacuanha* (↗ *Cephaelis*-Arten). *Wirk.*: Hemmung der Proteinbiosynthese durch Verhinderung der Bindung von Aminoacyl-tRNA-Molekülen an die 60S-Untereinheiten eukaryotischer Ribosomen sowie starke Reizung des Nervus vagus in der Magenschleimhaut mit Auslösung des Brechreizes. *Anw.*: Brechmittel, Expektorans, Chemotherapeutikum bei Amöbenruhr.

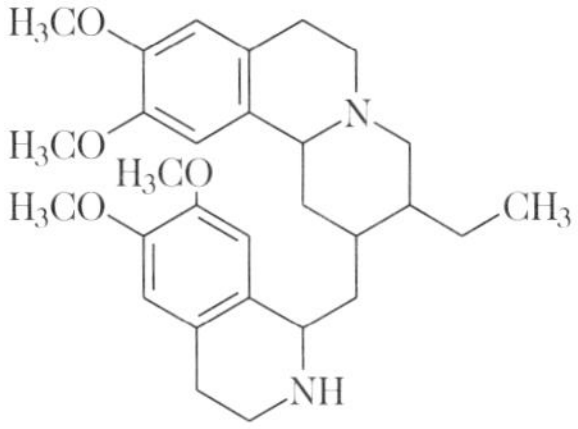

Emetin

■ **Emodine**
1,8-Dihydroxyderivate der Anthrachinone (↗ Anthracenderivate) mit laxierender Wirkung.

■ **Empetrum nigrum** L.
Rauschbeere (syn. Krähenbeere).
Fam.: Empetraceae.
Vork.: Nordeuropa.
Droge: ***Rauschbeeren***, die reifen Früchte. *Inh.*: Andromedotoxin, Wachs, Ursolsäure, Benzoesäure, Gerbstoffe, Rutin, Quercetin, Isoquercetin, Kämpferol, Anthocyane, Zucker. *Anw.*: früher in der nordischen Volksheilkunde als Diuretikum, wegen möglicher toxischer Erscheinungen, wird vom Genuß der Beeren abgeraten. Der Bienenhonig von *E. nigrum* soll Gastroenteritis und Herzbeschwerden hervorrufen können.

Enantia polycarpa ↗ Annickia polycarpa.
Endymion cernuus ↗ Hyacinthoides non-scripta.
Endymion nutans ↗ Hyacinthoides non-scripta.
Engelblumen ↗ Arnica-Arten.
Engelbrustwurz ↗ Angelica archangelica.
Engelkraut ↗ Arnica-Arten.
Engelskraut ↗ Arnica-Arten.
Engelsüß ↗ Polypodium vulgare.
Engelsüßwurzelstock ↗ Polypodium vulgare.
Engelwurz ↗ Angelica archangelica.
Englischer Senf ↗ Sinapis alba.
Englischer Zimt ↗ Cinnamomum-Arten.
Englisches Gewürz ↗ Pimenta-Arten.

■ **Enhydra fluctuans** Lour.
Fam.: Asteraceae (Compositae).

Vork.: Malayische Halbinsel, Indien.

Droge: die ganze Pflanze. Inh.: Enhydrin, Stigmasterol, Bitterstoffe, äther. Öl. Anw.: in der asiatischen Volksheilkunde als Bittermittel, Laxans sowie gegen Herpes.

■ **Enicostema hyssopifolia** (Willd.) I.C. Verdoorn.

Fam.: Gentianaceae.

Vork.: Ostafrika, Indien, Indochina.

Droge: die Wurzeln. Inh.: Alkaloide, Bitterstoffglykoside, Opheliasäure. Anw.: in der ostafrikanischen Volksheilkunde bei Malaria, in Indochina als Stomachikum und Laxans.

■ **Enicostema littorale** Blume (syn. *Enicostema verticillatum, Gentiana verticillata*).

Fam.: Gentianaceae.

Vork.: Südafrika, Sri Lanka, Indien, Westindien.

Droge: das Kraut. Inh.: Alkaloide, äther. Öl, Sterole, Gentianin (0,3–0,6 %), Wachse, Fettsäuren. Anw.: in der Volksheilkunde als Tonikum, Anthelmintikum und bei Malaria.

Enicostema verticillatum ↗ Enicostema littorale.

■ **Entada africana** Guill. et Perr. (syn. *Entada sudanica*).

Fam.: Leguminosae.

Vork.: in den Savannen Westafrikas.

Droge: Blätter und Rinde. Inh.: Gerbstoffe (Tannine), Gummi, in den männlichen Pflanzen auch ↗ Rotenon. Anw.: in der Volksheilkunde als Tonikum, Stomachikum, Laxans, Wundheilmittel sowie gegen Augenentzündungen. Die Droge wird auch als Fischgift verwendet.

Entada sudanica ↗ Entada africana.
Entenfußbaum ↗ Ginkgo biloba.
Entengrün ↗ Lemna minor.
Entengrütze ↗ Lemna minor.
Entenschnabel ↗ Arum maculatum.
Enterolobium contortisiliquum ↗ Enterolobium timbouva.

■ **Enterolobium timbouva** Mart. (syn. *Enterolobium contortisiliquum*).

Fam.: Leguminosae.

Vork.: Brasilien, Westindien.

Droge: ***Cortex Pacarae***, die Rinde. Inh.: Gerbstoffe, wie Tannine (ca. 14–22 %). Anw.: in der Gerberei; die Früchte dienen als Anthelmintikum.

■ **Enteromorpha linza**.

Fam.: Ulvaceae.

Vork.: weltweit in allen Meeren, in Asien auch kultiviert.

Droge: die frischen und getrockneten Algen. Inh.: Provitamin A, Nicotinsäure, Biotin, Cobalamin, Cholin, Polysaccharide, Proteine. Anw.: in Ostasien als Salat gegessen bzw. als diätetisches Nahrungsmittel.

Entspelzte Haferfrucht ↗ Avena sativa.
Enzianwurzel ↗ Gentiana-Arten.

■ **Enzyme**
(syn. Fermente), katalytisch wirksame Proteine, die die Aktivierungsenergie einer biochemischen Reaktion herabsetzen und damit unter den in lebenden Zellen herrschenden Bedingungen (geringe Temperaturen, wäßriges Milieu, Normaldruck) chemische Reaktionen ermöglichen, die sonst nur unter nicht-physiologischen Umständen mit merklicher Geschwindigkeit ablaufen würden. Nach der Art der zu katalysierenden chemischen Reaktion werden die Enzyme in 6 Hauptklassen eingeteilt: 1. Oxidoreduktasen, 2. Transferasen, 3. Hydrolasen, 4. Lyasen, 5. Isomerasen und 6. Ligasen. Tierische, einschließlich menschliche, bakterielle und pflanzliche Enzyme sind Bestandteile von Drogen oder in reiner Form Drogen. Sie werden in der Therapie einer Vielzahl von Erkrankungen bzw. in der Arzneimittelherstellung eingesetzt.

Epeira diadema ↗ Araneus diadematus.
Epeira diademata ↗ Araneus diadematus.
Epeira umbratica ↗ Araneus ixobolus.
Epena ↗ Virola-Arten.
Epf ↗ Apium graveolens.

■ **Ephedra-Arten**

● **Fam.:** Ephedraceae.

● **Ephedra distachya** L. (syn. *Ephedra gerardiana, E. maxima, E. vulgaris*); Meerträubchen; s. Farbtafel S. 302, Bild 128.

Vork.: Mittelmeergebiet, Westküste Frankreichs, Südrußland, Schwarzmeergebiet bis Sibirien.

Droge: ***Ephedrae herba***; Ephedrakraut, das im

Herbst gesammelte Kraut. Inh. und Anw.: s. *Ephedra sinica*.

Hom.: ***1. Ephedra distachya*** HAB1 (syn. *Ephedra vulgaris*), die frischen, oberirdischen Teile. Anw.-Geb.: Basedowsche Krankheit. ***2. Ephedra distachya*** spag. Zimpel HAB1 (syn. *Ephedra* spag. Zimpel), die frischen, oberirdischen Teile. Anw.-Geb.: anthroposophisch orientierte Medizin.

● **Ephedra sinica** Stapf; Meerträubel.

Vork.: Mongolei und angrenzende chinesische Provinzen.

Drogen: ***1. Ephedrae herba*** (syn. *Herba Ephedrae*); Meerträubelkraut, die im Herbst gesammelten und getrockneten jungen Rutenzweige. Inh.: Alkaloide (1–2 %, v. a. ↗ (–)-Ephedrin, begleitet von Methylephedrin, Pseudoephedrin und Norephedrin), Flavonoide, Catechine, Lignanderivate, Phenolcarbonsäuren und Derivate, etwas äther. Öl. Anw.: Atemwegserkrankungen mit leichtem Bronchospasmus bei Erwachsenen und Schulkindern. In der chinesichen Medizin wird die Droge bes. bei Erkältungskrankheiten verwendet. Alle Ephedra-Zubereitungen sind verschreibungspflichtig und stehen auf der Doping-Liste des Deutschen Sportbundes. Geg.: bei Schlaflosigkeit, nervöser Unruhe und Kreislaufbeschwerden. Wegen der Gefahr der Gewöhnung sind Drogenzubereitungen nur kurzfristig anzuwenden! ***2. Ephedrae radix*** (syn. *Radix Ephedrae*); Ephedrawurzel, die getrockneten Wurzeln und das getrocknete Rhizom. Inh.: Tyrosinbetain (Maokinin), Feruloylhistamin, Ephedradine A, B, C und D, Ephedrannin A (oligomeres Procyanidin), Mahuannine A, B, C und D (Bisflavonoide). Anw.: in der chinesischen Volksheilkunde äußerlich bei Schweißausbrüchen und Nachtschweiß.

● **Histor.:** Der Gattungsname leitet sich vom griechischen *ephedros* (daraufsitzend) ab und galt in der Antike als Bezeichnung einer blattlosen binsenähnlichen Pflanze, die auf Bäumen wächst. Die arzneiliche Nutzung von *Ephedra*-Arten, die insbes. Rutensträucher der asiatischen und amerikanischen Trockengebiete darstellen, beschränkte sich über lange Zeiträume im wesentlichen auf die alten chinesischen Kulturkreise. Als Tsaopen-Ma Huang , meist von *Ephedra sinica* bzw. *E. shennungiana* stammend, gehörte Ephedrakraut zu den geschätztesten Drogen der alten chinesischen Arzneibücher. In Europa wurde die Droge erst gegen Ende des 19. Jh. bekannt, nachdem der Japaner W. Nagai im Jahre 1887, damals Assistent bei August Wilhelm von Hofmann in Berlin, aus Ephedrakraut (–)-Ephedrin isoliert hatte.

Ephedrae herba ↗ Ephedra-Arten.
Ephedrae radix ↗ Ephedra-Arten.
Ephedrakraut ↗ Ephedra-Arten.
Ephedrawurzel ↗ Ephedra-Arten.

■ Ephedrin

(L-(–)-Ephedrin), Alkaloid vom Phenylethylamin-Typ aus ↗ Ephedra-Arten. Wirk.: Durch die chemische Verwandtschaft mit Adrenalin wirkt E. sympathikomimetisch, d. h. blutdrucksteigernd, gefäßverengend, kreislaufanregend, appetithemmend und broncholytisch. Anw.: gegen Hypotonie, chronische Bronchitis, bei Asthmaanfällen, zur Abschwellung der Schleimhäute bei Schupfen, als Bestandteil von Appetitzüglern.

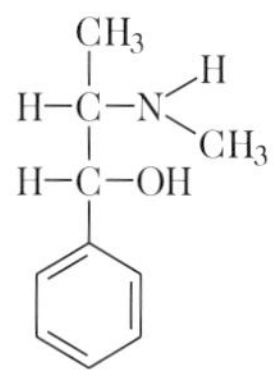

Ephedrin
(*erythro*-Form)

Ephemerum nummularia ↗ Lysimachia nummularia.
Ephydatia amphizona ↗ Ephydatia mülleri.
Ephydatia lacustris ↗ Spongilla lacustris.

■ Ephydatia mülleri Liebk.

(syn. *Ephydatia amphizona, E. mülleri var. astrosperma, Spongilla mülleri, S. amphizona*); Krusten-Schwamm (Süßwasserschwamm).

Fam.: Spongillidae.

Vork.: in flachen Gewässern Europas, Nord- und Ostasiens sowie Nordamerikas.

Droge: die getrockneten Schwämme. Inh.: Brom (ca. 0,1 %), Kieselsäure (40–40 %), Eisen, Mangan. Zoosterole, hämolytisch wirkende Stoffe. Anw.: in der Volksheilkunde bei Drüsenschwellungen und Skrophulose.

Hom.: ***Badiaga***, die getrockneten Schwämme. Anw.-Geb.: Rhinitis, Heufieber, Krampfhusten, Augenentzündungen, Rheuma.

■ **Epigaea repens** L.
Fam.: Ericaceae.
Vork.: atlantisches Nordamerika.
Droge: ***Folia Epigaeae***; Maiblumenblätter, die getrockneten Blätter. *Inh.:* Arbutin, Urson, Ericolin, Gerbsäure, Gallussäure. *Anw.:* in der Volksheilkunde als Diuretikum.
Hom.: ***Epigaea repens*** HAB34, die frischen Blätter. *Anw.-Geb.:* Nierensteinleiden, Harnwegsinfektionen.

■ **Epilobium-Arten**
● **Fam.:** Oenotheraceae.
● **Epilobium angustifolium** L. (syn. *Chamaenerion angustifolium, Epilobium gesneri, E. persicofolium, E. salicifolium, E. spicatum, Lysimachia chamaenerion*); Schmalblättriges Weidenröschen (syn. Antonskraut, Feuerkraut, Waldröschen, Weidenröschen).
Vork.: Europa, Asien, Nordamerika, Grönland, Kanaren.
Drogen: ***1. Herba Epilobii;*** *Epilobium-angustifolium*-Kraut (syn. Weidenröschenkraut, Feuerkraut, Koptischer Tee, Weidenröschentee), die knapp vor oder während der Blütezeit gesammelten und getrockneten oberirdischen Teile. *Inh.:* Flavonoide (ca. 1,5 %), v. a. Flavonolglykoside des Kämpferols, Myricetins und Quercetins, Leukoanthocyane, Gerbstoffe (ca. 12 %), Gemische von Polygalloylglucosen und Ellagitanninen, Lectine, Sterole (β-Sitosterol und seine Ester), Triterpensäuren (1,5 %, u. a. Oleanolsäure und Ursolsäure sowie deren Derivate). *Anw.:* innerlich bei Miktionsbeschwerden infolge einer benignen Prostatahyperplasie. Dazu wurden in den vergangenen Jahren eine Vielzahl von Untersuchungen durchgeführt, die die klinische Wirksamkeit wahrscheinlich machen. In der Volksheilkunde wird die Droge auch bei Magen- und Darmentzündungen sowie Schleimhautläsionen eingesetzt. Auch zur Wundheilung werden Drogenzubereitungen verwendet. ***2. Epilobium-angustifolium-Wurzel***; Waldröschenwurzel (syn. Feuerkrautwurzel, Wurzel des schmalblättrigen Weidenröschens), die zur Zeit der Blüte geerntete, getrocknete Wurzel. *Inh.:* wie *Epilobium-angustifolium*-Kraut, daneben Pektine und Schleime. *Anw.:* s. *Epilobium-angustifolium*-Kraut. Für diese Droge liegen keine hinreichenden Studienergebnisse vor, so daß die Anwendungsgebiete nicht ausreichend belegt sind.

● **Epilobium palustre** L. (syn. *Epilobium scaturiginum, E. schmidtianum*); Sumpf-Weidenröschen (syn. Sumpf-Eberich).
Vork.: Europa, Asien, von der Ebene bis in alpine Regionen.
Inh.: u. a. Flavonoide (Glykoside und freie Flavonole).
Hom.: ***Epilobium palustre*** HAB34, der frische Wurzelstock. *Anw.-Geb.:* Durchfallerkrankungen.
● **Epilobium parviflorum** Schreb.; Kleinblütiges Weidenröschen; s. Farbtafel S. 302, Bild 129.
Vork.: Europa.
Inh.: u. a. Flavonoide, Gerbstoffe. *Anw.:* in der Volksheilkunde bei Prostataerkrankungen. Zur ↗ Teezubereitung verwendet man 1,5–2 g fein geschnittenes Weidenröschenkraut.

Epimedium grandiflorum ↗ Epimedium macranthum.

■ **Epimedium macranthum** Morr. et Decne. (syn. *Epimedium grandiflorum*).
Fam.: Berberidaceae.
Vork.: Korea, China, Nordjapan.
Droge: die ganze Pflanze. *Inh.:* Kämpferolderivate, wie Icariin (0,2 %) und Des-*O*-methylicariin (ca. 1 %); *n*-Hexacosylalkohol. *Anw.:* in der asiatischen Volkheilkunde bei Gebärmutterkrebs.
Epiphegus americanus ↗ Epiphegus virginicus.
Epiphegus virgianus ↗ Epiphegus virginicus.

■ **Epiphegus virginicus** Bart.
(syn. *Epiphegus americanus, Epiphegus virgianus*).
Fam.: Orobranchaceae.
Vork.: Nordamerika.
Droge: ***Orobranche virginiana***, das Kraut. *Inh.:* u. a. Alkaloide und Glykoside, wenig untersucht.
Hom.: ***Epiphegus virginicus*** HAB; die frischen, oberirdischen Teile blühender Pflanzen. *Anw.-Geb.:* Kopfschmerzen.

■ **Epiphyse HAB**
Präparation aus frischen Epiphysen von Säugetieren. *Anw.-Geb.:* Wachstums- und Entwicklungsstörungen.

■ **Epiphyten**
Pflanzen, die auf anderen Pflanzen wachsen, ohne in Verbindung mit dem Erdboden zu stehen.

Die Wirtspflanzen, zumeist Bäume, dienen lediglich als günstiger Standort zum Licht und werden i. d. R. nicht parasitisch ausgenutzt. Beispiele sind Flechten und Moose.

■ **Epithelantha micromeris** (Engelm.) F. A. C. Weber ex Britt. et Rose (syn. *Mammillaria micromeris*); Hikuli (syn. Falsche Peyote).

Fam.: Cactaceae.

Vork.: südwestl. Nordamerika, Mexiko.

Bedeut.: Die sauren Früchte dieses Kaktus werden von einigen Indianerstämmen als Stimulans bzw. zur Erzielung besserer Erkenntnisse genutzt. Die Pflanze enthält Alkaloide und Triterpene, die für die Wirkung verantwortlich sein könnten. Genauere Untersuchungen fehlen.

Eppich ↗ Apium graveolens, ↗ Sambucus ebulus, ↗ Selinum palustre.
Eppichkraut ↗ Selinum palustre.
Eppig ↗ Hedera helix.
Equiseti herba ↗ Equisetum-Arten.

■ **Equisetum-Arten**

● **Fam.:** Equisetaceae.

● **Equisetum arvense** L. (syn. *Allosites arvense, Equisetum boreale*); Ackerschachtelhalm (syn. Bandwisch, Katzenschwanz, Katzenwedel, Pferdeschwanz, Schachtelhalm, Schafheu, Schafstroh, Scheuergras, Zinngras, Zinnkraut), s. Farbtafel S. 302, Bild 130.

Vork.: Die 4 bis 40 cm hohe Pflanze mit tiefem Wurzelgeflecht ist über ganz Europa, Asien, Nordamerika bis in arktische Gebiete hinein verbreitet.

Droge: *Equiseti herba* (syn. *Herba Equiseti*); Schachtelhalmkraut (syn. Kannenkraut, Pferdeschwanzkraut, Scheuerkraut, Tannenkraut), die getrockneten, grünen, sterilen Sprosse. *Inh.:* Kieselsäure (5–7,7 %) neben Aluminium- und Kaliumchlorid, Flavonoide (Kämpferol- und Quercetinglykoside neben Luteolin- und Apigeninglykosiden). Saponine sind in der Droge entgegen älteren Angaben nicht vorhanden. *Anw.:* Schachtelhalmkraut-Tee wird zur Durchspülungstherapie bei bakteriellen und entzündlichen Erkrankungen der ableitenden Harnwege und bei Nierengrieß innerlich angewendet. Äußerlich dient die Droge zur unterstützenden Behandlung von schlecht heilenden Wunden. In der Volksheilkunde wird ebenfalls die harntreibende Wirkung ausgenutzt. Auch zur Blutstillung bei zu starken Monatsblutungen der Frau, bei Nasen-, Lungen- und Magenblutungen, bei rissigen Fingernägeln und Haarausfall, bei Gicht und rheumatischen Beschwerden, bei Schwellungen, Knochenbrüchen und Frostschäden sowie als Adjuvans bei tuberkulösen Erkrankungen wird die Droge eingesetzt. Zur ↗ Teezubereitung verwendet man 2–4 g (1 Teelöffel: ca.1 g) Droge. Die mittlere Tagesdosis liegt bei etwa 6 g.

Hom.: ***Equisetum arvense*** HAB34, die frischen, im Spätsommer gesammelten Pflanzen mit sterilen Stengeln. *Anw.-Geb.:* bei Nieren- und Harnwegserkrankungen.

● **Equisetum fluviatile** L. (syn. *Equisetum fluviatilis, E. heleocharis, E. lacustre, E. limosum*); Teichschachtelhalm (syn. Hohlkrökeln, Hollrippe, Hollrusch, Hollrusk, Kornpiepen, Nadeldeisken, Schlammschachtelhalm, Teichzinnkraut).

Vork.: Die ausdauernde, 20–150 cm hohe Pflanze mit orangem oder rotem, kahlem Rhizom ist zirkumpolar verbreitet, insbes. in Eurasien und Nordamerika.

Inh.: u. a. Kieselsäure, Alkaloide, u. a. Nicotin und Palustrin, Flavonoide, bes. Kämpferol und Quercetinglykoside.

Hom.: ***Equisetum limosum*** HAB34, die frische Pflanze.

● **Equisetum hyemale** L. (syn. *Equisetum hiemale, E. zonatum, Hippochaete hyemalis*); Winterschachtelhalm (syn. Polir-Schachtelhalm, Scharpruss).

Vork.: Die ausdauernde, 30–150 cm hohe Pflanze mit federkieldickem Wurzelstock und astlosem Stengel ist zirkumpolar verbreitet, bes. an den Westseiten der Kontinente, in Europa von Island und Nordskandinavien bis in das nördliche Mittelmeergebiet.

Inh.: u. a. Kieselsäure, Alkaloide, u. a. Nicotin und Palustrin, Flavonoide, v. a. Kämpferol und Herbacetinglykoside.

Hom.: ***Equisetum hiemale*** HAB34, die frische Pflanze. *Anw.-Geb.:* bei Nieren- und Harnwegserkrankungen.

● **Equisetum palustre** L.; Sumpfschachtelhalm (syn. Duwock)

Inh.: neben Flavonoiden bes. Alkaloide mit Palustrin als Hauptkomponente. *Anw.*: infolge Toxizität durch die Alkaloide als Droge nicht nutzbar.

● **Histor.:** Bereits im Altertum wurde *Equisetum*

als harntreibendes Mittel und zur Wundbehandlung genutzt. ↗ Dioskurides beschreibt die *Hippuris* als harntreibend, dagegen nennt ↗ Plinius die Pflanze erstmalig *Equisetum* und hebt die blutstillenden Eigenschaften der Droge hervor. Auch Albertus Magnus rühmt die blutstillende Kraft der Droge. Der Gattungsname *Equisetum* ist lateinischer Herkunft und setzt sich aus *equus* (Pferd) und *seta* (Schwanz) zusammen. Bereits bei den Griechen (s. o.) hieß die Pflanze *hippuris* (Pferdeschwanz), offenbar wegen der feinen Zweige einiger Arten. Der Artname *arvense* weist auf den bevorzugten Standort der Pflanze hin. Wegen des hohen Gehaltes an Kieselsäure wurde die Droge früher zum Reinigen von Gefäßen („Zinnkraut"), Möbeln und Parkettfußböden verwendet.

■ Equus caballus

Pferd.

Fam.: Perissodactyla.

Vork.: weltweit gezüchtet.

Droge: ***Pferdefett***, das Fett der Tiere. *Inh.:* Triglyceride mit Ölsäure (65 %), Stearin- und Palmitinsäure (ca. 35 %) sowie Linolensäure als Fettsäurekomponenten. *Anw.:* zur Herstellung von Seifen.

Hom.: ↗ *Castor equi.*

Erbelblätter ↗ Fragaria vesca.
Erbelwurzel ↗ Fragaria vesca.
Erbselbeeren ↗ Berberis vulgaris.
Erdapfel ↗ Helianthus tuberosus, ↗ Solanum-Arten.
Erdbeerbaum ↗ Arbutus unedo.
Erdbeerblätter ↗ Fragaria vesca.
Erdbeerkümmel ↗ Nigella damascena.
Erdbeerwurzel ↗ Fragaria vesca.
Erdbirne ↗ Helianthus tuberosus, ↗ Solanum-Arten.
Erdblättriger Rißpilz ↗ Inocybe-Arten.
Erdbrot ↗ Cyclamen purpurascens.
Erdefeu ↗ Glechoma hederacea.
Erdgalle ↗ Fumaria officinalis.
Erdgallenkraut ↗ Centaurium minus.
Erdhollerblätter ↗ Sambucus ebulus.
Erdhollerwurzel ↗ Sambucus ebulus.
Erdkeste ↗ Solanum-Arten.
Erdkröte ↗ Bufo bufo.
Erdmandeln ↗ Cyperus esculentus.
Erdmännlein ↗ Mandragora officinarum.
Erdmoos ↗ Lycopodium clavatum.
Erdnuß ↗ Arachis hypogaea.

■ Erdöl

aus der organischen Substanz der im Tertiär untergegangenen Tiere und Pflanzen durch starken Druck und unter Luftabschluß aus Schichtengesteinen hervorgegangene, organische Flüssigkeit, die ein komplexes Gemisch zahlreicher Kohlenwasserstoffe darstellt.

Vork.: USA, Rußland, Mittlerer und Naher Osten, Afrika, Mittelamerika, Nordsee, Arabien.

Drogen: ***1. Oleum Petrae*** (syn. Naphtha, Petroleum, Steinöl), das aus dem rohen amerikanischen Steinöl durch Destillatioon gewonnene Öl. ***2. Oleum Petrae italicum*** (syn. Steinöl), Destillat aus dem italienischen Erdöl. *Anw.:* in der Volksheilkunde zu Einreibungen bei verschiedenen Hauterkrankungen.

Hom.: ***Petroleum***. *Anw.-Geb.:* chronische Ekzeme, Frostschäden, Reisekrankheit, Magenkatarrhe, chronische Lidrandentzündung, Ohrensausen.

Erdrauch ↗ Fumaria officinalis, ↗ Adlumia fungosa.
Erdraute ↗ Fumaria officinalis.
Erdsalamander ↗ Salamandra maculosa.
Erdschierling ↗ Conium maculatum.
Erdschocken ↗ Solanum-Arten.
Erdspinnenkraut ↗ Anthericum ramosum.

■ Erechthites hieracifolia (L.) Raf.

(syn. *Erechthites praealta; Senecio hieracifolia*).

Fam.: Asteraceae (Compositae).

Vork.: Nordamerika.

Droge: ***Herba Erechthites***; das ganze Kraut. *Inh.:* äther. Öl, Pyrrolizidinalkaloide mit Necin-Grundgerüst.

Hom.: ***Erechthites hieracifolia*** HAB34; die frischen, oberirdischen Teile blühender Pflanzen. *Anw.-Geb.:* Schleimhautblutungen.

Erechtites praealta ↗ Erechthites hieracifolia.
Eremanthus arboreus ↗ Vanillosmopsis arborea.

■ Eremanthus eleagnus Sch.-Bip.

Fam.: Asteraceae (Compositae).

Vork.: Südamerika.

Droge: die ganze Pflanze. *Inh.:* Sesquiterpenlactone, wie Eremanthin, Costulonid, α-Cyclocostunolid; Bisabolol, Eremantholid. <u>*Anw.*</u>: in der Volksheilkunde als Antiparasitikum.

Eremanthus erythropappus ↗ Vanillosmopsis erythropappa.
Ereriba ↗ Homalomena lauterbachii.
Ergocornin ↗ Claviceps purpurea.
Ergocristin ↗ Claviceps purpurea.
Ergocryptin ↗ Claviceps purpurea.
Ergometrin ↗ Claviceps purpurea.

■ **Ergosterol**
(syn. Ergosterin), Hauptsteroid aus der Hefe. <u>*Wirk.*</u>: Provitamin D_2, beruht auf der durch UV-Licht induzierten Ringöffnung von E. zu Präcalciferol mit anschließender Umlagerung zu Vitamin D_2. E. ist auch in zahlreichen anderen Pilzen, Flechten sowie im Mutterkorn zu finden.

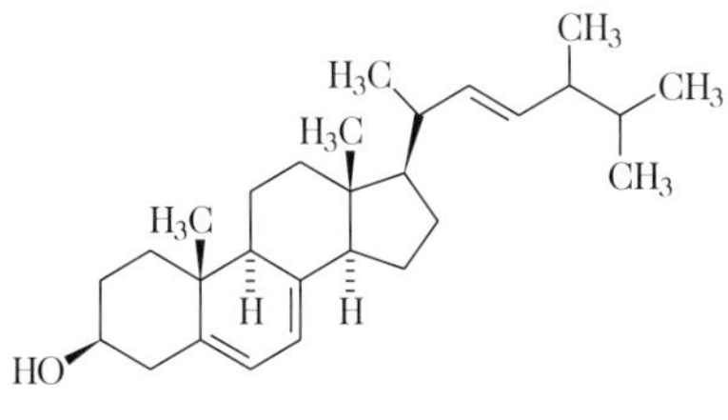

Ergosterol

■ **Ergotamin**
Peptidalkaloid (Ergopeptin-Typ) aus *Secale cornutum* (↗ *Claviceps purpurea*). <u>*Wirk.*</u>: breites Wirkungsspektrum, u. a. partieller Agonist am α-adrenergen Rezeptor, serotoninerger Antagonist, dopaminerger Agonist am D_2-Rezeptor. <u>*Anw.*</u>: als Migränemittel, bei orthostatischer Hypotension zur Blutdrucksteigerung. ↗ Claviceps purpurea.

Ergotismus ↗ Claviceps purpurea.
Erica botuliformis ↗ Erica tetralix.
Ericae flos ↗ Calluna vulgaris.

■ **Erica tetralix** L.
Glockenheide. (syn. *Erica botuliformis, Tetralix septentrionalis*).
Fam.: Ericaceae.
Vork.: Norddeutschland.
Droge: ***Flores Ericae tetraclinis***; Glockenheideblüten, die getrockneten Blüten. <u>*Inh.*</u>: Catechingerbstoffe, Flavonoide, Saponine, Ursolsäure. <u>*Anw.*</u>: in der Volksheilkunde als Expektorans und bei fiebrigen Erkrankungen.

Erica vulgaris ↗ Calluna vulgaris.
Erigeron canadensis ↗ Conyza canadensis.
Erigeron paniculatus ↗ Conyza canadensis.
Erigeron pusillus ↗ Conyza canadensis.
Erigeron strictum ↗ Conyza canadensis.

■ **Eriobothrya japonica** (Thunb.) Lindl.
(syn. *Mespilus japonica*); Japanische Mispel (syn. Loquate).
Fam.: Rosaceae.
Vork.: Japan, China, dort auch kultiviert.
<u>*Inh.*</u>: in den Früchten: Carotinoide, organische Säuren. In den Blättern: Triterpensäuren, Vitamin C und B_1, Saponine. <u>*Verw.*</u>: Die Früchte sind als wertvolles Obst geschätzt, die Blätter werden in Ostasien bei Husten empfohlen.

■ **Eriocereus bonplandii** (Parm.) Ricc.
(syn. *Cereus balansaei, Cereus bonplandii, Harrisia bonplandii, Selenicereus bonplandii*).
Fam.: Cactaceae.
Vork.: Südamerika.
<u>*Inh.*</u>: Es liegen keine systematischen Untersuchungen dazu vor.
Hom.: ***Cereus bonplandii*** HAB34, die frischen Stengel und Blüten. <u>*Anw.-Geb.*</u>: Augenschmerzen, Angina pectoris.

Eriocitrin ↗ Flavonoide.
Eriodendron anfractuosum ↗ Ceiba pentandra.

■ **Eriodictyon californicum** (Hook. et Arn.) Torr.
(syn. *Eriodictyon glutinosum, Wigandia californica*).
Fam.: Hydrophyllaceae.
Vork.: westliche USA bis Mexico.
Droge: ***Eriodictyonis folium*** (syn. *Folia Eriodictyonis, Eriodyction, Herba Santa*); Eriodyctionblätter (syn. *Eriodictyon-californicum-*Blätter, Santakraut), die getrockneten Laubblätter. <u>*Inh.*</u>: Homoeriodictyol (3–6 %, Flavanonderivat), daneben Eriodictyol und Chrysoeriol. <u>*Anw.*</u>: in der Volksheilkunde innerlich bei Erkrankungen der Atemwege, wie Asthma oder Bronchitis. Die Indianer Nordamerikas verwendeten die Droge auch bei Magen- und Darmstörungen sowie bei Erkrankungen des Urogenitaltraktes. Auch über eine äußerliche Anwendung bei stumpfen Verletzungen, Verrenkungen und In-

sektenstichen wird berichtet. Die Wirksamkeit für die genannten Indikationen ist wissenschaftlich nicht belegt. Trotzdem existieren in den USA eine Reihe von Patenten, die die Anwendung von *Eriodictyon*-Extrakt bei trockener Haut und Schleimhaut beschreiben. Auch ist eine Verwendung als Geschmackskorrigens bekannt.

Hom.: ***Eriodictyon californicum*** HAB1 (syn. *Yerba santa*), die frischen, oberirdischen Teile der blühenden Pflanze. *Anw.-Geb.:* Erkrankungen der Atemwege und des Rippenfelles.

Histor.: Der Gattungsname ist griechischen Ursprungs und von *erion* (Wolle) und *diktyon* (Fangnetz) abgeleitet und bezieht sich auf die verfilzten Haare an der Blattunterseite. Mit *glutinosus* (klebrig) wird auf die klebrige Blattoberseite infolge harzartiger Ausscheidungen hingewiesen. Die Bezeichnung *Herba Santa* bzw. *Yerba santa* (heiliges Kraut), macht die hohe Wertschätzung für die Droge deutlich. In den Heimatgebieten, bes. Mexiko und Kalifornien, war die Droge seit langer Zeit ein beliebtes Hustenmittel und wurde bei Bronchialkatarrh und Asthma meist wie Tabak geraucht.

Eriodictyon glutinosum ↗ Eriodictyon californicum.
Eriodictyonis folium ↗ Eriodictyon californicum.
Eriodyctiol ↗ Flavonoide.
Eriodyction ↗ Eriodictyon californicum.
Eriodyctionblätter ↗ Eriodictyon californicum.
Eriosphaera fenzlii ↗ Calvatia gigantea.

■ **Erkältungstee**
Teemischung , die bei fieberhaften Erkältungen, bei denen meist eine Schwitzkur gewünscht ist, genutzt wird. Die dominierenden Bestandteile der gebräuchlichen Drogengemische enthalten Holunder- und Lindenblüten sowie Drogen mit Salicylderivaten; z. B. enthält der Erkältungstee I (Standardzulassung 1979.99.99) Holunderblüten und Lindenblüten je 30 Teile, Mädesüßblüten 20 Teile und als sonstige Bestandteile Hagebuttenschalen (20 Teile). Die Teezubereitung erfolgt, indem man 1 Eßlöffel der Drogenmischung mit siedendem Wasser (ca 150 ml) übergießt, etwa 10 min bedeckt stehen läßt und danach durch ein Teesieb gibt. Anwendung nach Bedarf.

Erlenrinde ↗ Alnus-Arten.

■ **Erodium cicutarium** (L.) L'Hérit.
(syn. *Geranium cicutarium*); Reiherschnabel.

Fam.: Geraniaceae.

Vork.: Nord- und Mitteleuropa, Rußland bis Sibirien.

Droge: ***Herba Erodii cicutarii***; Reiherschnabelkraut, das getrocknete Kraut. *Inh.:* Gerbstoffe, Gallussäure, Flavonoide, Zucker, äther. Öl, Fruchtsäuren, wenig Coffein. *Anw.:* in der Volksheilkunde als Diuretikum und Hämostyptikum.

Hom.: ***Erodium cicutarium*** HAB34, die ganze frische Pflanze.

■ **Erodium moschatum** (L.) L'Hérit. ex Ait.
(syn. *Geranium moschatum*).

Fam.: Geraniaceae.

Vork.: Europa, Mittelmeergebiete.

Droge: das Kraut. *Inh.:* äther. Öl, Gerbstoffe. *Anw.:* früher als Gewürzpflanze sowie bei Darmerkrankungen genutzt.

Eruca alba ↗ Sinapis alba.
Erucae semen ↗ Sinapis alba.

■ **Eruca sativa** Mill.
(syn. *Brassica eruca, Raphanus eruca, Sinapis eruca*); Senfrauke (syn. Ölrauke, Ruke).

Fam.: Brassicaceae (Cruciferae).

Vork.: Mittelmeerländer, auch kultiviert.

Droge: die Samen und das frische Kraut (syn. Raukenkraut). *Inh.:* in den Samen fettes Öl (26–33 %) mit hohem Anteil an Öl- und Erucasäure als Fettsäurekomponenten sowie weiterhin Linol-, Behen-, Linolen-, Stearin- und Lignocerinsäure; Alkaloide, Phytosterole; in den Blättern wurde Isorhamnetin, seine Glykoside und Glucoerucin nachgewiesen. *Anw.:* die Samen zur Senfherstellung; die Blätter werden als Diuretikum eingesetzt sowie als Gemüse bzw. Salat gegessen.

Erucasäure ↗ Brassica-Arten.

■ **Ervatamia coronaria** (Jacq.) Stapf.
(syn. *Ervatamia divaricata, Tabernaemontana coronaria, T. coriaria, Nerium coronarium*); Ceylon-Jasmin.

Fam.: Apocynaceae.

Vork.: Indien, Oceanien, Australien, in Ägypten auch kultiviert.

Droge: die Stamm- und Wurzelrinde. *Inh.:* Indolalkaoide, wie Coronaridin, Coronarin, Dregamin, Tabernaemontanin; Vobasin, Corin, Cortine, α-Amyrin, Lupeol, Gerbstoffe. *Anw.:* innerlich als Vermifugum, Antidiarrhoikum und Antidysenterikum, äußerlich bei Entzündungen.

Ervatamia dichotoma ↗ Tabernaemontana dichotoma.
Ervatamia divaricata ↗ Ervatamia coronaria.
Erva tostao ↗ Boerhaavia hirsuta.
Ervum lens ↗ Lens culinaris.
Eryngii herba ↗ Eryngium-Arten.
Eryngii maritimi radix ↗ Eryngium-Arten.
Eryngii plani herba ↗ Eryngium-Arten.
Eryngii plani radix ↗ Eryngium-Arten.
Eryngii radix ↗ Eryngium-Arten.

■ Eryngium-Arten

● **Fam.:** Apiaceae (Umbelliferae).

● **Eryngium campestre** L. (syn. *Eryngium amethystinum, E. billardieri, E. officinale, E. trifidum, E. vulgare*); Mannstreu (syn. Brachdistel, Donardistel, Ellend, Feldmannstreu, Krausdistel, Laufdistel, Radendistel, Rolandsdistel).

Vork.: Mitteleuropa, Mittelmeergebiet, südliches Sibirien, Nordafrika.

Drogen: ***1. Eryngii herba*** (syn. *Herba Eryngii, Herba Eryngii campestris*); Mannstreukraut (syn. Brachdistelkraut, Feldmannstreukraut), die getrockneten Blätter und Blüten. Inh.: u. a. Saponine, Chlorogensäure, Rosmarinsäure. Anw.: in der Volksheilkunde bei Harn- und Blasenleiden, als Adjuvans bei Entzündungen der ableitenden Harnwege, bei Prostatitis und Bronchialkatarrhen. ***2. Eryngii radix*** (syn. *Radix Eryngii*); Mannstreuwurzel (syn. Brachdistelwurzel, Feldmannstreuwurzel), die im Frühjahr und Herbst gesammelten und getrockneten Wurzeln bzw. Rhizome. Inh.: u. a. Saponine, Chlorogensäure, Rosmarinsäure, Dihydropyranocumarinderivate (Aegelinol, Agasyllin, Grandivittin), Monoterpenglykoside. Anw.: in der Volksheilkunde bei Blasen- und Nierensteinen, Nierenkoliken, Nierenentzündungen, Entzündungen der Harnwege sowie bei Husten und Bronchitis. Auch wird eine Anwendung bei Hautkrankheiten und zum Abstillen beschrieben.

● **Eryngium maritimum** L. (syn. *Eryngium marinum, E. maritimum tauricum*); Stranddistel (syn. Blaue Dünendistel, Seemannstreu, Seestrand-Mannstreu), s. Farbtafel S. 302, Bild 131.

Vork.: an den europäischen Küsten (Strand, Dünen), Atlantikküste von Portugal bis England, Nordsee und Ostsee, Mittelmeerküste, Schwarzmeerküste. Die Pflanze unterliegt dem Artenschutz!

Droge: ***Eryngii maritimi radix*** (syn. *Radix Eryngii maritimi*); *Eryngium-maritimum*-Wurzel, die im Herbst gesammelten, in Stücke geschnittenenen und getrockneten Wurzeln. Inh.: Zukker, Schleimstoffe, Saponine. Anw.: in der Volksheilkunde bei Cystitis, Harnröhrenentzündung, Polyurie, Nierensteinen, Nierenkoliken, Prostatitis und Prostatavergrößerung. Im Hauhalt werden die jungen Wurzelsprosse wie Spargel genutzt, die Blätter können als Salat gegessen werden.

Hom.: ***Eryngium maritimum*** HAB34, Meerstrandsdistel, die frische blühende Pflanze.

● **Eryngium planum** L. (syn. *Eryngium intermedium, Eryngium planifolium, Eryngium pusillum*); Flachblättrige Donardistel oder Mannstreu; s. Farbtafel S. 302, Bild 132.

Vork.: östliches Deutschland, Polen, Österreich, Südosteuropa bis Transkaukasien, Ural, Altai, Kaschmir.

Drogen: ***1. Eryngii plani herba*** (syn. *Herba Eryngii plani*); *Eryngium-planum*-Kraut, die im Frühjahr gesammelten Grundblätter zweijähriger Pflanzen. Inh.: Flavonoide, u. a. Kämpferol und seine Glykoside, Triterpensaponine (v. a. Di- und Monoester des Barringtogenol C). Anw.: in der Volksheilkunde bei Keuchhusten von Kindern. ***2. Eryngii plani radix*** (syn. *Radix Eryngii plani*); *Eryngium-planum*-Wurzel, die im Herbst gesammelten Wurzeln zweijähriger Pflanzen. Inh.: Triterpensaponine, v. a. Mono- und Diester des A_1- und R_1-Barrigenols, Zucker (u. a. ca. 14 % 1-Kestose). Anw.: bei Keuchhusten.

● **Eryngium yuccifolium** Michx. (syn. *Eryngium aquaticum, E. petiolatum, E. virginianum, E. yuccaefolium*); Wasser-Mannstreu.

Vork.: an den Ufern von Flüssen und Sümpfen in Nord- und Mittelamerika.

Inh.: nicht untersucht.

Hom.: ***Eryngium aquaticum*** HAB34, der frische Wurzelstock. Anw.-Geb.: Schleimhautreizung der Atem- und Harnwege.

Erysibe maydis ↗ Ustilago maydis.
Erysimi canescentis herba ↗ Erysimum diffusum.
Erysimi diffusa herba ↗ Erysimum diffusum.
Erysimi herba ↗ Sisymbrium officinale.

■ **Erysimin**
(syn. Helveticosid, Strophanthidin-3-β-D-digitoxosid), Cardenolidglykosid aus Erysimum-Arten.

Erysimum alliaceum ↗ Alliaria petiolata.
Erysimum alliaria ↗ Alliaria petiolata.
Erysimum andrzeiowscianum ↗ Erysimum diffusum.
Erysimum canescens ↗ Erysimum diffusum.
Erysimum cheiranthus ↗ Erysimum crepidifolium.
Erysimum cheiri ↗ Cheiranthus cheiri.

■ **Erysimum crepidifolium** Rchb.
(syn. *Erysimum cheiranthus, E. pallens*); Bleicher Schöterich (syn. Gänsesterbekraut, Sterbekraut).
Fam.: Brassicaceae (Cruciferae).
Vork.: Mittel- und Osteuropa, auch kultiviert.
Droge: ***Herba Erysimi***; Schöterichkraut (syn. Gänsesterbekraut). Inh.: herzwirksame Glykoside (ca. 1 %, u. a. Erysimosid, Erysimin), Glucosinolate. Anw.: früher zur Behandlung der Herzinsuffizienz, heute nicht mehr gebräuchlich und durch Reinstoffe (↗ Digitalisglykoside) abgelöst. Die Droge dient aber noch der Gewinnung von Erysimin, da sie die Cardenolid-reichste einheimische Droge darstellt.

■ **Erysimum diffusum** Ehrh.
(syn. *Cheiranthus alpinus, Erysimum andrzeiowscianum, E. canescens*); Graublättriger Hederich (syn. Grauer Schotendotter, Grauer Schöterich).
Fam.: Brassicaceae (Cruciferae).
Vork.: in den Trockengebieten Südost- und Osteuropas, Sibiriens, Mittelasiens und der Mongolei. Kultiviert im europäischen Teil Rußlands, Westsibiriens und in Ungarn.
Droge: ***Erysimi diffusa herba*** (syn. *Erysimi canescentis herba, Herba Erysimi canescentis, Herba Erysimi diffusi*), das zur Blütezeit gesammelte Kraut kultivierter zweijähriger Pflanzen.

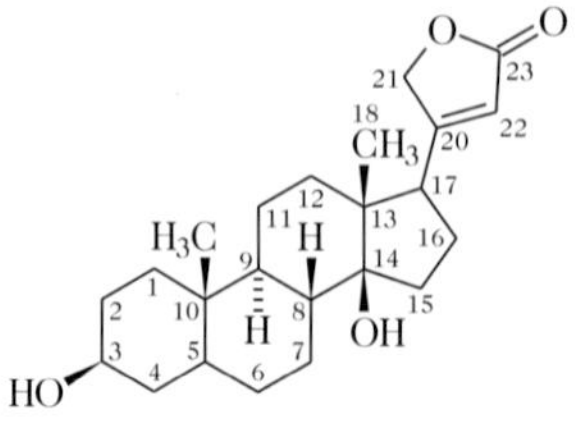
Aglykon der herzwirksamen Steroide vom Cardenolidtyp aus *E. diffusum*

Inh.: v. a. herzwirksame Glykoside vom Cardenolidtyp (1–3 %, mit k-Strophanthidin als Aglykon), u. a. Erysimosid, Erysimin, daneben Canescein und Cheirotoxin. Anw.: früher als Extraktpräparat zur Behandlung der Herzinsuffizienz. Diese Anwendung ist heute nicht mehr vertretbar.

Erysimum glabrum ↗ Brassica-Arten.
Erysimum murale ↗ Cheiranthus cheiri.
Erysimum officinale ↗ Sisymbrium officinale.
Erysimum officinarum ↗ Sisymbrium officinale.
Erysimum pallens ↗ Erysimum crepidifolium.
Erysimum runcinatum ↗ Sisymbrium officinale.
Erythraea centaurium ↗ Centaurium minus.
Erythraea chilensis ↗ Centaurium chilensis.

■ **Erythrina americana** Mill.
Colorines.
Fam.: Leguminosae.
Vork.: tropische Gebiete.
Anw.: mexikanische Indianer benutzten die Bohnen dieser Pflanze als Heilmittel und Halluzinogen zur Wahrsagerei. Die eigentlichen Inhaltsstoffe sind nicht näher untersucht, von Alkaloiden mit curareähnlicher Wirkung wird berichtet. In Mexiko werden die Bohnen oft zusammen mit denen von ↗ Sophora secundiflora (Mescalbohne) verkauft. Ähnlich werden auch *Erythrina coralloides* Moc. et Sesse ex DC. und *Erythrina flabelliformis* Kearney verwendet.

Erythrina monosperma ↗ Butea monosperma.
Erythrina piscipula ↗ Piscidia piscipula.

■ **Erythromycine**
Polyketide aus der Gruppe der kleinen Makrolidantibiotika. Gebildet von Streptomyces erythreus, reagieren die E. mit der 50S-Untereinheit bakterieller Ribosomen und hemmen damit die Proteinbiosynthese bes. von grampositiven Bakterien und Kokken sowie gramnegativen Kokken. Das im Handel befindliche Erythromycin enthält v. a. Erythromycin A (98 %) neben Erythromycin B und C. Anw.: Infektionen der Atemwege (Keuchhusten, Legionellen, Pneumokokken), Scharlach, Erysipel, Hautinfektionen (Furunkel, Akne vulgaris) sowie bei Syphilis und Gonorrhoe (Formeln S. 289).

■ **Erythronium americanum** Ker-Gawl.
(syn. *Erythronium lanceolatum*); Schlangenzunge.

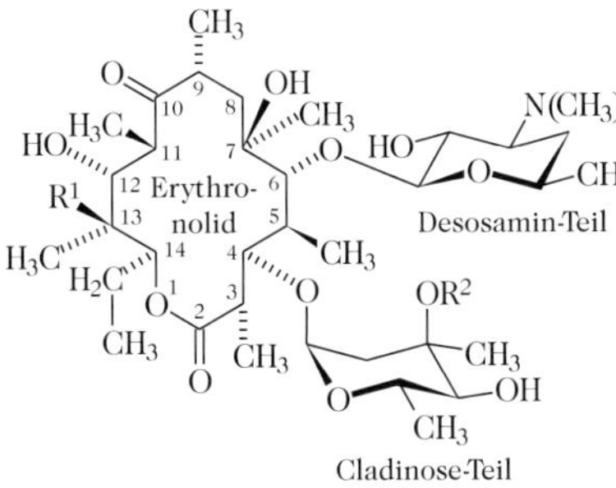

	R^1	R^2
Erythromycin A	OH	CH_3
Erythromycin B	H	CH_3
Erythromycin C	OH	H

Fam.: Liliaceae.

Vork.: Nordamerika.

Droge: die ganze Pflanze. Inh.: α-Methylenbutyrolacton. Anw.: in der Volksheilkunde als Emetikum und Expektorans.

Hom.: ***Erythronium americanum*** HAB34, die frische Pflanze.

■ **Erythronium dens-canis** L.
Hundszahnlilie.

Fam.: Liliaceae.

Vork.: China, Japan, Korea.

Droge: die frischen Zwiebeln. Inh.: Saponine, Stärke (*Amylum Erythronii*). Anw.: in der chinesischen und japanischen Volksheilkunde als Antiepileptikum sowie als Aphrodisiakum. Die Stärke wird in Japan als Nahrungsmittel verwendet.

Erythronium lanceolatum ↗ Erythronium americanum.

Erythrophleum guineense ↗ Erythrophleum suaveolens.

■ **Erythrophleum suaveolens** (Guill. et Perrott.) Brenan
(syn. *Erythrophleum guineense*); Rotwasserbaum.

Fam.: Caesalpiniaceae.

Vork.: tropisches Afrika, bes. Äquatorialafrika, Westafrika, Sierra Leone.

Droge: ***Cortex Erythrophlei*** (syn. *Cortex Sassy*); Rotwasserbaumrinde (syn. Gottesurteilrinde, Sassyrinde), die getrocknete Rinde. Die Droge ist stark giftig! Inh.: Diterpenalkaloide mit herzwirksamer Aktivität, u. a. Erythrophlein, Cassamin, Erythrophlamin, Cassain, Cassaidin, Coumin-

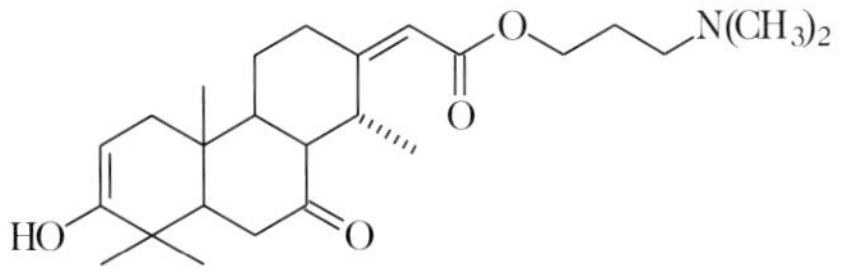

Cassain

gin, Coumingidin, Erythrophleguin, Ivorin und Sedachain sowie Cassaminsäure, Norcassamin, Luteolin, Gerbstoffe und Harz. Anw.: in der traditionellen Medizin Afrikas als Herzmittel. Größere Bedeutung hatte die Droge in früheren Jahren als Mittel zur Herbeiführung von „Gottesurteilen“ sowie als Pfeilgift.

Erythroxylon coca ↗ Erythroxylum coca.
Erythroxylon peruvianum ↗ Erythroxylum coca.
Erythroxylum bolivianum ↗ Erythroxylum coca.

■ **Erythroxylum coca** Lam.
(syn. *Erythroxylon coca, Erythroxylon peruvianum, Erythroxylum bolivianum, E. peruvianum*); Cocastrauch (syn. Kokastrauch).

Fam.: Erythroxylaceae.

Vork.: tropisches Zentral- und Mittelamerika, angebaut v. a. östlich der Anden von Ecuador bis Bolivien, seltener in Indonesien, Indien und Ceylon.

Droge: ***Cocae folium*** (syn. *Coca, Coca peruvianae folium, Coca folium, Folia Cocae, Folia erythroxyli cicae, Folium cocae*); Kokablätter (syn. Cocablätter), die getrockneten Laubblätter. Inh.: Tropan-Alkaloide (0,1–0,7 %, v. a. Cinnamoylcocain, ↗ Cocain, daneben α- und β-Truxillin, Benzoylecgonin, Hygrin, Cuskhygrin und Spuren von Nicotin), wenig äther. Öl, Gerbstoffe, Flavonoide, Chlorogensäure, Wachs. Anw.: in der traditionellen Heilkunde der südamerikanischen Ureinwohner dient die Droge als Stimulans zur Anregung, Leistungssteigerung und zum Schutz vor Hunger, Kälte und Schlafbedürfnis. Aufgrund der pharmakologischen Wirkungen des ↗ Cocains ist diese Anwendung plausibel. Die stark suchtinduzierenden Effekte des Cocains verhindern den Einsatz der Droge durch gesetzliche Regelungen in den meisten Staaten. Lediglich die Bewohner der Bergregionen Südamerikas nutzen die Droge auch weiterhin ohne gesetzliche Einschränkungen. Dabei werden die Cocablätter unter Zusatz von Asche aus *Chenopodium-quinoa*-Stengeln, Muschelkalk und Wasser zu Kügelchen geformt, die gekaut werden, wobei das an Gerbstoffe und Pflanzensäuren gebundene Cocain langsam frei wird. Die Droge ist weiterhin Ausgangspunkt für die illegale Herstellung von Cocapaste, die zur Isolation von Cocain dient bzw. als Suchtmittel geraucht wird.

Histor.: Der Cocastrauch wurde bereits lange vor der Ankunft der Spanier im 15. Jh. in Südamerika kultiviert und galt den Indios als göttliche Pflanze. Wahrscheinlich wird die Droge seit mehr als 5 000 Jahren von den Ureinwohnern Südamerikas als Genußmittel gekaut. In Europa diente die im 18. Jh. eingeführte Droge zur Herstellung von Cocawein (Vin Mariani) sowie bis 1903 von Coca Cola. Beide Zubereitungen wurden als Stärkungsmittel bzw. Erfrischungsgetränk mit anregender Wirkung vertrieben.

Erythroxylum peruvianum ↗ Erythroxylum coca.
Erzengelwurz ↗ Angelica archangelica.
Erzengelwurzel ↗ Angelica archangelica.
Escadronkraut ↗ Artemisia dracunculus.
Esche ↗ Fraxinus-Arten.
Eschenblätter ↗ Fraxinus-Arten.
Eschenblättriger Ahorn ↗ Acer negundo.
Eschendornblüten ↗ Prunus-Arten.
Eschenmanna ↗ Fraxinus-Arten.
Eschenrinde ↗ Fraxinus-Arten.
Eschenwurz ↗ Dictamnus albus.

■ **Escherichia coli** (Migula 1895) Castellani et Chalmers 1919
(syn. *Bacterium coli commune*); Coli-Bakterien, Koli-Bakterien.

Fam.: Enterobacteriaceae.

Vork.: im Dickdarm und Kot von Säugetieren.

Droge: ***Escherichia-coli-Bakterien***. *Inh.:* lebende Bakterienkulturen mit spezifischen Membranproteinen und metabolisch aktiven Enzymen. *Anw.:* Nach oraler Aufnahme dienen die Bakterienkulturen zur Normalisierung der Darmflora nach schweren Infektionen, nach Antibiotikakuren oder bei Entwicklungsstörungen. Auch eine Stärkung des Immunsystems und die günstige Beeinflussung von Entwicklungsstörungen wird nach Applikation von *E. coli* beobachtet. *Geg.:* akuter Darmverschluß. *Bedeut.:* Neben seiner Bedeutung als Bestandteil der normalen Darmflora, dient *E. coli* auch zur Gewinnung von L-Asparaginase. Dieses Enzym, das zur Therapie von Leukämien eingesetzt wird, katalysiert die Hydrolyse von Asparagin zu Asparaginsäure und Ammoniak, was zur Hemmung der Zellteilung führt. *E. coli* ist u. a. auch an der Biotransformation von Anthracenderivaten zu den eigentlich abführend wirkenden Anthronen beteiligt.

Escherwurzel ↗ Dictamnus albus.
Eschhuflattich ↗ Tussilago farfara.
Eschlauch ↗ Allium-Arten.
Eschscholtzia californica ↗ Eschscholzia californica.
Eschscholtzia douglasii ↗ Eschscholzia californica.

■ **Eschscholzia californica** Cham.
(syn. *Chryseis californica, Eschscholtzia californica, E. douglasii*); Goldmohn (syn. Kalifornischer Mohn, Schlafmützchen), s. Farbtafel S. 303, Bild 133.

Fam.: Papaveraceae.

Vork.: Amerika, Kalifornien bis Neu-Mexiko, in Europa als Zierpflanze kultiviert.

Droge: ***Eschscholziae herba*** (syn. *Herba Eschscholtziae, Herba Eschscholziae*); Eschscholzienkraut (syn. Kalifornisches Mohnkraut), die zur Blütezeit gesammelten und getrockneten oberirdischen Teile. *Inh.:* v. a. Alkaloide (0,3–0,4 %), u. a. Californidin, Allocryptopin, Protopin, Eschscholzin sowie in geringen Mengen Aporphin-Alkaloide, Xanthophylle, Flavonoide (Rutin). *Anw.:* in der Volksheilkunde zur Behandlung von Schlafstörungen, Schmerzen, nervöser Übererregbarkeit, Neuropathien und Enuresis nocturna bei Kindern. Die Droge ist zumeist Bestandteil von Fertigarzneimitteln in Kombination mit Sedativa. Da entsprechende Untersuchungen zur Wirksamkeit und Sicherheit der Droge fehlen, wird eine therapeutische Anwendung gegenwärtig nicht befürwortet. Gelegentlich wird die Droge als Ersatz für Marihuana (↗ *Cannabis sativa*) verwendet. Diese Anwendung ist zweifelhaft.

Hom.: ***Eschscholtzia californica*** HAB, die frische, blühende Pflanze. *Anw.-Geb.:* Schlafstörungen.

Eschscholziae herba ↗ Eschscholzia californica.
Eschscholzienkraut ↗ Eschscholzia californica.
Eselsbohnenmehl ↗ Canavalia ensiformis.
Eselsdistel ↗ Onopordum acanthium.

Eselsgurke ↗ Ecballium elaterium.
Eselskraut ↗ Ononis spinosa.
Eselsmilch ↗ Euphorbia-Arten.
Eselsohren ↗ Arum maculatum.
Eselswolfsmilch ↗ Euphorbia-Arten.

■ **Esenbeckia febrifuga** A. Juss.
Fam.: Rutaceae.
Vork.: Brasilien.
Droge: ***Cortex Esenbeckiae*** (syn. *Cortex Angosturae brasiliensis*); Esenbeckiarinde, die Stammrinde. Inh.: Chinovinbitterstoffe, wie Esenbeckin; Skimmianin, Flindersiamin, Maculin, Rutaevin. Anw.: in der brasilianischen Volksheilkunde bei Malaria; die Blätter dienen als Diaphoretikum, das Öl der Früchte als Wurmmittel.

Esenbeckiarinde ↗ Esenbeckia febrifuga.
Eserébohne ↗ Physostigma venenosum.
Eserésamen ↗ Physostigma venenosum.
Espe ↗ Populus-Arten.

■ **Espeletia grandiflora**
(syn. Espeletia schultzii).
Fam.: Asteraceae (Compositae).
Vork.: südamerikanische Anden.
Inh.: In den Blättern und Blüten wurden Wache, Harze, u. a. Kauran und Kauradienverbindungen sowie Grandiflorensäure nachgewiesen.
Hom.: ***Espeletia*** (syn. *Espeletia schultzii*), die frischen Blätter unf Blüten. Anw.-Geb.: Angina pectoris, Durchblutungsstörungen.

Espeletia schultzii ↗ Espeletia grandiflora.
Eßfeige ↗ Ficus carica.
Essigbeere ↗ Berberis vulgaris.
Essigrose ↗ Rosa x centifolia.
Eßkastanie ↗ Castanea sativa
Eßkastanienblätter ↗ Castanea sativa.
Eßlauch ↗ Allium-Arten.
Estragol ↗ Foeniculum vulgare.
Estragon ↗ Artemisia dracunculus.
Etoposid ↗ Podophyllum-Arten.
Eucalypti aetheroleum ↗ Eucalyptus-Arten.
Eucalypti folium ↗ Eucalyptus-Arten.
Eucalyptol ↗ Eucalyptus-Arten.

■ **Eucalyptus-Arten**
● **Fam.:** Myrtaceae.
● **Eucalyptus globulus** Labill. (syn. *Eucalyptus cordata, E. diversifolia, E. gigantea, E. glauca, E. pulverulenta*); Eucalyptus (syn. Blaugummibaum, Fieberbaum, Fieberheilbaum), s. Farbtafel S. 303, Bild 134.
Heim.: subtropischer Regenwald Südostaustraliens und Tasmaniens.
Vork.: angebaut in Spanien, Portugal, Südfrankreich, Italien, Kaukasus, Algerien, Florida, Mittelamerika.
Drogen: ***1. Eucalypti aetheroleum*** (syn. *Oleum Eucalypti*); Eucalyptusöl, das aus den frischen Blättern und Zweigspitzen erhaltene äther. Öl. Inh.: v. a. 1,8-Cineol (ca. 87 %, Eucalyptol), *p*-Cymen (2,7 %), *α*-Pinen (2,6 %), Limonen (0,5 %), Phellandren, Piperiton, Geraniol und

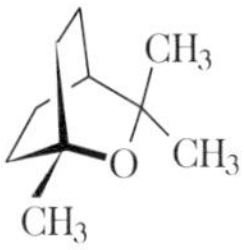

Cineol

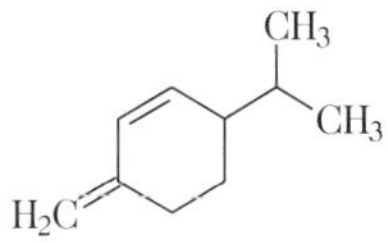

Phellandren

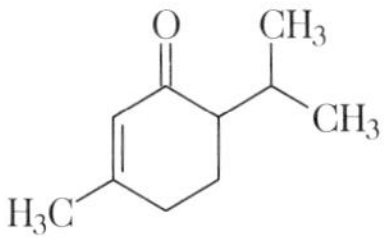

Piperiton

Camphen. Anw.: innerlich und äußerlich bei Erkältungskrankheiten sowie äußerlich bei rheumatischen Beschwerden. In der Volksheilkunde wird die Droge generell zur Behandlung von Erkältungsbeschwerden, grippalem Infekt und Katarrhen eingesetzt. Aufgrund seiner antiseptischen Eigenschaften und seines frischen Geschmacks ist die Droge häufiger Bestandteil von Zahncremes, Mundspülungen sowie Eucalyptusbonbons. Geg.: nicht bei Säuglingen und Kleinkindern, da es reflektorisch zum Glottiskrampf oder über Bronchospasmen zu asthmaähnlichen Zuständen bis zum Atemstillstand kommen kann. ***2. Eucalypti folium*** (syn. *Folia Eucalypti*); Eucalyptusblätter (syn. Blaugummibaumblätter, Fieberbaumblätter), die getrockneten Laubblätter (Folgeblätter) von älteren Bäumen. Inh.: äther. Öl (ca. 1–3 %, Zusammensetzung s. *Eucalypti aetheroleum*), Euglobale (0,1 %, Acylphloroglucinol-Monoterpene und -sesquiterpene), Flavonoide (Quercetin und seine Glykoside, Eucalyptin), Wachse (0,5 %). Anw.: in Form der Tinktur, des Extraktes oder Sirupes zur Einnahme und inhalativen Anwendung bei Erkrankungen der oberen Luftwege. In der Volksheilkunde wird die Droge darüber hinaus auch verwendet bei Asthma, Fieber, Grippe und Keuchhusten, bei Appetitlosigkeit, Verdauungsbeschwerden und Rheuma. Äußerlich erfolgt ein Einsatz bei Wunden, Akne, schlecht heilenden Geschwüren, Zahnschmerzen, Stomatitis und Zahnfleischbluten. Viele dieser Anwendungen beruhen lediglich auf ethnomedizinischen Erfahrungen. Geg.: nicht bei Kindern unter 2 Jahren anwenden.

Hom.: ***Eucalyptus globulus*** HAB1, die getrockneten Blätter. Anw.-Geb.: Erkrankungen der oberen und unteren Luftwege sowie der Niere und der ableitenden Harnwege.

● **Eucalyptus polybractea** R. T. Baker (syn. *Eucalyptus fruticetorum*).

Vork.: im trockenen Landesinneren Australiens.

Droge: ***Eucalypti aetheroleum***. Inh. und Anw.: s. *Eucalyptus globulus*.

● **Eucalyptus smithii** R. T. Baker.

Vork.: heimisch in Südostaustralien, kultiviert in Brasilien, Guatemala, Hawaii, an der französischen Atlantikküste und kaukasischen Schwarzmeerküste.

Droge: ***Eucalypti aetheroleum***. Inh. und Anw.: s. *Eucalyptus globulus*.

● **Histor.:** Der Gattungsname *Eucalyptus* ist aus dem griechischen *eu* (gut) und *klyptos* (bedeckt) geprägt, da die zu einem Mützchen verwachsenen Kronblätter deckelartig abfallen. Die Bezeichnung Fieberbaum bezieht sich auf die Nutzung des schnellwachsenden Baumes zur Trokkenlegung von Sumpfgebieten, die oft Malariaregionen darstellen. Zudem sollte infolge Ausdünstung von äther. Öl durch den Baum auch eine gewisse Desinfektion der Luft erreicht werden.

Eucalyptusblätter ↗ Eucalyptus-Arten.
Eucalyptus cochinchinensis ↗ Melaleuca-Arten.
Eucalyptusöl ↗ Eucalyptus-Arten
Eucheuma denticulatum ↗ Eucheuma muricatum.

■ **Eucheuma muricatum** (Gmel.) Weber van Bosse (syn. *Eucheuma spinosum, E. denticulatum, Fucus muricatus*).

Fam.: Solieriaceae.

Vork.: Küstengebiete Malaysias, Indonesiens, Chinas, Japans.

Droge: die frische oder getrocknete Alge. Inh.: Polysaccharide, wie Agarose, Agaropektin. Anw.: früher zur Gewinnung von Agar (↗ *Gelidium*-Arten); als Gemüse bzw. in der asiatischen Volksheilkunde als Bestandteil von Hustenmitteln.

Eucheuma spinosum ↗ Eucheuma muricatum.
Eugenia acris ↗ Pimenta-Arten.
Eugenia aromatica ↗ Syzygium-Arten.
Eugenia caryophyllata ↗ Syzygium-Arten.
Eugenia caryophyllus ↗ Syzygium-Arten.
Eugenia cheken ↗ Eugenia chequen.

■ **Eugenia chequen** Mol.
(syn. *Eugenia cheken, Myrtus cheken*).

Fam.: Myrtaceae.

Vork.: Südamerika, Chile.

Droge: ***Folia Eugeniae*** (syn. *Herba Eugeniae*); Chekenblätter, die getrockneten Laubblätter. Inh.: äther. Öl (ca. 1 %), Bitterstoffe, Chekenon, Chekenin, Chekenetin, Chekeninsäure, Gerbstoffe, Harz, Cholin. Anw.: in der Volksheilkunde als Tonikum, Adstringens sowie bei Bronchitis.

Eugenia cumini ↗ Syzygium-Arten.
Eugenia jambolana ↗ Syzygium-Arten.
Eugenia jambos ↗ Syzygium-Arten.
Eugenia jambosa ↗ Syzygium-Arten.
Eugenia michelii ↗ Eugenia uniflora.

■ **Eugenia occlusa** (Miq.) Kurz.

Fam.: Myrtaceae.

Vork.: Java.

Droge: die Blätter. Inh.: äther. Öl (0,05 %) mit Citral (Salamöl). Anw.: Gewürz.

■ **Eugenia uniflora** L.
(syn. *Eugenia michelii*).

Fam.: Myrtaceae.

Vork.: Brasilien.

Droge: die Blätter. Inh.: äther. Öl (ca. 0,14 %) mit pfefferartigem Geruch und Geschmack. Anw.: in der Volksheilkunde bei Rheuma und Magenbeschwerden.

Eugenia vulgaris ↗ Syzygium-Arten.

■ **Eugenol**
(Eugenolum, 4-Ally-2-methoxyphenol), Hauptbestandteil des Nelkenöls (Oleum Caryophylli, ↗ Syzygium-Arten) und anderer ätherischer Öle. Anw.: aufgrund seiner anästhesierenden und desinfizierenden Wirkung in der Zahnheilkunde. E.

ist außerdem Ausgangspunkt für die technische Gewinnung von Vanillin und findet in der Parfümerie breite Anwendung.

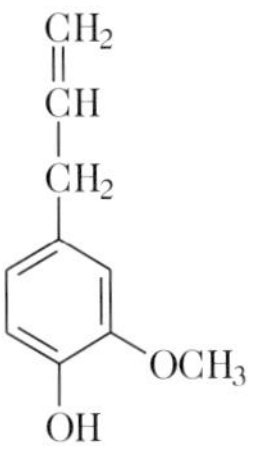

Eugenol

■ **Euonymus atropurpurea** Jacq.
(syn. Euonymus atropurpureus); Pfaffenhütchen (syn. Spindelbaum, Spillbaum).

Fam.: Celastraceae.

Vork.: Nordamerika.

Droge: ***Cortex Evonymi atropurpureae radicis***; Pfaffenhütchenwurzelrinde, die getrocknete Wurzelrinde. *Inh.:* herzwirksame Glykoside der Cardenolid-Reihe (Digitoxigeninderivate), Tannin, Furan-β-carbonsäure, Bitterstoffe (Evonimin), Dulcit, Wachs, Asparagin, Atropurpurin, org. Säuren. *Anw.:* als Cholagogum, Laxans und Diuretikum.

Hom.: ***Evonymus atropurpureus*** HAB (syn. *Euonymus atropurpureus*); die frische Rinde der Zweige und Wurzeln. *Anw.-Geb.:* Erkrankungen des Zentralnervensystems, der Leber, Galle und Bauchspeicheldrüse.

Histor.: Der Name Euonymus geht auf die griechischen Bezeichnungen *eu* (gut) und *onoma* (Namen) zurück. Sie soll im ironischen Sinne auf diese Gattung wegen ihrer schädlichen Eigenschaften übertragen worden sein. Der Artname *atropurpurea* bezieht sich auf die dunkelpurpurfarbenen Blüten.

■ **Euonymus europaea L.**
(syn. *Euonymus vulgaris*); Europäisches Pfaffenhütchen (syn. Pfaffenhütlein, Pfaffenkäppchen, Spindelstrauch), s. Farbtafel S. 303, Bild 135.

Fam.: Celastraceae.

Vork.: Europa bis Japan, beliebter Zierstrauch.

Droge: ***Fructus Evonymi*** (syn. *Fructus Tetragoniae*); Pfaffenhütleinfrüchte (syn. Pfaffenkäppchenfrüchte, Spindelstrauchfrüchte), die reifen Früchte. *Inh.:* Alkaloide (u. a. Evonin), Evonosid (schwach herzwirksames Glykosid), Bitterstoff, fettes Öl (ca. 28 %, mit Triacetin), Farbstoffe, Gerbstoffe, Lectine mit spezifischer Affinität zu Galactose. *Anw.:* in der Volksheilkunde dienen Abkochungen der Droge als Mittel gegen Ungeziefer und Krätzemilben. Auch über eine Verwendung bei Herzbeschwerden gibt es Berichte. Das Öl der Samen diente früher als Brennöl bzw. zur Ungezieferbekämpfung. Die Droge wird aufgrund ihrer Toxizität heute nicht mehr eingesetzt.

Hom.: ***Evonymus europaea*** (syn. *Euonymus europaea*) HAB1; Pfaffenhütchen, die frischen, reifen Früchte. *Anw.-Geb.:* Erkrankungen der Leber, Galle und Bauchspeicheldrüse sowie Kopfschmerzen.

Euonymus vulgaris ↗ Euonymus europaea.
Eupatorii perfoliati herba ↗ Eupatorium-Arten.

■ **Eupatorium-Arten**

● **Fam.:** Asteraceae (Compositae).

● **Eupatorium cannabinum** L.; Wasserdost (syn. Blauwetterkühl, Grundheil, Kunigundenkraut, Lämmerschwanz, Wasserhanf), s. Farbtafel S. 303, Bild 136.

Vork.: Europa, Asien, Nordafrika.

Drogen: ***1. Radix Eupatorii cannabini*** (syn. *Rhizoma Eupatorii cannabini*); Wasserdostwurzel, die ganzen Wurzeln bzw. Rhizome. *Inh.:* u. a. äther. Öl, Euparin (Benzofuranderivat). *Anw.:* frü-

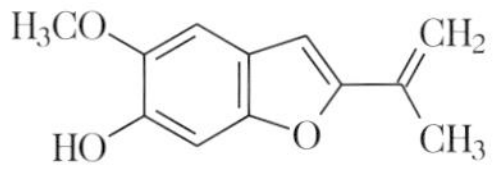

Euparin

her bei Leber- und Galleleiden. ***2. Herba Eupatorii cannabini*** (syn. *Herba Cannabinae aquaticae, Herba Cannabis aquaticae*); Wasserdostkraut (syn. Kunigundenkraut, Wasserhanfkraut), das ganze Kraut. *Inh.:* Eupatoriopicrin (bitteres Glykosid), Euparin, Flavonoide (Eupatorin), Pyrrolizidinalkaloide, Triterpene, Gerbstoffe, äther. Öl, Inulin, Polysaccharide, Harz. *Anw.:* in der Volksheilkunde als schwaches Laxans und Cholagogum bei Leber- und Galleleiden. Äußerlich wird die Droge bei Geschwülsten, Quetschungen und Exanthemen eingesetzt. In verschiedenen Phytopharmaka werden Extrakte aus der Droge als unspezifisches Immunstimulans genutzt.

Hom.: ***Eupatorium cannabinum*** HAB, das frische, blühende Kraut. *Anw.-Geb.:* Leber- und Galleleiden, grippeähnliche fieberhafte Zustände.

Histor.: Der Wasserdost war schon den alten griechischen Ärzten ein bekanntes Heilmittel. Die Samen und Blätter, mit Wein eingenommen, dienten gegen Ruhr und Erkrankungen der Leber, ebenso gegen den Biß giftiger Schlangen. Als Salbe wurden die Blätter zur Heilung hartnäckiger Geschwüre benutzt. Die mittelalterlichen Kräuterbücher empfahlen die Droge mit ähnlichen Verwendungsarten. Hieronymus Bock hielt das Kunigundenkraut für ein die Manneskraft stärkendes Mittel. Der Gattungsname war im Altertum die Bezeichnung für den Odermennig, *Agrimonia eupatoria,* benannt nach dem König Mithridates Eupator von Pontus. Dieser soll ihn gegen Leberleiden genutzt haben. Der Artname *cannabinum* ist aus dem griechisch-lateinischen *cannabis* abgeleitet und drückt die Ähnlichkeit der Laubblätter mit denen des Hanfes aus. Auch die deutschen Bezeichnungen Wasserdost und Wasserhanf entsprechen dem.

● **Eupatorium perfoliatum** L. (syn. *Eupatorium connatum, E. glandulosum, E. virginicum*); Durchwachsener Wasserdost (syn. Durchwachsen(blättrig)er Wasserhanf).

Vork.: Nordamerika (von Neu-Schottland bis Florida).

Droge: ***Eupatorii perfoliati herba*** (syn. *Herba Eupatorii perfoliati*); Wasserdostenkraut, das ganze Kraut blühender Pflanzen. *Inh.:* bitter schmeckende Sesquiterpenlactone, u. a. Euperfolid, Euperfolin und Eufoliatorin, Flavonoide, bes. Eupatorin, Polysaccharide, Gerbstoffe und äther. Öl. *Anw.:* in Phytotherapeutika als Grippemittel, Amarum, Diaphoretikum sowie als unspezifisches Immunstimulans.

Hom.: ***Eupatorium perfoliatum*** HAB1, das frische, zu Beginn der Blütezeit gesammelte Kraut. *Anw.-Geb.:* bei grippalem Infekt, Reizblase, akuter Gastritis, Migräne.

Histor.: Die Droge ist in Amerika ein altes Volksheilmittel, das schon von den Indianern gegen Fieber gebraucht wurde.

● **Eupatorium purpureum** L. (syn. *Eupatorium maculatum, E. ternifolium*); Roter Wasserhanf.

Vork.: Nordamerika.

Droge: ***Herba et Radix Eupatorii purpurei***, die gesamte Pflanze mit Wurzeln. *Inh.:* Flavonoide (Eupatorin), Sesquiterpenlactone (Euperfolid), Euparin, Saponine.

Hom.: ***Eupatorium purpureum*** HAB34, der frische, im Herbst gesammelte Wurzelstock. *Anw.-Geb.:* Blasen- und Nierenleiden, rheumatische und grippale Gliederschmerzen.

Eupatorium cordatum ↗ Mikania cordata.
Eupatorium rebaudianum ↗ Stevia rebaudiana.
Eupatorium verum ↗ Brickellia veronicaefolia.

■ **Euphorbia-Arten**

● **Fam.:** Euphorbiaceae.

● **Euphorbia amygdaloides** (syn. *Euphorbia silvatica, Tithymalus amygdaloides*); Waldwolfsmilch (syn. Mandelblättrige Wolfsmilch).

Vork.: Europa, Nordafrika, Kleinasien, Nordamerika.

Inh.: Flavonoide (Quercetinglykoside), Triterpene (Lanosterol), Tetralinlignane, Inositol, fettes Öl (ca. 30 % im Samen).

Hom.: ***Euphorbia amygdaloides*** HAB34, die frischen, oberirdischen Teile blühender Pflanzen. *Anw.-Geb.:* Durchfallerkrankungen.

● **Euphorbia corollata** L.; Kronenwolfsmilch.

Vork.: Nordamerika (Kanada bis Virginia).

Droge: ***Euphorbia-corollata-Wurzel***, die ganze Wurzel. *Inh.:* Die Wurzel führt reichlich dicken, weißen Milchsaft. Die Inhaltsstoffe sind bisher noch nicht näher beschrieben worden. *Anw.:* in der indianischen Volksheilkunde als Brechmittel, als Laxans, schleimlösendes Hustenmittel, Diaphoretikum sowie bei rheumatischen Schmerzen.

Hom.: ***Euphorbia corollata*** HAB34, die frische Wurzel. *Anw.-Geb.:* Brechdurchfall.

● **Euphorbia cyparissias** L. (syn. *Galarhoeus cyparissias, Tithymalus cyparissias*); Zypressenwolfsmilch (syn. Bauernrhabarber), s. Farbtafel S. 303, Bild 137.

Vork.: heimisch in Europa, Nordafrika, Nordasien, nach Nordamerika und Neuseeland eingeschleppt. Die Pflanze ist stark giftig!

Drogen: ***1. Euphorbia-cyparissias-Kraut***; Bauernrhabarber, die ganze frische, blühende Planze mit Wurzeln. *Inh.:* Flavonole (Quercetin- und Kämpferolglykoside), Diterpenester (v. a. Derivate des Ingenan-Typs, die sogenannten Cyparissiasfaktoren Cy 1 bis Cy 14), Triterpene (u. a. Euphol, 24-Methylencycloartenol, Cycloartenol, Lanosterol), Fettalkohole, Harz (ca. 17 %), Gummi, Kautschuk, wenig äther. Öl. *Anw.:* In der Volksheilkunde werden die Wurzeln, in Essig mazeriert, bei Verstopfung, zur Förderung der Harnabsonderung sowie bei Zahnschmerzen eingenommen. Äußerlich angewendet dienen Extrakte der Droge gegen Warzen und Hühneraugen. Aufgrund der hautreizenden und tumorpromovierenden Diterpenester ist von einer Anwendung der Droge abzuraten. ***2. Euphorbia-cyparissias-Latex***; Teufelsmilch (syn. Eselsmilch), der frisch austretende Milchsaft. *Inh.*: Diterpenester (Cyparissiasfaktoren Cy11 und Cy14, jeweils ca. 0,16 %), Harz (ca. 15 %), Kautschuk (ca. 3 %), Gummi, Äpfel-, Gallus- und Weinsäure. *Anw.*: in der Volksheilkunde äußerlich zur Beseitigung von Warzen, Muttermalen und Sommersprossen, bei traumatischen Rissen und Abhebungen am Nagelwall (Niednagel). Innerlich wird die Droge als Ersatz für Scammonium (↗ Convolvulus-Arten) als Brechmittel und Laxans eingesetzt. Diese Wirksamkeiten gelten als wenig gesichert. Bei chronischer Anwendung kann das Risiko einer Tumorentstehung nicht ausgeschlossen werden. Daher ist der Gebrauch der Droge abzulehnen.

Hom.: ***Euphorbia cyparissias*** HAB1; Wolfsmilch, die ganze, frische, blühende Pflanze. *Anw.-Geb.*: Hautrötung, Katarrhe der Atemwege, Magenkolik, Diarrhoe, Ekzeme, Psoriasis.

Histor.: Der Gattungsname wurde nach ↗ Plinius von Juba II., König von Mauretanien, zu Ehren seines Leibarztes Euphorbos benannt, während *cyparissius* auf die der Zypresse ähnlichen Blätter zurückgeführt wird. Der Name Wolfsmilch bezieht sich auf den scharfen, weißen, z. T. toxischen Milchsaft der Pflanzen. Wolfsmilcharten waren bereits im frühesten Altertum bekannt. So wurden bereits im vorchristlichen Corpus Hippocraticum mehrere Wolfsmilcharten, u. a. *E. cyparissias*, als diätetische Mittel genannt.

● **Euphorbia esula** L. (syn. *Euphorbia dalechampii, E. discolor, E. intermedia, E. racemosa, E. tristis, E. triumfetti, Tithymalus escula*); Gemeine Wolfsmilch (syn. Eselswolfsmilch, Scharfe Wolfsmilch, Teufelswolfsmilch).

Vork.: Nord- und Mitteleuropa, nach Sibirien, China und Nordamerika eingeschleppt.

Droge: ***Euphorbia-escula-Kraut***, die ganze frische Pflanze. *Inh.*: Alkaloide (nicht näher beschrieben), Diterpene (v. a. Monoester des Ingenols mit Benzoesäure oder aliphatischen Fettsäuren, z. B. Esulafaktoren E1, E2, E3), Triterpene, u. a. 24-Methylcycloartenol, Cycloartenol, Lupeol, α- und β-Amyrin, Flavone, Kohlenwasserstoffe, fettes Öl (in den Samen ca. 30 %). *Anw.*: In der Volksheilkunde wird die Droge, v. a. das Samenöl und die Wurzeln, bei starker Verstopfung und Wassersucht eingesetzt, in China auch gegen Tuberkulose. Äußerlich werden Drogenextrakte bei Flechten und Krätze sowie Pruritus und zum Abätzen von Warzen benutzt. Bei chronischer Anwendung kann das Risiko einer Tumorentstehung nicht ausgeschlossen werden. Daher ist der Gebrauch der Droge abzulehnen.

Hom.: ***Euphorbia esula*** HAB34, die frische, blühende Pflanze.

● **Euphorbia heliscopia** L. (syn. *Euphorbia dulcis, Galarhoeus helioscopius, Tithymalus helioscopius*); Sonnenwolfsmilch (syn. Hundsmilch, Milchkraut).

Vork.: Europa, Westasien, Nordafrika, nach Japan, Nordamerika, Australien und Neuseeland eingeschleppt.

Droge: ***Herba Euphorbiae helioscopiae***; *Euphorbia-helioscopia*-Kraut, der Sproß der Pflanze. *Inh.*: Polyphenole (Ellagitannine), Flavonole, Diterpene (Ingenan- und Jatrophan-Typ), Triterpene (Cycloartenol, 24-Methylencycloartenol), Kohlenwasserstoffe, Wachse, Elemol (Sesquiterpenalkohol), fettes Öl (in den Samen ca. 9 %), nichtproteinogene Aminosäuren (Glycinderivate). *Anw.*: in der traditionellen chinesischen Medizin zur Behandlung von funktionellen Störungen und chronischen Krankheiten, u. a. Wassersucht. In Europa wird die Droge mitunter volkstümlich bei rheumatischen Beschwerden, Rippenfellentzündung sowie als Mittel zur Entfernung von Warzen verwendet.

Hom.: ***Euphorbia helioscopia*** HAB34, die frische, blühende Pflanze.

● **Euphorbia hirta** L. (syn. *Euphorbia capitata, E. pilulifera*); Pillenwolfsmilch.

Vork.: Australien, Mittelamerika, heute auch eingeschleppt in China, Indien, Afrika, Karibik.

Droge: ***Herba Euphorbiae piluliferae***; *Euphorbia-pililifera*-Kraut (syn. Pillenwolfsmilchkraut, Schlangenkraut), die ganze, getrocknete Pflanze mit oder ohne Wurzeln. *Inh.*: Polyphenole (ca. 2,2 %, v. a. Ellagitannine, Gallotannine, Gallussäure, Ellagsäure), Phenolcarbonsäuren (Chlorogensäure, Kaffeesäure), Flavonoide, Leukoanthocyane, Anthocyanoside, Diterpenoide (Diterpenester vom Tiglian- und Ingenan-Typ), Triterpene (α- und β-Amyrin, Fridelin, Taraxerol), Sterole, Kohlenwasserstoffe, Fettsäuren,

Inositol (0,5 %), äther. Öl, Gummi, Harz, Schleimstoffe. Anw.: selten in der europäischen Volksheilkunde bei Asthma bronchiale, Katarrhen der oberen Luftwege, Heufieber und Spasmen der Stimmbänder; in Afrika, Asien und in der Karibik häufig bei Husten, Bronchitis und Asthma sowie Herzkrankheiten, Dysenterie, Wurmerkrankungen, Gonorrhoe und Sterilität des Mannes. Auch gibt es Berichte über die äußerliche Anwendung bei Verletzungen, Wunden und anderen Hauterkrankungen. Die Wirksamkeit der Droge bei Dysenterie scheint aufgrund der antimikrobiellen Eigenschaften sowie der bezüglich Amöbendysenterie durchgeführten klinischen Studien denkbar. Für alle anderen Anwendungen ist die Wirkung nicht belegt.

Hom.: ***Euphorbia pilulifera*** HAB34, die frischen, oberirdischen Teile blühender Pflanzen. Anw.-Geb.: Harnröhrenentzündung, Ausfluß.

● **Euphorbia hypericifolia** L. (syn. *Euphorbia indica*); Blättrige Wolfsmilch.

Vork.: heimisch in Nordamerika, heute weltweit verbreitet.

Inh.: Flavonoide (Quercetin und Quercitrin, Kämpferol, Rhamnetin), Triterpene und Sterole (24-Methylencycloartenol, Taraxerol, β-Sitosterol), Ellagsäure.

Hom.: ***Euphorbia hypericifolia*** HAB34, die frische, blühende Pflanze.

● **Euphorbia lathyris** L. (syn. *Euphorbia spongiosa, Tithymalus lathyris*); Kreuzblättrige Wolfsmilch (syn. Maulwurfskraut, Springwolfsmilch, Springwurz).

Vork.: Mitteleuropa, Nord- und Südamerika, Australien. Zur Ölgewinnung auch kultiviert.

Droge: ***Semen Cataputiae minoris*** (syn. *Semen Euphorbiae, Semen Lathyridis majoris, Semen Tithymali latifolii*); *Euphorbia-lathyris-*Samen (syn. Purgierkörner, Springkörner), die reifen Samen. *Inh.:* fettes Öl (ca. 40–50 %), Diterpene (0,4 % Diterpenester des Ingenan-Typs mit Ingenol als Grundalkohol: Lathyrisfaktoren, Lathyrissubstanzen), Cumarine (bis 0,3 %, u. a. Aesculetin und Euphorbetin, Proteine (14–18 %), Kohlenhydrate (18–20 %). *Anw.:* früher zum Auslösen von Brechreiz und bei starker Verstopfung verwendet. Die Droge ist Bestandteil der traditionellen chinesischen Medizin und wird dort u. a. bei Sonnenstich, Mumps und akuten Rachenentzündungen eingesetzt. Äußerlich dient sie zur Behandlung von Warzen, Melanomen, Rheuma und Hautkrankheiten. Die Wirksamkeit bei diesen Anwendungen (Ausnahme Verstopfung) ist nicht belegt. Bei chronischer Anwendung kann das Risiko einer Tumorentstehung nicht ausgeschlossen werden. Daher ist der Gebrauch der Droge abzulehnen.

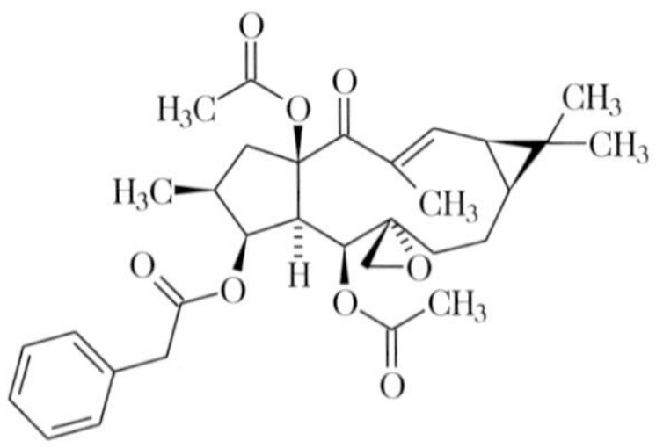

Lathyrissubstanz SL1

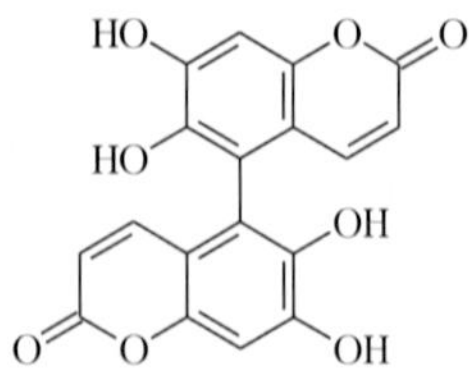

Euphorbetin

Hom.: ***Euphorbia lathyris*** HAB34, die getrockneten, reifen Samen. *Anw.-Geb.:* akute Hautentzündungen, Krampfhusten.

● **Euphorbia milii** Desmoul. ex Boiss. (syn. *Euphorbia splendens*); Christusdorn; s. Farbtafel S. 303, Bild 138.

Vork.: Die Pflanze stammt ursprünglich aus Madagaskar und ist heute als Zimmerpflanze auch in Europa und Nordamerika verbreitet. Die Pflanze ist giftig!

Droge: ***Euphorbia-milii-Kraut***; die frischen oberirdischen Teile mit Latex. *Inh.:* Diterpene (Diterpenester ungewöhnlicher Struktur: Milliamine A bis N, bis ca. 0,14 %, sowie weitere Derivate vom Ingenan-, Tiglian- und Daphnantyp), Triterpene und Sterole (u. a. β-Amyrinacetat, Cycloartenol, Euphol, Lupeol, β-Sitosterol), Gerbstoffe, Spuren von Lasiodiplodin (Makrolid). *Anw.:* in der Volksheilkunde innerlich bei Hepatitis und Abdominalödemen sowie äußerlich zur Warzenentfernung. Die Droge zeigt nach bisherigen Untersuchungen keine tumorpromovierenden Eigenschaften.

Hom.: ***Euphorbia splendens*** HAB34, die frische, blühende Pflanze.

97 Colchicum autumnale, Herbstzeitlose

98 Commiphora molmol, *Myrrha,* Myrrhe

99 Conium maculatum, Gefleckter Schierling

100 Convallaria majalis, Maiglöckchen

101 Conyza canadensis, Berufkraut

102 Coriandrum sativum, Gartenkoriander

103 Corydalis cava, Hohler Lerchensporn

104 Crataegus laevigata, *Crataegi flos,* Weißdornblüte

105 Crataegus laevigata, *Crataegi fructus,* Weißdornfrüchte

106 Crocus sativus, Echter Safran

107 Croton tiglium, *Crotonis semen,* Crotonsamen

108 Cucurbita pepo, Gartenkürbis

109 Cymbopogon citratus, Lemongras

110 Cynara scolymus, Artischocke

111 Cynoglossum officinale, Hundszunge

112 Cytisus scoparius, Besenginster

113 Datura stramonium, Gemeiner Stechapfel

114 Daucus carota, Möhre

115 Dictamnus albus, Diptam

116 Digitalis lanata, Wolliger Fingerhut

117 Digitalis purpurea, Roter Fingerhut

118 Dipteryx odorata, *Semen Tonca,* Tonkabohnen

119 Dorema ammoniacum, *Gummi Ammoniacum,* Ammoniakgumml

120 Drimys winteri, Winters Gewürzrindenbaum

121 Dryopteris filix-mas, Wurmfarn

122 Dryopteris filix-mas, *Filicis rhizoma,* Wurmfarn-Rhizom

123 Ecballium elaterium, Spritzgurke

124 Echinacea purpurea, Purpurfarbener Sonnenhut

125 Echium vulgare, Natternkopf

126 Elaphomyces cervinus, *Fungus cervinus,* Hirschbrunst

127 Elettaria cardamomum, *Cardamomi fructus,* Kardamomen

128 Ephedra distachya, Meerträubchen

129 Epilobium parviflorum, Kleinblütiges Weidenröschen

130 Equisetum arvense, Ackerschachtelhalm

131 Eryngium maritimum, Stranddistel

132 Eryngium planum, Flachblättrige Donardistel

133 Eschscholzia californica, Goldmohn

134 Eucalyptus globulus, Eucalyptus

135 Euonymus europaea, Europäisches Pfaffenhütchen

136 Eupatorium cannabinum, Wasserdost

137 Euphorbia cyparissias, Zypressenwolfsmilch

138 Euphorbia milii, Christusdorn

139 Euphorbia resinifera, *Euphorbium,* Euphorbiengummi

140 Euphrasia rostkoviana, Echter Augentrost

141 Fagopyrum esculentum, Echter Buchweizen

142 Fagus sylvatica, Buche

143 Ficus carica, Echter Feigenbaum

144 Foeniculum vulgare, Gemeiner Fenchel

145 Fomes fomentarius, Echter Zunderschwamm

146 Fomitopsis pinicola, Rotrandiger Baumschwamm

147 Fumaria officinalis, Erdrauch

148 Galanthus nivalis, Gemeines Schneeglöckchen

149 Galega officinalis, Geißraute

150 Galeopsis segetum, Hohlzahn

151 Galium aparine, Klebkraut

152 Galium odoratum, Echter Waldmeister

153 Galium verum, Echtes Labkraut

154 Gallen, Aleppogallen

155 Gallen, Chinesische Gallen

156 Garcinia hanburyi, *Gutti*

157 Gelidium amansii, *Agar*

158 Genista tinctoria, Färberginster

159 Gentiana asclepiadea, Schwalbenwurz-Enzian

160 Gentiana lutea, Gelber Enzian

161 Gentiana lutea, *Gentianae radix,* Enzianwurzel

162 Geum urbanum, Echte Nelkenwurz

163 Ginkgo biloba, Ginkgobaum

164 Gloriosa superba, Hakenlilie

165 Glycyrrhiza glabra, Süßholz

166 Glycyrrhiza glabra, *Liquiritiae radix*, Süßholzwurzel

167 Grindelia robusta, Grindelle

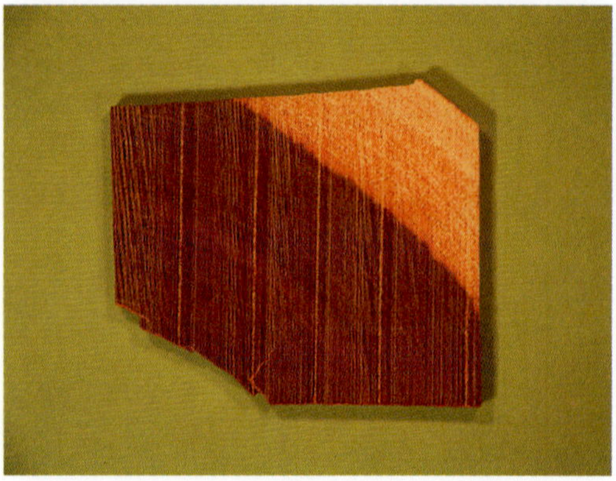

168 Guaiacum sanctum, *Guaiaci lignum*, Guajakholz

169 Gypsophila paniculata, Schleierkraut

170 Harpagophytum procumbens, *Harpagophyti radix,* Teufelskrallenwurzel

171 Hedera helix, Efeu

172 Helianthus annuus, Gewöhnliche Sonnenblume

173 Helianthus tuberosus, Topinambur

174 Helichrysum arenarium, Sand-Strohblume

175 Helleborus niger, Christrose

176 Hepatica nobilis, Leberblümchen

177 Heracleum sphondylium, Gemeiner Bärenklau

178 Herniaria glabra, Bruchkraut

179 Hibiscus sabdariffa, Afrikanische Malve

180 Hippophae rhamnoides, Sanddorn

181 Humulus lupulus, Hopfen

182 Hyoscyamus niger, Bilsenkraut

183 Hypericum perforatum, Echtes Johanniskraut

184 Ilex aquifolium, Stechpalme

185 Illicium verum, *Anisi stellati fructus,* Sternanisfrüchte

186 Inula helenium, Echter Alant

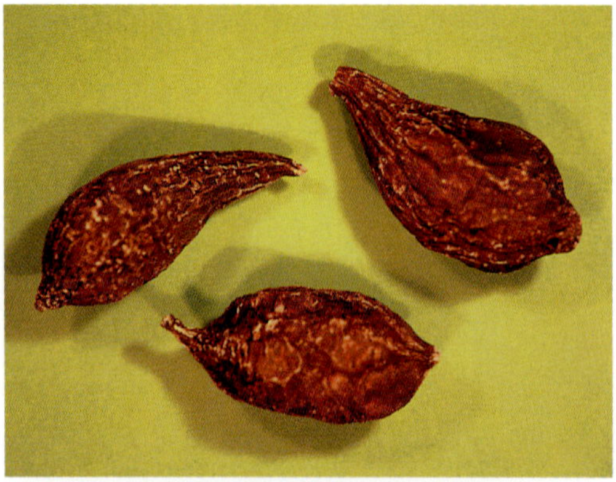

187 Ipomoea purga, *Jalapae tuber*, Jalapenknolle

188 Ipomoea violacea, Piule

189 Iris pseudoacorus, Sumpf-Schwertlilie

190 Jateorhiza palmata, *Colombo radix*, Colombowurzel

191 Kalanchoe daigremontiana

192 Kalmia latifolia, Lorbeerrose

● **Euphorbia resinifera** O. C. Berg.

Vork.: Nordafrika und Kanaren, in Marokko und Iran auch kultiviert. Die Pflanze ist giftig!

Droge: ***Euphorbium*** (syn. *Gummiresina Euphorbium*); Euphorbiumgummi, der an der Luft eingetrocknete Milchsaft; s. Farbtafel S. 304, Bild 139. *Inh.:* Diterpene (Ester des Tiglian-Typs: Resiniferafaktoren RR1, RR2, RR3; Ester der Ingenan-Typs: Resiniferafaktor RR4 sowie Ingenolester, Ingenol), Triterpene (Euphorbon, β-Amyrin, α-Euphol, Resiniferol, Taraxerol), organische Säuren (ca. 6 %), Harz (ca. 40 %), Inositole, Bitterstoffe, Kautschuk. *Anw.:* in der Volksheilkunde als Laxans und bei Regelstörungen sowie äußerlich als Hautreizmittel, zur Warzenbehandlung und zur Therapie bösartiger Geschwüre. Auch als Abortivum wird die Droge verwendet. Bei chronischer Anwendung kann das Risiko einer Tumorentstehung nicht ausgeschlossen werden. Daher ist der Gebrauch der Droge abzulehnen.

Hom.: ***Euphorbium*** HAB1, der erhärtete Milchsaft der Pflanze. *Anw.-Geb.:* akute Entzündungen der Haut, Entzündungen der Atemwege.

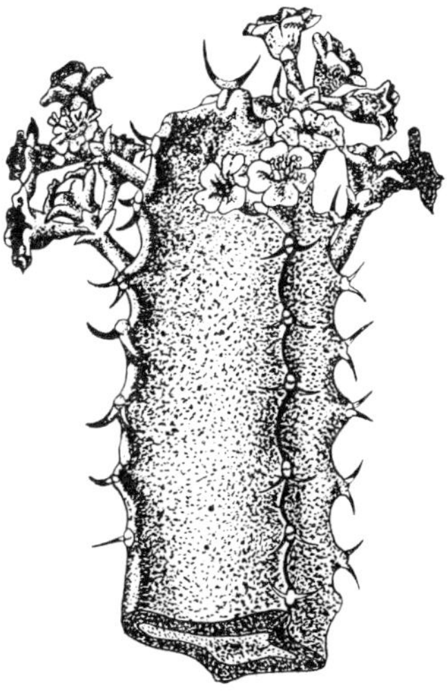

Euphorbia resinfera, blühender sukkulenter Sproß.

● **Euphorbia villosa** Waldst. et Kit. ex Willd. (syn. *Euphorbia austriaca, E. carpatica, E. procera, E. semivillosa, E. tauricola*); Zottige Wolfsmilch.

Vork.: südliches Mitteleuropa, Westsibirien, Transkaukasien.

Inh.: Es liegen keine phytochemischen Daten vor; lediglich (–)-Inositol soll vorhanden sein.

Hom.: ***Euphorbia villosa*** HAB34, der frische Wurzelstock.

Euphorbia triumfetti ↗ Euphorbia-Arten.
Euphorbium ↗ Euphorbia-Arten.
Euphorbiumgummi ↗ Euphorbia-Arten.
Euphoria longan ↗ Euphoria longana.

■ **Euphoria longana** Lam.
(syn. *Euphoria longan, Nephelium longana*).

Fam.: Sapindaceae.

Vork.: Ostasien, auch kultiviert.

Droge: die Blätter und Samen. *Inh.:* Friedelin, Epifriedelinol, Phytosterole, Hentriakontanol. *Anw.:* in der chinesischen Volksheilkunde häufig angewendet, z. B. als Roborans, Antidotum, Anthelmintikum und Nervinum. In Indonesien wird das Samenöl bei Schlangenbissen eingesetzt.

Euphrasiae herba ↗ Euphrasia rostkoviana.
Euphrasia latifolia ↗ Euphrasia rostkoviana.
Euphrasia minima ↗ Euphrasia rostkoviana.
Euphrasia nemorosa ↗ Euphrasia rostkoviana.
Euphrasia officinalis ↗ Euphrasia rostkoviana.
Euphrasia pratensis ↗ Euphrasia rostkoviana.

■ **Euphrasia rostkoviana** Hayne
(syn. *Euphrasia officinalis, E. minima, E. nemorosa, E. stricta, E. latifolia, E. pratensis*); Echter Augentrost (syn. Wiesen-Augentrost), s. Farbtafel S. 304, Bild 140.

Fam.: Scrophulariaceae.

Vork.: Europa.

Droge: ***Euphrasiae herba*** (*Herba Euphrasiae*); Augentrostkraut (syn. Gemeiner Augentrost, Wiesenaugentrost), die getrockneten, während der Blütezeit gesammelten oberirdischen Teile. *Inh.:* Iridoide Glykoside (0,9 %), bes. Aucubin sowie Euphrosid, Eurostosid = 10-*p*-Cumaroylaucubin, Geniposid, Adoxosid, Ixorosid und Mussaenosid, Phenolcarbonsäuren (Kaffeesäure, Ferulasäure, Chlorogensäure), Leukosceptrosid A, Lignane, Sterole, Flavonoide. *Anw.:* in der Volksheilkunde äußerlich bei Augenkrankheiten (Name!), die mit Entzündungen und Gefäßerkrankungen verbunden sind (Bindehaut-, Lidentzündungen, Augenkatarrh), aber auch bei Husten, Schnupfen, Hauterkrankungen und Magenerkrankungen wird die Droge verwendet. Aus hygienischen

Gründen kann eine Anwendung am Auge nicht empfohlen werden.

Hom.: ***1. Euphrasia officinalis*** HAB1, die ganze, frische, blühende Pflanze. *Anw.-Geb.:* katarrhalische Entzündungen am Auge, die mit vermehrter Tränenabsonderung einhergehen; Lidödeme; Entzündungen der oberen Luftwege. ***2. Euprasia officinalis ferm 33c*** HAB1 (syn. *Euphrasia e planta tota ferm 33c*), die ganze, frische, blühende Pflanze. *Anw.-Geb.:* katarrhalische Entzündungen am Auge, die mit vermehrter Tränenabsonderung einhergehen sowie Lidödeme allergischer Grundlage.

Histor.: Der Gattungsname entspricht dem griechischen *euphrasia* (Frohsinn, Wohlbefinden). Die deutsche Bezeichnung Augentrost wird auch mit der ↗ Signaturlehre in Verbindung gebracht und beruht angeblich darauf, daß man in der Zeichnung der Blüte die „Signatur" des Auges erkannte. Der echte Augentrost wird in der Antike nicht erwähnt, sondern erst in den Kräuterbüchern des 16. Jh.

Euphrasia stricta ↗ Euphrasia rostkoviana.

■ **Eupionum HAB**
die bei der Gewinnung von Kreosot durch Destillation von Holzteer erhaltene, niedriger siedende, spezifisch leichtere Fraktion. *Anw.-Geb.:* Entzündungen der weiblichen Geschlechtsorgane, Wadenkrämpfe.

Europäische Eichenmistel ↗ Loranthus europaeus.
Europäische Fieberrinde ↗ Salix-Arten.
Europäische Haselwurz ↗ Asarum europaeum.
Europäische Lärche ↗ Larix decidua.
Europäische Riesenmistel ↗ Loranthus europaeus.
Europäischer Nerz ↗ Mustela lutreola.
Europäisches Alpenveilchen ↗ Cyclamen purpurascens.
Europäisches Pfaffenhütchen ↗ Euonymus europaea.

■ **Euryale ferox** Salisb.
(syn. *Anneslea spinosa, Nymphaea stellata*).

Fam.: Nymphaeaceae.

Vork.: Indien, China, Japan, z. T. auch kultiviert.

Droge: die ganze Pflanze. *Inh.:* Gerbstoffe, Flavonoide, wie Quercetin; in den Samen Stärke und Proteine. *Anw.:* in der traditionellen chinesischen Medizin als Tonikum, Adstringens, bei chronischer Diarrhoe, als Analgetikum sowie generell als Regenerations- und Vorbeugungsmittel.

Euryangium sumbul ↗ Ferula moschata.

■ **Eurypelma spinicrus** Latr.
(syn. *Mygale cubana*); Cuba-Spinne.

Fam.: Aviculariidae.

Vork.: Mittelamerika, Karibik.

Hom.: ***Tarantula cubensis*** HAB, die lebende kubanische Vogelspinne. *Anw.-Geb.:* Hauteiterungen, allgemeine Blutvergiftung.

■ **Euspongia officinalis** L.
(syn. *Spongia officinalis*); Badeschwamm (syn. Meerschwamm).

Fam.: Spongideae.

Vork.: Mittelmeer, Westindien, Philippinen.

Droge: ***Spongia marina***; Badeschwamm. *Inh.:* Mineralstoffe (Kieselsäure, Calcium), das Gerüsteiweiß Spongin mit Diiodtyrosin, Dibromtyrosin sowie Monoiodtyrosin, Terpene (Nitenin, Dihydronitenin) und weitere Aminosäuren. *Anw.:* in der Volksheilkunde zur Wundbehandlung sowie zur Herstellung steriler Schwämme für die Chirurgie. In der Technik bzw. im Haushalt werden Schwämme unter anderem zur Reinigung, als Polstermaterial und Schalldämpfer eingesetzt.

Hom.: ***Euspongia officinalis*** HAB1; Spongia, der geröstete Meerschwamm. *Anw.-Geb.:* Kropf und damit verbundene Herzbeschwerden, Asthma, Morbus Basedow, Katarrhe der oberen Luftwege mit trockenem Husten.

Evea elata ↗ Cephaelis-Arten.
Evea ipecacuanha ↗ Cephaelis-Arten.
Evea tomentosa ↗ Cephaelis-Arten.

■ **Evernia prunastri** (L.) Ach.
Pflaumenflechte.

Fam.: Usneaceae.

Vork.: Balkan, Osteuropa, Frankreich, Marokko.

Droge: ***Lichen Quercinus viridis*** (syn. *Muscus arboreus*), Eichenmoos, die auf Laubbäumen, Sträuchern und Holz wachsende Flechte. *Inh.:* Evernsäure (2–3 %), Atranorin, Chloratranorin, Everninsäure, Usninsäure, Divaricatsäure, Lecanor- und andere Flechtensäuren, Wachse, Harz, äther. Öl, Polysaccharide. *Anw.:* durch den starken

Eigengeruch als Hilfsmittel zur Seifenparfümierung, Parfümgewinnung (Grundstoff für „Chypre"). **Histor.:** Die Droge wurde im Altertum zum Einbalsamieren von Leichen verwendet.

Evodia ravensara ↗ Ravensara aromatica.

■ **Evodia rutaecarpa** (Juss.) Hook. f. et Thoms.
Fam.: Rutaceae.
Vork.: China, Japan.
Droge: ***Fructus Evodiae***, die reifen Früchte. Inh.: fettes Öl, Limonin, Rutaevin. In den Blättern sind auch Indolalkaloide und Flavonoide enthalten. Anw.: in der chinesischen Volksheilkunde als Antidiarrhoikum.

Evonymus atropurpureus ↗ Euonymus atropurpurea.
Evonymus europaea ↗ Euonymus europaea.
Excoecaria africana ↗ Spirostachys africana.
Exogonium purga ↗ Ipomoea purga.
Extractum fluidum ↗ Extrakte.
Extractum Malti ↗ Hordeum vulgare.
Extractum Vitis pampinorum ↗ Vitis vinifera.

■ **Extrakte**
von lat. *extrahere* (herausziehen) abgeleitet, konzentrierte Pflanzen- bzw. Drogenauszüge, die gegebenenfalls auf einen bestimmten Wirkstoffgehalt eingestellt werden. Die Herstellung der E. erfolgt durch Mazeration oder Perkolation. Nach Art der Herstellung und Konsistenz unterscheidet man verschiedene Formen: 1. Fluidextrakt (Extractum fluidum), durch Perkolation hergestellter, gießbarer Drogenauszug, bei dem in einem bis maximal zwei Teilen Extrakt die Extraktivstoffe aus einem Teil Droge enthalten sind. 2. Dünnextrakt (Extractum tenuum), teilweise eingeengter, noch fließfähiger Extrakt mit dikkerer Konsistenz; mikrobiologisch instabil; heute nicht mehr offizinell. 3. Dickextrakt (Extractum spissum), stark eingeengter Extrakt, zähflüssig oder plastische Masse; mikrobiologisch instabil; Wirkstoffgehalt kann durch indifferente Hilfsstoffe eingestellt werden. 4. Trockenextrakt (Extractum siccum), hygroskopischer, durch Einengen und Trocknen gewonnener Extrakt, der häufig mit indifferenten Hilfsstoffen auf einen bestimmten Wirkstoffgehalt eingestellt wird. Die Zusammensetzung der Extrakte ist von der Art der Extraktionsmittel (z. B. Wasser-Alkohol-Mischungen) abhängig. E. werden meist zur Herstellung von Fertigarzneimitteln, z. B. von Hustensäften, Badezusätzen, Salben oder löslichen Teeaufgußpulvern (Instanttees) verwendet.

F

Faba Bona ↗ Vicia faba.
Faba Cacao ↗ Theobroma cacao.
Faba Calabaricae ↗ Physostigma venenosum.
Fabae Albae ↗ Phaseolus vulgaris.
Fabae Calabaricae ↗ Physostigma venenosum.
Fabae Calabariensis ↗ Physostigma venenosum.
Fabae de Tonca ↗ Dipteryx odorata.
Fabae Diocleae ↗ Dioclea macrocarpa.
Fabae Mexicanae ↗ Theobroma cacao.
Fabae Physostigmatis ↗ Physostigma venenosum.
Fabae Pichurim ↗ Ocotea puchury-major.
Fabae St. Ignatii ↗ Strychnos-Arten.
Fabae Tonca ↗ Dipteryx odorata.
Faba Febrifuga ↗ Strychnos-Arten.
Faba Indica ↗ Strychnos-Arten.
Faba Sancti Ignatii ↗ Strychnos-Arten.
Faba Vulgaris ↗ Vicia faba.
Fabiana-Holz ↗ Fabiana imbricata.

■ **Fabiana imbricata** Ruiz et Pav.; Pichi-Pichi.
Fam.: Solanaceae.
Vork.: Südamerika (Chile, Peru, Bolivien, Argentinien, Brasilien).
Drogen: ***1. Herba Fabianae*** (syn. *Herba Fabianae imbricatae, Herba Pichi-Pichi, Summitates Fabianae*); Fabiana-Kraut (syn. Pichi-Pichi-Kraut), die Blätter und dünnen Zweige. Inh.: äther. Öl (u. a. mit Fabianol), Fabianin (Alkaloid), Fabiatrin, Scopoletin, Harz, β-Methylaesculetin, Gerbstoffe, Wachs, Triterpensäuren, Physcion. Anw.: früher in der Volksheilkunde bei Blasen- und Nie-

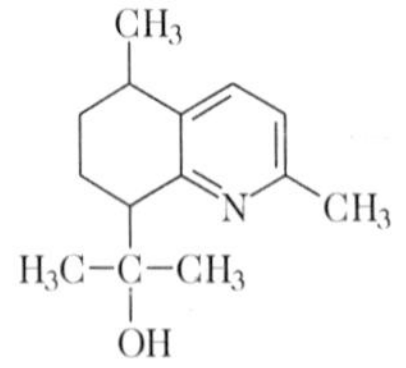

Fabianin

renleiden. In Südamerika wird die Droge auch zur Behandlung gegen Leberegel und in der Veterinärmedizin eingesetzt. ***2. Lignum Fabianae*** (syn. *Lignum Pichi-Pichi*); Fabiana-Holz (syn. Pichi-Pichi-Holz), das getrocknete Holz. Inh.: Fabianin (Alkaloid), Fabiatrin (Glykosid) und weitere Stoffe wie bei *Herba Fabianae*. Anw.: früher in der Volksheilkunde bei Blasen- und Nierenleiden.

Hom.: ***Pichi-Pichi*** (syn. *Fabiana imbricata*); die getrockneten Zweigspitzen. Anw.-Geb.: bei chronischer Blasen- und Prostataentzündung sowie bei Bandscheibenschäden.

Fabiana-Kraut ↗ Fabiana imbricata.
Fächerblattbaum ↗ Ginkgo biloba.
Faden-Palm-Lilie ↗ Yucca filamentosa.
Fadentragende Palmlilie ↗ Yucca filamentosa.
Fadenwurzel ↗ Inula helenium.
Faex medicinalis ↗ medizinische Hefe.
Faex medicinalis siccum ↗ medizinische Hefe.
Faex siccata ↗ medizinische Hefe.
Fagara caroliniana ↗ Zanthoxylum-Arten.
Fagi cortex ↗ Fagus sylvatica.
Fagi folia ↗ Fagus sylvatica.
Fagi fructus ↗ Fagus sylvatica.
Fagi lignum ↗ Fagus sylvatica.
Fagopyri herba ↗ Fagopyrum esculentum.
Fagopyrum cereale ↗ Fagopyrum esculentum.

■ **Fagopyrum esculentum** Moench
(syn. *Fagopyrum cereale, F. sagittatum, F. sarracenicum, F. vulgare, Phegopyrum esculentum, Polygonum cereale, P. fagopyrum*); Echter Buchweizen (syn. Heidenkorn); s. Farbtafel S 304, Bild 141.

Fam.: Polygonaceae.

Heim.: Zentralasien.

Vork.: kultiviert in Europa (v. a. Balkan, Österreich, Südtirol), Japan, China, Kanada, Brasilien, Südafrika, Australien.

Droge: ***Fagopyri herba*** (syn. *Herba Fagopyri*); Buchweizenkraut (syn. *Fagopyrum-esculentum-Kraut*), die zur Blütezeit geernteten und getrockneten Blätter und Blüten der Pflanze. Inh.: in den Blättern ca. 8 %, in den Blüten bis zu 4 % und in den Stengeln ca. 0,4 % Rutin, das Naphthodianthron Fagopyrin (0,01 %), Chlorogen-

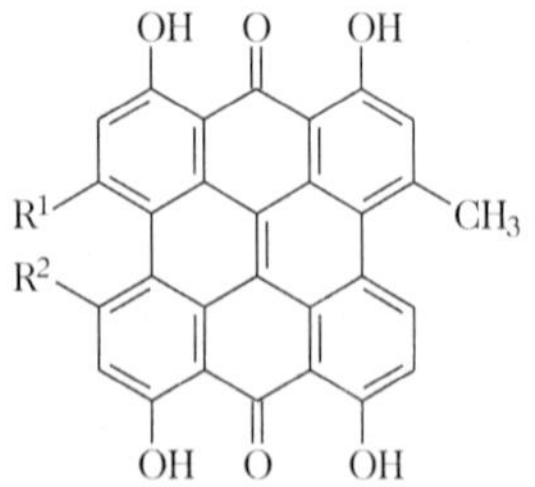

Fagopyrin: R^1, R^2 = $C_{12}H_{20}O_4N_2$

säure, Hyperosid. Anw.: in der Volksheilkunde als Venen- und Gefäßtonikum sowie zur Vorbeugung gegen Arterienverkalkung. Auch bei venösen Stauungen und Krampfadern soll die Droge die Beschwerden lindern.

Hom.: ***Fagopyrum esculentum*** HAB1, die frischen, nach der Blüte und vor der Fruchtreife geernteten oberirdischen Teile. Anw.-Geb.: Kopfschmerzen, Haut- und Lebererkrankungen mit Juckreiz.

Histor.: Der Gattungsname setzt sich aus dem lateinischen *fágus* (Buche) sowie *pyrós* (Weizen) zusammen und bedeutet, daß die Früchte der Buche ähneln und nahrhaft (*esculentus* = eßbar) wie Weizen sind. Bes. in Notzeiten dienten die Früchte in Form von Buchweizengrütze als Nahrungsmittel.

Fagopyrum sagittatum ↗ Fagopyrum esculentum.
Fagopyrum sarracenicum ↗ Fagopyrum esculentum.

■ **Fagopyrum tataricum** (L.) Gaertn.
(syn. *Polygonum tataricum*); Falscher Buchweizen.

Fam.: Polygonaceae.

Heim.: Mittelasien, Sibirien, Himalajagebiet.

Vork.: v. a. in den USA kultiviert.

Inh.: s. ↗ *Fagopyrum esculentum*. Anw.: v. a. zur Rutingewinnung. Weitere Nutzung s. ↗ *Fagopyrum esculentum*.

Fagopyrum vulgare ↗ Fagopyrum esculentum.
Fagot-Cassie ↗ Cinnamomum-Arten.
Fagus castanea ↗ Castanea sativa.

■ **Fagus sylvatica** L.
Buche (syn. Gemeine Buche, Rotbuche); s. Farbtafel S. 304, Bild 142.

Fam.: Fagaceae.

Vork.: Mittel- und Westeuropa sowie von Südnorwegen bis zum Kaukasus.

Drogen: *1. Fagi cortex* (syn. *Cortex Fagi*); Buchenrinde, die getrocknete Rinde. *Inh.:* Gerbstoffe (3–4 %), Suberin, Glucovanillin. *Anw.:* in der Volksheilkunde bei Bronchialerkrankungen und intestinalem Parasitenbefall, bei Durchfallerkrankungen und Sumpffieber als Ersatz für Chinarinde sowie bei Rheumatismus und Dermatosen. In der Gerberei wurde die Droge früher zur Lederbereitung verwendet. *2. Fagi folia* (syn. *Folia Fagi*); Buchenblätter, die getrockneten Blätter. *Inh.:* Vitamin C (ca. 0,26 % in der frischen Blattdroge), Flavonolglykoside (u. a. des Quercetins, Kämpferols, Isoquercetins), Kaffeesäure, Leukocyanidin, Triterpensaponine, Aminosäuren, kleine Peptide, Wachse, Mineralien (Calcium, Siliciumdioxid). *Anw.:* in der Kosmetik in Form spezieller Zubereitungen als „anti-aging-Präparationen" um den Stoffwechsel zu aktivieren. Buchenblätter können nach Fermentation ähnlich wie Tabak geraucht werden und wurden während der Weltkriege als Surrogat verwendet. *3. Fagi fructus* (syn. *Fructus Fagi, Nuces Fagi*); Bucheckern (syn. Akram, Bucheln, Buchenfrüchte, Buchnüsse, Rotbuchenfrüchte), die aus Schale, Samenhäutchen und Samen bestehende Frucht. *Inh.:* Reserveproteine (ca. 26 %, v. a. Globuline), fettes Öl (45–50 %, davon 90 % ungesättigte und 10 % gesättigte Fettsäuren in entsprechenden Triglyceriden), Sterole, Phospholipide, organische Säuren, v. a. *p*-Cumarsäure, Ferulasäure und Oxalsäure, Aminosäuren, u. a. auch ungewöhnliche Aminosäuren, Peptide mit teilweise Alkaloidstruktur, Wachse. *Anw.:* Bucheckern dienen zur Gewinnung von Bucheckernöl (*Oleum Fagi silvaticae*), das in der Lebensmittelindustrie mitunter Verwendung findet. Ebenso werden die Buchensamen in der Bäckerei und Zuckerwarenherstellung (Chalwa) verwendet. Größere Mengen Buchensamen sollten nicht verzehrt werden, da es Hinweise auf individuelle Unverträglichkeiten gibt, die mit Übelkeit, Erbrechen und Leibschmerzen einhergehen sollen. Auch beim Einsatz als Futtermittel in der Tiermast sind Schädigungen der Darmschleimhaut beobachtet worden. *4. Fagi lignum*; Buchenholz, das getrocknete Holz verschiedener Fagusarten. *Inh.:* Fettsäuren, Sterole, Zucker, phenolische Verbindungen (Catechin, Taxifolin), polymere Catechine, Polysaccharide. *Anw.:* zur Gewinnung von Buchenholzteer (↗ *Pix Fagi*). In der Technik wird Buchenholz weitverbreitet als Nutz- und Brennholz eingesetzt, z. B. zur Gewinnung von Holzkohle und Holzessig früher auch zur Pottascheherstellung. *Tox.:* Buchenholzstäube gelten als carcinogen, da sie nach chronischer Exposition Adenocarcinome der inneren Nase auslösen können.

Fahamtee ↗ Angraecum fragrans.
Falber ↗ Salix-Arten.
Falcarinol ↗ Polyine.
Fallaxrinde ↗ Rhamnus alpinus.
Fallkraut ↗ Arnica-Arten.
Falsche Akazienblätter ↗ Robinia pseudoacacia.
Falsche Akazienblüten ↗ Robinia pseudoacacia.
Falsche Akazienrinde ↗ Robinia pseudoacacia.
Falsche Alraune ↗ Bryonia-Arten.
Falsche Arnika ↗ Heterotheca inuloides.
Falsche Einkornwurzel ↗ Chamaelirium luteum.
Falsche italienische Bibernellwurzel ↗ Sanguisorba officinalis.
Falsche Jalape ↗ Ipomoea orizabensis.
Falsche Kamille ↗ Chrysanthemum-Arten.
Falsche Myrrhe ↗ Commiphora-Arten.
Falsche Narzisse ↗ Narcissus pseudonarcissus.
Falsche Nieswurz ↗ Adonis-Arten.
Falsche Paraeirawurzel ↗ Cissampelos pareira.
Falsche Peyote ↗ Echinocereus triglochidiatus, ↗ Epithelantha micromeris.
Falscher Buchweizen ↗ Fagopyrum tataricum.
Falscher Jasmin ↗ Gelsemium sempervirens, ↗ Philadelphus coronarius.
Falscher Kalmus ↗ Iris pseudoacorus.
Falscher Pfefferbaum ↗ Schinus-Arten.
Falscher Rhabarber ↗ Rheum-Arten.
Falscher Safran ↗ Flemingia macrophylla.
Falscher Waldmeister ↗ Alliaria petiolata.
Falsches Chaulmoograöl ↗ Gynocardia odorata.
Falsches Drachenblut ↗ Copaifera-Arten.
Falsches Einkorn ↗ Chamaelirium luteum.
Falsche Wintersrinde ↗ Canella winterana.
Falten-Tintling ↗ Coprinus atramentarius.
Faltrianblume ↗ Convallaria majalis.
Färbebaum ↗ Rhamnus catharticus.
Färberdistel ↗ Carthamus tinctorius.
Färberginster ↗ Genista tinctoria.

Färberhülse ↗ Baptisia tinctoria.
Färberkrautwurzel ↗ Alkanna tinctoria.
Färbermaulbeerbaum ↗ Chlorophora tinctoria.
Färberreseda ↗ Reseda luteola.
Färberröte ↗ Rubia tinctorum.
Färbersumach ↗ Cotinus coggygria.
Färberwaid ↗ Isatis tinctoria.
Färber-Wau ↗ Reseda luteola.
Färberwurzel ↗ Rubia tinctorum.
Farbkraut ↗ Genista tinctoria.
Farfarae flos ↗ Tussilago farfara.
Farfarae folium ↗ Tussilago farfara.
Farina lat. Mehl.
Farina Amygdalarum ↗ Prunus-Arten.
Farina Canavalia ↗ Canavalia ensiformis.
Farinae Avenae ↗ Avena sativa.
Farina Lycopodii ↗ Lycopodium clavatum.
Farnesen ↗ Sesquiterpenderivate.
Farnesiana odora ↗ Acacia-Arten.
Farnesol ↗ Sesquiterpenderivate.
Farnextrakt ↗ Dryopteris filix-mas.
Farnhaare ↗ Cibotium barometz.
Farnkraut ↗ Dryopteris filix-mas.
Farnmännlein ↗ Dryopteris filix-mas.
Fasanbeeren ↗ Hippophae rhamnoides.
Faselrübe ↗ Bryonia-Arten.
Fastenblume ↗ Hepatica nobilis.
Faule Grete ↗ Aethusa cynapium.
Faule Magd ↗ Anagallis arvensis.
Faules Liesl ↗ Anagallis arvensis.
Faulrübe ↗ Bryonia-Arten.
Federfarn ↗ Dryopteris filix-mas.
Feige ↗ Ficus carica.
Feigenbaum ↗ Ficus carica.
Feigenkaktus ↗ Opuntia ficus-indica.
Feigenopuntie ↗ Opuntia ficus-indica.
Feigerl ↗ Hepatica nobilis.
Feigwurz ↗ Ranunculus-Arten.

■ **Feijoa sellowiana** Berg.
(syn. *Acca sellowiana, Orthostemon sellowianus*).
Fam.: Myrtaceae.
Vork.: Südamerika, Südrußland.
Droge: die reifen Früchte. Inh.: Iod (ca. 72 mg pro 100 g Frischgewicht), Vitamin C, Glykoside, Flavonoide, Gerbstoffe, Zucker, Pektin, äther. Öl, Fett, Harz. *Anw.*: als Diätetikum sowie zur Bereitung von Marmeladen. In der Volksheilkunde wird die Droge bei Arteriosklerose eingesetzt.

Feinblättriger Sturmhut ↗ Aconitum-Arten.

Fel Bovis ↗ Bos taurus.
Feldbeerbaum ↗ Rhamnus catharticus.
Feldgarbenkraut ↗ Achillea-Arten.
Feldhopfenkraut ↗ Hypericum perforatum.
Feldkamille ↗ Chamomilla recutita.
Feldkümmel ↗ Carum carvi.
Feldkürbis ↗ Cucurbita pepo.
Feldlattich ↗ Tussilago farfara.
Feldmannstreu ↗ Eryngium-Arten.
Feldminze ↗ Mentha-Arten.
Feldmohn ↗ Papaver rhoeas.
Feldpoley ↗ Thymus-Arten.
Feldrittersporn ↗ Delphinium consolida.
Feldrose ↗ Papaver rhoeas.
Feldrüster ↗ Ulmus-Arten.
Feldstiefmütterchen ↗ Viola-Arten.
Feldthymian ↗ Thymus-Arten.
Feldulme ↗ Ulmus-Arten.
Feldwinde ↗ Convolvulus-Arten.
Felsenblümchen ↗ Draba nemorosa.
Felsendammar ↗ Shorea wiesneri.
Felsenkirsche ↗ Prunus-Arten.
Fel Tauri ↗ Bos taurus.
Femel ↗ Cannabis sativa.
Feminell ↗ Calendula officinalis.
Fenchel ↗ Foeniculum vulgare.
Fenchelfrüchte ↗ Foeniculum vulgare.
Fenchelholz ↗ Sassafras albidum.
Fenchelholzbaum ↗ Sassafras albidum.
Fenchelholzöl ↗ Sassafras albidum.
Fenchelholzrinde ↗ Sassafras albidum.

■ **Fenchelhonig**
Zubereitung aus Honig und Fenchelöl (↗ Foeniculum vulgare) mit einem Anteil von 0,05 % äther. Öl. *Anw.*: 10–20 g pro Tag (entspricht etwa 5–10 mg Fenchelöl pro Tag) bei Katarrhen der oberen Luftwege, besonders bei Kindern anzuwenden.

Fenchelöl ↗ Foeniculum vulgare.

■ **Fenchon**
campherartig riechendes, bitter schmeckendes bicyclisches Monoterpen, das u. a. im Fenchelöl (↗ Foeniculum vulgare) enthalten ist.

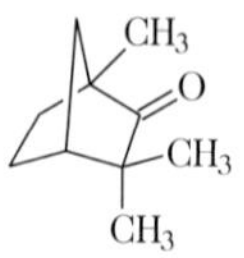

Fenchon

Feng-Feng ↗ Siler divaricatum.
Feniculum commune ↗ Foeniculum vulgare.
Fennekel ↗ Foeniculum vulgare.
Fennichl ↗ Foeniculum vulgare.
Fennkol ↗ Foeniculum vulgare.

■ **Feretia apodanthera** Del.
Fam.: Rubiaceae.
Vork.: Savannen und Steppen im tropischen Afrika.
Droge: die Stamm- und Wurzelrinde. Inh.: Iridoide, wie Feretosid, Gardenosid, Apodanthosid. Anw.: in der traditionellen Heilkunde der Eingeborenen als Antineuralgikum und Febrifugum.

Fermente ↗ Enzyme.
Fernambukholz ↗ Caesalpinia-Arten.
Feronia elephantum ↗ Feronia limonia.
Feroniagummi ↗ Feronia limonia.

■ **Feronia limonia** (L.) Swingle
(syn. *Feronia elephantum, Crataeva valanga*).
Fam.: Rutaceae.
Vork.: Indien, Sri Lanka, Java.
Droge: ***Feroniagummi*** (syn. Ostindisches Gummi), das Gummi. Inh.: Polysaccharide, Schleimstoffe; in den Blättern außerdem äther. Öl, Stigmasterol, Bergapten, Marmesin. Anw.: in gleicher Weise wie *Gummi arabicum* (↗ *Acacia*-Arten), sowie zur Herstellung von Wasserfarben. Die Blätter werden in der Volksheilkunde der Heimatländer als Tonikum und Stimulans verwendet.

Ferula asa-foetida ↗ Ferula assa-foetida.

■ **Ferula assa-foetida** L.
(syn. *Ferula asa-foetida, F. foetida*); Stinkasant (syn. Teufelsdreck).
Fam.: Apiaceae (Umbelliferae).
Vork.: Iran, Afghanistan.
Droge: ***Asa foetida***. Inh. und Anw.: s. ↗ *Ferula foetida*.

■ **Ferula communis** L.
(syn. *F. nodiflora, F. lobeliana, Peucedanum ferula*); Riesenfenchel (syn. Gemeines Steckenkraut, Rutenkraut).
Fam.: Apiaceae (Umbelliferae).
Vork.: Mittelmeergebiet, auch als Gartenpflanze kultiviert.
Inh.: im Milchsaft das Cumarinderivat Ferulenol, Sesquiterpenkohlenwasserstoffe, u. a. α-Ferulen; in Früchten und Wurzeln sind äther. Öl, Catechingerbstoffe, Zucker und Umbelliferon enthalten.

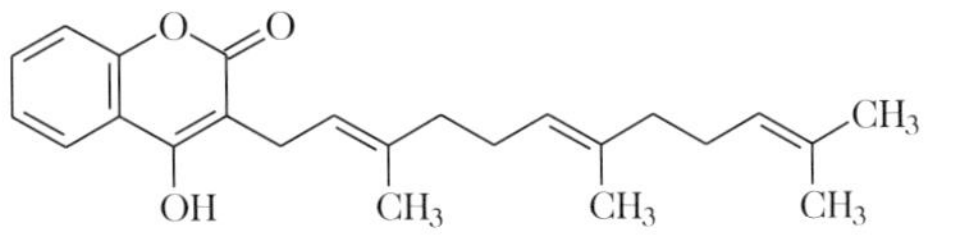

Ferulenol

Hom.: ***Bounafa*** HAB34, die getrockneten Wurzeln. Anw.-Geb.: Verdauungsstörungen.

Ferula erubescens ↗ Ferula gummosa.

■ **Ferula foetida** 1) ↗ Ferula assa-foetida
2) **Ferula foetida** (Bunge) Regel
(syn. *Ferula scorodosma, Scorodosma assafoetida, S. foetida*).
Fam.: Apiaceae (Umbelliferae).
Vork.: Iran, Afghanistan, Pakistan, Turkmenistan, die Wüsten Kara Kum und Kizyl Kum.
Droge: ***Asa foetida*** (syn. *Gummiresina Asa foetida, Lacryma syriaca, Laser foetidum, Stercus diaboli, Succus cyrenaicus antiquorum*); Stinkasant (syn. Asam, Asant, Teufelsdreck), das durch Einschneiden der lebenden Rhizome und Wurzeln gewonnene Gummiharz. Inh.: Harz (Asaresin, zwischen 10 und 65 %, v. a. Ferulasäureester des Asaresinotannols), Asaresinotannol, Ferulasäure, Sesquiterpene, Umbelliferone, Gummi (20–30 %), äther. Öl (1–20 %, v. a. schwefelhaltige Verbindungen, die den knoblauchartigen Geruch bedingen sowie α-Pinen). Anw.: Die Droge

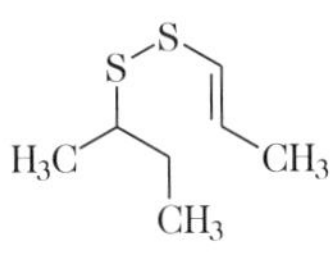

Disulfid mit starkem Knoblauchgeruch-Geruch aus *Ferula foetida*.

wurde früher bei einer Vielzahl von Erkrankungen angewendet, z. B. bei Verhärtungen von Leber und Milz, Nabelgeschwüren, Amenorrhoe, Asthma, Bronchitis, Koliken, Krämpfen, Epilepsie, Husten, Spasmen, klimakterischen Beschwerden, Keuchhusten, Hysterie, Abdominaltumoren und bei nervösen Beschwerden. Die Wirksamkeit bei diesen Indikationen ist gegenwärtig nicht belegt. In der Parfümerie wird die Droge als Fixativ und Geruchskomponente eingesetzt. Auch als Gewürz kommt Asa foetida im Orient zur Anwendung ebenso wie als Repellent, um Wildtiere fernzuhalten.

Hom.: ***Asa foetida*** HAB1, das getrocknete Gummiharz. *Anw.-Geb.:* chronische Entzündungen der Atemwege, nervöse Störungen der Verdauungswege, Knochenerkrankungen, Krampfaderleiden, Hautgeschwüre und Fistelbildung, Störungen der Milchabsonderung, Kopfschmerzen, verschiedenen nervöse Störungen.

Histor.: *Asa foetida* wurde seit dem Altertum aus dem fernen Osten kommend im Mittelmeerraum und bes. in Persien als wichtige Droge verwendet. Oft verwechselt mit *Silphium* (Gummiharz von wahrscheinlich *Thapsia garganica*), diente sie zur Behandlung einer Vielzahl von Verdauungsbeschwerden und nervösen Leiden sowie als Gewürz. Von den arabischen Ärzten wurde Asant ebenso häufig verwendet und kam durch sie im Mittelalter nach Europa und Deutschland. Die volkstümliche Bezeichnung „Teufelsdreck" geht auf den unangenehmen Geruch der Droge zurück.

Ferula galbaniflua ↗ Ferula gummosa.
Ferula graveolens ↗ Anethum graveolens.

■ Ferula gummosa Boiss.

(syn. *Ferula galbaniflua, F. erubescens, Peucedanum galbaniflumm*).

Fam.: Apiaceae (Umbelliferae).

Vork.: Iran und Afghanistan.

Droge: ***Galbanum*** (syn. *Gummiresina Galbanum*); Mutterharz, das eingetrocknete Gummiharz. *Inh.:* Harz (ca. 60 %, nicht näher charakterisiert), Polysaccharide (ca. 20 %), Gummi, äther. Öl (5–10 %), ein Gemisch aus Mono- und Sesquiterpenen, u. a. Pinenen sowie weitere als Geruchsträger). *Anw.:* früher in Pflastern zur unspezifischen Hautreiztherapie, bei Erkältungskrankheiten und zur Behandlung des Sonnenbrands. In der Kosmetik wird die Droge als Fixativ und Geruchskomponente in Herrenparfüms eingesetzt. Auch als Gewürz und Geschmacksverstärker findet die Droge heute Anwendung.

Histor.: *Galbanum* war ↗ Dioskurides und ↗ Plinius bekannt. Medizinisch wurde es bereits von Scribonius Largus und Alexander Trallianus verordnet. Im Mittelalter hatte die Droge eine große Bedeutung, Valerius Cordus bescheibt sie in seinem Dispensatorium zu Beginn des 16. Jh.

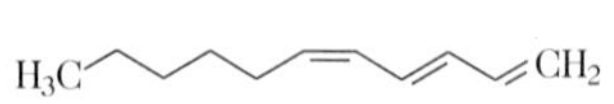

(3*E*,5*Z*)-1,3,5-Undecatrien

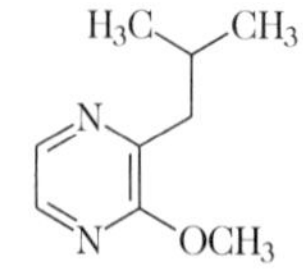

2-Isobutyl-3-methoxypyrazin

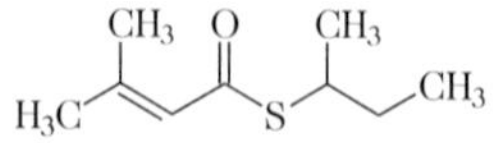

S-*sec*-Butyl-3-methyl-2-butenthioat

Ferula gummosa. Geruchstragende Inhaltsstoffe im Galbanum.

Ferula lobeliana ↗ Ferula communis.

■ Ferula moschata (Reinsch) Kozo-Polj.

(syn. *Euryangium sumbul, Ferula sumbul, Peucedanum sumbul, Sumbul moschatus*).

Fam.: Apiaceae (Umbelliferae).

Vork.: Turkestan, Afghanistan.

Droge: ***Radix Sumgul***; Sumgulwurzel (syn. Persische Moschuswurzel. *Inh.*: äther. Öl (ca. 1%), Harz, Bitterstoffe, Cumarine. *Anw.*: als Tonikum und Stimulans sowie als Fixateur in der Parfümindustrie.

Hom.: ***Ferula moschata*** HAB (syn. *Sumbulus moschatus*), die getrockneten, unterirdischen Teile. *Anw.-Geb.*: nervöse Herzbeschwerden.

Ferula nodiflora ↗ Ferula communis.
Ferula sambul ↗ Ferula moschata.

■ Ferulasäure

(4-Hydroxy-3-methoxy-zimtsäure), Bestandteil von Harzen (z. B. Asant, ↗ Ferula foetida) und Zwischenprodukt bei der Ligninsynthese (Formel S. 321).

Ferula scorodosma ↗ Ferula foetida.
Fettbaumkernfett ↗ Allanblackia stuhlmannii.
Fettblume ↗ Anemone nemorosa.
Fettbohne ↗ Glycine max.
Fetthenne ↗ Sedum acre.
Fetthennenkraut ↗ Sedum telephium.

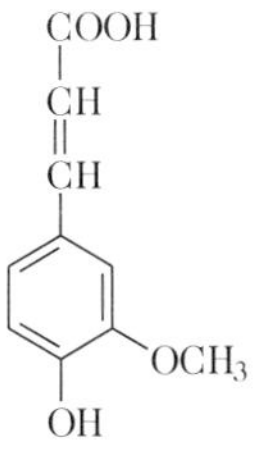

Ferulasäure

Feuerblumen ↗ Papaver rhoeas.
Feuerkraut ↗ Epilobium-Arten.
Feuerkrautwurzel ↗ Epilobium-Arten.
Feuermohn ↗ Papaver rhoeas.
Feuerpflanze ↗ Dictamnus albus.
Feuersalamander ↗ Salamandra maculosa.
Feuerschwamm ↗ Fomes fomentarius.
Feuerwurzel ↗ Nymphaea alba, ↗ Tamus communis.
Feverfew ↗ Chrysanthemum-Arten.
Fibraurea chloroleuca ↗ Fibraurea tinctoria.

■ **Fibraurea tinctoria** Lour.
(syn. *Fibraurea chloroleuca, Cocculus fibraurea*).
Fam.: Menispermaceae.
Vork.: tropisches Asien, bes. Vietnam.
Droge: Rinde und Rhizome. Inh.: in der Rinde v. a. Fibraurin, Chasmantin und weitere Bitterstoffe; in den Rhizomen Alkaloide, wie Palmatin, Jatrorrhizin, Columbamin, Fibranin, Fibraminin. Anw.: in der Volksheilkunde als Diuretikum sowie bei Vergiftungen.

Ficaria verna ↗ Ranunculus-Arten.

■ **Fichtenharz**
(syn. *Resina Pini*, Galipot, Barras), das nach dem Verdunsten des Terpentinöls (↗ Pinus-Arten) an den Bäumen (*Picea abies*) zurückbleibende Harz. Anw.: früher nach Aufbereitung (Schmelzen und Klären) wie Terpentin zur Herstellung von Pflastern eingesetzt.

Fichtennadelöl ↗ Picea abies, ↗ Picea mariana.
Fichtenspargel ↗ Monotropa uniflora.

■ **Ficin**
Protease (Glykoprotein), die aus dem Milchsaft von Feigen-Arten , z. B. ↗ Ficus carica, gewonnen wird. F. besitzt ähnliche Eigenschaften wie ↗ Papain und ↗ Bromelain. Anw.: siehe ↗ Papain, außerdem zur Herstellung kälteresistenten Bieres, in der Lederindustrie sowie in der klinischen Analytik bei der Bestimmung des Rh-Faktors.

■ **Ficus carica** L.
(syn. *Caprificus insectifera, Ficus communis, F. latifolia, F. leucocarpa, F. macrocarpa, F. pachycarpa, F. praecox*); Echter Feigenbaum (syn. Feige, Eßfeige); s. Farbtafel S. 304, Bild 143.
Fam.: Moraceae.
Vork.: Arabien, Mittelmeergebiet, heute ausgedehnt bis China, Indien, Kanada, Mexiko, Chile.
Drogen: ***1. Caricae fructus*** (syn. *Carica, Caricae, Caricae pingues, Ficus passae, Fructus Caricae, Fructus Ficus, Pseudofructus Caricae*); Feigen, der getrocknete, ganze Fruchtstand. Inh.: Carotinoide, Chlorophylle, Lipide, Vitamine (B_1, B_2, C, Nicotinamid), Flavonoide, Eiweiß, Kohlenhydrate (50–70 %, v. a. Saccharose, Pektine), Ballaststoffe, Spuren von Furocumarinen (Psoralen, Bergapten). Anw.: Die Droge und ihre Zubereitungen werden in der Volksheilkunde v. a. als Abführmittel bei Obstipation eingesetzt. Darüber hinaus existiert eine Vielzahl weiterer Anwendungsgebiete, die allerdings nicht ausreichend belegt sind, z. B. bei Hämorrhoiden, zur Auflösung von Nieren- und Blasensteinen/-grieß sowie bei Gicht. Eine Zubereitung aus gleichen Teilen Feigen, Mandeln, Pistazien, Kardamomen, Zucker und Safran in Milch aufgeschlämmt, gilt als Aphrodisiakum wie auch Feigen selbst bei den Arabern für diese Zwecke gegessen werden. Im Haushalt dienen Feigen als Obst, sie werden zur Dessert- und Branntweinherstellung verwendet sowie in gerösteter Form als Kaffeeersatz eingesetzt. Im Mittelmeerraum werden Feigen auch als Viehfutter verwendet. ***2. Ficus-carica-Blätter***; Feigenblätter, die frischen Blätter. Inh.: Cumarine und Furanocumarine (max. 0,8 %), u. a. Psoralen, Bergapten, Umbelliferon, Marmesin und Scopoletin, äther. Öl, Polysaccharide (ca. 4,8 %, pektinähnliche Stoffe), Vitamin C (ca. 0,33 %), Triterpene und Gerbstoffe. Im Milchsaft (Latex) der Blätter ist die Protease Ficin enthalten. Anw.: In der südamerikanischen Volksheilkunde wird ein Teeaufguß der Droge als Antidiabetikum verwendet, Feigenblätterdekokte werden bei Husten und Erkältungen eingesetzt. Auch zur Wundheilung, bei Verdauungsbeschwerden, zur Diurese und als Anthelminti-

kum findet die Droge ihren Einsatz. Die Protease Ficin wird u. a. zum Weichmachen von Fleisch eingesetzt. Tox.: Der Milchsaft der frischen Blätter kann bei gleichzeitiger Einwirkung von Sonnenlicht eine Hautirritation auslösen. Ursache dafür sind die Furanocumarine.

Histor.: Der Feigenbaum gilt als eine der ältesten Kulturpflanzen der Welt und wird bereits im Alten Testament der Bibel erwähnt (1. Mose 2). Kulturen sind aus Kleinasien und den angrenzenden Gebieten vor ca. 5 000 Jahren bei den Assyrern, in Ägypten zur Zeit der Pharaonen, in Syrien, dem antiken Griechenland und um 1600 v. Chr. aus Kreta bekannt. Von hier aus erfolgte die Verbreitung der Feigenkultur in die anderen Mittelmeerländer, nach Asien, Afrika und Australien.

Ficus communis ↗ Ficus carica.

■ **Ficus elastica** Roxb.
Gummibaum (syn. Kautschuk-Feigenbaum).

Fam.: Moraceae.

Vork.: tropisches Asien, bes. in malaysischen Gebieten, kultiviert auf Java, Sumatra, Assam, Burma.

Inh.: Der Latex der Pflanze enthält ↗ Kautschuk (ca. 90 %; ↗ Hevea brasiliensis), Harz (ca. 4 %, mit α-Amyrin und α-Amyrinacetat), Wachse (Ester der Cerotinsäure). *Anw.:* zur Kautschukgewinnung.

Ficus latifolia ↗ Ficus carica.
Ficus leucocarpa ↗ Ficus carica.
Ficus macrocarpa ↗ Ficus carica.
Ficus pachycarpa ↗ Ficus carica.
Ficus passae ↗ Ficus carica.
Ficus praecox ↗ Ficus carica.

■ **Ficus religiosa** L.
Bobaum (syn. Peepal, Pepulbaum).

Fam.: Moraceae.

Vork.: Indien, Ceylon.

Inh.: in den Blättern Stärke (ca. 22 %), Proteine, Gerbstoffe, n-Alkane, aliphatische Alkohole, Triterpenalkohole, Sterole, Calciumsalze, Ballaststoffe (Fasern). In der Rinde: Gerbstoffe (4 %), β-Sitosterolglucosid, Sitosterol, Oleanolsäure, Saponine, Kautschuk (0,7–5 %). *Anw.:* in der asiatischen Volksheilkunde wird die Rinde als Adstringens genutzt, die Blätter und Samen als Laxans. In Indien wird die Pflanze auch als Heilmittel bei Diabetes eingesetzt.

Hom.: ***Ficus religiosa*** HAB34, die frischen Zweige und Blätter. *Anw.-Geb.:* Schleimhautblutungen.

Histor.: Der ursprünglich in Ostindien beheimatete Baum ist noch heute in buddhistischen Tempelanlagen verbreitet und wird besonders verehrt. Nach der Überlieferung hatte Buddha 528 v. Chr. unter einem Bobaum eine Vision zur Vervollkommnung der Existenz und des Mysteriums des Universums.

Fieberbaum ↗ Alstonia-Arten, ↗ Eucalyptus-Arten.
Fieberflechte ↗ Cetraria islandica.
Fieberheilbaum ↗ Eucalyptus-Arten.
Fieberklee ↗ Menyanthes trifoliata.
Fieberkraut ↗ Centaurium minus, ↗ Chrysanthemum-Arten.
Fiebermoos ↗ Cetraria islandica.
Fieberrinde ↗ Cinchona-Arten.
Fieberwurz ↗ Arum maculatum.
Fieberwurzel ↗ Alpinia officinarum, ↗ Gentiana-Arten, ↗ Triosteum perfoliatum, ↗ Veratrum album.
Fila collagenis resorbilia sterilia ↗ Catgut.
Filicis rhizoma ↗ Dryopteris filix-mas.

■ **Filipendula ulmaria** (L.) Maxim.
(syn. *Spiraea ulmaria, Ulmaria palustris, U. pentapetala*); Mädesüß (syn. Johanniswedel, Krampfkraut, Rüsterstaude, Sumpf-Spirä, Wiesengeißbart, Wiesenkönigin, Wiesenspierstaude, Wurmkraut, Ziegenbart).

Fam.: Rosaceae.

Vork.: feuchte Streuwiesen und Auwälder, Sumpfgebiete in Europa, von Sibirien bis Kleinasien, Nordamerika, Mongolei; in Polen, Jugoslawien und Bulgarien auch kultiviert.

Drogen: ***1. Spiraeae flos*** (syn. *Flores Reginae prati, Flores Spiraeae ulmariae, Flos Spiraeae, Flos Ulmariae, Ulmariae flos*); Mädesüßblüten (syn. Spierblumen, Spierstaudenblüten, Sumpfspierblüten), die getrockneten Blüten. *Inh.:* äther. Öl, v. a. Salicylaldehyd und Salicylsäuremethylester, Flavonole, u. a. Spiraeosid, Kämpferolglykoside, Hyperosid, Rutin, Quercetin und seine Glykoside, Phenolglykoside (Primveroside des Salicylaldehyds) und Gerbstoffe (ca. 10 %). *Anw.:* zur unterstützenden Behandlung von Erkältungskrankheiten, bei fiebrigen Erkältungskrankheiten zur Schwitzkur, zur Erhöhung der Harnmenge. In der Volksheilkunde wird die Droge weiterhin bei Blasen- und Nierenleiden und zur Wundheilung benutzt. ***2. Spiraeae herba*** (syn. *Herba Barbae caprae, Herba Reginae prati, Herba Spiraeae ulmariae*); Mädesüßkraut (syn. Spierkraut, Spierstaude, Sumpfspierkraut), die getrockneten oberirdischen Teile blühender Pflanzen. *Inh.:* ähnlich wie bei *Spiraeae flos*, jedoch mit unterschiedlichen Anteilen und verändertem Flavonoidspektrum, z. B. ohne Spiraeosid und Kämpferolglykosiden. *Anw.:* zur unterstützenden Behandlung von Erkältungskrankheiten. In der Volksheilkunde wird die Droge auch zur Behandlung von Magenerkrankungen genutzt.

Hom.: ***1. Filipendula ulmaria*** HAB1 (syn. *Spiraea ulmaria*), die frischen, unterirdischen Teile blühender Pflanzen. *Anw.-Geb.:* Rheumatismus, Schleimhautentzündungen. ***2. Filipendula ulmaria ferm 34c*** HAB1 (syn. *Spiraea ulmaria ex herba ferm 34c*), die frischen, oberirdischen Teile blühender Pflanzen. *Anw.-Geb.:* in der anthroposophischen Therapierichtung.

Histor.: Der Gattungsname setzt sich aus den lateinischen Worten *filum* (Faden) und *pendulus* (hängend) zusammen, während die Artbezeichnung *ulmaria* von *ulmarius* (ulmenartig) einst als Übersetzung der deutschen Rüsterstaude eingeführt wurde. Im 16. und 17. Jh. nannte man die Pflanze hauptsächlich Bocks- oder Geißbart.

Filix ↗ Dryopteris filix-mas.
Filmaron ↗ Dryopteris filix-mas.
Filum bombycis tortum sterile ↗ Bombyx mori.
Filum lini sterile ↗ Linum usitatissimum.
Filzige Klette ↗ Arctium-Arten.
Filz-Königskerze ↗ Verbascum-Arten.
Fimel ↗ Cannabis sativa.
Fingerhirse ↗ Eleusine coracana.
Fingerhut ↗ Digitalis-Arten.
Fingerkraut ↗ Digitalis-Arten, ↗ Potentilla anserina, ↗ Potentilla erecta.

Tabelle. Flavonoidglykoside

Grundkörper	Name	Struktur
Flavon	Diosmin	Diosmetin-7-(6-O-rhamnosyl)glucosid
	Apiin	Apigenin-7-(6-O-apiosyl)glucosid
	Vitexin	8-C-Glucosyl-apigenin
	Isovitexin	6-C-Glucosyl-apigenin
	Orientin	8-C-Glucosyl-luteolin
	Isoorientin	6-C-Glucosyl-luteolin
Flavonol	Isoquercitrin	Quercetin-3-O-glucosid
	Hyperosid	Quercetin-3-O-galactosid
	Quercitrin	Quercetin-3-O-rhamnosid
	Avicularin	Quercetin-3-O-arabinosid
	Rutin	Quercetin-3-O-(6-O-rhamnosyl)glucosid
	Astragalin	Kämpferol-3-O-glucosid
Flavanon	Hesperidin	Hesperitin-7-O-(6-O-rhamnosyl)glucosid
	Neohesperidin	Hesperitin-7-O-(2-O-rhamnosyl)glucosid
	Naringin	Naringenin-7-O-(2-O-rhamnosyl)glucosid
	Salipurposid	Naringenin-5-O-glucosid
	Eriocitrin	Eriodyctiol-7-O-(6-O-rhamnosyl)glucosid

Finger-Küchenschelle ↗ Pulsatilla-Arten.
Fingertang ↗ Laminaria-Arten.
Fischkörner ↗ Anamirta cocculus.
Fischkörnerkerze ↗ Verbascum-Arten.
Fischleim ↗ Ichthyocolla.
Fischrinde ↗ Piscidia piscipula.
Fischsalbei ↗ Salvia-Arten.
Fisetholz ↗ Cotinus coggygria.
Fisole ↗ Phaseolus vulgaris.
Flachblättrige Donardistel ↗ Eryngium-Arten.
Flachs ↗ Linum usitatissimum.
Flachslinsen ↗ Linum usitatissimum.
Flachssamen ↗ Linum usitatissimum.
Flammender Busch ↗ Dictamnus albus.
Flaschenkork ↗ Quercus-Arten.
Flaumeiche ↗ Quercus-Arten.
Flavedo Aurantii ↗ Citrus-Arten.
Flavedo Aurantii amari ↗ Citrus-Arten.
Flavedo Citri ↗ Citrus-Arten.

■ Flavonoide

weitverbreitete Gruppe von Naturstoffen mit einem Flavon-Grundgerüst (4-Oxo-flavanderivat) und den davon abgeleiteten Hauptgruppen: Flavonole, Flavonone und Flavanole. Sie treten häufig in glykosidisch gebundener Form auf (s. Ta-

Flavone

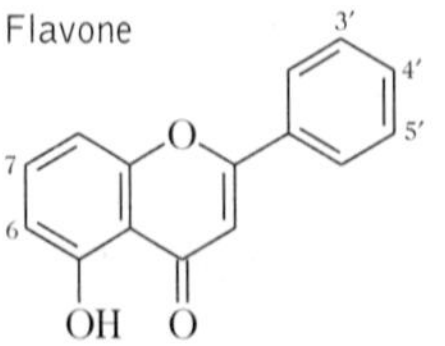

	Substitution am			
	C-6	C-7	C-3′	C-4′
Acacetin	H	OH	H	OCH_3
Apigenin	H	OH	H	OH
Chrysin	H	OH	H	H
Chrysoeriol	H	OH	OCH_3	OH
Genkwanin	H	OCH_3	H	OH
Luteolin	H	OH	OH	OH
Scutellarein	OH	OH	H	OH
Tectochrysin	H	OCH_3	H	H

Flavonole

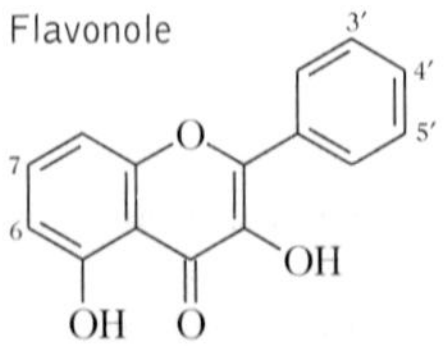

	Substitution am				
	C-6	C-7	C-3′	C-4′	C-5′
Galangin	H	OH	H	H	H
Isorhamnetin	H	OH	OCH_3	OH	H
Kaempferol	H	OH	H	OH	H
Myricetin	H	OH	OH	OH	OH
Patuletin	OCH_3	OH	OH	OH	H
Quercetin	H	OH	OH	OH	H
Rhamnetin	H	OCH_3	OH	OH	H

Flavanone

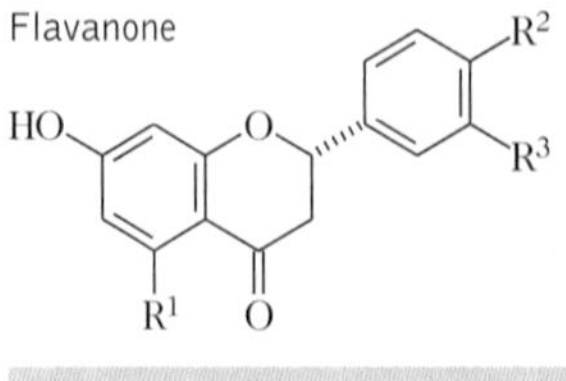

	R^1	R^2	R^3
Liquiritigenin	H	OH	H
Naringenin	OH	OH	H
Eriodyctiol	OH	OH	OH
Hesperetin	OH	OCH_3	OH

Flavanonole
(Dihydroflavonole)

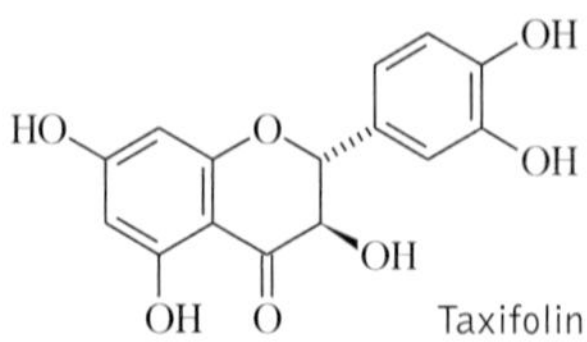

Taxifolin

Flavanoide. Flavonoidaglyka und ihre Grundkörper

belle S. 323) und sind für die Färbung von Blüten, Blättern, Früchten und anderen Pflanzenteilen verantwortlich. Wirk.: Wegen ihrer strukturellen Vielfalt haben F. sehr unterschiedliche pharmakologische Wirkungen, die sowohl Enzyme und Zellen als auch Mikroorganismen und Viren betreffen. Einige Vertreter (z. B. Rutin und Hesperidin) hemmen z. B. die ↗ Hyaluronidase und wirken dadurch kapillarabdichtend. Einer Veneninsuffizienz kann durch F. vorgebeugt werden. Sie wirken als Radikalfänger (Antioxidantien), Antiexudativa, Antiphlogistika und Radioprotektiva und üben dadurch eine erhebliche Schutzfunktion auf den Organismus aus. F. nehmen Einfluß auf die Funktion der Lymphozyten und hemmen die Freisetzung von Histamin aus den Mastzellen. Dadurch wird u. a. auch das Immunsystem günstig beeinflußt und allergische Reaktionen gehemmt. Außerdem bedingen F. eine milde Relaxation der glatten Muskulatur, wodurch es zur Erweiterung von Blutgefäßen mit verbesserter Durchblutung und gesteigerter Diurese kommt sowie zu einer erhöhten Gallensaftausschüttung und Spasmolyse im Verdauungstrakt.

■ Flechtensäuren

Cyclische Tetraketide (biogenetisch aus 4 Acetatresten aufgebaute Depside und Depsidone), die durch die Pilzanteile (Mykobionten) des Flechtenthallus produziert werden und antibiotische Wirksamkeit gegenüber einem breiten Spektrum von Erregern aufweisen. Dazu gehören u. a. Usninsäure, Atranorin, Norstictinsäure und Parietin. Ihre therapeutische Breite ist allerdings gering. Produzenten von F. sind *Usnea barbata*, ↗ *Cetraria islandica* und *Cetraria tenuifolia*. Ihre medizinische Anwendung ist durch ihre geringe Löslichkeit und den Mangel an Flechten-Ausgangsmaterial sehr begrenzt. Als einzige Flechtendroge ist Isländisches Moos (↗ Cetraria islandica) in den Arzneibüchern zu finden.

Fleckenkraut ↗ Galega officinalis, ↗ Pulmonaria officinalis.
Fleckenschierling ↗ Conium maculatum.
Fleischblume ↗ Anemone nemorosa.
Fleischfarbene Passionsblume ↗ Passiflora incarnata.
Fleischfarbene Schwalbenwurz ↗ Asclepias-Arten.
Flemingia congesta ↗ Flemingia macrophylla.

■ Flemingia macrophylla (Willd.) O. Ktze. ex Prain

(syn. *Flemingia congesta, Moghania macrophylla*).
Fam.: Fabaceae (Leguminosae).
Vork.: tropisches Indien, Afrika.
Droge: ***Neue Kamala*** (syn. Falscher Safran, Waras), das harzige Pulver aus den Samenhülsen. Inh.: Farbstoffe, wie Flemingin (orange-rot), Homoflemingin (gelb); Harz. Anw.: in der arabischen Volksheilkunde gegen Erkältungskrankheiten, in der Kosmetik sowie zum Färben von Seide (goldgelbe Farbtöne werden erzielt).

Flieder ↗ Syringa vulgaris.
Fliederbeeren ↗ Sambucus nigra.
Fliedertee ↗ Sambucus nigra.

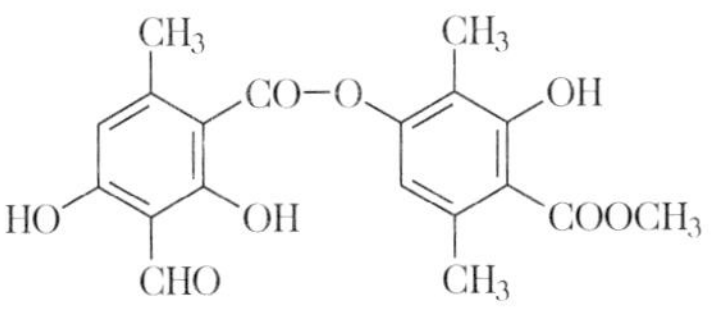

Depside (Atranorin)

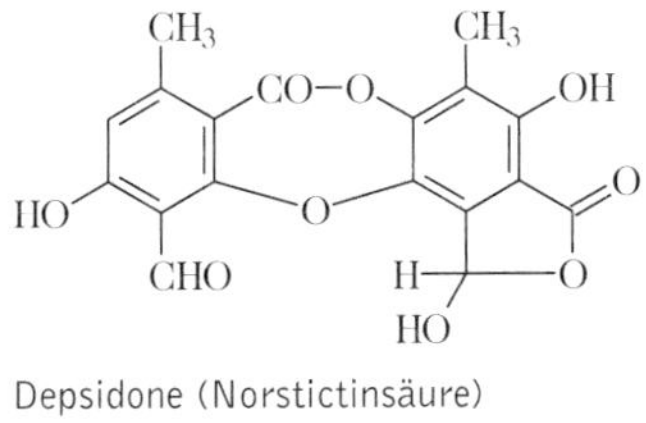

Depsidone (Norstictinsäure)

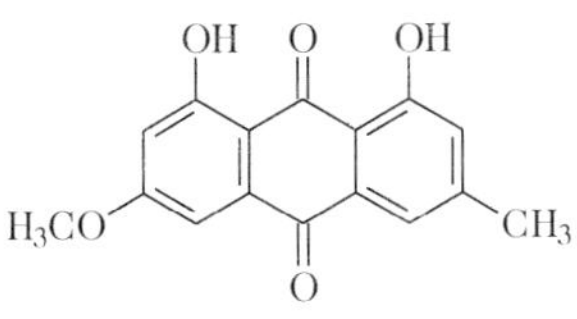

Anthrachinone (Parietin)

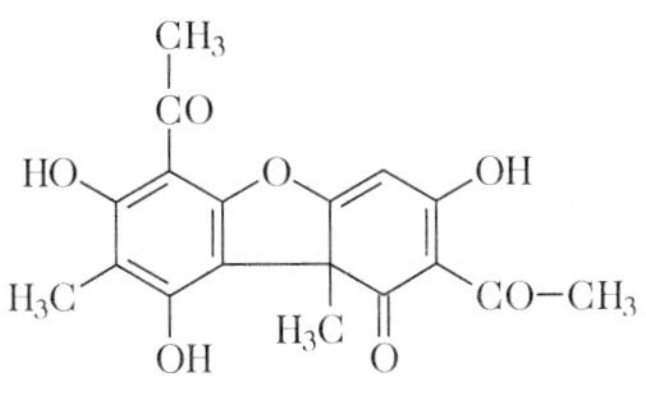

Usninsäure

Fliegenfänger ↗ Apocynum cannabinum.
Fliegenholz ↗ Quassia amara.
Fliegenkraut ↗ Artemisia vulgaris.
Fliegenpfeffer ↗ Piper longum.
Fliegenpilz ↗ Amanita muscaria.
Flohblume ↗ Stachys officinalis.
Flohkraut ↗ Chrysanthemum-Arten, ↗ Dryopteris filix-mas, ↗ Hedeoma pulegioides, ↗ Mentha-Arten, ↗ Plantago-Arten.
Flohsamen ↗ Plantago-Arten.
Flohwegerich ↗ Plantago-Arten.
Flores Abrotani montanii ↗ Santolina chamaecyparissus.
Flores Acaciae ↗ Prunus-Arten.
Flores Acaciae farnesianae ↗ Acacia-Arten.
Flores Acaciae germanicae ↗ Prunus-Arten.
Flores Acaciae nostratis ↗ Prunus-Arten.
Flores Achilleae moschatae ↗ Achillea-Arten.
Flores Africani ↗ Tagetes patula.
Flores Alismae ↗ Arnica-Arten.
Flores Althaeae ↗ Althaea officinalis.
Flores Antennariae dioicae ↗ Antennaria dioica.
Flores Anthemidis ↗ Chamaemelum nobile.
Flores Anthos ↗ Rosmarinus officinalis.
Flores Anthyllidis vulnerariae ↗ Anthyllis vulneraria.
Flores Arnicae ↗ Arnica-Arten.
Flores Athanasiae ↗ Chrysanthemum-Arten.
Flores Aurantii ↗ Citrus-Arten.
Flores Balaustii ↗ Punica granatum.
Flores Bellidis ↗ Bellis perennis.
Flores Bismalvae ↗ Althaea officinalis.
Flores Boraginis ↗ Borago officinalis.
Flores Brayerae ↗ Hagenia abyssinica.
Flores Cacti grandiflori ↗ Selenicereus grandiflorus.
Flores Calcatrippae ↗ Delphinium consolida.
Flores Calendulae ↗ Calendula officinalis.
Flores Calendulae alpinae ↗ Arnica-Arten.
Flores Calendulae cum calycibus ↗ Calendula officinalis.
Flores Calendulae sine calycibus ↗ Calendula officinalis.
Flores Callunae ↗ Calluna vulgaris.
Flores Capparidis ↗ Capparis spinosa.
Flores Capparis ↗ Capparis spinosa.
Flores Carthami ↗ Carthamus tinctorius.
Flores Caryophylli ↗ Syzygium-Arten.
Flores Caryophyllorum ↗ Dianthus caryophyllus.
Flores Cassiae ↗ Cinnamomum-Arten.
Flores Cassiae deflorati ↗ Cinnamomum-Arten.
Flores Chamomillae ↗ Chamomilla recutita.
Flores Chamomillae hortensis ↗ Chamaemelum nobile.
Flores Chamomillae nobilis ↗ Chamaemelum nobile.
Flores Chamomillae odorati ↗ Chamaemelum nobile.
Flores Chamomillae romanae ↗ Chamaemelum nobile.
Flores Cheiranthi ↗ Cheiranthus cheiri.
Flores Cheiri ↗ Cheiranthus cheiri.
Flores Cheiri arabici ↗ Cheiranthus cheiri.
Flores Chrysanthemi cinariifolii ↗ Chrysanthemum-Arten.
Flores Chrysanthemi cinerariifolii ↗ Chrysanthemum-Arten.
Flores Chrysanthemi persici ↗ Chrysanthemum-Arten.
Flores Cinae ↗ Artemisia cina.
Flores Cinnamomi ↗ Cinnamomum-Arten.
Flores Convallariae ↗ Convallaria majalis.
Flores Crataegi ↗ Crataegus-Arten.
Flores Croci ↗ Crocus sativus.
Flores Cyani ↗ Centaurea cyanus.
Flores Cyani coerulei ↗ Centaurea cyanus.
Flores Delphinii consolidae ↗ Delphinium consolida.
Flores Dipsaci sativi ↗ Dipsacus sativus.
Flores Ericae ↗ Calluna vulgaris.
Flores Ericae tetraclinis ↗ Erica tetralix.
Flores Farfarae ↗ Tussilago farfara.
Flores Feminell ↗ Calendula officinalis.
Flores Genistae ↗ Cytisus scoparius.
Flores Genistae scoparii ↗ Cytisus scoparius.
Flores Gnaphalii ↗ Antennaria dioica.
Flores Gnaphalii albi ↗ Antennaria dioica.
Flores Gnaphalii arenarii ↗ Helichrysum arenarium.
Flores Gnaphalii rubri ↗ Antennaria dioica.
Flores Graminis ↗ Heublumen.
Flores Granati ↗ Punica granatum.
Flores Grindeliae ↗ Grindelia camporum.
Flores Hageniae ↗ Hagenia abyssinica.
Flores Helianthi ↗ Helianthus annuus.
Flores Helianthi annui ↗ Helianthus annuus.
Flores Hibisci ↗ Althaea officinalis.
Flores Hibisci sabdariffae ↗ Hibiscus sabdariffa.
Flores Hippocastani ↗ Aesculus hippocastanum.
Flores Humuli lupuli ↗ Humulus lupulus.
Flores Hyperici recentes ↗ Hypericum perforatum.

Flores Ivae moschatae ↗ Achillea-Arten.
Flores Koso ↗ Hagenia abyssinica.
Flores Lamii albi ↗ Lamium album.
Flores Lavandulae ↗ Lavandula angustifolia.
Flores Lavandulae romanae ↗ Lavandula stoechas.
Flores Leicoji lutei ↗ Cheiranthus cheiri.
Flores Leucoji ↗ Cheiranthus cheiri.
Flores Leucoji lutei et vulgaris ↗ Cheiranthus cheiri.
Flores Liliorum ↗ Lilium candidum.
Flores Liliorum convallium ↗ Convallaria majalis.
Flores Lonicerae ↗ Lonicera caprifolium.
Flores Macidis ↗ Myristica fragrans.
Flores Magnoliae ↗ Magnolia glauca.
Flores Malvae ↗ Malva-Arten.
Flores Matricariae discoideae ↗ Chamomilla suaveolens, ↗ Matricaria matricarioides.
Flores Millefolii ↗ Achillea-Arten.
Flores Naphae ↗ Citrus-Arten.
Flores Nuphari ↗ Nuphar lutea.
Flores Nymphaeae albae ↗ Nymphaea alba.
Flores Paeoniae ↗ Paeonia officinalis.
Flores Papaveris ↗ Papaver rhoeas.
Flores Papaveris rhoeados ↗ Papaver rhoeas.
Flores Pedis cati ↗ Antennaria dioica.
Flores Pilosellae albi ↗ Antennaria dioica.
Flores Plantagines montanae ↗ Arnica-Arten.
Flores Primulae ↗ Primula-Arten.
Flores Primulae cum calycibus ↗ Primula-Arten.
Flores Primulae sine calycibus ↗ Primula-Arten.
Flores Pruni spinosae ↗ Prunus-Arten.
Flores Ptarmicae ↗ Arnica-Arten.
Flores Pyrethri ↗ Chrysanthemum-Arten.
Flores Reginae prati ↗ Filipendula ulmaria.
Flores Rhoeados ↗ Papaver rhoeas.
Flores Robiniae pseudacaciae ↗ Robinia pseudoacacia.
Flores Rosae ↗ Rosa x centifolia.
Flores Rosae benedictae ↗ Paeonia officinalis.
Flores Rosmarini ↗ Rosmarinus officinalis.
Flores Sambuci ↗ Sambucus nigra.
Flores Santolinae ↗ Santolina chamaecyparissus.
Flores Sarothamni scoparii ↗ Cytisus scoparius.
Flores Sophorae ↗ Sophora japonica.
Flores Sorbi ↗ Sorbus aucuparia.
Flores Spartii scoparii ↗ Cytisus scoparius.
Flores Spicae ↗ Lavandula angustifolia, ↗ Lavandula latifolia.
Flores Spiraeae ulmariae ↗ Filipendula ulmaria.
Flores Sternutatorii ↗ Convallaria majalis.
Flores Stoechados arabicae ↗ Lavandula stoechas.
Flores Stoechados citrinae ↗ Helichrysum arenarium.
Flores Stoechados purpureae ↗ Lavandula stoechas.
Flores Syringa ↗ Syringa vulgaris.
Flores Syringae ↗ Syringa vulgaris.
Flores Tagetidis ↗ Tagetes patula.
Flores Tanaceti ↗ Chrysanthemum-Arten.
Flores Thapsi barbati ↗ Verbascum-Arten.
Flores Tiliae ↗ Tilia-Arten.
Flores Trifolii pratensis ↗ Trifolium pratense.
Flores Tunicae hortensis ↗ Dianthus caryophyllus.
Flores Tussilaginis ↗ Tussilago farfara.
Flores Ulmariae ↗ Filipendula ulmaria.
Flores Urticae mortuae ↗ Lamium album.
Flores Verbasci ↗ Verbascum-Arten.
Flores Violae odoratae ↗ Viola-Arten.
Flores Violae tricoloris ↗ Viola-Arten.
Flores Violarum ↗ Viola-Arten.
Flores Vulnerariae ↗ Anthyllis vulneraria.
Flores Vulnerariae cum calice ↗ Anthyllis vulneraria.
Florideenstärke ↗ Rhodophyta.
Floripondio ↗ Brugmansia-Arten.
Flos Anthemidis ↗ Chamaemelum nobile.
Flos Chamomillae ↗ Chamomilla recutita.
Flos Chamomillae vulgaris ↗ Chamomilla recutita.
Flos Convallariae ↗ Convallaria majalis.
Flos Croci ↗ Crocus sativus.
Flos Farfarae ↗ Tussilago farfara.
Flos Genistae scopariae ↗ Cytisus scoparius.
Flos Koso ↗ Hagenia abyssinica.
Flos Lavandulae ↗ Lavandula angustifolia.
Flos Malvae ↗ Malva-Arten.
Flos Rhoeados ↗ Papaver rhoeas.
Flos Sambuci nigrae ↗ Sambucus nigra.
Flos Spiraeae ↗ Filipendula ulmaria.
Flos Tiliae ↗ Tilia-Arten.
Flos Ulmariae ↗ Filipendula ulmaria.
Flos Verbasci ↗ Verbascum-Arten.
Flötzbirn ↗ Solanum-Arten.
Flügelkassie ↗ Cassia-Arten.
Fluidextrakt ↗ Extrakte.
Flußaal ↗ Anguilla vulgaris
Flüssiges Jojobawachs ↗ Simmondsia chinensis.
Flüssiges Kino ↗ Angophora lanceolata.
Flußkrebs ↗ Astacus fluviatilis.
Flußschwamm ↗ Spongilla lacustris.
Foeniculi aetheroleum ↗ Foeniculum vulgare.
Foeniculi amari fructus ↗ Foeniculum vulgare.

Foeniculi dulcis fructus ↗ Foeniculum vulgare.
Foeniculi fructus ↗ Foeniculum vulgare.
Foeniculum ↗ Foeniculum vulgare.
Foeniculum azoricum ↗ Foeniculum vulgare.
Foeniculum capillaceum ↗ Foeniculum vulgare.
Foeniculum carvi ↗ Carum carvi.
Foeniculum dulce ↗ Foeniculum vulgare.
Foeniculum foeniculum ↗ Foeniculum vulgare
Foeniculum officinale ↗ Foeniculum vulgare.
Foeniculum panmorium ↗ Foeniculum vulgare.
Foeniculum sativum ↗ Foeniculum vulgare.

■ **Foeniculum vulgare** Mill.
(syn. *Anethum faeniculum, Anethum foeniculum, Anethum rupestre, Feniculum commune, Foeniculum azoricum, F. capillaceum, F. dulce, F. foeniculum, F. officinale, F. panmorium, F. sativum, Ligusticum divaricatum, L. foeniculum, Meum foeniculum, Ozodia foeniculacea, Selinum foeniculum*); Gemeiner Fenchel (syn. Fennekel, Fenniehl, Fennkol); s. Farbtafel S. 304, Bild 144.

Fam.: Apiaceae (Umbelliferae).

Heim.: Mittelmeerraum.

Vork.: in ganz Europa und allen gemäßigten Klimazonen angebaut. Obwohl die Gattung Foeniculum aus zwei oder drei Arten bestehen soll, gilt sie heute als monospezifisch mit *Foeniculum vulgare* als einziger namentlich genannter Art. Eine Aufteilung der Art unter pharmazeutischen Aspekten ist in zwei Varietäten möglich: *Foeniculum vulgare* ssp. *vulgare* var. *dulce* (Mill.)Batt. et Trab.; Süßer Fenchel (syn. Römischer Fenchel, Gewürzfenchel) und *Foeniculum vulgare* ssp. *vulgare* var. *vulgare*; Gewöhnlicher Fenchel (syn. Wilder Fenchel, Bitterfenchel). Eine dritte Varietät (*Foeniculum vulgare* ssp. *vulgare* var. *azoricum*; Gemüse- oder Zwiebelfenchel) besitzt lediglich als Gemüse Bedeutung.

Drogen: ***1. Foeniculi aetheroleum*** (syn. *Oleum Foeniculi*); Fenchelöl (syn. Ätherisches Fenchelöl), das äther. Öl aus den Fenchelfrüchten. Inh.: je nach verwendeter Subspecies und Varietät der Stammpflanze werden 4 Fenchelöle mit unterschiedlicher Zusammensetzung beschrieben: a) Bitterfenchelöl von ssp. *vulgare* var. *vulgare* mit 50–75 % *trans*-Anethol, 12–33 % Fenchon, 2–5 % Estragol, α-Pinen, Limonen; b) Süßfenchelöl von ssp. *vulgare* var. *dulce* mit 80–90 % *trans*-Anethol, 1–10 % Fenchon, 3–10 % Estragol, Limonen > α-Pinen; c) Anetholfreies Öl von ssp. *vulgare* var. *vulgare* mit 10–30 % Fenchon und 50–80 % Estragol; d) Australisches Wild-Fenchelöl mit 10–20 % *trans*-Anethol, 10–20 % Fenchon und 55–65 % Estragol. Weitere Bestandteile unabhängig von der Varietät sind u. a. Camphen, *p*-Cymen, Myrcen, α- und β-Phellandren, β-Pinen, Sabinen, γ-Terpinen und Terpinolen sowie Kohlenwasserstoffe. *Anw.:* in Zubereitungen bei dyspeptischen Beschwerden wie leichten, krampfartigen Magen- und Darm-Beschwerden, Völlegefühl, Blähungen, Katarrhen der oberen Luftwege. Als ↗ Fenchelhonig bei Katarrhen der oberen Atemwege von Kindern. In der Volksheilkunde wird die Droge neben den genannten Indikationen auch äußerlich bei Augenekzemen, Konjunktivitis und Blepharitis eingesetzt. Auch in der Industrie wird Fenchelöl bzw. daraus gewonnenes *trans*-Anethol vielfältig genutzt, z. B. in Bonbons, Zahncremes, Seifen, Backwaren, Wurst, Süßwaren und in Likören. *Geg.:* Mit Ausnahme des Fenchelhonigs nicht bei Säuglingen, Kleinkindern und Schwangeren. ***2. Foeniculi fructus*** (syn. *Fructus Foeniculi, Foeniculum*), Fenchelfrüchte, die getrockneten reifen Früchte. Je nach verwendeter Varietät wird auch die Droge spezifiziert: a) Bitterfenchel; *Foeniculi amari fructus* (syn. *Fructus Foeniculi amari*); Fenchel (syn. Bitterer Fenchel, Deutscher Fenchel, Dunkler Fenchel, Wilder Fenchel). *Inh.:* äther. Öl (3–8,5 %, Zusammensetzung s. *Foeniculi aetheroleum*), Phenolcarbonsäuren (v. a. als Chinasäurederivate oder Glykoside), Spuren von Cumarinen und Flavonoiden, fettes Öl (9–21 %, v. a. Triglyceride). b) Süßfenchel; *Foeniculi dulcis fructus* (syn. *Fructus Foeniculi dulcis, Fructus Foeniculi kretici, Foeniculum dulce*); Süßer Fenchel (syn. Gewürzfenchel, Französischer Fenchel, Kretischer Fenchel, Römischer Fenchel, Mazedonischer Anis). *Inh.:* äther. Öl (0,8–3 %, Zusammensetzung s. *Foeniculi aetheroleum*), Phenolcarbonsäuren (v. a. als Chinasäurederivate oder Glykoside), Spuren an Cumarinen und Flavonoiden, fettes Öl (9–21 %, v. a. Triglyceride). *Anw.* (beide Varietäten): dyspeptische Beschwerden wie leichte, krampfartige Magen-Darm-Beschwerden, Völlegefühl, Blähungen, Katarrhe der oberen Luftwege, v. a. als Fenchelsirup oder Fenchelhonig, besonders bei Kleinkindern und Säuglingen sowie zur Schleimlösung in den Atemwegen. In der Volksheilkunde wird die Droge weltweit als Carminativum, Stomachikum und Aromatikum verwendet sowie zur Stimulation der Milchsekretion (Lactagogum), als Expektorans bei Husten und Bronchitis und bei krampfartigen Durchfällen. Im Haushalt dient Fenchel als Gewürz bei der Brot- und Käseherstellung, beim Einmachen von Früchten und Gemüse sowie zur Aromatisierung der Butter. Die Industrie nutzt den Bitterfenchel in erster Linie zur Gewinnung von Anethol. Zur ↗ Teezubereitung verwendet man 1 Teelöffel frisch gequetschten Fenchel. Als Tagesdosis werden etwa 7,5 g Droge empfohlen.

Hom.: *1. Foeniculum vulgare* HAB1 (Foeniculum), die getrockneten, reifen Früchte. Anw.-Geb.: unbekannt. *2. Foeniculum vulgare, äthanol. Decoctum* HAB1, die getrockneten, reifen Früchte. Anw.-Geb.: in der anthroposophischen Therapierichtung.

Histor.: Der Fenchel ist dank seines angenehmen Geschmacks und Geruchs schon im Altertum als Heil- und Gewürzpflanze überall bekannt gewesen. Ihm entspricht das *marathron* des ↗ Theophrast und des ↗ Dioskurides sowie das *foeniculum* des ↗ Plinius. Kraut und Früchte sollten die Milchabsonderung befördern, die Wurzeln fein zerstoßen und mit Milch getrunken sollten den Biß eines tollwütigen Hundes heilen, die Abkochung der Stengel sei für Blasen- und Nierenleiden zuträglich. Auch bei den alten Ägyptern, Arabern und Chinesen war die Pflanze bekannt. Im Mittelalter wurde der Fenchel in allen Kräuterbüchern genannt, ebenso im ↗ Capitulare de villis; Hildegard von Bingen behandelt ihn ebenfalls eingehend in ihren Schriften. Der Haupteinsatz bezieht sich auf die Schleimlösung, die Behandlung von Verdauungsbeschwerden und Katarrhen sowie auf die Nutzung als Diuretikum und als Lactagogum. Der Gattungsname Foeniculum ist vom lateinischen *foenum* (Heu) abgeleitet und deutet auf die beim Welken und Trocknen schmalen, heuartig aussehenden Blattzipfel hin.

Foenugraeci semen ↗ Trigonella foenum-graecum.
Foenum-graecum officinale ↗ Trigonella foenum-graecum.
Foenum-graecum sativum ↗ Trigonella foenum-graecum.
Föhre ↗ Pinus-Arten.
Föhrensprossen ↗ Pinus-Arten.
Folia Adenantherae ↗ Adenanthera pavonina.
Folia Adhatodae ↗ Justicia adhatoda.
Folia Adianti ↗ Adiantum capillus-veneris.
Folia Agavae ↗ Agave sisalana.
Folia Agrifolii ↗ Ilex aquifolium.
Folia Althaeae ↗ Althaea officinalis.
Folia Alypi ↗ Globularia alypum.
Folia Anthos ↗ Rosmarinus officinalis.
Folia Antidesmae ↗ Antidesma bunius.
Folia Aquifoliae ↗ Ilex aquifolium.
Folia Arbuti ↗ Arbutus unedo.
Folia Arbuti unedinis ↗ Arbutus unedo.
Folia Arctostaphyli ↗ Arctostaphylos uva-ursi.
Folia Arnicae ↗ Arnica-Arten.
Folia Aurantii ↗ Citrus-Arten.
Folia Barosmae ↗ Barosma-Arten.
Folia Belladonnae ↗ Atropa belladonna.
Folia Bergeniae ↗ Bergenia crassifolia.
Folia Betulae ↗ Betula-Arten.
Folia Bismalvae ↗ Althaea officinalis.
Folia Blumeae ↗ Blumea balsamifera.
Folia Boldo ↗ Peumus boldus.
Folia Bucco ↗ Barosma-Arten.
Folia Bucco longa ↗ Barosma-Arten.
Folia Bucco rotunda ↗ Barosma-Arten.
Folia Buchu ↗ Barosma-Arten.
Folia Buddlejae ↗ Buddleja brasiliensis.
Folia Buxi ↗ Buxus sempervirens.
Folia Capilli ↗ Adianthum capillus-veneris.
Folia Caraibae ↗ Jacaranda procera.
Folia Caricae papayae ↗ Carica papaya.
Folia Carobae ↗ Jacaranda procera.
Folia Caseariae ↗ Casaeria sylvestris.
Folia Castaneae ↗ Castanea sativa.
Folia Ceanothi ↗ Ceanothus americanus.
Folia Cedri ↗ Cedrus-Arten.
Folia Cestri ↗ Cestrum laevigatum.
Folia Chrysanthemi parthenii ↗ Chrysanthemum-Arten.
Folia Chrysanthi ↗ Rhododendron-Arten.
Folia Cocae ↗ Erythroxylum coca.
Folia Combreti ↗ Combretum micranthum.
Folia Coriariae ↗ Coriaria myrtifolia.
Folia Coryli avellanae ↗ Corylus avellana.
Folia Cotini coggygriae ↗ Cotinus coggygria.
Folia Crataegi ↗ Crataegus-Arten.
Folia Cynarae ↗ Cynara scolymus.
Folia Damianae ↗ Turnera diffusa.
Folia Daturae ↗ Datura-Arten.
Folia Davillae ↗ Davilla rugosa.
Folia Dictamni ↗ Dictamnus albus.
Folia Digitalis lanatae ↗ Digitalis-Arten.

Folia Digitalis purpureae ↗ Digitalis-Arten.
Folia Diosmae ↗ Barosma-Arten.
Folia Diosmae lata ↗ Barosma-Arten.
Folia Diosmae rotunda ↗ Barosma-Arten.
Folia Djamboe ↗ Psidium guajava.
Folia Duboisiae ↗ Duboisia-Arten.
Folia Ebuli ↗ Sambucus ebulus.
Folia Elephantopi ↗ Elephantopus scaber.
Folia Epigaeae ↗ Epigaea repens
Folia Eriodictyonis ↗ Eriodictyon californicum.
Folia Erythroxyli cicae ↗ Erythroxylum coca.
Folia et Flores Calthae palustris ↗ Caltha palustris.
Folia et Radix Cichorii ↗ Cichorium intybus.
Folia et Radix Intybi ↗ Cichorium intybus.
Folia Eucalypti ↗ Eucalyptus-Arten.
Folia Eugeniae ↗ Eugenia chequen.
Folia Fagi ↗ Fagus sylvatica.
Folia Faham ↗ Angraecum fragrans.
Folia Farfarae ↗ Tussilago farfara.
Folia Fragariae ↗ Fragaria vesca.
Folia Fraxini ↗ Fraxinus-Arten.
Folia Garjubae ↗ Arctostaphylos uva-ursi.
Folia Gaultheriae ↗ Gaultheria procumbens.
Folia Gaultheriae procumbens ↗ Gaultheria procumbens.
Folia Ginkgo ↗ Ginkgo biloba.
Folia Globulariae ↗ Globularia alypum.
Folia Guaco ↗ Mikania guaco.
Folia Gymnemae sylvestris ↗ Gymnema sylvestre.
Folia Hamamelidis ↗ Hamamelis virginiana.
Folia Hederae ↗ Hedera helix.
Folia Helianthi ↗ Helianthus annuus.
Folia Helicis ↗ Hedera helix.
Folia Hennae ↗ Lawsonia inermis.
Folia Hepaticae nobilis ↗ Hepatica nobilis.
Folia Hibisci ↗ Althaea officinalis.
Folia Hyoscyami ↗ Hyoscyamus niger.
Folia Hyoscyami mutici ↗ Hyoscyamus muticus.
Folia Ilicis ↗ Ilex aquifolium.
Folia Jaborandi ↗ Pilocarpus-Arten.
Folia Jacarandae ↗ Jacaranda procera.
Folia Juglandis ↗ Juglans regia.
Folia Laburni ↗ Laburnum anagyroides.
Folia Lauri ↗ Laurus nobilis.
Folia Lauri nobilis ↗ Laurus nobilis.
Folia Lauro-Cerasi ↗ Prunus-Arten.
Folia Laurocerasi ↗ Prunus-Arten.
Folia Leucaenae ↗ Leucaena leucocephala.
Folia Liatris ↗ Liatris odoratissima.
Folia Liatris odoratissimae ↗ Liatris odoratissima.
Folia Ligustri ↗ Ligustrum vulgare.
Folia Malvae ↗ Malva-Arten.
Folia Mate ↗ Ilex paraguariensis.
Folia Matico ↗ Piper angustifolium.
Folia Melissae ↗ Melissa officinalis.
Folia Melissae citratae ↗ Melissa officinalis.
Folia Menthae crispae ↗ Mentha-Arten.
Folia Menthae japonicae ↗ Mentha-Arten.
Folia Menthae piperitae ↗ Mentha-Arten.

■ **Foliamenthin** Bitterstoff (Monoterpenester eines Seco-Iridoiden) aus ↗ Menyanthes trifoliata.

Folia Menyanthidis ↗ Menyanthes trifoliata.
Folia Menyanthis ↗ Menyanthes trifoliata.
Folia Molle seu Mollis ↗ Schinus-Arten.
Folia Mori nigrae ↗ Morus-Arten.
Folia Myrti ↗ Myrtus communis.
Folia Myrti brabantici ↗ Myrica gale.
Folia Myrtilli ↗ Vaccinium-Arten.
Folia Nasturtii ↗ Lepidium sativum.
Folia Nerii ↗ Nerium oleander.
Folia Nerii oleandri ↗ Nerium oleander.
Folia Oleae ↗ Olea europaea.
Folia Oleandri ↗ Nerium oleander.
Folia Olivae ↗ Olea europaea.
Folia Orthosiphonis ↗ Orthosiphon aristatus.
Folia Orthosiphonis staminei ↗ Orthosiphon aristatus.
Folia Oxydendri ↗ Oxydendrum arboreum.
Folia Patchouli ↗ Pogostemon cablin.
Folia Perseae ↗ Persea americana.
Folia Petasites ↗ Petasites hybridus.
Folia Petasitidis ↗ Petasites hybridus.
Folia Petroselini ↗ Petroselinum crispum.
Folia Pilocarpini ↗ Pilocarpus-Arten.
Folia Piperis betle ↗ Piper betle.
Folia Pistaciae lentisci ↗ Pistacia lentiscus.
Folia Psidii ↗ Psidium guajava.
Folia Psidii pyriferi ↗ Psidium guajava.
Folia Quercus ↗ Quercus-Arten.
Folia Rhododendri ↗ Rhododendron-Arten.
Folia Rhois toxicodendri ↗ Rhus-Arten.
Folia Ribis nigri ↗ Ribes nigrum.
Folia Robiniae pseudacaciae ↗ Robinia pseudoacacia.
Folia Roris marini ↗ Rosmarinus officinalis.
Folia Rosmarini ↗ Rosmarinus officinalis.
Folia Rubi fruticosi ↗ Rubus-Arten.
Folia Rubi idaei ↗ Rubus-Arten.
Folia Rutae ↗ Ruta graveolens.
Folia Sabinae ↗ Juniperus sabina.

Folia Salviae ↗ Salvia-Arten.
Folia Salviae divinorum ↗ Salvia-Arten.
Folia Salviae trilobae ↗ Salvia-Arten.
Folia Sambuci ↗ Sambucus nigra.
Folia Saniculae ↗ Sanicula europaea.
Folia Schisandrae ↗ Schisandra chinensis.
Folia Scopoliae carniolicae ↗ Scopolia carniolica.
Folia Sedi magni ↗ Sempervivum tectorum.
Folia Sempervivi majoris ↗ Sempervivum tectorum.
Folia Sennae ↗ Cassia-Arten.
Folia Spinaceae ↗ Spinacia oleracea.
Folia Steviae rebaudianae ↗ Stevia rebaudiana.
Folia Stramonii ↗ Datura-Arten.
Folia Symploci ↗ Symplocos odoratissima.
Folia Tabaci ↗ Nicotiana tabacum.
Folia Theae ↗ Camellia sinensis.
Folia Thymi ↗ Thymus-Arten.
Folia Trifolii amari ↗ Menyanthes trifoliata.
Folia Trifolii antiscorbutici ↗ Menyanthes trifoliata.
Folia Trifolii aquatici ↗ Menyanthes trifoliata.
Folia Trifolii aurei ↗ Hepatica nobilis.
Folia Trifolii fibrini ↗ Menyanthes trifoliata.
Folia Trifolii palustris ↗ Menyanthes trifoliata.
Folia Urechites ↗ Urechites uberecta.
Folia Uvae ursi ↗ Arctostaphylos uva-ursi.
Folia Vaccinii ursi ↗ Arctostaphylos uva-ursi.
Folia Verbasci ↗ Verbascum-Arten.
Folia Verbena odorata ↗ Aloysia triphylla.
Folia Vincae ↗ Vinca minor.
Folia Vincae pervincae ↗ Vinca minor.
Folia Violae odoratae ↗ Viola-Arten.
Folia Vitis-idaeae ↗ Vaccinium-Arten.
Folia Vitis viniferae ↗ Vitis vinifera.
Folia Zygophylli ↗ Zygophyllum fabago.
Folium Althaeae ↗ Althaea officinalis.
Folium Angelicae ↗ Angelica archangelica.
Folium Betulae ↗ Betula-Arten.
Folium Bucco ↗ Barosma-Arten.
Folium Citronellae ↗ Melissa officinalis.
Folium Cocae ↗ Erythroxylum coca.
Folium Daturae stramonii ↗ Datura-Arten.
Folium Ebuli ↗ Sambucus ebulus.
Folium Hippocastani ↗ Aesculus hippocastanum.
Folium Iaborandi ↗ Pilocarpus-Arten.
Folium Kalmiae ↗ Kalmia latifolia.
Folium Malvae ↗ Malva-Arten.
Folium Melissae ↗ Melissa officinalis.
Folium Menyanthis ↗ Menyanthes trifoliata.
Folium Perillae ↗ Perilla frutescens.
Folium Plantaginis ↗ Plantago-Arten.
Folium Salicis ↗ Salix-Arten.
Folium Salviae ↗ Salvia-Arten.
Folium Salviae trilobae ↗ Salvia-Arten.
Folium Sambuci ↗ Sambucus nigra.
Folium Sambuci ebuli ↗ Sambucus ebulus.
Folium Sennae ↗ Cassia-Arten.
Folium Stramonii ↗ Datura-Arten.
Folium Taraxaci ↗ Taraxacum officinale.
Folium Theae ↗ Camellia sinensis.
Folium Thymi ↗ Thymus-Arten.
Folium Trifolii fibrini ↗ Menyanthes trifoliata.
Folium Tussilaginis ↗ Tussilago farfara.
Folliculigera graveolens ↗ Trigonella foenum-graecum.
Folliculi Sennae ↗ Cassia-Arten.

■ Folsäure

(syn. Acidum folicum, Folacin, Pteroylglutaminsäure), ein weitverbreitetes Vitamin, dessen Mangel Wachstumsstörungen und verschiedene Anämieformen auslöst. Die Wirkformen sind 5,6,7,8-Tetrahydrofolsäure (THF, FH_4) und 5,6-Dihydrofolsäure (DHF, FH_2) und spielen als Coenzyme bei der Übertragung von Formyl-, Methyl- und Hydroxymethylgruppen eine Rolle. Außerdem ist FH_4 an Monooxygenasereaktionen beteiligt. *Vork.:* in allen Zellen, bes. in der Leber, Niere, Muskel, Milch, ferner im Käse und dunklen Blattgemüsen, auch die Gastrointestinalflora produziert F. im Dickdarm. *Anw.:* zur Behandlung von Mangelerscheinungen (Malabsorptionssyndrom), bes. bei perniziöser Anämie und makrozytären Anämien, bei Sprue, Pellagra und in der Schwangerschaft.

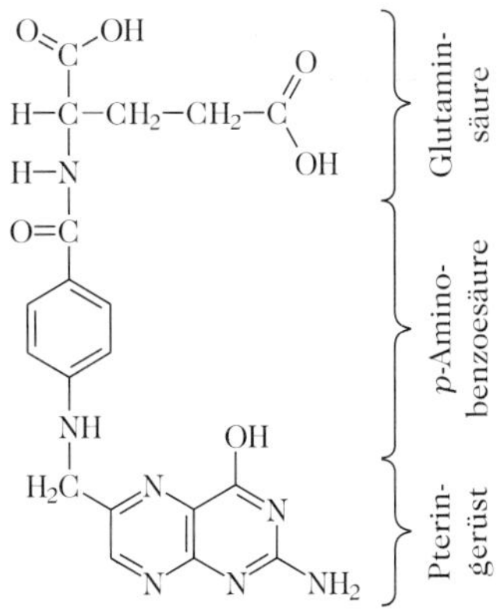

Folsäure

■ **Fomes fomentarius** (L.) Fr.
(syn. *Polyporus fomentarius*); Echter Zunderschwamm (syn. Feuerschwamm, Wundschwamm); s. Farbtafel S. 305, Bild 145.

Fam.: Polyporaceae.

Vork.: wächst in Europa auf Laubbäumen (z. B. Birken, Buchen).

Droge: ***Fungus Chirurgorum*** (syn. *Boletus Chirurgorum*, *Fungus Quercinus*); Wundschwamm (syn. Blutschwamm), der getrocknete Fruchtkörper. Inh.: Fomentarsäure, Fomentariol,

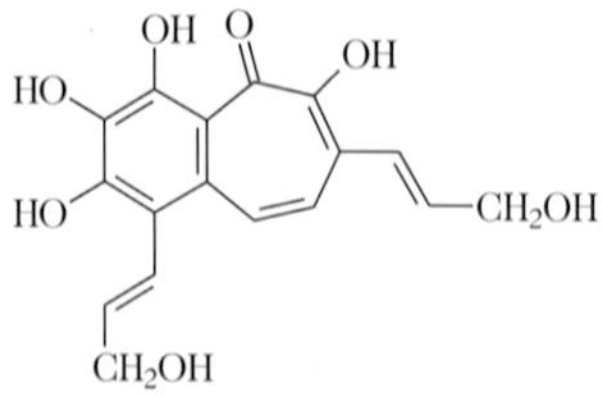

Fomentariol

Mannofucogalactane, Glucuronoglucane. Anw.: früher als Blutstillmittel zum äußerlichem Gebrauch, in der Volksheilkunde auch bei Erkrankungen der Harnblase. Mit Salpeterlösung getränkt und danach getrocknet, diente *F. fomentarius* als Zunder oder Feuerschwamm zum Erzeugen eines Feuers.

Fomes laricis ↗ Fomes officinalis.
Fomes marginatus ↗ Fomitopsis pinicola.

■ **Fomes officinalis** (Vill.:Fr.) Ames
(syn. *Agaricum officinale, Boletus laricis, Fomes laricis, Fomitopsis officinalis, Laricifomes officinalis, Polyporus laricis, Polyporus officinalis*,); Lärchenschwamm.

Fam.: Polyporaceae.

Vork.: wächst parasitisch auf der Lärche (*Larix decidua*), z. B. Schweiz, Tirol, Norditalien, Südfrankreich, Ungarn, und auf der Sibirischen Lärche (*Larix sibirica*) in Nordrußland und Sibirien.

Droge: ***Fungus laricis*** (syn. *Agaricus albus, Boletus laricis, Boletus, Polyporus Laricis*); Löcherschwamm (syn. Purgierschwamm). Inh.: Agaricinsäure, Harze, Triterpene, Fett, Ricinolsäure, Eiweiß, Mannitol, Wachs, Bitterstoffe. Anw.: in der Volksheilkunde als Amarum (Bittermittel) und als Laxans sowie bei Bronchialasthma und Nachtschweiß. Auch in der Likörindustrie wird die Droge als Bittermittel eingesetzt.

Hom.: ***Boletus laricis*** HAB1 (syn. *Laricifomes officinalis*), der getrocknete Pilz. Anw.-Geb.: bei starkem Nachtschweiß.

Fomes pinicola ↗ Fomitopsis pinicola.
Fomes ungulatus ↗ Fomitopsis pinicola.
Fomitopsis officinalis ↗ Fomes officinalis.

■ **Fomitopsis pinicola** (Sw.: Fr.) Karst.
(syn. *Boletus pinicola, Fomes marginatus, Fomes pinicola, Fomes ungulatus, Placodes ungulatus, Polyporus pinicola, Ungulina marginata*); Rotrandiger Baumschwamm (syn. Rotrandiger Schichtporling); s. Farbtafel S. 305, Bild 146.

Fam.: Polyporaceae.

Vork.: wächst auf Laub- und Nadelbäumen in Mitteleuropa bis Skandinavien.

Hom.: ***Fomes pinicola*** HAB, die frischen, oberirdischen Teile des Pilzes. Anw.-Geb.: Fieberanfälle, Leber und Milzerkrankungen.

Formicae ↗ Formica rufa.

■ **Formica rufa** L.
Rote Waldameise (syn. Waldameise).

Fam.: Formicariae.

Vork.: Europa, Nordasien, Nordamerika.

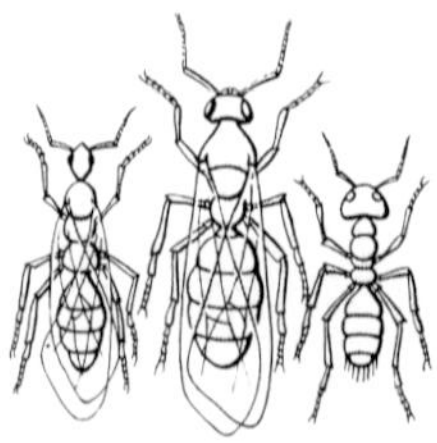

Formica rufa. Rote Waldameise.

Drogen: ***1. Ova Formicarum***; Ameisenpuppen (früher fälschlicherweise als Ameiseneier bezeichnet). Anw.: zur Herstellung von Ameisenspiritus sowie als Fisch- und Vogelfutter. ***2. Formicae***; Ameisen. Inh.: Das Sekret enthält u. a. 13–19 % Ameisensäure (Formel: HCOOH), Iridomyrmecin und Actinidin (Iridoide mit antibakterieller und insektizider Wirksamkeit), Undecan, freie Aminosäuren. Anw.: Ausgangsstoff zur Herstellung von *Spiritus Formicarum*, Ameisenspiritus. Einreibung zur Durchblutungsförderung.

$HCOOH$ 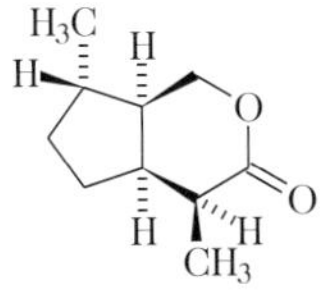

Ameisensäure Iridomyrmecin

Hom.: ***Formica*** HAB1; Rote Waldameise, die mit Ethanol getöteten und extrahierten, ganzen Tiere. *Anw.-Geb.:* Gicht, Rheuma, Entzündungen der Luftwege, Allergien.

■ **Formononetin**
Isoflavanderivat aus der Hauhechel (↗ Ononis spinosa).

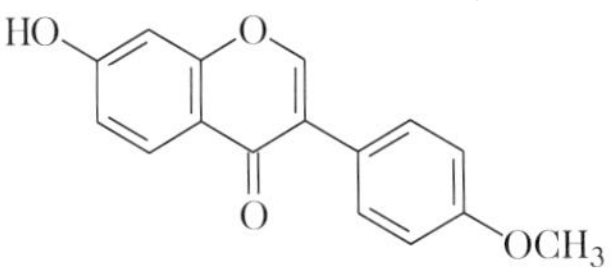

Formononetin

■ **Forskolin**
Diterpen aus ↗ Coleus forskohlii, das über einen direkten Angriff an der katalytischen Untereinheit die Adenylatcyclase aktiviert.

■ **Forsythia suspensa** (Thumb.) Vahl.
(syn. *Lilac perpensa*); Forsythie (syn. Goldweide).

Fam.: Oleaceae.

Vork.: Ostasien, in Europa als Zierstrauch kultiviert.

Droge: Blüten und Früchte. *Inh.:* in den Blüten Flavonoide, wie Rutin (ca. 1 %), Quercetin; in den Samen Saponine. Die Blätter und Rinde enthalten Lignanglykoside, wie Forsithin und Arcitin. *Anw.:* zur Gewinnung von Rutin, in der chinesischen und japanischen Volksheilkunde werden die Früchte als Laxans und Diuretikum eingesetzt.

Forsythie ↗ Forsythia suspensa.

■ **Fortunella japonica** (Thunb.) Swingle
(syn. *Citrus japonica*); Kumquat (syn. Japanische Orange, Marumi-Kumquat).

Fam.: Rutaceae.

Vork.: Südostasien.

Inh.: Die Früchte enthalten u. a. Fortunellin, ein Flavonglykosid, und weitere Stoffe entsprechend Orangen (↗ Citrus-Arten). *Anw.*: die Früchte werden in erster Linie als Obst gegessen, wobei die Schale nicht entfernt werden muß.

■ **Fosfomycin**
(–)-(1*R*,2*S*)-(1,2-Epoxypropyl)-phosphonsäure, aus der Kulturflüssigkeit von *Streptomyces fradiae* oder synthetisch gewonnenes Breitband-Antibiotikum. *Wirk.:* hemmt den ersten Schritt der Mureinbiosynthese der Bakterienwand, besonders von grampositiven Keimen. *Anw.:* alternatives Antibiotikum, wenn Penicilline oder Cephalosporine nicht angewendet werden können, z. B. Knocheninfektionen.

Fosfomycin

Fragaria anserina ↗ Potentilla anserina.
Fragaria botryformis ↗ Fragaria vesca.
Fragariae folium ↗ Fragaria vesca.
Fragariae radix ↗ Fragaria vesca.
Fragaria hortensis ↗ Fragaria vesca.
Fragaria minor ↗ Fragaria vesca.
Fragaria nemoralis ↗ Fragaria vesca.
Fragaria pentaphyllum ↗ Potentilla reptans.
Fragaria portentosa ↗ Fragaria vesca.
Fragaria reptans ↗ Potentilla reptans.
Fragaria silvestris ↗ Fragaria vesca.
Fragaria tormentilla ↗ Potentilla erecta.

■ **Fragaria vesca** L.
(syn. *Fragaria botryformis, F. hortensis, F. minor, F. nemoralis, F. portentosa, F. silvestris*); Walderdbeere.

Fam.: Rosaceae.

Vork.: im gemäßigten Eurasien.

Drogen: ***1. Fragariae folium*** (syn. *Folia Fragariae*); Erdbeerblätter (syn. Erbelblätter, Rotbeerblätter, Walderdbeerblätter), die getrockneten, während der Blütezeit im Mai und Juni gesammelten Blätter. *Inh.:* Gerbstoffe (5–11 %, Ellagitannine und oligomere Proanthocyanidine), Salicylsäure, Zimtsäure, Kaffeesäure, Chlorogensäure, Flavonoide, u. a. Quercetin, Quercitrin, Rutin und Catechin. *Anw.:* in der Volksheilkunde bei leichten Durchfällen, zum Gurgeln bei Halsentzündungen, bei Darmblutungen, Harnwegserkrankungen, Rheuma, Gicht und Lebererkrankungen. 2. *Fragariae radix* (syn. *Radix Fragariae, Rhizoma Fragariae*); Erdbeerwurzel (syn. Erbelwurzel, Rotbeerwurzel, Walderdbeerwurzel), das getrocknete Rhizom. Inh.: Gerbstoffe (oligomere Proanthocyanidine), Salicylsäure, Zimtsäure, Kaffeesäure, Chlorogensäure, Rutin (0,9 %). Anw.: in der Volksheilkunde zur Behandlung von Durchfällen, als Gurgelmittel, zur Mundhygiene sowie bei Asthma und Erkrankungen der Harnwege.

Hom.: ***Fragaria vesca*** HAB34, die reifen Früchte. Anw.-Geb.: Nesselsucht.

■ Framycetin

Aminoglykosidantibiotikum, das von *Streptomyces decaris* oder *Streptomyces fradiae* gebildet wird. Das verwendete Framycetinsulfat enthält vor allem Neomycin-B-Sulfat (↗ Neomycin). Anw.: wegen der hohen Oto- und Nephrotoxizität nur noch lokale Anwendung in Form von Pudern oder Salben bei Haut- und Wundinfektionen.

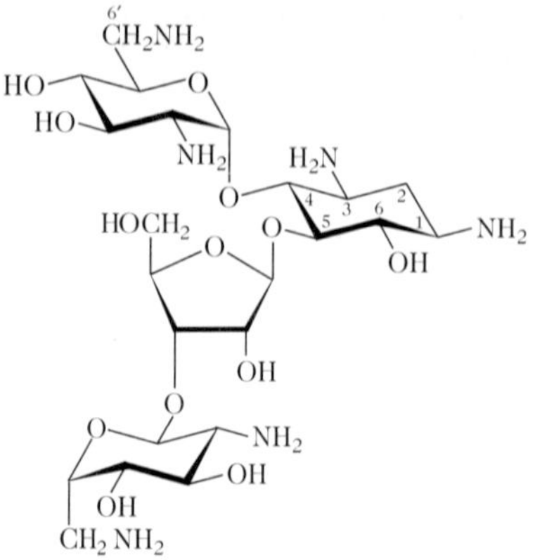

Framycetin

Franciscea hopeana ↗ Brunfelsia uniflora.
Franciscea uniflora ↗ Brunfelsia uniflora.
Frangula alnus ↗ Rhamnus frangula.
Frangulae cortex ↗ Rhamnus frangula.
Frangula frangula ↗ Rhamnus frangula.
Frangula purshiana ↗ Rhamnus purshianus.
Frangula vulgaris ↗ Rhamnus frangula.
Franguline ↗ Rhamnus frangula.

■ Frankenia grandifolia Cham. et Schlecht

(syn. *Velezia latifolia*).

Fam.: Frankeniaceae.

Vork.: Mexiko, Kalifornien.

Droge: ***Herba Frankeniae grandifoliae***, das getrocknete Kraut. Inh.: Gerbstoffe (3–6 %), Kochsalz (bis zu 28 %). Anw.: in der Volksheilkunde bei chronischen Katarrhen, als Adstringens.

Hom.: ***Frankenia grandifolia*** HAB34, die getrockneten Blätter.

■ Franzbranntwein

(syn. *Spiritus vini gallici*), ethanolisch-aromatisches Einreibe- und Körperpflegemittel. Zusammengesetzt aus unterschiedlichen Anteilen von Ethanol, Wasser, Farb- und Aromastoffen (z. B. auf der Basis von Wein-Trester) wird die Zubereitung äußerlich zur Dekubitusprophylaxe, bei Lockerungsmassagen und bei Muskelkater verwendet. Für diese Verwendung kann auch vergälltes Ethanol eingesetzt werden.

Franzosenholz ↗ Guaiacum officinale.
Franzosenholzrinde ↗ Guaiacum sanctum.
Franzosenkraut ↗ Conyza canadensis.
Franzosenstengel ↗ Conyza canadensis.
Franzosenwurzel ↗ Anacyclus pyrethrum.
Französische Artischocke ↗ Cynara scolymus.
Französischer Fenchel ↗ Foeniculum vulgare.
Französischer Senf ↗ Brassica-Arten.
Französischer Sumach ↗ Coriaria myrtifolia.
Französisches Mandelöl ↗ Prunus-Arten.

■ Frasera carolinensis Walt.

(syn. *Frasera waltheri, F. verticillata, Swertia difformis, Sabbatia corymbosa*).

Fam.: Gentianaceae.

Vork.: Nordamerika (Virginia).

Droge: ***Radix Fraserae*** (syn. *Radix Colombo spuria, Radix Colombo falsa, Radix Colombo americana*); Amerikanische Colombowurzel, die getrocknete Wurzel. Inh.: Bitterstoffe (u. a. Gentiopicrin), Gerbsäure, Zucker, Farbstoffe, Logansäure, Methoxyxanthone. Anw.: in der Volksheilkunde als Emetikum und Cathartikum.

Hom.: ***Frasera carolinensis*** HAB34, frische, im Oktober und November gesammelte zweijährige oder im März und April gesammelte dreijährige Wurzeln. Anw.-Geb.: Obstipation, Erbrechen.

Frasera verticillata ↗ Frasera carolinensis.
Frasera waltheri ↗ Frasera carolinensis.
Frauenbiß ↗ Teucrium-Arten.
Frauenblatt ↗ Chrysanthemum-Arten.

Frauendistel ↗ Silybum marianum.
Frauendistelfrüchte ↗ Silybum marianum.
Frauendost ↗ Origanum vulgare.
Frauenfarn ↗ Adianthum capillus-veneris.
Frauenflachs ↗ Linaria vulgaris.
Frauenhaar ↗ Adianthum capillus-veneris.
Frauenkäppeln ↗ Anthyllis vulneraria.
Frauenkraut ↗ Melissa officinalis.
Frauenmantelkraut ↗ Alchemilla xanthochlora.
Frauenmilchkraut ↗ Pulmonaria officinalis.
Frauenminze ↗ Chrysanthemum-Arten, ↗ Hedeoma pulegioides.
Frauensalve ↗ Chrysanthemum-Arten.
Frauenschuh ↗ Cypripedium calceolus var. pubescens.
Frauenwurz ↗ Caulophyllum thalictroides.
Frauenwurzel ↗ Cimicifuga racemosa.
Fraxinella dictamnus ↗ Dictamnus albus.
Fraxini folium ↗ Fraxinus-Arten.

■ Fraxinus-Arten

● **Fam.:** Oleaceae.

● **Fraxinus americana** L. (syn. *Fraxinus alba, F. acuminata, F. canadensis, Calycomelia americana*); Amerikanische Esche (syn. Weißesche).

Vork.: Nordamerika, seit 1723 auch in Europa kultiviert.

Inh.: in den Blättern: u. a. Flavonoide, Sterole und Triterpene (u. a. Campestrol, Stigmasterol, Betulin). In der Rinde: Fraxin, Fraxinol, Fraxetin, Tannin, äther. Öl.

Hom.: ***Fraxinus americana*** HAB34, die frische Rinde. Anw.-Geb.: Gebärmuttererkrankungen.

● **Fraxinus excelsior** L. (syn. *Fraxinus apetala, F. biloba, F. excelsa*); Steinesche (syn. Asch, Esche).

Vork.: in ganz Europa.

Drogen: ***1. Fraxini folium*** (syn. *Folia Fraxini*); Eschenblätter, die im Mai bis Juni gesammelten und getrockneten Laubblätter. Inh.: Flavonoide (0,6–2,2 %, v. a. Rutin, Rhamnoglucoside von Kämpferol und Quercetin), Gerbstoffe (0,6–4 %), Ferulasäure, Kaffeesäure, *p*-Cumarsäure, *p*-Hydroxybenzoesäure, Protocatechusäure, Sinapinsäure, Syringasäure und Vanillinsäure, ferner Pflanzenschleime (9–22 %), Mannitol (16–29 %), Triterpene, u. a. Betulin und Betulinsäure, Sterole, Alkane und Iridoide. Anw.: in der Volksheilkunde bei rheumatischen Erkrankungen, Gelenkgicht, bei Steinleiden zur Diurese, bei Wassersucht und Fieber sowie weiterhin bei Maden- und Spulwürmern, als Abführmittel und äußerlich zur Wundbehandlung. ***2. Cortex Fraxini***; *Fraxinus-excelsior*-Rinde (syn. Eschenrinde), die Rinde jüngerer Zweige. Inh.: Cumaringlykoside und -derivate, u. a. Isofraxidin, Aesculetin, Aesculin, Scopoletin, Fraxinol, Fraxin, Fraxidin und Fraxetin, Secoiridoide (10-Hydroxyligstrosid), Gerbstoffe, Sterole, Mannitol, Glucose, äther. Öl. Anw.: in der Volksheilkunde früher bei Malaria und Wurmbefall.

Hom.: ***Fraxinus excelsior*** HAB34, die frische Rinde. Anw.-Geb.: Weichteilrheumatismus.

● **Fraxinus ornus** L. (syn. *Fraxinus mannifera, F. rotundifolia, Ornus europaea*); Weißesche (syn. Blumenesche, Mannaesche).

Vork.: Südeuropa, von Spanien bis zu den Balearen, nördlich bis zur Provence und zum Südrand der Alpen, Südungarn, Rumänien, Türkei, Kleinasien. Die Pflanze wurde bis in unsere Zeit hinein in Sizilien und Italien kultiviert.

Droge: ***Manna***; Manna (syn. Eschenmanna, Himmelsbrot, Himmelstau, Judenbrot, Stengelmanna, Röhrenmanna), der durch Einschnitte in die Rinde gewonnene, an der Luft getrocknete Saft. Inh.: D-Mannitol (70–90 %), D-Glucose (2,2 %),

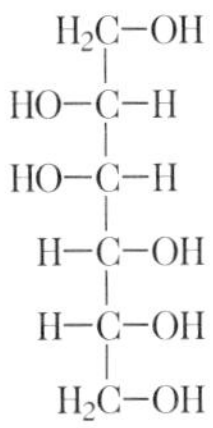

D-Mannitol

Fructose (2,5 %), Harz, Spuren von Schleim, Fraxin und bitteren Stoffen (in geringwertigen Sorten). Anw.: bei Verstopfungen und Erkrankungen, bei denen eine erleichterte Darmentlehrung mit weichem Stuhl erwünscht ist, z. B. Analfissuren, Hämorrhoiden, nach rektal-analen operativen Eingriffen. Die Droge wird auch als Hilfsstoff in der Galenik und für die Bereitung von Bakteriennährböden eingesetzt.

● **Histor.:** Ob die Araber, denen Sizilien 827–1070 zufiel, die Verwertung der Manna-Esche ausfindig gemacht haben, ist nicht erwiesen, aber es wird berichtet, daß Venedig im 9. Jh. u. a. *Manna* aus Sizilien bezog. Mitte des 15. Jh. wird Eschen-Manna erstmals in Dispensatorien genannt und die Gewinnungsmethode durch Einschneiden der Rinde beschrieben. Das in der Bibel beschriebene Manna stammt wahrscheinlich von *Tamarix gallica* var. *mannifera*, dem zuckerhaltigen Sekret, das nach dem Stich einer Schildlaus austritt. Andererseits könnte es sich bei dem biblischen Manna auch um Bruchstücke der Mannaflechte *Lecanora esculenta* gehandelt haben.

Der Gattungsname *Fraxinus* entspricht dem lateinischen Namen für Esche, der wiederum vom griechischen *phrasso* (umzäunen) abgeleitet ist, weil der Baum angeblich gutes Holz für Umzäunungen lieferte. Der deutsche Name Esche leitet sich aus dem Althochdeutschen ab und bedeutete bes. im Altnordischen und Angelsächsischen Speer, der aus Eschenholz gefertigt wurde. In der Arzneikunde des griechischen und römischen Altertums spielten veschiedene Eschenarten eine wichtige Rolle. So empfahlen ↗ Hippokrates und ↗ Theophrast Eschenlaub als Laxans und Diuretikum sowie bei Gicht und Rheuma.

Freisamkraut ↗ Viola-Arten.
Freisamtee ↗ Viola-Arten.
Freßwurz ↗ Arum maculatum.
Frijol de Playa ↗ Canavalia maritima.
Frische Fichtenspitzen ↗ Picea abies.
Frische Johanniskrautblüten ↗ Hypericum perforatum.

■ Frischpflanzen

Arzneipflanzen oder Teile von ihnen, die in frischer Form zur Gewinnung von Arzneimitteln genutzt werden. F. dienen bes. in der Homöopathie zur Herstellung homöopathischer Zubereitungen. In der Volksheilkunde werden mitunter F., z. B. zerkleinerte Spitzwegerichblätter oder Johanniskraut, auf Wunden gebracht, um den Heilungsverlauf zu beschleunigen und Sekundärinfektionen zu vermeiden. Die industrielle Nutzung von Frischpflanzen erfolgt unmittelbar nach der Ernte, gegebenenfalls auch nach Einfrieren oder Aufbewahrung in Ethanol.

■ Fritillaria imperialis L.

(syn. *Petilium imperiale*); Kaiserkrone.

Fam.: Liliaceae.

Vork.: im Iran, in Afghanistan und im westlichen Himalajagebiet beheimatet, in Europa als Zierpflanze kultiviert.

Droge: ***Amylum bulbi coronae imperialis*** (syn. *Amylum Fritellariae*); Kaiserkronenstärke, die ausgeschlämmte Stärke aus den Zwiebeln. Inh.: Stärke, Alkaloide, wie Imperialin. Anw.: früher in der Galenik sowie als Nahrungsmittel; die Zwiebeln werden in der Volksheilkunde als Diuretikum und Emolliens genutzt.

■ Fritillaria roylii Hook.

Asiatische Kaiserkrone.

Fam.: Liliaceae.

Vork.: China, Japan.

Droge: ***Pei-Mu***, die Zwiebeln. Inh.: Alkaloide, wie Peimin, Peiminin, Peiminosid; Sterole. Anw.: in der ostasiatischen Volksheilkunde als Antipyretikum, Sedativum und Expektorans.

Frondes Sabinae ↗ Juniperus sabina.
Frondes Thujae ↗ Thuja occidentalis.
Fronsamkraut ↗ Viola-Arten.
Froschbiß ↗ Hydrocharis morsus-ranae.
Froschlöffel ↗ Alisma plantago-aquatica.
Frostwurz ↗ Arum maculatum.

■ Fruchtsäuren

v. a. in Früchten vorkommende organische Säuren, wie z. B. Äpfelsäure, ↗ Citronensäure, Weinsäure, Fumarsäure, Bernsteinsäure, Hibiscussäure, Maleinsäure. Wirk.: Die Salze der Fruchtsäuren werden im Darm nur sehr langsam resorbiert. In größeren Mengen aufgenommen, wirken sie als osmotische Abführmittel. Weinsäure wirkt darüber hinaus diuretisch. Die Salze der Äpfel-

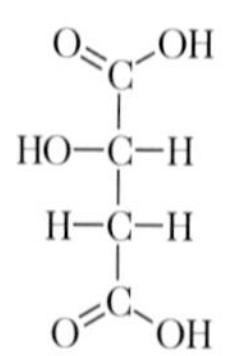

L-Äpfelsäure

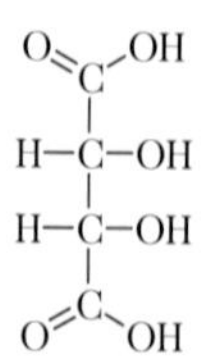

Weinsäure (*meso*-Form)

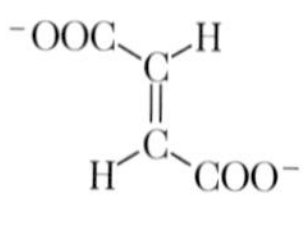

Fumarsäure (ionische Form, Fumarat)

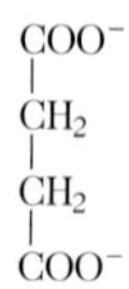

Bernsteinsäure (ionische Form, Succinat)

und Citronensäure können bei Acidosen und zur Harnalkalisierung eingesetzt werden.

Fruchtzucker ↗ Fructose.

■ Fructane

(syn. Fructosane, Polyfructosane), hochmolekulare Polysaccharide, die aus 1,2- oder 1,6-glykosidisch miteinander verknüpften D-Fructose-Einheiten aufgebaut sind und in bestimmten Pflanzenfamilien anstelle oder zusätzlich zu Stärke als Reservepolysaccharid gespeichert werden. Zu den F. gehören ↗ Inulin (bei Asteraceae) und Phlein (bei Poaceae).

■ Fructose

(syn. Fructosum, Laevulosum; Fruchtzucker, Lävulose), Monosaccharid von starker Süßkraft, das von Hefe vergoren wird. F. stellt chemisch eine Ketohexose dar, die in gebundener Form Bestandteil vieler als Fructoside bezeichneter Oligosaccharide (z. B. Saccharose, Raffinose) und Polysaccharide (Fructane) ist. _Anw._: Aufgrund ihrer Süßkraft und der Tatsache, daß sie ohne Insulin verstoffwechselt wird, ist F. in Nahrungsmitteln für Diabetiker als Süßungsmittel enthalten.

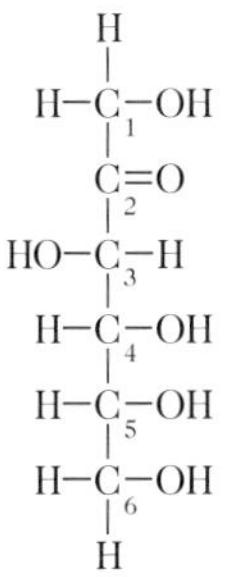

D-Fructose (offene Form)

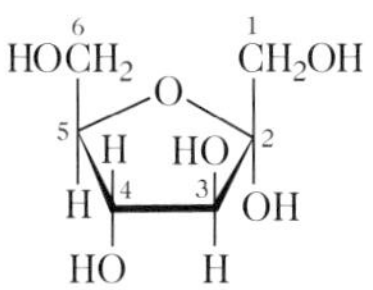

D-Fructose (Ringform)

Fructus Agni casti ↗ Vitex agnus-castus.
Fructus Ajowan ↗ Trachyspermum ammi.
Fructus Alkekengi ↗ Physalis alkekengi.
Fructus Ammi majoris ↗ Ammi majus.
Fructus Ammi visnagae ↗ Ammi visnaga.
Fructus Amomi ↗ Amomum-Arten, ↗ Pimenta-Arten.
Fructus Amomi cardamomi ↗ Amomum-Arten.
Fructus Amomi rotundi ↗ Amomum-Arten.
Fructus Amomi tsaoko ↗ Amomum-Arten.
Fructus Amomi villosi ↗ Amomum-Arten.
Fructus Anacardii occidentalis ↗ Anacardium occidentale.
Fructus Anacardii orientalis ↗ Semecarpus anacardium.
Fructus Anardii orientalis ↗ Semecarpus anacardium.
Fructus Anethi ↗ Anethum graveolens.
Fructus Angelicae ↗ Angelica archangelica.
Fructus Anisi ↗ Pimpinella-Arten.
Fructus Anisi stellati ↗ Illicium verum.
Fructus Anisi vulgaris ↗ Pimpinella-Arten.
Fructus Apii graveolentis ↗ Apium graveolens.
Fructus Aurantii immaturi ↗ Citrus-Arten.
Fructus Avenae decorticatus ↗ Avena sativa.
Fructus Avenae excorticatus ↗ Avena sativa.
Fructus Belae indicae ↗ Aegle marmelos.
Fructus Brucea ↗ Brucea amarissima.
Fructus Cannabis ↗ Cannabis sativa.
Fructus Capsici ↗ Capsicum-Arten.
Fructus Capsici acer ↗ Capsicum-Arten.
Fructus Capsici annui ↗ Capsicum-Arten.
Fructus Cardamomi ↗ Elettaria cardamomum.
Fructus Cardamomi minores ↗ Elettaria cardamomum.
Fructus Cardamomi rotundus ↗ Amomum-Arten.
Fructus Cardui Mariae ↗ Silybum marianum.
Fructus Caricae ↗ Ficus carica.
Fructus Carobae ↗ Ceratonia siliqua.
Fructus Carvi ↗ Carum carvi.
Fructus Caryophylli ↗ Syzygium-Arten.
Fructus Casimiroae ↗ Casimiroa edulis.
Fructus Cassiae fistulae ↗ Cassia-Arten.
Fructus Ceratoniae ↗ Ceratonia siliqua.
Fructus Chebulae ↗ Terminalia chebula.
Fructus Coccognidii ↗ Daphne mezereum.
Fructus Cocculi ↗ Anamirta cocculus.
Fructus Cocculi indicae ↗ Anamirta cocculus.
Fructus Coix-Lacrymae ↗ Coix lacryma-jobi.
Fructus Colocynthidis ↗ Citrullus colocynthis.
Fructus Conii ↗ Conium maculatum.
Fructus Coriandri ↗ Coriandrum sativum.
Fructus Corni ↗ Cornus-Arten.
Fructus Crataegi ↗ Crataegus-Arten.
Fructus Cubebae ↗ Piper cubeba.
Fructus Cumini ↗ Cuminum cyminum.
Fructus Cydoniae ↗ Cydonia oblonga.
Fructus Cynorrhodi ↗ Rosa canina.
Fructus Cynosbati ↗ Rosa canina.
Fructus Dactyli ↗ Dactylis glomerata, ↗ Phoenix dactylifera.

Fructus Dauci ↗ Daucus carota.
Fructus Ebuli ↗ Sambucus ebulus.
Fructus Ecballi ↗ Ecballium elaterium.
Fructus Elaterii ↗ Ecballium elaterium.
Fructus Embeliae ribis ↗ Embelia ribes.
Fructus Evodiae ↗ Evodia rutaecarpa.
Fructus Evonymi ↗ Euonymus europaea.
Fructus Fagi ↗ Fagus sylvatica.
Fructus Ficus ↗ Ficus carica.
Fructus Foeniculi ↗ Foeniculum vulgare.
Fructus Foeniculi amari ↗ Foeniculum vulgare.
Fructus Foeniculi aquatici ↗ Oenanthe aquatica.
Fructus Foeniculi dulcis ↗ Foeniculum vulgare.
Fructus Foeniculi kretici ↗ Foeniculum vulgare.
Fructus Gardeniae ↗ Gardenia jasminoides.
Fructus Helianthi ↗ Helianthus annuus.
Fructus Hippophae rhamnoides ↗ Hippophae rhamnoides.
Fructus Hordei decorticatus ↗ Hordeum vulgare.
Fructus Hyaenanchae ↗ Hyaenanche globosa.
Fructus joannesiae ↗ Joannesia princeps.
Fructus Jujubae ↗ Zizyphus jujuba.
Fructus Juniperi ↗ Juniperus communis.
Fructus Lauri ↗ Laurus nobilis.
Fructus Levistici ↗ Levisticum officinale.
Fructus Ligustri ↗ Ligustrum vulgare.
Fructus Lithospermi ↗ Lithospermum officinale.
Fructus Lolii ↗ Lolium temulentum.
Fructus Luffae ↗ Luffa-Arten.
Fructus Lycii ↗ Lycium barbarum.
Fructus Mali ↗ Malus domestica.
Fructus Mezerei ↗ Daphne mezereum.
Fructus Milii solis ↗ Lithospermum officinale.
Fructus Momordicae ↗ Momordica-Arten.
Fructus Mori ↗ Morus-Arten.
Fructus Myrobalani ↗ Phyllanthus emblica, ↗ Terminalia chebula.
Fructus Myrtilli ↗ Vaccinium-Arten.
Fructus Oleae ↗ Olea europaea.
Fructus Oxyacanthae ↗ Crataegus-Arten.
Fructus Papaveris immaturi ↗ Papaver somniferum.
Fructus Pastinacae ↗ Pastinaca sativa.
Fructus Petroselini ↗ Petroselinum crispum.
Fructus Phaseoli sine semine ↗ Phaseolus vulgaris.
Fructus Phellandrii ↗ Oenanthe aquatica.
Fructus Phytolaccae ↗ Phytolacca americana.
Fructus Pimentae ↗ Pimenta-Arten.
Fructus Piperis albi ↗ Piper nigrum.
Fructus Piperis cayennense ↗ Capsicum-Arten.
Fructus Piperis longi ↗ Piper longum.
Fructus Piperis nigri ↗ Piper nigrum.
Fructus Piri mali ↗ Malus domestica.
Fructus Pruni domesticae ↗ Prunus-Arten.
Fructus Pruni spinosae ↗ Prunus-Arten.
Fructus Prunorum ↗ Prunus-Arten.
Fructus Randiae ↗ Randia braudis.
Fructus Rhamni catharticae ↗ Rhamnus catharticus.
Fructus Rhamni catharticae recentes ↗ Rhamnus catharticus.
Fructus Ribis nigri ↗ Ribes nigrum.
Fructus Rosae ↗ Rosa canina.
Fructus Rubi idaei ↗ Rubus-Arten.
Fructus Sabalis ↗ Serenoa repens.
Fructus Sabalis serrulatae ↗ Serenoa repens.
Fructus Sabalis serrulati ↗ Serenoa repens.
Fructus Sambuci ↗ Sambucus nigra.
Fructus Sambuci ebuli ↗ Sambucus ebulus.
Fructus Sambuci siccati ↗ Sambucus nigra.
Fructus Saponariae ↗ Sapindus saponaria.
Fructus Sennae acutifoliae ↗ Cassia-Arten.
Fructus Sennae angustifoliae ↗ Cassia-Arten.
Fructus Serenaeae ↗ Serenoa repens.
Fructus Shikimi ↗ Illicium anisatum.
Fructus Solani racemosi ↗ Phytolacca americana.
Fructus Sorbi aucupariae ↗ Sorbus aucuparia.
Fructus Sorborum ↗ Sorbus aucuparia.
Fructus Spinae albae ↗ Crataegus-Arten.
Fructus Stizolobii ↗ Mucuna pruriens.
Fructus Syzygii jambolani ↗ Syzygium-Arten.
Fructus Tamarindi ↗ Tamarindus indica.
Fructus Terminaliae ↗ Terminalia chebula.
Fructus Tetragoniae ↗ Euonymus europaea.
Fructus Vanillae ↗ Vanilla planifolia.
Fructus Vitis ↗ Vitis vinifera.
Fructus Vitis idaeae ↗ Vaccinium-Arten.
Fructus Xylopiae ↗ Xylopia aethiopica.
Frühjahrslorchel ↗ Gyromitra esculenta.
Frühlinde ↗ Tilia-Arten.
Frühlings-Adonisröschen ↗ Adonis-Arten.
Frühlings-Knollenblätterpilz ↗ Amanita verna.
Frühlings-Knotenblume ↗ Leucojum vernum.
Frühlingsschlüsselblume ↗ Primula-Arten.
Frühlings-Teufelsauge ↗ Adonis-Arten.
Frumentum secale ↗ Secale cereale.
Fuchsbeere ↗ Paris quadrifolia.
Fuchseisenhut ↗ Aconitum-Arten.
Fuchsenkraut ↗ Lysimachia nummularia.
Fuchshödlein ↗ Orchis-Arten.
Fuchskraut ↗ Digitalis-Arten.

Fuchskreuzkraut ↗ Senecio-Arten.
Fuchslungenkraut ↗ Pulmonaria officinalis.
Fuchsschwanz ↗ Solidago-Arten.
Fucus ↗ Tang.
Fucus amansii ↗ Gelidium-Arten.

■ Fucus-Arten

- **Fam.:** Fucaceae.
- **Fucus serratus** L.; Sägetang.
  Vork.: Küsten des nördlichen Atlantic.

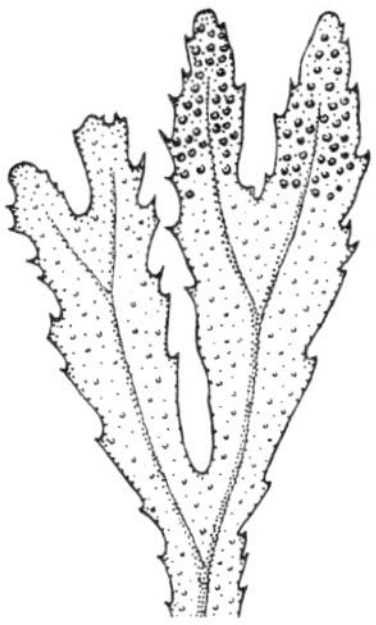

Fucus serratus, Thallusspitze.

Droge: ***Fucus*** (syn. Tang). Inh.: Alginsäure, Laminarin, Mannitol, Fucose, Diiodtyrosin, Ascorbinsäure. Anw.: Ausgangsstoff für die Gewinnung von Alginsäure, Alginaten, Laminarin, Therapie der Arteriosklerose (umstritten), Mittel zur Stoffwechselsteigerung bei Fettsucht. Für diese Indikation sollte die Droge wegen der Gefahr der Überdosierung und Strumainduktion nicht mehr eingesetzt werden.

Alginsäure
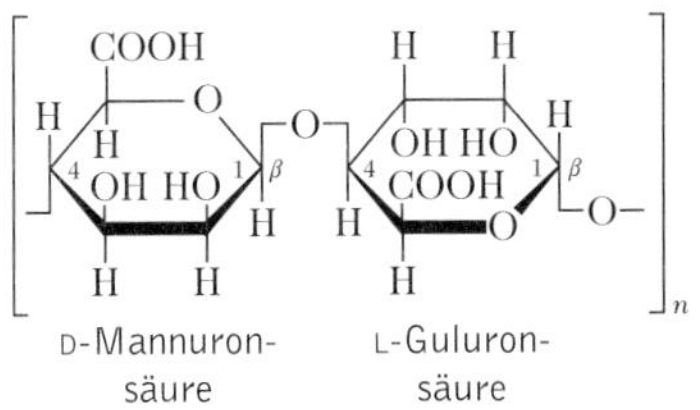

- **Fucus vesiculosus** L. (syn. *Fucus quercus marina*); Blasentang (syn. Höckertang, Meereiche, Meertang, Schweinetang, See-Eiche).
  Vork.: Küsten des nördlichen Atlantik und Pazifik, z. T. Ostsee.
  Drogen: ***1. Fucus***; Tang. Inh.: u. a. Alginsäure, Mannitol, Fucoidan, Fucosterol, Laminarin, Trehalose, Glucose, Fructose, proteingebundenes Iod und Brom (z. B. Diiodtyrosin), Carotinoide, Fucoxanthin. Anw.: siehe Fucus serratus. ***2. Fucus vesiculosus tostus*** (syn. *Aethiops vegetabilis*); Gerösteter Blasentang (syn. Vegetabilischer Mohr). Anw.: früher wie *Fucus vesiculosus*, v. a. bei Kropf.

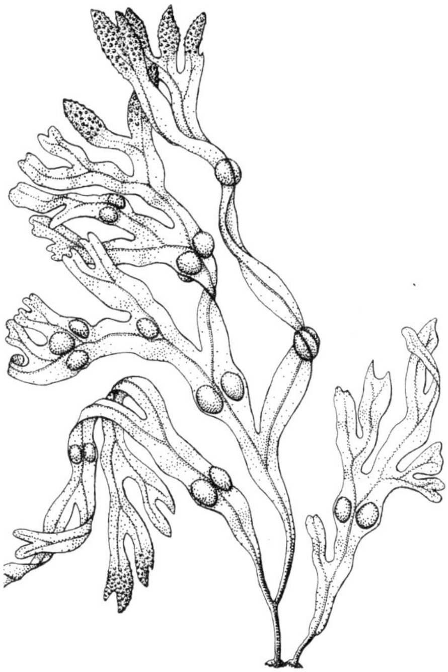

Fucus vesiculosus.

Hom.: ***Fucus vesiculosus*** HAB; der getrocknete und gereinigte Tang. Anw.-Geb.: Adipositas, Struma, Hyperthyreose.

- **Histor.:** Der Gattungsname *Fucus* wurde bereits bei den Römern als Bezeichnung für Meeresbraunalgen gebraucht, er leitet sich vom griechischen *phýkos* (Tang) ab. Die Artnamen weisen auf morphologische Besonderheiten des Thallus hin, so *vesiculosus* (Bläschen) mit Bezug auf vorhandene Schwimmblasen bzw. *serratus* (gesägt) im Hinblick auf den gesägten Thallusrand.

Fucus fastigiatus ↗ Furcellaria fastigiata.
Fucus muricatus ↗ Eucheuma muricatum.
Fucus nodosus ↗ Ascophyllum nodosum.

Fucus pyriferus ↗ Phaeophyta.
Fucus quercus marina ↗ Fucus-Arten.
Fucus scorphioides ↗ Ascophyllum nodosum.
Fucus vesiculosus tostus ↗ Fucus-Arten.
Fugu ↗ Tetraodon rubripes rubripes.
Fulwafett ↗ Diploknema-Arten.
Fumaria bulbosa ↗ Corydalis-Arten.
Fumaria capnoides ↗ Corydalis-Arten.
Fumaria cucullaria ↗ Dicentra cucullaria.
Fumariae herba ↗ Fumaria officinalis.
Fumaria fungosa ↗ Adlumia fungosa
Fumaria halleri ↗ Corydalis-Arten.
Fumaria lutea ↗ Corydalis-Arten.
Fumaria media ↗ Fumaria officinalis.

■ Fumaria officinalis L.

(syn. *Fumaria media, F. sturmii, F. vulgaris*); Erdrauch (syn. Ackerraute, Echter Erdrauch, Erdgalle, Erdraute, Gemeiner Erdrauch, Kratzheil, Krätzheil, Traubenkerbel); s. Farbtafel S. 305, Bild 147.

Fam.: Papaveraceae.

Vork.: gesamtes Mittelmeergebiet bis Äthiopien, Kanaren, Madeira; Europa, Westsibirien, eingeschleppt in Amerika.

Droge: ***Fumariae herba*** (syn. *Herba Fumariae*); Erdrauchkraut (syn. Ackerrautenkraut, Grindkraut, Rauchkraut), das getrocknete Kraut. Inh.: Alkaloide (bis zu 1,25 %, u. a. Protoberberine, wie (–)-Scoulerin; Protopin; Spirobenzylisochinoline, z. B. Fumaricin, (+)-Fumarilin; In-

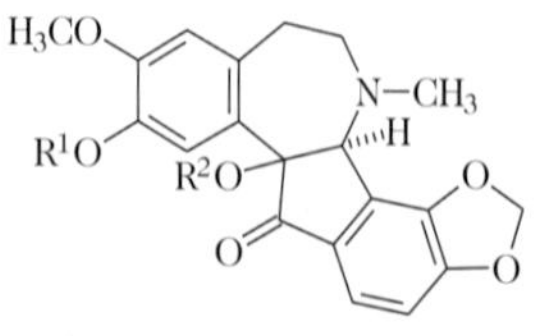

Fumarilin: $R^1 = R^2 = CH_3$
Fumarofin: $R^1 = R^2 = H$

denbenzazepine, z. B. Fumaritin, Fumarofin), Carbonsäuren (Chlorogensäure, Fumarsäure, Kaffeesäure), Flavonolglykoside (v. a. Quercetinglykoside), wenig Vitamin C. Anw.: gegen krampfartige Beschwerden im Bereich der Gallenblase und der Gallenwege sowie des Magen-Darm-Traktes. In der Volksheilkunde wird die Droge bei Verstopfung, Lebererkrankungen, Blasenleiden, Hautkrankheiten und als Diuretikum eingesetzt. Auch über die Verwendung bei Rheumatismus, Arteriosklerose, Arthritis, hohem Blutdruck, Hypoglykämie, Infektionen sowie als Tonikum existieren Berichte. Zur ↗ Teezubereitung verwendet man 2–3 g (1 Teelöffel = ca. 1,6 g) Droge. Als mittlere Tagesdosis werden etwa 6 g Droge empfohlen.

Hom.: *1.* ***Fumaria officinalis*** HAB1, die frischen, oberirdischen Teile blühender Pflanzen. *Anw.-Geb.:* chronisches juckendes Ekzem bei Leberstörungen. *2.* ***Fumaria officinalis spag. Krauß*** HAB1, die ganzen frischen, blühenden Pflanzen. *Anw.-Geb.:* in der spagyrischen Therapierichtung.

Histor.: Der Gattungsname ist vom lateinischen *fumus* (Rauch) abgeleitet, da einige Arten wie angeräuchert erscheinende, grau-grüne Blätter aufweisen. Sowohl die alten griechischen und römischen wie auch die arabischen Ärzte gebrauchten den Erdrauch als Blutreinigungsmittel um eine „reine Hautfarbe zu bekommen" sowie u. a. bei Melancholie, Leber-und Milzerkrankungen, Geschwüren und Hautausschlägen.

Fumaria solida ↗ Corydalis-Arten.
Fumaria sturmii ↗ Fumaria officinalis.
Fumaria vulgaris ↗ Fumaria officinalis.
Fumarsäure ↗ Fruchtsäuren.
Fünffingerkraut ↗ Potentilla reptans.
Fünflappiges Herzgespannkraut ↗ Leonurus quinquelobatus.
Fünflappiges Mutterkraut ↗ Leonurus quinquelobatus.
Fünfstaubblättrige Weide ↗ Salix-Arten.
Fünfwundenblume ↗ Primula-Arten.

■ Fungi imperfecti

Pilze, die sich nur ungeschlechtlich vermehren oder deren geschlechtliche Fortpflanzung unbekannt ist (v. a. Ascomyceten). *F. imperfecti* besitzen z. T. wirtschaftliche Bedeutung als Antibiotikaproduzenten bzw. medizinische Relevanz als Auslöser von Mykosen und anderen Erkrankungen.

Fungus Cervinus ↗ Elaphomyces cervinus.
Fungus Chirurgorum ↗ Fomes fomentarius.
Fungus Cynosbati ↗ Rosa canina.
Fungus Laricis ↗ Fomes officinalis.
Fungus Melitensis ↗ Cynomorium coccineum.
Fungus Quercinus ↗ Fomes fomentarius.
Fungus Sambuci ↗ Auricularia auricula-judae.

■ **Funtumia africana** (Benth.) Stapf
Fam.: Apocynaceae.
Vork.: Afrika, Guinea bis Angola.
Droge: die Stammrinde. *Inh.:* Alkaloide, wie Holonamin und Derivate. *Anw.:* in der afrikanischen Volksheilkunde bei übermäßigem Harnfluß, gegen Hämorrhoiden sowie als Bestandteil von Pfeilgiften.

■ **Funtumia elastica** (Preuss) Stapf
Fam.: Apocynaceae.
Vork.: Guinea bis Zaire.
Droge: Blätter und Samen. *Inh.:* Steroid-Alkaloide (ca. 0,65 %), wie Irehdiamin, Irehamin, Irehin, Concurchin; Triterpene; in den Samen u. a. Cycloartenol, Desmosterol, Conamin, Conessin. Der Latex der Pflanze enthält ca. 85 % Kautschuk. *Anw.:* in der afrikanischen Volksheilkunde bei Amöbenruhr. Die Pflanze gilt als der eigentliche Gummibaum der westafrikanischen Länder und wird auch in Pfeilgiften verarbeitet.

■ **Funtumia latifolia** (Stapf) Schlecht.
Fam.: Apocynaceae.
Vork.: Guinea bis Uganda.
Droge: Blätter, Rinde und Samen. *Inh.:* in den Blättern Alkaloide, wie Funtumin und Funtumidin; Funtuphyllamin A, B, C sowie Funtumafrin B; in der Rinde u. a. Holafebrin, Latifolin, Funtulin; im Samen Triterpene und Irehdiamin. *Anw.:* Ausgangspunkt zur Gewinnung von Steroiden, die partialsynthetisch in Steroidhormone umgewandelt werden; in der Volksheilkunde gegen Amöbenruhr.

■ **Furanocumarine**
(syn. Furocumarine), Cumarinderivate mit am Benzolring anneliertem Furanring. Entsprechend der Art der Verknüpfung des Furanringes am Cumarinringsystem unterscheidet man die natürlich vorkommenden Vertreter des Psoralen-, Angelicin- und Allopsoralen-Typs. F. liegen in der Regel frei in der Pflanze vor, nur selten als Glykoside. Sie treten besonders gehäuft bei Apiaceen auf. *Wirk.:* F. binden sich an die DNA tierischer Zellen und können nach Einwirkung von UV-Licht diese verändern, was zur Auslösung von Mutationen und Cancerogenese führen kann. Außerdem wirken sie photosensibilisierend und lösen damit eine Photodermatitis aus, die zu Hautschäden führen kann. *Anw.:* Ein therapeutischer Einsatz erfolgt im Rahmen der Photochemotherapie bei Psoriasis, Vitiligo, atopischem Ekzem und Lichen planus.

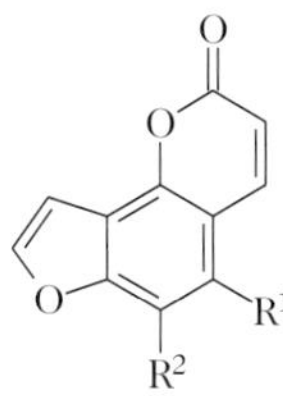

Angelicin: $R^1 = R^2 = H$
Pimpinellin: $R^1 = R^2 = OCH_3$

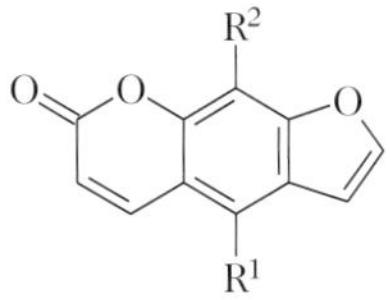

Psoralen: $R^1 = R^2 = H$
Bergapten: $R^1 = OCH_3$, $R^2 = H$
Xanthotoxin: $R^1 = H$, $R^2 = OCH_3$

Furanocumarine. Strukturformeln einiger wichtiger Vertreter.

Furcellaran ↗ Furcellaria fastigiata.

■ **Furcellaria fastigiata** (Huds.) Lamouroux (syn. *Fucus fastigiatus*).
Fam.: Furcellariaceae.
Vork.: Ostseeküste, Küsten Norwegens, Irlands, Kanadas.
Droge: die frische oder getrocknete Alge. *Inh.:* Polysaccharide (Furcellaran; Dänischer Agar). *Anw.:* in der Lebensmittelindustrie zur Herstellung von Puddingpulvern, Speiseeis, als Diätetikum und Hilfsmittel in der Galenik sowie in der Kosmetik und Zahnpastenherstellung.

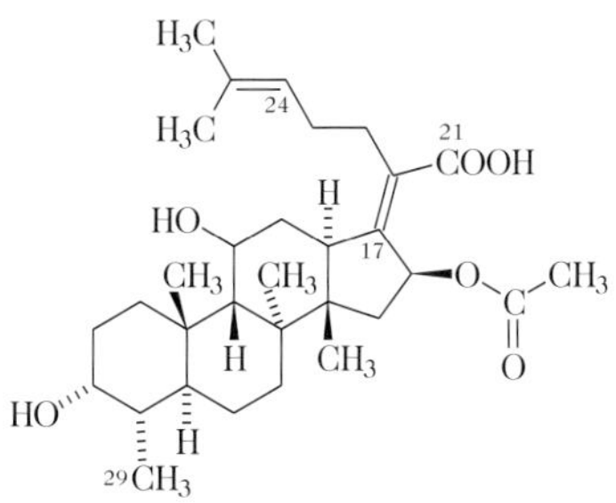

Fusidinsäure (von *Fusidium coccineum* produziertes Triterpenantibiotikum)

Furfur tritici ↗ Triticum aestivum.
Furocumarine ↗ Furanocumarine.
Fusarium heterosporum ↗ Claviceps purpurea.
Fusidinsäure ↗ Fusidium coccineum.

■ **Fusidium coccineum**
(syn. *Acremonium fusioides*).
Gruppe.: Blastosporae.
Vork.: weltweit als Saprophyt und Schwächeparasit an höheren Pflanzen.
Bedeut.: Dieser zu den ↗ Fungi imperfecti gehörende, niedere Pilz produziert das Triterpenantibiotikum Fusidinsäure (Formel S. 341).
Fußblatt ↗ Podophyllum-Arten.
Fustikholz ↗ Chlorophora tinctoria, ↗ Cotinus coggygria.

G

Gaadekamille ↗ Chamaemelum nobile.
Gabanholz ↗ Baphia nitida.
Gabunia dorotheae ↗ Tabernaemontana crassa.
Gabunia gentilii ↗ Tabernaemontana crassa.
Gabunia odoratissima ↗ Tabernaemontana crassa.
Gachelkraut ↗ Achillea-Arten.
Gadus callaris ↗ Gadus morrhua.

■ **Gadus morrhua** L.
(syn. *Gadus callaris*); Dorsch (syn. Kabeljau).
Fam.: Gadidae.
Vork.: nördl. Atlantik, Ost- und Nordsee.

Gadus morrhua, Dorsch (syn. Kabeljau).

Droge: ***Oleum Jecoris*** (syn. *Iecoris aselli oleum, Jecoris oleum, Morrhuae oleum, Oleum Morrhuae*); Lebertran (syn. Leberöl), das aus der frischen Leber der Species *Gadus morrhua* und anderer Species der Familie *Gadidae* gewonnene und raffinierte fette Öl. Inh.: Triglyceride aus gesättigten (15%) und ungesättigten (85%) Fettsäuren, freie Fettsäuren, Sterole, Vitamine (A, D, E), Mineralstoffe. Anw.: innerlich als Stärkungsmittel (Lebertranemulsion) bei Blutarmut und Rachitis (Vitamin D) sowie bei Lungentuberkulose; äußerlich in Salbenform oder als Lebertranemulsion zur Wundheilung, bei Verbrennungen und Geschwüren. In der Technik wird die Droge zur Margarineproduktion, zu Lederfetten, Schmiermitteln oder zur Seifenherstellung eingesetzt.
Hom.: ***1. Jecoris aselli oleum*** HAB (syn. *Oleum jecoris aselli*), das aus frischen oder durch Kälte konservierten Lebern gewonnene fette Öl. Anw.-Geb.: chronisch fiebrige Erkrankungen. ***2. Gadus morrhua*** HAB; der erste Halswirbel vom Dorsch. Anw.-Geb.: Entzündungen der Atemorgane, Verstimmungszustände.

■ **Gagea lutea** (L.) Ker.-Gawl.
(syn. *Gagea silvatica*); Gelbstern.
Fam.: Liliaceae.
Vork.: Mittelmeergebiete bis Kleinasien.
Droge: die Zwiebeln. Inh.: Flavonoide, wie Saponarin, Tulipalin. Anw.: in der Volksheilkunde in Form von Pflastern bei Geschwüren.

Gagea silvatica ↗ Gagea lutea.
Gagelstrauch ↗ Myrica gale.

■ **Galactagoga**
(Lactagoga), die Absonderung der Milch befördernde Mittel. Dazu gehören Drogen, die seit Jahrtausenden in der Volksheilkunde verwendet werden und fest im Bewußtsein aller Kulturen verankert sind. Neben Pflanzen, die einen Placebo-Effekt auslösen, existieren aber auch pflanzliche Zubereitungen, die die Milchproduktion nachweislich günstig beeinflussen. Dazu zählen u. a. ↗ Cetraria islandica, ↗ Juniperus communis, ↗ Foeniculum vulgare, Pimpinella anisum

(↗ Pimpinella-Arten), ↗ Carum carvi, ↗ Cuminum cyminum, ↗ Borago officinalis, ↗ Sambucus nigra, ↗ Galega officinalis, ↗ Trigonella foenum-graecum, ↗ Ocimum basilicum, ↗ Malva-Arten, ↗ Polygala-Arten, ↗ Nigella damascena, ↗ Urtica-Arten, ↗ Verbena officinalis, ↗ Vitex agnus-castus oder ↗ Hordeum vulgare. Galactagoga müssen über einen längeren Zeitraum kontinuierlich eingenommen werden und entfalten ihre Wirkung nicht sofort, sondern erst nach einer gewissen Anlaufzeit.

Galactodendron utile ↗ Brosimum galactodendron.
Galactomannane ↗ Cyamopsis tetragonoloba.
Galambutter ↗ Butyrospermum parkii.
Galanga ↗ Kaempferia galanga.
Galangae majoris rhizoma ↗ Alpinia galanga.
Galangae rhizoma ↗ Alpinia officinarum.
Galanga major ↗ Alpinia galanga.
Galangin ↗ Alpinia officinarum.

■ Galanthamin
Alkaloid aus der Zwiebel von ↗ Galanthus-Arten. Wirk.: reversibler Inhibitor der Acetylcholinesterase sowie analgetische und analeptische Effekte. Anw.: bei postoperativer Darm-, Magen- und Blasenatonie, Myasthenie, Myopathien sowie neuerdings bei Morbus Alzheimer.

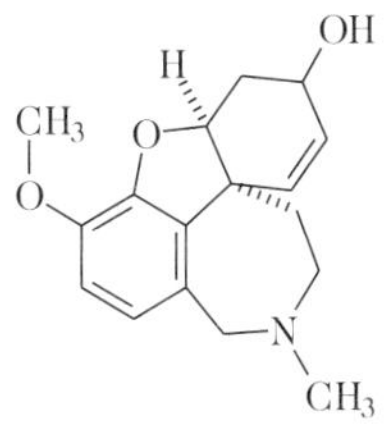

Galanthamin

Galanthi bulbus ↗ Galanthus-Arten.

■ Galanthus-Arten
● Fam.: Amaryllidaceae.
● Galanthus nivalis L.; Gemeines Schneeglöckchen (syn. Kleines Schneeglöckchen, Lausblume, Lausbüschel, Schneeguckerchen, Schneekater), s. Farbtafel S. 305, Bild 148.
Vork.: Südeuropa, Verbreitung nordwärts bis Nordfrankreich (in England verwildert) und ostwärts bis westliche Schwarzmeerküste.
Droge: *Galanthi bulbus*; Schneeglöckchenzwiebel. Inh.: Amaryllidaceen-Alkaloide (0,2–1,6%), u. a. Haemanthamin, Galanthamin (0,05–0,15%), Narwedin, Masonin, Nivalin, Hippeastrin, Lycorin und Nartazin, Lectine (D-Mannose bindend). Anw.: Die Droge wird heute wegen des schwankenden Inhaltsstoffspektrums nicht mehr verwendet. Lediglich isoliertes ↗ Galanthamin wird therapeutisch eingesetzt.
● Galanthus woronowii A. Los.; Kaukasisches Schneeglöckchen (syn. Woronows Schneeglöckchen).
Vork.: in den Wäldern des westlichen Kaukasusvorlandes, im Süden Rußlands auch kultiviert.
Droge: *Galanthi bulbus*; Schneeglöckchenzwiebel. Inh.: Amaryllidaceen-Alkaloide (v. a. 0,05–0,8 % Galanthamin, Galanthin, Lycorin, Glanthamidin, Tazettin). Anw.: zur Isolation von Galanthamin, als Droge selbst nicht verwendet.

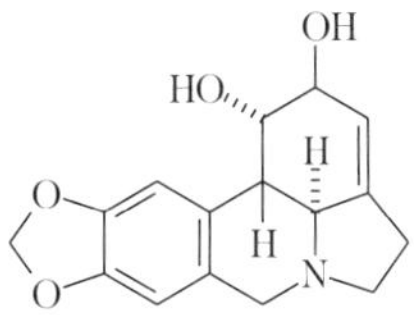

Lycorin

Galarhoeus cyparissias ↗ Euphorbia-Arten.
Galarhoeus helioscopius ↗ Euphorbia-Arten.

■ Galax aphylla L.
(syn. *Galax rotundifolia*).
Fam.: Diapensiaceae.
Vork.: atlantisches Nordamerika.
Droge: die ganze Pflanze. Inh.: Ellagsäure, Quercetin, Kaffeesäure, *p*-Cumarsäure. Anw.: in der indianischen Volksheilkunde als Wundmittel und Nerventee, die Wurzel bei Nierenbeschwerden.

Galax rotundifolia ↗ Galax aphylla.
Galbanum ↗ Ferula gummosa.
Galbuli Juniperi ↗ Juniperus communis.

■ Galbulimima belgraveana (F. Muell.) Sprague Agara.
Fam.: Himantandraceae.
Vork.: Australien, Malaysia.
Wirk.: Die Eingeborenen auf Papua-Neuguinea bereiten aus den Blättern und der Rinde dieser

Pflanze einen Tee, der einen tiefen, von Visionen begleiteten Schlaf auslöst. Obwohl bisher eine Vielzahl von Alkaloiden aus der Pflanze isoliert wurde, zeigten diese jedoch keine psychotropen Wirkungen. Die auslösende Ursache des berauschenden Schlafes ist damit noch nicht bekannt.

Galega coronilloides ↗ Galega officinalis.
Galegae herba ↗ Galega officinalis.

■ Galega officinalis L.

(syn. *Accoromba tricolor, Callotropis tricolor, Galega patula, G. persica, G. vulgaris, G. coronilloides*); Geißraute (syn. Bockskraut, Fleckenkraut, Geißklee, Pockenraute, Suchtkraut, Ziegenraute), s. Farbtafel S. 305, Bild 149.

Fam.: Fabaceae.

Vork.: südliches Mitteleuropa, Süd- und Osteuropa bis Vorderasien. In West- und Süditalien auch als Futterpflanze kultiviert.

Droge: ***Galegae herba*** (syn. *Herba Galegae, Herba Rutae capriariae*); Geißrautenkraut (syn. Geißklee), die getrockneten, während der Blütezeit gesammelten oberirdischen Teile der Pflanze. *Inh.:* Guanidin-Derivate (0,4–0,8 %), v. a. Galegin = (3-Methyl-2-butenyl)guanidin und 4-Hydroxygalegin, Alkaloide (maximal 0,2 %), v. a. (+)-Peganin bzw. Vasicin, Steroide (Phytosterole),

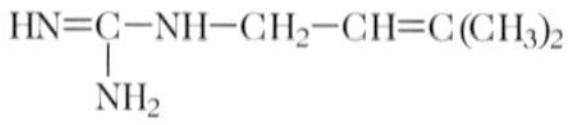

Galegin [(3-Methyl-2-butenyl)-guanidin]

Flavonoide (Luteolin, Galuteolin), wenig Allantoin. *Anw.:* in der Volksheilkunde zur unterstützenden Behandlung von Diabetes mellitus (hypoglykämische Wirkung der Guanidinderivate), bei Harnwegsinfektionen und ungenügender Milchbildung in der Stillperiode. In der Landwirtschaft wird die Geißraute als Futterpflanze angebaut, allerdings wurde über Vergiftungen bei Weidetieren durch das Fressen größerer Mengen an Frischpflanzen oder Silage berichtet. Zur ↗ Teezubereitung verwendet man als Einzeldosis 2 g (1 Teelöffel ca. 1,3 g) feingeschnittene Droge.

Hom.: *1.* ***Galega officinalis*** HAB; das frische, blühende Kraut. *Anw.-Geb.:* Milchmangel bei Stillenden (Wöchnerinnen). *2.* ***Galega officinalis e seminibus sicc.*** HAB1; die getrockneten, reifen Samen. *Anw.-Geb.:* anthroposophische Therapierichtung.

Histor.: Der Gattungsname soll sich vom griechischen *gála* (Milch) und *ágein* (treiben) ableiten und zwar im Hinblick auf die Milchsekretion erhöhende Wirkung, die man der Droge zuschreibt. Der Name Geißklee bezog sich ursprünglich auf *Medicago arborea* und wurde später auf diese Art übertragen. Trotz ihres Vorkommens im Mittelmeerraum existieren keine Berichte über die Nutzung als Droge im Altertum. Erste Berichte stammen von dem Italiener Petrus de Crescentiis um 1300. Im 16. Jh. wurde die Pflanze bereits in Mitteleuropa in Gärten sowohl als Arzneipflanze als auch als Zier- und Bienenfutterpflanze gezogen. Arzneilich wurde sie damals bes. gegen Pest, Fleckfieber und Pocken eingesetzt.

Galega patula ↗ Galega officinalis.
Galega persica ↗ Galega officinalis.
Galega vulgaris ↗ Galega officinalis.

■ Galen

(Galenus, Galen von Pergamon), griechischer Arzt, geboren 131 n. Chr. in Pergamon, gestorben 201 in Rom. Leibarzt von Kaiser Marcus Aurelius. Verfasser zahlr. medizinischer Schriften, die bis ins 17. Jh. zu den Leitlinien in der Medizin gehörten. Seine Krankheitslehre basierte auf derjenigen von Hippokrates. Das Verdienst von G. besteht v. a. in der Schaffung eines alle Teilgebiete der Medizin umfassenden Systems, wobei er die gesamte antike Medizin zu einem Ganzen zusammenfaßte. Die von ihm beschriebenen Zubereitungen, z. B. Extrakte, Tinkturen, Salben oder Pflaster erlangten im 19. Jh. die Bezeichnung Galenika.

■ Galenik

Arzneiformenlehre, deren Benennung nach ↗ Galen erfolgte. Sie beruht auf der Entwicklung eines Wirkstoffes zu einem Arzneimittel. Ihre Weiterentwicklung führte zur Pharmazeutischen Technologie.

Galeopsis dubia ↗ Galeopsis segetum.
Galeopsis dulcia ↗ Galeopsis segetum.
Galeopsis grandiflora ↗ Galeopsis segetum.
Galeopsis ochroleuca ↗ Galeopsis segetum.

■ Galeopsis segetum Neck.

(syn. *Galeopsis ochroleuca, G. dulcia, G. gran-*

diflora, G. villosa, G. dubia, Ladanum luteum); Hohlzahn (syn. Daunnessel, Saathohlzahn), s. Farbtafel S. 305, Bild 150.

Fam.: Lamiaceae (Labiatae).

Vork.: Ost- und Südosteuropa, besonders Balkan, Rußland, Polen.

Droge: ***Herba Galeopsidis*** (syn. *Galeopsis, Herba Galeopsidis grandiflorae*); Hohlzahnkraut (syn. Blankenheimer Tee, Daunnessel, Liebersches Kraut, Spanischer Tee), das getrocknete Kraut. *Inh.:* Kieselsäure (0,7–0,9 %, davon 0,1–0,2 % lösliche Kieselsäure), ein glykosidischer Bitterstoff, äther. Öl, Gerbstoffe (5–10 %), neutrale und saure Saponine, Fette, Wachs, Harz, pektinähnliche Stoffe. *Anw.:* in der Volksheilkunde bei Lungenleiden, als Adstringens, Expektorans, Diuretikum und bei Blutarmut.

Hom.: ***Galeopsis segetum*** (syn. *Galeopsis*) HAB; die frischen, oberirdischen Teile blühender Pflanzen. *Anw.-Geb.:* gegen Milzschwellungen, aber nicht ausreichend belegt.

Histor.: Die Pflanze wurde bereits von ↗ Dioskurides, allerdings unter der Bezeichnung *Sideritis hirsuta*, beschrieben und als Mittel gegen Lungenkrankheiten empfohlen. Seit dem Mittelalter wurde Hohlzahnkraut als Volksmittel bei beginnender Schwindsucht gebraucht, aber erst 1792 wurde man auf die Droge aufmerksam, die wenige Jahre später unter dem Namen „Liebersche Auszehrungskräuter" als Geheimmittel gegen Schwindsucht vertrieben wurde. Der Gattungsname ist vom griechischen *gala, gale* (Iltis, Marder) und *opsis* (Aussehen) wegen der Iltisköpfen ähnelnden Blüten abgeleitet.

Galeopsis villosa ↗ Galeopsis segetum.
Gale palustris ↗ Myrica gale.
Galgant ↗ Alpinia officinarum.
Galii aparinis herba ↗ Galium aparine.
Galii lutei herba ↗ Galium verum.
Galii odorati herba ↗ Galium odoratum.
Galii veri herba ↗ Galium verum.

■ **Galinsoga parviflora** Cav.

Fam.: Asteraceae (Compositae).

Vork.: weltweit.

Inh.: in den Wurzeln Dehydro-Falcarinon. *Anw.:* in Chile und Peru als Wundmittel, in Ostafrika bei Erkältungen, in Indonesien werden die Blätter bei Nesselverbrennungen angewandt.

Hom.: ***Galinsoga parviflora*** HAB; die frischen, oberirdischen Teile blühender Pflanzen. *Anw.-Geb.:* grippaler Infekt.

Galipea cusparia ↗ Galipea officinalis.
Galipeae cortex ↗ Galipea officinalis.
Galipea febrifuga ↗ Galipea officinalis.

■ **Galipea officinalis** Hancock
(syn. *Angostura cusparia, A. trifoliata, A. vera, Bonplandia angostura, Bonplandia trifoliata, Cusparia angustura, C. febrifuga, C. officinalis, C. trifoliata, Galipea cusparia, G. febrifuga*); Angostura-Baum (syn. Angustura-Baum).

Fam.: Rutaceae.

Vork.: Venezuela, Guayana, Orinoko-Gebiet.

Droge: ***Angosturae cortex*** (syn. *Cortex Angosturae, Cortex Angosturae verus, Cortex Cuspariae, Cortex Galipeae, Galipeae cortex*); Angosturarinde (syn. Echte Angusturarinde, Caronyrinde), die getrocknete Rinde der Zweige, seltener junger Stämme. *Inh.:* Chinolin-Alkaloide (ca. 1 %), u. a. Chinaldin, Chinolin, Cusparein, Cusparin, Galipin, Galipolin und Chinolin-Derivate, äther. Öl, u. a. mit Galipol, Cadinen und Galipen, Bitterstoffe (Angosturin). *Anw.:* in der Volksheilkunde bei Dyspepsien, Sub- und Anacidität des Magens aufgrund des Bitterstoffgehaltes (Ersatz für Chinarinde, ↗ Cinchona-Arten). Auch über die Verwendung bei Dysenterie, Fieber und Protozoenbefall (Leishmanien, Trypanosomen) wird berichtet. In der Likörindustrie findet die Droge als Bittermittel (Angosturabitter) ihren Einsatz, allerdings enthalten nicht alle Produkte, die den Namen Angostura tragen, tatsächlich Extrakte aus *G. officinalis*, sondern z. B. Extrakte aus Enzianwurzel oder anderen Bitterstoffdrogen.

Hom.: ***Galipea officinalis*** HAB (syn. *Angostura, Angustura*) HAB, die getrocknete Zweigrinde. *Anw.-Geb.:* Muskelrheumatismus, Muskelkrämpfe, schmerzhafte Knochenerkrankungen.

Galipot ↗ Fichtenharz.

■ **Galium album** Mill.
(syn. *Galium erectum*); Gemeines Labkraut (syn. Weißes Labkraut, Wilder Krapp).

Fam.: Rubiaceae.

Vork.: in ganz Europa.

Droge: ***Galium-album-Kraut***; Gemeines Labkraut (syn. Weißes Labkraut), das blühende Kraut. Inh.: Iridoidglykoside, Gerbsäure, Chinasäure, äther. Öl, Citronensäure, Hesperidin, *n*-Alkane (v. a. C-29-Verbindungen). Anw.: in der Volksheilkunde bei chronischen Hautausschlägen, Magen- und Darmkatarrhen und Ödemen.

Hom.: ***Galium album*** HAB34; Labkraut, das frische blühende Kraut. Anw.-Geb.: nicht ausreichend belegt.

■ **Galium aparine** L.
Klebkraut (syn. Kletten-Labkraut, Kletterndes Labkraut), s. Farbtafel S. 306, Bild 151.

Fam.: Rubiaceae.

Vork.: in Eurasien, Zentralasien, eingeschleppt nach Nord- und Südamerika.

Droge: ***Galii aparinis herba*** (syn. *Herba Galii aparinis, Herba Aparinis*); Klebendes Labkraut (syn. Klebkraut, Klebrich, Klettenlabkraut, Kletterlabkraut, Kleb-Labkraut, Kletterndes Labkraut, Klimmkraut, Zaunkleber, Zaunkraut), die zur Blütezeit gesammelten und getrockneten oberirdischen Teile der Pflanze. Inh.: Deacetylasperulosid, Monotropein, roter Farbstoff vom Ali-

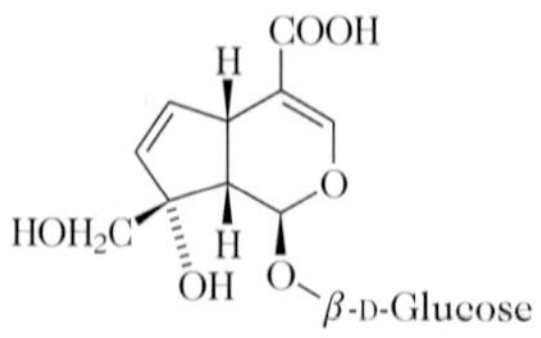

Monotropein

zarin-Typ, wenig *n*-Alkane. Anw.: in der Volksheilkunde innerlich und äußerlich bei Geschwüren, vereiterten Drüsen, Brustbeschwerden und Hautausschlägen, außerdem als harntreibendes Mittel bei Steinleiden und Blasenerkrankungen. Früher wurden die Früchte als Kaffee-Surrogat verwendet und der rote Farbstoff in der Technik zum Rotfärben von Aluminium benutzt.

Hom.: ***Galium aparine*** HAB1, das frische, blühende Kraut. Anw.-Geb.: Nierensteine, Geschwüre besonders der Zunge.

Histor.: Der Gattungsname *Galium* ist abgeleitet vom griechischen *gala* (Milch), unter Hinweis auf die Eigenschaft des Krautes, ähnlich dem Labferment, die Milch zum Gerinnen zu bringen. Der Artname *aparine*, vom griechischen *apeirein* (ergreifen) abgeleitet, nimmt Bezug auf die hakenartigen Haare, die die leichte Anheftung der Pflanze, bes. an der Kleidung bedingen. Früchte von *Galium aparine* wurden in den neolithischen Pfahlbauten in großen Mengen nachgewiesen, was vermuten läßt, daß die Pflanze von den prähistorischen Menschen zur Käsebereitung als Labferment genutzt wurde, wie dies auch später üblich war.

Galium erectum ↗ Galium album.
Galium luteum ↗ Galium verum.
Galium matrisylva ↗ Galium odoratum.

■ **Galium mollugo** L.
(syn. *Galium elatum, Galium insubricum, Galium tyrolense*).

Fam.: Rubiaceae.

Vorkommen, Drogen, Inhaltsstoffe und homöopatische Verwendung wie ↗ Galium album.

■ **Galium odoratum** (L.) Scop.
(syn. *Asperula matrisylva, A. odorata, Chlorostemma odoratum, Galium matrisylva*); Echter Waldmeister (syn. Duftlabkraut), s. Farbtafel S. 306, Bild 152.

Fam.: Rubiaceae.

Vork.: Nord- und Mitteleuropa, Sibirien, Nordafrika.

Droge: ***Galii odorati herba*** (syn. *Asperulae odoratae herba, Herba Asperulae, Herba Cordialis, Herba Hepaticae stellatae, Herba Matrisilvae, Herba Matrisylviae vel Matrisilvae*); Waldmeisterkraut (syn. Maikraut, Waldmeister, Wohlriechendes Meierkraut), die getrockneten oder frischen, während oder kurz vor der Blütezeit im April bis Mai gesammelten oberirdischen Pflanzenteile. Inh.: Cumarin (ca. 1 %, in glykosidischer Bindung, v. a. Melilotosid, aus welchem beim Wel-

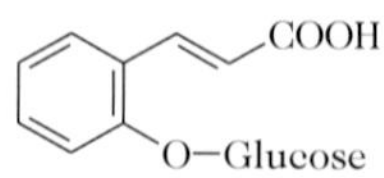

Melilotosid

ken Cumarin freigesetzt wird und den typischen Geruch entwickelt), Iridoide, v. a. Asperulosid und Monotropein, Gallussäure, Kaffeesäure, *p*-Cumarsäure, *p*-Hydroxybenzoesäure und Vanillin. Anw.: in der Volksheilkunde bei Unruhezuständen, Kopf- und Leibschmerzen, Schlaflosigkeit, Herzbeschwerden, Nervenschmerzen und Nervosität sowie bei Lebererkrankungen, Durchblutungsstörungen, Hämorrhoiden und Venenerkrankungen. Im Haushalt wird die frische Droge gern zur Bereitung einer Waldmeisterbowle oder von Maiwein genutzt. Tox.: Cumarin ruft u. a. Kopfschmerzen und bei chronischer Verwendung eventuell Tumore hervor. Daher ist die Verwendung von Cumarin und Waldmeisterkraut zur gewerblichen Herstellung von Essenzen für Genußzwecke seit 1981 verboten. Für die Bereitung der Maibowle sollte pro Liter Wein nicht mehr als 3 g Frischdroge eingesetzt werden.

Hom.: ***1. Galium odoratum*** HAB1, die frischen, kurz vor der Blüte gesammelten oberirdischen Teile. ***2. Galium odoratum spag. Zimpel*** (syn. *Asperula odorata spag. Zimpel*) HAB1, die frischen, oberirdischen Teile blühender Pflanzen. Anw.-Geb.: in der spagyrischen Therapierichtung bei Erkrankungen der Haut und des Stoffwechsels.

■ Galium verum L.

(syn. *Galium luteum*); Echtes Labkraut (syn. Gelbes Labkraut), s. Farbtafel S. 306, Bild 153.

Fam.: Rubiaceae.

Vork.: in ganz Europa (außer arktische Gebiete), Kleinasien, Persien, Syrien.

Droge: ***Galii lutei herba*** (syn. *Galii veri herba, Herba Galii lutei*); Gelbes Labkraut (syn. Gelbes Käselabkraut, Gelbes Sternkraut, Gliederkraut, Liebfrauenstroh), das zur Blütezeit gesammelte und getrocknete Kraut. Inh.: Iridoidglykoside (u. a. Asperulosid, Monotropein, Scandosid, Gini-

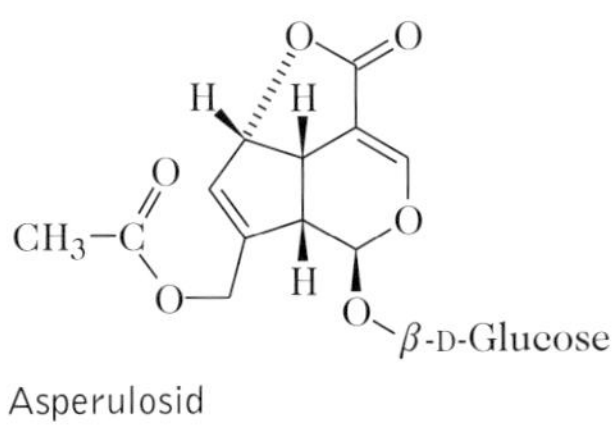

Asperulosid

posidsäure, Aucubin), ein dem Labenzym ähnliches Protein (10 mg pro kg, bringt Tiermilch zum Gerinnen), äther. Öl, *n*-Alkane, Flavonoide, Anthrachinonglykoside, u. a. Galiosin und Rubiadinglykosid. Anw.: in der Volksheilkunde bei geschwollenen Knöcheln sowie bei Blasen- und Nierenkatarrhen zur Diurese; äußerlich bei schlecht heilenden Wunden. Früher wurde die Droge auch zur Käseherstellung (Ausfällung des Caseins) verwendet.

Hom.: ***Galium verum*** HAB34, die frische, blühende Pflanze.

Galla ↗ Gallen, ↗ Quercus-Arten.
Gallae ↗ Gallen, ↗ Quercus-Arten.
Gallae asiaticae ↗ Quercus-Arten.
Gallae halepensis ↗ Quercus-Arten.
Gallae levanticae ↗ Quercus-Arten.
Gallae turcicae ↗ Quercus-Arten.
Galläpfel ↗ Gallen, ↗ Quercus-Arten.
Galleiche ↗ Quercus-Arten.

■ Gallen

(syn. *Galla, Gallae*); Galläpfel (syn. Eichengallen) sind kugelförmige, im Durchmesser ca. 2,5 cm dicke, braungelbe bis schwarzgrüne, harte, mit Höckern und meistens mit einem etwa 3 mm weiten Flugloch versehene Gebilde. Die früher offizinellen türkischen oder Aleppo-Gallen verdanken ihre Entstehung dem Stich bzw. der Eiablage der Gallwespe *Cynips tinctoria* (syn. *Andricus gallaetinctoriae*) in die jungen Blattknospen der Galleiche (*Quercus infectoria*, ↗ *Quercus*-Arten). Auf diesen Reiz hin bilden sich anstelle der normalen Triebe kugelige gerbstoffreiche Wucherungen, in denen die Larven der Gallwespe heranwachsen. Die Larven verbleiben ca. 5–6 Monate in der Galle und bohren sich dann ein Flugloch. Im Handel unterscheidet

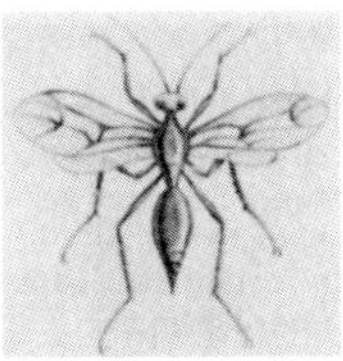

Gallen. Gallwespe *Cynips tinctoria*.

man neben den Aleppo-Gallen (syn. Allepische, Türkische oder Levantinische Gallen; s. Farbtafel S. 306, Bild 154) die Mossulischen Gallen, die Smyrna-Gallen und Chinesische bzw. Japanische Gallen (syn. Zackengallen, Chinesische Zackengallen; s. Farbtafel S. 306, Bild 155), gebildet durch den Stich der Blattlaus *Schlechtendalia sinensis* in Knospen von Sumach-Arten, wie *Rhus semiolata*; Gallensumach. Die in Deutschland zu findenden Gallen stammen von anderen Quercus-Arten und werden auch durch andere Wespenarten induziert. <u>*Inh.*</u>: Tannin (60–70 %, Gallusgerbsäure, Gallotannin, ↗ Gerbstoffe), Gallussäure (ca.3 %), Ellagsäure (ca. 2 %), Zucker, Stärke, Harz, äther. Öl. <u>*Anw.*</u>: früher als Adstringens, zu Pinselungen bei Frostbeulen und Zahnfleischerkrankungen. Die Droge dient vorrangig zur Gewinnung von Tannin und wird seltener in der Gerberei und Färberei eingesetzt. Früher wurde aus Galläpfeln die Eisengallustinte hergestellt.

Hom.: ***Gallae turcicae*** HAB1; Gallen, die durch den Stich der Färbergallwespe *Andricus gallae tinctoriae* Oliv. auf den jungen Trieben von *Quercus infectoria* hervorgerufene Galle.

Histor.: Die Ärzte des Altertums wie Hippokrates und Theophrast haben die Gallen medizinisch genutzt. Den Ägyptern war die Bereitung von Tinte mit Hilfe dieser Droge bekannt. In römischer Zeit setzte Alexander Trallianus Gallen zur Blutstillung und als Magenpflaster ein. Seit der Zeit der Kreuzzüge kamen Gallen aus Kleinasien regelmäßig nach Europa.

Gallensumach ↗ Gallen.
Gallkraut ↗ Menyanthes trifoliata.
Gallnüsse ↗ Quercus-Arten.
Gallotannine ↗ Gerbstoffe.
Gallussäure ↗ Gerbstoffe.
Galphimia glauca ↗ Thryallis glauca.
Gamander ↗ Teucrium-Arten
Gamanderlein ↗ Teucrium-Arten.
Gambir ↗ Uncaria gambir.
Gambir-Catechu ↗ Uncaria gambir.
Gamsblumen ↗ Arnica-Arten.
Gamskraut ↗ Arnica-Arten.
Ganja ↗ Cannabis sativa.
Ganoderma flabelliforme ↗ Ganoderma lucidum.
Ganoderma laccatum ↗ Ganoderma lucidum.

■ **Ganoderma lucidum (**Curt. ex Fr.) Karst. (syn.: *Boletus lucidus, Ganoderma flabelliforme, G. laccatum, G. pseudoboletus, G. sessile, Placodes lucidus, Polyporus lucidus*); Glänzender Lackporling.

Fam.: Ganodermataceae.

Vork.: Europa, Asien, Nordamerika, Kanaren.

Droge: ***Ganoderma-lucidum-Fruchtkörper***, der ganze Fruchtkörper. <u>*Inh.*</u>: Triterpene, z. B. verschiedene Ganoderensäuren, Ganodersäuren, Ganodermsäure, Ganolucidinsäuren und Lucidinsäuren, Polysaccharide (Glucane, Ganoderane), Sterole, u. a. Ergosterolderivate, Peptide, Adenosin, Lectin. <u>*Anw.*</u>: in der asiatischen Volksheilkunde seit mehr als 2000 Jahren eingesetzt, v. a. als Diätetikum, bei Neurasthenie, Nervosität, Schlaflosigkeit, Haarausfall, Leber-, Nieren- und Magenerkrankungen, Bluthochdruck und Herzkrankheiten, Arthritis, Asthma sowie zur Verlängerung des Lebens, Verbesserung der Gedächtnisfunktionen bzw. Seh- und Hörleistung. Kontrollierte klinische Studien liegen zu diesen Indikationsgebieten nicht vor. In Asien sind Zubereitungen von *Ganoderma lucidum* in Form von Getränken, z. T. in Kombination mit Vitaminen, Teeaufgußbeuteln, Sirupen, Kapseln mit pulverisiertem Pilzmaterial, Haarwässern, Badezusätzen etc. im Handel.

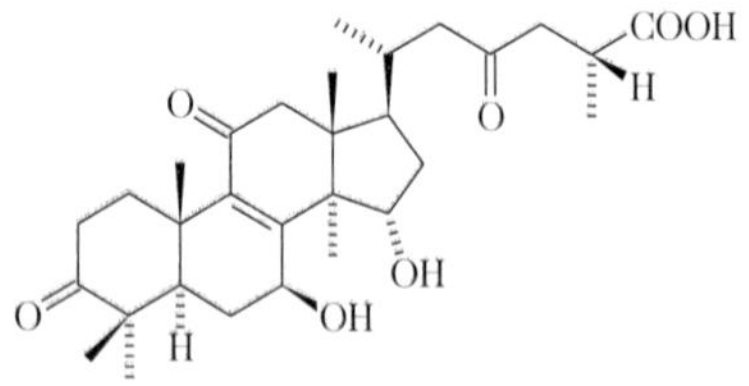

Ganodersäure A (Fruchtkörper)

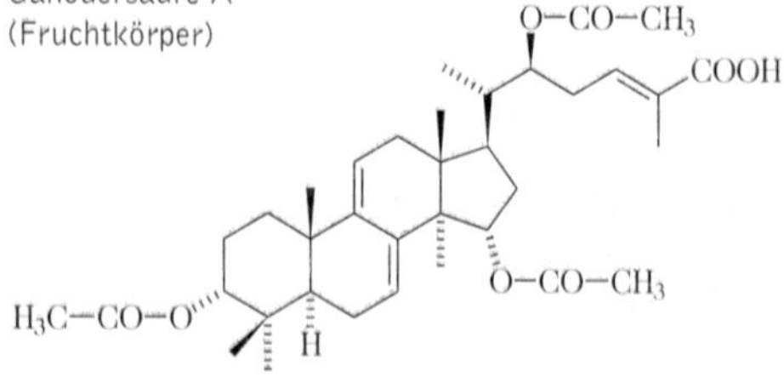

Ganodersäure T (Mycel)

Ganoderma pseudoboletus ↗ Ganoderma lucidum.
Ganoderma sessile ↗ Ganoderma lucidum.
Gänseblümchen ↗ Bellis perennis.
Gänsefingerkraut ↗ Potentilla anserina.
Gänsefußkraut ↗ Chenopodium ambrosioides.
Gänsekraut ↗ Artemisia vulgaris.
Gänsekresse ↗ Capsella bursa-pastoris.
Gänse-Malve ↗ Malva-Arten.
Gänserich ↗ Potentilla anserina.
Gänsesterbekraut ↗ Erysimum crepidifolium.
Gänsezungen ↗ Achillea-Arten.
Ganskraut ↗ Potentilla anserina.
Gänskritche ↗ Anagallis arvensis.
Garapaöl ↗ Tecoma stans.
Garbe ↗ Carum carvi.
Garbenkraut ↗ Achillea-Arten.

■ **Garcinia cambogia** Desr.
(syn. *Cambogia gutta*).
Fam.: Guttiferae.
Vork.: Ostindien.
Droge: die ganze Pflanze. Inh.: Gummi, Harz, Hydroxycitronensäure. Wirk.: Hydroxycitronensäure wirkt als kompetitiver Hemmer der ATP-Citrat-Lyase und hemmt damit die Energiebereitstellung im Körper. Anw.: als Schlankheitsmittel, allerdings ist wegen der Nebenwirkungen ein Gebrauch nicht zu empfehlen.

■ **Garcinia hanburyi** Hook. f.
(syn. *Garcinia morella*); Gummi-Guttibaum.
Fam.: Hypericaceae (Guttiferae).
Vork.: Kambodscha, Thailand, Südvietnam, Singapur.
Droge: ***Gutti*** (syn. *Cambogia, Catharticum aureum, Gummi Gambae, Gummi guttae, Gummi Gutti, Gummiresina Gutti, Gummi victoria, Hebradendron gambogioides*); Gummigutt (syn. Siamesisches Gamboga, Siuam-Gummi), der erstarrte, schleimreiche Milchsaft aus Rinde, Mark, Blättern und Früchten; s. Farbtafel S. 306, Bild 156. Inh.: Harze (ca. 70–75 %, u. a. mit α-Gambogasäure, Cambodjasäure, Neo-Gambogasäure) mit roten und gelben phenolischen Pigmenten, Schleim (25–30 %, enthält u. a. Uronsäuren, Arabinosen, Galactose, Rhamnose). Anw.: früher als drastisch wirkendes Laxans (heute obsolet). In der Volksheilkunde wird die Droge gelegentlich zur Bekämpfung von Eingeweidewürmern, zur Diuresesteigerung und bei Ödemen, auch in der Veterinärheilkunde eingesetzt. In der Technik wird Gummigutt als Farbpigment für das Kunsthandwerk und die chinesische Aquarellmalerei seit dem 13. Jh. genutzt. Geg.: Die Droge sollte nicht in der Schwangerschaft angewandt werden, da sie einen Abort auslösen kann.
Hom.: ***Garcinia*** HAB1, das nach dem Einschneiden von Stämmen und Zweigen ausgetretene getrocknete Gummiharz. Anw.-Geb.: Magenschmerzen, Durchfälle, Schleimhautreizungen an Augen und Atemwegen.

■ **Garcinia mangostana** L.
Fam.: Guttiferae.
Vork.: tropische Gebiete.
Droge: ***Mangostinen***, die Früchte. Inh.: in den Fruchtschalen Gerbstoffe, Mangostin. Anw.: die reifen Früchte als Obst; die Fruchtschalen gegen Diarrhoe, zum Gerben und Färben. Die Blätter der Pflanze sollen in Indien auch als Kontrazeptivum für Männer eingesetzt werden.

Garcinia morella ↗ Garcinia hanburyi.
Gardenia florida ↗ Gardenia jasminoides.

■ **Gardenia jasminoides** Ellis.
(syn. *Gardenia florida, G. radicans*); Gardenie.
Fam.: Rubiaceae.
Droge: ***Fructus Gardeniae***; Chinesische Gelbschoten (syn. Chinesische Gelbbeeren), die Früchte. Inh.: Glykoside, wie Gardenosid, Geniposid, Genipin-1-β-gentiobiosid; Crocin, Dextrose, Mannitol. Anw.: in der japanischen Heilkunde als Antiphlogistikum; in der chinesischen Volksmedizin als Stimulans, Diuretikum und als Brechmittel. In ganz Asien dient die Droge zum Gelbfärben von Seide. Die Gardenie wird ebenfalls als duftende Zimmerpflanze weltweit kultiviert.

Gardenia radicans ↗ Gardenia jasminoides.
Gardenie ↗ Gardenia jasminoides.
Gartenangelik ↗ Angelica archangelica.
Gartenangelika ↗ Angelica archangelica.
Gartenbibernelle ↗ Sanguisorba officinalis.
Gartenbingelkraut ↗ Mercurialis-Arten.
Gartenbohne ↗ Phaseolus vulgaris.
Gartengeißblatt ↗ Lonicera caprifolium.
Gartenhyazinthe ↗ Hyacinthus orientalis.
Gartenkamille ↗ Chamaemelum nobile.
Gartenkerbel ↗ Anthriscus cerefolium.
Gartenknoblauch ↗ Allium-Arten.
Gartenkohl ↗ Brassica-Arten.
Gartenkoriander ↗ Coriandrum sativum.
Gartenkresse ↗ Lepidium sativum.
Gartenkreuzspinne ↗ Araneus diadematus.
Gartenkürbis ↗ Cucurbita pepo
Gartenmajoran ↗ Origanum majorana.
Gartenmelde ↗ Atriplex hortensis.
Gartenmelone ↗ Cucumis-Arten.
Gartenmohn ↗ Papaver somniferum.
Gartennelke ↗ Dianthus caryophyllus.
Gartennelkenblüten ↗ Dianthus caryophyllus.
Gartenpetersilie ↗ Petroselinum crispum.
Garten-Pfingstrose ↗ Paeonia officinalis.
Gartenportulak ↗ Portulacca oleracea.
Gartenquendel ↗ Satureja hortensis.
Garten-Rainfarn ↗ Chrysanthemum-Arten.
Gartenraute ↗ Ruta graveolens.
Gartenreseda ↗ Reseda odorata.

Garten-Rettich ↗ Raphanus sativus.
Garten-Rhabarber ↗ Rheum-Arten.
Gartenrittersporn ↗ Delphinium ajacis.
Gartensalat ↗ Lactuca sativa.
Garten-Salbei ↗ Salvia-Arten.
Gartensauerampfer ↗ Rumex acetosa.
Gartenschierling ↗ Aethusa cynapium.
Gartenthymian ↗ Thymus-Arten.
Gastrochilus panduratus ↗ Boesenbergia pandurata.
Gauchheil ↗ Anagallis arvensis.
Gaultheriablätter ↗ Gaultheria procumbens.
Gaultheria fragrantissima ↗ Gaultheria punctata.
Gaultheria humilis ↗ Gaultheria procumbens.

■ **Gaultheria leucocarpa** Bl.
Fam.: Ericaceae.
Vork.: Java, Sumatra.
Droge: ***Goendopoeriöl***, das äther. Öl aus den Blättern. *Inh.:* Methylsalicylat. *Anw.:* in der Parfümerie; die Blätter werden als Kaumittel, ähnlich wie Betel (↗ *Areca catechu*) benutzt.

Gaultheriaöl ↗ Gaultheria procumbens.

■ **Gaultheria procumbens** L.
(syn. *Gaultheria humilis*); Amerikanisches Immergrün (syn. Wintergrün).
Fam.: Ericaceae.
Vork.: Nordamerika, Atlantikküste von Kanada bis Georgia, Carolina, Alabama.
Drogen: ***1. Folia Gaultheriae procumbens*** (syn. *Folia Gaultheriae*); Wintergrünblätter (syn. Kanadischer Tee, Gaultheriablätter), die getrockneten Blätter. *Inh.:* äther. Öl (0,55–0,8 %, v. a. Salicylsäuremethylester), Arbutin, Gaultherin (Monotropitosid = Methylsalicylat-Primverosid), Ericolin, Gerbstoffe, Gummi, Harz, Schleim,

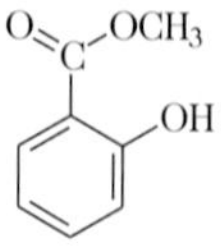

Salicylsäuremethylester

Wachs. *Anw.:* als Antiseptikum, Carminativum und Tonikum. Auch als Genußmittel wird die Droge verwendet, und zwar wie Schwarztee. ***2. Oleum Gaultheriae***; Wintergrünöl (syn. Gaultheriaöl), das äther. Öl der Blätter. *Inh.:* Methylsalicylat (96–99 %), Triacontan, weitere Ester, Alkohole, Ketone in Spuren. *Anw.:* als Antirheumatikum innerlich und äußerlich sowie als Antiseptikum. Auch in der Getränkeindustrie und Parfümerie wird die Droge eingesetzt.
Hom.: ***1. Gaultheria procumbens*** HAB1, die frische Pflanze. *Anw.-Geb.:* bei Erkrankungen des peripheren Nervensystems, des Stütz- und Bewegungsapparates. ***2. Gaultheriae aetheroleum*** HAB1, das äther. Öl.
Histor.: Der Gattungsname geht auf den kanadischen Arzt Gautier, der die Pflanze in die Heilkunde eingeführt haben soll, zurück. Die Umwandlung des Namens durch Linné führte zur Prägung des Namens *Gaultheria*. Der Artname *procumbens* (niederliegend) weist auf die Morphologie des niedrigen Halbstrauches hin, während sich der Name Wintergrün auf die immergrünen Blätter bezieht. In den Heimatgebieten Nordamerikas verwendete man die Droge schon seit altersher als aromatisches Stimulans und Tonikum.

■ **Gaultheria punctata** Bl.
(syn. *Gaultheria fragrantissima*).
Fam.:. Ericaceae.
Vork.: Indien, Java, Sumatra.
Droge: ***Indisches Wintergrünöl***, das äther. Öl aus den Blättern. *Inh.:* fast reines Methylsalicylat. *Anw.:* in der Parfümerie, als Antiseptikum und Antirheumatikum.

Gbanja-Kola ↗ Cola-Arten.
Gebärmutterkraut ↗ Levisticum officinale.
Gebärmutterwurzel ↗ Levisticum officinale.
Gebräuchlicher Baldrian ↗ Valeriana officinalis.
Gefährliche Aloe ↗ Aloe-Arten.
Gefingerter Lerchensporn ↗ Corydalis-Arten.
Gefleckter Schierling ↗ Conium maculatum.
Gefleckter Storchschnabel ↗ Geranium maculatum.
Geguclia elliptica ↗ Derris-Arten.
Geierpflanze ↗ Marsdenia condurango.
Geilwurz ↗ Apium graveolens.
Geißbart ↗ Filipendula ulmaria.
Geißblatt ↗ Lonicera caprifolium.
Geißblattblüten ↗ Lonicera caprifolium.
Geißblume ↗ Anemone nemorosa.
Geißfuß ↗ Aegopodium podagraria.
Geißklee ↗ Galega officinalis, ↗ Laburnum anagyroides.
Geißkrut ↗ Viscum album.

■ **Geissospermum laeve** (Vell.) Miers (syn. *Geissospermum vellosi, Tabernaemontana laevis*).

Fam.: Apocynaceae.

Vork.: Brasilien.

Droge: ***Cortex Geissospermi***, die Stammrinde. *Inh.:* Alkaloide, wie Vellosin, Flavopereirin, Geissospermin; Indole, wie Geissoschizin, Apogeissoschizin, Geissoschizolin. *Anw.:* in der brasilianischen Volksheilkunde als Fiebermittel eingesetzt.

Geissospermum vellosi ↗ Geissospermum laeve.
Geißraute ↗ Galega officinalis.
Gei urbani herba ↗ Geum-Arten.
Gei urbani radix ↗ Geum-Arten.
Gelatina japonica ↗ Gelidium-Arten.
Gelbbeeren ↗ Rhamnus catharticus.
Gelbbeeriger Nachtschatten ↗ Solanum-Arten.
Gelbe Chinarinde ↗ Cinchona-Arten.
Gelbe Gelstern ↗ Aconitum-Arten.
Gelbe Hanfwurzel ↗ Datisca cannabina.
Gelbe Königsrinde ↗ Cinchona-Arten.
Gelbe Lupine ↗ Lupinus luteus.
Gelbe Mottenkrautblume ↗ Helichrysum arenarium.
Gelbe Narzisse ↗ Narcissus pseudonarcissus.
Gelbe Oleandersamen ↗ Thevetia peruviana.
Gelbe Pastinake ↗ Thaspium aureum.
Gelbe Rapunzel ↗ Oenothera biennis.
Gelber Chinarindenbaum ↗ Cinchona-Arten.
Gelber Eisenhut ↗ Aconitum-Arten.
Gelber Enzian ↗ Gentiana-Arten.
Gelber Gelstern ↗ Aconitum-Arten.
Gelber Hartriegel ↗ Cornus-Arten.
Gelber Hornmohn ↗ Glaucium flavum.
Gelber Hornstrauch ↗ Cornus-Arten.
Gelber Jasmin ↗ Gelsemium sempervirens.
Gelber Klee ↗ Anthyllis vulneraria.
Gelber Knollenblätterpilz ↗ Amanita citrina.
Gelber Lerchensporn ↗ Corydalis-Arten.
Gelber Lupinensamen ↗ Lupinus luteus.
Gelber Nachtschatten ↗ Oenothera biennis.
Gelber Oleander ↗ Thevetia peruviana.
Gelber Sturmhut ↗ Aconitum-Arten.
Gelbe Rübe ↗ Daucus carota.
Gelber Wiesenenzian ↗ Blackstonia perfoliata.
Gelber Wulstling ↗ Amanita citrina.
Gelbes Akaroidharz ↗ Xanthorrhoea hastilis.
Gelbes Brasilholz ↗ Chlorophora tinctoria.
Gelbe Schneerose ↗ Rhododendron-Arten.
Gelbe Schwertlilie ↗ Iris pseudoacorus.
Gelbes Eisenkraut ↗ Sisymbrium officinale.
Gelbes Grasbaumharz ↗ Xanthorrhoea hastilis.
Gelbes Käselabkraut ↗ Galium verum.
Gelbes Katechu ↗ Uncaria gambir.
Gelbes Katzenpfötchen ↗ Helichrysum arenarium.
Gelbes Labkraut ↗ Galium verum.
Gelbes Löwenmaul ↗ Linaria vulgaris.
Gelbes Millkraut ↗ Chelidonium majus.
Gelbes Parillakraut ↗ Menispermum canadense.
Gelbes Sandelholz ↗ Santalum album.
Gelbes Sternkraut ↗ Galium verum.
Gelbe Striten ↗ Lysimachia nummularia.
Gelbes Vögerl ↗ Tropaeolum majus.
Gelbes Wachs ↗ Wachse.
Gelbe Teichrose ↗ Nuphar lutea.
Gelbe Violen ↗ Cheiranthus cheiri.
Gelbfrauenschuhwurzel ↗ Cypripedium calceolus.
Gelbholz ↗ Chlorophora tinctoria, ↗ Xanthoxylum fraxineum.
Gelbholzrinde ↗ Rhamnus frangula, ↗ Zanthoxylum-Arten.
Gelbkiefer ↗ Pinus-Arten.
Gelbkiefernnadelöl ↗ Pinus-Arten.
Gelbkraut ↗ Reseda luteola.
Gelbsenf ↗ Sinapis alba.
Gelbstern ↗ Gagea lutea.
Gelbveiglein ↗ Cheiranthus cheiri.
Gelbwurzel ↗ Curcuma-Arten.
Gelbwurzelstock ↗ Curcuma-Arten.

■ **Gelée royale**

Weiselzellfuttersaft (syn. Bienenköniginnenfuttersaft). Futtersaft, der den Honigbienen (↗ Apis mellifera) zur Ernährung der Larven und der Bienenkönigin (Weisel) dient. Das Sekret wird von den Arbeitsbienen in den Schlund- und Oberkieferdrüsen gebildet und besteht u. a. aus Eiweiß, Fett, Zucker, Mineralien, Vitaminen, u. a. B, C, E, Folsäure und Biotin sowie Stoffen mit hormonähnlichen Funktionen (Fettsäurederivate, Testosteronanaloga). *Anw.:* als Roborans (Stärkungsmittel) nach schweren Erkrankungen, bei Stoffwechselstörungen, als Geriatrikum. Äußerlich angewendet wird *G. royale* in der Kosmetik aufbauenden Cremes zugesetzt.

■ **Gelidium-Arten**

● **Fam.:** Gelidiaceae.

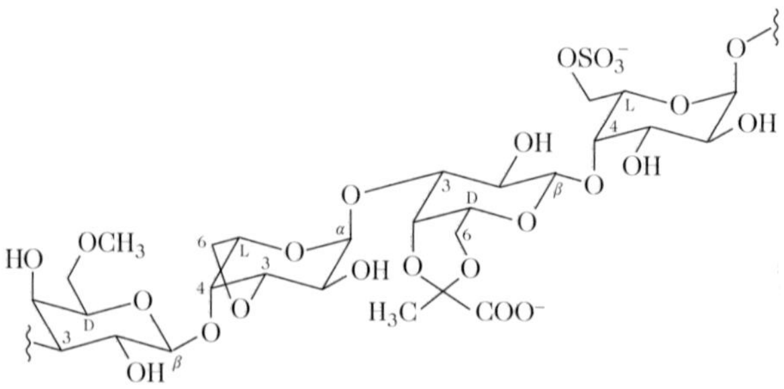

Teilsequenzen aus einem Agaroidmolekül

● **Gelidium amansii** Lamour.(syn. *Fucus amansii, Gelidium elegans*).

Vork.: asiatischer Teil des Pazifiks.

Droge: ***Agar*** (syn. *Agar-Agar, Gelatina japonica*); Agar (syn. Agartang, Japan-Agar, Japanische Gelatine, Japanische Hausenblase, Japanischer Fischleim, Vegetabilischer Fischleim), die durch Extraktion mit siedendem Wasser gewonnenen, heiß filtrierten, konzentrierten und getrockneten Polysaccharide; s. Farbtafel S. 307, Bild 157. *Inh.:* wasserlösliche Polysaccharide (Agaroide = Galactane mit Schwefelsäure verestert, s. o.; 70 % Agarose; 30 % Agaropektin). *Anw.:* als mildes Abführmittel (hohes Quell- und Wasserbindungsvermögen), zur Beseitigung des Hungergefühls (Quellmittel). Der Haupteinsatz der Droge liegt in der Galenik (Binde- und Sprengmittel für Tabletten), Kulturmedium für die Mikrobiologie, Gelbildner und Bindemittel für die Lebensmittelindustrie.

● **Gelidium latifolium** (Grev.) Born. et Thur. (syn. *Fucus corneus, Gelidium corneum*).

Vork.: europäische Felsenküsten, v. a. Portugal, Spanien; Marokko; Südafrika.

Droge: ***Agar***. Inhaltsstoffe und Verwendung s. *Gelidium amansii*.

● **Gelidium sesquipedale** (Clem.) Thuret (syn. *Fucus corneus var. sesquipedale, Gelidium cartilagineum, Gelidium versicolor*).

Vork.: Mittelmeerküsten, Küste der britischen Inseln, französische Ärmelkanalküste.

Droge: ***Agar***. Inhaltsstoffe und Verwendung s. *Gelidium amansii*. ↗ Rhodophyceen-Arten.

Gelidium elegans ↗ Gelidium-Arten.

Gelsemii rhizoma ↗ Gelsemium sempervirens.
Gelsemium avellanedae ↗ Tabebuia impetiginosa.
Gelsemium lucidum ↗ Gelsemium sempervirens.
Gelsemium nitidum ↗ Gelsemium sempervirens.

■ **Gelsemium sempervirens** (L.) Jaume St.-Hil. (syn. *Anonymos sempervirens, Bignonia sempervirens, Gelsemium lucidum, G. nitidum, Lisianthus sempervirens*); Falscher Jasmin (syn. Gelber Jasmin, Giftjasmin, Wilder Jasmin).

Fam.: Loganiaceae.

Vork.: südliche Staaten der USA, Golfküste Mexikos und Guatemalas.

Droge: ***Gelsemii rhizoma*** (syn. *Radix Anonymos, Radix Gelsemii sempervirentis, Rhizoma Gelsemii*); Gelsemiumwurzelstock, der getrocknete Wurzelstock mit den Wurzeln. Die Droge ist sehr stark giftig! *Inh.:* monoterpenoide Indolalkaloide (Gelsemin, Gelsevirin, 21-Oxogelsemin,

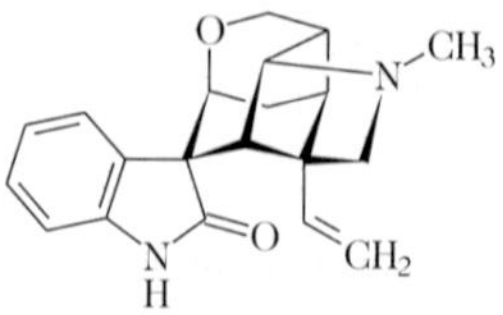

Gelsemin

Gelsemicin, Gelsedin, 14-Hydroxygelsemicin, 14-Hydroxygelsedin, Semperviridin), Phenole (Hydrochinon, Emodinmonomethylether, β-Naphthol, Pyrogallol), äther. Öl (bis ca. 0,5 %). *Anw.:* in der Volksheilkunde bei Hämorrhoidal- und Uterusblutungen, bei Unruhezuständen, Krämpfen, Fieber, Neuralgien, Zahnschmerzen, Rheuma, akuten Entzündungen der Lunge, Keuchhusten. Tox.: Ausgelöst durch die Alkaloide Gelsemin und Gelsemicin kommt es nach Schwindel, Schluckbeschwerden, Zittern, Muskelstarre bei hohen Dosen zum Tode durch Atemlähmung.

Hom.: *1. Gelsemium sempervirens* (Gelsemium) HAB1; die frischen unterirdischen Teile. Anw.-Geb.: Kopfschmerzen, nervöse Störungen, Infektionskrankheiten, Lähmungen, Krampfleiden. *2. Gelsemium sempervirens, äthanol. Decoctum* HAB1, die frischen unterirdischen Teile. Anw.-Geb.: anthroposophische Therapierichtung.

Histor.: Bei den Othomi-Indianern wird die Droge seit langer Zeit zur Bereitung eines Gifttranks („Bebo-sito"= gläserner Sarg) für Gottesurteile oder Racheakte eingesetzt. Durch die davon hervorgerufenen curareähnlichen Lähmungen ist das Opfer bewegungsunfähig, aber bei vollem Bewußtsein. Der Gattungsname *Gelsemium* ist die ältere Bezeichnung für Jasmin. Die Pflanze erhielt den Namen nach den jasminähnlichen, duftenden Blättern; *sempervirens* = immergrün.

Gelsemium stans ↗ Tecoma stans.
Gelsemiumwurzelstock ↗ Gelsemium sempervirens.
Gemeine Akelei ↗ Aquilegia vulgaris.
Gemeine Beisbeere ↗ Capsicum-Arten.
Gemeine Berberitze ↗ Berberis vulgaris.
Gemeine Betonie ↗ Stachys officinalis.
Gemeine Buche ↗ Fagus sylvatica.
Gemeine Fichte ↗ Picea abies.
Gemeine Goldrute ↗ Solidago-Arten.
Gemeine Heckenrose ↗ Rosa canina.
Gemeine Hohlwurz ↗ Corydalis-Arten.
Gemeine Hundspetersilie ↗ Aethusa cynapium.
Gemeine Kiefer ↗ Pinus-Arten.
Gemeine Kröte ↗ Bufo bufo.
Gemeine Küchenschabe ↗ Blatta orientalis.
Gemeine Küchenschelle ↗ Pulsatilla-Arten.
Gemeine Lärche ↗ Larix decidua.
Gemeine Lobelie ↗ Lobelia siphilitica.
Gemeine Malve ↗ Malva-Arten.
Gemeine Nachtkerze ↗ Oenothera biennis.
Gemeine Ochsenzunge ↗ Anchusa officinalis.
Gemeine Pestwurz ↗ Petasites hybridus.
Gemeine Platterbse ↗ Lathyrus sativus.
Gemeiner Andorn ↗ Marrubium vulgare.
Gemeiner Baldrian ↗ Valeriana officinalis.
Gemeiner Bärenklau ↗ Heracleum sphondylium.
Gemeiner Beifuß ↗ Artemisia vulgaris.
Gemeiner Bocksdorn ↗ Lycium barbarum.
Gemeiner Brotschimmel ↗ Rhizopus-Arten.
Gemeiner Dill ↗ Anethum graveolens.
Gemeiner Dost ↗ Origanum vulgare.
Gemeiner Eppich ↗ Apium graveolens.
Gemeiner Erdrauch ↗ Fumaria officinalis.
Gemeiner Fenchel ↗ Foeniculum vulgare.
Gemeiner Frauenmantel ↗ Alchemilla xanthochlora.
Gemeiner Froschlöffel ↗ Alisma plantago-aquatica.
Gemeiner Goldregen ↗ Laburnum anagyroides.
Gemeiner Hafer ↗ Avena sativa.
Gemeiner Kümmel ↗ Carum carvi.
Gemeiner Kürbis ↗ Cucurbita pepo.
Gemeiner Löwenzahn ↗ Taraxacum officinale.
Gemeine Roßkastanie ↗ Aesculus hippocastanum.
Gemeiner Pastinak ↗ Pastinaca sativa.
Gemeiner Schneeball ↗ Viburnum-Arten.
Gemeiner Seestern ↗ Asterias rubens.
Gemeiner Stechapfel ↗ Datura-Arten.
Gemeiner Thymian ↗ Thymus-Arten.
Gemeiner Tintenfisch ↗ Sepia officinalis.
Gemeiner Wasserandorn ↗ Lycopus-Arten.
Gemeiner Wassernabel ↗ Hydrocotyle vulgaris.
Gemeiner Weizen ↗ Triticum aestivum.
Gemeiner Wurmfarn ↗ Dryopteris filix-mas.
Gemeiner Zimt ↗ Cinnamomum-Arten.
Gemeine Schafgarbe ↗ Achillea-Arten.
Gemeine Siegwurz ↗ Gladiolus communis.
Gemeines Immergrün ↗ Vinca minor.
Gemeines Katzenpfötchen ↗ Antennaria dioica.
Gemeines Kreuzkraut ↗ Senecio-Arten.
Gemeines Labkraut ↗ Galium album.
Gemeines Moschuskraut ↗ Adoxa moschatellina.
Gemeines Schneeglöckchen ↗ Galanthus-Arten.
Gemeines Schöllkraut ↗ Chelidonium majus.
Gemeines Seifenkraut ↗ Saponaria officinalis.
Gemeines Spitzklettenkraut ↗ Xanthium strumarium.
Gemeines Steckenkraut ↗ Ferula communis.
Gemeines Süßholz ↗ Glycyrrhiza glabra.
Gemeine Waldrebe ↗ Clematis-Arten.
Gemeine Weißwurz ↗ Polygonatum odoratum.
Gemeine Wolfsmilch ↗ Euphorbia-Arten.
Gemmae, lat. Knospen.
Gemmae Capparidis ↗ Capparis spinosa.
Gemmae Populi ↗ Populus-Arten.
Gemmae Sophorae ↗ Sophora japonica.
Gemmae Sophorae japonicae ↗ Sophora japonica.

Gemmingia chinensis ↗ Belamcanda chinensis.
Gemüsefenchel ↗ Foeniculum vulgare.
Gemüsejute ↗ Corchorus-Arten.
Gemüsekohl ↗ Brassica-Arten.
Gemüse-Rhabarber ↗ Rheum-Arten.
Genin ↗ Glykoside.
Genippkraut ↗ Achillea-Arten
Genista angulata ↗ Cytisus scoparius.
Genista depressa ↗ Genista tinctoria.
Genistae tinctoriae herba ↗ Genista tinctoria.

■ **Genista germanica** L.
(syn. *Genista villosa, Cytisus germanicus*); Deutscher Ginster.
Fam.: Fabaceae (Leguminosae).
Vork.: Europa.
Droge: Blätter und Samen. Inh.: Spartein (0,2–0,3 %), Bitterstoffe, Scoparin, äther. Öl, Gerbstoffe, Wachs; in den Samen auch ↗ Cytisin. Anw.: in der Volksheilkunde früher bei Diarrhoe und Blutungen.

Genista glabra ↗ Cytisus scoparius.
Genista hirsuta ↗ Cytisus scoparius.
Genista hungarica ↗ Genista tinctoria.
Genista laburnum ↗ Laburnum anagyroides.
Genista marginata ↗ Genista tinctoria.
Genista mayeri ↗ Genista tinctoria.
Genista ovata ↗ Genista tinctoria.
Genista patula ↗ Genista tinctoria.
Genista scoparia ↗ Cytisus scoparius.
Genista scoparius ↗ Cytisus scoparius.
Genista tanaitica ↗ Genista tinctoria.
Genista tetragona ↗ Genista tinctoria.

■ **Genista tinctoria** L.
(syn. *Cytisus tinctorius, Genista depressa, G. hungarica, G. marginata, G. mayeri, G. ovata, G. patula, G. tanaitica, G. tetragona, Genistoides tinctoria, Spartium tinctorium*); Färberginster (syn. Farbkraut, Gilbkraut, Grünholz, Rohrheide), s. Farbtafel S. 307, Bild 158.
Fam.: Leguminosae.
Vork.: Mittel- und Osteuropa, von Schottland und Estland bis ins Mittelmeergebiet.
Droge: ***Genistae tinctoriae herba*** (syn. *Herba Genistae tinctoriae, Herba Genistae tinctoriae cum floribus*); Färberginsterkraut (syn. Ginsterkraut), die getrockneten, oberirdischen grünen Teile und die Blütenstände (inklusive grüne Früchte). Inh.: phenolische Verbindungen (2,1–2,8 %, v. a. Luteolin und Derivate, ↗ Genistein, Genistin, Gerbstoffe), Alkaloide (0,3–0,8 %, v. a. Anagyrin, Cytisin, *N*-Methylcytisin, wenig Lupanin, Spartein, Tinctorin und Ammodendrin als Nebenalkaloide), Spuren von äther. Öl. Anw.: zur Erhöhung der Harnmenge sowie zur unterstützenden Behandlung von Erkrankungen, bei denen eine erhöhte Harnbildung erwünscht ist (z. B. Harngrieß, Vorbeugung von Harnsteinen). In der Volksheilkunde wird die Droge zur Entwässerung und als Verdauungsstimulator sowie bei Leber-, Gallen-, Lungenleiden, Nierensteinen, Frakturen, Gicht, Rheuma, Ekzemen und Geschwüren eingesetzt. Die Blüten wurden früher zum Gelbfärben und zur Herstellung des Schüttgelbs verwendet.
Hom.: ***Genista tinctoria*** HAB1, die frischen, oberirdischen Teile blühender Pflanzen. Anw.-Geb.: bei Erkrankungen des zentralen Nervensystems, bei Magen-, Darm- und Hautleiden.

Genista villosa ↗ Genista germanica.
Genista vulgaris ↗ Cytisus scoparius.

■ **Genistein**
(5,7,4′-Trihydroxyisoflavon), Isoflavon. Wirk.: zytotoxischer Hemmer von Tyrosin-Kinasen und der Topoisomerase-II-Kinase. Anw.: in der experimentellen Pharmakologie.

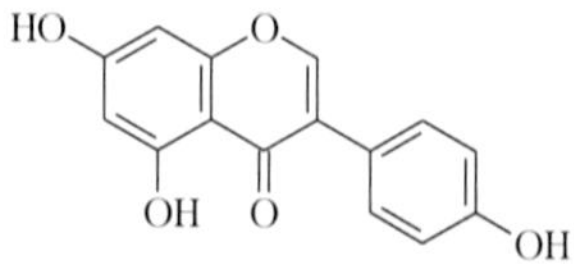

Genistein

Genistoides tinctoria ↗ Genista tinctoria.

■ **Gentamicine**
Trimerengemisch aus der Gruppe der Aminoglykosidantibiotika, das von Micromonospora-Arten (z. B. Micromonospora purpurea, M. echinospora, M. carbonacea, M. halophytia) gebildet wird. Das handelsübliche Gentamicin enthält 16 eng verwandte Verbindungen. Als Arzneimittel wird Gentamicinsulfat genutzt, das zu 25–50 % aus Gentamicin C1, zu 10–35 % aus Gentamicin C1a (Gentamicin D) und zu 25–55 % aus Gentamicin C2 besteht. Anw.: Behandlung von schweren systemischen Erkrankungen mit gramnegati-

von Bakterien, z. B. bei Endokarditis, Septikämie und Pyelonephritis. Auch lokal kommen G. zur Anwendung bei Augeninfektionen, infizierten Wunden, Weichteil- und Knocheninfektionen.

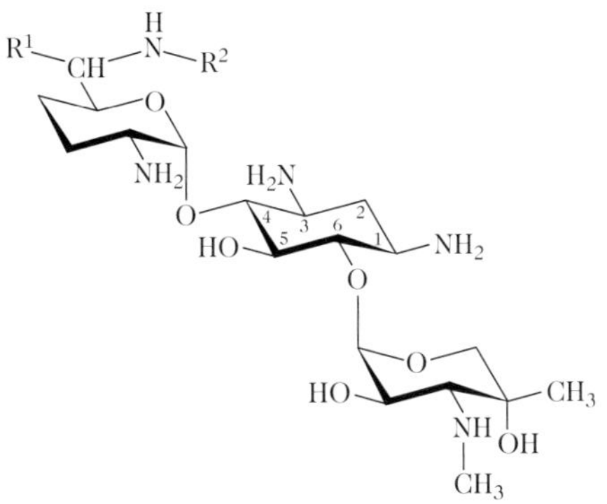

	R^1	R^2
Gentamicin C_1	CH_3	CH_3
Gentamicin C_{1a}	H	H
Gentamicin C_2/C_{2a}	CH_3	H
Gentamicin C_{2b}	H	CH_3

■ Gentialutin

Alkaloid aus ↗ Gentiana-Arten, entsteht vermutlich während der Trocknung und Bearbeitung der Drogen als Artefakt.

Gentiana amarella ↗ Gentianella amarella.

■ Gentiana-Arten

● **Fam.:** Gentianaceae.

● **Gentiana asclepiadea** L. (syn. *Coelanthe asclepiadea, Dasystephana asclepiadea, Pneumonanthe asclepiadea*); Schwalbenwurz-Enzian (syn. Würger-Enzian), s. Farbtafel S. 307, Bild 159.

Vork.: Mittel- und südeuropäische Gebirge, v. a. Alpenregion, Riesengebirge, Apennin, Balkan, Karpaten. Die Pflanze steht unter Artenschutz.

Droge: ***Gentianae radix***; *Gentiana-asclepiadea*-Wurzel, die getrockneten Wurzeln. *Inh.*: Gentiopicrosid und 6′-*O*-*β*-D-Glucosylgentiopicrosid. *Anw.*: als Bitterstoffdroge früher eingesetzt, heute eher als Verfälschung von Gentiana lutea zu betrachten.

● **Gentiana cruciata** L. (syn. *Hippion cruciatum, Tretorrhiza cruciata*); Kreuz-Enzian. Die Pflanze steht unter Artenschutz.

Vork.: Europa, Westasien.

Inh.: in den Wurzeln Gentiopicrosid; in Blättern und Stengeln Spuren an Gentiopicrosid sowie Magniferin, Isovitexin, Isoorientin und deren Glykoside.

Hom.: ***Gentiana cruciata*** HAB34, die frisch geernteten unterirdischen Organe. *Anw.-Geb.*: früher bei Tollwut empfohlen, aber keine Wirksamkeit dafür nachgewiesen.

● **Gentiana lutea** L. (syn. *Asterias lutea, Swertia lutea*); Gelber Enzian; s. Farbtafel S. 307, Bild 160.

Vork.: Mittel- und südeuropäische Gebirge, z. B. Pyrenäen, Alpen, Jura, Vogesen, Schwarzwald, Apennin, Sardinien, Korsika, Balkan, Karpaten. Die Pflanze steht unter Artenschutz. Für arzneiliche Zwecke angebaut in Frankreich, Deutschland, Spanien, Italien, Rumänien und Rußland.

Droge: ***Gentianae radix*** (syn. *Radix Gentianae*); Enzianwurzel (syn. Bitterwurzel, Fieberwurzel, Hochwurzel), die getrockneten, unterirdischen Organe der Pflanze; s. Farbtafel S. 307, Bild 161. *Inh.*: Bitterstoffe (↗ Gentianaceenbitterstoffe), Kohlenhydrate (30–55 %, v. a. Glucose, Fructose, Saccharose, Gentiobiose, Gentianose, 3–11 % Pektine), Xanthone (u. a. Gentisin,

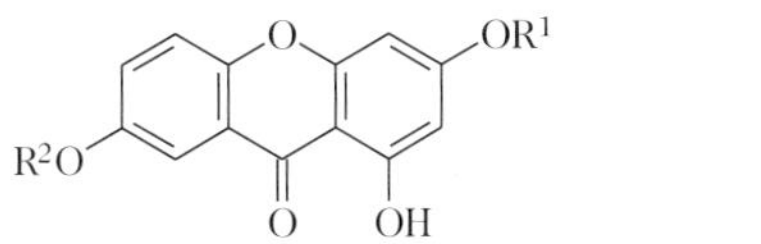

Gentisin: $R^1 = CH_3$, $R^2 = H$
Isogentisin: $R^1 = H$; $R^2 = CH_3$
Gentiosid: R^1 = Primverosyl, $R^2 = CH_3$
(Primverose: 6-*O*-*β*-D-Xylopyranosyl)-D-glucopyranose)

Isogentisin, Methylgentisin, Gentisein, Gentiosid), wenig äther. Öl. *Anw.*: bei Magenbeschwerden infolge geringer Magensaftproduktion, zur Appetitanregung, Verdauungsbeschwerden, Völlegefühl, Blähungen. In der Volksheilkunde wird die Droge v. a. bei Magen-Darm-Beschwerden verwendet, aber auch als Bestandteil von Tonika (z. B. im Schwedenbitter) und Magentees. Die Wirksamkeit gegen Fieber konnte nicht nachgewiesen werden. Besonders in den Alpen und im Jura wird die Droge zur Herstellung von Enzian-Branntwein (Enzler) verwendet. Dabei werden die

Zucker der frisch geernteten Wurzel vergoren, der Branntwein wird als Destillat gewonnen. Die Bitterstoffe spielen dabei keine Rolle, da sie nicht ins Destillat übergehen. Aperitif-Getränke (Alpenbitter) enthalten Drogen-Extrakte, meist im Gemisch mit anderen Bitterstoffdrogen.

Hom.: ***Gentiana lutea*** HAB1, die frischen, unterirdischen Teile. *Anw.-Geb.:* Verdauungsstörungen.

● **Histor.:** Die medizinische Verwendung der Enzianwurzel als Bittermittel geht bis in die römische Kaiserzeit zurück. Im 15. Jh. wurde die Wurzel als Quellstift zur Erweiterung von Wundkanälen gebraucht und erst im 19. Jh. durch die stärker quellenden Laminariastifte verdrängt. Wie andere bitteren Drogen galt Enzian früher als Fiebermittel. Nach ↗ Dioskurides soll der Gattungsname nach dem illyrischen König Gentis benannt worden sein, der sie als Mittel gegen Pest empfohlen haben soll. Die verschiedenen Artnamen der Gattung weisen meist auf äußere Besonderheiten hin, z. B. *asclepiadea* (*Asclepias*-ähnlich) oder *lutea* (gelbblühend). Ausführlich beschrieben und empfohlen, bes. bei Magen- und Leberleiden, wird der Enzian von ↗ Dioskurides und ↗ Plinius, wobei Plinius berichtet, daß der beste Enzian in Illyrien wächst. Es kann als sicher angenommen werden, daß es sich um den gelben Enzian gehandelt hat. ↗ Galen empfahl ihn besonders als Mittel gegen Gicht. Auch die Kräuterbücher des Mittelalters widmen dem Enzian breiten Raum und empfehlen ihn geradezu als Universalmittel, wobei allerdings die Meinung, daß bittere Arznei prinzipiell besonders wirksam sei, einst weit verbreitet war.

Gentiana axillaris ↗ Gentianella amarella.

■ **Gentianaceenbitterstoffe**
Bitterstoffe aus ↗ Gentiana-Arten, die zur Gruppe der Secoiridoidglykoside gehören. Dazu zählen Gentiopicrosid (Gentiopikrin), Amarogentin (bitterste Verbindung aus Gentiana-Arten), Amaropanin und Amaroswerin (Formeln s. rechts).

Gentiana chirayta ↗ Swertia chirata.
Gentianae radix ↗ Gentiana-Arten.
Gentiana peruviana ↗ Centaurium chilensis.
Gentiana quinqueflora ↗ Gentianella quinquefolia.
Gentiana quinquefolia ↗ Gentianella quinquefolia.
Gentiana verticillata ↗ Enicostema littorale.

■ **Gentianella amarella** (L.) Börner
(syn. *Gentiana amarella, Gentiana axillaris*); Bitterer Enzian.

Fam.: Gentianaceae.

Vork.: montane und subalpine Pflanze Europas, Sibiriens, Nordamerikas. *Inh.:* Bitterstoffe (Gentiopicrosid.

Hom.: ***Gentiana amarella*** HAB34, die frischen Wurzeln.

■ **Gentianella quinquefolia** (L.) Small
(syn. *Gentiana quinqueflora, Gentiana quinquefolia*).

Fam.: Gentianaceae.

Vork.: Nordamerika. *Inh.:* nicht bekannt.

Hom.: ***Gentiana quinqueflora*** HAB34, die frische, blühende Pflanze.

Gentiobiose ↗ Gentiana-Arten.
Gentiopikrin ↗ Gentianaceenbitterstoffe.
Geoffraea inermis ↗ Andira-Arten.
Geoffraea jamaicensis ↗ Andira-Arten.
Geoffraearinde ↗ Geoffraea surinamensis.

■ **Geoffraea surinamensis** .

Fam.: Papillonaceae (Leguminosae).

Vork.: tropisches Südamerika.

Droge: ***Cortex Geoffraeae***; Geoffraearinde, die Rinde der Stämme und Äste. *Inh.:* Gerbstoffe, *N*-Methylthyrosin. *Anw.:* in der Volksheilkunde als Vermifugum.

Geoffreae retusa ↗ Andira-Arten.

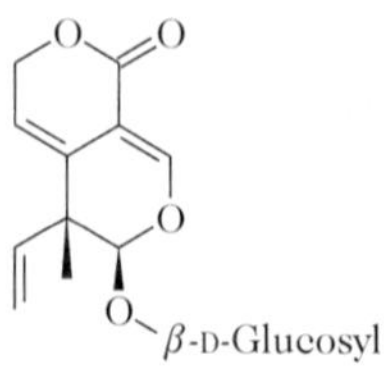

Gentiopicrosid

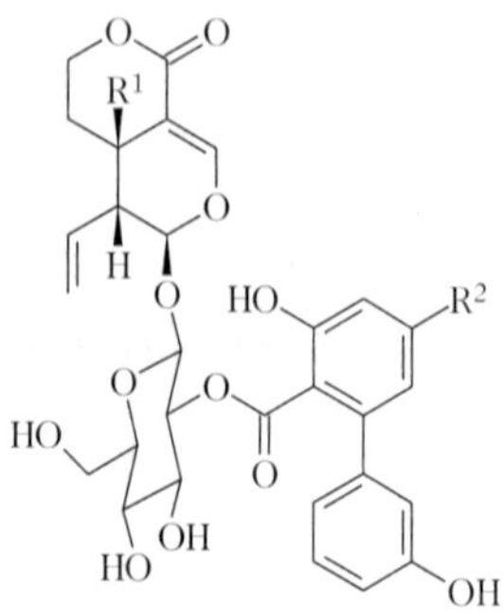

Amaropanin:
$R^1 = H, R^2 = H$
Amarogentin:
$R^1 = H, R^2 = OH$
Amaroswerin:
$R^1 = OH, R^2 = OH$

Geoffroyrinde ↗ Andira-Arten.
Geophila semilanceata ↗ Psilocybe-Arten.
Georgina coccinea ↗ Dahlia pinnata.
Gerader Ziest ↗ Sideritis-Arten.
Geranial ↗ ätherische Öle.
Geranii Robertiani herba ↗ Geranium robertianum.
Geraniol ↗ ätherische Öle.
Geranium cicutarium ↗ Erodium cicutarium.
Geranium foetidum ↗ Geranium robertianum.
Geranium grandiflorum ↗ Geranium sanguineum.
Geraniumgras ↗ Cymbopogon-Arten
Geranium graveolens ↗ Geranium robertianum.

■ **Geranium maculatum** L.
Gefleckter Storchschnabel (syn. Storchschnabel).
Fam.: Geraniaceae.
Vork.: USA, von Neufundland bis Manitoba und südlich bis Georgia und Missouri.
Drogen: ***1. Geranium-maculatum-Kraut***, die getrockneten, oberirdischen, zur Blütezeit gesammelten Teile. *Inh.:* Gerbstoffe (27,5 % Galloylester, 10,5 % Hexahydroxydiphenylglucose), Spuren von Procyanidinen. *Anw.:* äußerlich als Adstringens zur Blutstillung und Förderung der Wundheilung. Innerlich bei Durchfall, Hämorrhoiden, Duodenumgeschwüre, verstärkter Monatsblutung. Die Wirksamkeit bei innerlicher Anwendung ist nicht belegt. ***2. Radix Geranii maculati***; *Geranium-maculatum*-Wurzel (syn. Alaunwurzel, Storchschnabelwurzel), der getrocknete Wurzelstock. *Inh.:* Gerbstoffe (10–28 %, u. a. Gallussäurederivate), Gallussäure. *Anw.:* s. *Geranium-maculatum*-Kraut.
Hom.: ***Geranium maculatum*** HAB34, der frische Wurzelstock. *Anw.-Geb.:* Schleimhautblutungen, Magengeschwüre, Gerinnungsschwäche.

Geranium moschatum ↗ Erodium moschatum.
Geranium odoratissimum ↗ Pelargonium-Arten.
Geraniumöl ↗ Pelargonium-Arten.

■ **Geranium robertianum** L.
(syn. *Geranium foetidum, G. graveolens, G. robertiella robertianum, G. robertium vulgare, G. rubellum, G. rupertianum*); Ruprechtskraut (syn. Bockskraut, Gottesgnadenkraut, Robertskraut, Rotlaufskraut, Stinkender Storchschnabel).
Fam.: Geraniaceae.
Vork.: von Europa bis China, Japan, Nord- und Mittelamerika, Nordafrika.
Droge: ***Geranii Robertiani herba*** (syn. *Herba cum pastoris, Herba divi Ruperti, Herba Geranii chelidonii s. gruinalis s. hirundinarii v. vulnerarii, Herba Geranii robertiani, Herba Gratiae Dei, Herba Robertiani, Herba rostrum ciconiae, Herba Ruperti*); Ruprechtskraut (syn. Blutkraut, Bockkraut, Gottesgnadenkraut, Rotlaufkraut, Storchschnabelkraut), die getrockneten, während der Blütezeit gesammelten oberirdischen Teile. *Inh.:* Flavonoide (v. a. Rutosid, Hyperosid, Isoquercitrin und andere Quercetin bzw. Kämpferolglykoside, u. a. Astragalin und Spiraeosid), Gerbstoffe (ca. 5–14 %, Galloylglucose-Derivate, Ellagitannine), Citronensäure, Äpfelsäure, Maltol, Vitamin C, Geraniin (Bitterstoff) und äther. Öl. *Anw.:* in der Volksheilkunde innerlich gegen Durchfall, Nieren- und Blasenentzündungen, bei Steinleiden. Äußerlich wird die Droge bei Hautausschlägen, schlecht heilenden Wunden sowie Entzündungen in der Mundhöhle eingesetzt. Die Wirksamkeit bei innerlicher Anwendung ist mit Ausnahme der Verwendung bei Durchfall nicht belegt bzw. plausibel.
Hom.: ***Geranium robertianum*** HAB1, die frischen, zur Blütezeit gesammelten, oberirdischen Teile. *Anw.-Geb.:* als Adstringens, bei chronischen Entzündungen.
Histor.: Die heute nur selten genutzte Droge wurde im Mittelalter sehr häufig verwendet und ist in allen klassischen Kräuterbüchern beschrieben. Eingesetzt wurde sie v. a. gegen Hämaturie, Lithiasis und bei chronischem Bronchialkatarrh sowie zur Behandlung von Wunden und Geschwüren. Der Gattungsname *Geranium* wurde bereits bei ↗ Dioskurides genutzt und leitet sich wegen der Form der Frucht vom griechischen *geranion* (Diminutiv von *geranos* = Kranich) ab. Die auch in den Kräuterbüchern des 16. Jh. geführte Droge mit dem Artnamen *robertianum* weist auf den heiligen Robert oder Ruprecht hin, der ihren medizinischen Gebrauch gelehrt haben soll.

Geranium robertiella robertianum ↗ Geranium robertianum.
Geranium robertium vulgare ↗ Geranium robertianum.
Geranium rubellum ↗ Geranium robertianum.
Geranium rupertianum ↗ Geranium robertianum.

■ **Geranium sanguineum** L.
(syn. *Geranium grandiflorum*); Blutroter Storchschnabel (syn. Blutkraut).

Fam.: Geraniaceae.
Vork.: Europa.
Droge: *1. Herba Sanguinariae*, das Kraut. Inh.: Gerbstoffe (ca. 12 %), organische Säuren. Anw.: s. *Radix Sanguinariae*. ***2. Radix Sanguinariae***, die Wurzeln. Inh.: Gerbstoffe (bis zu 29 %), organische Säuren, Bitterstoffe, wie Geraniin (ca. 3 %), Harz. Anw.: in der Volksheilkunde als Antidiarrhoikum, zur Wundbehandlung und bei Geschwüren.

Gerberakazie ↗ Acacia-Arten.
Gerberbaumblätter ↗ Cotinus coggygria.
Gerbermyrte ↗ Myrica gale.
Gerblerz suffruticosa ↗ Securinega suffruticosa.
Gerbsäure ↗ Gerbstoffe.

■ Gerbstoffe

allgemein Substanzen, die die Fähigkeit besitzen, mit Proteinen unlösliche Komplexe zu bilden. Sie sind daher in der Lage, mit den Eiweißen tierischer Häute unlösliche Verbindungen zu bilden, d. h. diese in Leder umzuwandeln. Die pflanzlichen G. besitzen stets adstringierende Eigenschaften, die ebenfalls durch die Reaktion mit den Eiweißen zustande kommen. Die Stärke der Affinität der Proteine zu den Gerbstoffen ist abhängig von der Höhe der Molekulargewichte, der Konformation und der Zusammensetzung des Eiweißes, bes. von der Höhe des Gehaltes an Prolin oder anderen hydrophoben Aminosäuren. G. sind in Samenpflanzen weit verbreitet. Pharmazeutisch genutzte Gerbstoffdrogen liefern bes.

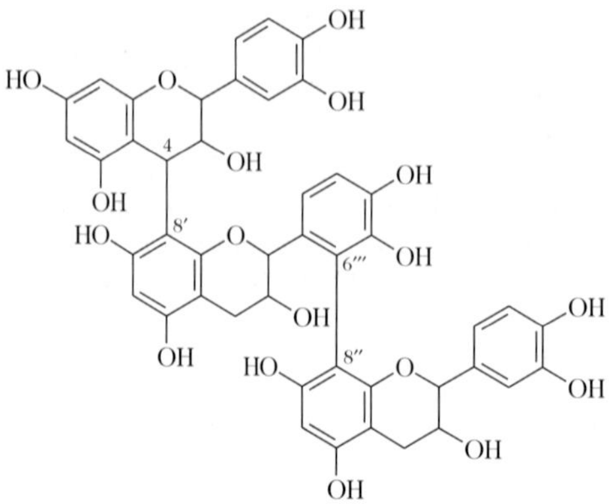

Durch Reaktionen vom Typ der Kondensation (C-4 → C-8′) und Oxidation (C-6‴ → C-8″) aufgebautes Gerbstoffmolekül in der Eichenrinde

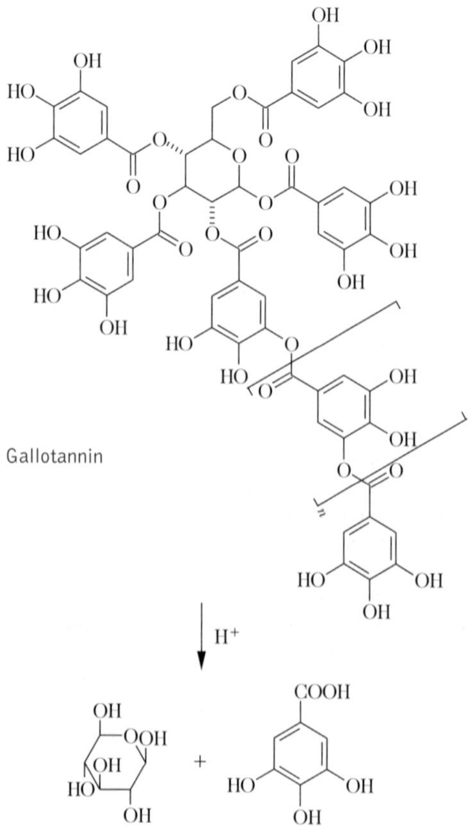

Gallotannin

Glucose Gallussäure

die Gattungen *Agrimonia*, *Alchemilla*, *Hamamelis*, *Juglans*, *Krameria*, *Polygonum*, *Potentilla*, *Prunus*, *Quercus*, *Rubus*, *Syzygium* und *Vaccinium*. Im chemischen Aufbau sind G. Polyphenole. Entsprechend der Struktur der G. unterteilt man diese in die Catechingerbstoffe in die hydolysierbaren Gerbstoffe, die sog. Gallotannine (Gerbsäure, Tannin), Ellagitannine sowie in die Lamia-

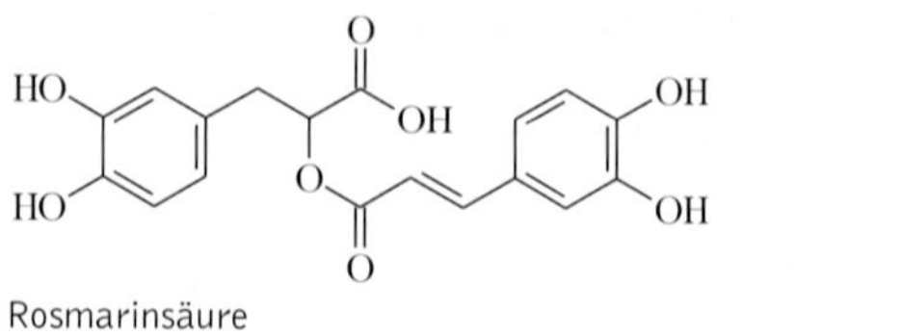

Rosmarinsäure

ceen-Gerbstoffe, u. a. Rosmarinsäure. Wirk.: G. sind Zellgifte. Sie inaktivieren Enzyme und sind Resistenzfaktoren gegen Fäulniserreger. Auf Schleimhäuten verfestigen G. auf Grund ihrer adstringierenden Eigenschaften das kolloidale Gefüge der obersten Gewebsschichten. Kleine Blutkapillaren werden u. a. abgedichtet und eine gegen bakterielle Einwirkung sowie chemische oder mechanische Reize schützende Membran wird gebildet. Sie wirken dadurch entzündungswidrig, reizmildernd und lokalanästhetisch. Sie schränken ferner die Drüsensekretion der Haut und Schleimhaut ein. Anw.: äußerlich bei Entzündungen des Mund- und Rachenraumes, u. a. Stomatitis und Gingivitis, lokalen Blutungen, zur Wundbehandlung, bei Dermatiden, Hautjukken, Hämorrhoiden und Hyperhidrosis. Innerlich zur Einschränkung der Magensaftsekretion bei hyperacider Gastritis sowie als Antidiarrhoika.

Gerbstrauchblätter ↗ Coriaria myrtifolia.
Gereinigte Baumwolle ↗ Gossypium-Arten.
Gereinigter Parakautschuk ↗ Hevea brasiliensis.
Gereinigtes Terpentinöl ↗ Pinus-Arten.

■ Geriatrika

Arzneimittel, die der Behandlung von Altersbeschwerden dienen bzw. zur Prophylaxe und Therapie des frühzeitigen Alterns zum Einsatz kommen. Ihre Wirksamkeit ist oft zweifelhaft und wird mit einem ↗ Placebo-Effekt in Zusammenhang gebracht.

Geröstete Eicheln ↗ Quercus-Arten.
Gerösteter Blasentang ↗ Fucus-Arten.
Gerste ↗ Hordeum vulgare.
Gerstenmalz ↗ Hordeum vulgare.
Gerstenmehl ↗ Hordeum vulgare.
Gerstenstärke ↗ Hordeum vulgare.
Gesägtblättriger Bukkostrauch ↗ Barosma-Arten.
Geschälte Gerste ↗ Hordeum vulgare.

■ Getreidekeimöl

das aus Getreidekeimen kalt gepreßte fette Öl. So enthalten Weizenkeime ca. 6–9 %, Roggenkeime 10–12 %, Reiskeime ca. 24 % und Maiskeime 30–50 % fettes Öl. Besonders wertvoll ist Weizenkeimöl, da es reich an Vitaminen ist (v. a. Vitamin E, A, B_1, B_2, B_6, Panthothensäure) und essentielle Fettsäuren enthält. Anw.: in der Diätetik als Vitaminspender, als Bestandteil von Wundsalben, Hautölen und kosmetischen Produkten.

■ Geum-Arten

● **Fam.:** Rosaceae.

● **Geum rivale** L. (syn. *Caryophyllata aquatica, C. rivalis, Geum nutans*); Bachnelkenwurz (syn. Blutströpfchen).

Vork.: Europa, gemäßigtes Asien und Nordamerika.

Droge: ***Caryophyllatae aquaticae rhizoma*** (syn. *Radix Caryophyllatae aquaticae, Rhizoma Caryophyllatae aquaticae*); Bachnelkenwurz (syn. Sumpfnelkenwurz, Ufernelkenwurz, Wasserbenediktenwurzel, Wassernelkenwurz), die getrockneten unterirdischen Teile. Inh.: äther. Öl, v. a. Eugenol, Gerbstoffe (ca. 15–27 %), Gein, Phloroglucin. Anw.: in der Volksheilkunde innerlich bei Durchfallerkrankungen, Verdauungsstörungen und Appetitlosigkeit sowie bei Husten. Auch als Gurgelmittel bei Entzündungen des Mund-und Rachenraumes soll die Droge wirksam sein.

Hom.: ***Geum rivale*** HAB34; Nelkenwurz, die frischen blühenden Pflanzen.

● **Geum urbanum** L. (syn. *Caryophyllata officinalis, C. urbana, C. vulgaris, Geum caryophyllata*); Echte Nelkenwurz (syn. Buschnelkenwurz, Heil-aller-Welt, Märzwurz, Mauernelkenwurz, Nelkenwurz), s. Farbtafel S. 307, Bild 162.

Vork.: Mittel- und Südeuropa, Mittelasien, Nordamerika.

Drogen: ***1. Caryophyllatae herba*** (syn. *Gei urbani herba, Herba Gei urbani*); Nelkenwurzkraut (syn. Benediktenkraut, Wahres Benediktenkraut), das getrocknete blühende Kraut. Inh.: Gerbstoffe (ca.20 % in den Blättern und ca. 4 % in den Stengeln), Citronen- und Äpfelsäure, Sesquiterpene (noch nicht sicher nachgewiesen). Anw.: in der Volksheilkunde innerlich bei Durchfallerkrankungen, Verdauungsbeschwerden, Fieber sowie Nerven- und Muskelschmerzen. Äußerlich kommt die Droge als Badezusatz bei Hämorrhoiden zum Einsatz. Diese Wirksamkeiten sind nicht hinreichend belegt. ***2. Caryophyllatae rhizoma*** (syn. *Gei urbani radix, Radix Caryophyllati, Radix Gei urbani, Radix Sanamundae*); Nelkenwurzel (syn. Benediktenwurzel, Igelkrautwurzel, Märzwurzel, Nardenwurzel, Weinwurzel), die getrockneten unterirdischen Teile. Inh.: äther. Öl (bis ca. 0,15 %, v. a. Eugenol, daneben *cis*-Myrtanal, *trans*-Myrtenal, *trans*-Myrtanol), Gerbstoffe (ca. 18 %, daneben die Vorstufen Catechin, Gallussäure, Ellagsäure, 6-Galloylglucose), Kohlenhydrate, Gein, organische Säuren. Anw.: in der Volksheilkunde innerlich bei

Durchfallerkrankungen, Verdauungsstörungen und Appetitlosigkeit. Äußerlich wird die Droge bei Schleimhaut- und Zahnfleischentzündungen, als Gurgelmittel für Hals und Rachen sowie bei Frostbeulen und als Badezusatz bei Hämorrhoiden und Hautausschlägen verwendet. Früher wurde die Droge auch als Ersatz für Gewürznelken in der Likörindustrie und in der Kosmetik in Zahnpasten und Mundwässern eingesetzt.

Hom.: *1. Geum urbanum* HAB1, die getrockneten unterirdischen Teile. Anw.-Geb.: Entzündungen der Harnblase und Harnröhre, Erkrankungen des Magen-Darm-Traktes und der Niere. *2. Geum urbanum, äthanol. Decoctum* HAB1, die frischen unterirdischen Teile. Anw.-Geb.: anthroposophische Therapierichtung.

● **Histor.:** Die Gattungsbezeichnng wird etymologisch auf das griechische *geuein* (schmecken) zurückgeführt und weist auf den aromatischen Geruch der Wurzel hin. Die Artnamen beziehen sich auf die bevorzugten Standorte, nämlich *urbanus* (städtisch, an Mauern wachsend) und *rivalis* (am Bach vorkommend).

Geum caryophyllata ↗ Geum-Arten.
Geum nutans ↗ Geum-Arten.

■ Gewebekulturen

Ausgangspunkt für pflanzliche *in-vitro*-Zellsysteme sind in der Regel Kalluskulturen, d. h. Zellwucherungen aus explantierten Organstücken, wie z. B. Stengelscheiben, Markstückchen. Daraus kann man mechanisch durch Schütteln oder enzymatisch durch Abbau der Zellwände Einzelzellen erhalten. Pflanzliche Zell- und Gewebekulturen sind meist heterotroph, sie brauchen neben bestimmten Mineralien Vitamine und eine organische Kohlenstoffquelle, meist Saccharose. Die Kulturen werden als Kalluskulturen auf Agar oder in Form von Suspensionen als kleine Gewebefragmente angezogen. Im Laufe der Entwicklung können sich daraus wieder vollständige Pflanzen regenerieren. Die pflanzlichen Gewebekulturen dienen der Forschung und der Züchtung neuer Sorten von Kultur-, Nutz- und Heilpflanzen. Auch Versuche zur biotechnischen Gewinnung von pflanzlichen Sekundärprodukten erfolgen hierbei in großem Umfang.

Gewitterblume ↗ Anagallis arvensis, ↗ Anemone nemorosa.

Gewöhnliche Birke ↗ Betula-Arten.
Gewöhnliche Goldrute ↗ Solidago-Arten.
Gewöhnlicher Dost ↗ Origanum vulgare.
Gewöhnlicher Flieder ↗ Syringa vulgaris.
Gewöhnlicher Gamander ↗ Teucrium-Arten.
Gewöhnlicher Kümmel ↗ Carum carvi.
Gewöhnlicher Schneeball ↗ Viburnum-Arten.
Gewöhnliche Sonnenblume ↗ Helianthus annuus.
Gewöhnliches Schöllkraut ↗ Chelidonium majus.
Gewöhnliche Ulme ↗ Ulmus-Arten.
Gewöhnliche Wegwarte ↗ Cichorium intybus.
Gewürzbeifuß ↗ Artemisia vulgaris.

■ Gewürze

überwiegend pflanzliche Drogen, die meist äther. Öl enthalten, wie Kümmel, Thymian oder Gewürznelken, mitunter auch Scharfstoffe, z. B. Paprika. Sie dienen dazu, die geschmackliche Eigenart von Speisen und Getränken zu verändern, einen erhöhten Genuß zu vermitteln bzw. die Verdauung zu fördern.

Gewürzfenchel ↗ Foeniculum vulgare.
Gewürzkalmus ↗ Acorus calamus.
Gewürzkörner ↗ Pimenta-Arten.
Gewürzlilie ↗ Kaempferia galanga.
Gewürznelken ↗ Syzygium-Arten.
Gewürznelkenbaum ↗ Syzygium-Arten.
Gewürzsafran ↗ Crocus sativus.
Gewürzstrauch ↗ Calycanthus floridus.
Gewürzsumach ↗ Rhus-Arten.
Gheebutter ↗ Diploknema-Arten.
Gichtbeeren ↗ Ribes nigrum.
Gichtkraut ↗ Gratiola officinalis, ↗ Chimaphila umbellata.
Gichtkrautsamen ↗ Hyoscyamus niger.
Gichtrose ↗ Paeonia officinalis.
Gichtrosensamen ↗ Paeonia officinalis.
Gichtrosenwurzel ↗ Paeonia officinalis.
Gichtrübe ↗ Bryonia-Arten.
Gichtstockwurzel ↗ Levisticum officinale.
Gichtwurz ↗ Dictamnus albus, ↗ Levisticum officinale.
Giersch ↗ Aegopodium podagraria.
Gießkannenschimmel ↗ Aspergillus-Arten.
Giftaron ↗ Dieffenbachia seguine.
Giftbaum ↗ Rhus-Arten.
Giftbaumblätter ↗ Rhus-Arten.
Giftbeere ↗ Solanum-Arten, ↗ Nicandra physaloides.
Giftbeerenkraut ↗ Nicandra physaloides.

Giftblume ↗ Anemone nemorosa, ↗ Colchicum autumnale.
Giftechse ↗ Heloderma horridum.
Gift-Efeu ↗ Rhus-Arten.
Giftesche ↗ Chionanthus virginicus, ↗ Rhus-Arten.
Gifthahnenfuß ↗ Ranunculus-Arten.
Giftheil-Eisenhut ↗ Aconitum-Arten.
Giftheit ↗ Aconitum-Arten.
Gifthonig ↗ Rhododendron-Arten.
Giftige Rebendolde ↗ Oenanthe crocata.
Giftiger Efeu ↗ Rhus-Arten.
Giftiger Täubling ↗ Russula emetica.
Giftiger Wassermerk ↗ Cicuta virosa.
Giftiger Wasserschierling ↗ Cicuta virosa.
Giftjasmin ↗ Gelsemium sempervirens.
Giftkorn ↗ Claviceps purpurea.
Giftlattich ↗ Lactuca virosa.
Giftmorchel ↗ Phallus impudicus.
Giftpetersilie ↗ Conium maculatum.

Giftpflanzen

Viele Pflanzen haben im Laufe ihrer Evolution Stoffe entwickelt, die auch ihrem Schutz gegen äußere Einflüsse, z. B. Schädlingsbefall, dienen. Diese können bei unsachgemäßem Gebrauch teilweise sehr toxisch sein. Der Verzehr der entsprechenden Pflanzenteile durch den Menschen kann mitunter zu lebensgefährlichen Vergiftungen führen. Auch gibt es zahlreiche Pflanzen, die bereits bei Berührung zu Hauterkrankungen

Tabelle 1: Giftpflanzen

Deutsche Bezeichnung	lateinische Bezeichnung	Giftstoff(e)
Toxische Gartenpflanzen		
Adonisröschen	*Adonis vernalis*	Cardenolide
Aralie	*Aralia spinosa*	unbekannt
Aronstab	*Arum* L.spec.	unbekannt
Berberitze	*Berberis vulgaris*	u. a. Berberin
Blasenstrauch	*Colutea* L.spec.	unbekannt
Seidelbast	*Daphne mezereum*	u. a. Mezerein
Rittersporn	*Delphinum* L. spec.	Alkaloide
Fingerhut, Roter	*Digitalis purpurea*	Cardenolide
Paffenhütchen	*Euonymus europaeus*	Cardenolide
Goldregen	*Laburnum anagyroides*	Alkaloide
Bocksdorn	*Lycium halimifolium*	Alkaloide
Rizinus	*Ricinus communis*	toxische Lectine (Ricin)
Robinie	*Robinia pseudacacia*	toxische Lectine
Eibe	*Taxus baccata*	Alkaloide
Toxische Zimmerpflanzen		
Flamingoblume	*Anthurium* Schott	u. a. Calciumoxalate
Klivie	*Clivia* Lindl.spec.	Alkaloide
Alpenveilchen	*Cyclamen* L. spec.	u. a. Saponine
Schweigrohr	*Dieffenbachia* Schott.sp.	u. a. Calciumoxalate
Oleander	*Nerium oleander*	Cardenolide
Giftprimel	*Primula obconica*	Primin

Tabelle 2: Giftpflanzen

Giftstoff	Pflanze	tödliche Dosis	Wirkung
Abrin	*Abrus precatorius*	LD_{50}(M i. p.)0,02 mg/kg	hemmt die Proteinbiosynthese, Gastroenteritis
Aconitin	*Aconitum*-Arten	LD_{50}(M i. v.) 0,16 mg/kg	erregend, danach lähmend auf ZNS
Adonitoxin	*Adonis vernalis*	LD_{50}(M)191 µg/kg	Herzglykosid
Allylsenföl	*Brassica nigra*	LD_{50} (M p. o.)108 mg/kg	schleimhautreizend
Atropin	*Atropa belladonna*	LD (H) 60–100 mg	Parasympatholytikum
Brucin	*Strychnos nux-vomica*	LDLo(H) 30 mg	Krampfgift
Cicutoxin	*Cicuta virosa*	LDLo (K p. o.) 7 mg/kg	Krampfgift
Colchicin	*Colchicum autumnale*	LD (H) 20 mg	Mitosehemmstoff, Kapillargift
Coniin	*Conium maculatum*	LD (H) 500 mg	Paralyse der motorischenn Nervenendigungen
Digitoxin	*Digitalis purpurea*	LD_{50} (K p. o.) 0,18 mg/kg	Herzglykosid
L-Hyoscyamin	u. a. *Hyoscyamus niger*	LD (H) 60–100 mg	Parasympatholytikum
Mescalin	*Lophora Williamsii*	LD_{50} (M i. p.) 212 mg/kg	halluzinogen, teratogen
Morphin	*Papaver somniferum*	LD_{50} (H) 300–500 mg	zentral analgetisch, Atemdepression
Nicotin	*Nicotiana tabacum*	LDLo (H) 40 mg	Ganglienblocker
Physostigmin	*Physostigma venenosum*	LD_{50} (M p. o.) 3 mg/kg	indirektes Parasympathomimetikum
Picrotoxin	*Anamirta cocculus*	LD_{50} (M i. p.) 4 mg/kg	zentrales Krampfgift
Ricin	*Ricinus communis*	LD_{50} (M i. v.) 12µg/kg	hemmt die Proteinbiosynthese
Spartein	*Cytisus scoparius*	LDLo (KA i. v.) 30 mg/kg	Herzlähmung
g-Strophanthin	*Strophanthus*-Arten	LD (K i. v.) 0,15 mg/kg	Herzlähmung
Strychnin	*Strychnos nux-vomica*	LDLo (H) 30 mg	Krampfgift
Tubocurarin	*Chondodendron*-Arten	LD (H) 50–120 mg	Paralyse der motorischen Nervenendigungen

Abkürzungen: K: Katze, M: Maus, H: Mensch, i. p.: intraperitoneal, LDLo: minimale letale Dosis

führen können. Man kennt über 1000 Pflanzen, die weit über 750 toxische Inhaltsstoffe produzieren und im engeren Sinne als Giftpflanzen bezeichnet werden können. Dabei gilt auch für diese Pflanzen, daß die Dosis die Toxizität bestimmt. Die Giftigkeit vieler Pflanzen war bereits im Altertum bekannt und wurde für Giftmorde (z. B. Eibe), Todesurteile (z. B. Gefleckter Schierling) oder auch zur Bereitung von Pfeilgiften (z. B. Strophanthussamen oder Curare) genutzt. Viele der Giftpflanzen werden in entsprechender Dosierung als Arzneipflanzen genutzt oder dienen heute zur Gewinnung wichtiger Arzneimittel, u. a. die Blätter des Roten Fingerhuts oder der Tollkirsche. Tabelle 1 enthält eine Auswahl der in Haus und Garten oft vorhandenen sog. Giftpflanzen. Im Vergleich zu Vergiftungen, die durch chemische Stoffe, insbes. Medikamente, Haushaltsprodukte und technische Stoffe hervorgerufen werden, ist die Zahl der Vergiftungen durch Pflanzen vergleichsweise gering. Sie liegt, auch hinsichtlich der registrierten Beratungsfälle durch die zuständigen Stellen, deutlich unter 10 % im Vergleich zu anderen Fällen. Dennoch registrierte allein die Berliner Beratungsstelle für Vergiftungen in den vergangenen 25 Jahren z. B. für die Eibe 2722 und für Goldregen 2131 Beratungen. Ergänzend zu den obigen Angaben enthält Tabelle 2 eine Auswahl wichtiger pflanzlicher Gifte.

Giftprimel ↗ Primula-Arten.

Giftsalat ↗ Lactuca virosa.

Giftsumach ↗ Rhus-Arten
Giftwicke ↗ Coronilla-Arten.
Giftwürze ↗ Angelica archangelica.
Giftwurzel ↗ Vincetoxicum hirundinaria.
Giftwüterich ↗ Cicuta virosa.
Gigartina mamillosa ↗ Gigartina stellata

■ **Gigartina stellata** (Stackh.) Batters
(syn. *Gigartina mamillosa*); Stern-Gigartina.
Fam.: Gigartinaceae.
Vork.: Küsten des Nordatlantiks von Marokko bis Norwegen, Nordamerika, Japan.
Droge: ***Carrageen***; Irländische Alge. Inhaltsstoffe und Anwendung s. ↗ Carrageen.

Gila-Monster ↗ Heloderma horridum.
Gilatier ↗ Heloderma horridum.
Gilbkraut ↗ Genista tinctoria.
Gilbwurzel ↗ Curcuma-Arten.
Ginfer Ale ↗ Zingiber officinale.
Ginferwurzel ↗ Zingiber officinale.
Ginger Ale ↗ Zingiber officinale.
Gingergras ↗ Cymbopogon-Arten.
Gingerole ↗ Zingiber officinale.
Ginkgetin ↗ Ginkgo biloba.

Ginkgobaum ↗ Ginkgo biloba.

■ **Ginkgo biloba** L.
(syn. *Pterophyllus salisburiensis, Salisburia adiantifolia, S. macrophylla*); Ginkgobaum (syn. Elefantenohrbaum, Entenfußbaum, Fächerblattbaum, Mädchenhaarbaum, Tempelbaum), s. Farbtafel S. 308, Bild 163.
Fam.: Ginkgoaceae.
Vork.: Dieser zweihäusige, 30 bis 40 m hohe Baum kommt endemisch in Südostasien vor und ist Anfang des 18. Jh. in Europa eingeführt worden.
Drogen: ***1. Ginkgo folium*** (syn. *Folia Ginkgo, Ginkgo bilobae folium*); *Ginkgo-biloba*-Blätter (syn. Ginkgoblätter), die getrockneten Laubblätter. *Inh.:* Die Droge enthält 0,5–2 % Flavonolglykoside, v. a. Kämpferol-, Quercetin- und Isorhamnetinderivate, 0,4–2 % Biflavone, u. a. Amentoflavon, Bilobetin und Ginkgetin, 4–12 % Proanthocyanidine, komplexe Diterpenlactone (Ginkgolide), Bilobalid (Sesquiterpen), Ginkgolsäure sowie Polyprenole. *Anw.:* Extrakte aus der Droge werden zur Behandlung von Hirnleistungs- und Hirndurchblutungsstörungen in der

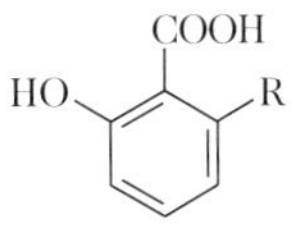

Ginkgolsäure: R = $(CH_2)_7{-}CH{=}CH{-}(CH_2)_5{-}CH_3$
Hydroginkgolsäure : R = $(CH_2)_{14}{-}CH_3$

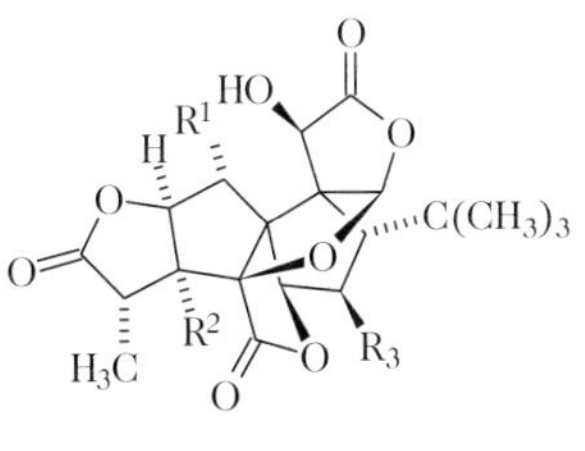

Ginkgolide	R^1	R^2	R^3
A	H	OH	H
B	OH	OH	H
C	OH	OH	OH
J	H	OH	OH
M	OH	H	OH

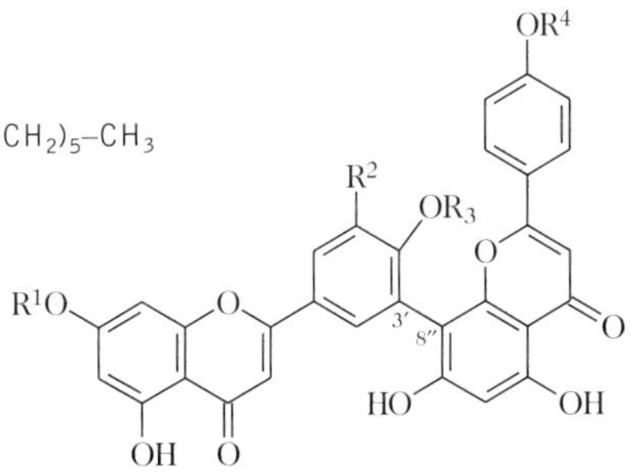

Bioflavone in *Ginkgo-biloba*-Blättern

	R^1	R^2	R^3	R^4
Amentoflavon	H	H	H	H
Bilobetin	H	H	CH_3	H
5′-Methoxybilobetin	H	OCH_3	CH_3	H
Ginkgetin	CH_3	H	CH_3	H
Isoginkgetin	H	H	CH_3	CH_3
Sciadopitysin	CH_3	H	CH_3	CH_3

Geriatrie eingesetzt. Dabei wird die durchblutungsfördernde und gefäßerweiternde Wirkung des komplexen Inhaltsstoffgemisches genutzt. Therapiert werden insbes. Patienten mit Demenzformen, depressiven Verstimmungen, Schwindel, Kopfschmerzen, Tinnitus sowie Durchblutungsstörungen in den Beinen („Schaufensterkrankheit"). *2. Semen Ginkgo*; *Ginkgo-biloba-*Samen (syn. Ginkgonüsse, Ginkgosamen, fälschlicherweise auch Ginkgofrüchte). *Inh.:* Die harzig-fleischige Außenhaut enthält u. a. Ginkgolsäure, Ginkgol, Ginnol, Bilobol und 4-Methoxypyridoxin; die Samenanlage etwa 68 % Stärke, 13 % Proteine, Lipide und Pentosane. *Anw.:* In der traditionellen chinesischen Medizin werden Ginkgosamen bei Asthma, Tuberkulose sowie Nierenerkrankungen eingesetzt. Die Droge riecht wegen der enthaltenen Buttersäure stark ranzig. Darüber hinaus werden die gerösteten Samenanlagen in Ostasien als Delikatesse geschätzt.

Hom.: ***Gingko biloba*** HAB1; die frischen Blätter. *Anw.-Geb.:* bei Mandelentzündung, Kopfschmerz, Schreibkrämpfen.

Histor.: Der Ginkgobaum ist ein „lebendes Fossil", einzige Art einer rezenten Pflanzenfamilie, der in China und Japan als Tempelbaum seit Urzeiten kultiviert und für Heilzwecke eingesetzt wurde.

Ginkgo bilobae folium ↗ Ginkgo biloba.
Ginkgoblätter ↗ Ginkgo biloba.
Ginkgo folium ↗ Ginkgo biloba.
Ginkgolide ↗ Ginkgo biloba.
Ginseng ↗ Panax ginseng.
Ginseng quinquefolium ↗ Panax quinquefolius.
Ginseng radix ↗ Panax ginseng.
Ginsengwurzel ↗ Panax ginseng.
Ginsenoside ↗ Panax ginseng.
Ginster ↗ Cytisus scoparius, ↗ Ulex europaeus.
Ginsterkraut ↗ Genista tinctoria.
Gipskraut ↗ Gypsophila paniculata.
Githago segetum ↗ Agrostemma githago.
Gitoxin ↗ Digitalis-Arten
Gladiolus boucheamus ↗ Gladiolus palustris.

■ **Gladiolus communis** L.
Gemeine Siegwurz.

Fam.: Iridaceae.

Vork.: Mittel- und Südeuropa.

Droge: ***Bulbus Victorialis rotundae*** (syn. *Bulbus Gladioli, Radix Victorialis rotundae*); Runde Siegwurz (syn. Runder Allermannsharnisch, Weiblicher Allermannsharnisch). *Inh.:* äther. Öl, Ascorbinsäure, Saponine. *Anw.:* zur Behandlung einer Scrofulose als Vitamin-C-Spender, da die Blätter bis zu 1 % Ascorbinsäure enthalten.

Gladiolus foetidus ↗ Iris foetidissima.
Gladiolus paluster ↗ Gladiolus palustris.

■ **Gladiolus palustris** Gaud.
(syn. *Gladiolus boucheamus, G. paluster, G. pratensis*); Sumpfsiegwurz.

Fam.: Iridaceae.

Vork.: Mittel- und Südeuropa.

Droge: ***Bulbus Victorialis rotundae*** (syn. *Bulbus Gladioli*); Runde Siegwurz (syn. Runder Allermannsharnisch, Weiblicher Allermannsharnisch). *Inh.:* äther. Öl, Saponine *Anw.:* als Wundmittel in der Veterinärmedizin.

Histor.: Die Knolle galt im Mittelalter als Talisman gegen Verwundungen und sollte hieb- und stichfest machen.

Gladiolus pratensis ↗ Gladiolus palustris.
Glandes Quercus ↗ Quercus-Arten.
Glandes Quercus excorticatae ↗ Quercus-Arten.
Glandes Quercus tostae ↗ Quercus-Arten.
Glandulae Kamala ↗ Mallotus philippinensis.
Glandulae Lupuli ↗ Humulus lupulus.

■ **Glandulae parathyreoidea**
(syn. *Parathyreoidea*) HAB; die Nebenschilddrüsen von Schlachttieren. *Anw.-Geb.:* Calciumstoffwechselstörungen.

Glandulae Rottlerae ↗ Mallotus philippinensis.

■ **Glandulae suprarenalis HAB**
die Nebennieren von Schlachttieren.

■ **Glandulae thymi HAB**
die Thymusdrüsen von Schlachttieren.

Glänzender Lackporling ↗ Ganoderma lucidum.
Glanzpeterlein ↗ Aethusa cynapium.
Glanzpetersilie ↗ Aethusa cynapium.
Glaskraut ↗ Parietaria officinalis.
Glasschmalz ↗ Salicornia europaea.
Glatte Erle ↗ Alnus-Arten.
Glatter Sumach ↗ Rhus-Arten.
Glatter Wegdorn ↗ Rhamnus frangula.

■ **Glaucium corniculatum** (L.) Curt.
(syn. *Glaucium phoeniceum, Chelidonium corniculatum*); Roter Hornmohn.

Fam.: Papaveraceae.

Vork.: Mittelmeergebiete.

Droge: ***Herba Glaucii***; Hornmohnkraut. Inh.: Alkaloide (ca. 0,5 %), wie Corydin, Coptisin, Berberin, Isocorydin, Protopin, Sanguinarin, Chelidonin. Anw.: in der Volksheilkunde als Sedativum, bei Diabetes, Neurasthenie und als Diuretikum.

■ **Glaucium flavum** Crantz.
(syn. *Glaucium luteum, Chelidonium glaucium*); Gelber Hornmohn.

Fam.: Papaveraceae.

Vork.: Frankreich, Belgien, Holland.

Droge: *1.* die reifen Samen. Inh.: fettes, trocknendes Öl (30–35 %). Anw.: mitunter als Speiseöl, häufiger als Brennöl sowie zur Seifenherstellung. *2.* das Kraut. Inh.: Alkaloide, wie Glaucin, Dimethylglaucin, Magnoflorin, Gauflavin; Fumar- und Dioxymaleinsäure. Anw.: in der Volksheilkunde als Diuretikum, bes. bei Steinleiden.

Glaucium luteum ↗ Glaucium flavum.
Glaucium phoeniceum ↗ Glaucium corniculatum.
Glechomae hederaceae herba ↗ Glechoma hederacea.

■ **Glechoma hederacea** L.
(syn. *Calamintha hederacea, Chamaeclema hederacea, Nepeta glechoma, N. hederacea*); Gundermann (syn. Erdefeu, Gundelrebe).

Fam.: Lamiaceae (Labiatae).

Vork.: ganz Europa. Die Pflanze gilt als schwach giftig!

Droge: ***Glechomae hederaceae herba*** (syn. *Herba Glechomae, Herba Hederae terrestris*); Gundelrebenkraut (syn. Erdefeukraut, Gundermannkraut), die während der Blüte gesammelten und getrockneten oberirdischen Teile. Inh.: äther. Öl (maximal 0,03–0,06 %, v. a. Monoterpen-Ketone, daneben Sesquiterpene), Glechomafuran, Glechomanolid, Rosmarinsäure (ca. 1,5 %), Kaffeesäure, Ferulasäure, Sinapinsäure, Flavonoide (Cymarosid, Cosmosysrin, Hyperosid, Isoquercitrin, Luteolin-7-diglucosid), Triterpencarbonsäuren, u. a. α- und β-Ursolsäure und Oleanolsäure, Hydroxyfettsäuren. Anw.: in der Volksheilkunde bei Magen-Darm-Katarrhen, Durchfall, Husten und Bronchialleiden. Auch als Diuretikum und zur Wundheilung sowie bei Menstruationsbeschwerden wird die Droge verwendet. In Italien kommt die Gundelrebe bei Arthritis und Rheuma zum Einsatz.

Hom.: ***Glechoma hederaceae*** HAB34, die frischen, zur Blütezeit geernteten, oberirdischen Teile. Anw.-Geb.: Hämorrhoiden, Durchfall.

Histor.: Die Gundelrebe ist ein beliebtes Volksheilmittel und war bereits bei den Germanen eine geschätzte Heilpflanze, die bei Erkrankungen der Atemwege, der Verdauungswege, bei Blasen- und Steinleiden sowie bei Wechselfieber eingesetzt wurde. Der Gattungsname ist vom griechischen *glechon* abgeleitet, das dem antiken Namen für Poleiminze entspricht. Der Artname *hederacea* ist wegen der Efeu-ähnlichen Blätter vom lateinischen *hedera* (Efeu) übernommen.

Gleditschia triacanthos ↗ Gleditsia-Arten.

■ **Gleditsia-Arten**

● **Fam.:** Caesalpiniaceae.

● **Gleditsia japonica** Miq. (syn. *Gleditsia horrida*); Lederhülsenbaum.

Vork.: Japan, China.

Inh.: phenolische Verbindungen, bes. Flavonoide, u. a. Fisetin. Anw.: Der Fruchtsaft dient in den Heimatgebieten als Waschmittel sowie zum Reinigen von Wolle.

● **Gleditsia triacanthos** L. (syn. Gleditsia spinosa, G *macracantha, Gleditschia triacanthos*); Dorngleditschie.

Vork.: östliches Nordamerika, Kulturen in Mittelmeergebieten sowie Zentralasien.

Drogen: Blätter, Blüten, Früchte und Samen. Inh.: Alkaloid Triacanthin (0,5 %), ferner Gerbstoffe und Schleim. Anw.: volkstümlich als Spasmolytikum bei Bronchialasthma. Der Schleim der Samen ist als Emulgator für Salbengrundlagen und Emulsionen nutzbar, auch werden die Samen mitunter als Kaffeeersatz verwendet.

Gleditsia horrida ↗ Gleditsia-Arten.
Gleiße ↗ Aethusa cynapium.

■ **Gliadin**
zu den Prolaminen gehörendes Protein aus Weizen und Roggen, das Bestandteil des Kleberproteins (↗ Gluten) ist. Gliadin enthält kein Lysin

und ist alkohollöslich. Es ist u. a. verantwortlich für Verdauungsbeschwerden, Abmagerung und Durchfälle bei Zöliakie-Patienten, die eine Gliadin-Überempfindlichkeit aufweisen. Reis, Soja, Hirse, Mais und Buchweizen enthalten kein Gliadin.

Gliederkraut ↗ Galium verum.
Gliederzypresse ↗ Tetraclinis articulata.
Gliedkraut ↗ Sideritis-Arten.
Globaria bovista ↗ Calvatia gigantea.
Globularia alypa ↗ Globularia alypum.

■ **Globularia alypum** L.
(syn. *Alypum salicifolium, Globularia alypa, G. murbeckii, G. turbith, G. virgata*); Kugelblume (syn. Kugelblumenstrauch).
Fam.: Globulariaceae.
Vork.: Mittelmeergebiet, Südfrankreich, Italien, Spanien, Madeira.
Droge: ***Alypi folium*** (syn. *Folia Alypi, Folia Globulariae, Herba terribilis*); Kugelblumenblätter (syn. Kugelblumenstrauchblätter), die getrockneten Laubblätter einschließlich der dünnen Sproßachsen. Inh.: Iridoidglykoside (ca. 2 %), u. a. Aucubin, Globularin, Catalpol und Globularimin, Phenolcarbonsäuren (u. a. Zimtsäure, Protocatechusäure, Kaffeesäure, Ferulasäure, Chlorogensäure), Flavonoide (ca. 0,3 %), Gerbstoffe (ca. 9 %), Mannitol, β-Amyrin, Phytosterole und Pikroglobularin (Bitterstoff). Anw.: in der Volksheilkunde bei Verstopfung. Die Droge dient auch zur Bindung von Magensäure und zur Behandlung von Gicht, Rheuma, Arthritis, Harnwegsinfektionen.

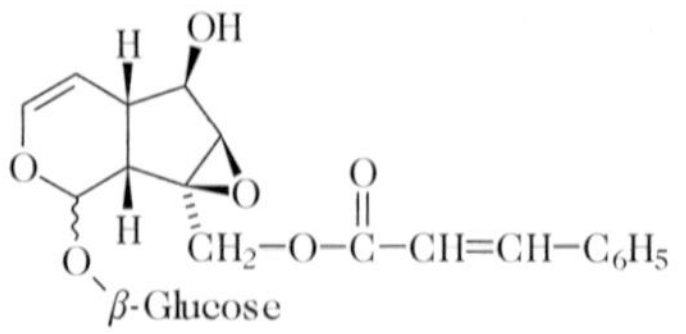

Globularin

Globularia murbeckii ↗ Globularia alypum.
Globularia turbith ↗ Globularia alypum.
Globularia virgata ↗ Globularia alypum.
Glockenbilsenkraut ↗ Scopolia carniolica.
Glockenblume ↗ Aquilegia vulgaris.
Glockenheide ↗ Erica tetralix.
Glockenheideblüten ↗ Erica tetralix.
Glockenwurz ↗ Inula helenium.
Glockenwurzel ↗ Inula helenium.
Glockrose ↗ Pulsatilla-Arten.
Gloriosa carsonii ↗ Gloriosa superba.
Gloriosaknollen ↗ Gloriosa superba.
Gloriosa plantii ↗ Gloriosa superba.
Gloriosa rothschildiana ↗ Gloriosa superba.
Gloriosa simplex ↗ Gloriosa superba.

■ **Gloriosa superba** L.
(syn. *Gloriosa simplex, G. virescens, G. plantii, G. carsonii, G. rothschildiana, Methonica superba*); Hakenlilie (syn. Ruhmeskrone), s. Farbtafel S. 308, Bild 164.
Fam.: Liliaceae.
Vork.: tropisches Afrika, Indien, Ceylon, Birma, Malakka, China.
Droge: ***Tubera Gloriosae***; Gloriosaknollen, die getrockneten Wurzelknollen. Inh.: Colchicin (ca. 0,3 %), Harze, Cholin, Phytosterole (Stigmasterol), Chelidonsäure. Anw.: zur Gewinnung von Colchicin. In der Volksheilkunde als Tonikum, Stomachikum und Cholagogum.

Gloriosa virescens ↗ Gloriosa superba.

■ **Glucoamylase**
(syn. γ-Amylase), Enzym aus der Klasse der Hydrolasen (EC 3.2.1.3), das als Exoglykosidase vom nicht-reduzierenden Ende her beginnend, aus α-Glucanen (z. B. Stärke) D-Glucose abspaltet.

■ **Glucosinolate**
(Senfölglucoside, Thioglucoside), β-Glucoside von Thiohydroxamsäuren bzw. deren Sulfaten, v. a. in *Brassicaceae* vorkommend. Sie sind wasserlöslich, nichtflüchtig und optisch aktiv. Bei Verletzung des Gewebes werden durch das kolokalisierte Enzym Myrosinase aus den Glucosinolaten

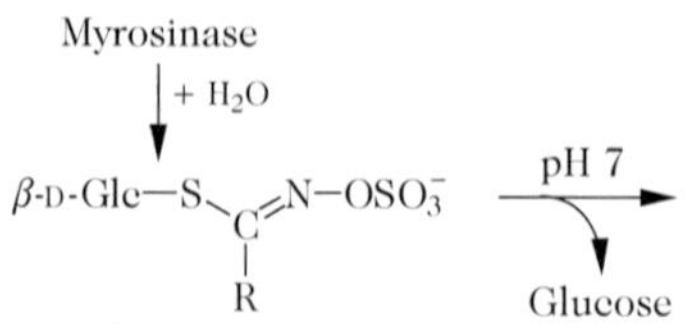

Glucosinolat

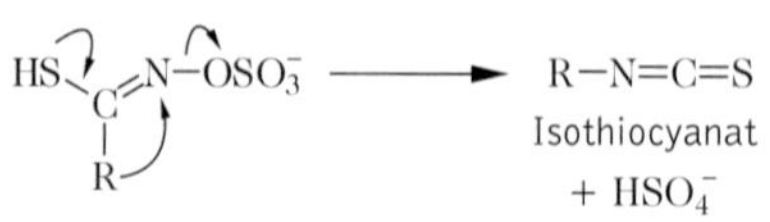

Senföle (Alkylisothiocyanate) freigesetzt, die entweder flüchtig sind und sich durch einen stechenden Geruch bzw. nichtflüchtig sind und sich durch einen scharfen Geschmack auszeichnen. Wirk.: Die Senföle wirken antibakteriell, fungistatisch sowie lokal stark reizend. Anw.: zur Hautreiztherapie (z. B. Senfpflaster) sowie als Stomachikum und Gewürz (Speisesenf, Meerrettich).

■ γ-Glutamyl-alliin
Inhaltsstoff aus ↗ Allium-Arten mit hemmender Wirkung auf das Angiotensin-converting Enzym. Ausgangspunkt für die Bildung der Alliine.

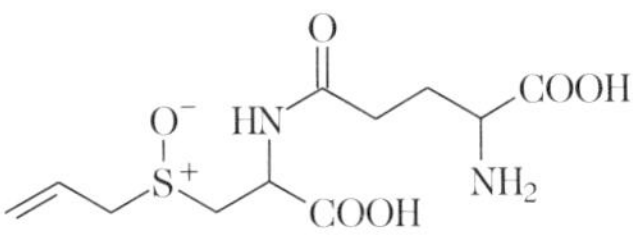

γ-Glutamyl-alliin

■ Gluten
Klebereiweiß (Kleberprotein), aus Glutelinen und Prolaminen zusammengesetzte Proteinfraktion von Getreide (bes. Weizen und Roggen), die die Backfähigkeit des Brotgetreides bedingen. G. wird bestimmten diätetischen Nahrungsmitteln entzogen, um sie für Zöliakie-Patienten (↗ Gliadin) nutzbar zu machen.

Glycine hispida ↗ Glycine max.

■ Glycine max (L.) Merr.
(syn. *Dolichos soja, Glycine hispida, Phaseolus max, P. ordidus, Soja angustifolia, S. hispida, S. japonica, S. max, S. soja*); Sojapflanze.

Fam.: Fabaceae. (Leguminosae).

Heim.: Ostasien, Anbau in subtropischen Gebieten Ostasiens, Nord- und Südamerikas sowie in Osteuropa.

Drogen: ***1. Lecithinum ex soja*** (syn. *Lecithinum ad emulsionem, Lecithinum vegetabile*); Sojalecithin (syn. Pflanzenlecithin), komplexe Mischung von Phosphatiden (Phospholipide), bes. von Phosphadidylcholin, Phophatidylethanolamin, Phosphatidylserin und Phophatidylinositol mit Triglyceriden, Fettsäuren und Kohlenhydraten. Inh.: Phopholipide (45–60 %), Sojaöl (30–35 %), freie Kohlenhydrate und Glykolipide(2–10 %), Phytosterole und Tocopherole (2–5 %). Anw.: leichtere Fettstoffwechselstörungen, inbes. Hypercholesterolämien, zur Unterstützung diätetischer Maßnahmen. Ferner volkstümlich bei Schwächezuständen, Konzentrationsmangel, Altersbeschwerden, Nerven-, Leber- und Galleleiden. ***2. Sojae oleum*** (syn. *Oleum Sojae*); Sojaöl (syn. Sojabohnenöl), das gereinigte, deodorierte und durch Filtration bei ca. 0 °C geklärte fette Öl aus den Sojabohnen. Inh.: Trigyceride mit den vorherrschenden Fettsäuren Linolsäure (44–62 %), Ölsäure (19–30 %), Linolensäure (4–11 %) sowie Palmitinsäure (7–14 %), außerdem Sterole, bes. β-Sitosterol (0,4 %), sowie Tocopherole (0,115 %). Anw.: Emulsionen mit 10 oder 20 % gereinigtem Sojaöl, z. T. mit Zusatz von Aminsäuren und Kohlenhydraten, dienen als intravenöse Infusion zur parenteralen Ernährung. ***3. Sojae semen*** (syn. *Semen Sojae*); Sojabohne (syn. Fettbohne, Japanische Bohne, Ölbohne, Sojasamen), die getrockneten reifen Samen. Inh.: Proteine (35–40 %), insbes. als Globulin Glycinin vorliegend, ferner Phasin, ein toxisches Agglutinin, das erst durch Erhitzen seine Giftigkeit verliert, Kohlenhydrate, bes. Galactose, Xylogalactomannan und Arabinogalactan enthaltend, sowie Lipide (12–18 %). Außerdem Sterole, Tocopherole, Saponine (Sojasaponine I, II, III, A_1 und A_2) und Flavonoide. Anw.: volkstümlich in Ostasien u. a. bei Blähungen, Fieber und als Kräftigungsmittel. Ferner im Haushalt als Gemüse, Bestandteil von Diätetika, u. a. bei Kuhmilchallergie in der Säuglingspflege, als Sojamilch und Sojaquark (Tofu). Industriell zur Gewinnung von Sojaöl, Sojalecithin und Sojaprotein. Die eiweißreichen Rückstände der Öl- und Lecithingewinnung dienen als Viehfutter.

Glycoside ↗ Glykoside.
Glycyrrhetinsäure ↗ Glycyrrhiza glabra.
Glycyrrhizae radix ↗ Glycyrrhiza glabra.

■ Glycyrrhiza glabra L.
(syn. *Glycyrrhiza glandulifera, G. hirsuta, G. officinalis, G. pallida, G. violacea, Liquiritia officinalis, L. officinarum*); Süßholz (syn. Deutsches Süßholz, Gemeines Süßholz, Lakritze, Lakritzen, Spanisches Süßholz), s. Farbtafel S. 308, Bild 165.

Fam.: Fabaceae.

Vork.: in den Varietäten *G. glabra var. glandulifera* (Südosteuropa bis Westsibirien) und *G. glabra var. typica* (Südeuropa, Italien, Spanien).

Droge: *Liquiritiae radix* (syn. *Glycyrrhizae radix, Radix Glycyrrhizae, Radix Liquiritiae*); Süßholzwurzel (syn. Lakritzenwurzel, Russisches Süßholz, Spanisches Süßholz, Süßholz), die geschälten oder ungeschälten, getrockneten Wurzeln und Ausläufer; s. Farbtafel S. 308, Bild 166. Inh.: Saponine mit Glycyrrhizin, dem Ammonium- bzw. Calciumsalz der Glycyrrhizinsäure (2–18 %). Außerdem Flavonoide und Isoflavonoide, u. a. Liquiritigenin und Liquiritin, Chalkone, bes. Isoliquiritigenin und Isoliquiritin, sowie Cumarine,

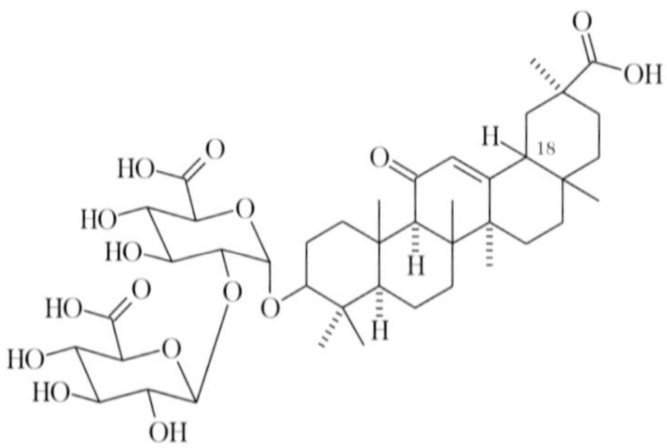

Glycyrrhizinsäure (18β-Form)

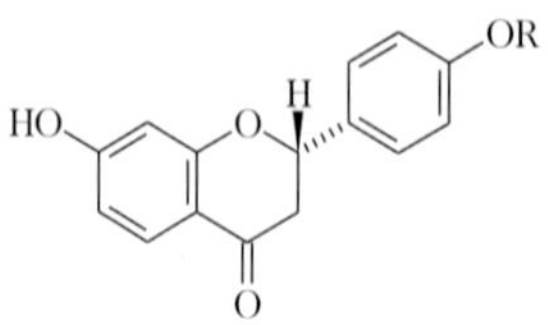

Liquiritigenin: R = H
Liquiritin: R = Glucose

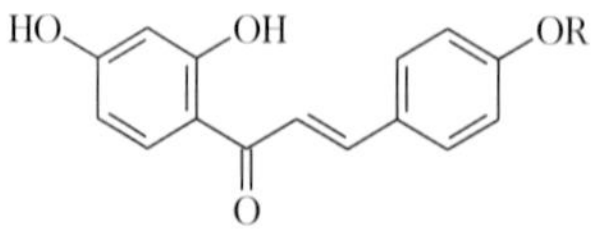

Isoliquiritigenin: R = H
Isoliquiritin: R = Glucose

u. a. Herniarin und Umbelliferon sowie Phytosterole. Wirk.: Zubereitungen der Droge, oft in Form des wäßrigen Extraktes (*Succus Liquiritiae*) eingesetzt, besitzen expektorierende und antiphlogistische Effekte, sie wirken prophylaktisch gegen Ulkus, jedoch sind bei hoher Dosierung bzw. langer Anwendung mineralcorticoide Effekte zu erwarten, da Glycyrrhizin bzw. das Aglykon Glycyrrhetinsäure in den Corticosteroidmetabolismus eingreifen. Vermutlich erfolgt dabei eine Wechselwirkung mit den Steroidmetabolisierenden Enzymen δ-5-β-Reductase und 11-Hydroxy-Steroidhydrogenase. Als Folge kann ein Pseudo-Hyperaldosteronismus eintreten. Anw.: Katarrhe der oberen Luftwege, bei Gastritis, Magengeschwüren. Bestandteil entsprechender Teemischungen sowie Fertigarzneimittel. Zur ↗ Teezubereitung beträgt die mittlere Tagesdosis 5–15 g Droge. Geg.: Cholestatische Lebererkrankungen, Hypertonie, Hypokaliämie, schwere Niereninsuffizienz, Schwangerschaft.

Hom.: ***Glycyrrhiza glabra*** HAB34, die getrocknete Wurzel.

Histor.: Der Gattungsname *Glycyrrhiza*, der bereits im Altertum gebräuchlich war, leitet sich vom griechischen *glykys* (süß) und *rhiza* (Wurzel) ab. Auch später geprägte Namen wie *Liquiritia*, Lakrize oder Likrizen sind Umwandlungen von *Glycyrrhiza*. Der lateinische Artname *glabra* (kahl, klebrig) weist auf die unterseits drüsigklebrigen Blätter hin. Das Süßholz wurde bei den alten Griechen und Römern außerordentlich geschätzt. So rühmten bereits ↗ Dioskurides und ↗ Theophrast den Saft der Wurzel als gutes Mittel bei Husten und Rachenkatarrh. Die Anwendung der Droge fand im Mittelalter große Beachtung, so auch in den bekannten Kräuterbüchern. In Bamberg wurde beispielswiese im 15. Jh. die „Süßholzkultur" eingeführt, die im 16. Jh. noch sehr ausgedehnt wurde. Noch heute ist das Süßholz ein Wahrzeichen der Stadt. Im Mittelalter erfolgte auch eine Umwandlung des griechischen Namens *Glykyrrhiza* in das barbaro-lateinische *Liquiritia*, wie er auch noch heute existiert.

Glycyrrhiza glandulifera ↗ Glycyrrhiza glabra.
Glycyrrhiza hirsuta ↗ Glycyrrhiza glabra.
Glycyrrhiza officinalis ↗ Glycyrrhiza glabra.
Glycyrrhiza pallida ↗ Glycyrrhiza glabra.
Glycyrrhiza violacea ↗ Glycyrrhiza glabra.
Glycyrrhizin ↗ Glycyrrhiza glabra.

■ Glykoside

(Glycoside) organische Verbindungen, bei denen die halbacetalische Hydroxygruppe der cyclo-Form von Monosacchariden mit der alkoholischen oder phenolischen OH-Gruppe, bzw. NH-, SH- oder CH-Gruppe einer weiteren Komponente verknüpft ist. Werden ausschließlich Kohlenhydrate miteinander verknüpft, so werden die gebildeten Stoffe als Holoside bezeichnet. Ist der andere Reaktionspartner kein Zucker, so liegt ein Heterosid vor. Der Nichtzuckeranteil wird als Aglykon oder Genin bezeichnet. Von α-Anomeren abgeleitete Verbindungen werden als α-Glykoside und von β-Anomeren abgeleitete als β-Glykoside bezeichnet. Sowohl Holoside (u. a. Zucker, Oligo- und Polysaccharide) als auch Heteroside (u. a. Herzwirksame Glykoside, Glucosinolate und Saponine) sind als Naturstoffe weit verbreitet und bilden einen hohen Anteil der biogenen Arzneistoffe.

Gnadenkraut ↗ Gratiola officinalis.
Gnaphalium aquaticum ↗ Gnaphalium uliginosum.
Gnaphalium arenarium ↗ Helichrysum arenarium.
Gnaphalium dioicum ↗ Antennaria dioica.
Gnaphalium margaritaceum ↗ Anaphalis margaritacea.
Gnaphalium obtusifolium ↗ Pseudognaphalium obtusifolium.
Gnaphalium polycephalum ↗ Pseudognaphalium obtusifolium.
Gnaphalium ramosum ↗ Gnaphalium uliginosum.
Gnaphalium tomentosum ↗ Gnaphalium uliginosum.

■ **Gnaphalium uliginosum** L.
(syn. *Gnaphalium aquaticum, G. ramosum, G. tomentosum*); Sumpfruhrkraut.
Fam.: Asteraceae (Compositae).
Vork.: Europa, Asien, Nordamerika.
Droge: ***Herba Gnaphalii uliginosi***; Sumpfruhrkraut. *Inh.:* Gerbstoffe, äther. Öl, Harz, Phytosterole. *Anw.:* in der Volksheilkunde als Antidiarrhoikum.
Hom.: ***Gnaphalium uliginosum***, die ganze Pflanze.

Goa-Baum ↗ Andira-Arten.
Goa-Pulver ↗ Andira-Arten.
Goebelia pachycarpa ↗ Sophora pachycarpa.
Goendopoeriöl ↗ Gaultheria leucocarpa.
Goldball ↗ Rudbeckia laciniata.
Goldblume ↗ Calendula officinalis, ↗ Chrysanthemum-Arten.
Goldchrut ↗ Lysimachia nummularia.
Goldener Widerton ↗ Polytrichum commune.
Goldenes Kreuzkraut ↗ Senecio-Arten.
Goldfaden ↗ Coptis trifolia.
Goldfederich ↗ Chrysanthemum-Arten.
Goldfelberich ↗ Lysimachia nummularia.
Goldfingerkraut ↗ Potentilla aurea.
Goldgelbe Alpenrose ↗ Rhododendron-Arten.
Goldgelbes Fingerkraut ↗ Potentilla aurea.
Goldkelch ↗ Solandra brevicalyx.
Goldknopf ↗ Anthyllis vulneraria.
Goldkraut ↗ Chelidonium majus.
Goldkreuzkraut ↗ Senecio-Arten.
Goldlack ↗ Cheiranthus cheiri.
Goldmelisse ↗ Monarda didyma.
Goldmohn ↗ Eschscholzia californica.
Goldrautenkraut ↗ Solidago-Arten.
Goldregen ↗ Laburnum anagyroides.
Goldrose ↗ Calendula officinalis.
Goldrutenkraut ↗ Solidago-Arten.
Goldsiegelwurz ↗ Hydrastis canadensis.
Goldstrahl ↗ Rudbeckia laciniata.
Goldstrite ↗ Lysimachia nummularia.
Goldweide ↗ Forsythia suspensa.
Goldwundkraut ↗ Solidago-Arten.
Goldwurz ↗ Chelidonium majus.
Gomart-Elemi ↗ Bursera-Arten.
Gomart-Harz ↗ Bursera-Arten.
Gommart-Elemi ↗ Bursera-Arten.

■ **Gomortega keule** (Mol.) I. M. Johnston
Keule.
Fam.: Gomortegaceae.
Vork.: südliche Andenregion. *Bedeut.:* Die Mapuche-Indianer Chiles verwendeten die Frucht dieser Pflanze früher als Betäubungsmittel. Sie enthält viel äther. Öl, das evtl. für die berauschende Wirkung verantwortlich sein könnte. Eine wissenschaftliche Bearbeitung der Droge steht aber noch aus.

Gomphocarpus fruticosus ↗ Asclepias fruticosus.
Gonolobus condurango ↗ Marsdenia condurango.
Gonus amarissimus ↗ Brucea amarissima.
Gorlifett ↗ Caloncoba echinata.
Gorliöl ↗ Caloncoba echinata, ↗ Oncoba echinata.
Gossypii cortex ↗ Gossypium-Arten.
Gossypii oleum ↗ Gossypium-Arten.
Gossypii radicis cortex ↗ Gossypium-Arten.
Gossypii semen ↗ Gossypium-Arten.

■ **Gossypium-Arten**
● **Fam.:** Malvaceae.
● **Gossypium arboreum** L. (syn. *Gossypium an-*

omalum, G. cerneum, G. nanking, G. intermedium, G. neglectunm, G. obtusifolium, G. rubrum, G. sanguineum).

Heim.: Westafrika, Asien, Anbau bes. Äthiopien, Arabische Halbinsel, Indien, Sri Lanka. Immergrüner, bis 4 m hoher Strauch.

Drogen: ***Gossypii oleum***, *Gossypii radicis cortex, Gossypii semen, Lanugo gossypii absorbens*. Inhaltsstoffe und Anwendung s. *Gossypium hirsutum*.

● **Gossypium barbadense** L. (syn. *Gossypium microcarpum, G. multiglandulosum, G. peruvianum, G. vitifolium*). Immergrüner, bis 3 m hoher Strauch.

Heim.: Nordperu und Antillen, Anbau Nord- und Mittelamerika, Ägypten, Queensland.

Drogen: ***Gossypii oleum***, *Gossypii radicis cortex, Gossypii semen, Lanugo gossypii absorbens*. Inhaltsstoffe und Anwendung s. *Gossypium hirsutum*.

● **Gossypium herbaceum** L. (syn. *Gossypium eglandulosum*); Baumwollstrauch. Immergrüner, bis 2 m hoher Strauch.

Heim.: Südafrika als Varietät *africanum* und tropisches Asien als Varietät *acerifolium*. Hauptanbaugebiete Ägypten, China, Indien.

Drogen: ***Gossypii oleum***, *Gossypii radicis cortex, Gossypii semen, Lanugo gossypii absorbens*. Inhaltsstoffe und Anwendung s. *Gossypium hirsutum*.

Hom.: ***Gossypium herbaceum*** HAB34; Baumwollstaude, die frische, innere Wurzelrinde. Anw.-Geb.: Erkrankungen der weiblichen Geschlechtsorgane, Menstruationsbeschwerden, Gebärmutterblutung, Schwangerschaftserbrechen.

● **Gossypium hirsutum** L. (syn. *Gossypium hopi, G. latifolium, G. mexicanum, G. paniculatum, G. religiosum, G. schottii*); Amerikanische Baumwollpflanze. Immergrüner, bis 2 m hoher Strauch.

Heim.: Zentralamerika, Anbau Südstaaten der USA und Zentralamerika.

Drogen: ***1. Gossypii oleum*** (syn. *Oleum gossypii, Oleum gossypii seminis*); Baumwollsamenöl (syn. Baumwollsaatöl, Cottonöl), das raffinierte, fette Öl aus den Samen. *Inh.:* Triglyceride mit Linol- und Ölsäure als Hauptkomponenten, ferner Phospholipide, Tocopherole (38 mg/100 g Öl), in Spuren Gossypol. *Anw.:* sterilisiertes Öl zur parenteralen Ernährung sowie bei Hypercholesterolämie. Ferner zur Herstellung von Injektionslösungen, Salben und Linimenten. Im Haus-

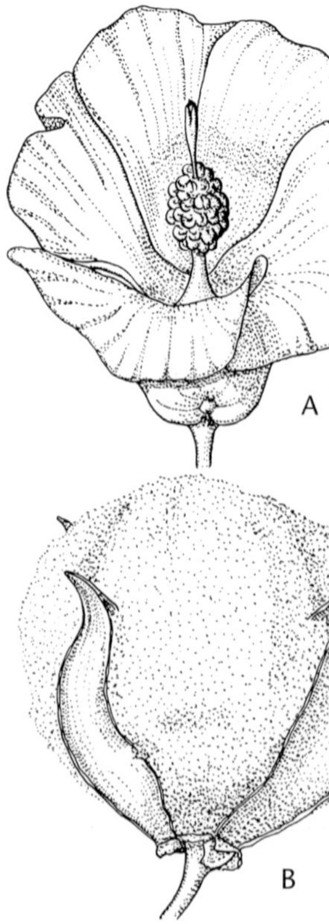

Gossypium herbaceum, Blüte (A) und aufgesprungene Kapsel mit den Samenhaaren (B).

halt als raffiniertes, gebleichtes Öl als Speiseöl, in der Kosmetik zur Seifenfabrikation. ***2. Gossypii radicis cortex*** (syn. *Cortex gossypii radicis, Cortex radicis gossypii, Gossypii cortex*); Baumwollwurzelrinde (syn. Baumwollrinde), die getrocknete Wurzelrinde. *Inh.:* toxische Polyphenole, bes. Gossypol, Gerbstoffe. *Anw.:* volkstümlich früher als Hämostypticum und Emmenagogum. ***3. Gossypii semen*** (syn. *Semen Bombacis, Semen Gossypii*); Baumwollsamen, die reifen

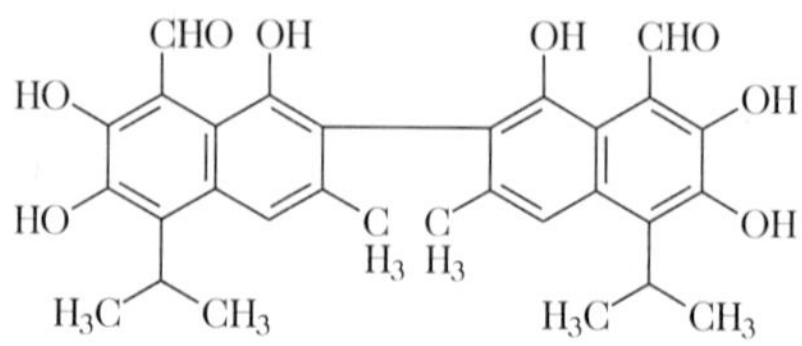

Gossypol

Samen. Inh.: fettes Öl (vgl. *Gossypii oleum*, 20–30 %), Proteine (20–25 %), Gossypol, Flavonolglykoside. Anw.: volkstümlich in den Heimatgebieten bei Fieber, verminderter Milchsekretion, Störungen der Sexualfunktion, bei Epilepsie, mißbräuchlich als Abortivum. ***4. Lanugo gossypii absorbens*** (syn. *Gossypium depuratum*); Verbandwatte aus Baumwolle (syn. Baumwollwatte, Gereinigte Baumwolle, Verbandwatte), die gereinigten, entfetteten, gebleichten und sorgfältig kardierten Haare der Samenschale; sie ist aus frischer Baumwolle oder frischen Kämmerlingen guter Qualität hergestellt und darf keine Schönungsmittel enthalten. *Lanugo gossypii absorbens sterile*, sterile Verbandwatte aus Baumwolle. *Tela gossypii absorbens*, Verbandmull aus Baumwolle. Inh.: besonders reine Cellulose. Anw.: als saugfähiger Verbandsstoff zur Wundversorgung, u. a. zum Aufsaugen von Sekreten sowie zum Aufbringen von Flüssigkeiten auf Hautareale.

Histor.: Wegen des wolligen Haarbausches der Samen in den Fruchtkapseln wurde der Gattungsname *Gossypium* aus lat. *gossum* (Wulst, Kropf) gebildet, das wiederum auf das arabische *goz* zurückgeführt wird. Die einzelnen lateinischen Artnamen kennzeichnen die morphologischen Besonderheiten der Baumwolle, z. B. *arboreum:* baumartig und *herbaceum:* krautig. Die technische Nutzung der Baumwolle ist sehr alt. So wurde in China bereits etwa 2300 v. Chr. Baumwollgewebe hergestellt. Auch die ältesten Sanskritschriften erwähnen Baumwollgewebe und zur Zeit des Herodot (484–408 v. Chr.) wurden allgemein Baumwollkleider getragen.

Gossypium depuratum ↗ Gossypium-Arten.
Gossypol ↗ Gossypium-Arten.
Gottesgerichtsbohne ↗ Physostigma venenosum.
Gottesgnadenkraut ↗ Geranium robertianum, ↗ Gratiola officinalis.
Gottesstroh ↗ Chrysanthemum-Arten.
Gottesurteilrinde ↗ Erythrophleum suaveolens.
Gottesurteilsbohne ↗ Physostigma venenosum.
Gottvergess ↗ Ballota nigra.
Grabenkresse ↗ Nasturtium officinale.
Gracilaria lichenoides ↗ Rhodophyta.
Gradkiefer ↗ Pinus-Arten.

■ Gramicidine

zu den homöomeren Peptidantibiotika gehörende Gruppe von sechs ähnlichen Verbindungen, die neben den Tyrocidinen (↗ Tyrothricin) von *Bacillus brevis* gebildet werden. G. sind neutrale, stark lipophile Stoffe, die die Bakterienmembran für einwertige Kationen permeabilisieren und damit bakteriozid wirken. Anw.: Wegen der hohen Toxizität werden die G. nur lokal z. B. bei Augeninfektionen in Form von Salben oder Tropfen eingesetzt.

$$\overset{1}{\text{HCO–X}}\text{–Gly–Ala–D-Leu–Ala–D-Val–Val–D-Val–Trp–}$$

$$\overset{11}{\text{D-Leu}}\text{–Y–D-Leu–}\overset{15}{\text{Trp}}\text{–D-Leu–Trp–NH–}CH_2\text{–}CH_2\text{–OH}$$

Struktur der Gramicidine A, B und C

	X	Y
Valin-Gramicidin A	Val	Trp
Valin-Gramicidin B	Val	Phe
Valin-Gramicidin C	Val	Tyr
Isoleucin-Gramicidin A	Ile	Trp
Isoleucin-Gramicidin B	Ile	Phe
Isoleucin-Gramicidin C	Ile	Tyr

Gramin ↗ Arundo donax.
Graminis rhizoma ↗ Agropyron repens.
Granadilla ↗ Passiflora edulis.
Granadilla incarnata ↗ Passiflora incarnata.
Grana Lauri ↗ Laurus nobilis.
Grana paradisi ↗ Aframomum-Arten
Grana Sambuci ↗ Sambucus nigra.
Granatapfelbaum ↗ Punica granatum.
Granatapfelbaumrinde ↗ Punica granatum.
Granatbaum ↗ Punica granatum.
Granati cortex ↗ Punica granatum.
Granati radicis cortex ↗ Punica granatum.
Granatum ↗ Punica granatum.
Granatum punicum ↗ Punica granatum.
Grans Gnidii ↗ Daphne mezereum.
Granulat-Tees ↗ Teepräparate.
Grapefruit ↗ Citrus-Arten.
Grasbaum ↗ Xanthorrhoea hastilis
Graslauch ↗ Allium-Arten.
Graslinde ↗ Tilia-Arten.
Grasmandeln ↗ Cyperus esculentus.
Gratiola amara ↗ Curanga amara.
Gratiolae herba ↗ Gratiola officinalis.
Gratiola monniera ↗ Bacopa monnieri.

■ Gratiola officinalis L.

Gnadenkraut (syn. Echtes Purgierkraut, Gichtkraut, Gottesgnadenkraut, Wilder Aurin).

Fam.: Scrophulariaceae.
Vork.: Europa (ohne Skandinavien, Großbritannien), West- und Zentralasien. Die Pflanze steht unter Artenschutz!
Droge: ***Gratiolae herba*** (syn. *Herba Gratiolae, Herba Gratiae Dei*); Gnadenkraut (syn. Gottesgnadenkraut, Purgierkraut), die getrockneten, zur Blütezeit gesammelten oberirdischen Teile. Die Droge ist stark giftig! *Inh.:* Triterpene, u. a. Gratiosid, Gratiogenin, Gratiolignin, Elaterinid, Glykoside der Cucurbitacine I und L sowie die entsprechenden Aglyka und Betulinsäure, Elaterase (Glucosidase), Flavonoide (Flavon-*C*- und -*O*-Glykoside, abgeleitet von Apigenin, Luteolin), Phenolcarbonsäurederivate, u. a. Arenariosid und Verbascosid, wenig äther. Öl, Saponine sowie Mannitol. *Anw.:* in der Volksheilkunde früher bei Verstopfung, Gicht und Leberleiden sowie als harntreibendes Mittel und bei Hauterkrankungen. *Tox.:* als toxisches Prinzip werden die Cucurbitacine betrachtet, die zytotoxisch sind, lokal reizend und laxierend wirken.

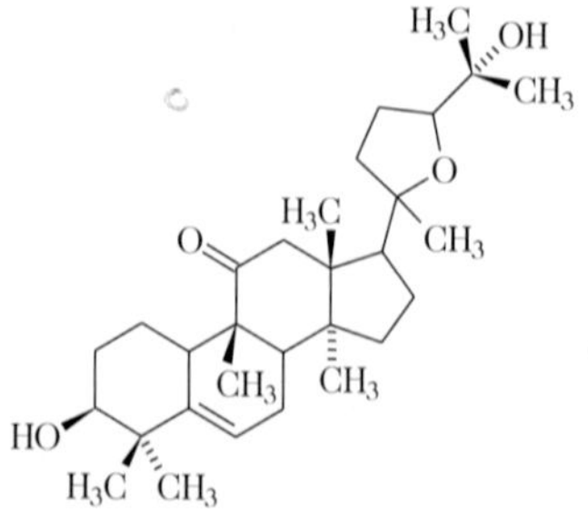

Gratiogenin

Hom.: ***1. Gratiola officinalis*** (syn. Gratiola) HAB1; die frischen, zur Blütezeit gesammelten oberirdischen Teile. *Anw.-Geb.:* Entzündungen des Magen-Darm-Traktes. ***2. Gratiola officinalis e radice, äthanol. Decoctum*** (syn. *Gratiola Radix äthanol. Decoctum*) HAB1; Gottesgnadenwurzel, die frischen unterirdischen Teile. *Anw.-Geb.:* in der anthroposophischen Therapierichtung.
Histor.: Der Gattungsname *Gratiola* wird vom lateinischen *gratia* (Gnade) abgeleitet, da die Pflanze als sehr heilkräftig angesehen wurde. Die Ärzte des griechischen und römischen Altertums haben die Pflanze offenbar nicht gekannt. Im 15. Jh. wurde sie von italienischen Botanikern beschrieben und in den Kräuterbüchern im 16. und 17. Jh. als Mittel gegen Wassersucht, zur Wundheilung, als kräftiges Abführmittel und Diuretikum empfohlen, wobei allerdings auch zu vorsichtiger Dosierung geraten wird. Besonders im Mittelalter stand *Herba Gratiolae* als drastisches Abführmittel, Diuretikum und Anthelmintikum in hohem Ansehen. Wegen der vielfältigen Nebenwirkungen, v. a. blutige Darmentleerung, Abort, Krämpfe, Erbrechen und Herzbeschwerden, wird die Droge heute nicht mehr empfohlen. Lediglich als Abtreibungsmittel wird *Herba Gratiolae* noch mißbräuchlich angewendet.

Graublättriger Hederich ↗ Erysimum diffusum.
Graue Ambra ↗ Ambra
Graue Fieberrinde ↗ Croton elutaria.
Graue Kröte ↗ Bufo bufo.
Grauerle ↗ Alnus-Arten.
Grauer Schotendotter ↗ Erysimum diffusum.
Grauer Schöterich ↗ Erysimum diffusum.
Graue Walnuß ↗ Juglans cinerea.
Graugrüne Magnolie ↗ Magnolia virginiana.
Graupappel ↗ Populus-Arten.

■ Grayanotoxine

giftige Andromedan-Derivate (Diterpene) der *Ericaceae*, z. B. aus Arten der Gattungen *Rhododendron*, *Kalmia*, *Pieris*, *Lyonia* oder *Leucothoe*. Die wichtigsten G. sind Grayanotoxin I, II und III, die mit den Verbindungen Acetylandromedol

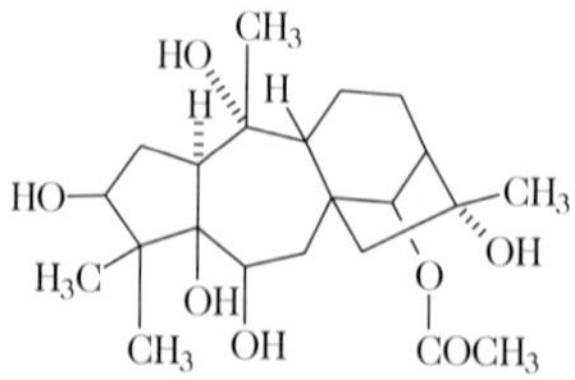

Andromedotoxin

(Andromedotoxin), Anhydroandromedol und Andromedol identisch sind. Die G. induzieren u. a. rauschähnliche Zustände, Krämpfe sowie in hoher Dosierung Herzlähmung. Sie senken den Blutdruck und wirken positiv inotrop.

Greisenbart ↗ Tillandsia usneoides.
Greisenblume ↗ Conyza canadensis.
Greiskraut ↗ Senecio-Arten.
Griechische Heusamen ↗ Trigonella foenum-graecum.
Griechischer Bergtee ↗ Sideritis-Arten.

Griechischer Salbei ↗ Salvia-Arten.
Griechische Schlinge ↗ Periploca graeca.
Griechisch-Heu ↗ Trigonella foenum-graecum.
Grieswurzel ↗ Collinsonia canadensis, ↗ Chondodendron tomentosum.

■ **Grindelia camporum** Greene
Grindelie.
Fam.: Asteraceae (Compositae).
Vork.: Kalifornien, Nevada, Pennsylvania, dort auch kultiviert.
Droge: ***Grindeliae herba*** (syn. *Flores Grindeliae, Herba Grindeliae, Stipites Grindeliae, Summitates Grindeliae*); Grindeliakraut, die getrockneten, während der Blütezeit gesammelten, blühenden Stengelspitzen und Blätter. *Inh.:* Diterpene (10–20 % Harzanteil, v. a. Grindeliasäure und weitere 14 Grindelan-Diterpene), Flavonoide (Kämpferolether, Luteolin, Quercetin und Quercetinether, Acacetin, Kumatakenin), Polyine, u. a. Matricarianol und Matricariaester, äther. Öl (0,3 %, komplexer Zusammensetzung), Triterpensaponine (mit Bayogenin, Echinocystsäure, Oleanolsäure, Grindeliasapogenin D und Polygalasäure als Aglyka), Gerbstoffe, Phenolcarbonsäuren, u. a. Chlorogensäure, *p*-Cumar-, Ferula-, Kaffee- und Vanillinsäure, Hentriacontan sowie Phytosterole. *Anw.:* bei Katarrhen der oberen Luftwege. In der Volksheilkunde darüber hinaus auch bei Blasenentzündungen, Tuberkulose, Arteriosklerose, gastrointestinalen Krämpfen, Nierenentzündung und Erkrankungen der Milz.

Grindeliae herba ↗ Grindelia robusta, ↗ Grindelia camporum.
Grindeliakraut ↗ Grindelia camporum.

■ **Grindelia robusta** Nutt.
Grindelie; s. Farbtafel S. 308, Bild 167.
Fam.: Asteraceae (Compositae).
Vork.: westliches Nordamerika.
Droge: ***Grindeliae herba***. Inhaltsstoffe und Anwendung s. ↗ Grindelia camporum.
Hom.: ***Grindelia robusta*** HAB1, die getrockneten oberirdischen Teile blühender Pflanzen. *Anw.-Geb.:* asthmatische Erkrankungen mit schwerlöslichem Schleim.
Histor.: In der 2. Hälfte des 18. Jh. war die Droge in Kalifornien als Wundheilmittel allgemein in Gebrauch. 1875 wurde darüber berichtet, daß die Droge bei Vergiftung mit *Rhus toxicodendron* (↗ *Rhus*-Arten) eine spezifische Antidot-Wirksamkeit haben und günstig bei Milztumoren wirken sollte. In der amerikanischen Volksheilkunde wird die Droge neben der erwiesenen Wirksamkeit bei Katarrhen der oberen Luftwege auch heute noch vielfältig genutzt.
Histor.: Der Gattungsname *Grindelia* wurde nach dem deutschen Botaniker David Grindel (1766–1836) geprägt; *robusta* = stark, kräftig.

Grindelie ↗ Grindelia camporum, ↗ Grindelia robusta.
Grindholz ↗ Rhamnus frangula.
Grindkraut ↗ Fumaria officinalis, ↗ Knautia arvensis, ↗ Senecio-Arten.

■ **Griseofulvin**
zur Gruppe der Polyketidantibiotika gehörende Verbindung, die von verschiedenen *Penicillium*-Arten (*Penicillium patulum, P. griseofulvum* und *P. nigricans*) gebildet wird. Durch die Behinderung der Ausbildung des Spindelfaserapparates von Dermatophyten hemmt es die Zellteilung dieser Pilze. *Anw.:* zur peroralen Therapie von Mykosen der Finger- und Zehennägel, Onychomykose. *Geg.:* Schwangerschaft.

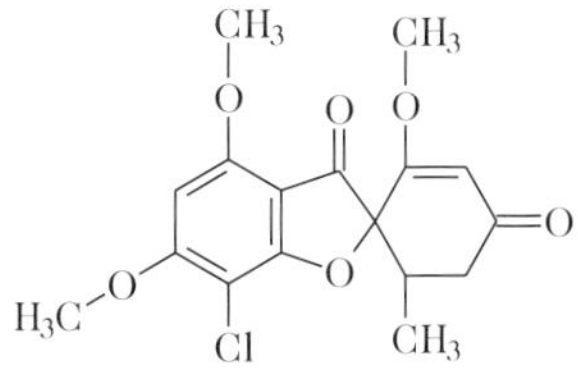

Griseofulvin

Großblumige Königskerze ↗ Verbascum-Arten.
Großblumige Pfingstrose ↗ Paeonia officinalis.
Großblütige Magnolie ↗ Magnolia grandifloria.
Großblütiger Hartriegel ↗ Cornus-Arten.
Großblütiger Kornel ↗ Cornus-Arten.
Große Ammeifrüchte ↗ Ammi majus.
Große Bibernelle ↗ Pimpinella-Arten.
Große Brennessel ↗ Urtica-Arten.
Große Kamille ↗ Chamaemelum nobile.
Große Kapuzinerkresse ↗ Tropaeolum majus.
Große Käsepappel ↗ Malva-Arten.
Große Klette ↗ Arctium-Arten.
Große Knorpelmöhre ↗ Ammi majus.
Große Königskerze ↗ Verbascum-Arten.
Große Küchenschabe ↗ Blatta orientalis.

Großer Galgant ↗ Alpinia galanga.
Großer Heinrich ↗ Inula helenium.
Großer Speik ↗ Lavandula latifolia.
Großer Stechapfel ↗ Datura-Arten.
Großer Wegerich ↗ Plantago-Arten.
Großer Wiesenknopf ↗ Sanguisorba officinalis.
Großes Kreuzkraut ↗ Senecio-Arten.
Großes Schneeglöckchen ↗ Leucojum vernum.
Großes Wintergrün ↗ Pyrola rotundifolia.
Große Türkenbundlilie ↗ Lilium lancifolium.
Grumbirn ↗ Solanum-Arten.
Grumper ↗ Solanum-Arten.
Grundbirne ↗ Helianthus tuberosus, ↗ Solanum-Arten.
Grundheil ↗ Achillea-Arten, ↗ Anagallis arvensis, ↗ Eupatorium-Arten.
Grundheilkraut ↗ Veronica officinalis.
Grundkresse ↗ Nasturtium officinale.
Grüne Artischocke ↗ Cynara scolymus.
Grüne Kanthariden ↗ Lytta vesicatoria.
Grüne Mandeln ↗ Pistacia vera.
Grüne Minze ↗ Mentha-Arten.
Grüne Nieswurz ↗ Helleborus-Arten ↗ Veratrum viride.
Grüner Drachen ↗ Arisaema-Arten.
Grüner Germer ↗ Veratrum viride.
Grüner Giftwulstling ↗ Amanita phalloides.
Grüner Kaffee ↗ Coffea-Arten.
Grüner Knollenblätterpilz ↗ Amanita phalloides.
Grüne Roßminze ↗ Mentha-Arten.
Grüner Senf ↗ Brassica-Arten.
Grüner Tee ↗ Camellia sinensis.
Grüne Schlange ↗ Turbina corymbosa.
Grünes Wachs ↗ Myrica pensylvanica.
Grünholz ↗ Genista tinctoria.
Grützblume ↗ Achillea-Arten, ↗ Iberis amara.
Guaco ↗ Mikania guaco
Guacoblätter ↗ Mikania guaco.
Guaiaci aetheroleum ↗ Guaiacum officinale, ↗ Guaiacum sanctum.
Guaiaci cortex ↗ Guaiacum officinale, ↗ Guaiacum sanctum.
Guaiaci lignum ↗ Guaiacum officinale, ↗ Guaiacum sanctum.
Guaiaci resina ↗ Guaiacum officinale, ↗ Guaiacum sanctum.

■ **Guaiacum officinale** L.
(syn. *Guajacum officinale*); Guajakholzbaum (syn. Franzosenholz, Heiligenholz, Pockholz, Schlangenholz).

Fam.: Zygophyllaceae.

Drogen: ***Guaiaci aetheroleum***, *Guaiaci cortex*, *Guaiaci lignum*, *Guaiaci resina*. Inhaltsstoffe und Anwendung s. ↗ Guaiacum sanctum.

Hom.: ***Guaiacum*** (syn. *Guajacum*) HAB1; Guajakharz, das durch Ausschmelzen des Kernholzes gewonnene Harz. Anw.-Geb.: entzündliche Prozesse, Erkrankungen der oberen und unteren Luftwege sowie des Stütz- und Bewegungsapparates.

Histor.: *Guaiacum* (syn. *Guajacum*) ist der hispanisierte indianische Name des Baumes. Guajakholz soll den Indianern lange vor der Entdeckung Amerikas durch die Europäer als Arzneidroge gedient haben. Das Holz, das bereits um 1508 nach Spanien eingeführt wurde, erlangte sehr bald unter den Bezeichnungen *Lignum sanctum*, *Lignum vitae* oder *Lignum benedictum* hohes Ansehen als antisyphilitisches Mittel. Auch in Deutschland wurde die Droge, bes. durch eine Abhandlung „De Guajaci medicina et morbo gallico liber unus" Ulrich von Huttens (1519), der sich selbst einer Guajakkur unterzogen hatte, bekannt und geschätzt. Die genaue Anweisung für die Anwendung der Droge bei Syphilis erfolgte durch den spanischen Arzt Monardes.

■ **Guaiacum sanctum** L.
(syn. *Guajacum sanctum*, *Guajacum verticale*), gleiche Synonyma wie bei ↗ Guaiacum officinale.

Fam.: Zygophyllaceae.

Vork.: Florida, Bahama-Inseln, Antillen, Guatemala, Südmexiko.

Drogen: ***1. Guaiaci aetheroleum*** (syn. *Oleum guajaci*, *Oleum Ligni Guajaci*); Guajakholzöl (syn. Guajakharzöl), das durch Wasserdampfdestillation aus dem Guajakholz gewonnene Öl. Inh.: Sesquiterpenalkohole, bes. Guajol. ***2. Guaiaci cortex*** (syn. *Cortex Guajaci*); Heiligenholzrinde (syn. Franzosenholzrinde, Pockholzrinde, Schlangenholzrinde), die Rinde der Stämme und Zweige. Inh.: Triterpensaponine, Phytosterole. Anw.: volkstümlich in den Heimatgebieten, bes. Mexiko, u. a. bei rheumatischen Beschwerden sowie als diuretisches und stoffwechselanregendes Mittel. ***3. Guaiaci lignum*** (syn. *Lignum guajaci*); Guajakholz (syn. Franzosenholz, Heiligenholz, Pockholz, Schlangenholz), das Kern- und Splintholz; s. Farbtafel S. 308, Bild 168. Inh.: Harze (15–25 %), ferner äther. Öl und Triterpensaponine. Anw.: volkstümlich bei rheumatischen Beschwerden, in diuretisch wirksamen Teemischungen, bei Erkrankungen der Atemwege sowie bei Hautleiden. ***4. Guaiaci resina*** (syn. *Resina Guajaci*); Guajakharz (syn. *Guajacum, Gummi Guajaci*), das Harz des Kernholzes. Inh.: Petrolätherfraktion (ca 15 %), aus Guajaret- und Dihydroguajaretsäure bestehend sowie etherlösli-

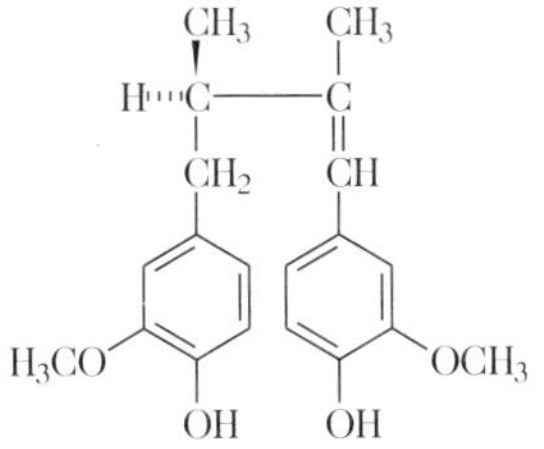

(*R*)-(–)-Guaiaretsäure
(Dehydroguaialignan)

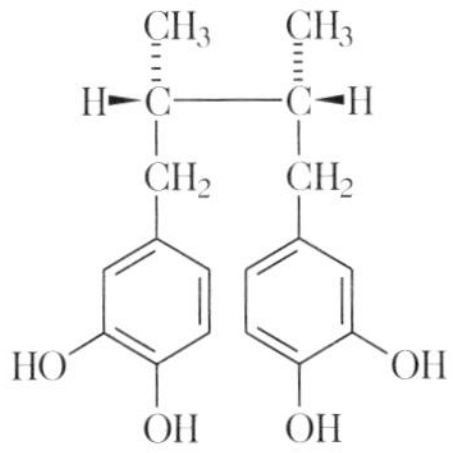

(±)-meso-Nordihydroguaiaretsäure
(Norguaialignan)

che Fraktion (ca.70 %), u. a. Guajacin, Isoguajacin und Furoguajacin enthaltend. Anw.: in Zentralamerika und den Antillen, u. a. bei rheumatischen Beschwerden und Hautleiden.

Hom.: ***Guaiacum*** (syn. Guajacum) HAB1; Guajakharz, das durch Ausschmelzen des Kernholzes gewonnene Harz. Anw.-Geb.: Entzündungen des Rachens, der Bronchien und der Lunge sowie rheumatische Beschwerden und Gicht.

Guajacum ↗ Guaiacum sanctum.
Guajacum officinale ↗ Guaiacum officinale.
Guajacum sanctum ↗ Guaiacum sanctum.
Guajacum verticale ↗ Guaiacum sanctum.
Guajakharz ↗ Guaiacum sanctum.
Guajakharzöl ↗ Guaiacum sanctum.
Guajakholz ↗ Guaiacum sanctum.
Guajakholzbaum ↗ Guaiacum officinale.
Guajakholzöl ↗ Guaiacum sanctum, ↗ Bulnesia sarmienti.

■ **Guajazulen**
(7-Isopropyl-1,4-dimethylazulen), ein nichtbenzoider Aromat. ist eine intensiv blaue Verbindung mit entzündungshemmender Wirkung. G. ist auch synthetisch aus dem Guajol des Guajakholzöls (↗ *Guaiacum sanctum*) herstellbar.

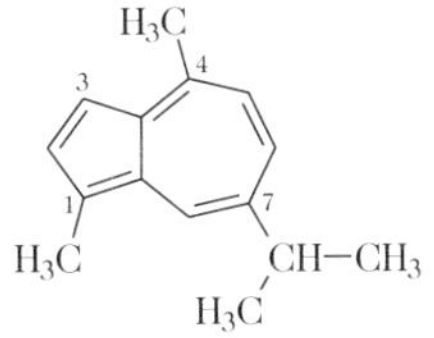

Guajazulen

Guao ↗ Comocladia dentata.
Guar ↗ Cyamopsis tetragonoloba.
Guarana ↗ Paullinia cupana.
Guaranapaste ↗ Paullinia cupana
Guarana-Strauch ↗ Paullinia cupana.
Guareae trichilioides cortex ↗ Guarea trichilioides.
Guarea guara ↗ Guarea trichilioides.
Guarea guidona ↗ Guarea trichilioides.
Guarea langsdorffiana ↗ Guarea trichilioides.
Guarea puberula ↗ Guarea trichilioides.
Guarea rubra ↗ Guarea trichilioides.

■ **Guarea rusbyi** (Britt.) Rusby
(syn. *Sycocarpus rusbyi*).
Fam.: Meliaceae.
Vork.: Brasilien, Bolivien, Andengebiete.
Droge: ***Cortex Cocillianae***; Cocillianarinde, die Stammrinde. Inh.: Rusbyin (ca. 2,5 %), Harz, Fett, Gerbstoffe, β-Sitosterol, äther. Öl. Anw.: in der lateinamerikanischen Volksheilkunde als Expektorans.

Guarea subspicata ↗ Guarea trichilioides.

■ **Guarea trichilioides** Allam. ex L.
(syn. *Guarea guara, G. guidona, G. langsdorffiana, G. puberula, G. rubra, G. subspicata, Melia guara, Samyda guidonia, Trichilia guara*); Gubinga.
Fam.: Meliaceae.
Vork.: in tropischen Gebieten Mittel- und Südamerikas, westindische Inseln, auf Haiti zusammen mit Bananen und Kaffee auch kultiviert.

Droge: ***Guareae trichilioides cortex***; die von den Stämmen und dickeren Ästen gewonnene, bis zu 1,5 cm dicke Rinde. *Inh.:* Gerbstoffe (bis zu 12,5 %), β-Sitosterol. *Anw.:* in der südamerikanischen Volksheilkunde nutzen Frauen eine Rindenabkochung zur Steigerung der Fruchtbarkeit, in Spanien nimmt man die Droge bei Verstopfung ein. Auch über eine Verwendung bei Wassersucht, Syphilis, Gicht und Wurminfektionen wird berichtet. In den Sammelgebieten wird die Rinde auch als „Jayamodoe" zum Gerben eingesetzt.

Hom.: ***Guareae trichilioides*** HAB34 (syn. *Guareae guidonia*), die getrocknete Rinde. *Anw.-Geb.:* Bindehautenzündungen.

■ **Guargalactomannan**
partiell hydrolysiertes Produkt des Guar-Gummis (syn. *Guar*, *Guar*-Mehl), gewonnen aus der Büschelbohne ↗ *Cyamopsis tetragonoloba*. *Inh.*: Hauptkomponenten sind D-Galactose und D-Mannose in den Molverhältnissen 1:1,4 bis 1:2. Die lineare Hauptkette besteht aus β-(1-4)-glykosidisch gebundenen Mannosen, an die einzelne Galactosen α-(1-6)-glykosidisch gebunden sind. *Anw.*: u. a. als Stabilisator für Suspensionen und Emulsionen.

Guargummi ↗ Cyamopsis tetragonoloba.
Guarmehl ↗ Cyamopsis tetragonoloba.
Guave ↗ Psidium guajava.
Guayavablätter ↗ Psidium guajava.
Guayulekautschuk ↗ Parthenium argentatum.

■ **Guazuma ulmifolia** Lam.

Fam.: Sterculiaceae.

Vork.: tropisches Amerika.

Droge: ***Herba Guazumae***, das getrocknete Kraut. *Inh.:* Gerbstoffe. *Anw.:* als Adstringens. Die Rinde der Varietät *G. ulmifolia* var. *tomentosa* wird in Südamerika und Indien bei Lepra, Herpes, als Diaphoretikum und Tonikum eingesetzt. Die Früchte dienen zu Behandlung von Bronchitis.

Gubinga ↗ Guarea trichilioides.
Guilandina bonducella ↗ Caesalpinia-Arten.
Guilandina dioica ↗ Gymnocladus dioicus.
Guilandina echinata ↗ Caesalpinia-Arten.
Guilandina moringa ↗ Moringa-Arten.
Guineapfeffer ↗ Xylopia aethiopica.

■ **Guizotia abyssinica** (L. f.) Cass. (syn. *Guizotia oleifera*).

Fam.: Asteraceae (Compositae).

Vork.: tropisches Afrika, bes. Äthiopien, Ostafrika; Indien, Westindien, auch kultiviert.

Droge: ***Oleum Guizotiae***; Negersaatöl (syn. Niggersaatöl, Nigeröl, Ramtillaöl), das fette Öl der Früchte (ca. 35–40 %). *Inh.:* Triglyceride der Öl-, Linol-, Palmitin- und Myristinsäure. *Anw.:* Brennöl, zur Seifenherstellung, nach Raffination auch als Speiseöl. Die Preßrückstände nach der Ölgewinnung werden als Futtermittel eingesetzt.

Guizotia oleifera ↗ Guizotia abyssinica.
Gulden Leberkraut ↗ Hepatica nobilis.
Gum carana ↗ Bursera-Arten.

■ **Gummen**
(syn. Gummi), viskose Lösung von Polysaccharid-Gemischen (Heteropolysaccharide, Schleimstoffe), die meist bei der Verletzung von Pflanzen gebildet werden, aus diesen austreten und an der Luft erstarren. Sie besitzen offenbar eine Schutzfunktion für die verletzte Pflanze. In der Pharmazie verwendet man Gummen wegen ihrer Fähigkeit, hochvisköse Lösungen mit Pufferkapazität zu bilden. Auch ihre abdeckende und reizmildernde Wirkung sowie ihre resorptionshemmenden Effekte werden therapeutisch genutzt.

Gummi Acaciae ↗ Acacia-Arten.
Gummi Acaroidis ↗ Xanthorrhoea hastilis.
Gummi Ammoniacum ↗ Dorema ammoniacum.
Gummi arabicum ↗ Acacia-Arten.
Gummi Asa dulcis ↗ Styrax-Arten.
Gummibaum ↗ Ficus elastica.
Gummi Cerasorum ↗ Prunus-Arten.
Gummi Copal ↗ Agathis-Arten.
Gummi Dammar ↗ Shorea wiesneri.
Gummi elasticum ↗ Hevea brasiliensis, ↗ Kautschuk.
Gummi Elemi ↗ Canarium luzonicum.
Gummi Gambae ↗ Garcinia hanburyi.
Gummi Guajaci ↗ Guaiacum sanctum.
Gummigutt ↗ Garcinia hanburyi.
Gummi Guttae ↗ Garcinia hanburyi.
Gummi Gutti ↗ Garcinia hanburyi.
Gummi-Guttibaum ↗ Garcinia hanburyi.

■ **Gummiharze**
(syn. Gummiresina) Gemische von Harzen, Gum-

men und geringen Mengen äther. Öl. Die Harzanteile sind von sehr komplexer Struktur, wobei Terpene, bes. Di- und Triterpene, und aromatische Verbindungen allgemein vorherrschen. Die Gummen sind Heteropolysaccharide. Begleitstoffe der Gummiharze sind Proteine und Mineralien. Maßgebend für die Qualität eines Gummiharzes ist der Gehalt an ethanollöslichen Anteilen. Bekannte Gummiharzdrogen sind Myrrhe ↗ Commiphora-Arten und Weihrauch ↗ *Boswellia*-Arten.

Gummi Kino ↗ Pterocarpus-Arten.
Gummi Lacca ↗ Kerria lacca.
Gummilack ↗ Kerria lacca.
Gummilackschildlaus ↗ Kerria lacca.
Gummi Ladanum ↗ Cistus-Arten.
Gummi Lentisci ↗ Pistacia lentiscus.
Gummi Mastix ↗ Pistacia lentiscus.
Gummi Moringae ↗ Moringa-Arten.
Gummi Myrrha ↗ Commiphora-Arten.
Gummi Olibanum ↗ Boswellia-Arten.
Gummi Opopanax ↗ Opopanax chironium.
Gummi Puyae ↗ Puya chilensis.
Gummiresina ↗ Harze.
Gummiresina Ammoniacum ↗ Dorema ammoniacum.
Gummiresina Asa foetida ↗ Ferula foetida.
Gummiresina Euphorbium ↗ Euphorbia-Arten.
Gummiresina Galbanum ↗ Ferula gummosa.
Gummiresina Gutti ↗ Garcinia hanburyi.
Gummiresina Myrrha ↗ Commiphora-Arten.
Gummiresina Olibanum ↗ Boswellia-Arten.
Gummiresina Scammoniae ↗ Convolvulus-Arten.
Gummi Sandaracae ↗ Tetraclinis articulata.
Gummi Sangius draconis ↗ Daemonorops draco.
Gummi Sapotae ↗ Manilkara zapota.
Gummi Sterculiae ↗ Sterculia-Arten.
Gummi Tragacanthae indicae ↗ Sterculia-Arten.
Gummi Tragacantha indica ↗ Sterculia-Arten.
Gummi victoria ↗ Garcinia hanburyi.
Gummiwurz ↗ Opopanax chironium.
Gundelrebe ↗ Glechoma hederacea.
Gundermann ↗ Glechoma hederacea.
Gurgelkraut ↗ Ajuga reptans.
Gurjunbalsam ↗ Dipterocarpus-Arten.
Gurke ↗ Cucumis-Arten.
Gurkenbaum ↗ Averrhoa-Arten.
Gurkenkraut ↗ Borago officinalis, ↗ Anethum graveolens.
Gurkensamenöl ↗ Cucumis-Arten.
Gurkumei ↗ Curcuma-Arten.

Gürtelkraut ↗ Lycopodium clavatum.
Gurunuß ↗ Cola-Arten.
Guter Heinrich ↗ Chenopodium-Arten.
Gutta Ammoniaca ↗ Dorema ammoniacum.
Gutta Gambir ↗ Uncaria gambir.
Guttapercha ↗ Palaquium gutta.
Guttaperchabaum ↗ Palaquium gutta.
Gutti ↗ Garcinia hanburyi.
Gymnadenia bifolia ↗ Platanthera bifolia.
Gymnemablätter ↗ Gymnema sylvestre.
Gymnema parviflorum ↗ Gymnema sylvestre.

■ **Gymnema sylvestre** (Willd.) R. Br.
(syn. *Gymnema parviflorum, Asclepias geminata, Apocynum alternifolium*).

Fam.: Asclepiadaceae.

Vork.: Westafrika, Südasien, Australien.

Droge: ***Folia Gymnemae sylvestris***; Gymnemablätter (syn. Merasingiblätter), die getrockneten Laubblätter. Inh.: Gymnemasäure (ca. 6 %, Säureglykosidgemisch), Gymnamin (Alkaloid),

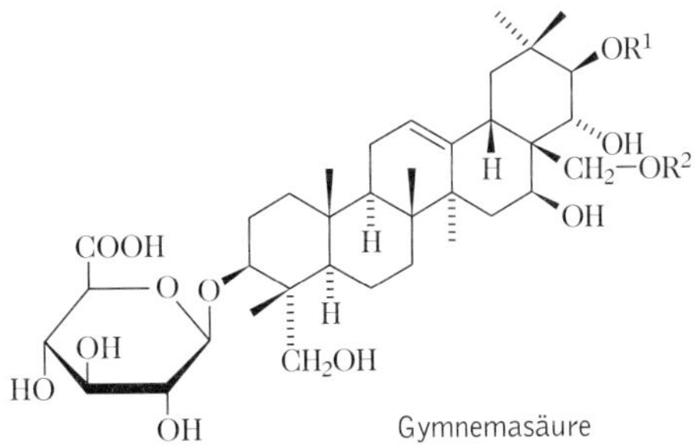

Gymnemasäure

	R^1	R^2
G. I	$CO-C(CH_3)=CH-CH_3$ (E)	$CO-CH_3$
G. II	$CO-CH(CH_3)-CH_2-CH_3$ (S)	$CO-CH_3$
G. III	$CO-CH(CH_3)-CH_2-CH_3$ (S)	H
G. IV	$CO-C(CH_3)=CH-CH_3$ (E)	H

Cholin, Betain, Adenin, Aminosäuren, Fettsäuren, Gerbstoffe, und weitere Saponine. Anw.: in der indischen Volksmedizin als Antidiabetikum (hypoglykämischer Effekt). Die Droge hebt die Geschmacksempfindung für süß und bitter vorübergehend auf und wirkt darüber hinaus auch als Emetikum.

Gymnocladus canadensis ↗ Gymnocladus dioicus.

■ **Gymnocladus dioicus** (L.) K. Koch (syn. *Guilandina dioica, Gymnocladus canadensis*).

Fam.: Leguminosae.

Vork.: östliches Nordamerika, in Europa auch kultiviert.

Droge: ***Gymnocladus canadensis***; Schusserfruchtmark, das frische Fruchtmark. *Inh.:* Glykoaraban (gummiartiges Polysaccharid), Saccharose, Dextrose, fettes Öl (ca. 8 %), die Samen und die Rinde enthalten auch Saponine. *Anw.:* die Samen werden als Kaffee-Ersatz genutzt.

Hom.: ***Gymnocladus dioicus*** (syn. *Gymnocladus canadensis*); das frische Fruchtfleisch. *Anw.-Geb.:* Gesichtsrose, Mandelentzündung.

Gymnosporia baumii ↗ Maytenus-Arten.
Gymnosporia intermedia ↗ Maytenus-Arten.
Gymnosporia montana ↗ Maytenus-Arten.

■ **Gynocardia odorata** (Roxb.) R. Br. (syn. *Chaulmoogra odorata*).

Fam.: Flacourtiaceae.

Vork.: u. a. Indien, Malaysia, China.

Droge: ***1. Semen Gynocardiae***; Gynocardiasamen, die reifen Samen. *Inh.:* fettes Öl (60–65 %, u. a. mit Linol-, Linolen-, Öl-, Laurin-, Palmitin- und Stearinsäureestern), Gynocardin, cyanogene Glucoside. *Anw.:* als Insektizid. ***2. Oleum Gynocardiae***; Falsches Chaulmoograöl, das fette Öl der Samen. *Inh.:* Zusammensetzung s. *Semen Gynocardiae*. *Anw.:* in der asiatischen Volksheilkunde als Wurmmittel und bei Hauterkrankungen.

Gynocardiaöl ↗ Hydnocarpus-Arten.
Gynocardia prainii ↗ Hydnocarpus-Arten.
Gynocardiasamen ↗ Gynocardia odorata.
Gypsogenin ↗ Saponine.
Gypsophilae radix ↗ Gypsophila paniculata.

■ **Gypsophila paniculata** L. (syn. *Arrostia paniculata, Gypsophila parviflora, Saponaria paniculata*); Schleierkraut (syn. Rispen-Gipskraut, Rispiges Gipskraut), s. Farbtafel S. 309, Bild 169.

Fam.: Caryophyllaceae.

Vork.: Südosteuropa, Türkei, Kaukasusgebiet, Iran.

Droge: ***Saponariae alba radix*** (syn. *Gypsophilae radix, Radix Lanariae, Radix Saponariae alba*); Weiße Seifenwurzel (syn. Levantinische Seifenwurzel, Russische Seifenwurzel, Ungarische Seifenwurzel, Türkische Seifenwurzel, Sizilianische Seifenwurzel, Italienische Gipskrautwurzel), die geschälten getrockneten Wurzeln mit kurzen Wurzelstöcken. *Inh.:* Triterpensaponinkomplex (bis 20 %), u. a. Gypsosid A, ein bisdesmosidisches Triterpensaponin mit Gypsogenin als Aglykon und D-Glucose, D-Galactose, L-Rhamnose, D-Xylose, D-Fucose, L-Arabinose und D-Glucuronsäure als Kohlenhydratkomponenten. Außerdem Phytosterole. *Anw.:* Katarrhe der oberen Luftwege. Bestandteil entsprechender Kombinationspräparate. Tagesdosis 30–150 mg Droge, Zubereitungen entsprechend. Volkstümlich bei chronischen Hauterkrankungen, bes. Ekzemen. In der Technik als Schaumbildner, u. a. in Waschmitteln und Feuerlöschern. *Geg.:* in hohen Dosen ist die Droge zelltoxisch.

Histor.: DerGattungsname *Gypsophila* leitet sich vom griechischen *gypsos* (Gips) und *philos* (Freund) ab, während der Artname *paniculatus* (lat., rispig) den Blütenstand charakterisiert. Entsprechend wurde der Name in die deutsche Bezeichnung als Rispiges Gipskraut übernommen. Neben der arzneilichen Nutzung ist die Pflanze eine beliebte Zierpflanze und oft Bestandteil von Blumensträußen.

Gypsophila parviflora ↗ Gypsophila paniculata.

■ **Gyromitra esculenta** (Pers. ex Fr.) Fr. Frühjahrslorchel (syn. Giftlorchel, Speiselorchel, Stockmorchel).

Fam.: Helvellaceae.

Vork.: Kiefernwälder in Mitteleuropa und Nordamerika.

Bedeut.: früher als exzellenter Speisepilz bei Feinschmeckern geschätzt, ist der Handel mit diesem Pilz heute verboten, da es immer wieder zu Vergiftungen mit hoher Mortalität gekommen ist. Das

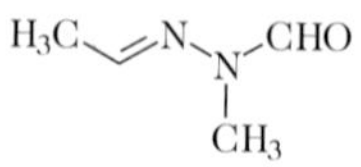

Gyromitrin
[Acetaldehyd-(formyl-methyl-hydrazon)]

verantwortliche Pilzgift ist Gyromitrin, das in ähnlicher Weise wie die Giftstoffe des Grünen Knollenblätterpilzes hepatotoxisch wirkt und die Zellteilung verhindert.

H

Haarbirke ↗ Betula-Arten.
Haar-Hainsimse ↗ Luzula pilosa.
Haarlinsen ↗ Linum usitatissimum.
Haarnessel ↗ Urtica-Arten.
Habern ↗ Avena sativa.
Hacuja-Öl ↗ Acrocomia sclerocarpa.
Haemanthus abyssinicus ↗ Scadoxus multiflorus.
Haemanthus kalkbreyeri ↗ Scadoxus multiflorus.
Haemanthus lemairei ↗ Boöphone disticha.
Haemanthus longitubus ↗ Scadoxus multiflorus.
Haemanthus manni ↗ Scadoxus multiflorus.
Haemanthus multiflorus ↗ Scadoxus multiflorus.
Haemanthus rupestris ↗ Scadoxus multiflorus.
Haemanthus toxicarius ↗ Boöphone disticha.
Haematoxyli lignum ↗ Haematoxylum campechianum.
Haematoxylon campechianum ↗ Haematoxylum campechianum.

■ **Haematoxylum campechianum** L. (syn. *Haematoxylon campechianum*); Blauholz (syn. Blutholz, Campecheholz).

Fam.: Caesalpiniaceae.

Vork.: Mittelamerika, nördliches Südamerika, auf den westindischen Inseln auch kultiviert.

Droge: ***Haematoxyli lignum*** (syn. *Lignum campechianum, Lignum Haematoxyli*); Blauholz (syn. Blutholz, Campecheholz), das von der Rinde und dem hellen Splint befreite Kernholz. *Inh.:* Isoflavane (9–12 % Hämatoxylin, glykosidisch ge-

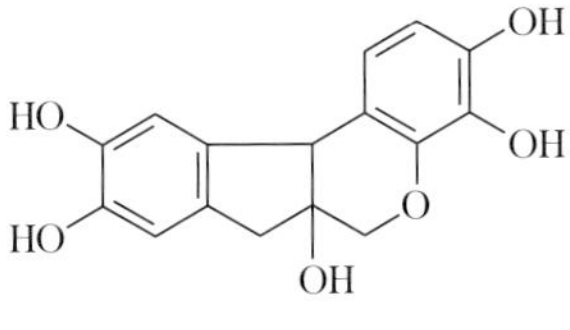

Hämatoxylin

bunden; daraus entwickelt sich unter Lichteinfluß das rote Haematein; Haematoxylol A; Tetra-*O*-methylhaematoxylol B), Gerbstoffe (ca. 10 %), Spuren von äther. Öl. *Anw.:* in der Volksheilkunde als Adstringens bei Diarrhoe und zur Verbesserung des Trinkwassers. Die klinische Wirksamkeit ist nicht belegt. In der Mikroskopie dient Haematoxylin als Bestandteil vieler Färbelösungen zum Anfärben der Zellkerne. Seltener wird die Droge zur Seidenfärberei eingesetzt.

Hom.: ***Haematoxylon campechianum*** HAB34, das getrocknete Kernholz des Stammes und der Äste. *Anw.-Geb.:* Angina pectoris.

Hafer ↗ Avena sativa.
Haferfrüchte ↗ Avena sativa.
Haferstärke ↗ Avena sativa.
Haferstroh ↗ Avena sativa.
Haffdornbeeren ↗ Hippophae rhamnoides.
Hagdorn ↗ Rosa canina, ↗ Crataegus-Arten.
Hagebutten ↗ Rosa canina.
Hagebuttenschalen ↗ Rosa canina.
Hagedorn ↗ Crataegus-Arten.

■ **Hagenia abyssinica** (Bruce) J. F. Gmel. (syn. *Bankesia abyssinica, Brayera anthelmintica*); Kosobaum (syn. Kussobaum).

Fam.: Rosaceae.

Vork.: Äthiopien, dort auch kultiviert.

Droge: ***Koso flos*** (syn. *Brayerae flos, Coussi flos, Cousso flos, Cusso, Flores Brayerae, Flores Hageniae, Flos Koso*); *Hagenia-abyssinica*-Blüten (syn. Kosoblüten, Kussoblüten, Wurmblüten), die nach dem Verblühen gesammelten und getrockneten, rötlichen, weiblichen Blüten. Die Droge ist giftig! *Inh.:* Phloroglucinole (komplexes Gemisch monomerer bis trimerer, durch Methylbrücken verknüpfter Acylphloroglucinole, Kosotoxin, Protokosin, Kosine), Gerbstoffe, Harz,

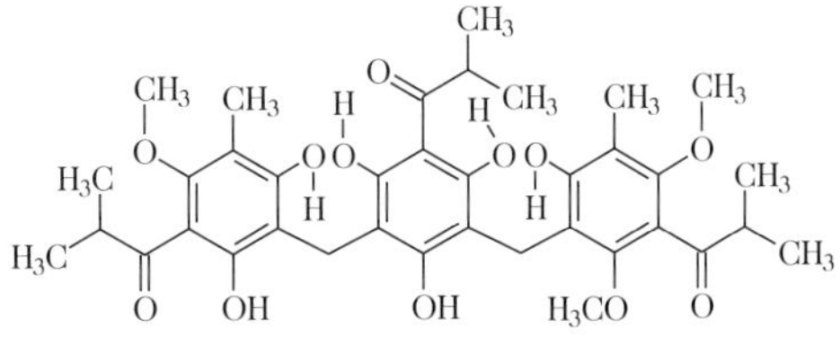

Protokosin

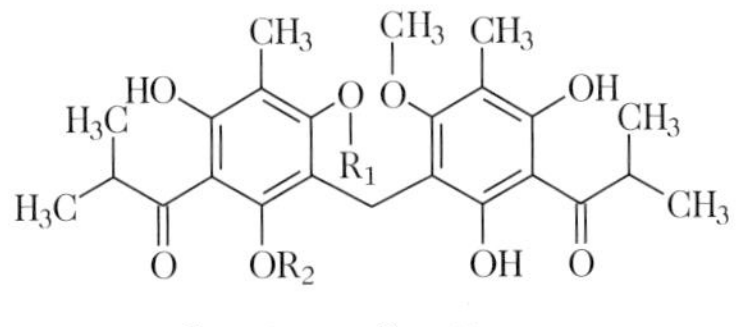

α-Kosin: $R^1 = CH_3$, $R^2 = H$
β-Kosin: $R^1 = H$, $R^2 = CH_3$

äther. Öl, Gummi. *Anw.:* früher in Europa als Bandwurmmittel genutzt, das heute obsolet ist. In der Volksheilkunde Afrikas bis heute zu diesem Zweck angewendet. Die Wirksamkeit ist unzureichend belegt. In Äthiopien wird die Droge auch als Insektizid benutzt.

Hom.: *Koso* HAB34, die getrockneten, rötlichen weiblichen Blüten.

Histor.: Die Namensgebung erfolgte durch Willdenow (1799), wobei der Gattungsname *Hagenia* zu Ehren des Königsberger Professors K. G. Hagen gewählt wurde, während die Artbezeichnung auf das Herkunftgebiet, nämlich Abessinien, hinweist. Die Bezeichnungen *Koso* oder *Kusso* sind einheimische, in den Herkunftsgebieten übliche Bezeichnungen.

Hagrose ↗ Rosa canina.
Hahnensporn ↗ Claviceps purpurea.
Haifischleberöl ↗ Prionoce glauca.
Haifischtran ↗ Prionoce glauca.
Hainbuche ↗ Carpinus betulus.
Hainbutten ↗ Rosa canina.
Hainbuttenschalen ↗ Rosa canina.
Haitran ↗ Prionoce glauca.
Hakenlilie ↗ Gloriosa superba.
Halichondria lacustris ↗ Spongilla lacustris.
Hallimasch ↗ Armillariella mellea.

Halluzinogene biogenen Ursprungs

Matthias F. Melzig

Einführung

Halluzinogene umfassen eine große Gruppe von Pflanzen, Pilzen sowie daraus hergestellten Reinstoffen und Zubereitungen, die eine tiefgreifende Verzerrung der Wahrnehmung verursachen. Sie sind seit Jahrtausenden Teil des menschlichen Lebens, ihre Bedeutung für die Kulturgeschichte und Naturheilkunde wurde aber erst in unserem Jahrhundert näher untersucht. Diese Gruppe von Drogen wird unter verschiedenen Synonyma zusammengefaßt, wie Phantastika (Louis Lewin, 1924), Psychedelika (Robert Osmond 1957), Illusionogene, Halluzinogene, Eidetika, Psychotika, Psychodysleptika, Psychotogene oder Psychotomimemtika. Suchtdrogen (↗ Sucht und Suchtdrogen biogenen Ursprungs) und Rauschgifte können ebenfalls halluzinogene Effekte aufweisen. Ihnen allen gemeinsam ist die Eigenschaft, Halluzinationen des Gesichts- und des Gehörsinnes zu erzeugen und den Konsumenten von der Wirklichkeit zu entfernen. Der Begriff Halluzinogene für diese Drogen ist daher wohl der gebräuchlichste. Diese Wirkstoffe können die Wahrnehmung und das Erkennungsvermögen beeinträchtigen und induzieren teilweise Verhaltensänderungen, wie man sie auch bei psychotischen Patienten beobachtet. Diese Drogen werden seit Jahrtausenden wegen ihrer Effekte auf die sensorische Wahrnehmung benutzt, sie sollen magische oder mystische Eigenschaften besitzen und waren zumeist Teil religiöser Rituale. In diesem Zusammenhang bezeichnet man diese Drogen auch als „bewußtseinserweiternde" Halluzinogene. Einheitliche chemische Strukturen existieren für diese Drogenwirkstoffe nicht, da sie aber große Ähnlichkeiten zu bestimmten Neurotransmittern haben, kann man sie anhand dieser Verwandtschaften einteilen.

Halluzinogene mit anticholinergen Wirkstoffen

Anticholinerge Wirkstoffe (↗ Atropin, ↗ Scopolamin, ↗ Hyoscyamin) lösen Rauschzustände, Gedächtnisverlust und Delirium aus, indem sie postsynaptische Acetylcholinrezeptoren blockieren. Scopolamin, Hyoscyamin und Atropin kommen insbesondere in Nachtschattengewächsen, wie ↗ *Atropa belladonna*, *Datura stramonium* (↗ *Datura*-Arten), ↗ *Mandragora officinarum*, ↗ *Hyoscyamus niger* und in ↗ *Brugmansia*-Arten, wie *Brugmansia aurea* vor. All diese Pflanzen werden seit Jahrhunderten genutzt und mißbraucht. Sie induzieren nach Applikation von 5 bis 50 mg ein Delirium, das die Vorstellung unterstützt, fliegen zu können. Daher auch die Anwendung in Hexensalben und -getränken im Mittelalter.

Stechapfelkraut (*Datura stramonium*, ↗ *Datura*-Arten) diente im Mittelalter fast ausschließlich zur Bereitung von Hexen- und Liebestränken. Mit Hilfe der Solanaceenalkaloide genossen die „Hexen" damals „unerlaubte" sexuelle Freuden, die sie häufig nach Marter und Folter mit dem Tod auf dem Scheiterhaufen bezahlen mußten. Dabei waren die nach dem Genuß der Drogen induzierten Vorstellungen des Fliegens und sexueller Handlungen durchaus real, wie heutige wissenschaftliche Untersuchungen gezeigt haben. Altindische Priester nahmen vor jeder zeremoniellen Handlung einen Stechapfeltrank zu sich und auch in Mexiko wurden Zubereitungen aus Datura-Arten genutzt, um Krankheiten zu diagnostizieren bzw. die Zukunft vorauszusagen. Zur Verstärkung der Wirkung von Opium- und Cannabis-Zubereitungen wurden Extrakte von *Datura stramonium* zugesetzt, die insbesondere die Rauschphase intensivierten.

Die berühmteste Zauberpflanze des Altertums und des Mittelalters war die Alraune (↗ *Mandragora officinarum*). Heute ist diese Pflanze in Mitteleuropa kaum noch zu finden, ihre Heimat ist der Vordere Orient. Bevor der Alraunekult im Mittelalter seinen Höhepunkt erreichte, wurden die narkotischen und halluzinogenen Eigenschaften der Droge bereits im Altertum genutzt. So soll der Lethe-Trank der Griechen Alraune enthalten haben, der Kummer und Sorgen vergessen ließ. Scopolamin als Hauptwirkstoff der Droge verursacht in geringer Dosierung Benommenheit und Ermüdung, milde Euphorie, weitreichende Amnesie, Delirium, Verwirrtheitszustände, traumlosen Schlaf und Konzentrationsstörungen. Die Sinneswahrnehmung wird nicht gesteigert. Bei höherer Dosierung wird dem Konsumenten ein Gefühl von Erregung und Kontrollverlust vermittelt. Die einhergehende Bewußtseinstrübung und das Fehlen jeglicher Erinnerung an das Rauscherlebnis machen Scopolamin nicht zu einer attraktiven Rauschdroge.

Bilsenkraut ist seit langer Zeit als Halluzinogen und Rauschdroge bekannt, im griechischen Altertum wurde die Droge zur Wahrsagerei genutzt, auch die phytischen Jungfrauen des Orakels von Apollo versetzten sich mit Bilsenkrautdämpfen in einen Trancezustand. Selbst zur „Verstärkung" der Wirkung von Bier wurde Bilsenkraut verwendet, was allerdings bereits im 16. Jh. in Deutschland unter Strafe gestellt wurde.

Als Halluzinogene spielen die Nachtschattengewächse heute nur noch bei einigen Ureinwohnern Südamerikas, Afrikas und Australiens eine größere Rolle. In den Industrieländern werden diese Drogen bzw. die daraus isolierten Alkaloide als wertvolle Arzneimittel zur Therapie von Erkrankungen eingesetzt.

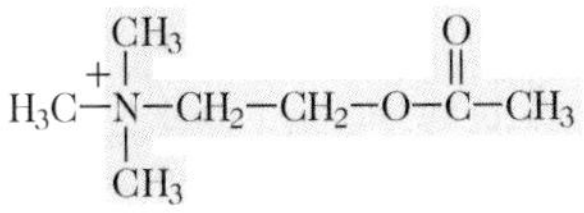

Acetylcholin

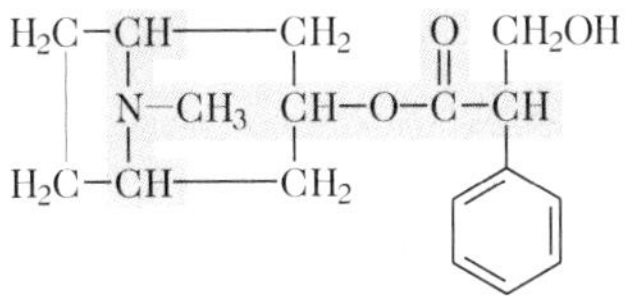

Atropin

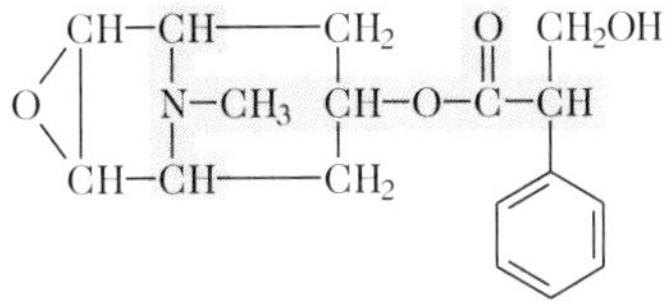

Scopolamin

Strukturformeln des Neurotransmitters Acetylcholin und der anticholinergen halluzinogenen Wirkstoffe Atropin und Scopolamin. Beide Stoffe blockieren den Acetylcholinrezeptor und erzielen dadurch ihre Wirkung.

Halluzinogene mit catecholaminverwandten Wirkstoffen

Catecholaminverwandte Wirkstoffe wie ↗ Mescalin, ↗ Myristicin und Elemicin (↗ Myristica fragans) wirken durch Wechselwirkung sowohl mit catecholaminergen als auch serotonergen Rezeptoren psychodyleptisch.

Zu den Mescalin-haltigen Drogen zählen „Mescal-Buttons", getrocknete Scheiben des mexikanischen Kaktus ↗ *Lophophora williamsii*. Diese auch Peyotl genannte Droge nutzten die Azteken und andere indianische Kulturen Mittel- und Südamerikas bereits lange Zeit vor der Ankunft der Europäer im 15. Jahrhundert. Der markanteste Effekt des Mescalins scheint die Veränderung des Gesichtssinnes zu sein. Nach oraler Gabe (100 bis 200 mg) wird Mescalin schnell resorbiert und induziert ungewöhnliche psychische Effekte und Halluzinationen mit leuchtenden Farben, geometrischen Mustern sowie scheinbare Erlebnisse mit Menschen und Tieren. Bei höherer Dosierung (300 bis 600 mg) verändert sich die Bewußtseinslage so stark, daß alle Erlebnisse und Visionen getrennt vom eigenen Ich empfunden werden. Der Berauschte fühlt sich zeit-, wunsch- und erinnerungslos. Der Rausch hält in üblicher Dosierung etwa 10 Stunden an. Mit dem gleichen Wirkstoffspektrum wird auch ↗ *Trichocereus pachanoi* (San Pedro) als Rauschdroge, insbesondere in Peru verwendet. In ähnlicher Weise wirken auch die künstlichen Amphetaminderivate („Designerdrogen").

Myristicin und Elemicin sind die pharmakologisch aktiven Wirkstoffe der Muskatnuß und der Muskatblüte (↗ *Myristica fragrans*). Diese Drogen werden nur gelegentlich als „Notlösung" mißbraucht, wenn keine anderen psychedelischen Substanzen verfügbar sind. Die Aufnahme größerer Mengen (1 bis 2 Teelöffel der gemahlenen Droge) führt nach wenigen Stunden zu Euphorie und visuellen Halluzinationen, die mit psychotischen Reaktionen und Depersonalisation einhergehen. Unangenehme Begleiterscheinungen sind Muskelzittern, Übelkeit und starkes Erbrechen, die die Nutzung von Muskat als Rauschdroge eher unwahrscheinlich machen.

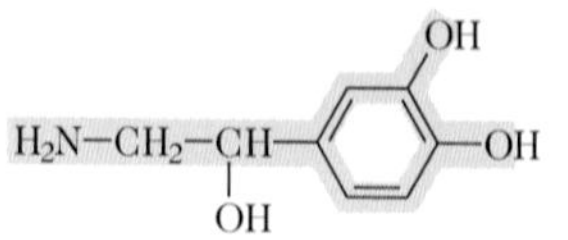

Noradrenalin

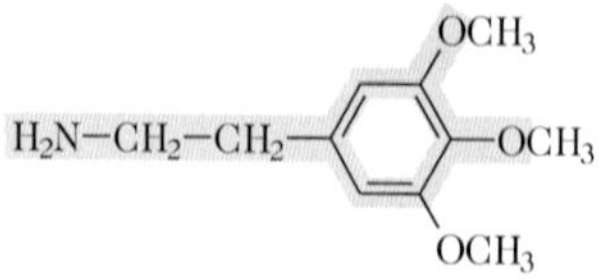

Mescalin

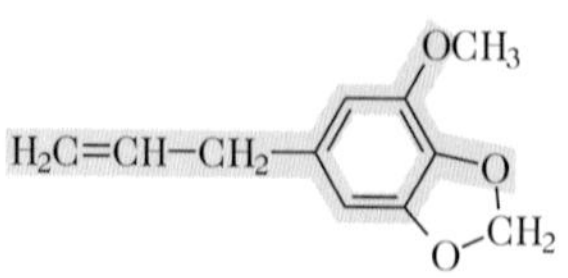

Myristicin

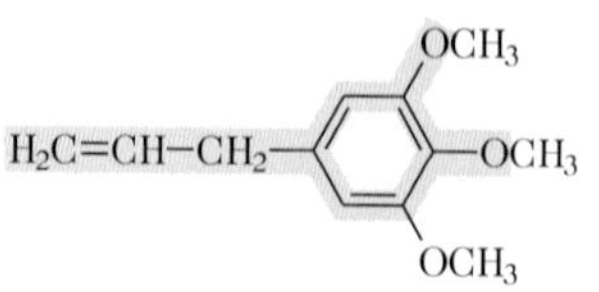

Elemicin

Strukturformeln des Neurotransmitters Noradrenalin und drei catecholaminverwandter psychedelischer Substanzen, deren Wirkung wahrscheinlich darauf beruht, daß sie die Übertragung von Nervenimpulsen an den catecholaminergen Synapsen im Gehirn verändern, bei denen Noradrenalin und Serotonin als Transmitter fungieren.

Halluzinogene mit serotoninverwandten Wirkstoffen

Serotoninverwandte Wirkstoffe wie LSD (↗ Lysergsäurediethylamid), ↗ Psilocybin, Psilocin ↗ Bufotenin, ↗ Ololiuqui, Harmin (↗ Peganum harmala) und Dimethyltryptamin greifen direkt am postsynaptischen Serotoninrezeptoren an und induzieren ein psychedelisches Syndrom. Außer LSD, das ein partialsynthetischer Wirkstoff ist und ebenfalls als Suchtdroge mißbraucht wird, sind die anderen Wirkstoffe Sekundärstoffe aus Pflanzen oder Pilzen, die weltweit als Rauschdrogen genutzt wurden und werden.

Dimethyltryptamin (DMT) und Tryptaminderivate ähneln in ihrer Struktur dem Indolabkömmling Serotonin und treten in Wechselwirkung mit den serotonergen Rezeptoren. Diese Stoffe sind in einigen in Südamerika gebräuchlichen Schnupfpulvern enthalten, die aus den Samen von ↗ *Anadenanthera peregrina* (Cohoba) oder der Rinde von ↗ *Virola*-Arten (Epena) gewonnen werden. Die Aufnahme dieser Schnupfpulver führt zu Halluzinationen und Verwirrtheitszuständen, wobei neben DMT auch Bufotenin (5-Hydroxy-DMT) zur Wirkung beiträgt. Charakteristisch für den Verlauf des Rausches ist die Induktion eines tiefen, aber unruhigen Schlafes. In ihm gebärdet sich der Berauschte wie im Fieberdelirium, stößt Schreie aus oder murmelt Unartikuliertes vor sich hin. Da die Drogen zur Wahrsagerei und zu magischen Zeremonien genutzt werden, muß ein zusätzlicher Gehilfe die vermeintlichen prophetischen Offenbarungen des Berauschten registrieren und deuten. Die orale Aufnahme dieser Stoffe führt nicht zum Rausch.

Psilocybin und Psilocin sind zwei Substanzen, die in mindestens 15 Pilzarten der Gattungen *Psilocybe*, *Panaeolus* und *Conocybe* gefunden wurden. Diese Pilze sind weltweit verbreitet, wurden aber besonders in Mittelamerika und im Nordwesten der heutigen USA als Drogenquelle genutzt. Chemisch unterscheidet Psilocybin vom Psilocin nur durch eine Phosphatgruppe, die nach der Aufnahme im Magen-Darm-Trakt abgespalten wird, so daß der eigentliche Wirkstoff Psilocin entsteht, der dann resorbiert wird. Reines Psilocybin wirkt etwa 50 mal stärker als Mescalin (s. o.). Die längste nachweisbare Tradition in Mittelamerika hat dabei *Psilocybe mexicana* (Teonanacatl oder Fleisch der Götter; ↗ *Psilocybe*-Arten), der heilige Rauschpilz der Azteken. Um den Rauschzustand zu erreichen, werden die Pilze roh gegessen, die Wirkung hält etwa 6 bis 10 Stunden an. Die traditionellen Pilzzeremonien dauern eine Nacht und beinhalten oft auch Heilungsrituale, die durch Gesänge begleitet werden. Kurze Zeit nach der Aufnahme der Pilze kommt es zu einer subjektiv als angenehm empfundenen geistigen und körperlichen Entspannung, gefolgt vom Gefühl einer körperlichen Leichtigkeit und der Empfindung, von der Umgebung losgelöst zu sein. Der Rauschzustand ist durch Farbvisionen und akustische Halluzinationen gekennzeichnet, der Berauschte erreicht in Ekstase eine vermeintlich andere, überirdische Geisteswelt. Hinzu kommt eine eigenartige Überempfindlichkeit, bei der das bloße Berühren

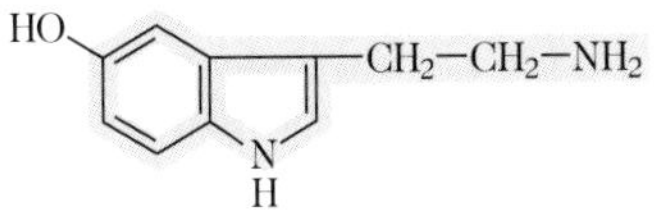

Serotonin
(5-Hydroxytryptamin)

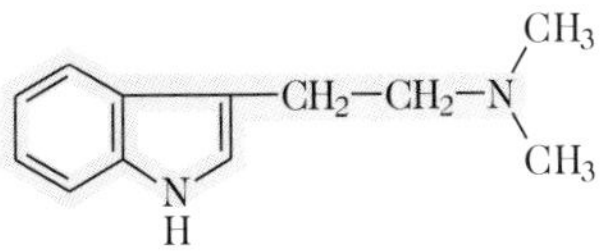

DMT
(Dimethyltryptamin)

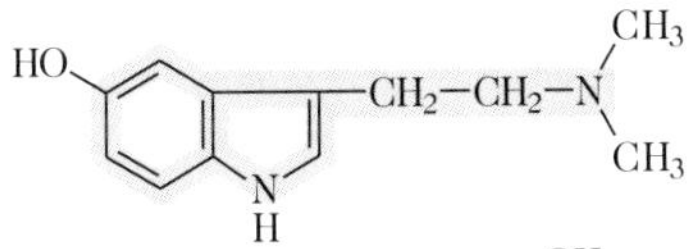

Bufotenin
(5-Hydroxy-DMT)

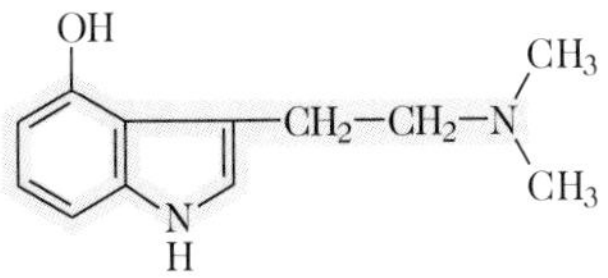

Psilocin
(4-Hydroxy-DMT)

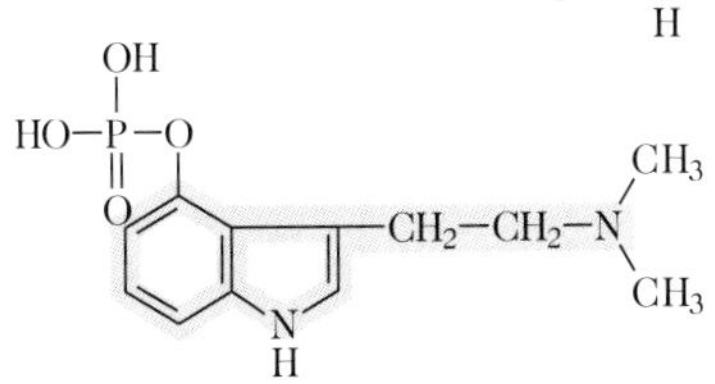

Psilocybin
(4-Phosphoryl-DMT)

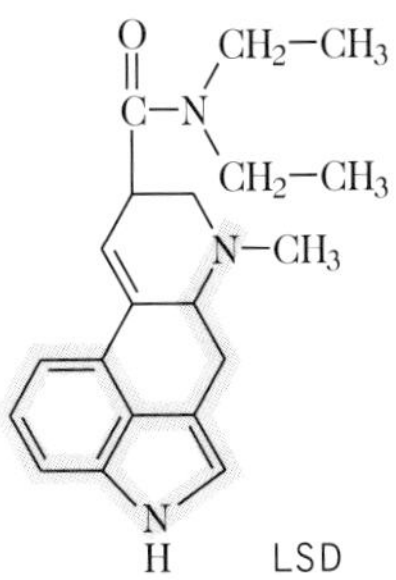

LSD

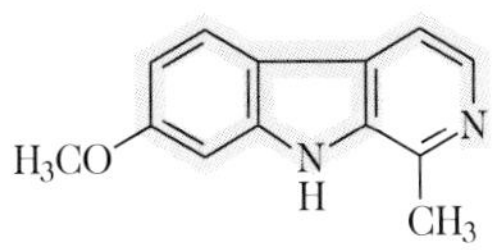

Harmin

Strukturformeln des Neurotransmitters Serotonin und von 6 serotoninverwandten halluzinogenen Substanzen, deren Wirkung mit großer Wahrscheinlichkeit durch Veränderungen an den serotonergen Synapsen im Gehirn vermittelt wird.

des Berauschten als absolut störend und unangenehm empfunden wird. Am nächsten Tag kommt es häufig zu einer ausgeprägten Katerstimmung.

Ololiuqui sind die Samen der Windengewächse ↗ *Ipomoea violacea* und ↗ *Turbina corymbosa*, die von den Indianern Mittel- und Südamerikas als halluzinogene Rauschdroge genutzt werden. Dabei werden die Samen zu einem feinen Pulver zerrieben und mit Agavenmost oder Tepache (Getränk aus Ananassaft und Pulque) angerührt. Nach dem Abseihen ist das Getränk fertig. Wie die anderen, bereits erwähnten Rauschdrogen, diente auch Ololiuqui oder coatlxoxouhqui („grüne Schlange") als Kultdroge zur Kontaktaufnahme mit übernatürlichen Kräften. Inhaltsstoff dieser Droge ist unter anderem Lysergsäureamid, das etwa ein Zehntel der Wirksamkeit von LSD aufweist. Ololiuqui führt zu Schläfrigkeit, verzerrter Wahrnehmung, Halluzinationen und Verwirrtheit, allerdings mit recht heftigen Nebenwirkungen wie Übelkeit, Erbrechen, Kopfschmerz und erhöhtem Blutdruck. Als übliche Dosis werden etwa 13 Samen beider Pflanzen aufgenommen, der Rausch setzt schnell ein und hält etwa 3 Stunden an. Ololiuqui wird auch heute noch in Mittelamerika in der traditionellen Medizin zu Heilungsritualen verwendet. Eine Verbreitung über Mittelamerika hinaus hat die Droge nicht gefunden.

Harmin und seine Derivate Harmalin sowie Tetrahydroharmin sind ebenfalls Indolalkaloide, die die rauscherzeugenden Wirkstoffe der Drogen ↗ *Peganum harmala* (Steppenraute) und ↗ *Banisteria*-Arten (Ayahuasca) darstellen. Die Blätter, Samen, Wurzeln und Rinde dieser Pflanzen wurden seit Jahrhunderten für kultische Zwecke sowohl im Orient als auch in Mittelamerika verwendet. Kurze Zeit nach der oralen Aufnahme kommt es zu Veränderungen der visuellen Wahrnehmung, die mit seltsamen telepathischen Fähigkeiten verbunden sein soll und zu optischen Halluzinationen, begleitet von Schwindelgefühl, Schweißausbrüchen und mitunter Übelkeit führt. Nach dem Rausch folgt ein tiefer Schlaf, der mit Träumen und Fieberwellen einhergeht. Harmin-ähnliche Indolalkaloide wie Harman und Norharman werden auch im menschlichen Körper nach akuter Alkoholaufnahme gebildet und sind wahrscheinlich an der Ausbildung des Alkohol-Rausches beteiligt.

Aus Berichten von Forschungsreisenden des vergangenen Jahrhunderts sind als halluzinogene Droge auch ↗ *Tabernanthe iboga* und *Mithragyna speciosa* bekannt, deren Inhaltsstoffe auch zu den Indolalkaloiden gezählt werden (Ibogain und Mitragyna-Alkaloide). Sie induzieren einen intensiven Trance-Zustand, gekoppelt mit psychotischen und halluzinären Erlebnissen.

Synthetische Halluzinogene

Neben den besprochenen Drogen mit halluzinogenen Eigenschaften existiert eine Reihe von chemischen Substanzen, die ebenfalls in die Rubrik Halluzinogene einzuordnen sind und häufig nach dem Vorbild ihrer biogenen Vertreter synthesisiert wurden. Dazu zählen. die synthetischen Amphetamin-Derivate (z. B. Dimethoxymethylamphetamin, DOM oder STP; Methylendioxyamphetamin, MDA; Dimethoxyamphetamin, DMA), die in höherer Dosierung wesentlich potenter aber auch toxischer als Mescalin wirken und ähnliche Effekte wie LSD indizieren. Diese Stoffe werden auch als „Designer-Drogen" bezeichnet und häufig illegal unter dem Etikett „Mescalin" gehandelt. Zumeist führt die Einnahme von synthetischen Halluzinogenen zu Toleranz und Abhängigkeit, verbunden mit Gesundheitsschäden, Veränderungen der Persönlichkeit und sozialem Abstieg. Beschränkte sich der Gebrauch biogener Halluzinogene früher hauptsächlich auf religiöse Rituale und war demzufolge nur wenigen Menschen bekannt, so werden seit den späten sechziger Jahren natürliche wie synthetische Halluzinogene in den Industriegesellschaften zunehmend propagiert und mißbraucht. Dabei steht der Wunsch nach Intensivierung der Wahrnehmung, nach Überhöhung der Wirklichkeit und das Sammeln von spirituellen bzw. übernatürlichen Erfahrungen im Vordergrund.

Literatur:

Julien, Robert M.: *Drogen und Psychopharmaka*, aus dem Engl. übers. von Therese Apweiler und Stefan Hartung. Heidelberg; Berlin; Oxford: Spektrum, Akad. Verl., 1997.

Cohen, S.: *The Chemical Brain: The Neurochemistry of Addictive Disorders*. Irvine (Ca.), Care Institute, 1988.

Goldstein, A.: *Addiction: From Biology to Drug Policy*. W.H. Freeman and Company, New York, 1994.
Balick, M.J. und Cox, P.A.: *Drogen, Kräuter und Kulturen: Pflanzen und die Geschichte des Menschen*, aus dem Engl. übers. von Sebastian Vogel. Heidelberg; Berlin; Oxford: Spektrum, Akad. Verl., 1997.
Schultes, R.E. und Hofmann, A.: *Pflanzen der Götter: Die magischen Kräfte der Rausch- und Giftgewächse*. AT-Verlag Aarau (Schweiz), 2. Auflage; 1996.

Hamaebuxus alpestris ↗ Polygala-Arten.
Hamamelidis aqua ↗ Hamamelis virginiana.
Hamamelidis cortex ↗ Hamamelis virginiana.
Hamamelidis folium ↗ Hamamelis virginiana
Hamamelis ↗ Hamamelis virginiana.
Hamamelis abdrogyna ↗ Hamamelis virginiana.
Hamamelisblätter ↗ Hamamelis virginiana.
Hamamelis caroliniana ↗ Hamamelis virginiana.
Hamamelis corylifolia ↗ Hamamelis virginiana.
Hamamelis dentata ↗ Hamamelis virginiana.
Hamamelis dioica ↗ Hamamelis virginiana.
Hamamelis estivalis ↗ Hamamelis virginiana.
Hamamelis macrophylla ↗ Hamamelis virginiana.
Hamamelis nigra ↗ Hamamelis virginiana.
Hamamelis parvifolia ↗ Hamamelis virginiana.
Hamamelisrinde ↗ Hamamelis virginiana.
Hamamelis rotundifolia ↗ Hamamelis virginiana.
Hamamelis virginiae ↗ Hamamelis virginiana.

■ **Hamamelis virginiana** L.
(syn. *Hamamelis abdrogyna, H. caroliniana, H. corylifolia, H. dentata, H. dioica, H. estivalis, H. macrophylla, H. nigra, H. parvifolia, H. rotundifolia, H. virginata, H. virginica, H. virginiae, Trilopus dentata, T. estivalis, T. nigra, T. parvifolia, T. rotundifolia, T. virginica*); Hamamelis (syn. Hexenhasel, Virginischer Zauberstrauch, Virginische Zaubernuß, Zauberhasel, Zaubernuß).

Fam.: Hamamelidaceae.

Vork.: atlantisches Nordamerika. Als winterharte Pflanze auch in Mitteleuropa kultiviert.

Drogen: ***1. Hamamelidis aqua*** (syn. *Aqua Hamamelidis, Aqua Hamamelidis corticis, Liquor Hamamelidis*); Hamameliswasser, die nach Mazeration der frisch geschnittenen und teilweise getrockneten Zweige mit Wasser und anschließender Destillation des Mazerats und Versetzen mit Ethanol erhaltene Flüssigkeit. Inh.: äther. Öl. Anw.: zur Wundbehandlung, in der Kosmetik. ***2. Hamamelidis cortex*** (syn. *Cortex Hamamelidis*); Hamamelisrinde (syn. Virginische Zaubernußrinde, Wünschelrutenrinde, Zauberhaselrinde, Zauberstrauchrinde), die getrocknete, zerkleinerte Rinde der Stämme und Zweige. Inh.: Gerbstoffe vom Tannin-Typ (bis 9 %), u. a. Hamamelitannin und Monogalloylhamamelosen Außerdem äther. Öl (0,1 %) und Flavonoide. Anw.:

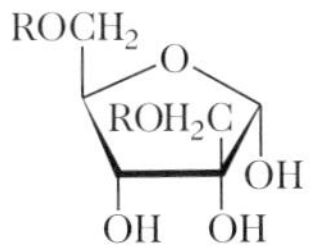

R = H: D-Hamamelose (2-C-Hydroxymethyl-D-ribose)
R = Galloyl: Hamamelitannin

Dekokte aus 5–10 g Droge auf ca. 250 ml Wasser zu Umschlägen und Spülungen, u. a. bei Zahnfleisch- und Mundschleimhautentzündungen sowie leichten Hautverletzungen, Hämorrhoiden und Krampfaderbeschwerden. Bestandteil entsprechender Arzneifertigpräparate. Volkstümlich u. a. zur Unterstützung der Therapie akuter, unspezifischer Durchfallerkrankungen. ***3. Hamamelidis folium*** (syn. *Folia Hamamelidis*); Hamamelisblätter (syn. Wünschelrutenblätter, Zauberhaselblätter, Zauberstrauchblätter), die getrockneten Blätter. Inh.: Gerbstoffe (bis 8 %), bes. Hamamelitannin sowie einfache und oligomere Proanthocyanidine. Anw.: s. Hamamelisrinde.

Hom.: 1. ***Hamamelis virginiana*** HAB1; Virginischer Zauberstrauch, die frische Rinde der Wurzeln und Zweige. Anw.-Geb.: Erkrankungen des venösen Gefäßsystems, der Haut und bei Gerinnungsstörungen. ***2. Hamamelis virginiana äthanol. Decoctum*** HAB1; die getrocknete Rinde der Stämme und Zweige. Anw.-Geb.: anthroposophische Therapierichtung. ***3. Hamamelis virginiana e cortice et ex summitatibus*** HAB1; Gemisch aus einem Teil frischer Zweigrinde und zwei Teilen frischen Zweigspitzen. ***4. Hamamelis***

virginiana e folis HAB1; die frischen Blätter. Anw.-Geb.: anthroposophische Therapierichtung.

Histor.: Der Name *Hamamelis* setzt sich aus dem griechischen *hama* (gleichzeitig) und *melon* (Apfel, Frucht) zusammen, da der Baum im gleichen Jahre vor dem Blühen Früchte trägt. Aus dem gleichen Grunde wurde auch die Bezeichnung „Zaubernuß" geprägt. Die Droge wurde von den Indianern Nordamerikas sehr geschätzt und vielfältig angewendet, bes. als Wundheilmittel. Nach Europa gelangte der Strauch erst im 18. Jh. und zwar als Ziergewächs.

Hamamelis virginica ↗ Hamamelis virginiana.
Hamameliswasser ↗ Hamamelis virginiana.
Hamamelitannin ↗ Hamamelis virginiana.

■ **Hamelia patens** Jacq.
Fam.: Rubiaceae.
Vork.: Mittel- und Südamerika.
Droge: die getrockneten Blätter. Inh.: Oxindol-Alkaloide, wie Isopteropodin; Stigma-4-en-3,6-dion. Anw.: in der südamerikanischen Volksheilkunde bei Hautleiden und als Desinfektionsmittel.

Hammelmöhre ↗ Pastinaca sativa.
Hämokoagulase ↗ Batroxobin.
Hancornia speciosa ↗ Kautschuk.
Handlappiger Rhabarber ↗ Rheum-Arten.
Handschuh ↗ Aquilegia vulgaris.
Handwurzel ↗ Inula helenium.
Hanf ↗ Cannabis sativa.
Hanfartiger Hundswürger ↗ Apocynum cannabinum.
Hanfhundsgift ↗ Apocynum cannabinum.
Hanfnessel ↗ Urtica-Arten.
Hängebirke ↗ Betula-Arten.

■ **Haplopappus baylahuen** Remy
(syn. *Aplopappus baylahuen, Hysterionica baylahuen*); Baylahuenkraut.
Fam.: Asteraceae (Compositae).
Vork.: Chile, Hochsteppe der Kordilleren.
Droge: ***Herba Baylahuen*** (syn. *Herba Haplopappi*); *Haplopappus-Baylahuen*-Blätter (syn. Baylahuenkraut), die frischen Blätter blühender Pflanzen. Inh.: Anthrachinone (Rhein), Cumarine (Prenyletin), Flavanone (Eriodyctiol, Eriodyctionon), Flavonole, u. a. Isorhamnetin, Kämpferol und Quercetin. Anw.: in der indianischen Volksheilkunde wird ein Heiltee zubereitet, der bei Magen- und Darmbeschwerden, Funktionsstörungen der Gallenblase, Leberschmerzen und bei verzögerter Menstruation angewendet wird. Auch als Aphrodisiakum, bei Rheuma, Nierenschmerzen und Blasenkatarrhen wird die Droge eingesetzt.

Hom.: ***Haplopappus baylahuen*** (syn. Haplopappus) HAB1, die getrockneten Blätter. Anw.-Geb.: Erschöpfungszustände mit niedrigem Blutdruck.

■ **Haplophyllum perforatum** (M. B.) Kar. et Kir.
Fam.: Rutaceae.
Vork.: Usbekistan, Mittelasien.
Droge: das Kraut. Inh.: Alkaloide, wie Haplopherin, Haplophyllidin, Perfolin; äther. Öl. Anw.: in der Volksheilkunde bei Magenbeschwerden.

■ **Haplophyton cimicidum** .
Fam.: Apocynaceae.
Vork.: Mexiko.
Droge: die ganze Pflanze. Inh.: Alkaloide, wie Haplophytin, Cimicidin. Anw.: zur Insektenvertilgung, da die Alkaloide als Kontakt- und Fraßgift gegen Küchenschaben wirken.

Haraclei sphondylii herba ↗ Heracleum sphondylium.
Hardwickiabalsam ↗ Hardwickia pinnata.

■ **Hardwickia pinnata**
(syn. *Kingiodendron pinnatum*).
Fam.: Leguminosae.
Vork.: Indien.
Droge: ***Balsamum Hardwickiae***; Hardwickiabalsam, der Balsam. Inh.: äther. Öl (25–50 %), Harz (50–75 %), Resen (ca. 3 %). Anw.: als Ersatz für Balsamum Copaivae (↗ Copaifera-Arten) in der Lackindustrie und Porzellanmalerei. Auch in der traditionellen indischen Heilkunde wird die Droge eingesetzt.

Härekraut ↗ Oenothera biennis.
Harlekinsblume ↗ Aquilegia vulgaris.
Harmalkraut ↗ Peganum harmala.

■ **Harman**
Indolalkaloid vom β-Carbolintyp. Wirk.: hemmt die Monoaminoxidase A und wirkt dadurch in

höheren Konzentrationen psychotomimetisch (↗ Halluzinogene biogenen Ursprungs).

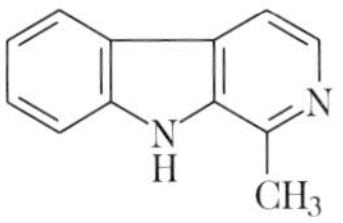

Harman

Harman-Alkaloide ↗ Peganum harmala.
Harmelraute ↗ Peganum harmala.
Harmin ↗ Peganum harmala.
Harnblume ↗ Helichrysum arenarium.
Harnkraut ↗ Chimaphila umbellata, ↗ Herniaria glabra, ↗ Ononis spinosa.
Harnkrautwurzel ↗ Ononis spinosa.
Haronga madagascariensis ↗ Harungana madagascariensis.
Harpagophyti radix ↗ Harpagophytum procumbens.
Harpagophytum burcherllii ↗ Harpagophytum procumbens.

■ **Harpagophytum procumbens** (Burch.) DC. (syn. *Harpagophytum burcherllii*); Teufelkralle (syn. Afrikanische Teufelskralle, Trampelklette).

Fam.: Pedaliaceae.

Vork.: Namibia, Südafrika.

Droge: ***Harpagophyti radix*** (syn. *Radix Harpagophyti, Tubera Harpagophyti*); Teufelskrallenwurzel (syn. Afrikanische Teufelskrallenwurzel), die in Scheiben oder Stücke geschnittenen oder gepulverten, getrockneten, knolligen Sekundärwurzeln; s. Farbtafel S. 309, Bild 170. Inh.: Iridoidglykoside, bes. ↗ Harpagosid (0,5–1,6 %), Flavonoide, u. a. Fisetin, Kämpferid, Kämpferol und Luteolin, Phenylethylderivate, u. a. Acteosid und Isoacteosid sowie Gummiharz und geringe Mengen äther. Öl. Anw.: Appetitlosigkeit, dyspeptische Beschwerden sowie zur unterstützenden Therapie degenerativer Erkrankungen des Bewegungsapparates. Zur ↗ Teezubereitung beträgt die mittlere Tagesdosis 1 Eßlöffel (4,5 g) feingeschnittene Droge, die man mit 2 Tassen (ca 300 ml) kochendem Wasser übergießt und etwa 8 Stunden bei Raumtemperatur stehen läßt. Der trinkfertige Tee wird in 3 Portionen kurz vor den Mahlzeiten warm eingenommen.

Hom.: ***Harpagophytum procumbens*** HAB1; Teufelskralle, die vor dem Trocknen zerkleinerten, dicken, seitlichen Speicherwurzeln. Anw.-Geb.: Erkrankungen des Stütz- und Bewegungsapparates (Rheuma) sowie der Leber, Galle und Bauchspeicheldrüse.

Histor.: Der Gattungsname ist vom griechischen *harpagos* (Enterhaken) wegen der Widerhaken an der holzig werdenden Frucht, abgeleitet, während der Artname *procumbens* auf den niederliegenden Strauch hinweist. Die Eingeborenen im südlichen Afrika kannten die Droge schon seit langer Zeit und nutzten sie in ähnlicher Weise wie heute in Europa bei Magen- und Darmleiden sowie bei rheumatischen Zuständen.

■ **Harpagosid**

Iridoidglykosid aus ↗ *Harpagophytum procumbens* und ↗ *Scrophularia nodosa* mit stark bitterem Geschmack.

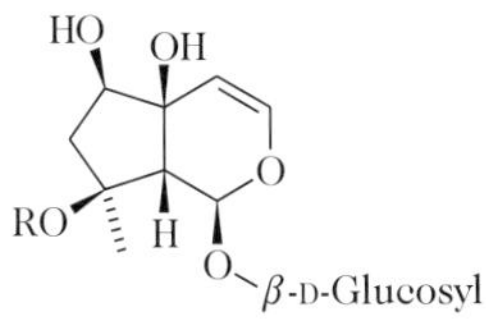

Harpagosid
R = (*E*)-Cinnamoyl

Harrisia bonplandii ↗ Eriocereus bonplandii.

■ **Harrisonia abyssinica** Oliv.

Fam.: Simaroubaceae.

Vork.: Ostafrika.

Droge: Blätter und Wurzelrinde. Inh.: Catechingerbstoffe; Galloylgerbstoffe, Leucoanthocyane. Anw.: in der afrikanischen Volksheilkunde bei Hautleiden, Hämorrhoiden, gegen Fieber, Schlangenbisse und als Stomachikum eingesetzt.

Harsinghar ↗ Nyctanthes arbor tristis
Hartäpfel ↗ Solanum-Arten.
Hartheu ↗ Hypericum perforatum.
Hartogia betulina ↗ Barosma-Arten.
Hartriegel ↗ Cornus-Arten.
Harunganae madagascariensis cortex et folium ↗ Harungana madagascariensis.

■ **Harungana madagascariensis** Lam. ex Poir. (syn. *Haronga madagascariensis*); Drachenblutbaum.

Fam.: Hypericaceae.

Vork.: tropisches Afrika.

Droge: ***Harunganae madagascariensis cortex et folium***; Harongarinde und -blätter, die getrockneten Zweige mit Blättern. Inh.: in den Blättern wurden Anthranoide, u. a. Madagascarin, Hypericin und Pseudohypericin nachgewiesen, ferner Flavonoide und äther. Öl komplexer Zusammensetzung (ca. 0,04 %). In der Rinde sind v. a. Anthranoide (Harunganin, Euxanthon, Anthrone, Anthrachinone), Polyphenole (dimere Proanthocyanidine, Catechingerbstoffe), Triterpene (Friedelin, Betulinsäure) und äther. Öl (ca. 0,07 %) enthalten. *Anw.:* bei dyspeptischen Beschwerden und leichter exokriner Pankreasinsuffizienz zur Verdauungsförderung. In der Volksheilkunde auch bei Bandwurmerkrankungen, Hämorrhoiden, Gonorrhoe, Dermatitiden, Ekzemen, Menstruationsbeschwerden und Kindbettfieber. Die Wirksamkeit bei diesen volksheilkundlichen Anwendungen ist nicht belegt.

Hom.: ***Harungana madagascariensis*** HAB1, eine Mischung, die aus einem Teil getrockneter Blätter und aus zwei Teilen getrockneter Zweigrinde besteht. *Anw.-Geb.:* Verdauungsschwäche bei Funktionsstörungen der Bauchspeicheldrüse.

Harzbirke ↗ Betula-Arten.

■ Harze

(lat. Resinae), Gemische nichtflüchtiger, amorpher, meist harter bis spröder, durchscheinender Naturprodukte, die beim Erwärmen erweichen und schließlich schmelzen. Sie stellen Stoffwechselendprodukte dar, die in Exkreträume der Pflanzen, meist Holzgewächse, abgeschieden werden. Gereinigte Harze sind nahezu unlöslich in Wasser, dagegen löslich in äther. und fetten Ölen sowie apolaren Lösungsmitteln. Ihre Resistenz gegen Fäulnis führte oft zum Überdauern erdgeschichtlicher Zeiträume wie z. B. Bernstein, ein fossiles Harz aus dem Tertiär. H., die in äther. Ölen gelöst vorkommen, werden als ↗ Balsame bezeichnet, dagegen enthalten ↗ Gummiharze zusätzlich Polysaccharide und wenig äther. Öl. Als sog. Terpenharze werden Produkte bezeichnet, die vorwiegend aus Diterpensäuren, z. B. Abietinsäure, und Triterpenalkoholen, u. a. α- und β-Amyrin, bestehen, z. B. die Drogen Colophonium (↗ *Pinus*-Arten), Dammar (↗ *Shorea wiesneri*), Olibanum (↗ *Boswellia*-Arten) und Mastix (↗ *Pistacia lentiscus*). Ein harzähnliches Produkt tierischer Herkunft ist Schellack (↗ Kerria lacca).

Haschisch ↗ Cannabis sativa.
Haschischkraut ↗ Cannabis sativa.
Hasekehl ↗ Alliaria petiolata.
Haselmünichkraut ↗ Hepatica nobilis.
Haselnuß ↗ Corylus avellana.
Haselwurz ↗ Asarum europaeum.
Hasenblume ↗ Anemone nemorosa.
Hasenbovist ↗ Calvatia gigantea.
Hasenfuß ↗ Trifolium arvense.
Hasenglöckchen ↗ Hyacinthoides non-scripta.
Hasenklee ↗ Anthyllis vulneraria, ↗ Lupinus luteus, ↗ Trifolium arvense.
Hasenlattich ↗ Prenanthes alba, ↗ Prenanthes serpentaria.
Hasenohr ↗ Bupleurum-Arten, ↗ Sagittaria sagittifolia.
Hasenöhrlein ↗ Asarum europaeum.
Hasenpappel ↗ Malva-Arten.
Hasenpfötlein ↗ Trifolium arvense.
Hasenwurz ↗ Hepatica nobilis.
Haudornwurzel ↗ Ononis spinosa.
Hauhechel ↗ Ononis spinosa.
Hausenblase ↗ Ichthyocolla.
Haushund ↗ Canis familiaris.
Hauslauch ↗ Sempervivum tectorum.
Hausrind ↗ Bos taurus.
Hausschaf ↗ Ovis aries.

■ Haustee

Drogenmischungen, die nicht arzneilich genutzt werden, i. d. R. coffeinfrei sind und als sog. Hausgetränk dienen. Als Drogen verwendet man hierzu meist einheimische Kräuter, die Gerbstoffe, Aromastoffe und Fruchtsäuren enthalten, u. a. Brombeer-, Erdbeer- und Himbeerblätter, Hibiscusblüten, Hagebutten und Apfelschalen, s. ↗ Teezubereitung.

Hauswurz ↗ Sempervivum tectorum.
Hauszwiebel ↗ Allium-Arten.
Hauwe ↗ Avena sativa.
Hawaiianische Holzrose ↗ Argyreia nervosa.
Hebradendron gambogioides ↗ Garcinia hanburyi.
Hechelkrautwurzel ↗ Ononis spinosa.
Heckendornblüten ↗ Prunus-Arten.
Heckenrübe ↗ Bryonia-Arten.
Heckenveilchen ↗ Viola-Arten.

■ Hedeoma pulegioides (L.) Pers.

Frauenminze (syn. Flohkraut, Amerikanische Poley).

Fam.: Lamiacea (Labiatae).

Vork.: Nordamerika, bes. Kanada, Florida, Nordcarolina, Ohio, Tennessee.

Drogen: ***1. Herba Hedeomae*** (syn. *Herba Pulegii americanae*); Frauenminze (syn. Flohkraut, Amerikanische Poley), das getrocknete Kraut. Inh.: äther. Öl (1–3 %), Flavonoide, u. a. Diosmin, Gerbstoffe, organische Säuren. Anw.: in der Volksheilkunde als Diaphoretikum und Antirheumatikum. ***2. Oleum Hedeomae*** (syn. *Oleum Pulegii americanum*), das äther. Öl der Pflanze. Inh.: Menthon und Isomenthon (ca. 50 %), Pulegon (ca. 24 %), 1-Methyl-3-cyclohexanon (ca. 8 %), Limonen, Dipenten. Anw.: in der Volksheilkunde als Diaphoretikum und Antirheumatikum sowie als Insektenbekämpfungsmittel (z. B. gegen Mücken).

Hom.: ***Hedeoma pulegioides*** HAB, die frischen oberirdischen Teile. Anw.-Geb.: Entzündungen der Gebärmutter und der Eierstöcke, Nierenkoliken, Magenschleimhautentzündungen.

Histor.: Der Gattungsname *Hedeoma* ist griechischen Ursprungs und setzt sich aus *hedys* (süß) und *aroma* (Gewürz) zusammen, während der Artname vom lateinischen *pulex* (Floh) abstammt und vermutlich im Zusammenhang mit dem insektenvertreibenden Geruch der Pflanze geprägt wurde. So nutzt man auch in moskitoreichen Gebieten Sprays mit *Hedeoma*-Spiritus.

Hedera caucasigena ↗ Hedera helix.
Hedera chrysocarpa ↗ Hedera helix.
Hederae helicis folium ↗ Hedera helix.
Hederagenin ↗ Saponine.

■ Hedera helix L.

(syn. *Hedera caucasigena, H. chrysocarpa, H. taurica*); Efeu (syn. Baumtod, Eppig, Immergrün, Mauerewig, Mauerranke, Rankenefeu, Totenranke, Wintergrün), s. Farbtafel S. 309, Bild 171.

Fam.: Araliaceae. Kriechendes oder mit Haftwurzeln kletterndes Holzgewächs.

Vork.: in ganz Europa.

Droge: ***Hederae helicis folium*** (syn. *Folia Hederae, Folia Hederae arboreae, Folia Hederae communis, Folia Hederae helicis, Folia Hederae maioris, Folia Hederae nigrae, Folia Helicis, Herba hederae helicis*); Efeublätter (syn. Adamsblätter, Ivenblätter, Rampelblätter), die getrockneten Laubblätter. Inh.: Triterpensaponine mit Hederasaponin C bzw. Hederacosid C als Hauptkomponente. Weitere Bestandteile sind Flavonolglykoside, u. a. Rutin und Kämpferol-3-rutinosid, Polyine, u. a. Falcarinon und Falcarinol, Sterole, u. a. Sitosterol; Scopolin, Kaffeesäurederivate und geringe Mengen an äther. Öl. Anw.: in Form von Arzneifertigpräparaten bei Erkrankungen der Atmungsorgane, bes. als Sekretolytikum und Antispasmodikum, bei spastischer Bronchitis und chronischen Katarrhen. Efeuextrakte finden auch in einigen Kosmetika, z. B. Shampoos, Anwendung.

Hom.: ***Hedera helix*** HAB1; Efeu, die frischen, unverholzten Triebe. Anw.-Geb.: Erkrankungen der Schilddrüse, akute Entzündungen der oberen und unteren Atemwege, des Magen-Darm-Traktes, der Leber, Galle und Bauchspeicheldrüse sowie des Stütz- und Bewegungsapparates.

Histor.: *Hedera*, der lateinische Name des Efeu, wurde bereits von Virgil und ↗ Plinius gebraucht und leitet sich vom griechischen *hédra* (das Sitzen) ab, bezugnehmend auf das Haften der Pflanze an der Unterlage, und *helix* kommt vom griechischen *helissein* (winden, herumdrehen). Der Efeu hatte bereits im klassischen Altertum Bedeutung als Arzneipflanze sowie für kultische Zwecke, u. a. auch für ornamentale Darstellungen. Im alten Ägypten galt der Efeu der Osiris und bei den Griechen dem Dionysos und Bacchus heilig. Als Symbol der Geselligkeit,

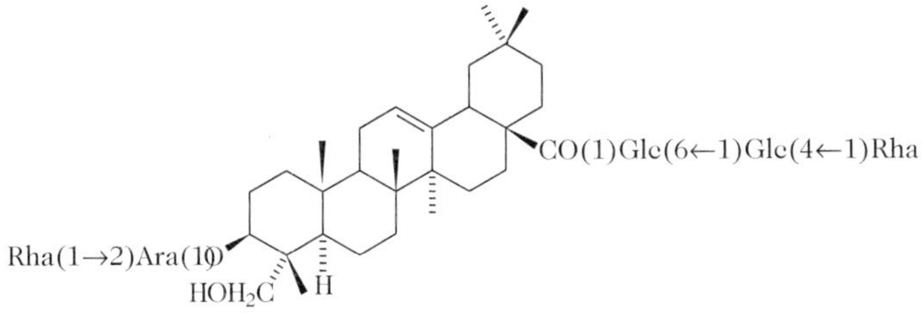

Hederasaponin C

Heiterkeit und Freundschaft gilt der Efeu bis in die Neuzeit.

Hedera senticosa ↗ Eleutherococcus senticosus.
Hedera taurica ↗ Hedera helix.
α-Hederin ↗ Saponine.

■ **Hedranthera barteri** (Hook. f.) Pichon .
Fam.: Apocynaceae.
Vork.: Afrika, bes. Nigeria.
Droge: Wurzeln, Rinde und Blätter. *Inh.:* Indolalkaloide, wie Beninin, Vobtusin, Callichilin. *Anw.:* in der Volksheilkunde als Laxans für Kinder; die Wurzeln als Herzmittel.

Hefe ↗ medizinische Hefe.
Hefe-Candida ↗ Candida-Arten.
Heideflechte ↗ Cetraria islandica.
Heide-Johanniskraut ↗ Hypericum pulchrum.
Heidekorn ↗ Fagopyrum esculentum.
Heidekraut ↗ Calluna vulgaris.
Heide-Küchenschelle ↗ Pulsatilla-Arten.
Heidelbeeren ↗ Vaccinium-Arten.
Heidemyrte ↗ Myrica gale.
Heidenelke ↗ Dianthus deltoides.
Heidnisch-Wundkraut ↗ Solidago-Arten.
Heil aller Schäden ↗ Sanicula europaea.
Heil aller Welt ↗ Agrimonia eupatoria, ↗ Geum-Arten.
Heil alle Welt ↗ Anagallis arvensis.
Heilblätter ↗ Tussilago farfara.
Heildolde ↗ Sanicula europaea.
Heiligenbitter ↗ Angelica archangelica.
Heiligengeistwurzel ↗ Angelica archangelica.
Heiligenholz ↗ Guaiacum officinale.
Heiligenholzrinde ↗ Guaiacum sanctum.
Heiligenkrautblüten ↗ Santolina chamaecyparissus.
Heiliggeistwurzel ↗ Angelica archangelica.
Heiligkraut ↗ Verbena officinalis.
Heilwegerich ↗ Plantago-Arten.
Heilwurz ↗ Althaea officinalis, ↗ Orchis-Arten.
Heilwurzel ↗ Althaea officinalis
Heilziest ↗ Stachys officinalis.

■ **Heimia salicifolia** (HBK) Link et Otto; Sinicuichi.
Fam.: Lythraceae.
Vork.: südliches Nordamerika bis Argentinien, Westindische Inseln.
Inh.: Chinolizidin-Alkaloide.
Anw.: Aus den angewelkten, mit Wasser versetzten Blättern wird im mexikanischen Hochland mittels Fermentation ein berauschendes Getränk bereitet, das zu rituellen Zeremonien getrunken wird und zurückliegende Ereignisse in Erinnerung rufen soll. Die halluzinogenen Effekte werden den Chinolizidin-Alkaloiden, u. a. Cryogenin/Vertin und Heimidin, zugeschrieben.

■ **Heimiella angrieformis** Heim.
Nonda Mbolbe.
Fam.: Boletaceae.
Vork.: Asien. *Bedeut.:* Psychische Auffälligkeiten („Pilzverrücktheit), die ganze Gruppen von Angehörigen der Kuma auf Neuguinea befallen, werden mit dem Genuß dieses Pilzes in Verbindung gebracht. Über die Inhaltsstoffe und ihre Wirkung ist bisher noch nichts bekannt.

Heimischwurzel ↗ Althaea officinalis.

■ **Helenaline**
bicyclische Sesquiterpenlactone vom Pseudoguaiantyp aus ↗ *Arnica*-Arten. *Wirk.:* Sie führen zur Steigerung der Kontraktionskraft des Herzens, bei höherer Dosierung auch zu Arrhythmien und zum Stillstand der Vorhöfe. Auch eine atemanaleptische Wirkung ist vorhanden. Wie alle anderen Sesquiterpenlactone besitzen sie ein Sensibilisierungspotential und können bei entsprechender Disposition zu Allergien führen.

Helenenkraut ↗ Inula helenium.
Helenii radix ↗ Inula helenium.
Helenii rhizoma ↗ Inula helenium.

■ **Helianthemum canadense** Michx.
Sonnenröschen.
Fam.: Cistaceae.
Vork.: Nordamerika.
Droge: ***Cistus cannadensis***, Sonnenröschen, das Kraut. *Inh.*: Gerbstoffe (ca.10 %), Glykoside, u. a. Helianthemin.
Hom.: ***Helianthemum canadense*** HAB; Felsrose, die frische, blühende Pflanze. *Anw.-Geb.:* Erkrankungen des lymphatischen Systems (Entzündung der Lymphdrüsen), der unteren Atemwege, juckende Hautflechten, Entzündung der Brustdrüse sowie im Bereich des Mund- und Rachenraumes.

Helianthi flos ↗ Helianthus annuus.
Helianthi folium ↗ Helianthus annuus.

Helianthi fructus ↗ Helianthus annuus.
Helianthi oleum ↗ Helianthus annuus.

■ **Helianthus annuus** L.
(syn. *Helianthus cultus, H. erythrocarpus, H. indicus, H. platycephalus, H. pumilus*); Gewöhnliche Sonnenblume (syn. Sonnenrose), s. Farbtafel S. 309, Bild 172.

Fam.: Asteraceae (Compositae).

Heim.: Mexiko, Kulturen, u. a. in Mittel- und Südeuropa.

Drogen: ***1. Helianthi flos*** (syn. *Flores Helianthi, Flores Helianthi annui*); Sonnenblumenblütchen (syn. Sonnenblumenblütenblätter), die zu Beginn der Blütezeit gesammelten zungenförmigen Randblüten. Inh.: Diterpenderivate vom Kauran-, Trachyloban- und Atisantyp, bisdesmosidische Triterpensaponine mit meist Echinocystsäure als Sapogenin, u. a. Helianthussaponin 2, ferner Carotinoide, die mit Fettsäuren verestert sind, Flavonolglykoside, bes. Quercetin-3- glucosid und Quercetin-7-glucosid sowie Pektine. Anw.: volkstümlich bei fieberhaften Erkrankungen, bes. bei Malaria, v. a. wenn Chininresistenz vorliegt, in Indien ferner als Allheilmittel, u. a. bei Galle-und Leberleiden, Hämorrhoiden, Augenentzündungen und Ascites. ***2. Helianthi folium*** (syn. *Folia Helianthi*); Sonnenblumenblätter, die zu Beginn der Blütezeit gesammelten Blätter. Inh.: Sesquiterpenlactone vom Heliangolid-Typ, Diterpensäuren vom Kauran-Typ, Flavonoide, u. a. Luteolin und Hispidulin, Pektine. Anw.: s. *Helianthi flos*. ***3. Helianthi fructus*** (syn. *Fructus Helianthi, Semen Helianthi*); Sonnenblumenfrüchte (syn. Sonnenblumenkerne), die reifen Früchte (Achänen). Inh.: fettes Öl (ca. 27–37 %), Chlorogensäure, Proteine (bes. histidinreiche Globuline), Phospholipide, Betain, Gerbstoff. Anw.: in der Volksheilkunde zur Schleimlösung, als Diätetikum. ***4. Helianthi oleum*** (syn. *Oleum Helianthi, Oleum Helianthi seminis*); Sonnenblumenöl, das aus den reifen Früchten durch kaltes Auspressen oder Extraktion gewonnene, gegebenenfalls raffinierte Öl. Inh.: Acylglyceride mit hohen Anteilen an ungesättigten Fettsäuren, bes Linolsäure (37–62 %) sowie Ölsäure (25–41 %). Phytosterole, u. a. Sitosterol und Stigmasterol. Anw.: innerlich als Gleitmittel bei Verstopfung, äußerlich als Massageöl sowie zur Behandlung von Hautläsionen und bei Psoriasis. Außerdem als indifferentes Füllmaterial für Weichgelatinekapseln, zur Bereitung von Salben und Cremes, zur Substitution von Oliven- und Erdnußöl sowie im Haushalt als wertvolles Speiseöl. Industriell u. a. zur Margarineherstellung.

Hom.: ***Helianthus annuus*** HAB1; Sonnenblume, die reifen Früchte. Anw.-Geb.: bei fieberhaften Prozessen und Erkrankungen des Magen-Darm-Traktes.

Histor.: Der Gattungsname *Helianthus* wurde von Linné aus dem griechischen *helios* (Sonne) und *anthos* (Blume) geprägt und bezieht sich auf die großen gelben Blüten, die in einem, der Sonne ähnlichen Blütenstand angeordnet sind und sich ihr auch zudrehen. Der Artname *annuus* (einjährig) weist auf die stets einjährige Pflanze hin. Die Pflanze wurde im 16. Jh. in Europa eingeführt, jedoch erst seit dem Beginn des 18. Jh. als Ölpflanze genutzt.

Helianthus cultus ↗ Helianthus annuus.
Helianthus erythrocarpus ↗ Helianthus annuus.
Helianthus indicus ↗ Helianthus annuus.
Helianthus mollissimus ↗ Helianthus tuberosus.
Helianthus platycephalus ↗ Helianthus annuus.
Helianthus pumilus ↗ Helianthus annuus.

■ **Helianthus tuberosus** L.
(syn. *Helianthus mollissimus*); Topinambur (syn. Erdapfel, Erdbirne, Grundbirne, Jerusalem-Artischocke, Knollige Sonnenblume), s. Farbtafel S. 309, Bild 173.

Fam.: Asteraceae (Compositae).

Heim.: zentrales und östliches Nordamerika, kultiviert in Mitteleuropa in verschiedenen Sorten als Futter-, Gemüse- oder Zierpflanze.

Droge: ***Radix Helianthi tuberosi*** (syn. *Adenes canadensis, Helianthus-tuberosus*-Knolle); Topinambur (syn. Knollige Sonnenblumenknolle, Erdbirne), die unterirdischen Knollen. Inh.: Kohlenhydrate (15–22 %), insbes. Inulin, Eiweiß (3 %), reichlich Kalium-Ionen, Vitamine A, B_1, B_2, C, H und D sowie Gerbstoffe. Anw.: volkstümlich zur Diäternährung sowie bei Verstopfung. Industriell zur Gewinnung von Inulin bzw. von Fructose.

Hom.: ***Helianthus tuberosus*** HAB1, Topinambur, die frischen, im Spätherbst geernteten Knollen.

■ **Helichrysum arenarium** (L.) Moench
(syn. *Gnaphalium arenarium*); Sand-Strohblume

(syn. Gelbes Katzenpfötchen, Ruhrkraut, Immortelle, Sandimmortellen, Rainblumen, Gelbe Mottenkrautblume, Harnblume, Sandgoldblume), s. Farbtafel S. 309, Bild 174.

Fam.: Asteraceae (Compositae).

Vork.: Europa, Mittelasien, kultiviert auf dem Balkan und in Rußland.

Droge: ***Flores Stoechados citrinae*** (syn. *Flores Gnaphalii arenarii*); Ruhrkrautblüten (syn. Gelbe Katzenpfötchen, Immortellen), die getrockneten Blüten. Inh.: Bitterstoffe, Gerbstoffe, wenig äther. Öl, Harz, Phytosterole, Helichrysine, Carotinoide, Chalkone, Flavonoide. *Anw.:* in der Volksheilkunde als Diuretikum, Adstringens und bei Gallenleiden, insbes. bei chronischer Cholecystitis. In Teemischungen wird die Droge auch als Schönungsmittel eingesetzt.

Hom.: ***Helichrysum arenarium*** HAB (syn. *Gnaphalium arenarium*), die frischen oberirdischen Teile blühender Pflanzen. *Anw.-Geb.:* Ischias.

■ **Helichrysum foetidum**
(L.) Moench.; Strohblume.

Fam.: Asteraceae (Compositae).

Vork.: Europa, Afrika, Asien, Australien. *Anw.:* Die Medizinmänner der Zulu in Südafrika verwenden diese Pflanze, um durch Inhalation entsprechender Zubereitungen in Trance zu fallen. Obwohl Diterpene und Cumarin als Inhaltsstoffe nachgewiesen wurden, hat man bisher noch keine halluzinogenen Verbindungen in der Droge gefunden.

Helicogena pomatia ↗ Helix pomatia.

■ **Helicostylis pedunculata** Benoist
Takini.

Fam.: Moraceae.

Vork.: Zentralamerika, tropisches Südamerika. *Anw.:* Aus dem roten Saft der Rinde wird ein leicht giftiges Rauschmittel hergestellt, das die Urwaldbewohner Guayanas benutzen. Phytochemische und pharmakologische Untersuchungen ergaben aber bisher noch keine Hinweise auf halluzinogene Substanzen in der Droge. In den mit *H. pedunculata* verwandten Gattungen *Brosimum* und *Piratinera* hat man jedoch Stoffe mit zentral dämpfenden Eigenschaften gefunden. Diese beiden Gattungen werden auch zur Bereitung des „Takini" genutzt, so daß auch sie die Träger der Wirkung sein könnten.

■ **Heliotropium arborescens** L.
(syn. *Heliotropium corymbosum, H. peruvianum*); Heliotrop.

Fam.: Boraginaceae.

Vork.: Südamerika, Peru. *Inh.:* u. a. Pyrrolizidinalkaloide mit 1,2-ungesättigtem Neceingerüst.

Hom.: ***Heliotropium arborascens*** (syn. Heliotropium) HAB; die frischen, oberirdischen Teile blühender Pflanzen. *Anw.-Geb.:* Kehlkopfenzündungen, Gebärmutterverlagerungen.

Heliotropium corymbosum ↗ Heliotropium arborescens.
Heliotropium peruvianum ↗ Heliotropium arborescens.
Helium grandiflorum ↗ Inula helenium.

■ **Helix pomatia** L.
(syn. *Helicogena pomatia, Pomatia pomatia*); Weinbergschnecke.

Fam.: Helicidae.

Vork.: Mittel- und Südeuropa bis Vorderasien, Algerien, vor allem in Weinbergen.

Droge: die ganze Schnecke. *Inh.:* Enzyme, Carotin, Xanthophyll, Calciumphosphat, Mucine (Schleimstoffe aus Glykoproteinen). *Anw.:* in der französischen Volksheilkunde bei Silikose, Keuchhusten und Verdauungsstörungen. Der muskuläre Fuß der Schnecke wird als Delikatesse geschätzt.

Hom.: ***Helix pomatia*** HAB34, das mit 90%igem Weingeist getötete und zerriebene Tier.

Helleboraster foetidus ↗ Helleborus-Arten.
Hellebori foetidi rhizoma ↗ Helleborus-Arten.
Hellebori nigri rhizoma ↗ Helleborus-Arten.
Hellebori viridis rhizoma ↗ Helleborus-Arten.
Helleborus albus ↗ Veratrum album.

■ **Helleborus-Arten**
● **Fam.:** Ranunculaceae.
● **Helleborus foetidus** L. (syn. *Helleboraster foetidus*); Stinkende Nieswurz.

Vork.: westliches und südliches Europa.

Droge: ***Hellebori foetidi rhizoma*** (syn. *Rhizoma Helleborasti, Rhizoma Hellebori foetidi*); Stinkende Nieswurzel, der getrocknete Wurzelstock mit Wurzeln. *Inh.:* Steroidsaponinkomplex Helleborin, Ranuncosid (ca. 4–9 %). *Anw.*: volkstümlich u. a. bei Verstopfung, als Wurmmittel sowie bei Menstruationsbeschwerden.

Hom.: ***Helleborus foetidus*** HAB34, die getrocknete Wurzel.

● **Helleborus niger** L.; Christrose (syn. Schneerose, Schwarze Nieswurz), s. Farbtafel S. 310, Bild 175.

Vork.: Mittel-und Südeuropa, bes. Alpengebiet.

Droge: ***Hellebori nigri rhizoma*** (syn. *Radix Hellebori nigri, Radix Hippocratis, Radix Melampodii, Rhizoma Hellebori, Rhizoma Hellebori nigri*); Nieswurzwurzelstock (syn. Christrosenwurzel, Schneerosenwurzel, Schwarze Christwurzel, Schwarzer Nieswurzwurzelstock), der getrocknete Wurzelstock. *Inh.*: Alkaloide, u. a. Celliamin und Sprintillin, Saponinkomplex Helleborin. *Anw.*: s. *Hellebori foetidi rhizoma*.

Hom.: ***Helleborus niger*** *(Helleborus)* HAB34; Nieswurz, der getrocknete Wurzelstock mit den daranhängenden Wurzeln. *Anw.-Geb.*: Hirnhautentzündung, Verwirrtheitszustände, Gemütsleiden, Nierenentzündung, akute Durchfallerkrankungen, Erkrankungen des Herzens, des arteriellen Gefäßsystems, des Magen-Darm-Traktes, der ableitenden Harnwege sowie destruktive Prozesse.

Histor.: *Helleboros* war der griechische Name für die Nieswurz, *niger* (lat., schwarz). Die deutsche Bezeichnung Christ- oder Schneerose bezieht sich auf die Blütezeit im Winter. Die bereits im Altertum angewandte und gegen geistige Verwirrtheit genutzte und geschätzte Pflanze hat ihre Berühmtheit dem Umstand zu verdanken, daß angeblich ein Ziegenhirt damit die Töchter des Königs Proitos von Argos vom Wahnsinn geheilt haben soll.

● **Helleborus orientalis** Lam. (syn. *Helleborus abchasius, H. caucasicus, H. guttatus, H. kochii, H. officinalis, H. olympicus, H. ponticus*).

Vork.: Türkei, Kaukasusgebiet und angrenzende Regionen. *Inh.*: Bufadienolide in Spuren, Saponinkomplex Helleborin.

Hom.: ***Helleboris orientalis*** HAB34.

● **Helleborus viridis** L. (syn. *Helleboraster viridis, Helleborus officinalis*); Bärenfuß (syn. Grüne Nieswurz).

Vork.: Europa, Nordamerika.

Droge: ***Hellebori viridis rhizoma*** (syn. *Radix Hellebori viridis, Rhizoma Hellebori viridis*); Grüner Nieswurzwurzelstock, der getrocknete Wurzelstock mit Wurzeln. *Inh.*: Bufadienolide, u. a. Hellebrin (0,5–1 %), Saponinkomplex Helleborin (ca. 0,1 %), Alkaloide (ca. 0,1–0,2 %), u. a. Celliamin und Sprintillamin. *Anw.*: s. *Hellebori foetidi rhizoma*.

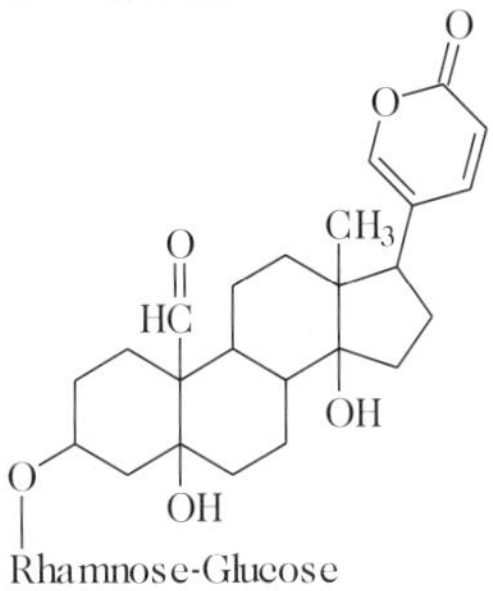

Hellebrin

Hom.: ***Helleborus viridis*** HAB34, der getrocknete Wurzelstock. *Anw.-Geb.*: Durchfall.

Helleborus trifolius ↗ Coptis trifolia.
Hellerkraut ↗ Lysimachia nummularia.
Helmbohne ↗ Vigna unguiculata.
Helmchrut ↗ Aconitum-Arten.
Helminthochorton ↗ Alsidium helminthochorton.
Helm-Knabenkraut ↗ Orchis-Arten.
Helmkraut ↗ Scutellaria laterifolia.
Helmlocktanne ↗ Tsuga canadensis.
Helm-Orchis ↗ Orchis-Arten.
Heloderma hernandesii ↗ Heloderma horridum.

■ **Heloderma horridum** Wiegm.
(syn. *Heloderma hernandesii, Trachyderma horridum*); Skorpions-Krustenechse (syn. Gilatier, Giftechse, Gila-Monster).

Fam.: Helodermatidae.

Vork.: pazifische West- und Südstaaten Mexikos, Arizona.

Heloderma horridum. Gila Monster.

Droge: das Gift aus den Giftdrüsen. *Inh.:* die Zusammensetzung ist kaum untersucht, es enthält ein Hämolysin und verschiedene Neurotoxine. Anw.: zur Rheumatherapie und bei Stumpfneuralgien von Amputierten.

Hom.: ***Heloderma horridum***; das getrocknete Gift der Skorpions-Krustenechse. Anw.-Geb.: Kreislaufschwäche, Lähmigkeit, Nervenschmerzen.

Helonias bullata ↗ Chamaelirium luteum.
Helonias dioica ↗ Chamaelirium luteum.
Helonias dioicae rhizoma ↗ Chamaelirium luteum.
Heloniaswurzel ↗ Chamaelirium luteum.
Helosciadium oppositofolium ↗ Petroselinum crispum.
Hemlocktanne ↗ Abies-Arten.
Henna ↗ Lawsonia inermis.
Hennastrauch ↗ Lawsonia inermis.
Henne ↗ Cannabis sativa, ↗ Colchicum autumnale.
Hennegift ↗ Colchicum autumnale.

■ Hepar HAB

die Leber von Schlachttieren. Anw.-Geb.: nicht ausreichend belegt.

■ Heparin

Glucosaminoglykan (saures Mucopolysaccharid, M_r 17 000–20 000), das aus α-1,4-glykosidisch verknüpften D-Glucosamin- und Uronsäureresten (L-Iduronsäure, D-Glucuronsäure) aufgebaut ist sowie zusätzlich *O*- und *N*-gebundene Sulfatreste aufweist. Im tierischen Organismus liegt H. an Pro-

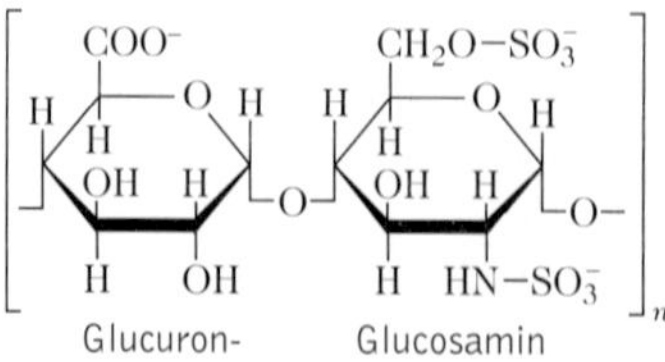

Glucuron-säure Glucosamin *N, O*-sulfat

Die hauptsächliche Disaccharideinheit des Heparins

teine gebunden vor (Proteoglykanbaustein) und wird durch β-Glucuronidase teilweise freigesetzt, partiell hydrolysiert und dann in Mastzellen und Granulozyten gespeichert. Es hemmt die Blutgerinnung durch Bindung an Antithrombin III und Verhinderung der Thrombinaktivierung. Außerdem wirkt es hemmend auf die Blutplättchenaggregation und aktiviert die Lipoproteinlipase. H. wird aus der Darmschleimhaut von Schlachttieren (v. a. Schweine) sowie aus Rinderlunge durch Extraktionsverfahren gewonnen. Analytisch unterliegt es einer biologischen Wertbestimmung, die seine Aktivität in Internationalen Einheiten (I.E.) festlegt (120 bis 180 I.E. pro mg Substanz).

Hepatica acuta ↗ Hepatica nobilis.
Hepaticae herba ↗ Hepatica nobilis.
Hepaticae nobilis herba ↗ Hepatica nobilis.

■ Hepatica nobilis Gars.

(syn. *Anemone hepatica, Hepatica acuta, H. triloba*); Leberblümchen (syn. Blaublume, Blaue Herzblume, Blaue Schlüsselblume, Blaue Windblume, Ebenauskraut, Edel-Leberkraut, Fastenblume, Feigerl, Gulden Leberkraut, Haselmünichkraut, Hasenwurz, Herzfreude, Herzkraut, Herzleberkraut, Hirschklee, Leberkraut, Leberwindblume, Märzblümchen, Schwarzblätterkraut, Sohn-vorm-Vater, Sternleberkraut, Vorwitzerchen, Vorwitzkraut, Windrosenkraut), s. Farbtafel S. 310, Bild 176.

Fam.: Ranunculaceae.

Vork.: Europa, Korea, Japan, Nordamerika. Die Pflanze steht unter Artenschutz!

Droge: ***Hepaticae herba*** (syn. *Hepatica-nobilis-Kraut, Hepaticae nobilis herba, Herba Hepaticae, Herba Hepaticae nobilis, Folia Hepaticae nobilis, Folia Trifolii aurei*); Leberblümchenkraut (syn. Edel-Leberkraut, Leberblümchen, Leberkraut), das getrocknete Kraut ohne die Wurzeln. Inh.: eine Protoanemonin-liefernde Verbindung, Flavonolglykoside des Quercetins und Kämpferols, Anthocyane, Saponine, ein quartäres Alkaloid ohne nähere Angabe. Anw.: in der Volksheilkunde bei Leber- und Gallenbeschwerden, als mildes Diuretikum bei Nieren- und Blasenleiden, bei chronischen Kehlkopf- und Lungenbeschwerden. Äußerlich wird die Droge auch zur Wundbehandlung, zur Schmerzlinderung, bei Rheuma und als blasenziehendes Mittel eingesetzt. Die Wirksamkeit bei den genannten Indikationen ist nicht belegt, lediglich die Anwenndung des frischen Krautes als blasenziehendes Mittel ist wegen des Gehaltes an Protoanemonin plausibel.

Hom.: ***Hepatica triloba*** (syn. *Hepatica nobilis*) HAB34; Leberblümchen, die frischen Blätter. Anw.-Geb.: Rachenkatarrh.

Histor.: Der Name der Pflanze kommt von *hepar* (griechisch Leber) wegen der früheren Verwendung gegen Leberleiden und der an eine

Leber erinnernden Blattform, die auf die Signaturenlehre des Mittelalters zurückzuführen ist. Die mittelalterlichen Kräuterbücher enthielten *Herba et Flores Hepaticae nobilis* als wichtige Droge um die verstopfte Leber zu öffnen und zu heilen.

Hepatica triloba ↗ Hepatica nobilis.

■ **Heptacyclum zenkeri** Engl.
(syn. *Penianthus zenkeri*).
Fam.: Menispermaceae.
Vork.: Westafrika, bes. Ghana.
Droge: Wurzeln und Zweige. Inh.: Alkaloide, wie Palmatin, Jatrorrhizin, Magnoflorin. Anw.: in der afrikanischen Volksheilkunde zur Behandlung von Infektionskrankheiten und als Aphrodisiakum.

Heraclei radix ↗ Heracleum sphondylium.
Heraclei rhizoma ↗ Heracleum sphondylium.
Heracleum branca ↗ Heracleum sphondylium.
Heracleum branca ursina ↗ Heracleum sphondylium.
Heracleum protheiforme ↗ Heracleum sphondylium.
Heracleum sibiricum ↗ Heracleum sphondylium.

■ **Heracleum sphondylium** L.
(syn. *Heracleum branca, H. branca ursina, H. protheiforme, H. sibiricum, Sphondylium branca, S. branca-ursi, S. branca-ursina*); Gemeiner Bärenklau (syn. Wiesen-Bärenklau), s. Farbtafel S. 310, Bild 177.
Fam.: Apiaceae (Umbelliferae).
Vork.: gesamtes Europa.
Drogen: ***1. Heraclei radix*** (syn. *Heraclei rhizoma, Radix Heraclei, Radix Heraclei sphondylii, Radix Pimpinellae albae, Radix Pimpinellae franconiae, Radix Pimpinellae spuriae*); Bärenklauwurzel, die getrockneten Wurzeln. Inh.: Furanocumarine (ca. 1 %), u. a. Pimpinellin, Isopimpinellin, Bergapten und Sphondin, ferner Hydroxy-

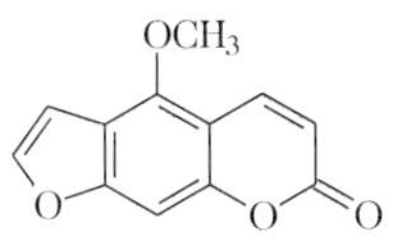

Bergapten

cumarine, u. a. Scopoletin, Umbelliferon und Umbelliprenin, Polyine sowie äther. Öl, das überwiegend aus Terpenkohlenwasserstoffen besteht. Anw.: volkstümlich bei Verdauungsbeschwerden, nervösen Leiden, Epilepsie und Ruhr. ***2. Heraclei sphondylii herba*** (syn. *Brancae ursinae herba, Brancae ursinae germanicae herba, Herba Brancae ursinae, Herba Heraclei sphondylii*); Bärenklaukraut (syn. Wiesenbärenklaukraut), das von Juni bis August gesammelte und getrocknete Kraut. Inhaltsstoffe und Anwendung s. *Heraclei radix*. Geg.: infolge des Gehaltes an Furanocumarinen sind phototoxische Effekte möglich. Nach Einnahme der Droge sollten daher Sonnenbäder und intensive UV-Strahlung vermieden werden. Auch die Berührung der Pflanze kann zu Photodermatosen führen. ***3. Heracleum-sphondylium-Früchte***; Bärenklaufrüchte, die reifen Früchte. Inh.: äther. Öl, Furanocumarine, u. a. Bergapten und Pimpinellin. Anw.: früher in der Volksheilkunde bei Verdauungsbeschwerden und Hauterkrankungen.
Hom.: ***Heracleum sphondylium*** HAB34, das frische Kraut. Anw.-Geb.: u. a. Überfunktion der Talgdrüsen.
Histor.: Der Gattungsname *Heracleum* wurde nach dem Heros Herakles bzw. Herkules benannt, da dieser die Heilwirkung der Pflanze entdeckt haben soll. Der Artname *sphondylium* entspricht einem antiken Pflanzennamen ungeklärter Herkunft. Die deutsche Bezeichnung Bärenklau wird auf die Gestalt der rauhhaarigen Blätter zurückgeführt.

■ **Herba**
Kraut; im pharmakognostischen Sinne Drogen, die aus getrockneten Sprossen krautartiger Pflanzen bestehen. Die Ernte erfolgt meist während der Blüte. Eine Krautdroge besteht daher allgemein aus Blättern, Stengelteilen, Blüten und zuweilen auch Früchten. Mitunter, bes. bei dicker Sprossachse, werden nur die Triebspitzen verwendet, z. B. *Millefolii herba*. Bei sehr kleinen Pflanzen enthalten Krautdrogen mitunter auch die Wurzeln, z. B. *Polygalae amarae cum radicibus herba*. In der Homöopathie wird das Kraut, oft auch die ganze Pflanze oder Teile davon, meist frisch verwendet.

Herba Abrotani ↗ Artemisia abrotanum.
Herba Absinthii ↗ Artemisa absinthium.
Herba Acalyphae indicae ↗ Acalypha indica.
Herba Acanthae ↗ Acanthus mollis.

Herba Acanthi ↗ Acanthus mollis.
Herba Achilleae moschata ↗ Achillea-Arten.
Herba Aconiti ↗ Aconitum napellus.
Herba Adianti aurei ↗ Polytrichum commune.
Herba Aegopodii podagrariae ↗ Aegopodium podagraria.
Herba Aethusae ↗ Aethusa cynapium.
Herba Agrimoniae ↗ Agrimonia eupatoria.
Herba Ajugae ↗ Ajuga reptans.
Herba Albi visci ↗ Viscum album.
Herba Alchemillae ↗ Alchemilla xanthochlora.
Herba Alliariae ↗ Alliaria petiolata
Herba Alliariae officinalis ↗ Alliaria petiolata.
Herba Allii ursini ↗ Allium-Arten.
Herba Alsines ↗ Stellaria media.
Herba Amaraci ↗ Origanum majorana.
Herba Ambrosiae ↗ Ambrosia artemisiifolia.
Herba Anagallidis arvensis ↗ Anagallis arvensis.
Herba Anagallis arvensis ↗ Anagallis arvensis.
Herba Anagyris ↗ Anagyris foetida.
Herba Anaphalidis ↗ Anaphalis margaritacea.
Herba Anchusae ↗ Anchusa officinalis.
Herba Andrographidis ↗ Andrographis paniculata.
Herba Anemonis nemorosae ↗ Anemone nemorosa.
Herba Anethi ↗ Anethum graveolens.
Herba Angelicae ↗ Angelica archangelica.
Herba Anserinae ↗ Potentilla anserina.
Herba Anthos silvestris ↗ Ledum palustre.
Herba Anthoxanthi odorati ↗ Anthoxanthum odoratum.
Herba Antirrhini ↗ Linaria vulgaris.
Herba Aparinis ↗ Galium aparine.
Herba Apii ↗ Apium graveolens.
Herba Aquilegiae ↗ Aquilegia vulgaris.
Herba arbores vitae ↗ Thuja occidentalis.
Herba Arenariae rubrae ↗ Spergularia rubra.
Herba Aristolochiae ↗ Aristolochia clematitis.
Herba Armeriae maritimae ↗ Armeria maritima.
Herba Arnicae ↗ Arnica-Arten.
Herba Arnoglossi ↗ Plantago-Arten.
Herba Artemisiae ↗ Artemisia abrotanum, ↗ Artemisia vulgaris.
Herba Artemisiae annuae ↗ Artemisia annua.
Herba Asari cum radicibus ↗ Asarum europaeum.
Herba Asclepiadis curassivicae ↗ Asclepias-Arten.
Herba Aspalathi ↗ Aspalathus linearis.
Herba Asperulae ↗ Galium odoratum.
Herba Astrantiae ↗ Astrantia major.
Herba Athanasiae ↗ Chrysanthemum-Arten.
Herba Atriplicis ↗ Atriplex hortensis.
Herba Avenae ↗ Avena sativa.
Herba Avenae sativae ↗ Avena sativa.
Herba Baccharis genistelloides ↗ Baccharis genistelloides.
Herba Ballotae lanatae ↗ Leonurus lanatus.
Herba Ballotae nigrae ↗ Ballota nigra.
Herba Balsamitae ↗ Chrysanthemum-Arten.
Herba Barbae caprae ↗ Aruncus dioicus, ↗ Filipendula ulmaria.
Herba Basilici ↗ Ocimum basilicum.
Herba Baylahuen ↗ Haplopappus baylahuen.
Herba Beccabungae ↗ Veronica beccabunga.
Herba Belladonnae ↗ Atropa bella-donna.
Herba Bellidis ↗ Bellis perennis.
Herba Betoniae ↗ Stachys officinalis.
Herba Betonicae ↗ Stachys officinalis.
Herba Betonicae albae ↗ Veronica officinalis.
Herba Bidentis ↗ Bidens tripartitus.
Herba Bismalvae ↗ Althaea officinalis.
Herba Boraginis ↗ Borago officinalis.
Herba Brancae ursinae ↗ Heracleum sphondylium.
Herba Brancchae ursinae ↗ Acanthus mollis.
Herba Brunellae ↗ Brunella vulgaris.
Herba Buglossi ↗ Anchusa officinalis.
Herba Bungulae ↗ Ajuga reptans
Herba Bursae pastoris ↗ Capsella bursa-pastoris.
Herba Cacti grandiflori ↗ Selenicereus grandiflorus.
Herba Calaminthae ↗ Calamintha officinalis.
Herba Calendulae ↗ Calendula officinalis.
Herba Callunae ↗ Calluna vulgaris.
Herba Callunae cum floribus ↗ Calluna vulgaris.
Herba Calthae palustris cum floribus ↗ Caltha palustris.
Herba Calystegiae ↗ Calystegia-Arten.
Herba Camarae ↗ Lantana camara.
Herba Canchalaguae ↗ Centaurium chilensis.
Herba Cannabinae aquaticae ↗ Eupatorium-Arten.
Herba Cannabis aquaticae ↗ Eupatorium-Arten.
Herba Cannabis indicae ↗ Cannabis sativa.
Herba Capilli veneris ↗ Adianthum capillus-veneris.
Herba Cardami ↗ Nasturtium officinale.
Herba Cardamine pratensis ↗ Cardamine pratensis.
Herba Cardamines ↗ Nasturtium officinale.
Herba Cardiacae ↗ Leonurus quinquelobatus.
Herba Cardui benedicti ↗ Cnicus benedictus.
Herba Cardui mariae ↗ Silybum marianum.
Herba Centaurii ↗ Centaurium minus.
Herba Centaurii lutei ↗ Blackstonia perfoliata.

Herba Centellae asiaticae ↗ Centella asiatica.
Herba Centumnodii ↗ Polygonum aviculare.
Herba Cephalandrae ↗ Coccinia grandis.
Herba Cerefolii ↗ Anthriscus cerefolium.
Herba Cerefolii germanici ↗ Anthriscus cerefolium.
Herba Cerefolii hispanica ↗ Myrrhis odorata.
Herba Cestri ↗ Cestrum laevigatum.
Herba Chamaebuxi ↗ Polygala-Arten.
Herba Chamaedryos ↗ Teucrium-Arten.
Herba Chamaedryos aquaticae ↗ Teucrium-Arten.
Herba Chelidonii majoris ↗ Chelidonium majus.
Herba Chelone glabra ↗ Chelone glabra.
Herba Chenopodii ambrosioides ↗ Chenopodium-Arten.
Herba Chimaphilae ↗ Chimaphila umbellata.
Herba Chiratae indicae ↗ Swertia chirata.
Herba Chiraytae ↗ Swertia chirata.
Herba Chirettae ↗ Swertia chirata.
Herba Chirettae indicae ↗ Swertia chirata.
Herba Chironiae ↗ Centaurium minus.
Herba Chrysanthemi ↗ Chrysanthemum-Arten.
Herba Chrysanthi ↗ Rhododendron-Arten.
Herba Cicutae maioris ↗ Conium maculatum.
Herba Cicutae terrestris ↗ Conium maculatum.
Herba Cirsii ↗ Cirsium oleraceum.
Herba Clematidis ↗ Clematis-Arten.
Herba Clematitis ↗ Aristolochia-Arten.
Herba Cnici benedicti ↗ Cnicus benedictus.
Herba Cochleariae ↗ Cochlearia officinalis.
Herba Columbariae ↗ Verbena officinalis.
Herba Conii ↗ Conium maculatum.
Herba Conii maculati ↗ Conium maculatum.
Herba Consolidae ↗ Symphytum officinale.
Herba Consolidae aureae ↗ Solidago-Arten.
Herba Consolidae mediae ↗ Ajuga reptans
Herba Consolidae sarracenicae ↗ Solidago-Arten.
Herba Convallariae ↗ Convallaria majalis.
Herba Convolvuli ↗ Convolvulus-Arten.
Herba Cordialis ↗ Galium odoratum.
Herba Coronillae scorpioides ↗ Coronilla-Arten.
Herba Cotyledonis aquaticae ↗ Hydrocotyle vulgaris.
Herba Crataegi cum floribus ↗ Crataegus-Arten.
Herba cum pastoris ↗ Geranium robertianum.
Herba Cyclopiae ↗ Cyclopia-Arten.
Herba Dentariae ↗ Plumbago europaea.
Herba Dictamni ↗ Dictamnus albus.
Herba Dictamni albi ↗ Dictamnus albus.
Herba Dioneae recens ↗ Dionaea muscipula.
Herba Divi Ruperti ↗ Geranium robertianum.
Herba Doria ↗ Solidago-Arten.
Herba Doronicae germanici ↗ Arnica-Arten.
Herba Dracocephali ↗ Dracocephalum moldavica.
Herba Dracunculi ↗ Artemisia dracunculus.
Herba Droserae ↗ Drosera-Arten.
Herba Ebuli ↗ Sambucus ebulus.
Herba Echinaceae purpureae ↗ Echinacea-Arten.
Herba Eichhorniae ↗ Eichhornia crassipes.
Herba Ephedrae ↗ Ephedra-Arten.
Herba Epilobii ↗ Epilobium-Arten.
Herba Equiseti ↗ Equisetum-Arten.
Herba Erechthites ↗ Erechthites hieracifolia.
Herba Ericae ↗ Calluna vulgaris.
Herba Ericae cum floribus ↗ Calluna vulgaris.
Herba Erigeronis canadensis ↗ Conyza canadensis.
Herba Erodii cicutarii ↗ Erodium cicutarium.
Herba Eryngii ↗ Eryngium-Arten.
Herba Eryngii campestris ↗ Eryngium-Arten.
Herba Eryngii plani ↗ Eryngium-Arten.
Herba Erysimi ↗ Erysimum crepidifolium, ↗ Sisymbrium officinale.
Herba Erysimi canescentis ↗ Erysimum diffusum.
Herba Erysimi diffusi ↗ Erysimum diffusum.
Herba Erythraeae centaurii ↗ Centaurium minus.
Herba Eschscholtziae ↗ Eschscholzia californica.
Herba Eschscholziae ↗ Eschscholzia californica.
Herba et Radix Brachycladii stuckerti ↗ Brachycladus stuckerti.
Herba et Radix Eupatorii purpurei ↗ Eupatorium-Arten.
Herba Eugeniae ↗ Eugenia chequen.
Herba Eupatoriae ↗ Agrimonia eupatoria.
Herba Eupatorii cannabini ↗ Eupatorium-Arten.
Herba Eupatorii perfoliati ↗ Eupatorium-Arten.
Herba Euphorbiae helioscopiae ↗ Euphorbia-Arten.
Herba Euphorbiae piluliferae ↗ Euphorbia-Arten.
Herba Euphrasiae ↗ Euphrasia rostkoviana.
Herba Fabianae ↗ Fabiana imbricata.
Herba Fabianae imbricatae ↗ Fabiana imbricata.
Herba Fagopyri ↗ Fagopyrum esculentum.
Herba Felis terrae ↗ Centaurium minus.
Herba Florens ↗ Selenicereus grandiflorus.
Herba Fortis ↗ Solidago-Arten.
Herba Frankeniae grandifoliae ↗ Frankenia grandifolia.
Herba Fumariae ↗ Fumaria officinalis.
Herba Fumariae luteae ↗ Corydalis-Arten.
Herba Galegae ↗ Galega officinalis.
Herba Galeopsidis ↗ Galeopsis segetum.
Herba Galeopsidis grandiflorae ↗ Galeopsis segetum.

Herba Galii aparinis ↗ Galium aparine.
Herba Galii lutei ↗ Galium verum.
Herba Garjubae ↗ Arctostaphylos uva-ursi.
Herba Gei urbani ↗ Geum-Arten.
Herba Genippi veri ↗ Achillea-Arten.
Herba Genistae scopariae ↗ Cytisus scoparius.
Herba Genistae tinctoriae ↗ Genista tinctoria.
Herba Genistae tinctoriae cum floribus ↗ Genista tinctoria.
Herba Geranii chelidonii s. gruinalis s. hirundinarii s. vulnerarii ↗ Geranium robertianum.
Herba Geranii robertiani ↗ Geranium robertianum.
Herba Glaucii ↗ Glaucium corniculatum.
Herba Glechomae ↗ Glechoma hederacea.
Herba Gnaphalii uliginosi ↗ Gnaphalium uliginosum.
Herba Gratiae Dei ↗ Geranium robertianum, ↗ Gratiola officinalis.
Herba Gratiolae ↗ Gratiola officinalis.
Herba Grindeliae ↗ Grindelia camporum.
Herba Guazumae ↗ Guazuma ulmifolia.
Herba Haplopappi ↗ Haplopappus baylahuen.
Herba Hedeomae ↗ Hedeoma pulegoides.
Herba Hederae helicis ↗ Hedera helix.
Herba Hederae terrestris ↗ Glechoma hederacea.
Herba Hepaticae ↗ Hepatica nobilis.
Herba Hepaticae stellatae ↗ Galium odoratum.
Herba Heraclei sphondylii ↗ Heracleum sphondylium.
Herba Herniariae ↗ Herniaria hirsuta, ↗ Herniaria glabra.
Herba Hierochloe borealis ↗ Hierochloe borealis.
Herba Hierochloe odoratae ↗ Hierochloe borealis.
Herba Hottoniae ↗ Hottonia palustris.
Herba Houttuyniae ↗ Houttuynia cordata.
Herba Hydrocotylae asiaticae ↗ Centella asiatica.
Herba Hydropiperis ↗ Polygonum hydropiper.
Herba Hyoscyami ↗ Hyoscyamus niger.
Herba Hyoscyami mutici ↗ Hyoscyamus muticus.
Herba Hyperici ↗ Hypericum perforatum.
Herba Hyssopi ↗ Hyssopus officinalis.
Herba Iberidis ↗ Iberis amara.
Herba Intybi angusti ↗ Lactuca virosa.
Herba Ivae moschatae ↗ Achillea-Arten.
Herba Jaceae ↗ Viola-Arten.
Herba Jacobaeae ↗ Senecio-Arten.
Herba Knautiae arvensis ↗ Knautia arvensis.
Herba Lactucae virosae ↗ Lactuca virosa.
Herba Lagochili ↗ Lagochilus inebrians.
Herba Lamii albi ↗ Lamium album.
Herba Lappae minoris ↗ Xanthium strumarium.
Herba Lappulae hepaticae ↗ Agrimonia eupatoria.
Herba Larreae mexicanae ↗ Larrea tridentata.
Herba Ledi palustris ↗ Ledum palustre.
Herba Leontopodii ↗ Alchemilla xanthochlora, ↗ Leontopodium alpinum.
Herba Leonuri cardiacae ↗ Leonurus cardiaca.
Herba Leonuri cardiaceae ↗ Leonurus quinquelobatus.
Herba Leonuri lanati ↗ Leonurus lanatus.
Herba Lepidii sativi recens ↗ Lepidium sativum
Herba Lespedezae ↗ Lespedeza capitata.
Herba Levistici ↗ Levisticum officinale.
Herba Ligustici ↗ Levisticum officinale.
Herba Liliorum convallium ↗ Convallaria majalis.
Herba Linariae ↗ Linaria vulgaris.
Herba Lini cathartici ↗ Linum catharticum.
Herba Lippiae ↗ Aloysia triphylla.
Herba Lobeliae ↗ Lobelia inflata.
Herba Lobeliae inflatae ↗ Lobelia inflata.
Herba Lycopi europaei ↗ Lycopus-Arten.
Herba Lycopi virginici ↗ Lycopus-Arten.
Herba Lycopodii ↗ Lycopodium clavatum.
Herba Lysimachiae ↗ Lysimachia nummularia.
Herba Majoranae ↗ Origanum majorana.
Herba Malvae visci ↗ Althaea officinalis.
Herba Mari veri ↗ Teucrium-Arten.
Herba Marrubii ↗ Marrubium vulgare.
Herba Marrubii aquatici ↗ Lycopus-Arten.
Herba Matico ↗ Piper angustifolium.
Herba Matricariae ↗ Chrysanthemum-Arten.
Herba Matrisilvae ↗ Galium odoratum.
Herba Matrisylviae vel Matrisilvae ↗ Galium odoratum.
Herba Medicago sativae ↗ Medicago sativa.
Herba Meliloti ↗ Melilotus officinalis.
Herba Meliloti citrini ↗ Melilotus officinalis.
Herba Menispermi ↗ Menispermum canadense.
Herba Menthae ↗ Mentha-Arten.
Herba Mercurialis ↗ Mercurialis-Arten.
Herba Millefolii ↗ Achillea-Arten.
Herba Mitchellae ↗ Mitchella repens.
Herba Monardae ↗ Monarda didyma.
Herba Musci clavati ↗ Lycopodium clavatum.
Herba Musci erecta ↗ Huperzia selago.
Herba Musci terrestris ↗ Lycopodium clavatum.
Herba Myosotis arvensis ↗ Myosotis arvensis
Herba Myrti brabantini ↗ Myrica gale.
Herba Nasturtii ↗ Nasturtium officinale.
Herba Nasturtii aquatici ↗ Nasturtium officinale.

Herba Nasturtii cardamines ↗ Nasturtium officinale.
Herba Nasturtii hortensis ↗ Lepidium sativum.
Herba Nepetae catariae ↗ Nepeta cataria.
Herba Nicandrae ↗ Nicandra physaloides.
Herba Nicotianae virginianae ↗ Nicotiana tabacum.
Herba Nummulariae ↗ Lysimachia nummularia.
Herba Ocimi ↗ Ocimum basilicum.
Herba Oenanthae biennis ↗ Oenothera biennis.
Herba Oenanthae crocatae ↗ Oenanthe crocata.
Herba Onopordonis acanthii ↗ Onopordum acanthium.
Herba Origani ↗ Origanum vulgare.
Herba Origani cretici ↗ Origanum onites, ↗ Origanum compactum.
Herba Origani vulgaris ↗ Origanum vulgare.
Herba Oxalidis acetosellae ↗ Oxalis acetosella.
Herba Paliuri spinae-christi ↗ Paliurus aculeatus.
Herba Palo ondo ↗ Larrea tridentata.
Herba Paridis ↗ Paris quadrifolia.
Herba Parietariae ↗ Parietaria officinalis.
Herba Parnassiae palustris ↗ Parnassia palustris.
Herba Parthenii ↗ Chrysanthemum-Arten.
Herba Passiflorae ↗ Passiflora incarnata.
Herba Pastinacae ↗ Pastinaca sativa.
Herba Perillae ↗ Perilla frutescens.
Herba Periplocae graecae ↗ Periploca graeca.
Herba Persicariae urentis ↗ Polygonum hydropiper.
Herba Petroselini ↗ Petroselinum crispum.
Herba Petum ↗ Nicotiana tabacum.
Herba Phoradendri ↗ Phoradendron flavescens.
Herba Phragmites communis ↗ Phragmites communis.
Herba Pichi-Pichi ↗ Fabiana imbricata.
Herba Pinguiculae ↗ Pinguicula vulgaris.
Herba Pirolae ↗ Chimaphila umbellata.
Herba Plantaginis angustifoliae ↗ Plantago-Arten.
Herba Plantaginis lanceolatae ↗ Plantago-Arten.
Herba Plantaginis latifoliae ↗ Plantago-Arten.
Herba Plantaginis majoris ↗ Plantago-Arten.
Herba Plectranthi ↗ Plectranthus fruticosus.
Herba Plumbaginis ↗ Plumbago europaea.
Herba Podagrariae ↗ Aegopodium podagraria.
Herba Polygalae amarae ↗ Polygala-Arten.
Herba Polygalae cum floribus et radice ↗ Polygala-Arten.
Herba Polygoni avicularis ↗ Polygonum aviculare.
Herba Populaginis ↗ Caltha palustris.
Herba Potentillae argentinae ↗ Potentilla anserina.
Herba Prasii ↗ Marrubium vulgare.
Herba Prenanthes serpentariae ↗ Prenanthes serpentaria.
Herba Ptarmicae ↗ Achillea-Arten.
Herba Pulegii ↗ Mentha-Arten.
Herba Pulegii americanae ↗ Hedeoma pulegioides.
Herba Pulegii hortensis ↗ Mentha-Arten.
Herba Pulmonariae ↗ Pulmonaria officinalis.
Herba Pulmonariae arboreae ↗ Lobaria pulmonaria.
Herba Pulsatillae ↗ Pulsatilla-Arten.
Herba Pyrolae umbellatae ↗ Chimaphila umbellata.
Herba Pyrolae uniflorae ↗ Pyrola uniflora.
Herba Ramonae ↗ Ramona stachioides.
Herba Ranunculae albi ↗ Anemone nemorosa.
Herba Ranunculi nemorosi ↗ Anemone nemorosa.
Herba Reginae prati ↗ Filipendula ulmaria.
Herba Resedae luteolae ↗ Reseda luteola.
Herba Rhododendri ↗ Rhododendron-Arten.
Herba Rhois toxicodendri ↗ Rhus-Arten.

■ **Herbarium**
Sammlung gepreßter und getrockneter Pflanzen („Herbarium vivae"), angelegt meist für wissenschaftliche oder Lehrzwecke.

Herba Robertiani ↗ Geranium robertianum.
Herba Rorellae ↗ Drosera-Arten.
Herba Roris solis ↗ Drosera-Arten.
Herba Rosmarini silvestris ↗ Ledum palustre.
Herba Rostrum ciconiae ↗ Geranium robertianum.
Herba Rumicis acetosae ↗ Rumex acetosa.
Herba Ruperti ↗ Geranium robertianum.
Herba Rutae capriariae ↗ Galega officinalis.
Herba Rutae graveolentis ↗ Ruta graveolens.
Herba Rutae vulgaris ↗ Ruta graveolens.
Herba Sabinae ↗ Juniperus sabina.
Herba Salicariae ↗ Lythrum salicaria.
Herba Salviae ↗ Salvia-Arten.
Herba Sampsuchi ↗ Origanum majorana.
Herba Sanguinalis ↗ Polygonum aviculare, ↗ Verbena officinalis.
Herba Sanguinaria ↗ Capsella bursa-pastoris.
Herba Sanguinariae ↗ Geranium sanguineum.
Herba Sanguisorbae ↗ Sanguisorba officinalis.
Herba Saniculae ↗ Sanicula europaea.
Herba Santa ↗ Eriodictyon californicum.
Herba Saponariae ↗ Saponaria officinalis.

Herba Sarothamni scoparii ↗ Cytisus scoparius.
Herba Saturejae ↗ Satureja hortensis.
Herba Saxifragae ↗ Saxifraga granulata.
Herba Scabiosae ↗ Knautia arvensis.
Herba Scabiosae arvensis ↗ Knautia arvensis.
Herba Scabiosae vulgaris ↗ Knautia arvensis.
Herba Scordii vulgaris ↗ Teucrium-Arten.
Herba Scorodoniae ↗ Teucrium-Arten.
Herba Scrophulariae ↗ Scrophularia nodosa.
Herba Sedi acri ↗ Sedum acre.
Herba Sedi acris ↗ Sedum acre.
Herba Sedi telephii ↗ Sedum telephium.
Herba Selaginis ↗ Huperzia selago.
Herba Selenicerei grandiflori ↗ Selenicereus grandiflorus.
Herba Selini ↗ Selinum palustre.
Herba Sempervivi tectori ↗ Sempervivum tectorum.
Herba Senecionis ↗ Senecio-Arten.
Herba Senecionis jacobaeae ↗ Senecio-Arten.
Herba Senecionis vulgaris ↗ Senecio-Arten.
Herba Serotinae ↗ Solidago-Arten.
Herba Serpylli ↗ Thymus-Arten.
Herba Sideritidis scardicae ↗ Sideritis-Arten.
Herba Sideritis ↗ Sideritis-Arten.
Herba Sigesbeckiae ↗ Sigesbeckia orientalis.
Herba Silphii ↗ Silphium laciniatum.
Herba Sisymbrii ↗ Sisymbrium officinale.
Herba Siteritidis ↗ Sideritis-Arten.
Herba Solani nigri ↗ Solanum-Arten.
Herba Soldado ↗ Piper angustifolium.
Herba Soldanellae ↗ Calystegia-Arten.
Herba Solidaginis ↗ Solidago-Arten.
Herba Solidaginis giganteae ↗ Solidago-Arten.
Herba Solidaginis virgaureae ↗ Solidago-Arten.
Herba Solis ↗ Hypericum perforatum.
Herba Spartii scoparii ↗ Cytisus scoparius.
Herba Spergulae rubrae ↗ Spergularia rubra.
Herba Spigeliae ↗ Spigelia-Arten.
Herba Spilanthes oleraceae ↗ Spilanthes oleracea.
Herba Spiraeae tomentosae ↗ Spiraea tomentosa.
Herba Spiraeae ulmariae ↗ Filipendula ulmaria.
Herba Stellariae ↗ Stellaria media.
Herba Stramonii ↗ Datura-Arten.
Herba Symphyti ↗ Symphytum officinale.
Herba Tabaci ↗ Nicotiana tabacum.
Herba Tanaceti ↗ Chrysanthemum-Arten.
Herba Tanaceti balsamitae ↗ Chrysanthemum-Arten.
Herba Taraxaci ↗ Taraxacum officinale.
Herba Taraxaci cum radice ↗ Taraxacum officinale.
Herba Taxi baccatae ↗ Taxus baccata.
Herba Terribilis ↗ Globularia alypum.
Herba Teucrii ↗ Teucrium-Arten.
Herba Teucrii mari ↗ Teucrium-Arten.
Herba Teucrii scordii ↗ Teucrium-Arten.
Herba Teucrii scorodoniae ↗ Teucrium-Arten.
Herba Thermopsidis lanceolatae ↗ Thermopsis lanceolata.
Herba Thujae occidentalis ↗ Thuja occidentalis.
Herba Thymi ↗ Thymus-Arten.
Herba Tradescantiae ↗ Tradescantia diuretica.
Herba Trinitatis ↗ Viola-Arten.
Herba Tropeoli ↗ Tropaeolum majus.
Herba Urticae ↗ Urtica-Arten.
Herba Verbasci ↗ Verbascum-Arten.
Herba Verbenae ↗ Verbena officinalis.
Herba Verbenae odoratae ↗ Aloysia triphylla.
Herba Veronicae ↗ Veronica officinalis.
Herba Vicae roseae ↗ Catharanthus roseus.
Herba Vincae pervincae ↗ Vinca minor.
Herba Violae ↗ Viola-Arten.
Herba Violae odoratae ↗ Viola-Arten.
Herba Violae tricoloris ↗ Viola-Arten.
Herba Virgaureae ↗ Solidago-Arten.
Herba Visci albi ↗ Viscum album.
Herba Visci albi recens ↗ Viscum album.
Herba Vulvariae ↗ Chenopodium-Arten.
Herba Xanthii spinosi ↗ Xanthium spinosum.
Herba Xanthii strumarii ↗ Xanthium strumarium.
Herba Ziziae ↗ Thaspium aureum.

■ Herbizide

chemische Pflanzenbekämpfungsmittel (Unkrautvernichtungsmittel, Unkrautvertilgungsmittel), die entweder als Totalherbizide jeglichen Pflanzenwuchs vernichten, als Semitotalherbizide nur krautige und noch nicht verholzte Pflanzen erfassen oder als selektive Herbizide das Wachtum nur einer bestimmte Gruppe von Pflanzen verhindern. Auch beim Anbau von Arzneipflanzen werden Herbizide eingesetzt, allerdings schreiben die Arzneibücher und weitere gesetzliche Regelungen eine Maximalkonzentration (Grenzwerte) von Herbizidrückständen in Drogen vor (Pflanzenschutzmittelhöchstmengenverordnung), die bei bestimmungsgemäßem Gebrauch der Drogen zu keinen Gesundheitsschäden führen.

Herbstblume ↗ Colchicum autumnale.
Herbstlilie ↗ Colchicum autumnale.
Herbstzeitlose ↗ Colchicum autumnale.

Herbstzeitlosensamen ↗ Colchicum autumnale.
Herdöpfel ↗ Solanum-Arten.
Herkulessamen ↗ Cucurbita pepo.
Hermel ↗ Chamomilla recutita.
Herniariae herba ↗ Herniaria glabra.

■ **Herniaria glabra** L.
Bruchkraut (syn. Harnkraut, Kahles Bruchkraut, Tausenkorn), s. Farbtafel S. 310, Bild 178.
Fam.: Caryophyllaceae.
Vork.: gemäßigte Zonen Europas und Asiens.
Droge: ***Herba Herniariae*** (syn. *Herniariae herba*); Harnkraut (syn. Bruchkraut), die zur Blütezeit gesammelten und getrocknetem, ganzen oder geschnittenem oberirdischen Teile. Inh.: Triterpensaponine (3–9 %), die bisdesmosidische Verbindungen mit verzweigter Zuckerkette darstellen und Medicagen-, Gypsogen- oder 16-Hydroxymedicagensäure als Sapogenin enthalten. Weitere Bestandteile sind Flavonoide (0,2–1,2 %, mit Isorhamnetin- und Quercetinderivaten) sowie Cumarine (0,1–0,4 %), u. a. Herniarin und Umbelliferon enthaltend. *Anw.*: Diuretikum, bei chronischer Zystitis, Urethritis sowie bei Blasentenesmen. Bestandteil entsprechender Teemischungen. Volkstümlich auch als Blutreinigungsmittel.
Hom.: ***Herniaria glabra*** HAB1; Harnkraut, die frischen, oberirdischen Teile blühender Pflanzen. *Anw.-Geb.*: Erkrankungen der Niere und ableitenden Harnwege.
Histor.: Der Gattungsname *Herniaria* ist lateinischer Herkunft (*hernia* = Bruch) und bezieht sich auf die frühere Verwendung der Pflanze gegen Bruchleiden. Der Artname *glabra* (kahl) kennzeichnet den Unterschied zum behaarten Bruchkraut (*hirsutum* = rauhhaarig). Erste Hinweise über die arzneiliche Nutzung der Pflanze stammen aus dem 16. Jh. und zwar zunächst als Mittel gegen Leistenbrüche, später auch als harntreibende Droge.

■ **Herniaria hirsuta** L.
Behaartes Bruchkraut (syn. Rauhes Bruchkraut).
Fam.: Caryophyllaceae.
Droge: ***Herba Herniariae***. Inhaltsstoffe und Anwendung s. ↗ Hernaria glabra.

Herpestis monniera ↗ Bacopa monnieri.
Herrgottsblümchen ↗ Anemone nemorosa.
Herrgottsblut ↗ Hypericum perforatum.
Herrgottslöffel ↗ Drosera-Arten.
Herzblume ↗ Dicentra cucullaria.
Herzelkraut ↗ Capsella bursa-pastoris.
Herzerbse ↗ Cardiospermum halicacabum.
Herzfreude ↗ Hepatica nobilis.
Herzgespann ↗ Leonurus cardiaca.
Herzgespannkraut ↗ Leonurus cardiaca, ↗ Leonurus quinquelobatus.
Herzglykoside ↗ Herzwirksame Glykoside.
Herzkraut ↗ Hepatica nobilis, ↗ Melissa officinalis.
Herzleberkraut ↗ Hepatica nobilis.
Herzsame ↗ Cardiospermum halicacabum.

■ **herzwirksame Glykoside**
(umgangssprachlich auch Herzglykoside), Gruppe von Steroidglykosiden mit charakteristischer Wirksamkeit am Herzen. Sie besitzen das Pregnangrundgerüst mit 21 C-Atomen und am C-17 entweder einen fünfgliedrigen Lactonring (Cardenolide) oder einen sechsgliedrigen Lactonring (Bufadienolide). Die Zuckerreste sind am C-3 glykosidisch verknüpft. Zu den Cardenoliden gehören u. a. die Wirkstoffe aus ↗ *Digitalis*-Arten, ↗ *Adonis*-Arten, *Convallaria majalis*, ↗ *Strophanthus*-Arten und ↗ *Nerium oleander*. Bufadienolide kommen sowohl in Pflanzen (↗ *Urginea maritima*, ↗-*Helleborus*-Arten) als auch in Tieren (↗ *Bufo bufo*) vor. *Wirk.*: positiv inotrope und negativ chronotrope Wirkung am Herzen, die bei Herzinsuffizienz therapeutisch genutzt wird. Vermittelt wird diese Aktivität vorrangig durch Hemmung der an der Zellmembran der Herzzellen lokalisierten Na^+/K^+-ATPase, dabei kommt es zur Erhöhung der intrazellulären Calciumionenkonzentration. Dieser Effekt bewirkt eine verstärkte Kontraktionskraft des Herzens, verbunden mit einer Zunahme des Herzzeitvolumens und verbesserter Nierendurchblutung. Die therapeutische Breite der herzwirksamen Glykoside ist gering, d. h. alle Verbindungen sind stark toxisch und führen bei Überdosierung zu Arrhythmien bzw. Nebenwirkungen im Zentralnervensystem (Erbrechen, Übelkeit, Farbensehen, Halluzinationen). Drogen mit herzwirksamen Glykosiden werden heute nur noch selten verordnet, da sie schwer zu standardisieren sind. In der Regel kommen isolierte Reinstoffe bzw. partialsynthetische Derivate zum Einsatz.

Hesperidin ↗ Flavonoide.

Hesperis alliaria ↗ Alliaria petiolata.

■ **Hesperis matronalis** L.
Nachtviole.
Fam.: Brassicaceae (Cruciferae).
Vork.: Europa bis Zentralasien.
Droge: ***Oleum Hesperidis***; Nachtviolenöl, das Öl der Samen. *Inh.:* Triglyceride; in den Samen außerdem Glykoside, wie Glucomatronalin, Glucohespematrin; Hesperalin (Cholinester). *Anw.:* als Diätikum und als Brennöl.

Hesperis violaria ↗ Matthiola incana.

■ **Heterotheca inuloides** Cass.
Falsche Arnika (syn. Mexikanische Arnika).
Fam.: Asteraceae (Compositae).
Vork.: Mittelamerika, Mexiko.
Drogen: *1. **Heterotheca-inuloides-Blüten***; Mexikanische Arnikablüten, die zur Blütezeit gesammelten und getrockneten Blütenkörbchen. *Inh.:* äther. Öl (0,25–0,44 %), das Sesquiterpene als Hauptkomponenten, u. a. Cadalin, Calacoren und Caryophyllenoxid sowie auch Monoterpene, u. a. Borneol und Linalool, sowie in Spuren Phenylpropanderivate, u. a. Anethol und Eugenol enthält. Weitere Bestandteile sind Flavonoide (0,7–0,8 %), Phenolcarbonsäuren mit Chlorogen-, Kaffee- und Protocatechusäure sowie Cumarine, u. a. Umbelliferon. *Anw.:* volkstümlich in den Heimatgebieten äußerlich bei Prellungen, Verstauchungen sowie als Wundheilmittel. Innerlich zuweilen auch bei Fieber, Bronchitis, als Tonikum und Diuretikum. In Europa hat die Droge lediglich als Verfälschung für die offizinellen Arnikablüten Bedeutung. *2.* das Kraut. *Inh.:* Flavonoide (ca. 0,7 %), v. a. Rutin; äther. Öl (0,25–0,44 %) mit Cadalin, Caryophyllenoxid, Anethol, Eugenol, Benzylalkohol; Fettsäuren; Sesquiterpene. *Anw.:* in der mexikanischen Volksheilkunde äußerlich bei Verletzungen, Prellungen, Verstauchungen; innerlich bei Fieber und Bronchitis, als Diuretikum, Diaphoretikum und Tonikum.

Hetscherl ↗ Rosa canina.
Heubeln ↗ Lamium album.

■ **Heublumen**
(syn. *Flores Graminis*) Gemisch von Blütenteilen, Samen und kleineren Blattstückchen sowie Stengelteilen der verschiedenen Wiesenkräuter. Diese werden aus dem Heu durch Absieben von größeren Blatt- und Stengelteilen befreit. Man nutzt sie in Form von Heublumenbädern oder Heublumensäcken als Auflage, z. B. bei rheumatischen Beschwerden, zur Entkrampfung verspannter Muskulatur oder zur Verbesserung der Elastizität des Bindegewebes. Als uraltes Hausmittel bei beginnender Erkältung dient auch das Heublumenhemd.

■ **Heuchera americana** L.
Fam.: Saxifragaceae.
Vork.: Nordamerika.
Droge: das Rhizom. *Inh.:* Gerbstoffe (9,3–19,7 %). *Anw.:* altes Indianermittel und Volksheilmittel zur Behandlung von Geschwüren und Dysenterie bzw. zur Blutstillung eingesetzt.

Heudelotia africana ↗ Commiphora-Arten.
Heusamen ↗ Plantago-Arten.

■ **Hevea brasiliensis** (Willd. ex A. Juss) Muell. Arg.
(syn. *Siphonia brasiliensis*); Parakautschukbaum.
Fam.: Euphorbiaceae.
Heim.: Amazonasgebiet.
Vork.: kultiviert in vielen tropischen Ländern, v. a. Malaysia, Thailand, Indonesien, Sri Lanka.
Droge: ***Cautschuc*** (syn. *Gummi elasticum, Resina elastica*); ↗ Kautschuk (syn. Naturkautschuk, gereinigter Parakautschuk), der zum Gerinnen

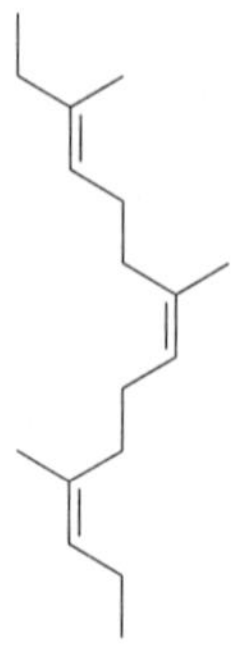

Hevea-Kautschuk 98 %
(Ausschnitt aus dem Gesamtmolekül)

gebrachte und gereinigte Milchsaft. *Inh.:* Polyterpene (ca. 90 % polymerisiertes Dimethyloctadien, das auch als Kautschukgutta bezeichnet wird und aus 500 bis 5 000 Isopreneinheiten besteht), Eiweiß (2,8 %), Harz (2,8 %), Wasser (0,2–0,6 %), mineralische Bestandteile (ca. 0,4 %), Arachidylalkohol, D-Bornesitol, Dambonitol. Anw.: reiner, nicht vulkanisierter Kautschuk wird zur Herstellung stark klebender Pflaster und kalt vulkanisierter Kautschuk zur Herstellung von Hygieneartikeln (Handschuhe, Kondome) benutzt. Heiß vulkanisierter Kautschuk dient zur Herstellung chirurgischer Geräte, Katheter und Gebißplatten für die Zahnheilkunde. In der Technik wird fast ausschließlich vulkanisierter Kautschuk verwendet (Reifen, Transportbänder, Schuhe, Spielzeug, Schläuche, etc.), wobei der Naturkautschuk zunehmend durch Synthesekautschuk abgelöst wird.

Hexenbaum ↗ Latua venenosa.
Hexenbesen ↗ Viscum album.
Hexenblume ↗ Anemone nemorosa.
Hexendorn ↗ Rhamnus catharticus.
Hexenhasel ↗ Hamamelis virginiana.
Hexenkörner ↗ Paeonia officinalis.
Hexenkraut ↗ Conyza canadensis, ↗ Dictamnus albus, ↗ Hypericum perforatum, ↗ Lycopodium clavatum.
Hexenkrut ↗ Viscum album.
Hexennest ↗ Viscum album.
Hibisci flos ↗ Hibiscus sabdariffa.
Hibiscus abelmoschus ↗ Abelmoschus moschatus.
Hibiscusblüten ↗ Hibiscus sabdariffa.

■ **Hibiscus sabdariffa** L.
(syn. *Sabdariffa rubra*); Afrikanische Malve (syn. Rama, Sabdariffeibisch), s. Farbtafel 310, Bild 179.

Fam.: Malvaceae.

Droge: ***Hibisci flos*** (syn. *Flores Hibisci sabdariffae*); Hibiscusblüten (syn. Carcadech, Karkade, Afrikanische Malve, Nubiablüten, Sudantee, Rosella), die getrockneten, fleischigen Innen- und Außenkelche der Blüten.

Hom.: ***Sabdariffa***; Afrikanische Malve, die getrockneten Blüten. Inh.: Schleimstoffe (15–30 %), organische Säuren, bes. Citronensäure (12–20 %), Hibiscussäure (ca.15 %), Äpfelsäure (2–9 %) sowie Wein- und Ascorbinsäure (ca.8 %). Ferner Anthocyane (1–2 %) und Flavonoide, u. a. Gossypin und Hibiscetin. Anw.: Aromatikum, coffeinfreies Erfrischungsgetränk, in höheren Dosen mild laxierend. Ferner zur Gewinnung von Lebensmittelfarbstoffen. Anw.-Geb.: Erkrankungen des venösen Gefäßsystems.

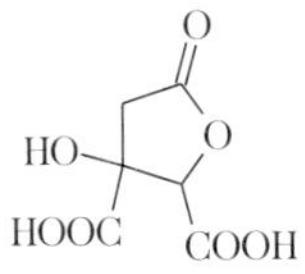

Hibiscussäure
(+)-Allo-hydroxy-citronensäurelacton

Hibiscussäure ↗ Hibiscus sabdariffa.
Hiefen ↗ Rosa canina.
Hierba de la Pastora ↗ Salvia-Arten.
Hierba Loca ↗ Pernettya furens.

■ **Hierochloe borealis**
Wohlriechendes Mariengras (syn. Vanillegras).

Fam.: Gramineae.

Vork.: Nord- und Osteuropa, Asien.

Droge: ***Herba Hierochloe borealis*** (syn. *Herba Hierochloe odoratae*); Vanillegras, das Kraut. Inh.: Cumarin. Anw.: in Ostasien als Gewürz und Räuchermittel; als Aromadroge für die Likörbereitung.

Hiffen ↗ Rosa canina.
Hikuli ↗ Coryphanta compacta, ↗ Epithelantha micromeris.
Hikuri ↗ Echinocereus triglochidiatus, ↗ Mammillaria heyderi.

■ **Hillia illustris** (Vell.) K. Schum.

Fam.: Rubiaceae.

Vork.: Brasilien.

Droge: die Rinde. Inh.: Alkaloide, wie Emetin (ca.1 %). Anw.: als Ersatz für *Radix Ipecacuanhae* (↗ *Cephaelis*-Arten).

Himalajazeder ↗ Cedrus-Arten.
Himbeere ↗ Rubus-Arten.
Himmelblume ↗ Bellis perennis.
Himmelbrandkraut ↗ Verbascum-Arten.
Himmelbrandtee ↗ Verbascum-Arten.
Himmelsbrot ↗ Fraxinus-Arten.
Himmelsleiter ↗ Polemonium caeruleum.
Himmelsschlüsselblumen ↗ Primula-Arten.
Himmelstau ↗ Drosera-Arten, ↗ Fraxinus-Arten.
Himmelstütze ↗ Lithospermum officinale.
Hinfuß ↗ Aegopodium podagraria.

Hinschkraut ↗ Solanum-Arten.
Hiobstränen ↗ Coix lacryma-jobi.
Hipecacuanha brasiliensis ↗ Cephaelis-Arten.
Hipecacuanha dysenteria ↗ Cephaelis-Arten.

■ **Hippeastrum vittatum** (L'Herit.) Herb. (syn. *Amaryllis vittata*).

Fam.: Amaryllidaceae.

Vork.: beliebte Zimmerpflanze, ursprünglich in den Anden Perus beheimatet. Inh.: in den Zwiebeln sind Amaryllidaceen-Alkaloide, wie Lycorin, Tazzettin, Haemanthamin, Hippeastrin, Galanthamin, Montanin, Hippacin und Pancracein enthalten. Die Pflanze ist stark giftig!

Hippion cruciatum ↗ Gentiana-Arten.
Hippocastani cortex ↗ Aesculus hippocastanum.
Hippocastani folium ↗ Aesculus hippocastanum.
Hippocastani oleum ↗ Aesculus hippocastanum.
Hippocastani semen ↗ Aesculus hippocastanum.
Hippocastanum vulgare ↗ Aesculus hippocastanum.
Hippochaete hyemalis ↗ Equisetum-Arten.

■ **Hippokrates**
(syn. Hippokrates von Kos), griechischer Arzt, 460–370 v. Chr., gilt als Begründer der wissenschaftlichen Medizin. H. verkörpert die klassische Zeit der antiken Medizin mit einem hohen ärztlich- menschlichen Ethos. Der „Eid des Hippokrates" gilt noch heute für jeden Arzt.

Hippomane dioica ↗ Hippomane mancinella.

■ **Hippomane mancinella** L.
(syn. *Hippomane dioica, Mancinella venenata*); Manchinellbaum (syn. Manzanillbaum, Manzinella, Wahrer Manzinellenbaum).

Fam.: Euphorbiaceae.

Vork.: Südflorida, Mexiko, westindische Inseln, Zentralamerika, Kolumbien, Venezuela, auch in Westafrika und Indien.

Drogen: *1. Hippomane-mancinella-Blätter*; die frischen oder getrockneten Blätter. Die Droge ist giftig! Inh.: Polyphenole (v. a. Ellagsäure und deren Mono-, Di- und Trimethylether, Corilagin, Hippomanin A und B), Brevifolin (Xanthoxylin), α-Carotin, Kohlenwasserstoffe mit 27 bis 35 C-Atomen. Anw.: in der Volksheilkunde äußerlich bei Lähmungen, Ausschlägen, Krätze, Geschwüren und Elephantiasis. *2. Hippomane-macinella-Früchte*; die reifen Früchte. Die Droge ist sehr stark giftig! Inh.: wenig untersucht, die Früchte enthalten 0,02 % einer Substanz, die dem ↗ Physostigmin sehr ähnlich sein soll und ein Öl, das abführend wirkt. Anw.: in der Volksheilkunde zur Behandlung von Warzen und Hühneraugen sowie als wassertreibendes und wurmtreibendes Mittel. Die Wirksamkeiten sind nicht belegt, aufgrund der beschriebenen Toxizität ist von dem Gebrauch der Droge abzuraten. Im Haushalt sollen die Früchte Schaben fernhalten können. *3. Hippomane-mancinella-Latex*; der in allen Pflanzenteilen vorkommende, frische oder eingetrocknete Milchsaft. Die Droge ist sehr stark giftig! Inh.: Diterpenester (Hippomane-Faktoren), Harz, äther. Öl, Stärke. Anw.: in der Volksheilkunde äußerlich zur Behandlung krebsartiger Geschwüre und syphilitischer Wucherungen. Innerlich soll die Droge bei Wassersucht, Geschlechtskrankheiten, Malaria, Tetanus und Eingeweidewürmern angewendet werden. Die Wirksamkeit der Droge ist nicht belegt, aufgrund der beschriebenen Toxizität ist von dem Gebrauch der Droge abzuraten.

Hom.: *Mancinella* HAB34, gleiche Teile der frischen Blätter, Rinde und Früchte. Anw.-Geb.: Hautausschläge, Entzündungen des Mundes und des Rachens, Verstimmungszustände.

Histor.: Der giftige Milchsaft wurde früher als Pfeilgift verwendet.

Hippophae angustifolia ↗ Hippophae rhamnoides.
Hippophae fasciculata ↗ Hippophae rhamnoides.
Hippophae littoralis ↗ Hippophae rhamnoides.

■ **Hippophae rhamnoides** L.
ssp. *rhamnoides* und ssp. *fluviatilis* (syn. *Hippophae angustifolia, H. fasciculata, H. littoralis, H. salicifolia, H. taurica, Rhamnoides hippophae*); Sanddorn (syn. Haffdorn, Meerdorn, Seedorn, Weidendorn), s. Farbtafel S. 310, Bild 180.

Fam.: Elaeagnaceae.

Vork.: Europa, Vorderasien, Himalayagebiete, Ostasien, in Mecklenburg-Vorpommern und Kasachstan auch kultiviert.

Droge: ***Hippophae rhamnoides fructus*** (syn. *Fructus Hippophae, Fructus Hippophae rhamnoides*); Sanddornbeeren (syn. Fasanbeeren, Haffdornbeeren, Seedornbeeren), die im Zustand der Vollreife geernteten, ganzen, frischen, tiefgefrorenen oder getrockneten Früchte. Inh.: Vitamine (0,1–1,4 % Vitamin C, 0,1–0,2 % Vitamin E), Äpfelsäure, Chinasäure, Essigsäure, Carotinoide, Zucker, Flavonoide (u. a. als Aglyka Quercetin, Kämpferol, Isorhamnetin), fettes Öl (ca. 7 %), Aromastoffe. Anw.: das aus den Früchten gewonnene fette Öl (Oleum Hippophae) wird in Rußland äußerlich zur Prophylaxe und Therapie von Strahlenschäden und zur Wundheilung eingesetzt. In Indien dient die Droge zur Behandlung von Lungenfunktionsstörungen. Die Wirksamkeit bei diesen Anwendungsgebieten ist nicht belegt. Der Vitamin-C-reiche Fruchtsaft wird zur Vitaminisierung und Aromatisierung von Obst- und Gemüsekonserven verwendet, Säfte und Muse werden zu Reformerzeugnissen verarbeitet.

Hippophae rhamnoides fructus ↗ Hippophae rhamnoides.
Hippophae salicifolia ↗ Hippophae rhamnoides.
Hippophae taurica ↗ Hippophae rhamnoides.
Hipposelinum levisticum ↗ Levisticum officinale.
Hirneola auricula-judae ↗ Auricularia auricula-judae.
Hirsch ↗ Cervus elaphus.
Hirschbrunst ↗ Elaphomyces cervinus.
Hirschdorn ↗ Rhamnus catharticus.
Hirschhorn ↗ Cervus elaphus.
Hirschhornflechte ↗ Cetraria islandica.
Hirschklee ↗ Hepatica nobilis.
Hirschkohl ↗ Pulmonaria officinalis.
Hirschkolbensumach ↗ Rhus-Arten.
Hirschmangold ↗ Pulmonaria officinalis.
Hirschminze ↗ Mentha-Arten.
Hirschmöhre ↗ Pastinaca sativa.
Hirschtrüffel ↗ Elaphomyces cervinus.
Hirschzunge ↗ Liatris odoratissima
Hirschzungenblätter ↗ Liatris odoratissima.
Hirse des Propheten ↗ Lactobacillus bulgaricus.
Hirtentäschelkraut ↗ Capsella bursa-pastoris.

■ Hirudin

Proteingemisch aus den Speicheldrüsen des Blutegels (↗ *Hirudo medicinalis*), das als direkter Thrombin-Hemmer die Blutgerinnung inhibiert. H. wird heute gentechnisch mit Hilfe der Hefe *Saccharomyces cerevisiae* hergestellt. Anw.: Bei Thrombosen und Venenentzündungen, v. a. in Form von Salben und Gelen auch bei Thrombophlebitis, Hämatomen und Ulcus cruris.

Hirudo ↗ Hirudo medicinalis.

■ Hirudo medicinalis L.

(syn. *Hirudo officinalis, Sanguisuga medicinalis, S. officinalis*), Blutegel.

Fam.: Hirudinidae.

Vork.: Europa, Nordafrika, Kleinasien.

Droge: ***Hirudo*** (*Hirudo medicinalis*); Blutegel, verwendet wird das lebende Tier zur direkten Anwendung am Menschen oder das getrocknete Tier für Salben. Inh.: ↗ Hirudin, Aminosäuren. Anw.: Der zwittrige, bis 20 cm lang werdende Ringelwurm besitzt Saugnäpfe an beiden Körperenden und kann sich damit an die Haut von Warmblütern festsaugen. Dabei wird dem Wirt Blut entzogen (bis zu 15 ml), das der Blutegel für seine Ernährung nutzt. Während des Saugaktes gibt das Tier Hirudin in die Wunde des Wirtes ab, um eine Blutgerinnung zu verhindern. Diese Art der Therapie von Blutergüssen, Schwellungen, Venenentzündungen und Krampfadern findet heute v. a. in der Naturheilpraxis Anwendung.

Hom.: ***Hirudo medicinalis***; der lebende Blutegel. Anw.-Geb.: Hauteiterungen, Blutungen.

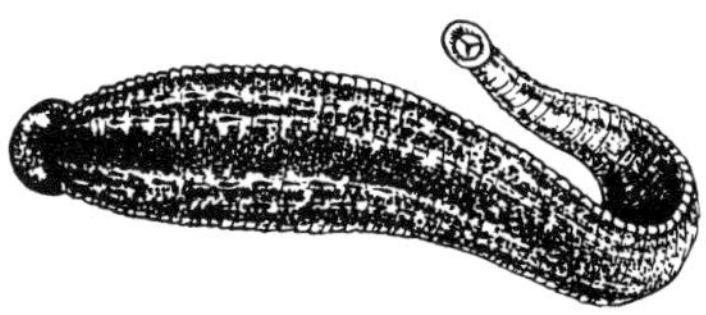

Hirudo medicinalis. Blutegel.

Hirudo officinalis ↗ Hirudo medicinalis.
Hirzwurz ↗ Dictamnus albus.
Hispidussamen ↗ Strophanthus-Arten.

■ Histamin

biogenes Amin, das durch Decarboxylierung aus Histidin entsteht und als Gewebshormon eine wichtige Rolle im Immungeschehen, bei der Schmerzauslösung und der Regulation der Gefäßpermeabilität spielt. Seine biologischen Effekte vermittelt es über die Erregung spezifischer Histaminrezeptoren (H_1 und H_2). Histamin kommt im tierischen Organismus besonders in der Haut, Lunge, Leber, Milz, Schleimhaut des Magens und des Darmes vor, auch in Tiergiften (Bienengift, Schlangengifte) und Pflanzen

(Brennessel, Mutterkorn) wurde Histamin nachgewiesen.

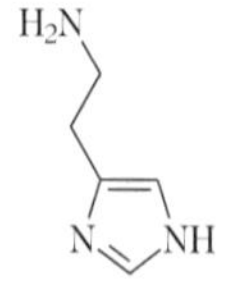

Histamin

Hitzeblätter ↗ Tussilago farfara.
Hochwurzel ↗ Gentiana-Arten.
Höckertang ↗ Fucus-Arten.

■ **Hodgsonia kadam** (Miq.) Lewkowitsch .
Fam.: Cucurbitaceae.
Vork.: Ostasien, bes. Sumatra, Yunnan.
Droge: ***Kadamfett***, das Fett der Samen. *Inh.*: butterartiges Fett (ca. 70 %), mit Triolein (ca. 80 %) und Tripalmitin (ca. 20 %). *Anw.*: als Nahrungsfett, zu Beleuchtungszwecken; die bitteren Samen werden nach dem Rösten auch gegessen.

Hohe Goldrute ↗ Solidago-Arten.
Hoher Rittersporn ↗ Delphinium elatum.
Hohe Schlüsselblume ↗ Primula-Arten.
Hohes Traubenkraut ↗ Ambrosia artemisiifolia.
Hohler Lerchensporn ↗ Corydalis-Arten.
Hohlrökeln ↗ Equisetum-Arten.
Hohlwurz ↗ Corydalis-Arten.
Hohlzahn ↗ Galeopsis segetum.
Hohlzahnkraut ↗ Galeopsis segetum.
Hoitzia coccinea ↗ Loeselia coccinea
Holarrhena africana ↗ Holarrhena floribunda.
Holarrhena antidysenterica ↗ Holarrhena pubescens.
Holarrhenae antidysentericae cortex ↗ Holarrhena pubescens.
Holarrhena febrifuga ↗ Holarrhena pubescens.

■ **Holarrhena floribunda** (G. Don.) Dur. et Schinz. (syn. Holarrhena africana).
Fam.: Apocynaceae.
Vork.: Afrika, v. a. Senegal bis Kongo.
Droge: die Rinde. *Inh.*: u. a. Alkaloide (2–3 %, v. a. Conessin, Togholamin und die Steroidalkaloide Holaphyllin, Holamin sowie Holaphyllamin), Progesteron. *Wirk.*: sedativ und spasmolytisch. *Anw.*: in der Volksheilkunde bei Amöbenruhr, lokal als Anästhetikum sowie als Industrie-

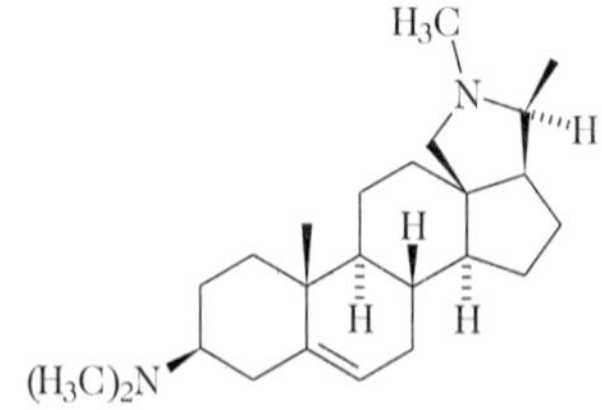

Conessin

droge zur partialsynthetischen Gewinnung von Steroidhormonen.

■ **Holarrhena pubescens** (Buch.-Ham.) Wall. ex G. Don
(syn. *Holarrhena antidysenterica*, *H. febrifuga*, *Wrightia antidysenterica*); Kurchibaum.
Fam.: Apocynaceae.
Vork.: Tropengebiete Pakistans, Indiens und Westafrikas.
Droge: ***Holarrhenae antidysentericae cortex*** (syn. *Cortex Holarrhenae antidysentericae*); Kurchirinde (syn. Conessirinde), die getrocknete Rin-

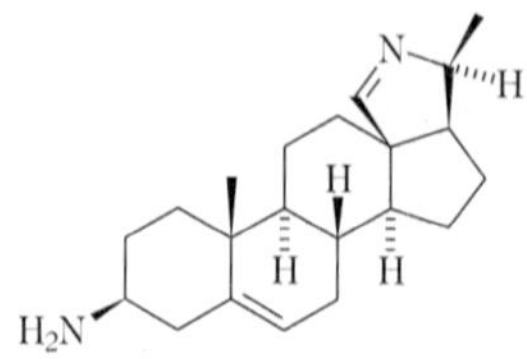

Conkurchin

de. *Inh.*: Alkaloide (2–4 %), u. a. Conessin, Conkurchin, Conessidin, Kurchicin und Holarrhenin. *Anw.*: Amöbenruhr bzw. bei Dysenterie und Lebererkrankungen, die auf Amöbeninfektion beruhen.

Holder ↗ Sambucus nigra.
Holderbeeren ↗ Sambucus nigra.
Holländischer Klee ↗ Trifolium repens.
Holländischer Senf ↗ Brassica-Arten.
Holler ↗ Sambucus nigra.
Hollerbeeren ↗ Sambucus nigra.
Hollerwurzel ↗ Sambucus nigra.
Hollrippe ↗ Equisetum-Arten.
Hollrusch ↗ Equisetum-Arten.
Hollrusk ↗ Equisetum-Arten.
Holunder ↗ Sambucus nigra.
Holunderbeeren ↗ Sambucus nigra.
Holunderblüten ↗ Sambucus nigra.

Holunderschwamm ↗ Auricularia auricula-judae.
Holunderwurzel ↗ Sambucus nigra.
Holzkassie ↗ Cinnamomum-Arten.
Holzöl ↗ Aleurites fordii.
Holztee ↗ Species lignorum.
Holzteer ↗ Pinus-Arten.
Holzzimt ↗ Cinnamomum-Arten.

■ **Homalomena aromatica** Schott.
(syn. *Zantedeschia aromatica, Calla aromatica*).
Fam.: Araceae.
Vork.: Indien, Südostasien, Neuguinea.
Droge: das Rhizom. *Inh.:* äther. Öl (ca. 1,2 %) mit (–)-Linalool, Cadinen, Camphen, α-Pinen und Limonen. *Anw.:* in der Volksheilkunde bei Hautleiden, als Stimulans sowie gegen Durchfälle. In indischen Parfüms nutzt man das äther. Öl der Droge als Geruchtsträger. Auch als Aphrodisiakum wurde die Droge eingesetzt, die Berichte über halluzinogene Effekte sind eher als spekulativ zu werten.

■ **Homalomena lauterbachii** Engl.
Ereriba.
Fam.: Araceae.
Vork.: Südamerika, tropische Gebiete Asiens. *Anw.:* Gemischt mit der Rinde von ↗ Galbulimima belgraveana nutzen die Eingeborenen von Papua-Neuguinea die Blätter dieser Pflanze zur Bereitung eines starken Halluzinogens, das nach Erzeugung von Erregungszuständen einen tiefen, von Visionen begleiteten Schlaf vermittelt. Die Rhizome werden in der Volksheilkunde dieser Regionen bei Hautkrankheiten eingesetzt. Über die Inhaltsstoffe dieser Droge fehlen verläßliche Angaben.

Homeriana-Tee ↗ Polygonum aviculare.

■ **Homöopathie**
eigenständiges Therapieprinzip, das auf der sog. Ähnlichkeitsregel, dem *Simile*-Prinzip, beruht: „*similia similibus curantur* – Ähnliches kann durch Ähnliches geheilt werden“. Begründer der H. ist der Leipziger Hochschullehrer Dr. med. habil. Samuel Hahnemann (1755–1843). Die H. ist im Arzneimittelgesetz von 1976/78 zusammen mit der Anthroposophie und Phytotherapie als „Besondere Therapierichtung“ festgeschrieben. Wesentliches Kriterium bei der Anwendung homöopathischer Arzneimittel ist die möglichst genaue Übereinstimmung zwischen dem Krankheits- und dem Arzneimittelbild. In der H. wird mit dem Begriff „Arzneimittelbild“ die Wirkungsrichtung und der Wirkungsumfang eines Arzneimittels beschrieben, d. h. es kommt damit das Wirkungsprofil der Substanz zum Ausdruck. Die Darreichungsformen der Homöopathika erfolgen in abgestuften Verdünnungen, ausgehend von der sog. Urtinktur, meist in Dezimalpotenzen, z. B. D1, D2, D3 usw. Vgl. auch Essay ↗ Homöopathische Arzneimittel aus dem Pflanzen- und Tierreich.

Homöopathische Arzneimittel aus dem Pflanzen- und Tierreich

Markus Wiesenauer

1. Geschichte der Homöopathie

Begründer der Homöopathie ist Dr. med. Samuel Hahnemann (1755–1843). Er galt als einer der führenden Wissenschaftler jener Zeit. In seiner Eigenschaft als Arzt, Apotheker und Chemiker veröffentlichte er zahlreiche und wertvolle Arbeiten auf diesen Gebieten. Als Basis auch der Homöopathie unserer Zeit gelten seine Bücher, die er zu den verschiedensten Schaffensphasen verfaßte; diese werden in eine sogenannte homöopathische Frühphase und in eine Spätphase eingeteilt.

Hahnemann stand den Behandlungsmethoden seiner Zeit – Schröpfen, Aderlässen, Klistieren – ausgesprochen kritisch gegenüber und arbeitete längere Zeit als wissenschaftlicher Autor und Übersetzer. Bei der Übersetzung eines medizinischen Werkes des schottischen Pharmakologen William Cullen, der berühmten Materia Medica, stieß Hahnemann auf einen Hinweis, demnach

Chinarinde zur Behandlung von Wechselfieber diene. Daraufhin nahm Hahnemann – ohne Fieber zu haben – größere Mengen Chinarinde ein, worauf er an sich selbst eine Symptomatik feststellen konnte, wie sie für Malaria (Wechselfieber) charakteristisch ist. Dieser Selbstversuch veranlaßte ihn zu der Vermutung, daß ein Zusammenhang zwischen der Verabreichung von Chinarinde als Therapeutikum bei Malaria und den beim Gesunden erzeugten ähnlichen Symptomen bestehe. Hahnemann meinte schon vorher beobachtet zu haben, daß eine chronische Krankheit oft günstig durch das Hinzutreten einer akuten beeinflußt würde – aber nur, wenn sie jener ähnlich und noch dazu die stärkere sei. Demnach heile die Chinarinde die Malaria, weil sie eine künstliche Krankheit erzeuge, welche der Malaria ähnlich und stärker als sie sei (Ritter). Der Selbstversuch Hahnemanns im Jahre 1790 kann als erste Arzneimittelprüfung im Sinne eines wissenschaftlichen Experiments bezeichnet werden. Seiner Beobachtung schlossen sich weitere Versuche mit über 50 pflanzlichen und 3 anorganischen Substanzen an. Deshalb trat Hahnemann erst 6 Jahre später mit seinen inzwischen gewonnenen Erfahrungen vor die ärztliche Welt. Im Hufelands-Journal, einer zu jener Zeit weitbekannten Ärzteschrift, erschien seine Arbeit unter dem Titel „Versuch über ein neues Prinzip zur Auffindung der Heilkräfte der Arzneisubstanz“. Darin wird beschrieben, daß mit Hilfe der sogenannten Ähnlichkeitsregel das jeweilige Arzneimittel gefunden werden kann. Damit wird von den Medizinhistorikern 1796 als offizielles Gründungsjahr der Homöopathie angegeben. In den darauffolgenden Jahren widmete sich Hahnemann intensiv der praktischen Arbeit mit diesem Behandlungsprinzip und systematisierte die Anwendung. Mit dem „Organon der rationellen Heilkunde“ legte er 1810 eine ausführliche Zusammenfassung der homöopathischen Therapie vor. Zudem verfaßte er ein vierbändiges Apothekerlexikon, dessen Angaben als Grundlage für das homöopathische Arzneibuch (HAB1) dienten, und führte zahlreiche weitere Arzneimittelprüfungen durch, deren Ergebnisse er in den Jahren 1811–1821 in den sechs Bänden der „Reinen Arzneimittellehre“ (RAL) veröffentlichte.

Bereits 1801 hatte Hahnemann begonnen, die eingesetzten Substanzen zu verdünnen, da er zuvor verschiedentlich Überreaktionen bei der Verabreichung der Ursubstanzen beobachtet hatte. Die verdünnten Substanzen zeigten eine bessere Verträglichkeit sowie eine höhere Wirksamkeit. Hahnemann systematisierte daraufhin das Verfahren der Dynamisation bzw. Potenzierung, er selbst wandte überwiegend Homöopathika bis zu C30 an. Diese Erkenntnisse führten zur Schaffung einer speziellen Dosierungslehre.

In den folgenden Jahren – auch als Beginn der Spätphase bezeichnet – widmete sich Hahnemann der Erforschung der „Chronischen Krankheiten“, ein ebenso bezeichnetes fünfbändiges Werk erschien 1828. Basierend auf der Beobachtung, daß die homöopathische Behandlung bei chronischen Krankheiten trotz Einhaltung strenger Vorschriften bezüglich Diätetik und Lebensführung oft nicht den erwarteten Erfolg zeigt, entwickelte Hahnemann zum weiteren theoretischen Verständnis die Miasmen-Lehre. Gemäß dieses Theorems sind drei grundlegende Verläufe chronischer Erkrankungen (Psora, Syphilis und Sykosis) als Krankheitstendenzen zu berücksichtigen: Dies bedeutet, daß Symptome und patho-physiologische Reaktionsformen des Patienten dem jeweiligen Miasma und einem entsprechenden „chronischen“ Arzneimittel zugeordnet werden können, wobei jedoch die Ähnlichkeitsregel dem miasmatischen Verständnis des Krankheitsprozesses übergeordnet ist.

Die letzten Lebensjahre – geprägt durch eine intensive Praxistätigkeit in Paris – widmete sich Hahnemann der Entwicklung der Q-Potenzen (früher als LM-Potenzen bezeichnet), außerdem bearbeitete er die 6. Auflage des Organon der Heilkunst, die jedoch erst Jahre nach seinem Tod erschien.

2. Grundprinzipien der Homöopathie

Als unbestrittenes Grundprinzip der Homöopathie ist die *Ähnlichkeitsregel* („Similia similibus curentur – Ähnliches werde durch Ähnliches geheilt“) zu nennen, welche auch die Therapiebezeichnung „Homöopathie“ (griech. *homoion* – ähnlich, *pathos* – Leiden) begründet. Dazu Hahnemann im Organon: „Wähle, um sanft, schnell, gewiss und dauerhaft zu heilen, in jedem Krankheitsfalle eine Arznei, welche ein ähnliches Leiden (homoion pathos) für sich erregen kann, als sie heilen soll“ [1]. Die Ähnlichkeitsregel ist nicht als Gesetz im naturwissenschaftlichen

Sinne, sondern vielmehr als Arbeitshypothese und Handlungsanweisung zu verstehen: Symptome des Kranken werden mit Symptomen der Arzneiwirkung am Gesunden in ihrer phänomenologischen Ähnlichkeit verglichen.

Als weiteres Grundprinzipis ist die sich aus der Ähnlichkeitsregel ergebende *Arzneimittelprüfung* (AMP) am Gesunden zu nennen: Die während der Applikation des Prüfstoffes ausgelösten Befindlichkeitsänderungen, werden systematisch beobachtet und aufgezeichnet, sie stellen die Grundstruktur des Arzneimittelbildes dar, in welchem die Pharmakodynamik und damit das Wirkungsprofil eines Arzneistoffes zum Ausdruck kommt. Neben der Arzneimittelprüfung stützt sich die Anwendung homöopathischer Mittel zudem auf andere Erkenntnisquellen (Kenntnisse aus Pharmakologie und Toxikologie, Erfahrungen am kranken Menschen und am kranken Tier, Hinweise aus der Volksheilkunde), durch die Erfahrungen in der Praxis werden die Arzneimittelbilder kontinuierlich erweitert.

In der neueren Literatur wird zunehmend gefordert, *das individuelle Krankheitsbild* ebenfalls als Grundprinzip der Homöopathie zu erheben. Zweifelsohne stellt das individuelle Krankheitsbild ein zentrales Element der Homöopathie dar, eine logische Voraussetzung, um die Erkenntnisse aus dem Arzneimittelbild mittels der Ähnlichkeitsregel beim Kranken therapeutisch umsetzen zu können. Diesem Umstand trägt eine besonders strukturierte Anamnese Rechnung, wobei sich das Vorgehen am Kranheitsheitsverlauf orientiert. Aus der Akuität, bzw. Chronizität des Geschehens resultiert die pragmatische Einteilung in kurze oder lange Wege der Arzneimittelfindung (Beispiele: kurz: akute Sinusitis, lang: chronische Atemwegsinfekte), welche wiederum mit drei Wirkungsgruppen homöopathischer Arzneimittel korrelieren: Organotrop, bzw. histiotrop wirkende Homöopathika können entsprechend ihrer Wirkungsrichtung einem Organsystem, bzw. einem Körpergewebe zugeordnet werden. Die Auswahl eines organotropen Homöopathikums ist oftmals auf Grund weniger Kriterien zu treffen (kurzer Weg der Arzneimittelfindung). Organotrope Homöopathika werden überwiegend als Urtinktur (∅) und in tiefen Potenzen eingesetzt (z. B. D2, D3, D4, D6). Diese Arzneimittelgruppe kommt dementsprechend eine ungleich größere Bedeutung in der Offizin zu als den Personotropika (= Konstitutionsmitteln). Personotrope Homöopathika beziehen das gesamte Persönlichkeitsbild eines Patienten mit ein und haben somit einen umfassenderen Anspruch an das Heilgeschehen als Organotropika. Der Einsatz von Personotropika erfordert eine ausführliche Anamnese (daher langer Weg der Arzneimittelfindung) und sollte dem behandelnden Arzt vorbehalten bleiben. Personotropika werden in hohen Potenzen eingesetzt, z. B. C30, C200 und höher. Funktiotrope Homöopathika nehmen eine Zwischenstellung ein, ihre Wirkung erfaßt mehrere Organsystem. Solche Homöopathika werden zumeist in mittleren Potenzen angewendet, z. B. D12, D13. Erwähnt seien zudem Arzneimittel mit „bewährter Indikation", welche sich bei einer sogenannten „festständigen Krankheit" (Hahnemann) bewährt haben. Für die Verabreichung des jeweiligen Arzneimittels ist nur ein Minimum an Charakteristika erforderlich, so daß gerade Arzneimittel mit bewährter Indikation in Doppelblindversuchen ihre Heilwirkung unter Beweis stellen konnten.

Diskutiert wird zudem, inwieweit die *Dosierungslehre* zu den Grundprinzipien zu rechnen ist. Wie die historische Entwicklung zeigt, arbeitete Hahnemann in der homöopathischen Frühphase mit unpotenzierten Arzneimitteln; erst im weiteren Verlauf entwickelte er das Verfahren der Potenzierung, da die therapeutische Breite der eingesetzten Stoffe oftmals gering war und toxikologische Effekte überwogen. Hahnemann entwickelte daher das Verfahren der sukzessiven Verarbeitung der Arzneigrundstoffe im Verhältnis 1:100 (Centesimalpotenzen), in den späteren Berufsjahren setzte Hahnemann bevorzugt die LM- (Q-)Potenzen ein, die im Verhältnis 1:50 000 hergestellt werden. Dazu schreibt Hahnemann im Organon der Heilkunst: „Diese merkwürdige Veränderung in den Eigenschaften der Naturkörper durch mechanische Einwirkung auf ihre kleinsten Teile – durch Reiben und Schütteln – während sie durch Dazwischentreten einer indifferenten Substanz trockener oder flüssiger Art voneinander getrennt sind, entwickelt die latenten, vorher unmerklich wie schlafend in ihnen verborgen gewesenen dynamischen Kräfte" [2]. Vor mehr als hundert Jahren wurden von den homöopathischen Ärzten Hering und Vehsemeyer die Dezimalpotenzen (1:10) in die Therapie eingeführt.

Grundsätzlich stellt ein als Urtinktur vorliegender Stoff ein homöopathisches Arzneimittel dar; seine Anwendung am Kranken bedeutet gemäß der Ähnlichkeitsregel eine homöopathische Behandlung. Gleichwohl herrscht hinsichtlich der Dosierungslehre eine kontroverse Diskussion zwischen strengen Vertretern der Homöopathie, die strikt nur Hochpotenzen einsetzen (C30 und höher) und homöopathischen Anwendern, welche die Dosierung nach pragmatischen Gesichtspunkten handhaben. Aus heutiger Sicht kann zusammenfassend festgestellt werden, daß die Dezimalpotenzen überwiegend im deutschsprachigen Raum bei akuten und subakuten Erkrankungen eingesetzt werden. Die Centesimalpotenzen sind in den anderen europäischen sowie in außereuropäischen Ländern bei akuten (z. B. C30), aber insbesondere bei chronischen Erkrankungen (z. B. C200 und höher) üblich. Die Q-Potenzen, welche früher die Bezeichnung LM-Potenzen trugen (L = 50, M = 1000), werden überwiegend bei chronischen Erkrankungen eingesetzt. Sie besitzen in aller Regel den Vorteil, daß dadurch Erstverschlimmerungen eher selten auftreten; wohingegen bei hohen D- und C-Potenzen Erstverschlimmerungen häufiger zu beobachten sind. Potenzhöhe und Anwendungshäufigkeit sind in Abhängigkeit der Reagibilität zu wählen und zu wiederholen.

Zusamenfassend läßt sich feststellen, daß die Ähnlichkeitsregel und die Arzneimittelprüfung am Gesunden, zu deren therapeutischen Umsetzung das individuelle Krankheitsbild gehört, zu den Grundprinzipien der Homöopathie gehören. Darüberhinaus bedarf es einer eigenen Dosierungslehre, um der individuellen Arzneireaktion des Patienten entsprechen zu können.

In neuerer Zeit wird den *co-therapeutischen Regeln* unter einer homöopathischen Behandlung wieder vermehrt Beachtung geschenkt. Bereits Hahnemann forderte eine „vernünftige Lebensweise" – analog der Ordnungstherapie nach Sebastian Kneipp – und wies auf mögliche Interaktionen mit Genuß- und Arzneimitteln hin. Dies führte u. a. dazu, daß in den Aufbereitungsmonographien unter „Hinweis" vermerkt ist: In der Homöopathie ist bekannt, „daß die Wirkung eines homöopathischen Arzneimittels durch allgemein schädigende Faktoren in der Lebensweise und durch Reiz- und Genußmittel ungünstig beeinflußt werden kann. Falls sonstige Medikamente eingenommen werden, sollte ein Arzt befragt werden". Welche Begleitmaßnahmen während einer Behandlung chronischer Erkrankungen sinnvoll sind, wird aufgrund mangelnder systematischer Untersuchungen kontrovers diskutiert. Ebenso ungeklärt bleibt weitestgehend die Frage von Interaktionen homöopathischer Einzelmittel (sog. freundliche und feindliche Mittel; Antidote), sowie die Beeinflussung ihrer Wirksamkeit durch physikalische Strahlung (z. B. Flughafen-Kontrolle, Röntgen).

Die Grundprinzipien der Homöoopathie sowie ihre co-therapeutischen Regeln hat bislang Elies [3] am ausführlichsten zusammengefaßt und sie zugleich als Definition der Homöopathie mit herangezogen.

3. Definition

Demnach ist Homöopathie

- individualisierte Pharmakologie nach Reiz-Regulationsprinzipien im Sinne einer ereignisgesteuerten Anwendung möglichst kleiner Gaben jeweils eines Arzneistoffes, deren Wirkdauer sich u. a. nach dem spezifischen Verdünnungsgrad (Potenz) bemißt.
- wirksam nach dem Ähnlichkeitsprinzip.
- ausgezeichnet durch eine systematische Fallaufnahme einschließlich biographischer Anamnese, Berücksichtigung der vergetativen Reaktionsmuster und Wichtung aller erhaltenen Untersuchungsbefunde.
- geeignet als Prognoseinstrument, sie hat klare Kriterien der Verlaufsbeurteilung und kann zur Therapiekoordination herangezogen werden.
- notwendig, zweckmäßig und wirtschaftlich (Elies).

4. Zum Stand der Forschung

Seit dem Beginn ihrer Geschichte wird die Homöopathie öffentlich kontrovers diskutiert. Ursache hierfür ist der Umstand, daß es bis heute keinen naturwissenschaftlichen Erklärungsansatz für die Wirkweise der Homöopathie gibt. Während sich in den homöopathisch verabreichten Ursubstanzen oder Tiefpotenzen der gelöste Stoff pharmakologisch nachweisen läßt, ist – unter Berücksichtigung der Avogadroschen Konstante – ab einer Potenz D23 oder C12 die Ausgangssubstanz statistisch nicht mehr im Lösungsmittel enthalten. Demzufolge sind biochemische Versuche in der Tiefpotenzforschung sinnvoll. Im Bereich der Hochpotenz-Grundlagenforschung dagegen stehen physikalisch-experimentelle Methoden im Vordergrund, die – ausgehend von dem Erklärungsansatz, daß es durch die homöopathische Verarbeitung zu Strukturveränderungen im Lösungsmittel kommt – meßbare Unterschiede zwischen Arznei und Kontrolle nachzuweisen versuchen (z. B. in spektroskopischen Meßverfahren, Verfahren zur Messung der Dielektrizitätskonstante und Leitwertmessung). Die Arbeiten von C. Witt [4] konnten den Einfluß von Verweildauer, Containermaterialien und Lösungsmittel auf die Meßergebnisse nachweisen und ein exemplarisches Versuchsdesign für experimentell-physikalische Hochpotenzforschung entwickeln, in dem die Verwendung von potenziertem Lösungsmittel als Kontrolle, eine standardisierte Verweildauer für alle Proben in den Gefäßen und der Herstellung mehrerer Arznei- und Kontrollproben als fixe Randgrößen angeraten werden. Neben der homöopathischen Grundlagenforschung gibt es mittlerweile eine Vielzahl tierexperimenteller oder klinischer Studien, die die Wirksamkeit homöopathischer Präparate signifikant nachweisen. Aus naheliegenden Gründen werden dabei vorrangig Homöopathika zur „bewährten Indikation“, bzw. organotrope Mittel eingesetzt.

5. Homöopathische Arzneimittel

Homöopathische Arzneimittel stellen Arzneimittel der besonderen Therapierichtungen (Anthroposophie, Homöopathie, Phytotherapie) dar. Über die Zulassung der entsprechenden Präparate entscheidet jeweils eine Arzneimittelkommission beim Bundesinstitut für Arzneimittel und Medizinprodukte (BFArM, früher BGA; Anthroposophie – Kommission C, Homöopathie – Kommission D, Phytotherapie – Kommission E). Die Aufgabe der jeweiligen Arzneimittelkommission ist die Nach- und Neuzulassung von Arzneimitteln der entsprechenden Therapierichtung, wobei die Qualität, Wirksamkeit und Unbedenklichkeit der homöopathischen Arzneimittel ebenso dokumentiert werden müssen wie die chemisch-synthetischer Arzneimittel. Die Nachzulassung betrifft zum Zeitpunkt des Inkrafttretens des Gesetzes bereits im Handel befindliche Produkte.

Die analytische und technologische Qualität des Produktes wird durch die Anforderungen des deutschen Arzneibuches bzw. des homöopathischen Arzneibuches geregelt. Letzteres enthält neben den Vorschriften zur Herstellung von Arzneimitteln der homöopathischen Therapierichtung auch solche der anthroposophischen Therapierichtung und der Spagyrik. Arzneimittelrechtlich nicht definiert sind Begriffe wie „Biologisches Arzneimittel“ oder „Naturheilmittel“.

Eine Verordnung von Arzneimitteln der besonderen Therapierichtungen ist prinzipiell zu Lasten der gesetzlichen Krankenversicherung möglich, d. h. das Führen einer Zusatzbezeichnung durch den verordnenden Arzt (z. B. „Homöopathie“ oder „Naturheilverfahren“) ist keine zwingende Voraussetzung für die Verordnungsfähigkeit.

Die Arzneimittel der besonderen Therapierichtungen haben gewisse Gemeinsamkeiten: Die anthroposophisch erweiterte Medizin verwendet auch in der Homöopathie eingesetzte Substanzen, insbesondere in potenzierter Form. Die Herstellung homöopathischer und anthroposophischer Arzneimittel ist im HAB geregelt, die der Phytotherapie im DAB. Im Bereich der homöopathischen Urtinkturen entspricht ihre Anwendung zumindest teilweise derjenigen pflanzlicher Arzneimittel; homöopathische Tiefpotenzen bis D4 oder D6 werden auch als Niedrigdosis-Phytotherapie bezeichnet [5].

5.1. Pflanzliche Homöopathika

Die Ausgangssubstanzen in der Homöopathie sind zu 80% pflanzlicher Herkunft, zu 15% mineralischen Ursprungs und zu 5% tierischen Ursprungs (Tiere, Teile von Tieren, Nosoden). Damit wird deutlich, daß die pflanzlichen Homöopathika einen ausgesprochen großen Raum im Mittelspektrum einnehmen. Sie werden aus den frischen oder getrockneten Pflanzen gewonnen, aus Blüte, Kraut, Stengeln oder Wurzeln. Werden im Bereich der organotropen Homöopathie pflanzliche Homöopathika in tiefen Potenzen eingesetzt (Urtinktur, 1. bis 3. Dezimalverdünnung), wie dies häufig der Fall ist, kommt es deutlich zu einer Überlappung der an sich unterschiedlichen Therapieprinzipien Phytotherapie und Homöotherapie: Da die Inhaltsstoffe noch nachweisbar sind, handelt es sich um eine phytotherapeutische Maßnahme, aufgrund der Potenzierung um einen homöotherapeutischen Ansatz. Hierbei ist zu unterscheiden, ob die Anwendungsbereiche, bzw. die Mittelwahl dekkungsgleich sind, ob trotz gleicher Indikationsstellung eine unterschiedliche Akzentsetzung vorliegt oder aber ein abweichender Einsatz des Theurapeutikums erfolgt. Dazu einige Beispiele:

In Homöopathie und Phytotherapie werden *Arnica montana* (Bergwohlverleih, ↗ *Arnica*-Arten) und ↗ *Calendula officinalis* (Ringelblume) als Wundheilungspflanzen verwendet, dient ↗ *Silybum marianum* (Mariendistel) zur Behandlung von Lebererkrankungen, werden *Crataegus oxyacantha* (Weißdorn, ↗ *Crataegus*-Arten) und *Adonis vernalis* (Adonisröschen, ↗ *Adonis*-Arten) bei Erkrankungen des Herzens und der Coronargefäße, *Euphrasia officinalis* (Augentrost, ↗ *Euphrasia rostkoviana*) bei Augenerkrankungen, ↗ *Aesculus hippocastanum* (Roßkastanie) und *Hamamelis virginica* (Virginische Zaubernuß, ↗ *Hamamelis virginiana*) bei Venopathien eingesetzt.

In anderen Fällen kommt es zu einer sich überschneidenden Indikationsstellung, die jedoch auf unterschiedlichen Wirkprinzipien begründet ist: So wird *Allium cepa* (Küchenzwiebel, ↗ *Allium*-Arten) phytotherapeutisch aufgrund der wirksamen Schwefelverbindungen und ätherischen Öle eingesetzt (beispielsweise zur Behandlung von Erkältungskrankheiten und Otitis media), wohingegen die Homöopathie Allium cepa gemäß dem Ähnlichkeitsprinzip anwendet – bei Fließschnupfen mit scharfem, wäßrigem Sekret und Tränenfluß, bei Heuschnupfen, Konjunktivitis, Erkältungskrankheiten, Infekten der oberen Atemwege.

Demgegenüber ist jedoch auch eine genau entgegengesetzte Indikationsstellung möglich: Wird *Rheum palmatum* (Rhabarber, ↗ *Rheum*-Arten) phytotherapeutisch bei habitueller Obstipation verwendet, so nennt die Homöopathie Diarrhoe und Zahnungsdiarrhoe als Anwendungsgebiete. Stellt *Cephaelis ipecacuanha* (Brechwurz, ↗ *Cephaelis*-Arten) auch heute noch einen Bestandteil von Emetika bei Vergiftungen dar, wird die Pflanze homöopathisch bei Erkrankungen, die mit starker Brechneigung einhergehen, verwendet.

Eindrücklich wird das homöopathische Prinzip in der Indikationsstellung von Mitteln, die aus Genußdrogen gewonnen werden, verdeutlicht: Homöopathisch aufbereiteter *Coffea arabica* (Kaffee, ↗ *Coffea*-Arten) stellt ein Arzneimittel zur Behandlung von Schlafstörungen dar, die infolge zu großen Gedankenflusses auftreten und mit Reizbarkeit, Herzklopfen und Schweißen einhergehen. ↗ *Nicotiana tabacum* (Tabak) ist das Mittel der Wahl bei Schwindelzuständen mit Elendsgefühl, Übelkeit, kalten Schweißen, Tachykardie und nervösem Herzklopfen. Noch prägnanter präsentiert sich die homöopathische Anwendung von Präparaten, welche in der Ursubstanz toxische Wirkung zeigen und phytopharmakologisch aufgrund des zumeist hohen Alkaloid-Gehaltes als Standardpräparate bei schweren Erkrankungen eingesetzt werden, wie dies u. a. bei *Aconitum napellus* (Eisenhut, ↗ *Aconitum*-Arten), *Agaricus muscarius* (Fliegenpilz, ↗ *Amanita muscaria*), *Solanum dulcamara* (Bittersüßer Nachtschatten, ↗ *Solanum*-Arten), ↗ *Daphne mezereum* (Seidelbast), *Bryonia cretica* (Rote Zaunrübe, ↗ *Bryonia*-Arten), *Digitalis purpurea* (Roter Fingerhut, ↗ *Digitalis*-Arten), ↗ *Convallaria majalis* (Maiglöckchen), *Euphorbia* (Wolfsmilch, ↗ *Euphorbia*-Arten), ↗ *Hyoscyamus niger* (Schwarzes Bilsenkraut) und ↗ *Conium maculatum* (Gefleckter Schierling) der Fall ist. So unterschiedlich die verschiedenen Mittelbilder auch sind, weisen sie charakteristische Merkmale einer entsprechenden Intoxikation auf. ↗ *Atropa belladonna* beispielsweise wird phytopharmakologisch als standardisierter Extrakt in Kombinationspräparaten bei Spasmen und kolikartigen Schmerzen im Bereich des Magen-Darm-Traktes und der Gallenwege eingesetzt. In der Homöopathie stellt Atropa belladonna neben der Behandlung von krampfartigen Gallenblasen- und Harnwegsbeschwerden ein wichtiges Therapeutikum bei beginnenden fieberhaften Infekten mit Hyperämie, trockenen, geröteten Mundschleimhäuten und Tonsillen, trockenem Krampfhusten, Koliken, klopfenden Kopfschmerzen dar – dem charakteristischen Bild der Belladonna-Intoxikation.

Hinweisend auf die Indikation der einzelnen Mittel können dabei phänomenologische Besonderheiten sein, die nicht in unmittelbarem Zusammenhang mit der pharmakologischen Wirkung der Inhaltsstoffe stehen: So gilt *Solanum dulcamara* (welches phytotherapeutisch wie auch homöopathisch Verwendung zur unterstützenden Therapie bei chronischem Ekzem findet) in der Homöopathie als klassisches Mittel für akute Erkrankungen, die durch Unterkühlung und Durchnässung verursacht wurden (akute Harnwegsinfekte, aber auch akute Durchfälle).

Bei vielen Homöopathika, insbesondere, wenn sie personotrop eingesetzt werden, findet sich im Arzneimittelbild eine Vielzahl von Angaben über Konstitutions- und Persönlichkeitsmerkmale, Körper- und Gemütssymptome, Modalitäten (Verschlechterung/Verbesserung) und auslösende, bzw. verursachende Faktoren (causa), die über phytopharmakologische Bezüge weit hinausgehen und vielmehr auf der jahrhundertalten empirischen Beobachtung in Arzneimittelprüfung und Anwendung beruhen. Ein Erklärungsansatz für den phänomenologischen Reichtum an Symptomen stellt die charakteristische homöopathische Verarbeitung der Ursubstanzen im Rahmen der Potenzierung dar. So dient beispielsweise *Strychnos nux-vomica* (Brechnuß, ↗ *Strychnos*-Arten) nicht nur der symptomatischen Behandlung von Erbrechen, Übelkeit und anderen Magen-Darm-Erkrankungen, sondern korreliert mit Lebensstil und Persönlichkeit des Erkrankten: Der typische Nux-vomica-Patient kann als typischer Vertreter des „modernen Großstadtmenschen" betrachtet werden, der in einem hektischen Alltag mit vorrangig sitzender Tätigkeit Reizmittel wie Kaffee, Tabak und Alkohol übermäßig konsumiert, obwohl diese Nahrungsmittel die bestehenden Beschwerden noch weiter verschlimmern. Die Auflistung der Symptome (krampfartige Bauchschmerzen, morgendliches Erbrechen, Sodbrennen und Magenschmerzen nach dem Essen, Blähungen, Verstopfung und Hämorrhoiden, häufig Kopfschmerzen, vormittägliche Verschlechterung) macht deutlich, daß sich Nux vomica je nach Einzelfall als organspezifisches Arzneimittel, als personotropes, tiefgreifendes Konstitutionsmittel, aber auch als ein „Katermittel" bei den Folgen von zu üppigem Essen und Trinken eignet.

Als Beispiele homöopathischer Arzneimittel, die gemäß verschiedener Vorschriften nach HAB1 verarbeitet wurden, seien die folgenden pflanzlichen Homöopathika beschrieben (s. Tabelle 1).

↗ *Asparagus officinalis* wird aus den frischen, jungen, unterirdischen Sprossen des Spargels gewonnen. Die Pflanze, die eine wohlbekannte unmittelbare Wirkung auf die Harnabsonderung hat, wird in der homöopathischen Aufbereitung bei ähnlichen Symptomen eingesetzt, beispielsweise bei häufigem Urinieren und Urin von eigentümlichen Geruch. ↗ *Cicuta virosa* wird aus den frischen unterirdischen Teilen des Wasserschierlings, den Hahnemann auch als „Wütherich" bezeichnete, gewonnen. Das homöopathische Mittel aus dieser Giftpflanze zeichnet sich durch eine starke Wirkung auf das Nervensystem aus. Auch die Essenz von *Aralia racemosa* (*Aralia*-Arten)wird aus dem frischen Wurzelstock der Pflanze, der in Nordamerika heimischen amerikanischen Narde, gewonnen. Aralia racemosa stellt ein Mittel für asthmatische Zustände mit Verschlimmerung des Hustens beim Hinlegen dar. Während die Essenzen der drei zuvor genannten Mittel (nach unterschiedlichen Vorschriften) aus frischen Teilen der Pflanze hergestellt werden, wird ↗ *Veratrum album* aus dem getrockneten Wurzelstock der Weißen Nieswurz gewonnen. Homöopathisch wird *Veratrum album* bei Kollapszuständen mit großer Kälte, kaltem Schweiß, profusen Diarrhoen und großem Durst eingesetzt.

Es sei zudem darauf hingewiesen, daß neben vielen heimischen Pflanzen auch Pflanzen aus Nordamerika als homöopathische Ausgangsstoffe dienen. Durch die vielen Pflanzenexkursionen des Apothekers Dr. Willmar Schwabe (1839–1917), dem Verfasser des Homöopathischen Arzneimittelbuches, wurden inzwischen sehr bedeu-

Tabelle 1: Pflanzliche Homöopathika

Beispiel	Ausgangssubstanz	Vorschrift nach HAB1
Asparagus officinalis	Frische, junge, unterirdische Sprossen	1
Cicuta virosa	Frische unterirdische Teile	2a
Aralia racemosa	Frische unterirdische Teile	3a
Veratrum album	Getrockneter Wurzelstock	4a

tende Pflanzen aus Mittel- und Südamerika sowie aus Afrika in die Homöopathie aufgenommen (z. B. ↗ *Cardiospermum halicacabum*, ↗ *Eichhornia crassipes*, ↗ *Espeletia grandiflora*, ↗ *Haplopappus baylahuen*). So wurde die in den Anden wachsende Arzneipflanze *Haplopappus baylahuen* von Willmar Schwabe in die Therapie eingeführt. Inzwischen liegt auch eine Arzneimittelprüfung am Gesunden vor, die die bisherigen therapeutischen Erfahrungen bestätigt. Das Arzneimittel ist besonders bei Kreislaufschwäche in Verbindung mit depressiver Stimmungslage angezeigt. In einer vom Verfasser durchgeführten Doppelblindstudie bei orthostatischer Dysregulation wurden Haplopappus und ein chemisch-synthetisches Arzneimittel miteinander verglichen [6]. Beide Präparate waren gleich gut wirksam, wobei das homöopathische Arzneimittel den Vorteil einer risikoarmen Behandlung hat, da keine Gegenanzeigen oder Gewöhnungseffekte bestehen. *Espeletia grandiflora* ist ein Präparat der pflanzlichen Stoffklasse der Homöopathika, dessen Therapieeinführung ebenfalls W. Schwabe initiiert hat. *Espeletia grandiflora* ist vorwiegend in Kolumbien auf den almartigen Bergwiesen der Anden heimisch, wo sie auf einer Höhe von 2500 bis 4000 Meter zusammen mit anderen *Espeletia*-Arten oft große Bestände bildet; sie wächst als Staude. Die Urtinktur wird aus Blüten und Blättern hergestellt. *Espeletia grandiflora* wird überwiegend als Dilution in D2 oder D3 (Ampullen als D6) eingesetzt. Da von *Espeletia grandiflora* bislang nur eine fragmentarische Arzneimittelprüfung am Gesunden vorliegt, stützten sich die Erkenntnisse überwiegend auf therapeutische Erfahrungen, hier insbesondere bei pectanginösen Beschwerden sowie bei peripheren arteriellen Durchblutungsstörungen. Dabei ist immer wieder festzustellen, daß unter einer zur konventionellen Therapie adjuvanten Espeletia-Behandlung die Angina-pectoris-Anfälle wesentlich seltener werden und bei Durchblutungsstörungen die Laufstrecke deutlich zunimmt. Günstige Eigenschaften von Espeletia werden auch berichtet bei arteriellen Durchblutungsstörungen kombiniert mit Diabetes mellitus und starkem Rauchen. Das Modalitätenmuster des Arzneimittels ist bislang nicht eindeutig geklärt, so daß *Espeletia* nach organotropen Gesichtspunkten als bewährte Indikation eingesetzt werden kann.

5. 2. Mineralische Homöopathika

Als Ausgangssubstanzen homöopathischer Therapeutika nehmen die Mineralien in der Homöopathie einen wichtigen Raum ein. Dabei ist zu berücksichtigen, daß die Anwendung mineralischer Homöopathika keinesfalls einer Substitutionstherapie vergleichbar ist, sondern nach dem Ähnlichkeitsprinzip erfolgt. Zudem werden gerade homöopathisch potenzierte Mineralien schwerpunktmäßig in der personotropen Therapie in Hochpotenzen eingesetzt (Calcium carbonicum, Silicea, Sulfur, Natrium chloratum u. a.). Das wohl eindringlichste Beispiel in diesem Kontext stellt Natrium chloratum (Kochsalz) dar, welches täglich über die Nahrung in Mengen eingenommen wird, die quantitativ ungleich viel größer sind als das selbst in Tiefpotenzen enthaltene Natriumchlorid. Über Natrium chloratum, das organotrop bei den verschiedensten Krankheitsbildern und personotrop als hochpotentes Konsitutionsmittel verabreicht wird, schreibt Hahnemann: „Und gleichwohl liegen die grössten Heilkräfte in demselben *(dem Kochsalz)* verborgen. Gibt es demnach irgendeinen, auch dem Schwachsichtigsten einleuchtenden Beweis, daß die der Homöopathik eigene Zubereitung der Arzneisubstanzen gleichsam eine neue Welt von Kräften, die in den rohen Substanzen, von der Natur bisher verschlossen, lagen, an den Tag bringt, so ist es gewiß die Umschaffung des in rohem Zustande indifferenten Kochsalzes zu einer heroischen und gewaltigen Arznei, die man nach dieser Zubereitung Kranken nur mit großer Behutsamkeit reichen darf. Welche unglaubliche und doch thatsächliche Umwandlung! – eine anscheinend neue Schöpfung!" [7]

5.3. Tierische Homöopathika

Neben Pflanzen und Mineralien werden schließlich Tiere und tierische Ausscheidungsprodukte zur Herstellung von Arzneimittelgrundstoffen verwendet. So stellt *Sepia* (Tintenfisch, ↗ *Sepia officinalis*) ein wichtiges Konstitutionsmittel gerade in der Frauenheilkunde dar, wird ↗ *Formica rufa* (Ameise) als Basisbehandlung bei Erkrankungen des atopischen Formenkreises eingesetzt. Weitere Beispiele für die Verwendung von Tieren sind die Arzneimittel *Apis mellifica* (Honigbiene, ↗ *Apis mellifera*), ↗ *Astacus fluviatilis* (Flußkrebs), ↗ *Asterias rubens* (Roter Seestern), *Cantharis* (Spanische Fliege, ↗ *Lytta vesicatoria*), *Coccus cacti* (Cochenille-Laus, ↗ *Dactylopius coccus*), ↗ *Doryphora decemlineata* (Amerikanischer Kartoffelkäfer), *Murex purpureus* (Purpurschnecke, ↗ *Murex cornutus*), *Mygale lasiodora* (Vogelspinne, ↗ *Avicularia avicularia*), *Pulex irritans* (Menschenfloh), *Sepia* (Tintenfisch). Neben den ganzen Tieren werden auch Tierteile und Tiersekrete verarbeitet, z. B. ↗ *Castor equi* (Schuppen des rudimentären Großzehennagels des Pferdes), *Hippomanes* (Ablagerung des Mekoniums, aus dem Fruchtwasser des Pferdes), *Homarus* (Verdauungssakft des Hummers), *Castoreum* (Sekret aus den Bauchdrüsen des Bibers, ↗ *Castor fiber*), ↗ *Lac caninum* (Hundemilch), *Moschus* (Sekret des Moschusbocks, ↗ *Moschus moschiferus*), *Oleum Jecoris aselli* (Dorschlebertran, ↗ *Gadus morrhua*), *Ambra grisea* (Sekret des Pottwals, ↗ *Ambra*), *Fel tauri* (Rindergalle, ↗ *Bos taurus*); *Bufo rana* (Gift aus Hautdrüsen der Kröte, ↗ *Bufo bufo*), zudem eine Vielzahl von Schlangen- und Spinnengiften (↗ *Lachesis muta* (Buschmeisterschlange), *Crotalus horridus* (Gift der nordamerikanischen Klapperschlange, ↗ *Crotalus*-Arten), *Tarantula cubensis* (Kubanische Tarantel, ↗ *Eurypelma spinicrus*), *Tarantula hispanica* (Spanische Tarantel, ↗ *Lycosa fasciiventris*) *Aranea ixobola* (Schwarze Witwe, ↗ *Araneus ixobolus*), u. a.)

In Gegenüberstellung zu den pflanzlichen Präparaten seien vier tierische Homöopathika vorgestellt (s. Tabelle 2), welche beispielhaft für die verschiedenen Vorschriften nach HAB1 stehen.

Apis mellifica aus der lebenden Honigbiene gewonnen, wird bei Ödemen, Schwellung der Haut und Schleimhäute, Gelenkschwellung, stechenden Schmerzen, seröser Exsudation, Rötung und starker Berührungsempfindlichkeit eingesetzt, so daß es sich hierbei um ein herausragendes Entzündungsmittel handelt, welches Verwendung bei Entzündung von Haut und Schleimhäuten, entzündlichen Affektionen der Mund- und Schleimhäute wie auch entzündlichem Rheumatismus findet.

Lachesis mutus, dessen Ausgangssubstanz das schonend getrocknete Gift der Buschmeisterschlange darstellt, weist entsprechend der hämorrhagischen Wirkung des Schlangengiftes als Indikationsbereiche septische Prozesse, Entzündungen von Herz und Gefäßen mit zersetzender Tendenz auf und zeigt damit einen engen Wirkungsbezug zum Nervensystem, zu Herz und Gefäßen, Blut, Haut und Respirationsorganen.

Murex purpureus wird aus dem frischen Saft der Drüsen der Purpurschnecke gewonnen. Das Mittel hat eine deutliche Wirkungsrichtung auf die weiblichen Sexualorgane.

Ambra grisea schließlich, welches als Ausganzssubstanz ein Ausscheidungsprodukt aus dem Dorn von *Physeter macrocephalus* (Pottwal) verwendet und nach einer Sondervorschrift homöopathisch verarbeitet wird, ist bei nervöser Überempfindlichkeit, Erschöpfung, reizbarer Schwäche und vegetativer Dystonie angezeigt. Ambra wird insbesondere in der pädiatrischen und geriatrischen Praxis verwandt.

Abschließend sei darauf hingewiesen, daß neben den tierischen Homöopathika auch Präparate aus krankhaften Körperabsonderungen von Tieren, aber auch von Menschen, in dem Mittelspektrum der Homöopathie enthalten sind (↗ *Nosoden*: *Carcinosinum*, *Pertussinum*, *Syphilinum*, *Tuberculinum*, *Vaccininum* u. a.).

Literatur:

[1] Hahnemann, S.: *Organon der Heilkunst*. Heidelberg, Haug, 6. Aufl. 1987, S. 50.

Tabelle 2: Tierische Homöopathika

Beispiel	Ausgangssubstanz	Vorschrift nach HAB1
Apis mellifica	Lebende Honigbiene	4b
Lachesis mutus	Schonend getrocknetes Gift	5a und 6
Murex purpureus	Frischer Saft der Drüse	6 und 8
Ambra grisea	Ausscheidungsprodukt aus dem Darm von *Physeter macrocephalus*	Sondervorschrift

[2] Hahnemann, S.: *Organon der Heilkunst*. S. 243.
[3] Elies, M.: *Homöopathie – Grundlagen und Praxis*. Hippokrates Verlag, Stuttgart, 1994.
[4] Witt, C.: *Versuch der Messung einer nichtstofflichen Information*; in: Albrecht, H., Frühwald, M. (Hrsg.): Jahrbuch der Karl und Veronica Carstens Stiftung. Band 2, Hippokrates Verlag, Stuttgart 1996.
[5] Wagner, H., Wiesenauer, M.: *Phytotherapie und pflanzliche Homöopathika*. G. Fischer Verlag, Stuttgart, Jena, New York, 1995.
[6] Wiesenuer, M., Gaus, W.: *Orthostatische Dysregulation – kontrollierter Wirkungsvergleich*. Zschr. Allg. Med. 63 (1987) 18–23.
[7] Tyler, M.L.: *Homöopathische Arzneimittelbilder*, Göttingen, 1993, S. 835.

Honduras-Balsam ↗ Liquidambar-Arten.
Hondurasrinde ↗ Picramnia antidesma.
Honduras-Sarsaparille ↗ Smilax-Arten.
Hongayöl ↗ Dalbergia arborea.
Hongo de San Isidro ↗ Panaeolus sphinctrinus.

■ Honig

(lat. Mel). der von der Honigbiene (↗ *Apis mellifera*) aus Nektar (Blüten- oder Nektarhonig) oder aus süßen Sekreten der Blätter bzw. Blattlausausscheidungen (Blatt- oder Honigtauhonig) produzierte und in Waben abgelegte süße Stoff. Die von der Biene gesammelte Saccharose wird in ihrem Honigmagen zu Invertzucker gespalten, nach der Vermischung mit Pollen wird dem Sekret Wasser entzogen und eingedickt. Je nach den von den Bienen besuchten Blüten unterscheidet man verschiedene Honigarten (z. B. Lindenhonig, Heidehonig, Rapshonig, etc.). *Inh.:* 50–85 % Invertzucker, 1–8 % Saccharose, Gluconsäure, Proteine, Enzyme (Glucoseoxidase, Phosphatase, Invertase, Diastase, Katalase), Vitamine (B_1, B_2, B_6, C, H), Flavonoide, Aminosäuren, Mineralien, Pollen sowie antibiotisch wirksame Verbindungen (z. B. Pinocembrin). *Anw.:* als Nahrungs- und Süßungsmittel, Geschmackskorrigens, als Sekretolytikum bei Bronchialkatarrhen sowie zur Wundbehandlung. In der Volksheilkunde dient H. als Stärkungsmittel, äußerlich wird er auch als Kosmetikum eingesetzt.

Honigbiene ↗ Apis mellifera.
Honigblume ↗ Knautia arvensis, ↗ Trifolium pratense.
Honigklee ↗ Melilotus officinalis.
Honigkleeblüten ↗ Trifolium pratense.
Honigkraut ↗ Stevia rebaudiana.
Honigtee ↗ Cyclopia-Arten.
Hopea-Arten ↗ Shorea wiesneri.
Hopfen ↗ Humulus lupulus.
Hopfenbittersäuren ↗ Humulus lupulus.
Hopfendrüsen ↗ Humulus lupulus.
Hopfen-Hainbuche ↗ Ostrya virginiana
Hopfenmehl ↗ Humulus lupulus.
Hopfenseide ↗ Cuscuta europaea.
Hopfenstaub ↗ Humulus lupulus.
Hopfenzapfen ↗ Humulus lupulus.
Hordeum sativum ↗ Hordeum vulgare.

■ Hordeum vulgare L.

(syn. *Hordeum sativum*); Gerste (syn. Saatgerste).

Fam.: Poaceae.

Vork.: kultiviert in Europa, Nordafrika, Vorderasien.

Drogen: *1.* ***Fructus Hordei decorticatus*** (syn. *Semen Hordei decorticatus*); Geschälte Gerste, das von der Samenschale befreite Gerstenkorn. *Inh.:* Stärke, Hordenin (Dimethyltryptamin), Cholin, Betain, Vitamine. *Anw.:* zur Bereitung von Gerstenschleim bei katarrhalischen Leiden, als Nahrungsmittel sowie in gerösteter Form als Kaffee-Surrogat. *2.* ***Amylum Hordei***; Gerstenstärke (syn. Gerstenmehl), das Mehl. *Inh.:* Stärke (55–65 %), Enzyme, Zucker, Fett. *Anw.:* Pudergrundlage, Nahrungsmittel sowie zur Bereitung von Gerstenschleim bei Magen- und Darmentzündungen bzw. Durchfällen. ***3. Maltum Hordei*** (syn. *Maltum*); Gerstenmalz (syn. Malz), die getrockneten, gekeimten Gerstenkörner. *Inh.:* Stärke (ca. 40 %), Proteine (10 %), Dextrin (10 %), Cellulose (30 %), Zucker, Fett, Diastase, proteolytische Enzyme, Mineralien. *Anw.:* zur

Gewinnung des Malzextraktes (*Extractum Malti*), der bei Bronchitis, Katarrhen und in der Kinderernährung eingesetzt wird. Außerdem ist Gerstenmalz der Hauptrohstoff der Bierbrauerei und bei der Herstellung schottischen Whiskys.

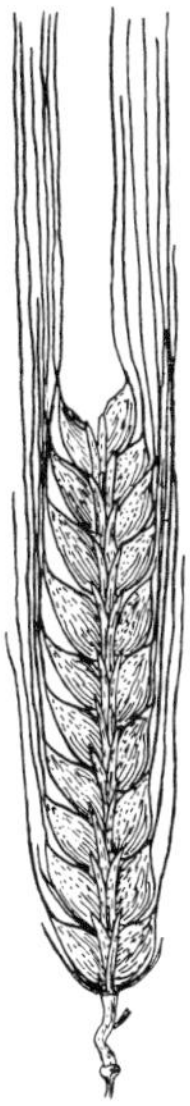

Hordeum vulgare.

Hornisse ↗ Vespa carbro.
Hornkleesamen ↗ Trigonella foenum-graecum.
Hornkoralle ↗ Plexaura homomalla.
Hornmohnkraut ↗ Glaucium corniculatum.
Hornsamen ↗ Linum usitatissimum.
Hornstrauch ↗ Cornus-Arten.

■ Hortulus
Lehrgedicht des Abtes Walahfrid Strabo aus Reichenau im 9. Jh., den Anbau von Arznei- und Nutzpflanzen in einem Klostergarten betreffend.

■ Hottonia palustris L.
(syn. *Androsace aquatica*).
Fam.: Primulaceae.
Vork.: Europa bis zum Ural, Kleinasien.
Droge: *Herba Hottoniae*, das getrocknete Kraut. Inh.: Ellagsäure, Flavonoide, wie Quercetin, Kämpferol, Leucocyanidin, Kaffeesäure; Saponine. Anw.: die früher offizinelle Droge wurde zum Kühlen bei Verletzungen und Verbrennungen eingesetzt.

■ Houttuynia californica Benth. et Hook.
(syn.: *Anemopsis californica*).
Fam.: Saururaceae.
Vork.: USA, bes. Californien; Mexiko.
Droge: die ganze Pflanze mit Rhizom. Inh.: Flavonoide, wie Quercetin und Kämpferolglykoside, äther. Öl (ca. 8 %) mit Methyleugenol, Thymol und Piperiton. Anw.: in der Volksheilkunde als Stomachikum, bei Dysenterie, Malaria und gegen Krämpfe.

■ Houttuynia cordata Thunb.
(syn. *Polypara cochinchinensis*).
Fam.: Saururaceae.
Vork.: China, Himalayagebiete, Japan, Indien.
Droge: *Herba Houttuyniae*, das getrocknete Kraut. Inh.: äther. Öl (0,05 %) mit Thymol, Carvacrol; Flavonoide, u. a. Quercitrin. Anw.: in der Volksheilkunde der Herkunftsgebiete als Emmenagogum, Resolvens, Emolliens; äußerlich bei Abszessen, Schwellungen, Wunden, bei Dysenterie und Augenleiden. In Indien werden die frischen Blätter zur Blutreinigungskur gegessen und in Japan als Diuretikum genutzt.

Howardia brasiliensis ↗ Aristolochia-Arten.
Huacacachu ↗ Brugmansia-Arten.
Huanto ↗ Brugmansia-Arten.
Huflattich ↗ Tussilago farfara.
Huflattichblätter ↗ Tussilago farfara.
Hühneraug ↗ Anagallis arvensis.
Hühnermyrthe ↗ Anagallis arvensis.
Hühnertod ↗ Hyoscyamus niger.
Hühnerträubchen ↗ Sedum acre.
Hulebaum ↗ Castilla elastica.
Hulertrauben ↗ Sambucus nigra.
Hülsdorn ↗ Ilex aquifolium.
Hülse ↗ Ilex aquifolium.
Hülsenblätter ↗ Ilex aquifolium.
Humulon ↗ Humulus lupulus
Humulus americanus ↗ Humulus lupulus.
Humulus cordifolius ↗ Humulus lupulus.

■ Humulus lupulus L.
(syn. *Cannabis lupulus, Humulus cordifolius, H. americanus, H. volubilis, H. vulgaris, Lupulus communis, L. humulus, L. scadens*); Hopfen; s. Farbtafel S. 311, Bild 181.
Fam.: Cannabaceae.
Vork.: gemäßigte Regionen Europas, Asiens und Nordamerikas.

Drogen: ***1. Lupuli glandula*** (syn. *Glandulae Lupuli, Lupulinum*); Hopfendrüsen (Hopfenmehl, Hopfenstaub, Lupulin), die von den Fruchtständen abgesiebten Drüsenhaare. *Inh.*: Harzsubstanzen (50–80 %) mit Bitterstoffen (Acylphlorogluicide, Hopfenbittersäuren), u. a. Humulone, Lupulone und weitere Acylphlorogluicide sowie deren Oxidationsprodukte, z. B. 2-Methyl-3-buten-2-ol,

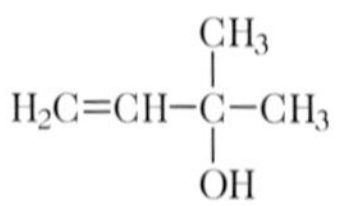

2-Methyl-3-buten-2-ol

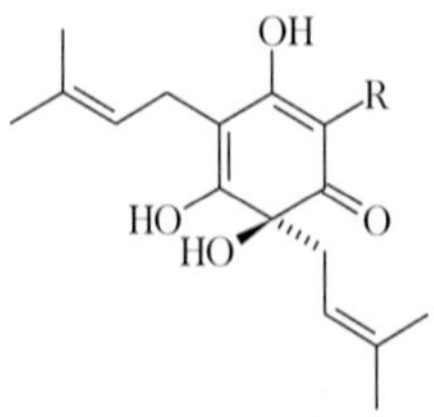

Humulone (α-Säuren)
Humulon: R = Isovaleroyl
Cohumulon: R = Isobutyryl
Adhumulon: R = 2-Methylbutyryl

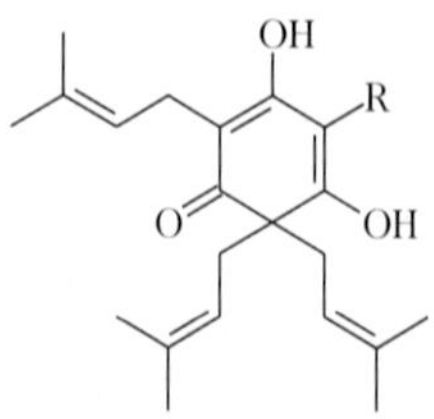

Lupulone (β-Säuren)
Lupulon: R = Isovaleroyl
Colupulon: R = Isobutyryl
Adlupulon: R = 2-Methylbutyryl

enthaltend. Ferner äther. Öl (1–3 %) mit Mono- und Sesquiterpenen, u. a. Myrcen, Humulen und Caryophyllen, sowie Gerbstoffe und Flavonoide. *Anw.*: s *Lupuli strobulus*. ***2. Lupuli strobulus*** (syn. *Flores Humuli lupuli, Strobili Humili, Strobili Lupuli, Strobuli Lupuli*); Hopfenzapfen (syn. Hopfenblüten, Hopfendolden, Hopfenkätzchen, *Humulus-lupulus*-Fruchtstände), die ganzen, getrockneten, weiblichen Blütenstände. *Inh.*: Harzsubstanzen (15–30 %, s. *Lupuli glandula*), äther. Öl (0,3–1 %, s. *Lupuli glandula*), Gerbstoffe vom Typ der oligomeren Proanthocyanidine (2–4 %), Flavonoide, v. a. Kämpferol- und Quercetinmono- und -diglykoside sowie das drogenspezifische Chalkon Xanthohumol. *Anw.*: als mildes Beruhigungsmittel, meist in Form des Extraktes und in Kombination mit anderen sedativ wirkenden Drogen Bestandteil zahlreicher Fertigarzneimittel. Hopfenzapfen kommen zudem auch als Tee zur Anregung der Magensaftsekretion zur Anwendung. In der Volksheilkunde werden die antibakteriellen Eigenschaften äußerlich zur Behandlung von Geschwüren und Hautverletzungen sowie innerlich bei Blasenkatarrh genutzt. In großen Mengen dient die Droge in der Bierbrauerei als konservierender und aromatisierender Zusatz. Zur ↗ Teezubereitung verwendet man als Einzeldosis 1–2 Teelöffel Droge.

Hom.: ***Humulus lupulus*** HAB1; Hopfen, die frischen, kurz vor dem Zeitpunkt der Samenreife gesammelten, möglichst samenarmen Fruchtzapfen. *Anw.-Geb.*: Erkrankungen des Zentralnervensystems, z. B. Nervosität, Schlafstörungen.

Histor.: Der Gattungsname *Humulus* ist aus dem im frühmittelalterlichen Latein gebräuchlichen *humlo* hervorgegangen, das wiederum vom slawischen *chmel* abstammt. Der Artname *lupulus* stellt die Verkleinerungsform vom lateinischen *lupus* (Wolf) dar, womit die pflanzenwürgende Eigenschaft des Hopfens hervorgehoben werden sollte. Die Bezeichnung Hopfen wurde im 11. oder 12. Jh. geprägt. Der Anbau erfolgte jedoch in Deutschland und Frankreich bereits im 8. Jh.

Humulus volubilis ↗ Humulus lupulus.
Humulus vulgaris ↗ Humulus lupulus.
Hundefett ↗ Canis *Fam*iliaris.
Hundemilch ↗ Lac caninum.
Hundepenis ↗ Amorphophallus dracontioides.
Hundertblättrige Rose ↗ Rosa x centifolia.
Hundertjährige Aloe ↗ Agave americana.
Hundsbaum ↗ Ricinus communis.
Hundsbeere ↗ Solanum-Arten.
Hundsbeerstrauch ↗ Cornus-Arten.
Hundsblume ↗ Colchicum autumnale.
Hundsdill ↗ Aethusa cynapium.
Hundsdolde ↗ Aethusa cynapium.
Hundshode ↗ Colchicum autumnale.
Hundskamille ↗ Anthemis cotula.
Hundsknofel ↗ Colchicum autumnale.

Hundskürbis ↗ Bryonia-Arten.
Hundsmilch ↗ Euphorbia-Arten, ↗ Lac caninum.
Hundspetersilie ↗ Aethusa cynapium.
Hundsrose ↗ Rosa canina.
Hundsrübe ↗ Bryonia-Arten.
Hundstod ↗ Aconitum-Arten.
Hundswurz ↗ Anacamptis pyramidalis.
Hundszahnlilie ↗ Erythronium dens-canis.
Hundszunge ↗ Cynoglossum officinale.
Hunger ↗ Centaurea cyanus.
Hungerkorn ↗ Claviceps purpurea.

■ **Hunteria eburnea** Pichon.
Fam.: Apocynaceae.
Vork.: tropisches Ostafrika.
Droge: ***Hunteriarinde***. Inh.: In den Wurzeln und in der Rinde sind Alkaloide enthalten (u. a. Akuammin, Akuamminin, Eburnamin, Eburnamonin, Burnamicin, Hunteriamin). *Anw.:* in der afrikanischen Volksheilkunde zur Blutdrucksenkung und bei Kreislaufbeschwerden.

Hunteriarinde ↗ Hunteria eburnea.

■ **Huperzia selago** (L.) Bernh. ex Schrank et Mart. (syn. *Lycopodium selago, Mirmau selago, Plananthus fastigiatus, P. recurvus, P. selago, Urostachys selago*); Purgiermoos (syn. Tannenbärlapp, Purgierbärlapp, Samenbärlapp, Teufelsklaue).
Fam.: Lycopodiaceae.
Vork.: Kosmopolit, fehlt in trockenen Gebieten. Die Pflanze steht unter Artenschutz und ist giftig!
Droge: ***Herba Selaginis*** (syn. *Selaginis herba, Herba Musci erecta, Muscus catharticus*); Lauskraut (syn. Tangelkraut, Zypressenbärlappkraut), die oberirdischen Teile. Inh.: Alkaloide (0,1–0,9 %, Lycopodin, Acrifolin, Pseudoselagin,

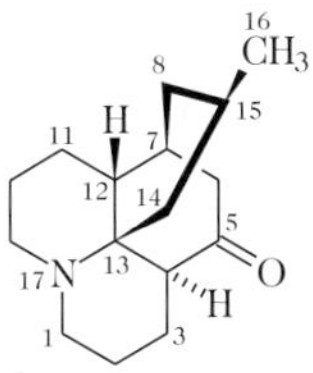

Lycopodin

Lycodolin, Huperzin A), Flavonoide, Phenolcarbonsäuren, Bitterstoff. *Anw.:* in Polen wird das Alkaloidgemisch zur Glaukombehandlung genutzt, früher in der Volksheilkunde als drastisches Laxans und Emetikum sowie als Anthelmintikum verwendet. In der Veterinärmedizin dienen Abkochungen der Pflanze als Mittel gegen Ungezièfer. In der Wollweberei wurde die Pflanze früher zum Gelbfärben eingesetzt.

Hura brasiliensis ↗ Hura crepitans.

■ **Hura crepitans** L.
(syn. *Hura brasiliensis, H. senegalensis, H. strepens*); Sandbüchsenbaum.
Fam.: Euphorbiaceae.
Vork.: westindische Inseln, Karibik, Mittelamerika und nördliches Südamerika.
Drogen: ***1. Hura-crepitans-Latex***; der frische oder eingetrocknete Milchsaft. Die Droge ist stark giftig! Inh.: Diterpenester (Huratoxin, Hura-

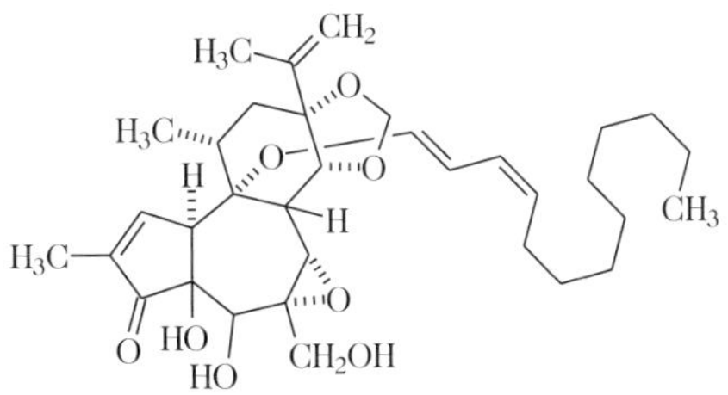

Huratoxin

faktoren), Triterpene (Butyrospermol, Cycloartenol, 24-Methylencycloartenol), Hurin (Proteinase), Crepitin (Lectin). *Anw.:* in der Volksheilkunde bei Hautkrankheiten, Rheumatismus, zur Wundbehandlung bei Lupus oder trockenen Flechten. Innerlich wird die Droge zur Behandlung von Eingeweidewürmern, Lepra, Psoriasis und Lupus eingesetzt. Die Wirksamkeit ist nicht belegt, wegen der Toxizität ist eine Anwendung nicht zu empfehlen. Die Diterpenester wirken tumorpromovierend. Die Droge wird als Fisch- oder Pfeilgift verwendet. ***2. Hura-crepitans-Samen***, die frischen oder gerösteten Samen. Die Droge ist stark giftig! Inh.: Hurin (Protease), Lectine, fettes Öl (ca. 50 %). *Anw.:* in der Volksheilkunde als Laxans sowie zur Auslösung einer Aversion gegenüber Alkohol. Wegen der Toxizität ist eine Anwendung nicht zu empfehlen.
Hom.: ***Hura brasiliensis*** HAB34; der frische Milchsaft. *Anw.-Geb.:* Bläschenausschlag, Durchfall, Verstimmungszustände.

Hura senegalensis ↗ Hura crepitans.

Hura strepens ↗ Hura crepitans.
Husarenknopf ↗ Spilanthes oleracea.
Hustentee ↗ Species pectorales.
Hütschenblumen ↗ Sambucus nigra.

Hyacinthoides non-scripta (L.) Chouard ex Rothm. (syn. *Agraphis nutans, Endymion cernuus, E. nutans, Scilla non-scripta*); Hasenglöckchen.
Fam.: Liliaceae.
Vork.: Westeuropa, u. a. Westdeutschland, Friesland. Inh.: Saponine.
Hom.: ***Agraphis nutans*** HAB; die ganze Pflanze. Anw.-Geb.: Entzündungen der Nasenschleimhaut, Wucherungen der Rachen- und Gaumenmandeln und der Rachenschleimhaut.

■ Hyacinthus orientalis L.

Gartenhyazinthe.
Fam.: Liliaceae.
Vork.: Mitteleuropa, hauptsächlich als Zierpflanze kultiviert.
Droge: ***Oleum Hyacinthi***; Hyazinthenöl, das äther. Öl der Blüten. Inh.: u. a. Benzylbenzoat, Benzylalkohol, Zimtalkohol. Anw.: in der Parfümerie.

■ Hyaenanche globosa

(syn. *Toxicodendron globosum*).
Fam.: Euphorbiaceae.
Vork.: Südafrika.
Droge: ***Fructus Hyaenanchae***, die reifen Früchte. Inh.: Hyananchin, Isohyaenanchin; in den Samen toxische Bitterstoffe, wie Tutin und Capenicin. Anw.: in Afrika zum Vergiften von Hyänen eingesetzt.

■ Hyaluronidase

(Hyaluronidasum), Hyaluronat-4-glycanohydrolase (EC 3.2.1.35), zur Gruppe der Hydrolasen gehörendes Enzym, das ↗ Hyaluronsäure zu Tetrasaccharideinheiten hydrolysiert. Für therapeutische Zwecke wird es aus Stierhoden gewonnen, ist aber darüber hinaus Bestandteil vieler tierischer Gewebe (z. B. Haut, Milz, Leber, Niere, Lunge, etc.) und tierischer Gifte, z. B. Schlangengifte, Insektengifte. Auch Bakterien bilden H., die allerdings Hyaluronsäure nichthydrolytisch spalten und zu den Lyasen gezählt werden. Anw.: Durch seine gewebeauflockernde Wirkung dient H. zur Resorptionsbeschleunigung subkutaner und intramuskulärer Injektionen bzw. Infusionen. Aber auch zur Förderung der Resorption von Exsudaten, Pleuraergüssen sowie bei Punktionen und Bindegewebserkrankungen wird sie eingesetzt.

■ Hyaluronsäure

ein aus β-(1,4)-verknüpften Glucuronsäureresten und β-(1,3)-verknüpften *N*-Acetylglucosamin-Resten aufgebautes lineares Polysaccharid mit M_r von ca. 500 bis 2 000 kDa und hohem Wasserbindungsvermögen. H. ist ein wesentlicher Bestandteil des Bindegewebes (interzelluläre Kittsubstanz) und kommt gebunden an Proteine

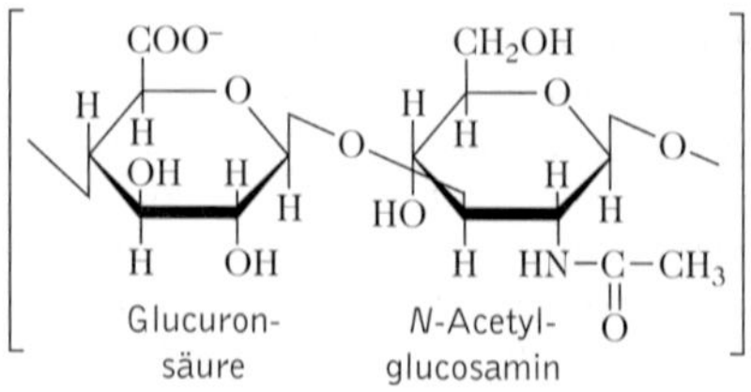

Hyaluronsäure

u. a. in den Gelenken, Glaskörper des Auges oder der Nabelschnur vor. Für therapeutische Zwecke wird es u. a. aus Hahnenkämmen gewonnen. Anw.: zur Wiederherstellung der Gelenkfunktion bei Arthrosen und Sportunfällen, intraokular zur Volumensubstitution bei Augenoperationen und Verbesserung der Wundheilung.

Hyazinthenöl ↗ Hyacinthus orientalis.
Hydnocarpi oleum ↗ Hydnocarpus-Arten.

■ Hydnocarpus-Arten

● **Fam.:** Flacourtiaceae.
● **Hydnocarpus kurzii** (King) Warb. (syn. *Gynocardia prainii, Hydnocarpus heterophylla, Taraktogenos kurzii*); Schwammbeere.
Vork.: Indien, Südostasien, tropisches Amerika und Afrika, dort auch kultiviert.

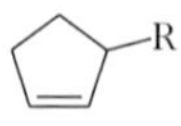

Caulmoograsäure (*S*): R = $(CH_2)_{12}$–COOH
(13-(2-Cyclopentadienyl)tridecansäure)
Hydnocarpussäure: R = $(CH_2)_{10}$–COOH
Gorlisäure (*S*): R = $(CH_2)_6$–CH=CH–$(CH_2)_4$–COOH

Droge: ***Chaulmoograe oleum*** (syn., *Oleum Chaulmoograe*); Chaulmoograöl (syn. Gynocardiaöl, Chaulmoogra Oil), das durch Kaltpressung aus den frischen, reifen Samen gewonnene Öl. Die Droge ist giftig! *Inh.*: Triglyceride (zu 70–80 % Glyceride von Cyclopentenylfettsäuren: Hydnocarpussäure, Chaulmoograsäure, Gorlisäure sowie Palmitin-, Stearin- und Ölsäure). *Anw.*: in der Volksheilkunde innerlich bei Lepra und äußerlich bei chronischen Hauterkrankungen.

● **Hydnocarpus wightiana** Blume (syn. *Chilmoria pentandra, Hydnocarpus inebrians, H. laurifolia, H. pentandra, Marottia oleosa, Munnicksia laurifolia*).

Vork.: Südwestindien, Sri Lanka, Brasilien, Afrika.

Droge: ***Hydnocarpi Oleum*** (syn. *Hydnocarpus Oil, Oleum Hydnocarpi*); Hydnocarpusöl, das durch Kaltpressung aus den frischen, reifen Samen gewonnene fette Öl. Die Droge ist giftig! *Inh.*: Triglyceride (zu 80–90 % Glyceride mit Cyclopentenylfettsäuren: Hydnocarpussäure, Chaulmoograsäure, Gorlinsäure sowie geringen Mengen Palmitinsäure, Ölsäure und Stearinsäure). *Anw.*: in der Volksheilkunde lange Zeit als Standardtherapie bei Lepra, außerdem zur Behandlung von chronischen Hauterkrankungen, Bindehautentzündung, Wunden und Geschwüren sowie bei Rheuma, Ischias, Quetschungen und Verstauchungen.

Hydnocarpus heterophylla ↗ Hydnocarpus-Arten.
Hydnocarpus Oil ↗ Hydnocarpus-Arten.
Hydnocarpusöl ↗ Hydnocarpus-Arten.

■ **Hydrangea arborescens** L.

Fam.: Saxifragaceae.

Vork.: östliches Nordamerika.

Droge: ***Rhizoma Hydrangeae***, das ganze Rhizom. *Inh.*: Hydrangin (Glucosid), Saponine, Rutin, Harz, äther. Öl, fettes Öl. *Anw.*: in der Volksheilkunde als Diuretikum.

Hom.: ***Hydrangea arborescens*** HAB; die frischen, unterirdischen Pflanzenteile. *Anw.-Geb.*: Entzündungen der Harnblase, Nierensteinleiden.

Histor.: Der Gattungsname ist aus dem griechischen *hýdor* (Wasser) und *aggeion* (Gefäß) gebildet, vermutlich in bezug auf den großen Wasserbedarf der Pflanze. Der Artname *arborescens* bedeutet baumartig, obwohl die strauchartige Pflanze nur etwa 1–1,5 m Höhe erreicht.

Hydrastin ↗ Hydrastis canadensis
Hydrastis ↗ Hydrastis canadensis.

■ **Hydrastis canadensis** L.
Kanadische Gelbwurz (syn. Goldsiegelwurz, Orangenwurzel).

Fam.: Ranunculaceae.

Vork.: atlantisches Nordamerika, bes. Ohio, Indiana, New York, Ontario, Minnesota, Kentucky, Georgia, teilweise in Mitteleuropa auch kultiviert.

Droge: ***Rhizoma Hydrastis*** (syn. *Hydrastis*); Hydrastisrhizom (syn. Blutkrautwurzel, Kanadische Gelbwurz, Goldsiegelwurzel), die getrocknete Wurzel. *Inh.*: Isochinolin-Alkaloide (1,5–4 % Hydrastin, 0,5–6 % Berberin sowie Tetrahydroberberin, Meconin und Berberastin), Phytosterole, Zucker, Harz, Fett, Stärke, wenig äther. Öl, Chlorogensäure. *Anw.*: zur Blutstillung bei uterinen Blutungen als Ersatz für Mutterkorn bzw. in Kombination mit Mutterkornpräparaten und zur Gewinnung von Hydrastin. In der Volksheilkunde wird die Droge bei Geschwüren, Entzündungen und Gonorrhoe verwendet.

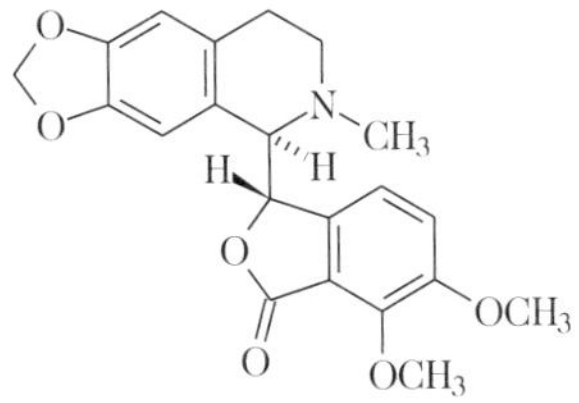

(–)-β-Hydrastin

Hom.: ***Hydrastis canadensis*** HAB1; Goldsiegelwurzel, die getrockneten unterirdischen Teile die mindestens 3 % Alkaloide enthalten. *Anw.-Geb.*: bei Entzündungen des Mund- und Rachenraumes, der oberen und unteren Atemwege, des Magen-Darm-Traktes, der Leber und Galle, der Bauchspeicheldrüse sowie der weiblichen Geschlechtsorgane.

Histor.: Die Pflanze ist ein altes Indianerheilmittel, das teils medizinisch verwendet wurde, teils als färbende Droge zum Bemalen der Haut diente. Mitte des 19. Jh. wurde die Schulmedizin auf die Pflanze aufmerksam, die seit 1883 in Deutschland offizinell war.

■ **Hydrocharis morsus-ranae** L.
Froschbiß.

Fam.: Hydrocharitaceae.

Vork.: Europa bis Westasien. Droge: die ganze Pflanze. *Inh.*: Flavonoidglykoside, u. a. Rutin; Cyanidinderivate, Anthocyanidine. *Anw.*: in der

Volksheilkunde als kühlendes und erweichendes Mittel.

Hydrocotyle asiatica ↗ Centella asiatica.

■ **Hydrocotyle vulgaris** L.
Gemeiner Wassernabel (syn. Nabelkraut, Pfennigkraut).
Fam.: Apiaceae (Umbelliferae).
Vork.: Europa.
Droge: ***Herba Cotyledonis aquaticae***; Wassernabelkraut, das frische oder getrocknete Kraut. Inh.: Triterpensaponine mit Esterstruktur und R_1-Barrigenol als Triterpengrundkörper, α-Methyl-α-acetylhydroxybuttersäure als dominierende Estersäure sowie L-Arabinose und D-Glucose sowie D-Glucuronsäure als Kohlenhydratbausteinen. Außerdem Flavonolglykoside des Kämpferols und des Quercetins mit L-Arabinose, D-Galactose und L-Rhamnose als Zuckerbausteinen. Anw.: volkstümlich als Diuretikum und Wundheilmittel.
Histor.: Der Gattungsname *Hydrocotyle* setzt sich aus dem griechischen *hýdor* (Wasser) und *kotýle* (Becher, Nabel) zusammen und weist damit auf den feuchten Standort der Pflanze und die runde Form der Blätter hin. Der Name der Pflanze wurde erstmals bei Tournefort um 1700 erwähnt. Nach heutiger Kenntnis enthält allerdings die Pflanze nicht das für den asiatischen Wassernabel, ↗ Centella asiatica typische Saponin Asiaticosid.

Hydrophace minor ↗ Lemna minor

■ **Hydrophobinum-Nosode**
(syn. *Lyssinum-Nosode*) HAB; Präparation aus inaktiviertem Speichel von mit Tollwut infizierten Hunden. Anw.-Geb.: Überempfindlichkeit der Sinnesorgane, nervöse Störungen; Krämpfe und Lähmungen der Atem- und Verdauungsorgane, der Harn- und Geschlechtsorgane sowie Muskelkrämpfe und Krampfanfälle.

Hydrophyllum patens ↗ Hydrophyllum virginicum.
Hydrophyllum spiraeaefolium ↗ Hydrophyllum virginicum.
Hydrophyllum virginianum ↗ Hydrophyllum virginicum.

■ **Hydrophyllum virginicum** L.
(syn. *Hydrophyllum patens, H. spiraeaefolium, H. virginianum*); Virginisches Wasserblatt.
Fam.: Hydrophyllaceae.
Hom.: ***Hydrophyllum virginicum***, die ganze Pflanze.

Hydropiper ↗ Polygonum hydropiper.
Hydroxydaunorubicin ↗ Doxorubicin.

■ **Hymenaea courbaril** L.
Fam.: Fabaceae (Leguminosae).
Vork.: Brasilien, Kolumbien, Guayana.
Droge: ***Amerikanischer Copal*** (syn. Brasil-Copal, Demerara), das Harz der Pflanze. *Inh.:* äther. Öl, Harzsäuren. *Anw.:* technische Verwendung zur Lack- und Farbenherstellung.

Hyoscarpus niger ↗ Hyoscyamus niger.
Hyoscin ↗ Hyoscyamus niger.
Hyoscyami folium ↗ Hyoscyamus niger.
Hyoscyami herba ↗ Hyoscyamus niger.
Hyoscyami mutici herba ↗ Hyoscyamus muticus.

■ **Hyoscyamin**
(L-Hyoscyamin) Tropanalkaloid aus ↗ Hyoscyamus muticus und ↗ Hyoscyamus niger. *Wirk.:* parasympatikolytisch (Spasmolyse der glatten Muskulatur) und halluzinogen. *Anw.:* wie ↗ Atropin.

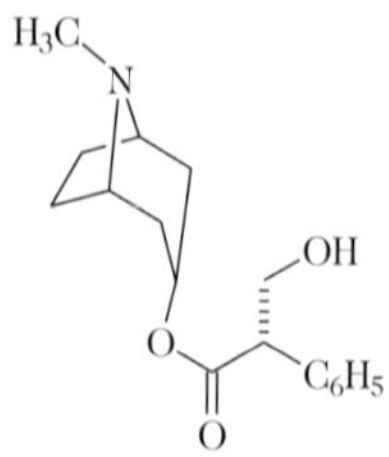

Hyoscyamin

Hyoscyami semen ↗ Hyoscyamus niger.
Hyoscyamus agrestis ↗ Hyoscyamus niger.
Hyoscyamus auriculatus ↗ Hyoscyamus niger.
Hyoscyamus bohemicus ↗ Hyoscyamus niger.
Hyoscyamus lethalis ↗ Hyoscyamus niger.

■ **Hyoscyamus muticus** L.
(syn. *Scopolia datora, S. mutica*); Ägyptisches Bilsenkraut.
Fam.: Solanaceae.
Vork.: Ägypten, Jugoslawien, Griechenland, Pakistan, Indien.
Droge: ***Hyoscyami mutici herba*** (syn. *Folia Hyoscyami mutici, Herba Hyoscyami mutici*);

Ägyptisches Bilsenkraut, die getrockneten Blätter und blühenden Zweigspitzen. Inh.: Tropanalkaloide (0,7–2,2 %, v. a. *S*-(–)-Hyoscyamin, *S*-(–)-Scopolamin, Atropin). Anw.: wie bei ↗ Hyoscyamus niger sowie zur industriellen Gewinnung von Hyoscyamin und Atropin.

■ **Hyoscyamus niger** L.
(syn. *Hyoscarpus niger, Hyoscyamus agrestis, H. auriculatus, H. bohemicus, H. lethalis, H. officinalis, H. pallidus, H. persicus, H. pictus, H. syspirensis, H. verviensis, H. vulgaris*); Bilsenkraut (syn. Dullkraut, Gemeines Bilsenkraut, Rasenwurz, Saukraut, Schlafkraut, Schwarzes Bilsenkraut, Teufelswurz, Tollkraut, Zigeunerkraut), s. Farbtafel S. 311, Bild 182.

Fam.: Solanaceae.

Vork.: Europa, West- und Nordasien, Nordafrika; in Ostasien, Nordamerika und Australien eingebürgert. Die Pflanze gilt als gefährdete Art!

Drogen: *1. **Hyoscyami folium*** (syn. *Folia Hyoscyami, Herba Hyoscyami, Hyoscyami herba, Hyoscyamus*); Hyoscyamusblätter (syn. Bilsenkraut, Bilsenkrautblätter, Hühnertod, Säukraut, Schlafkraut, Tollkraut, Totenblumenkraut, Zigeunerkraut), die getrockneten Blätter mit blühenden Zweigspitzen und gelegentlich Früchten. Die Droge ist sehr stark giftig! Inh.: Tropanalkaloide (0,03–0,28 %, v. a. *S*-(–)-Hyoscyamin bzw. Atropin und *S*-(–)-Scopolamin (Hyoscin) im Verhältnis von 2:1 bis 1:1; in Spuren Apoatropin, Belladonnin, Cuskhygrin sowie die *N*-Oxide der Alkaloide), Flavonoide, u. a. Rutin, Spuren von Cumarinderivaten. Anw.: bei Spasmen im Bereich des Gastrointestinaltraktes zur Krampflösung, in der Volksheilkunde auch zur Schmerzbekämpfung, bei Keuchhusten, Geschwüren und bei Unterleibsentzündungen. Die topische Anwendung von Zubereitungen mit Bilsenkrautöl (*Oleum Hyoscyami*) zur Behandlung von Narben wird bis in die jüngste Zeit hinein empfohlen. *2. **Hyoscyami semen*** (syn. *Semen Hyoscyami*); Hyoscyamussamen (syn. Bilsenkrautsamen, Gichtkrautsamen, Saubohnensamen, Schlafkrautsamen, Tollkrautsamen, Zigeunerkrautsamen), die getrockneten Samen. Die Droge ist stark giftig! Inh.: Tropanalkaloide (0,05–0,3 %, v. a. *S*-(–)-Hyoscyamin, Atropin, *S*-(–)-Scopolamin, Atroscin), fettes Öl (15–30 %), Bitterstoff (Hyoscypicrin). Anw.: früher als Räuchermittel bei Asthma und Zahnschmerzen, auch innerlich in Form einer Emulsion oder eines Pulvers, heute obsolet. *3. **Radix Hyoscyami***. Inh.: Alkaloide. Anw.: Gewinnung der Alkaloide.

Hom.: ***Hyoscyamus niger*** (syn. *Hyoscyamus*) HAB1, die ganzen, frischen, blühenden Pflanzen. Anw.-Geb.: Unruhe und Erregungszustände, Schlafstörungen, spastische Zustände der Atemwege und des Verdauungstraktes.

Histor.: Das Bilsenkraut gehört zu den ältesten Giftpflanzen, die die indogermanischen Völker benutzten. Dioskurides und Plinius beschrieben die Droge und nutzten sie vielfältig zur Schmerzbehandlung. Bilsenkraut heißt bei ↗ Dioskurides *Hyoskyamos* und kommt vom griechischen *hys, hyos* (Schwein) und *kyamos* (Bohne), angeblich, weil Schweine das Kraut ohne Schaden fressen können. Der Name Bilsenkraut ist sehr alt und findet sich bei allen nordeuropäischen Indogermanen. Die Pflanze galt als Phanthasie- oder Tollkraut. Sie hieß im Altertum auch Apollinaris nach Apollo, dem Gott der Wahrsagerei. Im Mittelalter war die Droge das am häufgsten benutzte Anästhetikum für operative Eingriffe. Aber auch zur Jagd auf Vögel und zur Schädlingsbekämpfung (Ratten, Mäuse) wurden Bilsenkraut eingesetzt. Die Droge spielte als Mordgift eine gewisse Rolle, wie Shakespeare in seinem „Hamlet“ über den Mord am Dänenkönig berichtet. Daß das Bilsenkraut auch einen Bestandteil der Hexensalben bildete, mit denen sich nach mittelalterlichem Glauben die Hexen vor ihrem angeblichen Flug durch die Luft einrieben, hängt sicher damit zusammen, daß die Tropanalkaloide halluzinogen Effekte des Fliegens und Visionen hervorrufen, wie man sie den Hexen als wirklich erlebt vorwarf (↗ Halluzinogene biogenen Ursprungs). Sogar die Bierbrauer bedienten sich früher der Droge um ihre Getränke berauschender zu machen.

Hyoscyamus officinalis ↗ Hyoscyamus niger.
Hyoscyamus pallidus ↗ Hyoscyamus niger.
Hyoscyamus persicus ↗ Hyoscyamus niger.
Hyoscyamus physaloides ↗ Physochlaina physaloides.
Hyoscyamus pictus ↗ Hyoscyamus niger.
Hyoscyamussamen ↗ Hyoscyamus niger.
Hyoscyamus scopolia ↗ Scopolia carniolica.
Hyoscyamus syspirensis ↗ Hyoscyamus niger.
Hyoscyamus verviensis ↗ Hyoscyamus niger.
Hyoscyamus vulgaris ↗ Hyoscyamus niger.
Hypanthium rosae ↗ Rosa canina.

■ **Hypecoum procumbens** L.
Fam.: Papaveraceae.
Vork.: Südeuropa, Indien.
Droge: Kraut und Samen. Inh.: Alkaloide (ca. 0,25 %), u. a. Protopin (Hauptalkaloid), Allocryptopin, Sanguinarin, Chelirubin, Chelerythrin, Coptisin. Anw.: früher war die Droge offizinell, Kraut und Samen sollen narkotisch wirken.

Hyperanthera moringa ↗ Moringa-Arten.
Hyperanthera peregrina ↗ Moringa-Arten.
Hyperforin ↗ Hypericum perforatum.
Hyperici flos recens ↗ Hypericum perforatum.
Hyperici herba ↗ Hypericum perforatum.

■ **Hypericin**
(Johannisblut, Herrgottsblut), rotgefärbtes Naphthodianthronderivat aus ↗ Hypericum perforatum, das u. a. eine photodynamische Wirkung (Überempfindlichkeit gegenüber Sonnenlicht mit Ausbildung Allergie-ähnlicher Zustände) besitzt. H. verfügt darüber hinaus auch über Wirksamkeiten im Zentralnervensystem (antidepressive Aktivität), wobei der exakte Wirkungsmechanismus noch nicht geklärt ist.

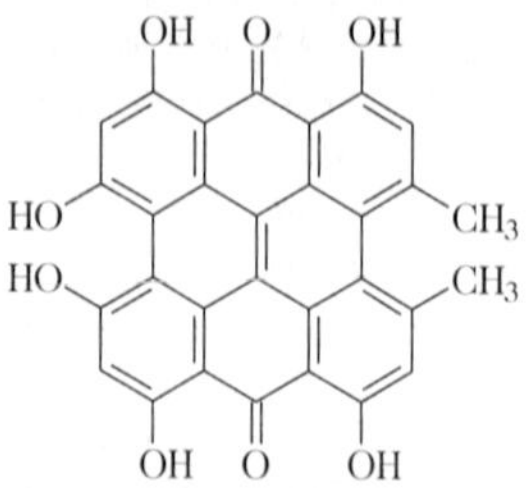

Hypericin

Hypericum amplexicaule ↗ Hypericum pulchrum.
Hypericum cum flore ↗ Hypericum perforatum.
Hypericum officinale ↗ Hypericum perforatum.
Hypericum officinarum ↗ Hypericum perforatum.

■ **Hypericum perforatum** L.
(syn. *Hypericum officinarum, H. officinale, H. vulgare*); Echtes Johanniskraut (syn. Herrgottsblut, Hexenkraut, Jageteufel, Johannisblut, Konradskraut, Mannskraft, Tüpfel-Hartheu), s. Farbtafel S. 311, Bild 183.
Fam.: Hypericaceae (Guttiferae). Ausdauernde Pflanze.
Heim.: ganz Europa, Westasien und Nordafrika.

Drogen: ***1. Hyperici flos recens*** (syn. *Flores Hyperici recentes*); Frische Johanniskrautblüten, die frischen, im Juli oder August gesammelten und von den Blütenstandsachsen getrennten Blütenknospen und Blüten. Inh.: Flavonoide mit Hyperosid (1,1 %) als Hauptkomponente, ferner Biflavone, u. a. Amentoflavon, Xanthone, Naphthodianthrone, bes. ↗ Hypericin (ca. 0,1 %), Phloroglucinderivate, bes. Hyperforin (ca. 0,2 %) sowie

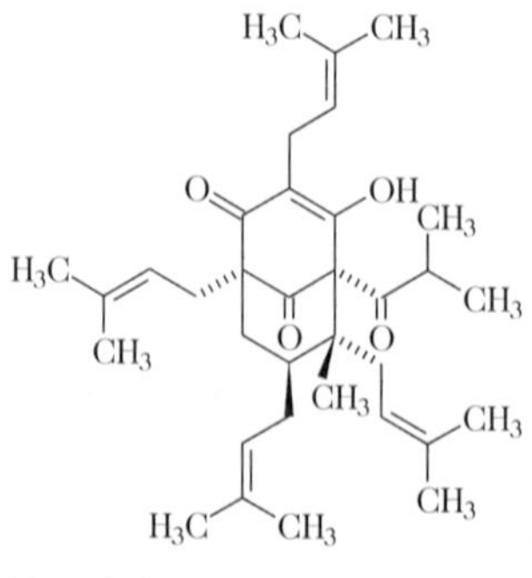

Hyperforin

äther. Öl (ca. 0,25 %) mit aliphatischen Kohlenwasserstoffen als Hauptkomponenten. Anw.: meist als *Oleum Hyperici* (Johanniskrautöl, Rotöl), einem mit Öl bereiteten Mazerat aus zerquetschten Johanniskrautblüten, das i. d. R. äußerlich als Wundheilmittel zur Behandlung und Nachbehandlung von Verletzungen, Myalgien und Verbrennungen ersten Grades genutzt wird. In der Volksheilkunde kommt es auch bei rheumatischen Beschwerden und Hexenschuß zum Einsatz. ***2. Hyperici herba*** (syn. *Herba Hyperici, Herba Solis, Hypericum cum flore, Sumitates Hyperici*); Johanniskraut (syn. Blutkraut, Feldhopfenkraut, Tüpfelhartheu), die kurz vor oder während der Blütezeit gesammelten und getrockneten ganzen oder zerkleinerten oberirdischen Teile. Inh.: s. o., zusätzlich Gerbstoffe vom Catechin-Typ (ca.10 %). Anw.: in zahlreichen Arzneifertigpräparaten, aber auch als Teedroge bei depressiven Verstimmungen, psychovegetativen Störungen und nervöser Unruhe. Zur ↗ Teezubereitung beträgt die Eindosis 1 Teelöffel feingeschnittene Droge, die mittlere Tagesdosis 2–4 g.

Hom.: ***1. Hypericum perforatum*** HAB1; Johanniskraut, die ganze, frische, blühende Pflanze. Anw.-Geb.: Erkrankungen des zentralen und peripheren Nervensystems, des Herzens, des Kreislaufs, der unteren Atemwege sowie bei Verletzungen. *2. Hypericum perforatum Rh* HAB1, die frischen, oberirdischen Teile blühender Pflanzen. Anw.-Geb.: anthroposophische Therapierichtung.

Histor.: *Hypericum* ist der Pflanzenname bei Plinius und *hypericón* bei Dioskurides. Der Artname *perforatum* (lat., durchlöchert) nimmt Bezug auf die durchscheinend punktierten Blätter. Der deutsche Name Johanniskraut wurde gewählt, weil die Pflanze um Johanni in voller Blüte steht. Mit dem Namen Hartheu wird auf die harten Stengel verwiesen, die kein gutes Heu geben. Als Heilpflanze ist Johanniskraut seit dem frühen Altertum bekannt und fehlt auch in den Kräuterbüchern des Mittelalters nicht, wobei die Indikationen wechselten; allerdings steht die Anwendung in der Wundheilung meist im Vordergrund. Im Volksglauben galt Johanniskraut lange Zeit auch als Mittel gegen Zauberei und Anfechtungen des Teufels.

■ **Hypericum pulchrum** L.
(syn. *Hypericum amplexicaule*); Heide-Johanniskraut (syn. Schönes Hartheu, Schönes Johanniskraut).

Fam.: Hypericaceae.

Vork.: Westeuropa bis Süditalien.

Hom.: *Hypericum pulchrum* HAB34, die frische blühende Pflanze.

Hypericum vulgare ↗ Hypericum perforatum.
Hyperosid ↗ Flavonoide.
Hyphear europaeum ↗ Loranthus europaeus.
Hypholoma caerulescens ↗ Psilocybe-Arten.

■ **Hypophysis cerebri HAB**
die frischen, ganzen Hypophysen von Schlachttieren. Anw.-Geb.: Schwindel- und Verwirrtheitszustände.

■ **Hypophysis cerebri siccata HAB**
die getrockneten, ganzen Hypophysen von Schlachttieren. Anw.-Geb.: Schwindel- und Verwirrtheitszustände.

Hypoxidis radix ↗ Hypoxis rooperi.
Hypoxidis rhizoma ↗ Hypoxis rooperi.
Hypoxis elata ↗ Hypoxis rooperi.
Hypoxis hemerocallidae ↗ Hypoxis rooperi.

■ **Hypoxis rooperi** Moore
(syn. *Hypoxis elata, H. hemerocallidea*).

Fam.: Hypoxidaceae.

Vork.: bes. Steppengebiete im südlichen Teil Afrikas.

Droge: ***Hypoxidis radix*** (syn. *Hypoxidis rhizoma, Radix Hypoxidis, Tubera Hypoxidis*); *Hypoxis-rooperi*-Rhizom (syn. *Hypoxis-rooperi*-Knolle, *Hypoxis-rooperi*-Rhizomknolle), die frische oder getrocknete Rhizomknolle. Inh.: Phytosterole (bis 0,2 %) bes. β-Sitosterol, z. T. in glykosidischer Bindung, ferner Norlignane, u. a. Hypoxid (3,5–4,5 % der getrockneten Droge) sowie Kohlenhydrate, u. a. Saccharose und Stärke. Wirk.: vermutlich Hemmung der lokalen Prostaglandinsynthese. Anw.: in Fertigarzneimitteln bei rheumatischen Erkrankungen sowie als Prophylaktikum gegen benigne Prostatahyperplasie in den Stadien I und II.

Hyssopi aetheroleum ↗ Hyssopus officinalis.
Hyssopi herba ↗ Hyssopus officinalis.
Hyssopus arisatus ↗ Hyssopus officinalis.
Hyssopus canascens ↗ Hyssopus officinalis.
Hyssopus cinerascens ↗ Hyssopus officinalis.
Hyssopus cinereus ↗ Hyssopus officinalis.
Hyssopus cretaceus ↗ Hyssopus officinalis.
Hyssopus montanus ↗ Hyssopus officinalis.

■ **Hyssopus officinalis** L.
(syn. *Hyssopus arisatus, H. canascens, H. cinerascens, H. cinereus, H. cretaceus, H. montanus*); Ysop (syn. Isop, Kirchenysop, Klosterysop).

Fam.: Lamiaceae (Labiatae).

Vork.: Mittelmeergebiet, Kleinasien, Iran, Schwarzmeergebiet; in Spanien, Frankreich, Italien und auf dem Balkan auch kultiviert.

Drogen: *1.* ***Hyssopi aetheroleum*** (syn. *Aetheroleum Hyssopi*); Ysopöl, das durch Wasserdampfdestillation gewonnene äther. Öl. Inh.: komplexes Gemisch, u. a. mit 1-Pinocamphon (7–25 %), Isopinocamphon (16–22 %), Pinocarvon (10–23 %), und β-Pinen (7–11 %). Anw.: als Zusatz zu Badeölen bzw. in der Kosmetik und Parfümerie. Die Droge dient auch zur Herstellung von Gewürzessenzen und Likören (Benediktiner, Chartreuse). *2.* ***Hyssopi herba*** (syn. *Herba Hyssopi*); Ysopkraut (syn. Ispenkraut, Josefskraut, Weinespenkraut), die getrockneten, während der Blütezeit gesammelten oberirdischen Teile. Inh.: äther. Öl (0,1–0,3 %), Gerbstoffe (5–8 %, v. a. Rosmarinsäure), Flavonoide (Diosmin, Hesperidin, Vicenin-2), Marubiin (Bitterstoff), Oleanolsäure, Ursolsäure, β-Sitosterol, Gummi, Harz, Zucker. Anw.: in der Volksheilkunde bei Halsentzündungen, Heiserkeit und zur Bereitung von Gurgelwasser. Innerlich appliziert wird die Droge bei Bronchitis, Husten, Asthma und Nasenkatarrhen eingesetzt. Auch zur Behandlung von Kreislaufschwäche, Darmerkrankungen, Menstruationsbeschwerden, Herzbeschwerden und Augenschmerzen soll die Droge dienen. Im Hauhalt wird Ysop als Gewürz zu Salaten, Suppen, Fleischspeisen und für Liköre bzw. als Geschmackskorrigens verwendet. Der Gattungsname *Hyssop* ist orientalischen Ursprungs und wird mit dem hebräischen *ezob* bzw. dem arabischen *azzol* (heiliges Kraut) in Verbindung gebracht. Über die Verwendung des wahren Ysop im Altertum bestehen Unklarheiten. Dies gilt auch für den *Ysop* der Israeliten wie er in der Bibel (Psalm 51) erwähnt wird und zur symbolischen Reinigung von Aussätzigen diente. In den Kräuterbüchern des Mittelalters wird Ysop vor allem bei Erkrankungen der Atemwege empfohlen.

Hysterionica baylahuen ↗ Haplopappus baylahuen.

I

Ibenbaum ↗ Taxus baccata.
Iberidis semen ↗ Iberis amara.

■ Iberis amara L.

(syn. *Biauricula amara, Thlaspi amarum*); Bauernsenf (syn. Bitterer Bauernsenf, Grützblume, Schleifenblume).

Fam.: Brassicaceae (Cruciferae).

Vork.: Mittel- und Südeuropa.

Drogen: ***1. Iberidis semen*** (syn. Semen Iberidis); Schleifenblumensamen, die reifen Samen. ***2. Iberidis herba*** (*Herba Iberidis*); Schleifenblumenkraut, die frische, ganze blühende Pflanze. Inh.: Glucosinolate, Cucurbitacine mit Cucurbitacin E und I als Hauptkomponenten (0,2–04 %, bezogen auf Frischgewicht). Anw.: zur Anregung der Magensaftsekretion, als Amarum mit choleretischem Effekt; Bestandteil von Fertigarzneimitteln in Kombination mit weiteren Drogenextrakten.

Hom.: ***Iberis amara*** HAB1; Schleifenblume, die getrockneten, reifen Samen. Anw.-Geb.: bei Erkrankungen des Herzens und des arteriellen Gefäßsystems, z. B. Herzrhythmusstörungen, Herzschwäche.

Histor.: Die Anwendung der Pflanze und auch der Gattungsname waren bereits im Altertum bekannt. Der Name *Iberis* wurde von einem Arzt geprägt, der mit der Pflanze seinen Freund in Iberien geheilt haben soll (lat *amara* = bitter).

Iberis bursa-pastoris ↗ Capsella bursa-pastoris.
Ibischwurz ↗ Althaea officinalis.
Ibischwurzel ↗ Althaea officinalis.
Iboga ↗ Tabernanthe iboga.
Ibogain ↗ Tabernanthe iboga.

■ Ibotensäure

(Pantherin), 5-Glycyl-3-hydroxy-isoxazol. α-Aminosäure aus dem Fliegenpilz (↗ *Amanita muscaria*) oder Pantherpilz (↗ Amanita pantherina) mit psychotroper Wirksamkeit, die zusammen mit ihrem Decarboxylierungsprodukt Muscimol zu den Fliegenpilzgiften zählt. I. ist ein potenter NMDA/metabotropischer Glutamat-Rezeptoragonist mit stark ZNS-erregender Wirksamkeit (Schwindel, Ataxie, Delirium, sexuelle Erregung, Halluzinationen), der rauschartige Zustände auslöst. Muscimol dagegen ist ein GABA-Rezeptoragonist, der dadurch die Wirkung von I. noch verstärkt. Das Auslösen von Rauschzuständen ist ein Grund dafür, daß Ibotensäure-haltige Pilze früher bei kultischen Handlungen eingesetzt wurden. Beide Verbindungen sind insektizid wirksam.

■ Icacina senegalensis A. Jussieux .

Fam.: Icacinaceae.

Vork.: Afrika, Senegal bis Nigeria, Sudan.

Droge: die Wurzelknollen und Früchte. Inh.: Stärke, Diterpene, wie Icacinol I und II, Hardwickiolester; Glucoside des β-Sitosterols und

Stigmasterols. Anw.: in der afrikanischen Volksheilkunde vielseitig verwendet, bes. bei Schnupfen, Karies, Bauchschmerzen, Koliken, Schlangenbissen, Milchmagel, Müdigkeit sowie gegen Impotenz. Auch als Zusatz zu Pfeilgiften aus *Strophanthus*-Samen (↗ *Strophanthus*-Arten) wird die Droge eingesetzt.

■ Ichthyocolla

(syn. *Colla piscium*), Hausenblase (syn. Fischleim). Die Droge ist die innere Schwimmblasenhaut verschiedener *Acipenser*-Arten (*Acipenser huso*, Hausen oder Belsusa; *Acipenser sturio*, Stör; *Acipenser ruthenus*, Sterlet; *Acipenser stellatus*, Sternhausen) und von *Silurus glanis* (Brasilianischer Hausen). Inh.: 79–85 % Kollagen bzw. Glutin, ca. 4 % Mineralstoffe. Anw.: Die in kaltem Wasser stark quellbare und in heißem Wasser bzw. Ethanol lösliche Droge wird als Klebemittel (Englisch-Pflaster) bzw. als Hilfsmittel zum Klären von Wein und Bier sowie als Kitt- und Appreturmittel verwendet.

Ichthyometica piscipula ↗ Piscidia piscipula.
Iecoris aselli oleum ↗ Gadus morrhua.
Igelkiefer ↗ Pinus-Arten.
Igelkopf ↗ Echinacea-Arten.
Igelkrautwurzel ↗ Geum-Arten.
Ignatia ↗ Strychnos-Arten.
Ignatia amara ↗ Strychnos-Arten.
Ignatia philippinensis ↗ Strychnos-Arten.
Ignatiana philippinica ↗ Strychnos-Arten.
Ignatii semen ↗ Strychnos-Arten.
Ignatiusbohne ↗ Strychnos-Arten.
Ignazbohne ↗ Strychnos-Arten.
Ilang-Ilang-Öl ↗ Cananga odorata.

■ Ilex aquifolium L.

Stechpalme (syn. Christdorn, Hülsdorn, Hülse), s. Farbtafel S. 311, Bild 184.

Fam.: Aquifoliaceae.

Vork.: Mitteleuropa, Nordamerika, Ostasien.

Droge: ***Folia Aquifolii*** (syn. *Folia Agrifolii*, *Folia Ilicis*, *Folia Ilicis aquifolii*); *Ilex-aquifolia*-Blätter (syn. Christdornblätter, Hülsenblätter, Stecheichenblätter, Stechpalmenblätter), die getrockneten Laubblätter. Inh.: Triterpene, u. a. α-Amyrin, β-Amyrin, Oleanol- und Ursolsäure, Phytosterole, v. a. β-Sitosterol (80 %), Stigmasterol (10 %) und Campesterol (4 %), ferner Flavonoide, bes. Kämpferol- und Quercetinglykoside sowie Depside, u. a. Chlorogensäure. Anw.: volkstümlich bei Fieber, rheumatischen Beschwerden und chronischer Bronchitis.

Hom.: ***1. Ilex aquifolium e foliis siccatis*** HAB1, die getrockneten Blätter. Anw.-Geb.: bei grippalem Infekt, entzündlichen Prozessen des Auges. ***2. Ilex aquifolium*** HAB34, im Juni gesammelte, frische Blätter. Anw.-Geb.: u. a. Bindehautentzündung.

Histor.: Der Gattungsname *Ilex* wurde ursprünglich bei den Römern für die Steineiche gebraucht. Aufgrund der ähnlichen Blätter wurde er auf die Stechpalme übertragen. Der aus dem lateinischen *acus* (Nadel) und *folium* (Blatt) zusammengesetzte Name ist ein Hinweis auf die stachelspitzigen Blätter. Auch der deutsche Name Stechpalme charakterisiert die spitzen, immergrünen Blätter. Obwohl die Stechpalme und ihre medizinische Verwendung bereits im hohen Altertum beschrieben wurde, so bei ↗ Theophrast als „*ilex aquifolia*", ist nicht sicher, ob es sich um die heutige *Ilex aquifolium* gehandelt hat.

Ilex bonplandiana ↗ Ilex paraguariensis.
Ilex domestica ↗ Ilex paraguariensis.
Ilex mate ↗ Ilex paraguariensis.
Ilex paraguaiensis ↗ Ilex paraguariensis.
Ilex paraguajensis ↗ Ilex paraguariensis.
Ilex paraguarensis ↗ Ilex paraguariensis.

■ Ilex paraguariensis St.-Hil.

(syn. *Ilex bonplandiana, I. domestica, I. mate, I. paraguaiensis, I. paraguajensis, I. paraguarensis, I. paraguayensis, I. paraguayiensis, I. paraguayriensis, I. paraguensis, I. sorbilis, I. theezans, I. vestita*); Mate (syn. Mate-Teestrauch, Yerbabaum).

Fam.: Aquifoliaceae.

Vork.: Südamerika, u. a. Südbrasilien, Paraguay, Uruguay, Bolivien und Nordargentinien.

Droge: ***Mate folium*** (syn. *Folia Mate, Mate*); Mateblätter (syn. Jesuitentee, Matetee, Missionstee, Paraguaytee, Paranatee), die einer Vorröstung (Zapekierung) unterzogenen, getrockneten Blätter. Inh.: Purine, bes. Coffein (0,4–1,6 %) und Theobromin (0,3–0,45 %); ferner Coffeoylchinasäuren, u. a. Chlorogensäuren (10–12 %), Flavonoide, u. a. Isoquercitrin, Kämpferolglykoside und Rutin sowie Triterpensaponine, Ascorbinsäure und Spuren von äther. Öl. Wirk.: zentral anregend, diuretisch mit glykogenolytischen und lipolytischen Effekten. Anw.: Stimulans bei körperlicher und geistiger Erschöpfung, Bestandteil von Blasen- und Nierentees, Genußmittel, Ersatz für chinesischen Tee.

Hom.: ***Mate*** HAB34, die getrockneten Blätter. *Anw.-Geb.:* Verdauungsschwäche.

Ilex paraguayensis ↗ Ilex paraguariensis.
Ilex paraguayiensis ↗ Ilex paraguariensis.
Ilex paraguayriensis ↗ Ilex paraguariensis.
Ilex paraguensis ↗ Ilex paraguariensis.
Ilex sorbilis ↗ Ilex paraguariensis.
Ilex theezans ↗ Ilex paraguariensis.
Ilex vestita ↗ Ilex paraguariensis.

■ Illicium anisatum L.
(syn. *Illicium japonicum, I. religiosum*); Japanischer Sternanis (syn. Shikimibaum).

Fam.: Illiciaceae.

Vork.: Japan, Südkorea.

Droge: ***Shikimi fructus*** (syn. *Fructus Shikimi*); Shikimifrüchte (syn. Shimifrüchte), die reifen Früchte mit Samen. *Inh.:* Sesquiterpenlactone (u. a. Anisatin, Neoanisatin, Pseudoanisatin, 6-Desoxymajucin), äther. Öl (0,5–1 %, u. a. mit 1,8-Cineol, Linalool, Methyleugenol, α-Terpenylacetat, Safrol und Myristicin), Shikimisäure (bis zu 18 %). *Anw.:* in der asiatischen Volksheilkunde bei Magenbeschwerden, Blähungen, Koliken, Zahnschmerzen, Dermatitiden sowie als Stimulans bei religiösen Zeremonien. Aufgrund von Vergiftungsfällen sollte die Droge nicht genutzt werden.

Illicium japonicum ↗ Illicium anisatum.
Illicium religiosum ↗ Illicium anisatum.
Illicium stellatum ↗ Illicium verum.

■ Illicium verum Hook. fil.
(syn. *Illicium stellatum*); Sternanis (syn. Badian, Echter Sternanisbaum).

Fam.: Illiciaceae.

Vork.: nur in Kultur bekannt, angebaut in China und Vietnam.

Drogen: ***1. Anisi aetheroleum*** (syn. *Aetheroleum anisi, Anisi oleum, Oleum Anisi, Oleum Anisi stellati*); Anisöl (syn. Sternanisöl), das aus den reifen Früchten gewonnene äther. Öl. *Inh.:* *trans*-Anethol (80–90 %), daneben Methylchavicol, Foeniculin, *cis*-Anethol, Anisaldehyd, Limonen, Linalool, α-Pinen. *Anw.:* bei Katarrhen der Luftwege und dyspeptischen Beschwerden. In der Volksheilkunde wird die Droge auch zur Stimulation der Lactation, bei Regelstörungen, zur Potenz- und Libidostimulation innerlich und zur Hautreiztherapie äußerlich eingesetzt. Auch gegen Insekten und Ungeziefer bei Mensch und Tier soll die Droge nutzbar sein. ***2. Anisi stellati fructus*** (syn. *Anisum badium, A. stellatum, Fructus Anisi stellati*); Sternanisfrüchte (syn. Chinesischer Sternanis), die ganzen, getrockneten Sammelfrüchte; s. Farbtafel S. 311, Bild 185. *Inh.:* äther. Öl (5–9 %, Zusammensetzung s. *Anisi aetheroleum*), fettes Öl (ca. 20 %), Lipide (Phospholipide, Glykolipide, Sterole), Flavonoide (v. a. Rutin), Phenolcarbonsäuren und Depside (Kaffeesäureester) sowie Gerbstoffe. *Anw.:* bei Katarrhen der Luftwege und dyspeptischen Beschwerden. Der größte Teil der Droge dient zur Gewinnung des äther. Öls und des daraus isolierten Anethols.

Hom.: ***Illicium verum*** (syn. *Anisum stellatum*); Sternanisfrüchte, die getrockneten, reifen Früchte. *Anw.-Geb.:* Bronchitis, Blähsucht.

Histor.: Die Sternanisfrüchte wurden bereits im 10. Jh. in China als Gewürz genutzt und kamen im 16. Jh. nach Europa.

Illipe butyracea ↗ Diploknema-Arten.
Illipefett ↗ Diploknema-Arten.
Illipe latifolia ↗ Diploknema-Arten.
Illipe malabrorum ↗ Diploknema-Arten.
Illipe parkii ↗ Butyrospermum parkii.
Illipetalg ↗ Diploknema-Arten.
Illurinbalsam ↗ Paradaniella oliveri.
Illusionogene ↗ Halluzinogene biogenen Ursprungs.
Immenblatt ↗ Mellitis melissophyllum.
Immergrün ↗ Hedera helix, ↗ Vinca minor
Immergrüne ↗ Viscum album.
Immergrüne Magnolie ↗ Magnolia grandifloria.
Immortelle ↗ Antennaria dioica, ↗ Helichrysum arenarium.

■ Immunmodulatoren
Stoffe und Zubereitungen, die das Immunsystem beeinflussen. Zu den I. gehören die Immunstimulantien und im weiteren Sinne auch die Immunsuppressiva. Immunstimulantien heben die Aktivität v. a. des geschwächten Immunsystems an, z. B. Seren, Thymusfaktoren, Interferone, Interleukine, Extrakte aus Mikroorganismen, pflanzliche Produkte (v. a. Polysaccharide, Schleimstof-

fe, Glykoproteine) sowie chemisch definierte Stoffe. Immunsuppressiva sind Arzneimittel, die eine künstliche Unterdrückung von Immunreaktionen auslösen. Sie werden z. B. nach Transplantationen oder bei Autoimmunerkrankungen eingesetzt.

■ **Impatiens noli-tangere** L.
Wilde Balsamine (syn. Echtes Springkraut, Rühr mich nicht an, Waldspringkraut).

Fam.: Balsaminaceae.

Vork.: Mittel- und Westeuropa, Rußland bis zum Fernen Osten.

Droge: das Kraut. *Inh.:* Bitterstoffe, Cerylalkohol, Steroide, Palmitin, Stearin, Phlobaphene, Gerbstoffe, Invertzucker. *Anw.:* in der Volksheilkunde als Laxans und Diuretikum bei Nierensteinen; äußerlich zur Wundbehandlung.

Histor.: Der Name (Rühr mich nicht an) der Droge geht auf die Art der Samenverbreitung zurück, wobei die längliche Kapsel bei leichter Berührung einen bemerkenswerten Schleudermechanismus auslöst, der den Samen bis über 1 m weit fortschleudert.

■ **Impatiens parviflora** DC.
Kleinblütiges Springkraut.

Fam.: Balsaminaceae.

Vork.: Europa, Asien.

Droge: das Kraut. *Inh.:* Flavonoide, Alkaloide, Harz, Vitamine, organische Säuren. *Anw.:* in der Volksheilkunde zur Blutstillung eingesetzt; die Droge soll dämpfende Effeke auf das ZNS ausüben.

Imperatoria ostruthium ↗ Peucedanum ostruthium.
Indian Bitter ↗ Agathotes chereyta.
Indianerhanf ↗ Apocynum cannabinum.
Indianer-Tabak ↗ Lobelia inflata.
Indianischer Hanf ↗ Apocynum cannabinum.
Indianischer Tabak ↗ Lobelia inflata.
Indianischer Wundbalsam ↗ Myroxylon balsamum.
Indianisches Wurmkraut ↗ Spigelia-Arten.
Indicum ↗ Indigofera tinctoria.
Indigo ↗ Indigofera tinctoria, ↗ Isatis tinctoria.
Indigoblau ↗ Indigofera tinctoria.

■ **Indigofera tinctoria** L.
Indigo (syn. Indigostrauch).

Fam.: Fabaceae.

Vork.: tropisches Afrika, bes. Ägypten und Senegal, Indien, China, Südamerika, oft auch kultiviert.

Droge: ***Indicum***; Indigo (syn. Indigoblau), der Farbstoff des Blattes. *Gewinnung:* Indigo entsteht nach Spaltung des Glykosids Indican (zu ca. 3 % in den Blättern enthalten) durch eine Glykosidase. Das zunächst entstehende Indoxyl wird durch den Luftsauerstoff zu Indigo oxidiert, daneben entstehen auch weitere rote und braune Farbstoffe. *Inh.:* Indigotin (20–80 %, Indigoblau), Indigorot (2–10 %) und Indigobraun (1–6 %) sowie Leim (2–5 %). *Anw.:* als Farbstoff in der Stoffdruckerei, zu Aquarell- und Ölfarben, als Reagenz.

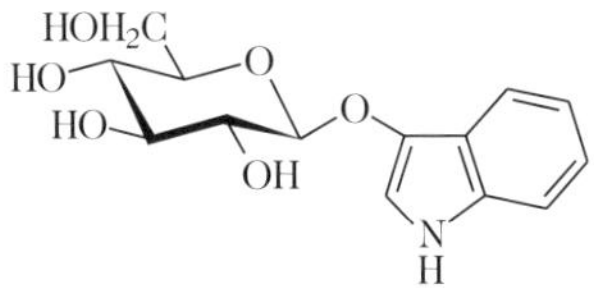

Indican (3-Indolyl-β-D-glucopyranosid)

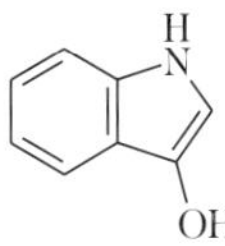

Indoxyl

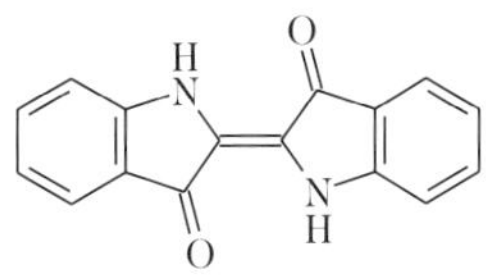

Indigo

Hom.: ***Indigo***, der aus *Indigofera tinctoria* gewonnene blaue Farbstoff. *Anw.-Geb.:* Schleimhautentzündungen des Magen-Darm-Kanals, Krämpfe, Kopfschmerzen, Nervenschmerzen.

Indigostrauch ↗ Indigofera tinctoria.
Indische Büschelbohne ↗ Cyamopsis tetragonoloba.
Indische Cassie ↗ Cassia-Arten.
Indische Costuswurzel ↗ Saussurea costus.
Indische Fieberrinde ↗ Antelaea azadirachta.
Indische Flohsamen ↗ Plantago-Arten.
Indische Jalape ↗ Operculina turpethum.
Indische Kapuzinerkresse ↗ Tropaeolum majus.
Indische Lotosblume ↗ Nelumbo nucifera.
Indische Mutterblätter ↗ Cassia-Arten.
Indische Narde ↗ Nardostachys jatamansii.
Indische Oleanderwurzel ↗ Nerium odorum.
Indische Pflanzenbutter ↗ Diploknema-Arten.
Indischer Butterbaum ↗ Diploknema-Arten.
Indischer Flachs ↗ Corchorus-Arten.
Indischer Hanf ↗ Cannabis sativa.

Indischer Korallenbaum ↗ Adenanthera pavonina.
Indischer Krapp ↗ Oldenlandia umbellata.
Indischer Mastixbaum ↗ Schinus-Arten.
Indischer Nierentee ↗ Orthosiphon aristatus.
Indischer Pfeffer ↗ Capsicum-Arten.
Indischer Senf ↗ Brassica-Arten.
Indischer Tabak ↗ Lobelia inflata.
Indischer Tragant ↗ Sterculia-Arten.
Indischer Weihrauch ↗ Boswellia-Arten.
Indischer Zimt ↗ Cinnamomum-Arten.
Indisches Blumenrohr ↗ Canna-Arten.
Indisches Brennkraut ↗ Acalypha indica.
Indische Scheinmyrte ↗ Anamirta cocculus.
Indische Schlangenwurzel ↗ Rauvolfia serpentina.
Indisches Drachenblut ↗ Daemonorops draco.
Indische Seidenpflanze ↗ Asclepias-Arten.
Indische Senna ↗ Cassia-Arten.
Indische Sennesbälge ↗ Cassia-Arten.
Indische Sennesschoten ↗ Cassia-Arten.
Indisches Kapoksamenöl ↗ Bombax malabaricum.
Indisches Psyllium ↗ Plantago-Arten.
Indisches Wintergrünöl ↗ Gaultheria punctata.
Indochina-Kardamomen ↗ Amomum-Arten.

Industriedrogen

Götz Harnischfeger

Pharmazeutisch bedeutsame Pflanzenteile (Drogen) sind die industriellen Ausgangsstoffe für die Herstellung von Phytopharmaka bzw. zur Isolierung therapeutisch wichtiger Inhaltsstoffe. Dabei müssen sie als Rohstoffe definierten Ansprüchen an Qualität, die sich im einzelnen aus dem therapeutischen Zweck des Endprodukts ableiten lassen, und an technische Verarbeitbarkeit, die sich aus dem individuellen Herstellungsprozeß ergibt, genügen.

Ansprüche an die Qualität

Generell stellen die Kriterien der Arzneibuchmonographien lediglich Mindestanforderungen dar. Deren Einhaltung ist nur für Arzneitees bzw. Teemischungen lt. Gesetz zwingend erforderlich. In allen anderen Fällen ist ein Anlehnen an Arzneibuchkriterien zwar anzuraten, ihre Notwendigkeit wird jedoch durch die Fertigungsprozesse u. U. stark relativiert, da die Schwerpunkte anders verteilt sind.

Es liegt in der Natur der als industrielle Ausgangsstoffe verwendeten Pflanzen oder Pflanzenteilen begründet, daß der Gehalt an indikationsspezifisch relevanten Wirkkomponenten schwankt und diese selbst in einem meist komplexen Gemisch mit anderen Substanzen, zum Teil sehr ähnlicher Struktur, vorliegen. Daher ist die Erstellung eines auf den individuellen Anwendungszweck des zu fertigenden Phytopharmakons zugeschnittenen, individuellen Anforderungsprofils zwingend notwendig.

Ausgangspunkt für einen solchen spezifischen Anforderungskatalog an das Ausgangsmaterial Droge ist immer das zu fertigende Endprodukt „Arzneimittel" mit seinen therapeutisch/medizinischen Zielsetzungen. Er wird zweckmäßigerweise anhand der in Schema 1 dargestellten Fragen erarbeitet. Ohne befriedigende Antwort der in Block 1 zusammengefaßten Fragen ist eine sinnvolle Erarbeitung der sich aus Block 2 ergebenden Prozeßanforderungen nicht möglich, aus denen dann im 3. Block die Kriterien für das zu verwendende Drogenmaterial sich ableiten lassen.

Der in den Arzneibüchern festgelegte Standard für eine dort beschriebene Droge stellt in vielen Fällen lediglich eine Mindestanforderung dar (s. o.). Für eine über viele Ansatzchargen gleichmäßige Qualität des Endproduktes ist jedoch für den Gehalt an wirksamkeitsbestimmenden bzw. -mitbestimmenden Komponenten nicht nur der im Arzneibuch festgelegte Mindestgehalt sondern auch eine vom Hersteller festzulegende Obergrenze notwendig. Die für den Prozess erforderliche Gehaltsbreite ergibt sich aus den Anforderungen in Schema 1. Ähnliches gilt für Angaben zum Extraktivstoffgehalt

Schema 1: Vorgaben.

Indikationsanspruch des Fertigarzneimittels

Liegt die Indikation durchdefiniert vor?

Worauf begründet sich die Anwendung der Droge?

Gibt es pharmakologische Daten?

Existieren pharmazeutische Daten?

Liegt die detailierte Stellungnahme der medizinisch-wisenschaftlichen Abteilungen zur therapeutischen Profilierung des Arzneimittels vor?

Technologische Gegebenheiten

Welche Inhaltsstoffe (Gruppen) werden bei der Verarbeitung der Droge freigesetzt?

Welche Inhaltsstoffe (Gruppen) erfahren eine Umwandlung im Prozeß?

Sind davon und, wenn ja, in welcher Größenordnung für die Indikation bekannte Wirksubstanzen betroffen?

Ist das vorgesehene oder bereits praktizierte Herstellungsverfahren adäquat?

Können relevante Wirksubstanzen (Gruppen), die auch im Fertigarzneimittel nachweisbar sind, bereits festgelegt werden?

Gegebenheiten des Ausgangsmaterials

Welche Qualität besitzt die Handelsdroge im langjährigen Mittel?

(Verfälschungen, Verunreinigungen, Mikrofauna und -flora, Verarbeitung, Lagerungseinflüsse)

Ist die geforderte Qualität vom Drogenmarkt in der notwendigen Menge zu beschaffen?

Schema 2

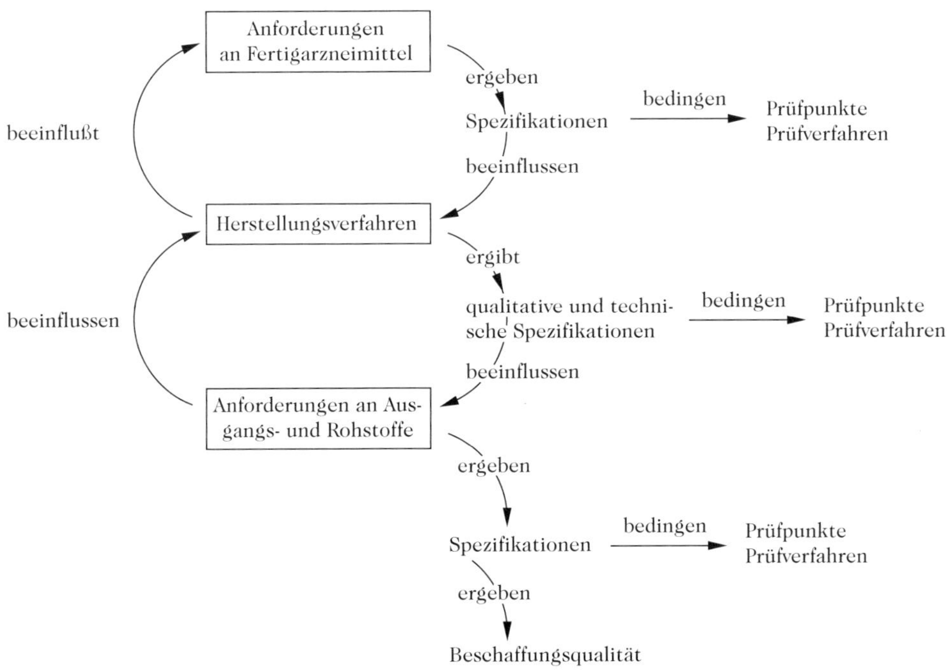

und, hier nur als oberes Limit, für alle Verunreinigungen.

Technische Anforderungen

Der Herstellungsprozeß von Phytopharmaka ist in der Regel eine genau festgelegte Folge von Fertigungsschritten, die in ihrer Führung durch Einflußgrößen wie Temperatur, Mengenfluß etc. eng definiert sind, um so ein konstantes Produkt auch über längere Zeiträume zu gewährleisten. Innerhalb der Fertigung ist eine Anpassung oder ein Variieren der Steuerungsbedingungen nur in einem sehr begrenzten Rahmen möglich, so daß der Konstanz des Ausgangsmaterials Droge andererseits sehr große Bedeutung zukommt. Die individuelle, schrittweise Erarbeitung der Anforderungen an die Droge und die zu berücksichtigenden Wechselbeziehungen sind aus Schema 2 ableitbar.

Kritischer Schritt in der Fertigungskette ist meist die Extraktherstellung, da der in engen Grenzen zu definierende Extrakt in seiner Gesamtheit als Wirkstoff anzusehen ist. Bei seiner Herstellung sind neben rein technisch zu sehenden Größen wie dem Verfahrenstyp, der Anlage selbst mit ihren Besonderheiten und der Kennzahlen des verwendeten Lösungsmittels (Typ, Konzentration, Menge) die folgenden Größen der bearbeiteten Droge von Bedeutung: Homogenität, Schnittgröße, Pulveranteil, Extraktivstoffgehalt und Wassergehalt. Bis auf den Extraktivstoffgehalt, der über einen Anbau nur in Grenzen steuerbar ist, sind alle übrigen technischen Parameter der zur Extraktion vorgesehenen Droge als Verarbeitungsgrößen relativ einfach einzustellen. Sie sind sogar teilweise aus dem Schema 1 vorhersehbar und müssen dann lediglich in Versuchen bestätigt werden.

Der technische Verarbeitungsprozeß wird in seinen Stellgrößen wesentlich vereinfacht, wenn ein durch obiges Anforderungsprofil festgelegtes, möglichst homogenes Drogenmaterial eingesetzt wird. Homogenes Ausgangsmaterial ist daher von vitalem Interesse für industrielle Hersteller, seine Erhältlichkeit in den notwendigen Quantitäten stellt jedoch vielfach ein Problem dar.
Wild gesammelte Drogen stehen bei einem Stamm qualifizierter Sammler zwar kurzfristig zur Verfügung, sind jedoch in ihrer Qualität, d. h. der Zusammensetzung und Quantität ihrer Inhaltsstoffe, außerordentlich heterogen. Dies ist sowohl genetisch als auch durch den Standort bedingt. Wo es aus wirtschaftlichen Gründen nur einigermaßen vertretbar ist, wird daher die Inkulturnahme und der Anbau vorgezogen. Es ist heute möglich, über züchterische Verbesserungen, Auswahl optimalen Saatguts, Wahl günstiger Standorte und entsprechende landbauliche Maßnahmen Drogen mit einheitlichem Spektrum der spezifischen sekundären Inhaltsstoffe und gleichzeitig hohem Gehalt zu erzeugen. Die Tabelle 1 faßt schlaglichtartig die verschiedenen Einflüsse auf die Erzeugung hochwertiger Drogen zusammen. Beispiele für eine solche, rationelle Gewinnung von Industrierohstoffen sind Kamille, Pfefferminze, Enzian und Melisse. Kulturen sind allerdings nur bei in großen Mengen oder zu hohen Preisen gehandelten, nach ein- bis zweijähriger Wachstumsphase zu erntenden Drogen ökonomisch vertretbar. Die meisten in Deutschland verarbeiteten Drogen werden jedoch in Mengen unter 100 Tonnen pro Jahr benötigt, so daß sich ein Anbau, selbst wenn er unter den herrschenden Klimabedingungen möglich wäre, nicht lohnt und auf Sammler zurückgegriffen werden muß. Die meisten der in Deutschland mit über 500 Tonnen pro Jahr verarbeiteten Drogen werden eingeführt bzw. können wegen ungünstiger klimatischer Verhältnisse hier nicht angebaut werden.

Tabelle 1: Orientierungspunkte für eine systematische Drogengewinnung einheitlicher Qualität

Ausgangsparameter		Konsequenz
genetische Variation und Vererbung der Sekundärstoffe	→	Selektion und Züchtung
morpho- und ontogenetische Variabilität	→	Wahl des Erntetermins, Trennung der Pflanzenteile
Umweltmodifikation anthropogene Einflüsse	→	Wahl des Anbaustandorts, pflanzenbaul. Verfahren und Maßnahmen einschl. Düngung, Pflanzenschutz, Ernte und Aufbereitung

Tabelle 2: Beeinflussung der Qualität von Drogen über die Verarbeitung

Aufbereitungsschritte	Beeinflußt werden	Beispiele
Ernte	Wirkstoffgehalt	*Hyperici herba*
Reinigungsverfahren	Reinheit, Wassergehalt	Schälen von *Liquiritiae radix*
Fermentation	Wirkstoffe, Inhaltsstoffe	*Camellia sinensis*
Trocknung	Wassergehalt, Verderbnis	
Zerkleinerung	Wassergehalt, Trockenzeit, Extraktionsfähigkeit	*Menthae pip. folium*
Lagerung	Wirkstoffgehalt, Qualität	*Foeniculi fructus*

Einen für die Gewinnung homogenen Drogenmaterials wichtigen Schritt stellt auch die Wahl des Erntezeitpunkts dar, da das Spektrum und die Qualität der Inhaltsstoffe eng an den Entwicklungszyklus der Pflanze gekoppelt sind.

Die Verarbeitung der geernteten Droge selbst, d. h. Schneiden, Sieben etc., richtet sich dabei nach dem Drogentyp, z.B. Blattdroge, Wurzeldroge etc mit seinen unterschiedlichen Anforderungen. Hier bietet sich auch eine gute Möglichkeit, gezielt in Richtung auf eine Standardisierung einzugreifen, beispielsweise durch Mischung unterschiedlicher Herkünfte der geschnittenen Droge, da Ganzdrogen meist nicht zu notwendiger Homogenität vermischt werden können Im Einzelfall schließt sie auch Schritte zu Keimzahlverminderung etc. ein. Die Art und Weise, in der einzelne Aufbereitungsschritte Einfluß auf die Qualität der Droge nehmen können, ist in Tabelle 2 dargestellt.

Neben den traditionellen, heute teilweise obsoleten, Zubereitungen von Drogen wie Teemischung (Species), Abkochung (Decoctum), Aufguß (Infusum), Saft (Succus), Sirup (Sirupus), Tinctur (Tinctura) und Extrakt (Extractum) kommen typische, handelsübliche Phytopharmaka in Form von Lösungen, Kapseln, Tabletten, Dragees, Zäpfchen, Salben, Gelen und Cremes zur therapeutischen Anwendung. Bei den modernen Arzneiformen werden vorwiegend Extrakte als Wirkstoffträger eingesetzt.

■ Influencinum-Nosode HAB

inaktiviertes, virushaltiges Expektorat von Grippekranken. _Anw.-Geb._: grippaler Infekt.

Inga niopa ↗ Anadenanthera peregrina.

Ingber ↗ Zingiber officinale.

Ingberimber ↗ Zingiber officinale.

Ingberwurzel ↗ Zingiber officinale.

Ingwer ↗ Zingiber officinale.

Ingwerklauen ↗ Zingiber officinale.

Ingweröl ↗ Zingiber officinale.

Ingwerwurzel ↗ Zingiber officinale.

Ingwerwurzelstock ↗ Zingiber officinale.

Ingwerzehen ↗ Zingiber officinale.

Inkatee ↗ Tecoma lapacho.

■ Inocybe-Arten

● **Fam.:** Cortinariaceae.

● **Inocybe dulcamara** (A. et S. ex Pers.) Kummer, Bittersüßer Rißpilz (syn. Olivgelber Rißpilz).

Vork.: Nadelwälder, Lichtungen und Wegränder in Mitteleuropa. _Inh._: u. a. ↗ Muscarin. _Bedeut._: Giftpilz.

● **Inocybe fastigiata** (Schff. ex Fr.) Quel.; Kegeliger Rißpilz.

Vork.: Wälder und Wegränder Europas. _Inh._: u. a. Muscarin. _Bedeut._: Giftpilz.

● **Inocybe fibrosa** (Sow.) Gill.; Erdblättriger Rißpilz.

Vork.: Laub- und Nadelwälder Mitteleuropas. _Inh._: u. a. Muscarin. _Bedeut._: Giftpilz.

● **Inocybe napipes** Lge.; Rübenstieliger Rißpilz.

Vork.: Moorige Laub- und Nadelwälder Europas. _Inh._: u. a. Muscarin. _Bedeut._: Giftpilz.

● **Inocybe patouillardi** Bres.; Ziegelroter Rißpilz.

Vork.: Mischwälder Mitteleuropas. Inh.: bis 0,037 % Muscarin. Bedeut.: giftigster aller Rißpilze.

Insektenblume ↗ Chrysanthemum-Arten.
Insektenblüten ↗ Chrysanthemum-Arten.
Instant-Tees ↗ Teepräparate.

■ Insulinum HAB

Insulinlösung nach Ph. Eur. bzw. DAB. Anw.-Geb.: Schwächezustände und Schweißausbrüche einige Stunden nach Nahrungsaufnahme. Das Präparat ist nicht zur Behandlung des Diabetes geeignet!

Intybi radix ↗ Cichorium intybus.

■ Inula helenium L.

(syn. *Aster helenium, A. officinalis, Corvisartia helenium, Helenium grandiflorum*). Echter Alant (syn. Brustalant, Darmwurz, Edelwurz, Glockenwurz, Großer Heinrich, Helenenkraut, Odinskopf, Schlangenwurz), s. Farbtafel S. 311, Bild 186.

Fam.: Asteraceae (Compositae).

Vork.: 80 bis 180 cm hohe, ausdauernde Pflanze, die in Zentralasien heimisch ist, heute in ganz Europa und Nordamerika verbreitet ist.

Drogen: ***1. Helenii rhizoma*** (syn. *Helenii radix, Radix Enulae, Radix Helenii, Radix Inulae, Rhizoma Helenii*); Alantwurzel (syn. Alethwurzel, Altwurzel, Brustalant, Darmwurz, Donavarwurz, Edelherzwurzel, Fadenwurzel, Glockenwurzel, Großer Heinrich, Handwurzel, Helenenkrautwurzel, Odinskopfwurzel, Oldwurzel, Schlangenwurz, Unlenkwurzel). Inh.: Die Droge enthält 1 bis 3 % äther. Öl, bes. Sesquiterpenlactone, u. a. Alantolacton, Isoalantolacton und Dihydroalantolacton,

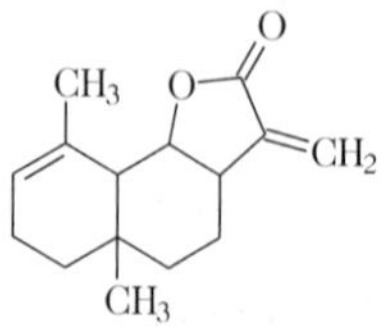

Alantolacton

bis zu 44 % Inulin, daneben Harze, Wachse und Pektine. Anw.: In der Volksheilkunde wird die Droge als Tee bzw. ein Extrakt als Expektorans, Tonikum, Stomachikum sowie gegen Wurmbefall eingesetzt. Darüber hinaus findet die Droge Anwendung bei Menstruationsbeschwerden, Infektionen der ableitenden Harnwege, Herzbeschwerden, Erkältungen und bei Kopfschmerz. Aufgrund des Gehaltes an Sesquiterpenlactonen besitzt die Alantwurzel ein hohes Allergisierungspotential, das zu Kontaktallergien führen kann. Ihre Verwendung wird daher nicht empfohlen. ***2. Oleum Helenii****;* Alantöl, das äther. Öl. Inh.: *S. Helenii rhizoma*. Anw.: früher als Antiseptikum bei Infektionen der Blase und Harnröhre, bei chronischen Diarrhoen und Bronchitiden, mitunter auch als Wurmmittel. Infolge hohem Allergisierungspotential heute obsolet.

Hom.: ***Inula helenium*** HAB34, die frische Wurzel. Anw.-Geb.: Chronischer Husten, Magengeschwüre, Ausfluß.

Histor.: 1804 isolierte der Apotheker Rose in Berlin aus *Inula helenium* das Inulin, dessen Name sich von der Pflanze ableitet.

■ Inulin

wasserlösliches, zu den Fructanen gehördendes, aus 20–40 β-glykosidisch verknüpften D-Fructofuranoseresten aufgebautes, durch einen α-D-Glucose-Rest terminiertes Homopolysaccharid. Es kommt v. a. in den unterirdischen Organen von Asteraceae und Campanulaceae als Reservepolysaccharid vor. Anw.: zur Gewinnung von Fructose sowie nach i. v. Applikation zur Nierenfunktionsprüfung (Inulin-Clearance).

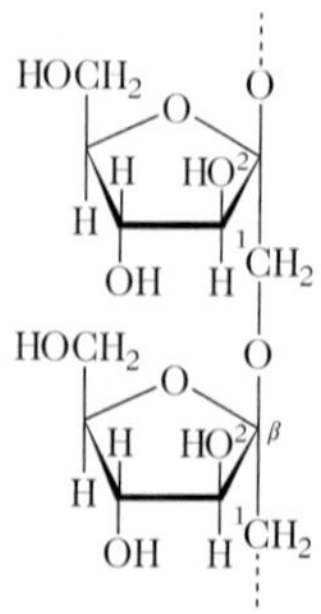

Inulin
(Molekülausschnitt)

■ Iochroma fuchsioides (Humb. et Bonpl.) Miers

Borrachero.

Fam.: Solanaceae.

Vork.: tropische Gebiete Südamerikas. Anw.: Bei den Kamsá-Indianern im kolumbianischen Andengebiet werden Rinde und Blätter zu einem Sud gekocht, der nach dem Erkalten ohne weitere Zusätze getrunken wird und einen Rausch erzeugt, der von den Medizinmännern als Hilfsmittel bei schwierigen Diagnosen genutzt wird. Der Rausch ist unangenehm und von Nebenwirkungen begleitet, die mehrere Tage anhalten können. Diese Gattung ist phytochemisch noch nicht ausreichend untersucht worden, daher existieren auch noch keine Angaben über die halluzinogenen Inhaltsstoffe der Droge.

Ipecacuanhae nigrae radix ↗ Cephaelis-Arten.
Ipecacuanhae radix ↗ Cephaelis-Arten.
Ipecacuanha fusca ↗ Cephaelis-Arten.
Ipecacuanha officinalis ↗ Cephaelis-Arten.
Ipecacuanhawurzel ↗ Cephaelis-Arten.
Ipecacwurzel ↗ Cephaelis-Arten.
Ipo ↗ Antiaris toxicaria.
Ipomoea anceps ↗ Operculina turpethum.
Ipomoea bona-nox ↗ Calonyction album.
Ipomoea corymbosa ↗ Turbina corymbosa.
Ipomoea mestillanica ↗ Ipomoea orizabensis.
Ipomoea operculata ↗ Merremia macrocarpa.

■ **Ipomoea orizabensis** (Pellet.) Led. ex Steud. (syn. *Convolvulus orizabensis, Ipomoea mestillanica*); Falsche Jalape (syn. Mexikanische Winde, Orizabawinde).

Fam.: Convolvulaceae.

Vork.: Ostmexiko.

Drogen: *1. **Radix Scammoniae mexicana*** (syn. *Radix Orizabae, Radix Jalapae levis, Stipites Jalapae*); Mexikanische Scammoniumwurzel (syn. Orizabawurzel). Inh.: 12–18 % Harz. *Anw.*: als Laxans sowie zur Gewinnung des Harzes. *2. **Resina Scammoniae*** (syn. *Resina Ipomoeae, Resina Orizabensis*); Scammoniumharz (syn. Orizabaharz). *Inh.*: u. a. Scammonin (Glykosid der Jalapinolsäure). *Anw.*: als Laxans, die Droge ist aber relativ giftig.

■ **Ipomoea purga** (Wender.) Hayne (syn. *Convolvulus jalapa, Convolvulus purga, Exogonium purga, Ipomoea schiedeana*); Echte Jalape (syn. Mexikanische Jalape, Veracruz Jalape).

Fam.: Convolvulaceae.

Vork.: Mittelamerika, v. a. Mexiko, Guatemala, Honduras, Costa Rica, Panama und El Salvador, angebaut in Indien und Südamerika.

Drogen: *1. **Jalapae resina*** (syn. *Resina Jalapae* Vera Cruz); Jalapa (syn. Jalapenharz, Mexikanisches Jalapenharz, Veracruz Japala), das durch ethanolische Extraktion aus den Wurzelknollen gewonnene Harz. *Inh.*: u. a. Convolvulin (ca. 55 %) und Jalapin (ca. 7 %). *Anw.*: als drastisches Laxans bei Obstipation. In der Volksheilkunde auch bei Kolitis, Koliken, Dysenterien, Schmerzen im Darmbereich sowie gegen Rheumatismus eingesetzt. Da die Wirkung der Droge oft von krampfartigen Schmerzen begleitet ist, wird ihre Anwendung heute nicht mehr empfohlen. *Geg.*: Schwangerschaft. *2. **Jalapae tuber*** (syn. *Chelapa, Ipomoea, Ipomoea radix, Jalapae, Jalapae Radix, Mexico-Jalapoe, Radix Jalapae, Radix Rhabarbi nigri, Tubera Jalapae, Vera-Cruz Jalapoe*); Jalapenknollen (syn. Jalapenwurzel, Purgierwurzel, Schwarzer Rhabarber), die knollig verdickten, bei starker Wärme getrockneten Nebenwurzeln; s. Farbtafel S. 312, Bild 187. Die Droge ist giftig! *Inh.*: Harz (5–20 %), Glykoretine, Phytosterole, Fettsäuren, höhere Alkohole, Scopoletin, Ipuranol (Sitosterolglykosid). *Anw.*: früher als drastisches Laxans und Purgativum. Die Droge gilt heute als obsolet.

Hom.: ***Jalapa*** HAB34, die getrocknete Wurzelknolle. *Anw.-Geb.*: Durchfälle und nächtliche Unruhezustände bei Kindern.

Histor.: *Tubera Jalapae* kamen um 1609 nach Europa, nachdem schon vorher ähnliche Drogen aus Mexiko eingeführt waren, wo die Spanier ihren Gebrauch von den Indianern übernahmen. In Deutschland ist die Jalape um 1650 bekannt gewesen und wurde besonders durch die Leipziger Universität verbreitet. Der Gattungsname *Ipomoea* wurde aus dem griechischen *ips, ipos* (Name eines Wurmes) und *homoios* (ähnlich) wegen des sich wurmartig windenden Stammes gebildet. Der Name *Jalape* (Xalapa) ist nach dem mexikanischen Herkunftsort Jalapa benannt.

Ipomoea radix ↗ Ipomoea purga.
Ipomoea schiedeana ↗ Ipomoea purga.
Ipomoea sidaefolia ↗ Turbina corymbosa.
Ipomoea tricolor ↗ Ipomoea violacea.
Ipomoea triquetra ↗ Operculina turpethum.
Ipomoea turpethum ↗ Operculina turpethum.

■ **Ipomoea violacea** L. (syn. *Ipomoea tricolor*); Piule (syn. Tlililtzin), s. Farbtafel S. 312, Bild 188.

Fam.: Convolvulaceae.

Vork.: tropische Gebiete Amerikas.

Droge: ***Ipomoea-violacea-Samen*** (syn. Ololiuqui, Piule), die getrockneten Samen. *Inh.*: Indolalkaloide (0,02–0,05 %, v. a. Lysergsäureamid, Isolysergsäureamid, Ergin, Isoergin, Chanoclavin, Elymoclavin, Ergometrin) und Indolizidinalkaloide (v. a. Ipalbidin und Ipalbin). Anw.: In Südmexiko werden die Samen dieser Pflanze als

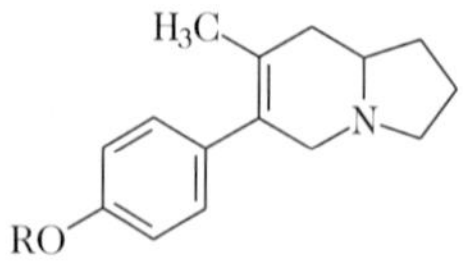

Ipalbidin: R = H
Ipalbin: R = Glc

wichtiges Halluzinogen für die Wahrsagerei und rituelle Handlungen seit Urzeiten genutzt. Dabei wird aus der gepulverten Droge ein Getränk zubereitet, das v. a. die psychoaktiven Indolalkaloide enthält und einen langanhaltenden Rausch erzeugt, verbunden mit Müdigkeit, Apathie, Gefühl der Leere und Unwirklichkeit sowie der völligen Bedeutungslosigkeit der Außenwelt bis hin zu psychotischen Reaktionen. Auch in den USA werden die Samen als Rauschmittel (morning glory seeds) benutzt, dabei bewirken ca. 100–150 g Samen die gleiche Wirkung wie etwa 100 μg LSD.

Iridis rhizoma ↗ Iris florentina, ↗ Iris germanica, ↗ Iris pallida.
Iridis versicoloris rhizoma ↗ Iris versicolor

■ Iridoide
Monoterpene mit einem partiell hydrierten Cyclopenta[c]-pyran-Grundkörper, vollständig hydriert auch als Iridan-Grundkörper bezeichnet. Sie kommen meist als 1-*O*-Monoglucoside oder 1-*O*-Acylderivate vor und sind im Pflanzenreich wie

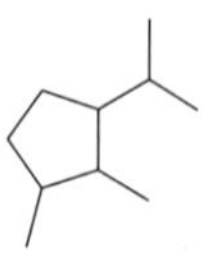

Iridan

auch bei Tieren weit verbreitet. Wirk.: entzündungshemmend, antibiotisch. Die I. besitzen teilweise einen sehr bitteren Geschmack (Secoiridoidglykoside der Gentianaceae).

Irisbutter ↗ Iris germanica.
Iris deflexa ↗ Iris germanica.

■ Iris florentina L.
Schwertlilie.

Fam.: Iridaceae.

Vork.: Mazedonien, Kleinasen; verwildert in Deutschland, Norditalien und Frankreich.

Droge: ***Iridis rhizoma***. Inhaltsstoffe und Anwendung s. ↗ Iris germanica.

Hom.: ***Iris florentina*** HAB34, die frischen unterirdischen Teile der Pflanze. Anw.-Geb.: Migräne, Nervenschmerzen des Gesichts, Ischias, zu Nachbehandlung einer Gürtelrose, Entzündungen der Magenschleimhaut und der Bauchspeicheldrüse.

■ Iris foetidissima L.
(syn. *Gladiolus foetidus*).

Fam.: Iridaceae.

Vork.: westliches Mittelmeergebiet, Westeuropa, Nordafrika. Inh.: Polyphenole (Methoxyzimtsäuren).

Hom.: ***Iris foetidissima*** HAB34, der frische Wurzelstock.

■ Iris germanica L.
(syn. *Iris deflexa, I. violacea, I. vulgaris*); Deutsche Schwertlilie (syn. Blaue Lilie).

Fam.: Iridaceae.

Heim.: Nordindien, Vorderasien, Mittelmeerländer.

Vork.: verwildert in Mitteleuropa, kultiviert im östlichen Mittelmeerraum, Italien, Indien und Marokko.

Drogen: A, ***Iridis rhizoma*** (syn. *Radix Iridis, Rhizoma Iridis*); Veilchenwurzel (syn. Iris-Rhizom, Iris-Wurzel, Kinderwurzel, Schwertelwurz, Zahnwurzel), der geschälte Wurzelstock. Inh.: äther. Öl („Irisbutter“, 0,1–0,2 %, u. a. mit Acetophenon, Acetovanillon, Acetoveratron, Irone als Duftträger), Triterpene (ca. 1 %, v. a. Iridoger-

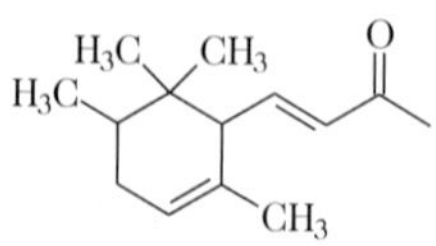

Irone

mal, α-Irigermanal, δ-Iridogermal), Irisxanthon, Magniferin, Piceol, Protocatechusäure, Sinapinsäure, Isoflavonoide (Irilon, Irisolon, Irigenin, Irisolidon, Tectorigenin, Iridin und Derivate), Stärke (Irisin, ca. 20–50 %), Schleim, Harz, Wachs.

<u>Anw.</u>: in der Volksheilkunde bei Erkrankungen der Atemwege wie Asthma, Bronchitis, Husten sowie bei Brechreiz und Ekelgefühl, außerdem bei Blähungen und Kreislaufschwäche. Früher wurde die entrindete und getrocknete Wurzel für zahnende Kinder zum Beißen verwendet. In der Kosmetik und Parfümerie wird das äther. Öl der Droge wegen seines veilchenartigen Geruchs vielfältig eingesetzt. Auch als Zusatz zu Likören (Benediktiner, Danziger Goldwasser, Cordial Medoc) und zum Aromatisieren von Weinen (Chianti) und Tabaken wird Veilchenwurzel verwendet. ***2. Oleum Iridis;*** Veilchenwurzelöl, (syn. Irisöl, Irisbutter), das durch Destillation der Veilchenwurzeln gewonnene Öl. <u>Inh.</u>: Myristinsäure (85 %) und deren Methylester, ca. 12 % Iron, ein Gemisch aus α-, β- und γ-Iron als Hauptduftträger sowie u. a. Iridinsäure, Ölsäure, aromatische und höhere aliphatische Aldehyde und Terpene. <u>Anw.</u>: in der Kosmetikindustrie.

Hom.: ***Iris germanica*** HAB34, die frischen unterirdischen Teile der Pflanze. <u>Anw.-Geb.</u>: Migräne, Magenbeschwerden, Erkrankungen der Bauchspeicheldrüse.

Histor.: Die Droge wurde wegen ihres Wohlgeruchs bereits in der Antike geschätzt. In besonderem Ansehen stand die illyrische Iris, die von Theophrast und Plinius gerühmt wurde. Die Verbreitung in Europa geht wohl auf ↗ Capitulare de villis zurück, welches sie als Gladiolus aufführt. Die Iris-Arten wurden ursprünglich als Zierpflanze eingeführt, sind jedoch schnell in Burg- und Klostergärten verwildert. Die schöne Irisblüte spielt auf Gemälden und Skulpturen des Altertums und Mittelalters eine wichtige Rolle.

Iris longifolia ↗ Iris pseudoacorus.
Iris lutea ↗ Iris pseudoacorus.
Iris minor ↗ Iris tenax.

■ **Iris pallida** Lam.
(syn. *Iris glauca, Iris odoratissima, Iris pallidocaerulea*); Blasse Schwertlilie.

Fam.: Iridaceae.

Vork.: Istrien, Dalmatien, Italien.

Droge: ***Iridis rhizoma***. Inhaltsstoffe und Anwendung s. ↗ Iris germanica.

Iris pallustris ↗ Iris pseudoacorus.

■ **Iris pseudoacorus** L.
(syn. *Iris longifolia, I. lutea, I. pallustris, Xiphium pseudoacorus*); Sumpf-Schwertlilie (syn. Falscher Kalmus, Gelbe Schwertlilie, Wasserschwertlilie), s. Farbtafel S. 312, Bild 189.

Fam.: Iridaceae.

Vork.: Europa, Kaukasus, Vorderasien, Nordafrika. <u>Inh.</u>: in den Blüten Violaxanthin; in den Blättern Magniferin und Scharfstoffe; in den Samen Irischinon und fettes Öl. Die Droge ist giftig!

Hom.: ***Iris pseudoacorus***, die frischen unterirdischen Teile.

■ **Iris tenax** Dougl.
(syn. *Iris minor*).

Fam.: Iridaceae.

Vork.: Nordamerika.

Hom.: ***Iris tenax*** HAB1, die frischen unterirdischen Teile. <u>Anw.-Geb.</u>: Verwachsungsbeschwerden nach Blinddarmentzündungen.

■ **Iris versicolor** L.
(syn. *Iris virginica*); Amerikanische Schwertlilie (syn. Buntfarbige Schwertlilie, Verschiedenfarbige Schwertlilie).

Fam.:. Iridaceae.

Vork.: Nordamerika, Kanada, in Europa teilweise kultiviert.

Droge: ***Iridis versicoloris rhizoma***; das von Wurzeln und Blättern befreite, getrocknete Rhizom. <u>Inh.</u>: Iriversical (C-31-Triterpen, 0,2 %), Fructane (7 %), Saccharose (ca. 2 %), wenig äther. Öl, Harz, Gerbstoffe, α-Phytosterol, Spuren von Salicylsäure. <u>Anw.</u>: in der Volksheilkunde bei entzündlichen Gallenerkrankungen mit Verstopfung und Leberfunktionsstörungen, bei Schwangerschaftserbrechen.

Hom.: ***Iris versicolor*** HAB1; Buntfarbige Schwertlilie, die frischen unterirdischen Teile. <u>Anw.-Geb.</u>: Migräne, Neuralgien des Gesichts, Ischiasneuralgie, nach Gürtelrosenerkrankungen, Entzündungen der Magenschleimhaut und der Bauchspeicheldrüse.

Histor.: Der Gattungsname ist griechischer Herkunft (*iris* = Regenbogen) und existierte als solcher bereits im hippokratischen Zeitalter. Er weist auf die Farbenpracht hin, die dieBlüten der Schwertlilien aufweisen. Der Artname *versicolor* (lat.) bedeutet buntfarbig, schillernd. Die Droge war in Nordamerika, vor allem bei den Indianern, ein altbekanntes Mittel, bes. bei Wassersucht.

Iris violacea ↗ Iris germanica.
Iris virginica ↗ Iris versicolor.
Iris vulgaris ↗ Iris germanica.
Iris-Wurzel ↗ Iris germanica.
Irländische Alge ↗ Gigartina stellata, ↗ Carrageen.

■ **Irvingia gabonensis** Baill.
Fam.: Simaroubaceae.
Vork.: tropisches Westafrika, bes. Gabun, Sierra Leone.
Droge: ***Dikafett*** (syn. Dikabutter), das Fett der reifen Samen. *Inh.:* Triglyceride der Laurin-, Myristin- und Ölsäure. *Anw.:* Speisefett, zur Herstellung von Kerzen und Seife. Die nahrhaften Samen enthalten viele Proteine und werden häufig gegessen.

■ **Isatis tinctoria** L.
Färberwaid (syn. Waid).
Fam.: Brassicaceae. (Cruciferae).
Vork.: Mittel- und Südeuropa, Vorderasien). *Inh.:* Pflanze enthält u. a. Indican, ein Indoxylglykosid, aus dessen Aglykon Indigo gewonnen werden kann. *Anw.:* früher als Farbstoffpflanze kultiviert.

Isis nobilis ↗ Corallium rubrum.
Isjubrhirsch ↗ Cervus asiaticus.
Isländische Flechte ↗ Cetraria islandica.
Isländisches Moos ↗ Cetraria islandica.
Islanditoxin ↗ Mykotoxine.
Isolichenin ↗ Cetraria islandica.
Isonandra gutta ↗ Palaquium gutta.
Isop ↗ Hyssopus officinalis.
Isopelletierin ↗ Punica granatum.

■ **Isoptera borneensis**.
Fam.: Dipterocarpaceae.
Vork.: Indonesien.
Droge: ***Borneotalg*** (syn. Teglamfett), das Fett der reifen Samen. *Inh.:* Triglyceride der Öl- und anderer, gesättigter Fettsäuren mit variabler Zusammensetzung. *Anw.:* wertvolles Speisefett; zur Herstellung von Seife und Kerzen sowie als Brennöl.

Isovaleriansäure ↗ Valeriana-Arten.
Ispaghulasamen ↗ Plantago-Arten.
Ispaghula-Samenschalen ↗ Plantago-Arten.
Ispenkraut ↗ Hyssopus officinalis.
Italienische Mispel ↗ Crataegus-Arten.
Italienischer Kümmel ↗ Cuminum cyminum.
Italienische Sennespflanze ↗ Cassia-Arten.
Ithyphallus impudicus ↗ Phallus impudicus.
Iuniperi fructus ↗ Juniperus communis.
Ivablüten ↗ Achillea-Arten
Ivae moschatae herba ↗ Achillea-Arten.
Ivarancusawurzel ↗ Vetiveria zizanioides.
Ivenblätter ↗ Hedera helix.

■ **Ixora chinensis** Lamk.
(syn. *Ixora stricta*).
Fam.: Rubiaceae.
Vork.: Indien bis Südchina, Brasilien, auch kultiviert.
Droge: die Blätter, Blüten und Wurzeln. *Inh.:* β-Sitosterol, Stigmasterol, Lupeol, Betulin. *Anw.:* in der chinesischen Volksheilkunde dienen die Blätter als schmerzstillendes, auflösendes Mittel bei Abszessen, Quetschungen, Wunden sowie zur Behandlung von Rheuma. In Indochina werden Blätter und Blüten bei Kopfschmerzen und als Stomachikum, die Wurzeln in der Geburtentherapie eingesetzt.

■ **Ixora coccinea** L.
(syn. *Ixora grandiflora, Pavetta coccinea*).
Fam.: Rubiaceae.
Vork.: Indien, Sri Lanka, Brasilien, Indochina, auch kultiviert.
Droge: die Wurzeln. *Inh.:*Mannitol, Myristicinsäure, Gerbstoffe, äther. Öl. *Anw.:* in der asiatischen Volksheilkunde als Adstringens, bei Harnleiden sowie als Sedativum.

Ixora grandiflora ↗ Ixora coccinea.
Ixora paniculata ↗ Pavetta indica.
Ixora pavetta ↗ Pavetta indica.
Ixora stricta ↗ Ixora chinensis.

J

Jaborandiblätter ↗ Pilocarpus-Arten.
Jaborandi folium ↗ Pilocarpus-Arten.
Jacarandabaum ↗ Jacaranda procera.
Jacaranda caroba ↗ Jacaranda procera.

■ **Jacaranda procera** Spreng.
(syn. *Bignonia caroba, Bignonia procera, Jacaranda caroba*); Jacarandabaum (syn. Caroba).
Fam.: Bignoniaceae.
Vork.: Brasilien.
Droge: ***Carobae folium*** (syn. *Folia Caraibae, Folia Carobae, Folia Jacarandae*); Jacarandablätter (syn. Karaibablätter, Karobablätter, Karobenblätter), die getrockneten Laubblätter. Inh.: Alkaloide, u. a. Carobin, Harz, Bitterstoffe. Anw.: volkstümlich u. a. als Diuretikum.
Hom.: ***Jacaranda caroba*** HAB34, die getrockneten Blätter. Anw.-Geb.: Harnröhren- und Vorhautentzündung, rheumatische Beschwerden.

Jackbohne ↗ Canavalia ensiformis.
Jacobaea vulgaris ↗ Senecio-Arten.
Jägerbrotwurzel ↗ Carlina acaulis.
Jägerdistel ↗ Carlina acaulis.
Jageteufel ↗ Hypericum perforatum.
Jaguarandiblätter ↗ Pilocarpus-Arten.
Jahrhundertpflanze ↗ Agava americana.
Jakobskraut ↗ Senecio-Arten.
Jakobskreuzkraut ↗ Senecio-Arten.
Jakobsleiter ↗ Polemonium caeruleum.
Jalapae radix ↗ Ipomoea purga.
Jalapae resina ↗ Ipomoea purga.
Jalapae tuber ↗ Ipomoea purga.
Jalapenharz ↗ Ipomoea purga.
Jalapenknollen ↗ Ipomoea purga.
Jalapenwurzel ↗ Ipomoea purga.
Jamaica-Pfeffer ↗ Pimenta-Arten.
Jamaica-Wurmrinde ↗ Andira-Arten.
Jamaika-Arrowroot ↗ Maranta arundinacea.
Jamaika-Bitterholz ↗ Quassia amara.
Jamaika-Bitterholzbaum ↗ Picrasma excelsa.
Jamaika-Quassiabaum ↗ Picrasma excelsa.
Jamaika-Wurmrinde ↗ Andira-Arten.
Jambolanapflaume ↗ Syzygium-Arten.
Jambosa caryophyllus ↗ Syzygium-Arten.
Jambosa vulgaris ↗ Syzygium-Arten.
Jambul ↗ Syzygium-Arten.
Jambulbaum ↗ Syzygium-Arten.
Jambulsamen ↗ Syzygium-Arten.
Janipha manihot ↗ Manihot esculenta.
Japan-Agar ↗ Gelidium-Arten.
Japanische Bohne ↗ Glycine max.
Japanische Gallen ↗ Gallen.
Japanische Gelatine ↗ Gelidium-Arten.
Japanische Goldorange ↗ Aucuba japonica.
Japanische Hausenblase ↗ Gelidium-Arten.
Japanische Minze ↗ Mentha-Arten.
Japanische Mispel ↗ Eriobothrya japonica.
Japanische Orange ↗ Fortunella japonica.
Japanische Pfefferminze ↗ Mentha-Arten.
Japanischer Fischleim ↗ Gelidium-Arten.
Japanischer Lackbaum ↗ Rhus-Arten.
Japanischer Pagodenbaum ↗ Sophora japonica.
Japanischer Pfeffer ↗ Zanthoxylum-Arten.
Japanischer Schnurbaum ↗ Sophora japonica.
Japanischer Sternanis ↗ Illicium anisatum.
Japanisches Pfefferminzöl ↗ Mentha-Arten.
Japanzimt ↗ Cinnamomum-Arten.
Jasminoides flaccida ↗ Lycium barbarum.
Jasminöl ↗ Jasminum grandiflorum.
Jasminum arabicum laurifolia ↗ Coffea-Arten.

■ **Jasminum grandiflorum** L.
(syn. *Jasminum officinale*); Jasmin.
Fam.: Oleaceae.
Heim.: Indien, in Mittelmeergebieten kultiviert, bes. Südfrankreich.
Droge: ***Oleum Jasmini***; Jasminöl, das äther. Öl der Knospen. Inh.: u. a. Benzylacetat (ca. 65 %), Linalool (ca. 15 %), Linalylacetat (ca. 7,5 %), Benzylalkohol (ca. 6 %), Indol (ca. 3 %) und Anthranilsäuremethylester (ca. 0,5 %). Anw.: industriell als Duftstoff in der Parfümerie.

Jasminum officinale ↗ Jasminum grandiflorum.
Jasmon ↗ Mentha-Arten.
Jateorhiza columba ↗ Jateorhiza palmata.
Jateorhiza miersii ↗ Jateorhiza palmata.

■ **Jateorhiza palmata** (Lam.) Miers
(syn. *Chasmanthera columba, C. palmata, Cocculus palmatus, Jateorhiza columba, J. miersii, Jateorrhiza columba, Jatrorrhiza palmata, Menispermum columba, M. palmatum*); Calumba.

Fam.: Menispermaceae.

Vork.: Madagaskar und ostafrikanische Küstenländer.

Droge: ***Colombo radix*** (syn. *Radix Calumbae, Radix Colombo*); Colombowurzel (syn. Kalumbaewurzel, Kolombowurzel), die in frischem Zustand in Querscheiben zerschnittenen und getrockneten, verdickten Teile der Wurzel; s. Farbtafel S. 312, Bild 190. Inh.: Alkaloide vom Protoberberin-Typ (0,95–1,2 %), mit Palmatin als Hauptalkaloid sowie u. a. Jatrorrhizin und Columbamin; außerdem Diterpenbitterstoffe, u. a. Columbin, ein Diterpenlacton, sowie die Hydronaphthalin-Derivate Palmarin und Chasmanthin, ferner Schleimstoffe und Spuren von äther. Öl. Anw.: früher bei Verdauungsstörungen mit Durchfall sowie dyspeptischen Beschwerden.

Hom.: ***Jateorhiza palmata*** HAB1; Kolombo, die getrockneten Wurzeln.

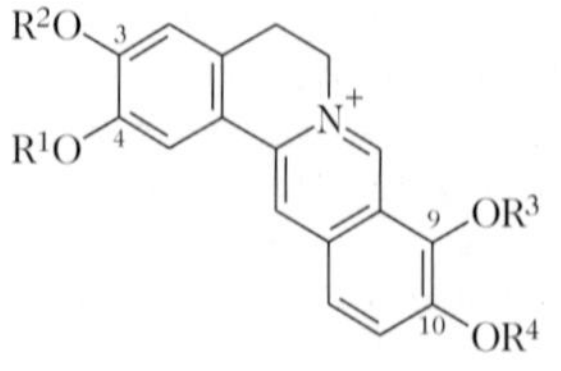

	R¹	R²	R³	R⁴
Columbamin	H	CH_3	CH_3	CH_3
Jatrorrhizin	CH_3	H	CH_3	CH_3
Palmatin	CH_3	CH_3	CH_3	CH_3

Jateorrhiza calumba ↗ Jateorhiza palmata.
Jatropha acerifolia ↗ Jatropha curcas.

■ Jatropha curcas L.

(syn. *Castiglionia lobata, Cnidosculus urens, Curcas indica, C. purgans, Jatropha acerifolia, J. urens*); Purgierstrauch (syn. Schwarze Brechnuß).

Fam.: Euphorbiaceae.

Vork.: Mexiko, Mittel- und Südamerika, Karibik, Indien, auch kultiviert in Afrika, Australien und den Philippinen.

Drogen: ***1. Jatropha-curcas-Samen*** (syn. *Nux cathartica americana, Semen Jatrophae, Semen Jatrophae curcadis, Semen Ricini majoris*); Curcasnuß (syn. Curcassamen, Purgiernuß, Purgierstrauchsamen, Schwarze Brechnuß), die ganzen, reifen Samen. *Inh.:* fettes Öl (25–53 %, enthält u. a. Linolsäure, Ölsäure, Palmitinsäure, Stearinsäure, Linolensäure, Arachidonsäure), Proteine (18–20 %, u. a. Lectine wie Curcin I und II sowie ein Hämagglutinin), Kohlenhydrate, Diterpenester, β-Sitosterol-β-D-glucosid, Dulcitol. *Anw.:* in der Volksheilkunde früher weitverbreitet als drastisches Abführmittel genutzt. Auch bei Hauterkrankungen und Wurmbefall sowie zur Auslösung eines Aborts wurde die Droge verwendet. Wegen der toxikologischen Risiken ist von einem Gebrauch abzuraten. Die gerösteten Samen werden in Mexiko als Bestandteil von Gewürzmischungen verwendet. ***2. Oleum Jatrophae*** (syn. *Oleum infernale, Oleum Ricini majoris, Oleum Vicini majoris*); *Jatropha-curcas*-Samenöl (syn. Curcasöl, Jatrophaöl, Purgiernußöl), das fette Öl der Samen. Die Droge ist toxisch! *Inh.:* Triglyceride mit Fettsäureanteilen an: Linol-, Öl-, Palmitin-, Stearin-, Linolen- und Arachidonsäure sowie Phytosterole, v. a. β-Sitosterol, Diterpenester (Phorbolderivate) und Curcin (Proteine). *Anw.:* in der Volksheilkunde als drastisches Abführmittel, zur Behandlung von Hauterkrankungen (Krätze, Ekzeme, Herpes), als Einreibemittel bei Rheuma. Aufgrund der tumorpromovierenden Aktivität der Diterpene ist vom Gebrauch der Droge abzuraten.

Hom.: ***Jatropha curcas*** HAB34, die reifen Samen. *Anw.-Geb.:* akuter Durchfall.

■ Jatropha gossypifolia L.

(syn. *Jatropha staphysagrifolia*); Bauchwehbusch.

Fam.: Euphorbiaceae.

Vork.: in Südmexiko beheimatet, heute in allen tropischen und subtropischen Regionen anzutreffen.

Droge: ***Jatropha-gossypifolia-Samen***; der ganze, reife Samen. *Inh.:* fettes Öl, Diterpenester (Phorbolderivate), freie Fettsäuren, β-Sitosterol, ein Lectin. *Anw.:* in der Volksheilkunde als Laxans und Brechmittel. Aufgrund der tumorpromovierenden Aktivität der Diterpene ist vom Gebrauch der Droge abzuraten.

Hom.: ***Jatropha gossypifolia*** HAB34, die reifen Samen.

Jatropha janipha ↗ Manihot esculenta.
Jatropha manihot ↗ Manihot esculenta.
Jatrophaöl ↗ Jatropha curcas.
Jatropha staphysagrifolia ↗ Jatropha gossypifolia.
Jatropha urens ↗ Jatropha curcas.

Jatrorrhiza palmata ↗ Jateorhiza palmata.
Java-Cassie ↗ Cinnamomum-Arten.
Java-Kardamomen ↗ Amomum-Arten.
Javanische Gelbwurz ↗ Curcuma-Arten.
Javanische Kurkumawurzel ↗ Curcuma-Arten.
Javanischer Nierentee ↗ Orthosiphon aristatus.
Javatee ↗ Orthosiphon aristatus.
Java-Zimt ↗ Cinnamomum-Arten.
Jecoris Oleum ↗ Gadus morrhua.
Jelafrüchte ↗ Randia braudis.
Jelängerjelieber ↗ Lonicera caprifolium, ↗ Tropaeolum majus.
Jelutong ↗ Dyera costulata.
Jerusalem-Artischocke ↗ Helianthus tuberosus.
Jesuhändchen ↗ Orchis-Arten.
Jesuitenbalsam ↗ Copaifera-Arten.
Jesuitentee ↗ Chenopodium ambrosioides, ↗ Ilex paraguariensis.
Jesus-Blümchen ↗ Viola-Arten.
Joannesiafrüchte ↗ Joannesia princeps.
Joannesiaöl ↗ Joannesia princeps.

■ **Joannesia princeps** Vell.
Fam.: Euphorbiaceae.
Vork.: Brasilien.
Droge: ***1. Fructus joannesiae***; Joannesiafrüchte, die reifen Früchte. *Inh.:* Zucker. *Anw.:* in der brasilianischen Volksheilkunde als Diuretikum, bei Leberleiden und Gelbsucht. Die Samen dienen als Laxans. ***2. Oleum Joannesiae***; Joannesiaöl, das fette Öl der reifen Samen. *Inh.:* Triglyceride aus ungesättigten Fettsäuren. *Anw.:* in der Veterinärmedizin als Laxans, technisch zur Herstellung von Seifen und Firnissen.

Joghurt ↗ Lactobacillus bulgaricus.
Johannisblume ↗ Arnica-Arten.
Johannisblut ↗ Hypericum perforatum.
Johannisbrotbaum ↗ Ceratonia siliqua.
Johannisbrotkernmehl ↗ Ceratonia siliqua.
Johannishände ↗ Orchis-Arten.
Johannishaupt ↗ Arum maculatum, ↗ Artemisia vulgaris.
Johanniskraut ↗ Artemisia vulgaris, ↗ Hypericum perforatum.
Johanniskrautöl ↗ Hypericum perforatum.
Johanniswedel ↗ Filipendula ulmaria.
Johanniswurz ↗ Dryopteris filix-mas.
Jojobaöl ↗ Simmondsia chinensis.
Jojobawachs ↗ Simmondsia chinensis.
Jonesia asoca ↗ Saraca indica.

■ **Josamycin**
(syn. Leukomycin A_3) zur Gruppe der Makrolidantibiotika (kleines Makrolid) gehörendes Glykosid, das das gleiche Aglykon wie ↗ Spiramycin enthält und oral wirksam ist. Gebildet wird es von *Streptomyces narbonensis* var. *jasomyceticus* und var. *nova*. *Anw.:* Breitbandantibiotikum bei Infektionen mit Staphylokokken, Chlamydien oder Mykoplasmen, Verwendung in gleicher Weise wie ↗ Erythromycin (Formel s. unten).

Josefskraut ↗ Hyssopus officinalis.
Jowitt ↗ Cymbopogon-Arten.
Juchtenöl ↗ Betula-Arten.
Juckbohne ↗ Mucuna pruriens.
Juckfasel ↗ Mucuna pruriens.
Judasbaum ↗ Cercis siliquastrum.
Judasohren ↗ Auricularia auricula-judae.
Judenbrot ↗ Fraxinus-Arten.
Judenkernlein ↗ Atropa bella-donna.
Judenkest ↗ Aesculus hippocastanum.
Judenkirsche ↗ Atropa bella-donna, ↗ Physalis alkekengi.
Juglandis folium ↗ Juglans regia.
Juglans alba ↗ Carya ovata.

■ **Juglans cinerea** L.
Butternußbaum (syn. Graue Walnuß).

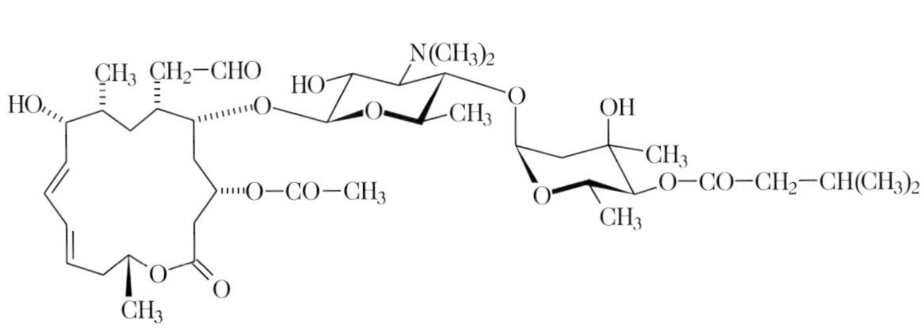

Josamycin

Fam.: Juglandaceae.
Vork.: Nordamerika.
Droge: ***Cortex Juglandis cinereae***; Butternußrinde, die innere Wurzelrinde. Inh.: Naphthochinonderivate, u. a. Juglon, Tannine, äther. Öl. Anw.: volkstümlich bei Galle- und Leberleiden sowie als Laxans.
Hom.: ***Juglans cinerea*** HAB34, Graue Walnuß, die im Mai und Juni gesammelte frische, innere Rinde der Äste, des Stammes oder der Wurzeln. Anw.-Geb.: Hauterkrankungen mit Leberleiden, Kopfschmerzen.

Juglans compressa ↗ Carya ovata.

■ **Juglans regia** L.
Walnußbaum.
Fam.: Juglandaceae.
Heim.: Kleinasien, kultiviert in Mitteleuropa, Nordafrika, Nordamerika.
Drogen: ***1. Juglandis folium*** (syn. *Folia Juglandis*); Walnußblätter (syn. Nußblätter, Nußbaumblätter), die getrockneten Laubblätter. Inh.: Gerbstoffe (ca. 10 %, Typ: Ellagitannine), Naphthochinonderivate, u. a. Juglon und Hydrojuglonglucosid, Flavonoide (ca.3,4 %), u. a. Hy-

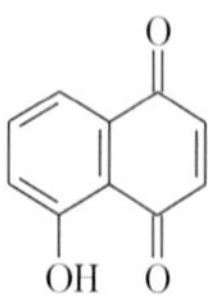

Juglon

perosid und Quercitrin sowie Kämpferolglykoside, Kaffeesäurederivate, äther. Öl (ca. 0,01–0,03 %) mit Germacren D als Hauptkomponente sowie Ascorbinsäure (0,85–1 %). Anw.: äußerlich als Adstringens für Bäder, Spülungen und als Umschläge bei Hautleiden, u. a. Akne, Ekzeme, Scrophulose sowie bei übermäßiger Schweißabsonderung. Volkstümlich zudem als Magentee sowie bei Darmkatarrhen. ***2. Cortex Juglandis nucum*** (syn. *Cortex Juglandis fructus*); Grüne Walnußschalen, die frischen Fruchtschalen. Inh.: α- und β-Hydrojuglon (Glykoside), Gerbstoffe, Vitamin C. Anw.: Adstringens, als schweißhemmendes Mittel, zu Bädern und Umschlägen. Auch in der Veterinärmedizin, zur Likörherstellung und als Haarfärbemittel wird die Droge verwendet. ***3. Nuces Juglandis***; Walnüsse (syn. Welschnüsse), die reifen Samenkerne. Inh.: fettes Öl (ca. 40–60 %), Lipide. Anw.: Nahrungs- und Genußmittel, in der Süßwarenindustrie oft als Mandelersatz. ***4. Oleum Juglandis***; Nußöl, das aus den Kernen kaltgepreßte, fette Öl. Inh.: Triglyceride der Linol-, Linolen-, Myristin- und Laurinsäure. Anw.: als Speiseöl und in der Kosmetik, technisch zur Gewinnung von Farben und Firnissen. ***5. Oleum Juglandis nucum infusum***; Walnußschalenöl, ein mit Oleum Arachidis (↗ Arachis hypogaea) in der Wärme hergestellter Auszug aus Walnußschalen. Anw.: in der Kosmetik.
Hom.: ***Juglans regia*** HAB1, die frischen Blätter und die frischen grünen Fruchtschalen zu gleichen Teilen. Anw.-Geb.: eitrige Hautausschläge, Lymphknotenentzündungen, Leberstörungen, Kopfschmerzen, Erkrankungen des Zentralnervensystems.
Histor.: Der Gattungsname *Juglans* setzt sich zusammen aus jóvis, dem Genitiv von Jupiter, und *glans* (Eichel) und bedeutet somit Jupiters Eichel, „Jupiternuß". Der Name entspricht der lateinischen Übersetzung aus dem griechischen *Diós bálanos*. Die Bezeichnung erklärt sich daraus, daß die alten Römer die Nüsse, die frisch einer Eichel ähneln, für eine Götterspeise hielten. Dabei ist das Wort Nuß nicht dem lateinischen *nux* entlehnt, sondern echt germanisch. Der Name Walnuß, entstanden aus Walchnuß, bedeutet „welsche Nuß". Als Arzneidroge wurden die Walnüsse bereits von ↗ Dioskurides beschrieben und u. a. auch in einer Kombination gegen Pfeilgifte genutzt. Die grünen Nußschalen kamen auch als Haarfärbemittel zum Einsatz.

Juglon ↗ Juglans regia.
Jujube ↗ Ziziphus jujuba.
Jumella fragrans ↗ Angraecum fragrans.

■ **Juncus effusus** L.
(syn. *Juncus communis*); Flatterbinse.
Fam.: Juncaceae.
Vork.: Kosmopolit.
Droge: ***Radix junci***; die Wurzel. Inh.: Kieselsäure, Gerbstoffe. Anw.: früher als mildes Diuretikum eingesetzt.
Hom.: ***Juncus effusus*** HAB, der frische Wurzelstock mit anhängenden Wurzeln. Anw.-Geb.: Nierensteinleiden.

Juncus nemorosus ↗ Luzula pilosa.

Juncus pilosus ↗ Luzula pilosa.
Juncus vernalis ↗ Luzula pilosa.
Junger Fustik ↗ Cotinus coggygria.
Jungfer-im-Grünen ↗ Nigella damascena.
Jungfernkraut ↗ Artemisia vulgaris, ↗ Chrysanthemum-Arten.
Juniperi aetheroleum ↗ Juniperus communis.
Juniperi fructus ↗ Juniperus communis.
Juniperi lignum ↗ Juniperus communis.
Juniperi pix ↗ Juniperus oxycedrus.

■ **Juniperus communis** L.
Wacholder (syn. Machandel, Kranewitt).

Fam.: Cupressaceae.

Vork.: Europa, in drei Unterarten: *ssp. alpina, ssp. communis* und *ssp. hemisphaerica*.

Drogen: ***1. Juniperi aetheroleum*** (syn. *Aetheroleum Juniperi, Oleum Iuniperi, Oleum Juniperi, Oleum Juniperi baccarum*); Wacholderbeeröl (syn. Ätherisches Wacholderöl, Wacholderöl), das aus den reifen Beerenzapfen durch Wasserdampfdestillation gewonnene äther. Öl. Inh.: Hauptkomponenten sind Monoterpenkohlenwasserstoffe, bes. α-Pinen, β-Myrcen, Limonen und Sabinen. Geringere Anteile bestehen aus Sesquiterpenkohlenwasserstoffen und oxidierten Monoterpenen, insbes. Terpinen-4-ol. Anw.: Bestandteil einiger Fertigarzneimittel, meist in Kapselform, die bei dyspeptischen Beschwerden und als mildes Diuretikum genutzt werden. Äußerlich als Badezusatz oder in Einreibungen zur Hyperämisierung bei Erkrankungen des rheumatischen Formenkreises. ***2. Juniperi fructus*** (syn. *Baccae Juniperi, Drupae Juniperi, Fructus Juniperi, Galbuli Juniperi, Iuniperi fructus, Pseudofructus iuniperi*); Wacholderbeeren (syn. Kaddigbeeren), die reifen, getrockneten Beerenzapfen. Inh.: äther. Öl (0,8 bis 2 %, s. *Juniperi aetheroleum*), Gerbstoffe vom Catechintyp, Invertzukker (ca.30 %) und geringe Mengen an Flavonoiden. Anw.: in Teemischungen, die bei dyspeptischen Beschwerden genutzt werden. Infolge Reizung des Nierenepithels ist die frühere Anwendung als Diuretikum nicht mehr vertretbar, da eine Nierenschädigung bei längerem Gebrauch nicht ausgeschlossen werden kann. Geg.: bei Nierenentzündungen sowie in der Schwangerschaft sind Wacholderzubereitungen zu vermeiden. ***3. Juniperi lignum*** (syn. *Lignum Juniperi*); Wacholderholz, das getrocknete Ast-, Stamm- und Wurzelholz. Inh.: äther. Öl (ca 0,1 %) mit Thujopsen als Hauptkomponente sowie Diterpene, u. a. Sugiol und Xanthoperol. Anw.: in der Volksheilkunde bei unzureichender Harnausscheidung, ferner als schweißtreibendes Mittel.

Hom.: ***1. Juniperus communis*** HAB1; Wacholder, die frischen, reifen Samenzapfen. Anw.-Geb.: Erkrankungen des Magen-Darm-Traktes sowie der Nieren und ableitenden Harnwege. ***2. Juniperus communis fructibus siccatis***; die reifen, getrockneten Beerenzapfen. Anw.-Geb.: anthroposophische Therapierichtung.

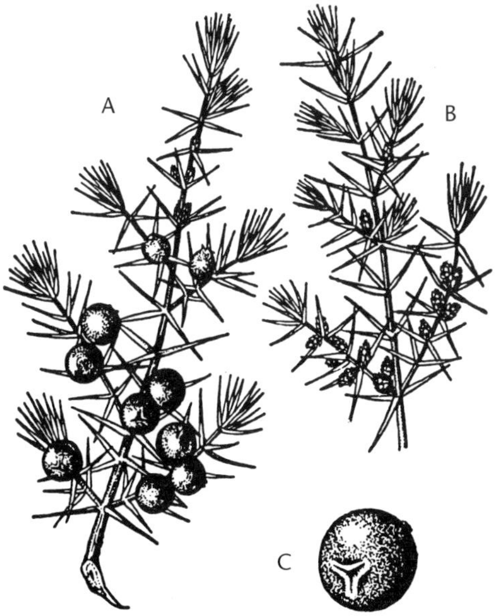

Juniperus communis, Sproß einer Pflanze ♀ (A), Sproß einer Pflanze ♂ (B), 1- bis 2jähriger Beerenzapfen (C).

Histor.: Der Gattungsname soll sich aus dem lateinischen *junior* (der Jüngere) und *pario* (erscheine) ableiten, bezugnehmend darauf, daß die jüngeren Früchte bereits erscheinen, während die alten schwarzen noch am Strauch hängen; *communis* = gewöhnlich. Der Name Wacholder geht auf das althochdeutsche „wechelder, wechalter" zurück und ist mit „lebensfrischer", d. h. immergrüner Strauch oder Baum übersetzbar. Während bei den antiken Schriftstellern der Gemeine Wacholder im Gegensatz zu anderen *Juniperus*-Arten keine Erwähnung fand, stand dieser bereits bei den Germanen in hohem Ansehen. Im Mittelalter galt er als Vorbeugungsmittel gegen

Pest, zudem empfahlen ihn die Kräuterbücher des 16. und 17. Jh. als harntreibendes, verdauungsförderndes und magenstärkendes Mittel.

Juniperus macrocarpa ↗ Juniperus oxycedrus.

■ **Juniperus oxycedrus** L.
(syn. *Juniperus rurescens, J. macrocarpa, J. umbilicata*); Baumwacholder (syn. Spanische Zeder).
Fam.: Cupressaceae. Strauch oder bis 14 m hoher Baum.
Heim.: Mittelmeerländer.
Droge: ***Juniperi pix*** (syn. *Oleum cadi, Oleum cadinum, Oleum Juniperi empyreumaticum, Oleum Cedri oxycedri, Pix Cadi, Pix Juniperi, Pix Juniperi liquida, Pix Oxycedri, Pyroleum Juniperi, Pyroleum Oxycedri*); Kadeöl (syn. *Juniperus-oxycedrus*-Holzteer, Kaddigöl, Kranewittöl, Spanisch-Cedernöl, Takusöl, Wacholderholzteer, Wacholderteer), der durch trockene Destillation aus dem Holz und den Zweigen gewonnene Teer. Inh.: Mischung von äther. Ölen mit pyrogen veränderten genuinen Bestandteilen des äther. Öles. *Anw*: volkstümlich bei chronischen Hautleiden, Seborrhoe, Bestandteil entsprechender Badezusätze.

Juniperus rurescens ↗ Juniperus oxycedrus.

■ **Juniperus sabina** L.
(syn. *Sabina officinalis*); Sadebaum (syn. Sebenbaum, Sevibaum, Stinkwacholder).
Fam.: Cupressaceae.
Heim.: Gebirgsregionen Südeuropas.
Drogen: ***1. Sabinae aetheroleum*** (syn. *Aetheroleum Sabinae, Oleum Sabinae*); Sadebaumöl, das äther. Öl aus den beblätterten Zweigen. Inh.: Hauptkomponenten sind Sabinylacetat und Sabinen, außerdem liegen u. a. β-Myrcen, Terpinen-

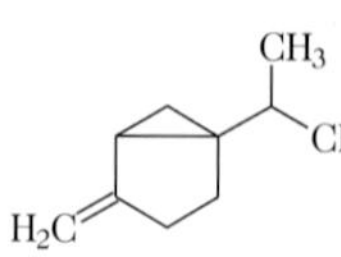

Sabinen

4-ol, α-Pinen, Limonen und β-Thujon vor. Anw.: früher in der Volksheilkunde bei Menstruationsstörungen, mißbräuchlich als Abortivum sowie gelegentlich äußerlich als intensives Hautreizmittel. Geg.: Wegen der hohen Toxizität ist vor einer innerlichen Anwendung zu warnen. ***2. Sabinae summitates*** (syn. *Cacumina Sabinae, Folia Sabinae, Frondes Sabinae, Herba Sabinae, Ramuli Sabinae, Sabinae cacumina, Sabinae herba, Sabinae ramuli, Summitates Sabinae, Turiones Sabinae*); Sadebaumkraut (syn. Sabinakraut, Sabinerkraut, Sadebaumspitzen, Sebenstrauchkraut, Sevenkraut, Sevikraut), die getrockneten, jüngsten Zweigspitzen. Inh.: äther. Öl (2–3 %, s. *Sabinae aetheroleum*), ferner Lignanderivate, u. a. Savinin und Podophyllotoxin. Anw.: Früher bei Menstruationsstörungen, in Salbenform zur Behandlung von Feigwarzen sowie mißbräuchlich als Abortivum.
Hom.: ***Juniperus sabina*** HAB1; Sadebaum, die frischen, noch unverholzten Zweigspitzen mit den Blättern. Anw.-Geb.: Erkrankungen der weiblichen Geschlechtsorgane, der Nieren und ableitenden Harnwege sowie des Stütz- und Bewegungsapparates, z. B. Gebärmutterblutung, Entzündung der Harn-und Geschlechtsorgane, Rheumatismus und Warzen.

Juniperus umbilicata ↗ Juniperus oxycedrus.

■ **Juniperus virginiana** L.
Virginischer Wacholder (syn. Rote Zeder, Virginische Zeder).
Fam.: Cupressaceae.
Vork.: atlantisches Nordamerika.
Drogen: ***1. Lignum Cedri***; Zedernholz, das getrocknete Holz. Inh.: äther. Öl (s. *Oleum Ligni Cedri*). Anw.: volkstümlich zu Räucherzwecken. ***2. Oleum Ligni Cedri*** (syn. *Juniperus-virginiana*-Holzöl); Cedernholzöl (syn. Zedernholzöl), das äther. Öl aus dem Holz. Inh.: Hauptkomponenten sind Sesquiterpene mit α- und β-Cedren, Cedrol, Cuparen, Thujopsen und Widdrol. Außer-

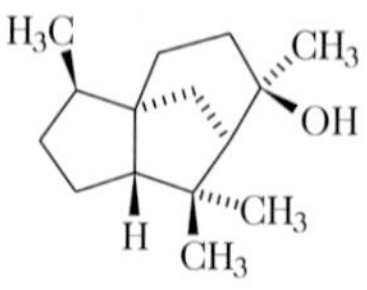

Cedrol

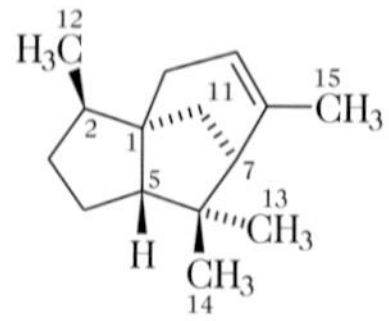

α-Cedren

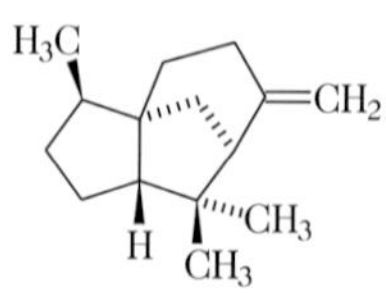

β-Cedren

dem liegen Monoterpene, u. a. α-Pinen, α-Terpineol, β-Thujon, Limonen sowie Anisaldehyd und Eugenol vor. Anw.: Früher bei Menstruationsstörungen und Gonorrhoe. Heute noch Grundlage für Insektenvertreibungsmittel sowie zum Parfümieren von kosmetischen Erzeugnissen.

Hom.: ***Juniperus virginiana*** HAB34, die frischen Zweigspitzen. Anw.-Geb.: u. a. Entzündungen der ableitenden Harnwege.

Jurema ↗ Mimosa hostilis.

■ **Justicia adhatoda** L.
(syn. *Adhatoda vasica, Adhatoda zeylanica, Ecbolium adhatoda*).

Fam.: Acanthaceae.

Vork.: Nordindien, bes. Pandschab, Nepal, Assam, heute auch kultiviert.

Droge: ***Folia Adhatodae*** (syn. *Justicia-adhatoda*-Blätter); *Adhatoda-vasika*-Blätter (syn. Vasaka-Blätter), die getrockneten Laubblätter. Inh.: Chinazolin-Alkaloide (0,5–2 %, v. a. Vasicin, Vasicinon, Hydroxyvasicin und Vasicolin), äther. Öl

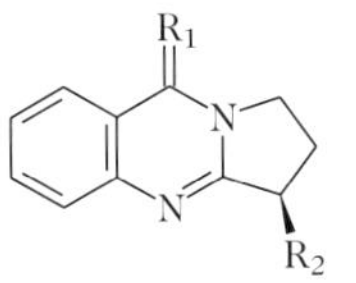

	R^1	R^2
Peganin = Vasicin	H_2	OH
Vasicinon	O	OH
Desoxyvasicinon	O	H

(ca. 0,2 %, unbekannter Zusammensetzung) mit unangenehmem Geruch. Anw.: in der Volksheilkunde bei Katarrhen der oberen Luftwege, akuter und chronischer Bronchitis, aber auch bei Lungentuberkulose als hustenreizstillendes und auswurfförderndes Mittel. In der Ayurvedamedizin werden als weitere Anwendungsgebiete Gonorrhoe, Unreinheiten des Körpers, Durchfall und Schlangenbisse angegeben. Diese Wirksamkeiten sind klinisch nicht belegt, wenngleich Vasicin experimentell eine langanhaltende Bronchodilatation auslöst.

Hom.: ***Adhatoda vasica*** (syn. *Justicia adhatoda*), die frischen Blätter. Anw.-Geb.: akute Entzündungen der Luftwege, Heuschnupfen.

Histor.: Vasicin diente in der experimentellen Pharmakologie als Modellsubstanz für chemische Synthesereihen von Expektorantien, aus denen die Arzneimittel Bromhexin und Ambroxol hervorgegangen sind.

Justicia paniculata ↗ Andrographis paniculata.

■ **Justicia pectoralis** Jacq. var. *stenophylla* Leonard

Fam.: Acanthaceae.

Vork.: tropische Gebiete Amerikas.

Anw.: Die gepulverten Blätter werden von den Indianern am Oberlauf des Orinoco mit Schnupfpulver aus *Virola theiodora* (↗ *Virola*-Arten) gemischt und als Halluzinogen verwendet. Als psychoaktive Inhaltsstoffe von *J. pectoralis* werden Tryptamine vermutet, der experimentelle Beweis steht noch aus.

Jute ↗ Corchorus-Arten.
Jutesamenöl ↗ Corchorus-Arten.

K

Kabeljau ↗ Gadus morrhua.
Kachel ↗ Achillea-Arten.
Kadamfett ↗ Hodgsonia kadam.
Kadaygummi ↗ Sterculia-Arten.
Kaddam ↗ Anthocephalus cadamba.
Kaddigbeeren ↗ Juniperus communis.
Kaddigöl ↗ Juniperus oxycedrus.
Kadeöl ↗ Juniperus oxycedrus.

■ **Kaempferia galanga** L.
Galanga (syn. Gewürzlilie, Maraba.)

Fam.: Zingiberaceae.

Vork.: Ostindien.

Droge: ***Rhizoma Kaempferiae***. Inh.: äther. Öl. Anw.: In Indien wird die Droge als Gewürz für Reisgerichte sowie in der Volksheilkunde bei Blähungen und zur Schleimlösung genutzt. Die Ureinwohner Neuguineas dagegen sollen die Droge als Halluzinogen benutzen. Da der Wurzelstock dieser Pflanze reich an äther. Ölen ist, könnten Bestandteile davon für eine psychotrope Wirkung verantwortlich sein. Genauere Untersuchungsergebnisse stehen derzeit nicht zur Verfügung.

Kaempferia pandurata ↗ Boesenbergia pandurata.
Kaempferol ↗ Flavonoide.
Kaffee ↗ Coffea-Arten.
Kaffeebaum ↗ Coffea-Arten.
Kaffeeblume ↗ Anemone nemorosa.
Kaffeebohnen ↗ Coffea-Arten.
Kaffeekohle ↗ Coffea-Arten.

■ **Kaffeesäure**
3,4-Dihydroxyzimtsäure. Häufig vorkommende Pflanzensäure, die für die analytische Charakterisierung von Drogen (blaue Fluoreszenz) genutzt werden kann.

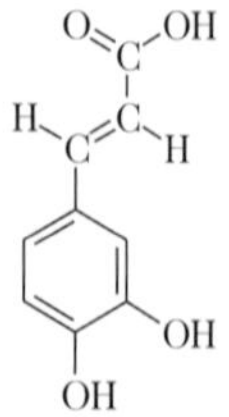

Kaffeesäure

Kaffeestrauch ↗ Coffea-Arten.
Kaffernhirse ↗ Sorghum bicolor.
Kahle Kastanie ↗ Aesculus glabra.
Kahler Krempling ↗ Paxillus involutus.
Kahler Sumach ↗ Rhus-Arten.
Kahles Bruchkraut ↗ Herniaria glabra.
Kahle Schildblume ↗ Chelone glabra.
Kailkenblumen ↗ Sambucus nigra.
Kaiserblume ↗ Centaurea cyanus.
Kaiserkrone ↗ Fritillaria roylii.
Kaiserkronenstärke ↗ Fritillaria imperialis.
Kaiserwurz ↗ Peucedanum ostruthium.
Kajeputbaum ↗ Melaleuca-Arten.
Kajeputöl ↗ Melaleuca-Arten.
Kakao ↗ Theobroma cacao.
Kakaobaum ↗ Theobroma cacao.
Kakaobutter ↗ Theobroma cacao.
Kakaorot ↗ Theobroma cacao
Kakerlak ↗ Blatta orientalis.
Kakipflaume ↗ Diospyros-Arten.
Kaktusblüten ↗ Selenicereus grandiflorus.
Kaktuskraut ↗ Selenicereus grandiflorus.
Kaktus-Schildlaus ↗ Dactylopius coccus.
Kalabarbohnen ↗ Physostigma venenosum.
Kalabarsamen ↗ Physostigma venenosum.
Kaladanasamen ↗ Pharbitis nil.

■ **Kalanchoe daigremontiana** Hamet et Perr. de la Bâthie
(syn. *Bryophyllum daigremontianum*, *B. taigremontiana*), s. Farbtafel S. 312, Bild 191.

Fam.: Crassulaceae.

Vork.: Madagaskar, Asien. Inh.: nicht näher charakterisierte toxische Stoffe.

Hom.: *1. **Kalanchoe*** HAB1, die frischen, im ersten Vegetationsjahr geernteten Blätter. *Anw.-Geb.:* Negativmonografie. *2. **Kalanchoe Rh*** HAB1, die frischen, im ersten Vegetationsjahr geernteten Blätter. *Anw.-Geb.:* anthroposophische Therapierichtung.

Kalappaöl ↗ Cocos nucifera.
Kalappusöl ↗ Cocos nucifera.
Kalbsfuß ↗ Arum maculatum.
Kaliaturholz ↗ Pterocarpus-Arten.
Kalifornischer Mohn ↗ Eschscholzia californica.
Kalifornisches Mohnkraut ↗ Eschscholzia californica.
Kali-Salzkraut ↗ Salsola kali.
Kalliandrarinde ↗ Calliandra houstoni.
Kalmiae folium ↗ Kalmia latifolia.

■ **Kalmia latifolia** L.
(syn. *Kalmia lucida*, *K. nitida*); Lorbeerrose (syn. Amerikanischer Lorbeer, Berglorbeer, Breitblättriger Berglorbeer, Kalmie), s. Farbtafel S. 312, Bild 192.

Fam.: Ericaceae.

Vork.: östliches Nordamerika.

Droge: ***Kalmiae folium*** (syn. *Folium Kalmiae*); *Kalmia-latifolia*-Blatt, die frischen oder getrockneten Blätter. Inh.: tetracyclische Diterpene vom Grayanotoxintyp, u. a. Grayanotoxin I und II sowie Kalmiatoxin. Außerdem Phlorizin (2,7 %) sowie Flavonoide. *Anw.:* früher bei rheumatischen Erkrankungen, Pilzerkrankungen der Haut, Herpes und sekundärer Syphilis sowie bei Angina pectoris. Infolge Toxizität der Grayanotoxine (Andromedotoxine), die besonders den Na^+-Kanal blockieren und damit schließlich eine Depolarisation der Herz- und Nervenzellen bedingen, ist die Anwendung der Droge heute auf die Homöopathie beschränkt.

Hom.: *Kalmia latifolia* HAB1; Breitblättriger Berglorbeer, die frischen Blätter. Anw.-Geb.: Erkrankungen des Herzens, des arteriellen Gefäßsystems sowie des Stütz- und Bewegungsapparates, wie rheumatische und andere Herzerkrankungen, Rheumatismus, Gürtelrose und Nervenschmerzen.

Histor.: Die Gattung erhielt ihren Namen nach dem schwedischen Botaniker Pehr Kalm (1715–1779); *latifolia* (lat.) = breitblättrig. Die Blätter wurden früher in Nordamerika als narkotisches und adstringierendes Mittel, u. a. bei Diarrhoe, Exanthemen, Syphilis und Psoriasis angewendet. Die Indianer sollen die Droge auch für Selbstmordzwecke genutzt haben.

Kalmia lucida ↗ Kalmia latifolia.
Kalmia nitida ↗ Kalmia latifolia.
Kalmie ↗ Kalmia latifolia.
Kalmus ↗ Acorus calamus.
Kalumbaewurzel ↗ Jateorhiza palmata.
Kamala ↗ Mallotus philippinensis.
Kamalabaum ↗ Mallotus philippinensis.
Kameldorn ↗ Alhagi pseudoalhagi.
Kamillenblüten ↗ Chamomilla recutita.
Kamillenöl ↗ Chamomilla recutita.
Kammtang ↗ Plocamium coccineum.
Kampfer ↗ Campher.
Kampferbaum ↗ Cinnamomum-Arten.
Kampferbaumöl ↗ Cinnamomum-Arten.
Kampferlorbeer ↗ Cinnamomum-Arten.
Kampferwurz ↗ Asarum europaeum.
Kanadabalsam ↗ Abies-Arten.
Kanadische Blutwurzel ↗ Sanguinaria canadensis.
Kanadische Collinsonie ↗ Collinsonia canadensis.
Kanadische Dürrwurz ↗ Conyza canadensis.
Kanadische Gelbwurz ↗ Hydrastis canadensis.
Kanadische Goldrute ↗ Solidago-Arten.
Kanadische Grieswurzel ↗ Collinsonia canadensis.
Kanadische Haselwurzel ↗ Asarum canadense.
Kanadischer Biber ↗ Castor fiber.
Kanadischer Hanf ↗ Apocynum cannabinum.
Kanadischer Katzenschweif ↗ Conyza canadensis.
Kanadischer Kornel ↗ Cornus-Arten.
Kanadischer Tee ↗ Gaultheria procumbens.
Kanadisches Berufkraut ↗ Conyza canadensis.
Kanadisches Bibergeil ↗ Castor fiber.
Kanadische Schlangenwurz ↗ Asarum canadense.

■ Kanamycin A

trimeres Aminoglykosidantibiotikum, das aus 2-Desoxystreptamin, 6-d-Glucosamin und Kanosamin aufgebaut ist. Gebildet wird das Antibiotikum von *Streptomyces kanamyceticus* und *Streptomyces takakuarensis*. Anw.: Eingesetzt werden Kanamycinmonosulfat oder Kanamycinhydrogensulfat vor allem bei lokalen Infektionen am Auge und seltener bei Darminfektionen. Früher als Tuberkulostatikum verwendet, wird es heute wegen zu starker Nebenwirkungen (Ototoxizität) nicht mehr systemisch appliziert.

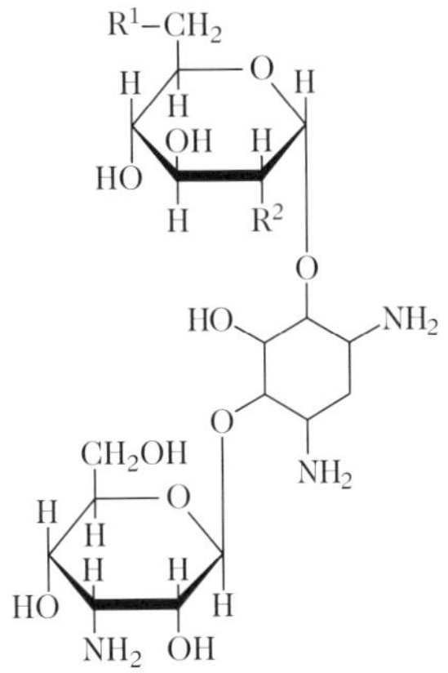

	R^1	R^2
Kanamycin A	NH_2	OH
Kanamycin B	NH_2	NH_2
Kanamycin C	OH	NH_2

Kanariengrassamen ↗ Phalaris canariensis.
Kanarienholz ↗ Liriodendron tulipifera.
Kanarischer Ginster ↗ Cytisus canariensis.

■ Kandelia candel

(syn. *Kandelia rheedii*).

Fam.: Rhizophoraceae.

Vork.: Ostindien, Java, Borneo, Südchina, Südjapan.

Droge: *Kandeliarinde*. Inh.: Catechin-Gerbstoffe. Anw.: zum Gerben von Leder.

Kandelia rheedii ↗ Kandelia candel.
Kandeliarinde ↗ Kandelia candel.
Kaneelbaum ↗ Cinnamomum-Arten.
Kaneelrinde ↗ Canella winterana.
Kanel ↗ Cinnamomum-Arten.

Kanelblüten ↗ Cinnamomum-Arten.
Kanellrinde ↗ Canella winterana.
Känguruhbaum ↗ Casuarina equisetifolia.
Kanipfeffer ↗ Xylopia aethiopica.
Kannenkraut ↗ Equisetum-Arten.
Kantelbaum ↗ Taxus baccata.
Kanthariden ↗ Lytta vesicatoria.
Kanton-Rhabarber ↗ Rheum-Arten.
Kap-Aloe ↗ Aloe-Arten.
Kapern ↗ Capparis spinosa.
Kapok ↗ Bombax malabaricum.
Kapokbaum ↗ Ceiba pentandra.
Kapoksamenöl ↗ Ceiba pentandra.
Kapor ↗ Dryobalanops aromatica.
Kappes ↗ Brassica-Arten.
Kappus ↗ Brassica-Arten.
Kap-Sonnentau ↗ Drosera-Arten.
Kapuzinerkresse ↗ Tropaeolum majus.
Kapuzinerli ↗ Tropaeolum majus.
Karaibablätter ↗ Jacaranda procera.
Karambolabaum ↗ Averrhoa-Arten.
Karayagummi ↗ Sterculia-Arten.
Karbensamen ↗ Carum carvi.
Kardamomen ↗ Elettaria cardamomum.
Kardamomenöl ↗ Elettaria cardamomum.
Kardamompflanze ↗ Elettaria cardamomum.
Kardendistel ↗ Dipsacus silvestris.
Kardobenediktenkraut ↗ Cnicus benedictus.
Kardyöl ↗ Carthamus tinctorius.
Karitébutter ↗ Butyrospermum parkii.
Karitéfett ↗ Butyrospermum parkii.
Karkade ↗ Hibiscus sabdariffa.
Karlsdistel ↗ Carlina acaulis.

■ **Karmelitergeist**
(syn. *Spiritus Melissae compositus*); zusammengesetzter Melissenspiritus, aus Citronellöl, Äther. Muskatöl, Zimtöl und Nelkenöl in wäßrig-ethanolischer Lösung bereitet. Anw.: bei dyspeptischen Beschwerden, Erkältungskrankheiten, äußerlich zu Einreibungen sowie in der Parfümerie.

Karmswuttel ↗ Acorus calamus.
Karnaubawachs ↗ Copernicia prunifera.
Karobablätter ↗ Jacaranda procera.
Karoben ↗ Ceratonia siliqua.
Karobenbaum ↗ Ceratonia siliqua.
Karobenblätter ↗ Jacaranda procera.
Karolinische Sternblume ↗ Spigelia-Arten.
Karos carvi ↗ Carum carvi.
Karotte ↗ Daucus carota.
Karthäuser Tee ↗ Chenopodium-Arten.
Kartoffel ↗ Solanum-Arten.
Kartoffelstärke ↗ Solanum-Arten.
Kartoffelyam ↗ Dioscorea-Arten.
Karve ↗ Carum carvi.

■ **Karwinskia humboldtiana** (Roem. et Schult.) Zucc.
Fam.: Rhamnaceae.
Vork.: Kalifornien, Mexiko.
Droge: Früchte und Blätter. Inh.: in den Früchten toxische Polyphenole; Chrysophanol, β-Amyrin. Anw.: in der mexikanischen Volksheilkunde gegen Krämpfe, der Tee aus den Blättern wird bei Fieber getrunken.
Hom.: *Tullidora*

Käsblume ↗ Anemone nemorosa.
Kaschkar ↗ Rhododendron-Arten.
Kaschu-Baum ↗ Anacardium occidentale.
Kaschunuß ↗ Anacardium occidentale.
Kaschuschalenöl ↗ Anacardium occidentale.
Käsekraut ↗ Malva-Arten.
Käselabkraut ↗ Galium verum.
Käsepappel ↗ Malva-Arten.
Käsepappelblätter ↗ Malva-Arten.
Käsepappelblüten ↗ Malva-Arten.
Kaskararinde ↗ Rhamnus purshianus.
Kaskarillabaum ↗ Croton elutaria.
Kaskarillae ↗ Croton elutaria.
Kaskarille ↗ Croton elutaria.
Kassiablüten ↗ Cinnamomum-Arten.
Kassiaöl ↗ Cinnamomum-Arten.
Kassiazimtöl ↗ Cinnamomum-Arten.
Kassie ↗ Cassia-Arten, ↗ Cinnamomum-Arten.
Kastoröl ↗ Ricinus communis.
Katechu ↗ Acacia-Arten.
Kathstrauch ↗ Catha edulis.
Katzenaugenharz ↗ Shorea wiesneri.
Katzenbaldrian ↗ Valeriana officinalis.
Katzenbart ↗ Orthosiphon aristatus.
Katzenblume ↗ Bellis perennis.
Katzenblutkraut ↗ Verbena officinalis.
Katzengamander ↗ Teucrium-Arten.
Katzenklee ↗ Trifolium arvense.
Katzenkraut ↗ Teucrium-Arten, ↗ Valeriana officinalis, ↗ Achillea-Arten.
Katzenminze ↗ Nepeta cataria.
Katzenpfötchen ↗ Helichrysum arenarium.
Katzenschwanz ↗ Achillea-Arten, ↗ Equisetum-Arten.

Katzentraube ↗ Sedum acre.
Katzenwedel ↗ Equisetum-Arten.
Katzenwurzel ↗ Valeriana officinalis.
Katzenwürzel ↗ Valeriana officinalis.
Kaukasische Insektenblüten ↗ Chrysanthemum-Arten.
Kaukasisches Schneeglöckchen ↗ Galanthus-Arten.
Kauricopal ↗ Agathis-Arten
Kauricopalöl ↗ Agathis-Arten.
Kaurifichte ↗ Agathis-Arten.
Kaurifichtenöl ↗ Agathis-Arten.
Kaurikopal ↗ Agathis-Arten.

■ Kautschuk

(syn. *Cautschuc*, *Gummi elasticum*); Gummi, der zum Gerinnen gebrachte und gereinigte Latex (Milchsaft). Dieser stellt ein hochmolekulares Polymerisationsprodukt des Isoprens dar mit 10^4–$3 \cdot 10^4$ unverzweigten, in *cis*-Konfiguration angeordneten Isopreneinheiten. Wichtigste Kautschuk liefernde Pflanze ist ↗ *Hevea brasiliensis*. Weitere wirtschaftlich genutzte Arten sind ↗ *Castilla elastica*, ↗ *Ficus elastica*, *Hancornia speciosa*, *Landolphia*-Arten, *Raphionacme utilis*, ↗ *Parthenium argentatum* und ↗ *Taraxacum kok-saghyz*.

Kautschuk-Feigenbaum ↗ Ficus elastica.
Kavain ↗ Piper methysticum.
Kava-Kava rhizoma ↗ Piper methysticum.
Kavakavawurzelstock ↗ Piper methysticum.

■ Kawalactone

(Kawapyrone), lactonische Derivate der 7-Phenyl-5-hydroxy-heptan-1-säure (Formeln s. rechts oben). Sie sind vor allem Bestandteile des Kavakavawurzelstocks (↗ Piper methysticum). Wirk.: in geringen Dosen zentral stimulierend, in höherer Dosierung rufen sie Wohlbefinden hervor. Auslösung der Wirkung über GABA-Rezeptoren-Wechselwirkung.

Kawapfeffer ↗ Piper methysticum.
Kefirkörner ↗ Lactobacillus bulgaricus.
Kefirpilz ↗ Candida-Arten.
Kegelhütiger Knollenblätterpilz ↗ Amania virosa.
Kegeliger Rißpilz ↗ Inocybe-Arten.
Kellerhals ↗ Daphne mezereum.
Kenia-Aloe ↗ Aloe-Arten.
Kentranthus ruber ↗ Centranthus ruber.
Kepa esculenta ↗ Allium-Arten.
Kerbel ↗ Anthriscus cerefolium.

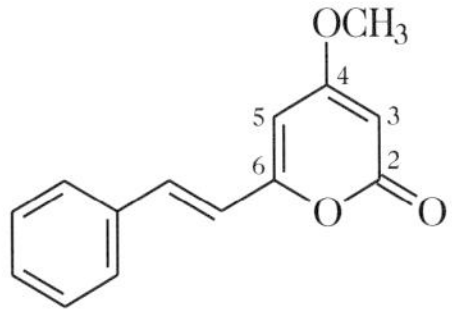

12-Demethoxy-Yangonin
(5,6-Didehydro-Kavain)

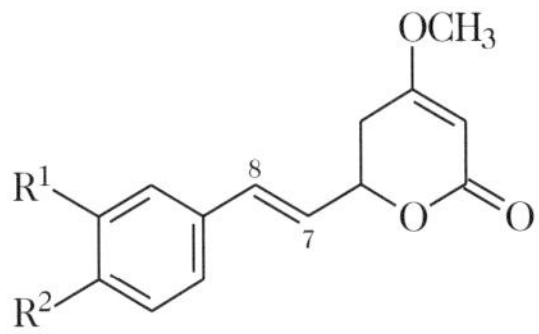

Kavain: $R^1 = H$, $R^2 = H$
Methysticin: $R^1, R^2 = –O–CH_2–O–$

Kermesbeere ↗ Phytolacca americana.
Kermeswurzel ↗ Phytolacca americana.
Kernfett ↗ Diploknema-Arten.
Kernlestee ↗ Rosa canina.

■ Kerria lacca (Kerr) Lindinger

(syn. *Carteria lacca*, *Coccus lacca*, *Laccifera lacca*, *Lakshadia indica*, *Tachardia lacca*); Kochenille (syn. Gummilackschildlaus, Lackschildlaus).

Fam.: Lacciferidae.

Vork.: indischer Subkontinent.

Droge: ***Lacca in tabulis*** (syn. *Lacca*, *Resina Lacca*, *Gummi Lacca*); Schellack (syn. Gummilack, Lackharz). Inh.: 10 % Wachs, 90 % veresterte aliphatische und alicyclische Hydroxycarbonsäuren (u. a. Aleuritinsäure, Shellolsäure, Jalarinsäure), Anthrachinonderivate (Erythrolaccin).

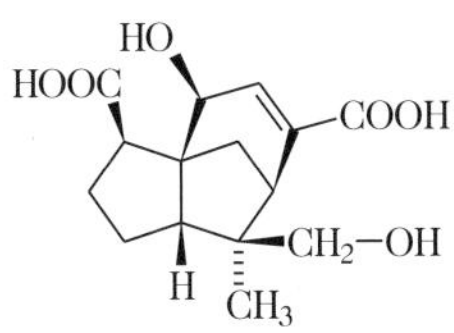

Shellolsäure

Anw.: in der Galenik zur Herstellung magensaftresistenter, dünndarmlöslicher Überzüge für Dragees sowie in der Technik zur Herstellung von hochwertigen Lacken für viele Bereiche (Möbelindustrie, Papierindustrie, Nahrungsmittelindustrie u. a.).

Kettenblume ↗ Taraxacum officinale.
Keule ↗ Gomortega keule.

Keulenbärlapp ↗ Lycopodium clavatum.
Keulenbaum ↗ Casuarina equisetifolia.
Keuschlamm ↗ Vitex agnus-castus.
Keuschlammfrüchte ↗ Vitex agnus-castus.
Khanna ↗ Mesembryanthemum-Arten.
Khat ↗ Caths edulis.
Khatstrauch ↗ Catha edulis.

■ **Khaya senegalensis** (Desr.) A. de Jussieu (syn. *Swietenia senegalensis*).
Fam.: Meliaceae.
Vork.: tropisches Westafrika.
Droge: die Rinde. Inh.: Catechingerbstoffe, Saponine, Sterole, Scopoletin, Aesculetin, Cailcedrin. Anw.: in der afrikanischen Volksheilkunde als Ersatz für Chinarinde (↗ *Cinchona*-Arten) eingesetzt, insbesondere bei Malaria, Fieber und Intestinalbeschwerden; äußerlich bei Hauterkrankungen, Windpocken, Dermatosen, Geschwüren, Wunden, Geschlechtskrankheiten und Lepra verwendet. In der Veterinärheilkunde dient die Droge als Anthelmintikum, Emenagogum und als Brechmittel. Mitunter wird die Pflanze auch zur Bereitung von Pfeilgiften verwendet (zusammen mit *Strophanthus hispidus*-Samen, getrockneten Kröten, den Köpfen giftiger Schlangen, den Stacheln von Skorpionen und Schwarzen Wespen).

Khellafrüchte ↗ Ammi visnaga.
Khellakraut ↗ Ammi visnaga.
Khellin ↗ Ammi visnaga.
Kichererbse ↗ Cicer arietinum.
Kief ↗ Cannabis sativa.
Kiefernnadelöl ↗ Pinus-Arten.
Kiefernsprosse ↗ Pinus-Arten.
Kieselalgen ↗ Diatomeen.
Kieselgur ↗ Diatomeen.
Kif ↗ Cannabis sativa.
Kiffi ↗ Cannabis sativa.
Kimiz ↗ Kumys.
Kinderwurzel ↗ Iris germanica.
Kingiodendron pinnatum ↗ Hardwickia pinnata.
Kino ↗ Pterocarpus-Arten
Kino bengalense ↗ Butea monosperma.
Kino indicum ↗ Pterocarpus-Arten
Kino malabaricum ↗ Pterocarpus-Arten
Kino optimum ↗ Pterocarpus-Arten
Kirayakraut ↗ Swertia chirata.
Kirchenschlüssel ↗ Primula-Arten.
Kirchenysop ↗ Hyssopus officinalis.
Kirschgummi ↗ Prunus-Arten.
Kirschkernöl ↗ Prunus-Arten.
Kirschlorbeer ↗ Prunus-Arten.
Kirschlorbeerblätter ↗ Prunus-Arten.
Kirschlorbeeröl ↗ Prunus-Arten.
Kirschroter Täubling ↗ Russula emetica.
Kirschstiele ↗ Prunus-Arten.
Kiwi ↗ Actinidia chinensis.
Klanner ↗ Coriandrum sativum.
Klapperschlange ↗ Crotalus-Arten
Klapperschlangenbohne ↗ Simaba cedron.
Klapperschlangenwurzel ↗ Polygala-Arten.
Klapprosen ↗ Papaver rhoeas.
Klatschmohnblüten ↗ Papaver rhoeas.
Klatschrosenblüten ↗ Papaver rhoeas.
Klauenfett ↗ Bos taurus.
Klauenöl ↗ Bos taurus.
Klebendes Labkraut ↗ Galium aparine.
Klebkraut ↗ Galium aparine.
Kleb-Labkraut ↗ Galium aparine.
Klebrich ↗ Galium aparine.
Klebriger Gänsefuß ↗ Chenopodium-Arten.
Kleebaum ↗ Laburnum anagyroides.
Kleeseide ↗ Cuscuta europaea.
Kleeulme ↗ Ptelea trifoliata.
Kleinblumige Königskerze ↗ Verbascum-Arten.
Kleinblütiger Fingerhut ↗ Digitalis-Arten.
Kleinblütiges Springkraut ↗ Impatiens parviflora.
Kleinblütiges Weidenröschen ↗ Epilobium-Arten.
Kleine Bibernelle ↗ Pimpinella-Arten.
Kleine Brennessel ↗ Urtica-Arten.
Kleine Kamille ↗ Chamomilla recutita.
Kleine Käsepappel ↗ Malva-Arten.
Kleine Königskerze ↗ Verbascum-Arten.
Kleine Kuhschelle ↗ Pulsatilla-Arten.
Kleiner Kardamom ↗ Elettaria cardamomum.
Kleiner Odermennig ↗ Agrimonia eupatoria.
Kleiner Sauerampfer ↗ Rumex acetosella.
Kleiner Schierling ↗ Aethusa cynapium.
Kleiner Speik ↗ Lavandula angustifolia.
Kleines Immergrün ↗ Vinca minor.
Kleines Knabenkraut ↗ Orchis-Arten.
Kleines Schneeglöckchen ↗ Galanthus-Arten.
Kleines Sinngrün ↗ Vinca minor.
Kleine Wasserlinse ↗ Lemna minor.
Kleine Wiesenraute ↗ Thalictrum minus.
Klette ↗ Arctium-Arten.
Kletten-Labkraut ↗ Galium aparine.
Klettenwurzel ↗ Arctium-Arten.
Kletterlabkraut ↗ Galium aparine.
Kletternder Sumach ↗ Rhus-Arten.

Kletterndes Labkraut ↗ Galium aparine.
Klimmkraut ↗ Galium aparine.
Klosterysop ↗ Hyssopus officinalis.
Kluster ↗ Viscum album.
Knabenkraut ↗ Orchis-Arten, ↗ Dactylorhiza-Arten.
Knackbeere ↗ Symphoricarpus albus.
Knackweide ↗ Salix-Arten.
Knallerbse ↗ Symphoricarpus albus.
Knaulgras ↗ Dactylis glomerata.
Knaulgrasfrüchte ↗ Dactylis glomerata.

■ **Knautia arvensis** (L.) Coult.
(syn. *Scabiosa arvensis, Trichera arvensis*); Acker-Witwenblume (syn. Ackergrindkraut, Acker-Knautie, Acker-Scabiose, Grindkraut, Honigblume, Krätzkraut, Witwenblume).

Fam.: Dipsacaceae.

Vork.: Europa.

Droge: ***Knautiae arvensis herba*** (syn. *Herba Knautiae arvensis, Herba Scabiosae, Herba Scabiosae arvensis, Herba Scabiosae vulgaris*); Ackerscabiosenkraut (syn. Ackergrindkraut, Ackerknautienkraut, Ackerwitwenblumenkraut, Grindkraut, Kratzkraut, Scabiosenkraut), der beblätterte Stengel samt den Blütenköpfchen. Inh.: Iridoide (Pseudoindikane), u. a. Dipsacan. Ferner Triterpene, u. a. Ursolsäure, Triterpensaponine, u. a. Knautiosid (1,1–1,7 %), Phytosterole, Flavonoide und Kaffeesäurederivate. Anw.: volkstümlich innerlich und äußerlich bei chronischen Hautleiden, Urticaria, Kopfgrind sowie bei Kondylomen. Mitunter auch innerlich bei Husten und Halsentzündungen.

Hom.: ***Knautia arvensis*** HAB1; Acker-Witwenblume, die frischen, oberirdischen Teile blühender Pflanzen. Anw.-Geb.: Erkrankungen der unteren Atemwege sowie des Magen-Darm-Traktes.

Histor.: Der heutige Gattungsname *Knautia* wurde nach dem Arzt Chr. Knaut (1654–1716) aus Halle benannt. Dagegen ist die ursprüngliche Bezeichnung *Scabiosa* auf das lateinische *scabies* (Krätze) wegen der früheren Verwendung der Pflanze gegen Krätze gebildet worden. Der Artname *arvensis* bezieht sich auf den bevorzugten Standort der Pflanze, nämlich Äcker und Weiden. Die klassischen Kräuterbücher des 16. Jh. erwähnen die Droge.

Knautiae arvensis herba ↗ Knautia arvensis.

■ **Kneipp, Sebastian**
(1821–1897), Pfarrer in Wörishofen, entwickelte Wasserheilkuren, die die ganzheitliche Beeinflussung des Organismus zum Ziel haben und allgemein auf fünf Grundlagen beruhen, nämlich Wasser, Bewegung, Ernährung, Phyto- und Ordnungstherapie. Sie finden in der Rekonvaleszenz, bei Herz-Kreislauf- und Atemwegserkrankungen sowie bei Stoffwechselstörungen Anwendung.

Knieholz ↗ Pinus-Arten.
Knoblauch ↗ Allium-Arten.
Knoblauchgamander ↗ Teucrium-Arten.
Knoblauchrauke ↗ Alliaria petiolata.
Knoblauchshederich ↗ Alliaria petiolata.
Knoblauchskraut ↗ Alliaria petiolata.
Knoblauchsrauke ↗ Alliaria petiolata.
Knoblichskraut ↗ Alliaria petiolata.
Knobloch ↗ Allium-Arten.
Knofelkraut ↗ Alliaria petiolata.
Knollenhahnenfuß ↗ Ranunculus-Arten.
Knolliger Hahnenfuß ↗ Ranunculus-Arten.
Knollige Schwalbenwurz ↗ Asclepias-Arten.
Knollige Schwalbenwurzel ↗ Asclepias-Arten.
Knollige Seidenpflanze ↗ Asclepias-Arten.
Knollige Sonnenblume ↗ Helianthus tuberosus.
Knolliges Steinkraut ↗ Sedum acre.
Knolliges Zyperngras ↗ Cyperus rotundus.
Knöpfchen ↗ Chrysanthemum-Arten.
Knopfel ↗ Allium-Arten.
Knopfkamille ↗ Chrysanthemum-Arten.
Knorpellattich ↗ Chondrilla juncea.
Knorpelmöhre ↗ Ammi majus.
Knotengras ↗ Agropyron repens.
Knotentang ↗ Ascophyllum nodosum.
Knotenwurz ↗ Scrophularia nodosa.
Knöterichwurzel ↗ Polygonum bistorta.
Kochenille ↗ Kerria lacca.
Kohl ↗ Brassica-Arten.
Kohldistel ↗ Cirsium oleraceum.

■ **Kohlenhydrate**
(Saccharide), umfangreiche Klasse von Naturstoffen, die chemisch zu den aliphatischen Polyhydroxymonooxoverbindungen zu zählen sind und der allgemeinen Formel $C_n(H_2O)_n$ entsprechen. Ihnen können folgende Gruppen von Verbindungen zugeordnet werden: 1. Monosaccharide (einfache Zucker); 2. Alditole (Zuckeralkohole); 3. Cyclitole (alicyclische Polyhydroxyverbindungen); 4. Aldonsäuren (besitzen eine end-

ständige Carboxylgruppe); 5. Uronsäuren (besitzen endständige Carboxyl- und Carbonylgruppen); 6. Ketoaldonsäuren (besitzen endständige Carboxylgruppe sowie Ketogruppen); 7. Aldarsäuren (besitzen zwei endständige Carboxylgruppen); 8. Aminozucker (Aminopolyhydroxyverbindungen), 9. Oligosaccharide (zusammengesetzte Zucker aus 2 bis 10 Monosaccharideinheiten) und 10. Polysaccharide (polymere Zucker aus mehr als 10 Monosaccharideinheiten). K. sind in jeder tierischen und pflanzlichen Zelle enthalten und gehören neben den Fetten und Proteinen zu den wichtigsten Bausteinen des Lebens. Sie stellen den mengenmäßig größten Anteil der auf der Erde vorkommenden organischen Substanz dar. Ausgangverbindung für die verschiedenen K. ist in der Regel Glucose, die im Prozeß der Photosynthese gebildet wird. K. sind wichtige Inhaltsstoffe von Arzneidrogen und werden vielfältig in der Therapie von Erkrankungen, aber auch als Nahrungsmittel eingesetzt.

Kohlportulak ↗ Portulacca oleracea.
Kohlrose ↗ Rosa x centifolia.
Kohlsaat ↗ Brassica-Arten.
Kohlsaatöl ↗ Brassica-Arten.
Kokablätter ↗ Erythroxylum coca.
Kokastrauch ↗ Erythroxylum coca.
Kokkelsamen ↗ Anamirta cocculus.
Kokkelskörner ↗ Anamirta cocculus.
Kokkelskörnerstrauch ↗ Anamirta cocculus.
Kokosbutter ↗ Cocos nucifera.
Kokosfett ↗ Cocos nucifera.
Kokosnuß ↗ Cocos nucifera.
Kokospalme ↗ Cocos nucifera.
Kola ↗ Cola-Arten.
Kolabaum ↗ Cola-Arten.
Kolanuß ↗ Cola-Arten.
Kolasamen ↗ Cola-Arten.
Kolbenbärlapp ↗ Lycopodium clavatum.
Kolbenschimmel ↗ Aspergillus-Arten.
Koli-Bakterien ↗ Escherichia coli.
Kölle ↗ Satureja hortensis.
Kolmarkraut ↗ Corchorus-Arten.
Kolmas ↗ Acorus calamus.
Kolombowurzel ↗ Jateorhiza palmata.
Kolophonium ↗ Pinus-Arten.
Koloquintenkürbis ↗ Citrullus colocynthis.
Koloquinthe ↗ Citrullus colocynthis.
Koloquinthenfrüchte ↗ Citrullus colocynthis.
Kombésamen ↗ Strophanthus-Arten.
Kombe-Strophanthin ↗ Strophanthus-Arten.
Kompaßpflanze ↗ Silphium laciniatum.
Kondorliane ↗ Marsdenia condurango.
Kondurangorinde ↗ Marsdenia condurango.
Kondurangowein ↗ Vinum medicata.
Kongokaffee ↗ Coffea-Arten.
Kongo-Kubeben ↗ Piper guineense.
Königin der Nacht ↗ Selenicereus grandiflorus.
Königschinarinde ↗ Cinchona-Arten.
Königskerze ↗ Verbascum-Arten.
Königskerzenblüten ↗ Verbascum-Arten.
Königskraut ↗ Ocimum basilicum.
Königsnelken ↗ Syzygium-Arten.
Königsrosenwurzel ↗ Paeonia officinalis.
Königs-Salbei ↗ Salvia-Arten.
Konradskraut ↗ Hypericum perforatum.
Kopaivabalsam ↗ Copaifera-Arten.
Kopal-Gummi ↗ Bursera-Arten.
Kopfbeere ↗ Cephaelis-Arten.
Köpfchenschimmel ↗ Mucor pusillus.
Kopfwehkraut ↗ Anagallis arvensis.
Köppernickel ↗ Meum athamanticum.
Kopra ↗ Cocos nucifera.
Koptischer Tee ↗ Epilobium-Arten.
Korallenbäumchen ↗ Solanum-Arten.
Korallenbaumöl ↗ Adenanthera pavonina.
Korallenbohne ↗ Sophora secundiflora.
Korallenkirsche ↗ Solanum-Arten.
Korallenmoos ↗ Alsidium helminthocorton.
Korallensamen ↗ Paeonia officinalis.
Korallenstrauch ↗ Solanum-Arten.
Korallenwurzel ↗ Polypodium vulgare.
Kordofan-Gummi ↗ Acacia-Arten.
Koreanischer Ginseng ↗ Panax ginseng.
Koriander ↗ Coriandrum sativum.
Korianderfrüchte ↗ Coriandrum sativum.
Koribo ↗ Tanaecium nocturnum.
Korinthen ↗ Vitis vinifera.
Korkbaum ↗ Phellodendron amurense.
Korkbaumfruchtöl ↗ Phellodendron amurense.
Korkeiche ↗ Quercus-Arten.
Korkholz ↗ Alstonia-Arten.
Kornbeißer ↗ Centaurea cyanus.
Kornblume ↗ Centaurea cyanus.
Kornel ↗ Cornus-Arten.
Kornelkirsche ↗ Cornus-Arten.
Kornelle ↗ Cornus-Arten.
Körnerhirse ↗ Sorghum bicolor.
Kornfresser ↗ Centaurea cyanus.
Körniger Steinbrech ↗ Saxifraga granulata.

Kornminze ↗ Mentha-Arten.
Kornmuhme ↗ Claviceps purpurea.
Kornmutter ↗ Centaurea cyanus, ↗ Claviceps purpurea.
Kornnelke ↗ Agrostemma githago.
Kornpiepen ↗ Equisetum-Arten.
Kornrade ↗ Agrostemma githago.
Kornrosen ↗ Papaver rhoeas.
Kornzapfen ↗ Claviceps purpurea.
Korsikanisches Wurmmoos ↗ Alsidium helminthochorton.
Koschenillekaktus ↗ Opuntia cochenillifera.
Kosobaum ↗ Hagenia abyssinica.
Kosoblüten ↗ Hagenia abyssinica.
Koso flos ↗ Hagenia abyssinica.
Kostuspflanze ↗ Saussurea costus.
Krackbeere ↗ Vaccinium-Arten.
Kraftrose ↗ Arnica-Arten.
Kraftwurz ↗ Petasites hybridus, ↗ Arnica-Arten.
Kraftwurzel ↗ Panax ginseng.
Krähenauge ↗ Paris quadrifolia, ↗ Strychnos-Arten.
Krähenaugenbaum ↗ Strychnos-Arten.
Krähenbeere ↗ Empetrum nigrum.
Krähenblume ↗ Anemone nemorosa.
Krähenfuß ↗ Cotula coronopifolia.
Krähenkopf ↗ Claviceps purpurea.
Krainer Tollkraut ↗ Scopolia carniolica.
Krallendorn ↗ Uncaria tomentosa.
Krallendornwurzel ↗ Uncaria tomentosa.
Krameria canescens ↗ Krameria triandra.
Krameria iluca ↗ Krameria triandra.
Krameria lappacea ↗ Krameria triandra.
Krameria linearis ↗ Krameria triandra.
Krameria pentapetala ↗ Krameria triandra.

■ **Krameria triandra** Ruiz et Pav.
(syn. *Krameria canescens, K. iluca, K. lappacea, K. linearis, K. pentapetala, Landia lappacea*); Peru-Ratanhia (syn. Ratanhia, Payta-Ratanhia).

Fam.: Krameriaceae.

Vork.: Der 30 bis 100 cm hohe Strauch ist vorzugsweise in den Andenregionen (in 600–3600 m Höhe) Südamerikas, v. a. Perus, zu finden.

Droge: ***Ratanhiae radix*** (syn. *Radix Ratanhiae, Radix Krameriae*); Ratanhiawurzel. *Inh.:* Die rotbraune Wurzel enthält neben Flavonolen (Catechin) vor allem ca. 10 % kondensierte Gerbstoffe (Proanthocyanidine aus 5 bis 10 Flavonoleinheiten aufgebaut), die besonders in der Wurzelrinde lokalisiert und für die adstringierende Wirkung verantwortlich sind. Weiterhin werden Phlobaphene (Ratanhiarot), Neolignane und Norneolignane in geringer Konzentration (< 0,3 %) gefunden. *Anw.:* Die alkoholische Ratanhiatinktur (*Tinctura Ratanhiae*) wird zur lokalen Behandlung von Entzündungen der Mund- und Rachenschleimhaut verwendet. Innerlich wird die Droge in der Volksheilkunde zur Behandlung von Durchfällen, Erkrankungen der weiblichen Genitalorgane und der Harnwege eingesetzt. Auch bei Hämorrhoiden, blutenden Wunden, Verbrennungen und Hautgeschwüren finden Ratanhiawurzel-Zubereitungen Anwendung.

Hom.: ***Krameria triandra*** HAB1, die getrocknete Wurzel. *Anw.-Geb.:* schmerzhafte Erkrankungen des Enddarms, Schleimhautblutungen.

Histor.: Den Namen *Krameria* erhielt die Gattung nach dem österreichischen Militärarzt J.H. Kramer, der Artname *triandra* wurde wegen der drei Staubgefäße gewählt. Der Name Ratanhia soll auf die alte peruanische Quechuasprache zurückgehen. Die Peruanerinnen benutzten die Wurzel seit alters her zur Pflege ihrer Zähne. Nach Europa kam die Droge durch den spanischen Botaniker Ruis (1796). Über England und Frankreich gelangte sie schließlich nach Deutschland, wo sie seit etwa 1818 pharmazeutisch genutzt wird.

Kramkümmel ↗ Carum carvi.
Kramperltee ↗ Cetraria islandica.
Krampf-Kamille ↗ Chamaemelum nobile.
Krampfkraut ↗ Filipendula ulmaria, ↗ Potentilla anserina.
Kranewitt ↗ Juniperus communis.
Kranewittöl ↗ Juniperus oxycedrus.
Krankrautblätter ↗ Rosmarinus officinalis.
Kränzelkraut ↗ Lysimachia nummularia.
Kranzenkraut ↗ Rosmarinus officinalis.
Kranzenkrautblätter ↗ Rosmarinus officinalis.
Kranzkraut ↗ Lysimachia nummularia.
Kranzlan ↗ Lysimachia nummularia.
Krapp ↗ Rubia tinctorum.
Krappwurzel ↗ Rubia tinctorum.
Kratzbeere ↗ Rubus-Arten.
Krätzewurzel ↗ Veratrum album.
Kratzheil ↗ Fumaria officinalis.
Kratzkraut ↗ Datura-Arten, ↗ Knautia arvensis.
Krätzkraut ↗ Knautia arvensis.
Krausblättriger Ampfer ↗ Rumex crispus.
Krausdistel ↗ Eryngium-Arten.
Krauseminze ↗ Mentha-Arten.
Krauseminzöl ↗ Mentha-Arten.

Krauser Rhabarber ↗ Rheum-Arten.
Kraut ↗ Brassica-Arten, ↗ Herba.

■ Kräuterbücher

vorwiegend im 15. und 16. Jh. entstandene Werke, die die pflanzlichen und tierischen Drogen beschreiben und oft auch Abbildungen von diesen enthalten. Zu den ältesten K. gehören „De viribus herbarum" aus dem 10. Jh. mit unbekanntem Verfasser, das Züricher und Innsbrucker Arzneibuch aus dem Kloster Stams (12. Jh.) oder auch „Kleiner Hortus Sanitatis" (Mainz 1485), auch „Garten der Gesundheit" genannt. Die bekanntesten Kräuterbücher sind jedoch die von Otto ↗ Brunfels (1532), Hieronymus ↗ Bock (1539) und das „New Kreutterbuch" von Leonhard Fuchs (1543), deren Verfasser man auch als die drei Väter der Botanik bezeichnet.

■ Kräuterkissen

(syn. Kräutersäckchen), in Kissen verpackte Kräutergemische, die meist äther. Öle enthalten, die beim Erwärmen verdampfen und auf diese Weise zum Einsatz gelangen.

Kräutersäckchen ↗ Kräuterkissen.
Krebswurz ↗ Polygonum bistorta.
Kren ↗ Armoracia rusticana.
Kreosotstrauch ↗ Larrea tridentata.
Kressenfeige ↗ Carica papaya.
Kretischer Dost ↗ Origanum onites.
Kretischer Fenchel ↗ Foeniculum vulgare.
Kretzenkraut ↗ Anthyllis vulneraria.
Kreupelboomrinde ↗ Leucospermum cococarpum.
Kreuzanker ↗ Araneus diadematus.
Kreuzbeeren ↗ Rhamnus catharticus.
Kreuzblättrige Wolfsmilch ↗ Euphorbia-Arten.
Kreuzblume ↗ Centaurea cyanus, ↗ Polygala-Arten.
Kreuzdorn ↗ Rhamnus catharticus.
Kreuzdornbeeren ↗ Rhamnus catharticus.
Kreuz-Enzian ↗ Gentiana-Arten.
Kreuzerlan ↗ Lysimachia nummularia.
Kreuzkraut ↗ Polygala-Arten, ↗ Senecio-Arten, ↗ Sisymbrium officinale.
Kreuzkümmel ↗ Cuminum cyminum.
Kreuzkümmelöl ↗ Cuminum cyminum.
Kreuzotter ↗ Vipera berus.
Kreuzraute ↗ Ruta graveolens.
Kreuz-Salbei ↗ Salvia-Arten.
Kreuzspinne ↗ Araneus diadematus.
Kriechender Gamswurz ↗ Doronicum pardalianches.
Kriechender Günsel ↗ Ajuga reptans.
Kriechendes Fingerkraut ↗ Potentilla reptans.
Kriechklee ↗ Trifolium repens.
Kriechweizen ↗ Agropyron repens.
Kriechweizenwurzel ↗ Agropyron repens.
Kroatischer Tee ↗ Lithospermum officinale.
Krokus ↗ Crocus sativus.
Kronenwolfsmilch ↗ Euphorbia-Arten.
Kronen-Wucherblume ↗ Chrysanthemum-Arten.
Kronrhabarberstaude ↗ Rheum-Arten.
Kronsbeere ↗ Vaccinium-Arten.
Krötengifte ↗ Bufo bufo.
Krotonöl ↗ Croton tiglium.
Krottenpetersilie ↗ Conium maculatum.
Krukenbaum ↗ Lecythis urnigera.
Krummbeere ↗ Solanum-Arten.
Krummholzkiefer ↗ Pinus-Arten.
Krustenflechten ↗ Rocella-Arten.
Krustenschwamm ↗ Ephydatia mülleri.
Kubeben ↗ Piper cubeba.
Kubebenpfeffer ↗ Piper cubeba.
Küchenkohl ↗ Brassica-Arten.
Küchenzwiebel ↗ Allium-Arten.
Kuckucksblume ↗ Anemone nemorosa, ↗ Orchis-Arten.
Kuckucks-Knabenkraut ↗ Orchis-Arten.
Kuckucksnessel ↗ Lamium album.
Kuckucks-Orchis ↗ Orchis-Arten.
Kuckucksweck ↗ Colchicum autumnale.
Kugelartischocke ↗ Cynara scolymus.
Kugelblume ↗ Globularia alypum.
Kugelblumenstrauch ↗ Globularia alypum.
Kugeldistel ↗ Echinops ritro.
Kugelfisch ↗ Tetraodon rubripes rubripes.
Kugelkolbenkraut ↗ Symplocarpus foetidus.
Kugelspinne ↗ Araneus diadematus, ↗ Latrodectus curacaviensis.
Kugelstrauch ↗ Caesalpinia-Arten.
Kuhbaumwachs ↗ Brosimum galactodendron.
Kuhblume ↗ Caltha palustris, ↗ Taraxacum officinale
Kuhbohnen ↗ Trigonella foenum-graecum.
Kuhdille ↗ Anthemis cotula.
Kuh-Dillen ↗ Chrysanthemum-Arten.
Kühe ↗ Colchicum autumnale.
Kuheuter ↗ Colchicum autumnale.
Kuhheide ↗ Calluna vulgaris.
Kuhhornklee ↗ Trigonella foenum-graecum.
Kühhunger ↗ Anemone nemorosa.

Kuhkraut ↗ Vaccaria segetalis.
Kuhschelle ↗ Pulsatilla-Arten.
Kuhwurz ↗ Arum maculatum.
Kukurutz ↗ Zea mays.
Kukuruz ↗ Zea mays.
Kuminum odoratum ↗ Cuminum cyminum.
Kumiss ↗ Kumys.
Kümmel ↗ Carum carvi.
Kümmelfrüchte ↗ Carum carvi.
Kümmelöl ↗ Carum carvi.
Kumquat ↗ Fortunella japonica.

■ Kumys

(syn. *Lac fermentatum*, Kimiz, Kumiss, Kumyss), mit Bierhefe (*Saccharomyces cerevisiae*, ↗ medizinische Hefe) und Milchsäurekulturen (Lactobacillus) vergorene Stutenmilch (ursprünglich) oder magerer Kuhmilch. Das leicht schäumende Produkt, das etwa 0,5–2,5 % Alkohol und 0,7–1,8 % Milchsäure enthält, wird besonders in den Steppen Zentralasiens als Naturheilmittel (Diätkur) zur Prophylaxe und Therapie von Magen-Darm-Erkrankungen getrunken.

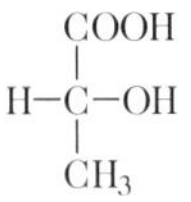

(*R*)-Milchsäure

Kumyss ↗ Kumys.
Kunigundenkraut ↗ Eupatorium-Arten.
Kürbissamen ↗ Cucurbita pepo.
Kurchibaum ↗ Holarrhena pubescens.
Kurchirinde ↗ Holarrhena pubescens.
Kurkuma ↗ Curcuma-Arten.
Kurkumawurzelstock ↗ Curcuma-Arten.
Kurtuffel ↗ Solanum-Arten.
Kusauzuknollen ↗ Aconitum fisheri.
Kussobaum ↗ Hagenia abyssinica.
Kussoblüten ↗ Hagenia abyssinica.
Kutira-Gummi ↗ Cochlospermum gossypium, ↗ Sterculia-Arten.
Küttenkerne ↗ Cydonia oblonga.
Kwashi ↗ Pancratium trianthum.

■ Kwaß

russisches Volksgetränk aus Mehl oder zerkleinertem Brot, mit heißem Wasser verührt, dem Malz oder auch Zucker, Pfefferminzblätter oder Rosinen zugesetzt werden. Diese Mischung wird 1–3 Tage vergoren (*Saccharomyces cerevisiae*, ↗ medizinische Hefe) und enthält dann etwa 0,5 % Alkohol. Auch in anderen slawischen Ländern wird ein ähnliches Erfrischungsgetränk mit geringem Alkoholgehalt hergestellt, das als Geiselitz, Braga (aus Hirsemehl) oder Kwascha bezeichnet wird.